FREIBURG DISSERTATIONS IN AEGEAN ARCHAEOLOGY

Befestigungsanlagen im griechischen Raum in der Bronzezeit und ihre Entwicklung von neolithischer bis in archaische Zeit

Georgios Kalogeroudis

I0894563

BAR International Series 1878
2008

Published in 2016 by
BAR Publishing, Oxford

BAR International Series 1878

Befestigungsanlagen im griechischen Raum in der Bronzezeit und ihre Entwicklung von neolithischer bis in archaische Zeit

ISBN 9781407303581 paperback
ISBN 9781407333854 e-format
DOI https://doi.org/10.30861/9781407303581
A catalogue record for this book is available from the British Library

BAR Publishing is the trading name of British Archaeological Reports (Oxford) Ltd. British Archaeological Reports was first incorporated in 1974 to publish the BAR Series, International and British. In 1992 Hadrian Books Ltd became part of the BAR group. This volume was originally published by Archaeopress in conjunction with British Archaeological Reports (Oxford) Ltd / Hadrian Books Ltd, the Series principal publisher, in 2008. This present volume is published by BAR Publishing, 2016.

BAR
PUBLISHING

BAR titles are available from:

BAR Publishing
122 Banbury Rd, Oxford, OX2 7BP, UK
EMAIL info@barpublishing.com
PHONE +44 (0)1865 310431
FAX +44 (0)1865 316916
www.barpublishing.com

Der vorliegende Band ist die erweiterte und ergänzte Fassung meiner Dissertation, die unter dem Titel „Griechische Wehranlagen I“ an der Albert-Ludwigs-Universität Freiburg angenommen wurde.

Erstgutachter: Prof. Dr. Gerhard Hiesel

Zweitgutachter: Prof. Dr. Stefan Ritter

Drittgutachter: Prof. Dr. Ralf von den Hoff

Vorsitzender des Promotionsausschusses
der Gemeinsamen Kommission der
Philologischen, Philosophischen und Wirtschafts-
und Verhaltenswissenschaftlichen Fakultät: Prof. Dr. Heinrich Anz

Datum der Fachprüfung im Promotionsfach: 22. Januar 2007

FÜR MEINEN ELTERN
ΙΩΑΝΝΗΣ ΚΑΛΟΓΕΡΟΥΔΗΣ
ΚΑΙ
ΓΙΑΝΝΟΥΛΑ ΚΑΛΟΓΕΡΟΥΔΗ

Inhaltsverzeichnis

Vorwort

Dank einer Anregung von Prof. Dr. Gerhard Hiesel wurde mir im Sommer 2000 die Aufgabe gestellt alle bekannten und weniger bekannten prähistorischen Befestigungsanlagen Griechenlands zu sammeln und auszuwerten. Auf diesem häufig sehr steinigen Weg begegneten mir viele Leute ohne die dieses Werk, so wie es heute vor uns liegt nie zustande gekommen wäre.
Die Kommilitonen/Innen, Kollegen/Innen und Freunde/Innen des Freiburger Instituts für klassische Archäologie haben zu der Entwicklung meiner Thesen beigetragen und mich wissenschaftlich, aber auch durch ihre menschliche Art vorangetrieben. Ihnen allen möchte ich herzlich danken.
Sebastian Sladek M.A., Heike Möller M.A., Florian Gauß M.A. und Georgios Ch. Samaras haben Teile der Textkorrektur übernommen, Suat Imam Oglu, Dr. Philipp von Rummel hatten die Geduld den gesamten Text zu lesen und zu überarbeiten, dafür sei Ihnen an dieser Stelle noch einmal herzlich gedankt. Großer Dank gilt Christiane Herb M.A., die die Last auf sich nahm das ganze Werk zu korrigieren und mit mir publikationsfertig zu machen.
Mara Zatti M.A., Laura Rizzotto M.A., Aysel Imam Oglu M.A., Nikos Skarvelakis, Antigoni Ch. Samara, Antigoni Tavlaridou, Nina Tavlaridou, Anastasia Gialesaki, Kostas Tsolakidis haben durch fruchtbare Gespräche und die Tatsache, dass sie immer für mich da waren, meine Arbeit weitergebracht. Wichtige Anregungen kamen von PD Dr. Bettina Kreuzer und ohne Simon Hoffman M.A. und seine technischen Fähigkeiten wären einige Schwierigkeiten mehr aufgetreten. Frau Monika Schubert hat auch durch ihr organisatorisches Geschick viele Probleme gelöst. Auch ihnen allen sei an dieser Stelle herzlich gedankt.
Besonders möchte ich meine Schwester Eleni Kalogeroudi M.A. danken, die ganz entscheidend zum Abschluss dieser Arbeit beigetragen hat. Ohne Sie wäre sie so nicht zustande gekommen.
Den Gutachtern Prof. Dr. Stefan Ritter und Prof. Dr. Ralf von den Hoff danke ich, wobei der größte Dank meinem Δάσκαλος Prof. Dr. Gerhard Hiesel gilt, der die Doktorarbeit angenommen und betreut hat und mir bei der Bewältigung des umfangreichen Materials stets mit Rat und Tat zur Seite Stand.

Georgios Kalogeroudis

1. EINLEITUNG

1.1. Einführung und Fragestellung

Eine übergreifende Untersuchung, die alle bekannten befestigten Anlagen Griechenlands in der neolithischen Zeit und der Bronzezeit behandelt, fehlt bislang. Mit dieser Arbeit soll versucht werden, diese Lücke zu schließen und durch Einzeluntersuchungen ein vollständiges Bild vom Entwicklungsprozess der Anlagen durch die prähistorische Zeit zu gewinnen.[1] Zentrale Fragen sind dabei folgende: Warum baute man Befestigungsanlagen und unter welchen Bedingungen wurden sie gebaut? Was soll eine Mauer schützen Menschen, Güter oder Prestige?

Um diese Fragen beantworten zu können, muss vorher eine Reihe von Fragen wie nach Begriffen, technischen Merkmalen und Zeitstellung geklärt werden. Diese ergeben sich bei der Dokumentation des archäologischen Materials, wie z. B. ist eine Mauer einfach eine Mauer oder eine Befestigungsmauer? Um dies festzustellen, muss geklärt werden, ob es sich um eine Stadtmauer, eine Mauer um ein Heiligtum oder um die Mauer um einen Herrschersitz handelt. Danach muss geklärt werden, welchen Zweck eine Ummauerung hatte, ob sie eine sichtbare Grenze markierte oder eine Schutzfunktion besaß. Sind z. B. die fünf Mauerringe in Dimini/Thessalien Terrassenmauern, die Grenzen einer sozialen Gliederung oder wirklich eine vielstufige Verteidigungsanlage?

Im Fall, dass eine prähistorische Siedlung von Verteidigungsanlagen umfasst wird, halte ich es für notwendig, das Verhältnis zwischen Befestigung und Siedlung bzw. das Verhältnis von befestigtem Herrschersitz/Palast und Siedlung zu analysieren und zu klären, ob die Größe des Verteidigungsringes der tatsächlichen Ausdehnung der besiedelten Fläche entspricht. Besonders für die Spätbronzezeit muss einerseits die Bedeutung eines gesonderten befestigten Herrschersitzes/Palastes wie in Mykene und Tiryns auf der Peloponnes im Bezug auf die Außensiedlung betont werden und andererseits geklärt werden, wie sich nicht durch Mauern geschützte Paläste, wie z. B. in Pylos auf der Peloponnes, erklären lassen.

Die Konstruktionsweise und die unterschiedlichen Mauertechniken der Wehranlagen in der neolithischen Zeit und der Bronzezeit sind Indikatoren für ihre Entstehungszeit. Ob für die verschiedenen verwendeten Bautechniken andere Kriterien denkbar sind, muss durch den archäologischen Befund geklärt werden. Für die kyklopischen Anlagen der Spätbronzezeit muss überprüft werden, ob die mykenische Befestigungstechnik ihre Wurzeln im Orient hat. Sind hethitische Mauern ein Vorbild oder nur die wissenschaftliche Seite der Kyklopensage?

In Bezug auf das Verhältnis zwischen der Entwicklung der Verteidigungsanlagen und der Angriffswaffen muss berücksichtig werden, ob die Art einer Befestigung in der neolithischen Zeit und der Bronzezeit die Möglichkeiten der vorhandenen Angriffswaffen reflektiert oder nicht.

Am Ende soll auch geklärt werden, weshalb die Befestigungsanlagen nach dem Ende der Bronzezeit nicht wieder errichtet werden, warum die Menschen nun auf diesen Schutz verzichteten.

Die Komplexität jeder einzelner dieser Fragen bedeutet im Zusammenhang mit dem zur Verfügung stehenden Material, dass methodisch zum größten Teil nur der Weg über Vergleiche möglich ist. Daraus lässt sich wahrscheinlich erkennen, welche Gründe die Menschen zum Bau einer Befestigungsanlage bewegten, praktische oder ideologische.

Ein praktischer Grund, der durch das soziale oder später das „politische Umfeld" bedingt war, wäre z. B. eine Kriegsdrohung. In diesem Fall kann man die Bevölkerung leicht zum Bauen eines solchen Werkes mobilisieren, weil eine reale Bedrohung vorhanden ist. Es geht in diesem Fall schließlich darum, die eigene Existenz zu sichern.

Wie kann aber die Errichtung von Verteidigungsanlagen in Friedenszeiten erklärt werden?

Zu den ideologischen Gründen kann Folgendes gesagt werden: Mit der Materialisierung von Kultur wird Macht deutlicher gezeigt. Eine Befestigungsanlage ist auch ein Monument, das sich weithin sichtbar an die Öffentlichkeit richtet. Gleichzeitig enthält es die Idee von etwas Ewigem. Es wirkt zeitlos wie die Pyramiden oder die kyklopischen Mauern von Mykene. Diese Bauwerke werden errichtet und können dann als Denkmäler und zugleich als Herausforderung für die nächsten Generationen gelten. Diese sollen sie pflegen, wenn nicht sogar erweitern oder verbessern.

Befestigte Gebiete können auch die Beziehung zu einem Ort ausdrücken, wie es z. B. für die Bewohner Athens und die Akropolis bekannt ist. Die zur Zeit der Perserkriege noch bestehende mykenische Mauer hatte ein Athener vor Augen, wenn er über den Orakelspruch mit den hölzernen Mauern nachdachte.

Verteidigungswerke können eine Differenzierung der prähistorischen Gesellschaft fördern. Verlangt die Errichtung von solchen Anlagen eine stratifizierte, komplex organisierte Gesellschaft? Oder können äußere oder innere Faktoren die Entstehung von

[1] Als prähistorische Zeit wird die Zeit ohne schriftliche Quellen verstanden.

Befestigungsanlagen veranlassen und somit zur Differenzierung der gesellschaftlichen Strukturen führen? Befestigungen sind nicht nur nach architektonischen Merkmalen zu analysieren, sondern auch als Bauwerke, die einen sehr großen Einfluss auf die prähistorische Gesellschaft ausübten.
Bei Überlegungen über die Gründe für den Bau von Befestigungsanlagen sind folgende Punkte zu beachten: Die Errichtung einer Befestigungsanlage erfordert entweder Macht oder Argumente und Überzeugungskraft. Die „Elite" muss die „einfache" Bevölkerung davon überzeugen, dass eine Mauer notwendig ist. Der Bau von Befestigungen kann auch identitätsstiftend wirken. Die Durchführung eines so großen Projekts bestärkt sowohl das „Ego" der „Regierenden" als auch das Selbstbewusstsein der „Regierten", auch wenn diese erst eine Zeitlang darunter leiden müssen. Verteidigungsanlagen oder ähnliche Projekte können sich jedoch auch als eine Initiation antagonistischer Kämpfe auswirken. „Er hat das so gemacht, ich mache es besser und größer". Hohe und starke Anlagen können auch Angstgefühle und Misstrauen bei den Nachbarn auslösen. Das Ergebnis wäre die Errichtung eines entsprechenden Baus.
Solche Bauaktivitäten konnten aber auch fatale Folgen für eine prähistorische Gesellschaft haben, z. B. den Zusammenbruch der bestehenden Strukturen durch eine Überforderung des Systems.

1.2. Forschungsstand

Die Erforschung der neolithischen und bronzezeitlichen Befestigungsanlagen im heutigen griechischen Raum begann vor weit über hundert Jahren. Mit den Befreiungskriegen gegen die Türken ab 1821 und der Gründung des neuen Staates begann die archäologische Forschung in Griechenland.
Nach der Entdeckung Troias versuchte Schliemann einen Zusammenhang der teilweise damals noch sichtbaren starken kyklopischen Mauern von Mykene und Tiryns mit Homers Epos über den Feldzug der Griechen gegen Troia zu finden. Mit seinen Ausgrabungen 1877 beginnt die systematische Erforschung der befestigten mykenischen Palastzentren. Evans beginnt 1900 mit Ausgrabungen auf dem Hügel von Knossos. Die dort entdeckte sog. Palastanlage des mythischen Königs Minos zusammen mit den Anlagen von Phaistos, Mallia und Zakros führen zu neuen Erkenntnisse, aber auch zu neuen Problemen in Bezug auf die „minoische Kultur". Bei den Verteidigungsanlagen bleibt Kreta ein Sonderfall. Gibt es wirklich keine Befestigungsanlagen auf der Insel? Nach der Jahrhundertwende nimmt die Zahl der Ausgrabungen rasant zu. Von Archäologen wie Müller, Dörpfeld, Tsountas, Caskey, Wace Chourmouziadis, Jantzen, Theocharis, Blegen, Mylonas Iakovidis, Kilian, Aslanis, Milojcic, Maran und vielen anderen erfahren wir neues über die prähistorischen Befestigungsanlagen im heutigen griechischen Raum.
Da die in dieser Arbeit behandelten befestigten Siedlungen von verschiedenen Archäologen erforscht wurden und es eine große Zahl von wissenschaftlichen Arbeiten gibt, wird die Forschungsgeschichte für jede einzelne Siedlung getrennt behandelt.

1.3. Chronologischer Rahmen und Abgrenzungen

Für die Chronologie der neolithischen Zeit und der ägäischen Bronzezeit beziehe ich mich auf die absolute Chronologie nach Warren - Hankey und Papathanassopoulos (Anhang 1).[2] Ihre Daten richten sich nach der traditionellen Datierung. Dies bedeutet, dass die Hochdatierung um etwa 100 Jahre wegen der Eruption des Vulkans von Santorini nicht berücksichtigt wird, weil dieses Ereignis bislang bei vielen Wissenschaftlern umstritten ist.[3]
Für die Chronologie der neolithischen Zeit wird in dieser Arbeit auch der dreistufigen zeitlichen Teilung von Weinberg gefolgt, die von den meisten Wissenschaftlern bis heute verwendet wird. Es handelt sich um die Unterteilung in früh-, mittlere und spätneolithische Zeit.[4] Hinzu gezogen wird die Arbeit von Demoule und Perles berücksichtig, die die neolithische Periode in fünf Phasen geteilt haben.[5] Dabei muss erwähnt werden, dass für die

[2] P. Warren and V. Hankey, Aegean Bronze Age Chronology (1989). G. Papathanosopoulos, Neolithic and Cycladic Civilisation (1981).

[3] Der Vulkanausbruch wird von den bisherigen angewandten Methoden zwischen 1530 und 1500 v. Chr. datiert. Datierungen durch Radiokarbonmethoden, die die Eruption des Vulkans im 17 Jahrhundert v. Chr. setzen, gelten nicht als zuverlässig. Die neue Entdeckung eines Olivenholzes nah der Siedlung Akrotiri, das nach dem Ausbruch unter Asche begraben wurde, könnte neues über die Datierung in der ägäischen Bronzezeit bringen. Aus den bisherigen Untersuchungen hat sich ergeben, dass sich die Zerstörung der Siedlung zwischen 1627 und 1600 v. Chr. ereignete. Science 04.05.2006.

[4] S. S. Weinberg, Aegean chronology: Neolithic period and Early Bronze Age, AJA 51, 1947, 165-182.

[5] J. P. Demoule and C. Perles, The Greek Neolithic: A new review, in: Journal of World Prehistory 7/4, 1993. 355 – 416. Es handelt sich, um die Chronologie der neolithischen Zeit in Thessalien, Zentrales Griechenland und Peloponnes. Die fünf Phasen sind folgende: Phase 1: Frühneolithikum ca. 6500 – 5800 v. Chr.; Phase 2: Mittelneolithikum ca. 5800 – 5300 v. Chr.; Phase 3: Frühes Spätneolithikum ca. 5300 – 4500 v. Chr. (Tsangli

Datierung einer neolithischen Siedlung bzw. einer Befestigungsmauer die von den Ausgräbern vorgeschlagene Datierung anhand der Keramik übernommen wird, denn es ist nicht Ziel dieser Arbeit, die Datierung neu zu diskutieren, sondern im Allgemeinen die Entwicklung der Bauwerke mit einem defensiven Charakter zu erläutern.

Für die Bezeichnung der drei zentralen Kulturperioden der ägäischen Bronzezeit wird für Kreta das chronologische Schema Evans verwendet. Es handelt sich um das „*triadische*" Schema, das als früh-, mittel- und spätminoisch bekannt ist. Jede dieser Perioden wird weiter in die Phasen I, II, III usw. unterteilt.[6]

Für die kykladische Kultur wird dasselbe Datierungsschema wie in Kreta verwendet, welches in die drei Hauptperioden früh-, mittel- und spätkykladisch gegliedert ist. Jede Periode wird auch hier in die Phasen I, II und III unterteilt.[7]

Für die festländischen Befestigungsanlagen wird die Dreiteilung von Blegen in früh-, mittel- und späthelladisch verwendet.[8]

Eine ausführliche Diskussion über das Problem der Datierung in Bezug auf die relative und absolute Chronologie und Synchronismen der ägäischen Kulturen kann an dieser Stelle nicht stattfinden, denn sie würde den Rahmen der vorliegenden Arbeit sprengen.[9]

Geographisch beschränkt sich die Arbeit auf den heutigen griechischen Raum, in dem sich die ägäischen Kulturen von 3000 bis 1100 v. Chr. entwickelten. Sie bildeten laut Hood eine kulturelle „*Koine*", die die Basis für die Entstehung der Kulturen des 2. Jahrtausends im ägäischen Kulturkreis geformt hat.[10] Andere Gebiete Griechenlands wie Epeiros, Makedonien und Thrakien haben wenig zur Entstehung und Entwicklung dieser Kulturen beigetragen.

Im Vergleich zum zentralen und südlichen griechischen Raum wurde dort nur eine kleine Anzahl von Siedlungen erforscht, die möglicherweise befestigt waren. Dies liegt allerdings auch am Forschungsstand.[11] Während der letzten 10 bis 15 Jahren wurden Surveys und Ausgrabungen in den gesamten nordgriechischen Raum ausgedehnt und führten zu erstaunlichen Ergebnissen, wie z. B. in der Siedlung von Ampelakia in Pieren, die durch Mauernringe geschützt wurde. Anhand des bisherigen archäologischen Befundes scheint eine Anzahl von Siedlungen Nordgriechenlands zu Beginn des 2. Jahrtausends von der ägäischen Inselwelt beeinflusst worden zu sein.[12]

Die nordöstlichen ägäischen Inseln Thasos, Lemnos, Lesbos, Chios und Samos, die kulturell zum westkleinasiatischen Raum in die „troianische Kultur" gehören und viele neue Erkenntnisse über defensive Konstruktionen während der Bronzezeit erbracht haben, dürfen in dieser Arbeit nicht fehlen.

Siedlungen aus der neolithischen und bronzezeitlichen Türkei werden im Rahmen dieser Arbeit ebenfalls behandelt.

Außerdem nehme ich punktuell Bezug auf befestigte Siedlungen in Europa, die mit den griechischen Anlagen zu vergleichen sind.

1.4. Gliederung der Arbeit

Befestigungsanlagen sind häufig die noch heute sichtbaren baulichen Überreste einer prähistorischen Siedlung. Ihnen kommt als Schlüssel zum Verständnis für die prähistorischen Kulturen Griechenlands eine wichtige Rolle zu. Ein einheitliches Bild der Entwicklung dieser Befestigungsanlagen ist aufgrund der Materiallage nicht zu erwarten, doch die Einzelergebnisse sind für die Archäologie und die historische Rekonstruktion von Bedeutung. Wichtig sind die Entwicklungsprozesse im

– Larisa, Arapi Stufe); Phase 4: Spätneolithikum ca. 4500 – 3200 v. Chr. (A. Sofia, Otzaki, Dimini Phase); Phase 5: Chalkolithikum bzw. Endneolithikum ca. 3200 – 3000 v. Chr. Dazu muss erwähnt werden, dass die neolithische Zeit anderer Gebieten Griechenlands wie Makedonien oder Euboia anders von den jeweiligen Forschern untergegliedert wird. Zu diesem Thema siehe auch A. Stern, Die ägäische Frühzeit. Das Neolithikum in Griechenland mit Ausnahme von Kreta und Zypern (1996) 83ff.

[6] A. Evans, The Palace of Minos (PM) I (1921), 25ff.

[7] R. Barber, The Cyclades in the Bronze Age (1987).

[8] C. W. Blegen, Korakou, A Prehistoric Settlement near Corinth (1921).

[9] Minoische, Mykenische und Kykladische.

[10] S. Hood, The Arts in Prehistoric Greece (1978), 17f.

[11] I. Aslanis, Befestigungsanlagen in Nordgriechenland von dem Chalkolithikum bis zum Beginn der frühen Bronzezeit, in: D. Srejovic, N. Tasic (Hrsg.), Vinca and its World. The Danubian Region from 6000 to 3000 B.C. International Symposium, Belgrade, Smederevska Palanka, Oct. 1988, (Serbian Academy of Sciences and Arts), Symposia 51 (1990), 183–187; ders., Das Chalkolithikum in Nordgriechenland – sein Beginn, Studia Praehistorica 11–12, (1992), 184–195; ders., *H χαλκολιθική περίοδος στο βορειοελλαδικό χώρο. Προβλήματα αναγνώρισης και διαρκείας*, in: *Αρχαία Μακεδονία, Πέμπτο Διεθνές Συμπόσιο, Τόμος I* (1993), 133-145. An dieser Stelle muss erwähnt werden, dass Aslanis zu nordgriechischen Raum auch Thessalien zählt.

[12] Ch. Koukouli–Chrysanthaki, Macedonia in the Bronze Age. In: Ancient Macedonia. Ausstellungskatalog Melbourne – Brisbane – Sidney (1989), 74ff. Über den Einfluss der ägäischen Kulturen in Nordgriechenland vgl. auch D. Matsas, Samothrake and the Northeastern Aegean: The Minoan Connection. In: M. Korfmann (Hrsg.), Studia Troica 1, (1991), 159ff.

Verlauf der oben definierbaren Perioden. Wie wurde ein neolithisches Dorf zum mächtigen befestigten Zentrum, wie ging ein Machtzentrum zugrunde? In Mykene gibt es reiche Beigaben in den Schachtgräbern, es wurde eine Mauer errichtet, um das Machtzentrum und die Gräber zu schützen, aber letztlich konnte sie den Untergang des Ortes nicht aufhalten.[13]

Um diese Fragen zu beantworten, müssen die Siedlungen mit Befestigungsanlagen ihren verschiedenen Perioden entsprechend einzeln behandelt werden. Im ersten Abschnitt der Arbeit steht die Darstellung der neolithischen Anlagen. Im zweiten und dritten Abschnitt werden die früh- und mittelbronzezeitlichen Befestigungsanlagen behandelt. Im vierten Abschnitt meiner Dissertation folgt die Beschreibung der wichtigsten spätbronzezeitlichen befestigten Herrensitze, die auch als mykenische Burgen bekannt sind.

Ausgehend von einer im Wesentlichen agrarischen Gesellschaft der mittleren Bronzezeit mit nur wenigen Außenbeziehungen und fast ausschließlich offenen Siedlungen, fällt der rasante Zuwachs von ummauerten Herrensitzen und Siedlungen in der späten Bronzezeit besonders auf. Dabei werden die alten Siedlungsplätze beibehalten, es gibt nur wenige mykenische Neugründungen. Als Auslöser dieser Entwicklung erkennt man allgemein die Übernahme des minoischen palatialen Wirtschafts- und Herrschaftssystems durch die „Eliten" in den mittelbronzezeitlichen Dörfern. Doch gerade im Bereich der Befestigungen kann Kreta nicht Vorbild gewesen sein, da diese dort fehlen bzw. nicht gesichert sind.

Im Vorfeld dieser Problematik muss die selektive Übernahme minoischer Kulturwerte von der mykenischen Kultur diskutiert werden. Ist Akkulturation in diesem Fall nicht eine generelle Anpassung an – als optimaler als die eigenen beurteilte – Werte, ist die gezielte Übernahme ein Zeichen für politische Dominanz?

Andererseits sind auch auf dem Festland die Strukturen nicht einheitlich, nicht jedes Zentrum war ummauert, nicht jede Siedlung in der Peripherie war offen.

Die genaue Analyse nach den oben angeführten Kriterien wird hier die Grundlagen für einen interkulturellen Vergleich erbringen.

Die Dokumentation besteht für jede Epoche aus folgenden Abschnitten: Lage und ökonomische Ressourcen der Siedlung, Forschungsgeschichte, Analyse von Siedlung und Befestigung mit Datierung und lokaler Problematik. Am Ende jeder Epoche folgt jeweils eine Zusammenfassung, in der auf die Mauertechniken (Bauweise und Material), Konstruktionsprinzipien, Arbeitsleistung, Topographie, soziale Bedingungen, Verhältnis von offenen zu geschlossenen Siedlungen und deren geographische und zeitliche Einordnung eingegangen wird.

Um ein vollständigeres Bild von der Entwicklung der Befestigungsanlagen zu gewinnen, nimmt die Arbeit nach der kurzen Zusammenfassung jeder Epoche punktuell Bezug auf befestigte Anlagen in anderen Kulturkreisen.

Am Ende der Arbeit folgen die Ergebnisse und die Zusammenfassung für den gesamten Zeitraum der behandelten Verteidigungsanlagen.[14]

---

[13] Anstatt die z. T. heftig inhaltlich diskutierten Begriffe „Stadt", „Dorf" usw. zu verwenden, die meines Erachtens lediglich ein wissenschaftliches Definitions- bzw. Kategorisierungsproblem darstellen, soll in dieser Arbeit der neutrale Begriff „Siedlungen" verwendet werden.

[14] Wenn in dieser Arbeit der Begriff „defensiv" benutzt wird, so immer im Sinne der Verteidigung gegen Aggressoren und nicht gegen Naturgewalten.

2. NEOLITHISCHE ZEIT

Mit dem Thema Befestigungsanlagen der früheren prähistorischen Siedlungen hat sich die Archäologie bis heute kaum beschäftigt. Der Grund dafür liegt wahrscheinlich in den zahlenmäßig beschränkten archäologischen Ausgrabungen für die Bronze- und Eisenzeit und vor allem auch der neolithischen Zeit. Die Betrachtung dieser Zeit als eine Periode, in der keine soziale Organisation oder eine gewisse wirtschaftliche Autarkie vorhanden war, rechtfertigte nicht die Existenz von Befestigungsanlagen in dieser Epoche. In den siebziger Jahren hatte Olaf Höckmann neolithische Siedlungen in Zentraleuropa untersucht (Taf. 1). Er versuchte anhand einer Kartographie die neolithischen Befestigungsanlagen von Anatolien bis Europa darzustellen. Ziel seiner Arbeit war die Lokalisierung des Ortes aber auch der Zeit, in der solche befestigten Anlagen entstanden waren, um die Siedlungen vor Angriffen zu schützen. Mit seiner Untersuchung wies er diesen neolithischen Siedlungen eine Befestigungsfunktion zu. In der Regel handelte es sich um Mauern aus Holz oder Lehm und Steinen oder um eine Kombination aus Graben und dahinter liegender Mauer. Wenn eine Siedlung irgendwie durch Mauer oder Graben begrenzt war, galt sie automatisch als befestigt. Er stellte fest, dass die Befestigungsanlagen schon von der frühen neolithischen Zeit an bekannt waren. Solche sind im heutigen zentralen und nördlichen Griechenland zu finden. Als befestigte Anlagen galten laut Höckmann folgende Siedlungen[15]: Die Siedlung in Nea Nikomedeia, die landeinwärts mit einer doppelten Mauer geschützt war.[16] Aus der mittleren neolithischen Zeit stammen Siedlungen wie Sesklo und Magula Chatzimisiotiki. Sie waren als Ganzes oder teilweise mit Mauern umgeben. Wahrscheinlich wurden diese Mauern gebaut, um die Begrenzung der Siedlung zu zeigen, denn die innere Seite dieser Mauern ist nicht gefunden worden. Andere Siedlungen waren die von Servia und die von Soufli Magula. Beide waren von einem Graben umgeben. Am Anfang der späteren neolithischen Zeit (Phasen Tsangli und Arapi) war die Siedlung von Arapi Magula auch mit einem Graben umgeben.[17] Zu den früheren Phasen Otzaki und Dimini gehörten die Siedlungen Argissa, Otzaki Magula und Dimini. Es scheint, dass auf Grund der Ausgrabungen befestigte Ringmauern, wie Höckmann sie nennt, von der früheren neolithischen Zeit an bekannt waren und es sie über langen Zeit gab. Diese Feststellung schien einigen Forschern nicht der Wirklichkeit zu entsprechen, weil gewisse Voraussetzungen fehlten. Die wirtschaftliche Autarkie der Siedlungen in neolithischer Zeit rechtfertigte nicht ein solches Bauwesen oder Gemeinschaftswerk. Die Gründe dafür sollen im Folgenden vorgestellt werden.

Die damalige soziale Organisation begründet ein solches Unternehmen nicht. Die neolithischen Menschen waren in den Siedlungen organisiert und genossen ihre Vorteile davon. „*Periboloi*“ oder Ringmauern (Gräben, hölzerne Mauern, Mauern aus Stein oder Erde), die Höckmann als befestigt ansah, scheinen die Bewohner einer Siedlung nicht ausreichend zu beschützen. Es ist schwer vorstellbar, dass in Arapi Magula der Graben, der nur eine Breite von 1,50 m hatte, Angreifer abhalten würde. Man muss eine solche Funktion nicht unbedingt ablehnen oder ausschließen. Es war durchaus möglich, dass ein solcher Graben die Grenze der Siedlung bestimmte und diese beispielsweise vor Tieren schützte. Dasselbe gilt für die hölzerne Mauer oder die breiteren Gräben.

An dieser Stelle müssen zwei wichtige Elemente definiert werden:

a) die Kriterien, wann eine Mauer als Befestigung gelten kann und
b) ob in dieser vorgeschichtlichen Periode eine Anwesenheit von Befestigungsmauern notwendig war.

Um Kriterien zu finden, muss man die Funktion dieser neolithischen Mauern analysieren. Sie sollten eine gewisse Größe haben und als Mauer mit defensivem System gebaut sein.[18] Die Möglichkeiten der neolithischen Menschen auf dem heutigen Balkan waren im Vergleich zu späteren Zeiten beschränkt. Als Folge müssen größere Bauwesen und komplizierte Anlagen in dieser Zeit ausgeschlossen werden. Um Kriterien zu finden, wann solche Anlagen eine befestigte Funktion hatten, muss man die einfachsten Konstruktionen analysieren, die früher schon eine gewisse abwehrende Funktion nachweisbar gehabt haben muss. Dies könnten die konzentrischen Ringmauern gewesen sein. Der Bau solcher konzentrischer Konstruktionen war schon in der früheren neolithischen Zeit bekannt. Die Argumentation, die die Existenz der Befestigungsanlagen nicht akzeptiert, stützt sich auf die Vermutung, dass der soziale und wirtschaftliche Rahmen der späteren neolithischen Zeit nicht für den Bau von solchen Anlagen ausreichte. Dies kann für die früheren Phasen der neolithischen Zeit gelten, nicht aber für die späteren. Für die späteren Phasen wurde festgestellt, dass im heutigen zentralen und

[15] O. Höckmann, Wehranlagen der jüngeren Steinzeit, AiD, (1975). Teil III2, 282ff.

[16] R. J. Rodden, An early neolithic village in Greece, Scientific American April 1965, 82-92.

[17] H. Hauptmann -V. Milojčić, Die Funde der frühen Dimini – Zeit aus der Arapi-Magula Thessalien (1969).

[18] H. Todorova, The Eneolithic in Bulgaria, BAR 49 (1978), 49ff.

nordgriechischen Raum Siedlungen existiert haben, die in Bezug auf die sozialen und wirtschaftlichen Strukturen differenzierter waren, als zunächst angenommen. Es handelt sich um die Otzaki- und Dimini-Phase in Thessalien, Mandalo I-II in Westmakedonien, Basilika III-IV und Olynthos in Zentralmakedonien, Sitagroi III, Dikili-Tasch II, Dimitra III, Paradeisos (Strata 1-7) in Ostmakedonien, Paradimi IIIb-IV in Thrakien.[19] Zeitlich gehören diese Phasen zu der chalkolithischen Periode, die sich im 5. Jahrtausend im ganzen südöstlichen Europa entwickelte.[20]

Die Charakteristika dieser Phase sind schon für das Gebiet des heutigen Bulgariens beschrieben worden.[21] Die bedeutendste Erneuerung oder Erfindung der chalkolithische Zeit war der Abbau, die Verarbeitung und der Gebrauch von Metall (am Anfang von Bronze und danach von Gold) für die Herstellung verschiedener Objekte. Diese Erneuerung erschien wahrscheinlich gleichzeitig auf der ganzen Balkanhalbinsel und auch in Griechenland. Dort wurden kleine Objekte aus Bronze aus den Phasen Sitagroi II und Dikili-Tasch gefunden, die aus der früheren neolithischen Zeit stammen.[22] Die nächsten Metallfunde stammen aus den Phasen Sitagroi III, Paradeisos, Mandalo, Dimini und Sesklo.[23]

Bemerkenswert ist in der sog. chalkolithischen Zeit die Anwesenheit von spezialisierten Handwerkergruppen. Im nordgriechischen Raum erkannte Chourmouziadis spezialisierte Töpfer. Er untersuchte den Ort, an dem die Siedlung errichtet war und stellte dabei fest, dass die Menschen Rohstoffe benötigten, die von anderen benachbarten Siedlungen importiert werden mussten, da sich die Leute in Dimini selbst ausschließlich mit der Landwirtschaft beschäftigten. Diese Siedlungen müssten entweder abhängig oder unabhängig von Dimini gewesen sein. Im ersten Fall bedeutete es, dass die neolithische Siedlung mit den benachbarten Orten Handel oder andere Formen freien Austausches trieb.[24] In den späteren Phasen der neolithischen Zeit erkannten die spezialisierten Handwerkergruppen ihre Bedeutung und ihren Einfluss und so entstanden die ersten gesellschaftlichen Gruppierungen. Sie beeinflussten sich gegenseitig und waren voneinander abhängig. Alle müssten das gleiche Interesse gehabt haben, ihre Siedlung zu beschützen, um ihre Vorteile aus dieser Koexistenz zu ziehen. Differenzierungen gab es auch in der Landwirtschaft. Blouet erwähnte, dass in Phase Sitagroi III die Kultivierung der Felder verbessert wurde.[25] Die Produktion stieg und wurde besser kontrolliert. In Bulgarien erfolgte die Verbesserung der Produktivität durch den Gebrauch des Pfluges.[26]

Die Möglichkeit der Menschen die Produktivität zu kontrollieren, war sehr wichtig für die wirtschaftliche und demographische Entwicklung der Siedlungen und ihre Organisation. So war zum Beispiel auch Bulgarien zur gleichen Zeit dicht besiedelt. Dasselbe erwähnte Blouet für die Ebene von Drama in Nordgriechenland. Laut ihm wurden die Siedlungen in ihrer Anzahl weniger, in der Ausdehnung aber größer. Dieses Phänomen war nicht auf die Verringerung der Bevölkerung zurückzuführen, sondern hatte mit dem Wunsch der Menschen zu tun, in Gruppen zusammen zu leben. Auf diese Art und Weise konnten die sozialen und wirtschaftlichen Strukturen viel besser funktionieren. Beispiele aus Bulgarien zeigen eine dichte Besiedlung und eine verbesserte Infrastruktur. So waren die Häuser innerhalb von Siedlungen durch den Bau von Straßen miteinander verbunden, wodurch der Umgang der Menschen untereinander innerhalb der Siedlung leichter wurde, obwohl kein Hof vor den Häusern vorhanden war. Die Anwesenheit eines größeren Gebäudes im Zentrum der Siedlungen verweist wahrscheinlich auf das administrative oder religiöse Zentrum der neolithischen Siedlungen. Die Konzentration der Menschen in größeren Siedlungen hatte wahrscheinlich mit der Sicherheit zu tun. In der Ebene von Drama existieren bisher keine Nachweise von Befestigungsanlagen in den Siedlungen. Ihre Lokalisierung ist aber vermutlich nur eine Frage der Zeit, weil viele prähistorische Siedlungen nicht in ihrer ganzen Ausdehnung ausgegraben wurden. Diese Feststellung muss daher vorerst eine Annahme bleiben. Für den übrigen Balkanraum kann man sagen, dass viele der weiter entwickelten und organisierten Siedlungen in dieser Zeit Befestigungsanlagen besaßen.

Solche neolithischen Siedlungen im Balkanraum werden in dieser Zeit zum ersten Mal von „paarweise" angelegten oder in konzentrischer Form gebauten Mauern beschützt. Auch andere Siedlungen auf dem Balkan waren in dieser Zeit von doppelten Umfassungsmauern umgeben. So

[19] D. Grammenos, *Νεολιθικές έρευνες στην κεντρική και ανατολική Μακεδονία* (1984).

[20] I. Aslanis, Der Beginn des Chalkolithikums in Nordgriechenland, in: Studia Prehistorica. Archäologisches Institut der Bulgarischen Akademie der Wissenschaften 12, 1992, 184-195.

[21] H. Todorova, (1978) und E. N. Chernikh, Gornoe Delo i Metallurgija v drebneiseh Bolgarii (1978).

[22] C. Renfrew, Sitagroi, radiocarbon and the prehistory of southeast Europe, Antiquity XLV, 1971, 45-57 und M. Seferiades, Dikili Tasch: Introduction a la prehistoire de la Macedoine Orientale, BCH CVII, 1983, 635-677

[23] P. Hellström, Paradeisos, a late neolithic settlement in aegean Trace (1987), 85f.

[24] G. Chourmouziadis, *Το νεολιθικό Διμήνι* (1979), 174ff.

[25] B. Blouet, Development of the settlement pattern, in: Sitagroi I (1986), 133-143.

[26] C. Renfrew, Excavations at Sitagroi, Vol. 1. Monumenta Archaeologica 13 (1986).

konnten Angreifer zwischen den Mauern eingeschlossen und schließlich getötet bzw. besiegt werden. Die Mauern, die „paarweise" gebaut waren, schützten die Siedlung und verhinderten das Eindringen von Feinden an einem Punkt, an dem der Zugang ursprünglich sehr leicht war.[27] Die Mauern wurden meistens aus hölzernen Pfeilern gebaut. Vor diesen lagen Gräben, die drei bis vier Meter breit waren. Die Eingänge der Siedlungen waren axial gebaut - soweit es die Morphologie des Bodens erlaubte - und durch weitere Konstruktionen verstärkt.[28] Elemente dieser Art entdeckte man im nordgriechischen Raum, aber auch im südöstlichen Europa. Sie werden der sozialen und wirtschaftlichen Rahmen der chalkolithischen Zeit zugeordnet. Diese Phase beginnt in Bulgarien mit der Phase Maritsa I, in ehemaligen Yugoslavien mit der Phase Vinca B2-C, in Rumänien mit der Phase Boian-Precucuteni, aber auch im heutigen zentralen und nordgriechischen Raum mit der Phase Otzaki-Dimini, Dikili II und anderen, die zeitgleich mit den oben genannten sind.[29]

Daraus kann man schließen, dass Befestigungsanlagen der neolithischen und auch der chalkolithischen Zeit normal waren. Solche mit Umfassungsmauern oder mit Ringmauern versehenen Anlagen wurden in Thessalien und im heutigen Westmakedonien gefunden.

Sie sind nicht die einzigen, sondern es gibt noch weitere, die bisher noch nicht ausführlich ausgegraben wurden. Die Siedlung Sitagroi ist dafür ein Beispiel. Weitere befestigte Siedlungen im zentralen und nordgriechischen Raum werden im Folgenden näher untersucht.

In Otzaki-Magula in Thessalien wurden während der Ausgrabungen - leider nur auf einer kleinen Fläche - fünf Gräben und Spuren von zwei Ringmauern nachgewiesen, die wahrscheinlich nur mit Erde gebaut waren. Wann diese errichtet wurden, erklären ausführlich Hauptmann und Milojčić: der ältere Graben oder der Verteidigungsgraben 1 wurde von ihnen in die Phase Otzaki A datiert, mit einer Breite von 3,40 m und ungefähr 3 m Tiefe. Milojčić vermutete eine Mauer hinter dem Verteidigungsgraben. Wenn seine Vermutung richtig ist, dann gehört zu dieser Phase die Errichtung der Ringmauer, die „paarweise" gebaut wurde.[30] Während der zweiten Phase Otzaki B (wahrscheinlich auch in der Phase A) wurde der zweite Graben errichtet. Er hatte eine Breite von 4 m und war eventuell auch so tief. Man vermutet, dass hinter dem Graben eine Mauer aus Lehmziegeln bestand. Dies kann aber nicht nachgewiesen werden. Das Befestigungssystem scheint in der nächsten Phase Otzaki C vollendet worden zu sein, als der zweite Verteidigungsgraben noch benutzt wurde. An seiner inneren Seite wurde nun eine Mauer aus Pfosten und Erde (Pfostenkastenwall) gebaut. Ihre Breite wurde auf 1,20 m berechnet, die Höhe belief sich auf ungefähr 4 m.[31] Die nächste Befestigung gehört in die Phase Rachmani. Sie umfasste den Verteidigungsgraben 3. Dieser Graben wurde zwischen den zwei älteren Verteidigungsgräben erbaut. Dazu gehörte wahrscheinlich eine Mauer ähnlich der Mauer der Phase C. Während derselben Phase wurden der kleine Graben und der Verteidigungsgraben 4 errichtet. Der kleine Graben wurde an der äußeren Seite von Graben 3 gebaut.

Dasselbe Schichtenbild wurde in Argissa Magula beobachtet. Hier gehören die Gräben zur Phase Dimini und zu der frühen Bronzezeit.[32]

In Mandalon wurden noch zwei parallele Ringmauern gefunden, die aus Stein gebaut waren. Diese haben wahrscheinlich die chalkolithische Siedlung an ihrer anfälligsten Seite geschützt.

Eigenartig ist die Situation in Nea Nikomedeia. Die Siedlung war nach Meinung des Ausgräbers in ihrer ersten Phase (frühes Neolithikum) von zwei konzentrischen Mauern umgeben. Dies war nur von der Seite der Siedlung möglich, die mit dem Festland verbunden war. Die anderen Seiten der Siedlung waren damals vermutlich vom Wasser umgeben. In der nächsten Phase wurde die Siedlung erweitert und nach Rodden von einem Graben geschützt.[33] In einer anderen Veröffentlichung wurde dieser Graben (1,50 m x 1,50 m) der spätneolithischen Zeit zugeordnet.[34]

Die Existenz beider Mauern während der früheren neolithischen Zeit könnte ein Nachweis für ein Abwehrsystem sein. Dieses System bestand aus dem Bau der „paarweisen" oder konzentrischen Mauern, die einerseits mit Erde und Pfosten und andererseits mit Steinen errichtet werden konnte. Weitere Angaben zum Thema Nea Nikomedeia in Bezug auf die Funktion der Mauer werden später erwähnt und analysiert.

Andere prähistorische Orte mit eventuellen Befestigungsanlagen sind Agios Georgios im

[27] I. Aslanis (1990)

[28] H. Todorova (1978), 50ff.

[29] I. Aslanis (1992), 184-195.

[30] V. Milojčić, Otzaki Magula III, Das späte Neolithikum und das Chalkolithikum, Stratigraphie und Baubefunde (1983), 32f.

[31] Ebd. 28f. Dazu auch H. Hauptmann, das späte Neolithikum und das Chalkolitikum. Die deutschen Ausgrabungen auf der Otzaki Magula in Thessalien (1981), 250ff.

[32] E. Hanschmann – V. Milojčić, Die frühe und beginnende mittlere Bronzezeit, Teil I. Die deutschen Ausgrabungen auf der Argissa Magula in Thessalien III (1976), 12ff.

[33] R. J. Rodden (1965), 84f.

[34] R. J. Rodden, Recent Discoveries from Prehistoric Macedonia: An Interim Report, Balkan studies V, 1964, 115ff.

thessalischen Gebiet und Sphakovouni in Arkadien auf der Peloponnes. Über Agios Georgios berichtet Theocharis.[35] Der griechische Archäologe erwähnt eigentlich zwei prähistorische Siedlungen. Die erste befindet sich am Ort „Giulberi“ oder Magula. Auf der rechten Seite der Hauptstrasse von Volos nach Larisa ungefähr vierzehn Kilometer entfernt auf einem kleinen Hügel muss laut Theocharis eine neolithische Siedlung vorhanden gewesen sein. Theocharis liefert uns aber keine weiteren Hinweise über den Ort. Er erwähnt nur, dass die Siedlung zu der Sesklo – Periode gehören muss. Nicht weit nun von diesem Ort entfernt liegt ein anderer Hügel, der administrativ zu dem Dorf Agios Georgios gehört. Der Hügel heisst ebenfalls Magula und liegt in etwa zwei Kilometern Entfernung von der Kreuzung der Hauptstrasse von Volos nach Larisa. Theocharis spricht über eine Umfassungsmauer, die die prähistorische Siedlung umgab. Mehr erfahren wir über diese Mauer nicht, sondern nur die Hoffnung des Archäologen, dass der Ort mit der Mauer systematisch ausgegraben wird. Theocharis äußerte noch die Vermutung, dass die Siedlung in die frühe neolithische Zeit zu datieren ist. Anlass dafür waren Scherben, die Theocharis selbst an der Oberfläche des Gebietes fand. Der Hügel liegt an einer sehr bedeutenden Stelle, die das ganze Gebiet des Tales von Larisa mit dem von Ferron und des Golfes von Pagasitikos verbindet. Die bekanntesten neolithischen Siedlungen Sesklo und Dimini sind nicht weit vom Agios Georgios entfernt.

Über Sphakovouni berichtete Dousoungli.[36] Die prähistorische Siedlung liegt in der Mitte der Peloponnes in Arkadien. Eigentlich handelt es sich dabei um einen Gebäudekomplex von nebeneinander gebauten Räumen, deren Außenmauer eine Art Befestigungsmauer bilden. Die Funde reichen von der spätneolithischen Zeit bis in die FH II. Weitere Hinweise über die architektonischen Elemente in Sphakovouni werde ich weiter unten bei der Darstellung der bekanntesten befestigten Siedlungen im griechischen Raum geben.

Erwähnt werden muss auch die Siedlung in Strofilas auf der Kykladeninsel Andros. Die Siedlung von Strofilas befindet sich auf der südwestlichen Seite der Insel. Auf einer Hochebene der Ortschaft Strofilas hat die griechische Archäologin Televantou architektonische Elemente einer prähistorischen Siedlung ans Licht gebracht.[37] Es handelt sich dabei um eine befestigte Siedlung, die eine Ausdehnung von 25000 bis 30000 m^2 haben soll. Die Siedlung ist allerdings noch nicht in ihrer ganzen Ausdehnung ausgegraben worden. Bisher sind lediglich 300 m^2 untersucht. Während der Ausgrabungen fand Televantou Reste von großen apsisförmigen und rechteckigen Häusern, deren Mauern bis zu einem Meter hoch erhalten sind. Es handelt sich um zehn Gebäudekomplexe mit sehr großen Zimmern. Die Archäologin spricht auch über ein Heiligtum in der prähistorischen Siedlung. Die Baustruktur der Siedlung ist sehr dicht mit kleinen Straßen und vielen Vorhöfen. Sehr reich fielen auch die anderen Funde aus wie Keramik, Werkzeuge aus Stein und Schmuckstücke aus Metall. Dazu gehören Pithoi, Gebrauchskeramik, Werkzeuge, Obsidian, Pfeilspitzen, Speerspitzen, verschiedene Gegenstände aus Metall und Idole. Es scheint nach Meinung der Archäologin eine sehr bedeutenden Siedlung gewesen zu sein. Dabei war es kein Zufall, dass die Menschen genau diesen Platz wählten, um eine Siedlung zu gründen. Andros ist wie eine natürliche Brücke zwischen Ägäis und griechischem Festland. Die reiche Vegetation der Insel in Verbindung mit dem Wasser, das durch viele kleine Flüsse überall auf der Insel vorhanden war, waren wichtige Gründe für die Auswahl des Siedlungsplatzes in Strofilas. Die Hochebene an sich bot für die Menschen einen natürlichen Schutz, der durch eine Befestigungsanlage noch verstärkt werden konnte. Wenn man auf dieser Hochebene in Strofilas steht, kann man sehr gut nach Attika, Euboia und Paros sehen.

Televantou datierte die Siedlung in die späte neolithische Zeit. Anhand der verschiedenen Siedlungsschichten konnte nachgewiesen werden, dass die Siedlung zur Kephala – Kultur gehört (4500 – 3300 v. Chr.). Nach Televantou zeigt die Siedlung eine frühe „städtische“ Struktur und Organisation. Zur Befestigungsanlage kann Folgendes gesagt werden: die Mauer ist in einer Länge von ungefähr 100 m ausgegraben worden. Sie wurde mit unbearbeiteten Steinen aus der Umgebung gebaut. Die Befestigungsanlage hat eine Breite von 1,60 bis 2 m. Ihre Höhe beträgt fast 2 m. Sie besteht aus drei Bastionen, bei denen es sich laut Televantou um eine frühe Form handelt. Ein Tor zu dieser Anlage ist auch gefunden worden. Es hat eine Breite von 1,50 m. Weitere Angaben zur Befestigungsanlage erwähnt die Archäologin nicht. Sie datiert die ganze Anlage 2000 Jahre vor die Gründung der befestigten Siedlungen in Kastri auf Syros und Panormos auf Naxos und stützt ihre These auf Darstellungen, die auf der Befestigungsanlage und im Zentrum (*πλατεία*) der Siedlung gefunden worden sind. Diese wurden im Oktober 2002 entdeckt. Es handelt sich dabei um Schiffe und Tierdarstellungen, die in den Stein gemeißelt wurden. Wahrscheinlich hatten sie eine

---

[35] D. Theocharis, *ΙΙ. Προϊστορικοί συνοικισμοί και ευρήματα*, ADelt 20, 1965, Chronika, 319-320.

[36] A. Dousougli, Die chalkolithische sog. „Attika-Kephala Kultur“ des südwestägäischen Raumes: Chronologische und räumliche Gliederung und auswärtige Beziehungen, in: Studia Praehistorica, 11-12, 1992, 275-279.

[37] Quelle: http:ta-nea.dolnet.gr/ von 05.03.2003

religiöse Bedeutung, für genauere Erklärungen müssen sie aber erst noch untersucht werden. Televantou fragte sich, ob die Siedlung zur spätneolithischen oder zur frühkykladischen Zeit gehört. Aufgrund der Darstellungen auf den Steinen datiert Televantou die Siedlung in neolithischer Zeit. Damit wurde ihr zufolge die Siedlung am Anfang der frühkykladischen Zeit verlassen. Merkwürdig ist, dass sie nicht die Keramik mit in die Datierung einbezieht. Vielleicht ist es etwas voreilig die Siedlung in spätneolithische Zeit zu setzen, da die Bastionen meines Erachtens an frühkykladische befestigte Siedlungen erinnern, wie Kastri, Kynthos und Panormos. Sollte sie dennoch Recht behalten, wäre die ganze Siedlung eine Sensation. Es würde bedeuten, dass schon im fünften Jahrtausend im kykladischen Raum organisierte Gesellschaften auf einem sehr hohen technologischen Niveau existierten. Solche organisierten Gesellschaften waren der Grundstein für die spätere kykladische Kultur. Der Bau einer solchen, nach Televantou spätneolithischen Befestigungsanlage auf Andros könnte nur durch eine differenzierte, sehr gut organisierte Gesellschaft errichtet werden. Wie es aussieht, waren die neolithischen Siedlungen von Sesklo und Dimini nicht die einzigen im griechischen Raum, die von steinernen Anlagen umfasst waren. Wir müssen auf die Ergebnisse und die Veröffentlichung der Untersuchungen der Ausgrabungen in Strofilas warten, um das Ganze besser beurteilen zu können.

Ein anderes Beispiel einer Befestigungsanlage während der neolithischen Zeit könnte die Siedlung Emporio auf Chios gewesen sein. Hood konnte Bauhorizonte nachweisen, die schon ins Neolithikum datieren. Laut Hood wurden im Areal A architektonische Teile von Befestigungsanlagen gefunden, die zu verschiedenen Perioden gehören.[38] Die frühesten dieser Mauerzüge stammen dabei aus den Siedlungsphasen X und IX. Sie werden gern mit den „Prodimini - zeitlichen" Phasen in Thessalien verglichen.[39] Nach Meinung des Ausgräbers gehören die früheren Reste von „Befestigungsanlagen" in Emporio zum späteren Neolithikum.[40] Besonders in der Besiedlungsphase IX werden Mauerzüge deutlich, die nach Meinung von I. Aslanis „Befestigungsmauern" gewesen sein könnten.[41] Er nennt sie *„Periboloi"*. Sie haben eine Stärke von 1 bis 2 m sowie einen Abstand von 2 m. Beide umschließen die zu einem Brunnen umfunktionierte Quelle im Areal A. Obwohl Hood die beiden Mauerteile als Terrassenmauern bezeichnet und nicht als Befestigungsanlage, könnten sie meines Erachtens Teil einer Befestigungsanlage gewesen sein, ähnlich wie die *„Periboloi"* von Dimini und Sesklo. Sie könnten die Siedlung und das wertvolle Wasser vor eventuellen Angreifern geschützt haben. Aslanis vermutet, dass es sich um konzentrische Mauerringe handelt. Dass sie keine einfachen Mauern gewesen sind, wird durch ihre Breite und ihren Abstand wahrscheinlich.[42] Leider wurden keine weiteren Teile dieser Mauerzüge gefunden. Ihr Verlauf, und ob sie die ganze neolithische Siedlung umschlossen, konnte nicht weiter nachgewiesen werden. Zum Spätneolithikum gehört die Siedlungsphase Emporio VIII. Die Quelle im Areal A hat inzwischen die Gestalt eines Brunnens bekommen. Hood fand einen 2 m breiten Mauerzug, der den Brunnen umschloss. Der Archäologe fragt sich dabei selbst, ob der Mauerzug nun seine Funktion als Umfassungsmauer verliert und dafür die Funktion einer Sockelmauer für den Brunnenplatz annimmt.[43]

Zu den neolithischen Siedlungen mit Befestigungsanlagen könnte wahrscheinlich auch die Siedlung gehören, die im Ort Palaioskala am Fuß des Berges Maurobounion entdeckt wurde. Der Ort befindet sich zwischen den *„Nomoi"* Magnesia und Larisa in Thessalien in der Nähe des ausgetrockneten Sees von Karla.[44] Die Siedlung liegt auf einer Magula, die eine Höhe von 3 m hat.[45] Der Leiter der Ausgrabungen, Toufexis, berichtet, dass die prähistorische Siedlung chronologisch in die Übergangszeit von der spätneolithischen Zeit zur Frühbronzezeit gehört. Aus einer ersten Untersuchung der keramischen Funde ging hervor, dass Palaioskala wohl auch in früheren Phasen der neolithischen Zeit besiedelt war. Während der Ausgrabungen wurden hintereinander gebaute Mauerzüge entdeckt. Toufexis spricht von Ringmauern *„Periboloi"*, die wahrscheinlich die ganze Siedlung auf der Magula umschlossen. Er nimmt an, dass einige von ihnen Terrassenmauern gewesen sein könnten. Die Mauern sind aus großen und kleinen unbearbeiteten Kalksteinen gebaut. Als Verbindungsmaterial wurde Lehm verwendet.

[38] S. Hood, Prehistoric Emporio and Hagio Gala, BSA Suppl. 15 (1981), 93ff.

[39] Ebd.

[40] Ebd.

[41] I. Aslanis, *Η πρώτη εμφάνιση οχυρώσεων σε προϊστορικούς οικισμούς του Αιγαιακού χώρου*, in: Kea-Kythnos: History and archaeology. Proceedings of an International Symposium. Kea-Kythnos, 22-25 June 1994, L. G. Mendoni – A. Mazarakis Ainian (Hrsg.), Meletemata 27, 1998, 109-115.

[42] I. Aslanis (1998) Anm. 26. vgl. Abb. 1 von Aslanis.

[43] S. Hood (1981), 93f.

[44] Mit *„Nomos"* werden in Griechenland die großen Verwaltungseinheiten bezeichnet.

[45] Der Begriff Magula (*Μαγούλα*) wird für die Siedlungen in Thessalien verwendet. So wird ein Siedlungshügel – eine Erhebung, die durch wiederholte Besiedlung entstand, bezeichnet. Für die Siedlungen Makedoniens wird der Begriff Toumba (*Τούμπα*) verwendet.

Architektonische Reste der Bauten sind in einer Höhe von 2,30 m erhalten. Die Ausgrabungen dauern noch an. Wenn nun die Siedlung tatsächlich in die neolithische Zeit datiert werden kann, sind die Siedlungen von Dimini und Sesklo in der Nachbarschaft nicht die einzigen Siedlungen im griechischen Raum mit „*Periboloi*".[46]

Ein anderer Ort von großem archäologischem Interesse scheint die neolithische Siedlung in Paliampela Pierias zu sein. Paliampela bei Kolindros liegt im nordöstlichen Pierien in Zentralmakedonien. Die Siedlung befindet sich auf einer fruchtbaren Ebene mit niedrigen Hügeln zwischen dem Pieriengebirge im Süden und der großen Ebene von Giannitsa im Norden, wo das Land vom Fluss Haliakmon durchquert wird. Östlich von Paliampela liegt der Golf von Thermaikos.[47]

Im Jahr 1999 wurden erste Ausgrabungen auf dem Hügel von Paliampela durchgeführt unter der Leitung von Kotsakis in Zusammenarbeit mit der Aristoteleion-Universität von Thessaloniki, der englischen Archäologischen Schule von Athen und der Universität von Sheffield unter Halstead. Die Ausgrabungen dauern bis heute an.

Die Fläche des Hügels umfasst 5000 m^2. Während der ersten Ausgrabungen kamen viele Funde ans Licht. Außer den baulichen Überresten fanden die Archäologen unter anderem große Mengen neolithischer Keramik (Gefäße mit anthropomorphen Zügen), Werkzeuge, Obsidian aus Melos, Idole aus Stein und Ton, sowie ein goldenes Amulett.

Zu den architektonischen Elementen gehören kleine gepflasterte Höfe von Wohneinheiten und Teile von konzentrischen Mauern und Gräben. Südöstlich des Hügels wurden Teile einer Ringmauer gefunden, Spuren eines Grabens nordwestlich. Anhand der Keramik könnten sie ins Spätneolithikum datiert werden.

Nach Kotsakis handelt es sich hier um eine gut organisierte neolithische Siedlung in runder Form. Die Häuser waren im Gegensatz zu anderen neolithischen Siedlungen im nordgriechischen Raum aus Steinen und Lehmziegel errichtet. Als Beispiel kann an dieser Stelle Makrigialos genannt werden. Dort fanden Archäologen Grubenhäuser, die aus leichten Materialien gebaut wurden. Es scheint sicher zu sein, dass die neolithische Siedlung durch konzentrische Mauern geteilt wurde. Kotsakis spricht hier von Bauten und freien Räumen innerhalb der Siedlung, die entweder die Siedlung abgrenzten oder aber es handelt sich um Terrassenmauern. Ob sie irgendwann einen fortifikatorischen Charakter angenommen haben, bleibt abzuwarten. Aus ersten Untersuchungen hat sich ergeben, dass die Siedlung wahrscheinlich mindestens durch drei Ringmauern geschützt wurde. Dies erinnert an die anderen wichtigen neolithischen Siedlungen in Thessalien, Dimini und Sesklo.

Anhand der Keramik datierten nun Kotsakis und Halstead Paliampela in die neolithische Zeit. Die Siedlung wurde vom Ende des 7. Jahrtausends bis 4500 v. Chr. bewohnt. Danach wurde sie verlassen. Außer den neolithischen Funden wurden auch Objekte des 13. und 12. Jahrhunderts v. Chr. sowie aus byzantinischer Zeit gefunden.[48]

2.1. Kiapha Thiti oder Kontragliati (Attika)

2.1.1. Lage der Siedlung

Kiapha Thiti liegt ca. 20 km südöstlich von Athen, jenseits des Hymettosgebirges.[49] Der Hügel in strategisch

[46] Quelle: Zeitung, Eleutherotypia von 12. 12. 2002.

[47] Paliampela liegt 73 km südwestlich von Thessaloniki und 40 km nördlich von Katerini. An dieser Stelle muss erwähnt werden, dass während der neolithischen Zeit die Küstenlinie in der Nähe der neolithischen Siedlung lag.

[48] P. Halstead and K. Kotsakis, "Paliampela", AR, 47, 2001, 93-94; dies., "Paliampela", AR, 48, 2002, 80f. Zum selben Thema K. Kotsakis, P. Halstead., *Ανασκαφή στα νεολιθικά Παλιάμπελα Κολινδρού*, AErgoMak 16, 2002, 407-415.

[49] D. Hagel, H. Lauter, Kiapha Thiti, MarbWPr 1989, 9-15. Die in der Wissenschaft unter dem Namen Kiapha Thiti bekanntgewordene Akropolis im südlichen Attika bei den heutigen Bewohnern eigentlich Kontragliati (oder auch Gur-i-gliat), was arvanitisch, beides soviel wie „steiler Fels" bedeutet und das Erscheinungsbild des 189 m hohen Hügels aufs beste charakterisiert. Die gebräuchliche falsche Benennung beruht offenbar auf einem Missverständnis der Autoren der „Karten von Attika" vom Ende des 19. Jahrhunderts; sie hat sich aber inzwischen so eingebürgert, dass im Folgenden daran festgehalten werden soll. In Wahrheit ist „Thiti" der wesentlich niedriger Felskamm im Osten unserer Akropole unmittelbar am Rande des Weilers Kitsi Pigadi, auf dem sich jetzt eine malerische Kapelle der Panajia erhebt; sie setzt ein antikes, vielleicht dem Dionysos gehöriges Heiligtum fort. Wie es zum Irrtum kam, dem höheren Bergkegel die Bezeichnung „Kiapha Thiti" beizulegen (`Kiapha´ ist griechische Umlautung für arvanitisch `Schlucht´), ist gegenwärtig nicht mehr zu rekonstruieren; wahrscheinlich wurde der durch den Kontragliati gleichsam gesperrte Engpass zwischen dem Tal in Vari und der Mesogaia einstmals so genannt, wodurch sich die Verwechselung des Namens ergab. Das Toponym, `Thiti´ endlich entzieht sich jeder sprachlichen Deutung; Verbindungen mit altgriechischen Wörtern (z.B. vom Stamme „*thes*" entbehren jedes sicheren

günstiger Position liegt an der attischen Südküste, nur wenige Kilometer vom Meer entfernt. Er ist heute von der Gabelung der südlichen Hauptverbindungsstraße zwischen Athen und Laurion aus zu sehen. Kiapha Thiti gehört landschaftlich zum Küstental von Vari, das im Westen von dem wasserlosen Hymettos samt seinen Ausläufern Lathuresa und Kaminia und im Osten von dem flacheren unwirtlichen Felsrücken des Keramoti begrenzt wird.[50] Die Akropolis von Kiapha Thiti liegt genau auf diesem Hügel am Nordostrand des schon erwähnten Tals. Der Hügel wird als Burgberg bezeichnet, weil im Laufe der Zeit immer wieder befestigte Siedlungen auf ihm gegründet wurden. Der Gipfel der Akropolis befindet sich im Osten und bricht auf drei Seiten steil ab. Nach Westen senkt sich der Berg langsam und allmählich bis zu einem Trockenbett. Der Hügel von Kiapha Thiti wird in drei Ebenen geteilt. Als „Oberburg" wird das Gipfelplateau des Hügels bezeichnet. Die „Mittelburg" schließt im Westen und Norden an die Oberburg an. Auf dem unteren Teil des Hügels liegt auf der Westseite die „Unterburg" (Taf. 2). Alle drei sind künstlich von Menschenhand angelegt worden und im Laufe der Jahrtausende entstanden. Durch die Untersuchung des oben genannten Geländes konnte nachgewiesen werden, dass die Besiedlung auf dem Hügel im 4. Jahrtausend einsetzte. Hinweise auf die neolithische (chalkolithische) Besiedlung auf Kiapha Thiti finden sich auf der Ober- und Mittelburg. Der Hügel wurde wahrscheinlich bis in FH II Zeit besiedelt. Danach gibt es keine Hinweise auf eine Besiedlung des Hügelgeländes. Obwohl keine Schichten der Phasen FH III und MH (MH II?) gefunden wurden, ist nicht auszuschließen, dass es diese gab und sie lediglich durch Erosionen verloren gegangen sind. Erst in der späten mittelhelladische Zeit ist eine Besiedlung von Kiapha Thiti wieder archäologisch bezeugt. Auf die mittehelladische Besiedlung wird ausführlich im Teil über die mittelhelladischen Befestigungsanlagen eingegangen.

2.1.2. Forschungsgeschichte

Über Kiapha Thiti war lange nicht viel bekannt. In der älteren Literatur wird der Hügel von Kiapha Thiti kaum behandelt. Die einzige Erwähnung von Kiapha Thiti stammt von Curtius und Kaupert in ihrer Arbeit „Karten von Attika".[51] Beide Autoren, Offiziere der preußischen Armee, erwähnten nichts weiter über die architektonischen Elemente auf dem Hügel. Nicht einmal die kleine Kapelle wurde von ihnen erwähnt und ebensowenig die verschiedenen Mauerzüge, die damals schon zu sehen waren. Aus diesem Grund ist angenommen worden, dass die Autoren nicht selbst auf dem Hügel waren, sondern sie ihn nur aus der Ferne markierten. Ein griechischer Archäologe wurde als Erster auf die eigentliche Bedeutung des Hügels von Kiapha Thiti aufmerksam.[52] Kyparissis berichtet über die geographische Lage des Hügels und von Spuren einer Akropolis und Mauerzüge. Er betont, dass diese untersucht werden sollen. Ein anderer, der sich mit dem Hügel von Kiapha Thiti befasste, war C. W. J. Eliot. Er verfasste eine kurze Beschreibung des Ortes und betonte die wichtige Lage der Akropolis in Bezug auf ihre geostrategische Position.[53] Später beschäftigten sich auch Petropoulakou, Pentazos und Hope Simpson[54] sowie Rozaki und Dousougli mit dem Siedlungshügel.[55] Durch die Ausgrabungen wurden Bauelemente gefunden wie die sog. endneolithische Befestigungsanlage. Heide und Lauter waren diejenigen, die eigentlich mit den Ausgrabungen auf dem Hügel begannen. Anlass war ein Besuch der beiden auf Kiapha Thiti im Jahr 1977. Die unterschiedlich zu datierenden Scherben und die vorhandenen Bauelemente auf dem Hügel waren der Grund für den Beginn der Ausgrabungen. Heide und Lauter erkannten, dass sie es nicht nur mit Terrassierungen zu tun hatten, wie noch von Eliot angenommen, sondern auch mit Befestigungsanlagen. Im Jahr 1982 konnte schließlich mit Unterstützung der Kanadischen Schule in Athen und der Universität von Marburg in Deutschland mit den Ausgrabungen begonnen werden. Sie dauerten bis in das Jahr 1988. Die Ergebnisse der einzelnen Kampagnen wurden im Marburger Winckelmannprogramm veröffentlicht.[56]

Fundaments und müssen unberücksichtig bleiben.

[50] Ebd. Die geostrategische Position von Kiapha Thiti wird ausführlich dokumentiert.

[51] E. Curtius – J. A. Kaupert (Hrsg.), Karten von Attika (1881-1900) Blatt VIII.

[52] N. Kyparissis, *Εξ Αθηνών και Αττικής*, ADelt 11, 1927-28, 44-66. Parartima, 65-66.

[53] C. W. J. Eliot, Coastal demes of Attica, Suppl. Phoenix V, 1962, 47-64.

[54] M. Petropoulakou – E. Pantazos, Ancient Greek Cities 21, 1973, 103 Nr. X7 – Y3. An dieser Stelle muss Folgendes erwähnt werden: Die Befasser haben vielleicht irrtümlich auf ihrer Karte Panagia Thiti und nicht das westliche Kiapha Thiti markiert; R. H. Simpson, Mycenaean Greece (1981).

[55] St. Rozaki, *Κορωπί, Κιάφα-Θίτι*, ADelt 37, 1982, B1 Chronika, 60–61; A. Dousougli (1992); dies. *Άρια: ένας οικισμός της νεότερης νεολιθικής περιόδου στην Αργολίδα*, (Diss.), (1993), 222f. Anm. 355.

[56] Im Marburger Winckelmannprogramm werden alle Epochen und Funde auf Kiapha Thiti vorgestellt, nämlich von der neolithischen bis in die byzantinische Zeit.

2.1.3. Die Siedlung (mit den Befestigungsanlagen)

Wie schon erwähnt, erfolgte die erste Besiedlung auf Kiapha Thiti im vierten Jahrtausend. Aus den Ausgrabungen ging hervor, dass die neolithische und chalkolithische Besiedlung die Oberburg und die Mittelburg umfasste. In Bezug auf die spätneolithische und chalkolithische Siedlung kann kaum etwas gesagt werden, weil die architektonischen Elemente der Siedlung nur sehr spärlich erhalten sind. Außer den in der Literatur sog. Befestigungsanlagen und einigen Mauerzügen kann nichts über die Siedlung ausgesagt werden. Bisher gibt es zudem ein Problem mit der Chronologie, weil die Arbeit von Dousougli über Stratigraphie und frühe Keramik der Siedlung noch aussteht. Sie war die erste Wissenschaftlerin, die über den bisher einzigen südgriechischen Fundort mit einer Befestigungsmauer aus spätneolithischer Zeit berichtet.
Rozaki berichtet und beschreibt ausführlich die Mauer im Schnitt A der Ausgrabung.[57] Schnitt A befindet sich nordwestlich und südöstlich der kleinen Kapelle auf Kiapha Thiti. Sie spricht über eine Mauer, die teilweise sichtbar war und äußert die Vermutung, dass es sich entweder um eine Art Hangschutzmauer (*Αναλημματικός*) oder Umfassungsmauer (*περίβολος*) handelt. Die Mauer ist von Osten nach Westen orientiert 0,90 m stark und wurde unter bronzezeitlichen Schichten gefunden. Sie lag direkt auf dem gewachsenen Fels, wo sich auch die endneolithische Schicht befand. Im Gegensatz zu Dousougli bezeichnet Rozaki diese Mauer nicht als Befestigungsanlage. Dousougli datierte sie in die Endphase der Attika – Kephala – Kultur. Anlass dafür war ein endneolithischer Befund. Innerhalb der Mauer wurde eine Anzahl von Gefäßen in situ gefunden. Außerdem fand man eine Vorratsgrube mit verkohlten Getreideresten und Gebrauchskeramik. Wie bereits erwähnt, konnte man jedoch keine endneolithischen Hausreste finden. Allein mit den erwähnten Funden können wir kein Bild über die spätneolithische Siedlung rekonstruieren. Wie sie ausgesehen hat, ist unmöglich nachzuvollziehen, weil sich kein einziger Hausgrundriss dieser Zeit erhalten hat. In der Literatur hat die Mauer den Namen „Brustwehr“ bekommen und wird als „MRM 3“ bezeichnet.[58] Im Verlauf der Ausgrabungen erhielt man ein besseres Bild von der endneolithischen Anlage. Es handelt sich um eine 10 m lange Mauer, die eine Breite von 1,10 – 1,30 m und stellenweise eine Höhe von 1,20 m hat. Die Mauerkrone des Fundaments der „Brustwehr“ senkt sich laut Lauter im Schnitt 50 von Süden nach Norden. Der Mauerfuß basiert auf dem gewachsenen Felsen. Es handelt sich um eine zweischalige Mauer, die als „kyklopische Mauer“ angesprochen wurde. Die Außenschale der Mauer ist aus größeren, gut ausgewuchteten Blöcken gebaut. Dies ist von Westen gut zu erkennen. Die Innenschale der Mauer ist gut erhalten und man sieht das Fundament, welches aus übereinander geschichteten Bruchsteinen in meist horizontaler Lagerung besteht. Das Fundament der Mauer ist gleich dick. Im Schnitt 50 ist das Fundament 1,20 m breit, im Schnitt 57 zwischen 1,10 und 1,30 m (Taf. 3).
Um sich die wuchtige Steinsetzung verständlich zu machen, muss man die Maße der verschiedenen Steine betrachten. Lauter unternahm den Versuch mit dem Ziel, die wuchtige Steinsetzung der „Brustwehr“ anschaulich zu machen.[59] Er maß verschiedene Blöcke der „MRM 3“ und fand so heraus, dass die Mauer als Ganzes ein mächtiges Bauwerk war mit ungeradem Mauerverlauf. Zwischen Schnitt 50 und 57 knickt sie Richtung Westen ab. Im Schnitt 59 kann man erkennen, wie sie stumpfwinklig bergseitig umbiegt. Alle Angaben haben zu der Frage geführt, ob es sich hier um eine Befestigungsanlage handelt oder nicht. Lauter glaubt, dass das Ganze weniger als Wehrmauer mit Wehrgang zu sehen ist, sondern wohl als eine bloße Brustwehr. Er versuchte mit Hilfe des Befunds im Inneren die Funktion der Mauer herauszufinden. Dies gelang ihm aber nicht, weil die verschiedenen Schichten und einzelnen Befunden kein klares Bild ergaben. Es gibt Stellen, an denen die mittelhelladischen Schichten bis tief in das Spätneolithische eindringen. Im Schnitt 50 gibt es den Fall, dass sich in den vier gezeichneten Profilen recht unterschiedliche Schichtenstärken ergeben. Wahrscheinlich ist dies durch Erosionen oder Einschüttungen zu erklären. Auch mit der Datierung gibt

[57] St. Rozaki (1982).

[58] Eigentlich wird als MRM 3 die mittelalterliche Burganlage aus Kiapha Thiti bezeichnet. Die spätneolithische Brustwehr wird auch in der Literatur als MRM 3 bezeichnet, weil sie nahe der Grenzkarte der jetzigen Mittelburg verläuft (siehe Plan).

[59] H. Lauter, Kiapha Thiti, MarbWPr, 1995, 11-18. Nach der Beschreibung der Außenschale und der Innenschale auf Seite 12 beschreibt Lauter die Situation der Konstruktion nach Südwesten in den Schnitten 57/59. *Im Südwesten ändert sich das Bild insofern, als die Blöcke zumindest der Außenschale hochkant gestellte ``Orthostaten''sind, freilich von recht unregelmäßiger Form (Taf. 5b). Sie fußen auf einem Niveau, das zwischen 173,15 und 173,39 m NN schwankt. Der letzte Stein im Süden ragt bis 174,59 m empor; er hat damit eine respektable Höhe von 1,20 m bei einer Länge von 0,94 m und einer Tiefe von über 0, 60 m. Der vierte Block von Süden ist 1, 10 m hoch, 0, 45 m tief und 0, 50 m lang.* Dies vermag nach Meinung von Hans Lauter genügen, um die verhältnismäßig wuchtige Steinsetzung von MRM 3 anschaulich zu machen.

es Schwierigkeiten, weil im Inneren der Mauer die chalkolithische Erde aus dunkler, rotbrauner Krume besteht. Diese setzt sich aus zwei bis drei farblich und ihrer Konsistenz nach nur schwach zu trennenden Schichten zusammen. Lauter bezweifelt, dass hier eine chronologische Abfolge zu sehen ist. Abzuwarten ist das Ergebnis nach der Keramikbearbeitung. Anhand des momentanen Forschungsstandes ist eine genaue Datierung der Mauer nur schwer möglich. Die Datierung der Mauer erfolgte bislang durch die keramischen Funde im Inneren der sog. „Brustwehr". Sie scheint zu der spätneolithischen oder chalkolithischen Periode zu gehören. Ein Estrich mit eingebettetem chalkolithischen Pithos gab Anlass für die zeitliche Einordnung der Mauer in chalkolithische Zeit. Welche Funktion diese „Brustwehr" hatte, kann nicht mit Sicherheit gesagt werden. Wenn wir uns die Ergebnisse von Iakovidis ansehen, der sich mit den prähistorischen Wehranlagen Griechenlands befasste, stellen wir fest, dass neolithische Wehranlagen, die eine Mauer mit 1 m Breite hatten, als befestigt mit Brustwehren ausgesprochen werden.[60] Nach Iakovidis muss auch die spätneolithische Brustwehr eine Art Befestigung gewesen sein. Lauter versucht dagegen, die Brustwehr anders zu interpretieren. Er vermutet, dass die Mauer Teil eines Gebäudes (Hauses) oder einer Grenz- und Wehranlage war, die die spätneolithische und chalkolithische Siedlung umgeben hat. Er schließt die Möglichkeit aber nicht aus, dass die Mauer - wie von Iakovidis vermutet - eine Begrenzungs- oder Terrassenmauer gewesen sein könnte. Sicher ist, dass Lauter nicht zu einem festen Ergebnis im Bezug auf die Deutung und Funktion der Mauer kommt. Er prüft weiter, ob es sich hier um eine freistehende Brustwehr handelt oder nicht. Wahrscheinlich könnten an die Mauer anschließend Räume gebaut worden sein. Diese Räume hätten dann Flachdächer tragen können, die die Abwehr der Mauer verstärkten. Archäologisch konnte dies aber nicht bewiesen werden, weil keine Radialmauern oder Quermauern gefunden wurden, die an die Brustwehr angeschlossen waren. Eine wichtige Rolle für die Interpretation des Objektes könnte nach Lauter der Befund im Inneren der Mauer spielen. Die Keramik im Schnitt 50 und die Grube mit dem Pithos im Schnitt 57 könnten laut ihm Zeichen einer Überdachung sein. Wahrscheinlich wären dann hinter der Mauer Räume mit Lehmziegeln gebaut gewesen. Lehmziegel wurden aber archäologisch nicht nachgewiesen. Lauter stützt seine These auf die Störungen in Schnitt 59. Zusammenfassend ist Lauter der Ansicht, dass es sich hier um eine Wehrmauer mit angegliederten Aufenthaltsräumen handelt. Dies bleibt aber Spekulation. Wichtig ist, dass schon ab der neolithischen Zeit Menschen den Ort besiedelten. Sie erkannten seine geostrategische Position und obwohl er nicht zu den wasserreichen Orten gehörte, siedelten sie sich immer wieder dort an.[61]

[60] S. Iakovidis, Wehrbauten E 1 VI, ArchHom, 1977, 161-221.

2.2. Halai (Lokris)

2.2.1. Lage der Siedlung

Am Euböischen Golf von Opus liegt die antike Hafenstadt Halai, genauer im östlichen Winkel der Bucht von Opus bei dem heutigen Ort Agios Ioannis Theologos. Heute wird die Bucht von Opus als Bucht von Atalante bezeichnet. Halai gehört zu den östlichen Lokris und ist Teil des modernen Bezirks Phthiotis. Es bestand hier schon in der neolithischen Zeit eine Siedlung auf einem Plateau höchstens 4 m über dem Meeresspiegel. Ausgrabungen haben gezeigt, das Halai in der archaischen Zeit eine Befestigung hatte, die auch in der klassischen, hellenistischen, römischen und byzantinischen Zeit fortgeführt wurde.

2.2.2. Forschungsgeschichte und die Siedlung

Die ersten Ausgrabungen am Ort fanden von 1911 bis 1935 unter der Leitung von Goldman, Walker und Kosmopoulos statt. Sie erstellten einen Gesamtplan der Siedlung. Obwohl die Ergebnisse dieser Arbeiten nie im Detail veröffentlicht wurden, publizierte später Goldman die griechischen und römischen Funde, die auf der Akropolis von Halai gefunden wurden.[62] Die Funde wurden im Museum von Theben ausgestellt. Heute werden die neolithischen Funde im Nationalmuseum Athen gezeigt. In den Jahren 1988 und 1989 wurden von Coleman und Murray im Rahmen eines Projektes in Halai und auf der kleinen Insel Mitrou im Golf von Atalante Vermessungen durchgeführt. Anlass war das neolithische Material, das in den früheren Kampagnen gefunden wurde. Als Folge dessen kam es zu einer Neuaufnahme der Ausgrabungen von der „American School of Classical Studies" unter der Leitung von Coleman.[63]

[61] In Kiapha Thiti fehlte eine direkte Wasserversorgung. Selbst Zisternen sind für die ganze Bronzezeit nicht nachgewiesen worden. Wahrscheinlich existierten Brunnen am Fuß des Hügels, die die Menschen mit Wasser versorgten. Die älteren Einwohner in Kiapha Thiti erinnerten sich an einen solchen Brunnen, der heute nicht mehr zu finden ist.

[62] H. Goldman, The Acropolis of Halae, Hesperia 9, 1940, 381-514.

[63] J. E. Coleman, Excavations at Halai, 1990-1991, Hesperia 61, 1992, 265-289.

In den letzten Jahren studierte Bridges die neolithischen Funde in Halai, aber die Ergebnisse seiner Untersuchung stehen noch aus. 1990 bis 1992 wurden kleinere Ausgrabungen durchgeführt. Ziel der Kampagnen war es, die Grenzen und den Umfang der neolithischen Siedlung festzustellen. Es zeigte sich, dass sich die jungsteinzeitliche Siedlung über eine Fläche von 60 x 40 m erstreckte.

Was die architektonischen Elemente der neolithischen Siedlung betrifft, gibt es nicht viel zu sagen. Aus der früh- und mittelneolithischen Schichten haben Archäologen nicht viele Erkenntnisse gewinnen können.[64] Was man fand, waren Reste aus der spätneolithischen Zeit. Die Schicht aus dieser Periode befindet sich genau unter der Schicht aus archaischer Zeit. Bei Untersuchungen hat es sich ergeben, dass zwischen der spätneolithischen und archaischen Zeit eine Lücke besteht. Bronzezeitliche Funde blieben aus.

Die einzigen architektonischen Funde aus der spätneolithischen Zeit sind in den Schnitten F2 - F4 gefunden worden. Es wurden Hausreste aus mehreren Bauphasen gefunden, die gegen die Außenseite einer Fundamentmauer eines Ofens oder Herdes gesetzt waren. Die an diesem Ort gefundene Keramik wurde in eine frühe Phase der spätneolithischen Zeit datiert. Nördlich davon hatten Archäologen eine von Ost nach West verlaufende Steinpflasterung in Form eines 3 m breiten Bandes entdeckt (Taf. 4,1). Dieser Steinstreifen ist in der Mitte höher als an den Seiten. Es ist angenommen worden, dass die Steine Teile einer Begrenzungsmauer waren, die kurz vor der Aufgabe der neolithischen Siedlung gebaut wurde. Ob dies richtig ist, kann nicht mit Sicherheit gesagt werden. Ob die neolithische Siedlung durch eine Mauer ausgegrenzt wurde oder ob sie befestigt war, kann wahrscheinlich in Zukunft beantwortet werden. Die Tatsache, dass die Steine sich von einem Steilhang des Schnittes zum anderen erstrecken zeigt, dass dies das Ergebnis einer „nachneolithischen" Erosion war. Wenn es sich um eine Mauer handelt, die die neolithische Siedlung umfasste, dann müsste die Siedlung viel kleiner sein, als bisher angenommen wurde. Es wurden weitere neolithische architektonische Elemente gefunden. Hierbei handelte es sich um aus Stein gebaute Mauern, auf denen man Lehmziegelaufbauten sehen wollte. Es handelte sich um neolithische Häuser, die einen weißen Lehmstampfboden hatten. Dies konnte zumindest belegt werden. Wie die Siedlung in der neolithischen Zeit aber wirklich aussah, ist unklar. Zukünftige Kampagnen werden dies möglicherweise beantworten können.

[64] Im südlichsten Schnitt (F3) wurde unter gestörten Schichten, direkt über dem gewachsenen Fels, eine ungestörte Schicht gefunden, welche frühneolithische Keramik enthielt.

Sehr wichtig für die ökonomischen Ressourcen der Siedlung sind die Keramikfunde und andere Objekte. Bei der Keramik handelt es sich um schwarzpolierte und fleckig gebrannte Ware, die als „Regenbogenware" bezeichnet wird. Bemalte Keramik ist ebenso vorhanden. Die oben erwähnte Ware findet Parallelen in frühneolithischer Keramik. Aus diesem Grund entschied man, dass die Besiedlung des Ortes während der frühneolithischen Zeit stattgefunden haben muss. Die mittelneolithische Keramik wird durch rot auf weiß Bemalung charakterisiert, die sehr der thessalischen Sesklo-Keramik ähnelt. Spätneolithische Ware wird durch schwarzpolierte, mit der Tsangli-Larisa-Keramik vergleichbare Ware, und bemalte Keramik repräsentiert. Dazu kommen Scherben der sog. „Impressokeramik".[65] Man kann aufgrund der Fundsituation sagen, dass das neolithische Halai in der Anfangsphase der spätneolithischen Zeit verlassen wurde.

2.3. Saliagos (Antiparos)

2.3.1. Lage der Siedlung

Antiparos, eine 380 m^2 große Insel bildet mit Paros und Naxos die zentrale Gruppe der Kykladen. Die spätneolithische Siedlung Saliagos liegt auf einem Felsriff am nördlichen Ausgang des Sundes zwischen Antiparos und Paros. Das Felsriff ragt 500 m weit aus dem Hafen von Antiparos. Es hat eine Länge von 100 m und ist 50 m breit. Es handelt sich hier um die erste bekannte spätneolithische Siedlung im Kykladenraum. In der neolithischen Zeit war der Pegel des Meeres mindestens 6 m tiefer als heute. Das heißt, dass das kleine Felsriff damals die beiden Inseln Paros und Antiparos verband.

2.3.2. Forschungsgeschichte und die Siedlung

Zapheiropoulos war der erste, der sich mit Saliagos beschäftigte. Er erkannte, dass auf dem kleinen Felsriff prähistorische Funde auf der Erdoberfläche zu sehen waren. Systematische Ausgrabungen fanden in den

[65] Scherben von weiß inkrustierter Impressokeramik mit Punktdekoration, deren nächste Parallelen auf Euboia zu finden sind. Neben Keramik sind Obsidiangeräte, Stiel-Pfeilspitzen, kleine Steinperlen, Reste von Figurinen und Steinbeile gefunden worden, daneben paläobotanische Reste, wodurch es möglich war einen tieferen Einblick in Ernährungsfragen bekommen zu können. Knochen werden nicht erwähnt.

Jahren 1964 und 1965 statt.[66] „The British School at Athens“ führte die Ausgrabungen unter der Leitung von Evans und Renfrew durch. Die Ergebnisse der Kampagnen, die auf dem ganzen Felsriff durchgeführt wurden, wurden im Jahre 1968 publiziert.[67] Die Ausgrabungen haben drei vorgeschichtliche Horizonte zu Tage gebracht. Man fand heraus, dass die Siedlung aus rechteckigen Häusern mit Steinfundamenten bestand. Die Ausdehnung der prähistorischen Siedlung umfasste das ganze Gebiet der Insel. Das ganze Areal scheint von einer Mauer umgeben gewesen zu sein. Innerhalb dieser Mauer wurde ein Gebäudekomplex gefunden. Die Anlage hatte eine Breite von 15 m und eine Länge von mindestens 17 m. Eine genaue Beschreibung des Komplexes geben Evans und Renfrew. Was die Mauer betrifft, kann nicht viel gesagt werden, da sie nicht vollständig erhalten ist.

Es wird über eine „Bastion“ geredet, wobei nicht sicher ist, ob es sich wirklich um eine Bastion handelt. Der Komplex befindet sich an der südwestlichen Mauer des oben genannten. Der Südabschnitt der Mauer wurde aus relativ kleinen, aber sorgfältig gelegten Steinen gebaut, die Richtung Süden dicker werden und nordwärts an Größe gewinnen. Es ist nicht leicht, diesen Abschnitt der Mauer zu interpretieren. Hier war es möglich, mindestens zwei Konstruktionsphasen zu unterscheiden (Taf. 4,2). Die Baukonstruktion bildet eine Ecke, die fast kreisförmig und massiv gebaut ist. Es ähnelt hier einer Bastion. Anstoßenden Teile der Südwest- und der Nordwestmauer wurden gleich massiv gebaut. Es wurde angenommen, dass die gesamte Anlage einen defensiven Charakter hatte. Die Bastion in Saliagos kann in Wirklichkeit kein echter mit einer defensiven Absicht gebauter kreisförmiger Turm gewesen sein. Wenn es tatsächlich ein solcher wäre, könnte er mit Chalandhriani, Panormos und dem viel früheren Beispiel in Jericho wie auch mit Bastionen der FH II in Lerna verglichen werden. Die Bastion war aus Steinen gebaut. Der obere Teil war wahrscheinlich aus Lehmziegeln errichtet worden. Für die Interpretation suchten Evans und Renfrew Parallelen im Osten und kamen zu dem Schluss, dass es sich um ein Silo gehandelt haben könnte. Abschließend kann man nicht viel über die Funktion der ganzen Mauer sagen, weil sie nur in wenigen Bruchteile erhalten ist. Sollte die Mauer tatsächlich einen fortifikatorischen Charakter gehabt haben, dann sollte man die große Arbeitsleistung, die gut koordiniert und organisiert werden musste, betonen. Wenn die Menschen nun am Ende des 5. Jahrtausends auf den Kykladen die Voraussetzungen besaßen, einen solchen defensiven Bau zu errichten, dann könnte man denken, dass der Bau früheren Formen von „Städten“ in der Frühebronzezeit der nächste Schritt wäre.

Was die anderen Funde betrifft, kann Folgendes gesagt werden. Die Menschen in Saliagos stellten Pfeilspitzen und Werkzeuge aus Obsidian her. Besonders war dabei die Bearbeitung des Obsidians. Die Produktion von Werkzeugen aus Feuerstein scheint viel größer gewesen zu sein, als notwendig war. Es wurde vermutet, dass Saliagos eine Art Handelszentrum gewesen sein muss. Der Feuerstein wurde erst aus Melos nach Saliagos transportiert. Dort wurde er verarbeitet und dann weiter geschickt. Sehr wichtig ist auch die in der Siedlung von Saliagos geborgene Keramik.[68] Wichtig waren auch andere Beschäftigungen der neolithischen Einwohner von Saliagos. Fischerei spielte eine große Rolle in ihrem Leben. Muschelschalen, viele Hacken und Knochengeräte waren Bestandteil ihres Lebens.

2.4. Kertezi bei Kalavryta (Achaia)

2.4.1. Lage des Ortes

Das Dorf Kertezi liegt 13,5 km weit von Kalavryta entfernt auf der Peloponnes in einer Höhe von 850 m über dem Meeresspiegel auf einer kleinen Ebene in einem kleinen Tal, durch das sich der Fluss Monastirias schlängelt. Es liegt am Fuß des Berges *„Treis Gunaikes*“ (1795 m). Der Berg bildet das östliche Ende des Berges Eurymanthos. Das Tal von Kertezi wird von den Flüssen Erasinos und Bouraikos und nördlich von dem Berg Ai – Lia begrenzt (1340 m), im Süden von Apotomi Rachi. Auf diesem steilen Gebirgskamm, der einem Hügel ähnelt, liegt an der südöstlichen Seite eine unbekannte Umfassungsmauer. Sie wurde in einer Höhe von 918 bis 937 m über dem Meeresspiegel gebaut. Die Mauer umfasst zwei Erhebungen (Taf. 5,1). Der Ort wurde an seiner südöstlichen Seite durch die Mauer abgegrenzt, weil nur an dieser Stelle das ganze Gebiet passierbar war. Über die Kultivierung des Landes in diesem Gebiet kann man nichts sagen. Die gebirgige Region war aber wohl für die Viehzucht geeignet.

[66] N. Zapheiropoulos, *Νήσοι Αιγαίου*, ADelt 17, 1961/61, 267-272.

[67] J. D. Evans - C. Renfrew, Excavations at Saliagos near Antiparos (1968).

[68] Saliagos ist die früheste Siedlung auf den Kykladen, die eine bedeutende Keramik ans Licht brachte. Es handelt sich um dunkle, polierte Ware, die mit Weißmalerei und mit einfachen Profilen gemacht wurde. Bei der gröberen Keramik ist Punkt-Impresso-Ware und Keramik mit plastischer Dekoration belegt. Bei den Henkelformen sind Vertikalhenkel mit Hornaufsatz bemerkenswert. Mehr zu diesem Thema: E. Alram–Stern (1996), 145f.; F. Schachermeyer, Die Ägäische Frühzeit, 1. Band. Die vormykenischen Perioden des griechischen Festlandes und der Kykladen (1976), 170f.

2.4.2. Forschungsgeschichte und der Ort

Der Ort Kertezi wurde schon ab 1906 in der Kalavrytini Epeteris (Athina 1906) von Papandreou erwähnt, sonst ist der Ort in einem Lexikon „Hliou“ unter dem Stichwort „*Kunaitha*“ zu finden.[69] Der einzige Wissenschaftler, der sich mit dem Ort befasste, war Pikoulas. Er berichtet von der Lokalisierung einer bisher unbekannten Befestigung östlich des Dorfes Kertezi bei Kalavryta.[70] Er untersuchte die Mauer und fand an der Erdoberfläche handgemachte prähistorische Keramikfragmente. Geräte aus Feuerstein und Obsidian wurden ebenfalls gefunden. Pikoulas schlug vor, dass diese Funde schon ab der spätneolithischen Zeit datiert werden können. Wurde der Ort also schon ab der neolithischen Zeit bewohnt? Nach Pikoulas bestätigen dies die oben genannten Funde. Andere architektonische Elemente, die es bezeugen könnten, fehlen bislang. Ob dort eine neolithische Siedlung errichtet wurde, kann deshalb nicht gesagt werden. Es wäre auch möglich, dass der Ort schon in neolithischer Zeit wegen der großen Höhenlage zu bestimmten Jahreszeiten für die Herden benutzt wurde. Wichtig ist an dieser Stelle die Erwähnung der Ausgrabung eines SH IIIC Grabes, das ganz zufällig im Jahre 1969 gefunden wurde. Es könnte sein, dass an diesem Ort eine Kontinuität durch die Epochen besteht. Weitere Untersuchungen wären aber notwendig, um diese Vermutung zu bestätigen.

Die Mauer hat eine Länge von 120 m und eine Breite von 1,50 m bei einer wahrscheinlichen Höhe von 2 m ist gut erhalten und wurde nur mit Steinen aus der Umgebung gebaut (Taf. 5,2). Die Mauertechnik ist einfach und ohne Verbindungsmittel. Der geschlossene Raum wird durch eine schräge Mauer in zwei Teile getrennt. Im nordöstlichen Teil scheint ein Turm oder eine Art Bastion (4,60 x 7 x 4,90 m) gewesen zu sein. Es wäre möglich, dass ein anderer Turm an der südwestlichen Seite des Mauerwerkes existierte. Von wo das Ganze betreten wurde, ist nicht festzustellen. Es wurde keine Spur eines Eingangs gefunden. Dies hängt wahrscheinlich mit dem Bau der kleinen Kirche von Panagia zusammen. Die Bewohner hatten im Jahre 1965 als Baumaterial für die Kirche Steine der Mauer verwendet. Die Folge war die Zerstörung der Mauer. Pikoulas datiert die ganze Anlage hellenistisch, lediglich aufgrund von Surveyfunden. Seiner Meinung nach handelt es sich hierbei aufgrund der herausragenden Lage um einen Wachposten.[71]

2.5. Sphakovouni (Arkadien)

2.5.1. Lage der Siedlung

Die prähistorische Siedlung liegt in einem von vielen Bergen umgebenen Gebiet Arkadiens (Eparchie von Gortynia in Arkadien) auf der Peloponnes.[72] Sphakovouni befindet sich 2 km nordöstlich von Kamenitsa und 1 km östlich von Karvouni (vorher *Kalivia Lastas*) in Arkadien. Die Siedlung liegt auf einem Hügel westlich von Vytina. Vytina ist eine besonders im Norden hügelige Ebene, die sich nach Süden bis zum alten Methydrion erstreckt. Die Ebene liegt fast 1000 m über dem Meeresspiegel. Sie wird im Osten durch die bewaldeten Gebirge von Pateritsa abgeschlossen. Westlich dieser Ebene befindet sich die bergige Kette von Argyrokastro. Im Allgemeinen handelt es sich um eine Landschaft, die komplett von kleinen und großen Bergen umzingelt ist. Das Gebiet ist reich an Quellen. Dort, wo der Hügel mit der prähistorischen Stätte liegt, wird das Tal von Vytina vom Fluss Mylaon durchquert. Seine Quellen entspringen dem Methydriongebirge. Üppige Vegetation von Bäumen und Sträuchern verschönert die bergige Landschaft. Der runde Hügel von Sphakovouni ist 110 m hoch. Er hat einen Durchmesser von fast 400 m. Sein Gipfel ist felsig und mit Sträuchern bedeckt. Die unteren Teile seiner durch Terrassenmauern geteilten Abhänge sind für den Ackerbau bestimmt. Da die bergige Gegend für Landwirtschaft nicht geeignet ist, versuchten die Menschen schon in neolithischer Zeit durch Terrassenmauern die Erde kultivierbar zu machen. Das bergige Land war damals wie heute eher für die Viehzucht als für Ackerbau geeignet.

2.5.2. Forschungsgeschichte

Der erste, der auf Sphakovouni aufmerksam wurde, war der Professor für alte Geschichte der Universität Zürich, Ernst Meyer.[73] In seiner Arbeit „Peloponnesische Wanderungen“ versuchte er die antike und mittelalterliche Topographie von Arkadien und Achaia darzustellen. Meyer war es, der das historische Torthyneion auf Sphakovouni suchte. Ob er Recht hatte, die Stadt in diesem Gebiet zu suchen, ist eine andere

[69] *Νεώτερον Εγκυκλοπαιδικόν Λεξικόν Ηλίου, Λήμμα κυναιθά εις θέσιν Παναγιά, καταφανή τα ερείπια κυκλώπειων (πελασγικών) τειχών.*

[70] A. G. Pikoulas, *Το οχυρό στην Κερτέζι Καλαβρύτων*, in: A. D. Rizakis (Hrsg.), Achaia und Elis in der Antike. Akten des 1. Internationalen Symposiums, Athen, 19-21. Mai 1989 (1991) *Μελετήματα* 13, 265–465.

[71] Ebd. 267ff.

[72] R. Hope-Simpson, O. T. P. K. Dickinson, A gazetteer of Aegean civilisation in the Bronze Age, I. The mainland and the islands, SIMA 52 (1979).

[73] E. Meyer, Peloponnesische Wanderungen (1939).

Frage, die hier nicht behandelt werden kann. Als er den Hügel suchte, sah er oberirdisch keine antiken Reste außer einen eingefallenen mittelalterlichen Rundturm auf dem Gipfel. Dafür waren die Spitze des Hügels und seine Hänge voll von Ziegelsteinen und Scherben.[74] Howell befasste sich ebenfalls mit der Topographie und Funden in Arkadien. Im Bezug auf die archäologische Stätte Sphakovouni stützt er sich auf den Bericht von Ernst Meyer.[75] G. D. Petropoulos – Sagias versuchte Sphakovouni mit der homerischen Stadt Enispe zu identifizieren, konnte damit aber nicht überzeugen.[76] Der Erste, der mit Ausgrabungen auf dem Hügel anfing, war der griechische Ephor Spyropoulos zusammen mit Phaklari. Im Jahr 1983 wurden so die ersten baulichen Überreste der Siedlung ausgegraben. Die Ausgrabungen dauerten noch bis 1986. Spyropoulos versuchte wie Petropoulos Sagias die Siedlung mit dem homerischen Enispe zu identifizieren. Er konnte die archäologische Fachwelt aber nicht überzeugen.

2.5.3. Die Siedlung

Die baulichen Elemente, die auf dem Hügel von Sphakovouni gefunden wurden, reichen von der spätneolithischen bis in die FH II Zeit. Mit der Fortsetzung der Ausgrabungen wurden Befunde aus der mittel- und späthelladischen Zeit ans Licht gebracht.
Die Siedlung wurde auf dem nördlichen Hang des Hügels errichtet, damit sie laut Spyropoulos von den Winden des Bergs Kyllene erfrischt werden konnte (Taf. 6,1). Er glaubt in der Siedlung die homerische Stadt Enispe entdeckt zu haben, weil diese nach Homer „*ἠνεμόεσσα*" (dem Wind ausgesetzt) war. Im Zentrum der Siedlung sind verschiedene Räume gefunden worden, die Spyropoulos als Wohn- und Kulträume bezeichnet. Am Rande wurden Speicherräume und Werkstätten gefunden. Architektonisch ist das Apsishaus bedeutsam, das in die spätneolithische bzw. in die chalkolithische Zeit datiert wird. Die Mauern dieses Hauses sind zum Teil gut erhalten, haben eine Breite von mehr als 1 m und eine Höhe bis zu 2 m. Die Hauptphase dieses Gebäudes gehört in die FH II und es scheint das administrative Zentrum der Siedlung zu dieser Zeit gewesen zu sein. Wie die Mauern des Apsishauses so sind auch die äußeren Mauern der verschiedenen Räume der Siedlung. Sie sind oft breiter als 1m und erwägen den Eindruck, dass das Ganze eine Art Fortifikation gebildet haben muss (Taf. 6,2). Die Gleiche Vermutung äußerte Dousougli.[77] Ob sie damit Recht hat, wird sich zeigen, sobald die Untersuchungen abgeschlossen sind. Was die Keramik betrifft, kann Folgendes gesagt werden. Es handelt sich um polierte, offene, teilweise bikonische spätneolithische Keramik. Es sind Gefäße gefunden worden, die teilweise mit Tunnelhenkeln versehen sind, große geschlossene Gefäße mit Bandhenkeln und Vorratsgefäße mit Rippenverzierung. Im Allgemeinen fand man eine große Zahl an Keramik und Gefäßen, die dem täglichen Bedarf dienten. Die Keramik wird in das 4. und an den Anfang des 3. Jahrtausends v. Chr. datiert.
Bemerkenswert ist der Fund von vielen Tonfigurinen. Es handelt sich um weibliche Figurinen. Manche von ihnen haben eine Hand in die Hüfte gestemmt und die andere Hand weggestreckt. Männliche gebogene Figurinen wie brettförmige Idole wurden ebenfalls gefunden. Bemerkenswert ist das paarweise Auftreten der weiblichen und männlichen Figurinen, die zusammen mit Miniaturgefäßen und Tieren (Schweine, Schildkröten, Schlangen) gefunden wurden.
Außer der Keramik wurden auch zahlreiche neolithische Werkzeuge (Äxte, Beile, Schleudersteine) und Obsidian aus Melos gefunden. Obwohl die Siedlung in einer unwegsamen Gegend liegt, konnten damals die neolithischen Menschen also Obsidian aus Melos beschaffen, um damit ihre Werkzeuge herzustellen.
Die Siedlung wurde um 3000 v. Chr. zerstört. Die Menschen haben sie dennoch nicht ganz verlassen. Es gibt Anhaltspunkte, dass sie noch bis 1200 v. Chr. bewohnt worden ist. Ob nun die Siedlung oder der Gebäudekomplex befestigt war, ist fraglich, weil die Ausgrabungen und Untersuchungen am Ort nie richtig abgeschlossen wurden. Die tatsächliche Ausdehnung der Siedlung ist nicht bekannt und zumindest bis 1986 bleiben die Methoden, mit denen die Ausgrabungen durchgeführt wurden, fraglich. Pikoulas hat schon über die schlechten Ausgrabungen auf Sphakovouni und den Erhaltungszustand in situ der Funde berichtet.[78] Es ist noch nicht sicher, ob die Überprüfung des stratigraphischen Befundes abgeschlossen ist. Sicher ist die Existenz einer prähistorischen Stätte, die noch weiter untersucht werden muss. Die Frage, ob es sich hier um eine Siedlung oder ein Kultzentrum handelt, ob befestigt oder nicht, muss erst noch geklärt werden.

[74] Ebd. 38f.

[75] R. Howell, A survey of Eastern Arcadia in Prehistory, BSA 65, 1970, 99, Nr. 45.

[76] G. D. Petropoulos-Sagias, *Οι τρείς ομηρικές αρκαδικές πόλεις, Ρίπη, Στρατίη, Ενίσπη* (1982).

[77] A. Dousougli (1992), 275-279.

[78] G. A. Pikoulas, *Σύγχρονες ανασκαφικές έρευνες στο Σφακοβούνι Αρκαδίας*, Horos 4, 1986, 192-195.

2.6. Dimini (Thessalien)

2.6.1. Lage der Siedlung

Am Westrand der Ebene von Volos erhebt sich die Magula von Dimini, die zur Zeit ihrer Besiedlung noch fast an der Küste lag. Der Hügel liegt 25 m hoch über dem Meeresspiegel und befindet sich nordöstlich des heutigen Dorfes gleichen Namens. Es liegt auf dem nordöstlichen Abhang des Berges Deukalion. Die archäologische Stätte ist von Volos fast 5 km entfernt. In diesem Gebiet hatten sich die Leute von Dimini niedergelassen und zwar im fruchtbarsten und am dichtesten besiedelten Streifen von Volos entlang des Karlasees, der heute ausgetrocknet ist. Die Ausdehnung der Siedlung beträgt ungefähr 30 ha. Dimini wird in der neolithischen Zeit eine größere Ausdehnung gehabt haben, denn beim Hausbau des heutigen Dorfes kamen dort viele architektonische Elemente und Keramik zutage. Dimini ist eine der berühmtesten vorgeschichtlichen Stätten Thessaliens und die von dort stammende Keramik namengebend für eine ganze Epoche der jüngeren Steinzeit die sog. „Dimini – Kultur", um 3900 – 3000 v. Chr. Zu dieser Siedlung gehört ein zentraler, von einem Steinwall umgebener, möglicherweise auch befestigter Bereich, in dem sich ein offener Platz und ein großes Zentralgebäude, eine Art Megaron, befinden.[79] Charakteristika dieser Siedlung sind die schon bekannten Ringanlagen oder auch Umfassungsmauern (*Periboloi*).

2.6.2. Forschungsgeschichte

Die prähistorische Siedlung wurde zum ersten Mal 1884 von Lolling lokalisiert.[80] Erste Ausgrabungen fanden durch einen griechischen Ephor mit Namen Stais in den Jahren 1901 - 1902 statt. Weitergeführt wurden sie durch den bekannten griechischen Archäologen Tsountas. Letzterer veröffentlichte die Ergebnisse der Ausgrabungen im Jahr 1908.[81] Viele Jahre später führte Chourmouziadis in der Siedlung Ausgrabungen durch, die von 1974 bis 1976 dauerten. Er beschäftigte sich am meisten mit der Funktion der Gebäude und der Stratigraphie (Schichten). So war er der dritte Archäologe, der sich mit Dimini beschäftigte. Tsountas erkannte sechs oder wahrscheinlicher sieben Umfassungsmauern, von denen die vier inneren in ihrer ganzen Länge ausgegraben wurden. Die fünfte und sechste Mauer wurde nur teilweise ergraben. Im Bezug auf die Datierung der Umfassungsmauer erkannte Tsountas drei Bauphasen.[82] Für die älteste Phase ist die Zahl der zugehörigen Umfassungsmauern unbekannt. Es wurden nur Teile der inneren Mauer (*Peribolos* 1) an der nordöstlichen Seite in einer Länge von 13,50 m ausgegraben. Diese Teile befinden sich im östlichen Teil der Siedlung, wie auch in der Nähe der nördlichen und südlichen Toranlage.[83] In der zweiten Phase wurden die nächsten zwei inneren Umfassungsmauern gebaut (*Periboloi* 2 – 3). In der dritten Phase wurden alle drei Mauern abgerissen und neu aufgebaut. Stufenweise wurde auch die andere äußere Ringmauer gebaut. Die siebte Mauer wurde nicht nachgewiesen, sondern nur vermutet. Grund dafür gab die sechste Ringmauer, die nicht bis an den steilen Abhang der Siedlung reichte, wodurch ein Teil der Häuser ungeschützt blieb.[84] Alle drei Phasen wurden in die neolithische Zeit eingeordnet. Tsountas fand noch Teile eines Grabens und Bauten der Frühbronzezeit. Was die Funktion der Umfassungsmauern betrifft, ist zu erwähnen, dass er sie als befestigte Anlagen betrachtete.[85] Er konnte seine Theorie aber nicht begründen, weil weder die Breite der Ringmauer noch die Brustwehr erhalten waren. Deshalb kann meines Erachtens nicht von einer Verteidigungsanlage gesprochen werden, wie Tsountas sie hier zu sehen glaubte. Für ihn war die Anlage das Paradebeispiel einer Befestigungsanlage für diese Epoche. Daraus entwickelte er seine Theorie, dass konzentrische Mauern der Nachweis für befestigte Anlagen sind. Hinter der Mauer wurden Erdaufschüttungen gefunden und Tsountas nahm an, dass sie zur Verteidigung der Siedlung dienten. Er glaubte, dass die Verteidiger der Siedlung auf diesen Aufschüttungen kämpften. Seiner Meinung nach war die äußere Seite der Ringmauer höher als die innere, die der Größe eines Menschen entsprach. Tsountas addierte die Größe der Menschen zu der Höhe der Mauer und kam so auf das Ergebnis, dass sie von innen 2,80 – 2,90 m hoch war und von außen 0,30 – 0,40 m höher. Durch diese Theorie wurden die konzentrischen Umfassungsmauern in der Literatur weltweit als Befestigungsanlagen angesehen. Die Siedlung galt als befestigt. Viele Jahre später gab Chourmouziadis ein anderes Bild der Umfassungsmauern. Sein Ziel war ein besseres

[79] Es handelt sich um einen Bautypus, der ganz auffallend an die Grundrissgestaltung des späteren hellenischen Tempels erinnert: ein zweiräumiges Langhaus, zugänglich an der Schmalseite durch eine Vorhalle, deren Dach durch Säulen und seitliche Mauervorstöße (Anten) getragen wird.

[80] G. H. Lolling, Mitteilungen aus Thessalien. I. Ormenion und Aisoneia, AM 9, 1884, 97-116. Hier 99ff.

[81] Ch. Tsountas, *Αί προϊστορικαί Ακροπόλεις Διμηνίου και Σέσκλου* (1908).

[82] Ebd. 48ff.

[83] Ebd. 44ff.

[84] Ebd. 34f.

[85] Ebd. 39ff.

Verständnis der thessalischen Vor- und Frühgeschichte im Rahmen der inzwischen weiter entwickelten archäologischen Methoden und Theorien zu geben. Obligatorisch wandte er sich nach Dimini, der einzigen Siedlung, die in ihrer ganzen Ausdehnung ausgegraben worden war.[86] Er vertrat die Meinung, dass die Ringmauern keine Befestigungsfunktion hatten. Dabei bezog er sich zum einen auf die Ergebnisse aus den archäologischen Ausgrabungen, darüber hinaus befasste er sich intensiver mit den wirtschaftlichen und sozialen Aspekten der Siedlung. Seine Argumentation ist dabei folgende: 1. Die Anordnung der Umfassungsmauern spricht eher gegen eine Funktion als Befestigung.[87] Durch ihre konzentrische Bauweise waren sie nicht dazu geeignet, die Siedlung zu verteidigen, da: a) Der kleine Abstand oder die Berührung zwischen den Mauern 1 – 2 und 3 – 4 half einem Angreifer in den inneren Raum zu gelangen, da die „*Periboloi*" stufenweise gebaut waren. b) Die Bauten, die zwischen den Ringmauern 2 - 3 gebaut waren, schützten die Angreifer vor den Verteidigern im Inneren der Mauern 1 – 2. Dies würde die Plünderung und die Eroberung der Siedlung begünstigen. c) Die Gebäude, die auf den Mauern errichtet waren. Die Angreifer würden auf den Dächern der Häuser kämpfen und könnten so durch ihre höhere und bessere Kampfposition leicht in das Innere der anderen Ringmauer gelangen. Dies wäre umso leichter in den Mauerbereichen, die weniger als 1 m hoch waren.[88] Es wäre deshalb nach Chourmouziadis unlogisch, solche Konstruktionen zur Verteidigung der Siedlung zu errichten, die anstatt Schutz zu bieten möglichen Angreifern den Zugang zur Siedlung erleichtern würden.

2. Laut Chourmouziadis wurde die Höhe der Umfassungsmauern von der Höhe der Häuser bestimmt. Dies war dort der Fall, wo sie mit der Mauer zusammenkamen. In vielen Bereichen müssten sie 1 m hoch gewesen sein.[89] Als bei den Ausgrabungen der Bausschutt vom Inneren der Mauern entfernt wurde, stellte sich heraus, dass dieser nicht für eine Gebäudehöhe von 2 m ausreichen würde. Das kann meines Erachtens nicht als Begründung ausreichen, weil im Laufe der Zeit viel Material abtransportiert wurde, um dieses anderweitig zu verbauen. Noch für den Bau der Häuser im heutigen Dimini wurde Material aus der alten Siedlung verwendet. Meines Erachtens könnten die Bauten, die sich an den Mauern berührten, sehr wohl eine Höhe von 2 m gehabt haben.

3. Nach Chourmouziadis spricht auch die geringe Breite der Ringmauern, die zwischen 0,60 und 1,50 m liegt, gegen eine Funktion als Befestigung.[90] Die größere Breite wurde nur in Bereichen festgestellt, wo Reparaturarbeiten stattfanden und die Mauern eine Art Plateau bildeten. Seiner Meinung nach sprechen auch die unterschiedlichen Mauerstärken gegen eine Nutzung als Verteidigungsanlage, da zur Verteidigung durchgehend stärkere Mauern benötigt würden.

4. Tsountas erwähnte, dass der Bau der Ringmauern sehr stark und fast vollkommen war, so dass die Verteidigung besser funktionieren konnte. Chourmouziadis fragte sich deshalb, weshalb ein solch perfektes Verteidigungssystem diese Mängel haben sollte.[91]

5. Tsountas sieht die Reparaturen an den Mauern als provisorische Arbeiten. Chourmouziadis sieht dagegen keinen Grund für ein Provisorium. War die Gefahr abgewandt, hätten die Bewohner anschließend genug Zeit für gründliche Reparaturen gehabt. Wurde die Siedlung dagegen erobert, hätten die neuen Einwohner trotzdem nicht unter Zeitdruck gestanden, denn wer hätte sie noch bedrohen sollen?[92] Deshalb handelt es sich für Chourmouziadis nicht um provisorische, sondern gründliche Reparaturarbeiten, die mit irgendeiner Art der Neuorganisation der Siedlung zusammenhingen.[93]

6. Wenn die „*Periboloi*" eine befestigte Funktion hatten, dann sollten sie die Form der ganzen Siedlung beeinflussen, wie es das Verteidigungssystem fordert. Die Siedlung entwickelte sich laut Chourmouziadis aber nach den wirtschaftlichen Notwendigkeiten bzw. nach der Größe der Produktion.[94] Als Beispiel dieser Entwicklung erwähnt er den Abstand zwischen den Ringmauern. Laut ihm entspricht er nicht der Regel, weil viele Teile der Mauern aufeinander treffen, so z. B. die zwei inneren Mauern an der südöstlichen Seite. An anderen Stellen, wie z. B. zwischen der dritten und der vierten Mauer bleibt dagegen immer ein Zwischenraum (Taf. 7).

7. Die befestigte Funktion der Mauern, die Tsountas vermutete, wurde von Chourmouziadis mit folgendem Argument abgelehnt. Befestigungen wurden seiner Meinung nach gebaut, um eine Siedlung vor Feinden zu schützen, die entweder einen Ort plündern wollten oder ihn eroberten, um sich selbst dort niederzulassen.[95] Chourmouziadis glaubte fälschlicherweise nicht daran, dass die Menschen schon während der neolithischen Zeit ihre Mitmenschen angriffen, um Siedlungen zu erobern oder zu plündern. Diese Entwicklung fing seiner Meinung nach erst an, als die Menschen wohlhabender wurden und begannen ihre Produkte zu horten. Darin sah

[86] G. Chourmouziadis (1979).
[87] Ebd. 79ff.
[88] Ebd. 82f.
[89] Ebd. 58ff.
[90] Ebd. 76ff.
[91] Ebd. 79f.
[92] Ebd. 71f.
[93] Ebd. 71ff.
[94] Ebd. 59ff.
[95] Ebd. 65ff.

er eine stetige Herausforderung für andere Menschen. Die Einwohner von Dimini beschäftigten sich nach den Ausgrabungsergebnissen mit der Landwirtschaft und der Viehzucht. Die Benutzung von Metall war dagegen noch nicht bekannt. Unter diesen Voraussetzungen waren für Chourmouziadis Befestigungsanlagen für diese frühe Zeit nicht nötig und deshalb unlogisch. Er glaubte auch nicht daran, dass Angreifer die Siedlung eroberten wollten, um sich dort niederzulassen, da es in dieser Zeit genug freie Siedlungsflächen gab, an denen man eine neue Siedlung errichten konnte.

8. Wenn nun die Mauer doch eine Befestigungsfunktion hätte, dann hätte nach Chourmouziadis ihre Konstruktion einen ideologischen Grund gehabt. Sie hätte dann nichts mit der Produktivität der Menschen zu tun gehabt. Man hätte dann die Mauern gebaut, um a) die Gebäude und die Güter vor Eindringlingen zu schützen und b) das Oberhaupt der Siedlung zu beschützen.[96] Für den Fall, dass die Umfassungsmauer eine befestigte Funktion hatte, war für Chourmouziadis sehr wichtig, welche Menschen im Raum der äußeren Mauern wohnten und welche im sicheren Innenraum. Die Auswahl konnte nach ihm nur einen sozialen oder wirtschaftlichen Grund haben. Anhand der Analyse des archäologischen Materials konnte eine Differenzierung der Gesellschaft für die mittlere neolithische Zeit aber nicht nachgewiesen werden. Ein möglicher Schutz des Siedlungsoberhauptes durch die Mauern käme nur dann in Frage, wenn dieser im Zentralgebäude der Siedlung gewohnt hätte. Eine solche zentralistische Macht, wie Chourmouziadis sie für Dimini annimmt, konnte dort aber nicht nachgewiesen werden.[97] Abschließend meinte er, dass die Umfassungsmauern in Dimini auf keinen Fall einen Befestigungscharakter gehabt haben konnten. Sie hätten stattdessen mit der Produktivität der Menschen in Zusammenhang gestanden und zeigten ihren sozialen und wirtschaftlichen Status an. Für ihn stand fest: *„Dimini war nicht eine befestigte Residenz, in der die „Archonten“ Zuflucht fanden“*.[98] Zur Form der Siedlung behauptete er, dass sie am Anfang keinen runden Grundriss gehabt habe. Eine Begründung für seine These lieferte er aber nicht. Was nun die Chronologie der Mauern betrifft, glaubte Chourmouziadis, dass sie zu verschiedenen Bauphasen gehörten. Die einzelnen Phasen hingen dabei seiner Meinung nach von der demographischen Entwicklung und der Produktivität der Menschen ab. Insgesamt unterschied er drei Phasen für die Errichtung der Umfassungsmauern. Die ersten zwei gehörten in neolithische Zeit, die dritte in die Frühbronzezeit. Zu der ersten Phase gehörte die ältere Mauer, deren Teile bei den jüngeren Ausgrabungen ans Licht kamen. Diese Mauer verlief unterhalb des großen Hauses im zentralen Hof (Taf. 8).[99] Während der zweiten Phase wurden alle anderen Ringmauern gebaut. Besonders die dritte und die vierte wurden gleichzeitig gebaut, was anhand von Keramik und anderen Funden bestätigt werden konnte.[100] In der dritten Phase wurde die innere Mauer repariert und das Megaron gebaut (frühe und mittlere Bronzezeit). Inzwischen konnte durch Ausgrabungen aber noch eine weitere Bauphase nachgewiesen werden, aus der das Kuppelgrab und die mykenische Siedlung stammen. Diese steht aber nicht mehr in Zusammenhang mit den Mauern. Die Thesen von Chourmouziadis wurden aufgrund ihrer unlogischen Argumentation allerdings nur von wenigen Archäologen akzeptiert.[101] Allgemein anerkannt sind heute dagegen die archäologischen Ergebnisse des Archäologen Aslanis. Er vertrat die Meinung, dass die Umfassungsmauern in Dimini in zwei Phasen gebaut wurden. In der ersten Phase wurden nach ihm die ersten zwei inneren Ringmauern (1-2) gebaut, die eine sehr dichte Besiedlung umfassten. Der Zugang zu der Siedlung erfolgte durch vier axial angeordnete Tore. In der zweiten Phase wurden die anderen Mauern (3-4) gebaut, die das zweite Paar der Befestigung bildeten. So wurde die ganze, nun erweiterte Siedlung beschützt. Es gab noch eine dritte Phase nach Aslanis, in welcher erneut die erste innere Mauer (1) als Befestigung benutzt wurde. Gleichzeitig wurde das Innere der Siedlung neu organisiert. Insgesamt vertritt Aslanis, wie sein Vorgänger Tsountas, die These, dass es sich bei den Umfassungsmauern um eine Befestigung handelt.[102]

2.6.3. Die Siedlung und die „Periboloi“

Wie schon erwähnt, liegt die archäologische Stätte auf einem flachen Sporn. Die Form der Siedlung ist einigermaßen rund (Taf. 7). Die neolithischen Gebäude sind über die ganze Ausdehnung der Siedlung errichtet. Es handelt sich um Gebäude, die von Stais und Tsountas ausgegraben wurden, einfache Bauten, rechteckig oder trapezförmig mit einem Raum oder mit zwei Räumen.[103] Ihre architektonischen Reste sind mit einer Höhe von

[96] Ebd. 83ff.
[97] Ebd. 91f.
[98] Ebd. 93f.

[99] Ebd. 61f.
[100] Ebd. 63f.
[101] E. J. Ricardo, A study of the neolithic architecture of Thessaly (1982).
[102] I. Aslanis, *Οι οχυρώσεις στους οικισμούς του βορειοελλαδικού χώρου κατά τη χαλκολιθική περίοδο και η περίπτωση του Διμηνίου*, *Μελετήματα* 10, 1990, 19–64.
[103] Dieselben Hausformen außer Dimini treffen wir in Sesklo, Lianikladhi, Servia, Hagiorgitika und Lerna; A. Wace – M. Thompson, Prehistoric Thessaly (1912), 187ff.

0,80 m erhalten. Die Mauern bestehen aus Schiefer (Kalkstein) und wurden mit Lehm verbunden. Die Verwendung von Holz konnte für die Gebäude dagegen nicht nachgewiesen werden. Der Unterbau der Häuser ist auch aus Stein. Der Boden besteht meistens aus gestampfter Erde. In einigen Fällen hatte er eine Kieselsteinpflasterung. Die Gebäude stehen manchmal frei oder sie sind direkt an die Umfassungsmauern der Siedlung angebaut. Für die Dächer der Häuser sind hölzerne Konstruktionen mit Schilf und Lehm denkbar, wie sie z. B. in Sesklo nachgewiesen werden konnten. Die Häuser, die im Westen und Osten an die Umfassungsmauern angebaut wurden, konnten als Handwerksstätten identifiziert werden. Im Zentrum der Siedlung stand das Zentralgebäude. Man nahm an, dass es das Haus des Oberhauptes der Siedlung war. Der dortige Hauptraum hatte beträchtliche Ausmaße von 6,35 x 5,50 m, das Dach wurde durch Innensäulen aus Holz gestützt. Der offene Platz vor dem Haus war wahrscheinlich als Handels – und Arbeitsplatz gedacht. Der Zugang in die Siedlung war durch vier Toranlagen möglich, die axial gebaut waren. Eine solche Anordnung war üblich für den Balkan und den übrigen europäischen Raum. Die axialen Toranlagen waren mit den konzentrisch gebauten Befestigungsanlagen eng verbunden. Hier muss erwähnt werden, dass Tsountas und Chourmouziadis die Toranlagen der Siedlung unterschiedlich dargestellt haben. Sie gaben den Toren verschiedene Namen. Chourmouziadis benannte als östliches, nördliches, westliches bzw. südliches Tor, was bei Tsountas das nördliche, westliche, südliche bzw. östliche Tor war. Damit hier keine Verwirrung entsteht, werden die Toranlagen mit ihren geographisch richtigen Namen benannt, nämlich als nordöstliche, nordwestliche, südwestliche und südöstliche Toranlage. Die Breite der Toranlagen während der ersten Phase (gleichzeitig mit der Errichtung der zwei inneren Ringmauern) der Befestigungsanlage war 1 m. Sie waren so gebaut, damit im Fall eines Angriffes nicht viele Menschen gleichzeitig in die Siedlung stürmen konnten. In Dimini scheinen die Toranlagen der neuralgische Punkt der Siedlung gewesen zu sein. Das kann man an der baulichen Verstärkung der Anten erkennen. Eine Ausnahme bildet hier das südöstliche Tor. Hier wurde keine Verstärkung nachgewiesen. Wahrscheinlich war das aufgrund des dortigen starken Bodengefälles nicht nötig. Innerhalb der inneren Umfassungsmauer konnte keine Bebauung nachgewiesen werden. Dieser Meinung war auch Aslanis.[104] Für die zweite Phase stellte er die Errichtung weiterer Umfassungsmauern fest, nämlich die dritte und vierte. Während der zweiten Phase konnte man durch insgesamt fünf Tore in die Siedlung gelangen. Dabei wurden das nordwestliche, das südwestliche und das nordöstliche Tor aus der ersten Bauphase weiterhin verwendet. Das südöstliche Tor wurde dagegen weiter nach Süden verlegt, und das nördliche Tor wurde in dieser Phase neu errichtet. Am besten ist das nordöstliche Tor erhalten. Von den übrigen Toranlagen wurden das nördliche und das nordwestliche Tor in Ringmauer 4 zerstört. Von dem südwestlichen Tor sind nur wenige Spuren erhalten.

Was den Bau der Mauern betrifft, kann Folgendes erwähnt werden: Sie bestehen aus unbearbeitetem Kalkstein. Es handelt sich um zweischalige Mauern, deren Zwischenräume mit Erde und Steinen ausgefüllt wurden, wie es auch in Sesklo der Fall war. In Dimini besteht die Möglichkeit, dass Teile der inneren doppelten Umfassungsmauern (1 – 2) besonders in der Nähe der Tore, nicht mit Erde oder Steinen ausgefüllt waren. Man vermutete an diesen Stellen Magazine oder Wachräume. Dies konnte aber nicht bewiesen werden. Am Nord- und Westeingang der Siedlung haben die doppelten Mauern einen beträchtlichen Zwischenabstand und sind durch senkrechte Mauern unterteilt. Man nahm an, dass an dieser Stelle das Fundament eines Verteidigungsturms stand. Über die Mauerführung in Dimini kann man sagen, dass sie sich weitestgehend nach der Geländeführung richtet. Die Mauern wurden, soweit es die topographischen Gegebenheiten erlaubten, auf dem ganzen Sporn errichtet und nehmen meines Erachtens Einfluss auf die innere Struktur der Siedlung. Die Mauerstärke in Dimini liegt, wie schon erwähnt, zwischen 0,60 und 1,50 m. Ob dabei eine bestimmte Mauertechnik verwendet wurde, ist schwer zu sagen. Die Menschen in Dimini haben ihre Häuser und Mauern mit dem vor Ort vorhandenen Kalkstein gebaut, der in diesem Gebiet von Volos noch heute reichlich vorhanden ist. Was man heute sieht, sind die vier inneren Umfassungsmauern. Die anderen beiden Mauern sind nur teilweise erhalten. Es ist nicht sicher, ob diese Teile zu konzentrischen Mauern gehörten. Teile der Ringmauern 5 – 6 sind nur vor den Toranlagen der Siedlung erhalten. Da sie allerdings in einem Abstand von 8 bis 20 m vor den Toren liegen, ist schwer feststellbar, ob sie tatsächlich zur fünften oder sechsten Umfassungsmauern gehören. Möglicherweise handelte es sich hier auch um Baureste, die in Zusammenhang mit einer Verteidigung der Siedlung zu sehen sind. Mit ihrer Hilfe konnte man die Bewegungen der Menschen besser kontrollieren, die die Siedlung betreten wollten. Wollten Angreifer die Siedlung erstürmen, könnten diese Bauteile ihren Anmarsch verhindert haben.

Die Höhe der Ringmauern beträgt heute noch etwa 0,60 m. Obwohl Tsountas von mehr als 2 m bzw. sogar 3 m gesprochen hat, ist es schwierig, die Höhe solcher

[104] I. Aslanis (1990).

neolithischen Bauten zu bestimmen. Die Mauern selbst standen bei ihrer Auffindung nicht senkrecht, sondern hatten eine gewisse Schräge. Während Tsountas annahm, dass wenigstens das Maueräußere absichtlich schräg gebaut wurde, nimmt man inzwischen an, dass die Neigung erst im Laufe der Zeit entstand, da der Boden in Dimini nicht sehr fest ist und es immer wieder zu Bodenerosionen kam. Für Wachtürme oder Bastionen an den Umfassungsmauern gibt es keine Hinweise. Was die Datierung der Umfassungsmauern betrifft, sollen sie während der spätneolithischen Zeit gebaut worden sein. Tsountas, Chourmouziadis und später auch Aslanis hatten dafür, wie schon erwähnt, verschiedene Modelle.

2.7. Sesklo (Thessalien)

2.7.1. Lage der Siedlung

Das heutige Dorf Sesklo in Thessalien liegt fast 10 km westlich der Stadt Volos. Dort liegt auf einem Hügel mit dem Namen Kastraki die archäologische Stätte, die zusammen mit Dimini zu den wichtigsten neolithischen Siedlungen im ganzen griechischen Raum, wahrscheinlich sogar in ganz Europa gehört. Der Hügel liegt laut Lolling 200 m hoch über dem Meeresspiegel. Kastraki befindet sich neben zwei kleinen Flüssen, die heute ausgetrocknet sind. An der Stelle, an der sie zusammentreffen, liegt die vorgeschichtliche Siedlung. Im Laufe der Zeit hatte einer der Flüsse die westliche Seite der Siedlung zerstört und weggespült. Der andere Fluss zerstörte die nordöstliche Seite der Akropolis. Als Folge ist an diesem Ort ein steiler Abhang entstanden. Dies konnte passieren, weil der Hügel nicht aus Stein bestand, sondern aus Erde. Die beiden Ströme haben die Siedlung so verändert, dass ein großer Teil von ihr heute verloren ist. Die maximale Länge der Akropolis misst heute 100 m, ihre Breite 40 m. Die Ausdehnung insgesamt beträgt 3000 m^2. Wie die neolithische Siedlung von Dimini liegt Sesklo in einem fruchtbaren Gebiet in Magnesien. Der Anfang der Besiedlung geht in das präkeramische Neolithikum zurück. Werkzeuge, Tierknochen, Getreidereste und eingetiefte Hütten sind aus dieser Zeit nachgewiesen. In der Zeit der frühneolithischen Zeit, der sog. „Protosesklo-Periode", erreichte die Siedlung vermutlich bereits eine große Ausdehnung. Häuser aus Lehmziegeln und Pfostenbauten haben das gesamte Bild der Siedlung beherrscht. Den Höhepunkt seiner Entwicklung erreichte Sesklo im mittleren Neolithikum (5000 - 3900 v. Chr.). Diese Periode wird auch Sesklo – Zeit genannt.[105] Im Zentrum der Siedlung lag ein Megaron, das von Mauern umgeben war. Die Häuser sind fast quadratisch. Sie wurden mit Lehmziegeln gebaut, und ihre Fundamente bestanden aus Stein. Die Lehmziegelbauten hatten wohl Holzsäulen oder Innenpfeiler. Es handelt sich um kleine Häuser, die keine einheitliche Ausrichtung zu haben scheinen, sondern sich in alle vier Himmelsrichtungen wenden. Kleinere Straßen trennten die Häuser voneinander. An vielen Stellen entstanden durch die Straßen Vorhöfe vor den Gebäuden. Ein solcher Vorhof ist z. B. vor dem zentralen Gebäude der Siedlung entdeckt worden. Dieser Platz war auch gepflastert. Die ganze Akropolis von Sesklo wurde von Ringmauern umgeben.

2.7.2. Forschungsgeschichte

Der erste, der sich mit Sesklo beschäftigte, war ein griechischer Ephor mit Namen Stais. Im Jahr 1901 führte er Ausgrabungen in Dimini durch, und im selben Jahr besuchte er den Hügel von Kastraki. Er untersuchte die Keramik und die baulichen Überreste, die dort gefunden worden waren und überzeugte sich selbst, dass auf diesem Hügel die Akropolis einer Siedlung lag, die zur neolithischen Zeit gehören musste. Im selben Jahr war auch der Archäologe Tsountas in Sesklo und führte dort Ausgrabungen durch. Was er fand, war eine sehr bedeutende Siedlung, durch die wir viele Erkenntnisse über die neolitische Zeit im ägäischen Raum gewinnen konnten. Tsountas unterschied auf dem Hügel drei Schichten. Nach seiner Meinung gehörten zwei zur neolithischen Zeit und eine zur Bronzezeit.[106] Die Aufschüttung auf dem Hügel hatte eine Stärke von 3 bis 6 m. Sie wurde von Südwesten nach Nordosten immer mächtiger. In vielen Fällen konnte man die verschiedenen Schichten nicht unterscheiden, weil im Laufe der Jahrhunderte immer wieder Bodenerosion stattfand. Dies hatte zur Folge, dass viele Funde von einer Schicht in eine andere geraten sind. Auf diese Weise wurde die Datierung der verschiedenen Funde sehr erschwert. Nach Tsountas haben sich viele Archäologen mit Sesklo beschäftigt. Dazu gehörte Theocharis, der im Jahre 1976-77 Ausgrabungen in Sesklo in den Abschnitten B und C durchführte (Taf. 9). Seine Kampagne konzentrierte sich auf das Gebiet außerhalb der Akropolis. Nach Theocharis' Tod leitete Kotsakis im Jahr 1978 die Ausgrabungen im Abschnitt B westlich der Akropolis. In den oben genannten Abschnitten wurden viele Gegenstände aus der frühneolithischen Zeit gefunden. Diese Zeit behandelte ausführlich Wijnen 1981. Ihr Schwerpunkt war die frühneolithische Zeit I.

[105] Charakteristische für die „Sesklo–Kultur" in der mittelneolithischen Zeit ist die feine Keramik. Sie ist am meisten monochrom rot oder auch rot oder mit braun gemalten Ornamenten auf weißem Grund.

[106] Ch. Tsountas (1908), 74f.

Sie ordnete die frühneolithische Keramik von Sesklo in drei Phasen.[107] 1988 versuchte Wijnen eine Differenzierung anhand der Keramik in Sesklo. Sie kam zum Ergebnis, dass es in Thessalien unterschiedliche Keramik bzw. regionale Herstellungszentren gegeben haben muss und konnte in Sesklo eine Kontinuität der Keramik feststellen. Ihrer Meinung nach kann die in Sesklo gefundene Keramik in der früh- und in der mittelneolithischen Zeit als rein lokale Produktion bezeichnet werden.

Was die Bauelemente betrifft, stellte sie fest, dass die Gebäude im Frühneolithikum Rechteckbauten waren. Interessant war nach Wijnen, dass bei den verschiedenen Bautechniken eine topographische Aufteilung zu beobachten ist. Die „Pisee-Bautechnik" wird in Sesklo auf der Akropolis verwendet und in „Area C".[108] Lehmziegelmauerwerk kommt auch in „Area B" und „E" vor. Für die mittlere neolithische Zeit ist die „*Peribolosmauer*" (Ringmauer) wichtig. Im Jahre 1977 wurde der Rest einer Umfassungsmauer angeschnitten. Sie umgab die Siedlung 300 m südwestlich der Akropolis. Laut Theocharis grenzte diese Mauer die Siedlung ab.[109] Interessant ist hier die Brandzerstörungsschicht. Sie wird in die Endphase der mittelneolithischen Zeit IIIB datiert. Diese Schicht ist in ganz Sesklo zu finden. Nach der Zerstörung wird das Megaron auf der Akropolis wieder aufgebaut.

Die Keramik der Ausgrabungen von 1962/63 und 1971-78 wurde von Kotsakis untersucht. Er stellte eine Entwicklung fest, die eine gesellschaftliche Differenzierung möglich macht. Theocharis vertrat die Meinung, dass die Siedlung in Sesklo A (Akropolis) und Sesklo B geteilt war. Aus diesem Grund versuchte später Kotsakis zu beweisen, dass die Keramik auf der Akropolis feiner war als die Keramik in der Untersiedlung (Sesklo B).[110]

Höckmann versuchte eine Rekonstruktion der sog. „rachmani-zeitlichen" Bebauung auf der Akropolis in Sesklo.[111] Für diese Periode stellte Höckmann eine dichte Bebauung im Nordwestteil der Nordostterrasse fest. Die Gebäude wurden in zwei Bauphasen an ein und derselben Stelle errichtet. Ein Teil der noch Dimini-zeitlichen Befestigungsmauer wurde weiter verwendet (Taf. 10). Die Rekonstruktion des Bauplanes lässt an ein Axialkonzept um einen offenen Platz herum denken, wie es für die ältere Bronzezeit Anatoliens bekannt ist.[112] Dasselbe Konzept galt auch für die neolithische Siedlung von Dimini.

2.7.2. Die Siedlung und ihre „Periboloi"

Im Gegensatz zu Dimini, dessen „*Periboloi*" zum großen Teil vorhanden sind, gibt es in Sesklo nur wenige dieser baulichen Überreste. An der südwestlichen Seite der Siedlung wurden Mauerreste entdeckt, die Tsountas als Teile einer Befestigungsanlage ansah. Die Mauern sollten an dieser leicht zugänglichen Stelle die Siedlung vor Eroberung schützen. An der nördlichen Seite der Siedlung ist der Abhang nicht zerstört. Dort konnte Tsountas aber trotzdem keine Mauerreste identifizieren. An der südlichen Seite konnte man, wie schon erwähnt, wegen der Zerstörung keine Überreste der „*Periboloi*" finden. Auf der östlichen Seite führte Tsountas Ausgrabungen durch, fand aber auch dort keine Hinweise auf Befestigungsanlagen. Die Mauern, die sich im südwestlichen Bereich der Akropolis befanden, wurden mehrmals baulich verändert, was ihre jeweilige zeitliche

[107] Er ordnete die Keramik folgenderweise: Die frühneolitische Zeit I (7400/7600-7400 v. Chr.) ist charakterisiert durch eine monochrome und glimmrige, feinsandige Keramik, die in geringer Menge gefunden wurde. Was die Formen betrifft, es handelt um einfache, konvexwandige, offene Schüsseln. Es sind aber auch leicht geschlossene Kugelförmige Gefäße gefunden worden. Sie haben gerade oder leicht ausgestellter Lippe und Ringfüßen. Ihre Oberfläche ist dunkel, unvollkommen oxidiert, unverziert und unpoliert. In der frühneolithischen Zeit II (7400-7250 v. Chr.) traten bemalte Formen auf. Die Farben sind stärker oxidiert und zum ersten Mal wird ein roter Überzug verwendet. Während der frühneolithischen Zeit III (7100-7000 v. Chr.) nimmt die rote Farbe zu. Komplizierte Gefäßformen treten häufig hervor z.B. Klagenhalsamphoren.

[108] Es handelt sich um die Lehmbauweise.

[109] D. Theocharis, *Ανασκαφή Σέσκλου*, Prakt, 1977, 1, 159-161.

[110] Kotsakis, Perdikatsis und Maniatis untersuchten im Jahre 1988 die technologische Entwicklung der Keramik in Sesklo. Es konnte für die mittelneolithische Zeit IIIB festgestellt werden, dass die Temperatur für das Brennen der Keramik auf 800 C erhöht wurde. Um für die bemalte Keramik eine helle Tonoberfläche zu erzeugen, wurde zur Keramikherstellung ein kalkhaltiger Ton verwendet. Diese Entwicklung ist mehr in Sesklo A häufiger als in Sesklo B zu sehen.

Ob nun diese Quantität oder Qualität der Keramik zwischen den beiden auf eine soziale Differenzierung hinweisen kann, ist fraglich. Es ist möglich, dass die qualitätsvolle Ware auf der Akropolis kam. Wenn dort eine Art neolithische Elite lebte, dann würden sie wahrscheinlich die qualitätsvoller und nicht die weniger qualitätsvoller Ware behalten.

[111] O. Höckmann, Die Akropolis von Sesklo während der Rahmani-Periode, in: Studia aegaea et balcanica in honorem L. Press (1992), 17-29.

[112] Ebd.

Einordnung erschwerte. Insgesamt gab es keine sicheren Beweise für die Existenz von Befestigungsanlagen in Sesklo. Nach Tsountas scheinen die Mauern 20 (B2), 21 (G1) und 23 (B2) am Ältesten zu sein.[113] Ihre Fundamente sind auf stabilem Boden gebaut, ihre Innenseite konnte nicht mehr nachgewiesen werden. Mauer 23 ist nach innen geneigt und heute noch zu sehen, 20 ist besser als die anderen erhalten. Sie hat eine Höhe von 2 m und folgt dem Verlauf des Hügels. Auf halber Strecke biegt sie leicht nach Norden ab. Mauer 21 hat eine Höhe von 1,40 m, die Mauerführung ist leicht gebogen. Die Bodenverhältnisse bzw. Schutz vor Bodenerosion scheiden als Grund für die Biegung allerdings aus. Nach dem Mauerverlauf müsste sie eigentlich auf Mauer 20 treffen. Tsountas vermutete dagegen, dass die Mauern 20 und 21 zwei „*Periboloi*" bildeten, ohne dies aber beweisen zu können. Beide Mauern gehörten wohl in die erste Phase der neolithischen Zeit. Später als Mauer 21, aber in derselben Bauphase wurde nach Tsountas Mauer 22 gebaut (D2). Diese verbindet sich in ihrem nördlichen Bereich mit Mauer 21.

Mauer 22 war nach Meinung des Archäologen während der früheren Phase der neolithischen Zeit errichtet worden. Sie führt nach Westen und scheint nicht zu einem Haus gehört zu haben. Deshalb glaubte Tsountas, dass es sich bei dieser Mauer noch um einen „*Peribolos*" handelte. In dem Bereich, in dem Mauer 21 und Mauer 22 aufeinander treffen, befand sich ein 1,25 m breites Tor, das später zugebaut wurde. Ein weiteres Tor war nach Tsountas Punkt 27. (E1) Es befindet sich weiter östlich innerhalb derselben Mauer. Auch dieses Tor wurde später zugebaut.

Parallel zu Mauer 22 wurde an der Stelle, an der sich Tür 27 befindet, eine weitere Mauer mit einer Tür (Tür 28) gefunden. Tsountas vertrat die Meinung, dass es sich hier um das Haupttor der Akropolis von Sesklo handelt. Es wurde noch eine andere Mauer entdeckt, der Tsountas die Nummer 29 (Z1) gab. Dieser Mauerteil ist um einiges breiter als die Gebäudemauern und führt zum Inneren der Akropolis. Tsountas hatte wahrscheinlich Recht in der Annahme, dass sich an dieser Stelle der Haupteingang zur Akropolis befand, es lässt sich aber nicht mehr nachweisen. Wenn man die beiden Grundrisse von Sesklo und Dimini miteinander vergleicht sieht man, dass der Haupteingang der Akropolis von Dimini eine solche Funktion gehabt haben könnte. Im Gegensatz dazu liefert Mauer 29 in Sesklo aber zu wenig Anhaltspunkte, um Tsountas These zu stützen.

In die zweite Periode der neolithischen Zeit gehören nach Tsountas die Mauern mit den Nummern 17 (D2, B3) und 16 (G2). Davon ist Mauer 17 die ältere. Die innere Fassade dieser Mauer wurde zerstört. An ihrer Stelle wurde dann Mauer 16 gebaut. Daraus erfolgte das Erbauen einer starken und breiten Mauer, die nach Tsountas als Bastion (Turm) genutzt werden konnte.

Mauer 17 bildet von außen eine kleine Vertiefung, mit drei Löchern. Sie haben einen Durchmesser von 0,15 bis 0,25 m und sind je 0,40 m tief. Wahrscheinlich trugen sie ein Dach oder stützten die Mauer. Vor Mauer 17 wurde Mauer 18 (B3) gebaut. Es ist ungewiss, ob Mauer 17 verstärkt oder einfach die Vertiefung zugebaut werden sollte. Als die Mauern 16, 17 und 18 gebaut wurden, wurde Mauer 22 zugeschüttet. Nur Mauer 20 und 23 wurden weiter verwendet. Tsountas kam zu dem Schluss, dass nur drei „*Periboloi*" zu der zweiten Phase der neolithischen Zeit gehörten, nämlich Nummer 23, 20 und 17. Als aus unbekannten Gründen die Siedlung verlassen wurde, errichteten die nächsten Bewohner ihre Bauten außerhalb der zerstörten Mauer 23. Diese Bauten gehören anhand der gefundenen Keramik in die Bronzezeit. Tsountas war der Ansicht, dass zu diesem Zeitpunkt die Siedlung nicht befestigt war. Später wurden Mauern für die Sicherheit der Bevölkerung errichtet, wie für die Bronzezeit üblich. Die Menschen schütteten im westlichen Bereich der Akropolis alles zu, was vor Mauer 20 lag. An dieser Stelle wurde nun Mauer 19 (B3) errichtet. Sie unterschied sich von den anderen Mauern dadurch, dass sie aus Lehmziegeln auf einem Steinfundament bestand. Die bisher genannten Mauern wurden dagegen aus Steinen gebaut, die durch Lehm verbunden waren. Mehr kann über die Mauern in Sesklo nicht gesagt werden, weil im Laufe der Zeit entweder durch Bodenerosion oder durch menschliches Eingreifen viel zerstört wurde. Gesichert ist nur, dass im westlichen Bereich der Akropolis Mauern existiert haben. Wie diese aussahen, wie viele Tore sie hatten und was für eine Anordnung es gab, kann nicht mit Sicherheit festgestellt werden. Es ist sicher, dass die Mauern fast 1m breit waren, wobei ihre Höhe zu variieren scheint und nicht mit Sicherheit festgestellt werden kann. Die Akropolis mit dem Megaron war wahrscheinlich von einer Mauer umgeben, die 1 m stark gewesen sein könnte. Es handelte sich dabei nicht um ein eindrucksvolles Werk, sondern um eine einfache Sperre, die dieses Gebiet der Akropolis begrenzen sollte. Ob nun die Siedlung als befestigt gelten kann, ist fraglich. Die Mauerringe könnten auch Terrassenmauern gewesen sein. Denn wie oben schon erwähnt, war die Erde am Hügel nicht sehr fest und konnte leicht durch die zwei kleinen Flüsse weggespült werden. Durch die Entwicklung der neolithischen Siedlung und Bevölkerungswachstum mussten neue Gebäude errichtet werden, was den Bau der Mauerringe zur Folge hatte. Einerseits wurde so der Boden der Siedlung stabilisiert, anderseits wurde sie vergrößert und ausgedehnt. Ein weiteres Argument gegen einen

[113] Siehe Taf. 9.

defensiven Charakter der „*Periboloi*“ ist die Stärke der Mauerringe, denn für eine Befestigungsanlage scheint 1 m sehr wenig zu sein.[114]

2.8. Argissa (Magula) oder Argura (Thessalien)

2.8.1. Lage der Siedlung

Die prähistorische Siedlung liegt 7 km westlich von Larisa in Thessalien, genauer am linken Peneios – Ufer, wo sich auch die antike Stadt befand. Die Siedlung liegt in der Mitte eines alten Straßennetzes, das sich bis heute teilweise in Feldwegen erhalten hat. Der Hügel ist über 10 m hoch und wird als Magula bezeichnet. Die Magula in Argissa ist nicht natürlichen Ursprungs, sondern durch Menschenhand entstanden, d.h. es handelt sich um ein immer wieder besiedeltes, prähistorisches Wohngebiet, das durch die Anhäufung von verschiedenen Baumaterialien und Abfällen immer höher wuchs. Die Magula ist 300 m lang. Ihre ursprüngliche Breite konnte nicht mehr festgestellt werden, weil mehr als die Hälfte im Laufe der Zeit durch den Fluss abgetragen wurde. Heute kann eine Restbreite von 100 m nachgewiesen werden. Die Erhebung in Argissa gehört zu den größeren in Thessalien und besteht aus mehreren Kulturschichten, die insgesamt über 8 m mächtig sind. Die Siedlung befindet sich auf einer Terrasse über einem Tal, durch das der Peneios fließt. Der Fluss macht die ganze Ebene sehr fruchtbar, weshalb sich neolithische Menschen in diesem Gebiet ansiedelten. Sie beschäftigten sich damals hauptsächlich mit Ackerbau und Fischfang. Die Terrasse auf der die Magula liegt wird nach Süden und Westen von Gebirgen abgegrenzt. Diese waren in prähistorischer Zeit mit Wäldern bedeckt. Südöstlich wird die archäologische Stätte durch den Lauf des Peneios begrenzt. In vorgeschichtlicher Zeit befand sich in dieser Gegend die Sumpfebene von Nessoni, auch bekannt als die Sümpfe des Karlasees. Inzwischen ist der Karlasee ausgetrocknet. Die thessalische Ebene war und ist sehr fruchtbar, weshalb die Menschen in der neolithischen Zeit das Gebiet vermehrt für ihre Siedlungen auswählten. Deshalb befinden sich weitere prähistorische Siedlungen nur wenige Kilometer von Argissa entfernt, wie z. B. die sehr bekannte Siedlung von Soufli in 8 km Entfernung.[115] Die wasserreiche Ebene, die Gebirge sowie die reiche Tier- und Pflanzenwelt waren bedeutende Faktoren für die Ansässigkeit der Menschen in diesem Gebiet.

2.8.2. Forschungsgeschichte

Im Jahr 1956 wurde die Fläche der Argissa – Magula ausgegraben. Unter der Leitung von Milojčić konnte hier eine besonders wichtige Siedlung aus der neolithischen Zeit Griechenlands nachgewiesen werden. Ihre Bewohner lebten von Viehzucht und Ackerbau, benutzten aber noch keine gebrannten Tongefäße.[116] Die Ausgrabungen dauerten bis in das Jahr 1958 und verhalfen der Wissenschaft zu einem besseren Bild der neolithischen Siedlung. Obwohl viel Bausubstanz durch den Peneios abgetragen wurde, konnte nachgewiesen werden, dass die Siedlung während der neolithischen Zeit von Gräben umringt war. Für die frühe und mittlere Bronzezeit war die Befund- und Fundlage besser und ergab ein deutlicheres Bild der prähistorischen Gesellschaft Argissas.

2.8.3. Die Siedlung und der Graben

Die ausgegrabene Fläche der Siedlung ist mit 22 x 6 m nicht sehr groß. Davon war der ganze nördliche Teil durch spätere Verteidigungsgräben zerstört, so dass nicht mehr die ganze Fläche der prähistorischen Siedlung untersucht werden konnte. Hinweise zur präkeramischen Siedlung lassen sich laut Milojčić nur am Profil des Steilufers fast 30 m weit nach Norden und Süden verfolgen. Nach Berechnungen müsste die Siedlung sich über 80 m erstreckt haben, war also recht groß. Zu den baulichen Überresten lässt sich nicht viel sagen. Meistens handelte es sich um Verfärbungen im Boden, Pfostenlöcher und schwer zu deutende Grubenbefunde. Milojčić fand Reste von Wohngruben und einer Nord-Süd-gerichteten Hütte. Von dieser Hütte konnten nur die Herdstelle und der dunkelbraune Lehmboden nachgewiesen werden. Sie hatte an ihrer Nordseite eine Breite von 5 m. Spuren der Wände waren nur teilweise vorhanden, z. B eine 0,80 m große Ecke der westlichen Hüttenwand. Sie war 0,80 m lang. Von der östlichen

---

[114] G. Chourmouziadis (1979), 57ff. Laut Chourmouziadis haben Mauern mit 1 m Stärke keinen defensiven Charakter. Zu diesem Schluss kam er mit seiner Forschung über das neolithische Dimini.

[115] Viele andere prähistorische Siedlungen/Stellungen wurden entlang des Peneios - Flusses gegründet: Otzaki, Arapi, Agia Sophia, Soufli Magula, Makryhori, Rachmani, Platia Magula Zakrou, Prodromos, Theopetra Grotte sind die bekanntesten von ihnen. Südöstlich in Magnesien in der Nähe des Pagasitikos - Golfes wurden andere neolithische Siedlungen/Stellungen gegründet: Sesklo, Pyrgos, Spartia, Dimini, Pefkakia, Petromagula, Kastro/Palia, Pyrassos, Zerelia.

[116] V. Milojčić, J. Boessneck, M. Hopf, Die deutschen Ausgrabungen auf der Argissa-Magula in Thessalien I. Das Präkeramische Neolithikum so wie die Tier- und Pflanzenreste. Beiträge zur ur- und frühgeschichtlichen Archäologie des Mittelmeer-Kulturraumes 2 (1962).

Wand des Gebäudes waren nur 4 m erhalten. Es handelte sich hier um ein rechteckiges Gebäude, wahrscheinlich eines der ältesten im ägäischen Raum. Andere Bauten wurden nicht gefunden. In der Hütte wurden Reste von kleinen Gefäßen entdeckt. Es ist aber nicht sicher, ob die Keramik aus der Errichtungszeit der Hütte stammt oder aus einer späteren Siedlungsphase. Deshalb konnte nicht entschieden werden, ob die Hütte aus präkeramischer oder keramischer Zeit stammt. Wichtig ist, dass die Magula fast ohne Unterbrechung bewohnt war und spätestens seit der jungneolithischen „Dimini–Kultur" von Gräben umgeben war. Über diesen Gräben liegen die drei einander überschneidenden Gräben aus der frühen und mittleren Bronzezeit. Sicher ist, dass Argissa Magula in der neolithischen Zeit mindestens von einem Graben umgeben war. Er hatte eine fast senkrechte über 2 m hohe Grabenwand und war an der Sohle fast 3 m breit. Der Graben war bogenförmig angelegt und verlief von Nordwesten nach Süden. Anders die frühbronzezeitlichen Gräben: Sie liefen mehr oder weniger parallel von Westen nach Osten, waren aber auch bogenförmig.[117] Gräben ähnlicher Zeitstellung wurden auf Otzaki Magula, Arapi Magula und Agia Sofia Magula angetroffen. Milojčić und Hanschmann deuten sie als Verteidigungsanlagen. Die Gräben haben für die Siedlungen auf den Magules in der thessalischen Ebene die gleiche Bedeutung wie die Mauerringe für Sesklo und Dimini. Nach Meinung der Ausgräber sind diese Gräben der Nachweis für befestigte Siedlungen, obwohl weder vor noch hinter den Gräben Reste von Wällen oder Erdaufschüttungen beobachtet werden konnten.[118] Wie in Otzaki Magula konnten Pfostenkonstruktionen nachgewiesen werden. Sie könnten von Befestigungsanlagen stammen, obwohl sie zu keiner der vorhandenen Verteidigungsanlagen zugeordnet werden konnten. Ob die Gräben möglicherweise als Schutz vor Überschwemmungen gedacht waren, wird von Milojčić und Hanschmann nicht in Betracht gezogen. Allgemein werden diese Gräben wie auch bei anderen prähistorischen Gemeinschaften als Verteidigungsanlagen bezeichnet. Über die ökonomischen Ressourcen der Siedlung liefern die verschiedenen Funde Informationen.

[117] E. Hanschmann, V. Milojčić, Die deutschen Ausgrabungen auf der Argissa Magula in Thessalien III. Die Frühe und beginnende mittlere Bronzezeit, I. (1976), 12f. „*da normalerweise sich die beschützte Fläche innerhalb des mit dem Graben bogenförmig gesicherten Landstriches befindet, bedeutet dies in unserem Falle, dass die zum Graben 4 gehörige Dimini–Siedlung westlich, diejenige der frühen Bronzezeit südlich unserer Grabungsfläche lag und beide fast vollständig vom Peneios abgetragen sind*".

[118] Ebd. 13ff.

Milojčić erwähnt, dass in der präkeramischen Zeit der Siedlung nur eine kleine Anzahl von wilden Tieren verzehrt wurde.[119] Erst in der Bronzezeit wurden wilde Tiere regelmäßig gejagt. 85% der gefundenen Knochen stammten von Schafen. Im Gegensatz dazu sind Knochen von Schweinen mit 10% und solche von Rindern mit etwa 5% viel seltener.

Der Ackerbau spielte eine wichtige Rolle für das neolithische Leben in Argissa. Archäologen fanden verkohlte Samen und deren Abdrücke im Lehm verschiedener Bauten.[120]

Das Getreide wurde mit Reibsteinen auf Sandsteinplatten zermahlen. Leder wurde mit Steingeräten zerschnitten und mit Knochengeräten bearbeitet. Größere und schwere Geräte wie Äxte, Beile oder Spalter wurden nicht gefunden. Der für die neolithische Zeit typische Stein im griechischen Raum, der Obsidian, wurde auch in Argissa in großen Mengen entdeckt. Es handelt sich um Obsidian aus Melos. Für Argissa bedeutet dies, dass schon seit der präkeramischen Periode Handel und Tausch existierten, um diesen wichtigen Stein zu beschaffen, aus dem Werkzeug hergestellt wurde. Ein Beispiel dafür sind Pfeilspitzen, die für kriegerische Auseinandersetzungen oder für die Jagd benutzt werden konnten. Die keramischen Produkte der Siedlung bestehen aus rotem, braunem und hellbraunem Ton.[121]

2.9. Otzaki Magula (Thessalien)

2.9.1. Die Lage der Siedlung

Die Magula Otzaki liegt 2,50 km südlich des Dorfes Dendra in Thessalien. Sie erhebt sich 10 m hoch über die Ebene. Die Ausgrabungen zeigten, dass die Siedlung auf der Magula seit der früheren neolithischen Zeit besiedelt war. Ihre Blüte erlebte sie während der mittelneolithischen „Sesklo-Kultur". Inzwischen weiß man, dass sich die Siedlung von Südwesten nach Nordosten erstreckte. Sie lag wie Argissa–Magula in der Ebene des Flusses Peneios.[122] Wenn man auf dem Hügel

[119] V. Milojčić (1962).

[120] Es handelt sich um Emmer, Einkorn, Spelzweizen, Vierzeilige Spelzgerste, Linse, Rispenhirse. Emmer und Gerste sprechen für die schon oft diskutierten Zusammenhänge zum Orient, wo die Heimat beider Arten gesucht wird.

[121] Zur Keramik in Argissa Magula siehe V. Milojčić, Hauptergebnisse der deutschen Ausgrabungen in Thessalien 1953–1958 (1960).

[122] Was für die Siedlung Argissa betrifft, gilt auch für Otzaki Magula. Es ist nicht merkwürdig, dass die meisten neolithischen Siedlungen in Thessalien und besonders in dieser fruchtbaren Ebene des Flusses Peneios gegründet

steht, kann man bei gutem Wetter im Norden den Gipfel des Olymp (50 km entfernt) sehen. Milojčić war der Ansicht, dass die Lage inmitten der fruchtbaren alluvialen Ebene auf einem flachen, von feuchten Niederungen begleiteten Rücken, bereits während der frühneolithischen Zeit zur Gründung einer Ackerbausiedlung führte.[123] Die ungleichmäßig geformte Magula hat eine Größenausdehnung von 250 x 150 m. Der Vollständigkeit halber sei erwähnt, dass das Areal der neolithischen Siedlung auch von neuzeitlichen Gräben und Befestigungseinrichtungen aus Beton umgeben ist, welche vor dem ersten Balkankrieg im Jahr 1912 gebaut wurden.

2.9.2. Forschungsgeschichte

Die prähistorische Siedlung wurde von Tsountas entdeckt, der den Ort in seine Liste der prähistorischen Orte Thessaliens aufnahm.[124] Grundmann beschäftigte sich mit den Funden von Otzaki Magula, nachdem in den Profilen der Gräben ungewöhnlich viele Keramikfragmente entdeckt wurden. Auch Wace und Thompson haben sich später mit der Magula und ihren Funden beschäftigt.[125] Grundmann war der Einzige, der die Bedeutung von Otzaki Magula erkannte. Er veröffentlichte eine wissenschaftliche Arbeit über die Funde der prähistorischen Siedlung aber er bekam keine Grabungserlaubnis für den Ort.[126] Im Jahr 1953 begann Milojčić mit Ausgrabungen, die viele Erkenntnisse für die neolithische Zeit Thessaliens lieferten. Die Ausgrabungen dauerten bis 1959 an. Mit der Veröffentlichung seiner Arbeiten entstand ein besseres Bild der prähistorischen Siedlung an sich. Die große Keramikmenge war Anlass für weitere wissenschaftliche Arbeiten von Hauptmann und Mottier.[127]

2.9.3. Die Siedlung

(Taf.11)

In der früheren neolithischen Siedlung wurde vor allem Keramik gefunden. Als Beispiel nennt Milojčić den sog. „Graben im Lehm". Der Graben befindet sich im Quadrat A17 (Fläche III) auf der Magula. In diesem Graben wurden keine Baureste aus der neolithischen Zeit gefunden, sondern nur Scherben. Milojčić spricht von einer roten bis braunen Keramik.[128] In den Quadraten A und B17, die sich oberhalb des „Grabens im Lehm" befinden, wurden die Reste eines neolithischen Hauses entdeckt. Es handelt sich um die rechtwinkelige Ecke eines Lehmziegelbaues, dessen Mauer nach außen gestürzt war. Innerhalb des Gebäudes hatten die Archäologen eine große Anzahl (191 Scherben) roter bis brauner Keramik mit und ohne Überzug gefunden.[129] Weitere Angaben über die Architektur dieses Hauses werden nicht gemacht. In den Quadraten B18-19 wurde eine Grube ausgehoben. Aus ihr konnte auch rote bis braune Keramik und zwei nur bruchstückhaft erhaltene Idole geborgen werden.[130]

Ein weiterer wichtiger Befund ist die sog. „tiefe Schicht". Nach Milojčić umfasst sie die Plana 10a-e und 9b mit Ausnahme der beiden schon erwähnten Komplexe „Haus im Qu. A und B17" und „Grube im Qu. B18-19".[131] Sehr wichtig ist die Keramik aus diesem Befund. Milojčić vertrat die Ansicht, dass das Fundgut aus der tiefen Schicht der Fläche III der Otzaki Magula sich nicht aus einem Konglomerat zusammensetzt, sondern die Hinterlassenschaft einer in sich geschlossenen Schicht repräsentierte .[132] Darüber hinaus folgen Funde aus der „Übergangsschicht", die nach Milojčić die Plana 9a – 7c umfasst. Wieder handelt es sich um Keramik und keine architektonischen Funde. Sie bekam den Namen „Übergangsschicht", weil in ihrem unteren Bereich Keramik der sog. ausgehenden „Proto-Sesklokultur" gefunden wurde.[133] Als nächstes beschreibt der Archäologe die Keramik aus der mittleren Schicht, die die Plana 7a-b-4 umfassen.[134] Das Kennzeichen dieser Schicht ist die sog. „Impressokeramik". Als letztes

wurden. Die gleichen ökologischen Gründe ließen Otzaki bis in die chalkolithische Zeit bestehen.

[123] V. Milojčić, Die deutschen Ausgrabungen auf der Otzaki Magula in Thessalien II. Das mittlere Neolithikum, Die mittelneolithische Siedlung (1983).

[124] Tsountas (1908) 7. Taf. 1.

[125] A. Wace, M. Thompson (1912) 9. Nr.32.

[126] K. Grundmann, Aus neolithischen Siedlungen bei Larisa, AM 57, 1932, 102-123.

[127] H. Hauptmann, Die deutschen Ausgrabungen auf der Otzaki Magula in Thessalien, III. Das späte Neolithikum und Chalkolithikum (1981); Y. Mottier, Die deutschen Ausgrabungen auf der Otzaki Magula in Thessalien II. Das mittlere Neolithikum (1981).

[128] J. Milojčić-von Zumbusch, V. Milojčić, Die deutschen Ausgrabungen auf der Otzaki Magula in Thessalien, I Das Frühe Neolithikum (1971), 19f. Hier wird die gefundene Keramik beschrieben.

[129] Ebd. 20f.

[130] Ebd. 22f.

[131] Ebd. 24f. Die „tiefe Schicht" besteht aus einer einigermaßen einheitlich gefärbten Ablagerung, die durch keinerlei Fußboden o. ä. gegliedert ist.

[132] Ebd. 29f.

[133] Ebd. 33f.

[134] Ebd. 34f.

werden die Funde aus der oberen Schicht beschrieben. Sie umfasst die Plana 3c-2 und wird charakterisiert durch geringere Mengen an älterer „Impressokeramik". Außer der Keramik und den Idolen werden keine weiteren Funde erwähnt.[135]

Zusammenfassend kann nicht festgestellt werden, wie die frühe neolithische Siedlung ausgesehen hat. Ob sie von Gräben umringt war, bleibt eine unbeantwortete Frage. Nur durch Vergleiche mit anderen Siedlungen kann man sich einigermaßen vorstellen, wie die prähistorische Siedlung auf der Otzaki Magula ausgesehen haben könnte.

Die mittelneolithische Siedlung hat im Bezug auf die architektonischen Elemente dagegen mehr zu bieten. Die ausgegrabene Fläche beträgt ungefähr 38 m^2 (Otzaki III, Plan I-II) und brachte außer Keramik auch Baureste aus der mittleren neolithischen Zeit hervor. Es handelt sich dabei um Pfostenhäuser und Lehmziegelbauten. Als Beispiel nennt Milojčić das Haus a in Fläche I. Sein Erhaltungszustand war schlecht. Von der Südseite wurden lediglich 7 m, von seiner Westseite 6 m erfasst, so dass sich über seine Form nicht viel sagen lässt. Anscheinend war es ein viereckiges Haus, wie auch andere Häuser auf der Otzaki Magula, nord-südlich orientiert. In Fläche I wurden außer Keramik auch Gruben und Pfostenlöcher gefunden. Es handelt sich um kleine und leichte prähistorische Pfostenhäuser.

Ein anderer Bau war das Haus b1, ebenfalls nur schlecht erhalten. Es handelt sich um ein Lehmziegelhaus mit zwei Räumen. Durch die Feuchtigkeit waren die Lehmziegel der Wände völlig zerlaufen. Nur durch die übrig gebliebenen Verfärbungen konnte der Grundriss des Hauses noch nachvollzogen werden. Unter dem Haus wurden eine Herdstelle und viel Keramik gefunden, die Herdstelle lag dabei unter der Längsmauer. Es zeigte sich, dass unter Haus b1 die Reste eines weiteren Hauses lagen, das Milojčić Haus b2 nannte. Haus b1 hatte anscheinend eine langgestreckte, viereckige Form. Es hatte eine Breite von 8 m und eine Länge von 13,50 m. Die Mauerbreite betrug etwa 0,50 m. Dagegen war Haus b2 kleiner und hatte einen Stampflehmboden. Hier wurde außerdem noch eine Herdstelle gefunden. Über mögliche Dachkonstruktionen der Häuser machen die Archäologen keine Angaben. Im weiteren Verlauf der Ausgrabungen zeigte sich, dass unter Haus b2 Baureste von zwei weiteren, kleineren Häusern vorhanden waren. Das westliche wurde als Haus c, das östliche als Haus d bezeichnet. Haus c war eine fast quadratische Wohneinrichtung, Haus d dagegen ein längliches, megaronartiges, rechteckiges Gebäude. Beide Gebäude bestanden aus Lehmziegeln, die eine Größe von 0,25 x 0,35 m hatten. Im Quadrat B/2 wurden weitere Gebäudereste gefunden, die östlich von Haus c1 lagen. Es handelt sich um Haus d1. Der Eingang des Gebäudes befand sich im Süden und war durch einen Schwellenstein, einen abgenutzten gröberen Reibstein, gekennzeichnet.[136] Bei diesem Haus sind Lehmziegel der Mauer erhalten geblieben. Die einzelnen Ziegel hatten ein Format von 0,32 x 0,40 m. Ein Pfostenloch an der Südseite der östlichen Lehmziegelmauer von Haus d1 lässt vermuten, dass sich an dieser Stelle eine Ante mit vorgelagerter Säule befand. Wahrscheinlich war Haus d1 ein Vorläufer des „Megaron". Der Bau hatte zwei Räume, und sein Boden bestand aus gelbbraunem, gestampftem Lehm. Ein weiteres Haus, das von Milojčić beschrieben wird, ist Haus f1. Es ist wieder ein rechteckiges Haus, das mit Lehmziegeln errichtet wurde. Die hier verwendeten Lehmziegel hatten mit 0,40 x 0,50 m eine erhebliche Größe. Die Herdstelle des Hauses lag in seiner Südostecke. Es wurden noch mehr Wohneinrichtungen in Fläche I gefunden, wie Pfostenhäuser oder Baureste von anderen Lehmziegelbauten, auf die im Rahmen dieser Arbeit aber nicht ausführlich eingegangen werden kann. Wichtig für die Datierung der Häuser ist die sog. „sesklozeitliche" Keramik, die im Inneren und außerhalb der Wohnhäuser gefunden worden ist.

In Fläche II der Siedlung wurden vor allem Grubenlöcher und Fundamentgräben gefunden, die reichlich mit „sesklozeitlicher" Keramik gefüllt waren. Insgesamt gibt es in Fläche II ähnliche Bauelemente wie in Fläche I, nämlich Häuser aus Lehmziegeln (die Häuser i1-3, h1-4, m1-3, n1).[137] Im Inneren des Hauses n, von dem nur schlecht erhaltene Mauerzüge vorhanden waren, wurde im Vergleich zu den anderen prähistorischen Bauten besonders viel Asche festgestellt. Erwähnenswert ist darüber hinaus, dass noch einige birnenförmige Löcher gefunden wurden, die zu Anfang als Pfostenlöcher interpretiert wurden. Eine Untersuchung der Ränder der Löcher ergab, dass sie hart und rot und nach außen hin braungebrannt waren. In einem dieser Löcher wurde ein Henkeltopf gefunden, der mit Schüsselscherben bedeckt war. Im Topf selbst und neben ihm wurde Asche gefunden. Milojčić vermutete, dass es sich bei dem Haus um eine Töpferei gehandelt haben könnte, da hier viele Scherben gefunden wurden und verglich das Gebäude mit Einrichtungen von „Pueblo-Indianern" und einigen afrikanischen Stämmen.

Die nachgewiesenen mittelneolithischen Bauten wurden durch kleine Strassen und unbebaute Plätze voneinander getrennt. Erstaunlich ist, dass neue Gebäude immer auf derselben Stelle wie die alten errichtet wurden.[138] Man

[135] Ebd. 7f.

[136] V. Milojčić (1983a).

[137] Ebd. 11f.

[138] Im Allgemeinen sind die verschiedenen Schichten auf der Otzaki Magula immerhin vier Meter stark. Diese

vermutet, dass das mit Grundbesitz und Eigentumsgrenzen zu tun hat. Hatten die Bewohner der Siedlung damals schon Regeln für die Abgrenzung der Grundstücke? Das bleibt reine Vermutung. Ob nun die mittelneolithische Siedlung, die laut Milojčić eine geschlossene Siedlung war, von Gräben umgeben war, kann nur vermutet werden.[139] Dagegen ist die spätneolithische Siedlung von Gräben umringt, wie von Milojčić nachgewiesen werden konnte.[140] Spätneolithische Siedlungsbefunde wurden in den Flächen I, II und IV angetroffen, also auf der ganzen Magula. Es handelt sich um Gruben und Gräben, die schon seit dem mittleren Neolithikum benutzt wurden. Ein spätneolithisches Haus ist möglicherweise das Pfostenhaus a, obwohl es nach Milojčić auch in die mittlere neolithische Zeit gehören könnte.[141] Über andere Häuser aus dieser Zeit wird nichts berichtet. Dagegen wurden viele Gruben gefunden. Sie dehnen sich über das gesamte Areal der Siedlung aus, sind unterschiedlich in Form und Größe und werden als Vorratsgruben oder Wohngruben interpretiert.[142] Die Frage, ob sich einige Bauten außerhalb der Magula in der Ebene befanden, konnte nicht beantwortet werden. Ein weiterer wichtiger Befund aus der prähistorischen Siedlung ist das in der Fachliteratur sog. „Verteidigungssystem". Es handelt sich um ein System von Gräben und einem Pfostenkastenwerk. Milojčić bezeichnet sie als Verteidigungsgraben 1 bis 4. Die spätneolithische Siedlung wurde am Anfang der chalkolithischen Zeit verlassen. Gleiches ereignete sich bei anderen kleinen prähistorischen Siedlungen, wie die Siedlungen auf der Arapi – Magula und der Agia Sofia – Magula zeigen. Beide liegen 2,50 km von der Otzaki Magula entfernt. Welche Ursachen die Aufgabe dieser Orte hatte, ist unbekannt. Dagegen bestehen andere neolithische Siedlungen in der Frühbronzezeit weiter. Dazu gehören die Argissa – Magula, Tschmar – Magula und die große Magula in der Ortschaft Falana. Sie liegen alle 2,50 bis 6 km von der Otzaki Magula entfernt.

wurden mit der „Sesklo-Kultur" verbunden. Es ließen sich acht Bauperioden unterscheiden. Während dieser Bauperioden wurde Folgendes beobachtet: die prähistorischen Häuser auf der Otzaki Magula wurden bis zu fünfmal auf der gleichen Stelle und in beinahe gleicher Größe und Form übereinander gebaut. Es handelt sich um viereckige, fast quadratische Wohneinheiten, die zum „Tsangli Typus" gehören.

[139] V. Milojčić (1960), 12f.

[140] V. Milojčić, Die deutschen Ausgrabungen auf der Otzaki-Magula in Thessalien III. Das späte Neolithikum und das Chalkolithikum. Stratigraphie und Bauten (1983).

[141] In Otzaki II. Die Zeitstellung des Hauses ergibt sich aus der Tatsache, dass die Pfostenlöcher teilweise in Gruben eingelassen sind, in denen als jüngste Funde Fragmente aus der mittleren bis späten „Dimini–Zeit" gefunden wurden.

[142] Die Grundfläche der Gruben kann kreisförmig, viereckig, steilwandig oder sich bienenkorbartig verengend sein. Im Scheitel der Gruben hat sich wahrscheinlich das Einstiegsloch befunden. Die Gruben auf der Otzaki–Magula wurden unterschiedlich datiert. Aufgrund ihrer Keramik und der Überschneidung von den Grubenumrissen werden sie von der chalkolithischen Zeit bis in die frühe und späte „Dimini Zeit" datiert. Zwei Gruben dürfen aus der „Rachmani-Periode" stammen. Besondere Aufmerksamkeit verdient Grube C, die anhand ihrer Keramik als Wohngrube interpretiert worden ist.

2.9.4. Die Verteidigungsgräben

A. Der Verteidigungsgraben 1

Dieser Graben befindet sich in Fläche IV (Plan XII, XIII, XIV) der Siedlung und ist zweigeteilt.[143] Ein Teil des Grabens wurde in den Quadraten A/2-3 im Bereich des Westprofils gefunden. Er scheint eine bogenförmige Form zu haben, die Richtung Nordprofil führt, nämlich zu den Quadraten A-C/1. Dort verliert sich seine Spur. Der Graben erscheint wieder im großen Profil an der Nordostecke von Fläche IV. Hier ist der obere Bereich des Grabens 3,40 m breit und insgesamt 3,20 m tief. Im unteren Bereich des Grabens verläuft die Böschung in einem Winkel von 70% Grad. Weiter oben knickt der Graben zum einstigen Rand hin in eine flachere Böschung von 50% Grad ab. Anhand der Keramikfunde wurde er in die mittelneolithische Zeit datiert. Die Funde reichen von der „Proto-Sesklo Zeit" bis in die „Larisa-Periode", in welcher der Graben zugeschüttet wurde.

Die Fortsetzung des Grabens befindet sich nach Meinung von Milojčić zwischen den laufenden Metern 0 und 3 (Plan XV, a-c) im großen Profil.[144] Diese Verlängerung des Grabens sieht man auch in Fläche IV (Plan XII).[145] Der Verteidigungsgraben zieht sich von Südwesten nach Nordosten. Der bogenförmige Verlauf ist auf einer Länge von 6 m zu sehen. Der Graben war auch hier mit Siedlungsschutt, Asche, Erde und Lehm zugeschüttet. Ob ein Wall den Graben begleitete, konnte nicht festgestellt werden. Obwohl dieser Bereich des Grabens im Südwesten durch das Profil abgeschnitten wird, konnte erkannt werden, dass der Verteidigungsgraben 1 schräg in Richtung Nordosten verlief. Die Breite des Grabens betrug 3,40 m, seine Tiefe 3 m. An der südlichen Außenseite war die Böschung steiler als an der

[143] V. Milojčić (1983b)

[144] Ebd.

[145] Ebd.

Innenseite. Keramik wurde auch hier gefunden, nämlich von der „Proto-Sesklo“ und „Sesklo-Zeit“ über wenige Scherben aus der „Tsangli und Arapi Stufe“ bis zu Fragmenten aus der „Dimini-Zeit“ und der „Rachmani-Periode“.

B. Der Verteidigungsgraben 2

Dieser Graben befindet sich auch im großen Profil. Seine Reste erstrecken sich vom laufenden Meter 8 bis in Meter 13 (im Plan XV, a-c zu sehen).[146] Er verlief von Südwesten nach Nordosten, wie der Verteidigungsgraben 1, obwohl Verteidigungsgraben 2 in einem viel flacheren Winkel verlief als der ersterer. Während der Ausgrabungen zeigte sich, dass beide Gräben sich in nordöstlicher Richtung geschnitten haben. Zu einem späteren Zeitpunkt wurde festgestellt, dass beide Verteidigungsgräben aus verschiedenen Zeiten stammen. Die Form des Grabens 2 scheint ähnlich der Form von Verteidigungsgraben 1 zu sein. Auf den ersten Blick erscheint Graben 2 jedoch breiter und größer. Milojčić erkannte, dass er im oberen Bereich fast 4 m breit war und sich nach unten bis auf 2,60 m reduzierte.[147] Graben 2 wurde genau wie Graben 1 mit verschiedenen Erdschichten von Norden her zugeschüttet. Milojčić vermutete in dieser Richtung das Zentrum der Siedlung.

C. Der Verteidigungsgraben 3

Der Graben befindet sich außerhalb der Aufschüttungszone. Er erstreckte sich vom laufenden Meter 30 bis 36 und ist sichtbar im großen Profil (Plan XV, a-c).[148] Es wurde herausgefunden, dass der Graben zu einem nicht definierbaren Zeitpunkt zugeschüttet, später aber erneut ausgehoben wurde. Bis zu 1 m breite Spuren des ersten Grabens waren auf der Südseite und besonders auf der Nordseite des späteren Grabens noch zu sehen. Die Breite des älteren Verteidigungsgrabens beträgt laut Milojčić 6,50 m. In einer Tiefe von 2 m betrug die Breite 4,20 m. Wie die anderen Gräben hat auch dieser eine schräge Grabenwand. Die Neigung ist sehr steil und erreicht auf der Südseite des Grabens eine Steigung von 75% Grad. Die Böschung auf der Nordseite des Grabens ist nicht erhalten. Dieser ältere Graben hatte mit 6 m eine beträchtliche Tiefe für eine neolithische Siedlung im griechischen Raum. Im Gegensatz zu dem älteren Graben ist der jüngere Graben kleiner. Er hatte im oberen Bereich eine Breite von 4,50 m und verjüngte sich nach unten auf eine Breite von nur noch 3 m. Im unteren Bereich war die Böschung mit 65% Grad relativ steil und erst im obersten Teil des Grabens lief sie sanfter aus. Somit ähnelt der Böschungsverlauf dieses Grabens dem seines Vorgängers. Wie auch die anderen Gräben wurde Graben 3 von Norden her zugeschüttet. Milojčić sah dadurch seine These bestätigt, dass die zu den Gräben gehörende neolithische Siedlung im Norden zu suchen ist.[149] Der Graben verlief von Nordosten nach Südwesten. Die Annahme, dass Verteidigungsgraben 3 von einer parallelen Wallanlage begleitet wurde, konnte trotz des Nachweises von Pfostengruben nicht sicher bestätigt werden. Wahrscheinlich existierte etwa 4 m hinter Verteidigungsgraben 3 aber ein Pfostenkastenwerk, das einen besseren Schutz für die Siedlung bot.

Der Graben war fundreicher als die anderen Verteidigungsgräben. Die Ausgrabung erbrachte Funde aus der „Proto-Sesklo“- und „Sesklo-Periode“ sowie Funde aus spätneolithischer und chalkolithischer Zeit. Keramik aus der „Tsangli-, der Arapi- und der Otzaki-Stufe“ A-C ist neben Dimini-Ware auch vertreten. Ebenso wurden Funde aus der „Larisa-Stufe“ entdeckt. Besonders häufig vertreten ist Keramik aus der „Rachmani-Kultur“, weshalb Verteidigungsgraben 3 in diese Zeit datiert wurde.

D. Der Verteidigungsgraben 4

Während die ersten drei Verteidigungsgräben zu der Fläche IV gehören, befindet sich Verteidigungsgraben 4 in Fläche I der Ausgrabung. Ausgehend von den Quadraten D/5-7 verläuft er weiter in nordsüdlicher Richtung zu den Quadranten C-B/8-9. Der Verlauf des Grabens endet an einem Kasematten-Profil (Plan IV, a-b und VII).[150] Der Graben hatte eine Breite von 1,40 m und eine Tiefe von 1,70 m. Sein Verlauf ist in einer Länge von 7,60 m nachweisbar. Wahrscheinlich war Graben 4 entweder eine Verlängerung von Verteidigungsgraben 1 oder 3.[151] Er hatte, wie auch alle bereits erwähnten Verteidigungsgräben, schräge Böschungen, die einen Winkel von ungefähr 45% Grad erreichten, und eine spitze Sohle, die in 2,20 m Tiefe endet. Der Vergleich mit den anderen Gräben zeigte, dass Graben 4 größere Ausmaße hatte. Die anderen hatten eine Tiefe von 3 bis 5 m und waren ebenso breit. Milojčić berechnete, dass im Laufe der Zeit vom Verteidigungsgraben 4 etwa 1,50 m Erde abgetragen wurden - wahrscheinlich durch Ackerbau oder durch eine Einplanierung des Ortes. Der Graben wurde mit Siedlungsschutt aus verschiedenen

[146] Ebd.

[147] Weil der Graben schräg vom Profil geschnitten wird, erscheinen seine Ausmaße viel größer als er in Wirklichkeit war.

[148] V. Milojčić (1983b)

[149] V. Milojčić (1983b), 34f.

[150] Ebd. 12.

[151] Die Verteidigungsgräben 1 und 3 werden am Großen Profil auf der Grabungsfläche IV abgeschnitten.

Perioden verfüllt. Anhand der Keramik wurde seine Zuschüttung in die „Larisa-Periode“ datiert. Das Aufgeben und Neuanlegen von Gräben scheint in der spätneolitischen Zeit und in der Frühbronzezeit sehr oft vorgekommen zu sein. Das gilt nicht nur für die Otzaki Magula, sondern auch für die Argissa- und die Arapi-Magula.

2.9.5. Das Pfostenkastenwerk

Eine Reihe von großen Pfostengruben gab Anlass zu der Vermutung, dass die Siedlung zeitweise durch ein Pfostenkastenwerk geschützt wurde. Die Pfostenlöcher befinden sich im Norden, wo sich auch der neuzeitliche Kanal der Befestigungsanlage von 1912 befindet. Es handelt sich um eine Doppelreihe von Gruben (Plan XV, a-c), die zwischen 1,65 und 2,30 m tief sind.[152] Ihre obere Weite reicht von 0,90 bis 1 m. Nach den Berechnungen von Milojčić dürften die Pfosten 0,40 m breit und bis zu 4 m hoch gewesen sein. Wie das Ganze ausgesehen haben mag, kann nur durch Vergleiche festgestellt werden. Ob es sich tatsächlich um ein Pfostenkastenwerk handelt, ist ebenfalls schwierig zu beantworten, weil bisher im gesamten ägäischen Raum keine vergleichbaren prähistorischer Architekturelemente bekannt sind.[153] Milojčić dachte, dass das Pfostenkastenwerk parallel zu den Verteidigungsgräben verlief (Plan XV, a-c).[154] Zu welchem Graben das Pfostenkastenwerk gehört haben könnte, ist nicht sicher. Die Datierung zeigt, dass die Verteidigungsgräben 1 und 2 eindeutig älter als das Pfostenkastenwerk sind. Nur Verteidigungsgraben 3 scheint gleichzeitig mit dem Pfostenkastenwerk errichtet worden zu sein. Ob beide eine Einheit bildeten ist jedoch fraglich, weil Verteidigungsgraben 3 10 m von dem vermutlichen Pfostenkastenwerk entfernt liegt. Chronologisch ist das Pfostenkastenwerk laut Milojčić der „Rachmani-Periode“ zuzuordnen.[155] Zu den sog. Verteidigungsgräben könnte auch der „Fundamentgraben“ in Grabungsfläche II gehören, der aus der „Dimini-Periode“ stammt. Dafür gibt es aber keine konkreten Hinweise.

[152] V. Milojčić (1983b).

[153] Ebd. Milojčić bekräftigt seine These, dass es sich hier um ein Pfostenkastenwerk handelt, weil hier in einfacher Form die Längsbalken hinter den Pfosten lagen und durch den Druck der Erdfüllung von innen an diese gepresst wurden. Die Querbalken müsste man sich ähnlich angeordnet vorstellen, falls man für das Chalkolithikum Thessaliens nicht eine wesentlich kompliziertere Zimmermannstechnik annehmen möchte. Grundsätzlich wäre diese denkbar, da mindestens seit der Dimini-Periode kupferne Flachbeile bekannt waren.

[154] Ebd.

[155] Ebd. 28f.

2.10. Soufli Magula (Thessalien)

2.10.1. Lage der Siedlung

Die neolithische Siedlung liegt am rechten Ufer des Flusses Peneios, ungefähr 5 km nordöstlich der heutigen Stadt Larisa in Thessalien. Wie auch die anderen neolithischen Siedlungen befindet sich die Siedlung Soufli Magula in dieser sehr fruchtbaren Ebene. Der Fluss spielte anscheinend eine zentrale Rolle für die ökonomischen Ressourcen der Siedlungen. Durch die Ausgrabungen wissen wir, dass die Magula schon seit dem „präkeramischen“ Neolithikum bewohnt war. In der frühen neolithischen Zeit war sie durch einen zwei Meter tiefen Verteidigungsgraben gesichert, der in der „Sesklo - Zeit“ zugeschüttet wurde. Von der „Dimini – Zeit“ bis in die spätere Bronzezeit sind nur wenige Siedlungsreste bekannt. Sehr wichtig war die Entdeckung der Nekropolen, die sich am Fuß der Magula erstrecken. Dort konnten Brandbestattungen der früheren neolithischen Protosesklo – Kultur nachgewiesen werden. Nordwestlich der Magula liegt in der Nähe des Peneios-Ufers eine weitere Nekropole, die dem Ende der neolithischen Zeit zugeordnet wurde. Es handelt sich dabei um einen Urnenfriedhof. Hier befindet sich auch ein mykenisches Gräberfeld mit Körperbestattungen in Steinkisten. In diesem Gräberfeld wurde die berühmte frühbronzezeitliche Menhirstatue gefunden, die im Museum von Larisa zu sehen ist. Interessant für die Siedlung auf der Soufli – Magula sind zwei mittelbronzezeitliche Gräber, die im Osten der Siedlung gefunden wurden, sowie Bestattungen aus der „Protosesklo – Kultur“ und ein Grab aus der späteren mykenischen Epoche.

2.10.2. Forschungsgeschichte und die Siedlung

Der Erste, der auf die prähistorische Siedlung auf der Soufli – Magula aufmerksam wurde, war Tsountas. Er fand heraus, dass die ersten baulichen Überreste der neolithischen Siedlung Hütten waren, die auf dem nordöstlichen Teil der Magula lagen. Tsountas datierte sie in die frühere neolithische Zeit. Theocharis führte Ausgrabungen auf der Soufli – Magula durch, die wichtige Hinweise über die prähistorische Siedlung erbrachten.[156] Nach ihm befassten sich mit der Soufli - Magula auch Wace und Thompson. Ihre Untersuchungen konzentrierten sich auf die Bronzezeit. Später untersuchte Biesantz mit Hilfe des Deutschen Archäologischen

[156] D. Theocharis, Thessalika 1, 1958, 70–86, 78ff.; ders. Thessalika 4, 1962, 63-83, 82f.

Instituts den Ort. Er fand die schon erwähnte berühmte prähistorische Menhirstatue.[157] Gallis befasste sich mit der Keramik des Ortes.
Das Zentrum der Soufli-Magula liegt auf einem kleinen Hügel, etwa 20 bis 30 m von dem Fluss Peneios entfernt. Ein großer Teil der neolithischen Siedlung wurde im Laufe der Zeit durch den Fluss weggespült. Aus neolithischer Zeit wurde der Boden einer Hütte gefunden, der 0,35 m tief lag. Der genaue Grundriss der Hütte kann nur vermutet werden. Die Hütte war jedoch auf jeden Fall 3,30 m lang. In der Nähe wurden verschiedene Gruben voller Tierknochen und Werkzeuge aus Knochen gefunden. Eine Herdstelle wurde nicht nachgewiesen. An einer anderen Stelle wurden ebenfalls Reste eines Bodens und einer Herdstelle gefunden. Dazu gehören auch Pfostenlöcher. Zusammenfassend lässt sich nicht viel über die Bauten der neolithischen Siedlung sagen. Anscheinend waren sie klein und aus Holz und Schilf gebaut. Nur durch den Vergleich mit Argissa kann man sich ein Bild der neolithischen Siedlung auf der Soufli-Magula machen. Der Schnitt am Ufer des Peneios hatte eine Länge von 15 m und eine Breite von 1,50 bis 2 m. Die Aufschüttungen waren 3,30 m hoch. Die jüngeren Schichten erbrachten Funde aus der Bronzezeit, die älteren solche aus neolithischer Zeit. Am südlichen Ende des Schnittes wurde laut Theocharis ein Verteidigungsgraben freigelegt. Er war V-förmig und 2 m tief. Theocharis datierte ihn in die mittlere neolithische Zeit. In derselben Epoche wurde er wieder zugeschüttet, wie sich aus den keramischen Funden der „Sesklo-Kultur" folgern ließ. Wahrscheinlich verlief der Fluss nicht in seinem heutigen Flussbett, sondern um einige Meter versetzt. Für eine Verwendung des Grabens als Kanalisation gab es keine Hinweise. Weitere Angaben machte Theocharis über den sog. „Verteidigungsgraben" nicht.
Obwohl die Ausgrabung auf Soufli – Magula klein war, war die Zahl der Funde sehr groß. Neben Keramik wurden auch viele neolithische Werkzeuge, die aus Obsidian und Pyrit bestanden, gefunden. Derartige prähistorischen Werkzeuge wurden auch in den präkeramischen Schichten von Sesklo und Argissa gefunden. Darüber hinaus konnten auch andere Gegenstände des alltäglichen Gebrauchs entdeckt werden. So wurden neben Schleudersteinen und Webgewichten auch Werkzeuge aus Knochen, die von Schafen und Ziegen stammen entdeckt. Besondere Erwähnung verdienen die Angelhaken, die ebenfalls aus Knochen sind. Sie werden in die präkeramische Periode der neolithischen Zeit datiert. Außer diesen Funden wurden auch Reste verkohlten Getreides und Hülsenfrüchte gefunden, wie sie aus Argissa und anderen neolithischen Siedlungen bekannt sind. Dies deutet darauf hin, dass die Landwirtschaft schon im Leben der prähistorischen Menschen eine wichtige Rolle spielte, ebenso wie die Viehzucht, was durch eine große Anzahl von Knochen nachgewiesen werden konnte.[158]
Zusammenfassend lässt sich nicht viel über die sog. „befestigte Siedlung" von Soufli-Magula sagen. Der Graben diente entweder zum Schutz oder grenzte das Gebiet der Siedlung ab. Obwohl es keine Beweise dafür gibt, könnte meines Erachtens der Graben auch als Schutz gegen Überschwemmungen gedient haben.

2.11. Chatzimissiotiki-Magula (Thessalien)

2.11.1. Lage der Siedlung

Die Siedlung von Magula Chatzimissiotiki lag auf einer kleinen Insel im Karla-See, der in der Antike als See Boibis bekannt war. Heute ist der Karla-See ausgetrocknet. Er lag am Westabhang des Peleiongebirges in Thessalien. Dabei handelte es sich um einen großen Binnensee, der damals die Städte Trikala und Larisa immer wieder überflutete. Ein Abfluss des Wassers zum Meer wurde durch die umgebenden Berge verhindert. Die Entwässerung des Sees hat lange gedauert, und noch zur Zeit der Ausgrabungen auf der Magula Chatzimissiotiki gab es viele Sümpfe im ganzen Umfeld des ehemaligen Sees. Wie auch die vorgenannten prähistorischen Siedlungen liegt die Magula Chatzimissiotiki im fruchtbaren thessalischen Raum, der durch den Fluss Peneios bewässert wird. Die Besonderheit dieser Magula war, dass sie auf einer kleinen Insel lag. Warum die Menschen dieses Gebiet für die Besiedlung auswählten, ist bis heute unklar. Die Insel, die nach dem benachbarten Dorf Chatzimissi am Südufer des Sees benannt wurde, ist heute unbewohnt. Nur Hirten und Fischer kamen vor der Entwässerung des Sees auf die Insel, Ackerbau war dort nicht möglich.

2.11.2. Forschungsgeschichte

Grundmann war der erste Archäologe, der auf der Magula Chatzimissiotiki Ausgrabungen durchführte. Er beschäftigte sich mit ihr im Zusammenhang mit seinen Untersuchungen zu den neolithischen Siedlungen im thessalischen Raum und veröffentlichte seine Forschungen in seinem Bericht über neolithische Siedlungen bei Larisa.[159] Grundmann erkannte gleich die

[157] H. Biesantz, Die Ausgrabung bei der Soufli Magula, AA, 1959, 56-74.

[158] D. Theocharis (1958), 81ff.

[159] K. Grundmann, Aus neolithischen Siedlungen bei Larisa, AM 57, 1934, 123-136; ders. Aus neolithischen

Bedeutung des Karla–Sees für die neolithische und spätere Zeit. Er entdeckte, dass sich vom pagasäischen Golf über die heutigen Orte Velestino, Larisa und Tyrnavos eine Kette neolithischer Siedlungen erstreckte. Diese Kette lässt sich durch den Meluna–Pass auch weiter nach Norden verfolgen und zieht sich am südlichen und westlichen Ufer des damaligen Karla–Sees zusammen. Der weitere Verlauf der neolithischen Siedlungen wird nach Grundmann durch das Quellgebiet von Asmaki bestimmt. Die Vielzahl an neolithischen Siedlungen in diesem Gebiet belegen nach Grundmann die große Bedeutung des Karla – Sees.[160] Anlass für die Ausgrabungen auf Chatzimissiotiki war eine thessalische Forschungsreise von Grundmann, die im Spätherbst des Jahres 1932 stattfand. Dabei wollte er unter anderem die Frage beantworten, ob die Magula auf der schwer erreichbaren Insel schon ab der neolithischen Zeit besiedelt war. Bei einer anschließenden Ausgrabung im Spätherbst 1934[161] wurden auf dem Ostabhang der Insel Spuren einer prähistorischen Besiedlung gefunden.[162]

2.11.3. Die Siedlung und die Mauer

Die kleine Ausgrabung fand am oberen Hang im Südosten der Magulaspitze statt. Das untersuchte Schuttfeld dehnte sich nach Westen und Norden aus. Im Süden und Osten der Magula sind mögliche Siedlungsspuren durch den Fluss weggespült worden. Außer Keramik wurden nur wenige bauliche Überreste gefunden, die kaum eine Aussage zum Aussehen der Siedlung erlaubten. Am Anfang der Ausgrabungen wurde ein Mauerzug entdeckt, der aus großen, gut gefügten Feldsteinen gebaut war. Er verläuft am Anfang geradlinig nach Nordwesten und ändert dann seinen Verlauf nach Nordosten. Die gefundenen Mauerreste sind 1 m breit und 1 bis 1,50 m hoch. Die ganze Mauer hat eine Länge von 16 m. Laut Grundmann deuten der Verlauf der Mauer am Rande der Siedlung und die leichte Böschung an der Außenseite auf eine Umfassungsmauer hin, die gleichzeitig als Stützmauer diente.[163] Am Nordostende der freigelegten Mauer gab es eine Überbauung mit antenförmigem Abschluss, die den weiteren Verlauf des Mauerzuges unklar macht. Grundmann vermutete, dass an dieser Stelle der Gebäudeeingang aus einer späteren Periode lag. Die Überbauung war mit der Umfassungsmauer durch eine Quermauer verbunden, die im rechten Winkel nach Nordosten abzweigt. Auf dieser Quermauer wurden die Reste einer anderen gekrümmten Mauer aus kleinen Feldsteinen gefunden. Grundmann deutete all diese Mauerzüge als Hinweise auf eine Befestigungsanlage auf der Magula und nicht als Reste von prähistorischen Häusern. Es gab aber nicht genug Befunde, um einen zusammenhängenden Grundriss des Komplexes zu erhalten. Die Annahme Grundmanns, dass der freigelegte Teil mit dem an die gebogene innere Umfassungsmauer anstoßenden nordöstlichen Komplex des „Megarons" in Dimini übereinstimmt, kann nicht bewiesen werden, weil zu wenig von der Mauer erhalten ist.[164] Ob die vermutete Anlage ein Zentralgebäude schützte bzw. umfasste, ist fraglich.

Datiert wurde die Umfassungsmauer anhand der gefundenen Keramik und Steinschichtung. Letztere hat für Grundmann eine bedeutende Rolle gespielt. Er verglich nämlich die Steinschichtung der Umfassungsmauer auf der Magula mit der von Dimini und erkannte, dass beide übereinstimmen. Auch die Keramik beider Siedlungen wies Übereinstimmungen auf. Es handelte sich um Scherben der rot–polierten Gattung und bemalte Scherben aus der späteren Phase der neolithischen Zeit. Die Überbauung der Quermauer wurde dagegen anhand von frühbronzezeitlichen Scherben datiert. Ein besseres Bild für die Stratigraphie der Magula gab eine 2 m mächtige Erdschicht, aus der Wohnschutt und eine Anhäufung von zerfallenem Lehm, die von Hütten stammt. Aus der oberen Schicht stammen unbemalte Scherben aus der Frühbronzezeit. Unter dieser Schicht gab es Keramik aus der spätneolithischen Zeit, darunter fand man Keramik aus der frühneolithischen Zeit. Es handelte sich, wie schon erwähnt, um rot-polierte Keramik.[165]

Zerstörungsschichten wurden auf der Magula nicht gefunden. Dies bedeutet, dass die Siedlung während der neolithischen Zeit gegründet und nach der Frühbronzezeit verlassen wurde. Weitere Informationen zu den architektonischen Elementen der Siedlung wurden nicht gegeben. Wichtig für diese Untersuchung ist die Mauer auf der Magula. Grundmann bezeichnet sie als „Umfassungsmauer". Seiner Meinung nach entstand erst eine kleine Siedlung, die sich allmählich auf dem gegen Norden geschützten südostöstlichen Abhang des Hügels ausbreitete. Die wachsende Anschüttung erforderte eine Umfassungsmauer. Ob sie allerdings als Befestigungsanlage gesehen wurde, ist fraglich. Nach

Siedlungen bei Larisa, AM 52, 1932, 102-123.

[160] K. Grundmann, Magula Hadzimissiotiki: eine steinzeitliche Siedlung im Karla–See, AM 62, 1937, 56-69. Taf. 37.

[161] Ebd. 56f.

[162] Am Ostabhang der Insel wurde viel monochrome frühbronzezeitliche Keramik, vereinzelte Scherben der Dimini – Gattung und ein Steinbeilchen gefunden. Dies bezeugt eine frühere Besiedlung auf der Magula.

[163] Ebd. 62f.

[164] Ch. Tsountas (1908) Taf. 2, Quadrat 3/E.

[165] Mehr Informationen über die gefundene Keramik auf der Magula gibt K. Grundmann (1937), 63ff.

Theocharis war die Siedlung dagegen wahrscheinlich befestigt.[166]

2.12. Giannitsa B (Westmakedonien)

2.12.1. Die Lage der Siedlung

50 km nordwestlich von Thessaloniki liegt die Stadt Giannitsa, deren alter Markt sich am südöstlichen Ende der heutigen Stadt befindet. An dieser Stelle liegt die neolithische Siedlung Giannitsa B. Im Jahre 1987 konnte Giannitsa A 2,50 km nordöstlich der Stadt im Ort Git Tepe lokalisiert werden. Es ist sehr schwierig, die Ausdehnung der neolithischen Siedlung festzustellen, weil im Laufe der Zeit die heutige Stadt Giannitsa stark gewachsen ist. Es gibt Hinweise, dass die Siedlung eine Ausdehnung von 10 ha in elliptischer Form hatte. Das ganze Gebiet ist von fruchtbaren, hügeligen Ebene umgeben und wird von Flüssen wie Axios, Haliakmon und Ludias durchquert. Die Siedlung selbst wurde durch zahlreiche kleine Flüsse mit Wasser versorgt. Alle Flüsse mündeten in den Golf von Thermaikos. Der Wasserreichtum war sicher ein Anlass für die Besiedlung dieses Gebietes durch die neolithischen Menschen. Darüber hinaus war der Boden ideal für die Kultivierung und die ganze Ebene geeignet für Weidetiere und die Jagd. Der Berg Paikos und der ganze Gebirgsraum waren damals von zahlreichen Wäldern bedeckt, die Holz lieferten für den Bau der Siedlungen und für den täglichen Bedarf ihrer Bewohner. Zahlreiche Muscheln und Fischknochen bestätigen, dass die Bewohner der Siedlung sich auch mit der Fischerei beschäftigten. Das Meer reichte damals noch näher an die Siedlung heran. Insgesamt waren die Bedingungen also sehr gut, was auch die bisher 21 lokalisierten und zum Teil ausgegrabenen neolithischen Siedlungen im Gebiet der heutigen Präfektur von Giannitsa beweisen. Es kann sein, dass durch zukünftige systematische Ausgrabungen noch mehr Siedlungen entdeckt werden. Bisher wurden sechs dieser Siedlungen erforscht. Es handelte sich um Mandalon A, das 1980 ausgegraben wurde, um Valtichori, Chalkidona, Koufalia A – B und Europos, die am westlichen Ufer des Flusses Axios liegen. Die anderen fünfzehn bekannten Siedlungen sind Mandalo B, Drosero, Plajari, Kyrros, Giannitsa A und B, Ampelies, Asbestario, Damiano, Archontiko, Paralimni, Leptokaria, Dytiko sowie Agrosukia A und B. Alle Siedlungen liegen nicht höher als 200 m über dem heutigen Meeresspiegel und befinden sich auf kleinen Hügeln oder in der Ebene. Ihre Ausdehnung variiert, wobei drei Gruppen unterschieden werden können. Die erste Gruppe besteht aus Siedlungen, die unter 30 ha groß sind, eine zweite Gruppe erfasst alle Siedlungen mit einer Ausdehnung von 50 – 60 ha. Die Siedlungen der letzten Gruppe, zu der Giannitsa B und Archontiko gehören, hatten wahrscheinlich eine Ausdehnung von 100 ha. Aufgrund ihrer Größe spielten sie vermutlich eine bedeutende Rolle und waren möglicherweise Zentralsiedlungen, die Einfluss auf die anderen kleineren Siedlungen ausübten.

[166] D. Theocharis, *Νεολιθικός Πολιτισμός* (1993), 95f.

2.12.2. Forschungsgeschichte und die Siedlung

Die Archäologen Panagiotis und Pavlos Chrysostomou haben 1989 und 1991 Giannitsa B untersucht. Es wurden zwei Schnitte angelegt. Der erste erbrachte Keramik, Knochen, Muscheln und Beingeräte. Die gefundene Keramik ist mit der Keramik von Nea Nikomedeia vergleichbar. Schnitt II enthielt Keramik aus der spätneolithischen Zeit.[167] Neben der Keramik wurden noch weibliche Figurinen, Klingen, Abschläge aus Feuerstein und Quarz oder aus Obsidian, Tongeräte wie Spinnwirtel und Webgewichte, Schleudergeschosse, Ahlen, Perlen und Schmuck gefunden. Sehr wichtig waren die botanischen Reste, die untersucht worden sind.[168] Im Jahr 1990 wurden ein runder Ofen und zwei

[167] E. Alram-Stern (1996), 390f. Die frühneolithische Keramik I umfasst braunrote, braune und schwarze, monochrome polierte Ware, bei der kugelige und halbkugelige Formen sowie geschlossene Gefäße mit konischem Hals vorherrschten. Bei der bemalten Keramik kommt einerseits die weiß auf braunrot bemalte Ware vor, wie sie auch auf der Toumba Serron in Ostmakedonien belegt ist. Andererseits ist rot auf beige bemalte Ware nachgewiesen. Die Verzierung der Impresso-Keramik, die einen weniger feinen Ton hat, besteht aus Fingertupfen, Fingernageleindrücken, Fingerzwicken und Instrument-Impresso. Dieselben Keramikgattungen bestehen im Frühneolithikum II weiter jedoch mit einem Niedergang in Qualität und Dekor. Außerhalb von Griechenland ist das Material unter anderem mit Parodin und Anza Ia/b zu vergleichen. Analogien zu Thessalien sind in einem gewissen Ausmaß vorhanden, wobei der Befund besonders mit Prodromos in der Ebene von Karditsa verglichen wird. Auch über die Radiokarbondaten für die erste Hälfte des 6. Jahrtausends ist Giannitsa B mit diesem Fundort verknüpft. Die spätneolithische Keramik wird durch Graphitenmalerei auf schwarzem Grund, braun auf braun, schwarz auf rot, braun auf rot und schwarz auf hell bemalte Ware charakterisiert. Letztere entspricht dem klassischen Dimini. Ansonsten hat die bemalte Keramik Analogien zu Dimitra II und Vasilika II. In dieser Phase sind also Kontakte mit Thessalien, Zentral- und Ostmakedonien belegt.

[168] Es handelt sich um verkohlte archäobotanische Reste,

tiefe Gräben gefunden. Der erste Graben, welcher von Osten nach Westen verlief, hatte eine Tiefe von 2,50 m und eine Breite von 3 m. 8 m südlich wurde der zweite Graben ausgegraben. Er entspricht in Tiefe und Breite exakt dem ersten Graben. Es existierte also an der südöstlichen Seite der Siedlung ein Doppelgraben. Weitere Angaben über die Gräben gibt es nicht. Wahrscheinlich werden in der Zukunft noch weitere Teile der Gräben ans Licht kommen, so dass sich ein besseres Bild von diesem Doppelgraben ergibt. Im Balkanraum wurden Siedlungen häufig von derartigen Gräben umgeben, die entweder die Siedlung abgrenzten, sie vor wilden Tieren schützten oder eine Maßnahme gegen Überschwemmungen waren. 1991 wurden die Ausgrabungen weitergeführt. Dabei entdeckte man ein elliptisches Pfostenhaus, das in die frühneolithischen I datiert wurde. Man fand auch ein quadratisches Pfostenhaus aus der frühneolithischen II. Giannitsa B wurde während der mittelneolithischen Zeit verlassen, weil der Grundwasserspiegel angestiegen war. Im Spätneolithikum wurde die Siedlung wieder besiedelt. Erkenntnisse über die frühbronzezeitliche Siedlung liegen bis heute noch nicht vor.

2.13. Makrigialos/Pieria (Westmakedonien)

2.13.1. Lage der Siedlung

Die Fundstätte liegt 0,50 km südlich des heutigen Dorfes Makrigialos in Agiasma. An gleicher Stelle wurde später das antike Pydna errichtet. Die Fundstätte liegt heute 2 km vom Meer entfernt. Makrigialos lag in einer sehr fruchtbaren Ebene, die reich an Wasser war. Noch heute ist das ganze Gebiet in Pierien sehr fruchtbar, es wird dort überwiegend Ackerbau betrieben und man geht der Viehzucht nach. Westlich wird dieses Gebiet vom Pierien-Gebirge abgegrenzt. Südlich des fruchtbaren Tales erhebt sich der Olymp. In neolithischer Zeit lag die Siedlung von Makrigialos direkt am Meer, wie die dort sehr verbreiteten Meeresmuscheln bezeugen. Makrigialos gehörte nicht zum Typus „Toumba", sondern war eine ausgedehnte Flachlandsiedlung, wodurch sich die verschiedenen Schichten und Horizonte räumlich ausdehnen anstatt einen Tell zu bilden. Das gesamte Areal der prähistorischen Siedlung umfasste ungefähr 50 ha und wurde in zwei Bauphasen errichtet, die der spätneolithischen Zeit zugehörig sind. Das neolithische Makrigialos erstreckte sich über einen kleinen Hügel, der im Laufe der Zeit stark erodierte. Aus diesem Grund könnte die Siedlung zu einem Typus gehören, bei dem nicht nur das Flachland besiedelt, sondern auch ein kleiner Hügel in die Bebauung miteinbezogen wurde. Die früheste Schicht der Siedlung (Makrigialos I) erstreckte sich über den Südhang des Hügels, die spätere (Makrigialos II) dehnte sich über den Nordhang des Hügels aus.

2.13.2. Forschungsgeschichte

Die neolithische Siedlung wurde im Jahre 1992 beim Bau einer Eisenbahnlinie entdeckt. Besios und Pappa führten dort Notgrabungen durch.[169] Die Ausgrabungen des gesamten Areals dauern noch an. Bisher wurden lediglich 6 ha, also 12% der Gesamtfläche freigelegt. Die archäologischen Funde werden in einer Zusammenarbeit der Universitäten von Thessaloniki, Sheffield und Cambridge untersucht.

2.13.3. Die Siedlung

Wenn man die beiden Phasen von Makrigialos vergleicht, stellt man fest, dass Makrigialos I aufgegeben wurde als Makrigialos II gebaut wurde. Die zweite Siedlung hatte nicht die Ausdehnung der vorherigen Siedlung. Charakteristisch für Makrigialos II ist die dichte Bauweise, obwohl der Nachweis von Gebäuden sehr schwierig ist, aufgrund der starken Bodenerosion. Die meisten Bauten waren für die neolithische Zeit runde Grubenhäuser. Sie hatten einen Durchmesser von 5 m und bestanden aus Rahmenwerk und Hüttenlehm. Viele der Häuser waren mit einer Vorratsgrube ausgestattet. Man konnte auch rechteckige Gebäude nachweisen. Das beste Beispiel dafür ist ein 15 m langes apsidales Gebäude, das als „Megaron" bezeichnet wird. Mehrere „Werkgebiete" wurden gefunden, dazu gehören Werkstätten und Kochstellen. Weitere Erkenntnisse über die Anlage der Siedlung können wahrscheinlich im weitern Verlauf der Ausgrabungen getroffen werden. Die gefundene verzierte Keramik ist größtenteils fast identisch mit der späteren klassischen Dimini-Keramik. Außergewöhnlich war der Fund von 240 Figurinen, von denen die Mehrzahl aus Ton gemacht wurden. 40% davon bestehen aus Marmor.[170] Eine große Menge von Steinen

---

die aus Getreide (Weizen, Gerste, Hirsche), Hülsenfrüchten (Linsen, Erbsen, Wicken), undomestizierten Gattungen und Gemüse bestehen. Mehr zu diesem Thema: S. Valamoti, *Απανθρακωμένα αρχαιοβοτανικά ευρήματα από τον οικισμό Γιαννιτσών* B, AErgoMak 4, 1990, 177-180.

[169] M. Mpesios – M. Pappa, *Νεολιθικός οικισμός Μακρύγιαλου*, AErgoMak 7, 1993, 215–222.

[170] Die Figurinen wurden im gesamten Bereich der Ausgrabung gefunden. Es konnte keine spezielle räumliche Verteilung festgestellt werden.

diente der Herstellung von Steingeräten. Obsidian war auch in Makrigialos vorhanden. Die Keramik zeigt, dass Makrigialos I in die erste Phase der spätneolithischen Zeit datiert, während Makrigialos II zu den letzen Phasen der spätneolithischen Zeit gehörte. Es zeigte sich, dass die Siedlung in ihrer frühesten Phase Kontakte mit Thessalien und dem übrigen Balkanraum pflegte. Dagegen konnten für Makrigialos II in der späteren Phase dieser Epoche enge Kontakte mit Thessalien nachgewiesen werden. Möglicherweise gab es auch Beziehungen zu Dimini.

2.13.4. Die Gräben der Siedlung

Makrigialos I wurde von einem Doppelgraben umgeben. Der innere Graben (A) bestand aus einer Kette großer, tiefer Gruben. Dieser Graben wurde nach Meinung der Archäologen andauernd erneuert. Dies geschah durch Reinigen der alten Gruben oder durch Anlegen neuer Gruben. Die Ausdehnung des Grabens konnte bisher nicht festgestellt werden. An manchen Stellen hat er eine Breite von bis zu 4,50 m und erreicht eine Tiefe von 3,50 bis 4 m. Diese Form des Grabens wurde in einer zweiten Phase durch einen V-förmigen neuen Graben abgelöst. Mit der Aufgabe von Makrigialos I wurde auch der Graben aufgegeben und mit Abfällen verfüllt. Darin wurden auch menschliche Skelette gefunden. Ob diese hineingeworfen oder bestattet wurden, ist ungewiss. Der äußere Graben (B) hatte eine V-Form und war viel kleiner als sein Vorgänger. Die Maße dieses Grabens wurden nicht angegeben. Außerdem wurden noch Teile eines weiteren Grabens (G) gefunden, ebenfalls mit V-Form. Es wird angenommen, dass dieser Graben mit Graben (A) verbunden war. An welcher Stelle dies genau war und zu welcher Phase Graben (G) gehörte, kann nicht mit Sicherheit gesagt werden. Wahrscheinlich gehörte Graben (G) zum frühen Grabensystem, welches das gesamte Areal der neolithischen Siedlung umgab.

Im Jahre 1997 – 1998 wurden die Ausgrabungen fortgeführt. Der Graben (A) wurde in einer Länge von 16 m ausgegraben. In diesem Bereich ist er 6 bis 7 m breit, die Tiefe betrug 2,30 m. Interessant ist, dass hier eine Mauer gefunden wurde, die in das Innere des Grabens gestürzt war. Die umgestürzte Mauer befand sich an der nördlichen Seite des Grabens und war an der äußeren Seite des Grabens in Richtung der Siedlung gebaut. Sie verstärkte wahrscheinlich den Graben. Die Tatsache, die Mauer an der äußeren Seite des Grabens errichtet wurde, zeigt, dass der Graben eher eine Behinderung für das Verlassen der Siedlung war als ein Hindernis für den Zugang in die Siedlung. Die Menschen in Makrigialos hatten offenbar keine Angst vor Angriffen von außen, sondern wollten wohl ihre Herde besser schützen, die sich im Inneren der Siedlung befand. Auch in diesem Fall ist es wieder schwierig festzustellen, welche Funktion der Graben hatte, weil nur ein kleiner Teil der oben genannten Mauer gefunden wurde. Hatte der Graben mehrere Funktionen gleichzeitig? Über eine weitere Funktion konnte der Boden des Grabens Aufschluss geben. In vielen Bereichen wurde auf dem Boden des Grabens eine Rinne entdeckt. Diese wurde entweder vom Wasser ausgewaschen oder künstlich angelegt. In der Mitte des Grabens wird diese Vertiefung durch eine Erhebung abgeschnitten. Während der Ausgrabung sammelte sich bei Regen Wasser im Graben, das nicht herauslaufen konnte. Der Graben war also nicht nur Hindernis, sondern wurde eventuell auch als Wasserreservoir für die Siedlung benutzt. Bemerkenswert ist, dass auch an der nördlichen Seite von Graben (G) eine umgestürzte Mauer gefunden wurde. Der untere Teil der Mauer was aus Steinen gebaut, der obere bestand aus Lehmziegeln. Möglicherweise befand sich hier ein Teil einer äußeren „*Peribolosmauer*“. Die weiteren Ausgrabungen werden vielleicht eine Antwort auf diese Frage geben. Sicher ist, dass die prähistorische Siedlung von Gräben umgeben war. Denkbar wäre auch, dass die Gräben zum Schutz vor Hochwasser errichtet wurden, da die Siedlung, wie schon erwähnt, damals in der Nähe des Meeres lag. Es ist aber nicht sicher, dass die Siedlung durch den Graben effektiv vor den Naturgewalten geschützt wurde. Außerhalb der Gräben wurden keine Anzeichen einer Besiedlung gefunden. Dies kann aber auch am Forschungsstand liegen, da noch nicht das ganze Areal ausgegraben worden ist. Die Siedlung innerhalb des von den Gräben beschützten Bereichs bestand aus einer Anzahl von Grubenhäusern in lockerer Anordnung. Vergleichbare neolithische Siedlungen befinden sich in Vasilika und Thermi in Zentralmakedonien. Es handelt sich dort auch um Flachlandsiedlungen, aber nicht in einer solchen Ausdehnung wie Makrigialos.[171]

2.14. Mandalon (Westmakedonien)

2.14.1. Lage der Siedlung

Der Hügel auf dem sich die frühgeschichtliche Siedlung befindet, liegt 1 km nordwestlich des heutigen Dorfes Mandalon und ungefähr 17 km nordwestlich von Pella im griechischen Makedonien. Der Hügel hat eine

---

[171] D. Grammenos, M. Pappa, N. Ourem – Kotsos, K. Skourtopoulou, E. Giannouli, Ch. Marangou, S. Valamoti, G. Syridi, E. Marki, P. Christidou. *Ανασκαφή νεολιθικού οικισμού Θέρμης Β και βυζαντινής εγκατάστασης παρά τον προϊστορικό οικισμό Θέρμη Α. Ανασκαφική περίοδος* 1989, *Μακεδονικά* 28, 1992, 381–501.

Ausdehnung von 5000 m^2 und eine Höhe von 7 bis 8 m. Die Toumba befindet sich an der nordwestlichen Seite der fruchtbaren Ebene von Giannitsa, am Fuß des bewaldeten Berges Paikos. Die ganze Umgebung war reich an Fauna und Flora. Hier herrschten also ideale Voraussetzungen für die Gründung einer Siedlung in der prähistorischen Zeit.

2.14.2. Forschungsgeschichte

Von 1981 bis 1988 führte die Universität von Thessaloniki in Zusammenarbeit mit der archäologischen Ephorie von Edessa unter der Leitung von Pilali-Papasteriou, Papaeuthymiou-Papanthimou und Kotsakis Ausgrabungen aus. Anlass dafür gaben Raubgrabungen.
Von 1981 bis 1988 wurden 170 m^2 ergraben. Anhand der Keramik konnten spätneolithische und frühbronzezeitliche Schichten identifiziert werden. Aus C-14 Untersuchungen vom organischen Material und anhand der Keramik konnte eine Abfolge von spätneolithischen und frühbronzezeitlichen Schichten identifiziert werden.
Kotsakis spricht über eine ältere und eine jüngere Periode. Die ältere dauerte von 4600 bis 4000 v. Chr. und gehörte zur spätneolithischen Zeit und die jüngere wird von 2900 bis 2200 v. Chr. datiert und gehörte zur chalkolithischen Epoche und zur Frühbronzezeit. Die Arbeiten in der Siedlung dauern bis heute an.[172]

2.14.3. Die Siedlung

Über die Befunde der Siedlung, besonders über die Art der Häuser kann Folgendes gesagt werden. Bei den Ausgrabungen wurden in den verschiedenen Schichten Pfostenlöcher geschnitten, die zu Pfostenbauten gehörten. Es handelte sich um Häuser, die aus Holz gebaut waren. Ihre Wände bestanden aus einem Holzgeflecht, das mit Lehm verschmiert wurde. Der Boden dieser einfachen Häuser bestand aus gestampfter Erde, Lehm oder Mörtel. Kotsakis unternahm den Versuch mittels elektronischer Berechnungen die Grundrisse der Häuser zu rekonstruieren.[173] Ihm zufolge wurden zwei der Häuser in Nord –Süd-Achse gebaut, was aber nicht gesichert ist.

2.14.4. Die Peribolosmauer

Sehr interessant sind die zwei „*Periboloi*" in Mandalon. Die erste Mauer wurde im Jahr 1984 und die zweite 1988 ausgegraben. Eine der Mauern wurde auf der Spitze des Hügels lokalisiert. Sie begrenzt die nordöstliche Seite der Siedlung in einer Länge von 18 m. Von der zweiten Mauer wurde nur ein kleiner Teil an der nordwestlichen Seite der Siedlung gefunden. Ihr Abstand zu der ersten Mauer beträgt 3 m. Die Datierung der „*Periboloi*" wurde mit Hilfe von Keramik vorgenommen. Es konnte festgestellt werden, dass beide Mauern während der spätneolithischen Zeit errichtet wurden. Es gibt darüber hinaus Anhaltspunkte dafür, dass Teile dieser beiden Mauern bis in die Frühbronzezeit hinein existierten. Die in ihrem Verlauf leicht gekrümmte Mauer hat eine Höhe von 1,40 m und eine Breite von 2,40 m. Es wird angenommen, dass sie mit verschiedenen Steinen aus der näheren Umgebung gebaut wurde, wie es auch in Dimini der Fall war. Die Errichtung von „*Periboloi*"-Mauern ist im griechischen Raum eher ungewöhnlich. In Makedonien werden die Siedlungen wie in N. Nikomedeia und Servia von Gräben und im nördlichen Balkanraum entweder mit Gräben oder mit Pfosten umgeben. Oftmals kombinierten die Menschen beides. Steinmauern wie in Mandalon kennt man aus Zentral- und Südgriechenland (Salliagos), besonders aus Thessalien. (Sesklo, Magula Chatzimisiotiki, Dimini). Obwohl diese Siedlungen nicht zahlreich sind, liefern sie trotzdem viele Anhaltspunkte über die Errichtung solcher Konstruktionen in neolithischer Zeit. Die Funktion der „*Periboloi*" bleibt in Mandalon aber unbekannt. Schützten sie die Siedlung vor unerwünschtem Zutritt oder hatten sie eine Funktion, wie Chourmouziadis sie für Dimini annahm?[174] Schützten sie nur die nordöstliche Seite der Siedlung, die leichter von Feinden erreicht werden konnte? Oder schützten sie ein Zentralgebäude in der Siedlung? Alle diese Fragen bleiben offen, weil die

[172] Über die Siedlung Mandalon ist folgende Literatur zu beachten:
1. K. Kotsakis, A. Papanthimou-Papaefthymiou, A. Pilali-Papasteriou, T. Savopoulou, Y. Maniatis, B. Kromer, „Carbon 14 Dates from Mandalo, W. Macedonia", Archaeometry, Proceedings of the 25th International Symposium, Elsevier, Amsterdam (1989), 679f.
2. A. Pilali-Papasteriou, A, Papanthimou-Papaefthymiou, K. Kotsakis, T. Savopoulou, *Νέος προϊστορικός οικισμός στο Μάνδαλο της Δ. Μακεδονίας, Αρχαία Μακεδονία* IV (1986), 455f.
3. A. Papaefthymiou-Papanthimou, A. Pilali-Papasteriou, *Νέες ανασκαφικές έρευνες στο Μάνδαλο της Δ. Μακεδονίας (1985-1986), Εγνατία, Επετηρίδα τμήματος Ιστορίας και Αρχαιολογίας Πανεπιστημίου Θεσσαλονίκης*, 1987, 17f.
4. A. Papaefthymiou-Papanthimou, A. Pilali-Papasteriou, *Ανασκαφές στο Μάνδαλο*, AErgoMak I, 1987, 173-180.
5. A. Papaefthymiou-Papanthimou, A. Pilali-Papasteriou, *Ανασκαφή στο Μάνδαλο*, AErgoMak II, 1988, 127-136.

[173] K. Kotsakis, *Αποκατάσταση κατόψεων πασσαλόπηκτων οικημάτων με τη βοήθεια ηλεκτρονικού υπολογιστή στην ανασκαφή του Μανδάλου Δ. Μακεδονίας. Ειλαπίνη, τιμητικός τόμος για τον καθηγητή Ν. Πλάτωνα* (1987), 117f.

[174] G. Chourmouziadis (1979).

bisherigen Ausgrabungen räumlich eingegrenzt waren. Zukünftige Grabungen werden wahrscheinlich neue Erkenntnisse bringen.

2.15. Nea Nikomedeia (Makedonien)

2.15.1. Lage der Siedlung

Die Siedlung trägt den gleichen Namen wie das heutige Dorf Nea Nikomedeia. Die archäologische Stätte liegt ungefähr 60 km südwestlich von Thessaloniki in der Nähe des Flusses Haliakmon. Vor ungefähr 8000 Jahren bot dieses Gebiet ein ganz anderes Bild als heute. Ein Arm des ägäischen Meeres ragte in die Ebene, in der die prähistorische Siedlung liegt. Heute ist das Meer viel weiter entfernt als damals. In der neolithischen Dorfgemeinschaft lebten Bauern und Hirten, denn die Gegend war und ist bis heute besonders für Landwirtschaft und Viehzucht geeignet. Die Menschen bauten Weizen, Gerste und Linsen an, züchteten Tiere wie Schafe und Ziegen, wahrscheinlich auch Schweine und Rinder. Die Landschaft ist durch zahlreiche derartige niedrige Hügel gekennzeichnet. Archäologen untersuchten in den 60er Jahren eine der Hügelgruppen und fanden eine der ältesten neolithischen Siedlungen, die man in Europa kennt.

2.15.2. Forschungsgeschichte und die Siedlung

Bereits im Jahre 1958 wurde Petsas von der griechischen archäologischen Ephorie auf den „Wohnhügel“ von Nea Nikomedeia aufmerksam.[175] Rodden fand 1960 Keramikfragmente und weitere Funde, die gewisse Parallelen zu Schichten anderer neolithischer Orte in Zentralgriechenlands aufwiesen. 1961 fand durch Clark und Rodden eine erste kleine Ausgrabung statt, die zahlreiche neolithische Funde zu Tage förderte. Man fand heraus, dass die Häuser in Nea Nikomedeia rechteckige Bauten waren. Ihre Wände bestanden aus Lehm und wurden durch Holzpfosten gestützt. Im Jahre 1963 führte Rodden eine Grabung größeren Maßstabes durch. Im Sommer dieses Jahres wurde ein Großteil des frühneolithischen Bauhorizontes abgetragen. Zu diesem Horizont gehörten „Abfälle“, die aus den umgestürzten und zerfallenen Lehmwänden der Gebäude stammten. Die Bodenschicht war relativ dünn, an ihrer stärksten Stelle betrug sie nur ungefähr 0,60 m. Die Ausgrabungen wurden dadurch erschwert, dass der Boden in Nikomedeia aus demselben lehmigen Material bestand, das die Menschen damals zum Bau ihrer Häuser benutzten und somit die Unterschiede nur schwer zu erkennen waren. Man erkannte wenige Einzelheiten der alten Siedlung, lediglich Verfärbungen von den Fundamenten der Wände oder der Pfostengruben. Im Rahmen der Ausgrabung im Jahre 1963 wurde nicht das gesamte Siedlungsgebiet auf dem Hügels freigelegt, so dass einige Hausgrundrisse unvollständig blieben. Das Gesamtbild der neolithischen Siedlung konnte trotzdem erfasst werden. Das neolithische Dorf bestand aus Einzelgebäuden, von denen sieben größere ausgegraben wurden. Sechs davon müssen Wohnhäuser gewesen sein. Verkohlte Holzreste weisen darauf hin, dass die Gebäude aus Eichenholz bestanden.[176] Die Häuser standen wahrscheinlich in einem Abstand von zwei bis fünf Metern zueinander auf einer leichten Anhöhe am Rand eines ehemals sumpfigen Sees oder einer Bucht. Es konnten zwei Bauphasen bestimmt werden, die stellenweise durch eine Ablagerungsschicht voneinander getrennt waren. Die ältere Siedlung war kleiner und auf der Landseite der Anhöhe von einem Paar konzentrischer Mauern umgeben. Während der zweiten Bauphase dehnte sich die Siedlung bis zu diesen ringförmigen Mauern aus, die dann durch einen tiefen Graben ersetzt wurden. Man fand Anzeichen, dass der Graben mit Wasser gefüllt war. Rodden sprach in diesem Zusammenhang von einer Befestigungsanlage, ihr Aussehen konnte aber nicht mit Sicherheit festgestellt werden. Leider war der Befund in einem schlechten Zustand erhalten, dass heute nicht mehr die Möglichkeit besteht, einen sicheren Beschluss über die sog. Befestigungsanlage von N. Nikomedeia fassen zu können. Es bleibt offen, ob die Anlage einen fortifikatorischen Charakter hatte.

[175] Als man 1958 in Nea Nikomedeia bei örtlichen Straßenbauarbeiten etwa 3000 m^2 Erde als Baumaterial abtrug, fand man viele Hinweise, die dort eine Siedlung belegten. Petsas veranlasste die Einstellung der Arbeiten und er fuhr im Jahre 1960 mit R. J. Rodden zu dem Fundplatz.

[176] Im Fall von Nea Nikomedeia errichtete man die Lehmwände der Häuser in folgender Weise: Im Abstand von 0,90 bis 0,120 m grub man Pfosten aus Jungbäumen ein und füllte die Zwischenräume mit aufrecht stehenden Schilfrohrbündeln aus. Schließlich wurde das Schilf auf der Hausinnenseite mit durch Spreu gemagertem Lehm und auf der Außenseite mit weißer Tonerde verputzt. Die Fundamente der Wände und die der Pfosten, die das Dach trugen, reichten oftmals bis zu einem Meter tief in den Boden. Man wollte wahrscheinlich sicherstellen, dass die Häuser weder durch Frost noch durch die Feuchtigkeit des Bodens beschädigt werden. Es ist anzunehmen, dass die Wohnhäuser vorspringende, strohgedeckte Spitzdächer hatten. Nur mit solchen Dächern konnten die lehmverputzten Wände vor Regen geschützt werden, da diese Dachkonstruktionen das Regenwasser ablaufen ließen und die Wände trocken hielten.

2.16. Servia (Westmakedonien – Kozani)

2.16.1. Lage der Siedlung

Die prähistorische Siedlung von Servia befindet sich in Westmakedonien. Heute ist von der Siedlung nichts mehr zu sehen, weil sie sich viele Meter unter dem Wasser des Sees Polyphitou befindet. Das Gebiet von Servia liegt an einem geographisch günstigen Platz, am Übergang von Thessalien nach Makedonien im Haliakmon – Tal. Dieses Gebiet beherrscht den nördlichen Eingang des Porta – Passes, neben dem Tempe – Tal und dem Petra – Pass eine der wichtigsten Verbindungen zwischen Makedonien und Thessalien. Wie auch andere prähistorische Siedlungen liegt Servia am Ufer des Flusses Haliakmon, genauer gesagt am rechten Flussufer auf einer kleinen Toumba, die sich 17 m über dem Fluss erhebt. Die Toumba liegt 6 km nördlich der Stadt mitgleichen Namen. Geologisch wird die Siedlung im Haliakmon – Tal von vielen Bergen und Hügeln umgeben. Nördlich liegt das Vermion – Gebirge, östlich das Pierien- und das Titaros - Gebirge, westlich das Vourinos – Gebirge und südlich des Tales befindet sich das Karvounia-Gebirge. Das Tal liegt viele Meter unter dem Meeresspiegel. In neolithischer Zeit waren die Berge von Buchen- und Fichtenwäldern bedeckt, was Pollenanalysen ergaben. Heutzutage ist nicht mehr viel davon zu sehen. Das Gebirge ist überwiegend von Zwergeichen wie *Quercus coccifera, Paliurus spina-christi* und *Juniperus oxycedrus* bedeckt. Die Abholzung der Wälder schon vom Neolithikum an führte zu der heutigen Situation. Anders die Pflanzenwelt im Tal des Flusses Haliakmon, das schon immer sehr fruchtbar war. Funde wie Einkorn, Emmer, sechszeilige Gerste, Linsen und Erbsen bezeugen den Ackerbau zur damaligen Zeit.[177] Erwähnenswert sind die 65000 gefundenen Kerne und Samen: *Avena, Linum* und *Vitis* wurden in Servia, wie an anderen neolithischen Plätzen auch kultiviert. Außerdem Früchte wie *Prunus amygdalus, Pyrus, Cornus mas, Pistacia, Quercus, Prunus cerasifera/insititia, Coriandrum sativum, Celtis australis* und viele andere. In der frühneolithischen Phase waren 60% der domestizierten Tiere in der Siedlung Schafe und Ziegen gegenüber 40% Schwein und Rind. Im Mittelneolithikum nahm das Schwein an Bedeutung zu. 40% der Knochen waren vom Schwein, weitere 40% von Schafen und Ziegen. In der spätneolithischen Phase dominierten wieder Schafe und Ziegen. Die Umgebung war insgesamt ideal für eine Besiedlung.

[177] K. A. Wardle – B. Vlachodimitropoulou, *Ανασκαφή Σερβίων Κοζάνης* 1971-73. *Αποτελέσματα*, AErgoMak 12, 1998, 543–555.

2.16.2. Forschungsgeschichte

Die Siedlung von Servia wurde von Wace und Thompson im Jahre 1911 entdeckt. Der Erste, der 1930 Ausgrabungen vor Ort durchführte, war Heurtley. Erst 1971-73 fanden erneut Ausgrabungen unter der griechischen Archäologischen Antikenverwaltung in Zusammenarbeit mit „The British School at Athens" statt, um die prähistorische Siedlung vor dem Wasser des Stausees zu retten.[178] Der 1930 und 1971–73 untersuchte Raum wurde während der mittleren neolithischen Zeit zum ersten Mal besiedelt. Für die Annahme, dass Servia schon ab der frühneolithischen Zeit besiedelt war, gibt es bisher keine konkreten Hinweise anhand der Befunde. Besser nachweisbar ist die Zeit anhand der Keramik. Im Gegensatz dazu waren die Befunde für die anderen chronologischen Phasen der Besiedlungsgeschichte in Servia deutlicher. Insgesamt wurden 10 verschiedene Phasen der prähistorischen Siedlung erkannt. Fünf (1 – 5) Phasen werden in die mittlere neolithische Zeit datiert. Die Phasen sechs und sieben (6 – 7) gehören zu der spätneolithischen Epoche und die Phasen acht bis neun (8 – 9) in die Frühbronzezeit. Die Phase 10 gehört in die byzantinische Periode. Man erkannte dass, die fünf Phasen, welche laut Heurtley zum Beginn der neolithischen Zeit gehörten, tatsächlich in die mittlere neolithische Zeit datieren. Im Gegensatz dazu scheinen die von Heurtley sog. spätneolithischen Phasen I und II zeitgleich mit den Phasen sechs 6, 7 und 8 zu sein.

[178] W. A. Heurtley, Excavations at Servia in western Macedonia, The Antiquaries Journal XII, 1932, 227-228; ders., Prehistoric Macedonia (1939); C. Ridley, K. A. Wardle K, Rescue Excavations at Servia 1971-1973: a preliminary report, BSA 74, 1979, 185-230. Andere Vorberichte über die britisch – griechische Rettungsgrabung erschienen in AAA 5, 1972, 27-34, AAA 6, 1973, 419-424; AAA 7, 1974, 351-360. Über diese Kampagnen wurde bereits bei F. Schachermeyr (1976), 113-117 berichtet. Archäologen, die sie sich mit Servia befassen, sind folgende: Zusammenfassend, R. Treuil, Néolithique et le Bronze Ancien égéens. Les problèmes stratigraphiques et chronologiques, les techniques, les hommes. Bibliothèque des Écoles françaises d´Athènes et de Rome, 248 (1983) Renzesionen: C. Baurain, EtCI 58 :1, 1990, 90-91. J. N. Corvisier, REG 106, 1993, 241-244; I. Aslanis mit Beiträgen von O. Psychoyou-Smith und Y. Kourtesi–Philippaki, *Η προϊστορία της Μακεδονίας I. Η νεολιθική εποχή* (1992). Aslanis stützt sich zur Darstellung der neolithischen Zeit in Westmakedonien weitgehend auf Servia.

2.16.3. Die Siedlung und der Befestigungsgraben

Funde der frühneolithischen Siedlung wurden nicht während der großen Ausgrabungen gefunden, sondern 500 m flussabwärts in Servia V. Es gibt aus dieser Zeit keine nennenswerten Befunde außer ein Paar Pfostenlöcher und ein gekiester Hof, dafür aber viel frühneolithische Keramik. Es handelt sich zum Großteil um monochrome, polierte Keramik.[179] Andere Funde aus der frühneolithischen Phase der Siedlung sind Figurinen und Tonspulen.

Die Phasen eins bis fünf (1 – 5) vertreten die mittelneolithische Besiedlungsgeschichte von Servia. Diese Phasen unterscheiden sich durch eine keramische Entwicklung voneinander. Die Befunde sind typisch für die mittelneolithische Zeit in Westmakedonien und auf dem griechischen Festland. Die Häuser der Siedlung waren rechteckige Flechthäuser mit Lehmbewurf, ihre Dächer wurden von massiven Holzstützen getragen. Untersuchungen von verkohltem Holz zeigten, dass Eichen und Kiefern verwendet wurden. Manchmal wurde Holz möglicherweise auch als Bodenverkleidung benutzt, wie einige Funde vermuten lassen. Man fand Öfen und Herde aus Flusskies. Sie befanden sich nicht im Innenraum der Häuser, sondern im Hof jeden Hauses. In den Boden eingetiefte Bauten sind in den Phasen 3 und 4 belegt. Aus Phase 4 stammt eine Zerstörungsschicht mit gut erhaltenen Funden, wie Gefäßen, Schmuck und Pflanzenresten. In Phase 5 waren die Gebäude nicht mehr in den Boden eingetieft. Sie stehen ihrem Grundriss nach anscheinend in Beziehung zu Phase 6, so dass eine Kontinuität der prähistorischen Siedlung vermutet werden kann. In diese Zeit gehört die Errichtung des sog. Befestigungsgrabens, der in Schnitt (F) der von Huertley ausgeführten Ausgrabung auf dem kleinen Hügel gefunden wurde. Der ausgegrabene Grabenbereich hatte eine Tiefe von 2,35 m. Die Breite des Grabens wird leider nicht erwähnt. Er bestand aus einer senkrechten und einer schräg abfallenden Seite. Ob dieser Graben einen defensiven Charakter hatte oder zur Entwässerung der Siedlung diente, ist schwierig zu sagen. Für die Entwässerung scheint er aber zu groß zu sein. Huertley hatte wahrscheinlich recht mit seiner Annahme, dass der Graben beziehungsweise seine westliche Seite mit Holz oder Steinen gestützt werden sollte, damit es auch bei starkem Regen nicht zu Bodenerosionen kommen konnte. Derartige Funde wurden während der Ausgrabung aber nicht gemacht. Eine defensive Funktion des Grabens kann nicht ausgeschlossen werden.[180]

Die spätneolithische Siedlung umfasst die Phasen 6 und 7. Aus der spätneolithischen Zeit wurden Fundamentgräben für ein Gebäude gefunden und viele flaschenförmige Gruben. Der Inhalt dieser Gruben bestand aus karbonisierten Samen und Fischgräten. Von Gebäude spätneolithischer Zeit wurden meistens Lehmböden nachgewiesen. Da jedes neolithische Haus ein Hofareal besaß, hatte die Siedlung anscheinend eine große Ausdehnung. Wie groß die Siedlung in Servia war, kann nur vermutet werden. Die keramischen Funde aus dieser Zeit präsentieren vor allem Feinkeramik. Es handelt sich um die typische spätneolithische Keramik (Grau-auf-Grau- und schwarzpolierte Ware). Diese wurde entweder von anderen neolithischen Plätzen importiert oder direkt vor Ort produziert.[181] Es muss auch erwähnt werden, dass nur in den spätneolithischen Phasen Obsidian aus Melos gefunden wurde. Mit dem Ende der Phase 7 wurde die neolithische Siedlung verlassen. Zu Beginn der Frühbronzezeit wurde der Wohnraum erneut besiedelt. Während dieser Zeit (Phase 8) wurden tiefe Gräben ausgehoben. Es handelt sich um zwei parallel verlaufende Spitzgräben (Taf. 12) mit einer Breite von 5 m und einer Tiefe von 2,20 m. Die beiden Gräben wurden in einem Abstand von 4 m gebaut. Reste von Mauern oder Palisaden in diesen Spitzgräben wurden von den Archäologen nicht erwähnt. Erwähnenswert ist aber der vermutliche Verlauf der Gräben. Die ausgegrabenen Teile ergaben das Bild einer frühbronzezeitlichen Siedlung, die wahrscheinlich 50 m breit und anscheinend quadratisch angelegt war. Ob sie für den Schutz der Siedlung oder für

[179] Die Farbe dieser Keramik ist vorwiegend braun und nicht rot. Überwiegend handelt es sich um kugelige Gefäße, Kragenhalsgefässe und flache Schalen. Die Funde der Keramik stützten die Annahme, dass der Fundort während der frühneolithischen Zeit besiedelt war, gleichzeitig mit der Wende des Frühneolithikums II zu III in Thessalien. Der Gebrauch des Überzugs in der Keramik und das Auftreten von buntpolierte und frühe bemalter Keramik (rot auf rot und rot auf beige) stützt diese Annahme.

[180] W. A. Huertley (1939), 45f.

[181] Sehr charakteristisch ist die Schwarzpolierte Keramik, die durch karinierte Formen bezeichnet ist. Als Dekoration für diese Keramik, benützten die neolithischen Keramiker Rillen und Perlschnüre, Musterpolitur und Weißmalerei. Eine andere Gattung von Keramik, die in Servia vorkommt, ist die mit pastos gefüllten Strohabdrücken Keramik, die nach Cakran weist. Verbindungen mit dem neolithischen Thessalien bezeugen auch die bemalten Keramikgattungen: Schwarz auf rot, braun auf braun, braun auf beige und polychrom sind die besten Beispiele davon. Die „*black topped*" Keramik ist auch in Servia vertreten. Dies beweist wahrscheinlich, dass die Siedlung Verbindungen mit Thrakien besonders mit Paradimi hatte. Einige spätneolithische Fragmente (Schwarz auf rot bemalte Scherben) könnten Verbindungen der Siedlung mit Chalkidike (Olynth und Kritsana) aufzeigen.

eine Abgrenzung nach außen errichtet wurden, ist nicht klar. Die Gräben wurden während der Phase 9 der Siedlung zerstört, damit der Wohnraum eingeebnet und auf dem planen Boden wieder gebaut werden konnte. Zusammenfassend lässt sich sagen, dass die neolithische Siedlung in Servia vom Aufbau her den anderen neolithischen Siedlungen auf dem Balkan, in Thessalien und im Tal von Drama zu ähneln scheint. Einziger Unterschied ist die Verwendung des Baumaterials, das von Ort zu Ort verschieden ist. Die Datierung der Siedlung in die mittlere neolithische Zeit und den Übergang zu der spätneolithischen Zeit der Siedlung ist durch die verschiedenen mittelneolithischen Schichten und die Kontinuität der keramischen Tradition in Servia gesichert. Dagegen gab es Probleme bei der Datierung der früheren Phasen der Siedlung. Die unteren Schichten der mittleren neolithischen Zeit in Servia brachten eine schon entwickelte Keramik ans Licht. Am Ende waren sich die Archäologen einig, dass die Besiedlung in Servia mit Verspätung zustande kam. Schichten des Übergangs von der früh- zur mittelneolithischen Zeit wurden am Hauptort der Ausgrabungen nicht gefunden, sondern nur solche aus dem Mittelneolithikum.[182] Die Siedlung entstand folglich erst in der Mittelneolithischen Zeit.

2.17. Zusammenfassung

Zusammenfassend wird der Versuch unternommen, ein Bild über die sog. befestigten Siedlungen im heutigen griechischen Raum zu geben. Ziel dieser Zusammenfassung ist es, die Mauertechniken beziehungsweise die Bauweise und das Material der verschiedenen Baukonstruktionen, die in der wissenschaftlichen Literatur teilweise als Verteidigungsbauten behandelt werden, darzustellen, weiterhin die Konstruktionsprinzipien, Arbeitsleistung, Topographie und sozialen Bedingungen, das Verhältnis von offenen zu geschlossenen Siedlungen und die geographische Verbreitung sowie die zeitliche Einordnung und Entwicklung der prähistorischen Siedlungen im griechischen Raum näher zu betrachten. Die oben genannten Punkte sind die wichtigsten Faktoren, um ein besseres Bild über Siedlungen mit Befestigungsanlagen – falls es sie denn gibt – zu rekonstruieren. Dasselbe wird auch für die prähistorischen Siedlungen in der Frühbronzezeit, Mittelbronzezeit und Spätbronzezeit gelten.

Es ist allgemein bekannt, dass mit der Neolithisierung des griechischen Raumes (Festland und Insel) ein kultureller Prozess stattgefunden hat, der die Entwicklung der Menschen in dieser Epoche stark beeinflusst hat. Ackerbau, Viehzucht und die Errichtung von festen Unterkünften sind Charakteristika dieser Zeit. Es war die Zeit, in der die Menschen Tongefäße zu formen lernten und den menschlichen Körper erstmals darzustellen versuchten. Die Wanderungen der paläolithischen und mesolithischen Zeit waren vorbei, die Menschen zogen nicht mehr als Jäger und Sammler umher. Nun suchten sie Landschaften, die ihre Existenz sichern konnten, so dass sie sich dort niederlassen konnten. Es sollte sich um dörfliche Gemeinde handeln mit einer gewissen sozialen Ordnung und wirtschaftlichen Struktur. Die Siedlungen, oder besser die dörflichen Gemeinden werden in der Fachliteratur je nach ihrer Lage als Tellsiedlungen oder Flachlandsiedlungen angesprochen.[183] Im griechischen Raum werden die Tellsiedlungen in Thessalien als „*Μαγούλες*“ und in Makedonien als „*Τούμπες*“ bezeichnet. Zwischen Tellsiedlungen und Flachlandsiedlungen gibt es einen wichtigen Unterschied. Auf den Tellsiedlungen bevorzugen die Menschen eine dichte Bebauung, während in den Flachlandsiedlungen ein lockeres Bebauungssystem vorgezogen wurde.

In welchen Landschaften wurden diese Siedlungen nun gegründet? Mit der Vorstellung der sog. befestigten Siedlungen im griechischen Raum kann man einen ersten Eindruck bekommen. Es ist bekannt, dass die neolithischen Siedlungen im griechischen Raum, sowie auf dem Balkan und im Nahen Osten (Mesopotamien) in Gegenden gegründet wurden, die die Lebensgrundlagen für die Menschen und ihre Tiere sichern konnten. Wasser war das wichtigste Element für die Sesshaftwerdung in neolithischer Zeit. Die Siedlungen wurden deshalb wenn möglich in der Nähe von Quellen und Flüssen gebaut. Die Fruchtbarkeit der Erde spielt auch eine wichtige Rolle. Vor allem wurde darauf geachtet, dass geeignete Böden für den Ackerbau und für Weideflächen vorhanden waren. Mit der Domestizierung der Tiere und der Pflanzen in neolithischer Zeit benötigten die Menschen fruchtbares Land. Oftmals wurden die Siedlungen in der Nähe von Bergen gebaut, die damals mit Wäldern bedeckt waren oder es heute noch sind. Die Berge lieferten Holz und Stein für den Bau der Siedlungen und waren natürlich auch geeignet für Jagd und Viehzucht. Möglicherweise wurden für den Bau der Häuser auch

[182] K. A. Wardle – B. Vlachodimitropoulou (1998), 555f.

[183] In Balkan allgemein und natürlich im griechischen Raum besonders in Thessalien und in Makedonien gibt es zahlreiche Siedlungen, die immer wieder bewohnt wurden. Nach einer Katastrophe oder mit der Ausdehnung der Siedlung führte die Anhäufung von unbrauchbar gewordenem Baumaterial und anderem Siedlungsabfall zu der Bildung solchen Tellsiedlungen. Einige von den bekanntesten Tellsiedlungen in balkanischen Raum und in Griechenland sind folgende: Argissa – Magula, Sesklo, Sitagroi in Griechenland, Azmaska Mogila, Karanovo, Ezero und Plovdiv in Bulgarien, Starcevo und Vinca in Servien.

organische Materialien wie Tierfelle, Stroh und Stoffe verwendet, die keine Spuren hinterlassen haben. Holz als Baumaterial für Häuser hat sich teilweise bis heute erhalten, wie in der prähistorischen Siedlung von Prodromos II. Baumzweige wurden für den Bau der Dächer verwendet, die entweder flach oder geneigt waren. Oftmals wurden Zweige auch für den Bau von Hausmauern benutzt, die dann mit Lehm bestrichen wurden. Es gibt auch Hinweise, dass die Zweige mit ihren Blättern für den Boden der Gebäude benutzt wurden. Auf diese Weise war eine gewisse Isolierung vorhanden, die vor Feuchtigkeit schützte. Holz wurde in den Häusern auch als Pfosten und Balken verbaut. Die meisten verwendeten Steine sind Schiefer und Kalkstein, die in der näheren Umgebung vorkamen. Die Gebäude waren entweder rechteckig oder rund, wie in Choirokoitia auf Zypern. Die Häuser wurden durch Innenwände unterteilt. Manchmal wurden weitere Räume angebaut. Das sog. „Megaron" ist wahrscheinlich auch dadurch entstanden, dass ein Haus immer wieder durch den Anbau neuer Räume erweitert wurde. Es war in vielen neolithischen Siedlungen präsent und bekam dort als Zentralbau der Siedlung wohl eine religiöse oder administrative Bedeutung. Im Innenraum der Bauten befinden sich Herdstellen, Vorrats- und Abfallgruben. Sitz- und Schlafmöglichkeiten wie Bänke wurden auch gefunden. Der Boden der Häuser bestand meistens aus gestampfter Erde, es gab aber auch Lehmböden und Kieselsteinpflasterungen wie etwa in Servia in Makedonien.

Zusammenfassend kann folgende Entwicklung der neolithischen Häuser im griechischen Raum beobachtet werden: Es begann mit Grubenhäusern und einfachen Hütten, wie in Nea Makri in Attika[184] daneben Pfostenbauten. Später wurden auch Lehmziegelbauten mit und ohne steinerne Fundamente errichtet. Im griechischen Raum wurden Häuser mit Steinfundamentierung z. B. in Otzaki Magula (frühes Neolithikum) und in Dimitra (mittleres Neolithikum) in Thessalien nachgewiesen. Man sieht in diesen Konstruktionen Einflüsse aus dem Osten, wie z. B. die sog. „Pisee - Bautechnik" (Lehmbauweise). Wie schon erwähnt bestanden die Dächer der Häuser aus Holz, das mit Stroh und Lehm bedeckt war. Flache oder geneigte Dachkonstruktionen waren aber nicht die einzigen Möglichkeiten. In Choirokoitia auf Zypern wurden Tholoikonstruktionen auf die runden Häuser gebaut.

Während der neolithischen Zeit begann eine Entwicklung hin zur Urbanisierung, die durch die Zentralisierung und Zunahme von Siedlungen sowie deren Anwachsen charakterisiert wurde. Diese Tendenz wird in der Mittelmeerwelt häufig angetroffen. Die Ausdehnung der Siedlungen bleibt insgesamt beschränkt. Da viele neolithische Siedlungen im griechischen Raum noch nicht in ihrer ganzen Ausdehnung ausgegraben worden sind, können sich darunter auch noch größere Siedlungen verbergen, die man als solche nicht erkannt hat. Es wurde vermutet, dass einige unter ihnen einen „städtischen Charakter" hatten, wie z. B. Nea Nikomedeia mit seinen großen, in lockeren Abständen gebauten Häusern. „Städte" wie während der archaischen oder klassischen Zeit gab es in der neolithischen Zeit im griechischen Raum noch nicht. Meistens waren es „dörfliche" Gemeinschaften. Charakteristisch für alle neolithischen Siedlungen im griechischen Raum waren Landwirtschaft, Handwerk und Handel.[185] Halstead fand heraus, dass am Anfang der neolithischen Zeit „dörfliche" Gemeinden mit 50 bis 300 Bewohnern existierten. Für die mittlere neolithische Zeit wies er ein lockeres Bebauungssystem nach. Seine Angaben basierten auf dem mittelneolithischen Sesklo.[186] Halstead beschäftigte sich sehr intensiv mit den Siedlungen im thessalischen Raum und vermutete, dass sich das neolithische wirtschaftliche System allgemein auf Familienverbände stützte. Die Menschen ernährten sich von Getreide und verschiedenen Hülsenfrüchten. Wie schon erwähnt, gehörten auch Tiere zur Nahrung. Die am häufigsten verzehrten Tiere waren Schafe und Ziegen. Im Laufe der Zeit nahm auch das Rind eine bedeutendere Stelle in der Ernährung der Menschen ein. Außer Fleisch lieferten die Tiere auch existenzielle Produkte, wie Wolle, Milch, Leder, wobei Leder nicht nur als Kleidung diente, sondern auch für den Bau der Häuser.

Nach Meinung einiger Wissenschaftler wie Sampson war das Sammeln von Früchten und die Jagd nur in Notzeiten von großer Bedeutung.[187] Meines Erachtens spielte es aber allgemein eine große Rolle. Noch heute gibt es Stämme in Afrika, Asien und dem Amazonasgebiet, bei denen Jagen und Früchte sammeln zum täglichen Leben gehört.

Während der mittleren neolithischen Zeit war die Situation nicht anders. Mit der Ausdehnung der Siedlungen in der spätneolithischen Zeit brauchten die

[184] M. Pantelidou-Kofa, Neolithic Attica (2000); D. Theocharis (1993).

[185] E. Alram-Stern (1996). Über das landwirtschaftliche System, Handwerk und Handel in der neolithischen Zeit.

[186] P. Halstead, From reciprocity to dedistribution: Modelling the exchange of livestock in Neolithic Greece, in: A. Grant (Hrsg.), Animals and their produkts in trade and exchange (Anthropozoologica) (1992). Über die neolithische Gesellschaft in Griechenland siehe auch, P. Halstead, Neolithic Society in Greece (1999).

[187] A. Sampson, *Η σημασία της τροφοσυλλογής στους προϊστορικούς χρόνους και ιδιαίτερα στη νεολιθική περίοδο*, *Ανθρωπολογικά και Αρχαιολογικά Χρονικά* 3, 1988-89, 65–68.

Menschen noch mehr Land für die Landwirtschaft. Dies führte zu Waldrodungen, um Holz für den Bau der Häuser zu erhalten und zur Gewinnung von Ackerflächen und Weideland für die Viehzucht. In dieser Zeit vermehren sich die Knochenfunde von Schweinen und Rindern, die nun neben den Schafen und Ziegen an Bedeutung gewinnen. Insgesamt konnte für das Spätneolithikum eine Zunahme verschiedener Produkte festgestellt werden. Ein Beispiel ist die Wollproduktion, die durch viele Funde aus dem Bereich der Spinnerei und Weberei nachgewiesen ist. Getreide bleibt ein wichtiger Bestandteil des Speiseplans in der spätneolithischen Zeit. Früchte und Hülsenfrüchte werden weiter verzehrt, zum Teil auch neue Sorten. Weinkultur und Olivenanbau gewinnen an Bedeutung. Die Erfindung des Pfluges war ebenfalls ein wichtiger Faktor für die neolithische Wirtschaft. Die landwirtschaftliche Produktion führte damals zu einer Überschussproduktion. Es musste gelagert werden. Auf diese Weise hatten die Menschen nun eigene Produkte, die sie mit anderen austauschen konnten, so dass es zu Handelsbeziehungen kam. Auch die Herstellung von Handwerkserzeugnissen hat den Handel angetrieben. Dazu gehörten neolithische Geräte aus Obsidian und Feuerstein, Keramik, Schmuck und auch Metallgegenstände. Besonders Obsidian aus Melos war sehr gefragt. Er wurde in fast allen neolithischen Siedlungen gefunden, also vom ägäischen Melos aus verhandelt. Perles sprach von spezialisierten Gruppen, die sich mit der Produktion und dem Handel von Obsidian beschäftigten.[188] Solche Gruppen entstanden nach dem griechischen Archäologen Chourmouziadis während der mittleren neolithischen Zeit. Er versuchte anhand der Keramikproduktion im spätneolithischen Dimini seine These zu bekräftigen, wo er glaubte organisierte Werkstätten nachweisen zu können.[189] Dass die neolithischen Menschen tatsächlich alles herstellten, was sie brauchten, wird allgemein vermutet. Wenn sie etwas Bestimmtes nicht produzieren oder herstellen konnten, besorgten sie es durch Tausch oder Handel. Letzterer war zusammen mit der Landwirtschaft der Träger der neolithischen Wirtschaft. Wie schon erwähnt, ist der Obsidian Beweis dafür, dass die Menschen in der neolithischen Zeit Handel betrieben. Es wurde vermutet, dass das vulkanische Gestein von Spezialisten gebrochen und bearbeitet wurde. Die kleine Insel Saliagos könnte ein Zentrum solcher Spezialisten gewesen sein. Ein anderes Produkt, das den Handel im Neolithikum beweist, sind Spondylusmuscheln. Er war ein „Luxusartikel", der vom ägäischen Raum bis nach Mitteleuropa verbreitet ist. Weitere Handelsobjekte waren Gebrauchs- und Feinkeramik.

Perles untergliederte die verhandelten Funde in drei Kategorien: Gebrauchsgegenstände, Prestigegüter (Spondylus, Marmor, Metall) und Objekte mit einer sozialen Bedeutung (Keramik, Waffen).[190]

Sicher scheint zu sein, dass durch den Handel die gesellschaftlichen Strukturen verändert wurden. Der Austausch von landwirtschaftlichen Produkten und anderen Objekten, die entweder eine soziale Bedeutung besaßen oder Prestigeobjekte waren, hat zur Bildung einer gesellschaftlichen Elite geführt. Besonders während der chalkolithischen Zeit scheint diese „Elite" wichtiger zu werden, als die handwerklichen Produkte und Prestigeobjekte mehr Bedeutung gegenüber den landwirtschaftlichen Produkten gewinnen. Verschiedene Veränderungen im Erscheinungsbild der neolithischen - besonders der spätneolithischen - Siedlungen stehen wahrscheinlich in Zusammenhang mit der Ausbildung einer solchen Elite. Die Entstehung von Zentralgebäuden in den Siedlungen, die entweder eine administrative oder religiöse Rolle hatten, verweist vielleicht auf eine stratifizierte Gesellschaft, die von dieser Elite angeführt wurde. Durch Handel kam diese Elite in den Besitz von wertvollen Objekten, Keramik, Metallgegenstände und

[188] C. Perles, Systems of exchange and organisation of produktion in neolithic Greece, JmedA 5/2, 1992, 115-164.

[189] G. Chourmouziadis, Die Spezialisierung im Neolithikum, in: D. Papenfuß, V. M. Strocka (Hrsg.), Palast und Hütte: Beiträge zum Bauen und Wohnen im Altertum von Archäologen, Vor- und Frühgeschichtlern (Tagungsbeiträge eines Symposiums der Alexander von Humbolt-Stiftung, Bonn – Bad Godesberg, veranstaltet vom 25.-30. November 1979 in Berlin), (1982), 125-135. Chourmouziadis vermutete, dass jedes Haus – Familie Zugang zu denselben Rohmaterialien hatte, da diese über die Siedlung in Dimini gleichmäßig verteilt sind. Gegen die These von Chourmouziadis hat sich P. Halstead ausgesprochen. Spondylous shell ornaments from Late Neolithic Dimini, Greece: Spezialized manufacture or unequal accumulations? Antiquity 67 (256), 1993, 603-609. Halstead spricht über die Konzentration von Spondylus in zwei Wohneinrichtungen. Diese Konzentration spricht gegen die These von Chourmouziadis.

[190] C. Perles (1992) Die verhandelten Objekte entsprechen nach der Meinung Perles drei unterschiedlichen Austauschsysteme in der neolithischen Zeit. Er nennt folgendes Beispiel: Ein Objekt von diesen Kategorien konnte von einem Austauschsystem in einem anderen wechseln. Die Keramik wird während der spätneolithischen Zeit von einem Objekt der sozialen Bedeutung zu einem Objekt für den täglichen Gebrauch. Ein anderes Beispiel sind die Waffen in der neolithischen Zeit. Die Pfeilspitzen hatten in der Endphase der neolithischen Zeit die Stelle eines Prestigeobjektes angenommen.

Waffen, aber auch der Besitz vieler Nutztiere konnte die gesellschaftliche Bedeutung dieser Elite stärken.
Wie schon gezeigt wurde, errichteten die Menschen ihre Siedlungen während der frühneolithischen Zeit in der Nähe von Quellen und Flüssen. Argissa, Otzaki und Nea Nikomedeia sind einige Beispiele dafür. Andere Siedlungen wie Lerna und Nea Makri wurden nahe am Meer errichtet. In der Regel lagen die Siedlungen in Tälern. Andere Siedlungen wie Sesklo und Dimini wurden auf einem kleinen Hügel am Rande einer Ebene gegründet. Knossos auf Kreta wurde in einer fruchtbaren Ebene in der Nähe des Meeres gegründet. Andere Siedlungen befinden sich in einem hügeligen Gebiet, wie das Achilleion auf Euboia. Voraussetzungen für eine Siedlung sind immer fruchtbare Erde und die Nähe zum Wasser.
Die dörflichen Gemeinschaften wurden entweder nach einem lockeren Bebauungssystem gebaut, wie in Nea Nikomedeia, wo die Häuser viele Meter Abstand voneinander haben, oder sie folgten einem dichteren Bebauungsschema, wie in Knossos auf Kreta und Karanovo in Bulgarien. In diesen Siedlungen sind die Häuser in eine Richtung orientiert und werden durch kleine Strassen abgetrennt. Die Ausdehnung dieser Siedlungen beträgt zwischen 40 und 50 ha. Im Vergleich zu den Siedlungen im Nahen Osten, in Mesopotamien und Anatolien sind die griechischen neolithischen Siedlungen in Bezug auf ihre Große kleiner.
Während der mittleren neolithischen Zeit bleiben viele Siedlungen weiterhin dort, wo sie schon vorher errichtet wurden, das heißt es bestand häufig eine Siedlungskontinuität. Selbstverständlich kamen aber auch neue Siedlungen dazu. Viele davon wurden im thessalischen Raum gegründet, wo für diese Zeit eine größere Siedlungsdichte nachgewiesen werden konnte. Die fruchtbaren Ebenen und der Wasserreichtum lieferten dort beste Voraussetzungen für die neolithischen Siedlungen. Gewöhnlich handelte es sich um Dorfgemeinschaften mit einem lockeren Bebauungssystem. Die Ausdehnung der Siedlungen beträgt 80 bis 100 ha. In Nordgriechenland und besonders in Zentralmakedonien scheinen die Siedlungen dagegen eine viel größere Ausdehnung gehabt zu haben. Ein Beispiel dafür ist die Siedlung von Vasilika, die vermutlich eine Ausdehnung von 300 ha. hatte. Dicht bebaute Siedlungen werden auf Magules errichtet, wie z. B. Otzaki Magula, wo Häuserblöcke mit je zwei Häusern ausgegraben wurden. Diese rechteckigen Gebäudekomplexe wurden durch sehr enge Strassen voneinander getrennt. In Jassatepe in der heutigen Türkei wurden die Wohnbauten in Reihen nebeneinander errichtet. Die wichtigste Veränderung in dieser Zeit ist das Auftreten von Schutzvorrichtungen. Siedlungen mit Gräben nehmen zu und die berühmten Befestigungsanlagen von Dimini werden gebaut.
Während der spätneolithischen Zeit existieren viele Siedlungen weiter, darüber hinaus wurden neue Siedlungen in der Nähe von Stränden, Seen, Sümpfen und Flüssen errichtet.
Die Bebauung innerhalb der Siedlungen konnte dabei sehr dicht werden, wie es für Sesklo und Dimini nachgewiesen ist. Andere Siedlungen waren dagegen eher locker bebaut, wie es teilweise der Fall im übrigen Balkanraum ist. Die Siedlungen hatten nur eine geringe Ausdehnung, die oftmals unter 2 ha beträgt. Die Schutzanlagen bestanden während der spätneolithischen Zeit entweder aus Gräben, wie sie häufig in Thessalien angetroffen werden oder aus Steinmauern. Aus Stein bestehen die Mauerringe in Dimini und Sesklo. In Dimini wurden sechs Mauerringe errichtet, die durch axial gebaute Tore betreten werden konnten. In Sesklo wurden nur drei Mauerringe gefunden. Diese beiden neolithischen Siedlungen sind bisher die einzigen gesicherten Beispiele für solche Schutzanlagen im griechischen Raum. Dazu könnte aber auch die Siedlung in Strofylas auf Andros gehören. Die Untersuchungen dort dauern aber noch an.
Insgesamt ist die Frage nach befestigten Siedlungen im griechischen Raum während der neolithischen Zeit sehr schwer zu beantworten. Durch Ausgrabungen konnten seit dem letzten Jahrhundert viele Siedlungen nachgewiesen werden, die entweder von Umfassungsmauern oder Gräben umgeben waren. Viele der Orte sind aber nicht in ihrer ganzen Ausdehnung untersucht worden, und oftmals sind die Ausgrabungsergebnisse noch nicht veröffentlicht. Es bleibt deshalb zu hoffen, dass in Zukunft weitere Grabungsergebnisse aus prähistorischen Siedlungen in Nordgriechenland veröffentlicht werden. Um die Frage nach den Befestigungsanlagen beantworten zu können, muss ich mich auf Beispiele anderer prähistorischer Gesellschaften beziehen, in der Hoffnung durch Vergleiche ein besseres Bild der sog. befestigten Siedlungen erstellen zu können.
Anlass für diese Vorgehensweise waren für mich Höckmann und seine geographische Karte der sog. befestigten Siedlungen von Anatolien bis Nordeuropa. Obwohl er nicht jede einzelne prähistorische Siedlung beschreibt und analysiert, bekommt man doch ein zusammenfassendes Bild von Siedlungen mit angeblich fortifikatorischem Charakter.
Zusammenfassend lässt sich sagen, dass die Bewohner der oben genannten Siedlungen in der neolithischen Zeit eine einfache Form von Schutzmaßnahmen getroffen haben, die sie vor menschlichen Angriffen, vor Tieren, vor Überschwemmungen oder auch vor dem Ausbruch

von Feuer schützen sollten. Die Schutzmaßnahmen werden im Folgenden aufgezählt.

A) Siedlungen, die von Gräben umfasst wurden (Servia, Soufli Magula, Otzaki Magula, Arapi Magula u.a.). Die meisten neolithischen Siedlungen im griechischen Raum sind von solchen Gräben umgeben. Sie werden entweder von einem oder mehreren Gräben umfasst. Die Gräben haben meistens eine flache Sohle. Sie können in Gräben mit U-Profil und solche mit V-Profil unterteilt werden. Ihre Seiten fallen schräg ab und sie waren manchmal abgestuft oder sie wurden durch Steinanlagen verstärkt.

B) Eine andere Schutzmaßnahme war die Anlage von Palisadenkonstruktionen. In Otzaki Magula wurden Hinweise gefunden, die wahrscheinlich von einer Palisadenkonstruktion stammen. Das Erdmaterial aus den Gräben wurde in Form eines Walls aufgeschüttet. Der Wall könnte durch eine Palisade bekrönt worden sein oder durch andere Pfostenkonstruktionen. Höckmann spricht in diesem Zusammenhang von einer „Holz-Erde-Mauer".[191]

C) Umfassungsmauern aus Stein oder Lehmziegeln. Am bekanntesten sind die Steinmauern von Sesklo und Dimini. Manchmal gibt es auch eine Kombination von Stein und Lehmziegeln, wie möglicherweise auf Samos oder Saliagos. Diese Mauern standen entweder frei, oder wurden in das innere Bebauungssystem der Siedlung miteinbezogen, indem die Gebäude direkt an die Umfassungsmauern angebaut wurden.

Die oben ausführten Punkte sind die am häufigsten auftretenden Formen von Schutzmaßnahmen im griechischen Raum. Dazu könnten auch zwei andere Schutzmaßnahmen gezählt werden, die eher selten sind.

1) Die Gräben waren möglicherweise mit Wasser gefüllt.

2) Ein anderes Beispiel könnte die Magula Chatzimisiotiki gewesen sein. Die prähistorische Siedlung befindet sich auf einer kleinen Insel und wurde durch das Wasser um die Insel auf natürliche Weise geschützt. Die dort nachgewiesene Mauer scheint mehr eine Terrassenmauer gewesen zu sein als eine Befestigungsanlage mit fortifikatorischem Charakter.

Alle diese Siedlungen wurden auf niedrigen Hügeln oder Anhöhen (*Tells*) angelegt, die oft aus Bau- und Wohnschutt bestanden. Auf diesen durch menschliche Hand entstandenen Erhebungen wurden die Siedlungsmauern gebaut. Klassische Beispiele solcher Mauern auf dem griechischen Festland, besonders in Thessalien, sind die Mauern in Sesklo und Dimini. Das mittelneolithische Sesklo ist von drei Umfassungsmauern umringt. Die Wohneinrichtungen der Siedlung berühren die Umfassungsmauern aber nicht überall, wie es in der heutigen Türkei (Anatolien) meistens der Fall ist. Dort sind die Gebäude überwiegend freistehend. Das Bebauungssystem der prähistorischen Siedlung von Sesklo war relativ dicht. Es sind Straßenzüge zu erkennen, aber es gibt keinen Hinweis darauf, dass die Wohnbauten planmäßig angelegt wurden. Theocharis vermutet, dass die Siedlung viel größer war, als sie heute erscheint. Er spricht von einer „Stadt" mit einer Ausdehnung von 70 bis 100 ha.[192] Das Zentralgebäude der Siedlung scheint als Sitz für Mitglieder der dortigen Elite gedient zu haben, was wahrscheinlich auch durch die Ringmauern der Siedlung deutlich erkennbar war. Vergleicht man die Siedlung mit anderen neolithischen Anlagen, die durch Gräben umfasst wurden, kommt man zu dem Schluss, dass die Mauern in Sesklo eher einen repräsentativen Charakter hatten. Die Stärke der Umfassungsmauern von Sesklo beträgt nur etwa 1 m, was dafür spricht, dass es sich nicht um Befestigungsanlagen, wie sie in der späteren Frühbronzezeit vorkommen, handelt. Die *„Periboloi"* grenzten die Siedlung stattdessen von anderen neolithischen Siedlungen ab und repräsentierten möglicherweise eine „Architektur der Macht". Während der spätneolithischen Zeit scheinen die Umfassungsmauern von Dimini die gleiche Funktion zu haben. Wie schon erwähnt, wird die neolithische Siedlung von Dimini von mindestens vier Ringmauern umgeben. Der Abstand dieser Mauern voneinander ist sehr klein. Sie umgeben einen Raum, in dessen Mitte sich ein Zentralbau befindet. Das Bebauungssystem ähnelt dem in Sesklo. Die Bauten berühren mehr oder weniger die konzentrischen Mauern der Siedlung. Die Stärke der *„Periboloi"* reicht von 0,70 bis 1,50 m. Obwohl viele Theorien und Diskussionen über die Funktion und Deutung der konzentrischen Ringanlagen veröffentlicht wurden, gelten sie in der Literatur allgemein als befestigt. Dass sie stattdessen als Zeichen einer neolithischen Residenz dienten, wurde nur von wenigen akzeptiert. Wahrscheinlich gab es für die Anlage der Mauern in Dimini mehrere Gründe. Erstens waren es Terrassenmauern, die den Boden der Siedlung vor Erosion schützten, zweitens wurden sie immer wieder erneuert, wenn die Siedlung vergrößert wurde, und drittens dienten sie auch als Schutzmaßnahme gegen Feuer und Tiere. Die geringe Stärke der *„Periboloi"* in Dimini konnte die Siedlung nicht wirkungsvoll vor Angreifern schützen. Die konzentrischen Mauern konnten einfach erklettert werden, und die Angreifer konnten so

[191] O. Höckmann (1975). Nach Höckmann wurden wahrscheinlich auch die Palisaden selbstständig verwendet, wobei es im Einzelfall zu Verwechselungen zwischen Palisaden und Wehrgräben kommen konnte. Besonders im bandkeramischen Bereich (Zentraleuropa) begegnet dafür hinaus die eigenartige Technik, eine Palisadenreihe in die tiefste Stelle von Spitzgräben zu setzen. In griechischen Raum fehlen solche Beispiele.

[192] D. Theocharis (1993).

auf die Gebäudedächer gelangen. Wehrgänge wurden während der Ausgrabungen nicht gefunden und die Anlage scheint sehr kompliziert gebaut gewesen zu sein. Es war schwierig für die Angreifer, in den Korridoren und Räumen zwischen den Mauern erfolgreich zu kämpfen. Aus diesem Grund scheint eine repräsentative Nutzung logischer zu sein als eine fortifikatorische. Das Vorhandensein eines „Megaron“ in der Siedlungsmitte, das von Ringmauern umgeben wird, kann, wie in Sesklo, als Machtsitz einer Elite interpretiert werden. Wahrscheinlich war Dimini ein administratives, vielleicht auch religiöses Zentrum. Wahrscheinlich waren beide Siedlungen administrative Zentren in Thessalien, die auf andere Siedlungen Macht und Einfluss ausübten. Sie sind bisher die einzigen Beispiele im griechischen Raum für diese Bauweise. Dazu könnten auch die Siedlungen in Pagasai und Alifaka gehören, wo Reste von „*Peribolosmauern*“ gefunden worden sind. Die Anlage auf Saliagos, die Siedlung Mandalon, die Siedlung in Strofylas und neuerdings die Siedlung in Ampelakia könnten ebenfalls Siedlungen mit ähnlicher Funktion wie in Sesklo und Dimini sein, aber es fehlen bisher deutliche Hinweise, um dies zu bestätigen. Die meisten erforschten neolithischen Siedlungen in Nordgriechenland wurden von Gräben umgeben. Dasselbe gilt auch für Thessalien. Gräben in Verbindung mit Palisadenkonstruktionen werden in beiden Regionen bisher nur vermutet. Solche Schutzmaßnahmen sind aus dem nördlichen Balkanraum bekannt. Aus dem Gebiet des heutigen Bulgariens gibt es mehrere Beispiele von Siedlungen, die durch Gräben und Palisadenkonstruktionen oder Pfostenwerke geschützt wurden. Einige dieser Beispiele aus der neolithischen Zeit werden im Folgenden behandelt.

2.18. Vergleichbare befestigte Siedlungen

2.18.1. Balkangebiet

„Befestigte“ neolithische Siedlungen, die mit den Siedlungen im griechischen Raum verglichen werden können, stammen aus Bulgarien, dem ehemaligen Jugoslawien, Kroatien, Italien und Frankreich. Sie können hier nur kurz erwähnt werden. Es handelt sich um Siedlungen wie Azmaska Mogila, Kazanlak und Karanovo in Bulgarien oder Smilicic in Kroatien. Die oben genannten Siedlungen gehören zeitlich zu der früheren „Sesklo-Kultur“ und sind von Gräben umgeben. Im Gegensatz zu Siedlungen in Anatolien weisen sie keine Mauern aus Stein, sondern nur Gräben auf. Es ist offensichtlich, dass in Anatolien eine andere Tradition bevorzugt wurde, nämlich die der grabenlosen Mauerfestungen. Georgiev, der neolithische Siedlungen in Bulgarien ausgegraben hat, war der Meinung, dass die frühneolithischen Siedlungen Azmaska Mogila und Kazanlak in Bulgarien befestigt waren. Beide Siedlungen wurden von ovalen Grabenzügen umgeben. Dazu wurden Wälle gebaut, die mit Palisaden verstärkt wurden.[193] Höckmann spricht von einer enormen Arbeitsleistung und betont, dass die Erdwälle zusammen mit den Palisaden echte Wehranlagen darstellten.[194] Bemerkenswert ist die mittelneolithische Siedlung Smilčić im heutigen Kroatien (Dalmatien) (Taf. 13). Gräben umgeben die mittelneolithische Siedlung, die in ihrer zweiten Bauphase eine runde Form hatte. Sie wurde von sehr tiefen und steilen Spitzgräben eingeschlossen. Charakteristisch ist für diese Grabenanlage, dass der breitere obere Teil der Gräben durch eine Art Stufe von einem schmalen und spitzen Bereich getrennt wird. Wahrscheinlich war dieser Teil für den Bau einer Palisade gedacht. Höckmann nahm an, dass die Siedlung von Smilčić ein Vorläufer der jüngeren Dorfgemeinschaften Süditaliens und Siziliens ist, die von Gräben umgeben waren. Er sah dies durch einen Vergleich der Keramik von Smilčić mit der Keramik der neolithischen Siedlungen im süditalienischen Raum bestätigt, denn die Keramik all dieser Siedlungen gehört zu der „Impressokeramik“.[195]

---

193 O. Höckmann (1975), 292f. Hier wird auch die Siedlung Kazanlak behandelt.

194 Ebd. 283f.

195 Ebd. 283ff. „*Insofern kann Smilčić als Vorläufer der ähnlichen, wenngleich meist etwas jüngeren Grabendörfer Süditaliens und Siziliens gelten, die aus demselben Kulturmilieu hervorgegangen sind und auch in der rundlichen Gesamtform und dem krassen Missverhältnis zwischen der aufwendigen Wehranlage und der unscheinbaren Innenbebauung (man nimmt leichte Rundhütten aus organischem Material an) mit der dalmatinischen Siedlung übereinstimmen. Diese Gruppe hat, soweit heute überschaubar, wohl die größte Zahl befestigter Siedlungen während der gesamten europäischen neolithischen Zeit aufzuweisen: allein im Raume des „Tavoliere“ um Foggia rechnet J. Bradford auf der Grundlage einer stellenweise mit Suchgrabungen kombinierten erschöpfenden Auswertung von Luftbildern mit 300 Siedlungen auf engem Raum: rundlichen ein- oder mehrfachen Grabenzügen, in denen Innenfläche kleine offene Rundgräben die einzelnen Hausstellen angeben. Kulturell gehören die befestigten Siedlungen um Matera und um Syrakus auf Sizilien, sämtlich ähnliche Rundgrabenanlagen – in diesen Umkreis, und derselben Tradition entstammen nicht nur in Dalmatien (Danilo), sondern auch in Süditalien (Serra d'Alto, Ripoli) weitere ähnliche grabenbewehrte Siedlungen aus z. T. späterer Zeit. Offenbar wurden zur Zeit der impressokeramischen Kultur auch am westlichen Mittelmeer und in Südfrankreich befestigte Siedlungen*

Aber auch die Siedlungsform von Smilčić ähnelt der anderer Siedlungen im süditalienischen Raum und in Sizilien. Höckmann fragte sich, ob diese befestigten Siedlungen mit der für sie typischen Keramik eine übliche Erscheinung für diese Zeit gewesen sind. Er suchte deshalb ähnliche Beispiele und Vorläufer von befestigten Siedlungen im östlichen Mittelmeergebiet. Dabei bezog er sich auf die „Hassuna-Kultur“ in der Levante. Die frühneolithische Siedlung von Ugarit könnte nach Höckmann ein Vorbild für die befestigten Siedlungen im europäischen Raum gewesen sein. Die Gräben, die rundliche Form der Siedlung und die Wohneinheiten mit einem lockeren Bebauungssystem könnten die neolithischen Siedlungen auf der heutigen Balkaninsel, in Italien, Frankreich und anderswo in Europa beeinflusst haben. Dies ist aber nicht sicher, da es zeitliche Unterschiede und räumliche Unklarheiten bei der Verbreitung solcher Siedlungen mit Befestigungsanlagen gibt. Am besten können die neolithischen Siedlungen mit angeblichen Befestigungen im griechischen Raum mit „befestigten“ Siedlungen im bulgarischen Raum und in Rumänien verglichen werden. Es handelt sich um Siedlungen, die zu der „Marica-Kultur“ (Karanovo V- Karanovo VI) gehören, sowie Siedlungen der „Varna- und Sava-Kultur“. In Rumänien werden Siedlungen der „Vadastra-, Boian-, Gumelnita- und Salcuta-Kultur“ gern zum Vergleich herangezogen. Zeitlich gehören die befestigten Siedlungen dieser Kulturen zur mittleren neolithischen Zeit. Höckmann nannte die Siedlung auf dem Dealul Cismelei in Vadastra als Beispiel. Sie wurde durch einen großen rundlichen oder einen Troggraben umgeben. Ob diese Anlage deshalb als befestigt gelten kann, ist ungewiss. Südlich von Vadastra wurden Siedlungen wie Ruen ausgegraben, die von Steinmauern umgeben waren. Manche Siedlungen wie Janka wurden aber auch von Erdwällen umgeben. Meistens erscheinen die Steinmauern während der „Marica - Karanovo V Kultur“[196] und der aeneolithischen „Karanovo VI-Kultur“.[197] Es handelt sich um Siedlungen mit *„Periboloi“*. Sie scheinen nicht die Komplexität der *„Periboloi“* von Dimini zu haben, aber es handelt sich immerhin um einfache Mauerringe, die den Siedlungen wahrscheinlich Schutz boten oder sie nach außen abgrenzten. Ob nun diese bulgarischen Siedlungen das thessalische Dimini als Vorbild für ihre Siedlungsform übernommen haben, ist sehr schwer zu beantworten, da ein direkter Vergleich fehlt. Zeitlich sind die Mauerringe der „Karanovo-Kultur“ V-VI schwer einzuordnen, und bisher konnte dafür auch kein Vorläufer aus der frühneolithischen Zeit in Bulgarien nachgewiesen werden. Die Vorläufer der Anlagen von Dimini und Sesklo werden deshalb in Anatolien gesucht. Charakteristisch für den bulgarischen Raum sind Siedlungen mit Gräben und Palisaden. Die Siedlung Vinica ist eine davon. Sie gehört zeitlich zu der „Marica–Karanovo V-Kultur“.[198] Es handelt sich um eine Siedlung, die von einer komplizierten Wallanlage mit kassettenartigen Pfosteneinbauten und Palisaden umgeben ist. Die ganze Anlage lässt sich mit ähnlichen Siedlungen in Thessalien vergleichen. Eine andere befestigte Siedlung ist die von Ovčarovo (Taf. 14).[199] Sie wird in die frühneolithische Zeit datiert. Die Ausgrabungen brachten eine fast quadratische Anlage zutage, konnten aber keine Gebäude nachweisen. Die ganze Anlage wird durch Palisaden geschützt, die in sehr dichtem Abstand gesetzt wurden. Im Süden befindet sich ein Tor als kleiner Eingang in die Anlage. An dieser Stelle scheinen die Schutzmaßnahmen besonders verstärkt zu sein. Dass die Menschen hier statt Mauern Palisaden bauten, erinnerte Höckmann an die Bauweise von Haçilar II. Goljamo Delcevo ist eine andere Siedlung, die gleichzeitig mit Ovcarovo datiert wird (Taf. 15).[200] Es handelt sich um eine Siedlung, deren Befestigung in einer anderen Technik gebaut wurde. Todorova nannte die Befestigung *„Emplekton“*, eine griechische Bezeichnung, die „das Geflochtene“ bedeutet. Die Befestigung der Siedlung ist mit Stampflehm gebaut, der zwischen Flechtwerkwänden angeschüttet wurde. Todorova schätzte die Befestigung auf eine Höhe von 2 m. Im Gegensatz zu den Häusern der Siedlung, die fast eine gerade Linie bildeten, schneidet die geflochtene Mauer in einer bogenförmigen Form einen an den anderen Seiten durch Wasserläufe geschützten Geländesporn. Vor der Mauer fand Todorova einen kleinen und eher dürftigen Graben, der nach ihrer Meinung zur Entnahme des Materials für die Mauerverfüllung diente und nicht zum

angelegt: entsprechende Funde in Modria auf Korsika und sogar in Lugasson im südwestlichen Frankreich werden einem (regional) älteren Neolithium der Impresso- („Cardial“) Tradition zugewiesen. Dabei erscheint die korsische Fundstelle allerdings z. Z. noch rätselhaft, weist sie doch keine Gräben, sondern zwei Mauerringe in kyklopischer Bauweise auf. Obgleich die aufgelesene Keramik allein die „Cardial-Tradition“ vertritt, wäre der Bautypus eher als Nachahmung von Vorbildern der Dimini-Kultur, die sich bis zu den Liparischen Inseln ausgewirkt hat, oder sogar der kykladischen Frühbronzezeit zu verstehen als ein im strengen Sinne neolithisches Phänomen“.

[196] Ebd. Folgende nummerierte Siedlungen werden bei Höckmanns Katalog genannt: Nr. 29 Kukuva Mogila. Nr. 34 Catalka. Nr. 36 Okol Glava.

[197] Ebd. Nr. 27, Karanovo. Nr. 33 Zanet. Nr. 37 Kirilmetodievo.

[198] Ebd. Nr. 30.

[199] Ebd. Nr. 35 Ovcarovo.

[200] Ebd. Nr. 25 Goljamo Delcevo.

Schutz der Siedlung. Eine Toranlage ist in der Mitte der Mauer gefunden worden. Bemerkenswert sind die Flankenmauern der Toranlage, die nach außen vorgezogen werden. Nach Todorova kombiniert die Siedlung im Bezug auf die Bautechnik der Befestigungsanlage zwei Tendenzen. Erstens kann man den ägäisch – anatolischen Einfluss erkennen und zweitens die Erdbauweise vom Balkan. Die anatolische Tradition ist hier durch das Fehlen eines Grabens bemerkbar.

Eine der bekanntesten neolithischen und bronzezeitlichen Siedlungen in Bulgarien ist die Tell-Siedlung Karanovo. Der Siedlungshügel ist über 12 m hoch und hat eine Ausdehnung von 250 x 150 m. Karanovo repräsentiert eine reiche Entwicklung, die von der frühneolithischen Zeit (ca. 6200 v. Chr.) bis an das Ende der frühen Bronzezeit (ca. 2500 v. Chr.) reicht. Obwohl die Siedlung eine der wichtigsten bekannten prähistorischen Siedlungen ist, wurde sie nicht in ihrer ganzen Ausdehnung ausgegraben. Die Archäologen fanden bis heute keine Hinweise auf die Grenze der Siedlung und darauf, ob sie von einem Graben oder einer Palisadenkonstruktion umringt war. Wahrscheinlich war sie aber - wie die oben genannten Beispiele im bulgarischen Raum und anderswo - befestigt.

Todorova untersuchte befestigte Siedlungen, die in ihrer Form ein einheitliches Bild zeigen. Es handelt sich um die Siedlungen: Goljamo delcevo, Poljanica, Ovcarovo, Targoviste und Radingrad.[201] Die Fläche der Siedlungen variiert und reicht von 460 bis 1000 m^2. Die Siedlungen tendieren zu einer quadratischen Form. Die ganze Fläche mit den fast quadratischen Häusern wird von Palisaden oder einem „*Emplekton*" umfasst. Wenn man nun die Grundrisse der Siedlungen mit den Befestigungen betrachtet, erkennt man, dass sie ähnliche Dimensionen und Verläufe haben. Die Palisaden bestehen aus Pfosten, die dicht nebeneinander aufgestellt wurden. Oftmals standen sie in einem Fundamentgraben. Die Pfosten hatten einen Durchmesser von 0,25 bis 0,35 m. Durch Unterbrechung der Palisaden ließen die Menschen Durchgänge in die Siedlungen zu.[202] Laut Todorova wurden im Laufe der Zeit die Palisaden durch das „*Emplekton*" ersetzt.[203] Die Entwicklung brachte aber auch andere Neuerungen. Man errichtete vor den Durchgängen zu den Siedlungen kleine Baukonstruktionen. Diese schirmten den Eingang der Siedlung von der Seite her ab.[204] Interessant ist die Theorie von Todorova über die wallartigen Lehm- und Erdanhäufungen. Im Laufe der Jahre wurden die Schichten hinter den sog. „*Emplektonwände*" immer mächtiger und durch den Druck kippten die „*Emplektonwände*" schließlich nach außen. Darauf bauten die Menschen wieder neue Gebäude oder Befestigungen. Manchmal wurden diese Erdhaufen auch mit Steinen oder Holz verkleidet. Auf diese Weise entstanden die Lehmbastionen z. B. in Poljanica. Sie wurden vor dem Eingang der Siedlung und an ihren Ecken archäologisch nachgewiesen. Ob dies eine eigene, natürliche Entwicklung im bulgarischen Raum war oder eine Übernahme aus einer anderen Gegend, muss noch beantwortet werden. Zumindest für die Frühbronzezeit kann man Parallelen mit den griechischen Befestigungsanlagen und ihren Bastionen finden. Sicher ist, dass diese Anlagen in Bulgarien sehr oft mit Gräben kombiniert wurden. Am Ende boten diese Befestigungsanlagen aber keinen ausreichenden Schutz mehr, denn sie fielen anscheinend einer Brandkatastrophe zum Opfer. Ob der Grund eine kriegerische Auseinandersetzung war, ist nicht sicher.[205]

Weiter nördlich im heutigen Bulgarien herrschen neolithische Siedlungen vor, die von Wall- und Grabenanlagen umgeben werden. Meistens wurden sie auf kleinen Hügeln in der Ebene oder an einem Terrassenrand gebaut. Als Beispiel konnte an dieser Stelle die neolithische Siedlung Habasesti im heutigen Rumänien erwähnt werden. Es handelt sich um eine aeneolithische Siedlung, die von einer Seite durch eine

---

[201] H. Todorova, Kupferzeitliche Siedlungen in Nordostbulgarien (1982).

[202] Ebd. 18. „*Diese Durchlässe bestanden entweder aus einfachen Unterbrechungen der Palisade, oder die inneren und äußeren Palisadenreihen waren durch kurze Querpalisaden miteinander verbunden, so dass ein Eingangskorridor entstand. An der Außen- und an der Innenseite wurde dieser Korridor durch Pfosten abgeschlossen*".

[203] Ebd. 18. „ *Die Emplektonwände haben 0,80-1 m tiefe, etwa 0,60-2 m breite Fundamentgräbchen (Abb.89), in deren Mitte massive Pfosten sitzen. Beidseitig ist dann die Wand von einem Flechtwerk begrenzt, das durch horizontale Pfosten miteinander verbunden wurde; den Zwischenraum füllte man mit feuchtem Lehm und stampfte diesen fest. Nach dem Trocknen kann eine derartige Emplektonwand steinhart werden. Ihre Höhe könnte bei einer Stärke von 2 m mehr als 6 m betragen haben. Die Emplektonwände sind nicht überall gleichmäßig dick. Ihre Dicke schwankt zwischen 0,6 m (Radingrad, Poljanica) und 2 m (Goljamo Delcevo: Abb. 48; Ovcarovo: Abb. 65)*".

[204] Ebd. 19. In der befestigten Siedlung Poljanica wurden Hinweise über diese Baukonstruktionen gefunden worden.

[205] Ebd. 20 „*Die komplizierten, sehr aufwendigen Fortifikationen erfüllten offensichtlich bis zu einem gewissen Zeitpunkt ihren Zweck. Dann aber, im Rahmen der allgemeinen Unruhen, die in Nordostbulgarien und Thrakien das Ende der kupferzeitlichen Gumelnita – Kodzadermen – Karanovo VI-Kultur (Spätaeneolithisch – frühbronzezeitlich) herbeiführten, wurden sie überrannt*".

Wall- und Grabenbefestigung geschützt wurde (Taf. 15). Sohlgräben sind kennzeichnend für solche Siedlungen, zu denen auch Spantov zählt. Zeitlich gehört die Siedlung mit ihrer Befestigung zur „Vidra-Stufe der Boian-Kultur“. Später bekommen die Gräben größere Dimensionen. Sie werden sehr breit und sehr tief. Siedlungen in Rumänien, die von einer Mauer umgeben waren, fehlen bislang fast vollständig. Das einzige Beispiel einer solchen Siedlung mit Steinmauer ist nach Höckmann Cucuteni. Ob sie zu den befestigten Siedlungen gehörte, wird von Höckmann nicht beantwortet. Die Siedlung liegt in einer Höhenlage nördlich des Balkangebirges (Taf. 1).

Für das Gebiet des Zentralbalkans gibt es keine Hinweise auf befestigte Siedlungen. Wahrscheinlich ist das eine Frage des Forschungsstandes. Sicher ist, dass die Menschen aus Siedlungen der „Starcevo-Körrös-Kultur“ und der früheren „Vinča-Kultur“ keine Befestigungen kannten. Es ist zwar eine kleine Zahl von Befestigungsanlagen bekannt, aber sie gehören zu einer anderen Zeitphase der „Vinča-Kultur", nämlich zu der „Vinča-Plocnic-Stufe“. Höckmann erwähnte einige Höhensiedlungen, die von Steinmauern und Palisaden geschützt wurden. Sie sind mit den bekannten Grabenbefestigungen des heutigen Ostbalkangebiets nicht zu vergleichen, weil sie zeitlich viel später gebaut worden sind.[206] Sicher ist, dass sich die Befestigungsanlagen auf dem Ostbalkan auf das Gebiet südlich der Donau beschränken. Höckmann erwähnt nur wenige frühneolithische Siedlungen in Zentraleuropa. Für Zentralungarn nennt er lediglich eine einzige frühneolithische Siedlung, die von einer Grabenanlage umgeben wird, nämlich die Siedlung Tape-Lebö. Zeitlich wird sie in die Szakalhatgruppe eingestuft. Die meisten befestigten Siedlungen wurden im östlichen Teil des Landes ausgegraben und aeneolithisch datiert. Die bekanntesten Siedlungen sind die der Herpalygruppe im Berettyo Tal. Ausgrabungen hatten Siedlungen erbracht, die durch Gräben und Wasserläufe geschützt wurden. Höckmann nahm an, dass diese Siedlungen durch die ostbalkanische „Cucuteni–Kultur“ beeinflusst wurden, weil von den anderen neolithischen Zeitphasen Ungarns keine Siedlungen mit Wehranlagen bekannt sind.[207] Es sind auch keine Befestigungsanlagen aus Kroatien und Slowenien bekannt, die mit griechischen Siedlungen vergleichbar sind. Höckmann ging mit seinen Vergleichen räumlich noch weiter in Gebiete wie das Rheinland und das Maasgebiet und erwähnt andere Siedlungen, die von Gräben umfasst sind. Der übliche Verlauf der Grabenanlagen scheint dabei rundlich zu sein. Überwiegend handelt es sich um Spitzgraben, oft wurden die Siedlungen auch von Palisaden umgeben.

Es zeigte sich, dass die Siedlungen der linienbandkeramischen Befestigungsanlagen viel später zu datieren sind, als die Siedlungen im Ostbalkanraum. Dass es Einflüsse von Siedlungen auf dem südöstlichen Balkan auf Siedlungen in Mittel- und Nordeuropa gegeben hat, scheint wahrscheinlich zu sein. Im Bezug auf die Form der Siedlungen und der Gräben kann man laut Höckmann Parallelen zwischen den Siedlungen entdecken.[208]

Der Versuch Höckmanns, zwei Verbreitungsrichtungen von „befestigten“ Siedlungen zu erkennen[209], erscheint im

[206] O. Höckmann (1977) Gradac bei Lescovac (Nr.69) und Radoinja (Nr. 70) stellen Höhensiedlungen mit Steinmauern dar, und Valac (Nr. 71) ist eine mit Palisaden geschützte Höhensiedlung. Die aus dem Ostbalkan vertrauten Grabenbefestigungen beschränken sich offenbar auf den Raum nördlich der Donau (Jakovo, Nr. 72; jüngeres Vinca-Plocnic) und sind hier ursprünglich nicht an die „Vinca – Kultur“, sondern an die syrmische „Bapska – Lengyel – Kultur“ gebunden. Von ihrer Frühstufe an, die mit der jüngeren „Vinca – Turdas – Stufe“ gleichzeitig ist, begegnen nebeneinander rundliche Grabenringe (Otok, Nr. 74) und Abschnittsgräben (Bapska, Nr. 73); in späterer Zeit (Samatovci, Nr. 75; Osijek, Nr. 76; Vinkovci, Nr. 77) werden Grabenringe um die Siedlungshügel die Regel.

[207] „Theiss–Kultur und Lengyel–Kultur“ in Westungarn.

[208] Ebd. Formal gesehen spricht die Ovalform der bandkeramischen Grabenringe und die geringe Bedeutung von Palisaden-abgesehen von solchen in den Gräben , wie sie ja auch in beiden Bereichen bezeugt sind für Beziehungen speziell mit dem rumänischen Raum. Die besten Parallelen finden sich dort in Vadastra I und den frühesten Wehranlagen der „Boian – Kultur“ (Stufe Vidra). Andererseits ist in dieser Zeit ein ungeheuer großes Gebiet im Zentral- und Nordbalkan wie auch im südöstlichen Mitteleuropa frei von Befestigungen, die als Zwischenglieder einer Übertragungskette gedient haben könnten. Berücksichtigen wir, dass die jüngere rheinische Linearbandkeramik zeitlich etwa der böhmischen „Sarka-Stufe“ entspricht, die ihrerseits über die jüngere „Zeliezovce-Gruppe“ der Slowakei mit der „Szakalhat-Gruppe“ parallelisiert werden kann, d.h. mit „Vinca-Turdas II“, so ergibt sich nicht allein ein zeitlicher Vorsprung der ostbalkanischen Parallelen, sondern es wird auch möglich, die nordbalkanischen Wehranlagen von Bapska (Nr. 73), Otok (Nr. 74) und Tape-Lebö (Nr. 78) als Vermittler zu verstehen.

[209] Ebd. Die südliche, mediterrane Strömung hat in ihren westlichsten Ausläufern Südfrankreich erreicht. Für Mitteleuropa bedeutsamer ist die zweite Expansionsströmung, die von Anatolien aus in einem schmalen Streifen nach Nordwesten streicht. Während die Provinz südlich des Balkangebirges in wichtigen Einzelheiten (Verwendung von Mauern oder Mauersatz; Fehlen von Gräben) noch eng mit Anatolien zusammenhängt, herrscht in der unteren Donauebene allein der Typ der Wall- und Graben-Befestigung, zuerst

Bezug auf die Form der Siedlungen und ihre Bauweise logisch. Die Gräben, Palisaden und Mauerringe haben seiner Meinung nach aber bei allen Siedlungen die gleiche Funktion, nämlich sie zu befestigen. Laut Höckmann war dies die Folge von hoch entwickelten Gesellschafts- und Wirtschaftsformen. Siedlungen ohne diese hohen sozialen und wirtschaftlichen Verhältnisse brauchten dagegen keine Befestigungsanlagen. Auf der Balkanhalbinsel variieren die geschützten Siedlungen von ihrer Art her. Es gibt solche südlich des Balkangebirges, die von Mauern ohne Graben umgeben werden und auf einen anatolischen Einfluss verweisen, und Siedlungen mit Gräben und Palisaden. Befestigte Siedlungen in Anatolien existieren schon eine lange Zeit, als die ersten Dorfgemeinschaften im griechischen Raum beginnen, einfache Schutzmaßnahmen für ihre Siedlungen zu ergreifen.

2.18.2. Türkei

A. Mersin

Mersin ist eine der bekanntesten prähistorischen Siedlungen mit Befestigungsanlage im heutigen türkischen Raum. John Garstang war der erste, der durch Ausgrabungen vor dem zweiten Weltkrieg das prähistorische Mersin weltweit bekannt machte.[210] Die neolithische Siedlung befindet sich in der südostlichen Türkei in Kilikien an einem Ort namens Soguksutepe oder auch Yümüktepe. Es handelt sich um eine Tell – Siedlung, die im Laufe der Zeit immer wieder neu besiedelt wurde.[211] Auf diese Weise ist ein Hügel mit ovaler Form entstanden. Seine Länge betrug 200 m, seine Grundfläche 4,90 ha. Zu Beginn der Ausgrabungen hatte der Hügel von Mersin noch eine Höhe von 25 m. Der Boden dort ist sehr fruchtbar und die Gegend reich an Wasser. An der westlichen Seite des Tells verläuft der Fluss Soğuk Su, der die Menschen mit Wasser versorgte (Taf. 16). Für diese Arbeit interessant ist die chalkolithische Befestigungsanlage von Mersin, die 6 m unter der hethitischen Befestigung in der 16. Schicht gefunden wurde. Anlass für diese zeitliche Einordnung gab die zahlreich gefundene Tell Halaf Keramik, die um 3600 v. Chr. oder früher zu datieren ist. Bei der Phase XVI handelt es sich um eine Schutzmauer aus Lehmziegeln. Das Fundament der Mauer bestand aus Stein. Die Befestigungsanlage war 1,50 bis 2 m breit, bis zu 2 m hoch und folgte im Verlauf den Konturen des Hügels. Ob die Befestigungsmauer eine Bekrönung trug, ist nicht sicher, obwohl Reste von Holzbalken gefunden wurden. Wahrscheinlich gab es aber eine Mauerkrone, auf der die Menschen laufen und sich auch verteidigen konnten. Es scheint, dass die Befestigungsanlage den ganzen Hügel umgab. Leider konnte sie nicht in ihrer ganzen Ausdehnung ausgegraben werden, weil sonst die hethitische Befestigungsanlage hätte zusammenbrechen und zerfallen können. An das Innere der Mauer angebaut waren verschiedene Räume, die auch als Häuser bezeichnet werden. Diese „Häuser" waren ohne Zwischenräume aneinander gebaut. Wahrscheinlich trugen sie flache Dächer, die zur Verteidigung dienten (Taf. 17, Taf. 18). Bemerkenswert sind die engen Öffnungen von 0,20 x 0,50 m Größe, die die Hauptmauer durchstoßen. Sie könnten entweder als Schießscharten oder als Fenster für die Räume verstanden werden. Die Räume waren ursprünglich miteinander verbunden, aber später verwandelten sie sich in einzelne Wohnsitze. Jeder Raum hatte dann seine eigene Tür, durch die man auf den zentralen Platz innerhalb der Befestigung gelangen konnte. Im ergrabenen Bereich von Mersin XIV wurde deutlich, dass es sich hier nicht um eine Siedlung handelte, sondern um eine Art befestigte Burg. Die Anlage wurde von mindestens einem größeren Gebäude aus verwaltet. Mauerreste von diesem Gebäude wurden an der westlichen Seite des befestigten Platzes gefunden, der dieses wahrscheinlich von den anderen Räumen trennte. Im Inneren dieses Gebäudes könnte ein offener Platz gewesen sein, der 12 m lang und 4 m breit war. Der Platz wurde von starken Mauern umgeben. Innerhalb dieser Anlage ist eine Herdstelle gefunden worden und eine Reihe von Zimmern. Weitere architektonische Überreste von dieser angenommenen „Residenz" gibt es leider nicht, weil im Laufe der Zeit die westliche Seite des Tells durch den Fluss und Bodenerosionen stark beschädigt wurde. Sehr interessant ist aber auch das Tor von Mersin. Es scheint an das westliche äußere Ende der ausgegrabenen Befestigungsanlage gebaut worden zu sein. Der Eingang des Tores wurde von zwei Wachtürmen flankiert, der gesicherte Übergang war 4 m lang. Der

als geschlossener Ring, später als Abschnittsbefestigung. Von hier aus haben sich die ovalen Grabeneinlagen in bemerkenswerter Einheitlichkeit auf noch nicht lückenlos zu verfolgende Weise bis zum Verbreitungsbereich der jüngeren Linearbandkeramischen Kultur ausgebreitet; ihre westlichen Außenposten liegen in der Normandie.

[210] J. Garstang, Prehistoric Mersin. Yümük Tepe in southern Turkey, the Neilson expedition in Cilicia (1953).

[211] Die archäologische Stätte hatte 33 Bebauungsniveaus, die zu einem Zeitraum gehören, der sich vom Frühen Neolithikum – etwa 6250 v. Chr. – bis zum islamischen Mittelalter erstreckt. Mersin ist sehr wichtig, weil sie die Möglichkeit bietet, kulturelle Verbindungen zwischen dem Neolithikum und dem Chalkolithikum der anatolischen Hochebene (Çatal Höyük, Can Hasan) und den entsprechenden Kulturen Nordsyriens (Ras Shamra, Byblos usw.) nachzuweisen.

Eingang des Tores hatte eine Breite von 2 m. Der Übergang zum Tor führte zum Fluss, weshalb es heute „Wassertor" genannt wird. Der Weg konnte noch teilweise verfolgt werden. An einigen Stellen war der Boden mit verschiedenen Steinschichten verstärkt worden. Wie viele Tore der befestigte Platz hatte, ist unbekannt. Sicher ist dagegen, dass die Befestigung irgendwann durch Feuer zerstört wurde, wobei nicht klar ist, ob dies im Folge eines feindlichen Angriffs geschah oder nicht. Ob nun die ganze Anlage zu einer befestigten Siedlung oder eher zu einer Burg gehörte, ist schwer zu beantworten, da der Hügel nicht in seiner ganzen Ausdehnung ausgegraben wurde. Es ist sehr wahrscheinlich, dass der Auftrag für den Bau einer solchen befestigten Anlage von Mitgliedern einer Elite kam. Das Ganze wurde planmäßig und organisiert gebaut.

B. Haçilar

Eine andere wichtige befestigte Siedlung ist die Siedlung von Haçilar (Taf. 19). Die prähistorische Stätte liegt im südwestlichen Anatolien in der heutigen Türkei, 26 km südwestlich der Stadt Burdur. Der Siedlungsplatz liegt am Südwestrand (1,6 km westlich) des alten Dorfes. Heute kann man die prähistorische Stätte kaum von den übrigen Feldern unterscheiden. Die Siedlung ist weltweit sehr bekannt, nicht nur wegen ihrer architektonischen Elemente, sondern auch für ihre Keramik und die zahlreichen weiblichen Idole, die wahrscheinlich einen religiösen Charakter hatten. Die neolithische Siedlung Haçilar II wurde auf dem höchsten Teil des damaligen Hügels (Tell) gebaut, auf dem sich auch die Siedlung Haçilar I befand. Sie war auch eine befestigte Siedlung. Der Hügel hatte damals einen Durchmesser von 150 m und war nicht höher als 5 m. Durch die Ausgrabungen wurde herausgefunden, dass Baumaterial von dieser Siedlung später für Haçilar I benutzt wurde. Uns interessiert die Siedlung Haçilar II, die um 5400 v. Chr. datiert wird.[212] Dies entspricht der mittleren neolithischen Zeit im griechischen Raum. Zu dieser Datierung kamen die Archäologen durch die Keramik und Radiokarbonuntersuchungen. Haçilar II hatte eine rechteckige Form und war 2000 m^2 groß. Es besaß ein Ausmaß von 36 x 57 m. Die neolithische Siedlung wurde von einer 1,50 bis 3 m starken Mauer umgeben. Die Mauer war aus Lehmziegeln gebaut und auf Steinfundamenten errichtet. Es wurde angenommen, dass sie 4 m hoch war. Vermutlich trug die Mauer eine Bekrönung wie die Mauer in Mersin, was aber nicht gesichert ist. An der Befestigungsmauer gibt es Hinweise auf kleine Türme. Davon flankieren zwei einen engen Zugang in das Nordwestviertel der Siedlung. Das Tor befindet sich an der westlichen Seite. Zwei andere kleine Türme könnten den engen Eingang geschützt haben, der an der nordöstlichen Ecke in die Siedlung führte. An der Südseite der Siedlung scheint noch ein Tor gewesen zu sein. James Mellaart spricht von einem „Monumentalem Tor" mit einem offenen „*Porticus*".[213] Das nordwestliche Tor scheint das Haupttor nach Haçilar II gewesen zu sein, das von den Feldern, Obstgärten und Gräbern direkt auf den Westplatz der Siedlung führte. Dort befanden sich Wohneinrichtungen, der Getreidespeicher und das vermutete Heiligtum. Das südwestliche Tor führte von einer Wiesenlandschaft zum Südplatz der Siedlung. Hier wurden leider keine Gebäude gefunden. Mellaart vermutete, dass an dieser Stelle Tiere gehalten wurden. Durch das nordöstliche Tor konnten die Menschen vom Heiligtum aus direkt die Siedlung verlassen. Aus dem vermuteten südöstlichen Tor erreichte man die fruchtbare Ebene von Tefenni und die Hochlandweiden auf den Hügeln im Süden. In Bezug auf die innere Raumorganisation von Haçilar II erkannte Mellaart kleine Gebäudeviertel in der prähistorischen Siedlung, das sog. westliche Wohnviertel, das zentrale Viertel mit den Werkstätten und das östliche Viertel, in dem sich Küchen, ein Brunnen und das Heiligtum von Haçilar II befand. Die Häuser wurden direkt an die Befestigungsmauer gebaut. Entlang der nördlichen Mauer zwischen dem Getreidespeicher und dem nördlichen Platz wurden sie paarweise errichtet. Einige dieser Häuser hatten wahrscheinlich noch ein oberes Stockwerk. Sie bestanden aus Lehmziegeln und Holz, Innenpfosten stützten die Dächer und das Obergeschoss. Wahrscheinlich besaßen sie Flachdächer, die auch zur Verteidigung der Siedlung dienten. Jedes Haus besaß eine Herdstelle. Bänke wurden ebenfalls gefunden, die meisten bestanden aus Stein. Insgesamt handelt es sich um sieben Gebäude im westlichen Viertel, vier im östlichen Viertel und sieben Höfe mit verschiedenen Hauseinrichtungen. Die Siedlung wurde durch ein Feuer zerstört. Wann genau dies geschah, konnte nicht bestimmt werden. Nach der Katastrophe scheint die Siedlung weiter existiert zu haben, aber mit einer kleineren Bevölkerungszahl. Haçilar IIB hatte nur noch 6 Häuser, einen kleinen Getreidespeicher, ein einzelnes Heiligtum und zwei Keramikwerkstätten. Ca. 5250 v. Chr. wurde Haçilar IIB zerstört. Es wird vermutet, dass die Siedlung durch andere Menschen zerstört wurde. Mit der Zerstörung ging eine neolithische Kultur zu Ende, die mit Haçilar IX angefangen und über ein halbes Jahrtausend gedauert hatte.[214] Es folgte die Siedlung Haçilar I, die wahrscheinlich größer als Haçilar II war. Sie war auch

[212] Für Kleinasien entspricht diese Datierung die frühere chalkolithische Zeit.

[213] J. Mellaart, Excavations at Haçilar I (1970), 25f.

[214] Ebd. 37f.

befestigt, und ihre Mauer hatte eine Stärke von 4 m. Die Befestigung von Haçilar I scheint den ganzen Hügel umgeben zu haben. Die Siedlung hatte einen zentralen Platz und erreichte 100 m im Durchmesser. Mellart sprach von 65 Wohnräumen. Weitere Hinweise zur Befestigungsanlage von Haçilar I machte Mellaart nicht, weil die Ausgrabungen in dieser Schicht nur unvollständig waren.
Um 5000 v. Chr. wurde die Siedlung zerstört und verlassen.

C. Çatal Höyük

Çatal Höyük ist eine ebenfalls weltweit bekannte neolithische Siedlung, die so gebaut wurde, dass die Außenmauern der Gebäude eine Art Befestigung bildeten. Die prähistorische Grabungsstätte liegt 50 km südöstlich von Konya in der südlichen Türkei und befindet sich 900 m über dem Meeresspiegel. Sie liegt in einem sehr fruchtbaren Gebiet, das durch den Fluss Çarşamba Su bewässert wird. Çatal Höyük befindet sich an einem alten Arm dieses Flusses. Es handelt sich bei dem Hügel um eine Doppelaufschüttung, die ihren Namen nach einer Straßengabelung bekommen hat.[215] Im Jahr 1958 entdeckte Mellaart in der Konya Ebene den neolithischen und chalkolithischen Doppelhügel von Çatal Höyük. Die Ausgrabungen dauerten bis 1963 an. Im Jahr 1995 setzte der Archäologe Hodder die Ausgrabungen fort. Es handelt sich um eine prähistorische Siedlung, die laut Klotz aus einem großen Gedränge von rechtwinkligen Häusern besteht, die terrassenartig gebaut wurden. Çatal Höyük entstand ca. 6500 v. Chr., 1000 Jahre nach der Gründung von Jericho (Taf. 20). Die Siedlung folgte einer einheitlichen Struktur und besaß kein Zentrum. Die Ausdehnung der Siedlung beträgt 13 ha und ist damit vier Mal größer als die befestigte Siedlung von Jericho I.[216] Wenn man sie mit anderen neolithischen Siedlungen vergleicht, stellt man fest, dass Çatal Höyük einen „städtischen" Charakter hatte.[217] Im Gegensatz dazu besaßen die neolithischen Siedlungen im griechischen Raum einen eher dörflichen Charakter. Die Häuser der Siedlung waren rechteckig, 6 x 4,50 m groß und fast 3 m hoch. Bei der Betrachtung des Siedlungsgrundrisses fällt sofort auf, dass die Gebäude dicht aneinander gebaut worden sind. Der Ausdruck „Wand an Wand" trifft für die Häuser in Çatal Höyük zu. Aus diesem Grund sieht man keine Straßen und keine Gassen in der Siedlung. Nur kleine Höfe lagen zwischen den Häusern, die aus Lehmziegeln und Holzbalken errichtet waren. Es wurde angenommen, dass die Bauten gewisse Ähnlichkeiten mit den Pueblos der Indianer im Südwesten der Vereinigten Staaten von Amerika haben.[218] Der Boden, die Wände und die Decken wurden mit einem weißlichen Ton verputzt. Es gab Fälle, in denen bis zu hundert Schichten an einem Haus nachgewiesen werden konnten. Dies bedeutet, dass die Gebäude sehr häufig renoviert wurden. Die Häuser besaßen einen Herd und einen Backofen. Im Inneren der Häuser befanden sich bankartige Lehmerhebungen, die zum Sitzen und Schlafen dienten. Oftmals wurden direkt darunter die Toten begraben. Andere Häuser wurden als Heiligtümer angesehen, weil sie mit zahlreichen Wandmalereien und religiösen Symbolen geschmückt waren. Das Merkwürdigste ist der Zugang zu den Häusern. Er befand sich vermutlich auf den Flachdächern und konnte nur mit einer Leiter erreicht werden. Ob das mit der Verteidigung der Siedlung zusammenhing, ist ungewiss. Es könnte sein, dass die Bewohner der Siedlung auf die Dächer der Häuser stiegen, wenn Gefahr bestand. Von dort konnten sie wahrscheinlich die Feinde abwehren. Die Häuserwände bildeten eine Art unüberwindliche Mauer. Wenn ein Angreifer in die Siedlung wollte, musste er entweder ein Loch durch die Außenmauer der Häuser brechen oder auf die Flachdächer steigen, wo die Verteidiger bereit standen und auf ihn warteten. Gelangten aber Angreifer in die Innenräume der Siedlung, dann wurde ihnen von den Verteidigern der Rückweg abgeschnitten und sie waren verloren. Dies ist bisher nur eine Annahme, weil noch ungewiss ist, ob die Siedlung tatsächlich eine abwehrende Funktion hatte. Mellaart schien sich zwar sicher, dass Çatal Höyük auf diese ungewöhnliche Weise gebaut wurde, damit die Siedlung sich besser verteidigen konnte[219], aber es fehlen

[215] J. Mellaart, Çatal Höyük, Stadt aus der Steinzeit (1967), 37f.

[216] H. Klotz, Die Entdeckung von Çatal Höyük (1997), 17f.

[217] Auf das Problem, ob die neolithische Siedlung eine der ersten Städte und überhaupt eine Stadt gewesen ist, werde ich nicht eingehen.

[218] Möglicherweise diente diese Bauweise aber auch dazu, die Hitze aus den Gebäuden fernzuhalten.

[219] J. Mellaart (1967), 84ff. „*Die Notwendigkeit, sich zu verteidigen, mag der ursprüngliche Grund für die besondere Art und Weise gewesen sein, in der die Leute von Çatal Höyük Wohnhäuser ohne Türen errichteten, deren einziger Zugang durch das Dach führte. Dörfer dieses Typs findet man noch heute in Mittel- und Ostanatolien, im Kaukasus und in den Bergen des Westiran. Verteidigung gegen mächtige Feinde und Schutz vor Überschwemmungen sind die beiden Hauptursachen für eine solche Bauweise. Eine andere Lösung hätte in einer massiven äußeren Steinmauer bestanden, doch Steine waren in der Ebene nicht vorhanden, jede Luftziegelmauer aber, wie stark sie auch mag, wird von Fluten unterspült. Darüber hinaus war die Stadt Çatal Höyük ausgedehnt und hätte beachtlicher*

bislang jegliche Hinweise, die auf kriegerische Auseinandersetzungen deuten würden. Çatal Höyük ist anscheinend nie erobert oder auch nur angegriffen worden. Die Siedlung wurde irgendwann um 5700 v. Chr. verlassen und nicht wieder besiedelt. Die Ursachen dafür sind unbekannt.

D. Aşikli Höyük

Eine ähnliche neolithische Siedlung wie Çatal Höyük liegt in Kappadokien in der heutigen Türkei. Es handelt sich um die Siedlung Aşikli Höyük, die sich auch auf einem Hügel (Tell) befindet. Die prähistorische Siedlung liegt ungefähr 25 km südöstlich der Stadt Aksaray und 1,50 km südlich des Dorfes Kizilkaya. Sie befindet sich in der Nähe eines Dammes und eines kleinen Flusses mit dem Name Melendiz. Geomorphologisch liegt sie in einem niedrigen fruchtbaren vulkanischen Bereich, der von den Gebirgsketten Hasan und Melendiz umgeben wird. Die archäologische Stätte wurde im Jahr 1963 von Gordon entdeckt. Todd führte im Jahr 1964 die ersten Ausgrabungen durch. Als Gefahr bestand, dass Bereiche der Siedlung wegen des steigenden Wasserniveaus des Dammes durch Überschwemmungen zerstört würden, ergriff der türkische Archäologe Esin von der Universität Istanbul Maßnahmen zur Rettung der prähistorischen Siedlung. Die 1989 begonnenen Ausgrabungen dauern unter seiner Leitung bis heute an. Bisher wurden drei Siedlungshauptphasen in Aşikli Höyük erkannt, die in das sog. „akeramische“ Neolithikum gehören. Zur ersten Phase gehören viele Gruben und Gräben. Die zweite Phase der Siedlung wird in zehn Unterphasen geteilt. Die dritte Phase wurde nur in einem Graben an der Nordseite des Dammes aufgedeckt. Die ältesten Siedlungsschichten von Aşikli Höyük wurden in 1,50 m starken alluvialen Schichten im Süden des Dammes entdeckt.

Die Siedlung besteht, wie es auch in Çatal Höyük der Fall ist, aus rechteckigen Häusern. Sie waren aus Lehmziegeln gebaut und hatten kein Steinfundament. Bisher sind sie das früheste Beispiel für verputzte Lehmbauten in Kappadokien. Lehmziegel und Holz waren in Aşikli Höyük die Hauptmaterialien für den Bau der Häuser. Diese wurden durch Strassen und Gassen getrennt, die zu den verschiedenen Höfen führten, die als Werkstätten oder Abfallbereiche benutzt wurden. Es ist eine 2 m breite Hauptstrasse ausgegraben worden, die als GA bezeichnet wird. Nördlich und südöstlich der Straße standen Häuser, die wiederum durch kleinere Gassen voneinander getrennt wurden. Die Häuser bestanden aus einem bis drei Räumen. Der Zugang zu den Häusern war, wie auch in Çatal Höyük, durch eine Öffnung in den Flachdächern möglich, obwohl auch innere Eingänge verschiedene Zimmer verbanden. Es gibt aber auch Häuser, die aus einer rechteckigen und einer abgerundeten Seite bestanden. Die Innenausstattung ist die für neolithische Zeit üblich. Im Vergleich zu Çatal Höyük scheint in Aşikli Höyük ein Zentrum existiert zu haben, denn der östliche Teil der Siedlung wird durch Mauer abgetrennt. Die Gebäude, die gegen diese Mauer errichtet wurden, waren Bauten aus Lehmziegeln mit Steinfundamenten. Steinmaterial gab es in der Umgebung genug. Was für eine Funktion dieser Bereich der Siedlung hatte, ist noch unbekannt. Möglicherweise war er befestigt. Entweder umgab die Mauer ein Verwaltungszentrum, in dem die administrative Elite der Siedlung wohnte, oder es war ein religiöses Zentrum. Eine Antwort wird sich wahrscheinlich mit dem Abschluss der Ausgrabungen finden.

Sehr wichtige Informationen über die prähistorische Siedlung liefern uns die Funde. Tausende von Obsidianmessern und Pfeilspitzen wurden gefunden, die mit den Funden im übrigen Anatolien nicht die geringste Ähnlichkeit haben. In Çatal Höyük wurde keine so große Zahl von Messern und Pfeilspitzen gefunden wie in Aşikli Höyük. In Çatal Höyük variiert die Zahl der Obsidianpfeilspitzen auch von Haus zu Haus. Dies zeigt die Möglichkeit, dass jede Wohneinheit in Çatal Höyük bestimmte Dinge für die gesamte Siedlungsgemeinschaft produzierte. Werkstätten waren ein Bestandteil der neolithischen Siedlung. Die Bewohner von Aşikli Höyük stellten Steinbeile her, Gebrauchsgegenstände, Schmuck

Streitkräfte bedurft, um den gesamten Mauerkreis gegen feindliche Angriffe zu bemannen. Und hatte die Mauer einmal eine Bresche, konnte der Feind in die Stadt einbrechen. Man entschied sich daher zu Çatal Höyük, das Problem auf andere Art zu lösen: Die Planer errichteten keine feste Stadtmauer, sondern sie umgaben den Ort mit einer ununterbrochenen Reihe von Häusern und Vorratshäusern, die nur vom Dach aus zugänglich waren. Selbst wenn es einem Feind gelungen war, die Mauer zu durchbrechen, so sah er sich doch in einem geschlossenen Raume, aus dem die Leiter zweifellos entfernt worden war, und auf dem Dach erwarteten ihn die Verteidiger. Die Stadt einzunehmen erforderte ein Handgemenge von Haus zu haus in einem Irrgarten von Wohnstätten, der genügte, die Angreifer zu entmutigen. Die Wirksamkeit dieses Verteidigungssystems liegt auf der Hand, und –welche Unbequemlichkeiten es für die Stadtbewohner auch mit sich brachte – es gibt kein Anzeichen für irgendeine Plünderung oder irgendein Blutbad währen der 800 Jahre des Bestehens von Çatal Höyük, soweit der Ort durch Ausgrabung erforscht ist. Was ein Feind versuchen konnte, war, Feuer an die Siedlung zu legen (und es wurden noch keine Brunnen entdeckt), doch ist ebenso klar, dass die Bevölkerung dieser Stadt hinreichend mit Schleuderwaffen, Bogen und Pfeilen, Lanzen und Speeren versehen war, um jeden Angreifer weit genug vom Fuß der Mauern abzuhalten.“

aus Knochen und Stein sowie einige schwach gebrannte Tonfigürchen. Außer diesen Handwerksprodukten beschäftigten sich die Einwohner von Aşikli Höyük mit der Landwirtschaft, der Jagd und der Viehzucht. Sie begruben ihre Toten im Inneren der Häuser unter dem Boden. Die ganze Siedlung wurde durch Todd und Esin in das „akeramische" Neolithikum datiert, also zwischen 10000 und 9000 v. Chr. Wenn das stimmt, wäre Çatal Höyük nicht die älteste Stadt der Welt. Ob nun Aşikli Höyük befestigt war, ist zurzeit nicht zu beantworten. In Çatal Hüyük bilden die Außenmauern der Häuser nach Mellaart eine Art Befestigung. Es könnte aber sein, dass die neolithischen Bewohner von Çatal Höyük ihre Häuser so gebaut haben, um Baumaterial zu sparen. Dagegen gibt es in Aşikli Höyük ausreichend Steinmaterial. Wie schon oben erwähnt wurden die Gebäude mit Steinfundamenten und Lehmziegeln gebaut. In Çatal Höyük wurden die Häuser nur aus Lehmziegeln gebaut, weil es in der Umgebung keine Steine gab. Obwohl die Siedlung von Aşikli Höyük viele strukturelle Ähnlichkeiten mit Çatal Höyük aufweist, unterscheidet sie sich auch durch Strassen, Gassen und ein vermutliches Zentrum innerhalb der Siedlung. Die zahlreichen Obsidianmesser und Pfeilspitzen, die in Aşikli Höyük gefunden worden sind, können nicht als Beweise dafür dienen, dass Aşikli Höyük für kriegerische Auseinandersetzungen Maßnahmen getroffen hat. Die Siedlung scheint vielmehr eine „Produktionsstadt" gewesen zu sein, die wahrscheinlich von einem administrativen oder religiösen Zentrum aus verwaltet wurde. Es bleibt zu hoffen, dass die weiteren Ausgrabungen neue Hinweise zur Deutung und Funktion der neolithischen Siedlungen von Çatal Höyük und Aşikli Höyük liefern.[220]

2.18.3. Levante

In der Levante gibt es vermutlich die ältesten Beispiele befestigter Siedlungen im östlichen Mittelmeerraum. Das bekannteste Beispiel ist die prähistorische „Stadt" Jericho im Westjordanland. Die Siedlung liegt auf einem Hügel, der als der Tell des Sultans bekannt ist. Die archäologische Stätte befindet sich 220 m über dem Meeresspiegel in einer sehr verkehrsgünstigen Lage im Jordan Graben und ist etwa 10 km vom Toten Meer entfernt.[221] Der Jordan Graben ist bis heute bekannt für seine Fruchtbarkeit.[222]

Die ersten Ausgrabungen in Jericho führten Deutsche und Österreicher in den Jahren 1907 und 1909 unter der Leitung von Sellin und Watzinger durch. Von 1929 bis 1936 wurden die Ausgrabungen von dem britischen Archäologen Garstang fortgesetzt. Nach dem Zweiten Weltkrieg (1952 – 1958) wurde die Siedlung von Kenyon in Zusammenarbeit mit der British School at Athens untersucht.[223] Aus den Ausgrabungen ging hervor, das Jericho schon ab 7000 v. Chr. Wehrmauer, Turm und Graben besaß. Es handelte sich um eine „Stadtähnliche" Siedlung mit einem lockeren Bebauungssystem, die durch einen Graben und eine Steinmauer geschützt wurde. Die Menschen lebten in bienenkorbähnlichen Gebäuden aus Lehmziegeln. Im Laufe der Zeit entwickelte sich der Bau der Häuser in Jericho. Sie waren nun rechteckig mit flachen Dächern. Die Estriche der Gebäude wurden nicht mehr mit Lehm, sondern mit Gips ausgeführt. Außer den Wohnhäusern wurden mehrere Bauten und Räume als Tempel identifiziert. In einem Raum wurde ein glatter Steinpfeiler aus vulkanischem Material gefunden, der als Kultbild dienen sollte. Das ganze Siedlungsareal wurde durch einen in den Fels geschlagenen Graben geschützt, der 7 m breit und 3 m tief war. Hinter dem Graben bauten die Menschen eine Steinmauer, die etwa 2 m stark und 6 m hoch war. Eine sensationelle Entdeckung bei den Ausgrabungen war ein Rundturm, der innerhalb der Mauer gebaut war. Der Rundturm hatte eine Höhe von 8,15 m und war etwa

---

[220] Zu Aşikli Höyük siehe, U. Esin, „Aşikli Höyük (Kizilkaya – Aksaray) Kurtarma Kazisi 1989," TAD 29, 1991, 1-34; I. Todd, The Prehistory of Central Anatolia, 1: The Neolithic Period, SIMA 60 (1980). Dazu auch M. J. Mellink, Archaeology in Anatolia, AJA 97, 1993, 105-133, und M. Gates, Archaeology in Turkey, AJA 100, 1996, 277-335.

[221] Es handelt sich um eine verkehrsgünstige Lage, die heute noch durch eine wichtige Strasse überquert wird. Die Strasse aus Richtung Amman Flusstälern, vor allem Wadi Kufrein folgende Strasse überquert östlich von Jordan – Graben den Jordan Fluss und führt dann (über das Tal des Wadi Nueima bzw. Wadi Qilt und Wadi Suweipit) über Jerusalem in die südliche Küstenebene der Levante. Seit Jahrtausende scheint diese Verkehrslage nördlich des Toten Meeres, die wichtigste Ost – West Verbindung gewesen zu sein.

[222] In der Vergangenheit befanden sich dort sogar Wälder tropischen Charakters. Mischlaub- und Nadelwälder waren charakteristisch für das Gebiet Jerichos. Außerdem gab es im Überfluss Hülsenfrüchte, Getreide und fruchttragende Bäume, die schon ab dem sog. „präkeramischen" Neolithikum vor etwa 9000 v. Chr. gezüchtet wurden, wie Ausgrabungen bewiesen. Jagd in den Wäldern und Fischfang waren Bestandteil des neolithischen Lebens in diesem Gebiet. Domestizierte Tiere wie Ziegen gab es auch. Im Allgemeinen war das Gebiet damals eine vielgestaltige Landschaft, die sehr reich an Fauna und Flora war. Sie wurde seit Jahrtausenden immer wieder von Menschen genutzt.

[223] K. M. Kenyon, Excavations at Jericho, 3, the Architecture and Stratigraphy of the Tell (1981).

gleich breit. Zum oberen Teil des Turmes führte eine Treppe aus 28 Steinstufen. Der Turm bestand wie die Mauer nur aus Steinen. Es wurde angenommen, dass die Umfassungsmauer und der Turm einen Ziegellaufsatz hatten, weil am Fuß der Mauer und des Turmes Tonhaufen gefunden wurden. Die Archäologen konnten mindestens drei Bauphasen des Turmes nachweisen. Es wurde um ca. 7825 v. Chr. in Phase III der Zeitstufe IV möglicherweise aus militärischen Gründen errichtet. An die Mauer angelehnt wurden Wasserspeicher gefunden. Wahrscheinlich war dies eine Vorsichtsmaßnahme, um eine mögliche Belagerung gut zu überstehen. Die Schutzmaßnahmen von Jericho I (Taf. 21.) schützten die Siedlung für ein Jahrtausend, wie 22 verschiedene Schichten aus zerfallenen und wieder aufgebauten Gebäuden vermuten lassen. Irgendwann im „frühkeramischen" Neolithikum und Chalkolithikum (5000 – 4000 v. Chr.) gab es eine Verfallsperiode. Jericho wurde immer wieder neu besiedelt und erreichte ihre bronzezeitliche Hochblüte ab etwa 3000 v. Chr. Während der Bronzezeit war die Siedlung von Befestigungsanlagen umgeben.

Die Funktion und Deutung der Steinmauer und des Rundturmes im neolithischen Jericho sind problematisch (Taf. 21,1. Taf. 21,2). Es wurde nicht von allen Archäologen akzeptiert, dass sie errichtet wurden, um eine eventuelle Belagerung zu überstehen. Die Menschen, die damals in Jericho wohnten, waren möglicherweise Bauern, die sich mit der Landwirtschaft und der Viehzucht beschäftigten. Sie bauten Weizen und Gerste an und hielten Ziegen und Schafe. Um den Wasserreichtum und die Lage oberhalb der rohstoffreichen Mulde des Toten Meeres wurden sie wahrscheinlich von anderen beneidet.

Um ein solches Bauwerk zu errichten, können aber die Menschen im neolithischen Jericho nicht nur einfache Bauern gewesen sein. Irgendwie muss ein Zentrum existiert haben, um das Ganze zu organisieren und zu verwalten. Es ist angenommen worden, dass die Größe der Anlage von Jericho auf die Tatsache zurückzuführen ist, dass die neolithischen Bewohner der „Stadt" mit Salz, Pech und Schwefel gehandelt haben. Die neolithischen Jäger oder die später zeitweise ansässigen Bauern von Jericho beschafften sich die benötigten Rohstoffe durch ihre Wanderungen. Als die Menschen aber fest ansässig wurden, haben sie außer mit Agrarprodukten, die sie selbst produzierten, mit Salz, Bitumen und Schwefel gehandelt. Sie führten in die Stadt Obsidian ein aus dem Gebiet des heutigen Armeniens und aus Anatolien. Sie stellten keine Keramik, sondern Steingefäße her. Wahrscheinlich erreichte Jericho zu dieser Zeit ein sehr hohes kulturelles Niveau im Vergleich zu anderen Siedlungen, was auf irgendeine Art geschützt werden sollte. Aus diesem Grund könnten die Bewohner Jerichos den Graben und die Maueranlage mit dem Turm errichtet haben. Fest steht, dass die Errichtung dieser Anlage in Jericho nicht ohne eine gemeinsame schwere körperliche Anstrengung der Bewohner zustande kommen konnte. Die Umfassungsmauer war wahrscheinlich ein Zeichen des Unterschiedes zwischen den Bewohnern Jerichos und anderen Menschen, die außerhalb der Siedlung wohnten. Immerhin war Jericho kein Zentrum eines besiedelten Umlandes, sondern eine Oase ohne direkt angrenzende oder abhängige Siedlungen. Ob nun die sog. älteste Befestigungsanlage der Welt tatsächlich eine Befestigungsanlage war, ist bis heute nicht hundertprozentig beantwortet worden. Einige Prähistoriker schlugen vor, dass die Mauern von Jericho zumindest in den unteren Teilen lediglich Stützmauern für die Siedlung gewesen sind oder Mauern, die vor Fluten und Sandstürmen schützten. Der Fund von 11 oder 12 menschlichen Skeletten auf der Treppe des Turmes könnte einen Beweis für die militärische Funktion und die Deutung als Befestigungsanlage liefern. Irgendwann wurde Jericho in der neolithischen Zeit durch Feuer zerstört (Phase VI A) und wahrscheinlich durch fremde Menschen erobert[224], die aus dem Norden gekommen sein sollen. Die „Eroberer" bauten nicht mehr runde Häuser, sondern rechteckige aus Lehmziegeln mit flachen Dächern, die Bauten in Syrien und Anatolien ähneln. Sie brachten das domestizierte Rind mit nach Jericho, befestigten den Hügel wieder mit einer Mauer und ließen sich selbst dort nieder. Natürlich gab es auch andere „befestigte Siedlungen" im Gebiet der Levante oder im Bereich des heutigen Iraks und Irans, die hier aber nicht aufgezählt werden, weil es die Ausmaße der Arbeit sprengen würde.

2.18.4. Italien

Im Vergleich zu übrigen europäischen Räumen haben Befestigungsanlagen in Italien große Ähnlichkeiten mit prähistorischen Siedlungen auf dem Balkanraum. Gemeinsames Charakteristikum der neolithischen Siedlungen in Italien ist die Errichtung befestigter Siedlungen in Gebieten in denen Landwirtschaft betrieben wurde. Solche Siedlungen liegen in den fruchtbaren Ebenen Apuliens oder in den Küstenebenen

[224] Die Anlage im Süden des Turmes wurde durch ein gewaltiges Feuer zerstört. Ob das Ausbrechen des Feuers von Fremden verursacht worden ist, die Jericho erobern wollten, ist nicht bekannt. Die 11-12 Menschen, deren Skelette in der östlichen Seite des Turmes gefunden wurden, verteidigten wahrscheinlich den Turm. Als das Feuer ausbrach liefen sie runter. Es ist nicht bekannt, ob sie durch andere Menschen umgekommen sind, oder durch die Trümmer.

Siziliens, besonders im Südosten. Sicher ist, dass die Siedlungen während der neolithischen Zeit nicht in bergigen Regionen lagen. Miller erwähnt einige solcher befestigten Siedlungen.[225] Es handelt sich um Siedlungen der „Stentinello-Kultur" (Matrensa, Palma di Montechiaro, Stentinello, Megara Hyblaia) in Sizilien und der „Molfetta-Kultur" in Apulien (Mondrone, Murgcchia, Murgia Timone, Murgia Tirlecchia, Serra d 'Alto und viele andere in der Provinz Foggia), die von 6000 bis 4000 v. Chr. zu datieren sind. Miller behauptete, dass sie eindeutig fortifikatorischen Charakter besitzen.[226] Die Siedlungen werden meistens von Gräben umfasst. Manche der Gräben erreichen einen Durchmesser von 80 bis 200 m.

Es gibt aber auch größere Siedlungsgebiete südlich und östlich von S. Severo, die einen Durchmesser von 865 m haben und von Gräben umgeben werden. Einige neolithische Siedlungen werden auch von zwei Gräben umfasst. Die Form der Gräben ist meistens senkrecht und steil gearbeitet. Der Boden der Gräben ist flach und manchmal hat er eine U-Form. Häufig wurden Wälle von Bruchsteinen gefunden, die an die innere Seite des Grabenrandes gelegt wurden. Sie wurden nicht extra errichtet, sondern kamen durch die Errichtung der Gräben zustande. Häufig wurden die Gräben durch Toranlagen und Erdbrücken unterbrochen. Toranlagen können einfache Zugänge in die Siedlung darstellen, oder auch komplizierte Bauten gewesen sein, um den Zugang für Angreifer zu erschweren. Ein Beispiel einer solchen Toranlage gibt uns Miller. Es handelt sich um die Toranlagen von Murgia Timone (Osttor) und Murgia Tirlecchia. *„Im Bereich des Tores bauscht der Graben halbmondförmig nach außen aus und wird hier durch eine Erdbrücke überquert, die von zwei Mauern aus unbearbeiteten Steinen gestützt wird. Bei mehreren Grabenringen liegen die meist schmalen Tore nie in einer Linie"*.[227] Millers These ist, dass diese Toranlagen mit einem fortifikatorischen Konzept gebaut wurden. Ob die neolithischen Bewohner Italiens imstande waren, einen Krieg durch Belagerung zu führen, erwähnte Miller nicht. Dass die Anlagen insgesamt eine Schutzfunktion hatten, ist allgemein bekannt. Sie konnten die Einwohner entweder vor wilden Tieren schützen, vor Überschwemmungen, Feuer oder feindlich gesinnten Menschen. Es scheint aber nicht logisch, einen fortifikatorischen Charakter nur aus dem Grund anzunehmen, dass die Toranlagen komplizierter waren. Der Bau einer solchen Toranlage war wahrscheinlich eher ein sichtbares und deutliches Zeichen dafür, dass an dieser Stelle das geschützte Territorium einer Siedlung begann. Beispiele für solche Anlagen kann man heute noch in einfachen Siedlungen in Afrika und im Amazonasgebiet sehen. Dass es den Bewohnern dieser Siedlungen mit ihren einfachen Waffen und solchen Toranlagen möglich war, sich vor Belagerungen zu schützen, kann nicht angenommen werden. Die Waffen, die während der neolithischen Zeit verwendet wurden, konnten nicht für eine Belagerung eingesetzt werden und auch nicht für einen Krieg im Sinne des 8. bis 6. Jahrhunderts v. Chr. Für den Angriff auf eine prähistorische Siedlung reichten aber einfache Waffen, weshalb sie für die Funktion und Deutung der prähistorischen Wehranlagen tatsächlich eine größere Rolle spielen müssen.

2.18.5. Deutschland

Ähnliche Anlagen wie in Italien gibt es auch in Deutschland, die auf die Entwicklung der sog. neolithischen Befestigungsanlagen im Zentral- und Nordeuropa hinweisen. Es handelt sich um neolithische Siedlungen der Linienbandkeramik, die von 5500 bis 4900 v. Chr. zu datieren sind. Zu den wichtigsten Siedlungen mit Befestigungsanlagen gehören Eilsleben in Sachsen–Anhalt und Köln–Lindenthal in Nordrhein–Westfalen. Beide Siedlungen werden von tiefen und breiten Gräben umgeben. Die Siedlung in Eilsleben, die im Jahr 1974 entdeckt wurde, wird von einem mindestens 170 m langen Graben geschützt, der zu den ältesten Mitteleuropas zählt. Er hatte eine Breite von 3 m und war mehr als 2,50 m tief. Er umfasste ein rundes Areal, das später auf eine Gesamtfläche von 100 m Breite und 60 m Länge erweitert wurde. Mit der Ausdehnung der neolithischen Siedlung auf 4 ha wurde auch der Graben erweitert. Er bekam eine Breite von 6 m und war dann bis 3 m tief. Ein Erdwall wurde auch gefunden, dessen Material bestimmt durch Ausschachten des Grabens zusammen kam. Hinweise auf einen Zaun wurden auch gefunden. Wahrscheinlich wurde die Siedlung nicht nur durch den Graben geschützt, sondern auch durch ein *„Emplekton"*, wie es in Bulgarien der Fall ist. Die Siedlung von Eilsleben bestand aus Pfostenhäusern mit geflochtenen Wänden, die mit Lehm verputzt waren mit einer Länge von 30 m.

Die neolithische Siedlung von Köln–Lindenthal, die im Jahr 1928 entdeckt wurde, wird auch durch verschiedene Gräben- und Palisadensysteme geschützt. Sowohl Spitzgräben als auch Sohlgräben sind in Köln–Lindenthal anzutreffen. Die Gräben umfassten ein Areal zwischen 12000 - 44000 m^2. Solche Ausmaße sind natürlich sehr groß für eine neolithische Siedlung. Wahrscheinlich handelte es sich hier um Areale, in denen Tiere gehalten

[225] M. Miller, Befestigungsanlagen in Italien vom 8. bis 3. Jahrhundert vor Christus (1995).
[226] Ebd. 24f.
[227] Ebd. 25f.

wurden. Merkwürdig ist an dieser Siedlung, dass die Wohnbauten in den ältesten Phasen außerhalb der Gräben und Palisaden gebaut wurden. Bestand zu dieser Zeit keine Gefahr? Waren die Schutzmaßnahmen nur für die Tiere bestimmt? Wie in Eilsleben gab es auch in Köln–Lindenthal sehr große Pfostenhäuser, die eine Länge von 10 bis 35 m hatten. Man spricht von 86 Gebäuden, die zu 16 verschiedenen Bauperioden gehören. Dies bedeutet, dass es in jeder Bauphase 3 bis 5 Häuser gab. Ähnliche Beispiele kann man auch in anderen Gebieten Deutschlands finden.[228]

2.18.6. England

Eine andere wichtige Befestigungsanlage befindet sich in Südwestengland. Es handelt sich um die prähistorische Siedlung von Hambledon Hill (Taf. 22). Sie wurde von drei konzentrischen Ringwällen umfasst. Man nahm an, dass die innere Befestigungsanlage aus 10000 Eichenbalken bestand. Die drei Ringwälle wurden von einem Graben umfasst, in dem viele menschliche Schädel gefunden wurden. Man vermutete, dass sie eine kultische Bedeutung hatten. Die archäologische Stätte liegt auf einem natürlichen Hügel in einem Tal, durch das die Flüsse Stour und Iwerne fließen. Der Hügel von Hambledon Hill erhebt sich in einem fruchtbaren Weideland, das schon sehr früh von den Menschen für Landwirtschaft und Viehzucht benutzt wurde. Die Besiedlung des Hügels und des gesamten Gebiets fing an, als die neolithischen Menschen aufhörten Jäger und Sammler zu sein und sesshaft wurden. Dass die ganze Region von Hambledon Hill für Landwirtschaft, Viehzucht und auch Jagd geeignet war, erkannten die Menschen schon 4000 Jahre v. Chr. Auch der in der näheren Umgebung vorkommende Feuerstein, aus dem verschiedene Werkzeuge hergestellt wurden, war ein Grund für die Besiedlung. Der erste, der auf Hambledon Hill aufmerksam wurde, war im Jahr 1913 der Architekt und Antiquitätensammler Summer. Er entdeckte Reste von der prähistorischen Siedlung und machte Aufzeichnungen. Summer war einer der ersten in England, die Lagepläne von einer neolithischen Befestigungsanlage zeichneten und veröffentlichten. Im Jahr 1959 fand Bonney weitere Bauelemente der neolithischen Siedlung. Ausgrabungen fanden von 1974 bis 1982 statt. Sie wurden zu einer Rettungsaktion für die prähistorische Stätte, weil das ganze Areal (60000 m^2) im Laufe der Jahre durch die intensiven Feldarbeiten immer stärker zerstört wurde. Die zentrale Anlage des Hügels wurde von einem Wall umgeben („*causewayed enclosure*"). Die meisten dort gemachten Funde stammen von Bestattungen. Archäologen vermuteten, dass an dieser Stelle hoch entwickelte Bestattungsriten vollzogen wurden.[229] Es zeigte sich, dass der Hügel nicht von Anfang an befestigt war, sondern zuerst ein Ort für Bestattungen und vielleicht kultische Handlungen war. Als die Menschen dann sesshaft wurden, begannen sie den Ort mit Erdwerken zu umgeben. Mit der zunehmenden Differenzierung der Gesellschaft erschien es ihnen wichtig, ihr Siedlungsgebiet zu schützen. Am Deutlichsten kann man das an den südlichen und westlichen Ausläufern des Hügels erkennen, wo sich die Stepleton–Anlage befindet. Dort war die Befestigungsanlage besonders stark ausgebaut. Am nördlichen Ausläufer des Hügels konnte man die neolithischen Bauelemente noch nicht nachweisen, weil sie von einer späteren eisenzeitlichen Schutzanlage überbaut wurden.

Uns interessiert vor allem die Stepleton–Anlage, weil hier besonders gut zu sehen ist, wie sich die Befestigungsanlage an einer Stelle, die vorher Wohngebiet war, entwickelte. Die äußere Abwehrkonstruktion war ein Erdwerk mit Palisade. Die mittlere und die innere Befestigungsanlage bestanden aus massiven Konstruktionen mit hölzernen Umfassungen. Die massivste Anlage war dabei die innere Befestigungsanlage. Sie bestand überwiegend aus Kalksteinen, die in die hölzerne Einfassung geschüttet wurden. Auf diese Schüttung wurden 10000 Eichenpfosten gesetzt. Darauf stand ein „*Emplekton*" bzw. eine Palisade aus Flechtwänden. Vor den Bauten befanden sich Gräben, die von Erdbrücken unterbrochen wurden. Aus diesem Grund wurde angenommen, dass es sich bei den Gräben nicht um Verteidigungsmaßnahmen handelte, sondern dass sie durch Entnahme des benötigten Erdmaterials für den Bau der Anlage entstanden. Die gesamte Anlage konnte durch drei Eingänge betreten werden. Eines der drei Tore lag laut Mercer direkt an der Stepleton – Anlage, das zweite zwischen der Stepleton – Anlage und der Zentralanlage auf einem Hügelvorsprung. Das dritte Tor befand sich am östlichen Vorwall. In die Mitte der Eingänge wurden mächtige Eichenstämme gesetzt. Jeder Eingang wurde mit zwei Torflügeln geschlossen. Außer der Stepleton – Anlage wurden der Süd- und der Westhang des Hügels befestigt. Der Wall, der mit Holz verstärkt war, hatte eine Länge von 2500 m. Wenn sich nun die natürlichen Gegebenheiten des Hügels an manchen Stellen nicht für den Bau der Befestigungsanlage eigneten, dann trafen die

[228] Einige davon sind in Baden-Württemberg, Bayern, Rheinland-Pfalz, Hessen, Niedersachsen zu sehen. Die meisten von diesen Siedlungen gehören zur linienbandkeramischen Kultur.

[229] R. J. Mercer, Wehranlage und Bestattungsplatz aus der Jungsteinzeit, in: Siedlungen der Steinzeit. Haus, Festung und Kult mit e. Einf. von Jens Lüning (1989), 154–161.

neolithischen Menschen andere Maßnahmen. Ein solches Beispiel ist an der westlichen Flanke der Verteidigung zu sehen. Dort errichteten die Menschen eine Terrasse, auf der die Wallkonstruktion gebaut werden konnte. Die südliche Flanke wurde durch ein Grabensystem geschützt, das eine Länge von fast 1200 m hatte. Für die damalige Zeit muss die ganze Anlage sehr eindrucksvoll gewesen sein. Beeindruckend ist auch die Arbeitsleistung, die eine landwirtschaftlich geprägte Gesellschaft für ein solches Unternehmen aufbrachte.

Zu den Wohneinrichtungen des Hügels kann leider nicht viel gesagt werden, weil es einfach kaum Hinweise gibt. Nur in der Stepleton – Anlage konnten einige Informationen über das neolithische Leben auf dem Hügel von Hambledon Hill gefunden werden. Dieses Areal wurde früher von einem Wall umgeben. Dieser wurde in den verschiedenen Phasen immer wieder zugeschüttet und neu errichtet. Im Laufe der Zeit wurde ein Teil der Stepleton – Anlage in die neue Verteidigungsanlage eingegliedert. Im Innenraum der Anlage wurden viele Pfostenlöcher gefunden, die wahrscheinlich zu neolithischen Wohneinrichtungen und Werkstätten gehörten. Wie diese Bauten und Werkstätten aussahen und wie der ganze Raum organisiert war, ist schwer zu rekonstruieren, weil die Belege nur bruchstückhaft sind. Sicher ist, dass dort viele Tierknochen und Feuerstein gefunden wurden. Vermutlich bereitete man hier das Essen zu, und in den Werkstätten bearbeitete man Feuerstein, um daraus verschiedene Werkzeuge herzustellen. Dazu gehörten blattförmige Pfeilspitzen, die nicht nur für die Jagd verwendet wurden.

Es scheint, dass die Siedlung um 3300 v. Chr. erobert und zerstört wurde. Danach wurde der Ort verlassen. Hinweise auf diese Katastrophe fand man an den südöstlichen Ausläufern des Hügels. Auf einer Länge von 200 m scheint die Befestigung durch Feuer zerstört worden zu sein. Das Feuer muss so stark gewesen sein, dass die Eichenpfosten bis auf den Boden niederbrannten. Der Brand war laut Mercer kein Unfall.[230] Belege, die für eine kriegerische Auseinandersetzung sprechen, sind auch die drei bis vier menschlichen Skelette, die eines gewaltsamen Todes starben und im Schutt der Gräben gefunden wurden.[231]

Die Gründe, die zu dieser Katastrophe führten, können nicht mit Sicherheit genannt werden. Am Wahrscheinlichsten scheinen gesellschaftliche Veränderungen. Irgendetwas hatte sich verändert, was das wirtschaftliche und soziale Leben der neolithischen Menschen stark beeinflusste. Ein Aufstand gegen die Elite oder kriegerische Aktivitäten zwischen verschiedenen Stämmen aus wirtschaftlichen oder territorialen Gründen könnten den Niedergang von Hambleton Hill herbeigeführt haben. Immerhin wurden in dieser Zeit auch andere neolithische Siedlungen verlassen. Zum Teil wurden in ihnen verstreut liegende blattförmige Pfeilspitzen gefunden, ähnlich denen von Hambleton Hill. Solche Funde weisen auf eine Zeit der Instabilität in Südengland. Die Befestigungsanlage von Hambleton Hill wirft noch viele Fragen auf zum neolithischen Leben auf dem Hügel. Vielleicht können durch zukünftige Ausgrabungen am nördlichen Ausläufer des Hügels, wo die eisenzeitliche Siedlung noch über der neolithischen liegt, weitere Informationen über diese großartige Befestigungsanlage, ihre Entwicklung, ihren Höhepunkt und ihren Niedergang gewonnen werden.

A. Crickley Hill

Eine ähnliche prähistorische Anlage befindet sich in Crickley Hill. Im Vergleich zu Hambleton Hill ist Crickley Hill viel kleiner. Obwohl dieser Besiedlungsplatz vor allem Befunde aus der Eisenzeit in Südengland im 6. Jahrhundert v. Chr. aufweist, konnte der Ausgräber Dixon auch Nachweise für eine neolithische Phase von Crickley Hill ans Licht bringen. Crickley Hill befindet sich in den Gloucestershire Cotswolds, 6,4 km südlich von Cheltenham und 9,6 km östlich von Gloucester oberhalb des Severn–Tales. Im Jahr 1968 wurde der Ort von Dixon entdeckt, der im selben Jahr mit den Ausgrabungen begann.[232] Die prähistorische Stätte von Crickley Hill ist eigentlich ein Plateau auf einem Hügel. In der Mitte dieses Plateaus befand sich eine Erhebung. An dieser Stelle konnte Dixon fünf Phasen der neolithischen Besiedlung des Ortes erkennen, die aber nur schwer zu unterscheiden waren. Die Keramik aus den unterschiedlichen Phasen ist sehr ähnlich. Zu der älteren Phase der neolithischen Besiedlung sollen Gruben gehören, die einen ovalen Ring bildeten. Dieser Ring hatte einen Durchmesser von 8 m. Das Erdmaterial, das aus den Gruben ausgehoben wurde, wurde in der Mitte des Ringes angehäuft. Ob es sich hier um einen Bestattungsplatz handelte, ist unsicher. Man

---

230 Ebd. 161f.

231 Ebd. 161f. Man entdeckte im Schutt die vollständigen Skelette zweier junger Männer, die, dem Zustand nach zu urteilen, rasch verscharrt worden sein müssen. Einer der beiden trug ein kleines Kind, das er beim Sturz unter sich erdrückte. Anscheinend hatte ihn eine feinbearbeitete blattförmige Pfeilspitze in den Rücken getroffen und war in den Brustkorb eingedrungen.

232 P. W. Dixon, Befestigungen aus der Stein- und Eisenzeit im Süden Englands, in: Siedlungen der Steinzeit. Haus, Festung und Kult mit e. Einf. von Jens Lüning (1989), 162-169.

fand nur ein einziges Knochenstück. Im Laufe der Zeit wurden die vermutete Begräbnisstätte und der übrige Raum eingeebnet und wieder neu bebaut. Dixon fand eine Doppelreihe von Gräben, die quer über das annähernd dreieckige Plateau des Hügels verlief.[233] Im ganzen Areal wurden viele Pfostenlöcher, Rinnen und Gruben gefunden. Wie die Häuser ausgesehen haben könnten, wird von Dixon nicht erwähnt. Er datiert allgemein die jungsteinzeitliche Phase von Crickley Hill zwischen 3500 und 2500 v. Chr. Anhand der Funde konnte nachgewiesen werden, dass die Menschen auf Crickley Hill viele Werkzeuge aus Feuerstein herstellten, der aus etwa 50 km Entfernung hierher gebracht werden musste.

Zu den Befestigungsanlagen kann mit Sicherheit gesagt werden, dass sie immer wieder aufgegeben und in verschiedenen Größen neu gebaut wurden. Alle Gräben wurden von 18 Brücken unterbrochen. Laut Dixon konnten 14 davon nicht zu der zentralen Anlage der Siedlung führen, weil an diesen Stellen keine Breschen in der Befestigung gefunden wurden.[234] Die Toreingänge wurden mit Türen verschlossen, wie Nachweise von Pfostenlöchern beweisen. In der Folgezeit wurde der Ort verlassen und wieder neu besiedelt. Wann das geschah, ist nicht bekannt, weil der Ausgräber dazu keine konkreten zeitlichen Angaben macht. Er beschreibt nur, wie die Gräben zugeschüttet und geleert worden sind. Außerdem macht er keine Angaben zu den Ausmaßen der Gräben, wie tief und breit sie waren und ob sie eine U- oder V-Form hatten. Zu irgendeinem Zeitpunkt der neolithischen Besiedlung bauten die Menschen am äußeren Graben eine 1 m hohe Steinmauer, die aber nicht lange bestehen blieb. Dann wurde sie niedergerissen. In der letzten neolithischen Phase des Ortes hatten die Bewohner von Crickley Hill einen neuen Graben ausgehoben. Dahinter bauten sie eine Steinmauer, auf der sich laut Dixon eine Zaunanlage befand. Die ganze Anlage wurde durch Zugänge unterbrochen, die mindestens 1 m breit waren. Diese Zugänge wurden mit hölzernen Türen geschlossen. Der neue Graben wurde aus dem Kalkstein des Hügels gehauen, was sicher ein schwieriges Unternehmen war. Auf die Frage, warum die Menschen einen neuen Graben anlegten und nicht den alten wieder aushoben, soll hier nicht eingegangen werden. Interessant sind die Überreste eines rechteckigen Hauses und einer gepflasterten Strasse aus der letzten Phase der neolithischen Besiedlung. Die Strasse führte in das zentrale Areal der Siedlung, das eine Fläche von 5000 m^2 hatte. Es wurden Plätze nachgewiesen, an denen Feuerstein bearbeitet wurde. Wie das Ganze ausgesehen hat, konnte aber nicht ermittelt werden, weil der bewohnte Teil der Siedlung nur teilweise ausgegraben wurde. Sicher scheint zu sein, dass diese Siedlung gewaltsam zerstört wurde. Es wurden viele blattförmige Pfeilspitzen in den Gräben, Wällen und Zugängen gefunden. Wahrscheinlich wurde die Siedlung angegriffen und brannte durch ein Feuer nieder. Spuren des Feuers fand man im Bereich des Hauses, der Wälle und der Toranlagen. Das Feuer war so stark, dass die Erde sich rötlich verfärbte. Weitere Informationen über die neolithische Besiedlung von Crickley Hill gibt es nicht. Dass der Hügel während der neolithischen Zeit von Gräben und Wällen umgeben war, scheint sicher zu sein. Wahrscheinlich umfassten sie am Anfang einen Kultplatz, später dann einen besiedelten Ort.

In Südengland sind durch Luftbildaufnahmen 1000 Höhenbefestigungen nach ihrer Form, Größe und Lage bekannt. Nur in wenigen dieser „befestigten“ Anlagen fanden Ausgrabungen satt. Dixon spricht von mindestens 50 Plätzen in Südengland, die am Anfang des letzten Jahrhunderts als Befestigungsanlagen angesehen wurden. Im Laufe der Jahre und durch Ausgrabungen hat es sich aber gezeigt, dass viele dieser Anlagen gar nicht bewohnt waren. Dixon nennt das Beispiel von Windmill Hill.[235] Hier wurden keine Überreste von Bauten gefunden. Deswegen wurde angenommen, dass solche Plätze zum Zusammentreiben der Tiere verwendet wurden. Reste von Tierknochen an vielen der Orte scheinen das zu bestätigen.

Zum Schluss kann mit Sicherheit gesagt werden, dass auch im neolithischen England Schutzmaßnahmen getroffen wurden. Obwohl es sich um eine rein landwirtschaftlich geprägte Gesellschaft handelte, wurde in dieser Zeit Großes geleistet.

Der Bau von Siedlungen, die von Gräben, Wällen oder Mauern umgeben wurden, zeigt einen großen Aufwand an Arbeitskräften und Baumaterial. Das Bild von den friedlichen neolithischen Bewohnern Südenglands kann so nicht mehr gehalten werden. Die Menschen versuchten Schutzmaßnahmen zu treffen, um Angriffe durch Aggressoren abwehren zu können, wie am Beispiel von Hambleton Hill gezeigt wurde. Es bleibt zu hoffen, dass neue Ausgrabungen weitere Informationen zu den neolithischen Befestigungsanlagen nicht nur in England, sondern in ganz Europa liefern, damit die kulturelle und wirtschaftliche Entwicklung dieser Zeit besser rekonstruiert werden kann.

[233] Ebd. 165f.
[234] Ebd. 167f.
[235] Ebd. 165f.

3. FRÜHBRONZEZEIT

Mit dem Beginn des 3. Jahrtausends v. Chr. ändert sich die Siedlungs- und Befestigungsstruktur im ägäischen Bereich. Dies ist durch zahlreiche Ausgrabungen während des letzten Jahrhunderts auf dem heutigen griechischen Festland, den ägäischen Inseln und im kleinasiatischen Raum bekannt. Nahezu täglich werden weitere Siedlungen entdeckt, die jedoch ebenso selten wie früher vollständig ausgegraben werden. Daher werden die Grenzen der prähistorischen Siedlungen nicht erfasst und somit bleiben auch ihre Befestigungsanlagen unbekannt, die ein wichtiger Bestandteil der Siedlungsorganisation und -planung waren. Glücklicherweise sind heute aber viele befestigte Siedlungen bekannt, so dass sich ein Bild der früheren Siedlungsformen im ägäischen Raum rekonstruieren lässt. Die Zahl der sog. befestigten Siedlungen nimmt während der Frühbronzezeit im Vergleich zur neolithischen Zeit und dem Übergang zur Bronzezeit erstaunlich zu.

In diesem Teil der Untersuchung werden die bekanntesten frühbronzezeitlichen Befestigungen im ägäischen Bereich vorgestellt: wie Skala Sotiros auf Thasos, Poliochni auf Lemnos, Thermi auf Lesbos, Emporio auf Chios, das Heraion auf Samos, Palamari auf Skyros, Kastri (Chalandriani) auf Syros, Panormos auf Naxos, Raphina, Kiapha Thiti und Askitario in Attika, sowie Ägina und Lerna auf der Peloponnes. Es scheint, dass in all diesen frühbronzezeitlichen Siedlungen planmäßig Wehranlagen errichtet wurden. Hinzu kommen noch zahlreiche weitere Siedlungen auf dem griechischen Festland und den Inseln, die durch ähnliche Anlagen geschützt wurden. Leider wurden sie häufig nicht in ihrer ganzen Ausdehnung ausgegraben und bei kompletter Erfassung konnten zudem keine baulichen Überreste nachgewiesen werden, weil sie im Laufe der Zeit überbaut oder zerstört wurden.

3.1. Attika

In **Palaia Kokkinia** in Piräus wurde durch den griechischen Archäologen Theocharis ein Graben nachgewiesen. Dieser hatte eine Breite von 3,25 m und war 1,45 m tief. Laut Theocharis wurde er in 9 m Entfernung von einer neolithischen oder frühbronzezeitlichen Hütte gefunden, im östlichen Bereich der Ausgrabung. Der Graben wurde nicht zur selben Zeit wie das Haus errichtet. Er verlief von Süden nach Norden. Wahrscheinlich wurde die prähistorische Siedlung auch durch eine Mauer geschützt, denn im Bereich des Grabens wurden viele große und kleine Steine entdeckt. Theocharis spricht von einem schwer überwindbaren Hindernis, das in gemeinschaftlicher Arbeit errichtet worden war. Der Boden hatte eine starke Neigung nach Osten, so dass der Graben im Fall eines Angriffs schwer zu überwinden gewesen wäre. Er kann aber auch als Schutz vor Überschwemmungen gedient haben, denn der Fluss Kifissos verläuft nicht weit von dieser prähistorischen Stelle entfernt. Theocharis bezeichnete den Graben als „*ὀχυρωματική τάφρος*“.[236]

Am Nordrand von **Koropi**, am Fuß des Hymettos, legte Kakavogianni im Bereich des eines heutigen Gesundheitszentrums eine frühbronzezeitliche Siedlung frei. Sie datierte die Siedlung in den Übergang von der späten FH II zum beginnenden FH III Zeit.[237] Kakavogianni konnte drei Siedlungsbauphasen unterscheiden und fand Reste von in Fischgrättechnik errichteten Gebäuden. Eine 15 m lange und 2,50 m breite gepflasterte Straße wurde ebenfalls entdeckt. 50 m nördlich dieser Straße fand die Archäologin einen 2,50 m tiefen Graben, der wahrscheinlich die prähistorische Siedlung begrenzte. Entweder schützte er die Siedlung vor Angriffen oder aber vor Naturgewalten.

Ebenfalls in Attika in **Zagani** bei Spata, am heutigen Flughafen Eleutherios Benizelos, wurde auf einem Hügel eine frühbronzezeitliche Siedlung entdeckt. Leider wurden große Teile dieses Hügels abgetragen, um die Sicherheit des Flughafens zu gewährleisten. Die Siedlung wurde von einer Umfassungsmauer mit einem Durchmesser von 70 bis 80 m begrenzt, die den gesamten Hügel umschlossen zu haben scheint. Das Ganze wird durch eine weitere Mauer in zwei Teile geteilt. Der eine Teil wird als Hof bezeichnet, da hier keine baulichen Überreste gefunden wurden. Im östlichen Teil fand man eine doppelte Gebäudereihe, die durch eine Straße getrennt wurde. Die nördliche Reihe der Gebäude war direkt an der Trennmauer der Siedlung errichtet. Die südliche Häuserreihe grenzte an die Umfassungsmauer an. Die Siedlung besaß mindestens eine große Toranlage, die von Türmen flankiert wurde. Zagani wird in FH I datiert.[238]

Ein anderer Ort in Attika, der eventuell Reste von Befestigungsanlagen besitzt, befindet sich in **Perachora** in der Nähe des Sees von Vouliagmeni. Fossey berichtet

[236] D. Theocharis, *Ανασκαφή εν Παλαιά Κοκκινιά Πειραιώς*, Prakt, 1951, 93-127. Hier 98f. Abb. 5, Taf. 2.

[237] O. Kakavogianni, *Ο πρωτοελλαδικός οικισμός στο Κορωπί και η μελέτη της πρωτοελλαδικής Αττικής*, in: P. I. Philippou-Angelou (Hrsg.), *Πρακτικά Γ΄ Επιστημονικής Συνάντησης ΝΑ Αττικής. Καλύβια Αττικής* 5-8 Νοεμβρίου 1987 (1988), 321-329. Hier 323f.

[238] G. Steinhauer, *Δύο οικισμοί στα Μεσόγεια, Μεσόγεια. Ιστορία και πολιτισμός των Μεσογείων Αττικής* (2001), 28–34.

über zwei zeitlich aufeinanderfolgende Befestigungsmauern. Es handelt sich bei der älteren um eine gekrümmte Mauer, die als Umfassungsmauer verstanden wurde. Sie wurde während der FH I Zeit errichtet.[239] Leider macht der Ausgräber keine weiteren Angaben zu dieser Umfassungsmauer. Die zweite Mauer war eine langgestreckte Erdaufschüttung, die mit Steinen verkleidet war. Sie hatte eine Höhe von 2 m. Laut Fossey diente sie zur Verteidigung oder sollte die Siedlung vor Hochwasser schützen.[240] Diese Anlage soll zur Zeit des Übergangs von FH I zu FH II entstanden und somit zeitgleich mit der Befestigung in Lerna sein.

Im Jahr 1954 wurde von der American School of Classical Studies in Athen in **Megalo Rimbari** in Süd Attika bei Laurion eine endneolithische chalkolithische Befestigungsanlage entdeckt.[241] Laurion liegt zwischen Sounion im Süden, dem Plakaberg bei Keratea im Norden, der Legrenafalte im Westen und Thorikos im Osten. Das ganze Gebiet erstreckt sich über 80 km^2.[242] Es ist der bekannteste Ort der Antike, an dem Bergbau betrieben wurde. Die Frage, ob Laurion schon ab neolithischer Zeit und später während der Frühbronzezeit als Rohstoffquelle genutzt wurde, ist umstritten. Es fehlen bisher noch archäologische oder montanarchäologische Untersuchungen, obwohl schon viel über den Bergbau in Laurion veröffentlicht wurde.[243] Im Gegensatz dazu konnte in Thorikos östlich von Laurion der Bergbau schon in frühhelladischer Zeit (3. Jahrtausend v. Chr.) nachgewiesen werden. Dass die Gegend von Laurion sehr früh besiedelt wurde, gilt heute als sicher. Frühe Spuren menschlicher Besiedlung wurden in einer Höhle des Hügels Kitsos bei Kamariza, westlich von Thorikos gefunden. Anhand dieses Befundes konnte eine Ansiedlung schon im Neolithikum bestätigt werden.

Die Mauer auf Rimbari wurde nach 1954 erst wieder im Jahr 1966 und dann 1982 erwähnt.[244] In älteren topographischen Karten von Attika und Laurion wurde die Ortschaft mit ihrer vermuteten Befestigungsanlage ausgelassen.[245] Es wurde angenommen, dass die Mauer während der Befreiungskriege der Griechen gegen die Türken errichtet wurde. Erst im Jahr 1984 besuchte Lohmann Megalo Rimbari mit dem Ziel, den Ort zu untersuchen. Ihm zufolge wurde im Jahr 1992 der Ort vermessen und im Zuge einer Überfliegung attischer Festungen und Wehranlagen in mehreren Schräg- und Senkrechtaufnahmen dokumentiert.[246] Die vermutete Wehrmauer befindet sich auf der Rimbari Bergkette. Es handelt sich dabei um ein relativ flaches Plateau, das im Süden, Osten, Nordosten und Norden von einer Steilklippe begrenzt wird.[247] Die Mauer hat eine Länge von 145 m. Sie beginnt an der Steilklippe im Osten und wendet sich nach Nordwesten. Dann verlagert sie durch eine 45 m lange Biegung ihre Richtung nach Südwest, bis sie an einem Felsabbruch endet (Taf. 23,1). Diese Biegung besteht aus großen Steinen, ist aber durch die Erosion stark beschädigt. Der Teil der Mauer, der vom Osten nach Norden verlief, hat eine Länge von 60 m. Der auf die Biegung der Mauer folgende, nach Südwesten gerichtete Teil ist 40 m lang. Im Vergleich zu den anderen Bereichen sind der südwestliche Abschnitt der Mauer und ihr Verlauf nur durch größere Steinblöcke sichtbar bzw. durch dreieckige Steinblöcke, die nach Meinung von Lohmann an spätantike Hirtenlager erinnern.[248]

Die Mauer scheint zweischalig zu sein und besteht aus großen und kleinen unbearbeiteten Steinen lokaler Herkunft. Es handelt sich überwiegend um Kalkstein und Schiefer. Das Baumaterial war möglicherweise durch Lehm miteinander verbunden. Laut Lohmann wurde der Lehm mit der Zeit ausgewaschen oder in Humus verwandelt.[249] Die Mauer hatte angeblich eine Breite von 1,60 bis 2,20 m, und an einer besser erhaltenen Stelle erreichte sie eine Höhe von über 2 m. Ob die Mauer noch von einer Lehmziegelmauer bekrönt wurde, konnte nicht festgestellt werden. Lohmann hält eine solche Mauer für ausgeschlossen und begründet seine These mit dem geringen Fundament der Mauer in Rimbari. Wie Eliot nimmt Lohmann an, dass die Wehrmauer eine einfache Brustwehr mit mäßigem fortifikatorischem Wert gewesen sein könnte.[250] Dazu muss gesagt werden, dass keine

---

[239] J. M. Fossey, Prehistoric Settlement by Lake Vouliagmeni, Perachora, BSA 64, 1969, 53-69. Abb. 1.

[240] Ebd. Taf. 16b.

[241] C. W. J. Eliot (1962), 118f.

[242] H. Lohmann, G. Weisgerber, G. Kalaitzoglou, Ein endneolithisches Wehrdorf auf dem Megalo Rimbari (Attika) und verwandte Anlagen. Ein Beitrag zur Siedlungsarchäologie des endneolithischen Attika (Taf. 1-12) in: Boreas, Münstersche Beiträge zur Archäologie. H. Brandenburg, D. Korol, D. Salzmann, K. Stähler, H. Wiegartz (Hrsg.), 25, 2002, 1–48.

[243] Ebd. 3 mit ausführlicher Literatur.

[244] J. R. McCredie, Fortified Military Camps in Attika, 11. Suppl. Hesperia 1966, 75ff. Abb. 14 Taf. 15a-b. Zum selben Thema siehe auch H. Kalcyk, Untersuchungen zum attischen Silberbergbau (1982), 66f. Anm. 1 Abb. 8 Karte 9.

[245] Ebd. 7f. Anm. 38 und 39.

[246] Ebd. 7f. Abb. 1-3; Taf. 3, 1.2. Die Untersuchungen und die Luftaufnahmen wurden von der deutschen Forschungsgemeinschaft im Rahmen des Projektes „Attische Festungen" und der Fritz-Thyssen-Stiftung Köln in Zusammenarbeit mit dem griechischen Kultusministerium und den griechischen Luftfahrtbehörden durchgeführt.

[247] Ebd. 8ff.

[248] Ebd. 10f.

[249] Ebd. 10f.

[250] Ebd. Dieser Ansicht war auch C.W.J. Eliot (1962)

Tore, Bastionen oder Türme gefunden wurden. Ein von Kalcyk vermuteter Zugang am nördlichen Abschnitt der Mauer konnte nicht nachgewiesen werden.[251] Die Konstruktionsweise der Mauer ist sehr einfach, und man kann nicht von einer qualitätvollen Bauweise und von einem einheitlichen Bild der Mauer sprechen. Dennoch spricht Lohmann von einer Mauer mit fortifikatorischem Charakter, der sich in ihrer Breite, der Wahl des Platzes und der Einbeziehung der steilen Klippen zeigt.[252]

Die Mauer umschließt ein Gebiet von 5200 m^2. Ob das Gelände innerhalb der Mauer besiedelt war, ist heute schwer festzustellen. Man fand nur wenige architektonische Reste von kurvolinearen Hütten mit einfachen Wänden. Es handelt sich wahrscheinlich um sechs Häuser oder Hütten. Nur bei Haus 5 wurden Überreste einer zweischaligen Mauer entdeckt. Gebäudereste wurden auch noch auf der höchsten Stelle des Plateaus gefunden. Wichtig ist aber die an dieser Stelle gefundene Keramik. Es handelt sich um chalkolithische Keramik, die Anhaltspunkte für eine mögliche Datierung der sog. Wehrmauer auf dem Megalo Rimbari gibt.[253] Obwohl Lohmann die Mauer durch diese Keramik in die chalkolithische Zeit einordnet, ist die Datierung nicht gesichert. Er schlägt vor, dass für die zeitliche Einordnung der Wehrmauer Ausgrabungen entlang der Mauer durchgeführt werden sollten. Im Laufe der Zeit hat sich dort nämlich eine große Menge Erde angesammelt. In dieser Erdanhäufung hinter der Mauer werden von Lohmann viele prähistorische Scherben vermutet, die deutlichere Hinweise für eine Datierung der Mauer geben könnten. Bezüglich der von ihm vorgeschlagenen Datierung äußerten einige Forscher Zweifel. Wie schon erwähnt, wird teilweise angenommen, dass die Mauer aus den Befreiungskriegen stammt. McCredie vermutete dagegen anhand einer Quelle von Xenophon, dass Rimbari eine Fluchtburg für Bergarbeiter gewesen sein könnte.[254] Xenophon berichtete nämlich über die Errichtung einer solchen auf dem höchsten Punkt von Besa.[255] Technisch gesehen hat die Mauer auf dem Megalo Rimbari nichts mit den späteren klassischen Anlagen zu tun. Nach Lohmann wurden hinter der Mauer viele prähistorische Scherben gefunden, und es wurden keine Baumaterialien aus den prähistorischen Gruben für die Errichtung der Anlage verwendet. Er vergleicht die Mauer mit derjenigen von Kiapha Thiti, die den Hügel in ähnlicher Weise umschließt.[256] Aus welchem Grund nun die Mauer in Megalo Rimbari errichtet wurde, konnte nicht festgestellt werden. Die baulichen Überreste innerhalb der Befestigungsanlage sind sehr spärlich. Es kann nicht mit Sicherheit gesagt werden, dass dort eine endneolithische oder chalkolithische Siedlung existierte, obwohl prähistorische Keramik gefunden wurde. Ob die Mauer die frühen Bergarbeiter schützen sollte, ist unbekannt. Aus den Untersuchungen hat sich kein Hinweis auf metallurgische Aktivitäten auf dem Megalo Rimbari während der endneolithischen, chalkolithischen und der Frühbronzezeit ergeben. Die meisten Gruben stammen aus späteren Zeiten. Zusammenfassend lässt sich kein eindeutiges Bild bezüglich der vermuteten Befestigungsanlage und der Siedlung auf Rimbari rekonstruieren. Möglicherweise bestand irgendeine Art von Beziehung zwischen dieser Siedlung, der Kitsos Höhle am Mikro Rimbari und der prähistorischen Ansiedlung in diesem Gebiet, was sich momentan aber nicht nachweisen lässt.[257] Wenn der Vorschlag von Lohmann, eine Ausgrabung hinter der Mauer durchzuführen, irgendwann realisiert wird, könnte dies ein besseres Bild von der „Befestigungsanlage" und ihrer Funktion ergeben.

Im Rahmen des Projektes „Attische Festungen" wurden noch weitere Anlagen genauer lokalisiert. Eine davon befindet sich bei **Keramoti** in Attika. Es handelt sich um einen vermutlich chalkolithischen Ringwall, der in der Nähe von Kiapha Thiti von Langdon entdeckt wurde.[258] Lohmann erwähnt auch eine andere mögliche Anlage in Thorikos am Osthang des **Valatouri**.[259] In der neolithischen Schicht wurden dort große Steinblöcke gefunden, die an die Mauer von Kiapha Thiti erinnern. Diese Steine wurden direkt auf dem gewachsenen Boden errichtet. Die prähistorische Siedlung wird von Spitaels nördlich von diesen architektonischen Überresten vermutet, wo er zahlreiche prähistorische Keramik fand. Wegen jener und aufgrund der Geomorphologie des steilen Valatouri nahm er an, dass an dieser Stelle eine befestigte Siedlung existierte.[260]

Nahe der Ortschaft Etosi bei **Pikermi** wurde eine Mauer nachgewiesen, die ebenfalls von einer Befestigungsanlage stammen könnte. Die Topographie

118f.

[251] H. Kalcyk (1982), 67f. Karte 9.

[252] Ebd. 10f.

[253] Es handelt sich überwiegend um zahlreiche Obsidianabschläge, eine Pfeilspitze aus Obsidian, ein Reibsteinfragment und ein Bruchstück einer Lochtenne.

[254] McCredie (1966), 77f.

[255] Xenophon, Poroi 4, 43.

[256] H. Lohmann, G. Weisgerber, G. Kalaizoglou (2002), 12f. Dazu muss erwähnt werden, dass in Kiapha Thiti nur 10 m der endneolithische chalkolithische Mauer gefunden wurden.

[257] Ebd. 13f.

[258] Ebd.

[259] Ebd.

[260] P. Spitaels, Final Neolithik Pottery from Thorikos, in: P. Spitaels (Hrsg.), Studies in South Attica I (1982), 8–44.

des Ortes erinnert an Megalo Rimbari und Kiapha Thiti. Sie hat eine Breite von 1,30 bis 1,60 m. Ihre Höhe beträgt 1,50 m. Sie ist zweischalig gebaut und besteht aus Kalkstein. Der Verlauf der Mauer auf dem dreieckigen Geländeplateau ist bogenförmig. Die für die Datierung wichtigen keramischen Funde sind sehr spärlich. Außer einigen endneolithischen und chalkolithischen Scherben und Obsidian wurde nichts gefunden. Lohmann vermutete aufgrund des Erhaltungszustands und der Bauweise, dass die Mauer nicht antik ist.[261]

Eine andere mögliche frühhelladische Befestigungsanlage wurde in der Ortschaft **Plasi** in Marathon ausgegraben. Aus der gefundenen Keramik und den architektonischen Überresten ging hervor, dass Plasi schon in prähistorischer Zeit bewohnt war. Der Ausgräber Mastrokostas fand unter der Leitung von Marinatos an der Nordseite der Siedlung Teile einer Umfassungsmauer, die wahrscheinlich einen fortifikatorischen Charakter hatte. Sie hatte eine Breite von 2,30 m und bestand aus kleinen und mittelgroßen Steinen. An dieser Nordseite fand Mastrokostas ein Tor und einen kleinen rechteckigen Turm. Der Turm hatte eine Länge von 2,40 m. Seine Mauerteile hatten eine Breite von 0,80 bis 0,90 m. Die Mauer in Plasi war noch in einer Höhe von 1 m erhalten. Weitere Teile dieser Anlage wurden nicht gefunden. Entweder wurden sie im Laufe der Zeit zerstört oder überbaut.[262] Ob diese vermutete Befestigungsanlage in Plasi tatsächlich frühhelladisch ist, bleibt fraglich.

3.2. Peloponnes

Auf der Peloponnes und besonders in **Tiryns** wurden architektonische Überreste gefunden, die auf fortifikatorische Gemeinschaftswerke hinweisen. Es handelt sich um architektonische Reste in der Unterburg und den bekannten Rundbau in der Oberburg von Tiryns. In der Westhälfte der Unterburg, östlich von Bau I, wurden bauliche Überreste und Funde aus der Frühbronzezeit gefunden. Das Grabungsgebiet liegt parallel zur spätbronzezeitlichen Befestigung. Die Ausgräber konnten drei Siedlungsphasen aus FH II und eine Grube aus FH III feststellen. Für diese Arbeit interessant ist die zweite Phase von FH II, aus der zwei zum Hang parallel verlaufende Mauern aus Lehmziegeln stammen. Beide Mauern hatten einen breiten Querriegel. Es wurde angenommen, dass sie Teil einer den Hang stützenden Konstruktion oder einer Befestigungsanlage waren.[263] Diese Annahme wurde mit den Ausgrabungen von 1977 widerlegt. Man fand heraus, dass es sich um einen Teil der Ostwand eines nach Westen orientierten Raumkomplexes mit einer Feuerstelle handeln muss.[264]

Problematisch bleibt auch die Funktion und Deutung des sog. Rundbaus in der Oberburg von Tiryns. Während die Rekonstruktion und Deutung von Müller und Dragendorff nicht zufriedenstellend war, brachten die Ausgrabungen von 1984–85 neue wichtige Ergebnisse und lieferten den Anlaß für weitere Untersuchungen.[265] Haider schlug eine andere Interpretation für den Rundbau vor, nämlich ein Gebäude in der Art der frühhelladischen Korridorhäuser, aber in Rundform.[266] Nach Kilian muss die Rekonstruktion von Haider aber verändert und korrigiert werden.[267] Das Gebäude besteht aus einem terrassenartigen Unterbau, der die Umfangslinie oder den Rand des Rundbaus bildet. Innerhalb dieses Kreises wurden die Reste einer kreisförmigen Mauer aus Stein gefunden. Sie hat einen Durchmesser von 28 m. Direkt an dieser Mauer waren 44 Vorsprünge in Hufeisenform errichtet. Innerhalb befanden sich noch zwei weitere konzentrische Mauern, deren Sockel aus Stein waren. Beide werden durch radial verbundende Mauern unterteilt. Die Räume zwischen diesen Mauern wurden von Haider als Korridore gesehen. Kilian konnte

[261] H. Lohmann, G. Weisgerber, G. Kalaitzoglou (2002) 15f. Andere eventuelle prähistorische Befestigungsanlagen laut H. Lohmann könnten folgende sein: Ovriokastro bei Kerateas, der Ringwall oberhalb von Kato Suli, der Ringwall auf dem Gipfel des Merenda.

[262] E. Mastrokostas, *Προϊστορική Ακρόπολις εν Μαραθώνι* AAA 3, 1970, 15ff. Abb. 1. Mehr Informationen über die archäologische Forschung in Ortschaft von Marathon erwähnt P. Themelis, *Μαραθών: Τα πρόσφατα αρχαιολογικά ευρήματα σε σχέση με τη μάχη*, ADelt 29, 1974, 226-244. Zusammenfassend beschreibt er die frühbronzezeitliche Siedlung von Trikorynthos, die eventuell eine Küstensiedlung war und die schon erwähnte Siedlung von Plasi, die möglicherweise durch eine Befestigung mit Türmen umschlossen wurde.

[263] W. Voigtländer, Die Ergebnisse in den Quadranten IV2 und im nördlichen Teil des Quadranten V2, in: M. Korfmann (Hrsg.), Tiryns IX, Forschungen und Berichte (1980), 89–117.

[264] K. Kilian et al., Ausgrabungen in Tiryns 1977, AA, 1979, 379–458. Zum Raumkomplex siehe 408-409.

[265] H. Dragendorff, Vorbericht über die Grabungen 1913, AM 38, 1913, 329–354; K. Müller, Tiryns. Vorbericht über die Grabungen 1905–1912, AM 28, 1913, 78–91: 86–88. K. Müller - H. Sulze, Tiryns III, Die Architektur der Burg und des Palastes (1930), 80–88. Zusammenfassend W. Voigtländer, in: U. Jantzen (Hrsg.), Führer durch Tiryns (1975), 77–79.

[266] P. Haider, Zum frühhelladischen Rundbau in Tiryns, in: Forschungen und Funde: Festschrift Bernhard Neutsch, Innsbrucker Beiträge zur Kulturwissenschaft, 21 (1980), 157–172.

[267] K. Kilian, The circular building at Tiryns, in: R. Hägg – D. Konsola (Hrsg.), Early Helladic architecture and urbanisation. Proceedings of a seminar held at the Swedish Institute in Athens, June 8, 1985, SIMA 76 (1986), 65-71.

beweisen, dass die radialen Mauern in regelmäßigen Abständen auf die konzentrischen Mauern treffen, wodurch 15 Abschnitte entstehen. Kilian betrachtete diese Abschnitte als kleine Räume, die vom Obergeschoss aus durch hölzerne Leitern zu betreten waren. Reste von Steintreppen wurden nicht gefunden. Der Boden dieser Räume war mit einer Steinpflasterung und einer Lehmschicht bedeckt. Der zentrale Innenraum der Konstruktion hatte einen Durchmesser von 10 m, und sein Unterbau war sehr massiv gebaut. Reste von Trennmauern wurden nicht gefunden. Wie für die Korridorhäuser wird auch für den Rundbau angenommen, dass er mindestens ein Obergeschoss besaß. Da die äußere Mauer der Baukonstruktion sehr massiv ist, wird die Existenz von Räumen in einem weiteren Stockwerk über der mächtigen Außenmauer vermutet. Für die Dachkonstruktion wird eine flache oder leicht geneigte Form angenommen.[268]

Über die Funktion des Gebäudes wurde viel spekuliert. Kilian äußerte die Vermutung, dass der Rundbau von Tiryns ein Getreidespeicher gewesen ist, wofür nach ihm die gut isolierten kleinen Räume und die massive Außenmauer sprechen, die einen starken Druck aushalten konnte.[269] Er begründet seine Meinung mit einem Tonmodell aus Melos und Getreidespeichern in Eutresis und Orchomenos. Vergleichbar ist auch der Getreidespeicher in Khirbet Kerah in Anatolien, der aber einen anderen Grundriss hat, und der Rundbau von Tepe Gawra in Syrien, der dem Rundbau in Tiryns in vielen technischen Details ähnelt. Haider sprach sich für eine Multifunktionalität der Baukonstruktion aus und schlug eine ähnliche Funktion vor wie für die Korridorhäuser.[270] Themelis und Wiencke unterstützten die Meinung von Haider.[271] Höckmann gab dem Rundbau eine religiöse Funktion. Als Beispiel nimmt er das schon erwähnte Tonmodell aus Melos und Heiligtümer in Khirbet Kerah, Engedi und Megiddo Avi Yonahs.[272] Maran betont dagegen die Multifunktionalität des Rundbaus von Tiryns. Er nimmt an, dass in diesem Bau verschiedene Produkte und wertvolle Objekte gelagert wurden. Außerdem soll der Rundbau fortifikatorischen Zwecken gedient haben.[273] Maran vergleicht den Rundbau mit ähnlichen Formen aus Tell Razuk in der Harmin Ebene in Nordirak aus der frühdynastischen Zeit und mit Wachtürmen aus dem Jordantal.[274] Für die fortifikatorische Funktion des Gebäudes könnte auch seine Lage von Bedeutung sein. Der Rundbau ist auf der höchsten Stelle des Burgfelsens von Tiryns errichtet. Von hier aus konnte die ganze Ebene kontrolliert und im Fall eines Angriffs Verteidigungsmaßnahmen getroffen werden. Die Deutung der Einrichtung ist sehr schwierig, weil keine Funde innerhalb des Gebäudes gemacht wurden, die auf seine Funktion hinweisen könnten. Die bisher für die Frühbronzezeit einmalige Baukonstruktion auf der Peloponnes und überhaupt auf dem griechischen Festland wird in die fortgeschrittene FH II datiert. Das Gebäude wurde vor der Übergangsphase zu FH III Zeit zerstört.

3.3. Mittelgriechenland

In Mittelgriechenland/Boiotien ist das frühhelladische **Theben A** zu erwähnen. Im Jahr 1982 fand Aravantinos auf dem Metropolis Grundstück an der Ecke Oidipodos-Pelopidou ein Gebäude, das zu den Korridorhäusern aus FH II gehören könnte. Der Bau hat viele Ähnlichkeiten mit zwei Gebäuden in Lerna (Haus der Ziegel) auf der Peloponnes und Ägina (sog. weißes Haus). In der Literatur ist es als „*fortified building*" bekannt.[275] Es handelt sich um eine langrechteckige Baukonstruktion, die aus vier hintereinander liegenden Räumen besteht. An seiner nördlichen Längsseite gibt es noch einen kleinen Raum. Der Bau ist von Ost nach West orientiert und wurde anhand der keramischen Funde in FH II datiert. Aus dem rückwärtigen oder östlichen Raum des Gebäudes konnte man durch eine Tür zu einer mit Kies gepflasterten Straße gelangen. Neben dieser Straße befindet sich eine Mauer, die als Befestigungsmauer verstanden wurde. Sie befindet sich 3 m östlich des „*fortified building*" auf der anderen Seite der gepflasterten Straße. Die Mauer hat eine Länge von 9,30 m. Anhand der Keramik zeigte sich, dass die Mauer in derselben Zeit wie das „befestigte Haus" entstanden ist. Von der Mauer ist nur der Unterbau aus Stein mit einem Lehmziegelaufbau erhalten. Ihre Außenseite hat noch eine Höhe von 2 m. Aravantinos nahm an, dass der Oberbau aus Lehmziegel eine Höhe von 1 bis 2 m erreichte. Die Mauer war in ihrer unteren Hälfte 1,80 m breit. Weiter oben erreichte sie eine Breite von 1,65 m.

[268] Zusammen mit den Lehmziegeln wurden auch eingebettete Dachziegel gefunden.

[269] Anm. 211.

[270] Anm. 212.

[271] P. Themelis, Early Helladic monumental architecture, AM 99, 1984, 335–351. Dazu auch M. H. Wiencke, Change in Early Helladic II, AJA 93, 1989, 495–509.

[272] O. Höckmann, Zu den kykladischen Gebäudemodell von Melos, IstMitt 25, 1975, 269–299.

[273] J. Maran (1998), 197ff.

[274] Ebd.

[275] V. Aravantinos, *Θήβα*, ADelt 37, 1982, B΄1 Chronika, 165–167. Zu den „*Fortified Building*", siehe auch, V. Aravantinos, The EH II Fortified Building at Thebes: Some Notes on its Architecture. in: R. Hägg - D. Konsola (Hrsg.), Early Helladic architecture and urbanisation Proceedings of a seminar held at the Swedish Institute in Athens, June 8, 1985, SIMA 76 (1986), 57-63.

Der Unterbau besteht aus mittelgroßen Kalksteinblöcken, die horizontal in etwa sechs paralelle Reihen gelegt wurde. Fischgrättechnik wurde dabei nicht festgestellt. Laut Aravantinos sollen die Steine vom Unterbau bearbeitet worden sein.[276] Weitere Angaben über diese Mauer sind nicht bekannt. Es bleibt fraglich, ob sie nur das „befestigte" Korridorhaus umfasste oder die ganze frühbronzezeitliche Siedlung. Es ist im heutigen Theben sehr schwierig durch Ausgrabungen umfassende Ergebnisse zu erhalten, da durch Bauaktivitäten viel zerstört wurde bzw. nicht mehr zugänglich ist.

3.4. Euboia

In **Manika** auf Euboia wird eine Befestigungsanlage oder Umfassungsmauer der Siedlung vermutet. 5 km südlich von Chalkis wurde eine frühbronzezeitliche Nekropole entdeckt, die zu Manika gehörte. Die Siedlung wurde erst im Jahr 1955 von Theocharis lokalisiert.[277] Obwohl Sampson entlang der Straße Chalkis – Psachna mehrere frühbronzezeitliche Bauten gefunden hatte, die weit von der Halbinsel der prähistorischen Siedlung entfernt waren, wurde angenommen, dass außer Manika noch eine andere Siedlung in diesem Gebiet existierte. Spätere Untersuchungen ergaben aber, dass es sich nicht um zwei verschiedene Siedlungen handelte, sondern nur um eine, dafür aber eine sehr große. Es wird angenommen, dass Manika eine Ausdehnung von insgesamt 80 ha hatte.[278] Im Westen wird sie vom Meer begrenzt. Im Osten dehnt sich die Siedlung bis an die Straße Chalkis – Artaki aus. In diesem östlichen Bereich der Siedlung wurde von E. Sapouna - Sakellarakis auf dem Grundstück von Zousi ein Gebäudekomplex entdeckt, der aus 19 Mauerzügen (T1-T19) besteht. In dieser Ausgrabungsfläche wurde auch die „Befestigungsmauer" oder Umfassungsmauer von Manika gefunden. Die Mauer ist aus Steinen aus der Umgebung gebaut und weist auf keine besondere Mauertechnik hin. Sie hat eine Breite von 1 bis 1,80 m und ist von Südosten nach Nordwesten orientiert (Taf. 74b). Die Mauer wird in FH II datiert. Teile einer ähnlichen Mauer wurden auf der Halbinsel von Manika gefunden. Sapouna - Sakellarakis sieht beide Mauerzüge als Begrenzungsmauern der Siedlung oder als Schutzmaßnahmen gegen den heftigen Nordwind. Sie äußert noch die Vermutung, dass diese Mauerzüge die prähistorischen Grundstücke in Manika teilten.[279]

Ein anderer wichtiger Ort auf Euboia scheint der Hügel von **Palaiochora** (Palaiokastro oder Gerani) zu sein. Er befindet sich direkt am Meer, 2 km östlich von Batheia und 10 km östlich von Eretria an der Straße, die nach Aliveri führt. Es wird angenommen, dass der Ort das antike Amarynthos gewesen ist. Auf dem Hügel wurden keine systematischen Ausgrabungen durchgeführt. Anhand der Oberflächenfunde wurde herausgefunden, dass der Ort in der Ebene von Eretria von neolithischer Zeit bis in byzantinische Zeit besiedelt wurde. Da auf dem Hügel immer wieder gebaut wurde, konnte seine gesamte Fläche nicht untersucht werden. Nur die Spitze des Hügels sowie seine östliche und nördliche Seite waren geeignet für archäologische Untersuchungen. Parlama fand im Jahr 1979 viele Oberflächenfunde, v. a. Keramik, und führte Ausgrabungen an der östlichen Seite des Hügels durch. Sie fand zahlreiche Keramik und Reste von Gebäuden.[280] 1988/89 führte Sapouna–Sakellarakis an der südwestlichen Seite des Hügels eine Ausgrabung durch und deckte architektonische Elemente einer frühbronzezeitlichen Siedlung (FH I bis FH III) auf, die von mittelhelladischen Resten überdeckt waren. Anhand der Reste konnten keine Grundrisse von Häusern rekonstruiert werden.[281] Parlama fand außer den Überresten von vermutlich zwei Häusern an der südwestlichen Seite vom Schnitt A in einer Tiefe von 1,50 bis 1,70 m die Reste einer 1,05 m breiten Mauer. Diese bestand aus vielen kleinen Steinen, die sehr dicht nebeneinander gesetzt wurden. Es wird angenommen, dass die Mauer Teil einer Befestigungsmauer oder Umfassungsmauer der Siedlung gewesen sei. Um Beweise dafür zu erhalten, muss die Ausgrabung nach Süden ausgeweitet werden.[282]

3.5. Thessalien

In Thessalien wurden auf der **Pefkakia Magula**, die sich in der Bucht von Volos befindet und wahrscheinlich in der Bronzezeit eine Insel und nur durch einen kleinen Landstreifen erreichbar war, architektonische Reste einer mächtigen Befestigungsanlage gefunden. Unter der Leitung von Milojčić wurde in den Jahren 1967-1973 und

[276] Ebd. 61f.

[277] D. Theocharis, *Εκ της προϊστορίας της Εύβοιας και της Σκύρου*, ArchEubMel 6, 1959, 292ff. und 306f.

[278] J. L. Davis, Review of Aegean Prehistory I: The Islands of the Aegean, AJA 96, 1992, 699–756. Für die Erstreckung der Siedlung. 717f.

[279] E. Sapouna – Sakellarakis, *Μάνικα Χαλκίδας. Στρωματογραφική έρευνα στον οικισμό (Οικόπεδο Ζούση)*, ADelt 41, A΄ Meletai, 1986, 101–270. Für die Befestigungsanlage in der FH II, 134f. dies., *Μάνικα*, ADelt 45, 1990, B΄ 1 Chronika, 156-160. Dazu auch A. Sampson, Manika II. An Early Helladic settlement and cemetery (1988).

[280] L. Parlama, *Μικρή ανασκαφική έρευνα στον προϊστορικό λόφο του Αμάρυνθου (Εύβοια)*, AAA 12, 1979, 3–14.

[281] E. Sapouna – Sakellarakis, *Έρευνα στην προϊστορική Αμάρυνθο και στη Μαγούλα Ερετρίας*, ArchEubMel 28, 1988–89, 91–104.

[282] Ebd. 8ff.

1976-1977 in den Ablagerungen der Grabungsareale E-F VIII eine gebogene zweischalige Mauer mit einer Stärke von 1,50 m aufgedeckt.[283] Wahrscheinlich wurde die Mauer von einer Bastion flankiert, genauer von den Überresten einer dahinter liegenden großen Baukonstruktion, die als Bastion 484 in der Literatur bekannt ist. Nach Meinung von Christmann hatte die Befestigungsmauer (M 383) eine Stärke von 1,20 – 1,30 m und lief parallel zur nordöstlich – südwestlichen Seite der sog. Bastion.[284] Die Befestigungsmauer war, wie auch die Bastion 484, zweischalig und aus großen Steinblöcken gebaut. Der Zwischenraum war mit kleinen Steinen und Erde verfüllt. An einer Stelle (N-Profil bei Qu. E VIII 29) war diese noch in einer Höhe von 1,60 m erhalten. Die Mauer war direkt auf der Erde errichtet. Auch die Bastion bestand aus großen massiven Steinblöcken, teilweise mit einer Länge von 1 m. Die Außenseite des Bauwerkes erreichte im nordöstlich – südwestlichen Bereich eine Länge von 5 m. Die nordwestlich – südöstliche Seite der Bastion konnte auf einer Länge von 2 m untersucht werden. Ihre südwestlich – nordöstliche Seite wurde auf einer Länge von 5,20 m untersucht. Es handelt sich um ein fast rechteckiges Bauwerk ohne Innenraum. Es wurde angenommen, dass diese Baukonstruktion der Rest einer Bastion oder die Ecke einer Befestigungsmauer war, die wegen ihrer massiven Konstruktion wahrscheinlich einen fortifikatorischen Charakter hatte. Laut Christmann gehört die vermutetete Befestigungsmauer mit der Bastion zeitlich nicht in die FH III Periode von Pefkakia Magula, sondern in der FH I Zeit und nicht in die Rachmani- und Diminizeit, wie es von Milojčić vermutet wurde.[285] Die Datierung erfolgte anhand der Keramik und den Tellern aus Schicht 3 mit nach außen geneigtem Mündungsrand. Damit wäre die befestigte Anlage in Pefkakia Magula älter als die Anlagen von Syros und Lerna III.[286]

Die Siedlung **Argissa Magula** am Ufer des Flusses Peneios in Thessalien, war auch in der Frühbronzezeit von Gräben umringt.[287] Aus der Frühbronzezeit wurden architektonische Reste gefunden, zu denen drei Gräben gehören, die in einer Länge von 18 m untersucht wurden. Milojčić bezeichnete sie als „Verteidigungsgräben".[288] Es handelt sich um die Gräben 1, 2/3 und 5, die alle bogenförmig von Westen nach Osten und mehr oder weniger parallel zueinander verlaufen. Graben 4, der in neolithische Zeit datiert wurde, verläuft bogenförmig von Nordwesten nach Süden.[289] Es zeigte sich, dass das bewohnte Areal in neolithischer Zeit westlich der Grabungsfläche in der Frühbronzezeit südlich davon lag. Wie schon erwähnt wurden alle Bereiche im Laufe der Zeit vollständig vom Peneios abgetragen.

Graben 1 verlief 2 m südlich von und fast parallel zu Graben 2/3. Er bildete einen engeren Bogen und konnte auf einer Länge von 18 m verfolgt werden. Es wurde angenommen, dass er eine Breite von 3 m hatte, seine Tiefe konnte nicht festgestellt werden.[290]

Der Graben 2/3 war ein Spitzgraben mit steilen Böschungswänden. Seine Breite variiert zwischen 4 und 5 m. Er war 2,50 m tief.[291]

Graben 5 hatte auch steile Böschungswände, aber eine flache breite Sohle. Er wurde angelegt, nachdem die Gräben 1 und 2/3 schon lange zugeschüttet waren.[292] Die Sohle hat eine Breite von 1,60 m und die Tiefe des Grabens beträgt 1,80 m. Laut Milojčić und Hanschmann erreichte die obere Breite des Grabens 2,40 m. Im Vergleich zu den anderen Gräben hatte Graben 5 geringere Ausmaße.[293] Graben 5 war der jüngste, da er die anderen schneidet, und Graben 2/3 galt als der älteste, weil er am Tiefsten in den gewachsenen Boden eingetieft wurde.

Alle drei „Verteidigungsgräben" sind gleichzeitig mit den Besiedlungsphasen Argissa I und IIA-C. Obwohl die architektonischen Reste dieser Siedlungsperioden vollständig abgetragen wurden, spiegeln die „Verteidigungsgräben" eine gewisse Kontinuität wider. Sie müssen chronologisch zwischen FH I und der weiter entwickelten Stufe FH II angelegt worden sein. Zu diesem Ergebnis kamen die Archäologen anhand der gefundenen Keramik. In der späten FH II (Argissa III) wurden die „Verteidigungsgräben" zugeschüttet und einplaniert. Darauf wurden zwei Pfostenhäuser (Haus A und B) errichtet, die später in der Übergangsperiode der FH II zu FH III durch einen Brand zerstört wurden. Nach dem Brand und mit Beginn von FH III ist die Magula

---

[283] V. Milojčić, Bericht über die deutschen archäologischen Ausgrabungen in Thessalien 1973, AAA. 7, 1974, 43-75. 44ff. Abb. 1ff.; ders., Bericht über die deutschen Ausgrabungen in Thessalien, ADelt 28, 1973, B´2 Chronika, 1977, 339-347.

[284] E. Christmann, Die deutschen Ausgrabungen auf der Pevkakia – Magula in Thessalien. Die frühe Bronzezeit 2, (1996) Taf. II; III,2; IV–V.

[285] Ebd. 5ff. Zum selben Thema siehe auch V. Milojčić (1974), 43ff.

[286] E. Christman (1996).

[287] Über die Topographie und die Forschungsgeschichte der Argissa Magula siehe die „Befestigungsanlagen in Neolithikum".

[288] E. Hanschmann - V. Milojčić (1976), 12ff.

[289] Ebd. Verlauf der Verteidigungsgräben (Taf. F). Verteidigungsgraben 4 (Taf. D, 1–2).

[290] Ebd. 13f.

[291] E. Hanschmann - V. Milojčić (1976), 13f.

[292] Ebd. Über Graben 5, 14f. Taf. C, 1–2. Für Gräben 2/3 siehe Taf. G – L.

[293] Ebd.

wieder besiedelt worden. Aus dieser Phase wurden drei kleine Lehmziegelhäuser mit Steinfundamenten gefunden, die zum Bauhorizont 1 gehören. Insgesamt wurden drei Bauhorizonte festgestellt. Zwischen Bauhorizont 1 und 2 ist keine Kontinuität erkennbar. Mit Bauhorizont 4 fängt die mittelhelladische Zeit in Argissa Magula an. Charakteristisch für diese Phase ist eine dichte Bebauung von parallel angeordneten großen Häusern.

3.6. Westmakedonien

Im nördlichen Bereich von Westmakedonien ist die Siedlung von **Servia** zu erwähnen, die schon im neolithischen Teil dieser Arbeit behandelt wurde. Die archäologische Stätte an der Stelle der neuen Brücke ist heute vom Polyphytos See bedeckt.

Zu Beginn der Frühbronzezeit (Servia – Phase 8) wurden zwei Spitzgräben ausgehoben. Sie waren 5 m breit und 2,20 m tief und hatten einen Abstand von 4 m. Ihre Grabensohle war V-förmig. Beide verliefen parallel.[294] Diese Spitzgräben erinnern an die Gräben von Argissa Magula und Otzaki Magula. Während der Phase Servia 9 werden die Spitzgräben zerstört. Es folgte eine Nivellierung des Bodens und der Wiederaufbau der Siedlung. Ob die Spitzgräben in Servia zu einer Doppelgrabenanlage mit Eingängen gehörten, die zur Verteidigung verwendet wurde, konnte nicht entschieden werden. Im Balkanraum war es in dieser Zeit üblich, Siedlungen durch Gräben zu schützen.[295]

Eine andere mögliche Befestigungs- oder Umfassungsmauer könnte in **Polymylos** in Kozani gewesen sein. Im Jahr 1994 wurden auf einem kleinen Hügel westlich des heutigen Dorfes Polymylos und auf der rechten Seite der Straße Veroia Kozani architektonische Reste von Mauern gefunden, die nach der dort gefundenen Keramik der frühhellenistischen Zeit angehören müssen. 1995-96 wurden südlich des Hügels Ausgrabungen durchgeführt. Das Areal ist 11 ha groß und hatte eine Breite von 40 m. Das Gebiet nördlich davon, auf der linken Seite der Straße Veroia Kozani wird als nördlicher Sektor bezeichnet. An seinem östlichen Teil wurde bei Schnitt *Δ, ΣΤ* 21 eine Mauer gefunden, die eine Breite von 2,50 m hat. Der Verlauf der Mauer geht von Osten nach Nordosten und von Westen nach Südwesten. Sie hat eine Länge von 36 bis 40 m. Ihre beiden Außenseiten bestehen aus großen Steinen, der innere Bereich ist mit kleineren Steinen verfüllt. Die Mauer ist nur in einer geringen Höhe erhalten. Aus den Untersuchungen ergab sich, dass die Mauer durch Feuer zerstört wurde. Karamitrou-Mentesidi und Vatali fanden heraus, dass die Mauer auf einer prähistorischen Schicht errichtet wurde und schlugen für die Errichtung eine grobe Datierung in die späte Bronzezeit oder zu Beginn der Eisenzeit vor. Dies ist jedoch fraglich, weil die Schichten durch Überschwemmungen gestört wurden und viel hellenistische Keramik in die vermuteten prähistorischen Schichten eingedrungen ist.[296] Im Jahr 1999 wurde die Ausgrabung in der hellenistischen Siedlung von Polymylos fortgeführt. Hier wurden auch prähistorische Schichten untersucht. Man fand heraus, dass der Ort schon in der Frühbronzezeit besiedelt wurde. Dagegen wurde der Ort westlich von Polymylos, der als „Kitrini Limni“ bekannt ist, schon ab neolithischer Zeit besiedelt.[297] Die Überreste aus der frühen Bronzezeit sind gering, aber dennoch wichtig für mögliche Schlussfolgerungen. Es handelt sich um Pfostenlöcher, Lehmböden, Reste von einer Hütte und Vorratsgefäße. Die Keramik wurde in die mittlere und spätere Phase der Frühbronzezeit eingeordnet. Sicher ist, dass der Bereich der frühbronzezeitlichen Besiedlung durch Überschwemmungen zerstört wurde. Diese Katastrophe veranlasste wohl damals die Menschen, sich weiter nördlich anzusiedeln. Wahrscheinlich hängt auch die Errichtung der Mauer mit der neuen Siedlung zusammen. Man kann annehmen, dass die Mauer eine Stützfunktion hatte und gleichzeitig eine Maßnahme gegen die ständigen Überschwemmungen des Ortes war. Dass sie auch zu Verteidigungszwecken errichtet wurde, kann aber ebenfalls nicht ausgeschlossen werden. Wichtig ist der Vorschlag für die Datierung der Mauer von Karamitrou-Mentesidi und Vatali, die annehmen, dass die Mauer in der mittleren oder späteren Phase der Frühbronzezeit errichtet wurde.[298] Bis heute konnte aber keine sichere Chronologie für die Mauer erstellt werden. Dasselbe gilt auch für ihre Funktion und Deutung.

3.7. Ostmakedonien

In Ostmakedonien wurden in der Siedlung **Dikili Tash**, der prähistorischen Siedlung von Philippi, viele neolithische und frühbronzezeitliche Funde entdeckt. In der Siedlung wird seit vielen Jahren gegraben. Durch die vielen Funde konnten wichtige Erkentnisse für die

[294] C. Ridley - K. Wardle (1979), 185–230. Zu den Spitzgräben 217f. Abb. 6.

[295] Über die Verteidigung der Siedlungen durch Doppelgrabenanlagen siehe I. Aslanis (1990); ders. (1998), 109–115.

[296] G. Karamitrou–Mentesidi, M. Vatali, *Πολύμυλος Κοζάνης*, AErgoMak 11, 1997, 81–82.

[297] G. Karamitriou–Mentesidi – M. Vatali, *Πολύμυλος Κοζάνης*, AErgoMak 13, 1999, 369–398. Mit ausführlicher Literatur über die prähistorische Besiedlung im Gebiet von Kozani.

[298] Ebd. 372f.

neolithische Zeit und die Frühbronzezeit in Nordgriechenland gewonnen werden. Im Jahr 1986 wurden unter der Leitung von Koukouli-Chrysanthaki und Treul Ausgrabungen mit dem Ziel durchgeführt, die neolithischen Schichten des Tells von Dikili Tash näher zu untersuchen.[299] Außer der neolithischen Keramik fanden die Archäologen in den oberen Schichten zahlreiche Keramik aus der Frühbronzezeit. Im Schnitt II wurde während der Ausgrabungen im Jahr 1991 eine Steinanhäufung gefunden. Es wurde vermutet, dass es sich um eine Umfassungsmauer handelt, die den bewohnten Teil der Siedlung vom Umland trennte.[300] Ob die Mauer einen fortifikatorischen Charakter hatte, konnte bis heute nicht beantwortet werden.

3.8. Chalkidike

Auf dem mittleren Finger der chalkidischen Halbinsel in Zentralmakedonien wurden an der Stelle der antiken Stadt **Torone** Funde aus der Frühbronzezeit geborgen. Die Ausgrabungen wurden auf der Halbinsel **Lekythos** ausgeführt, wo man architektonische Reste und Funde aus allen Epochen fand. Aus der Frühbronzezeit wurde vor allem Keramik gefunden. Während der Jahre 1986 und 1989 wurden im südwestlichen Teil von Lekythos architektonische Elemente aus der Frühbronzezeit ausgegraben. Es handelt sich um Mauerzüge von Lehmziegelbaukonstruktionen, Lehmböden und Herdstellen. Baumaterial aus Holz und Lehm wurden auch gefunden, sowie Teile einer möglichen Befestigungsmauer wurden am Isthmus der Halbinsel lokalisiert. Bis heute ist aber noch nicht klar, ob sie tatsächlich zu einer frühbronzezeitlichen Befestigung gehören. Es wäre aber aufgrund der Keramik möglich, dass auf Lekythos eine befestigte frühbronzezeitliche Siedlung existierte. Zukünftige Ausgrabungen könnten hier wahrscheinlich Klarheit schaffen. Als Vergleichsbeispiel für die Siedlung in Torone könnte an dieser Stelle die Siedlung von Ägina herangezogen werden.[301]

[299] Ch. Koukouli–Chrysanthaki, R. Treuil, D. Malamidou, *Προϊστορικός οικισμός Φιλίππων Ντικίλι Τας. Δέκα χρόνια ανασκαφικής έρευνας*, AErgoMak 10B, 1996, 681–704.

[300] P. Darcque, G. Touchais, R. Treuil, Dikili Tash, BCH 116, 1992, 715f. Abb. 1.

[301] J. K. Papadopoulos et al., The prehistoric fortifications at Torone, in: R. Laffineur (Hrsg.), POLEMOS: Le contexte guerrier en Égée à l' âge du bronze. Actes de la 7e rencontre égéenne internationale, Université de Liège, 14–17 avril 1998, I, Aegaeum 19, 1999, 163–170.

3.9. Lemnos

Auf der Insel Lemnos werden in **Myrina** seit 1986 Ausgrabungen durchgeführt. Die heutige Stadt von Myrina liegt an der Südwestseite der Insel. Spuren einer prähistorischen Besiedlung stammen von einer Landzunge oder Halbinsel am Ort „*PHXA NEPA*", was „flaches Wasser" bedeutet. Der natürlich geschützte Hafen des Ortes und die Fruchtbarkeit des Bodens im wasserreichen Landesinneren schufen die besten Voraussetzungen, um den Ort seit der neolithischen und chalkolithischen Zeit zu besiedeln. Der Ort und die gesamte Insel spielten schon in prähistorischen Zeiten eine wichtige Rolle für Seeverkehr und Handel. Die Siedlung lag gegenüber der chalkidischen Halbinsel. Anhand der Funde ist nachgewiesen, dass Myrina Kontakte mit dem nordgriechischen und dem kleinasiatischen Raum hatte.

Nach den baulichen Überresten und der Keramik existierte Myrina gleichzeitig mit der Siedlung von Poliochni. Spuren der frühen Besiedlung weisen auf die Besiedlungsphasen Poliochni *Nero* bis Poliochni *Rosso* hin.[302]

Während der chalkolithischen Zeit war nur die Halbinsel selbst und das östlich davon gelegene Gebiet besiedelt. Später wurde die Siedlung nach Westen hin vergrößert. Leider sind viele Teile der Siedlung im Laufe der Jahre überbaut worden. Vermutlich hatte Myrina zu dieser Zeit eine Ausdehnung von 1,5 ha. Diese Periode entspricht den Phasen Poliochni *Azzuro* und *Verde*. In der Periode Poliochni *Rosso* waren erneut die Halbinsel und das Gebiet östlich davon besiedelt.

Im Jahr 1995 haben Archäologen in „*PHXA NEPA*" auf dem Grundstück von K. und Ch. Tsatsou eine Mauer von 4 m Länge ausgegraben. Die Mauer hat eine Breite von 3 bis 3,50 m ist zweischalig und besteht aus zwei aufeinander folgenden Außenseiten, die aus teilweise bearbeiteten Steinen besteht. Zwischen den beiden Mauerschalen befinden sich unbearbeitete Steine und Kies. Charakteristisch für das Baumaterial ist, dass für die Verschalung große Steine verwendet wurden. Deshalb wurde angenommen, dass sich in diesem Abschnitt ein Teil der Befestigungsmauer der Siedlung befindet. Auf der Mauer fanden die Archäologen Reste von aufgelösten Lehmziegeln. Es handelt sich dabei um eine Schicht von 0,20 m. Dies könnte bedeuten, dass die Befestigungsmauer aus zwei Teilen bestand. Der Unterbau mit dem Sockel war aus Steinen und der Aufbau aus Lehmziegeln. Was für eine Höhe die Mauer ursprünglich hatte, konnte bis heute nicht festgestellt werden, ihr Verlauf ging von Nordwesten nach Südosten. Durch die Keramik wurde die Mauer zeitlich in die

[302] Siehe Poliochni

Periode Poliochni *Azzuro* eingeordnet.[303] Spuren eines weiteren Teils der Befestigung wurden auf dem Hügel Androni in Myrina lokalisiert.
Zu dem oben beschriebenen muss angemerkt werden, dass Myrina nicht vollständig ausgegraben wurde. Die bisherigen Ausgrabungen fanden auf der Halbinsel statt, wo sich die meteorologische Station befindet und auf verschiedenen Grundstücken im Bereich der heutigen Stadt. Die Untersuchungen dauern an.[304]

3.10. Kykladen

Auf der Insel Amorgos ist die Siedlung **Markiani** zu nennen. Sie liegt an der Südküste auf einem Hügel direkt am Meer.[305] Seit 1985 führen in Markiani die Universitäten von Athen, Ioannina und Cambridge Ausgrabungen durch. Die Archäologen konnten bisher vier Besiedlungsphasen erkennen, beginnend mit der Grotta Pelos Stufe bis hin zur Kastri Stufe auf Syros. Es wurden gebogene und geradlinige Mauerzüge gefunden, die für die Kykladen wie üblich aus Schiefer- oder Kalkstein errichtet wurden. Leider konnten keine Gebäudegrundrisse rekonstruiert werden. An der Nordseite der Siedlung wurden Reste einer Mauer gefunden, die eventuell durch einen Wachturm verstärkt wurde. Obwohl die südliche und westliche Seite der Siedlung durch die topographische Lage einen natürlichen Schutz hatte, konnte dort eine Umfassungsmauer nachgewiesen werden. Anhand der Keramik aus der Grotta Pelos Stufe wurde die sog. Befestigungsanlage in den Beginn der Frühbronzezeit datiert, nämlich an den Beginn der Phase FK I. Aus dieser Zeit sind uns sonst keine ähnlichen befestigten Siedlungen auf den Kykladen bekannt. 1999 wurden die Untersuchungen an der nördlichen Seite von Markiani fortgeführt.[306] Während FK II ist die Befestigungsmauer an der nördlichen Seite der Siedlung durch eine Bastion verstärkt worden. Es wurde angenommen, dass die Mauer als Stützmauer diente. Die Errichtung der Bastion bestätigt den fortifikatorischen Charakter.[307] Außerdem wurden noch ein Gebäudekomplex sowie zwei Räume auf der Spitze des Hügels und auf Terrasse 1 gefunden. Es handelt sich um rechteckige Räume mit einer Mauerstärke von 0,35 bis 0,75 m. Die nördliche Seite des Gebäudekomplexes ist dagegen gebogen. Zwei Räume scheinen überdacht gewesen zu sein und werden als Wohnräume angesehen, der dritte Raum scheint dagegen offen. Unter diesen Räumen wurde auch ein Abwasserkanal endeckt.
Die anderen zwei Räume wurden im Sektor S gefunden. Es handelt sich um geradlinige Baukonstruktionen mit starken Mauerzügen. Problematisch bleibt die Datierung des Gebäudekomplexes und der anderen beiden Räume, denn das Fehlen von Feinkeramik aus der Kastri – Stufe erschwert eine Datierung der architektonischen Reste in Markiani während dieser Periode.
Die letzte Besiedlungsphase reicht bis in FK IIIA. Man konnte keine großen Veränderungen bezüglich der Planung und Organisation der Siedlung feststellen. Was die Umfassungsmauer betrifft, wurde während dieser Periode ein neuer Mauerzug zu den älteren hinzugefügt. Auch westlich der Bastion wurde eine neue Mauer errichtet, die als Teil der Befestigung angesehen wurde. Der Gebäudekomplex und die anderen Räume blieben unverändert, nur ihre Böden wurden erneuert. Es wurde nur Keramik der Kastri–Stufe gefunden, weshalb die Archäologen zu dem Ergebnis kamen, dass Markiani in der FK IIIA aufgegeben und verlassen wurde. Zerstörungshorizonte wurden nicht gefunden. Die Ausgrabungen dauern allerdings bis heute an.
Auf dem Berg **Kythnos** in Delos wurde eine frühbronzezeitliche Siedlung lokalisiert. Reste der Siedlung wurden in der Mitte der Insel auf dem zentralen Berggipfel und seiner West- und Nordseite gefunden. Es handelt sich nur um wenige Reste, weil das ganze Areal in späteren Zeiten überbaut wurde. Die Ausgrabungen fanden unter der Leitung von Plassart von 1916 bis 1921 statt.[308] Über die Ausgrabungen und die Funde berichtet auch MacGillivray.[309] Es handelt sich um eine kleine frühkykladische Siedlung mit dicht aneinander gebauten Häusern. Damals wurden 24 Wohnräume gefunden, manche davon mit gebogenen Mauern. Apsishäuser, die in FK II datiert werden, wurden ebenfalls nachgewiesen.

---

303 A. Doba, *Λήμνος*, ADelt 50, 1995, B΄2 Chronika, 692-693.
304 Über die prähistorische Siedlung von Myrina siehe auch: P. Avgerinou, *O Οικισμός της Μυρίνας: πρώτες εκτιμήσεις*, in: Ch. Doumas – V. La Rosa (Hrsg.), *Η Πολιόχνη και η Πρώιμη Εποχή του Χαλκού στο Βόρειο Αιγαίο* (1997), 273–281; Ebd. A. Doba, *Μυρίνα Λήμνου. Οι αρχαιότερες φάσεις του προϊστορκού οικισμού*, 282–297; Ebd. L. Achilara, *Μυρίνα: Οι μνημειακές εγκαταστάσεις του οικοπέδου Ευτ. Καζώλη*, 298–310. Berichte über die Ausgrabungen in Myrina auf Lemnos sind in ADelt von 1986 bis 2003 erschienen; A. Archontidou–Argyri, *Η Μύρινα υπό το φως των ανασκαφών, Αρχαιολογία* 50, 1994, 50–55.
305 E. B. French „Archaeology in Greece, ARepLond 36, 1990, 2-82, Hier 69ff.
306 L. Marangou, Markiani, BCH 125, 2001, 991f.
307 E. B. French (1990) 69; L. Marangou, *Κυκλαδικό ειδώλιο από την Μινόα Αμοργού*, AE 1990, 159-176.
308 A. Plassart, Les sanctuaires et les cultes du Mont Cynthe, Délos XI (1928).
309 A. J. MacGillivray, Mount Kynthos in Delos: the Early Cycladic settlement, BCH 104, 1980, 3–45. (Fig. 1)

Die Bauten der Siedlung lassen sich gut mit den Häusern in Kastri auf Syros und Panormos auf Naxos vergleichen. Dass die prähistorische Siedlung durch eine Befestigung geschützt wurde, konnte wegen einer möglichen Bastion südlich des Eingangs der Siedlung angenommen werden. Es handelt sich um eine massive Baukonstruktion, die sich vor Bau η befindet. Die vermutete Bastion befindet sich in der Nähe des Einganges der Siedlung. Plassart nahm an, dass die Bauten η und ζ eine Bastion bildeten.[310] Möglicherweise wurde diese Baukonstruktion aber als Speicher oder für andere Aufgaben verwendet, denn Funde, die auf eine Bastion hinweisen könnten, fehlen bislang. Plassart schlug vor, dass der breite Mauerzug, der unter der westlichen Seite der Räume π, ρ und σ errichtet wurde, eine andere Richtung auf die nordwestliche Kante des Hügels erhält. Er nimmt an, dass dieser Mauerzug zu einer früheren Befestigung gehörte.[311] Da aber die Stratigraphie der verschiedenen Schichten und Funde damals nicht aufgezeichnet wurde, kann nicht entschieden werden, ob der Mauerzug Teil einer früheren Befestigungsanlage gewesen ist. Wenn er an der nordwestlichen Kante des Hügels aber in die FK II datiert werden kann, dann ist er Teil der Befestigungsanlage, die an dem zugänglichsten Bereich des Hügels errichtet wurde. Da aber der Berg von Kynthos sehr hoch ist und von Natur aus als befestigt gilt, ist es fraglich, ob die Bewohner eine zusätzliche Befestigung brauchten. Aus diesem Grund wird angenommen, dass die Mauer keinen fortifikatorischen Charakter hatte, sondern es sich lediglich um eine Stützmauer handelt. Ohne dies entspricht die Mauerbreite der Breite der Hausmauern in der Siedlung. Diese hatten nämlich teilweise eine Stärke von weniger als 1m (genauer 0,30 bis 0,80 m). Andere Teile der Mauern erreichen eine Stärke von 1,40 m. Aus diesem Grund und wegen der vermuteten Bastion wurde angenommen, dass die Höhensiedlung befestigt war. Eine ähnliche Stärke hatte auch die Mauer von Kastri in Syros.[312] Man könnte an dieser Stelle aber auch die Frage stellen, ob eine Befestigung auf Kythnos überhaupt notwendig war, da diese Periode allgemein als friedlich gilt.

Der Vorschlag von Ekschmitt, dass die Raumgruppen der Siedlung einem religiösen Zweck dienten, konnte allerdings ebenfalls nicht bestätigt werden, da ähnliche Parallelen bislang fehlen.[313]

Es gibt noch weitere prähistorische Siedlungen, die wahrscheinlich durch Befestigungen geschützt wurden. In **Phyrroges** wird von Stephanos eine Befestigungsmauer lokalisiert ohne dass jedoch Einzelheiten erwähnt wurden.[314] Auf der kleinen Insel **Daskalio**, die 50 m von der südwestlichen Küste der Insel Keros entfernt liegt, wird von Doumas eine Siedlung genannt, die wahrscheinlich von einer mit Bastionen verstärkten Umfassungsmauer umringt war. Die Siedlung an der nordöstlichen Seite der kleinen Insel bestand aus rechteckigen und kurvolinearen Bauten.[315] In **Kastraki** auf Naxos existierte nach Meinung von Stephanos eine kleine befestigte Siedlung. Es handelt sich dort um eine nach Westen orientierte Umfassungsmauer, die in der Nähe des Meeres an der Kante des niedrigen Hügels errichtet wurde. Ein Teil der Mauer richtete sich nach Süden und war 13 m lang mit einer Stärke von 1 m. Die kleine Siedlung erstreckte sich nach Norden.[316] Bei **Spedos** an der Südöstküste von Naxos fand Stephanos architektonische Reste einer befestigten Siedlung. Ihre Mauerzüge waren aus flachen Kalksteinplatten ohne Verbindungsmaterial errichtet worden.[317] Bei **Pyrgos** auf Paros wurden ebenfalls Befestigungen vermutet. Hier muss allerdings wieder erwähnt werden, dass bei all diesen kleinen Siedlungen bisher keine großflächigen Ausgrabungen stattgefunden haben.[318]

An der Südöstküste von Kos in **Seraglio** fanden Archäologen zwei Schichten aus der Frühbronzezeit III. Die prähistorische Siedlung lag auf einem niedrigen Hügel in der Nähe des Meeres. Sie erstreckte sich vermutlich auf 11000 m^2 und wäre dann mit Troia zu vergleichen, das dieselbe Größe hatte.[319] Verglichen mit Poliochni und Thermi wäre Seraglio etwas kleiner. An der nördlichen und nordöstlichen Seite der Siedlung wurden in einem der beiden frühbronzezeitlichen Bauhorizonte Reste einer Mauer gefunden, die als Befestigungsmauer angesehen wurde. Die Mauer hat eine Stärke von 1,50 m und ist auf starkem Fundament gebaut.[320]

[310] A. Plassart (1928) Abb. 14.
[311] Ebd. Abb. 16.
[312] W. Ekschmitt, Kunst und Kultur der Kykladen, I: Neolithikum und Bronzezeit (1986), 45f.
[313] Ebd.
[314] K. Stephanos, *Κυκλαδικά Νάξου*, Prakt, 1904, 57-61; Ch. Doumas, Notes on Early Cycladic Architecture, AA 87, 1972, 152ff.
[315] Ch. Doumas (1972), 163f.
[316] K. Stephanos, *Κυκλαδικά Νάξου*, Prakt, 1908, 114-117; Prakt, 1909, 209-210.
[317] K. Stephanos, *Κυκλαδικά Νάξου*, Prakt, 1903, 52-57.
[318] W. Ekschmitt (1986), 45f.
[319] T. Marketou, *Ασώματος Ρόδου: τα μεγαρόσχημα κτίρια και οι σχέσεις τους με το βορειοανατολικό Αιγαίο*, in: Ch. Doumas, - V. La Rosa (Hrsg.), *Η Πολιόχνη και η Πρώιμη Εποχή του Χαλκού στο Βόρειο Αιγαίο* (1997), 395–413. Für Seraglio siehe 407f. dies. für die Siedlungen T. Marketou, Asomatos and Serraglio. Early Bronze Age production and interconnections, Hydra 7, 1990, 40–49.
[320] Ebd.

3.11. Skala Sotiros (Thasos)

3.11.1. Lage der Siedlung und Forschungsgeschichte

Die prähistorische Siedlung von Skala Sotiros befindet sich auf der ägäischen Insel Thasos. Die Insel selbst ist 398 km^2 groß und hat einen Umfang von 104 km. Sie liegt in der nördlichen Ägäis und ist 7 km vom makedonischen Festland entfernt. Es handelt sich um eine wasserreiche Insel mit dichter Bewaldung. In der Bronzezeit wurde Holz für den Bau der Dächer verwendet, während die meisten Wohneinheiten selbst aus Stein gebaut wurden - im Gegensatz zum nordgriechischen Raum, wo sie überwiegend aus Holz errichtet wurden.

Zudem ist Thasos felsig und gebirgig. Sehr bekannt ist der reinweiße Marmor aus Thasos, der bis heute abgebaut wird. Seit der späteren neolithischen Phase war die Insel kontinuierlich besiedelt. Funde aus Potos, Kastri, nördlich von Potos, Mariai oder Larnaki bei Theologos liefern viele Hinweise über die frühe Besiedlung der Insel. Die frühbronzezeitliche Siedlung von Skala Sotiros liegt an der nordwestlichen Inselküste, 20 km südwestlich von der Stadt Thassos auf einem kleinen Hügel mit dem Namen „Profitis Elias". Erste Spuren der Siedlung wurden im Jahr 1978 entdeckt und dann nach Bauarbeiten für zwei neue Straßen im Jahr 1986 fanden auf der nördlichen und südlichen Seite des Hügels Ausgrabungen statt, wobei es sich zunächst um einfache Rettungsgrabungen handelte unter der Leitung von Koukouli-Chrysanthaki. Drei Besiedlungsphasen konnten festegestellt werden, eine spätrömische frühchristliche, spätarchaische und frühbronzezeitliche Phase. Spuren einer neolithischen Besiedlung des Hügels sind bis heute nicht nachweisbar. Aus der Frühbronzezeit wurden Überreste von Häusern und Teile einer Befestigung freigelegt.[321]

3.11.2. Die Siedlung und die Befestigungsmauer

Die Siedlung befindet sich, wie schon oben erwähnt, auf einem kleinen Hügel, mit einer kleinen Kirche (Taf. 23,1) worauf auch der Name „Profitis Elias" zurückzuführen ist. Ausgrabungen konnten nicht überall durchgeführt werden, um die Sicherheit des Gebäudes nicht zu gefährden. Während der Ausgrabungen, die bis 1990 dauerten, wurden zwei Schichten frühbronzezeitlicher Siedlungsstrukturen entdeckt. Die ältere Phase A, die auch als Zerstörungsschicht A (ca. 2400 – 2100 v. Chr.) bekannt ist, wird von architektonischen Elementen einiger Wohneinheiten und Teilen einer Befestigungsanlage mit zwei Toren und vermuteten Bastionen geprägt. Die dort gefundene Keramik zeigt Ähnlichkeiten mit der Keramik von Troia I und Sitagroi Va in Makedonien. Zu dieser Phase gehören auch anthropomorphe Stelen aus Marmor, die in verschiedenen Mauern verbaut wurden.[322] Die zweite Phase B von Skala Sotiros wird wie Phase A auch durch rechteckige Wohneinrichtungen und Apsisbauten charakterisiert. Die keramischen Funde wurden mit Troia II und Sitagroi Vb verglichen und zeitlich eingeordnet. Die beiden frühbronzezeitlichen Siedlungsphasen von Skala Sotiros wurden auf der südwestlichen Seite des Hügels gefunden. In der älteren frühbronzezeitlichen Phase A sind nur wenige Teile von Bauten innerhalb der Befestigungsanlage gefunden worden. Sie wurden während dieser Phase durch Feuer zerstört. In der zweiten Phase wurden zwei Gebäude gefunden, die durch eine kleine Straße getrennt waren. Das südlichere Gebäude überdeckt mit seinen Mauerteilen dabei ein Apsishaus aus Phase A. Mehr kann über diese Wohneinheiten wegen der wenigen Überreste nicht gesagt werden. Wichtig ist, dass alle Bauten in der Siedlung mit Stein gebaut waren. Da das Grabungsgebiet sehr klein war, konnte leider kein einheitliches Bild der frühbronzezeitlichen Siedlung von Skala Sotiros rekonstruiert werden. Sicher ist aber, dass die Siedlung von einer Mauer umfasst war, die sehr wahrscheinlich eine Befestigungsfunktion hatte, wie andere südgriechische Siedlungen aus der Frühbronzezeit. Koukouli-Chrysanthaki bezeichnet die Befestigungsanlage in Skala Sotiros als „*Peribolos*".[323] Ein Teil davon wurde in einer Länge von 7 m auf der westlichen Seite des Hügels gefunden. Ein weiterer im Norden mit einer Länge von 3 m. Auf der nordwestlichen Seite des Hügels, wo die beiden oben genannten Teile der Befestigungsanlage treffen, wurde ein Tor ausgegraben, das eine Breite von 1,90 m hat. Die nördliche Seite dieses Tores wird von einer Verlängerung der nördlichen Befestigungsanlage geschützt. Südlich davon wurde noch ein kleineres Tor ausgegraben, dessen Maße nicht genannt werden. Es scheint nicht gleichzeitig mit dem ersten gebaut worden zu sein, sondern während einer anderen nicht genau datierbaren Phase der Siedlung. Die innere Seite dieses Tores scheint mit hufeisenförmigen Bastionen verstärkt gewesen zu sein. Der Bereich der Befestigungsanlage auf der westlichen Seite des Hügels war nicht vollständig erhalten, weil durch die Straßenbauarbeiten die äußere Seite der Mauer zerstört

[321] Ch. Koukouli-Chrysanthaki, *Σκάλα Σωτήρως*, ADelt 41, 1986, Chronika, 173-175.

[322] Es handelt sich um eingemauerte Stelen, die mit Reliefdarstellungen von Krieger versehen waren.

[323] Ch. Koukouli-Chysanthaki (1986), 173f.

wurde. Die innere Seite aber ist in einer Höhe von 3 m erhalten. Der südliche Teil der Befestigungsanlage ist in einem besseren Zustand als die anderen Bereiche, aber in einer geringeren Höhe erhalten.[324] Dieser Teil wird nach Westen verlängert und scheint das erstgenannte Tor zu schützen. Der westliche Teil der Befestigungsanlage hat eine Breite von 2,80 m und ist mit Steinen unterschiedlicher Größe aus der Umgebung gebaut. Die Technik mit der die Befestigungsanlage gebaut wurde, scheint relativ einfach. Die Steine wurden unregelmäßig gesetzt und die prähistorische Mauer erreichte mit 2,80 m eine große Breite. Nur im unteren Bereich auf der nördlichen Seite des Tores wurde die Fischgrättechnik angewendet, was vermutlich auf Einflüssen von Troia I-II zurückzuführen ist. Besonders ist die Verwendung großer Schieferplatten beim Bau der Befestigungsanlage, die wahrscheinlich den Eindruck von Stützpfeilern vermitteln sollten. Koukouli-Chrysanthaki glaubt, darin einen Einfluss megalithischer Kultur zu erkennen.[325] Das Tor wurde später durch den Einbau einer anderen Mauer verschlossen, was beweist, dass die Siedlung in verschiedenen Phasen der Frühbronzezeit zwar bewohnt wurde, diese aber nur schwer zu erkennen sind. Die Auswertung der Keramik wird wahrscheinlich mehr Hinweise auf die Siedlungskontinuität von Skala Sotiros geben. Mit weiteren Ausgrabungen wurde versucht, den Verlauf der Festungsmauern zu bestimmen. Schnitte auf der nördlichen Seite des Hügels haben keine nennenswerten Ergebnisse erbracht. Erosion, Zerstörungen und der Wiederaufbau des Gebietes haben viele architektonische Elemente der prähistorischen Siedlung vernichtet. Es wurde vermutet, dass die Befestigungsanlage den ganzen Hügel umgeben hat. Dies konnte aber durch die Ausgrabungen nicht bewiesen werden.[326] Schnitt VI auf der westlichen Seite des Hügels erbrachte keine Hinweise über den Verlauf und die Außengrenze der Siedlung. Der nordwestliche Verlauf der Befestigungsanlage bricht plötzlich ab. Es wurde angenommen, dass der weitere Verlauf der Mauer östlich davon zu suchen ist, was aber nie bestätigt werden konnte.[327] Aus diesem Grund sollte man die Außengrenzen der Siedlung weiter südlich suchen. Man schätzt, dass die frühbronzezeitliche Befestigung eine Fläche von 1350 – 1400 m^2 umfaßt hat. Damit wäre sie nicht sehr groß gewesen. Man vergleicht sie gern mit anderen Siedlungen aus der Frühbronzezeit, wie Kastri auf Syros, Panormos auf Naxos, Lerna, Ägina, Kythnos im südägäischen Raum, aber auch mit Siedlungen in Kleinasien wie Liman Tepe, Bakla Tepe und Troia sowie Orten in Spanien, auf Sizilien und Korsika.

Die Funde der Siedlung, nicht nur die Keramik, liefern viele Informationen über das frühbronzezeitliche Leben. Dazu gehören die schon erwähnten insgesamt 15 eingemauerten anthropomorphen Stelen (insgesamt 15).[328] Die meisten Funde wurden innerhalb der Befestigungsmauer gefunden, besonders im Bereich des großen Apsisgebäudes. Es handelte sich um eine große Anzahl Gebrauchskeramik. Einige Gefäße enthielten

---

[324] Ch. Koukouli–Chrysanthaki, *Οικισμός της πρώιμης εποχής του χαλκού στη Σκάλα Σωτήρος Θάσου*, AErgoMak 1, 1987, 389-406.

[325] Ebd.

[326] Die Vermutung wurde schließlich im Jahr 2001 bestätigt. Es gibt Hinweise darauf, dass der kleine Hügel von einer Befestigungsanlage umfasst wurde. Im Sommer desselben Jahres fand eine Rettungsausgrabung nördlich der kleinen Kirche auf der Seite des Meeres statt. Das Areal der neuen Ausgrabung ist zwanzig Meter vom Areal der älteren Ausgrabung entfernt. Mit dem Beginn der Ausgrabung fanden die Archäologen architektonische Teile der nördlichen Seite der frühbronzezeitlichen Befestigungsanlage. Sie ist in einer Länge von 12 m erhalten. Ihre Breite beträgt 2 m, und sie ist mehr als 3 m hoch. Das Fundament der Befestigungsanlage wurde noch nicht gefunden. In östlicher Richtung bildet die Mauer ein rechter Winkel. Ob an dieser Stelle eine Bastion oder eine Toranlage errichtet war, ist noch bis heute ungewiss. Es wurde festgestellt, dass dieser Teil der Befestigungsanlage in einer späteren Phase im Gegenzug zu der anderen in der südwestlichen Seite des Hügels errichtet wurde. Zu dieser Feststellung kamen die Archäologen, als sie die Bautechnik der Anlage betrachteten. Das Fischgrätenmuster dieser Anlage fehlt. Wie schon erwähnt, wurde diese Technik in der anderen Anlage nicht überall verwendet. „Anthropomorphen Stelen" werden nicht in der Hauptmauer zusammengebaut. Die Steine aus der Umgebung wurden zusammengesetzt, ohne eine bestimmte Technik zu verwenden. Neu ist, dass auf der inneren Seite der Mauer Öffnungen gefunden wurden. Diese haben einen Durchmesser von 0,20 m. Es wurde angenommen, dass in die Öffnungen Holzpfosten gesetzt wurden, damit die Mauer eine gewisse Stabilität erreichen kann. Solche Öffnungen wurden an der früheren Befestigungsanlage nicht gefunden. Dazu muss erwähnt werden, dass Teile der früheren Befestigungsanlage (Phase A) in einer Tiefe von 1,50 m vor der späteren Anlage gefunden wurden. Mehr über die neue Ausgrabung in Skala Sotiros auf Thasos siehe S. Papadopoulos - G. Aristodimou - D. Kougioumtzoglou - F. Megaloudi, *Η τελική νεολιθική και η πρώιμη εποχή του χαλκού στη Θάσο: Η ανασκαφική έρευνα στις θέσεις Αγιος Ιωάννης και Σκάλα Σωτήρος*, AErgoMak 15, 2001, 55-65.

[327] Ch. Koukouli-Chrysanthaki, *Ανασκαφή Σκάλας Σωτήρος* 1989, AErgoMak 3, 1989, 507-520.

[328] Ch. Koukouli–Chrysanthaki (1987); dies., *Οικισμός της πρώιμης εποχής του χαλκού στη Σκάλα Σωτήρος Θάσου* II, AErgoMak 2, 1988, 421-431; dies., *Ανασκαφή Σκάλας Σωτήρος*, AErgoMak 4, 1990, 531-545.

verkohlte Kerne von Hülsenfrüchten (Linsen, Saubohnen u. a.). Im Boden des oben erwähnten Gebäudes wurden auch Klingen aus Pyrit, Äxte, Knochennadeln, Webgewichte aus Ton und Obsidian gefunden daneben weitere Werkzeuge aus Stein jedoch in sehr geringer Zahl, gleiches gilt für die Metallfunde. Bemerkenswert ist der Fund eines goldenen Schmuckgegenstands wahrscheinlich von einem Kleid, das aus dem Horizont der zweiten frühbronzezeitlichen Phase der Siedlung stammt. Zu den weiteren Funden gehören Tierreste wie auch paläobotanische Funde, die jedoch noch nicht vollständig publiziert wurden.

3.12. Poliochni (Lemnos)

3.12.1. Lage der Siedlung

Die nordägäische Insel ist 477 km^2 groß. Sie liegt westlich des Eingangs zu den Dardanellen. Nördlich befindet sich die Insel Samothrake und nordwestlich die Insel Thasos. Nordöstlich von Lemnos liegt die Insel Imbros, die heute zur Türkei gehört. Weiter südöstlich liegt die Insel Lesbos und südwestlich die Insel Skyros. Lemnos hat eine zentrale Lage in der nordöstlichen Ägäis und liegt gegenüber von Troia.[329] Die Insel wird durch den Pournias im Norden und den Moudros im Süden geteilt. Der nordöstliche Teil endet im steilen Kap Plaka, der südöstliche Teil im Kap Agia Irini. Die Küstenlinie ist 259 km lang und durch viele Buchten und Vorsprünge gegliedert. Ansonsten handelt es sich um eine flache Insel, die durch viele kleine Hügel und Berge gekennzeichnet wird. Der größte Berg der Insel ist der Skopia mit 430 m Höhe, im Westen der Insel.[330] Die Berge bestehen meistens aus vulkanischem Gestein. Der zentrale und der östliche Teil der Insel sind durch flache Ebenen gekennzeichnet, die von vielen kleinen Flüssen durchquert werden. Während des Winters bilden sie reißende Ströme. Lemnos ist sehr reich an Wasser. Überall auf der Insel findet man Quellen, die zum Trinken und zur Kultivierung des Bodens verwendet werden können. Besonders im östlichen Teil der nordägäischen Insel kann Grundwasser in einer Tiefe von 3 bis 4 m unter dem Erdboden angetroffen werden. Aus diesem Grund war und ist auch heute noch Lemnos einer der fruchtbarsten Inseln im nordägäischen Raum. Die klimatischen Bedingungen sorgen für heiße, trockene Sommer und milde Winter. Lemnos ist eine baumarme Insel. Heute trifft man keine einzige Waldzone auf der Insel an. Wie die Insel während der Frühbronzezeit ausgesehen hat, als Siedler Poliochni gründeten, konnte bis heute nicht beantwortet werden. Es fehlen Pollenanalysen, um das Vegetationsbild von Lemnos in prähistorischer Zeit rekonstruieren zu können.[331]

Damals wie auch heute, bauten die Menschen in dieser Gegend Getreide, Weizen, Weinreben, Oliven-, Feigen-, Mandelbäume und vieles andere an. Schon ab neolithischer Zeit erkannten die ersten Siedler die Fruchtbarkeit des Bodens und die strategisch günstige Position der Insel in der Nordägäis und gründeten Siedlungen auf der Insel. Eine der wichtigeren scheint die prähistorische Siedlung von Poliochni gewesen zu sein. Poliochni liegt an der südöstlichen Küste von Lemnos. Der Ort befindet sich südöstlich de heutigen Dorfes Kaminia auf einem Hügel, der an der Mündung eines kleinen Flusses mit dem Namen Avlaki oder Skamnis liegt. Der Fluss, der 160 m südlich des Hügels verläuft, bewässerte die umliegende, fruchtbare Erde und machte sie für die Landwirtschaft besonders geeignet. Heute noch führt der Fluss während des ganzen Jahres Wasser und spielt dieselbe lebenswichtige Rolle wie schon in prähistorischer Zeit.

Die Lage des Ortes mit einem Hügel, der sich direkt am Meer erhebt und der kleinen Bucht von Vroskopos, die Schutz vor den heftigen Nordwinden und einen sicheren Hafen boten, war ideal für die Gründung einer Siedlung. Der Hügel an sich hat eine ovale Form und ist von Nordosten nach Südwesten orientiert. Er hat eine Länge von 300 bis 350 m und ist etwa 120 m breit. Die Spitze des Hügels befindet sich im Norden und erreicht eine Höhe von 16,50 m über dem Meeresspiegel. Der östliche Teil wurde im Laufe der Jahre durch das Meerwasser weggespült. Da die gesamte Fläche des Hügels auf 13000 m^2 bis 15300 m^2 geschätzt wird, kamen die Archäologen zu der Schlussfolgerung, dass Poliochni größer als Troia

[329] Die Nordseite der Insel ist 36 km, die Südseite 28 km, die Westseite 17 km und die Ostseite 29 km lang.

[330] Im westlichen Teil von Lemnos liegen noch weitere kleinere Berge wie: Prophitis Elias mit 355 m, Agios Athanasios mit 316 m, Phakos mit 319 m Höhe. Im südöstlichen Teil der Insel befindet sich der Berg Paradisi mit 260 m Höhe. Sehr bekannt ist auch der Berg Mosychlos mit 105 m. Hier wurde schon während der antiken Zeit die „*terra lemnia*“ abgebaut.

[331] O. Kouka, Siedlungsorganisation in der Nord- und Ostägäis während der Frühbronzezeit (3. Jt. v. Chr) in: Internationale Archäologie 58, (2002), 17ff. Dies hat den einfachen Grund, dass wegen der heftigen Winde auf der Insel keine Pollen von dort isoliert werden konnten. Die isolierten Pollen stammen meistens vom nördlichen griechischen Festland (Thrakien) und wurden durch den Wind nach Süden getragen. Meistens ergaben diese Pollenanalysen das für Thrakien typische Vegetationsbild. Eventuell könnte es bessere Ergebnisse geben, wenn der Vorschlag der griechischen Archäologin Ourania Kouka verwirklicht werden könnte, nämlich mit Pollenanalysen aus den beiden Salzseen Aliki und Chortarolimni im östlichen Teil der Insel zu beginnen.

Ilg (11000 m^2) und etwa gleich groß wie Thermi (15000 m^2) war.[332]

3.12.2. Forschungsgeschichte

Den Anlass für die Entdeckung der prähistorischen Siedlung gab der Fund einer Stele mit eingeritzten Zeichen. Als eine kleine Kirche beim Dorf Kaminia an der Ostseite der Insel 1905 abgerissen wurde, wurde in der Kirchenwand eine vermauerte Stele gefunden, die heute im Archäologischen Nationalmuseum in Athen aufbewahrt wird. Viel später, nämlich 1919, interessierte sich der italienische Archäologe Alessandro Della Seta, Leiter des Italienischen Archäologischen Instituts in Athen für diesen Fund, weil die eingeritzten Zeichen auf der Stele an etruskische Inschriften erinnerten. Della Seta interessierte sich für die Beziehung zwischen den Tyrrheniern auf Lemnos und den Tyrrheniern in Italien. Wie von Thukydides und Herodot überliefert, verließen Tyrrhenier die kleinasiatische Küste und kamen möglicherweise nach Lemnos. Danach landeten sie an der tyrrhenischen Küste in Italien. Della Seta versuchte die Zeichen auf der Stele zu interpretieren. Sein Ziel war es dabei, die Spuren der Tyrrhenier auf der Insel zu finden. Im Mai des Jahres 1924 fing er mit kleinen Ausgrabungen auf Lemnos an. 1925 unternahm er eine Grabung in der Stadt Hephaisteia, wo der Mythologie nach der Gott des Feuers und der Metallurgie, Hephaistos, seine Wohnstätte hatte.

Della Seta führte neben Ausgrabungen im Dorf Kaminia selber weitere Ausgrabungen bei Vriokastro in der Nähe des Strandes von Kontia durch und entdeckte im Juni 1926 eine prähistorische Niederlassung. Anhand der vielen Keramikfunden konnte man nach nur wenigen Sondagen sicher sein, dass es sich um eine neolithische Siedlung handeln muss.

Caputo und Ricci lokalisierten den prähistorischen Ort Poliochni auf dem kleinen Hügel von Vroskopos im August 1930. Della Seta berichtet: „*ebbero la fortuna di identificare un grande abitato preistorico sulla collina di Poliochni*".[333] Im selben Jahr haben Archäologen unter Leitung von Ricci und unter Beobachtung von Della Seta mit Ausgrabungen begonnen, die bis 1936 andauerten. Dabei wurden zwei Drittel der prähistorischen Siedlung freigelegt.[334] Eine Neuerung bei der Publikation der ersten Ergebnisse war das System für die Bezeichnung der verschiedenen Phasen von Poliochni. Della Seta verwendete nämlich nicht wie üblich lateinische Zahlen für die Bezeichnung der Kulturschichten, sondern Farben. Auf diese Weise werden die verschiedenen Siedlungsphasen von Poliochni als *Nero* (schwarz) für die neolithische Zeit und das Chalkolithikum, *Azzuro* (blau), *Verde* (grün), *Rosso* (rot) und *Giallo* (gelb) für die frühe Bronzezeit, *Bruno* (braun) für das Ende der mittleren Bronzezeit (Troia V-frühes Troia VI) und *Viola* (violett) für einen Teil der Spätbronzezeit (Troia VI-spät) bezeichnet.[335] Nach 1938 wurde die Arbeit in Poliochni eingestellt, weil Della Seta wegen der Rassengesetze der faschistischen Regierung in Italien entlassen wurde. Mit dem Ausbruch des Zweiten Weltkriegs wurde der Ort größtenteils zerstört. Die deutsche Wehrmacht nutzte ihn als Feldlager, wie auch die gesamte Insel wegen ihrer geostrategischen Position besetzt wurde. Die Zerstörung der prähistorischen Siedlung dauerte an, als die Reste der prähistorischen Stätte für den Bau des nahe liegenden heutigen Dorfes verwendet wurden. Erst im Jahr 1951 beauftragte der Direktor der Italienischen Archäologischen Schule in Athen, Doro Levi, den Archäologen Luigi Bernabò Brea mit der systematischen Publikation der Ergebnisse der Ausgrabungen in Poliochni, die bis 1964 andauerten. Als er wieder in Poliochni war, beschrieb er mit großer Aufregung die katastrophalen Zustände vor Ort: "*I danni che avevano subito i resti edilizi di Poliochni erano assai piu gravi di quelli subiti dai materiali anche a causa dei vandalismi compiuti dalle truppe di occupazione*".[336]

Im Jahr 1986 begann der damalige Direktor des Italienischen Archäologischen Instituts in Athen, Antonino di Vita, einige Stellen der archäologischen Stätte zu restaurieren. Es handelte sich hauptsächlich um Gebäude der Siedlung und deren Südmauer, die während

[332] O. Kouka (2002) Anm. 118.

[333] A. Della Seta, 1930-31, Atti della Scuola, ASAtene XIII-XIV, 499-509 pasim.

[334] Erst am 9. Juli 1938 veröffentlichte Della Seta in der Zeitung *Corriere della sera* einen Artikel über die Entdeckung mit dem Titel „*Poliocni una citta preistorica*". Die ersten wissenschaftlichen Berichte über die Ausgrabungen in Poliochni bis ins Jahr 1936 wurden von Della Seta selbst publiziert

[335] Zu den verschiedenen Phasen Siedlungskontinuität von Poliochni kann Folgendes gesagt werden: Etwa um 4500 v. Chr., der sog. Phase Nero, beginnt die Besiedlung des Ortes. Archäologen konnten 16 Siedlungshorizonte unterscheiden. Della Seta bezeichnete diese Phase als „preurbana". Gegen Ende des 4. und zum Beginn des 3. Jahrtausends ist die Phase Azzuro, die als „proto urbano" bezeichnet wurde. Die Phasen verde, rosso, giallo vertreten wie auch Azzuro einen grossen Teil der Frühbronzezeit von Poliochni (Troia I-III).

[336] D. Levi, Prefazione, in: L. Bernabò- Brea (Hrsg.), Poliochni I-II, città preistorica nell'isola di Lemnos (1964).

Ein Ziel der Ausgrabungen war, Spuren bzw. Inschriften der Tyrrhenier zu finden. Dies war aber selbstverständlich nicht möglich, weil die Funde in Poliochni viel älter waren als diejenigen der Tyrrhenier, was die Archäologen damals aber noch nicht erkannten.

des Zweiten Weltkrieges stark beschädigt wurde. Mit den Restaurierungsarbeiten wurden gleichzeitig auch neue Ausgrabungen durchgeführt. Die Leitung übernahm Santo Tiné. Die Ausgrabungen hatten das Ziel, die Funktion der Mauern, welche die Siedlung umgaben, zu bestimmen. Es herrschte die Meinung, dass sie zu Verteidigungszwecken gebaut wurden. Aus den neueren Ausgrabungen ergab sich aber, dass die Mauern der älteren Phasen der Siedlung nicht für die Verteidigung bestimmt waren. Archäologen wie Archontidou, Tiné und Traverso äußerten die Meinung, dass die starke westliche Mauer der sog. blauen Periode eine stützende Funktion hatte, als Schutz vor Überschwemmungen durch den in der Nähe verlaufenden Fluss. Dies trifft meines Erachtens zu. Nicht nur der nahe gelegene Fluss, sondern auch die starke Aufschüttung an der westlichen Mauer, die Keramik der gelben (*giallo*), blauen (*azzuro*) und grünen (*verde*) Periode der Siedlung und andere Bauten der gelben Periode außerhalb des westlichen zentralen Tores, die nicht als Bastionen angesehen wurden, verstärken die Vermutung, dass die westliche Mauer keine defensive Funktion hatte. Während der roten (*rosso*) Periode der Siedlung bekamen die Mauern von Poliochni wahrscheinlich dann aber einen Verteidigungscharakter.[337]
Im Verlauf der Ausgrabungen von 1988 bis 1995 wurde von Professor Santo Tiné der östliche Teil der oben erwähnten Mauer ausgegraben. Danach wurden die Arbeiten in Poliochni eingestellt, damit die Ergebnisse publiziert und die Restaurierung der Gebäude abgeschlossen werden konnte. Zurzeit laufen Ausgrabungen unter der Leitung von Emanuele Greco, unterstützt von der zuständigen griechischen archäologischen Ephorie.[338]
Nicht alle Phasen der Besiedlungsgeschichte von Poliochni werden im Rahmen dieser Arbeit ausführlich beschrieben. Hier werden nur die Phasen der Besiedlungsgeschichte von Poliochni behandelt, die wegen ihren Umfassungsmauern oder Verteidigungsanlagen eine bedeutende Rolle einnehmen. Die ersten Besiedlungsphasen des prähistorischen Poliochni (*nero*, *azzuro*, *verde*) werden nicht ausführlich beschrieben im Gegensatz zu der roten Periode der Siedlung. Während dieser Phase scheinen die Umfassungsmauern einen fortifikatorischen Charakter zu haben, was durch viele Funde - dazu gehören auch die Funde aus Metall - bestätigt zu werden scheint.

3.12.3. Phase *Nero* (ca. 3700 – 3200 v. Chr.)

(Taf. 24)

Aus dieser Besiedlungsphase sind nur sehr wenige architektonische Elemente bekannt. Sie reichen nicht aus, um ein komplettes Bild des prähistorischen Ortes zu rekonstruieren. An zwei Stellen wurden architektonische Reste aus dieser Phase gefunden. Es handelt sich um die Schichten unter den Fußböden der Gebäude 605 und 832, die als Megara bekannt sind.[339] Mit der Fortführung der Ausgrabungen wurden auch an anderen Stellen architektonische Überreste dieser frühen Phase gefunden. Es handelt sich hier um die Gebäude 28 und 26 und den Schnitt VII im Bereich der westlichen Mauer der Phase *Azzuro* (blaue Phase). Neben Resten von Mauerzügen wurden architektonische Überreste von Bauten gefunden, die als Wohnhäuser angesprochen wurden. Sie hatten entweder einen runden oder ovalen Grundriss. Dabei handelt es sich laut Bernabò Brea um sog. „*capannae*“ (Hütten). Wie sie genau ausgesehen haben, konnte nicht festgestellt werden. Nur ihre Fundamente haben sich in einem schlechten Zustand erhalten. Immerhin konnte man noch die kurvolineare Bauweise dieser Häuser erkennen. Meistens bestehen sie aus zwei Reihen von Steinen unterschiedlicher Größe, vom Meerwasser abgerundet, die in der näheren Umgebung zu finden waren. Kieselsteine und Sand wurden ebenfalls für den Bau verwendet. Der Zwischenraum der Mauern wurde mit kleineren Steinen und Erde verfüllt. Sie haben eine Stärke von 0,30 bis 0,40 m. Einige sind noch in einer Höhe von 0,15 bis 0,75 m erhalten. Manchmal wurde auch Vulkanstein verwendet, der leicht zu finden war. Ob für den Bau der Wohneinheiten Holz und Lehm verwendet wurden, konnte nicht sicher festgestellt werden. Es wurde bei den Ausgrabungen viel organisches Material und verbrannte Erde gefunden. Fast in allen Kulturschichten wurden dabei Brandspuren beobachtet, die eine Brandkatastrophe nicht ausschließen lassen. Das organische Material besteht meistens aus schwärzlichem oder gelblich-rötlichem Material, was für die Verwendung von Holz, Schilf und Lehm sprechen

[337] A. Archontidou-Argyri – S. Tiné – A. Traverso, Poliochni 1988. Nuovi saggi di scavo nell'area del Bouleuterion e della piazza principale, ASAtene 66-67, 1993, 357-371.

[338] Über Poliochni siehe Ch. Doumas – V. La Rosa (Hrsg.). *Η Πολιόχνη και η πρώιμη εποχή του χαλκού στο βόρειο Αιγαίο. Διεθνές Συνέδριο, Αθήνα,* 22 – 25 *Απριλίου* 1996, (1997). Die Veröffentlichung der archäologischen Ergebnisse von Poliochni gilt als eine der besten Ausgrabungspublikationen überhaupt. Außer dem Werk von Bernabò Brea über Poliochni wurden auch zahlreiche Artikel mit ausführlichen Literaturangaben über die prähistorische Siedlung publiziert.

[339] Unter dem Gebäude 605 entdeckten Archäologen acht Kulturschichten, die eine Mächtigkeit von 1,90 m hatten. Hier hat man drei Bauhorizonte unterscheiden können. Daneben wurden unter das Gebäude 832, 10 Schichten erkannt, die eine Mächtigkeit von 3 m hatten. Hier konnten sieben Bauhorizonten erkannt werden.

könnte. Ob die Gebäude einen Oberbau aus Lehm besaßen, konnte nicht geklärt werden, ebenso wenig konnte ein Eingang für die Bauten nachgewiesen werden. Für die Dachkonstruktion wird eine Verwendung von Balken und Schilf angenommen. Wahrscheinlich hatten die runden oder ovalen Wohneinheiten der Siedlung eine gewölbte Dachkonstruktion. Für die rechteckigen Einheiten wird eine flache Dachkonstruktion vermutet. Andere Details von den Gebäuden, wie z. B. Mauerverputz, konnten nicht gefunden werden. Die Böden der Häuser bestanden aus sandhaltiger Erde. In anderen Fällen wurden Hinweise auf Bodenpflasterungen gefunden, wie in der zweiten Hütte unter dem Megaron 605 oder der dritten Hütte unter dem Megaron 832. Nachweise für Herdstellen in den Gebäuden existieren ebenso. Der wichtigste Befund dieser früheren Zeit in Poliochni sind aber die Abwasserkanäle. Eine solche Konstruktion wurde unter dem Megaron 832 in der Hütte 7 gefunden. Der Kanal wurde direkt an der Mauer der Hütte gebaut und scheint unter der Bodenpflasterung der Häuser verlaufen zu sein. Andere Hinweise auf Funktion, Inneneinrichtung und Architektur der prähistorischen Gebäude wurden leider nicht gefunden, weil die Ausgrabungen im Bereich dieser Gebäude oder Hütten nie vollendet wurden. Deshalb gibt es nur wenige Informationen zur ersten Phase der Besiedlung in Poliochni und es lässt sich kein vollständiges Bild von dem ersten „einfachen“ Dorf auf dem Hügel von Vroskopos rekonstruieren. Ebenso kann kaum etwas über die Raumorganisation des Ortes und die Orientierung der Bauten gesagt werden. Ob sie nach Plan errichtet wurden oder nicht, wird leider ungeklärt bleiben müssen. Es scheint aber, dass die ersten Behausungen in Poliochni frei standen. Es scheint auch, dass die Bewohner bei der Bebauung keine Rücksicht auf die heftigen Nordwinde nahmen. Nur in den späteren Phasen der Besiedlung gab es eine gewisse Orientierung der Gebäude.[340]

Insgesamt handelt es sich um eine Siedlung, die aus runden, ovalen und rechteckigen Bauten besteht.[341] Brea hatte zumeist runde und ovale Mauerreste gefunden und nur Reste von einem rechteckigen Gebäude, das sich unter dem Megaron 832 befindet. Er unterscheidet zwei Bauformen in Poliochni *nero* und bezeichnet beide als „*capanne*“ (Hütten). Die runden bzw. ovalen erreichen einen Durchmesser von 2,80 bis 4,50 m. Die Größe des rechteckigen Gebäudes konnte leider nicht festgestellt werden, da es nicht ausreichend untersucht wurde. Eine Folge dieser Wortwahl des Archäologen war, dass Poliochni *nero* als ein einfaches Dorf mit Hütten, die immer wieder an der gleichen Stelle gebaut wurden, in die Literatur eingegangen ist. Ob nun die „*capanne*“

[340] Was die „Hütten“ unter den beiden Megara betrifft, kann Folgendes gesagt werden: Unter dem Megaron 605 scheinen die „Hütten“ nach Osten und Westen orientiert zu sein. Unter dem Megaron 832 weisen die Gebäude keine einheitliche Orientierung auf. Sie sind nach allen Richtungen orientiert. Zum diesem Thema siehe O. Kouka (2002), 41f.

[341] Die sog. kurvlinearen Mauerreste können verschiedenen Bauformen angehören. Als Beispiele können laut O. Kouka folgende genannt werden: Bauten mit runden, ovalen, apsiden, hufeisenförmigen oder D-förmigen Grundriss. Auch in Poliochni könnten diese Bauformen errichtet worden sein. Die vorhandenen Baureste ermöglichen jedoch keine Rekonstruktion solcher Bauformen. Die gerundeten Mauerreste könnten zu runden oder ovalen Gebäuden gehören, doch die Situation ist noch undurchsichtiger, da kein Halbkreis eines Gebäudes von Archäologen nachgewiesen wurde. Nur so wäre die Rekonstruktion eines runden, ovalen oder apsis – Gebäudes vorstellbar. Solche Bauten wurden durchaus während der Frühbronzezeit gebaut. Aus Lerna, Theben, Tiryns und Olympia kennen wir solche Bauten. Alle sind Apsishäuser, die während der FH II oder FH III Zeit gebaut wurden. Ein anderes Beispiel ist Rini in Thessalien. Es handelt sich um einen Ovalbau, der während der mittelhelladischen Zeit gebaut wurde. Runde Gebäude kennen wir aus der neolithischen und chalkolithischen Zeit sowie aus frühbronzezeitlichen Kontexten. In Bakla – Tepe, Mersin (Türkei) und Choirokitia, Kissonerga-Mosphilia (Zypern) wurden runde Gebäude gefunden. Ähnliche Gebäude wurden auch in der Levante und in Mesopotamien gefunden, wie in Tell-Arpachiyah. Aus der chalkolithischen Zeit sind ähnliche runde Bauten bekannt wie in Myrina (chalkolithische Schichten II, III), aus Orchomenos in Böotien während der FH II, in Eutresis FH I (*curving wall* B), in Olympia/Altis FH III und Voidokilia/Messenien FH II. Dazu kann ebenfalls der Rundbau von Tiryns gerechnet werden, obwohl dieses Gebäude einen monumentalen Charakter aufweist. Was die ovalen Bauten betrifft, kann nur soviel gesagt werden, dass sie erst ab der mittleren Bronzezeit zu finden sind. Dazu gehören Gebäude wie der ovale Bau in Chamezi auf Kreta MM I-II, die Gebäude 30, 50 in Tiryns aus der mittleren Bronzezeit, die Bauten in Rini und Aerino in Thessalien und die spätbronzezeitlichen Häuser in Thermon in Ätolien.

Hufeisenförmige Gebäude sind nicht bekannt. Bauten wie in Eutresis und Kreta sind besser zu der Kategorie der Apsishäuser zuzuordnen. Häuser mit D-förmigen Grundriss sind aus Emporio auf Chios während der neolithischen Zeit oder aus dem frühbronzezeitlichen Beşik-Tepe in der Türkei bekannt. Andere Siedlungen mit D-förmigen Bauten sind Palamari auf Skyros FH II Zeit, Kastri auf Syros und Kythnos auf Delos FK IIIA. Aus der Mittleren Bronzezeit sind Beispiele aus Krisa bei Delphi und aus Malthi in Messenien bekannt.

Daraus hat sich ergeben, dass die Apsisgebäude schon ab der neolithischen Zeit sehr oft gebaut wurden. Beispiele von apsisförmigen Gebäuden entweder mit Halbkreis

wirklich primitive Hütten waren, kann nicht beantwortet werden. Unter dem Begriff Hütte versteht man eigentlich leichte Baukonstruktionen, die nur für kurze Zeit bewohnbar waren. Die architektonischen Überreste dieser frühen Epoche weisen aber auf Gebäude hin, bei denen zumindest der Unterbau aus Stein bestand. Wahrscheinlich wurden für den Oberbau der Häuser entweder Steine oder Lehmziegel verwendet, was aber nicht festgestellt werden konnte. Aus der neolithischen und der chalkolithischen Zeit sind solche Gebäude von vielen prähistorischen Siedlungen bekannt. Daher könnte es auch für Poliochni nero zutreffen. Ob dieses frühe Dorf durch eine Maueranlage geschützt wurde, kann nicht gesagt werden, weil Hinweise dafür bisher fehlen. Es wird aber angenommen, dass die prähistorische Siedlung, wie andere neolithische und chalkolithische Siedlungen auch, baulich abgegrenzt wurde. Ob eine solche Anlage fortifikatorische Zwecke erfüllte oder einfach auf das bewohnte Areal der Siedlung hinwies, kann leider nicht festgestellt werden.

Gefunden wurden Keramikscherben und Funde aus Stein, die meistens für die täglichen Tätigkeiten benutzt wurden. Da diese Funde aus verschiedenen Schnitten stammen und unterschiedliche Bauphasen repräsentieren, konnte keine Korrelation unter den Besiedlungsphasen festgestellt werden, auch wenn die meisten Funde aus zwei Schnitten der beiden schon erwähnten Megara stammen. Ein weiteres Problem ist, dass die Funde nur fragmentarisch erhalten sind, so dass es keine sicheren Ergebnisse gab. Das am zahlreichsten vorhandene Fundmaterial ist Keramik. Brea teilte sie in zwei Gruppen auf, nämlich in Feinkeramik und Grobkeramik.[342] In diesen beiden Kategorien erkannte er drei andere, die er als *ceramica lucida, ceramica grezza und ceramica semilucida* bezeichnete.[343] Zur Keramik gehören auch andere Tonobjekte, deren Verwendung fraglich bleibt. Als Beispiel werden einige flache quadratische Bruchstücke genannt, die als Paletten bezeichnet werden, oder durchlochte Scherben, die wahrscheinlich zum Spinnen und Weben verwendet wurden.

Außer Keramik wurden auch Steinobjekte gefunden, wie z. B. zwei Klingen und ein Fragment aus Feuerstein sowie Mahl- und Reibsteine. Zur Herstellung solcher Werkzeuge wurde vor Ort vorkommendes Steinmaterial (Basalt, Sandstein, Feuerstein, Kieselstein) verwendet. Aus Tierknochen (Rippen und Zähne von Schafen und Ziegen, Röhrenknochen und sonstige Knochen vom Rind) wurden Werkzeuge hergestellt, die für die Fellverarbeitung oder zum Flechten verwendet wurden.

Überwiegend wurden die oben erwähnten Funde für den täglichen Gebrauch verwendet. Importierte Materialien oder Gegenstände wurden nicht gefunden. Dies bedeutet aber nicht, dass die Menschen von Poliochni während dieser frühen Zeit nicht mit anderen Siedlungen Handelsbeziehungen pflegten.

---

oder einer Ellipse sind häufig anzutreffen. Im griechischen Raum und in der heutigen Türkei sind viele davon ausgegraben worden. Ihre Funktion konnte verschieden sein. Sie konnten als Arbeitsplatz, Speicherraum und Schlafraum verwendet werden. Zusammenfassend lässt sich sagen, dass solche Bauformen eine lange Tradition genossen. Im Fall von Poliochni kann als sehr wahrscheinlich gelten, dass solche Baukonstruktionen gebaut wurden, obwohl die architektonischen Indizien sehr spärlich sind.

[342] Im Bezug auf die feine Keramik kann nur gesagt werden, dass sie meistens aus Schalen in verschiedenen Varianten besteht: sie haben einen oder zwei Henkel. Sehr oft haben sie aber keinen. Es gibt Beispiele von Schalen, die auf einen großen Hohlfuß stehen. Eine andere Gruppe der Keramik ist die der Tassen. Manchmal haben sie einen kalottenförmigen Körper mit weit „ausschwingendem" Henkel. Zu der gefundenen Keramik gehören noch Pyxiden, Kannen, die oft einen schrägen Ausguss haben und Henkel, der am Rand des Gefäßes sitzt. Amphoren, Pithoi mit kleinen Füßen sind auch gefunden worden. Dazu müssen auch die Miniaturgefäße erwähnt werden. Es handelt sich um eine Tasse, zwei Pyxiden und ein kugeligen Gefäß. Nach einer ersten Beobachtung ist Bernabò Brea zu dem Ergebnis gekommen, dass meistens Schalen und Kannen im Vergleich mit den anderen Gefäßformen zu treffen sind. Bezüglich der groben Keramik kann Folgendes erwähnt werden: meistens handelt es sich um Kochtöpfe, die drei Füßen haben und einen leicht eingezogenen Rand aufweisen. Die Henkel dieser Gefäße sind hochgeschwungen (mit Knubben unter dem Rand). Dazu gehören auch Amphoren, Pithoi, Tischchen. Letzte könnten eventuell auch als Deckel bezeichnet werden. Zu der groben Keramik gehören auch viele Flachböden und eine Miniaturschale mit einem kleinen Hohlfuß.

[343] L. Bernabò-Brea (Hrsg.), Poliochni I-II, città preistorica nell'isola di Lemnos (1964), 538ff. Als *ceramica lucida* bezeichnet er eine gut polierte und fein geschlämmte Keramik, die sowohl schwarz oder braun überzogen ist. Als *ceramica grezza* wird die Ware mit einer bemalten Linearmusterung oder die grobe Keramik mit einer unregelmäßigen Politur bezeichnet. *Ceramica semilucida* wird von einer feine Magerung charakterisiert, die aber keine echte Politur hat. Insgesamt handelt es sich um Keramik, die überwiegend schmucklos war. Ganz wenige Gefäße haben einen bemalten Dekor, weiß auf schwarzen Grund. Fast identische Keramik ist auf kleinem Asien gefunden worden. Daraus ist man zu dem Ergebnis gekommen, dass die Keramik in Poliochni von Menschen gemacht wurde, die aus Klein Asien nach Lemnos eingewandert worden sind.

3.12.4. Phase *Azzuro* (ca. 3200 – 2700 v. Chr.)

(Taf. 24)

Im Vergleich mit Poliochni *Nero* (sog. Schwarze Phase) stammen aus der ersten frühbronzezeitlichen Phase *Azzuro* mehr architektonische Überreste. Die meisten wurden im südlichen und südwestlichen Bereich der prähistorischen Siedlung entdeckt, aber auch im nördlichen Bereich des Hügels wurden Bauten dieser Phase ausgegraben. Dagegen wurden im Zentrum des Hügels nur wenige Mauerzüge freigelegt. Außerdem wurde reichlich Keramik gefunden. Aufgrund der Entwicklung und Differenzierung der Keramik und der Architektur konnte Brea die Phase *Azzuro* in zwei Perioden unterteilen. Die erste frühere Periode ist als „*azzuro arcaico*“ und die zweite weiterentwickelte als „*azzuro evoluto*“ bekannt.[344] Anhand des architektonischen Befundes der Phase *Azzuro* zeigte sich, dass damals der gesamte Hügel bebaut war.[345] Nach heutiger Ansicht wird geschätzt, dass Poliochni *Azzuro* eine Ausdehnung von 1,5 ha hatte.

Die meisten Bauten der Siedlung sind rechtwinklig und entsprechen dem Megaron Typus. Viele davon boten Platz für 16 bis 20 Menschen. Es wurden aber auch Apsisbauten gefunden, überwiegend einräumig. Die Bauten unterteilen sich in rechteckige Bauten und in Langraumbauten. Am bekanntesten sind Bau 14 und Bau 28. Beide wurden direkt an der vermuteten Befestigungsanlage im südwestlichen Bereich der Siedlung gebaut und zwar so, dass die Rückwände dieser Gebäude identisch mit der angenommenen Befestigungsanlage der Siedlung sind. Das Gebäude 28 orientiert sich von Süd – Südwesten nach Nord – Nordosten. Die Maße im Inneren belaufen sich auf 16,80 x 3,50-3,75 m und außen auf 19,70 x 7,00 m, was auf eine gewaltige Wandstärke von 2 m schließen lässt.[346] Verwendet wurden Steinplatten und Bruchsteine.[347] Das Gebäude scheint im Inneren durch Mauerzüge in zwei Teile getrennt, die durch kleinere Mauerzüge weiter unterteilt werden. Diese Teilung des Gebäudes gab Anlass zu der Vermutung, dass Bau 28 zwei Obergeschosse besaß.[348] Ein weiteres Kennzeichen dieses Bauwerkes ist, dass in seiner Westmauer fünf rechteckige Öffnungen in verschiedener Höhe gefunden wurden.[349] Ähnliche Öffnungen wurden auch in den Mauern 9, 12b und 12d der vermuteten Befestigungsanlage gefunden. Ob letztere als Schießscharten verwendet wurden, konnte nicht zufriedenstellend beantwortet werden. Im Fall von Gebäude 28 wird eine solche Funktion ausgeschlossen, weil sich die Öffnungen in verschiedener Höhe befinden. Man kann sie mit den Schießscharten der Befestigung in

[344] Während der beiden Perioden erkannten Archäologen mehrere Renovierungen von verschiedenen Gebäuden. Man spricht über sieben oder acht Renovierungsphasen. Aus der Mächtigkeit der verschieden Schnitte ergab sich, dass die Bewohner von Poliochni intensiv gebaut haben. Es wurde eine Notwendigkeit erkannt, die Siedlung immer wieder weiter zu erweitern und neu zu organisieren.

[345] Nach Ausgrabungen im nördlichen Bereich der Siedlung wurde dies erkannt. Besonders im nordwestlichen Bereich von Poliochni, wo die sog. Akropolis liegt im Schnitt H und dann im Schnitt M der Insula VIII, wo sich die Grenze der Siedlung zum Meer befand, fanden Archäologen Beweise, die die große Ausdehnung der prähistorischen Siedlung bestätigen. Im Schnitt M wurde ein Teil der Umfassungsmauer gefunden, die entlang der Küste verlief. Es handelt sich um die Mauer X′′/Q; Schicht 4C-H. Archäologen fanden noch eine Passage in der Schicht 8, die von dem bewohnten Bereich zur Küste lief.

[346] L. Bernabò-Brea (1964) Abb. 108-122.

[347] Der untere Teil der Mauern des Gebäudes reicht manchmal mehr als 2 m Breite. Die Mauerbreite verringert sich bei zunehmender Höhe zwischen 1 und 1, 50 m. Die Ostmauer des Gebäudes ist in einer Höhe von 5,40 m erhalten. Die westliche Mauer des Gebäudes hat eine Höhe von 5,05 m. Letztere ist am Hang des Hügels gebaut worden und wurde auch als Stützmauer interpretiert.

[348] Einen ähnlichen Bau kennen wir aus Liman-Tepe in der heutigen Türkei. Dieses Gebäude wird als Korridor – Haus bezeichnet und wird in die Frühbronzezeit II von Tepe datiert. Der Bau befindet sich im zentralen Bereich der befestigten Siedlung auf der Halbinsel und hatte möglicherweise die Funktion eines Speichers. Das ganze ist aus Stein gebaut worden und hat eine Länge von 14,40 m. Seine Breite beträgt 1,20 m. Seine Südmauer ist 1,50 bis 2,20 m mächtig und ist in einer Höhe von zwei Meter erhalten. Die Nordmauer ist 0,60 m stark. Der innere Raum des Gebäudes wird durch kleine Mauerzüge in kleinere Räume geteilt.

[349] Die Öffnungen sind 0,20 x 0,25 m groß und sie gaben Anlass für viele Spekulationen bezüglich ihrer Funktion. Es wurde angenommen, dass sie für die Beleuchtung, Belüftung, Verteidigung (Schießscharten), als Öffnungen für Holzbalken und als Öffnungen für die Ableitung des Wassers verwendet wurden. Als die bessere Lösung scheint der Fall der Öffnungen für Holzbalken gewesen zu sein. Dies bekräftigt sich, weil in der darüberliegenden Ostmauer des Gebäudes zwei Stufen in verschiedener Höhe zu sehen sind. Wahrscheinlich wurden hierauf die Holzbalken gesetzt. Dies bedeutet, dass wahrscheinlich noch ein Stockwerk in diesem Gebäude existierte. Insgesamt konnte vorstellbar sein, dass der Bau 28 als Speicher diente. Das Beispiel aus Liman Tepe bekräftigt dies, denn die innere Teilung der Gebäude in Korridore und die Existenz noch eines Stockwerkes offenbart die Funktion dieses Gebäudes.

Mersin XVI vergleichen. Für das Dach wurde an eine flache Konstruktion gedacht, die wahrscheinlich auch als Arbeitsplatz oder für Verteidigungszwecke verwendet wurde. Spuren der Dachkonstruktion wurden nicht gefunden. Aufgrund seiner monumentalen Größe und der Unterteilungen wurde der Bau als „*Granaio*“ (Getreidespeicher) angesprochen. Es wurde angenommen, dass im Gebäude bis zu 200000 kg Getreide gespeichert werden konnten.[350]

Benvenuti äußerte jedoch die Vermutung, dass Bau 28 kein Speicher war, sondern eine Baukonstruktion um den Hang zu stützen.[351] Aufgrund der Baukonstruktion, der Innenteilung und der Funde kann eine solche Deutung des Gebäudes aber nicht gestützt werden.

Direkt vor Gebäude 28 wurde Gebäude 31 errichtet. In Bezug auf Größe, Form und Orientierung hat es viele Ähnlichkeiten mit Bau 28.[352] Das beeindruckenste Gebäude dieser Phase ist aber Gebäude 14. Es handelt sich um eine monumentale Baukonstruktion, die möglicherweise eine wichtige Rolle für die Siedlung gespielt hat. Der Bau ist 13,2 x 3,8-4,1 m groß und wird durch seine solide gebaute, nördliche und westliche Mauer hervorgehoben. Als Material wurden auch hier wieder sorgfältig gesetzte Steinplatten und Bruchsteine verwendet. Ein besonderes Merkmal dieses Gebäudes ist, dass sich an seiner westlichen Mauer zwei Reihen von Sitzbänken befinden. Die Länge der Sitzbänke beträgt je 11 m. Sie bestehen aus bearbeiteten Steinblöcken, die 1,50 x 0,40 x 0,15 - 0,35 m groß sind. Auf den Sitzbänken konnten ca. 50 Menschen Platz nehmen. Ähnliche Sitzblöcke wurden auch an der Ostmauer von Bau 14 gefunden. Bau 14 ist in der Literatur als *Βουλευτήριον* bekannt geworden. Durch die gewählte Terminologie gaben die italienischen Archäologen dem Gebäude automatisch eine Funktionzuweisung mit politischen Hintergedanken, die so für die Frühbronzezeit noch nicht existiert haben muss. Aus diesem Grund ist es besser, Gebäude 14 neutraler als Versammlungsort zu bezeichnen. Es wird angenommen, dass der Bau 14 nicht überdacht war.

Die anderen Gebäude sind nur fragmentarisch erhalten. Das liegt daran, dass manche Bauten nicht bis zum gewachsenen Boden ausgegraben wurden und viele Gebäude dieser Epoche unter anderen Bauten aus späteren Phasen liegen. Einige, die als Wohngebäude angesprochen werden, wurden im nördlichen Bereich der Siedlung vor den Insulae I und II entdeckt, vor der Umfassungsmauer. Diese werden in die frühere Periode der Phase *Azzuro*, nämlich in die Periode *Azzuro arcaico*, datiert. Andere architektonische Elemente fand man im südwestlichen Teil der Siedlung vor der vermuteten Befestigungsanlage. Es handelt sich um die Räume 1150 – 1170, die in die Periode *Azzuro evoluto* datiert werden. Weitere Gebäudereste wurden unter den Räumen 832, 605 und 506 gefunden. Fast alle Gebäude hatten während der gesamten Baukontinuität dieselbe Orientierung. Sie waren nach Nordwesten bzw. Südosten orientiert. So konnte eine Baukontinuität für die Insulae VII, VIII und XIII sowie für die Insulae III und IV nachgewiesen werden.

Insgesamt bestand der Wohnbereich der Siedlung in dieser Phase aus rechteckigen Bauten verschiedener Länge und aus Apsisbauten.[353] Alle wurden mit lokalem Stein gebaut, was sich auch in den späteren Besiedlungsphasen zeigt. Holz und Lehm wurden, wie auch während der Phase *Nero*, nicht verwendet. Die Mauern der meisten Gebäude waren 0,30 bis 0,45 m

---

[350] *Πολιόχνη Λήμνω εν αμιχθαλοέσση. Ένα κέντρο της πρώιμης εποχής του Χαλκού στο βόρειο Αιγαίο* (1997).

[351] A. G. Benvenuti, Il saggio „U“ nel vano 28 (il c.d. Granaio), in: Ch. Doumas – V. La Rosa (Hrsg.), *H Πολιόχνη και η πρώιμη Εποχή του Χαλκού στο Βόρειο Αιγαίο* (1997), 24-33. Abb. 5.

[352] Das Gebäude 31 ist 19,15 x 2,25 m groß und es wird durch eine Trennmauer mit 7,80 m Länge in zwei Teile geteilt. Wahrscheinlich hatte es eine ähnliche Funktion, wie das Gebäude 28, nämlich als Speicher.

[353] Als rechteckige Gebäude werden die Räume 1146 bis 1150 und 1162, 1163 bezeichnet. Sie waren 2,5x4 m bzw. 6x5 m lang. Sie waren nebeneinander gebaut oder freistehend. Dies ist der Fall in Raum 1167. Dazu siehe L. Bernabò-Brea (1964) 132f., Abb. 79-80 und 143ff., Pl.11. Für den freistehenden Raum 1167, siehe 125f. Abb. 70-72. Gebäude des Megaron Typus besaßen eine Länge von 6,5/8,0 x 3 m. Sie bestehen meistens aus einem Vor- und einem Hauptraum. Manche bestanden aus einer Ante und einem Hauptraum. Solche megaronartigen Gebäude wurden in den Insulae III, IV gefunden und sie wurden durch gemeinsame Mauern (307-308) getrennt. Ein anderes Gebäude, das als Megaron I-III bezeichnet wird, ist das Gebäude 832 in der Insula XIII. Es scheint aber nicht als freistehendes Gebäude zu stehen, sondern wurde durch gemeinsame Wände als ein Wohnkomplex verstanden. Aus diesem Grund wird es als „megaroid“ bezeichnet. Zum Bau 832 siehe L. Bernabò-Brea (1964) 96ff. Abb. 56-58, Pl. 17-19. Über die Apsisbauten kann gesagt werden, dass sie meistens einräumig waren und 3 oder 5 m lang waren. Sie hatten eine Breite von 2,5 bis 3 m (Gebäude 206 und 212). Manchmal bestehen sie aus einen Vor- und einem Hauptraum (Gebäude 202-201, 204-205). Die meisten befinden sich nördlich der Siedlung und sind als Insulae I-II bekannt. Sie stehen neben- oder zueinander. Dies bedeutet, dass die Apsisbauten auch während der Frühbronzezeit weiter gebaut wurden. Ähnliche Bauten sind in Kastri auf Syros, Kythnos auf Delos, Panormos auf Naxos, Palamari auf Skyros nachgewiesen. Freistehende Apsisbauten sind aus Lerna IVC und Tiryns bekannt.

stark. Der Boden der Häuser bestand aus gestampfter Erde. Manchmal pflasterte man den Vorraum oder den Hof des Hauses mit Kieselsteinen. Archäologen fanden auch Türpfannen, aber keine Schwellen. Herdstellen wurden selten in den Häusern entdeckt. Man fand lediglich Spuren in den Gebäuden 605 und 832. Eine Besonderheit sind die gepflasterten Straßenzüge, die die ganze Siedlung vernetzten. Sie blieben auch in den späteren Phasen von Poliochni unverändert. Diese Straßen und Plätze befanden sich im südwestlichen Bereich der Siedlung vor den Bauten 28 und 31 und vor dem Bau 14. Es handelt sich um den Platz des Toreinganges 102a, Gasse 113 und die Straßen 107a und 108a-b, die in den Insulae III und IV liegen. Weitere Straßenzüge und Plätze sind weiter südlich zu sehen. Auf Platz 106 befand sich ein Brunnen, der die Siedlung mit Wasser versorgte. Einen weiteren Brunnen gab es in Insula VIII, Raum 605. Zeitlich wird dieser in *Azzuro arcaico* datiert. Dagegen wird der Brunnen auf Platz 106 in *Azzuro evoluto* datiert. Mehr über die Gebäude dieser Phase ist leider nicht bekannt. Die zahlreichen Funde liefern aber viele Informationen über Poliochni *Azzuro*.

Es handelt sich um Funde aus Knochen, Stein, Ton und Metall. Von diesen wurden Metall und Marmor importiert.[354] Keramik wurde teilweise importiert, teilweise vor Ort hergestellt. Überwiegend handelt es sich um Vorratsgefäße, Amphoren und Pithoi mit Zylinderhals, die eine rote Oberfläche aufweisen.[355] Es ist eine hart gebrannte Keramik mit sehr guten schwarzen und braunen polierten Oberflächen. Im Vergleich zur Keramik der Phase *Nero* ist die Keramik der Phase *Azzuro* reicher an Formen und hat andere Dekorationsweisen.[356] Außer den oben genannten Formen wurden noch Teller, Schüsseln, Tassen, Schöpfgefäße und Kannen gefunden. Selten kommen Gefäße wie Pyxiden, Askoi, Krüge, Deckel und Miniaturgefäße vor. Als „poliochnische Erfindung" gelten die Fußschalen auf großem Hohlfuß.[357] Zu der gefundenen Keramik in

---

[354]Funde aus Knochen waren am zahlreichsten. Es handelt sich um zugespitzte Geräte, die für die Textilverarbeitung und sogar für das Bearbeiten von Stoffen, Fell oder Holz verwendet wurden. Die meisten davon stammen von Schaf, Ziege, Schwein, Hund, Hase und Rothirsch, obwohl in Lemnos keine Waldzone existierte. Die Vielfalt dieser Geräte ist beeindruckend. Natürlich wurden Knochen auch für die Herstellung vom Schmuck verwendet. Darüber hinaus müssen auch die Muscheln erwähnt werden, wie *Spondylus gaederopus*, *Conchiglia madreperla*, *Pinna nobilis*, *Cypraea*, die auch für die Herstellung vom Schmuck gedient haben.
Aus Stein (Tuff, Sandstein) wurden verschiedene Geräte gefunden, wie Stößel, Mörser, Mahlsteine, Beile, Äxte, Meißel, Hämmer, Wetzsteine, Gewichte und Schleudersteine. Sehr wichtig sind die Streitäxte oder Schaftlochäxte, die eine Repräsentationsbedeutung für ihren Besitzer hatten. Solche sind auch in Troia IIg (Schatz L) gefunden worden. Aufgrund ihrer Form nahm man Kontakte mit dem südbalkanischen Raum an. Erwähnenswert ist auch eine Schaftlochaxt aus Palästina. Sie ist als „alabarda o ascia amazzonica" bekannt. Ansonsten kommen sie nur während der FH II Zeit im griechischen Festland vor. Wichtig sind noch die Hämmer und die Klopfsteine, die für die Zerschlagung von Metall verwendet wurden.
Bei den Funden aus Ton, neben der Keramik, handelt es sich um Spinnwirtel, Tonscheiben, Tonspulen und Tonzylinder, ganz selten Tonidole und Tonsiegel. Tonanker aus Poliochni werden gern mit Tonankern aus Kastri, Kythnos und den südgriechischen Festland verglichen. Letztere werden meistens Ende FH II, Anfang FH III datiert. Im Fall der Tonanker aus Poliochni sieht man, dass enge Kontakte mit dem nordgriechischen Raum, dem südlichen Balkanraum und Kleinasien existiert haben. Aus dem Fundkontext ist hervorgegangen, dass sie mit der Textilverarbeitung zusammenhängen.
Bezüglich der Metalle ergab sich eine große Produktion von Nadeln. Eine davon hat einen Doppelspiralenkopf aus Silber. Zu den metallischen Werkzeugen gehören noch Bohrer, Meißel, ein Dolch und ein Messer. Blei ist auch vorhanden. Es wurde meistens für die Reparatur von Gefäßen verwendet. Aus den Isotopenanalysen der Metallfunde und Schlacken hat es sich ergeben, dass Bronze und Blei aus verschiedenen Orten des ägäischen, kleinasiatischen Raumes und des Schwarzmeerraumes importiert wurden. Als Beispiele können Orte wie Siphnos, Laurion genannt werden. Was das Silber betrifft, konnte seine Herkunft nicht festgestellt werden. Zu der Metallurgie gehören noch die Tondüsen und die Gussformen. Es wurde in Poliochni eine tönerne Gussform einer Axt gefunden. Dies bedeutet, dass die Technik des Wachsausschmelzverfahrens schon in Poliochni angewendet wurde. Es scheint, dass die Metallurgie eine sehr wichtige Rolle in Poliochni spielte. Tondüsen, Gusstiegel und –formen, Schlacken, die überall auf der prähistorischen Stätte gefunden wurden, beweisen es. Hinweise auf metallurgische Tätigkeiten wurden in den Insulae I-II (Gebäude 605, 832) und im Teil 12 der fraglichen Befestigungsmauer nachgewiesen.

[355]Dies hat mit der Brandtechnik zu tun. Wahrscheinlich wurde ein anderer Keramikofen verwendet.

[356]Die Dekoration der Gefäße ahmt metallische Gefäße nach. Die Verzierung der Gefäße wird durch Gruppen von Rillen ersetzt. Vergleichbare Gefäße sind in Troia und Thermi gefunden worden, die auf solche Kanneluren verzichten. Meistens kommen Ritzungen auf diesen Gefäßen vor. Im Fall von Poliochni erkannten Archäologen einen lokalen Charakter der keramischen Produktion.

[357] Zu diesem Thema siehe O. Kouka (2002), 59f. mit Anm. Diese Fußschalen kommen in vier Typen vor. Grund dafür war die Gestaltung der Henkel. Außerdem

Poliochni gehörte auch importierte bemalte Keramik von den Kykladen und die sog. ausgewischte Keramik („*ceramica striata*").[358] Zusammenfassend lässt sich sagen, dass in Poliochni *Azzuro* viele Wirtschaftliche und Handwerkliche Aktivitäten das Bild der prähistorischen Siedlung geprägt haben. Aus dem Fundkontext ist hervorgegangen, dass Tätigkeiten wie Textilbearbeitung, Fellverarbeitung, Flechterei, Holzbearbeitung, Herstellung von Knochen- und Steingeräten, Keramik und Metallurgie eine gewisse Arbeitsspezialisierung förderten. Zum Ackerbau konnten nicht viele Informationen gewonnen werden, weil nur wenig organisches Material gefunden wurde. Paläobotanische Studien fehlen bislang.[359] In diesem Zusammenhang sind wichtig zu nennen sind verkohlte Feigen, die im Gebäude 832 (Megaron II) gefunden wurden und deren Analyse half, eine ungefähre Zeit der Besiedlung zu erschließen.[360]

A. Befestigungsanlage oder Stützmauer?

Überreste der sog. Befestigungsmauer von Poliochni *Azzuro* wurden im süd– südwestlichen Bereich der Siedlung gefunden, wo auch die meisten architektonischen Elemente dieser Phase gefunden wurden.[361] Es handelt sich um Mauerteile, die eine Länge von fast 98 m erreichen. Andere spärliche Mauerteile, die eventuell zu dieser Befestigungsanlage gehörten, fanden Archäologen im nördlichen und östlichen Bereich der Siedlung.[362] Es handelt sich um die Mauerteile 301, 304 und wahrscheinlich 312. Sie wurden in die Periode *Azzuro arcaico* datiert. Andere Mauerteile (207, 208) wurden in der Insula I entdeckt und stammen aus der Periode *Azzuro evoluto*. In wie weit diese aber zu der Gesamtanlage gehörten, die die Siedlung abgrenzte, konnte nicht festgestellt werden.

Der eindrucksvollste Teil dieser Anlage ist im südlichen und südwestlichen Teil der Siedlung zu finden. Nach Rekonstruktion ist er in einer Höhe von 4,5 m erhalten. Ausgrabungen ergaben, dass es sich um zwei Bauphasen handeln muss. Zuerst wurden in *Azzuro arcaico* die Mauerteile 3-12, 15, 18 und 26 sowie Gebäude 1165 gebaut. Während *Azzuro evoluto* wurden die Teile 13, 15, 16, 17, 19 und 23-26 errichtet. In der ersten Periode hatte die Mauer eine Stärke von 1 bis 1,50 m in der zweiten eine Stärke von mehr als 2 m. Das Profil der Anlage war leicht nach innen geneigt. Die ganze Anlage verläuft von Süden nach Westen und ändert dann ihren Verlauf in südwestliche Richtung. Sie bildet keine gerade Linie, sondern verläuft bogenförmig. Es stellte sich heraus, dass der Verlauf der Mauer mit der hypsografischen Kurve des Hügels übereinstimmt und direkt auf den anstehenden Fels zunächst mit flachen vulkanischen Bruchsteinen gebaut worden ist. Es ist merkwürdig, dass die Erbauer damals keine Fundamentierung gelegt haben. Dass die gefundenen Erdaufschüttungen im Westteil des Hügels im Zusammenhang mit einer Fundamentierung der Anlage stehen, ist eher zweifelhaft. Es wird geschätzt, dass die ganze Anlage im südlichen und südwestlichen Bereich der Siedlung eine Höhe von über 5 m erreichte.

Anlass für Spekulationen gaben Baureste, die in den Insulae III und IV gefunden wurden. Ein Teil davon ist südlich der Straße 108 zu sehen. Weitere wurden im Norden der Siedlung ausgegraben. Sie haben eine Stärke von 1,50 m. Ob sie zu einer Befestigung oder Abgrenzungsmauer der Siedlung gehörten, konnte nicht festgestellt werden, denn noch weiter nördlich in den Insulae I und II wurden auch ähnliche Bauteile entdeckt. Aus diesem Grund kann nicht mit Sicherheit gesagt werden, ob die oben erwähnten Mauerteile südlich und nördlich der Straßen 108 und 107 zu einer Befestigungsanlage oder zu einer einfachen Umfassungsmauer gehörten. Der weitere Verlauf der Mauer ist unbekannt, da in diesem Bereich nicht weiter ausgegraben wurde. Es wurde aber erkannt, dass sie zeitlich in die Periode *Azzuro arcaico* gehören. Interessant ist auch noch eine andere Baukonstruktion, die in Insula I gefunden wurde. Es wurde angenommen, dass sie zu Verteidigungszwecken diente und eine Art Bastion gewesen sein muss. Es handelt sich um die Mauerzüge 207 und 208 in Insula I. Diese Baukonstruktion hatte eine Breite von 7 m, war mehr als 4,60 m lang und ihre erhaltene Höhe beträgt heute noch 1,30 m. Die Konstruktion wurde „*terrazzamento*" (Stützmauer) genannt. Es ist auch möglich, dass es sich hier um eine Bastion handelt. Der Komplex scheint dieselbe Ausrichtung zu haben, wie auch die anderen Gebäude der Periode *Azzuro evoluto*, nämlich von Norden nach Westen bzw. von Süden nach Osten. Eine endgültige Deutung dieser Baukonstruktion konnte bis heute nicht gegeben werden. Der mögliche Zusammenhang dieser Konstruktion mit neu entdeckten Mauerzügen am Westhang der sog. Akropolis, die

---

kommen zum ersten Mal in Poliochni dreifüßige Kochtöpfe mit Deckeln und dreifüßigen Tischchen.

[358] Ebd.

[359] Viele Vorratsgefäße, Sichelklingen, Mahlsteine und das „*Granaion*" zeigen, dass die Bewohner von Poliochni sich intensiv mit der Landwirtschaft beschäftigt haben. Die Voraussetzungen dafür waren sehr gut bezüglich der Qualität des Bodens und des vorhandenen Wassers. Gerste, Weizen und Hafer mussten die Bauer damals bewirtschaftet haben, wie auch in der Antike und heute noch.

[360] L. Bernabò–Brea (1964), 112f. Taf. XCVIII.16

[361] Ebd. 118ff. mit Abb.

[362] O. Kouka (2002) Plan 3. Es handelt sich um Schnitt H im nördlichen Bereich und Schnitt M im östlichen.

eventuell zu einer Straße gehörten, ist nicht gesichert. Es wurde der Versuch unternommen, diese Mauerteile als Grenze und als ein Gemeinschaftswerk immer in Verbindung mit dem sog. „*terrazzamento*“ der Siedlung darzustellen. Ob es gelungen ist, werden wahrscheinlich spätere Ausgrabungen zeigen. Es fehlen noch viele Hinweise, um eine solche These zu stützen.[363]
Im südwestlichen Bereich der Siedlung wurden zwei Tore ausgegraben. Es handelt sich um Tor 10 im Süden und das Tor im Westen zwischen den Gebäuden 14 (Versammlungsort) und 28 (Gemeinschaftsspeicher). Die Ausgrabungen ergaben, dass es sich bei Tor 10 um ein geschütztes Tor handelte. Man konnte Tor 10 über die hufeisenförmige Rampe 11 und eine zweistufige, 1,10 m lange Schwelle betreten. Das Ganze wurde durch zwei gebogene Mauerzüge (11b, 11c) flankiert, die eine Stärke von 0,70 bis 0,80 m haben. Beide sind in einer Höhe von 0,70 m erhalten. Das Tor an sich ist 1,30 m breit und ist 1,10 m höher als die Basis der sog. Befestigungsanlage errichtet worden. An seiner Oberkante erreichte es eine Breite von 1,45 m. Es besteht, wie auch die gesamte Mauer, aus flachen vulkanischen Steinen.[364] Es ist eine beeindruckende Baukonstruktion, die bisher im gesamten nordägäischen Raum und Kleinasien ohne Vergleich ist.[365]
Zum zweiten Tor kann Folgendes gesagt werden: Die Anlage befindet sich am Westhang des Hügels zwischen den beiden bekannten Bauten dieser frühbronzezeitlichen Phase. Der Zugang ist 3,50 m breit. Der Eingang wurde südlich davon durch Mauer 16 und durch eine weitere trapezförmige Mauer geschützt. Letztgenannte Mauer reichte bis zu einem rechteckigen Turm, der in einer Länge von 2 m erhalten ist. Der Komplex bildete eine Art Bastion, die eine Breite von 8,50 m hatte. Ähnliche Anlagen fand man auch in Troia I, Troia IIa-IIb und Thermi V.[366] Diese Toranlage wurde in den späteren Besiedlungsphasen von Poliochni benutzt. In der Phase *Verde* wurde sie gepflastert und bis in die Phase *Giallo* verwendet. Die Anlage wurde auch von den westlichen Mauern der Gebäude 28 und 14 flankiert, die eine Stärke von mehr als 2 m hatten. Weitere architektonische Teile, die mehr Informationen über die vermutete Befestigungsanlage von Poliochni *Azzuro* geben könnten, wurden nicht entdeckt.
Die Deutung der gesamten Anlage ist nicht endgültig gesichert, da Hinweise gefunden wurden, die gegen einen fortifikatorischen Charakter der Anlage sprechen, genauso aber Hinweise, die für einen Verteidigungscharakter sprechen. Auf einen fortifikatorischen Charakter der Mauer deuten ihre Stärke, ihre Höhe, die flankierenden Toranlagen und die 61 Schleuderkugeln hin, die im Südwesten von Gebäude 28 gefunden wurden. Wie wir wissen, handelt es sich dabei um Waffen dieser Zeit. Gegen einen fortifikatorischen Charakter der Anlage sprechen dagegen Indizien wie die Abwesenheit eines Fundaments in der gesamten Anlage. Reparaturarbeiten zeigen, dass häufig Erosion stattgefunden haben, und der kleine Fluss in der Nähe der Siedlung verursachte damals sicher immer wieder Probleme. Aus diesem Grund mussten die Mauern in vielen Bereichen verstärkt werden. Des weiteren kann man sich fragen aus welchem Grund die Bewohner von Poliochni wichtige Gebäude direkt an der Befestigungsmauer gebaut haben sollen? War es nicht gefährlich, dass der Gemeinschaftsspeicher (Gebäude 28 und später Gebäude 31) direkt an der sog. Befestigungsanlage lag? Warum wurden die Gebäude an dieser Stelle gebaut und nicht im Zentrum des Hügels? Gab es im Zentrum keinen Platz mehr für diese Gebäude, oder gab es einen anderen Grund für diese Planung und Raumaufteilung? Wahrscheinlich werden wir eine Antwort bekommen, wenn weitere Ausgrabungen mehr Hinweise über die Raumorganisation und Planung von Poliochni *Azzuro* erbringen. Es kann sein, dass die Siedlung in der Periode *arcaico* durch eine Umfassungsmauer eingeschlossen wurde, damit sie vor den Überschwemmungen des Flusses Avlaki geschützt werden konnte. Möglicherweise drohten Poliochni im Laufe der Zeit aber Gefahren, so dass die Mauer durch geschützte Toranlagen mit Bastionen und zusätzliche Mauerteile verstärkt werden musste. Wichtig ist, dass zur Errichtung der gesamten Anlage eine kollektive, gut organisierte Arbeit existiert haben muss. Dies bedeutet, dass wir es hier mit einer organisierten Gesellschaft zu tun haben, die für ihre Zeit Großes geleistet hat.[367]
Anhand der Keramik ergab sich, dass die Siedlung und ihre Mauern in die gleiche Zeit wie Beşik-Tepe, Troia I und Thermi I datiert werden müssen, gleiches ergaben auch die C-14 Datierungen von der oben erwähnten „verkohlten Feigen“ im Gebäude 832 (2910 bis 2672 v. Chr.).

3.12.5. Phase *Verde* (ca. 2700 – 2400 v. Chr.)

(Taf. 24)

Mit dem Ende der Phase *Azzuro* beginnt die Phase Verde der Frühbronzezeit in Poliochni. Architektonische Reste

[363] O. Kouka (2002), 48f. Anm. 310.
[364] L. Bernabò–Brea (1964), 124ff. Abb. 67–72.
[365] Solche Toranlagen kennen wir später aus Lerna III, Kastri auf Syros und Palamari auf Skyros.
[366] Es handelt sich um die Toranlagen FN, FL von Troia IIa und die Pforte FH von Troia IIb.
[367] Es wird geschätzt, dass Poliochni *Azzuro* von etwa 800 Menschen gleichzeitig bewohnt wurde.

dieser Besiedlungsphase wurden im südlichen und westlichen Bereich der Siedlung gefunden.[368] Wenige Baureste wurden auch im nördlichen und zentralen Bereich des Hügels von Poliochni ausgegraben.[369] Bei neueren Ausgrabungen fand man noch weitere Bauteile, die leider nicht geborgen werden konnten, weil sie sich unter den späteren Schichten von Poliochni *Rosso* und *Giallo* befinden.[370] Es sind viele architektonische Elemente der Phase *Verde* ausgegraben worden, die auf eine Baukontinuität mit der Phase *Azzuro* hinweisen. Die Formen der Gebäude bleiben dieselben, nämlich kleinere Gebäude und Langraumgebäude mit rechteckigen oder trapezförmigen Räumen. Andere Gebäude weisen einen unregelmäßigen Grundriss auf und die Apsishäuser werden wahrscheinlich weiter gebaut.[371] Wie in der Phase *Azzuro* bilden auch hier die Gebäude Insulae, die durch ein Straßennetz geteilt werden. Solche Insulae sind XXIII und XXIV im südlichen Bereich der Siedlung und XI, XVII-XVIII im westlichen. Die Insulae IV-V befinden sich im nördlichen und VII, VIII, XIII im zentralen Bereich des Hügels. Die Gebäude 14 und 28 wurden weiterhin benutzt. Wenn man nun die Grundrisse betrachtet, bemerkt man, dass Bauten von verschiedener Größe aneinandergebaut wurden. Charakteristisch ist, dass die meisten gemeinsame Wände besitzen. Es handelt sich um Bauinsulae unregelmäßiger Form. Anhand der Keramik und der architektonischen Elemente zeigte sich, dass alle Insulae fast gleichzeitig gebaut wurden. Dies bedeutet, dass der Bevölkerungszuwachs wohl eine Ausdehnung oder Erweiterung der frühbronzezeitlichen Siedlung erforderte.

Das Baumaterial von Steinblöcken und Platten bleibt dasselbe, wie in der Phase *Azzuro*.[372] Nun wurden aber auch Platten für die Einrichtung von Plattformen und für die Pflasterung der Straßen und Höfe verwendet. Lehm und Holz wurden wieder nicht nachgewiesen, obwohl angenommen wird, dass Lehm für den Bau der Dächer und als Verputz verwendet wurde. Die Wände der Bauten haben eine Breite von 0,50 bis 0,70 m und sind stabil gebaut. Ihre Fundamente sind tiefer im Vergleich zu den Bauten der Phase *Azzuro*. Im Gegensatz zu dieser Phase wurden nun auch die Schwellen der Türen gefunden. Sie sind 0,30 m höher als die Böden der Häuser. Ihre Türen haben eine Breite von 0,50 bis 0,80 m. Der Bereich vor dem Eingang zu den Häusern und ihre Höfe waren oftmals gepflastert. Im inneren Bereich wurden die Häuser durch Mauerteile getrennt, die eine Breite von 0,30 bis 0,45 m haben. Der Boden bestand wieder aus gestampfter Erde. In manchen Wohneinheiten fand man Konstruktionen, die aus Steinplatten gebaut wurden. Es wird angenommen, dass sie als Ablage für Speichergefäße verwendet wurden, eventuell handelt es sich aber auch um Schlaf- oder Arbeitsplätze.[373]

Alle Wohneinheiten oder Insulae wurden durch Straßen getrennt. Eine der wichtigsten scheint die Straße 102a-c gewesen zu sein. Sie liegt zwischen den schon bekannten Gebäuden 28 und 14 im Bereich des südwestlichen Tors 101 und ist 3 bis 4 m breit. Sie muss eine der zentralen Straßen gewesen sein, die in das Innere der Siedlung führte. Im nördlichen Bereich (Insulae IV und V) ist die Straße 107 zu sehen. Sie ist 1 bis 1,50 m breit und führte

[368] Im südlichen Bereich handelt es sich um die Insulae XXIII und XXIV. Für den westlichen Teil sind dies die Insulae XI, XVII und XVIII.

[369] Diese sind die Insulae IV, V im nördlichen Bereich und VII, VIII, XIII im zentralen Bereich der Siedlung.

[370] Dazu müssen auch der Schnitt H-West im nordwestlichen Bereich und Schnitt H-Ost, östlich der Siedlung erwähnt werden. Interessant sind auch architektonische Teile, die östlich der Insula VIII (Schnitt M) gefunden wurden. Es handelt sich wahrscheinlich um Mauerzüge (Mauer X′′/Q; Schicht 4C-H), einer Umfassungsmauer der Periode *Azzuro evoluto*, die entlang der Küstenlinie lief. Es wurde festgestellt, dass diese Mauer in Poliochni *Verde* repariert wurde. Archäologen fanden auch Teile einer Passage, die von der Siedlung zu der Küste führte (Schicht 8).

[371] Die meisten der Langraumbauten sind 6,50 – 8 x 3 – 5,90 m groß. Einige davon bestehen aus einem Vor – und Hauptraum. Einige von diesen Gebäuden werden als megaronartige Gebäude charakterisiert. Es handelt sich um die Bauten 506, 605, 828-829, 832. Sie sind von Norden nach Süden orientiert. Daneben muss auch das vermutete Megaronhaus 317 erwähnt werden, das eigentlich ein Langbau ist. Das Gebäude hat einen trapezförmigen Grundriss und besteht aus eine Ante – 318 und einem Hauptraum. Es hat eine Länge von 12,50 m und ist 4,20 m breit. Die meisten rechteckigen Räume waren kleiner und nur 1,70 x 2,20 m groß, wie der Raum 862 oder 3 x 2 m groß, wie die Räume 1161, 1132. Einige bilden zusammen ein Wohnblock, wie die Räume 856-857, 1114-1115. Natürlich gibt es noch andere Rechteckräume, die 6 x 2,80 m groß sind, wie die Bauten 860a-b und 1027-1029. Als trapezförmige Baute gelten die Räume 1105 und 1122. Sie bestehen aus Vor – und Hinterräumen. Ihre Länge beträgt 3 m und sie haben eine Breite von 2,50 m. Die Bauten mit unregelmäßigem Grundriss werden als Rhomboidahle oder Pentagonale bezeichnet. Als Rhomboidahle gilt der Raum 1133, der 3 x 3 m groß ist. Als Pentagonale gilt der Raum 1134. Dieser Raum ist 4,30 m in seiner Längsachse und 3,20 m in seiner Querachse groß. Über die Apsishäuser kann nicht viel gesagt werden, weil der archäologische Befund sehr spärlich ist. Archäologen fanden nur einige gebogene Mauerreste, die eine Breite von 0,50 m hatten. Es handelt sich um die Mauerreste 901 und 1133. Wie es scheint, waren diese Baukonstruktionen freistehend.

[372] Blöcken aus vulkanischen Bruchsteine, Platten aus Schiefer und Flysch.

wahrscheinlich zum Brunnen auf Platz 106. In den späteren Phasen der Besiedlungsgeschichte von Poliochni wurde sie zur Hauptstraße der frühbronzezeitlichen Siedlung. Eine andere Straße 120a, die zwischen den Insulae XVIII und XVII im westlichen Bereich der Siedlung gefunden wurde, war 2 m breit und führte zum westlichen Tor von Poliochni. Sie war verbunden mit Straße 120b, die wahrscheinlich zu einem zentralen Bereich führte. Diese war 1 m breit. In der Insula XVII wurde die Straße 118 gefunden, die über die kleinere Straße 121 zur Insula XI führte. Weiter südöstlich kreuzte sie die Straßen 122, 123, 112 und 116, die zum Bereich der Insulae XIII und VII führten. Andere kleine Straßen und Gassen wurden im südlichen Bereich der Siedlung gefunden. Es handelt sich um die Straßen 127, 128, 129, 130, 131 und 132. Alle hatten eine unterschiedliche Breite.

Wichtig ist, dass die Planung von Poliochni *Verde* durch die Straßen und Insulae geprägt wird. Bei der Erweiterung und dem Bau der Siedlung in dieser Phase erkannte man das sog. lineare Bausystem. Es bedeutet, dass das gemeinsame Leben in der Siedlung durch eine zentrale Hauptstraße geprägt wurde.[374]

Bei den Funden handelt es sich um dieselben Kategorien wie in der Phase *Azzuro*, nämlich Tongeräte, Metallgeräte, Knochengeräte, Steingeräte und Keramik. Es konnten Erneuerungen und eine gewisse Entwicklung im Vergleich zur Phase *Azzuro* festgestellt werden.[375] Durch die verschiedenen Werkzeuge, Geräte und Keramik kann man auch für diese frühbronzezeitliche Phase das tägliche Leben und die wirtschaftlichen Tätigkeiten der Bewohner von Poliochni rekonstruieren. Tätigkeiten wie Textilbearbeitung, Fellbearbeitung, Flechterei, Holzbearbeitung, Fertigung von Steingeräten, Keramik und Metallurgie prägten auch in der Phase *Verde* das Leben in der frühbronzezeitlichen Siedlung. Über die Landwirtschaft lässt sich nichts Neues sagen. Es kann aber als sicher gelten, dass die Einwohner von Poliochni das abgegrenzte Ackerland weiter kultiviert haben. Die Viehzucht wird durch die zahlreichen Knochen bestätigt.

---

[373] Beispiele aus Troia I, Beşik-Tepe, Emporio, Thermi I, II deuten auf eine solche Verwendung dieser Steinkonstruktionen.

[374] O. Kouka (2002), 66f. Entscheidend ist jedoch beim „linearen „ Bauschema die Tatsache, dass eine zentrale Straße den Plan beherrscht, von der weitere sekundäre Straßen und Gassen abzweigen. Poliochni *verde* ist demnach einwandfrei unter diesem Bausystem einzuordnen.

[375] Ebd. 71ff. Bezüglich der Tongeräte kommen meistens dieselben, wie während der früheren Phase, vor. Es handelt sich um durchlochte Tonscheiben und Spinnwirtel. Zum ersten Mal kommt ein eingeritztes Spinnwirtel vor, dass in der Phase *Giallo* am häufigsten zu finden ist. Zylinder, Tondisken, Spulen und Tonanker kommen nicht so häufig vor. Sehr wichtig ist der Befund eines konoiden Stempelsiegels im Gebäude 864, das auf die wirtschaftlichen Tätigkeiten in Poliochni *Verde* hinweist.

Messer, Haken, Meißel, Bohrer, Ösennadeln sind die häufigsten metallischen Werkzeuge, die gefunden wurden. Ein Messer mit gekrümmter Klinge lässt sich sogar mit einem anderen aus Thermi V vergleichen. Sehr häufig in der Phase *Verde* war die Herstellung von Schmuck aus Silber, Kupfer oder Blei. Funde, wie Nadeln, Armringe, Ringe, durchlochte Platten, Anhänger, Pinzette, Nadeln mit Kopf belegen es. Dazu gehören auch Funde wie Tondüsen, Gusstiegel und Steingussformen, die für die Herstellung des Werkzeugs sehr wichtig waren.

Dieselbe Art von Knochengeräten von Poliochni *Azzuro* wird auch in dieser Phase angetroffen. Es handelt sich um Geräte, wie Röhrenspitzen, blattförmigen Rippenspitzen, Schmucknadeln und Idole mit menschlichen Zügen. Muschelarten wurden auch bearbeitet.

Steingeräte werden weiter aus örtlichen Steinen (Sandstein, Tuff, Basalt, Kieseln, Silex) hergestellt. Es wurde festgestellt, dass die Herstellung von hammerartigen Geräten während der Phase *Verde* zugenommen hat. Mörser, Mahlsteine und Stößel wurden weiter produziert. Die Schaftlochaxt wurde weiter angefertigt. Eine große Anzahl (16) davon wurde in den Insulae XVII und XVIII gefunden. Es handelt sich um Halbfabrikate, die während ihrer Herstellung zerbrochen sind.

Was die Keramik betrifft, kann Folgendes erwähnt werden: es wurde eine Weiterentwicklung der Gefäßformen der früheren Phase festgestellt. Als Beispiel können an dieser Stelle die Fußschalen genannt werden. Ihre Formen sind in der Phase *Verde* konischer. Der Rand dieser Gefäße zieht manchmal nach innen ein oder ist nach außen geknickt. Diese Fußschalen haben waagerecht durchbohrte Knubben, röhrenförmige Schnurösen mit schräg abgeschnittenen Enden unterhalb der Mündung oder paarweise Knubben auf der Lippe; schließlich treten sie in dieser Phase mit verdicktem oder Schwellfuß auf. Andere Beispiele dieser Entwicklung sind folgende: Kochtöpfe (dreifüßige) werden tiefer. Die Deckel der Gefäße werden in verschiedenen Formen (konisch, zylindrisch mit einer Knubbe, glockenförmig) hergestellt. Die Formen von Gefäßen, wie Amphoren, Askoi, Pyxiden, Schüsseln und die dreifüßigen Tischchen stellen keine Veränderung vor. Wichtig ist, dass neue importierte Gefäßformen hervortreten. Solche sind die Stamnoi, oder die Siebgefäße und wahrscheinlich die Saugflaschen. Andere importierte Keramik ist die glänzende rote Keramik aus Troia, die sog. „*luster ware*", oder die eingeritzte, bemalte Keramik aus den Kykladen. Zu der Importkeramik gehören noch die Miniaturgefäße. Insgesamt aber werden meistens die einheimischen Gefäßformen produziert, wie Schalen, Fußschalen und dreifüßige Kochtöpfe. Von diesen Gefäßen sind nur

Schaf-, Ziegen-, Rinder- und Schweineknochen sind am häufigsten anzutreffen. Die Fischerei muss auch in dieser Phase eine ergänzende Rolle gespielt haben.

A. Die Befestigungsanlage

Mit der Erweiterung der Siedlung durch den Bau von neuen Insulae musste auch die vermutete Befestigungsanlage erweitert werden. Archäologen fanden Überreste der Mauer im westlichen Bereich der Siedlung. Es handelt sich um die Mauerteile 33a – d, die die Insula XI umschlossen haben. Die neue Mauer richtet sich von Norden nach Süden und nach 33b orientiert sie sich nach Osten. Ihre Breite war unterschiedlich. Das Mauerwerk 33b hatte eine Stärke von 1,50 m. Der Mauerteil 33c war in seiner Basis 2,75 m stark. Er ist in einer Höhe von 1,90 m erhalten.[376] Alle Teile dieser Mauer 33a – d bestehen aus flachen Steinplatten, die mit rechteckigen behauenen Steinblöcken verbunden werden. Obwohl es sich hier um eine Mauer handelt, gibt es Unterschiede in der äußeren Mauerfassade. Mauerteil 33a besteht aus Steinplatten und Steinquadern, die mit Sorgfalt abwechselnd aus einer und zwei Reihen gebaut wurden. Der andere Mauerteil 33b wurde aus kleineren Steinplatten und Quadern errichtet. Im Gegensatz dazu besteht 33c aus größeren Steinplatten und längeren Quadern. Aus welchem Grund die Fassade dieser Mauer kein einheitliches Bild hat, ist unbekannt.[377]

Weiter nördlich wurde ein anderes Mauerteil 48 gefunden, das wahrscheinlich mit Mauer 33 a – d verbunden war. Dieses Mauerwerk bestand aus großen Steinblöcken und ist in einer Höhe von 1,40 m erhalten. Es wurde geschätzt, dass es eine Höhe von 2 m erreichte und wahrscheinlich 2,50 m breit war. Von dieser Mauer konnten nur an einigen Stellen die ursprüngliche Stärke festgestellt werden. Überwiegend liegt sie unter der Mauer der Phase *Rosso*.[378] Sie war wahrscheinlich mit Mauer 50 verbunden, die einen Teil der neuen Insula XVII umschloss. Diese Mauer hat eine Breite von 2,10 m und ist in einer Höhe von 0,75 m erhalten.[379] Zusammen mit den anderen Teilen 52, 53, 54, 55 und 45, 48 umschlossen sie die beiden Teile der Insulae XVIII und XVII mit einer Länge von 30 m.[380] Wahrscheinlich verlief die Mauer weiter in nordöstliche Richtung und umschloss die Insulae V und IV. Anhaltspunkte für diese Hypothese wurden aber nicht gefunden.

Im südlichen Teil der Siedlung, wo auch die vermutete Befestigungsanlage der Phase *Azzuro* verlief, wurden keine Reste einer neuen Mauer entdeckt. Nur Überreste der früheren Phase waren noch erhalten. Es handelt sich um die Mauerteile 3 – 9, die von den neuen Insulae XXV und XXIV überbaut wurden. Ein Teil des älteren Mauerteils 3 blieb aber erhalten und wurde weiter verwendet.

Weitere Verwendung fand auch das Tor 101, das zwischen den Gebäuden 28 und 14 lag.[381] Das Tor wurde von beiden Bauten flankiert und es scheint, dass vor dem Tor keine Bastion errichtet wurde. Das andere Tor der Phase *Verde* befindet sich in den neuen Insulae XVIII und XVII. Bernabò Brea gab ihm die Nummer 52. Hier handelt es sich um ein trapezförmiges Tor mit einer Länge von 8 m. Seine Breite beträgt im Westen 4 m und im Osten 2,70 m. Ähnliche Tore wurden auch in Thermi V und in Demirçihüyük gefunden. Östlich des Tores 52 befand sich eine 1 m breite Öffnung, die über die Straße 120 in das Innere der Siedlung führte. Ob diese Toranlage durch Bastionen flankiert wurde, konnte nicht festgestellt werden. Es wird vermutet, dass der Mauerteil 54 zu einer Bastion gehörte, was aber nicht bewiesen werden konnte. Später wurde das Tor durch das Mauerwerk 51 zugemauert. Es wird vermutet, dass auch südlich von der Toranlage 52 direkt an der Mauer 45 ein kleineres Tor existierte.

Weitere Angaben über die Befestigungsanlage der Siedlung *Verde* können nicht gemacht werden. Die Frage, ob die Siedlung in dieser Phase von einer Befestigung umringt wurde, kann weder mit Sicherheit positiv beantwortet werden, noch kann man es ausschließen. Die Tatsache, dass keine Schleudersteine oder andere Waffen gefunden wurden, kann nicht als sicheres Argument gegen eine defensive Deutung der Mauer verwendet werden.[382] Immerhin erinnert Toranlage 52 mit seinen direkt angebauten Räumen an Befestigungsanlagen mit Kasematten. Als Beispiel kann hier Mersin genannt werden.[383] Vielleicht bestand für die Bewohner von Poliochni *Verde* die Notwendigkeit, den westlichen Hang des Hügels auf diese Weise zu befestigen. Mit der Ausdehnung der Siedlung und dem Bau von neuen

einige hochpoliert. Die meisten Kochgefäßen haben eine stumpfere Oberfläche. In den nächsten Besiedlungsphasen von Poliochni erscheinen die neuen Gefäßformen weiter. Archäologen erkannten an dieser Keramik Unterschiede, besonders zwischen der *Azzuro* und der *Rosso* Keramik. Sie stellen die Keramik von Poliochni *Verde* als eine eigene Phase, die die keramische Entwicklung der späteren Phasen beeinflusst hat.

[376] L. Bernabò-Brea (1964), 275ff. Abb. 252–254.

[377] Ebd. Abb. 147–149 und 152–154.

[378] Ebd. 282ff. Taf. 2, 16.

[379] Ebd. 284f. Abb. 159.

[380] Ebd. 281ff., Taf. 2, 16. Abb. 159, Taf. 1-2, 16. Abb. 160-161, Taf. 2.

[381] Siehe Phase *Azzuro*.

[382] Die gefundenen metallischen Objekte in Poliochni *Verde* gelten nicht als Waffen.

[383] CH – Schicht XVI.

Gebäuden war das ganze Areal verstärkt erosionsgefährdet. Die drohenden Überschwemmungen durch den Fluss Avlaki waren bestimmt auch ein Grund für eine Befestigung dieses Gebietes. Sicher ist, dass die Errichtung eines solchen Stützmauerwerkes einen sehr großen Arbeitsaufwand und gute Organisation benötigte. Die Menschen in Poliochni sind anscheinend planmäßig vorgegangen, was nur durch ein starkes Gemeinschaftsbewusstsein möglich war. Poliochni erstreckte sich in der Phase *Verde* auf einer Fläche von 14000 m^2.

3.12.6. Phase *Rosso* (ca. 2400 – 2200 v. Chr.)

(Taf. 24)

Architektonische Reste dieser Besiedlungsphase wurden im zentralen und westlichen Bereich des Hügels gefunden. Außerdem sind wenige Bauelemente auch im nördlichen und östlichen Teil der Siedlung entdeckt worden. Grund dafür ist die gute Erhaltung von architektonischen Teilen der jüngeren Phase *Giallo*. Deshalb konnte das Gebiet unter den Bauten der nächsten Phase nicht systematisch untersucht werden. Im zentralen Bereich der Siedlung war die Situation anders, weil durch die andauernde Erosion die Bauten der Phase *Giallo* für immer verloren gegangen sind. Dies ist überwiegend am westlichen Hang des Hügels zu beobachten. Aus diesem Grund konnten die Bauteile der Phase *Rosso* leichter untersucht werden. Schwieriger ist die Situation im südlichen Bereich des Hügels, wo fast keine Reste gefunden werden konnten. Wenn man den Plan betrachtet, sieht man, dass die Besiedlungsphase *Rosso* durch die Insulae VII und XIII im zentralen Bereich und durch die Insulae XI, XII, XIV, XV und XVI im westlichen Bereich vertreten wird. Im südlichen Bereich, gibt es außer denjenigen, die in den Gebäuden XX und XXI gefunden wurden, wie schon erwähnt, fast keine architektonischen Elemente aus dieser Phase.

Im Vergleich zur früheren Phase *Verde* lässt sich kein großer Unterschied bezüglich der Gebäude erkennen. Der Bau von rechteckigen, trapezförmigen Räumen, langraum – und megaronartigen Gebäuden wird auch in dieser Phase fortgesetzt.[384] Es wurde sogar eine Baukontinuität zwischen den beiden frühbronzezeitlichen Phasen *Verde* und *Rosso* festgestellt, vor allem bei den Insulae XIII, XIV und XV. Obwohl man einige Umbau- und Renovierungsphasen (2 bis 3) erkannten, ist man zu dem Ergebnis gekommen, dass nach der kürzeren Phase von Poliochni *Verde* sofort die Phase *Rosso* begonnen hat. Nach der Mächtigkeit der Schichten dieser Phase, die insgesamt 1,70 bis 2,20 m erreichen, hat diese länger gedauert.

Wie in der früheren Phase *Verde* wurden auch während der Phase *Rosso* dieselben Baumaterialien verwendet. Die Bauarbeiter legten dabei besonderen Wert auf die Fundamentierung der Gebäude. Anlass dafür war die ständige Bodenerosion und die Gefahr von Erdbeben. Die Konstruktionsweise der Gebäude bleibt unverändert. Flache Steinplatten und Steinblöcke werden weiterhin verwendet, wie in der früheren Phase. Nur an der Befestigungsmauer der Siedlung wurden Veränderungen beobachtet.[385] Wie in der früheren Phase erkennt man auch während der Phase *Rosso* dasselbe „lineare" Bauschema. Die Wohneinheiten mit ihren Nebenräumen besitzen gemeinsame Mauern und ihre Grundrisse unterscheiden sich nicht von ihren Vorgängern. Das „lineare" Bauschema wird durch das Straßennetz deutlich, das die Siedlung in große und kleine Insulae aufteilt, wobei an dieser Stelle nicht alle Bauinsulae der Phase *Rosso* beschrieben werden sollen. Es gibt jedoch einige Gebäude, auf die näher eingegangen werden soll. Dazu gehört der schon bekannte Bau 14 (Versammlungsgebäude). Diese Einrichtung wurde, wie schon bekannt, ab der Phase *Azzuro* benutzt und wird weiter bis in die frühbronzezeitliche Phase *Giallo* verwendet. Obwohl eine gewisse Bautätigkeit im südwestlichen Teil der Siedlung stattfand, wurde Bau 14 davon nicht betroffen. Erwähnenswert ist auch das

[384] Bezüglich der Rechteckräume konnte festgestellt werden, dass sie nicht freistehen, sondern Wohneinheiten bildeten. Eine solche Wohneinheit besteht mindestens aus drei solchen Räumen. Sie sind 4,50 x 3-4 m oder 2,50 x 2 m groß und sie haben eine unterschiedliche Orientierung. Archäologen erkannten an diesen Wohneinheiten Wohnräume, Abstellräume und Höfe. Die trapezförmigen Bauten haben unterschiedliche Größe und sie wurden als Wohneinheiten interpretiert. Ihre Längsachse beträgt 8,50, 4,17 oder 1,90 m. Ihre Querachse 3,40, 2,10 oder 1,70 m. Die kleineren dieser Bauten wurden als Abstellräume oder Magazine verwendet. Wie die rechteckigen Bauten haben auch sie keine Orientierung. Die Größe nun der Langraumbauten beträgt 8,50 x 5,80 m oder 8,50 x 2,50 m. Sie bestehen meistens aus einem Vorraum mit einem Hof und einen Hauptraum. Sie sind meistens vom Norden nach Süden orientiert und sie sind noch die einzigen Gebäude, die axial strukturiert in den Insulae gebaut worden sind. Als megaronartige Baukonstruktion wird das Gebäude 317 bezeichnet. Eigentlich handelt es sich, um einen leicht trapezförmigen Bau, der 10 x 3,50 m groß ist. Das Gebäude hat noch ein Antaeraum (318). Zu den oben genannten Bauformen gehören noch Bauten mit unregelmäßigen Grundriss und Bauten mit kurvolinearen Mauern.

[385] Über die Konstruktionsweise der Befestigungsmauer wird weiter berichtet.

Gebäude 317, das auf der höchsten Stelle des Hügels errichtet war. Es handelt sich um ein freistehendes Gebäude bestehend aus einem größeren und einem kleineren Raum. Wichtig ist, dass der kleine Raum mit dem Nummer 317 fast die ganze Frühbronzezeit über bestanden hat. Seine Baugeschichte fängt in der Phase *Azzuro* an und reicht bis in die Phase *Giallo*. Er ist aus großen Steinblöcken gebaut worden, die dem Bau einen monumentalen Charakter verleihen. Besonders die Ostmauer des Gebäudes erweckt diesen Eindruck, da sie aus vertikal gesetzten Steinblöcken besteht. Dadurch bekam man den Eindruck, dass die Ostmauer eine mit Platten versehene Fassade hatte. Bau 317 ist während den erwähnten Phasen immer wieder renoviert und erweitert worden. Er behielt aber seinen Platz auf der höchsten Stelle des Hügels. Seine Funktion und Deutung ist bis heute umstritten. Dass dieses Gebäude eine politische oder ökonomische Rolle für das prähistorische Leben der Siedlung spielte, konnte nicht nachgewiesen werden. Es kann aber auch nicht ausgeschlossen werden, dass im Gebäude eine gewisse Elite zu Hause war, die das politische, religiöse und/oder wirtschaftliche Tun von Poliochni verwaltete.

Ein anderes wichtiges Gebäude scheint der Bau 832 zu sein. Er ist bekannt als Megaron. Während der Phase *Rosso* wurde er dreimal renoviert (Megaron V-VII). Wie Bau 317 wurde dieser auch aus großen Steinblöcken gebaut. Die sorgfältige Konstruktionsweise und seine Maße sprechen für eine bedeutende Funktion. Zwei große Steinpfeiler stützten das Dach des großen Raumes (5,80 x 8,20 m).

Allgemein bildeten die Gebäude, die hier nicht alle näher beschrieben werden können, größere oder kleine Wohneinheiten, die keine gemeinsame Orientierung hatten. Die Größe der Bauten variiert und es ist festzustellen, dass viele Baueinheiten Höfe besitzen. Interessant ist, dass sie alle in unterschiedlichen Bauinsulae organisiert waren, die, wie schon oben erwähnt, durch ein gepflastertes Straßennetz geteilt wurden. Das „lineare“ Bauschema der Siedlung wird während der Phase *Rosso* noch deutlicher. Es handelt sich um ein dichtes Straßensystem mit großen und kleinen Straßen sowie offenen Plätzen. Dadurch wird das Areal in mindestens 14 Insulae aufgeteilt. Einige der wichtigsten Straßen von Poliochni *Rosso* werden im Folgenden aufgezählt. Darunter die Straße 102a-c, die zur Insula IX und eventuell in das Innere der Siedlung führte. Sie ist 3 bis 4 m breit. Man konnte durch das südwestliche Tor 101 der Siedlung zu dieser Straße gelangen. Sie war mit der Straße oder dem offenen Platz 103a verbunden. Von hier konnte man zur Hauptstraße 105a-c der Siedlung gelangen, die bis zu den nördlichen Insulae V und IV reichte. Diese Hauptstraße verlief von Südwesten nach Nordosten und war 2 bis 2,50 m breit. Parallel verliefen noch viele andere kleine oder größere Straßen, die das „lineare“ Bauschema der Siedlung prägten.[386] Mit der Freilegung der Straßen dieser Phase wurde erkannt, dass das Straßensystem den ganzen Hügel durchkreuzte. Dort, wo die Straßen zusammenliefen, wurden offene Plätze angelegt, oft lagen hier auch die öffentlichen Brunnen. Ein anderes wichtiges Detail der Organisation und der Planung von Poliochni sind die verschiedenen Wasserkanäle, die das Abwasser aus der Siedlung hinaus leiteten. Sie waren mit Steinplatten verkleidet und bedeckt.[387]

Über das reiche Fundmaterial dieser Phase kann gesagt werden, dass im Vergleich zu der früheren Phase im Bereich der Keramik keine neuen Typen festgestellt werden konnten.[388]

Die Herstellung von Metallgeräten und -werkzeugen hingegen entwickelte sich weiter, obwohl fast dieselben Metallobjekte angefertigt werden wie in der früheren Phase.[389] Eine neue Fundgattung stellen die Waffen dar. Es handelt sich dabei um sechs Dolche. Vier davon wurden in Raum 829 zusammen mit anderen Objekten gefunden.[390]

---

[386] O. Kouka (2002). Zu dem Straßensystem siehe Plan 7.

[387] Die Kanäle waren 20 bis 30 cm breit und 20 cm tief. Sie wurden unter dem Hof 855 gefunden. Diese leiteten das Abwasser von den Straßen 118b und 121 zum Westhang des Hügels. Ein anderer Kanal wurde im Bereich des Raumes 526 ausgegraben. Teile von Abwässerungskanälen wurden an den Mauern 852, 511, 512, 649 und 651 gefunden.

[388] Dazu gehören Tonidole, die in Poliochni sehr selten anzutreffen sind. Es wurde eine Tierfigur gefunden, die ein Rind darstellt. Obwohl nur eines gefunden wurde, kann die Produktion für Tonidole in Poliochni *Rosso* nicht ausgeschlossen werden. Die weitere Produktion von Spinnwirteln, Tonhaken, Zylinder und Tonscheiben, die für das Spinnen und die Weberei verwendet wurden, wurde ebenfalls festgestellt. Tondüsen, die in der Metallurgie Verwendung fanden, wurden weiter hergestellt. Meistens sind sie konisch oder zylindrisch. Zu den Tongeräten gehört auch ein Siegel, das uns Auskunft über das wirtschaftliche Leben der Siedlung gibt.

[389] Ösennadeln, Meißel, Bohrerlocher, Haken, Fischangel, Messer wurden am häufigsten hergestellt. Schmuck aus Metall wird ebenfalls hergestellt, wie Nadeln mit Kopf, Anhänger, Ohrring(e) aus Silber. Es wurde noch eine kleine Spule, eine kleine Spirale, die wahrscheinlich ein Ring war und ein Fragment eines Armringes(?) aus Blei gefunden.

[390] Die vier Dolche wurden zusammen mit einer Nadel, einem Beil, vier Meißeln, vier in Knochen geschäfteten Lochern, drei Messern, einem Haken und einer Schaftlochaxt im oben erwähnten Raum gefunden. Der Befund ist als der „Hortfund“ von Poliochni *Rosso* bekannt.

Eine andere Kategorie von Funden sind Knochengeräte, die für das Bearbeiten von Fell, Holz und die Flechterei Verwendung fanden.[391]
Die Herstellung von Steingeräten wird weiter verfolgt, obwohl ein Rückgang der Produktion festzustellen ist.[392] Silexgeräte werden ebenfalls produziert, die meisten Funde sind Sichelklingen. Messer und Kratzer wurden nur wenige gefunden. Außerdem wurde noch eine Pfeilspitze aus Silex gefunden. Obsidian wurde auch bearbeitet. Nach den wenigen Hinweisen wird vermutet, dass Obsidianklingen hergestellt wurden. Die Obsidianfunde sprechen für Handelsbeziehungen mit der kykladischen Welt.
Was die Keramik betrifft, wird die braune Ware der Phase *Verde* weiter produziert.[393] Es werden verschiedene Varianten von Schalen hergestellt. Sie sind zusammen mit den Schüsseln die häufigsten Formen, die in Poliochni vorkommen. Während dieser Phase erscheinen zum ersten Mal die Dreifußschalen, die denen von Thermi ähneln. Seltener kommen Pyxiden und Schöpfgefäße vor.[394] Kannen werden weiter hergestellt, dazu kommen neue Trinkgefäße, wie Kantharoi und Tassen.[395] Typisch für die poliochnische Keramikherstellung während der Phase *Rosso* sind die tiefen dreifüßigen Kochtöpfe. In wenigen Fällen kamen sie mit Deckel vor. Dieser Gefäßtypus kommt im Fundmaterial am häufigsten vor. Dagegen wird die Produktion von dreifüßigen Tischen eingestellt. Andere Gefäße, die in dieser Phase vorkommen, sind die Vorratsgefäße.[396] Meistens handelt es sich um Amphoren, Töpfe und Pithoi. Zur Keramik gehören noch viele Deckel für die oben genannten Gefäße. Miniaturgefäße, die fast alle erwähnten Gefäße imitieren, sind auch vorhanden. Sehr selten treten Siebgefäße und Tönnchen auf. Importierte Keramik wurde auch gefunden. Es handelt sich dabei um wenige Scherben von Kannen und Schalen der bekannten roten glänzenden troianischen Keramik („*luster ware*“), die auch in der früheren Phase *Verde* gefunden wurde. Importierte Keramik wird auch imitiert, wie an der lokalen Produktion von manchen Pithoi zu sehen ist. Sie imitieren Gefäße der westlichen Ägäis und des Festlandes.
Wichtig bezüglich der Keramik der Phase *Rosso* ist, dass sie sich gut mit der Keramik von Troia I (spät), Troia II (früh) und Thermi (*Class C*) vergleichen lässt. Aus diesem Vergleich werden viele Anhaltspunkte über die Keramikherstellung dieser Zeit und natürlich für die Datierung der Siedlungen gewonnen.
Anhand der oben erwähnten Funde lässt sich sagen, dass das gesamte Fundmaterial die verschiedenen wirtschaftlichen Aktivitäten der Siedlung reflektiert. Wie in den früheren Phasen wurde auch während der Phase *Rosso* die Holz-, Textil- und Fellbearbeitung sowie die Flechterei weiter betrieben. Die Herstellung von Steingeräten und Keramik und die Metallurgie prägten das ökonomische Leben von Poliochni *Rosso*. Ein anderer wirtschaftlicher Faktor, der nicht außer Acht bleiben darf, ist der von Viehzucht und des Ackerbaus, wobei wieder einmal über letzteren aufgrund fehlender palaeobotanischer Analysen nichts Wesentliches ausgesagt werden kann.
Die vielen großen Pithoi und Sichelklingen liefern ergänzende Informationen über die landwirtschaftlichen Aktivitäten dieser Zeit. Gefundene Vorratsgefäße weisen

---

[391] Es handelt sich um Knochen (Metatarsen, Metakarpen, Femur) von Schaf, Ziege, Schwein, Rind, die weiter bearbeitet wurden. Meistens wurden die zugespitzten Artefakte, Doppelspitzen für die Fischerei verwendet, Nadeln mit Kopf oder Ösennadeln, Knochenröhre oder Knochenscheiben galten als Kleidungszubehör. Bemerkenswert ist auch ein reich verziertes Knochenrohr, das als kykladischer Import gilt. In solchen Gegenständen wurden Farben bewahrt und galten als Luxusobjekte. Zu den Knochengeräten zählen noch Objekte, die aus Muscheln (durchlochte *cypraea*, *ostrea*, *cardium*, *spondylus*) hergestellt wurden.

[392] Streitäxte, Schaftlochäxte oder allgemein hammerartige Geräte oder Mörser sowie Reibsteine werden weiter angefertigt.

[393] Siehe Keramik von Poliochni *Verde*. Zu der Keramik der Phase *Rosso* siehe O. Kouka (2002), 89ff. mit Anmerkungen. Es handelt sich um handgemachte Keramik. Archäologen stellten aber einige Unterschiede in dieser Keramik der Phase *Rosso* mit der Keramik der Phase *Verde* fest. Als Beispiel konnte hier die Oberfläche der Gefäße genannt werden. Die Oberfläche der Gefäße der Phase *Rosso* wird kaum bearbeitet. Nur ganz wenig feine Keramik wird poliert. Manchmal bleibt die Oberfläche von vielen Gefäßen unbearbeitet. Selten wird die Keramik verziert und dies nur mit linearen Ritzungen. Ebenfalls selten tritt Keramik mit bemalter Verzierung hervor.

[394] Es handelt sich meistens um Fußschalen und Schalen. Sie sind entweder mit einziehendem Rand und drei horizontal angesetzten und durchlochten Rund- oder Spulenhenkeln oder sie werden mit am Rand vertikal angesetzten Dreieckknubben hergestellt. Es gibt auch konische Schalen, Schalen mit zwei Henkeln, tiefe Schalen und Schüsseln mit einer dicken Wandung und horizontalen Rand. Über die Dreifußschalen von Thermi handelt es sich um „*Class C*, *Bowl* 4“.

[395] Es handelt sich um kugelige oder bauchige Kannen, die entweder einen niedrigen Zylinderhals oder einen engen Hals haben. Kannen mit schräger Mündung, wie in der früheren Phase werden nicht produziert. Die Tassen haben meistens einen Trichterhals und hochgezogenen Henkel.

[396] O. Kouka (2002) Zum Thema der Vorratsgefäße siehe 90f. Die Archäologin stellt auch die vier verschiedenen Pithoi – Variationen dieser Phase dar.

darauf hin, dass die Landwirtschaft wie auch in den vergangenen Zeiten die wichtigste Rolle für die Ernährung der Siedler spielte.
Hinweise auf den Handel mit anderen Gebieten im ägäischen Raum gab es schon aus der Phase *Azzuro*. Die großen Vorratsgefäße wurden auch für diesen Zweck verwendet. Aus dem Fundmaterial hat sich ergeben, dass überwiegend landwirtschaftliche Produkte und Textilien exportiert wurden. Dagegen wurde Metall, Marmor und Obsidian importiert. Der Fund von zwei Siegeln aus dieser Phase könnte Handelsbeziehungen bestätigen. Durch den Handel bildete sich in Poliochni wahrscheinlich eine Elite heraus, die so eventuell zu Reichtum und Macht kommen konnte. Ob die Befestigungsanlage in Poliochni *Rosso* mit dieser Elite zusammenhängt, ist unbekannt.

A. Die Befestigungsanlage

Mit der Entwicklung der Siedlungsstruktur und der Raumorganisation wurde Poliochni während der Phase *Rosso* noch größer. Aus diesem Grund waren Änderungsmaßnahmen notwendig für die vermutete Befestigungsanlage. Dies ist am Besten am Westhang des Hügels zu beobachten. Im Vergleich mit der früheren Phase *Verde* wurden die Mauerzüge an dieser Seite des Hügels erweitert und verstärkt. Zu diesen Erweiterungsmaßnahmen gehören die drei sog. Bastionen.[397] Es handelt sich um die Bastionen 34 und 49, die eine kurvolineare Form aufweisen, und eine trapezförmige, bestehend aus den Mauernteilen 38, 39, 40 und 41. Sie wurden in drei Bauphasen errichtet. Zuerst wurden die Mauerteile 34, 48 und 49 gebaut. Danach wurde die Bastion 40 gebaut und zuletzt folgte die Verstärkung des Mauerzuges 33 mit den Mauern 35 und 37. Zur dritten Bauphase gehört auch der Umbau der trapezförmigen Bastion durch die Mauerteile 38, 39 und 41. Ob diese Baukonstruktionen in der nächsten Phase *Giallo* weiter benutzt wurden, ist unbekannt, weil jegliche Spuren durch die andauernde Erosion verloren gegangen sind.
Es gab auch andere Erweiterungs- und Verstärkungsmaßnahmen an der sog. Befestigungsanlage. Durch den Mauerzug 34 wurde der alte Mauerteil 33 der früheren Phase ersetzt. Es handelt sich um einen Mauerteil, der 18,50 m lang ist. Die Mauer hat eine Stärke von 2,10 m und erreicht eine Höhe von 1,20 bis 2,30 m. Sie bildet einen fast kreisförmigen Grundriss. Das Ganze ist aus großen Steinblöcken gebaut, die eine ungleiche polygonale Form aufweisen.[398] Zwischen den großen Steinblöcken wurden kleinere Steinplatten und Steinblöcke gesetzt. Archäologen wie Kouka vergleichen diesen Mauerteil gern mit den pelasgischen Mauern.[399] Diese Baukonstruktion sollte eigentlich den Toreingang 101 schützen, der 8 m weiter südlich lag.
Eine andere Verstärkungsmaßnahme von Mauer 33 war der Bau der Mauerzüge 35, 36 und 37. Mauer 35 ist eigentlich ein vorspringender Mauerteil von 36, hat einen rechteckigen Grundriss und scheint eine Art Bastion zu bilden. Diese ist 3,40 x 1,20 m groß und ist direkt neben der anderen Bastion 34 gebaut worden. Sie war auch aus großen Steinblöcken und Steinplatten errichtet. Die Ausgrabungen ergaben, dass das Fundament dieses Mauerbereichs tiefer errichtet worden war als der Mauerzug 33. Dies könnte bedeuten, dass der Mauerteil 35 eigentlich keine Bastion war, sondern eine Stützmauer. Mauerteil 35 ist in einer Höhe von 1 m erhalten.[400]
Der Mauerzug 36 hat eine Stärke von 1 m und ist in einer Höhe von 3 bis 3,50 m erhalten. Das Baumaterial und die Bauweise sind dieselben wie bei Mauer 35. Es wird angenommen, dass Mauer 36 eine Höhe von 5 m erreichte. Ähnlich ist der Mauerzug 37 gebaut worden. Er ist 2,40 m breit und erreichte wahrscheinlich dieselbe Höhe wie Mauer 36.
Am Ende von Mauerzug 37 und zwischen der Mauer 39 wurde Treppe 38 gefunden, die 0,80 m breit ist. Davon haben sich nur sechs Stufen erhalten. Durch diesen westlichen Eingang konnte man zur Straße 121 gelangen.[401] Mauer 39 wurde als Verstärkung der Mauer 40 gebaut, die als trapezförmige Bastion bezeichnet wird. Der Mauerzug 39 hat eine Breite von 2,50 m und eine Länge von 9,30 m. Er ist in einer Höhe von 0,80 m erhalten und wie die schon erwähnten Mauerteile gebaut.[402] Direkt an der Mauer 40 wurde eine andere Baukonstruktion 41 gefunden, die ebenfalls als Bastion in die Literatur eingegangen ist. Das rechteckige Bauteil 41 war 4,75 m breit und hatte eine Länge von 6 m. Diese vermutete Bastion ist in einer Höhe von 1,20 m erhalten und war mit Steinen gefüllt. Sie war an ihrer nördlichen und südlichen Seite sorgfältig gebaut. Von ihrer westlichen Seite ist wegen starker Bodenerosion nicht viel erhalten.[403] Der gesamte Komplex springt aus der Mauer 40 vor, wie auch der Mauerteil 35. Die Tiefe der Fundamentierung von Bastion 41 wird nicht angegeben. Es kann nicht ausgeschlossen werden, dass diese

[397] O. Kouka (2002) Plan 7 und 8.
[398] Es handelt sich um ein beeindruckendes Mauerwerk. Die Steinblöcke haben eine Groẞe von 1,20 x 0, 90 und 0.80 x 0,80 m. Zu diesem Mauerwerk siehe L. Bernabò-Brea (1964), 274f., Abb. 150-153, Taf. 2-3.
[399] O. Kouka (2002), 78f.
[400] L. Bernabò-Brea (1964), 278f., 280f., Abb. 153-154, Taf. 2, 18.
[401] Ebd. 287f. Taf. 2, 17.
[402] Ebd. 294ff., Abb. 163-164, Taf. 2, 16.
[403] Ebd. 295f., Abb. 165, Taf. 2, 16-17.

Konstruktion auch eine Stützfunktion für die Mauer 40 bildete. Dass ihre westliche Seite stark aberodiert ist, kann bedeuten, dass sie als Schutzmaßnahme errichtet wurde, um die sog. trapezförmige Bastion 40 zu schützen. Zu den Baumaßnahmen in diesem Teil der Siedlung und der möglichen Befestigungsanlage scheint eine innere Aufteilung der Bastion 40 zu gehören. Über die Treppe 38 und durch die kleine Gasse 121 konnte man in die Räume der Bastion 40 gelangen. Das Ganze besteht aus einem großen Hof (Raum 901) und kleineren Räumen, die wahrscheinlich als Speicherräume benutzt wurden. Die Funde in den Räumen 906 und 907 bestätigen diese Annahme. Es handelt sich nämlich um Grobkeramik. Die anderen Räume 902, 903, 904 und 905 lieferten ähnliche Funde wie in den früheren Phasen.[404]

Weitere Baumaßnahmen fanden statt, als die ältere vermutete Befestigungsanlage der Phase *Verde* verstärkt werden sollte. Die Mauerteile 46, 47 und 48 wurden gebaut. Sie verlaufen mit der kreisförmigen Mauer 49 in nordwestliche Richtung.[405] Mauer 49 hat eine Länge von 9,50 m und ist in einer Höhe von 1,20 m erhalten. Diese Anlage scheint isodomisch im Vergleich mit der Mauer 34 gebaut zu sein.[406] Sie besteht aus ungleichen polygonalen Steinblöcken. Durch die Mauerzüge 46, 47, 48 und durch den Bau von 40 A-C, 42, 43 und 44b bekam die Bastion 40 ihre trapezförmige Form und die innere Raumteilung mit den schon erwähnten Räumen. Der Komplex war von der Straße 121 aus betretbar. Die Gesamtgröße dieser Bastion war wie folgt: Ihre westliche Seite hatte eine Länge von 15 m, die nördliche von 14,50 m. Die östliche Seite war 7 m lang und die südliche Seite 8,50 m. Ob die Mauerzüge 49 und 50 weiter in nordöstliche Richtung verliefen und die Insulae V und IV umschlossen, ist ungewiss. Es kann aber auch nicht ausgeschlossen werden, dass die sog. Befestigungsanlage die gesamte Siedlung umschloss, so wie in der Phase *Azzuro*, aus der es Spuren einer Umfassungsmauer gibt, die die Insulae IV und V umschloss.

Eine andere nennenswerte Baumaßnahme ist die Errichtung einer Reihe von rechteckigen Räumen (804 – 808), die durch den großen Hof 809 zu betreten waren. Diese Räume sind direkt an den Mauerzügen 34, 35, 36, 37 und 38 angebaut worden. Sie werden mit anderen ähnlichen Baukonstruktionen, wie in Thermi IVB-V und in Raphina FH II, verglichen. Solche Räume werden auch als Kasematten bezeichnet, und wurden als Wach-, Wohn- und Speicherräume verwendet. Man spricht in diesem Bereich der Siedlung von dem Prinzip der Kastenbauweise. Weiter südlich, wo sich das Tor 101 befindet, fanden auch Verstärkungsmaßnahmen statt. Dieses Tor wurde schon seit der Phase *Azzuro* verwendet. Während der Phase *Rosso* wurde es nach Westen verschoben und verstärkt. Laut Bernabò - Brea bestand das Tor aus zwei Mauerteilen (20 und 22), die aus der Mauer 32a vorgezogen wurden. Diese Mauerzüge waren 1,20 m breit und hatten eine Länge von 6 m. Der Abstand dieser Teile voneinander beträgt 5,50 m. Der Mauerzug 20 ist in einer Höhe von 1,30 m erhalten.[407] Zwischen den beiden Mauerzügen wurden zwei vertikale Mauern gebaut, die den eigentlichen Eingang in die Siedlung bildeten. Der Eingang hatte eine Breite von 2,60 m. Ein kleiner Zugang zu Tor 101 wurde an der nördlichen Mauer gefunden. Er war 0,50 m breit und fast direkt an der Mauer 32a-b errichtet. Geschützt wurde dieser Eingang zusätzlich durch die kurvolineare Bastion 34. Zusammenfassend lässt sich für Tor 101 sagen, dass es, wie auch die gesamten westlichen Mauerzüge der Siedlung, verstärkt und leicht nach Westen verschoben wurde. Hier kann man die ganze Entwicklung des Tores von der Phase *Azzuro* bis in die Phase *Rosso* beobachten.[408] Ähnliche, mit Tor 101 von Poliochni vergleichbare Tore, sind das Tor in Thermi V, Tor FM von Troia IIb - IIc und die Tore FO, C von Troia IIc. Südlich des Tores konnten keine Mauerzüge festgestellt werden, die eventuell zu der Befestigungsanlage gehörten. Es ist auch nicht bekannt, ob diese ebenfalls den südlichen Teil der Siedlung mit den Gebäuden XXI, XXIII und den Bau 14 umfasste. Die Bodenerosion in diesem Teil der Siedlung war so stark, dass jegliche Spuren für immer verloren sind. Es kann aber auch hier nicht ausgeschlossen werden, dass während der Phase *Rosso* die ganze Siedlung von einer Befestigungsanlage umfasst wurde. Weitere Baumaßnahmen von der sog. Befestigungsanlage von Poliochni *Rosso* sind bis heute nicht bekannt. Ob es sich wirklich um eine Befestigungsanlage handelt, kann nur vermutet werden. Es gibt tatsächlich Merkmale an den Mauerzügen, die an andere befestigte Akropolen der Ägäis erinnern. Die Konstruktionsweise der Mauer, die Bastionen, die Höhe der Anlage und das befestigte Tor, welches im Fall eines Angriffes besser verteidigt werden konnte, sind Elemente, die für einen fortifikatorischen Charakter der Anlage sprechen. Es kann aber auch sein, dass der Westhang des Hügels von Poliochni immer wieder verstärkt werden musste zum Schutz gegen Bodenerosion, Erdbeben und Überschwemmungen des Gebietes. Die Bauteile 35 und eventuell auch 41 werden in der Literatur als Bastionen bezeichnet. Im Fall von Bau 35 ist aber bewiesen, dass es lediglich eine Baumaßnahme war, um die Mauer 33 zu stützen. Eine

[404] Ebd. 289ff., 293f. Abb. 162, Taf. 2, 16-17

[405] Ebd. 282ff., Abb. 157-158, Taf. 2,16.

[406] Ebd. vgl. Abb. 157-158.

[407] Ebd. 300f. Abb. 170-171.

[408] Während der Phase *Azzuro* wurde Tor 101 durch die trapezförmige Bastion 23 geschützt.

ähnliche Funktion hatte wahrscheinlich auch der Bereich 41. Es ist generell merkwürdig, dass in der Literatur über so viele Bastionen am Westhang des Hügels gesprochen wird in trapezförmiger, kurvolinearer und rechteckiger Form. Man bekommt den Eindruck, dass die gesamte Anlage eine einzige Bastion war.[409] Meines Erachtens versuchten die Bewohner von Poliochni immer wieder, ihre Siedlung gegen die Natur zu schützen. Die ständige Bodenerosion und die Geomorphologie des Hügels zwangen sie zur Errichtung der Anlage. Wahrscheinlich hatten die Mauern am Anfang dieser Phase daher eine stützende Funktion. Erst später bekamen sie einen fortifikatorischen Charakter. Die wirtschaftliche Entwicklung der Siedlung war wahrscheinlich der Grund dafür, dass die Mauern nun auch zur Verteidigung der Siedlung benutzt wurden. Die Tatsache, dass die Siedlung eine geostrategische Rolle spielte, wie die gesamte Insel von Lemnos, kann auch als Hinweis auf den fortifikatorischen Charakter der Mauern von Poliochni gesehen werden. Im Verlauf der Frühbronzezeit bestand Gefahr und die wohlhabenden Siedlungen in der Ägäis mussten dementsprechend reagieren. Die Phase Poliochni *Rosso* ging aber nicht gewaltsam oder durch eine Katastrophe zu Ende.

Insgesamt wichtig ist, dass sich die Siedlung während dieser Phase sehr stark entwickelt hat. Das „lineare Bauschema", die Straßen, die Wasserkanäle und die Verstärkung der Mauern an der westlichen Seite des Hügels deuten auf ein gemeinsames Vorgehen hin, um Poliochni Stärke und Sicherheit zu geben. Eine sehr große Zahl von Funden, die verschiedene Aktivitäten des Lebens in Poliochni widerspiegeln, beweisen, dass ihre Bewohner ein reiches und starkes Poliochni zustande brachten. Die Siedlung erstreckte sich während der Phase *Rosso* auf einer Fläche von 14000 m^2.[410] Mit dem Ende dieser Phase beginnt die letzte Phase der frühbronzezeitlichen Besiedlung von Poliochni, nämlich die Phase *Giallo*.

3.12.7. Phase *Giallo* (ca. 2200 – 2100 v. Chr.)

(Taf. 24)

Architektonische Reste dieser Phase wurden im östlichen Teil der Siedlung ausgegraben. Am westlichen Hang und am südlichen Teil des Hügels wurden fast keine Reste dieser Phase gefunden. Die ständige Erosion zerstörte wahrscheinlich die Bauteile der Siedlung in diesen Bereichen. Es wird aber angenommen, dass während dieser Phase der gesamte Hügel bewohnt wurde. Wie auch in der früheren Phase scheint sich die Siedlung weiter ausgedehnt zu haben. Das Straßensystem, die offenen Plätze mit Brunnen, die Insulae, das Abwassersystem und allgemein die Raumorganisation und Planung bleiben unverändert. Das „lineare Bauschema" ist noch deutlicher erkennbar als in Phase *Rosso*. Die Konstruktionsweisen der Wohneinheiten bleiben dieselben wie früher. Rechteckräume, Langraumbauten und megaronartige Baukonstruktionen bilden die Insulae mit Wohneinheiten und den dazugehörigen Arbeits- und Speicherräumen. Ob die Siedlung in dieser Phase durch eine Befestigungsanlage geschützt wurde, ist ungewiss. Es kann aber auch nicht ausgeschlossen werden. Wie schon erwähnt, hat die Erosion im Laufe der Zeit jegliche Spuren verschwinden lassen. Der Bau 14 wurde wahrscheinlich weiter benutzt, und Teile des Tores 101 wurden gefunden.

Die Funde sind zahlreicher als in den früheren Phasen und belegen wieder die verschiedenen Aktivitäten der Bewohner. Textilbearbeitung, Fellbearbeitung, Flechterei, Holzbearbeitung, Keramik, Metallurgie, Herstellung von Steingeräten, Handel mit Import und Export verschiedener Güter, Ackerbau und Viehzucht spielten auch in dieser Phase eine wichtige Rolle. In Poliochni hatte sich eine Gesellschaft mit wichtigen wirtschaftlichen, sozialen und politischen Strukturen entwickelt. Das Ende dieser prähistorischen Gesellschaft scheint durch ein starkes Erdbeben gekommen zu sein. Es gibt viele Hinweise, die ein plötzliches Auflassen der Siedlung bestätigen. Viele der Funde wurden in situ gefunden, dazu gehören auch menschliche Skelette. Menschen wurden beim Versuch aus der Siedlung zu fliehen, erschlagen und getötet. An allen architektonischen Elementen wurden Spuren der Katastrophe gefunden.[411]

3.13. Thermi (Lesbos)

3.13.1. Lage der Siedlung und Forschungsgeschichte

Die prähistorische Stätte liegt auf der Insel Lesbos auch Mytelene genannt. Die Insel ist 1630 km^2 groß und liegt

[409] O. Kouka (2002), 78ff.

[410] Ebd. 81f. Anm. 726.

[411] Einige Mauerteile haben eine Schlangenform bekommen. Dies war das Ergebnis von heftigen Bewegungen ihre oberen Teile durch das Erdbeben. Der bekannte Schatz (Magazinraum 643 des Westhauses der Insula VIII) von Poliochni wurde einfach zurückgelassen. Alle diese Hinweise und die schon erwähnten menschlichen Skelette zeigen, dass die Siedlung durch eine unerwartete Katastrophe verlassen wurde.

nur 12 km von der kleinasiatischen Küste entfernt. Wegen ihrer Position in der nördlichen Ägäis wurde die Insel schon ab neolithischer Zeit besiedelt, und im Laufe der Zeit immer wieder von verschiedenen Kulturkreisen des ägäischen und kleinasiatischen Bereiches beeinflusst. Sie wird durch zwei große Golfe geprägt, die bis ins Innere der Insel reichen. Der Golf von Kalloni liegt im Westen, der Golf von Gera im Osten. Die gesamte Küstenlinie umfasst 370 km und wird durch viele Buchten und Vorsprünge gegliedert. Auch viele Berge und Hügel prägen das Bild der Insel. Die höchsten Berge auf Lesbos sind im Norden der Lepetymnos mit 968 m und der Olympos, der ebenfalls 968 m hoch ist. Der Olympos liegt zwischen den Golfen Kalloni und Gera. Die Berge bestehen meistens aus Vulkanstein. Zwischen Bergen und Hügeln befinden sich viele Ebenen, die von Flüssen durchquert werden. Die Insel ist auch reich an Quellen, die aus den Bergen herunter fließen. Lesbos hatte früher auch Seen, die aber mit der Zeit versalzten und später für die Salzgewinnung benutzt wurden. Es gab auf der Insel auch Sumpfebenen, die im Laufe der Jahre trocken gelegt wurden. Nicht entwässerte Sümpfe kann man noch heutzutage an der östlichen Seite des Golfes von Kalloni finden. Die Bodenqualität der Insel ist beträchtlich, besonders in den fruchtbaren, wasserreichen Ebenen. Der östliche und zentrale Bereich von Lesbos sind die fruchtbarsten auf der Insel. Für die Bodenqualität spielen auch die verschiedenen Gesteine eine große Rolle wie Schiefer, Kalkstein und Marmor.

Weil auch hier, wie von Lemnos, keine Pollenanalysen vorliegen, ist es schwierig, ein Bild von der prähistorischen Vegetation der Insel zu rekonstruieren. Wissenschaftler sind auf prähistorisches organisches Material angewiesen, um die Landwirtschaft der prähistorischen Siedlungen und die Vegetation auf Lesbos zu erforschen. Lesbos ist heute eine der fruchtbarsten ägäischen Inseln. Die landwirtschaftlichen Produkte spielen eine primäre Rolle für die heimische Wirtschaft.[412] Dazu kann man auch die Fischerei und die Viehzucht rechnen. Besonders für die Viehzucht sind die vielen Hügel und Berge mit ihrer Vegetation geeignet.[413] Wälder sind auch vorhanden. In den Bergregionen trifft man auf Eichen- und Kieferwälder, die Holz für den Bau und die heimische Industrie lieferten. Wahrscheinlich waren die Verhältnisse damals so ähnlich wie heute.

Für das Klima der nordägäischen Insel gilt dasselbe wie für Lemnos. Auch Lesbos hat sehr heiße, trockene und regenarme Sommer. Die Winter sind dagegen sehr mild. Der einzige Unterschied im Vergleich mit Lemnos ist, dass Lesbos nicht den heftigen Winden ausgesetzt ist, die durch die Dardanellen wehen. Die Insel liegt südlicher als Lemnos und wird durch die troianische Halbinsel vor den starken Winden geschützt. Nur zu bestimmten Zeiten, von Juni bis September, ist Lesbos den nördlichen und nordöstlichen Winden, den Etesien, ausgesetzt, die typisch für das östliche Mittelmeergebiet während der trockenen Sommer sind.

Die prähistorische Stätte von Thermi liegt an der Ostküste von Lesbos, 10 km nördlich von der heutigen Hauptstadt der Insel. Die Siedlung befindet sich in der Nähe des Dorfes Pyrgi-Thermis und 2 km östlich des Dorfes Thermi. Das prähistorische Thermi scheint damals auf einem flachen Hügel gegründet worden zu sein. Er liegt zwischen dem Dorf Pyrgi – Thermis und der Küste. Die Siedlung wird nordöstlich und südwestlich durch die zwei kleinen Flüsse Tenega und Kalamiaris begrenzt.[414] Thermi wurde teilweise auf einer Landzunge errichtet. Leider wurden Bereiche davon durch das Meerwasser weggespült. Aus diesem Grund und aus Mangel an paläogeographischen Untersuchungen konnte bis heute die Küstenlinie der Frühbronzezeit nicht rekonstruiert werden. Ebensowenig konnte die tatsächliche Ausdehnung des Hügels von Thermi festgestellt werden. Es wird aber angenommen, dass die Ausdehnung des prähistorischen Thermi 1,5 ha betrug.

Die frühbronzezeitliche Siedlung wurde von der englischen Archäologin Lamb im Jahr 1928 entdeckt. In Zusammenarbeit mit der British School at Athens führte sie von 1929 bis 1933 Ausgrabungen in Thermi durch. In kurzer Zeit legte sie eine Fläche von insgesamt 6000 m^2 frei.[415] Die verschiedenen Schichten hatten dabei eine Gesamtstärke von 6 m. Aus den ersten zwei Metern stammen Funde aus der mittleren und späteren Bronzezeit.[416] Die übrigen vier Meter beinhalteten Befunde und Funde der gesamten Frühbronzezeit. Lamb konnte fünf frühbronzezeitliche Phasen unterscheiden,

[412] Weinberge, Olivenhaine, Äcker, Obst- und Gemüsegarten prägen das Bild des heutigen Lesbos. Getreide spielt keine wichtige Rolle für die Wirtschaft der Insel.

[413] O. Kouka (2002), 132ff. Es wird über die Hügelstufe und die montane Region gesprochen. Die Vegetation über 300 m war und ist noch heute geeignet für die Viehzucht. Ebenen mit Macchie oder Phrygana wurden als Weideland genutzt. Mehr Information über das Thema der Landnutzung, Vegetation und Wirtschaftsformen auf Lesbos gibt uns.

[414] W. Lamb, Excavations at Thermi in Lesbos (1936) Taf. XXVIII.1.

[415] Es gab auch schon vor Lamb Wissenschaftler wie Koldewey, Boehlau und Evangelidis, die Untersuchungen auf der Insel durchgeführt haben. Im Jahr 1890 schreibt Koldewey über vorgeschichtliche Funde in Sigri, Pigados und Profitis Elias. Im Jahr 1906–1907 führt Boehlau Ausgrabungen in der antiken Stadt Pyrrha durch. 1928 grub Evangelidis in Klopedi aus.

[416] Es handelt sich um den nordwestlichen Teil des Hügels, der nicht systematisch untersucht wurde.

die Phasen Thermi I, II, III(A-B), IV(A-B) und V. Diese Phasen entsprechen chronologisch Troia I und II. Lamb datierte die Gründung der Siedlung an den Anfang des dritten Jahrtausends v. Chr. Nach den systematischen Ausgrabungen wurde das gesamte Areal wieder zugeschüttet, um die vorhandene Substanz und die Funde zu schützen, die Ergebnisse wurden publiziert.[417] Nach dem zweiten Weltkrieg wurde das Interesse der Archäologen an der prähistorischen Geschichte von Lesbos immer größer. Archäologen und Wissenschaftler wie Hatzi, Kontis, Charitonidis und Spencer interessierten sich für die Vorgeschichte der Insel. Es wurden viele prähistorische Fundstätten entdeckt, die unser Wissen über die vorgeschichtliche Zeit von Lesbos erweitert haben.[418]

Im Jahre 1988 und 1989 wurden weitere Ausgrabungen von den griechischen Archäologinnen Archontidou-Argyri und Avgerinou unternommen, die diesmal den nordwestlichen Teil des Hügels galten. Es waren Notgrabungen mit dem Ziel, die archäologische Stätte von Thermi zu schützen. Dabei wurde auch nördlich des Baches gegraben. Während der Kampagne kamen Funde aus der letzten bronzezeitlichen Phase der Siedlung (Thermi V) zutage, die sich als sehr wichtig für die Frage der Siedlungsorganisation und -planung erwiesen.[419] Es scheint, dass die Siedlung von Thermi V noch größer war, als bisher angenommen. Ihre Ausdehnung richtete sich nach Norden bzw. Nordwesten. Leider wurden die Ergebnisse dieser Notgrabungen noch nicht publiziert.

Die Frage, ob Mauern Thermi umschlossen haben, kann zumindest für die ersten Phasen der Siedlung nicht mit Gewissheit beantwortet werden, obwohl es immer wieder von Archäologen wie Naumann und Korfmann angenommen wurde.[420] Besonders für Thermi II wurden Vermutungen geäußert, dass die Siedlung durch die hinteren Mauern der Gebäude geschützt wurde. Anlass dafür waren auch Überreste eines scheinbar befestigten Tores. Für Thermi IIIA gilt dasselbe. Architektonische Funde zeigen, dass der innere Kern der Siedlung durch eine Befestigungsanlage mit Bastionen geschützt wurde. Für die Bauphasen IIIB, IVA und IVB wurden keine Bauelemente gefunden, die auf eine Befestigungsanlage hinweisen könnten. Nur für die Phase V kann wieder angenommen werden, dass Thermi durch ein System von Mauern mit fortifikatorischem Charakter geschützt wurde.

An dieser Stelle muss erwähnt werden, dass nur die Bauphasen von Thermi ausführlich beschrieben werden, die architektonische Hinweise auf eventuelle Befestigungen liefern.

3.13.2. Die Siedlung

A. Thermi I

Kalibrierte C-14 Daten haben ergeben, dass Thermi I zwischen ca. 3022 und 2700 v. Chr. gegründet wurde, d. h. am Anfang der Frühbronzezeit. Lamb grub eine Fläche von 2900 m^2 aus. Neu im Vergleich zu den anderen schon erwähnten Siedlungen ist, dass hier ein anderes Bebauungsschema verwendet wurde. Es ist als Radialbausystem oder als radiozentrisch bekannt.[421] Die

[417] Zu den Ausgrabungen siehe auch W. Lamb - R. W. Hutchinson, Excavations at Thermi in Lesbos, BSA 30, 1928–29, 1-52. Plates I-X.

[418] Siehe Katalog prähistorischer Fundorte von O. Kouka (2002), 135ff.

[419] Im Landstück Albani wurden auch hellenistische Funde gefunden.

[420] O. Kouka (2002) Anm. 158. „*Thermi wurde immer als ein „Dorf“ (Naumann 1972, 241f.) mit „friedlichem Charakter“ betrachtet (Lamb 1936, 12; Sinos 1971, 27), weshalb für die ersten drei Architekturphasen eine Befestigungsmauer als unnötig erachtet wurde. Naumann (ebd.) nahm jedoch für die ersten Phasen einen Palisadenzaun an. Korfmann (1983, 230f. mit Anm. 549) hielt eine äußere Siedlungsumgrenzung in der Phase II für notwendig und vermutete, dass „diese teilweise in die Befestigung der nachfolgenden Phasen IV und V einbezogen wurde, zum Großteil aber mit dem Neubau verbunden war, der umfangreichen Planier- und Baumaßnahmen zum Opfer gefallen ist. So muss allein schon der Rest einer „inneren“ Torkonstruktion im Westen der Siedlung mit vorspringender Torbastionen (KZ8) und einer besonders stark anbindenden Mauer hervorgehoben werden. Diese Anlage könnte ab der Phase I bestanden haben*“.

[421] Ebd. Ähnliche Bebaunngsschemata wurden in Kanligeçit bei Kirkareli, Beşik – Tepe, Troia IIa – IIb, Bakla – Tepe und Heraion IV auf Samos festgestellt. M. Korfmann (1983 und 1988) hat verschiedene Siedlungen im östlichen und im zentralwestlichen Teil Kleinasiens untersucht, um dieses Bauschema besser zu verstehen. Demirçihüyük (FB), Haçilar I-II (NL), Ahlatlibel (FB), Beycesultan XXXIV-XXIV (CH-FB), Aphrodisias (Akropolis, FB), Karatas-Semayük I-II (FB II), Maşat Höyük (FB), Alişar „Mound“ (Phasen 10-7 M, FB), Mersin XVI (CH), Tarsus (FB I?-II), Pulur/Sakyol (Schicht X, Anfang der FB). M. Korfmann gab den Bauschema dieser Siedlungen die Bezeichnung „Anatolisches Siedlungsschema“. In der Literatur ist es als „radiozentrisches Bauschema“ bekannt. Darunter hat man folgende Definition verstanden: Hauptelemente sind bei diesem System die radial angelegten Straßen, die vom Siedlungszentrum ausgehen und durch konzentrische Straßen geschnitten werden, so dass mehrere Wohnviertel entstehen. Derselbe Terminus schließt auch jene Siedlungen mit ein, bei denen die Häuser um ein freies

Gebäude der Siedlung sind dabei folgendermaßen errichtet: In der Mitte der Siedlung gibt es ein bebautes Zentrum. Ringsherum stehen andere Gebäude, die strahlenförmig um das Zentrum errichtet wurden. Man spricht auch hier von einem Häuserkranz. In Thermi I wird dieser Häuserkranz durch eine Straße von dem sog. Zentrum der Siedlung getrennt. Die Wohneinheiten wurden nach ihren Arealen bezeichnet. Lamb unterteilte sie nach den Buchstaben des griechischen Alphabets. Es handelt sich um die Areale A, B, Γ, E, Z, K, Λ, N und H, Θ im östlichen Bereich. Das Zentrum der Siedlung bestand aus den freigelegten Gebäuden A, B, Δ und E. Die Gebäude sind nach Südwesten bzw. Nordosten orientiert und werden vom anderen Bereich der Siedlung durch eine 2 bis 3 m breite Straße getrennt, die von Norden nach Süden verläuft. Der andere Teil der Siedlung besteht aus den freigelegten Arealen Γ, K, KZ, Λ, Θ. Hier kann man das Radialbauschema der Gebäude sofort erkennen.

Bei den Gebäuden handelt es sich um Langraumbauten, die 13-17 x 4-5 m groß waren. Die Bauten wurden von ihren Schmalseiten her betreten. Die Eingänge waren 0,60 bis 1 m breit. Sie sind an den Türschwellen oder an den Türangelsteinen zu erkennen. Die Gebäude bestanden aus einem wahrscheinlich offenen Vorraum und einem größeren Hinterraum. Ihre Mauern hatten eine Stärke von 0,40 bis 0,60 m. Es gibt aber auch Bauten wie Gebäude E3 mit breiteren Mauern von 0,70 bis 0,80 m. Viele waren bis zu einer Höhe von 1,30 m erhalten. Es wird angenommen, dass sie eine Höhe von 2 m erreichten. Alle Strukturen bestanden aus Stein, überwiegend wurden Kalkstein, Schieferplatten und Steinbrocken aus Vulkangestein für den Bau verwendet. Sie wurden aufgeschichtet ohne Verbindungsmaterial wie Lehm und Mörtel zu verwenden. Die Archäologen erkannten an einigen Gebäuden in Thermi I die Fischgrättechnik, die auch in den späteren Phasen der Besiedlungsgeschichte verwendet wurde. Holz wurde auch benutzt, vermutlich als Balken für die Dachkonstruktionen. Man nimmt an, dass in Thermi I flache Dächer verwendet wurden. Die Wohneinheiten wurden dicht nebeneinander erbaut und hatten gemeinsame Wände. Wie bekannt ist, bevorzugten die Baumeister für solche Bauten flache Dachkonstruktionen. Die Verwendung von Lehm für den Bau konnte nicht festgestellt werden, wahrscheinlich wurde Lehm aber für die Dichtung der Dächer verwendet. Im Inneren wurden für den Fußboden Sand und Kieselsteine aus dem Meer benutzt. Andere Besonderheiten bezüglich der Wohneinheiten konnten nicht festgestellt werden. Im Inneren der Häuser wurden Herdstellen, Öfen, Plattformen und Gruben gefunden.

Eine Besonderheit stellen die sog. Steinplattformen dar. Sie wurden teilweise sogar gruppenweise erbaut. Es handelt sich um Konstruktionen aus Stein, die wahrscheinlich als Speicherplätze benutzt wurden.[422] Insgesamt wurden in Thermi I viele derartige Speichermöglichkeiten festgestellt. Fast in allen Wohneinheiten wurden Pithosgruben gefunden, nachgewiesen wurden insgesamt 77 Stück. Sie hatten einen Durchmesser von 0,50 bis 1 m.

Erwähnenswert sind auch die vielen Artefakte aus verschiedenen Materialien, die in Thermi I gefunden wurden. Es handelt sich um Funde aus Stein, Knochen, Ton und Metall. Aus Stein wurden verschiedene Werkzeuge für den täglichen Bedarf hergestellt. Andere, wie Marmoridole und Fragmente zweier Marmorschalen, scheinen von den Kykladen importiert worden zu sein.[423] Produkte aus Obsidian wurden nicht gefunden außer einem Stück, das wahrscheinlich von der Insel stammt. Aus Knochen wurden ebenfalls verschiedene Werkzeuge hergestellt, die typisch für die Bronzezeit waren. Es handelt dabei Überwiegend um zugespitzte Werkzeuge, wie Röhrenmeißel für die Fellbearbeitung und Nadeln oder Ösennadeln für die Textilbearbeitung.[424]

Die Vielzahl von Tongeräten bzw. handgemachter Keramik ist beeindruckend. Die Zahl der schon erwähnten Pithoi weist auf eine große Produktion von Vorratsgefäßen hin. Darüber hinaus wurde viel Keramik für den Haushalt produziert. Zumeist Speise- und

---

oder bebautes Zentrum herum angeordnet sind. Nach diesem Terminus fällt Thermi I unter die radiozentrischen Siedlungen. Solche Siedlungen sind uns schon aus dem ägäischen Bereich bekannt. Als Beispiel konnte man die spätneolithische Siedlung von Dimini in Thessalien mit ihren sechs konzentrischen Mauern, Ägina V (FH III), Malthi (MH) und Gournia auf Kreta nennen. Mehr über das Thema des Radialbausystems in O. Kouka (2002), 152ff. mit ausführlicher Literatur und Beispielen über die verschiedenen Bebauungsschemata der prähistorischen Zeit.

[422] Diese Steinkonstruktionen bestanden aus zwei oder drei parallelen Steinreihen. Auf diesem lagen größere Schieferplatten. Auf diesen Platten lagen verschiedene Produkte (Getreide) des Überschusses. Wahrscheinlich lagen sie in Vorratsbehältern aus vergänglichem Material. Solche Konstruktionen wurden in den freien Plätzen und Straßen gefunden. Die Große dieser Konstruktionen war 2,40 x 1,80 m bis 4,60 x 2,20 m. Ähnliche Konstruktionen wurden in Saliagos (NZ), Emporio auf Chios (FB), Argissa und Orchomenos (MB) gefunden.

[423] Beile, Äxte, Keule, Stößel, Mahlsteine wurden am häufigsten hergestellt.

[424] Die Knochenartefakte wurden aus *Tibia*, *Metatarsen* und *Metacarpen* verschiedener Tiere (Schaf, Ziege, Hund, Schwein, Rorhirsch) hergestellt. Hirschgeweih wurde für die Herstellung von Fassungen und Äxten benutzt.

Trinkgefäße. Merkmal dieser Keramik ist, dass sie rauchgeschwärzt oder rot, mit eingeritzten, gerippten oder gewellten Verzierungen ist. Später wurde Bemalung auf der Keramik eingeführt, die von Lamb als Keramik „*Class A*“ bezeichnet wurde.[425]

Neben Keramik wurden Metallobjekte entdeckt. Überwiegend wurden Nadeln mit Kopf und Bohrer gefunden.[426] Interessante Funde sind eine Gussform, Gusstiegel und Gusslöffel sowie Schlaggeräte aus Stein. Dadurch wird deutlich, dass in der Siedlung Metall verarbeitet wurde. Chemische Untersuchungen und Isotopenanalysen ergaben, dass die Siedlung Kontakte mit Troia, Kleinasien und den Kykladen haben musste, um die Metalle nach Lesbos zu importieren.[427] Diese Funde sind auch deshalb wichtig, weil sie Anhaltspunkte für die Datierung der Siedlung liefern. Die Metallfunde aus Thermi I werden mit dem Bronzefund aus der Troia I-Schicht von Beşik-Tepe zeitlich gleichgesetzt.

Zusammenfassend lässt sich für Thermi I sagen, dass die Bewohner der prähistorischen Siedlung sich intensiv mit Landwirtschaft, Viehzucht, Fischerei, Handwerk und Handel beschäftigten. Handwerkliche Aktivitäten wie Metallurgie, Textil-, Fell- und Holzbearbeitung sowie Flechterei waren die Basis des wirtschaftlichen Lebens in Thermi I.[428]

Die Frage, ob die Siedlung der Phase Thermi I durch eine Befestigungsanlage oder Umfassungsmauer geschützt wurde, kann nicht beantwortet werden. Es fehlen bestätigende Hinweise. Andererseits kann eine Befestigung aber auch nicht ausgeschlossen werden.[429]

B. Thermi II

In Thermi II hat sich im Bezug auf die Siedlungsorganisation und das Bebauungsschema nicht viel geändert.[430] Es handelt sich um eine kürzere Siedlungsphase nach Thermi I ohne große Unterschiede. Die Schicht von Thermi II umfasst 0,80 bis 1,20 m. Die Kontinuität zwischen beiden Phasen ist sofort erkennbar. Überwiegend wurden Baureparaturen und Veränderungen vorgenommen, ohne das Bild der Siedlung zu ändern. Das Siedlungsschema bleibt weiter radiozentrisch, mit einem Durchmesser von 150 m. Es bestand aus einem dicht bebauten Zentrum und einem Häuserkranz, der durch eine ringförmige Straße abgetrennt wurde. Die Straße hat eine Breite von 1,50 bis 4 m. Sie verläuft von Norden nach Süden und von Westen nach Osten. Während der Ausgrabungen konnte die Straße auf einer Länge von 45 m untersucht werden. Einige Bereiche waren gepflastert. Eine andere Straße liegt im Bereich KZ17. Sie wird als Z8 bezeichnet. Die Straße hat eine Länge von 13 m und führt durch ein Tor zum Landesinneren. Die Siedlung hatte auch offene Plätze und Brunnen für die Wasserversorgung.

Die Orientierung der Gebäude bleibt ebenso dieselbe wie der Bautypus. Die Langhäuser bestehen aus ein, zwei oder drei Räumen. Ein Gebäude verfügt über mehrere Räume und nimmt wahrscheinlich eine besondere Stellung innerhalb der Siedlung ein. Es handelt sich um das Gebäude im Areal NΛ, mit einer Fläche von 14 x 10 m. Es besteht aus einem 4 x 10 m großen Vorraum (NΛ5) und einem 10 x 10 m großen Hinterraum (Λ6). Der Hinterraum wird durch kleinere Trennmauern in drei große Räume unterteilt, die miteinander verbunden sind. Der südliche Raum dieses Baukomplexes wird durch radiale Trennmauern unterteilt. Was für eine Funktion dieses Gebäude hatte, konnte durch die Ausgrabungen nicht festgestellt werden. Anhand der gefundenen Herdstellen und Plattformen wurde deutlich, dass im Gebäude verschiedene Tätigkeiten stattfanden. Ob der hintere Teil dieser Baukonstruktion als Stall verwendet wurde, wie Lamb vorgeschlagen hat, bleibt unklar. Alle Gebäude wurden durch Eingänge in der Schmalseite betreten, was durch die erhabenen Türschwellen deutlich wird. Neue Mauern und Trennmauern wurden in dieser Phase errichtet, die älteren repariert. Neue Fußböden in den Häusern und Erneuerungen der Herdstellen sind einige der Baumaßnahmen, die in Thermi II vorgenommen wurden. Das Baumaterial ist dasselbe wie zuvor, nämlich Schieferplatten, Kalkstein und verschiedene Steinbrocken aus der vulkanischen Umgebung bzw. Sand und Kieselsteine für die Fußböden. Auch die Konstruktionsweise der Thermi II – Bauten ändert sich nicht. Die Häuser wurden weiter ohne Verbindungsmaterial und Mörtel gebaut. Flache Dachkonstruktionen sind auch für Thermi II anzunehmen. In Thermi II wurde ein Pfostenloch gefunden. Dabei handelt es sich um den einzigen Hinweis auf die Verwendung von Holzbalken.[431] Holzreste selbst wurden

[425] W. Lamb (1936), 73ff. mit Abb. 26, 27, 92ff. mit Abb. 32–35. Lamb betont noch, dass diese Keramik die fortgeschrittenen Kenntnisse der Töpfer in Thermi I zeigt. Sie wussten schon, wie man mit oxidierendem und reduzierendem Brand die Gefäße bearbeiten konnte.

[426] Ebd. Abb. 48a, 48b, 49.

[427] Kupfer, Blei, Zinn, Silber und Gold mussten aus diesen Kulturkreisen herbeigeschafft werden. Dies bedeutet, dass Thermi I Handelsbeziehungen mit den oben erwähnten Orten hatte.

[428] O. Kouka (2002), 165f.

[429] Ebd.

[430] Es handelt sich um dieselbe ausgegrabene Fläche von 2900 m^2 und dieselben Arealen, wie Thermi I.

[431] Es wurde ein Pfostenloch an der Nordmauer von Z8 gefunden. Das Loch war voll mit gebrannter Erde. Dies zeigt wahrscheinlich dass für die erhobene Mauer Holzbalken verwendet wurden. Das Pfostenloch scheint

aber auch in dieser Besiedlungsphase nicht gefunden. Der einzige nennenswerte Unterschied zu Thermi I ist die Errichtung eines Tores, das wahrscheinlich durch zwei Bastionen flankiert wurde.[432] Wie schon oben erwähnt liegt die Toranlage im Areal KZ. Der Zugang in die Siedlung scheint durch zwei leicht trapezförmige Bastionen geschützt worden zu sein. Beide haben eine Länge von 2,80 m und sind 1,60 bis 1,80 m breit. Sie haben sich in einer Höhe von 0,55 m erhalten. Ob diese Toranlage als befestigt gelten kann, ist fraglich. Ihre Position zwischen den Langhäusern der Siedlung spricht gegen die Annahme, dass es sich hier um einen Teil der vermuteten Befestigungsanlage handelt. Leider konnte während der Ausgrabungen der äußere Rand von Thermi II nicht lokalisiert werden. Es scheint eher, als ob die Toranlage durch die direkt daneben liegenden Gebäude geschützt wurde.[433] Ähnliche Anlagen wurden auch bei anderen Siedlungen im nordägäischen und kleinasiatischen Raum gefunden.[434] Es wird angenommen, dass die äußeren westlichen Mauern dieser Bauten gleichzeitig die äußere Grenze der Siedlung gewesen sind, obwohl die Gebäude nicht in ihrer ganzen Länge erforscht wurden.[435] Man vermutet, dass mögliche Angreifer sich einen langen Weg freikämpfen mussten, um in das Innere der Siedlung zu gelangen. Der Durchgang wurde dann aber dadurch erschwert, dass die Verteidiger die Siedlung von den flachen Dachkonstruktionen der Wohneinheiten aus verteidigen konnten. Meines Erachtens ist nicht nachweisbar, ob Thermi II von einer Befestigungsanlage umringt wurde. Die Gebäude des Häuserkranzes (Areale Γ und K) wurden durch die Eingänge an ihren westlichen Mauern betreten, also vom Hinterland her. Dies könnte bedeuten, dass Thermi II zu dieser Zeit keine besonderen Sicherheitsmaßnahmen brauchte und in diesem Fall scheint die Notwendigkeit einer Befestigungsmauer fraglich. Dasselbe kann auch für die Toranlage gelten. Die sog. Bastionen des Tores könnten einfach die äußeren breiten Rückwände der Gebäude sein, die gleichzeitig den äußeren Rand der Siedlung bildeten. Es lässt sich also nicht mit Sicherheit feststellen, ob im Areal KZ die Toranlage Teil einer Befestigungsmauer war. Ihre Ähnlichkeit mit anderen Toranlagen der Frühbronzezeit zeigt nur, wie die Zugänge der Siedlungen gebaut und durch Bastionen geschützt werden konnten. Ob dies wirklich auch in Thermi II der Fall war, bleibt noch offen. Korfmanns Annahme konnte nicht bestätigt werden. Er vermutete, dass Thermi während der früheren Phasen von einer Befestigungsmauer geschützt war, die später teilweise in die Befestigungsanlagen von Thermi IV und V miteinbezogen wurde.[436]

Außer Herdstellen wurden in Thermi II auch Kuppelöfen gefunden. Die als Plattformen bekannten Steinkonstruktionen werden weiter verwendet. Rechteckige und runde Steinplattformen treten wiederum einzeln oder in Gruppen auf. Die Nutzung von Pithosgruben scheint nahezu aufgegeben worden zu sein. Nur sehr wenige wurden noch gefunden. Wahrscheinlich fand eine Änderung bei der Speicherung und Lagerung von Produkten in der Siedlung statt.

Die Herstellung der verschiedenen Artefakte aus Ton (Tongeräte und Keramik), Stein, Knochen und Metall wird weitergeführt. Einzige Neuerung ist die Herstellung von Tonidolen.[437] Die Keramik bleibt unverändert. Die gleichen Formen und Typen werden, wie in der früheren Phase, weiter hergestellt.[438] Der einzige Unterschied ist, dass in dieser Phase weniger Speichergefäße (Pithoi) produziert werden.[439] Die Produktion von Steingeräten geht ebenfalls weiter. Überwiegend werden Schlag- und Schneidegeräte hergestellt.[440] Bei den Knochengeräten fehlen die zugespitzten Geräte, es wurden nur Spateln, ein Geweihhammer und ein Anhänger gefunden. Eine Änderung stellten die Archäologen bei der Metallproduktion fest: Obwohl in dieser Phase eine

mitten in dieser Mauer zu sein. Die Tatsache, dass von dieser Mauer nur ihre Fundamente erhalten sind, kann nicht die Verwendung von Holzbalken an diesem Mauerwerk weder bekräftigen noch ausschließen.

[432] W. Lamb (1936), 21f.

[433] Es handelt sich um die Areale mit den Bauten KZ16 und 17 und um das Areal Z.

[434] Als Beispiele von ähnlichen Baukonstruktionen können an dieser Stelle die von Poliochni, Phase Azzuro, Demirçihüyük, Mersin, Yenibademli (Insel Imbros) und Troia I genannt werden. Nur die Anlage von Troia I springt von der Befestigungsmauer hervor. Wahrscheinlich sollte dies den fortifikatorischen Charakter der Toranlage betonen.

[435] Die Gebäude des sog. Häuserkranzes wurden bis zu der Stelle untersucht, wo später die äußere Mauer (Befestigungsanlage) von Thermi V verlief.

[436] M. Korfmann, Demirçihüyük. Die Ergebnisse der Ausgrabungen 1975-1978, I. Architektur, Stratigraphie und Befunde (1983), 230f.

[437] Zu den Tongeräten gehören die erwähnten Idole, eine Schleuderkugel, eine Tondüse und ein Tonkegel. Die Tonidole gelten hier als autochthone Produkte im Gegensatz zu den zwei Marmoridolen, die als Importe angesehen werden.

[438] Anhand der Miniaturgefäße konnten die Archäologen ein Bild von verschiedenen Formen und Gattungen der Keramik in Thermi II rekonstruieren.

[439] Dies könnte an der Publikationslage der Gefäße liegen oder wie O. Kouka vermutet, an einer Änderung der Speichersitten in Thermi II. Mehr zum diesen Thema, O. Kouka (2002), 178f.

[440] Es handelt sich um Streitäxte, Beile, Stößel und Silexklingen.

geringere Zahl von Metallprodukten als in Thermi I gefunden wurde, zeigte sich, dass außer den üblichen Metallobjekten, wie Nadeln mit Kopf und Bohrern, auch neue Gegenstände aus Metall Anwendung fanden. Man fand Messerklingen, einen Dolch und ein Siegel. Dadurch kam man zu dem Schluss, dass in Thermi II Spezialisten am Werk waren, die diese Geräte selbst herstellten. Dies wurde durch den Fund einer zweischaligen Gussform für Dolche, sowie einer Tondüse und einem Tonlöffel bestätigt.

Insgesamt gibt es keinen großen Unterschied zwischen den Funden der Phasen Thermi I und II. Anhand der Funde wurden die schon bekannten Tätigkeiten auch für die jüngere Phase bestätigt.[441] Außerdem wurde auch in Thermi II weiter Landwirtschaft und Viehzucht betrieben. Jagd und Fischerei spielten eine ergänzende Rolle für die Wirtschaft und den Speiseplan der Menschen. Wichtig war der Handel mit anderen Siedlungen. Die Beschaffung der Metalle von anderen Inseln oder aus anderen Regionen gilt als bewiesen.[442] Voraussetzung dafür war wahrscheinlich eine politische Organisation und Führung. Die Mitglieder dieser Elite dürften diejenigen gewesen sein, die die verschiedenen Statussymbole, Luxusgüter und Siegel besaßen.[443]

C. Thermi IIIA-B

Architektonische Teile dieser Besiedlungsphase erstrecken sich auf einer Fläche von 2900 m^2. Durch die Ausgrabungen konnte eine Kontinuität von Thermi IIIA-B mit der vorherigen Phase Thermi II bestätigt werden. Das „radiozentrische Bauschema" mit dem bebauten Zentrum und dem Häuserkranz besteht weiter. Die Siedlung wird, genau wie früher, durch die ringförmige Straße geteilt, die auch gepflastert war. Eine Neuerung bei der Raumorganisation ist jedoch die Errichtung einer inneren Befestigungsmauer mit mindestens vier Bastionen, die das bebaute Zentrum der Siedlung umgibt. Die Siedlung wurde wahrscheinlich nach Westen und Süden erweitert, obwohl das durch die Befunde nur schwer zu beurteilen ist.

Die Orientierung der Gebäude bleibt auch in dieser Phase dieselbe. Die Bautradition bleibt zumindest für die Bauten des Siedlungszentrums unverändert. Die Überreste im Bereich des Häuserkranzes der Siedlung sind zu spärlich, um ein deutliches Bild zu rekonstruieren. Lamb fand nur wenige Mauerzüge von Bauten. Daraus schloss sie aber, dass das radiozentrische Bauschema auch in diesem Teil der Siedlung befolgt wurde. Eine andere Änderung in der Raumorganisation gab es im Areal KZ, wo sich die befestigte Toranlage von Thermi II befand. An ihrer Stelle wurden nun andere Bauten, wahrscheinlich Wohneinheiten errichtet. Dabei handelt es sich um langrechteckige Bauten, die wieder aus ein, zwei oder drei Räumen bestehen.[444] Mit der Errichtung der Befestigungsmauer wurden auch Veränderungen an den Gebäuden selbst beobachtet. Vorher hatte jedes Gebäude seine eigene Tür an der Schmalseite. Während dieser Phase findet nun eine Verlegung der Zugänge statt, so dass sich die Türen der Häuser an den gemeinsamen Hauswänden befinden. Viele davon konnten nicht von den Straßen und offenen Plätzen aus betreten werden, sondern nur vom benachbarten Gebäude aus. Dies wurde vor allem im Inneren der Befestigung beobachtet.[445] Früher befanden sich die Türöffnungen an der Schmalseite der Gebäude, die zu einer Straße oder zu einem offenen Platz führten. In Thermi IIIA befinden sie sich an der Schmalseite oder an der Längsseite der Gebäude und nicht immer in der Mitte der Wände. Im Inneren der Gebäude wurden wieder Fußböden, Herdstellen, Plattformen, Kuppelöfen und Bothroi gefunden, die wahrscheinlich zum Speichern verwendet wurden. Die meisten Bothroi wurden aber

[441] Im Gegensatz zu den anderen spezialisierten Tätigkeiten (Textil-, Fell-, Holz- und Metallbearbeitung) wurde nur die Flechterei wurde nicht nachgewiesen.

[442] Aus Bleiisotopenanalysen hat sich ergeben, dass die Metallobjekte in beiden Phasen mit Kupfer aus der Insel Siphnos oder aus dem kleinasiatischen Raum hergestellt wurden. Für einzige Objekte konnte die Herkunft des Metalls nicht bestimmt werden.

[443] Die Bevölkerung von Thermi II wird auf 500 Einwohner geschätzt, obwohl auch für diese Siedlungsphase kein zugehöriges Gräberfeld identifiziert werden konnte. Wie auch in Thermi I wurde für die zweite Phase der Siedlung die Bevölkerungszahl durch die Größen der Wohneinheiten berechnet. Für 10 m^2 einer Bauform werden sieben Personen berechnet. Beispiel Karataş, siehe J.Warner, The Megaron and the Apsidal House in Early Bronze Age Western Anatolia: New Evidence from Karataş, AJA 83, 1979, 133-147; ders., Elmali-Karataş II. The Early Bronze Age Village of Karataş (1994).

[444] Innerhalb der Befestigung wurden ein- und zweiräumige Bauten gefunden. Ihre Dimensionen variieren. Die einräumigen Bauten (B3) sind 8 x 5 m groß. Die zweiräumigen Einheiten sind 10 x 5 m (B1, A3) oder 10 x 6,50 m (A1a-b) groß. Im Raum des Häuserkranzes wurden bauten mit größeren Dimensionen bemessen. Als Beispiel können an dieser Stelle die Langbauten Λ2 mit 14 x 5 m und BΓ6 mit 11 x 6 m genannt werden. Es handelt sich um große Bauten mit einer Fläche von 50 m^2. Leider konnten diese nicht komplett rekonstruiert werden, weil viele architektonische Teile fehlen.

[445] Anhand der in situ gefundenen Türschwellen und Türangelsteine, konnten Archäologen die Position der Türöffnungen feststellen.

außerhalb den Wohneinheiten gefunden und besonders im Bereich des Häuserkranzes. Dies gilt als Neuerung in Thermi IIIA. Steinplattformen wurden auch im äußeren Bereich der Wohneinheiten gefunden. Wie schon erwähnt, wurden sie wahrscheinlich als Ablage für Vorratsgefäße verwendet und treten in verschiedenen Formen auf.[446]

Für das verwendete Baumaterial gilt dasselbe, wie auch in den vorherigen Besiedlungsphasen. Insgesamt wurde Stein vulkanischen Ursprungs aus der Umgebung für die Errichtung der Baukonstruktionen verwendet. Andere Baumaterialien, wie Holz und Lehm für Lehmziegel, wurden nicht gefunden. Es ist aber möglich, dass Lehm für den Wandverputz der Häuser und für den Bau der Kuppelöfen verwendet wurde.

Über die bei den Ausgrabungen entdeckten Gegenstände in Thermi IIIA kann Folgendes gesagt werden: Geräte und Objekte aus Ton, inklusive der Keramik, werden weiter hergestellt. Dasselbe gilt auch für die Geräte aus Knochen, Stein und Metall. In dieser Phase und in der nächsten etablierten sich die Tonidole. Meistens handelt es sich um weibliche Idole in verschiedenen Varianten.[447] Die Keramikproduktion ist mit derjenigen der früheren Phasen vergleichbar. Die Gefäße sind weiterhin frei von Hand geformt, die sog. schwarze und rote Ware wird weiter hergestellt. Die Qualität ist aber schlechter als in den vorherigen Phasen.[448] Neu ist die braune Ware, die als „*Class B*" in die Literatur eingegangen ist. Knochenartefakte werden genauso wie Steinartefakte weiter produziert.[449] In dieser Phase werden viele gelochte Wetzsteine gefertigt. Erwähnenswert ist ein Beil aus Schmirgel, das als kykladischer Import gilt. Für die Metallobjekte gilt die Einführung von Meißeln als Neuerung. Schmucknadeln, Bohrer, Pfrieme und Klingen werden weiter hergestellt.[450]

In Thermi IIIA wurden erstmals auch menschliche Skelette gefunden. Dabei handelte es sich nicht um reguläre Bestattungen. Aufgrund der Fundlage der Skelettreste wurde angenommen, dass diese Menschen einer kriegerischen Auseinandersetzung oder einem Erdbeben zum Opfer fielen. Dies konnte jedoch nicht bestätigt werden.[451]

Anhand der Funde ergab sich für diese Phase, dass die spezialisierten Tätigkeiten innerhalb der Siedlung weitergeführt wurden. Textilverarbeitung, Fellbearbeitung, Holzbearbeitung, Flechterei und Metallurgie blieben die wichtigsten Tätigkeiten im Leben der prähistorischen Menschen in Thermi IIIA. Für die Landwirtschaft, Viehzucht, Jagd, Fischerei und den Handel gilt dasselbe wie in den früheren Phasen.

Architektonische Reste dieser Besiedlungsphase wurden in einer Fläche von 3700 m^2 gefunden. Lamb erkannte wieder das radiozentrische Bauschema zumindest für das Siedlungszentrum. Durch die unterschiedliche Orientierung der Bauten konnten die Schichten dieser Phase von der nächsten Phase IVA unterschieden werden, obwohl dieselbe Keramik „*Class B*" in beiden Phasen anzutreffen ist.

Im Siedlungszentrum scheinen die Gebäude fast unverändert zu sein, obwohl es dort schwierig zu beurteilen ist. Die innere Befestigungsmauer von Thermi IIIA wurde abgerissen, ihre Stelle nahm nun eine gepflasterte Straße ein, die eine Art Rampe bildete. Für diese Phase kann das Vorhandensein einer äußeren Umfassungsmauer wegen der geringen Überreste weder bestätigt, noch ausgeschlossen werden. Leider ist zu wenig von dieser Phase entdeckt worden, um ein Bild der Siedlung zu rekonstruieren. Die Materialien für den Bau der verschiedenen Einrichtungen bleiben dieselben wie früher. Wichtig ist dabei, dass während der Ausgrabungen Reste von Holzbalken und Lehm gefunden wurden.

Anhand der Funde und besonders der Bothroi, Herde und Kuppelöfen wurde festgestellt, dass das Leben in Thermi

[446] Siehe Thermi I-II

[447] W. Lamb (1936), 149ff., Taf. XX-XXIII. Es handelt sich um flache weibliche oder um säulenförmige Idole. Manchmal sind sie nackt oder sie tragen ein langes Gewand. Ihre Hände sind an die Seiten gestreckt oder leicht hochgezogen. Oft sind die Züge der Idole eingeritzt. Andere gefundene Tonobjekte sind ein Schmelztiegel, eine Tondüse und ein Kegel. Es wurde zudem noch ein schildförmiges Objekt mit eingeritzten Rhomben und einem Punkt in der Mitte gefunden.

[448] Die Gefäße werden nicht so gut poliert und nicht hart gebrannt. Oft zeigen ihre Oberflächen keine intensive Farbe und haben braune und rote Flecken. Mit der Herstellung der braunen Ware wurde auch die Bezeichnung dieser Keramik von W. Lamb als „*Class B*" bekannt. Die neue Ware ist rötlicher als die nächste „*Class C*". Die Formen der Gefäße (Eß- und Trinkgefäße) bleiben fast unverändert. Nur bei der Herstellung der Speichergefäße (Pithoi und Amphoren) wurde eine Reduzierung festgestellt. Die Produktion von den dreifüßigen Kochtöpfen scheint eingestellt worden zu sein. An ihre Stelle treten nun tiefere Kochgefäße. Ebenso werden keine Pyxiden mehr hergestellt. Eine gewisse Ähnlichkeit der Formen der Gefäße in Thermi IIIA mit denen von Troia bleibt auch für diese Zeit bestehen. Sonst wurden keine größeren Veränderungen im Vergleich mit den zwei früheren Phasen beobachtet.

[449] Spitzen mit Gelenkenden, verzierte Nadeln, Löffel, Knochenohr, Röhrenmeißel sind einige von diesen Werkzeugen, die meisten für die Fellbearbeitung verwendet wurden.

[450] Die Bleiisotopenanalysen dieser Geräte deuten auf eine Herkunft der Metalle aus dem nordwestlichen und zentralen Kleinasien.

[451] O. Kouka (2002), 185f.

IIIB in allen ausgegrabenen Arealen weitergeführt wurde. Die schon öfter erwähnten Tätigkeiten wurden fortgeführt. Daraus schloss Lamb eine Kontinuität zwischen Thermi II und Thermi IIIA-B. Besonders durch die Funde im Gebäude A1 wurde dies bestätigt, welches als der älteste Bau der Siedlung gilt. In beiden Phasen wurden keine Zerstörungsschichten gefunden.

C.1. Die Befestigung des zentralen Siedlungsbereiches in Thermi IIIA

(Taf. 25)

Wie schon erwähnt war das bebaute Zentrum in dieser Phase mit eine Mauer umgeben.[452] Die sog. Befestigungsmauer hatte eine Stärke von 1 bis 2 m. Das Ganze wurde durch vier rechteckige Bastionen verstärkt, die eine Grundfläche von 2 x 2 m hatten. Die Mauer verläuft in dieselbe Richtung wie die Ringstraße. Im Norden wurde die Straße durch Bauten begrenzt. Wie man im Plan sehen kann, schloss die Befestigungsanlage in Thermi IIIA die Areale A, B, Δ und E ein. Die nördliche Mauer der Räume B1 und A3 war gleichzeitig der nördliche Teil der Befestigungsanlage. Der westliche Abschnitt der Anlage war auch gleichzeitig die äußere westliche Mauer der Räume B1, B2 und B3. Lamb konnte Teile dieser Anlage bis in das Areal E im südöstlichen Teil der Siedlung untersuchen. Zu der Anlage gehörten vier Bastionen. Die westliche Mauer der Räume B1 und B2 war 1 m breit und wurde durch eine 2 x 2 m große Bastion verstärkt. Westlich und südlich des Raumes B3 wurden die Reste zweier kurvlinearer Mauern gefunden. Ihre Funktion konnte nicht sicher ermittelt werden. Die Vermutung, dass sie als Barrieren zu der Befestigungsanlage gehörten, konnte nicht bestätigt werden. Nach Raum B3 vergrößert sich die Breite der Befestigungsmauer. Sie erreicht eine Stärke von 2 m. In diesem Bereich sind auch die spärlichen Reste der anderen drei Bastionen gefunden worden.

Lamb hatte Schwierigkeiten bei der Rekonstruktion der Anlage in den Arealen E5, E6, E8. Dort wurden fast keine Überreste gefunden, die eine Rekonstruktion der Befestigungsanlage ermöglichen würden. Dasselbe gilt auch für die Areale E3 und E4. Lamb konnte aber entlang dieser Areale die Bautechnik der Befestigungsmauer untersuchen. Die Anlage bestand aus zwei Mauerschalen, die sorgfältig aus großen Steinen errichtet waren. Der Raum zwischen den Mauerschalen wurde mit kleineren Steinen ausgefüllt. Die Mauer war, wie auch die Bastionen, in einer Höhe von 0,50 m erhalten. Die Befunde reichten aber nicht für eine gesicherte Rekonstruktion der Befestigungsmauer mit den viereckigen Bastionen aus. Alle Hinweise über die Anlage basieren auf dem Plan der sog. Befestigungsmauer in Thermi IIIA von Lamb. Der genaue Errichtungszeitpunkt der Anlage ließ sich nicht feststellen. Merkwürdig ist, dass nur das bebaute Zentrum der Siedlung von einer Mauer umringt wird. Ob in dieser Zeit auch der Häuserkranz durch eine Mauer umfasst wurde, konnte Lamb nicht feststellen. Parallel gebaute Befestigungsanlagen sind aus der chalkolithischen und aus der Frühbronzezeit im ägäischen und kleinasiatischen Raum bekannt.[453] Im Falle von Thermi IIIA fehlen aber leider weitere architektonische Hinweise, um die Annahme einer zweiten äußeren befestigten Mauer zu bestätigen. Für die befestigte Anlage innerhalb der Siedlung kann nur vermutet werden, dass sie wahrscheinlich die bedeutendsten Bauten von Thermi IIIA und deren Bewohner schützte und im Falle von kriegerischen Auseinandersetzungen auch Schutz für die Bevölkerung der Siedlung bot. Diese Schutzmaßnahme bestand aber nicht lange, weil in Thermi IIIB die Befestigungsanlage wieder abgerissen wurde. Ob in Phase IIIA eine Gefahr für die Siedlung bestand, die den Anlass für den Bau einer solchen Anlage gab, konnte nicht festgestellt werden.

[452] W. Lamb (1936), 24ff. mit Abb. 9, Taf. 3.

D. Thermi IVA

Siedlungsreste der Phase IVA wurden auf einer Fläche von 3673 m^2 nachgewiesen. Nur im zentralen Bereich der Siedlung wurden keine Baureste entdeckt, da bereits in der Phase Thermi IIIB zahlreiche Planierungen vorgenommen wurden. Auch in der Phase Thermi IVA kam es zu weiteren Planierungen sowie zu neuen Baumaßnahmen. Im Gegensatz zu den früheren Phasen wurde jetzt ein neues Bebauungsschema etabliert. Das „radiozentrische Bauprinzip“ wurde aufgegeben und an seine Stelle tritt in Thermi zum ersten Mal das „orthogonale“ oder „rektanguläre“ Bauschema, das als „Gridsystem“ bekannt ist.[454] Die Wohneinheiten werden durch Straßen geteilt und bilden Wohnblöcke bzw. Bauinsulae. Dieses Bauprinzip erinnert an das spätere „hippodamische“ Bauschema. Die Neuplanung und -organisation des Siedlungsbereiches ist auf die zunehmende Bevölkerungszahl zurückzuführen. Auf

[453] Hier sei Alişar genannt.

[454] Das „Gridsystem“ wird durch rechtwinklige Straßen charakterisiert, die sich in gleichen Abständen zusammentreffen. Auf diese Weise entstehen große, rechteckige Bauinsulae oder Wohnblöcke. In Thermi IVA ist wegen der wenigen architektonischen Elemente dieses Bauschema nur schwer nachzuvollziehen. In der nächste Phase IVB bekommt man ein klares Bild über das „orthogonale“ Bauschema der Siedlung.

diese Weise wurde die Siedlung nach Südwesten und eventuell nach Süden erweitert und vergrößert.[455] Es ist aber zu vermuten, dass die frühbronzezeitliche Siedlung in alle Himmelsrichtungen erweitert wurde.
Der Typus der Häuser bleibt derselbe wie bisher, nämlich Langraumbauten. Für den Bau der Gebäude werden weiter die gleichen Materialen wie in den früheren Phasen verwendet. Reste von verbranntem Holz wurden auch gefunden. Sie beweisen, dass Holz als Baumaterial während dieser Phase verwendet wurde. Lehm wurde für den Bau der Dächer und als Wandverputz verwendet. Der einzige Unterschied zu früheren Phasen ist, dass die Mauerwerke der Gebäude nun mit kleineren Steinen errichtet werden. Eine Neuerung erfolgt aber bezüglich der Raumaufteilung der Wohneinheiten. Die Tradition, die Häuser in einen Vorraum und Hauptraum zu unterteilen, ist aus den früheren Phasen in Thermi bekannt. In Thermi IVA werden die Bauten nun durch kleine Mauerwerke mehrfach unterteilt.[456] Es ist anzunehmen, dass durch die Trennmauern verschiedene Tätigkeitsbereiche innerhalb der Gebäude definiert wurden.
Anhand der Funde zeigt sich dasselbe Bild wie in den früheren Phasen. Spezialisierte Tätigkeiten lassen sich weiter durch Keramik, Tonobjekte, Metallobjekte, Knochen und Stein nachweisen.[457] Wie in den vergangenen Besiedlungsphasen wurde in Phase IVA Metallurgie, Keramikherstellung, Flechterei, die Herstellung von Knochenartefakten, Textil-, Fell- und Holzverarbeitung weiter betrieben.
Ob Thermi IVA befestigt war, konnte bis heute nicht bestätigt werden. Lamb fand im südwestlichen Bereich der Siedlung architektonische Reste von Mauern (x und y), die mit 0,60 m breiter als die Hausmauern waren. Im Areal P4 und Π wurden ebenfalls Reste gefunden, die eventuell zu einer Befestigungsanlage gehörten. Die Reste sind jedoch zu spärlich, um eine solche These zu unterstützen. Wahrscheinlich gehörten sie aber zu weiteren Wohneinheiten der Siedlung. Die nur 0,60 m breiten Mauern sprechen nicht für eine Befestigungsanlage. Im Gegensatz zu Phase IVA wurden aber in Thermi IVB architektonische Reste gefunden, die wahrscheinlich auf eine Befestigungsanlage hinweisen.

E. Thermi IVB

(Taf. 26)

Nach der kurzen Phase von Thermi IVA folgt die Phase IVB. Architektonische Elemente dieser Phase wurden auf einer Fläche von 3850 m^2 freigelegt. Das „Gridsystem" wird hier durch die Grundrisse der Gebäude und den Verlauf der Straßen deutlicher.
Lamb hatte Schwierigkeiten bei der Unterscheidung der Baureste der Phasen Thermi IVA und Thermi IVB. Als Beispiel können an dieser Stelle architektonische Elemente in den Arealen K, E H und Θ erwähnt werden. Lamb konnte Baureste dieser Phase von der vorangegangenen nicht unterscheiden. Aus diesem Grund übernahm sie hier die Grundrisse der Gebäude von Thermi IVA auch für Thermi IVB (Plan von Thermi IVB).[458] In den Arealen H, Θ und I konnten keine Reste dieser Phase und der früheren untersucht werden, weil dort Überreste der nächsten Phase Thermi V in einem sehr guten Erhaltungszustand gefunden wurden. Um

---

[455] Aus den Ausgrabungen ging hervor, dass die Siedlung in den Arealen K und P (südwestlich) sowie wahrscheinlich im Areal T (Süden) erweitert wurde.

[456] Es handelt sich um 0,20 bis 0,25 m breite Mauern, die entlang der Mittelachse der Gebäude gebaut wurden. Leider sind sie nur in einer geringen Höhe erhalten. Es ließ sich nicht feststellen, ob sie bis zur Decke der Gebäude reichten und aus welchen Materialen sie errichtet wurden.

[457] Was die Keramik betrifft konnte Folgendes erwähnt werden: die grau – braune Ware, die Lamb als „*Class B*" bezeichnet hat, wird auch in dieser Phase ununterbrochen weiter hergestellt. Sie ist sogar stärker vertreten als in Thermi IIIA und B. Gleichzeitig wurde die schwarze Keramik hergestellt, die auch in Thermi III produziert wurde. Bezüglich der Formen der Keramik (Gefäße) konnte kein Unterschied festgestellt werden. Auch dieselben Tongeräte wurden in dieser Phase hergestellt. Es handelt sich um Tonidole, Gusstiegel, Tonlöffel eine Tondüse und eine Tonscheibe, die angeblich als Webgewicht verwendet wurde.
Aus Metall wurden Werkzeuge, wie Bohrer und Klingen hergestellt. Bemerkenswert ist der Fund zweier Armringe aus Blei und Zinn, die als Statusobjekte gelten könnten. Ihre Typus und ihr einmaliges Vorkommen im nordägäischen Bereich gelten als sehr wichtig für die Metallurgie in der Frühbronzezeit. Mehr zu den beiden Armringe in W. Lamb (1936), 173f. und 215f. Abb. 50, Taf. XXV; O. Kouka (2002), 209f.
Geräte aus Knochen wurden weiter hergestellt, obwohl in dieser Phase wenige Objekte gefunden wurden. Es handelt sich um einen zugespitzten Röhrenmeißel, eine verzierte geschmückte Nadel, ein Knochenohr. Hirschgeweih wurde auch verarbeitet, entweder als Fassungen für verschiedene metallische Objekte oder Röhren als Fadenverteiler bei der Textilverarbeitung.
Aus Stein wurden verschiedene Objekte, wie auch während der früheren Phasen, hergestellt. Wetzsteine, Steinäxte, Beile, Mahlsteine, Silexklingen. Objekte, wie Idole und Gefäße aus Marmor, die als Importstücke angesehen wurden, konnten Archäologen in dieser Phase nicht finden.

[458] Vgl. Plan von Thermi IVA und Thermi IVB.

diese zu schonen, wurden dort keine Überreste der früheren Phasen ausgegraben.
Auch in dieser Siedlungsphase gilt für die Gebäude die Form des Langraumbaus. Für den Bau werden weiter dieselben Materialen (Kalkstein, Schieferplatten und vulkanische Gesteine) verwendet. Die Trennmauern im Inneren der Gebäude wurden weiter mit kleineren Steinen errichtet. Große und kleine Steine wurden für die Pflasterung der Straßen verwendet. Die Böden der Wohneinheiten bestanden meistens aus Kieselsteinpflastern. Wie schon bekannt, wurde Lehm für den Bau der Dachkonstruktionen, als Wandverputz und als Zwischenfüllung für die Wände benutzt. Holz wurde vermutlich ebenfalls für den Bau der Dächer und Türen verwendet. Holzreste wurden aber nicht gefunden.
Im Gegensatz zu der früheren kurzen Phase von Thermi IVA werden die Wohneinheiten mehrfach geteilt. Lamb erkannte verschiedene Varianten von Langraumgebäuden.[459] Meistens waren die Gebäude von Nordwesten nach Südosten orientiert, aber es gab auch ein paar andere Gebäude, wie K2-K10, die eine nordöstlich – südwestliche Orientierung aufwiesen. Die Bauten sind dicht nebeneinander errichtet und haben gemeinsame Wände. Für die Bedachung der Häuser muss an eine flache Konstruktion gedacht werden. Der Eingang der Gebäude befand sich an der Schmalseite und wurde über eine mehrstufige Türschwelle betreten.
Bei Betrachtung des Plans erkennt man das bekannte „orthogonale" oder „rektanguläre" Bauschema von Thermi IVB.[460] Die Wohneinheiten der Siedlung werden durch mindestens drei parallel verlaufende Straßen abgegrenzt, die eine Breite von 1,40 bis 5 m hatten. Sie verlaufen von südwestlicher in nordöstliche Richtung.[461] Durch sie werden große Bauinsulae oder Bauquadrate gebildet, die aus 20 bis 22 Gebäuden bestehen.[462] Zur Organisation des Siedlungsplatzes gehören auch Wasservorrichtungen wie Brunnen. Ein solcher wurde in K9 gefunden. Ein anderer Brunnen wurde in Z1 untersucht.
Interessant sind für diese Besiedlungsphase die Speichervorrichtungen. Die Angewohnheit, Lebensmittel in Bothroi zu speichern, wurde fast aufgegeben. Nur etwa zehn wurden in dieser Phase noch gefunden. Meistens bewahrten die Bewohner von Thermi IVA ihre Lebensmittel in Pithoi, in Lehmbecken, auf Plattformen oder in Sand- bzw. Steinnestern auf. Viele dieser Einrichtungen wurden in den Hinterräumen der Bauten und nicht wie früher in allen Räumen der Wohneinheiten gefunden. Ob dies aus Sicherheitsgründen geschah, ist fraglich. Wahrscheinlich hat es mehr mit einer steigenden Lebensqualität zu tun als mit Sicherheit. Wie schon oben erwähnt, wurden die Wohneinheiten durch kleine Trennmauern mehrfach geteilt. Einzelne Einrichtungen in den Gebäuden, wie Herdstellen oder Speichereinrichtungen, wurden von anderen Räumen abgetrennt. Auf diese Weise folgte eine Differenzierung von spezialisierten Aktivitäten innerhalb jedes Hauses. Heutzutage würde man von Schlafzimmer, Wohnraum, Arbeitszimmer, Küche usw. sprechen. Etwas Ähnliches gab es auch während dieser und der vorigen Phase, was sicher die Lebensqualität der Einwohner verbesserte.
Diese Lebensqualität spiegelt sich auch in den zahlreichen Fundgattungen in Thermi IVB wieder. Anhand der Funde wurden in dieser Phase wieder die schon oft erwähnten spezialisierten Wirtschaftstätigkeiten in der prähistorischen Siedlung festgestellt, nämlich Keramikproduktion, Textil-, Fell- und Holzbearbeitung, Flechterei, Knochenverarbeitung, Herstellung von Steingeräten und Metallurgie.[463] Die zahlreichen Funde

---

[459] Folgende Variationen von Langraum – Gebäuden sind festgestellt worden: A) einräumige Gebäude, die nicht geteilt wurden. B) Gebäude mit einem Vorraum und einem großen Hauptraum. C) Wohneinheiten mit einem Vorraum und einem großen Hauptraum sowie einem Hinterraum oder auch mit zwei Hinterräumen. D) Bauten mit einem Vorraum und großen Hauptraum und einem Hinterraum, der in zwei Teile geteilt wird.
[460] O. Kouka (2002), 213ff. Laut Kouka ist das orthogonale Siedlungsschema von Thermi IVA-B das früheste und einzige Beispiel im ägäischen Bereich und Westkleinasien in der Frühbronzezeit.
[461] Die erste Straße verläuft zwischen K11-K17 und K-Γ. Sie war 4 – 5 m breit und wurde auf einer Länge von 42 m untersucht. Die zweite läuft zwischen den Bauten Z-B-Δ und Λ5-E1. Diese Straße war 1,40 bis 2 m breit und wurde auf einer Länge von 46 m untersucht. Die dritte Straße läuft zwischen den Wohneinheiten Λ6- E5 und Θ und hatte eine Breite von 2 bis 3 m. Sie hatte eine Länge von 39 m. Eine vierte Straße soll es im Areal Θ9 gegeben haben. Sie verlief von Osten nach Südwesten im Areal Π, wo möglicherweise die Grenze der Siedlung war. Es scheint, dass alle vier Straßen die ganze Siedlung vom Binnenland bis zur Meerküste durchquerten. Bemerkenswert ist, dass die Straßen von Thermi IVB nicht durch kleinere Straßen oder Gassen verbunden werden. Als Ausnahme gilt eine 10 m lange Straße, die zwischen den Bauten N2 und Λ10 gefunden wurde. Nur entlang der eventuellen befestigten Anlage im südwestlichen Bereich scheint eine schmale Straße die Verbindung mit den anderen darzustellen. Sie hatte eine breite von 0,50 bis 1 m.
[462]Lamb erkannte fünf solche Bauquadrate: K11-K17, A-B- Γ- K1-K10-Z, E-Λ-N, H, Θ. Nach Messungen ergab sich, dass die Bauinsulae 42 x 23 m (A-B-Γ-K1-K10-Z) oder 46 x 26 m (E-Λ-N) groß waren. Jedes Gebäude besaß in der Insula eine Fläche von 48 bis 54 m^2.
[463] Neben der Keramik wurden noch weitere Objekte aus Ton produziert: während dieser Phase wurde eine

bestätigen den Höhepunkt der bisherigen Entwicklung der Siedlung. Um alle diese Funde herzustellen und die Rohmaterialien zu importieren, war eine umfangreiche Organisation und Planung notwendig. Dies könnte bedeuten, dass in Thermi IVB eine Elite das wirtschaftliche und vermutlich auch das religiöse Leben kontrollierte. Die Entdeckung eines Hortfundes kann die ökonomische und eventuell auch politische Macht einer einzelnen Familie in der prähistorischen Siedlung andeuten.[464] Insgesamt kann durch die zahlreichen Fundgattungen angenommen werden, dass Thermi IVB eine bedeutende frühbronzezeitliche Siedlung im nordägäischen Raum gewesen sein muss. Ihr wirtschaftliches Leben stützte sich auf Handel, Landwirtschaft und Handwerk. Dadurch scheint die Siedlung einen gewissen Reichtum erworben zu haben. Wahrscheinlich bestand nun die Notwendigkeit sie vor Überfällen zu schützen. Aus diesem Grund erscheint die Errichtung einer Befestigungsanlage als sinnvoll.

Architektonische Elemente dieser Anlage fand Lamb landeinwärts an der Stelle, wo die Grenzen der Siedlung vermutet werden. Diese bestanden aus der Außenmauer der Gebäude und wahrscheinlich aus zwei parallel verlaufenden Mauern. Letztere haben voneinander einen Abstand von 1m, ihre Stärke reicht von 0,20 bis 0,50 m. Sie wurden durch kleine Quermauern mit den Außenwänden der Häuser verbunden und haben eine Stärke von 0,40 m. Sie sind südlich von den Arealen Λ5 und 6 sichtbar. Ob nun diese Querbauteile zu der Befestigungsanlage gehörten, ist fraglich. Wie schon oben erwähnt, verlief südlich von Λ5 und 6 eine schmale Straße mit 0,50 bis 1 m Breite. Laut Kouka wurde an

---

Zunahme der Zahl von Tonidolen festgestellt, die, wie schon erwähnt, die Produktion von Marmoridolen schon aus der Phase IIIB verdrängt hatten. Einige Tonidole sind bei der Publikation von W. Lamb (1936) zu sehen. Taf. XX Nr. 31.20, 32.32, XXI Nr. 30.21, 30.16, XXII Nr. 31.32, 31.25, 31.16. Zahlreiche Tonperlen, zwei Tonzylinder, eine Spule und ein Tongewicht deuten wahrscheinlich auf eine Verwendung bei der Weberei hin. Keramische Produkte waren auch Schmelztiegel und Gussformen, die in der Metallurgie Verwendung fanden. Bemerkenswert ist der Fund einer Stütze, die möglicherweise zum Grillen benutzt wurde.

Zu der eigentlichen Keramikproduktion gehören natürlich auch die Gefäße. W. Lamb fand eine graubraune, braune, rote oder rotbraune Ware, die schwer voneinander zu unterscheiden ist. Die rote Ware wird meistens bei Gefäße für das Kochen und das Trinken verwendet. Allgemein wurde die Keramik in Thermi IVB von Lamb als „*Class C*" bezeichnet. Es handelt sich um handgemachte Keramik. Ihre Oberfläche ist meistens überzogen oder poliert. Die Formen der Gefäße sind meistens rundlich und manchmal zeigen sie, wie bei den Schalen, nach innen einziehende Randprofile. Anhand der Funde ergab sich bei dieser Phase eine zunehmende Zahl an verschiedenen Gefäßen, wie Amphoren, Kannen, Schalen, Tassen, Miniaturgefäßen und Deckel, die vermutlich von größeren Speichergefäßen stammen. Pyxiden werden wieder hergestellt, obwohl ihre Produktion nach der Phasen Thermi I und II eingestellt wurde. Die dreifüßige Kochtöpfe und die tiefen Töpfe, die in früheren Phasen hergestellt wurden, werden auch in Thermi IVB weiter produziert. Es treten neue Formen auf, wie die Dreifußschale, der Fußbecher (Pedestal Cup), die Flügelamphora, der Kronendeckel mit vier Bügeln und Schöpfgefäße (*Deep jugs* 1-2, Dipper). Ähnliche Formen wurden auch in den früheren Phasen von Troia II gefunden. Laut O. Kouka gibt es keine Korrelation zwischen diesen neuen Formen und Gefäßformen von Troia IId-f. Mehr über die Keramik in Thermi IVB in O. Kouka (2002), 221ff. mit Anmerkungen.

Die Fundgattung der Knochengeräte zeigt keinen großen Unterschied im Vergleich zu den früheren Phasen der Siedlung. Dieselben Artefakte werden auch in dieser Phase hergestellt. Es handelt sich um zugespitzte Objekte. Aus einer näheren Betrachtung dieser Artefakte ergab sich, dass die Produktion der zugespitzten Objekte abnimmt. Im Gegensatz dazu nimmt die Produktion der geschmückten Nadeln zu. Für die Herstellung dieser Objekte wurden Knochen vom Hirsch, Rothirsch, Schwein, Rind, Schaf und Ziege verwendet. Zu den Objekten gehören Ösennadeln, Spateln, Kleidungsbestandteile, wie ein Knochenohr mit Löchern an beiden Enden, Schmucknadeln, Anhänger.

Bei der Herstellung der Steingeräte ändert sich das Bild nicht. Die schon bekannten Typen aus den früheren Besiedlungsphasen von Thermi werden weiter aus lokalem Gestein hergestellt. Beile, Äxte, Hämmer, Stößel sind die typischen Steingeräte. Dazu kommen Steingewichte, Wetzsteine und Silexklingen. Steinidole werden nicht mehr hergestellt. Als Luxusobjekt gilt eine Spule aus dekorativem Stein. Zu den Steingeräten gehört noch eine Schale aus Stein, die ähnliche Gefäße der „*C Class*" nachahmt. Zum Thema Spule siehe W. Lamb (1936) Taf. XXIII Nr. 30.56. Ebenda für das Steingefäß, 178f, Taf. XXVI Nr. 30.21.

Die Zahl der metallischen Geräte nimmt während dieser Phase zu. Es handelt sich um Nadeln, Ösennadeln, Bohrer, Meißel, Beile, Dolchen und ein Drahtstück aus Silber.

[464] Ein wichtiger Fund ist der bekannte Hortfund von Thermi, der als „*Potter's Pool*" bekannt ist. Es handelt sich um zwei Flachbeile, einen Dolch, eine Spitze, die entweder als Lanze oder als Dolch interpretiert wird, eine Nadel und wahrscheinlich einen Anhänger. Über den Hortfund siehe W. Lamb (1936) 170f. 172f., 176f, Taf. XXV, XLVII Nr. 29.9, 29.10, 29.11, 32.2, 32.3, 32.5. Aus Analysen ging hervor, dass in Thermi ab dem Beginn des 3. Jahrtausends v. Chr. wechselhaft Legierungen aus Arsen und Zinn verwendet wurden. Bleiisotopen-Analysen zeigen wahrscheinlich die Herkunftsorte (Kleinasien, Kykladen) der Metalle an.

dieser Stelle eine Art Kasematten – Befestigungssystem errichtet.[465] Es wurden aber keine anderen architektonischen Reste gefunden, die auf eine Verbindung der Quermauern mit den Außenwänden der Gebäude hinweisen. Wahrscheinlich ist die Errichtung der Befestigungsanlage von Thermi V der Grund für die geringen architektonischen Überreste des Befestigungssystems von Thermi IVB. Die Anlage von Thermi V wurde nämlich an derselben Stelle wie die Anlage von Thermi IVB errichtet. Die ganze Anlage besitzt mindestens eine von Bastionen geschützte Toranlage. Dies ergab sich aus Mauerteilen, die am südlichen Weg in Areal Π der Siedlung gefunden wurden. Es handelt sich um die schmalen Mauerteile y, x und x′. Sie sind direkt an dem 2 m breiten Weg errichtet worden. Aus ihrer Konstruktionsweise ist zu entnehmen, dass diese Mauerteile wahrscheinlich eine Bastion bildeten. Ihre Außenseiten sind mit Sorgfalt gebaut und quadratisch. Im Gegensatz dazu wurden die Innenseiten dieser Mauerteile nicht sorgfältig gebaut. Lamb nahm an, dass der innere Bereich dieser quadratischen Konstruktion mit Erde und Steinen gefüllt war und eine Bastion darstellte. Gegenüber nimmt sie eine ähnliche Konstruktion an, aber wegen fehlender architektonischer Indizien kann dies nicht sicher gesagt werden. Zwei andere Zugänge in die Siedlung entdeckte sie entlang der Anlage. Ob ihre Flanken durch Bastionen geschützt wurden, konnte nicht beantwortet werden. Einer befindet sich im nordwestlichen Bereich der Siedlung. Durch ihn konnte man zur Straße K - Γ gelangen. Der zweite führte zu der Straße zwischen den Arealen ZB und ΛE. Über die Technik der gesamten Anlage kann nicht viel gesagt werden. Außer der Bauweise der vermuteten Bastion ist die Fischgrättechnik an den schon erwähnten kleinen Quermauern im Areal Π festgestellt worden. Zum ersten Mal wurde diese Bautechnik in Thermi I festgestellt. Ein anderes Indiz, dass auf die Funktion dieser Mauerteile entlang der Siedung als Befestigungsanlage deutet, ist die Fundamentierung.[466] Dies ergab sich aus dem Vergleich mit den Längsmauern der Gebäude im Areal Z. Sie sind tiefer fundamentiert als die Schmalseite dieser Wohneinheiten. Dagegen ist die Fundamentierung der Befestigung tiefer als die Fundamentierung der Häuser im Areal Z. Andere Einzelheiten über die Befestigungsanlage von Thermi IVB werden leider nicht erwähnt. Wahrscheinlich umschloss sie landeinwärts die prähistorische Siedlung komplett. Diese nahm eine Fläche von 1,5 ha ein.

[465] O. Kouka (2002), 213f.

[466] W. Lamb (1936) Abb. 19.

F. Thermi V

(Taf. 27)

Diese Siedlungsphase ist die letzte der frühbronzezeitlichen Siedlung. Architektonische Reste von Thermi V wurden während der Ausgrabungen auf einer Fläche von 5500 m^2 gefunden.[467]

Im Vergleich zu den früheren Phasen bekommt die Siedlung ein neues Aussehen. Statt aus großen Bauinsulae besteht Thermi V nun aus kleineren Insulae unterschiedlicher Größe, die in der Literatur als „Wohnbezirke" bezeichnet werden. Diese werden durch eine lange Straße geteilt, die vom Nordwesten nach Südosten verläuft. Mit ihr sind weitere vertikale Straßen verbunden.[468] Im Gegensatz zu Thermi IVA und B ist es mit der neuen Raumorganisation und Planung einfacher, in die Siedlungsbezirke zu gelangen. Das „radiozentrische Bebauungsschema" wird aufgegeben. An seine Stelle tritt das sog. „lineare", das schon aus Poliochni *Verde, Rosso* und *Giallo* auf Lesbos bekannt ist.[469] Bei diesem System gab es offene Plätze an den

[467] Alle Grabungsareale werden durch W. Lamb mit griechischen Buchstaben bezeichnet.
Es handelt sich nämlich um die Areale A, B, Γ, Δ, E, Z, H, Θ, I, K, Λ, N, Π, P und P4. 1988, 1989 und 1995 fanden neue Ausgrabungen im Norden und Nordwesten des Hügels statt. Griechische Archäologen fanden architektonische Elemente und Keramik aus der Frühbronzezeit. Leider sind die Ergebnisse dieser Ausgrabungen noch nicht publiziert worden.

[468] Die längere zentrale Straße, die von Nordwesten nach Südosten verlief, hatte eine Breite von 1,20 bis 1,80 m. Sie wird als die Hauptstraße der Siedlung betrachtet. Drei andere parallel verlaufende Straßen, die vom Nordosten nach Südwesten ausgerichtet sind, führen zu der Hauptstraße. Eventuell kann eine vierte Straße noch dazu gehören, die nordwestlich des Wohnbezirkes A, B, Γ verläuft. Es wird angenommen, dass sie die Fortsetzung der Straße ist, die von der westlichen Toranlage in die Siedlung verlief. Diese Straßen erreichten eine Breite vom 1,80 bis 3 m. Durch die zwei Querstraßen vom Westtor und Südtor konnte man in die Siedlung gelangen. Am Westtor hatte die Straße eine Breite von 2 m. Die andere des Südtores war 0,80 bis 2 m breit. Durch diese Straßen wurde die Kommunikation innerhalb der Siedlung einfacher im Vergleich zu den beiden letzten Siedlungsphasen.

[469] Unter dem Begriff „lineares Bebauungsschema" wird Folgendes verstanden: durch eine Siedlung verläuft eine zentrale und eventuell breite Straße, an der alle wichtigen Funktionen der Siedlung liegen. Das heisst alle zentralen und wichtigen Gebäude der Siedlung mit öffentlichen Plätzen. Mit dieser zentralen Straße werden kleinere Straßen verbunden, die die verschiedene Bauinsulae oder Siedlungsbezirke in verschiedenen Großen umgrenzen.

Kreuzungen. Ein solcher Platz ist im Areal N2 zu finden. Er ist 8 x 9 m groß. Die Siedlungsbezirke sind dicht bebaut und bestehen in der Regel aus Gebäuden mit Vor-, Haupt- und Hinterraum. Die Tradition der Langraumbauten bleibt auch in dieser Phase bestehen. Diese treten in verschiedenen Varianten auf.[470] Für die Errichtung der Gebäude werden wieder dieselben Materialien wie in den früheren Phasen verwendet. Für die Wohneinheiten wurde meistens Schiefer verwendet, im Gegensatz zu der Befestigungsanlage, wo außer Schieferplatten auch Kalksteinplatten und Steinblöcke verbaut wurden. Kleinere Steine wurden für kleine Trennmauern und für andere Konstruktionen wie Herde, Plattformen und Speichervorrichtungen verwendet. Es wurden zudem Spuren von verbranntem Holz gefunden, die möglicherweise von Dachbalken stammen könnten. Spuren von Lehmziegeln fanden sich ebenfalls, sie wurden wahrscheinlich für den Oberbau einiger Mauern verwendet.[471] Die meisten Lehmablagerungen stammen aber mit ziemlich großer Wahrscheinlichkeit von den Dachkonstruktionen. Wie schon bekannt, wurde Lehm als Verputz für Dächer und Wände benutzt. In den Räumen wurde häufig eine Pflasterung aus Kieselsteinen angelegt. Türschwellen markierten den Zugang zu den Gebäuden. Erwähnenswert ist das größte Gebäude der Siedlung, das Gebäude Θ. Es ist 25,50 x 5 m groß und gehört zu den Bauten mit einem Vor-, einem Hauptraum und zwei Hinterräumen. Die Bauweise dieses Gebäudes ist sehr sorgfältig ausgeführt. Seine Mauern sind qualitativ sehr hochwertig im Vergleich zu den Bauten der vergangenen Phasen. Die Längswände wurden aus ordentlich aufeinander gestapelten Steinblöcken errichtet. Das Gebäude muss eine wichtige Rolle innerhalb der Siedlung gespielt haben. Seine Platzierung an der Kreuzung der beiden wichtigsten Straßen, von denen eine wohl zum Meer führte, seine Lage gegenüber der Südtoranlage und seine Nähe zu den offenen Plätzen N1 und N2 weist auf seine große Bedeutung für Thermi V hin. Leider konnten die Funde in diesem Gebäude keine Informationen zu seiner Funktion liefern. Zu den großen Gebäuden der Siedlung gehört auch der Bau H2, der 19 x 4 m groß war. Innerhalb der Wohneinheiten wurden die schon bekannten Einbauten wie Herde in verschiedenen Varianten (Pithosherde, Kuppelöfen) und Steinplattformen errichtet. Zum Speichern von verschiedenen Produkten wurden wieder, wie schon in Thermi I, Pithosgruben benutzt.[472]

Durch das Fundmaterial dieser Phase wurden wieder die spezialisierten Wirtschaftstätigkeiten bestätigt.[473] Im Vergleich zu der früheren Phase IVB wurde aber eine Verringerung der Funde festgestellt. Dies könnte mit einem plötzlichen Verlassen der Siedlung zusammenhängen. Es zeigte sich, dass Gefäßformen der „*Class C*"-Ware in dieser Phase weiter hergestellt wurden, wie auch in Thermi IVB. Die Tatsache, dass die Keramik bis zum Verlassen der Siedlung frei geformt wurde, gilt als sehr wichtiges Kriterium für die Datierung von Thermi V. Dies bedeutet, dass Thermi V also vor der Entdeckung der Töpferscheibe und somit vor der Phase Troia IIb verlassen wurde. Aus welchem Grund die Siedlung verlassen wurde, konnte bis heute nicht beantwortet werden. Zerstörungsspuren wurden nicht gefunden. Die Vermutung, dass Thermi V durch andere

---

[470] O. Kouka (2002), 230ff. Folgende Gebäudeformen konnten festgestellt werden: einräumige Rechteckbauten, einräumige Bauten mit einer abgerundeten Ecke, einräumige trapezförmige Gebäude mit gemeinsamen Vorraum oder Hof(?), Gebäude mit einem Vor- und Hauptraum, Gebäude mit einem Vor-, Haupt- und Hinterraum, Bauten mit einem Vor-, einem langen Hauptraum und zwei Hinterräumen und Gebäude mit Antenraum, einem Vor-, einem Haupt- und einem Hinterraum. Letztere werden auch als „megaronartige" Bauten bezeichnet, weil sie Konstruktionsmerkmale eines „Megaron" aufweisen. Kouka erwähnt noch den Fundort (Areal) der Gebäude und ihre Dimensionen.

[471] W. Lamb (1936), 48f. Die Ausgräberin erkannte zwei Lehmziegel entlang der langen Mauer zwischen K und Z. 44f. Im Areal P beobachtete sie in den Außenmauern wieder Lehmziegel. Sie gibt aber uns leider keinen näheren Informationen über den genauen Fundort.

[472] Solche Speichereinrichtungen (Pithosgruben) wurden in den Vor- und Haupträumen der Gebäude gefunden. Bothroi, Lehmbecken, Sand- und Kieselsteinnester wurden in Thermi V nicht gefunden.

[473] Keramikproduktion, Metallurgie, Textil-, Fell-, Knochen- und Holzbearbeitung und wahrscheinlich Flechterei. Außer die Formen von „*Class C*" wurde in Thermi V ein Tönnchen, ein Saucierenfragment, ein Randfragment einer Marmorschale und ein Bootsmodel gefunden. Die letzten genannten drei Funde gelten als Importstücke und zeigen die Außenkontakte von Thermi V an. Es wurde Handel getrieben. Das Saucierenfragment stammt wahrscheinlich vom griechischen Festland und wird in der Frühbronzezeit II datiert (FH II). Ebenso zu den keramischen Produkten gehören die Funde einer Tondüse, eines Gusstiegels, eines Gusslöffels und einer Gussform, die bei der Metallurgie Verwendung fanden.
In den früheren Phasen wurden, wie schon erwähnt, verschiedene metallische Geräte hergestellt. Es lässt sich nicht entscheiden, ob sie als Messer oder als Dolche verwendet wurden. Als Messer gilt aber der Fund von W. Lamb (1936), 173f. Taf. XXV, XLVII mit der Nummer 30.9. Zu den metallischen Funden gehört zudem noch eine durchlochte Scheibe mit der Nummer 30.14.
Steingeräte und Knochenartefakte wurden auch hergestellt. Für die Herstellung der Steinobjekte (Klingen) wurde überwiegend Silex verwendet. Obsidian wurde selten gefunden.

Siedlungen wie Poliochni, Troia oder Liman Tepe bedroht wurde, kann aber nicht ausgeschlossen werden.
Anhand der Funde, der neuen Raumorganisation und der Planung kann mit Sicherheit gefolgert werden, dass Thermi V politisch und wirtschaftlich ein hohes Niveau erreicht hatte. Die Entwicklung zu einer bedeutenden Siedlung im nordägäischen Bereich basierte auf einer politischen Macht, die die Landwirtschaft, die Wirtschaft und den Handel kontrollierte. Ob diese politische Elite ihre Macht durch die Dimensionen des Gebäudes Θ oder eventuell durch Prestigeobjekte und die Errichtung einer Befestigungsanlage nach außen reflektierte, kann nur angenommen werden. Die Siedlung erreichte während dieser Phase ihre größte Ausdehnung und ihre größte Bevölkerungszahl. Es wird geschätzt, dass Thermi V mit der Erweiterung nach Nordwesten 1,5 ha groß war.

F.1. Die Befestigungsanlage

Im Vergleich zur Phase Thermi IVB fand Lamb in der Besiedlungsphase V mehrere architektonische Reste an der Grenzlinie der Siedlung, welche die Existenz einer Befestigungsanlage mit fortifikatorischem Charakter beweisen. Die meisten von ihnen liegen im westlichen und südwestlichen Bereich der Siedlung. Wie schon erwähnt, konnten erste Nachweise einer Befestigung während der Phase Thermi IIIA gefunden werden, als der innere und zentrale Bereich der Siedlung durch eine Mauer mit mindestens vier Bastionen geschützt wurde.
In Thermi V wurde das ganze ausgegrabene Areal von der Befestigungsanlage umgeben.[474] Dasselbe wird auch für die Phase IVB angenommen. Die Anlage besteht aus einer inneren Mauer, die 2 m breit ist. Sie ist mit flachen Platten aus Schiefer, Kalkstein und kleinen Steinbrocken aus demselben Material errichtet. Die Mauer war bis zu einer Höhe von 1,10 m erhalten und direkt vor den äußeren Mauern der dahinter gebauten Häuser errichtet. Der Abstand zwischen der Mauer und den Häusern lag zwischen 0,40 und 0,80 m.[475] Vor der Hauptmauer der Befestigungsanlage waren in einem Abstand von 1,50 m zwei Vormauern gefunden worden. An einigen Stellen fanden sich Überreste von einer dritten Mauer. Die Stärke dieser Mauern variierte zwischen 0,40 und 0,80 m. Sie hatten einen Abstand von 0,40 bis 1 m. Die Vormauern waren aus Schieferplatten, die sorgfältig aneinander gelegt wurden. Dies konnte an den Außenseiten der Mauern beobachtet werden, die nach innen eine leichte Neigung hatten. Im Gegensatz zu den Außenmauern waren die Innenseiten nicht sorgfältig, sondern eher provisorisch errichtet worden. Lamb vermutete, dass die hinteren Mauern mit Erde verfüllt waren.[476] Zwischen der Hauptmauer und der ersten Vormauer der Befestigung fand Lamb Quermauern mit einer Stärke von 0,40 m. Es wird angenommen, dass diese Mauern eine Art Kastenmauer bildeten. Dieses Bausystem ist schon aus neolithischer Zeit und den Übergang zur Frühbronzezeit bekannt.[477]
In die Siedlung konnte man durch zwei Toranlagen gelangen. Eine wurde im Westen und eine im Süden gefunden. Wahrscheinlich existierte noch eine dritte Toranlage. Bauelemente dieser Anlage wurden zwischen Λ5 und I1, 15 m nordwestlich der südlichen Toranlage entdeckt. Hier beobachtete Lamb, dass der Verlauf zwischen der Hauptmauer und der Vormauer unterbrochen war. Diese Unterbrechung ist 0,40 bis 0,60 m breit. An dieser Stelle wurden Bauteile einer 0,40 m breiten Mauer entdeckt, die vertikal an die Befestigungsanlage anschloss.[478] Weitere Angaben zum dritten vermuteten Tor werden nicht angegeben. Ob der freie Platz zwischen Λ5 und I1 Teil eines Torweges bzw. Tür ist, der zum großen offenen Platz N2 führte oder ein kleiner freier Platz war, konnte nicht festgestellt werden. Viel besser ist die Fundlage bei den anderen beiden Toranlagen, die anscheinend von Bastionen flankiert waren.
Die westliche Toranlage befindet sich im Areal P4. Sie besteht aus zwei 11 m langen Mauern, die aus der Hauptmauer der Befestigungsanlage hervorspringen. Jede hat eine Stärke von 1 bis 1,20 m.[479] Die Südseite der Toranlage wird durch eine große Bastion geschützt. Sie hat eine Grundfläche von 3,50 x 4 m. Vor der Bastion befindet sich eine Mauer, die einen 1 m breiten Durchgang hat und zu dem eigentlichen Torweg führt. Ob diese Mauer Teil einer zweiten Bastion war, konnte nicht festgestellt werden. Der Haupteingang zu der Siedlung war im Westen. Es handelt sich um einen 2 m breiten Weg, der zu dem eigentlichen Zugang der Siedlung führte. Der Zugang lag direkt an der Hauptmauer und hatte eine Breite von 1 m. Dass sich der Eingang der westlichen Toranlage an dieser Stelle befand, wird auch durch den Fund einer Türangel bestätigt.
Auf ähnliche Weise war auch die südliche Toranlage der Siedlung gebaut.[480] Sie bestand aus einem 5 m langen und

[474] W. Lamb (1936), 44f. Taf. IV.2.5.6.
[475] Ebd. 44f. Taf. 6.
[476] Ebd. 44f., Abb.1, Taf. IV.6.
[477] U. Esin, Zum Ursprung der Kastenbauweise in Anatolien, IstMitt 43, 1993, 123-128. Es handelt sich um die Siedlung Asikli in Anatolien, die ins 7. Jahrtausend v. Chr. datiert wird und Mersin XVI aus dem späten Chalkolithikum 5. Jahrtausend v. Chr. Zu Mersin vgl. R. Naumann, Architektur Kleinasiens. Von ihren Anfängen bis zum Ende der hethitischen Zeit (1971) Abb. 305-306.
[478] W. Lamb (1936), 47f.
[479] Ebd. 44f., Abb. 17-18, Taf. IV.5.
[480] Ebd. 45f., Abb. 19, Taf. IV.6.

2 m breiten Torweg, der ins Innere der Siedlung führt. An der Hauptmauer wurde der Eingang noch schmaler. Die Breite des Zuganges betrug 1,20 m. Durch diese Öffnung konnte man über die enge kleine Straße H1 ins Innere der Siedlung gelangen und sah dann sofort das größte Gebäude Θ1 von Thermi V. An der westlichen Seite der Straße befand sich laut Lamb eine langrechteckige Bastion, die aus den Mauerteilen y, x und x´ bestand. Die Bastion war auf einer Fläche von 4 x 1,80 m. Das Innere der Bastion war mit Erde verfüllt.[481] Ob während dieser Phase die südliche Toranlage durch eine zweite Bastion geschützt wurde, konnte nicht festgestellt werden. Die ganze südliche Toranlage war 5 m von der Vormauer der Befestigung vorgezogen.

3.14. Emporio (Chios)

3.14.1. Lage der Siedlung und Forschungsgeschichte

Die Insel Chios ist 858 km^2 groß und liegt 8 km vom türkischen Festland entfernt. Sie hat von Norden nach Süden eine Länge von 50 km und ist von Osten nach Westen 29 km breit. In ihrer Mitte erreicht die ostägäische Insel eine Breite von 13 km. Insgesamt hat Chios eine Küstenlinie von 176 km Länge. Die Insel wird geomorphologisch in zwei Bereiche geteilt. Der nördliche Bereich wird von Gebirgen geprägt, im Gegensatz zu dem südlichen Teil, der flacher ist und durch Hügel gekennzeichnet ist.[482] In der Mitte der Insel und im südöstlichen Teil befinden sich fruchtbare Ebenen, die für die Landwirtschaft geeignet sind.[483] Dabei spielen die zahlreichen Flüsse, Bäche und Quellen eine wichtige Rolle. Die Küstenlinie der Insel wird durch zahlreiche kleine und große Ankerplätze gegliedert. Die meisten von diesen Ankerplätzen liegen an der Ostküste der Insel, die durch das gegenüberliegende türkische Festland vor heftigen Winden geschützt ist. Im Gegensatz dazu ist der große Golf von Chios im Westen der Insel den Winden ausgesetzt.

Das Klima der Insel wird, wie es auch für Samos gilt, durch den kleinasiatischen Raum beeinflusst. Der östliche Teil von Chios ist, wie schon erwähnt, durch das türkische Festland vor Winden geschützt. Im Winter kann es kalt werden und es gibt häufig Niederschläge. Die Sommer sind dagegen niederschlagsfrei und trocken.

Die prähistorische Stätte von Emporio liegt an der südöstlichen Seite der Insel auf einer felsigen Halbinsel, die als *„Akropolis hill“* bekannt ist.[484] Die Halbinsel schließt von Süden her die über 250 m lange Bucht von Emporio ab. Es handelt sich um eine geschützte Lage, die schon in prähistorischen Zeiten als Hafen benutzt wurde. Die Ortschaft wurde schon in der Antike mit dem Namen Emporio bezeichnet, was „Handelsstation“ bedeutet. Aufgrund der günstigen Lage mit natürlichem Hafen, fruchtbarem Boden und ausreichend Wasser von einem kleinen Bach südwestlich der Siedlung wurde Emporio schon ab neolithischer Zeit besiedelt.

Emporio wurde erstmals 1952 bis 1955 unter der Leitung von Hood und Boardman in Zusammenarbeit mit der British School at Athens systematisch untersucht.[485] Ausgrabungen wurden an der nordwestlichen Seite des *„Akropolis hill“* durchgeführt.[486] Reste der frühgeschichtlichen Besiedlung des Ortes wurden noch auf dem Hügel und südwestlich davon gefunden.[487] Die ausgegrabenen Bereiche der prähistorischen Siedlung umfassen eine Fläche von 500 m^2. Es konnten zehn verschiedene Besiedlungsschichten (X-I) unterschieden werden, die eine Stärke von 6 m hatten. Dabei zeigte sich, dass Emporio schon ab neolithischer Zeit besiedelt war, denn laut Hood gehören die Schichten X-VIII in die spätneolithische Zeit. Die Bauhorizonte VII-VI datieren in die chalkolithische Zeit. Die Bauphasen V-I entsprechen der Frühbronzezeit und sind zeitgleich mit den Bauhorizonten von Troia I-III (früh).[488] Die

[481] Vgl. mit Thermi IVB.

[482] Der höchste Berg der Insel ist Pelinaio mit 1297 m. Es folgt der Berg Provatas mit 929 m und Amani mit 809 m. Im südlichen Teil der Insel erreichen die kleinen Berge und Hügel eine Höhe bis 382 m. Das bergige Land der Insel ist durch Wälder aus Aleppokiefern bedeckt. In niedrigen Höhen trifft man Phrygana und Macchie. Diese Bereiche sind zur Viehzucht geeignet.

[483] Die Vegetationsvielfalt aufgrund des Boden– und Wasserpotentials ist bemerkenswert. Obst, Gemüse, Zitrusfrüchte, Mandeln, Oliven und Feigen werden angebaut. Im südlichen Bereich der Insel, der sehr fruchtbar ist, werden außer diesen Produkten die berühmte Mastix (*Pistacia Lentiscus*) angebaut. Der Weinbau spielte immer eine wirtschaftliche Rolle für die Insel. Getreide wurden auch angebaut, aber nicht intensiv. Noch heute spielt Getreide eine untergeordnete Rolle. Einige von den oben genannten Produkten wurden schon aus den prähistorischen Schichten in Emporio und Agio Gala belegt. Man fand Indizien für Wein und Feige in Agio Gala und Olive in Emporio.

[484] S. Hood (1981), 84f.

[485] J. Boardman, Excavations in Chios 1952-1955. Greek Emporio, BSA Suppl 6 (1967). Zu den Ausgrabungen auf Chios siehe auch S. Hood (1981); ders., Excavations in Chios 1938-1955. Prehistoric Emporio and Ayio Gala II, BSA Suppl. 16 (1982).

[486] Es handelt sich um die Areale A, B und C.

[487] Auf dem *„Akropolis hill“* wurde das Areal F ausgegraben und südwestlich die Areale D und F.

[488] S. Hood (1981), 91ff., Abb. 51. Die Bauhorizonte

frühbronzezeitliche Siedlung erstreckte sich vom Nordwesthang bis zum Plateau der Akropolis, die neolithische und chalkolithische Siedlung befand sich im flachen Bereich des Hafens. Hinweise auf mittel- und spätbronzezeitliche Besiedlung des Ortes wurden auch gefunden. In dieser Arbeit werden nur die Bauhorizonte V – I von Emporio behandelt, die zur Frühbronzezeit gehören.
Die frühbronzezeitliche Siedlung von Emporio nahm schätzungsweise eine Fläche von 3000 m^2 ein. Die Phase Emporio III ist für diese Untersuchung sehr wichtig, weil viele bauliche Überreste entdeckt wurden, die auf die Existenz einer Befestigungsanlage hinweisen. Die anderen Phasen - Emporio V, IV, III, II und I- werden nur punktuell behandelt, weil während der Ausgrabungen keine Überreste gefunden wurden, die belegen, dass Emporio während aller Phasen der Frühbronzezeit befestigt war.

3.14.2. Die Siedlung (Emporio V – I) und die Befestigungsanlage

Reste der ersten frühbronzezeitlichen Besiedlungsphase (Phase V) von Emporio wurden in den Arealen A, B, C, und D gefunden. Areal A lieferte dabei die meisten Informationen. Hier wurde die bekannte Brunnenanlage der Siedlung gefunden. Sie scheint das Zentrum der prähistorischen Siedlung gewesen zu sein. Um diese Anlage herum wurden verschiedene Bauten errichtet, die aber nur ein unvollständiges Bild von Emporio V liefern. Grund dafür ist die damalige mangelhafte Untersuchung der Grundrisse dieser Bauten. Aus den wenigen architektonischen Resten dieser Bauten ging hervor, dass Emporio V aus Langraum- und Apsisbauten bestand.[489] Die Gebäude wurden aus Kalk- und Sandstein gebaut, der in der Umgebung reichlich zu finden ist. Wie in Poliochni wurden plattenförmige Steine und Bruchsteine verwendet. Die Mauern der Gebäude erreichen eine Stärke von 0,50 bis 1 m. Sie wurden meistens in zwei Reihen gebaut. Die Verfüllung bestand aus Steinen, Kieseln und Erde. Die untersten Reihen bestanden meistens aus größeren Steinen. Erwähnenswert ist Mauerzug 30, der als Stützmauer für die nördlich des Brunnenplatzes gebauten Häuser zu verstehen ist.[490]
Eine Verwendung von Lehm und Holz für den Bau der Mauern konnte nicht festgestellt werden. Sie wurden dagegen für die Errichtung der Dächer verwendet, die im Fall von Emporio V flach gewesen sein dürften.[491] Die Wände der Häuser wurden verputzt und die Böden bestanden aus gestampfter Erde und Kieselsteinen. Im Innenbereich der Häuser konnten auch Herdstellen freigelegt werden, die oft entlang der Mauern zu finden sind.
Die Bauten haben unterschiedliche Orientierung. Eine Organisation in Bauinsulae oder eine Bauplanung konnte für Emporio V aufgrund der wenigen baulichen Reste nicht nachgewiesen werden.
Es wurden auch Reste einer Straße gefunden. Sie hatte eine Breite von 2 bis 4 m und führte wahrscheinlich nach Südosten zur Akropolis. Die Straße wird von den Mauerzügen 23, 24 und 25 flankiert. Diese haben eine Stärke von 1 m und sind Stützmauern. Andere Mauerzüge, die auf den Bau einer Befestigungsanlage in Emporio V hinweisen könnten, wurden nicht entdeckt.
Die Funde belegen, dass Wirtschaftstätigkeiten wie Keramikproduktion, Metallurgie, Textilproduktion, Stein-, Fell- und Holzbearbeitung das tägliche Leben in der Siedlung prägten.[492]

wurden im Areal A untersucht. Laut Hood muss es noch andere, darunter liegenden Schichten geben. Aufgrund ihrer Lage unter dem Wasserspiegel konnten sie nicht untersucht werden. Aufgrund des Mangels von C-14 Proben konnten die Bauhorizonte nicht absolut datiert werden.

[489] Die Bauten bestehen aus einem Rechteckraum, wie Haus III, oder aus einem offenen Vor- und einem Hauptraum, wie das Haus I. Manchmal haben die Gebäude nicht die genaue Form eines Rechtecks, sondern sind trapezförmig (Haus I). Manche Häuser haben abgerundete Ecken (Haus II). Nach späteren Beispielen von der Phase IV konnten diese Bauten rekonstruiert werden und ihre Größe berechnet werden. Es scheint, dass sie 4 oder 9 x 1,50 oder 2,50 m groß gewesen sind. Ein D-förmiger Grundriss kennzeichnet die Apsisbauten der Siedlung. Östlich von Haus I wurde ein solches Gebäude untersucht. Es war 4 m lang und hatte eine Breite von 2 m.

[490] Die Nordfassade dieser Mauer ist in einer Höhe von 1,50 m erhalten und ist sorgfältig gebaut worden. Der restliche Teil der Mauer besteht aus Erde und Kieselsteinen. Es wird vermutet, dass dieser Teil auch Teil der Stützmauer 20 von Emporio VI gewesen ist. Das ganze wurde durch die Mauer 30 gestützt. Auf diese Weise konnte der sanfte Hang des Hügels gestützt werden und gleichzeitig wurde die Errichtung der Bauten in diesem Bereich nicht gefährdet.

[491] Flache Dachkonstruktionen werden in Thermi auf Lesbos und Poliochni auf Lemnos angenommen.

[492] Für die Wirtschaftstätigkeiten der Siedlung kann Folgendes erwähnt werden: bei den keramischen Produkten handelt es sich um Koch- und Vorratsgefäße, Schalen, Backpfannen und Schöpfgefäße. Die Gefäße sind handgemacht und werden nicht hart gebrannt. Sie sind grob und sie haben eine schwarze und braune Oberfläche. Oftmals sind sie poliert oder ihre Oberfläche bleibt unbehandelt. Die Keramik von Emporio V wird mit derjenigen von Troia und Thermi verglichen. Importkeramik wurde auch gefunden.
Für die metallurgische Tätigkeit in Emporio V weisen die

3.14.3. Emporio IV

Architektonische Elemente dieser Besiedlungsphase wurden in allen oben genannten Arealen gefunden. Die Bauten wurden dabei direkt auf den älteren der vorherigen Phase errichtet. Manchmal wurden die älteren Mauern beim Bau eines neuen Gebäudes weiter verwendet. Aus dieser Phase wurden fünf Gebäude (Haus IV-VIII) untersucht, die keine großen Unterschiede zu der vorherigen Phase Emporio V aufweisen. Bei der Erforschung dieser Bauten zeigte sich, dass die Siedlung dicht bebaut war. Es ist anzunehmen, dass sie einem agglutinierenden Baumuster folgen.[493] Alle Baukonstruktionen sind unterschiedlich orientiert.

Bei den Bauten von Emporio IV handelt es sich wieder um rechteckige und trapezförmige Langraumbauten, die entweder rechtwinklige oder abgerundete Ecken haben. Während der Ausgrabungen konnten folgende Varianten von Gebäudeformen festgestellt werden: einräumige Bauten mit Zugang von der Langseite her[494], Langraumbauten mit geschlossenem oder offenen Vor- und Hauptraum[495] und Gebäude, die aus zwei Langräumen nebeneinander bestehen.[496] Apsisbauten wurden nicht weiter gebaut. Die Bauweise und die verwendeten Baumaterialen unterscheiden sich nicht von der vorhergehenden Phase. Flache Dachkonstruktionen werden auch für diese Phase vermutet. Im Inneren der Baukonstruktionen wurden in situ Fußböden, Herdstellen, Lehmbecken und eingetiefte Gefäße (Pithoi) gefunden. In Haus VII wurde festgestellt, dass für die Lagerung der Gefäße wahrscheinlich Holzbretter verwendet wurden.[497]

Die schon in Emporio V erwähnte Straße wurde weiter benutzt. Dasselbe gilt auch für den Brunnen, obwohl bei beiden kleine Veränderungen festgestellt wurden. Das Niveau von Straße und Brunnen wurde um 0,30 bis 0,50 m erhöht und der Brunnenplatz verkleinert, um Platz für den Bau des Hauses IV zu schaffen.

Durch die Funde wurden die Wirtschaftstätigkeiten Keramikproduktion, Metallurgie, Textilproduktion, Fell- und Holzbearbeitung nachgewiesen. Es zeigte sich, dass Handwerk, Landwirtschaft und Handel eine große Rolle für die Ökonomie von Emporio IV spielten.[498]

Das Ende der Phase ist durch eine Brandschicht gekennzeichnet. Brandspuren wurden in allen ausgegrabenen Arealen gefunden. Wegen des Unglücks wurden viele Gegenstände, meistens Gefäße, in situ gefunden. Der Grund für die Katastrophe konnte nicht festgestellt werden und genauso wenig, ob die Siedlung durch eine Umfassungsmauer oder eine Befestigungsanlage geschützt wurde.

3.14.4. Emporio III

Nach der Katastrophe wurden in Emporio III Einplanierungen der Ruinen festgestellt.[499] Leider

Nadeln mit Kopf, Bohrer und Haken hin. Wichtig ist aber der Fund eines Gusslöffels aus Ton, der auf eine Werkstatt hinweist.

Spinnwirteln und zugespitzte Knochenartefakte weisen auf die Textilproduktion und auf die Fellbearbeitung hin. Anhand des Knochenbefundes und der Knochenartefakte ist hervorgegangen, dass in Emporio V schon Schaf, Ziege, Schwein, Rind, Hund und Katze domestiziert waren.

Sichel- und Messerklingen, Obsidian und viele Silexsplitter weisen auf Steinindustrie hin. Solche Werkzeuge wurden auch für die Holzbearbeitung verwendet. Besonders der Obsidian zeigt Kontakte mit den Kykladen auf.

Wie schon oben erwähnt, spielte für das wirtschaftliche Leben der Siedlung die Landwirtschaft und der Handel eine große Rolle. Daneben muss auch die Bedeutung der Viehzucht, der Jagd und der Fischerei erwähnt werden.

[493] O. Kouka (2002), 264f.

[494] Haus IV und V sind Beispiele für einräumige Bauten. Haus V ist das größte Gebäude von Emporio. Es hat eine Breite von 5,50 m und eine Länge von 8,50 m.

[495] Zu dieser Kategorie gehören sowohl der Bau im Areal F und der Bau im Areal A östlich von Haus IV als auch Haus VI.

[496] Haus VII und VIII sind solche Gebäude.

[497] Entlang der Mauer 47 von Haus VII wurden verbrannte Reste von einem Holzregal gefunden, auf dem 58 Gefäße Platz fanden. Es handelt sich um Schalen, Kannen und Askoi.

[498] Was die Keramik betrifft, wurden keine großen Unterschiede mit der vorigen Phase festgestellt. Schalen, Askoi, Kannen, Pithoi und verschiedene Schöpfgefäße werden weiter produziert. Backpfannen werden weniger produziert. Zur Keramik gehört auch die Importkeramik, wie eine Sauciere auf hohem Fuß, die auf Beziehungen mit dem Festland hinweist. Viele ritzverzierten Askoi zeigen kykladischen Einfluss.

Auf Metallurgie weisen eine Nadel und ein Bohrer hin. Obwohl die metallischen Objekte nur zwei sind, bestätigt der Fund eines Gusslöffels und einer steinernen doppelseitigen Gussform für Flachbeile die metallurgische Tätigkeit in Emporio IV. Für die Textilproduktion sprechen die Spinnwirtel, die durchlochte Tonscheibe und die Webgewichte. Für die Fellbearbeitung sprechen verschieden Artefakten aus Knochen, wie auch in den vergangenen Phasen obwohl hier weniger gefunden wurde. Für die Steinindustrie wird weiter Silex und Obsidian verwendet.

[499] Diese Aktivitäten sind in den Arealen A, B und C festgestellt worden. Die durch das Feuer zerstörten Häuser wurden nicht renoviert, sondern einfach zugeschüttet. Leider wurden die 2 m hohen Mauerzüge dieser Bauten während der Ausgrabungen nicht erforscht.

konnten keine Hausgrundrisse abgegrenzt werden. Sicher ist, dass das Wohngebiet rings um das Areal A verkleinert wurde.[500] Zur Begrenzung des Wohngebietes hat der Bau der Terrassenmauern oder der sog. Befestigungsmauern beigetragen. Was unverändert blieb, ist der Brunnen. Im Gegensatz dazu wurde der Platz um den Brunnen erweitert und um 0,30 bis 0,50 m erhöht.

Die einzige Änderung in Emporio III scheint die Errichtung der neuen massiven Mauerzüge 52, 53 und 54 zu sein, die einerseits als Terrassenmauern und anderseits als Mauern eines Befestigungssystems gedeutet werden.[501] Sie erreichen eine Breite von 2,50 bis 5 m und sind in einer Höhe von 1,20 bis 1,75 m erhalten. Es wird angenommen, dass sie eine Höhe von 2 m hatten.[502] Ihre Fassaden waren mit Sorgfalt errichtet, ganz im Gegensatz zum hinteren Bereich, der aus verschieden großen Steinen und Erde errichtet war. Interessant ist Mauerzug 53, der aus vier hintereinander verlaufenden Mauern besteht. Alle vier verlaufen jeweils in einem Abstand von 1 m. Der Zwischenraum war mit kleineren Steinen verfüllt. Laut Kouka erinnert diese Konstruktionsweise an den heutigen Bau der Landwirtschaftsterrassenmauern auf den griechischen Inseln. Kouka schließt aus, dass hier voneinander unabhängige Mauern errichtet waren, wie im Fall der Vormauern in Thermi V.[503]

Die oben genannten Mauerzüge scheinen die Siedlung vor einer Gefahr aus dem Hinterland im Westen zu schützen, obwohl nicht klar ist, ob die Mauern 53 und 54 Teile eines Befestigungssystems waren. Nur Mauer 52, die in einer Höhe von 1,20 m erhalten ist, scheint eine Grenze des Siedlungsareals von Emporio III gewesen zu sein. Es wird angenommen, dass der Mauerzug 10 im Areal C eine Verlängerung von Mauer 52 ist.[504] Wenn man annimmt, dass dieses Gemeinschaftswerk zusammen mit Mauerzug 10 eine Befestigungsanlage ist, dann würde dies bedeuten, dass durch diese Maßnahmen Emporio III in seinem westlichen Bereich und von seinem nordöstlichen Hang bis zum Hafen geschützt war. Ob die Küstenlinie der Siedlung durch eine Befestigungsanlage geschützt wurde, konnte nicht festgestellt werden.

Man konnte nun durch einen Zugang im Norden in die Siedlung gelangen. Hood fand in der Mauer 53 eine Öffnung, die 0,50 m breit war. Durch diesen Zugang konnte man direkt den Bereich des Brunnenplatzes erreichen. Architektonische Reste von Bastionen, die eventuell das kleine Tor verstärkt hätten, wurden nicht gefunden. Das Vorhandensein von anderen Toren oder Toranlagen kann aber nicht ausgeschlossen werden.

Wichtig für diese Besiedlungsphase ist, dass nach der Katastrophe in Phase IV die Elite von Emporio die Notwendigkeit sah, Schutzmaßnahmen zu treffen, um die Siedlung vor möglichen Gefahren zu schützen. Dies geschah zu einer Zeit, in der Änderungen auch in anderen frühbronzezeitlichen Siedlungen stattfanden.[505]

3.14.5. Emporio II und I

Architektonische Reste der Phase II wurden in den oben erwähnten Arealen und im Areal F gefunden. Es wurde keine Änderung bezüglich der Architektur und der Form der Gebäude festgestellt. Langraumbauten mit gemeinsamen Mauern und Bauten, die parallel zueinander gebaut wurden, werden während dieser Phase und in Phase I weiter errichtet. Konstruktionsweise und Baumaterial bleiben unverändert. Eine westöstliche Orientierung der Gebäude konnte festgestellt werden. Im inneren Bereich der Häuser wurden Herdstellen und Speichereinrichtungen (Pithoi) gefunden. Anhand der erhaltenen Reste wird deutlich, dass Emporio II dicht bebaut war. Zwischen den Häusern verliefen kleine Straßen und Gassen. Der Brunnenplatz wurde weiter verwendet, und sogar durch die Errichtung von neuen Terrassenmauern nach der Zerstörung der Mauer 54 noch erweitert.

Anhand der architektonischen Reste der Mauer 52 und des Zugangs zur Siedlung, der direkt zum Brunnenplatz führte, konnte festgestellt werden, dass die Befestigungsanlage während dieser Phase weiter vorhanden war. Zu dieser Erkenntnis haben auch die architektonischen Elemente der Mauer 10 im Areal C beigetragen. Die äußere Seite dieser Mauer bekam die Nummer 8 und ihre innere Seite die Nummer 9. Laut Hood ersetzten diese beiden die Befestigungsmauer 10 von Emporio III.[506] Hinter Mauer 9 wurden die Reste einer Straße gefunden. Sie verlief von Norden nach Süden und führte wahrscheinlich zum Hafen. Weitere Angaben über die sog. Befestigungsmauer sind nicht bekannt.

Während dieser Phase gab es weiterhin die bekannten Wirtschaftstätigkeiten. Keramikherstellung, Metallurgie, Textilproduktion, Steinindustrie, Fell- und

[500] Durch den Bau der Mauern 52, 53 und 54 im nördlichen und westlichen Bereich von Areal A blieb kaum Platz für Wohnbauten.

[501] O. Kouka (2002), 268f. über Emporio III.

[502] S. Hood (1981), 130ff. Fig. 65. Area A. Periods III-I.

[503] O. Kouka (2002), 268f. Derselben Meinung ist auch S. Hood (1981), 132f.

[504] Ebd. Plan. 39.

[505] Solche Änderungen wurden in der Mitte des 3. Jahrtausends v. Chr. in Poliochni *verde*, Thermi IV, Troia I-spät und Troia II-früh, Liman und Bakla Tepe in der Frühbronzezeit II festgestellt worden.

[506] S. Hood (1981), 145f.

Holzbearbeitung wurden durch die vorhandenen Funde nachgewiesen.[507]
Zur letzten Phase der frühbronzezeitlichen Siedlung Emporio I kann nicht viel gesagt werden. Architektonische Reste dieser Phase wurden im Areal A und F untersucht. Bei der Konstruktionsweise und Architektur der Gebäude sowie bei ihrer Orientierung wurden keine Änderungen festgestellt. Langraumbauten mit Vor- und Hauptraum und mit den schon öfters erwähnten Inneneinrichtungen waren weiter in Gebrauch.[508]
Ebenso wurde der Brunnenplatz bis zu einem gewissen Zeitpunkt weiter verwendet. Danach wurde er mit Steinen verfüllt. Nur östlich des Brunnens wurden im Areal Q Reste von Mauerzügen gefunden, die wahrscheinlich zu Wohneinheiten gehören.[509]
Von der Befestigungsanlage wird angenommen, dass sie weiter existierte. Anhaltspunkte dafür gibt es aber nicht.
Nach den Funden wurden die bekannten Wirtschaftstätigkeiten weiter betrieben. Nur bei der keramischen Produktion kam es zu einer Neuerung. Es gibt nun nämlich scheibengedrehte Gefäße. Es ist aber ungewiss, ob die gefundenen Keramikfragmente im Areal F Importware oder lokale Produkte waren.[510]
Am Ende der Frühbronzezeit wurde das Wohngebiet aufgegeben. Zu diesem Ergebnis kam Hood während der Ausgrabungen im Areal A. Nach seiner Meinung wurde die Besiedlung von Emporio auf der „*Akropolis hill*“ aber weiter fortgesetzt.[511] Wahrscheinlich zwang damals eine größere Gefahr die Menschen dazu, die Siedlung in der Ebene aufzugeben und sich auf die sichere Akropolis zurückzuziehen.

3.15. Heraion (Samos)

3.15.1. Lage der Siedlung

(Taf. 28,1)

Die Insel Samos liegt direkt vor der kleinasiatischen Küste. Sie hat eine Fläche von 491 km² und ist eine der größten Inseln des ägäischen Raumes.[512] Die archäologische Stätte liegt an der Südostküste von Samos am Golf von Pythagoreion im Gebiet des heutigen Tigani, gegenüber der kleinasiatischen Küste. Das Bild der Insel prägen zwei Bergmassive im Westen, im zentralen Bereich und im Osten der Insel.[513] Zwischen den großen

[507] O. Kouka (2002), 272f. Die keramischen Produkte sind handgemacht. Sie sind grob und leicht poliert. Man konnte keine großen Unterschiede zu den Phasen IV und III feststellen. Besonders die kleineren Gefäße sind gut poliert. Sie haben eine dunkelgraue oder schwarze Farbe. Dagegen haben die größeren Gefäße (Vorratsgefäße) und die Knickwandschalen eine braune Farbe. Oft bekommen sie eine rote bis schwarze Farbe. Es wird angenommen, dass die Keramikspezialisten mit neuen Brandtechniken experimentiert haben. Die gefundenen Kannen und Deckel werden mit ähnlichen Gefäßen von Troia I-spät, Troia II-früh, Thermi IVB-V und Poliochni *Rosso* verglichen. Importkeramik wurde auch gefunden. Es handelt sich meistens um Kannen, die auf Kontakte mit Kleinasien und dem griechischen Festland hinweisen. Dazu gehört das Fragment eines scheibengedrehten Gefäßes.
Zu den keramischen Produkten gehören noch die durchlochten Scheiben und die Spinnwirtel. Man fand noch die Fragmente einer Fraufigurine und eines Rindidols. Sehr wichtig ist aber der Fund eines Tonsiegels, das soziökonomisch von großer Bedeutung ist.
Die Metallurgie wird in dieser Phase durch eine Nadel und eine flache Axt vertreten. Tontiegel, die auf die metallurgische Bearbeitung hinweisen, wurden auch gefunden.
Im Vergleich zu den früheren Phasen wurde eine große Zahl von Knochenartefakten gefunden. Es handelt sich um zugespitzte Artefakte. Dazu kamen Spatel, Ösennadel und Knochenröhren. Zu den Knochenartefakten gehören noch ein Anhänger aus Muscheln, ein Knopf und eine Spule aus Spondylus.
Obsidian für die Steinindustrie kommt nicht mehr vor. Im Gegenteil scheint die Produktion von Silex zugenommen zu haben. Archäologen fanden 56 Stücke (Kernfragmente) dieses Steines, die auf eine spezialisierte Steinindustrie hinweisen. Eine Perle aus Fayence wird als Importstück angesehen.

[508] Die meisten Wohneinrichtungen dieser Phase wurden im Areal F gefunden.

[509] Es handelt sich um die Mauerzüge 55, 56, 57 und 58. Diese befinden sich östlich des Brunnenplatzes und nicht westlich, wie O. Kouka berichtet. O. Kouka (2002), 274f.

[510] S. Hood (1981), 550ff. Wichtig für die Datierung ist aber, dass die gefundenen Objekte (Schalen, handgemacht oder Scheibengedreht und zweihenkligen Trichterhalsbecher) mit Troia II-spät und Poliochni *Giallo* verglichen werden können.

[511] Ebd. 158f. Areal F. (Stage. 5) Abb. 88-89. Die architektonischen Reste in diesem Bereich stammen aus der mittleren und späteren Bronzezeit.

[512] Samos hat eine Länge von 45 km von Westen nach Osten und 19 km von Norden nach Süden. Dass die Insel direkt an der kleinasiatischen Küste liegt, sieht man im Süden der Insel. Die Insel trennt sich von der Mykale-Halbinsel der heutigen Türkei durch eine kleine Meeresstrasse von 6 km. Sie hat eine Breite von 1,8 km.

[513] Die Bergmassive bestehen aus dem Gebirge Kerkis oder Kerketeus im westlichen Bereich der Insel mit einer Höhe von 1434 m. Im zentralen Bereich der Insel ist das Gebirge Karvouni zu sehen, mit einer Höhe von 1150 m.

Bergmassiven im nordwestlichen Bereich der Insel liegt die fruchtbare Ebene von Karlovasi. Die anderen fruchtbaren Flächen von Samos sind im südöstlichen Bereich der Insel. Es handelt sich um die Ebene von Chora und weiter östlich um die Ebene von Mesokambos. Alle Ebenen werden von kleinen und größeren Flüssen durchquert. Einer davon ist der Imvrassos, der mit seinen zwei Flussarmen in den Golf von Heraion mündet, der andere der Chrysios im Süden der Insel. Dass die Insel reich an Gewässern ist, ist schon aus der Antike bekannt, sie wurde nämlich *υδρήλη* (reich an Süßwasser) genannt. Dies spielte eine große Rolle für die Gründung der Siedlungen in prähistorischer Zeit und natürlich auch für die Vegetation und die Landwirtschaft der Insel.[514] Auf der Insel gibt es viele Buchten, die seit Jahrtausenden als Häfen benutzt werden.[515]

Es herrscht das für die Inseln der Ägäis übliche Klima, warm und trocken im Sommer und mild im Winter. Samos ist den nördlichen und westlichen Winden ausgesetzt und wird durch das Klima im kleinasiatischen Raum beeinflusst. Dies bedeutet sehr kalte Winde und kältere Winter. Niederschläge gibt es in den Sommermonaten nicht.

Die prähistorischen Bauten liegen in der Ebene, wo das bekannte Heraion liegt, nämlich westlich von Tigani. Diese Ebene erstreckt sich ungefähr 7 km entfernt von Tigani. Es handelt sich um ein Flachland, das von vielen Hügeln umgeben ist. Heute ist dieser Bereich nur mäßig fruchtbar. Weingärten und Felder mit Getreide bilden das charakteristische Bild für dieses Gebiet. Kleine Flüsse durchziehen das ganze Gelände. Der Imbrasos ist der bekannteste von ihnen. Er und die anderen kleinen Flüsse sind in der Sommerzeit trocken. Nur im Winter und im Frühling führen sie große Wassermassen. Dies zieht regelmäßig Überschwemmungen nach sich und hat für die Weingärten und Felder katastrophale Folgen. Aus einem fruchtbaren Gelände wird ein sumpfiges Gebiet. Die Ebene grenzte früher an eine Meeresbucht und liegt auf der Südseite der Insel. Heutzutage liegen das Heraion und die prähistorische Siedlung etwa hundert Meter vom Meer entfernt. Warum die prähistorischen Menschen in diesem sumpfigen Gebiet siedelten, ist bis heute unbekannt. Ob es mit dem späteren Kult im Heraion zusammenhängt, ist nicht geklärt. Fest steht, dass der Platz der Siedlung sehr günstig war, um Handel mit anderen prähistorischen Siedlungen zu treiben. Aus den Keramikfunden ging hervor, dass das Heraion einerseits in der Frühbronzezeit vom griechischen Festland und dem kleinasiatischen Raum beeinflusst wurde und anderseits Handelskontakte mit Siedlungen in diesen geographischen Bereichen knüpfte.

3.15.2. Forschungsgeschichte

Der erste Archäologe, der eine große Ausgrabung in diesem Gebiet durchführte, war Wiegand. Die Ausgrabung fand vor dem Ersten Weltkrieg statt. Schon früher hatten andere das Gebiet in kleinerem Rahmen untersucht.[516] Gefunden wurden damals an verschiedenen Stellen prähistorische Schichten, Baureste und eine große Zahl von Funden. Als nächster führte Buschor nach dem Ersten Weltkrieg in der Ebene des Heraion Ausgrabungen durch. Er erkannte, dass das Heiligtum Heras und die prähistorischen Bauten auf einem ungünstigen Gelände in diesem Überschwemmungsgebiet gebaut wurden.[517] Welter wurde damals mit diesen Untersuchungen beauftragt. Er führte von 1925 bis 1927 Ausgrabungen durch. Sein Ziel war es, die Ausdehnung der

---

Im Osten lieg der Berg Oros mit 432 m Höhe. Dass die Insel hohe Berge hat, spielte damals eine Rolle für ihre Benennung. Denn Samos bedeutet „Die Höhe". Der antike Geographiker Strabon berichtet über die Insel. Strabon, 8,3,19, 346; 10, 2, 17, 457.

[514] Schon aus der Antike ist bekannt, dass auf Samos Getreide, Weinbau und der Olivenbau kultiviert wurde. Obstbäume wurden auch angebaut. In den Gebirgsregionen bot die Insel Vegetation für die Viehzucht und Kieferwälder für den Holzbedarf.

[515] Der große Hafen von Samos ist der von Vathi im Nordwesten der Insel. Im Süden sind die Golfe von Pythagoreion und Marathokambos. Durch den Hafen von Pythagoreion konnte man in die antike Stadt von Samos und in das Heraion gelangen.

[516] Die Grabungsgeschichte des „Heraion" erstreckt sich über knapp drei Jahrhunderte. Als erster betätigte sich im Auftrag König Ludwigs XIV. der französische Arzt und Naturforscher Pitton de Tournefort; er legte 1702 die Basis der berühmten Säule frei. Erst 1902-1903 wurden im Auftrag der Athener Archäologischen Gesellschaft weitere Schritte unternommen: ein bescheidener Anfang der modernen Archäologie durch den Griechen Themistoklis Sophoulis und Panagiotis Kavvadias. Die erste große Ausgrabung fand von 1910 bis 1913 im Auftrag der königlichen Museen Berlin unter Leitung von Theodor Wiegand und Martin Schede statt, wobei auch prähistorische Funde ans Licht kamen.

[517] V. Milojčić, Samos I. Die prähistorische Siedlung unter dem Heraion. Grabung 1953 und 1955 (1961), 1f. *„Es bestanden offenbar tiefere Gründe, die eine Verlagerung der Bauten hierher erzwangen, obwohl einige hundert Meter westlich Hügelzüge liegen, die keiner Überschwemmungsgefahr ausgesetzt waren. Es lag nichts näher als die Frage, ob nicht beiden Komplexen, den prähistorischen und klassischen, die gleichen Gründe für eine so ungünstige Lage maßgebend waren und ob nicht ein innerer Zusammenhang zwischen den prähistorischen und den antiken Bauen besteht. Diese Überlegungen machten es notwendig, auch die prähistorischen Schichten genauer zu untersuchen*".

vorgeschichtlichen Schichten zu ermitteln. Seine Ausgrabungen deckten prähistorische Bauten zwischen der archaischen Vorhalle und dem Tempel auf. Die Ergebnisse dieser Grabung wurden leider nicht veröffentlicht und mit der Zeit sind die meisten Informationen verloren gegangen. Aus diesem Grund stützt man sich auf die Ergebnisse von Buschor, der ebenfalls intensive Ausgrabungen an klassischen und vorgeschichtlichen Bauten durchführte.
Im Jahr 1931 wurden unter den Fundamenten an der Ostfront des zweiten großen Tempels im Pronaos prähistorische Bauten gefunden. Es handelte sich um Spuren vorgeschichtlicher Häuser, eines großen Baus und einer Stadtmauer.[518] 1937 folgte noch eine Ausgrabung im Gebiet des Tempels. In Abschnitt Qu. N 14-15 fand man dabei archaische Schichten mit Holzgegenständen, Resten einer Straße und einem brunnenartigen Rundbau. Alles befand sich südöstlich des Tempels von Heraion. Nach dem Ende des Zweiten Weltkrieges wurden die Ausgrabungen im Jahre 1952 wieder aufgenommen. In Abschnitt Qu. G 7 wurde ein vorgeschichtliches Haus gefunden, dazu kamen viele prähistorische Funde. Auf Wunsch von Buschor übernahm Milojčić die Leitung der Ausgrabungen und beendete die Untersuchungen. Dieses Unternehmen war nicht einfach, weil ältere Untersuchungen nie zu Ende geführt worden waren.[519] 1953 und 1955 wurden die früher ausgegrabenen Flächen mit ihren Bauten gereinigt. Das ganze Gebiet musste von Schilf und Schlamm gesäubert werden, weil im Laufe der Zeit die ganze Ebene durch Überschwemmungen bedeckt war. Nach der Reinigung der Ebene wurden zusätzliche Flächen untersucht, die Funde in situ erbrachten. Im Jahr 1966 führte Isler Ausgrabungen außerhalb des Heiligtums durch, wo er Reste aus der Frühbronzezeit fand.[520] Weißhaar untersuchte 1980-81 das Gebiet an der sog. Heiligen Straße und entdeckte ebenfalls Überreste aus der Frühbronzezeit.[521]

Als wichtigste Publikation zu der frühbronzezeitlichen Siedlung gilt diejenige von Milojčić. Durch seine Untersuchungen zeigte sich, dass Heraion während der Frühbronzezeit fünf Besiedlungsphasen hatte (Heraion I-V). Durch weitere Funde und Gräber erkannte der er, dass die Siedlung bis in die späte Bronzezeit (Heraion VI-VIII) bestand. Die Phasen I – V werden mit den Phasen Troia I-spät, II-früh bis V gleichgesetzt. Leider konnte Milojčić die frühere Phase der Frühbronzezeit (Troia I-früh bis -mittel) nicht nachweisen. Erst im Jahre 1980-81 konnte diese Besiedlungsphase an der schon erwähnten Heilige Straße erfasst werden. Es handelt sich um die Bauphasen 1-3, die als „früher als Heraion I Phasen“ bekannt sind. Die Bauphase 4 wurde von Weißhaar mit Heraion I gleichgesetzt.[522]

3.15.3. Die Siedlung (Heraion I – V) und die Befestigungsmauer

(Taf. 28,2)

In der Besiedlungsphase, die zeitlich vor Heraion I datiert wird, wurden architektonische Reste an der Heiligen Straße in Planquadrat R5 gefunden. Kyrieleis und Weißhaar sprechen von den schon oben erwähnten drei Bauphasen.[523] In der ersten Schicht fand Weißhaar Überreste einer Mauer, die von Westen nach Osten verläuft. Die Mauer ist 1 m breit und aus Bruchsteinen gebaut. Am Ende ihres östlichen Bereiches wurden Reste einer rechteckigen Bastion gefunden, die 2,50 x 4 m groß war. Das Innere der Bastion war mit Steinen verfüllt. Die Struktur wird mit Turm M der Südtoranlage von Troia I – Mitte verglichen. Die äußere Fassade der Bastion war sehr sorgfältig gebaut und hatte eine leichte Neigung nach innen. Ihr Mauerwerk war in einer Höhe von 2 m erhalten.[524] Es wird angenommen, dass diese Mauer von Bastionen flankiert wurde und die Funktion einer Befestigungsanlage mit fortifikatorischem Charakter hatte.
In Bauphase 2 wurden Teile eines großen rechteckigen Gebäudes gefunden, das aus zwei langen Räumen bestand. Das Ganze war von Norden nach Süden orientiert. Die Funktion dieses Gebäudes, das sich außerhalb der Befestigungsmauer befand, konnte leider nicht festgestellt werden. Die dritte Phase wird durch die Reste einer Rampe gekennzeichnet, die direkt an der Befestigung oder direkt an dem „Turm“, wie er in der Literatur heißt, aus Bruchsteinen errichtet wurde. Diese Rampe wird mit ähnlichen Baukonstruktionen wie in

[518] E. Buschor, Eine Luristan-Kanne aus Samos, FuF 8, 1932, 161f.
[519] Mit dem Angebot Buschors übernahm Milojčić den einseitigen Auszug über die prähistorischen Funde aus dem Ausgrabungsjournal von 1910-1912, den schon erwähnten sechsseitigen Bericht Welters mit beschrifteten Photographien aus den Jahren 1925-1927, eine Skizze Buschors von den Bauten unter dem Pronaos des großen Tempels von 1931 und schließlich einen Gesamtplan von O. Ziegenaus, der die Bauanlagen nördlich des Tempels erfasste, soweit sie nach dem zweiten Weltkrieg noch zu erkennen waren. In den Jahren 1953 und 1955 konnten die Untersuchungen durchgeführt werden.
[520] P. H. Isler, An Early Bronze Age Settlement on Samos, Archaeology 26, 1973, 170–175.
[521] H. Kyrieleis - H. J. Kienast - H. J. Weißhaar, Ausgrabungen im Heraion von Samos 1980-1981, AA, 1985, 365-450.
[522] Ebd. 414ff.
[523] Ebd. Abb. 1; 410 ff., Abb. 35-37.
[524] Ebd. 412ff. Abb. 37a.

Poliochni *Azzuro*, Liman Tepe, Bakla Tepe und Yenibademli auf der Insel Imbros verglichen.

A. Heraion I

Mit Heraion I bekommt man ein besseres Bild von den Bauten der prähistorischen Siedlung, obwohl nur eine geringe Zahl davon gefunden wurde. Es scheint, dass Heraion I aus rechteckigen Gebäuden bestand, die durchschnittlich 9 x 4 m groß waren. Die Bauten wurden entweder frei oder nebeneinander gebaut, mit gemeinsamen Wänden. Sie waren von Osten nach Westen oder von Norden nach Süden orientiert.[525] Charakteristisch für diese Gebäude sind die 0,60 m langen Anten, die aus dem hinteren Teil der schmalen Hauswände vorspringen. Ähnliche Baukonstruktionen sind von den nordägäischen Inseln nicht bekannt, sondern stammen aus dem kleinasiatischen Raum.[526] Das größte Gebäude von Heraion I wurde in Quadrat J10 gefunden. Teile dieses Gebäudes lagen unterhalb der Befestigungsanlage. Die Mauern hatten eine Stärke von 1,50 m und waren in einer Höhe von 0,50 m erhalten. Die Mauerzüge bestanden aus parallel verlaufenden kleinen Mauern, die 0,70 – 0,80 m breit waren. Zwischen diesen Mauern gab es 0,20 – 0,40 m breite Kanäle, die gepflastert waren. Ob in diesen Kanälen Holzbalken verlegt waren, konnte nicht festgestellt werden.[527] Über die Funktion des Gebäudes ist bis heute nichts bekannt. Es wird gern mit dem Rundbau von Tiryns und dem Speicher von Poliochni verglichen. Man nimmt aber eher an, dass es Teil einer turmartigen Bastion gewesen sein könnte.

Andere Details über die Bauten von Heraion I sind nicht bekannt. Man weiß, dass die Böden der Häuser mit Lehm bedeckt waren und dass die Herde im Inneren angelegt wurden. Während der Ausgrabungen wurden Gruben sowie rechteckige und runde Steinplattformen außerhalb der Gebäude gefunden. Erwähnenswert ist auch die rechteckige Zisterne im Quadrat F8.

Über die Funde kann nicht viel gesagt werden. Als sicher gilt, dass in der Siedlung Metallurgie und Textilverarbeitung betrieben wurde. Funde von Obsidian gelten als Beweis dafür, dass die Bewohner von Heraion I Handel mit anderen Orten getrieben haben.[528]

Die gefundene Keramik spielt eine wichtige Rolle für die Datierung von Heraion I. Milojčić vergleicht sie mit der Keramik von Tarsus I.[529]

Es gibt Hinweise, dass Heraion I von einer Umfassungsmauer eingefasst wurde. Während der Ausgrabungen unter dem Pronaos des Tempels wurde ein Mauerzug gefunden, der wegen seiner Konstruktion nicht von einem gewöhnlichen Bau stammen konnte. Der Mauerzug hatte eine Stärke von 1,50 m und bestand aus Steinblöcken und Steinbrocken. Sie waren 0,50 x 1 m groß.[530] Die Mauer hat eine südöstliche – nordwestliche Orientierung. Es wird vermutet, dass dieser Teil der Befestigungsanlage von Phase Heraion I weiter bis Heraion III existierte und die südliche Grenze der Siedlung darstellte. Ob der Oberbau dieses Mauerzuges

[525] Es handelt sich um Langraumbauten, die aus einem Langen Hauptraum und einem Vorraum bestehen, der in zwei Teile gegliedert wird. Eine andere Version von Gebäude ist diejenige der Langraumbauten mit einem Hauptraum und einem Vorraum, der offen war. Es gab auch andere Langraumgebäude, die als „Megara" bezeichnet werden. Sie bestanden aus einem Hauptraum und einem Vorraum mit Antae.

[526] Das große Megaron von Troia II hatte solche „Mauerverlängerungen". Ebenso Gebäude in den Siedlungen Kanligeçit bei Kirkareli in Ostthrakien, Küllüoba bei Eskisehir, Karataş V-VI. Nur in Asomatos auf der Insel Rhodos wurden solchen Mauerzüge gefunden.

[527] An manchen Stellen der Mauerkante werden die gepflasterten Kanäle mit Steinplatten abgedeckt.

[528] Vgl. Fundtabellen von O. Kouka (2002) Tab. 92-95; Diagr. 18-21

[529] V. Milojčić (1961), 64f. Laut Milojčić die Übereinstimmungen sind folgende: „*erstens den leicht eingedellten Boden (Taf. 35,10), Kessel mit senkrechtem Wulsthenkel unter dem Rand (Taf. 35,14), tonnenförmige Kessel mit gleichem Henkel (Taf. 35,29; 37,69.84), ausladende Ränder bei Vorratsgefäßen (Taf. 35,41), dann flache und etwas geplättete Ränder (Taf. 35,10.27.70-71; 37,52 usw.), geknickte Schalen (Taf. 35,44. 80-81; 37,26. 50-51), offene Schalen- und Topfformen (Taf. 35,12-13. 26-28. 60-63 usw.), Griffzapfen (Taf. 35,38), Schalen und Näpfe mit umgelegtem Rand (Taf. 37,17.30.36.81.87) usw. Auch in den Tongattungen scheinen Übereinstimmungen zu bestehen, was sich aber nicht ohne unmittelbares Vergleichen der Erzeugnisse entscheiden lässt. Es dürfte demnach die sog. „gritty", „plain black" und „plain red burnished ware" ziemlich genau unseren Hauptgattungen aus Heraion I entsprechen. So gibt es eine Menge von Gemeinsamkeiten, wobei man aber nicht die Unterschiede aus dem Auge verlieren darf. Vor allem sei auf die Formen hingewiesen, die in Tarsus erst in der Frühen Bronzezeit II zu erscheinen beginnen, so etwa die Schale mit scharf nach innen geknicktem Rand (Taf. 35,15.68; 36,4.9; 37,5.34), dann die echten waaggerechten Wulsthenkel (Taf. 36,12; 37,83), die geritzte, weiß inkrustierte Ware (Taf. 37,83; 38,1; 49, 8. 10-11); Funde, die es wahrscheinlich machen, dass die Heraion I-Periode bis in die Frühe Bronzezeit II von Tarsus andauerte. So scheint die Heraion I-Stufe mit der späten Troia I-Zeit und der späten Bronzezeit I von Tarsus annähernd gleich alt zu sein*".

[530] Ebd. 28f. Taf. 4, 5.

aus Stein oder Lehmziegeln bestand, konnte nicht festgestellt werden.

B. Heraion II

Aus der Besiedlungsphase Heraion II konnten mehrere Bauten untersucht werden. Es handelt sich wiederum um Langraumbauten, die aber eine andere Orientierung als die Gebäude in der vorigen Phase haben.[531] Außer den Langraumbauten treten während dieser Phase zum ersten Mal trapezförmige Wohneinheiten auf, die in den Ausgrabungsquadranten F6, E-F 7-8 gefunden wurden. Die Gebäude bestanden wieder aus Haupträumen und Vorräumen. Die Böden der Häuser bestanden aus Lehmschichten. Herdstellen wurden zusammen mit Speichereinrichtungen in allen Räumen der Häuser gefunden. Es fanden sich Speichergefäße, die in die Böden der Häuser eingetieft waren. Erwähnenswert sind das Megaron II und ein anderes Gebäude, welche in der nordwestlichen Ecke von Planquadrat F6 gefunden wurden. Vom Megaron II wurde damals nur der östliche Teil untersucht. Es konnte festgestellt werden, dass das Gebäude eine Breite von 6,10 m hatte. Seine Längsmauern wurden auf einer Fläche von nur 8,50 m untersucht. Die Breite der Mauern betrug 0,50 m, und sie waren zweischalig gebaut.[532] Sicher handelte es sich um einen großen Bau, der wahrscheinlich eine zentrale Funktion innerhalb von Heraion II hatte. Aus der Lage der baulichen Überreste zeigte sich, dass Megaron II einem Erdbeben zum Opfer fiel. Bei dem anderen Gebäude handelt es sich um einen rechteckigen Langraumbau, der eine Länge von 5,10 m und eine Breite von 3,10 m hatte. Außer der nördlichen waren alle Mauern zusammengestürzt. Grund dafür war wahrscheinlich ein Erdbeben. Trotzdem konnte anhand der Funde die Funktion des Gebäudes als „Küche“ mit Wirtschaftsräumen erkannt werden. Es wurde vermutet, dass dieses Gebäude zum großen Megaron II gehörte.[533] Wichtig sind die aus der Keramik gewonnenen Erkenntnisse in diesem Bau. Es wurden unter anderem flache Teller gefunden, die auf der Drehscheibe hergestellt wurden.[534] In der Nähe beider Gebäude wurden architektonische Reste von anderen Bauten gefunden, deren Funktion leider nicht festgestellt werden konnte.

C. Heraion III

Mit der Besiedlungsphase Heraion III wird das Bild der prähistorischen Siedlung mit ihrer Befestigungsanlage noch klarer. Nach der Zerstörung von Heraion II blieb die Bauweise der Langraum- und trapezförmigen Gebäude weiter bestehen. Die Bauten stehen entweder frei oder nebeneinander als Baugruppen in der Siedlung. Die Anordnung der Gebäude ähnelt dem „radiozentrischen Bauschema“ in anderen Siedlungen.[535] Die rechteckigen Langraumbauten waren durchschnittlich 9 x 4 m groß, und sie bestanden aus einem Hauptraum und einem offenen oder geschlossenen Vorraum. Manchmal bestanden sie auch aus zwei gleichen Räumen. Das größte Gebäude dieser Phase ist das rechteckige Gebäude, das in den Planquadranten E-F7-8 ausgegraben wurde. Der Bau besteht aus drei Räumen und ist 18,50 x 8 m groß. Seine Mauerzüge haben eine Breite von 0,70 m. Genauso breit waren auch die Steinblöcke des Gebäudes, das in der Literatur als „kyklopischer Bau“ bekannt ist. Die Konstruktionsweise des Gebäudes wird gern mit dem Mauerzug der Befestigung verglichen.[536] Die genaue Funktion des Gebäudes konnte nicht festgestellt werden. Es wird aber angenommen, dass der Bau politischen und wirtschaftlichen Zwecken diente. Ein anderes Gebäude, das von Milojčić beschrieben wird, ist das „große Haus“. Es befindet sich im Osten des Planquadrates G7. Es handelt sich um ein einräumiges

---

[531] Vgl. Pläne.

[532] V. Milojčić (1961), 36f.

[533] Ebd. 37f. (Architektur und Funde), 43f. (Keramik), Taf. 44, 1-4.

[534] Ebd. 37f., 43f., 65f. Wie schon oben erwähnt wurden die meisten keramischen Funde, die der Heraion II Phase entsprechen, im Gebäude der genannten Küche gefunden. Laut Milojčić kann die Heraion II-Stufe nicht älter sein als die Frühe Bronzezeit II von Tarsus, wegen der hier eindeutig vorkommenden, schon entwickelten waagerechten Wulsthenkel, zahlreichen Bruchstücke der sehr bezeichnenden großen Flachschüsseln und Teller (Taf. 44,1) und wegen der sich ausbildenden Schnabelausgüsse (Taf. 41,2). In Tarsus II treten diese Formen zum ersten Mal auf. Nach Milojčić erscheint es unmöglich, diese Heraion Funde erst in die Frühe Bronzezeit III von Tarsus zu datieren, da in dieser Stufe zahlreiche Funde vorkommen, die eindeutig in Heraion stratigraphisch jünger sind als die Heraion II-Funde. In dieser Hinsicht ist zu Troia zu bemerken, dass dort zum ersten Male spät in der Troia I-Zeit die weiten Schüsseln, Schalen mit eingezogenem Rand und die „gedrehten Henkel“ erscheinen. Aber auch dort sind sie samt den waagerechten Wulsthenkeln erst ab Troia II in der typischen Ausführung üblich. Die Herstellungsart – roter, glänzender Überzug – und die Tatsache, dass späte Troia II- Formen erst oberhalb des Heraion II- Stratums auftreten, zwingt uns, die Heraion - Stufe II mit der frühen und mittleren Troia II-Stufe zeitlich gleichzusetzen.

[535] Das „radiozentrische Bauschema“ wurde bei den folgenden Siedlungen getroffen: Thermi I-IIIB, Troia I-II früh, Beşik Tepe, Bakla Tepe (FB I) und in Kanligeçit bei Kirkareli in Ostthrakien.

[536] V. Milojčić (1961), 17ff. 69f. Taf. 2.

Gebäude das eine Länge von 10,60 m und eine Breite von 5 m hatte. Interessant ist die Bauweise des Gebäudes. Die Fundamente bestehen aus kleinen Steinbrocken, die auf einer Schicht von flachen Kieselsteinen aufgelegt wurden. Der Oberbau des „großen Hauses“ bestand aus Lehmziegeln.[537] Es handelt sich hier um eine Neuerung in der Bauweise der Gebäude. Wie schon erwähnt, wurden die Gebäude auf den ägäischen Inseln meistens aus Stein errichtet. Weitere Häuser, die ausführlich von Milojčić analysiert wurden, sind die trapezförmigen Häuser. Durch das einzige gut erhaltene Beispiel ist hervorgegangen, dass diese Bauten aus drei Räumen bestehen.[538]

Für die Inneneinrichtungen der Bauten gilt dasselbe, wie in den früheren Phasen auch. Die Böden der Gebäude bestehen aus gestampftem Lehm. In den Haupträumen befinden sich meistens Herdstellen und die hinteren Räume wurden zumeist als Speicherräume benutzt. Dort fand man überwiegend Vorratsgefäße. Anhand der anderen Fundgattungen wurde nachgewiesen, dass die Bewohner der Siedlung Kontakte bzw. Handelsbeziehungen zu anderen prähistorischen Siedlungen im zentralen ägäischen Raum hatten.[539]

Im Vergleich zu den früheren Phasen konnte ein großer Teil der Befestigungsanlage des Heraions III untersucht werden. Es handelt sich um einen Mauerteil, der von Nordwesten nach Südosten orientiert ist. Er verläuft parallel zu einem Arm des Imvrassos.[540] Der untersuchte Bereich der Anlage hat eine Breite von über 2 m. Nur der unterste Teil der Befestigungsmauer ist erhalten. Die äußere und innere Fassade bestand aus großen Steinblöcken. Der Raum dazwischen war mit kleineren Steine verfüllt. Im Bereich der Halle des späteren Tempels erreichen die Steine laut Milojčić eine beträchtliche Größe. Sie erwecken den Eindruck, dass hier eine „kyklopische Mauer“ gebaut wurde.[541] Im südlichen Bereich der Mauer wurde ein Durchgang gefunden. Ob der Oberbau der Befestigungsmauer aus Lehmziegeln errichtet wurde, wie es Milojčić vermutete, ist fraglich. Er spricht von braunen Lehmmassen, die auf, vor und hinter der Mauer gefunden wurden.[542] Es ist bekannt, dass dieser Bereich der Siedlung immer wieder von Überschwemmungen getroffen wurde. Die Lage von Heraion zwischen den beiden Flussarmen des Imvrassos war nicht die günstigste. Wie schon oben erwähnt, wurde die Befestigungsmauer parallel zum Arm des Imvrassos errichtet. Dies könnte bedeuten, dass die ganze Anlage nicht nur einen fortifikatorischen Charakter, sondern wahrscheinlich auch eine Schutzfunktion vor den Überschwemmungen hatte. Wenn aber der Oberbau der Befestigungsmauer aus Lehmziegeln bestand, wie könnte diese gegen Überschwemmungen halten? Die braunen Lehmmassen, die im Bereich der Befestigung gefunden wurden, könnten auch von den Gebäudedächern oder den Wänden der Bauten stammen. Im Laufe der Zeit fanden oft Erdbeben und Überschwemmungen statt. Es könnte auch sein, dass die Lehmmassen durch die häufigen Überschwemmungen einfach an diesen Stellen gesammelt wurden. Aus diesem Grund scheint es wahrscheinlicher, dass die Befestigungsmauer ganz aus Stein bestand.

Anhand dieser Befunde lässt sich sagen, dass Heraion III eine gut organisierte Siedlung war. Die Umfassungsmauer, die eigentlich zwei Funktionen hatte und die Errichtung des „kyklopischen Gebäudes“ zusammen mit den anderen Gebäuden und den Funden deutet auf eine politische Führung und eine differenzierte Gesellschaft in Heraion III hin.

---

537 Ebd. 23f. Die Form der Lehmziegel ist rechteckig. Sie sind 8 cm dick und 37 cm lang. Es wurde festgestellt, dass sie auch leicht gebrannt waren.

538 Ebd. 24ff. Im Planquadrat G-H-7-8 A wurde das einzige Beispiel dieser Besiedlungsphase gefunden. Es besteht aus einem Vor-, einem Haupt- und einem Hinterraum.

539 Die Funde des „Großen Hauses“ und die Funde von den westlichen Gebäuden verraten uns den verschiedenen Wirtschaftstätigkeiten in der Siedlung. Laut Milojčić neben der schon erwähnten Formen der Heraion II- Stufe kommen jetzt die sog. troianischen Becher vor (Taf. 48,7.9), die nicht vor Troia IIc erscheinen, weiter die Schalen mit eingezogener Schulter und ausladendem Rand (Taf. 40,9.23), die nicht vor Troia II bzw. der Frühen Bronzezeit II in Tarsus auftauchen. Weiterhin begegnen Amphoren (Taf. 40,26), die man auch in Tarsus Frühe Bronzezeit II und Troia II findet. Auch fallen Deckel mit Kreuzbandhenkel auf, die erst in Troia II aufkommen. Man findet Reste von Vorratsgefäßen mit dicker Wulstverzierung unter dem Rand, die öfters auch über die ganze Gefäßfläche verteilt ist (Taf. 32,1-5; 40,24.28; 48,31); diese Gefäße treten ebenfalls in der gleichen Zeit in Troia auf. Endlich erscheinen in diesem Horizont die mit Besenstrich und Rollsiegelabdrücken verzierte Ware (Taf. 31,2-3.5). Die Besenstrichware kommt zuerst im späten Troia I vor, die mit Rollsiegelabdrücken verzierte Ware findet man vor allem in den späten Ablagerungen der frühen Bronzezeit. Außer der Keramik wurden noch eine Nadel mit Kopf, ein Dolch aus Metall, zwei Haken, ein Fragment eines Alabastergefäßes und eine Entenkanne, die wahrscheinlich aus dem kykladischen Bereich importiert wurde. Mehr über die Funde von Heraion III in Tab. 98-101 und Diagr. 18-21 von O. Kouka (2002).

540 Heraion liegt zwischen den beiden Armen von Imvrassos.

541 V. Milojčić (1961), 6ff. (über die Befestigungsmauer). Taf. 1, 4, 6, Taf. 3, 4, 5.1.

542 Ebd. 7f.

D. Heraion IV-V

Es wurde eine Kontinuität zwischen der vorherigen Phase und Heraion IV festgestellt. Alle bereits erwähnten Gebäude wurden in Heraion IV weiter benutzt. Neue Gebäude kamen im nördlichen Bereich der Siedlung hinzu. Es handelt sich wieder um rechteckige Gebäude, die dieses Mal von Westen nach Osten orientiert sind. Wahrscheinlich wurde während dieser Phase wieder das „radiozentrische Bauschema" verwendet. Neu in dieser Besiedlungsphase ist die Straße, die zwischen den Gebäuden verlief. Sie hatte eine Breite von 2 m und war teilweise gepflastert. Sie verlief von Norden nach Süden. Keine Änderungen wurden im Bezug auf die Bauweise der Gebäude festgestellt. Ihre inneren Einrichtungen blieben dieselben wie in den früheren Phasen. Diese konnten im Bereich des großen Megaron und den umliegenden Bauten beobachtet werden.[543] Neu ist in dieser Phase der Befund eines Kuppelofens. Er wurde im Vorgängerbau des großen Megaron gefunden. Ähnliche Konstruktionen fand man in Thermi auf Lesbos und in Troia. Aus dem Fundmaterial konnten keine Änderungen bei den verschiedenen spezialisierten Tätigkeiten festgestellt werden. Zu den Befunden gehören auch zwei Pithosgräber. Darin wurden Skelettreste und Beigaben gefunden.

Die Siedlung endete wahrscheinlich durch ein Feuer. Hinweise auf eine Brandkatastrophe wurden in den Gebäuden, beim Fundmaterial und in verschiedenen Schichten gefunden. Milojčić schließt aber eine Zerstörung der Siedlung durch kriegerische Auseinandersetzungen aus. Anhand der Funde datierte er die Katastrophe in die frühe Bronzezeit III, die Zeit von Troia IV, ca. 2100 v. Chr.[544]

Nach dem Brand wurde das Heraion nicht verlassen, sondern wieder aufgebaut. Die Langraumbauten wurden weiter gebaut. Einige davon wurden im südlichen Bereich der Siedlung gefunden. Entweder standen sie frei oder bildeten mit anderen eine Gruppe. Daraus entstand die Definition des „doppelten Hauses". Die Gebäude hatten einen oder zwei Räume. Durch kleine Mauern wurde der Hinterraum der Gebäude weiter unterteilt. Trapezförmige Gebäude wurden auch gefunden. Oftmals sind sie nebeneinander gebaut und haben gemeinsame Wände. In dieser Phase wird der untere Teil der Häuser aus Steine errichtet, während der obere Bereich aus Lehmziegeln gebaut wird. Die Inneneinrichtungen scheinen dieselben zu sein, wie auch in den früheren Phasen. Man fand doppelte Herdstellen und Hinweise auf Speichergefäße, die in die Erde eingetieft wurden. Speichereinrichtungen wurden auch außerhalb der Bauten gefunden. Milojčić hielt sie für Abfallgruben.[545]

Ob die Befestigungsmauer die Siedlung bis zum Ende dieser Phase schützte, ist ungewiss. Im Gegensatz zu den fehlenden Informationen über die Befestigungsmauer liefern die Funde zahlreiche Informationen zum wirtschaftlichen Leben in der Siedlung.[546]

Zu den Befunden gehören auch zwei Steinkistengräber. In einem wurden die sterblichen Reste eines Kindes mit Beigaben gefunden, das andere war leer.

[543] V. Milojčić (1961), 32ff. Das „große Megaron" ist als „Megaron I" bekannt.

[544] Ebd. 65f. Laut Milojčić *„bietet die Heraion IV- Stufe durch ihre reichhaltigen Funde eine Reihe von Anknüpfungsmöglichkeiten in jeder Richtung. Eine gute Leitform sind die Schnabelkannen (Taf. 16,1-2; 19,7; 21,7; 22,6; 41,20), die in Troia IIIc und auf dem übrigen Festland bis nach Tarsus zum ersten Male erscheinen, aber auch auf den Inseln vorkommen und auf Zypern im späten Abschnitt der Frühen Bronzezeit zu finden sind. Dazu kommen die Entenkannen (Taf. 15,2; 18,1-2; 19,8, 20,2-3; 23,1; 24,7-13; 42,17), die auch gegen das Ende der ägäischen Frühen Bronzezeit üblich werden und außerdem Amphoren und Kannen (Taf. 22,1-2; 23,11; 26,4; 27,3; 39,6; 40,2. 5-7.26; 41,30;42,10-11) mit gedrückter Ausgusslippe (Taf. 42,11), die von Troia (ab IIf) bis nach Kreta zu verfolgen sind. Das eigenartige, mit einem Deckel versehene Gefäß hat eine Entsprechung in einem ähnlichen Stück aus Beycesultan. Die verschiedenen zweihenkligen Vasenformen (Taf. 15,4. 8; 21,5; 39,22-23; 28; 41,13-15; 43,33.37; 47,1.3.5.8) findet man in Troia IV, Beycesultan VII-VI, Tarsus Frühe Bronzezeit III und auf Kreta in den Ablagerungen der Mittel – Minoischen I-Periode sowie auf dem Festland innerhalb der späten Früh – Helladischen Kultur. Es kann demnach kein Zweifel bestehen, dass wir uns mit der Heraion IV- Stufe innerhalb des späten Abschnittes der ägäisch-westanatolischen Frühen Bronzezeit bewegen. Es scheint aber mit diesem „Katastrophenhorizont" die Entwicklung der frühbronzezeitlichen Kultur auf Samos nicht aufgehört zu haben. Wir haben einige Fundkomplexe, die jünger sein müssen*". Zur Datierung von Heraion IV siehe auch Seite 69f.

[545] Ebd. 66f. In den Speichereinrichtungen, die von Milojčić als Abfallgruben angesehen wurden, fand der Archäologe Schalen mit scharf ausgelegtem Rand (Taf. 39,15; 44,13) die für die Datierung besonders charakteristisch sind, sowie die Schalen mit wagerechter Lippe (Taf. 38,27-28; 44,8-9), die gute Entsprechungen in Troia V haben. Zur Datierung von Heraion V siehe auch 20f.

[546] Über die Fundgattungen siehe Tabelle 107-110 von O. Kouka (2002). Dazu gehören Spinnwirtel und Webgewichten mit eingeritzten Menschendarstellungen. Eine Gussform aus Ton wurde auch gefunden. Damit konnten Bohrer und Flachbeile hergestellt werden. Verschiedene Nadeln, eine Flachaxt und Armringe beweisen, dass in Heraion V Metallurgie betrieben wurde.

Es wird angenommen, dass die Siedlung eine Fläche von 35000 m^2 hatte. Davon wurden lediglich 2500 m^2 ausgegraben. Anhand der Keramik und der Bronzefunde wird angenommen, dass es in Heraion soziale und wirtschaftliche Unterschiede gab, was zu einer Differenzierung der Gesellschaft führte. Manche Einwohner erhielten wahrscheinlich durch das Handwerk und/oder den Handel einen höheren sozialen Status. Aber auch die Landwirtschaft spielte eine wichtige Rolle für das wirtschaftliche Leben in der Siedlung.

3.16. Palamari (Skyros)

3.16.1. Lage der Siedlung und Forschungsgeschichte

Die Insel Skyros liegt ungefähr in der Mitte der Ägäis und ist 215 km^2 groß. Die Küstenlinie erreicht eine Länge von 130 km. Wenn man die Landkarte betrachtet, kann man feststellen, dass die Insel im Zentrum des helladischen Raumes liegt, nämlich zwischen den Inseln Euboia und Lesbos und den Inselgruppen der Sporaden und Kykladen. Die Insel liegt östlich von Euboia und nördlich von Alonissos. Geomorphologisch besteht Skyros aus zwei Teilen, dem nordwestlichen und dem südöstlichen. Der nordwestliche Teil der Insel ist hügelig mit dichten Pinienwäldern. Er besitzt fruchtbare und sanfte Landstriche und ist wasserreicher als der südöstliche Teil. Die höchste Gipfelspitze des nordwestlichen Teiles, die Afanes des Olympos, erreicht eine Höhe von 403 m. Der südöstliche Teil ist sehr gebirgig mit vielen Hochebenen und Schluchten. Hier befindet sich der höchste Berg der Insel, der Kochilas mit einer Höhe von 792 m. Genauso unterschiedlich ist auch die Küstenlinie der Insel. Die westliche Küste wird im Gegensatz zu der östlichen durch viele große und kleine Buchten gegliedert. Die nordöstliche Küstenlinie bildet nur zwei kleine Buchten: das Kartsinoudi und das Palamari, wo auch die prähistorische Siedlung liegt. Im mittleren Teil der Insel befindet sich der größere Golf von Achilli. Südlicher wird die Küstenlinie steiler und ist dadurch nur schwer vom Meer zugänglich.

Die Kultivierung des Bodens ist, wie schon erwähnt, im nordwestlichen und im mittleren Teil der Insel möglich. Die meisten Flüsse befinden sich in diesen Bereichen. Der größte von ihnen ist der Kifisos, der an der Küste von Magazia ins Meer mündet. In diesem wasserreichen Gebiet wurden seit der Antike Getreide, Hülsenfrüchte, Oliven, Wein und Feigen angebaut. Eine besondere Rolle für das Leben der Insulaner spielte schon damals die Viehzucht. Eine Ziegenart, die als *σκυρία αἴξ* bekannt ist, war schon in der Antike sehr berühmt. Die Fischerei war für die Einheimischen ebenfalls wichtig. Ein anderer bedeutender wirtschaftlicher Faktor für die Insel sind die verschiedenen Steinbrüche. Der Marmor aus Skyros war schon in der Antike sehr bekannt.[547] Bekannte Steinbrüche von Skyros sind Mpalaksa in Skyropoula, die epano Kolones und die treis Mpoukes.

Wichtig für die Wirtschaft der Insel war in der Antike auch die Produktion von Ocker. Mit diesem Produkt, das im nordwestlichen Teil der Insel zu finden ist, wurde schon in der Antike Handel getrieben.[548]

Auf der Insel herrscht das typische mediterrane Klima mit milden Wintern und trockenen Sommern. Die Insel ist arm an Niederschlägen und ist, wie die meisten ägäischen Inseln, den heftigen nordnordöstlichen Winden ausgesetzt. Dieser Umstand fand bereits in der Prähistorie bei der Wahl des Siedlungsplatzes besondere Berücksichtigung.[549]

Die archäologische Stätte von Palamari liegt an der nordöstlichen Seite der Insel auf einem Kap, das den Namen Kastraki trägt. Palamari erhebt sich 20 m über dem Meeresspiegel. Das Kap befindet sich an der nordwestlichen Seite des kleinen Golfes von Palamari und neigt sich nach Osten, wo das felsige Ende liegt. Die südöstliche Seite des Kaps ist ebenfalls durch Erosion und das Meerwasser teilweise zerstört worden. An dieser Stelle konnten Archäologen verschiedene Schichten und Fundamente von Gebäuden beobachten. Ein Teil der nördlichen Seite ist ebenfalls durch Erosion verloren gegangen. Vor dem Kap befindet sich ein kleiner Golf, dessen Eingang durch Steinbrocken geschlossen wird. Er ist als Bodomantra bekannt. An dieser Stelle wurde eine Quelle entdeckt. Die westliche, landeinwärts gerichtete Seite des Kaps ist unbeschädigt geblieben. Hier wurden Reste der sog. Befestigungsanlage der Siedlung gefunden. Sehr wichtig für die Wasserversorgung der Siedlung war der Fluss Limnas, der im Golf von Palamari mündet. Seine Quellen befinden sich im westlichen Bereich der Insel.

---

[547] Die Verwendung des Marmors aus Skyros wird von Strabon erwähnt (*Γεωγρ. Θ, ιϛ*).

[548] Plinius HN 33, 56, 120-3.

[549] L. Parlama, *Η Σκύρος στην εποχή του Χαλκού* (1984). L. Parlama behandelt in ihrer Arbeit nicht nur die Siedlung von Palamari, sondern auch eine große Anzahl von Orten, wo prähistorische Funde gemacht wurden. Über die erste Ausgrabung siehe auch M. D. Theochari – L. Parlama, Palamari, an Early Bronze age Settlement at Skyros, in: R. Hägg – D. Konsola, (Hrsg.), Early Helladic Architecture and Urbanization in Studies, SIMA LXXVI, (1986), 51–55. Zu der Datierung der Siedlung siehe auch L. Parlama, *Το τέλος της πρώιμης χαλκοκρατίας στο Παλαμάρι της Σκύρου, σχέσεις και προβλήματα χρονολογήσεως*, ADelt 42, 1987, Meletai, 1-7.

Hinweise über die Siedlung wurden erstmals von einem Wächter des dortigen Gebietes gefunden. Katsarelias fand im Jahr 1979 verstreute Scherben und Obsidianklingen im Bereich des Kaps. Im Jahr 1981 wurden die ersten Ausgrabungen von M. Theochari und Parlama im Palamari durchgeführt. Weitere Kampagnen fanden in den Jahren 1991, 1995 und 1996 statt. Sie brachten viele Funde der prähistorischen Siedlung ans Licht. Bis heute werden die Ausgrabungen in Palamari fortgeführt.

3.16.2. Die Siedlung

Die Ausgrabungen erbrachten nur einen kleinen Teil der prähistorischen Siedlung. Es handelt sich um Teile von Gebäuden und der Befestigungsanlage mit ihren Bastionen. Die Ausgrabungen von 1981 und 1991 wurden in den Bereichen „*Tomeas* A" und „B" ausgeführt. Aus den Überresten der Häuser A, B, Γ, Δ und E zeigte sich, dass Palamari mindestens vier Besiedlungsphasen erlebt haben muss. Es handelt sich um die sog. Phasen Palamari I, II, III und IV. Anhand der Keramik und der Gebäudereste konnten Theochari und Parlama eine Kontinuität von FH I bis an den Anfang der mittleren Bronzezeit feststellen.[550] Die Funde weisen auf Beziehungen der Siedlung mit dem nordägäischen Raum, Poliochni und Troia hin. Es wird angenommen, dass Palamari während der FH III Zeit ihren Höhepunkt erlebte.[551] Die Ausgräber gingen von einer Siedlungsfläche von 10000 m^2 aus. Dies erwies sich als falsch, weil die verloren gegangene Fläche an der östlichen Seite der Siedlung nicht mitgerechnet wurde. Es scheint, dass Palamari viel größer war, als bisher vermutet. Neue Hochrechnungen gehen davon aus, dass die Siedlung sich über eine Fläche von 20000 m^2 erstreckte.[552]

Die meisten Gebäudeüberreste wurden im nördlichen und östlichen Bereich der Siedlung gefunden. Es handelt sich um „*Tomeas* A" und „B". In „*Tomeas* A", im nördlichen Bereich der östlichen Siedlungsseite, wurden Mauerzüge gefunden, die entweder zu Gebäuden gehören oder zu der Umfassungsmauer, die den bewohnten Teil der Siedlung an der nördlichen und östlichen Seite umschloss. Stellenweise handelt es sich um Doppelmauern, die eine Stärke von 0,70 bis 0,90 m erreichen. Es wurde die Vermutung geäußert, dass diese Mauerzüge entweder die hinteren Wände der Häuser bildeten oder direkt Teile der Umfassungsmauer waren. Ob diese Mauer auch einen fortifikatorischen Charakter hatte, konnte bis heute nicht festgestellt werden. Wahrscheinlich war sie eine Schutzmaßnahme gegen die heftigen Nordwinde. Solche Schutzmaßnahmen sind noch heute auf den Inseln bekannt. In diesem Grabungsareal wurden auch kurvolineare Mauerzüge gefunden, die manchmal direkt an die doppelten Mauerzüge angebaut wurden. Sie wurden in die frühere Phase der Siedlung, Palamari I, datiert.[553] Man fand in diesem Bereich des Grabungsareales noch zwei Unterbrechungen, die als Durchlass Γ und Δ bekannt sind. Durch den Zugang Γ konnte man nach Bodomantra gelangen, wo, bereits erwähnt, die Quelle gefunden worden ist. Hier wurden auch die Reste einer Grube entdeckt, die zur Metallverarbeitung diente.[554] Im nordöstlichen Bereich und an der östlichen Seite der Siedlung wurden parallel verlaufende Mauern mit einer Stärke von 0,70 m gefunden. Zwischen den Mauern fanden die Ausgräber kleine aneinander gebaute Zimmer. Es wurde die Vermutung geäußert, dass an dieser Stelle ein Korridorhaus existierte.[555] Mit der Fortsetzung der Ausgrabungen wird sich dies wohl bestätigen. Der Bau eines Korridorhauses würde in das Konzept der befestigten Siedlungen am Ende der FH II passen. Interessant ist die Treppenanlage zwischen den Räumen 2 und 3, die eventuell zu einem Obergeschoss oder aus der Siedlung hinaus führte. Die Gebäude im Bereich „*Tomeas* A" haben eine andere Orientierung als die Gebäude im Bereich „*Tomeas* B".

Im südlichen Bereich der östlichen Seite wurden Mauerzüge von Zimmern und Böden gefunden, die fast verloren gegangen wären. Sie lagen nämlich im Bereich der östlichen Seite, die durch die Erosion zerstört wurde. Wichtige Funde sind im Zimmer 15 geborgen. Man entdeckte eine Herdstelle und eine wahrscheinlich als Abwasserleitung verwendete Konstruktion, die aus dem Inneren der Siedlung nach außen ins Meer führte. Diese ist aus Schieferplatten gebaut, und das Innere ist 0,24 x 0,30 m groß. Eine ähnliche Baukonstruktion wurde im südlichen Bereich der Siedlung entdeckt. Sie verläuft durch die dortige Mauer. Ähnliche Konstruktionen gibt es in Poliochni auf Lesbos.

Südlich von „*Tomeas* A" wurde „*Tomeas* B" ausgegraben. Man fand Mauerzüge von verschiedenen rechteckigen Gebäuden, die unterschiedlich orientiert sind. Man erkannte zwei Besiedlungsphasen, eine der FH II und

[550] Es ist noch nicht klar geworden, ob architektonisch eine Kontinuität zwischen Palamari I und II und zwischen Palamari II und III besteht. Die Kontinuität wurde meistens durch die Keramik festgestellt.

[551] M. Theochari – L. Parlama *Παλαμάρι Σκύρου, η οχυρωμένη πόλη της πρώιμης χαλκοκρατίας*, in: Ch. Doumas – V. La Rosa (Hrsg.), *Η Πολιόχνη και η Πρώιμη Εποχή του Χαλκού στο Βόρειο Αιγαίο* (1997), 344–356.

[552] Ebd. 348f.

[553] Ebd. 351f.

[554] Ebd.

[555] Ebd. 353f.

eine der mittleren Bronzezeit. Alle architektonischen Elemente bestehen aus Stein, der aus der Umgebung der Siedlung stammt. Meistens handelt es sich um Kalkstein oder eine Art Granit, der auch bei der Befestigungsanlage verwendet wurde. Über die anderen Bauelemente, die im südlichen Bereich der Siedlung entdeckt wurden, liegen keine Informationen vor.

Besonders wichtig ist die Keramik von Palamari. Sie ergab, dass es in Palamari eine Siedlungskontinuität von FH I bis zum Anfang der mittleren Bronzezeit gab. Aus der Besiedlungsphase Palamari – I (FH I) stammen nur wenige Funde, vor allem Streufunde. Die Keramik aus „*Tomeas* B" weist auf die Besiedlungsphasen Palamari II und III hin. Palamari II wurde vor allem durch Keramikfunde im Bereich „*Tomeas* A" nachgewiesen. Es handelt sich um eine Besiedlungsphase, die in FH II einzuordnen ist.[556] Dieselbe Keramik wird auch während der Phase Palamari III weiter hergestellt.[557] Interessant ist, dass die Keramik in Palamari mit der Keramik in Lefkandi 1 in Euboia und in Agia Irini III auf Keos in Verbindung gebracht wird.[558] Die Frage, ob die Keramik von Palamari III während der gesamten Zeit von Lefkandi 1 produziert wird, konnte nicht beantwortet werden. Die Publikation dieser Keramik steht noch aus. Erwähnenswert ist auch die „*Plain Ware*", die als helltonige, oxydierend gebrannte Drehscheibenkeramik bekannt ist. In Palamari wurde diese Keramik in Haus Γ, Raum 1, „*Tomeas* B" gefunden.[559] Anhand dieser Keramik werden Beziehungen mit dem ostägäischen und westkleinasiatischen Raum vermutet. Für die FH III Zeit in Palamari ist die grauminysche Keramik häufiger belegt als die ansonsten typische bemalte Keramik. Wahrscheinlich liegt dies am Forschungsstand.[560]

Sehr wichtig sind auch die Funde, die die Metallurgie bezeugen. Wie schon erwähnt, wurde in Bodomantra die Grube entdeckt, in der das Metall geschmolzen wurde. Im Jahr 1987 wurden in diesem Bereich oxydierte Reste von Bronzebearbeitung und verbrannte Erde gefunden. Die Stelle in Bodomantra scheint für die Metallbearbeitung gut geeignet gewesen zu sein. Wegen der Nordwinde konnten hier hohe Temperaturen erreicht werden, und eine Quelle war auch vorhanden. Auf diese Weise konnte das Metall gekühlt und gewaschen werden.[561] Ein weiterer Beweis für die Metallurgie in Palamari stellt der Fund eines mit mehreren Gussformen Steines dar, der für die Herstellung von Pfeilen und Meißeln verwendet wurde. Zu den Metallfunden gehören auch die Spitze einer Lanze und ein Dolch. Nadeln und Meißel wurden ebenfalls gefunden. Besonders die Lanzenspitze und der Dolch sind wichtige Anhaltspunkte für die Datierung der Siedlung. Es handelt sich um ägäische Formen, deren Parallelen auf den Kykladen, in Lemnos (Poliochni *Rosso*), in Lesbos (Thermi IV) und in Troia II-V zu finden sind. Erste Isotopenanalysen ergaben, dass das Metall demjenigen in der nordöstlichen Ägäis entspricht, nämlich eine Kupfer-Bronze-Mischung mit geringen Anteilen von Arsen und Zinn.

Für die Datierung ist die Gussform aus Stein von großer Bedeutung. Ähnliche Formen wurden in Thermi auf Lesbos, in Poliochni *Rosso* und in Troia II-V gefunden. Die Form aus Palamari hat aber vor allem eine verblüffende Ähnlichkeit mit einer Form aus Kastri auf Syros. Daraus kann man schließen, dass Palamari in derselben Zeit wie Kastri existierte.[562] Außer dieser Form sprechen auch die architektonischen Teile beider

---

[556] Es handelt sich um Urfirniskeramik. Man fand Gefäße, wie Saucieren, Askoi und Schalen mit oder ohne Standfuß. Typische Keramik für Palamari II ist auch die „kirschrote Keramik". Es handelt sich um mittelfeine bis grobe Keramik. Meistens wurden grobe Kochgefäße gefunden. Charakteristisch für diese Keramik ist ihre Oberfläche. Es scheint so als ob die Oberfläche der Gefäße mit Talk überzogen wurde.

[557] Gefäßformen, wie Saucieren und Schalen mit einziehendem Rand kommen häufig vor. Daneben kann noch erwähnt werden, dass die Gefäßformen dieser Phase mit Gefäßformen des ostägäischen und westkleinasiatischen Bereiches vergleichbar sind. Als Beispiel kann an dieser Stelle das Fragment eines Trichterhalskruges mit randansetzendem Henkel, die „syrische Flasche" und Fragmente von Depasbechern und Glockentaschen. Schwarzpolierte Keramik kommt auch in dieser Phase vor.

[558] L. Parlama (1984), 93f.; Taf. III; M.Theochari - L. Parlama (1986), 51-55.

[559] Es handelt sich um Schalen und Kalottenschalen mit einziehendem Rand. Diese Gefäße werden mit der hellroten oder gelblichen Keramik aus Pevkakia und Lefkandi in Verbindung gebracht.

[560] L. Parlama (1987).

[561] E. Chatzipouliou, *Εξειδικευμένες δραστηριότητες στο Παλαμάρι της Σκύρου στο τέλος της τρίτης χιλιετίας*, in: Ch. Doumas – V. La Rosa (Hrsg.), *Η Πολιόχνη και η Πρώιμη Εποχή του Χαλκού στο Βόρειο Αιγαίο* (1997), 357–361.

[562] In Thermi wurde eine Form aus Ton gefunden, die für die Herstellung von Dolche verwendet wurde. Mehr zu dieser Form, Lamb (1936), 159f., Fig. 44. In Poliochni *Rosso* wurde eine Gussform aus Stein. Dazu L. Bernabò-Brea (1964) Tav. CLXXXCII:13. Über die Formen in Troia siehe H. Schmidt, Heinrich Schliemann's Sammlung Troianischer Alterthümer (1902), 265ff. Über die Form in Kastri auf Syros siehe Ch. Tsountas (1899), 124f. E. M. Bossert, Kastri auf Syros, Vorbericht über eine Untersuchung der praehistorischen Siedlung, ADelt 22, 1967, Meletai 53-76. Mit dieser Form konnten vier metallische Objekte hergestellt werden. Zwei von ihnen waren Pfeile und Lanzespitzen.

Siedlungen dafür. Besonders die Befestigungen zeigen die Ähnlichkeit zwischen den beiden Siedlungen.

3.16.3. Die Befestigungsanlage

Der für diese Arbeit wichtigste Befund der bisherigen Ausgrabungen in Palamari ist die Befestigungsanlage. (Taf. 29). Sie wurde zum Landesinneren errichtet und umschloss wahrscheinlich die ganze Siedlung. Zuerst fanden Theochari und Parlama an der nordöstlichen Seite der Siedlung eine „Umzäunung" aus Steinen. Die Struktur hat eine Länge von 70 m und ist 3 bis 3,50 m breit. Es besteht aus unbearbeiteten großen Sandsteinen, die direkt auf den felsigen Boden gesetzt wurden. Viele der Steine sind scharfkantig. Sie sind nicht dicht aneinander gesetzt, sondern liegen in einer lockeren Anordnung. Es wird angenommen, dass diese Steinreihe eine Form von Befestigung an der Seite war, wo die Siedlung durch die Angreifer leicht zu attackieren und verwundbar war.[563] Wahrscheinlich wird die Funktion dieser Konstruktion mit der Vollendung der Ausgrabungen in diesem Bereich deutlich. Hinter der Steinkonstruktion befindet sich die Befestigungsanlage von Palamari, die aus einer Hauptmauer mit Bastionen, einer Vormauer und einem Graben besteht. Die mächtige Mauer der Befestigungsanlage mit den eindrucksvollen, hufeisenförmigen Bastionen hat eine verblüffende Ähnlichkeit mit der Befestigungsanlage in Kastri auf Syros. Einziger Unterschied sind der Graben und die Vormauer, die in Kastri fehlen. Eine solche Befestigungsanlage ist im ägäischen Bereich sonst noch nicht bekannt. Wahrscheinlich spielte die Geomorphologie des Bodens eine wichtige Rolle für den Bau einer solchen komplizierten Anlage mit steinerner „Umzäunung", Graben und Vormauer. Der Boden an der nordwestlichen Seite der Siedlung hat dieselbe Höhe wie auch auf dem übrigen Kap. Die ständige Gefahr könnte die Errichtung einer solchen Anlage an dieser Stelle begründen.

Die Hauptbefestigung wurde in einer Länge von 70 m untersucht. Ein Teil wurde im nordöstlichen Bereich der Siedlung gefunden, und sie scheint auch den kleinen Golf von Bodomantra geschützt zu haben. Die Anlage verläuft nach Süden bis zur vermuteten Bastion Δ. Nach dieser Bastion scheint die Hauptmauer der Befestigung nach Osten zu biegen und verläuft entlang der südlichen Seite der Siedlung. Architektonische Reste dieses Bereiches wurden in einer Länge von 30 m gefunden. Wahrscheinlich ging dieser Teil der Befestigung bis an die äußerste südöstliche Seite von Palamari, die durch die ständige Erosion vom Meer weggespült wurde. Innerhalb dieser Mauer wurden Überreste eines großen Gebäudes entdeckt, dessen südliche Mauer eine Länge von 13,40 m hatte. An dieser Stelle wurden auch Reste eines Kanals, wahrscheinlich für Abwasser, gefunden. Im Inneren hat er eine Breite von 0,25 m, und er ist so gebaut wie der erwähnte Kanal in Zimmer 15, nämlich mit Schieferplatten. Die Deckplatten des Kanals wurden ebenfalls gefunden.

Weitere Informationen zu den baulichen Überresten in diesem Bereich der Siedlung und der Befestigungsanlage sind nicht bekannt. Die Ausgräberinnen nehmen an, dass die Befestigungsmauer eine ähnliche Form wie die an der nordöstlichen Seite der Siedlung hatte, nämlich mit Bastionen und einer Vormauer. Ob Theochari und Parlama Recht haben, werden zukünftige Ausgrabungen zeigen.

Viel besser ist die Situation der Befestigungshauptmauer an der nordöstlichen Seite der Siedlung. Die Hauptmauer beginnt am nördlichen Ende der Westseite des Kaps und hat eine starke Neigung zum kleinen Golf von Bodomantra. Auf diese Weise konnte der Zugang von Angreifern an der nördlichen Seite der Siedlung verhindert werden. In diesem Bereich wird die Hauptmauer in einer Länge von 15 m und in einer Breite von 3 m durch Abschnitte von weiteren Mauern verstärkt. Die Hauptbefestigung besteht aus Kalkstein und ist direkt auf den Fels gebaut. Es handelt sich um unbearbeitete Steinbrocken unterschiedlicher Größe, die durch Erde miteinander verbunden werden. Vermutlich bestand die ganze Befestigung aus Steinen, Lehmziegel wurden nicht gefunden. Dasselbe gilt auch für die anderen gefundenen Bauten der Siedlung. Wichtige Anhaltspunkte über die Befestigung wurden im Schnitt III in der Bastion B gefunden. An dieser Stelle ist erkennbar, dass die Hauptmauer ohne Fundament gebaut wurde und dass sie eine Höhe von 2,10 m erreicht. Wie hoch die Befestigung tatsächlich war, kann nur spekuliert werden. Die Breite der Mauer reicht von 1,60 bis 1,80 m. Ihr südlicher Teil hat eine Breite von 1,50 m. Über die Höhe des südlichen Bereiches der Befestigung haben wir keine Angaben.

Die drei Bastionen A, B und Γ sind in unregelmäßigen Abständen von 6,60 bis 8,40 m gebaut worden. Alle drei springen aus der Hauptmauer der Befestigung in einer Länge von 6 m vor. Nur ihre Breite variiert. Bastion A hat eine Breite von 6,60 m, während Bastion B und Γ 5 m bzw. 7,40 m breit sind. Alle drei Bastionen wurden nicht vollständig untersucht. Nur der Umfang von Bastion A wurde in einer Tiefe von 0,15 m untersucht und es scheint, dass man direkt von der Hauptmauer der Befestigung her Zugang in die Bastion hatte. Wie schon erwähnt, wurde Bastion B nur im Schnitt III untersucht. Es wurde herausgefunden, dass die Bastion stufenweise gebaut wurde. Sie ist in einer Höhe von 0,70 m bis 2,10 m erhalten. 2,10 m Höhe erreicht die Bastion an der

[563] L. Parlama (1984) Plan 3.

Stelle, wo sie mit der Hauptmauer zusammentrifft. Die Spitze der hufeisenförmigen Bastion ist bis zu einer Höhe von 0,70 m erhalten. Das Ganze wurde auf einer extra angelegten Steinschicht gebaut. Auf diese Weise wurde die Neigung vor der Hauptmauer reguliert. Von Bastion Γ wurde nur der südliche Teil in Schnitt II untersucht. Man fand die Reste eines Apsisraumes, der 2,15 x 1,55 m groß war. Man konnte direkt aus diesem Raum in das Innere der Befestigungsmauer gelangen. Der Raum ist in einer Höhe von 1,30 m erhalten. Ein weiterer Apsisraum wird an der nördlichen Hälfte der Bastion Γ vermutet. Über die vermutete Bastion Δ kann noch nichts weiter gesagt werden. Südlich von dieser Bastion wurden viele verstreut liegende Steine gefunden. Sie befinden sich an der Stelle, wo die Hauptmauer der Befestigung in südöstliche Richtung umbiegt.

Vor der Hauptbefestigung und den Bastionen wurden Reste der sog. Vormauer gefunden. Es handelt sich um zwei Mauerzüge, die als Π1 und Π2 bekannt sind.[564] Der erste hat eine Stärke von 1,40 m und ist in einer Höhe von 0,45 m erhalten. Der Mauerzug ist direkt auf dem felsigen Boden errichtet. Der zweite Mauerzug ist auf einer Aufschüttung gebaut, die sich 0,55 m über dem felsigen Boden erhebt. Π2 hat eine Stärke von 0,60 bis 0,80 m. Laut M. Theochari und Parlama wurde er später als Π1 errichtet.[565] Π2 verläuft so nah an den Bastionen, dass sich der Mauerzug sogar mit Bastion Γ verbindet. Zwischen den beiden Mauerzügen und der Hauptbefestigung wurden viele eiförmige Schleudersteine gefunden, die wahrscheinlich bei kriegerischen Auseinandersetzungen verwendet wurden.

Von Bedeutung ist die Entdeckung des sog. Grabens vor der Vormauer. Er wurde durch Schnitt III an der Bastion B dokumentiert. Der Graben hat eine Breite von 4,85 m und ist nur bis in eine Tiefe von 2 m untersucht worden. Der Graben befindet sich 0,60 m vor Π1 und er musste in den Fels, auf dem auch Π1 steht, eingetieft werden. Dasselbe fand auch auf der gegenüberliegenden Seite hinter der „Umzäunung" aus Steinen statt. Der Graben war mit Sand verfüllt. In einer Tiefe von 0,30 m fand man eine spätere Kinderbestattung. Solche Schutzgräben sind schon aus neolithischer und chalkolithischer Zeit auf dem Balkan bekannt. Oftmals wurden sie zusammen mit Ringanlagen errichtet. Die Ausgräberinnen nehmen an, dass der Graben zeitlich vor dem Bau der Befestigungsanlage mit den Bastionen errichtet wurde. Nach ihrer Meinung verlief der Graben entlang der gesamten nordwestlichen Seite der Siedlung.[566] Klarheit wird hoffentlich die Fortsetzung der Ausgrabungen geben.

Weitere Informationen über die Befestigungsanlage von Palamari liegen leider nicht vor. Mit dem Abschluss der Ausgrabungen in Palamari werden wir wahrscheinlich ein besseres Bild über die frühbronzezeitliche Siedlung bekommen.

3.17. Raphina (Attika)

3.17.1. Lage der Siedlung und Forschungsgeschichte

Die prähistorische Siedlung liegt an der Ostküste Attikas. Der Name Raphina stammt von *Αραφήν*. So hieß einer der zehn Demoi von Attika. Überreste des historischen Demos von Araphin sollen ein Kilometer westlich des heutigen Raphina liegen. Hier soll sich das Zentrum des attischen Demos befunden haben. Dieser Ort wird noch heute als „altes Raphina" bezeichnet. Im Vergleich zum historischen Demos lag die frühbronzezeitliche Siedlung direkt am Meer, wo sich heute der Hafen von Raphina befindet. Der Ausgräber bezeichnete den Ort der prähistorischen Stätte als ideal für die Gründung einer Siedlung.[567] Raphina lag an der Mündung eines Flusses, der Megalo Reuma genannt wird. Die Quellen des Flusses befinden sich auf dem Gebirge Penteli, das sich nordwestlich von Raphina befindet. Der Fluss durchquert eine große fruchtbare Ebene östlich von Raphina, die zu der Mulde führt, in der sich Athen befindet. Nördlich von Raphina, wieder an der Ostküste Attikas, befindet sich Nea Makri, wo die bekannte neolithische Siedlung ausgegraben wurde. Hinter Nea Makri befindet sich die Ebene von Marathon, wo die historische Schlacht gegen die Perser stattfand. Gegenüber von Raphina liegt die Insel Euboia. Wie damals hat man auch heute die Möglichkeit per Schiff von Raphina nach Euboia oder zu den Kykladen zu gelangen.

Die erste Ausgrabung begann im Jahr 1951 unter der Leitung des griechischen Archäologen Theocharis und dauerte bis 1953. Im Jahr 1955 wurden wieder Ausgrabungen in Raphina durchgeführt, während gleichzeitig auch die nicht weit entfernt von Raphina liegende befestigte Siedlung von Askitario ausgegraben wurde.[568] Theocharis fand in Raphina architektonische Elemente einer frühbronzezeitlichen anscheinend auch befestigten Siedlung. Die prähistorische Siedlung lag auf

---

[564] M. D. Theochari – L. Parlama (1997), 350f.

[565] Ebd.

[566] Ebd. Anm. 17.

[567] D. Theocharis *Ανασκαφή εν Αραφήνι*, Prakt, 1951, 77-92.

[568] Askitario befindet sich zwei Kilometer südlich von Raphina. Die frühhelladische Siedlung wurde auf einem Akropolisfelsen gebaut.

einem kleinen Hügel, der direkt westlich vom Hafen von Raphina lag. Eine andere Anhöhe nördlich der Siedlung schützte sie vor den nordöstlichen Winden. Einen natürlichen Schutz vor möglichen Angreifern besaß die Siedlung durch ihre Lage dagegen nicht. Aus diesem Grund hatten die Bewohner der Siedlung eine Befestigung errichtet. Die wichtigsten Befunde sind fünf Gebäude und ein Teil der Befestigungsanlage der Siedlung, die auf dem kleinen Hügel gefunden wurden. Von Wichtigkeit sind auch die Metallwerkstätten, die direkt am Strand neben dem kleinen Hafen von Raphina gefunden worden sind. In beiden Werkstätten wurde Bronze bearbeitet. Nach dem ausgegrabenen Areal hat sich die Siedlung westlich des kleinen Hafens von Raphina ausgedehnt. Leider wurden nicht mehr viele Überreste der prähistorischen Siedlung gefunden, weil vieles durch Erosion und durch Befestigungswerke aus dem Zweiten Weltkrieg zerstört wurde. Die Ergebnisse der verschiedenen Ausgrabungskampagnen wurden nie publiziert. M. Theochari übernahm die Endpublikation der Befunde und Funde aus Raphina. Ihre Ergebnisse werden wichtige Informationen über die frühhelladische Siedlung in Attika liefern.

3.17.2. Die Siedlung und die Befestigungsanlage

Wie schon erwähnt, lag die prähistorische Siedlung auf einem kleinen Hügel. Die Ausgrabungen erbrachten Überreste von einigen Gebäuden, die von Theocharis als Häuser bezeichnet werden. Es handelt sich um die Gebäude Γ, Δ, Θ und A, E, H, Z. Die letzten vier gehören zum östlichen Teil der prähistorischen Siedlung. Die ersten drei Gebäude sind direkt an die Befestigungsmauer gebaut worden. Dies bedeutet, dass die westliche Mauer der Gebäude gleichzeitig als Befestigungsanlage gedient hat (Taf. 30). Die Gebäude werden von den vier anderen im östlichen Teil der Siedlung durch eine kleine Straße getrennt, die von Süden nach Norden verläuft. Es scheint aber, dass die Straße nach dem Gebäude A auch nach Osten abzweigt. Die Straße hat eine Breite von mehr als 1 m. Das Gebäude Γ scheint das größte von allen zu sein. Es ist das südlichste der Gebäude, die direkt an die Wehranlage gebaut sind. Das Gebäude besteht aus zwei rechteckigen Zimmern. Das kleinere Γ1 ist 2,70 x 3,90 m groß. An seiner östlichen Mauer soll sich der Haupteingang des Gebäudes befinden, mit einer Breite von 0,80 m. Der Zugang zum Gebäude liegt direkt an der Straße. Das größere Zimmer Γ2 liegt nördlich des kleineren und ist 4 x 4,25 m groß. Beide Zimmer werden durch eine kleine Tür verbunden, die 0,65 m breit ist. Im Inneren des größeren Zimmers wurden Spuren von Feuer gefunden, aber keine Herdstelle. In der Mitte der nördlichen Mauer von Zimmer Γ2 wurde eine Tür gefunden, die das Gebäude Γ mit Δ zu verbinden scheint. Theocharis vermutet, dass diese Tür während der letzten Phase der frühbronzezeitlichen Siedlung durch Steine verschlossen wurde. Im Inneren der beiden Zimmer wurden wenige Überreste aus mykenischer Zeit ausgegraben. Bei der Datierung half eine große Anzahl von Scherben mykenischer Gefäße. Südlich des Zimmers Γ1 befindet sich noch ein viel kleineres Zimmer, das als Γ3 bezeichnet wird. Über die Funktion des Zimmers ist nicht viel bekannt. Ob es auch zu Gebäude Γ gehörte, ist ungewiss. Theocharis äußerte außerdem die Vermutung, dass dieses Zimmer etwas mit einem Haupttor an der Befestigungsanlage zu tun hätte.[569] Dafür wurden aber keine Beweise gefunden. Vielleicht ist Theocharis zu dieser Vermutung gekommen, weil ein Teil der Straße südlich des Zimmers gefunden wurde. Zu Gebäude Δ, das sich nördlich von Gebäude Γ befindet, macht Theocharis nicht viele Angaben. Es handelt sich um ein rechteckiges Gebäude, dass laut Theocharis zu Gebäude Γ gehörte, denn es wurde eine Tür gefunden, die die beiden Zimmer Γ2 und Δ verbunden hat. Der Zugang zu diesem Zimmer befand sich in der Nähe der südöstlichen Ecke. Nördlich von Gebäude Δ befinden sich Reste von Mauern, die als Gebäude Θ bezeichnet werden. Von diesem Gebäude sind nur Teile von zwei Mauern gefunden worden, die an die westliche Mauer, die Befestigungsmauer, angebaut wurden. Die zur Befestigungsmauer parallel verlaufende Mauer, die das Gebäude im Osten begrenzt, wurde nicht gefunden. Die Breite des Gebäude beträgt 4 m.

Gegenüber von Gebäude Γ, weiter südlich auf der anderen Seite der kleinen Straße, befindet sich das Gebäude E. Es scheint, dass diese Wohneinrichtung aus zwei Zimmern bestand, davon wurden aber nur wenige Überreste gefunden. Der Zugang zu diesem Gebäude befand sich an der nordwestlichen Ecke der Baukonstruktion. Der wichtigste Bau scheint aber Gebäude A gewesen zu sein. Es lieferte die meisten Funde aus der prähistorischen Siedlung von Raphina. Das Gebäude liegt nördlich des Gebäudes E und gegenüber von Gebäude Γ. Die Form des Gebäudes ist trapezförmig. Das Gebäude A bestand wahrscheinlich aus zwei unterschiedlich großen Zimmern. Das nördliche Zimmer, vielleicht ein Vorraum, hat eine Breite von 1,50 m. Man konnte den Raum von der westlichen Seite her betreten. Dort gab es eine Tür, die eine Breite von 0,60 m hatte. Das größere Zimmer des Gebäudes A ist 3,70 x 5 m groß. Dieses Zimmer wurde mit dem oben genannten durch eine Tür verbunden, die 0,70 m breit war. In der Mitte des

[569] D. Theocharis, *Ανασκαφή εν Αραφήνι*, Prakt, 1953, 105–118.

Zimmers ist eine runde Herdstelle gefunden worden. Sie wurde in den Boden eingetieft und anschließend mit Lehm bedeckt. Außerdem wurden Scherben von mindestens 50 Gefäßen gefunden. Mit der Keramik waren auch Knochen verschiedener Tiere und Muscheln vergesellschaftet. Architektonisch war das Gebäude typisch für die Frühbronzezeit. Seine westliche Mauer wurde im Fischgrätmuster gebaut. Diese Technik ist nur in Gebäude A zu sehen. Nördlich von Gebäude A wurde eine andere Baukonstruktion gefunden. Es handelt sich um das Gebäude H–Z. Es wird durch eine kleine Straße von Gebäude A getrennt. Die Straße hat eine Breite von 1,20 m. In der westlichen Mauer von Gebäude H gibt es eine große Öffnung, die als Tür benutzt wurde. Das Fundament des Gebäudes ist mit Steinen aus der Umgebung errichtet. Der östliche Teil des Gebäudes ist mit Schieferplatten gebaut, die eine Apsis bilden. Das Ganze hat eine Länge von 2,20 m und ist mehr als 1 m breit. Was für eine Funktion es hatte, ist nicht bekannt. Östlich dieser Baukonstruktion befindet sich eine weitere. Es handelt sich um eine Grube, die 2 x 2,50 m groß war. Die Grube hatte eine Tiefe von 0,65 m, und ihr Boden war teilweise mit Steinen bedeckt. Ob es sich hier um eine Hütte oder um ein Gehege für Tiere handelt, ist nicht bekannt. Eine andere Wohneinrichtung ist weiter östlich gefunden worden.

Neben dem steilen Abhang des Hügels sind Reste des Gebäudes B entdeckt worden. Die Wohneinrichtung bestand wahrscheinlich aus einem Zimmer, das 3 x 4 m breit war. Von den Mauern war nur die westliche erhalten, von den anderen sind nur wenige Bereiche ausgegraben worden. Möglicherweise existierte noch ein weiteres Zimmer, dies bleibt aber nur eine Vermutung.[570] Leider ist von diesem Gebäude kein Plan bekannt. Im Bereich des Hauses B wurden Bothroi gefunden, die Keramik enthielten. Der Ausgräber meinte, dass die Keramik im Bereich des Hauses B sich von der Keramik der übrigen Häuser in Raphina sehr unterscheidet. Es handelt sich meistens um handgeformte graue Gefäße mit geglätteten Oberflächen, die Glimmer enthielten. Laut Theocharis gehörten sie wahrscheinlich zur minyschen Keramik.[571] Des weiteren sind auch andere Befunde der Siedlung gefunden worden, meistens Bothroi und Teile von Mauern, die aber kein einheitliches Bild der Siedlung ergeben. Wichtig ist, wie schon erwähnt, die westliche Mauer der Gebäude Γ, Δ, Θ, die gleichzeitig die Befestigungsmauer der Siedlung sein soll. Diese Mauer ist mit Steinen aus der Umgebung gebaut worden, und sie ist 1,55 m breit. Die Mauer schützte die westliche Seite der Siedlung, die sonst einfach zu betreten wäre. Theocharis datierte sie in die letzte Phase der FH III. Er vermutet, dass während dieser Zeit eine räuberische Bedrohung außen bestand.[572] Theocharis fand Hinweise, dass diese Wehranlage der Siedlung auf einer viel kleineren, älteren Anlage errichtet wurde, bei der es sich ebenfalls um eine Befestigungsanlage handelte.[573] Nähere Angaben über die Befestigungsmauer macht Theocharis nicht, außer, dass im südlichen Bereich wahrscheinlich ein Tor existierte. Was für eine Höhe die Mauer hatte, ist nicht bekannt. Mit welcher Technik sie gebaut oder ob ihr Oberbau aus Lehmziegeln errichtet wurde, wird ebenfalls nicht erwähnt. Auch die Frage, ob die Wehranlage die ganze Siedlung umschlossen hat, kann wahrscheinlich nie beantwortet werden, da zu wenige Befunde erhalten sind und mit der kleinen Ausgrabungsfläche nicht die gesamte Ausdehnung der Siedlung ermittelt werden konnte. Im Laufe der Zeit ist auch zuviel zerstört worden. Glücklicherweise wurde eine große Zahl von Keramik gefunden, die weitere sozioökonomische Aussagen und Datierungsmöglichkeiten über die frühbronzezeitliche Siedlung ermöglichen. Dazu gehören zwei Dachziegel, die im Gebäude Δ gefunden wurden. Ihre Form und ihre Stärke erinnern sehr an die Dachziegel in Lerna (*House of the tiles*). Bei den Gefäßen des Gebäude A handelt es sich um Saucieren, Teller, Askoi, kleine Schalen mit einziehendem Rand auf Standring, einhenklige Trichterhalskrüge und eine tiefe Schale mit einziehendem Rand. Gefäße mit Firnisüberzug wurden nur wenige gefunden. Keramik mit Musterbemalung kommt nur auf zwei Scherben vor, die chronologisch nicht einordbar sind.[574] In den anderen Gebäuden, die direkt an der Befestigungsanlage gebaut worden sind, wurde auch Keramik gefunden, aber nicht so viel wie im Haus A. Es handelt sich um kleine Schalen mit einziehendem Rand auf einem Standring. Hier fanden die Archäologen keine Keramik, die aus dem Bereich der östlichen Ägäis beinflusst wurde, wie die Keramik im Gebäude A. Auf jeden Fall wurden die Gefäße aus den Häusern A und Δ, E, Θ in die späte FH II Periode datiert. Andere Gefäße sind im Bereich der Metallwerkstätten gefunden worden. Es handelt sich um Gefäße mit starkem kykladischen Einfluß, die von der früheren bis in die spätere FH II Zeit datiert werden. Anhand der Keramik wurden die wenigen Gebäude und die Befestigungsmauer in Raphina von Theocharis in FH III datiert.[575] Später wurden die

[570] D. Theocharis, *Ανασκαφή εν Ραφήνι*, Prakt, 1952, 129–151.

[571] D. Theocharis (1953), 116f., Abb. 13,a. Es handelt sich um einhenklige Tassen, eine Amphora mit ringförmigen Stabhenkeln und wahrscheinlich einen Humpen. Ob diese Keramikstücke zu der FH III gehören, ist nicht klar.

[572] Ebd. 111f.

[573] Ebd. Abb. 1

[574] Über die Keramik in Raphina siehe J. Maran (1998), 77f.

[575] D. Theocharis (1953), 111ff.

Gebäude von Caskey in FH II datiert.[576] Die Datierung von Caskey wurde von Archäologen wie Overbeck, French, Hanschmann und Konsola akzeptiert.[577] Nur MacGillivray vermutete, dass Theocharis mit seiner Datierung recht haben könnte.[578] Aufgrund der unterschiedlichen Meinungen kann nicht mit mit Sicherheit gesagt werden, in welche Phase der Frühbronzezeit die Keramik in Raphina einzuordnen ist. Außer Keramik fand man in der Siedlung Webgewichte, viele Klingen aus Obsidian und Werkzeuge aus Knochen, wie zum Beispiel Nadeln. Im Gebäude A wurden Knochenreste von Schaf, Schwein, Schildkröte, Muscheln und wenige Fischgräten gefunden. Metallobjekte fand man nur sehr wenige, nämlich zwei Nägel und zwei Angelhaken. Ob auch botanische Überreste gefunden wurden, erwähnt Theocharis nicht. Anhand der Funde zeigt sich, dass die Menschen in der Siedlung sich außer mit handwerklichen Tätigkeiten sehr wahrscheinlich auch mit Viehzucht und Fischerei beschäftigten.

Zusammenfassend handelt es sich um eine kleine Siedlung, die eventuell von einer Befestigung umringt war. Wie die ganze Siedlung ausgesehen hat, kann nicht gesagt werden, weil nur wenige Befunde gefunden worden sind. Problematisch bleibt auch die Siedlungskontinuität. Die baulichen Überreste der Siedlung stammen aus der Frühbronzezeit. Neolithische Funde wurden dagegen nicht gefunden. Über den frühbronzezeitlichen Mauern wurden Mauern aus der späten Bronzezeit gefunden. Auf die mittlere Bronzezeit gibt es dagegen keine Hinweise.[579] Ob die frühbronzezeitliche Siedlung zerstört und verlassen wurde und später wieder bewohnt wurde, kann nicht gesagt werden. Das ausgegrabene Areal gibt kein einheitliches Bild von der prähistorischen Siedlung. Aus den wenigen baulichen Elementen erscheint es mir aber, dass die Siedlung dicht bebaut war. Die Planung scheint der in anderen frühhelladischen Siedlungen, wie in Lithares, Agios Kosmas, Askitario und Eutresis, zu entsprechen.

3.18. Askitario (Attika)

3.18.1. Lage der Siedlung und Forschungsgeschichte

Die prähistorische Siedlung liegt zwei Kilometer südlich von Raphina an der Ostküste Attikas. Askitario liegt an der linken Seite der Straße, die zur Saline von Agios Spyridon führt.[580] Die frühbronzezeitliche Siedlung liegt auf einer kleinen Halbinsel, die auch als Akropolisfelsen bezeichnet wird. Der Akropolisfels von Askitario erhebt sich mehr als 30 m aus dem Meer. Wenn man auf dem Akropolisfelsen steht, hat man einen weiten Blick nach Süden bis Makronissos im südlichen euböischen Meer und nach Norden, wo der Ankerplatz von Marathon liegt. Man sieht auch die Gebirge von Penteli und Porto Rafti. Es scheint, dass die Lage von Askitario schon in prähistorischer Zeit sehr wichtig gewesen ist. Wahrscheinlich spielte Askitario eine wichtige geostrategische Rolle für die Schiffsstraßen und den Verkehr nach Attika. Mögliche Angreifer, die von Osten in das Gebiet von Attika gelangen wollten, konnten

---

[576] J. L. Caskey, "Greece, Crete and the Aegean Islands in the Early Bronze Age", CAH^2 I, 2, XXVI (a): 3-44 (fascicle).

[577] J. Overbeck, A Study of Early Helladic Architecture (1963), 98f. D. French, Anatolia and the Aegean in the Third Millenium B.C. (1968), 64f. (unpublizierte Dissertation der Universität von Cambridge). Ein Exemplar der Dissertation befindet sich in der Bibliothek der englischen archäologischen Schule in Athen; E. Hanschmann - V. Milojčić (1976), 169ff.; D. Konsola, Pre-Mycenaean Attica.(Diss.) (1965), 43ff.

[578] A. J. MacGillivray, „On the Relative Chronologies of Early Cycladic IIIa and Early Helladic III", AJA 87, 1983, 81-83.

[579] S. Rozaki führte vor zwei Jahren in Raphina Rettungsausgrabungen durch. Im Jahr 2003 wurden die Ausgrabungen weiter geführt. Ans Licht kam ein archaisches Heiligtum (600 v. Chr.) und ein apsisförmiges Gebäude (1600 v. Chr.), das laut Rozaki in der Mittelbronzezeit gehört. Zum ersten Mal wird in Attika ein archaisches Heiligtum, das zusammen mit einem mittelhelladischen Gebäude entdeckt wurde. Es ist bekannt, dass die mittelbronzezeitlichen Gebäude in Attika sehr selten sind. Rozaki erwähnt, dass sie ein Zimmer aus dem Gebäude methodisch ausgegraben hat und dass sie auch Reste von anderen mittelbronzezeitlichen Gebäuden gefunden hat. Im Bereich des Heiligtums sind Idolen und Schmückstücken gefunden worden. Welche Gottheit hier geehrt wurde, bleibt noch unbekannt. Fraglich ist, ob das „sog. Heiligtum" auch in der Mittelbronzezeit verwendet wurde. Aus der ausführlichen Untersuchung der Funde im Heiligtum hat es sich ergeben, dass einige von ihnen in der Mittelbronzezeit gehören. In welchem genauen Ort in Raphina die architektonischen Elemente und die anderen Funde gefunden wurden, erwähnt die Archäologin in ihrem Bericht nicht. Es ist selbstverständlich, dass die Ausgrabungen in Raphina noch lange dauern werden und bestimmt die Publikation der Funde ebenso. Quelle: www. Ethnos.gr. von 11.09.03.

[580] Die Siedlung verdankt ihren Namen einer Grotte. Die Grotte wurde von einem Mönch damals als Einsiedelei (*Ασκητήριον*) für sein asketisches Leben benützt. Man trifft aber die Namen für den Ort (*Καλόγερος*) Mönch oder (*αετός*) Adler.

einfach von der Halbinsel aus gesehen und kontrolliert werden. Die architektonischen Überreste von Askitario wurden auf einem Plateau auf der Halbinsel gefunden, das eine dreieckige Form hat (Taf. 31). Die Siedlung hat eine Ausdehnung von 5 km^2. Jede Seite des Akropolisfelsen hat eine Länge von mehr als 100 m. Die nordwestliche und die östliche Seite der Siedlung werden vom offenen Meer umringt. Es handelt sich um steile Abhänge, die den Zugang in die Siedlung fast unmöglich machen. Die südwestliche Seite wird durch ein kleines Stück Land mit dem Festland verbunden. Von Natur aus handelt es sich um eine geschützte Lage. Dies erkannten die Menschen während der Frühbronzezeit und nutzten das Gebiet, um dort eine Siedlung zu gründen. Mit den Ausgrabungen fing Theocharis im Jahr 1954 an, der auch Raphina ausgegraben hat. Die Ausgrabung dauerte bis in das Jahr 1955 an. Gefunden wurden Überreste einer frühbronzezeitlichen Siedlung, spärliche Reste einer mykenischen Besiedlung und zahlreiche Keramik. Berichte über die Ausgrabung in Askitario erschienen von Theocharis in der Zeitschrift Praktika 1954 und 1955.[581] Mit der Keramik und der Datierung der Siedlung befassten sich auch andere Forscher wie Caskey, Overbeck, Konsola, Hanschmann und MacGillivray. Askitario wurde am Ende von FH II verlassen oder zerstört. In der Mitte der Spätbronzezeit scheint der Akropolisfels von Askitario wieder besiedelt worden zu sein. Die Endpublikation von M. Theochari steht allerdings noch aus und wird sicher weitere Ergebnisse liefern.

3.18.2. Die Siedlung und die Befestigungsanlage

Ein Teil der nordwestlichen Seite des Dreiecks von Askitario wurde systematisch ausgegraben. An dieser Stelle wurden fünf Gebäude A, B, Γ, E und Θ entdeckt, die als Häuser bezeichnet werden, sowie Teile von drei anderen Gebäuden. Ein weiterer Teil der prähistorischen Stätte wurde an der südöstlichen Ecke des Dreiecks ausgegraben. Dort entdeckte man Teile von Gebäuden, ohne aber einen klaren Grundriss rekonstruieren zu können. Schließlich wurden an der südwestlichen Seite des Dreiecks, welches die Siedlung mit dem Festland verbindet, Teile einer Befestigungsanlage gefunden. Interessant ist das ausgegrabene Areal an der nordwestlichen Seite des Dreiecks mit den schon erwähnten fünf Gebäuden. Die wichtigsten Gebäude sind A und E. Es handelt sich um rechteckige Gebäude, die jeweils aus zwei quadratischen Zimmern bestehen. In dem jeweils hinteren Raum dieser Gebäude waren Herdstellen und gepflasterte Bereiche ausgegraben worden. Beide megaronartige Gebäude sind dicht nebeneinander gebaut worden, haben aber keine gemeinsame Mauer. Da dies zum ersten Mal in einer frühbronzezeitlichen Siedlung angetroffen wurde, bezeichnete der Ausgräber es als ein „Phänomen". Während einer anderen Bauphase wurden an die beiden Gebäude geschlossene Vorhöfe angebaut. Beide Vorhöfe scheinen miteinander verbunden gewesen zu sein. Die Westmauer des Vorhofes von E verwendet die Ante des Vorhofes von Gebäude A wahrscheinlich als Zugang. In beiden Vorhöfen wurden Backöfen und Abfallgruben gefunden. Die Zimmer der Gebäude sind durchschnittlich nicht sehr groß. In Gebäude E hat das Zimmer 28 eine Breite von 4,60 m und ist 2,40 m lang. Das Zimmer wird durch ein Tor mit dem Vorhof verbunden, der eine Breite von 1,35 m hat. An dieser Stelle scheint ein kleiner Vorraum existiert zu haben, der eine Länge von 0,50 m hatte. Der gepflasterte Vorhof 26 hat eine Länge von 4,25 m. Im Vergleich zu Gebäude E ist das Gebäude A kleiner. Es besteht aus drei Zimmern. Das hintere gepflasterte Zimmer 1 hat eine Länge von 4 m und ist 3,50 m breit. Südlich von diesem Zimmer befindet sich ein kleineres Zimmer 13, das 1,70 m breit ist. Davor befindet sich der Vorhof des Gebäudes, der mit dem Vorhof des Gebäudes E verbunden ist. Westlich dieser Gebäude wurden auch andere rechteckige Gebäude (B, Γ, Δ, Θ) gefunden, die aber nicht ausführlich von Theocharis beschrieben werden. Die Häuser bestehen aus zwei bis drei Zimmern, und sie werden als megaronartige Gebäude bezeichnet. Nordöstlich von Gebäude E wurden Reste von wahrscheinlich noch zwei Wohneinrichtungen gefunden. Es handelt sich um Gebäude Z und H. Das Gebäude Z bestand mindestens aus zwei Zimmern. In der Mitte des einen wurde eine rundliche Herdstelle gefunden. Theocharis beschreibt sie als eine pfannenartige Herdstelle, die mit Lehm bedeckt war. Östlich davon wurde nur ein Mauerteil des Gebäudes H gefunden. Spuren von gepflasterten Straßen wurden auch entdeckt. Vor dem Gebäude A und zwischen A und Z sind ebenfalls solche gepflasterte Straßen zu sehen. Leider erwähnt Theocharis nicht, wie breit sie waren. Insgesamt handelt es sich nach Theocharis um eine dicht bebaute Siedlung, die aus megaronartigen Gebäude besteht und durch kleine Straßen getrennt wird. Die Mauern der Häuser hatten eine Breite von 0,50 bis 0,60 m, und waren bis zu einer Höhe von 0,50 bis 0,60 m erhalten. Einige davon wurden im Fischgrätmuster errichtet. Der Oberteil der Wände wurde aus Lehmziegeln gebaut. Meistens bestanden die Böden der Häuser aus gestampfter Erde, seltener waren sie gepflastert. Für die Dächer nimmt der Ausgräber flache Dachkonstruktionen an. Nur zwei Dachziegel sind

[581] D. Theocharis, *Ανασκαφή εν Ραφήνι*, Prakt, 1954, 104–113; ders. *Ανασκαφή εν Αραφήνι*, Prakt, 1955, 109–117. ders., *Ασκηταριό*, AEphem, 1953–1954 III, 59-76.

gefunden worden. Ob sie denen in Raphina und in Lerna ähneln, erwähnt der Archäologe nicht. Theocharis nahm an, dass besonders die Gebäude A und E als Vorläufer der mykenischen Megara bezeichnet werden können, obwohl die Säulen fehlen.[582] Im anderen ausgegrabenen Areal an der südöstlichen Ecke des Dreiecks wurden Überreste von weiteren Gebäuden gefunden. Dieses Areal hat eine Länge von 16 m und ist 9 m breit im Gegensatz zu dem nordwestlichen, dessen Maße nicht von Theocharis angegeben werden. Hier wurden Mauerzüge von zwei Zimmern ausgegraben. Es handelt sich um die Zimmer 56 und 57. Das erste ist 2,60 x 3,80 m groß, und es war am Ende der frühhelladischen Zeit gepflastert. Das zweite war 4,80 x 2,50 m groß.

An der südwestlichen Seite wurden Teile der sog. Befestigungsanlage gefunden. Es handelt sich um die Fundamente der Wehranlage, die die am einfachsten zugängliche Seite der Siedlung schützte. Der ausgegrabene Teil der Anlage hat eine Länge von 32 m und besteht aus mittelgroßen Steinen. Theocharis fand noch weitere Teile der Wehranlage. In einem Bereich entdeckte Theocharis eine Öffnung, die vermutlich ein Tor der Befestigungsanlage war.[583] Wo genau sich das Tor befand, erwähnt der Ausgräber aber nicht. Sicher ist, dass die Anlage eine Breite von mehr als 2,50 m hatte. Theocharis schätzte, dass zumindest die äußere Seite der Mauer mehr als drei Meter hoch war. Über die Technik und den Oberbau der Mauer wird nichts erwähnt. Bestand der Oberteil der Wehranlage aus Lehmziegeln? Theocharis erwähnt in seinem Bericht nicht, ob neben der Mauer Lehmreste gefunden wurden. Wurde die Mauer im Fischgrätmuster gebaut? Auch dazu äußert sich der Ausgräber nicht. Ob die Befestigungsanlage das ganze Dreieck umschloss, ist ebenfalls nicht gesichert. Im Laufe der Jahre stürzten Teile des Akropolisfelsen von Askitario ins Meer. Wahrscheinlich werden wir nie wissen, ob das ganze Plateau der Siedlung von Mauern umringt war. Theocharis glaubt, dass die äußeren Mauern der Häuser eine Art Befestigungsanlage bildeten.[584] Dies ist aber nicht sicher, weil nicht das ganze Dreieck der Siedlung ausgegraben wurde. Er vergleicht die befestigte Siedlung mit der frühbronzezeitlichen Siedlung auf dem Akropolisfelsen in Athen. Theocharis nimmt an, dass die Siedlung in Athen ähnlich der in Askitario war, ohne weitere Angaben zu geben.[585] Die architektonischen Überreste in Askitario sind zu gering, um endgültige Schlüsse zu ermöglichen. Mehr über die Befestigungsanlage in Askitario kann nicht gesagt werden.

Problematisch schien es damals, alle architektonischen Reste in Askitario zu datieren. Theocharis unterschied im nördlichen Teil der Siedlung drei verschiedene Phasen von Siedlungskontinuität. Er bezeichnete sie als Frühhelladisch I, II und III. Am Wichtigsten schien ihm die Phase III von Askitario zu sein, aus der die meisten architektonischen Elemente der Siedlung stammen. Die anderen Siedlungshorizonte I und II waren ungleichmäßig stark vertreten. Es wurde noch beobachtet, dass architektonische Elemente aus dem mittleren Horizont für den Bau einiger Wohneinheiten des oberen, jüngeren Horizonts benutzt wurden, zumindest was ihre Fundamente betrifft. Besonders bei den Zimmern Γ6 und E18 wurde dies beobachtet. Die Datierung von Theocharis scheint aber nicht korrekt zu sein. Er selber erkannte, dass die Keramik seiner frühhelladischen Phase III sich typologisch nicht von der von Phase II unterscheidet. Meistens handelt es sich hier um FH II Keramik, die aus Lerna III und Eutresis in FH II bekannt ist. Aus diesem Grund datierte Caskey die Keramik von Askitario in FH II. Mit dieser Datierung waren Overbeck, Konsola, French und Hanschmann einverstanden.[586] Heute werden die architektonischen Elemente der Siedlung und die Befestigungsanlage von allen Forschern als FH II bezeichnet. Dagegen gibt es keine Anhaltspunkte, die darauf hinweisen, dass der Ort in der Wendezeit FH II/III oder am Ende der FH III besiedelt wurde. Auch Keramik aus diesen Zeiten fehlt völlig. Aus dem Siedlungshorizont, welcher FH I entspricht, ist die typische Keramik für diese Epoche mit roten, polierten Überzügen gefunden worden. Sie wird später durch Urfirniskeramik ersetzt. Repräsentativ für diese Keramik sind Gefäße wie Saucieren und kleine Schalen. Erwähnenswert sind auch Gefäße, die von den Kykladen beeinflusst gewesen zu sein scheinen. Es handelt sich um dunkel auf hell musterbemalte Keramik. Leider sind diese Gefäße nicht publiziert worden, außer einem Krug mit schräger Öffnung. Die größte Zahl an Keramik kam aus dem oberen Siedlungshorizont, wo auch die meisten architektonischen Elemente der Siedlung sich befinden. Es handelt sich um Urfirniskeramik. Ihre Qualität scheint nicht gut zu sein. Die Firnisüberzüge sind eher wässrig als gut deckend. Die Saucieren werden weiter produziert. Die von Askitario scheinen ein besonderes Charakteristikum zu haben. Meistens haben sie tiefen Gefäßkörper, Mündungen, die lang ausgezogen werden, und sie stehen auf einem niedrigen Standfuß oder einem Standring. Keramik mit Musterbemalung bleibt selten. Problematisch sind noch die Unterschiede bei der Keramik der FH II von Askitario und Raphina. Dies ist

[582] D. Theocharis (1955), 111f.

[583] Ebd. 113f.

[584] D. Theocharis (1954), 106f.

[585] Ebd.

[586] Zur Datierungsproblematik siehe J. Overbeck (1963), 78f; D. Konsola (1965), 43–46; D. French (1968), 65f; E. Hanschmann (1976), 168f.

besonders an den Saucieren und Schalen mit niedrigem Fuß zu beobachten. In Raphina fehlen solche Gefäße. Dagegen sind Gefäße mit ostägäischem Einfluss in Askitario im Gegensatz zu Raphina nicht zu finden. Aus diesem Grund vermutete man, dass die Siedlung von Askitario nicht mehr bewohnt wurde, als sich die prähistorische Siedlung in Raphina während der späten FH II noch weiter entwickelte.[587]
Außer Keramik sind auch andere Objekte entdeckt worden: Ein Nagel aus Bronze und eine Matrize aus Schiefer. Diese hat eine Länge von 0,125 m. Man konnte aus ihr Pfeilspitzen herstellen. Ferner wurden Obsidian und Obsidianklingen gefunden, ebenso Mühlsteine. Innerhalb der Siedlung wurden neben der westlichen Mauer des Gebäudes E zwei Kindergräber aus der Frühbronzezeit gefunden. Östlich außerhalb der befestigten Siedlung wurde ein Begräbnisplatz entdeckt, der nicht ganz ausgegraben werden konnte.[588] Des Weiteren wurden in der Siedlung Mauerzüge und Scherben aus der mykenischen Zeit gefunden. Ein klares Bild über die mykenische Besiedlung des Ortes konnte aber nicht gewonnen werden.

3.19. Ägina (Attika)

3.19.1. Lage der Siedlung

Die prähistorische Siedlung liegt auf der Insel Ägina (Taf. 32).[589] Die Insel selbst liegt in der Mitte des Saronischen Golfes von Attika und ist 80 km^2 groß. Die zentrale Lage der Insel wurde sehr früh erkannt und genutzt: Schon ab neolithischer Zeit wurde die Insel besiedelt. Die Befunde auf der kleinen Insel geben eine Chronologie für die Besiedlung schon seit dem Ende des 4. Jahrtausends v. Chr. Wenn man die Insel von Ägina auf einer Karte betrachtet, sieht man sofort, aus welchem Grund die ägäische Insel sehr früh besiedelt wurde. Durch die Lage der Insel konnten die Menschen die westlichen Küsten Attikas kontrollieren. Nördlich der Insel liegen Salamina und die Ebene von Megara. Nordwestlich der Insel liegt das Gebiet von Korinthos auf der Peloponnes und direkt westlich von Ägina auf der östlichen Küste von der Peloponnes das Gebiet von Epidauros. Südöstlich der Insel befinden sich die Kykladen. Allein für den Schiffsverkehr ist die Position von Ägina im Saronischen Golf sehr wichtig. Schon seit neolithischer Zeit scheint die Insel daher eine sehr wichtige Rolle gespielt zu haben, besonders als Handelsplatz. Im Laufe der Jahre wurde sie immer wieder besiedelt. Die prähistorische Stätte, die uns am meisten interessiert, befindet sich auf der westlichen Seite der Insel neben der Hauptstadt der Insel, die auch Ägina genannt wird. Nicht weit nördlich von der Hauptstadt auf einem Felsenkap liegen die Überreste der prähistorischen Siedlung von Ägina zusammen mit anderen aus verschiedenen Epochen. Die Siedlungskontinuität auf dem Felsenkap reicht bis in die byzantinische Zeit etwa 1000 n. Chr. Dort befindet sich auch das Heiligtum von Apollon. Der Ort auf dem Felskap ist als Kolonna (Säule) oder Kolonna - Hügel bekannt, weil bis heute noch eine Säule des Tempels aufrecht steht. Es handelt sich eigentlich um einen Felsrücken, der eine Länge von 200 m hat und 70 m breit ist. Der Felsrücken springt aus dem Festland der Insel und stößt direkt in das Meer vor. Das Ganze erhebt sich 10 bis 12 m über dem Meeresspiegel. In neolithischer Zeit und während der Bronzezeit war das Felskap noch länger und breiter. Mit der Zeit sind durch Erosion oder durch den Einfluss des Meeres die Ränder des Kaps

[587] Zum Thema „Keramik in Askitario“ siehe J. Maran (1998), 78ff.

[588] Der Begräbnisplatz war während des Zweiten Weltkrieges von der deutschen Besetzungsmacht vermint. Obwohl nach dem Ende des Krieges der Ort von Minen freigeräumt wurde, konnte es nur oberflächig untersucht werden. Wahrscheinlich wird der Ort in der Zukunft systematisch ausgegraben. Es kann als sicher gelten, dass dort viele Funde im Bezug auf die prähistorische Siedlung entdeckt werden können.

[589] Die Insel hieß in der Mythologie „*Oinone*“, was gleichzeitig Weininsel bedeutet. Als der Vater der Götter und Menschen Zeus die Nymphe Ägina, die Tochter eines Flussgottes mit dem Namen Asopos, auf die Insel brachte, bekam die Insel ihren Name. Kind der beiden war Aiakos, der Stammvater der Ägineten. Aiakos war ein frommer Mensch und genoss die Gunst seines Vaters. Als auf der Insel eine Seuche ausbrach, starben alle Menschen. Damit nicht Aiakos allein auf der Insel bleibt, verwandelte sein Vater die Ameisen in Menschen, um die Insel wieder zu besiedeln. Auf diese Weise wurde der Stamm der Myrmidonen erschafft. Aus den Myrmidonen stammt der bekannte homerische Heros Achilleus, Sohn des Peleus. Als der Stiefbruder Phokos von den Geschwister Peleus und Telamon unglücklich während eines Wettkampfes getötet wurde, verbannte Aiakos seine Kinder aus der Insel. Peleus ging nach Thessalien und Telamon nach Salamis, die nördlich von Ägina liegt. Telamon versuchte seine Unschuld zu beweisen, und weil er nicht in die Insel dürfte, damit er seine Unschuld beweist, baute er ein Damm. Auf Aiakos versuchte Telamon vergebens seine Unschuld zu beweisen. Ob der Damm mit den vorgeschlagenen prähistorischen Hafen in Ägina zu tun hat, ist ungewiss. Um Ägina von Seeräubern zu schützen, machte Aiakos die Insel durch Klippen unzugänglich. Eine andere Tätigkeit des Aiakos soll der Bau der Befestigungsanlage von Troia gewesen sein. Er hat sie zusammen mit Poseidon und Apollon gebaut. Als er starb, wurde er einer der Totenrichter der Unterwelt zusammen mit Minos und Rhadamanthys.

abgestürzt. Das hatte zur Folge, dass die drei Hänge des Felskaps steil zum Meer und zum Strand hin abfallen. Von diesen Seiten konnte man nur schwer zum Siedlungsgebiet hinaufsteigen. Für mögliche Feinde der Siedlung war das Ganze damit relativ unzugänglich. Im Osten dagegen bot die geomorphologische Situation keinen natürlichen Schutz. Hier wird der Felsrücken mit dem Festland der Insel verbunden. Der einzige Zugang in die Siedlung befand sich an dieser Seite und musste geschützt werden. Deshalb wurde die östliche Seite durch eine Befestigungsmauer abgeschirmt. Wenn man von Norden nach Süden segelt und sich auf der westlichen Seite der Insel befindet, wo der Kolonna - Hügel liegt, kann man das Felskap nicht sehen, weil es von der Nordwestspitze der Insel verdeckt wird. Nur von Westen und Süden aus ist das Felskap sichtbar. Heute wird der Kolonna - Hügel von zwei Strandzonen im Norden und Süden umgeben. Beide Strände bilden zwei kleine Häfen. Nach H. Walter soll am südlichen Strand der prähistorische Hafen der Siedlung gelegen haben.[590] Der ganze Siedlungsort hat eine Fläche von 6435 m^2. Es handelt sich nicht um eine besonders große Fläche, aber die Menschen nutzten damals nach ihren Bedürfnissen jede Ecke auf dem Felskap. Bis hinein in die steilen Hänge des Felskaps wurde gebaut. Dies bot laut Walter Vorteile für die Siedler in Altägina. Es brachte Sicherheit und erweiterte das unmittelbare Blickfeld über Vorgänge an den Hängen.[591] Fraglich bleibt, ob die prähistorische Siedlung bis zur Westspitze des Felskaps ausgedehnt war. Auf dem Plateau des Felsrückens hatten die Menschen damals die Möglichkeit, sich selbst mit Wasser zu versorgen. Das Gestein des Hügels besteht meistens aus Porosplatten, welche das Wasser nach außen ablaufen lassen, wie die vielen Brunnen auf dem Felskap bestätigen. Das Wasser spielte natürlich eine wichtige Rolle für die Besiedlung des Ortes, aber auch die fruchtbaren Ebenen und Weiden der Insel haben ihren Anteil dazu beigetragen. Landwirtschaft und Viehzucht waren gleichermaßen Bestandteil des prähistorischen Lebens. Für die Menschen auf dem Kolonna - Hügel gab es die Möglichkeit, beide auch mit der Fischerei zu verbinden. Insgesamt waren die Verhältnisse ideal für die Besiedlung des Ortes. Ausgrabungen erbrachten architektonische Elemente der frühbronzezeitlichen Besiedlung von Ägina, die durch Befestigungsmauern geschützt wurde. Die Siedlungskontinuität des Ortes während der Bronzezeit wird auch durch die Keramik bestätigt. Sie ist im örtlichen Museum ausgestellt, genauso wie die mykenische und geometrische Keramik von Ägina.

3.19.2. Forschungsgeschichte

Die ersten Forschungsberichte stammen von dem griechischen Archäologen Stais, der als erster auf dem Felskap Ausgrabungen durchführte.[592] Stais untersuchte das Gebiet östlich des Tempels und entdeckte Überreste einer mittelhelladischen Siedlung, die durch eine Wehranlage geschützt wurde. Leider wurden die Ausgrabungen dort nicht fortgesetzt. Für andere Forscher wurde aber deutlich, dass auf dem Kolonna - Hügel Reste der prähistorischen Besiedlung des Ortes zu finden sind. Die Arbeit von Stais wurde durch den deutschen Archäologen A. Furtwängler im Jahr 1904 fortgesetzt. Furtwängler führte Ausgrabungen im Gebiet des Tempels durch.[593] Nach seinem frühen Tod wurde es wieder still auf dem Felskap. Ab dem Beginn der Balkankriege und im Ersten Weltkrieg wurde nichts auf dem Kolonna - Hügel unternommen. Fast zwanzig Jahre später begann man dort wieder mit Untersuchungen. Dieses Mal waren es die Archäologen Welter und Wolters, die 1924 mit den Arbeiten anfingen. Wolters veröffentlichte zwei Berichte über die Ausgrabungen in Ägina.[594] Welter übernahm danach die Leitung der Ausgrabungen. Sie dauerten bis

[590] H. Walter - F. Felten, Alt Ägina III,1. Die vorgeschichtliche Stadt. Befestigungen – Häuser – Funde (1981), 9f. Hier werden auch andere frühbronzezeitlichen Siedlungen erwähnt, die Ähnlichkeiten und Eigenschaften mit der Siedlung Ägina auf dem Felskap aufzeigen. Walter erwähnt die Siedlung Lefkandi auf Euboia, die auf einem lang gestreckten, flachen, steil zum Meer abfallenden Hügel 17 m über dem Meeresspiegel liegt, oder die schon von mir beschriebene Siedlung in Askitario, die auch auf einem vorspringenden steilen Kap gebaut worden ist. Dazu gehören die Siedlung in Samos (die alte Stadt Samos), wo sie auf einem 13 m hohen, senkrecht zum Meer abfallenden Felsrücken gebaut worden ist und das Teichos Dymaion am Araxos auf einer leichten Erhöhung am Meer. Wichtig ist nach Walters Meinung, dass es hier keine Besiedlungsregel in der Bronzezeit gegeben hat. Berbati liegt im Landesinneren auf einer terrassenartigen Stufe, Lerna in der Ebene am Flusslauf Amymone, die prähistorische Siedlung unter dem samischen Heraion am Unterlauf des Imbrassos, nahe dem Meeresstrand, Haghia Irini auf Keos auf einer flachen Halbinsel.

[591] Ebd.

[592] B. Stais, *Προϊστορικοί συνοικισμοί εν Αττικαί και Αιγίνη*, AEphem. 3, 1895, 192-264. Taf. 10-12.

[593] Furtwängler fand die berühmte Sphinx von Ägina, die in das 5. Jahrhundert v. Chr. zu datieren ist. Der Archäologe hoffte vergebens, Skulpturen aus dem Apollon – Tempel zu finden. Nur C. R. Cockerell fand ein Fuß der Göttin Athena, der wahrscheinlich aus dem Giebel des Tempels stammte. Der Fuß wurde danach der Glyptothek in München geschenkt.

[594] P. Wolters, Forschungen in Ägina, AA, 1925, 1–11; ders., Ausgrabungen am Aphroditetempel in Ägina, Gnomon 1925, 46–49.

1941 an und fanden östlich und nordwestlich des Tempels statt. Seine Grabungsmethoden und die wenigen unvollständigen Berichte von seinen Ausgrabungen sind leider fehlerhaft.[595] Besonders die von ihm veröffentlichte Karte mit den Grundrissen der ausgegrabenen Anlage konnte nicht als Grundlage für die weitere Erforschung der prähistorischen Stätte verwendet werden.[596] Nur ein kleiner Teil der gefundenen Keramik wurde von Wünsche im Jahr 1977 publiziert.[597] Nach einer langen Pause wurden die Ausgrabungen auf dem Kolonna – Hügel wieder aufgenommen. Leiter der Ausgrabungen war bis 1992 der deutsche Archäologe Walter im Namen der bayerischen Akademie der Wissenschaften. Er hat im Jahr 1966 mit systematischen Ausgrabungen angefangen, besonders im Gebiet des Apollon – Tempels. Die Ergebnisse der Ausgrabungen bis in das Jahr 1976 wurden in zwei Bänden publiziert.[598] Außerdem veröffentlichte Walter noch zwei Übersichtswerke zur prähistorischen Siedlung auf dem Felskap von Ägina.[599]

[595] Dazu H. Walter - F. Felten (1981), 7f. „.... *Wo auf dem Hügel G. Welter in den folgenden Jahren bis 1941 ausgegraben hat, ist seinen Berichten nicht zu entnehmen; nach der Geländesituation, wie wir sie vorfanden, sicher im Osten und Nordwesten der Tempelruine. Er veröffentlichte ohne Textkommentar eine topographische Skizze, in welche die alten und neu aufgedeckten vorgeschichtlichen Mauern eingezeichnet sind; seitdem ist sie mehrfach abgedruckt worden, überzeugt hat sie nicht. G. Welter nahm nämlich an, dass die Siedlungen mit jeder Befestigungsmauer weiter über das bisherige Gebiet nach Osten hinausgewachsen sind. Die Annahme ist verständlich, denn so ist es andernorts üblich gewesen; doch Alt – Ägina hat sich nicht auf diese Weise entwickelt. Eine solche Situation erkannte G. Welter nicht. Er grub nicht im zusammenhängenden Feldern, sondern mit Hilfe von ``Testgräben'' quadratischer oder länglicher Form und verband darin gefundene Mauerreste zu einer Gesamtskizze, sie oft weitläufig ergänzend. Außerdem reichten seine Grabungen nur an einigen Stellen tiefer als 1-2 m in den vorgeschichtlichen Boden, an manchen Stellen freilich so tief, dass Zusammenhänge schwer in Mitleidenschaft gezogen wurden, was zu Fehlschlüssen und verkehrten Mauerverbindungen führen musste. So hat G. Welter (z. B.) die Mauern auf den Tafeln 10-11,2 (die im Bereich der Befestigungen den Stand der alten Grabung anzeigen) zu den ältesten gerechnet, in Wirklichkeit gehören sie zu den jüngsten Anlagen der Städte IX und X*“

[596] G. Welter, Aigina (1938).

[597] R. Wünsche, Studien zur äginetischen Keramik der frühen und mittleren Bronzezeit (1977).

[598] J. Maran (1998), 197ff.

[599] H. Walter, Die Leute im alten Ägina 3000–1000 v. Chr. (1983); ders., Ägina, die archäologische Geschichte einer griechischen Insel (1993). Bei den beiden Werken werden die Ausgrabungen in Ägina „volkstümlich“ dargestellt.

Im Jahr 1969 entdeckte der Archäologe bei seiner Arbeit Überreste der prähistorischen Siedlung südlich des Apollon – Tempels. An dieser Stelle des Felsenkaps erkannte er verschiedene Siedlungsphasen. Die Ausgrabungen reichten bis zum Felsplateau, und man konnte die gesamte Siedlungskontinuität betrachten. Ans Licht kamen Mauerzüge von Wohneinheiten, eine Schicht mit Spuren von Feuer und massive Befestigungsanlagen. Während der Jahre 1972 bis 1977 wurden die Ausgrabungen im Bereich des sog. Festungsgürtels fortgesetzt. Dieser Befestigungsgürtel reichte bis an den Felsabbruch im Süden und Norden des Apollon - Tempels an der östlichen Seite der Siedlung. Am Anfang vermutete man, dass es sich hier um eine Befestigungsanlage handelt. Während der Ausgrabungen zeigte sich jedoch, dass hier nicht nur eine Wehranlage gebaut wurde, sondern sechs. Wenn man die Ruinen der prähistorischen Wehranlagen auf dem Felskap betrachtet, erkennt man kein klares Bild von den sechs verschiedenen Befestigungsanlagen. Es handelt sich vor allem um unterschiedlich massive Mauerzüge, die kompliziert aufeinander folgen oder ineinander übergehen. Der ganze Mauerkomplex ist sehr dicht gebaut. Die Untersuchung dieses Komplexes ergab, dass die Verteidigungsanlagen mehr oder weniger immer wieder an der gleichen Stelle gebaut wurden. Dies bedeutet, dass der eigentliche Wohnraum der Menschen auf dem Kolonna – Hügel nicht verändert oder ausgedehnt wurde. Warum die Bewohner die Siedlung nicht nach Osten verlagerten, wo noch genug Platz vorhanden war, bleibt eine offene Frage. Insgesamt war das größte Problem der Ausgrabungen dieses „Durcheinander“ von Überresten, die oftmals übereinander liegen. Walter schaffte es, die einzelnen Anlagen voneinander zu trennen, und lieferte so ein Bild von der Siedlung in Altägina während der verschiedenen Besiedlungsphasen. Die Mauerreste und die gefundene Keramik lieferten die Möglichkeit, die verschiedenen Siedlungen in Altägina zu unterscheiden und zu datieren.[600] Besonders die Keramik lieferte viele

[600] Ebd. Hier wird der Begriff „Stadt“ nicht verwendet, wie der Fall bei H. Walter ist (er benützt den Begriff „Dorf“ auch). Mir scheint es angebracht den Begriff „Siedlung“ für diese Epoche zu verwenden. Es ist noch nicht gelungen eine frühbronzezeitliche Siedlung im heutigen griechischen Raum als „Stadt“ zu bezeichnen. Viele Wissenschaftler haben sich mit diesem Thema befasst und versuchten durch einige Voraussetzungen eine Prähistorische Stätte als „Stadt“ zu bezeichnen, weil sie Straßen, Zentralgebäude, Befestigungen hatte.
Gesellschaftliche, ökonomische, demographische, urbanistische und vielen anderen Kriterien sollten die Bezeichnung „Stadt“ begründen. Über den Begriff „Stadt“ und die Frage, was ist Stadt, ist vieles

Hinweise auf die Datierung der verschiedenen Bauphasen auf dem Felskap. Anhand der Keramik wurden die zehn verschiedenen Phasen der Baugeschichte von Ägina datiert. Sie beginnt mit der neolithischen Epoche, beziehungsweise mit der Übergangsphase von der neolithischen zur Frühbronzezeit, und endet in der späten Bronzezeit (frühmykenische Epoche 2000 – 1600 v. Chr.).[601] Ab 1994 übernahm Felten die Ausgrabungen auf Ägina unter der Leitung der österreichischen archäologischen Schule. Die Ausgrabungen dauern noch bis heute an.

3.19.3. Die Siedlung

Die Ausgrabungen ergaben architektonische Elemente von zehn Siedlungsphasen auf dem Felskap. Das ausgegrabene Areal ist 80 x 30 m groß und umfasst etwa ein Drittel der gesamten Siedlungsfläche. Sie war nach Walter und Felten schätzungsweise 6435 m^2 groß. In meiner Arbeit werde ich die verschiedenen Bauphasen der Siedlungen von I bis VI beschreiben. Besonders die Siedlungen Ägina III, IV, V und VI sind hier von Interesse, weil sie durch Befestigungsanlagen geschützt werden. Die Befestigungsanlagen von Ägina VII, VIII, IX und X werden in den Kapiteln über die Mittelbronzezeit und Spätbronzezeit beschrieben.

3.19.4. Ägina I (bis 2500 v. Chr.)

Die erste Phase der Besiedlungsgeschichte auf dem Kolonna – Hügel wird durch architektonische Reste und Keramik in die Übergangsphase von der späten neolithischen Zeit zum Anfang der Frühbronzezeit datiert. Es handelt sich um die Siedlung I, deren Reste im westlichen Teil des Hügels ausgegraben wurden.[602] Sieben Meter unter dem Fundament des Apollon-Tempels fanden die Archäologen die ältesten Hinweise auf eine Siedlung auf dem Felskap. Besonders auf dem südlichen Teil des Kaps, westlich der Befestigungsanlagen, wurden wenige Überreste von sechs Wohneinheiten gefunden.[603] Im nördlichen Bereich des Felsenrückens wurden dagegen nur sehr wenige Überreste gefunden, die möglicherweise in diese Phase datieren. Der Grund dafür könnte in den späteren Bauaktivitäten in der Siedlung zu suchen sein. Die gefundenen Reste der prähistorischen Häuser konnten nicht viele Hinweise über die Form der ersten Siedlung auf dem Felskap liefern. Walter beschreibt zuerst das sog. Flechtwerkhaus, das eigentlich ein Pfostenhaus war. Pfostenlöcher des Hauses wurden gefunden, die 0,20 bis 0,30 m tief in den Boden geschlagen wurden. Messungen ergaben, dass dieses neolithische Haus einen Durchmesser von 4,50 m hatte. Ein Türpfannenstein befand sich im Nordosten des Hauses. Wahrscheinlich trug das Haus ein Satteldach. Viele dieser neolithischen Häuser sind überall im heutigen Griechenland gefunden worden. Sesklo, Dimini, Elateia und Otzaki Magula sind einige Orte, an denen Häuser in Lehmpfostenbauweise errichtet wurden. Vor dem „Haus der Stützen“ wurde eine 2,30 m lange und 0,60 m breite Mauer gefunden. Neben der Mauer wurden noch zwei flache Steine gefunden, die Mauer ist aus zweizeilig gesetzten Feld- und Kalksteinen errichtet. Die Verwendung dieser Technik machte die Mauern der Gebäude noch tragfähiger. Die Außenseiten der Mauern wurden mit rundlichen Steinen gebaut. Im Inneren verwendete man dreieckige Steine, deren Spitze nach innen gerichtet war. Dies gab erstens der Mauer eine gewisse Stabilität und zweitens wurde die Außenfläche der Mauer so für den späteren Lehmverputz vorbereitet. Auf die beiden neben der Mauer liegenden Steine wurden Holzpfosten aufgesetzt, welche die Lehmziegelmauer stützten und gleichzeitig die Dachbalken trugen. Laut Walter war das „Haus der Stützen“ rechteckig und trug wahrscheinlich ein flaches Dach.[604]

Über das sog. Eckhaus wird nichts gesagt, außer dass nur eine Mauerecke gefunden wurde und es zu der Siedlung I von Ägina gehört. Mehr kann über die Überreste von Ägina I nicht gesagt werden. Die ausgegrabenen

geschrieben worden, das hier nicht erwähnt werden kann, weil es dann die Rahmen dieser Arbeit sprengen würde. Interesse für dieses Thema zeigte Dora N. Konsola in ihrer Arbeit über die frühe Urbanisierung bei den Frühhelladischen Siedlungen. Sie selbst benutzt den Begriff „Siedlung“ für die frühbronzezeitlichen archäologischen Stätten. Obwohl F. Schachermeyr für Ägina einen städtischen Charakter sieht, kann nicht überzeugen. Es ist meines Erachtens besser den Begriff „Stadt“ für die historische Epoche zu verwenden, ohne die Meinung anderer zurückzuweisen.

[601] Wie schon oben erwähnt, wurde der Platz kontinuierlich weiter bis in die byzantinische Zeit besiedelt. In dieser Arbeit wird nur der chronologische Raum vom Neolithikum bis die Spätbronzezeit berücksichtigt.

[602] H. Welter - F. Felten (1981) Plan 3.

[603] Es handelt sich um folgende Gebäude: 1. Das Flechtwerkhaus, 2. Das Haus mit Stützen, 3. Das Haus +11.57, 4. Das Eckhaus, 5. Das Haus am Felsrand und 6. Das Herdhaus. Durch die Analyse der verschiedenen Bauhorizonte kamen die Archäologen zu dem Ergebnis, dass die Häuser 1, 2, 3 zeitlich zu der Siedlung I (bis 2500 v. Chr.) gehören. Die Häuser 5 und 6 dagegen gehören zu der Siedlung II (2500 – 2400 v. Chr.).

[604] Ebd. 11f. H. Walter vergleicht das Haus der Stützen mit anderen neolithischen Häusern in Otzaki-Magula, Tsangli, Lerna. Sie hatten im Inneren ihre Mauern keine Stützmauern, sondern sie hatten solche Steine, wie in Ägina, die die oben genannte Funktion hatten.

Überreste sind zu gering, um ein Bild von der neolithischen Siedlung rekonstruieren zu können. Ob die Siedlung überhaupt von einer Befestigungsanlage oder einer Begrenzungsmauer umringt war, konnte ebenfalls nicht beantwortet werden. Die meisten Keramikfunde wurden direkt auf dem anstehenden Fels gemacht. Die Archäologen teilten die Keramik in fünf Fundgruppen auf (I – V). Sie vertreten den Zeitraum vom Spätneolithikum bis in die Frühbronzezeit. Dazu gehört Keramik, die als politurmusterverzierte Keramik bezeichnet wird. Sie erinnert sehr an die Attika – Kephala – Gruppe. Es handelt sich um rote, politurmusterverzierte Gefäße und Gefäßscherben. Es gibt auch Gefäßformen, die direkt in Verbindung mit der Keramik von der Attika – Kephala – Gruppe stehen.[605] Dagegen gibt es Probleme mit der Keramik der FH I. Fragmente von dieser Keramik wurden in Schichten der chalkolithischen Zeit gefunden. Aus diesem Grund war es schwierig, diese Keramik chronologisch einzuordnen. Außerdem gibt es auch Keramikfunde aus der Fundgruppe I, die mit der Keramik aus der FH II vergleichbar sind. Eine andere Fundgruppe (Gruppe III) aus Ägina I scheint chronologisch zu FH II zu gehören. Keramik aus dieser Fundgruppe wurde nämlich im „Eckhaus" gefunden. Die wenigen gefundenen Scherben scheinen keine Beziehung zur chalkolithischen und zur FH I Keramik in Ägina I zu haben. Wahrscheinlich hängen die Fragmente dieser Keramik mit der Keramik der Keros – Syros-Kultur zusammen.[606]

3.19.5. Ägina II (ca. 2500 – 2400 v. Chr.)

Architektonisch gesehen, sind aus Ägina II nur zwei Gebäude von Wichtigkeit. Das „Haus am Felsrand" und das „Herdhaus".[607] Beide wurden mit dem Bau des bekannten „weißen Hauses" von Ägina aufgegeben. Über das „Herdhaus" kann nicht viel gesagt werden, weil nur wenige architektonische Reste wahrscheinlich von einer längeren Wandseite des Hauses mit einer Ecke gefunden wurden. Die Archäologen fanden auch den Eingang des Hauses, die Türschwelle und die Türpfanne. Die Stärke der Mauern soll 0,60 m erreicht haben. Wie groß das Haus genau war und wie es wahrscheinlich ausgesehen hat, kann nicht gesagt werden. Zu den Befunden gehörte auch eine Herdstelle mit Kalksteinplatten, daher stammt auch der Name des Hauses. Südlich dieses Hauses wurde das „Haus am Felsrand" gebaut. Von diesem ist etwas mehr erhalten, nämlich sein nördlicher Bereich. Um den Grundriss des Hauses zu bestimmen, musste Walter schätzen, wie die andere Hälfte des Hauses ausgesehen hat. Im Vergleich zu dem „weißen Haus" zeichnete Walter den Grundriss eines Korridorhauses. Die längeren Seiten des Gebäudes bestehen aus doppelten Mauern. Die erhaltene nördliche Stirnwand des Hauses besteht aus einer Mauer. In der Mitte befand sich wahrscheinlich der Eingang des Gebäudes, der zum Vorraum des Hauses führte. Dieser Raum war 7,50 m^2 groß. Südlich davon und getrennt durch eine Quermauer scheint nach Walter der Hauptraum des Gebäudes zu liegen.[608] Die Quermauer hatte eine Stärke von 0,60 m. Der Hauptraum des Gebäudes war 17,55 m^2 groß. Beide Zimmer wurden durch doppelte Mauern, die Korridore bildeten, umgeben. Was den südlichen Teil des Hauses betrifft, kann man sich auf die Annahme Walters stützen. Der Archäologe ergänzte noch zwei Räume hinter dem Hauptraum des Gebäudes. Das Zimmer nach dem Hauptraum hätte dann wahrscheinlich die Maße des Eingangszimmers und das andere wäre kleiner als der Hauptraum. Laut Walter hatte das „Haus am Felsrand" eine Länge von 15 m und war 7,50 m breit. Es besaß eine Grundfläche von 112,50 m^2. Seine Nutzfläche erreichte 63,50 m^2. Der Eingang des Hauses hatte eine Breite von 0,90 m. Die Türschwelle mit Resten von Lehmverputz wurde gefunden. Obwohl der Türeingang in der Mitte der Mauer lag, wurde angenommen, dass die inneren Türen des Gebäudes in der Nähe der Längsseiten des Hauses lagen. Als Vergleich dienten das „weiße Haus" und andere Korridorhäuser wie in Lerna, Theben, das Megaron von Troia II c oder in Akovitika. Sicher ist, dass das Haus von einem Satteldach bedeckt wurde. Dies bestätigen die vielen hier gefundenen Dachziegelfragmente. Sie hatten eine Stärke von 1 bis 1,5 cm. Insgesamt handelte es sich um ein rechteckiges Korridorhaus, das wahrscheinlich der Vorgänger des „weißen Hauses" gewesen ist. Der Sockel der Mauer wurde mit Stein aus der Umgebung gebaut.

[605] Es handelt sich um Kalottenschalen, die entweder braun oder schwarz poliert werden. Diese Schalen haben einen einziehenden Rand und Schnurösen, die entweder senkrecht oder waaggerecht durchbohrt werden. Grobkeramik ist auch gefunden worden. Meistens ist sie ritzverziert. H. Walter beschreibt noch ein sackförmiges Gefäß. Das Gefäß hat waaggerechte durchgebohrte Schnuröse mit Leistenfortsätzen. Die oben genannten gehören zu der neolithischen Phase von Ägina I. Zur FH I gehört die Keramik der Kalottenschalen von Ägina I. Meistens sind Schalen, die mit rot oder braun poliert werden. Die Lippe solcher Gefäße ist nach innen abgeschrägt und durch Schrägkerben verziert. Sie werden gern mit FH I Keramik in Mittelgriechenland (Paläa Kokkinia) verglichen. Mehr über die Keramik in der Siedlung I siehe H. Walter - F. Felten (1981), 86ff.

[606] Es handelt sich um zwei dunkel auf hell bemalte Gefäßfragmente.

[607] H. Welter - F. Felten (1981) Plan 4.

[608] Ebd. Stadt II, 12ff.

Der Oberbau des Hauses wurde wie üblich mit luftgetrockneten Ziegeln gebaut, die mit Lehmmörtel zusammengesetzt wurden. Die Frage, ob das Haus ein zweites Obergeschoss besaß oder eine offene Galerie, wird von Walter nicht sicher beantwortet.[609] Das „Haus am Felsrand" hat kleinere Ausmaße als andere Häuser und war quadratisch, trotzdem handelt es sich hier um eine Form eines Korridorhauses. Shaw glaubt, dass das Gebäude kleiner war, als von Walter vorgeschlagen.[610] Es scheint, dass das Gebäude viele Ähnlichkeiten mit dem „weißen Haus" hat, nicht nur was die architektonischen Elemente betrifft, sondern auch im Bezug auf die Keramik.[611] Es handelt sich um eine dünnwandige Keramik im Gegensatz zu der dickwandigen und groben der Siedlung Ägina I. Der verwendete Ton ist reiner, hellfarbig und er wird hart gebrannt. Die gelbliche bis grünliche Farbe des Tons ist typisch für die äginätischen Gefäße. Meistens handelt es sich um Urfirniskeramik. Dazu gehört auch eine feine keramische Gattung mit einem Überzug, der von weiß über gelb bis graublau sein kann. Maran sieht in dieser feinen Gattung Ähnlichkeiten mit der Fayenceware der Argolis.[612] Die Gefäßformen, die während Ägina II auftreten, sind Saucieren, Schalen mit einziehendem Rand, Teller und mindestens eine Schnabelkanne. Saucieren und Schalen haben meistens Standringe oder niedrige Standfüße. Die Teller haben meistens eine gelbliche bis rosa Oberfläche, die mit einem rotbraunen Firnis überzogen ist. Den gleichen Überzug hat auch die Schnabelkanne. Die ältere Keramik mit Musterbemalung auf hellem Grund wird nicht weiter verwendet.

Außer der Keramik wurden auch andere Objekte gefunden. Es handelt sich um zwei doppelkonische und durchbohrte Spinnwirtel, Stößel aus farbigem Stein, Reibsteine und Obsidianwerkzeuge, die wahrscheinlich vor Ort hergestellt wurden. Es ist bekannt, dass Obsidian ab neolithischer Zeit aus Melos importiert wurde. Weitere Funde sind zwei Bleibleche. Das eine erinnert an die Form einer Axt. Da die Bleche sehr weich sind, wird eine solche Funktion aber ausgeschlossen. Walter nimmt an, dass sie für die Herstellung von Bleikammern verwendet wurden, mit denen möglicherweise schon in spätneolithischer Zeit Gefäße geflickt wurden.[613] Insgesamt können wir, wie in Ägina I, ebenfalls kein einheitliches Bild über die Siedlung Ägina II rekonstruieren. Wahrscheinlich war die Siedlung befestigt, genau wissen wir es aber nicht. Die vermuteten Spuren einer Befestigungsanlage sind im Laufe der Jahre verschwunden. Korridorhäuser in einer Siedlung wurden aber meistens von den anderen Gebäuden getrennt, wie es z. B. in Lerna der Fall war. Die Korridorhäuser standen dort allein in einem geschützten Areal, ohne an andere Gebäude zu grenzen. Sie wurden aber von einer Befestigungsanlage geschützt, wodurch wahrscheinlich ihre Funktion und Bedeutung hervorgehoben wurde.

3.19.6. Ägina III und die Befestigung (ca. 2400 – 2300 v. Chr.)

Von der Siedlung Ägina III haben wir wiederum kein konkretes Bild. Das Aussehen der prähistorischen Siedlung bleibt, wie auch das seiner Vorgänger, ungewiss. Sicher nachweisbar sind nur drei Gebäude dieser Phase sowie Teile einer möglichen Befestigungsanlage. Die ausgegrabenen Häuser der Siedlung sind folgende: das „weiße Haus", das „Haus der *Pithoi*" und das „Färberhaus". Das wichtigste davon ist das „weiße Haus". Die anderen zwei Gebäude liegen nördlich des „weißen Hauses", und sie sind kleiner als das große Korridorhaus der vorherigen Bauphase. Das „Haus der *Pithoi*" scheint nach Westen gerichtet zu sein, während die anderen zwei nach Osten gerichtet sind. Das „Haus der *Pithoi*" bekam seinen Namen durch zwei *Pithoi*, die im Boden des Hauses gefunden wurden. Es handelt sich um ein Gebäude mit einfachem Grundriss, das möglicherweise aus einem Hauptraum bestand. Eigentlich sind von diesem Haus nur zwei Mauerzüge gefunden worden, die durch eine 0,60 m breite Tür getrennt werden. Es ist noch ein roter Lehmziegelfußboden festgestellt worden, der 0,30 m dick war. Auf diesem Boden lagen die zwei Pithoi, die zum Inventar des Hauses gehörten. Eine Türpfanne ist auch gefunden worden, die Hinweise auf die westliche Richtung des Hauses gab. Wie groß dieses Gebäude war, lässt sich nicht mit Sicherheit sagen.

Im Gegensatz zu dem „Haus der *Pithoi*" gibt es über das „Färberhaus" mehr Informationen. Das Gebäude, das ebenfalls nördlich des „weißen Hauses" liegt, ist nach Osten gerichtet. Seinen Namen bekam es von den vielen Purpurschnecken, die in diesem Bereich gefunden wurden. Leider konnte nicht das ganze Gebäude ausgegraben werden, weil es im Laufe der Zeit von anderen Gebäuden und Befestigungsmauern überbaut wurde. Diese Befestigungsmauern liegen noch heute auf den Resten des Hauses. Das Gebäude ist direkt auf dem Felsen gebaut und besteht aus großen Blöcken aus Kalkstein. Seine Wände haben eine Stärke von 0,60 m.

[609] Ebd.

[610] J. W. Shaw, The Early Helladic II Corridor House: Development and Form, AJA 91, 1987, 59-79.

[611] H. Walter - F. Felten (1981), 12ff. Es handelt sich um die Fundgruppen VI bis VIII. Sie wurden auf dem Boden des „Haus am Felsrand" gefunden und sie zeigen gewisse Ähnlichkeiten mit der Keramik des „weißen Hauses".

[612] Ebd. 93ff. Dazu auch J. Maran (1998), 31ff.

[613] H. Walter - F. Felten (1981), 96f.

Die ausgegrabenen Reste des Hauses sind die nördliche Mauer des Gebäudes und zwei Mauerzüge, die quer zu der nördlichen Wand gebaut wurden. An einer davon ist eine Türpfanne gesichert und die Öffnung der Tür. Walter schätzte, dass hinter dieser Tür ein Raum mit 4 m Tiefe existiert hat. Er vermutet, dass das „Färberhaus" aus drei Räumen bestand, einem offenen Vorraum, einem Hauptraum und dem Hinterraum. Anhand der Türpfanne wurde die nordöstliche Richtung des Hauses gesichert. Das prähistorische Gebäude war wahrscheinlich 7 m breit und doppelt so lang. Das „Färberhaus" und das „Haus der *Pithoi*" hatten keinen doppelten Mauerkranz, waren also keine Korridorhäuser. Beide trugen ein Satteldach, wie aus den gefundenen Dachziegeln hervorgeht. Sicher ist, dass die beiden Häuser kein zweites Obergeschoss hatten. Im Erdgeschoss des „Färberhauses" wurden im westlichen Raum zwei Pithoi gefunden. Sie haben genauso wie die übrigen im Haus gemachten Keramikfunde Ähnlichkeiten mit der Keramik im „Haus der *Pithoi*" und der Keramik des „weißen Hauses".[614]

Das wichtigste Gebäude von Ägina III ist das „weiße Haus", das nach Osten gerichtet ist. Es handelt sich um ein Korridorhaus, das im Vergleich zu den anderen beiden Gebäuden viel größer und monumentaler war. Bei den Ausgrabungen wurde nicht das ganze Gebäude freigelegt. Es wurde bis auf seinen nordwestlichen Teil ausgegraben. Von der östlichen Seite des „weißen Hauses" wurden nur wenige Bereiche gefunden. Spätere Baumaßnahmen verhinderten zum Teil die Freilegung der östlichen Seite des Korridorhauses. Vom südlichen Teil des Hauses sind auch nur wenige Bereiche erhalten, weil das Ganze später überbaut wurde. Die Ausmaße des Gebäudes betragen 9 x 18,30 m und im Gegensatz zu den anderen beiden Gebäuden ist es besser erhalten. Das Gebäude wurde als „weißes Haus" bekannt, weil es weiß gestrichen war. Seine Mauern hatten eine Stärke von 0,75 m. Der Steinsockel hatte eine Höhe von 1,75 m. Das Ganze besteht aus einem doppelten Mauerkranz, der typisch für die Korridorhäuser der Frühbronzezeit ist. Sicher ist, dass das Haus ein zweites Obergeschoss besaß. Das Untergeschoss des Hauses bestand aus einem Vorraum (2,85 x 4,20 m^2) und einem Hauptraum (4,80 x 4,20 m^2). In der Mitte des Hauptraumes befand sich eine Herdstelle. Südlich des Hauptraumes lagen noch zwei Räume unterschiedlicher Größe (4,20 x 1,95 m^2 und 4,20 x 2,85 m^2). Ringsherum um diese Räume wurden Mauern gebaut, die Korridorräume bilden. Diese haben an der westlichen und östlichen Seite des Gebäudes eine Breite von 0,90 m. Im Gegensatz dazu ist der Korridorraum an der südlichen Seite des Hauses mit 1,50 m breiter. Gefundene Türpfannen und Mauerköpfe beweisen, dass zwölf Türen die Mauern des Hauses durchbrechen. Der Haupteingang des Hauses befand sich in der Mitte der nördlichen Seite. Dazu gehört auch die 0,25 m hohe Türschwelle, die in situ gefunden wurde. Sie sollte das Wasser von draußen fernhalten. Dieser Haupteingang war 1,50 m breit im Gegensatz zu den anderen Türen, die eine Breite von 0,75 m hatten. Hier muss erwähnt werden, dass die inneren Türen nicht in der Mittelachse des Gebäudes gebaut wurden, sondern nach Westen verschoben waren. Die Mauersockel des Hauses bestanden aus Steinen aus der Umgebung. Meistens handelt es sich um Kalkstein, Vulkanstein und Feldstein. Als Verbindungsmittel wurde Lehm verwendet. Die Technik des Fischgrätmusters wurde auch verwendet. Dies ist am westlichen Korridor des Gebäudes zu sehen. Der Oberbau des Hauses bestand aus großen luftgetrockneten Lehmziegeln. Die Böden des Hauses wurden mit Lehmziegelplatten oder möglicherweise auch mit Steinplatten belegt. Die Wände waren verputzt und weiß gestrichen. Spuren des Verputzes und der Farben wurden sichergestellt. Diese Technik wurde für die Außenmauern, aber auch für die Innenmauern verwendet. Es wird angenommen, dass das Untergeschoss des Hauses 2,70 m hoch war. Zum Obergeschoss konnte man über Treppen gelangen. Sie befanden sich im südlichen Bereich der östlichen Seite des Gebäudes. Die Archäologen fanden drei Stufen einer Treppe aus luftgetrockneten Lehmziegeln, die wie der Korridor eine Breite von 0,90 m haben. Nicht alle Treppenstufen bestanden aus Lehmziegeln. Für die höheren Stufen benutzten die Bauarbeiter Steinplatten, die auf Holzbalken aufgesetzt wurden. Spuren dieser Löcher wurden an der Hauswand sichergestellt. Ob das Untergeschoss Fenster hatte, ist nicht bekannt. Walter nimmt an, dass es nicht der Fall war. Zum Obergeschoss des „weißen Hauses" kann Folgendes gesagt werden: Die Decke des Untergeschosses war gleichzeitig der Boden für das Obergeschoss. Die inneren Mauern des Hauses trugen auch die Mauern des Obergeschosses. Nach der Rekonstruktion von Walter bestand das Obergeschoss aus zwei Räumen. Dazwischen lag in der Mitte ein offener Bereich, der vom Untergeschoss nicht durch eine Decke bzw. einen Boden getrennt wurde. Zu beiden Seiten lag eine Galerie, die die beiden Räume des Obergeschosses miteinander verband. Der offene Bereich in der Mitte hatte wahrscheinlich einen praktischen Grund. Auf diese Weise wurde Sonnenlicht gewonnen, und gleichzeitig konnte der Rauch des Herdfeuers einen Weg nach außen finden.[615] Die Ausmaße der Räume des Obergeschosses sind so wie die der darunter liegenden Zimmer. Das ganze Haus wurde durch ein Satteldach bedeckt. Das Dach wurde durch Holzpfosten an den äußeren Ecken des Hauses getragen. Es wurden gebrannte Dachziegel

[614] Ebd. 21ff.

[615] Ebd. 17ff.

gefunden mit fast der gleichen Form und den Ausmaßen, wie sie auch in Lerna gefunden wurden. Insgesamt handelte es sich um einen monumentalen Bau mit vielen weiteren technischen Details, die hier aber nicht alle aufgezählt werden können. Sicher ist, dass die Erbauer des Hauses großes Wissen hatten. Sie haben den Fels vorher bearbeitet, damit das Haus auf allen Seiten das gleiche Niveau erhält. Sie haben auch Rinnen in den Felsen geschlagen, damit das Regenwasser dem neuen Gebäude nicht schadete. Insgesamt besaß das Ganze eine Grundfläche von 164,70 m^2. Es wurde geschätzt, dass es eine Höhe von 7 m erreichte. Im Vergleich zum „*House of the tiles*" in Lerna war das „weiße Haus" kleiner. Trotzdem muss es auf dem Felskap sehr stattlich gewirkt haben, wozu seine Größe, seine weiße Farbe und die wahrscheinlich roten Dachziegel beigetragen haben müssen. Insgesamt wurden in Ägina III drei prähistorische Gebäude ausgegraben. In welcher Beziehung die Häuser zueinander standen, kann nicht mit Sicherheit gesagt werden. Für das „weiße Haus" gibt es bei der Frage nach der Funktion die gleichen Probleme wie für das „*House of the tiles*" in Lerna. War es vielleicht der Sitz einer privilegierten Elite? Hatte das Gebäude gleichzeitig eine administrative Funktion für die prähistorische Gesellschaft in Ägina III? Der monumentale Charakter des Hauses spricht dafür. Die Lage des Hauses innerhalb der Siedlung schafft aber Probleme, denn das Gebäude befindet sich nicht im Zentrum der Siedlung, sondern am Rande. Aus welchem Grund ein so bedeutendes Haus am Rande der Siedlung gebaut wurde, konnte bis heute nicht befriedigend beantwortet werden. Das gleiche gilt auch für das Korridorhaus in Lerna. Sicher ist, dass die beiden Häuser ihre Vorgänger ablösen, die ebenfalls Korridorhäuser waren. Das „weiße Haus" löste das „Haus am Felsrand" ab und das „*House of the tiles*" das „BG Korridorhaus". Über die Deutung und Funktion der anderen beiden Gebäude in Ägina III kann nichts Genaueres gesagt werden. Das „Haus der *Pithoi*" und das „Färberhaus" lieferten außer ihrer Keramik nur wenige architektonische Überreste, die für die Deutung der Gebäude von Nutzen wären. Ob diese Gebäude durch Straßen getrennt wurden, bleibt fraglich, obwohl an manchen Stellen südlich des „weißen Hauses" Ansammlungen von Kieselsteinen gefunden wurden. Nicht weit vom Korridorhaus wurde ein weiterer, für die Siedlung sehr wichtiger Befund entdeckt. Es handelt sich um die prähistorische Befestigungsanlage. Teile davon wurden an der östlichen Seite des „weißen Hauses" gefunden. Die zwei keilförmigen Mauerteile wurden 3 m östlich des Gebäudes gefunden. Sie wurden durch eine gepflasterte Straße von ihm getrennt. Die Bauweise der beiden keilförmigen Mauerteile erinnert sehr an die des nahe liegenden Gebäudes. Sie bestehen aus Feldsteinen und flachen Kieselsteinen. Leider macht Walter keine Angaben über die Breite und die Höhe der gefundenen Anlage. Es wurde aber geschätzt, dass die Mauer 1 m breit war. Erwähnt wird nur, dass die Mauer mit dem Tor an die Befestigungsanlage mit Tor von Troia I erinnert. Dazu soll auch ein Mauerteil gehören, das ein wenig nördlich gefunden wurde. Laut Walter gehört es zu der Befestigungsmauer, weil kein Zusammenhang mit anderen Gebäuden oder Mauerteilen besteht.[616] Die Lage und das Niveau der Toranlage der Befestigung sprechen für einen Zusammenhang mit dem „weißen Haus". Er bezeichnet die Mauer als Ringwall und nicht als eine Verstärkungsmauer für andere Gebäude.[617] Möglicherweise war das Ganze eine einfache Mauer, die die Siedlung mit dem „weißen Haus" abgrenzte. Meiner Meinung nach sind die gefundenen Überreste aber zu gering, um eine solche These wirklich zu bestätigen. Ob die vermutete Befestigungsanlage die ganze Siedlung von Ägina III oder nur die wichtigen Gebäude umschloss, bleibt bis heute ungewiss.

In welche chronologische Phase Ägina III gehört, konnte durch die in den drei Gebäuden gefundene Keramik bestimmt werden. Die meisten Gefäße der frühbronzezeitlichen Keramik, nämlich 28 Fragmente, wurden im Bereich des „weißen Hauses" gefunden.[618] Es handelt sich meistens um Pithoi, Kannen, Humpen, Amphoren, Tassen, Schalen, Schüsseln und Teller. Andere Objekte, wie Webgewichte, Wirteln, Steinhammer, Steinstößel und Obsidianklingen, wurden auch gefunden. Für die Keramik von Ägina III konnte eine Kontinuität mit der Keramik von Ägina II festgestellt werden. Gefäße mit Urfirnis werden weiter hergestellt. Die Form der Gefäße ähnelt den Gefäßen in Ägina II, z. B. bei den Saucieren sowie den Tellern und Schalen mit einziehendem Rand. Natürlich haben auch Änderungen stattgefunden, wie bei den Saucieren. Diese haben nun einen bauchigen Körper, ihr Ausguss ist kürzer geworden, und die Henkel des Gefäßes sind in die Höhe gezogen.[619] Auch bei den Tellern gab es Veränderungen. In Ägina III wird ein Kreuz im Inneren aufgemalt. Die bekannte Form der Schnabelkanne aus Ägina II tritt auch in Ägina III auf. Typisch für dieses Gefäß ist sein roter Überzug. Andere Gefäße wie Schalen, haben nun keine niedrigen Standfüße mehr, wie es der Fall in Ägina II war. Die neuen Schalen werden in Ägina III mit einem Standring hergestellt. Sie haben einen einziehenden Rand

[616] Ebd. 22f.
[617] Ebd.
[618] Ebd. 97ff.
[619] In Ägina II hatten die Saucieren einen tiefen Körper. Der Ausguss war lang gezogen und sie haben „unterrandständigen" Henkel.

und werden mit horizontalen Streifen unter dem Rand dekoriert. Eine Bemalung der Gefäße bleibt aus. Außer den typischen Gefäßformen kommen auch neue dazu, die hier aber nicht näher beschrieben werden.[620] Insgesamt lässt es sich eine Kontinuität in der Keramik von Ägina II und III nachweisen. Die Gefäße sind mit anderen Gefäßen vom griechischen Festland vergleichbar.[621] Durch den Vergleich konnte festgestellt werden, in welche Epoche Ägina II und III datieren. Ägina II gehört in eine entwickelte Phase der FH II Zeit. Als Kriterien dafür wurde Keramik von Lerna IIIC, besonders aber Saucieren und Keramik von der prähistorischen Siedlung in Lefkandi I angegeben. Dagegen datieren die Archäologen Ägina III in eine späte Phase der FH II. Hier erfolgte die Datierung der Siedlung durch Gefäße wie Saucieren vom Typus IV von Lerna IIID. Dabei halfen z. B. auch die neuen Gefäßformen, die in Ägina III gefunden wurden, und wie bei der Keramik von Ägina II wurden auch Eigenschaften der Lefkandi I Keramik bei der Keramik in Ägina III angetroffen.[622] Für die Datierung der Siedlung III hat natürlich auch das wichtigste Gebäude, das „weiße Haus", eine erhebliche Rolle gespielt. Das Gebäude hat gewisse Ähnlichkeiten mit anderen Korridorhäusern wie das Gebäude „BG", das „*House of the tiles*" in Lerna und die megaronartigen Gebäude in Akovitika. Alle diese prähistorischen Bauten gehören in FH II. Irgendwann wurden die drei Gebäude in Ägina III zerstört und verlassen, obwohl die Archäologen keine Spuren einer möglichen Katastrophe fanden. Was für ein Ereignis zur Zerstörung und zum Abtragen des Obergeschosses des „weißen Hauses" sowie zum Bau eines Schmelzofens im Hauptraum des Gebäudes führte, bleibt bis heute rätselhaft. Zukünftige Ausgrabungen werden vielleicht eine Antwort liefern.

[620] Es handelt sich um einen Trichterhalskrug. Die Mündung ist waagerecht und er hat einen lang gestreckten Stabhenkel. Die Oberfläche des Gefäßes ist schwarz auf gelb. Ein anderer Krug hat einen breiten Hals und sein Ausguss ist hochgezogen. Dazu gehören noch neue Formen von Pithoi. Runde ausgehöhlte Griffzapfen sind ihr Merkmal. Pyxiden und Humpen, die entweder schwarz oder braunpoliert werden, gehören auch zu der Keramik von Ägina III. Über die neue Formen in Ägina III siehe, H. Walter - F. Felten (1981).Tafelband. Zu den oben erwähnten Gefäße Taf. 85, 130; Taf. 84, 124; Taf. 87, 151 und 153; Taf. 85, 135; Abb. 98–100; Taf. 88, 156.

[621] J. Maran (1998) erwähnt Datierungsmöglichkeiten für die Prähistorischen Siedlungen von Ägina II und III in Kapitel 2.1.4 Ägina, 30ff. Er stellt Beispiele von verschiedenen keramischen Gattungen in Festland, Peloponnes und die Inseln (Kykladen) vor und vergleicht sie mit der Keramik in Ägina. Zum selben Thema siehe H. Walter - F. Felten (1981), 97ff

[622] E. B. French (1990), 69ff.

3.19.7. Ägina IV (ca. 2300 – 2200 v. Chr.)

Über die zwischen Ägina III und Ägina V liegende Siedlung von Ägina IV ist kaum etwas bekannt. Außer den Resten eines Gebäudes, das als „Turmhaus" bekannt ist, und den Bau eines Schmelzofens im Bereich des zu dieser Zeit zerstörten „weißen Hauses" kann nichts weiter über diese Siedlung gesagt werden. Das „Turmhaus" liegt über den Ruinen des „Eckhauses" von Ägina I und unter dem Fußboden des Hauses mit der Nummer 8 aus Ägina V. Es liegt einige Meter nördlich des zerstörten „weißen Hauses". Die Mauerteile des Hauses haben eine Breite von 0,60 m. Sie bestehen aus unterschiedlich großen Steinen. Obwohl einige Mauerteile mit einer Tür gefunden wurden, konnte Walter keinen Grundriss des Hauses rekonstruieren. Die Frage, ob das Haus frei in der Siedlung stand, konnte auch nicht beantwortet werden. Sicher ist, dass in Ägina IV das „weiße Haus" nicht mehr bewohnbar war. An seine Stelle traten nun ein Schmelzofen und wahrscheinlich kleinere Gebäude, die als Werkstätten genützt wurden. Über den Schmelzofen informiert sehr ausführlich Walter.[623] Ob die Siedlung IV der Vorläufer von Ägina V war, bleibt fraglich. Walter verweist in diesem Zusammenhang auf eine Scherbe, die im Bereich des Schmelzofens gefunden wurde. Diese Scherbe, wahrscheinlich ein Fragment einer Amphora, entspricht der Keramik aus der späteren Siedlung V. Der Archäologe nahm an, dass es in der Siedlungskontinuität zwischen den Siedlungen Ägina III und IV einen Einschnitt gab und schließt deshalb nicht aus, dass Ägina III von einer Katastrophe heimgesucht wurde. Dies bleibt aber aus dem Grund zweifelhaft, dass in Ägina III keine Hinweise auf eine Katastrophe gefunden wurden. Das Problem der Siedlungskontinuität zwischen Ägina III und IV zeigt sich auch bei der Keramik, obwohl die Keramik aus Ägina IV nur sehr spärlich ist. Es handelt sich um Keramik, die eine schlechtere Ton- und Brandqualität aufweist als die Keramik aus Ägina III. Nur die erwähnte Scherbe zeigt eine bessere Qualität, wie sie aus Ägina III bekannt ist. Die übrige Keramik besteht aus grobem Ton, der mit Steinchen durchsetzt ist.[624] Es gibt aber auch Keramik, die von der Qualität her an die Gefäße von Ägina III erinnert. Es handelt sich um musterbemalte Keramik mit dunklem Firnis auf hellem Grund. Die spärliche Keramik aus Ägina IV führte zu Schwierigkeiten bei der Datierung der prähistorischen

[623] H. Walter - F. Felten (1981), 23ff. Walter beschreibt die Bauteile des Schmelzofens und erklärt dessen Funktion. Der Schmelzofen in Ägina ist einzigartig im Vergleich zu anderen, wie in Raphina oder in Sesklo, Poliochni, Chalandriani, Troia. Bei den letzten vier sind Schmelztiegel gefunden worden.

[624] Ebd. 105ff.

Siedlung. Insgesamt ordneten die Archäologen sie in FH III ein gleichzeitig mit Lerna IV, Phase 3. Fraglich bleibt, ob Ägina IV auch den Phasen 1 und 2 von Lerna IV entspricht. Dies konnte bisher nicht beantwortet werden.

3.19.8. Ägina V (ca. 2200 – 2050 v. Chr.)

Im Vergleich zu Ägina IV ist die Situation in Ägina V viel besser, was die architektonischen Überreste und die Keramik der prähistorischen Siedlung betrifft. Besonders die Befestigungsanlage der Siedlung ist erwähnenswert. Bevor ich aber genauer auf die Wehranlage eingehe, werde ich eine kurze Beschreibung der vermuteten Wohneinheiten der Siedlung geben.

Die Häuser werden von der Befestigungsanlage durch eine Kiesstraße getrennt. Sie stehen in einer Reihe entlang dieser Kiesstraße direkt hinter der prähistorischen Befestigungsanlage. Alle Häuser sind nach Osten gerichtet. Walter bezeichnete die ausgegrabenen Häuser mit den Nummern 1 bis 16 und die Straßen, die die Häuserblöcke teilen, als Nordstraße, Gasse 2(?), Südstraße und Gasse 1. Hinter den Gebäuden ist noch eine Straße ausgegraben worden, die als Nord – Südstraße bezeichnet wird. Von den Gebäuden ist nur der untere steinerne Bereich gefunden worden. Der obere Teil, der aus Lehm bestand, hat sich nicht erhalten. Einige Gebäude wurden durch Baumaßnahmen der Siedlung VI stark beschädigt. Dasselbe ist durch die byzantinischen Bauten am Südhang passiert. Im mittleren und nördlichen Teil des ausgegrabenen Areals der Siedlung V sind die Gebäude von späteren Wehranlagen überbaut. Im Vergleich zu den früheren Siedlungsphasen stehen die Gebäude nicht frei, sondern sie haben gemeinsame Wände und bilden durch die Straßenunterteilungen Häuserblöcke. Ob sie ein Obergeschoss besaßen, konnte nicht festgestellt werden. Hans Walter spricht von Häuserblöcken mit dem Charakter eines Quartiers.[625] Es handelt sich um rechteckige Häuser, die aus zwei oder sogar drei Zimmern bestehen. Die Zimmer liegen hintereinander, und jedes Haus hat eine offene oder geschlossene Vorhalle. Die Häuser haben gemeinsame Wände, und ihre Form erinnert an die des Megarons, obwohl sie von Nebenhäusern umringt werden. Hans Walter beschreibt das Haus 4, weil hier genug architektonische Teile erhalten waren, um seinen Grundriss zu sichern und eine Rekonstruktion des Hauses zu ermöglichen.[626] Das Gebäude hat eine Länge von mehr als 10 m und ist 4 m breit. Seine Mauern sind in einer Höhe von 1,20 bis 1,60 m erhalten und haben eine Breite von 0,50 bis 0,60 m. Sie bestehen aus Kalksteinen, Kieselsteinen und Feldsteinen. Der Oberbau bestand wie in der Frühbronzezeit üblich aus Lehmziegeln. Die Wände wurden durch senkrechte Pfosten gestützt und erhielten so eine gewisse Stabilität. Die Wände waren verputzt und weiß gestrichen. Spuren des Verputzes fanden die Archäologen in diesem Haus und in Haus 7. Das Haus 4 besteht aus einer Vorhalle und zwei dahinterliegenden Räumen. Die Vorhalle war laut Walter offen und besaß keine Stützen.[627] In der Mitte der Vorhalle lag der Haupteingang in das Gebäude. Er war 0,75 m breit. Die Tür im Inneren des Gebäudes, die die beiden Räume verbindet, hat dieselbe Breite, aber sie liegt nicht in der Mauermitte, sondern ist zur Seite verschoben. Der Schwellstein dieser Tür wurde auch gefunden. An der südöstlichen Ecke des hinteren Raumes wurde ein Steinpflaster entdeckt. Das Gebäude wurde mit Balken bedeckt und es scheint, dass die Häuserblöcke in Ägina V flache Dachkonstruktionen trugen. Die Tatsache, dass die Gebäude eng zusammengebaut sind und gemeinsame Wände haben, spricht gegen Satteldachkonstruktionen. Außerdem gibt es Beispiele von Bauten mit gemeinsamen Wänden, die Flachdächer trugen. Eines davon sind die Megara in Troia. Die gleiche Bauweise wurde auch für die anderen ausgegrabenen Gebäude verwendet außer für Haus 3. Das Gebäude 5 hat gemeinsame Wände mit den Häusern 4 und 7. Es hat die gleiche Form wie das Haus 4, aber einen Raum mehr. Seine Länge beträgt mehr als 12 m und seine Breite mehr als 4 m. Weitere Angaben über Gebäude 5 macht Walter nicht. Das direkt danebenliegende Gebäude 6 hat eine gemeinsame Wand mit Haus 5. Das Gebäude bestand wahrscheinlich aus zwei Zimmern und einer Vorhalle, sicher nachgewiesen ist allerdings nur der hintere Raum des Hauses. Im Vergleich zu Haus 4 und 5 war Haus 6 kleiner. Über seine Länge wird spekuliert, weil nur wenige Mauerteile des Hauses gefunden wurden. Walter bezieht sich dafür auf eine Brandschicht, deren Spuren bis auf 2 m an die Befestigung heranreichen. Auf diese Weise schätzt der Archäologe, dass die Länge des Hauses zwischen 6 und 8,20 m erreichte. Dies ist aber nicht sicher. Hinter Haus 4 befindet sich Haus 7. Die längste Mauer des Gebäudes läuft parallel zur Nord – Südstraße. Das Haus besteht aus zwei Räumen, die durch eine 0,35 m starke Wand geteilt werden. Der Eingang des Gebäudes ist in der Mitte der Südmauer, obwohl der Befund einer Türpfanne an der westlichen Gebäudemauer auf eine weitere Tür hinweist. Durch einen kleinen Raum wird Haus 7 mit Haus 3 verbunden. Dieses hat eine gemeinsame Wand mit Haus 4. Ungewöhnlich ist bei diesem Gebäude, dass es im Gegensatz zu den anderen Gebäuden ganz aus Steinen gebaut war. Von dem Haus haben sich nur Teile der westlichen und der südlichen Seite besser erhalten. Von der östlichen Seite ist dagegen

[625] Ebd. 28f.
[626] Ebd. 33ff.
[627] Ebd.

nur sehr wenig erhalten. Erwähnenswert ist die Höhe der westlichen Mauer. Sie ist 2,50 m hoch und 0,65 m breit. Ihre Besonderheit liegt in ihrer schrägen Form. Nach 1,10 m biegt sich die Mauer und erhält so einen Winkel. Ob es mit Absicht auf diese Weise gebaut wurde oder die Biegung durch den Einsturz des Gebäudes entstand, kann nicht mit Sicherheit festgestellt werden. Sicher ist, dass diese Mauer durch zwei Türen unterbrochen wird. Beide haben eine Breite von 0,90 m und sind 1,90 m hoch. Der Mergelboden des Gebäudes liegt 0,25 m tiefer als die Türschwelle. Vor der gebogenen westlichen Wand liegt der Hof des Gebäudes, der von Westen aus oder durch Haus 7 zu betreten war. Problematisch bleibt die Funktion des Gebäudes 3. Die von Walter angenommene Funktion als gedeckter Wehrgang in einer befestigten Kasematte kann nicht akzeptiert werden, weil solche Konstruktionen stärkere Mauern erfordern. Die Wände des Gebäudes 3 hatten wegen ihrer geringen Mauerstärke sicher keinen fortifikatorischen Charakter. Die Archäologen nehmen an, dass Gebäude 3 eine Werkstatt gewesen sein könnte, am wahrscheinlichsten eine Schmiede.[628] Südlich der schon erwähnten Häuser liegt ein anderer Häuserblock, der aus den Gebäuden 1, 2 und 2a besteht. Beide Häuserblocks werden durch die Gasse 1 voneinander getrennt. Über diese Bauten kann nicht viel gesagt werden, weil nur wenige bauliche Überreste gefunden wurden. Von Gebäude 1 fehlt die ganze südliche Mauer und seine nördliche liegt unter den Mauerteilen des Turmes aus der Siedlung VI. Von Gebäude 2 und seinem Nebenraum 2a sind nur spärliche Überreste erhalten. Insgesamt ist nicht sicher, wie das Ganze ausgesehen haben könnte.

Nördlich des Gebäudes 6 muss nach Walter noch ein ähnlicher Häuserblock existiert haben. Die einzigen Reste von diesem Block sind Bereiche eines Hauses, das als Haus 8 bezeichnet wird. Seine Mauern haben eine Höhe von 1,60 m. Reste des Lehmaufbaus haben sich nicht erhalten. Vom Haus wurden Teile seiner westlichen und südlichen Wände gefunden. Eine 0,75 m lange Türschwelle verrät den Platz einer Tür. Platten einer Herdstelle wurden ebenfalls gefunden. Mehr kann über Haus 8 leider nicht gesagt werden. Wie auch dieser Häuserblock insgesamt aussah, kann nicht mit Sicherheit gesagt werden. Der Ausgräber spricht über die Häuser 11 und 12, die wahrscheinlich mit Gebäude 8 den Häuserblock bildeten. Von beiden Gebäuden sind nur ihre Lehmböden und Brandschutt gefunden worden, in dem die Archäologen verbrannte Balken und Dinkel fanden. Walter rekonstruierte das Ganze mit Hilfe der architektonischen Reste südlich des Gebäudes 8. Weiter nördlich befinden sich Teile zweier Gebäude, die durch die Nordstraße voneinander getrennt werden. Es handelt sich um die Häuser 13 und 14. Von Haus 13 ist nur ein Mauerteil gefunden worden. Ein großer Teil des Hauses wird durch den Turm 5 von Ägina VI überdeckt. Von Haus 14 ist nur ein Teil seiner südlichen Wand erhalten. Nördlich des Hauses 14 wurden Reste von Gebäude 16 aufgedeckt. Es handelt sich wahrscheinlich um die Reste einer Rückwand und einer Zwischenwand, die zwei Räume des Hauses teilte. Im Südosten der Siedlung und hinter Gebäude 7 befand sich der sog. Werkplatz der Siedlung. Der Ausgräber fand hier einen Brotofen und Hinweise darauf, dass in der Nähe ein Töpferofen lag. Rings um den Brotofen wurden Schüsseln und Amphoren gefunden. Wie das Brot gebacken wurde, wird bei Walter beschrieben.[629] Zwischen Haus 14 und Haus 16 soll sich angeblich noch Haus 15 befinden. Hinter Gebäude 13 wurden Reste von Gebäude 17 gefunden. Beide Häuser werden durch die Nord – Südstraße voneinander getrennt. Wie schon erwähnt wurden alle Häuserblöcke durch Straßen unterteilt. Parallel zu der Befestigungsanlage und direkt hinter ihr befand sich eine Kiesstraße. Sie trennte die nach Osten gerichteten Gebäude von der prähistorischen Befestigungsanlage. Zwei größere und zwei kleinere Straßen führen direkt in das Innere der Siedlung. Zwischen den Gebäuden 6 und 8 verläuft die Südstraße. Sie wurde so genannt, weil sie sich in der Nähe des Südtores der Befestigungsanlage befindet. Die Nordstraße verläuft zwischen den Gebäuden 13 und 14. Sie erhielt ihren Namen wegen ihrer Nähe zum nördlichen Tor der Befestigungsanlage. Beide Straßen haben eine Breite von 2,50 bis 3 m. Von den kleineren Straßen, die von Walter als Gassen bezeichnet werden, ist nur die südliche (Gasse 1) wirklich gesichert. Sie liegt zwischen den Gebäuden 3 und 2a. Gasse 2 ist von Walter ergänzt worden und soll zwischen den Gebäuden 10 und 11 gelegen haben. Sie teilte wahrscheinlich die Gebäude 8 bis 13 voneinander. Alle diese Straßen waren durch die Nord – Südstraße verbunden, die hinter den Gebäuden verlief. Ob auch das Zentrum der Siedlung durch Straßen geteilt wurde und ob dort ähnliche Häuserblöcke existierten, konnte durch die Ausgrabungen nicht festgestellt werden. Es wurde aber festgestellt, dass die Bauten und die Wehranlage der Siedlung V durch ein Feuer zerstört wurden. Durch das Feuer brannten alle Gebäude nieder, und es hinterließ viele Spuren der Zerstörung. Fast in allen Gebäuden wurden Brandschichten und Asche auf den Böden gefunden. Dass allerdings keine weiteren Feuerspuren unter den Mauern der Gebäude gefunden wurden, beweist laut Walter, dass die Katastrophe nur Ägina V heimgesucht hat. Damit verneint er gleichzeitig die Frage, ob auch Ägina IV durch Feuer zerstört wurde.[630] Obwohl die Katastrophe

[628] Ebd. 34ff.

[629] Ebd. 38f.

[630] Ebd. 41f.

für die Siedlung von Ägina V vernichtend war, haben sich Funde aus der Siedlung, wie z. B. die Keramik, erhalten. Sie gibt uns Informationen über die Lebensweise der Bewohner und hilft bei der chronologischen Einordnung der prähistorischen Siedlung von Ägina V. Die Anzahl der Gefäße, die auf dem Boden der Häuser und in den Straßen und Gassen gefunden wurden, beträgt mehr als hundert. 15 davon wurden allein im Gebäude 7 und 20 andere im Gebäude 1 entdeckt. Meistens handelt es sich um Kannen, Schüsseln, Tassen, Humpen, Kantharoi, Amphoren und Pithoi. Zu den Gefäßformen gehören Schalen mit S-Profil entweder mit Trichterrand oder mit ringförmigen Bandhenkeln. Die Tassen erscheinen häufig mit hochgezogenen Bandhenkeln. Die Amphoren haben meistens kugelige Körper und tragen Henkel am Gefäßbauch. Der Hals der Amphoren ähnelt mit seiner Öffnung einer Trompete. Gleichzeitig tritt eine neue Form von Pithoi auf. Diese neuen Gefäße werden von Walter folgendermaßen beschrieben: „...*Auch hier bietet sich eine neue, bisher unbekannte Form; sie wird gekennzeichnet durch die ausgestellte Lippe, die Einziehung darunter, die rasch zur weitesten Ausdehnung des Gefäßkörpers hin übergeht, und das darauf folgende konische Zulaufen zur kleinen Standfläche hin*“.[631] Die Kannen haben von ihrer Form her keinen Bezug zu der früheren Keramik. Walter berichtet von der Formveränderung der Schnabelkanne, die aber trotzdem eine gewisse Verwandtschaft mit den früheren Schnabelkannen der Siedlung von Ägina III behält. Humpen werden weiter entwickelt. Ihre Form wird gekennzeichnet „*durch die sehr tief liegende Zone der weitesten Ausdehnung, die sich als ausgeprägter Knick äußert. Darüber läuft der Gefäßkörper kegelförmig zur leicht nach außen ausschwingenden Mündung zu. Die senkrechten Bandhenkel sitzen in ihrem unteren Ansatz auf der Zone der weitesten Ausdehnung auf*“. Die Tassen haben meistens einen Henkel, ihr Körper ist kugelig aber gedrückt. Der hohe Hals der Gefäße, der vorher in einer ausschwingenden Mündung endete, endet nun in einer etwas kleineren Mündung. Die Gefäße haben die schon bekannte ausgestellte Lippe. Genau die gleiche ausgestellte Lippe kann man bei den Schüsseln, Schalen und Krateren der Siedlung beobachten.[632] Insgesamt handelt es sich um Gefäße mit dunklem Überzug und Politur. Der Überzug reicht von schwarz über grau bis braun. Meistens sind die Gefäße unbemalt und dickwandig. Daneben gibt es aber auch dünnwandige Gefäße mit verschiedenen Mustern. Erwähnenswert ist auch, dass obwohl in dieser Zeit die Drehscheibe für die Keramikproduktion schon erfunden war, die meisten Gefäße noch mit der Hand hergestellt werden. Wichtig ist, dass die Keramik von Ägina V sich mit der frühhelladischen Keramik von Lerna IV, Phase 3, mit Lefkandi und mit der mittelhelladischen Zeit von Pefkakia in Thessalien, Phase 2, vergleichen lässt. Durch den Vergleich der Keramik zeigt sich, dass Ägina V in FH III datiert werden muss.

Zu den anderen Funden, die von Walter als „Werkzeuge“ bezeichnet werden, kann Folgendes gesagt werden: Es handelt sich um die berühmten Tonanker, deren Deutung noch problematisch ist. Es gibt Vermutungen, dass sie entweder als Idole oder Amulette dienten. Beide Vorschläge wurden von Walter abgelehnt. Wahrscheinlich haben sie in diesem Fall ihre ursprüngliche Funktion behalten und dienten als Haken. Spinnwirtel sind auch gefunden worden. Ihre Form erinnert sehr an die Spinnwirtel der Siedlung III. Sie haben dieselbe konische Form und sie werden von Hand geformt. Zu den Funden gehört noch ein Steinbeil. Ob es irgendwie mit der Zerstörung der Siedlung zusammenhängt, kann nicht gesagt werden. Es ist der einzige Fund, der möglicherweise mit feindlichen Auseinandersetzungen zusammenhängen könnte. Es ist aber genauso wahrscheinlich, dass das Steinbeil für tägliche Arbeiten verwendet wurde. Andere Funde werden aus Ägina V nicht erwähnt.

A. Die Befestigungsanlage von Ägina V

Wie schon erwähnt, wurde die frühbronzezeitliche Siedlung durch eine Befestigungsanlage geschützt. Sie liegt an der östlichen Seite der Siedlung und verläuft in einer Länge von 80 m parallel zu den Gebäuden der Siedlung V (Taf. 33). Als das Gebiet ausgegraben wurde, konnte man nicht viel von der Befestigungsanlage sehen, weil viele Teile durch den Bau von späteren Befestigungsanlagen und Häusern überbaut oder zerstört wurden. Was die Archäologen zu sehen bekamen, waren bauliche Überreste des Südtores, die gegenüber der Gebäude 5 und 4 liegen, und Teile der Mauer aus der südlichen Abschnitt der Wehranlage. Aus dem mittleren Bereich der Befestigungsanlage waren nur einige Randstreifen der Wehranlage erhalten, die direkt gegenüber von Gebäude 6 und 5 liegen. Dazu gehören einige Stellen mit Steinen aus der Befestigungsanlage, die gegenüber von Gebäude 8 gefunden wurden. Im Vergleich zum Südtor der Anlage gab es vom nördlichen Tor nur noch eine kleine Anzahl von Steinen. Von der sog. Nordecke der Befestigungsanlage wurde auch nur

[631] Ebd.

[632] Ebd. 108ff. wird über die Befunde und Funde der Stadt V gesprochen. Hauptthema ist die Keramik der Siedlung V, ihre technischen Merkmale, die Dekoration der Gefäße und ihre Form. Nach der Behandlung der Keramik werden die Werkzeuge von Ägina V erwähnt.

eine begrenzte Zahl von Steinen gefunden. Nicht besser ist die Situation im südlichen Teil der Befestigungsanlage. Spätere Anlagen und die byzantinischen Bauten haben keine Spuren der Wehranlage von Ägina V hinterlassen. Wenn man heute den Ort betrachtet, ist es nicht möglich, diese Befestigungsanlage von den anderen zu trennen. Nur mithilfe von Plan 7 von Walter und seinen Rekonstruktionen kann man sich ein Bild von der vorgeschichtlichen Siedlung und ihrer Wehranlage machen.

Die Befestigung wurde aus dem für die Frühbronzezeit typischen Material gebaut. Die meisten verwendeten Steine waren rundlich und bildeten zusammen mit Kieselsteinen den Mauersockel der Befestigungsanlage. Alle Steine wurden mit Lehmmörtel verbunden, dadurch erhielt die Mauer eine gewisse Stabilität. Der Oberteil der Befestigungsanlage wurde aus Lehmziegeln und Holz gebaut, die sich nicht erhalten haben. Die Mauer hatte eine Breite von 1,20 m. Die gleichen Maße erreichte auch die Höhe der Mauer an anderen Stellen. Über die Lehmziegelmauer schätzte Walter, dass sie 0,60 bis 0,80 m hoch war.[633] Wie genau Walter zu dieser Feststellung kam, erwähnt er nicht. Nördlich des Südtores an der inneren Seite der Befestigung fanden die Archäologen elf Löcher. Sie haben einen Abstand von 0,40 m voneinander und liegen unten an der inneren Seite der Befestigungsanlage. Der Ausgräber nahm an, dass an dieser Stelle die Bauarbeiter ein Podest errichteten, auf dem die Verteidiger der Siedlung stehen konnten. Hinter der Brustmauer, die aus Lehmziegeln bestand, standen die Menschen auf einem hölzernen Podest und verteidigten ihre Siedlung. Den zweiten wichtigen Teil der Befestigung bildeten die Tore, die wahrscheinlich bedeckt waren, weshalb sie auch als Wachtürme angesehen werden.

Das besser erhaltene Südtor bestand aus einer gebogenen Mauer. Die Mauer war von Westen nach Osten gerichtet und führte dann nach Süden. Sie hatte eine Breite von 1,20 m. Im Süden soll auch die Tür des Turmes gewesen sein. Das Ende der Mauerteile, an dem sich die Öffnung der Tür befand, konnte aber wegen späterer Überbauung nicht ausgegraben werden. Die Tür hatte eine Breite von 0,90 m. Wenn man durch die Tür ging, gelangte man in den Innenhof der Anlage. Durch die gebogene Mauer, die sich mit der längeren Mauer der Befestigung verband, bildete der Hof das Viertel eines Kreises. Von diesem Innenhof aus konnte man durch eine zweite Tür auf die Kiesstraße an der Festungsmauer und so direkt in die Siedlung gelangen. An der Stelle, an der die gebogene Mauer auf die Längsmauer der Festung trifft, befand sich ein Kanal, der wahrscheinlich für den Wasserabfluss diente. Dass die Anlage ein flaches Dach besaß, welches gleichzeitig als Boden für die Verteidiger diente, kann angenommen werden. Ein großer schwarzer Stein, der laut Walter sicher kein Schwellstein war, könnte einen Holzbalken getragen haben, der zusammen mit anderen ein Balkendach trug. Auf diese Weise bekam die Anlage gleich zwei Funktionen. Zum einen war sie ein Tor, gleichzeitig diente sie aber auch als Wachturm.

Von dem Nordtor der prähistorischen Befestigungsmauer ist nicht viel erhalten. Reste des Turmes befinden sich unter architektonischen Elementen der Siedlung IX. Nur eine kleine Zahl von Steinen der unteren Schicht der Mauer sind gefunden worden. Das Nordtor hatte auch einen Hof, der aus Kieselsteinen bestand. Walter rekonstruierte das Nordtor mithilfe des südlichen Tores, da er annahm, dass beide Tore dieselbe Form hatten.

Wie schon erwähnt, sind aus dem südlichen Bereich der Befestigungsanlage nur sehr wenige Teile erhalten. Der größte Teil war durch spätere Baumaßnahmen überbaut oder zerstört worden. Bis zu welchem Punkt der südliche Bereich der Befestigungsmauer lief und wann er eine westliche Richtung nahm, konnte bis heute nicht festgestellt werden. Bei der Errichtung der byzantinischen Siedlung wurde eine große Menge des prähistorischen Materials zerstört. Walter äußerte die Hoffnung, dass im südlichen Teil von Ägina V die Ausgrabungen fortgesetzt werden könnten. Problematisch ist auch der Verlauf des nördlichen Teiles der Befestigungsmauer im Bereich des Nordtors wegen der schlechten Erhaltung. Walter rekonstruierte aber den Mauerverlauf zwischen dem Nordtor und der Biegung der Mauer nach Westen.[634] Für die Bestimmung des Mauerverlaufs hielt sich Walter an die späteren Befestigungsanlagen von Ägina VI und IX. Ein Teil der Wehranlage der Siedlung VI „umklammert“ die ältere Mauer von beiden Seiten. Die Mauer von Ägina IX sitzt an der nördlichen Ecke, wo sich auch die beiden älteren befinden, auf diesen und verläuft in westliche Richtung. Walter stützt seine These folgendermaßen: *„Wäre dies nicht der Fall, dann müssten bei der Tiefgrabung im Nordgang der Stadt IX (etwa bei + 13.70; Plan 11) Steine der alten Mauer aufgetaucht sein. Da dies nicht der Fall war, ist ein anderer Verlauf als der angenommene unwahrscheinlich*“.[635] Außer den beiden Tortürmen der Siedlung vermutet der Ausgräber die Existenz von drei weiteren. Zwischen Nordtor und Südtor muss es noch eines gegeben haben. Die anderen zwei saßen nach der Meinung Walters am Ende des südlichen und nördlichen Bereiches der Befestigungsanlage, an der Stelle, an der sich die Mauer nach Westen wendete. Hier wären die am meisten gefährdeten Stellen der Befestigungsanlage. Die Türme haben die beiden

[633] Ebd. 32f.

[634] Ebd.

[635] Ebd.

Mauerteile umklammert. Ob der Ausgräber mit seiner Annahme Recht hat, kann nur vermutet werden. Bauliche Überreste dieser drei Tortürme wurden nicht gefunden. Wie hoch die Türme der Befestigung waren, konnte nicht mit Sicherheit festgestellt werden. Walter schätzte sie aus den erhaltenen Teilen der Häuser und der Befestigungsmauer auf eine Höhe von etwa 1,80 m. Die Häuser sollen etwa 2,40 m hoch gewesen sein. Laut Walter wurden die Flachdächer der Häuser von den Verteidigern genutzt, um von dort aus Schleudersteine, Pfeile oder Speere gegen die Feinde zu werfen. Aus diesem Grund sollte die Befestigungsmauer niedriger als die Häuser sein.[636] Ob man hier tatsächlich Rückschlüsse auf militärische Taktiken ziehen kann, kann nicht mit Sicherheit gesagt werden. Zumindest sind bisher keine Waffen in den Häusern oder vor der Befestigungsmauer gefunden worden. Es bleibt die Frage: Warum sollte Ägina V in der frühhelladischen Zeit eine so niedrige Wehranlage haben, während die Befestigungsanlage in Lerna auch in frühhelladischer Zeit eine Höhe von 6 bis 8 m erreichte? Dass die Menschen dort völlig andere Verteidigungstaktiken verwendeten als die Menschen in Ägina, scheint eher unwahrscheinlich zu sein. Die Entfernung zwischen den beiden frühbronzezeitlichen Siedlungen ist nicht sehr groß. Handelsbeziehungen und Kontakte zwischen Ägina und Lerna haben sicher stattgefunden, wie man auch anhand der Keramik erkennen kann.

Nahe der Befestigungsanlage fanden die Archäologen Hinweise auf eine Mauer, die von Walter als „Vormauer" bezeichnet wird. Teile dieser Mauer lagen 3 m östlich der Hauptbefestigungsanlage der Siedlung und waren aus dem gleichen Material gebaut. Da die Mauer demselben Verlauf zu folgen scheint und die Lage für den Bau einer solchen Mauer günstig war, vermutet der Ausgräber, dass sie zu der Befestigungsanlage der Siedlung V gehören muss. Der kleine Bereich dieser Mauer hat eine Breite von 1 m und ist ebenso hoch. Die Annahme, dass die Vormauer zum Verteidigungssystem der Siedlung gehörte, kann aber nicht als sicher gelten. Zeitlich konnte die Mauer nie genau eingeordnet werden. Eine Funktion als Barriere für die Angreifer kann nur vermutet werden. Möglicherweise wurde der Platz hinter der Vormauer als Sammelplatz für Vieh verwendet. Von einer Verteidigungsfunktion kann aber bei einer Mauer von 1 m Breite und Höhe sicher nicht die Rede sein. Dass die Mauer parallel zu der Befestigungsanlage verläuft, bedeutet auch nicht automatisch die Integration dieser Mauer in das Verteidigungssystem. Dass das Vieh hinter die Mauer gebracht wurde, um es so vor räuberischen Überfällen oder vor wilden Tieren zu schützen, könnte zutreffen. Ob es aber auf der Insel wilde Tiere gab, ist unbekannt. Mir scheint, dass die sog. Vormauer eher nicht mit der Befestigungsanlage zusammenhängt. Wegen der nicht eindeutigen Datierung und den spärlichen Überresten kann die Funktion der Mauer nicht festgestellt werden.

Ungewiss bleibt, ob die Befestigungsanlage von Ägina V die ganze vorgeschichtliche Siedlung umschloss. Vielleicht wurde nur ihre östliche Seite durch die Wehranlage geschützt. Es muss offen bleiben, ob der nördliche und der südliche Bereich der Siedlung ebenfalls durch die Wehranlage oder allein durch ihre natürlichen Hanglagen geschützt wurden. War es möglich, dass diese Bereiche der Siedlung allein durch ihre natürliche Situation die Sicherheit der Menschen gewährleisten konnten? Diese Fragen konnten bis heute nicht zufriedenstellend beantwortet werden. Es ist zu hoffen, dass zukünftige Ausgrabungen in den oben genannten Bereichen der Siedlung Antworten liefern.

Immer wieder wurde die Befestigungsanlage in den verschiedenen Siedlungsphasen von Ägina leicht versetzt oder eine Anlage über eine vorherige gebaut. Es scheint aber, dass sie niemals von der Engstelle, die die Felsebene mit dem Bereich der Insel verbindet, wegversetzt wurde. Immer wieder wurde in diesem Zusammenhang auch die Frage gestellt, aus welchem Grund die Siedlung mit ihrer Wehranlage nicht nach Osten ausgedehnt wurde. Wahrscheinlich lag es einfach daran, dass die Wehranlage an der geostrategisch günstigsten Stelle errichtet war.

Ob es sich bei den Gebäuden hinter der Befestigung um Wohnhäuser oder um eine Art „Militärbaracken" handelt, ist noch nicht geklärt. Möglich wäre beides. Sicher ist, dass sie in Verbindung mit der Befestigungsanlage sehr gut geplant waren. Sie wurden durch Straßen und Gassen geteilt. Auf diese Weise konnte man schnell zu der Wehranlage gelangen, um von dort die Siedlung zu verteidigen. Diese Aufteilung gibt Hinweise auf eine anzunehmende Bauplanung, die die prähistorische Siedlung geprägt hat. Über die Straßen und Gassen konnte man sicher zum Siedlungszentrum gelangen, welches aber leider nicht lokalisiert werden konnte.

Die durch die Befestigung geschützte Anlage befand sich auf der Felsebene. Wahrscheinlich saß dort die Elite der prähistorischen Gesellschaft, vielleicht bot die Befestigung gleichzeitig auch einen Rückzugsort für die Bevölkerung, die außerhalb der Befestigung lebte. Man könnte sich eine Art prähistorische „Burg" vorstellen, die den Menschen Zuflucht und Schutz bot. Durch den Brand wurden nicht nur die Gebäude zerstört, sondern auch die Befestigungsanlage. Über die verschiedenen Brandschichten im Bereich der Gebäude und der Befestigungsanlage hat der Ausgräber ausführlich

[636] Ebd. 40f.

berichtet.[637] Über mögliche Ursachen der Katastrophe kann allerdings nur spekuliert werden. Dass Fremde die Siedlung zerstörten, fand der Ausgräber eher unwahrscheinlich. Er bezieht sich dabei auch auf den Wiederaufbau der Befestigungsanlage. Da die neue Befestigungsanlage von Ägina VI auf den Resten der vorherigen Gebäude gebaut wurde und die Formen der älteren und jüngeren Wehranlage sich ähneln, nimmt er an, dass nach der Zerstörung die gleichen Menschen in der Anlage lebten wie auch davor. Darauf weist auch die Keramik hin. Als sicher gilt, dass zum Zeitpunkt der Zerstörung der prähistorischen Siedlung frühbronzezeitlichen Siedlungen wie Lerna, Tiryns, Aghios Andreas und Asine schon nicht mehr existierten. Ob das Ende dieser Siedlungen im Zusammenhang mit kriegerischen Auseinandersetzungen steht, konnte bis heute nicht geklärt werden. Auch Keramikuntersuchungen halfen bei der Beantwortung dieser Frage bisher nicht weiter.

3.19.9. Ägina VI (ca. 2050 – 2000 v. Chr.)

Wie die frühbronzezeitliche Siedlung während dieser Epoche ausgesehen hat, kann nur vermutet werden. Bauliche Überreste von Gebäuden aus Ägina VI konnten nicht entdeckt werden. Der einzige sicher dokumentierte Teil der prähistorischen Siedlung ist ihre Befestigungsanlage. Nach der Zerstörung von Siedlung V wurde die Wehranlage von Ägina VI neu aufgebaut. Die zerstörten Teile der Befestigungsanlage von Ägina V wurden repariert und wieder für Verteidigungszwecke genutzt. Nun war diese Befestigung aber nicht mehr die Hauptwehranlage, sondern übernahm die Rolle einer Vormauer für die eigentliche, neu errichtete Hauptbefestigung. Die Zerstörung von Ägina V lieferte einen Anlass für den Bau einer größeren und massiveren Befestigung, um der Siedlung so einen besseren Schutz zu gewährleisten. Interessant ist nun, dass die neue Wehranlage nicht direkt an die ältere gebaut wurde, sondern 6 bis 10 m westlich von der vorherigen Befestigungsanlage. Anstatt neues Wohngebiet zu gewinnen und die Siedlung nach Osten zu erweitern, verkleinerten die Erbauer das Territorium der prähistorischen Siedlung durch die Aufgabe von Gebäuden aus Ägina V. Direkt auf den Grundmauern dieser nebeneinander aufgereihten Häuser wurde die neue Hauptbefestigungsanlage errichtet. Anscheinend erschien es den Bewohnern der Siedlung günstiger, die neue Wehranlage auf den Ruinen dieser Häuser zu errichten als eine völlig neue Anlage mit Fundament zu bauen. Wahrscheinlich hing die Errichtung der Befestigungsanlage mit irgendeiner Art von Bedrohung zusammen. Die Entscheidung, die Anlage an der Stelle zu bauen, an der die zerstörten Gebäude standen, könnte darauf hindeuten, dass die Menschen in Ägina VI unter Zeitdruck standen. Sie nutzten die alten Mauern, um neue darauf zu errichten. Die neue Anlage hatte eine Länge von mehr als 80 m, und ihre Hauptmauer war 4 bis 5 m stark. Sie wurde durch mindestens 6 rechteckige Türme verstärkt. In die Siedlung konnte man durch zwei Toranlagen gelangen, die sich zwischen den Türmen befanden. Die Hauptmauer bestand aus Steinen, die mit Erdmörtel verbunden waren und im oberen Bereich wahrscheinlich aus einer Lehmziegelmauer, die als Podest und Brustwehr genutzt wurde. Nur für die Türme nimmt Walter an, dass sie vollständig aus Stein bestanden.[638] Es wäre aber auch möglich, dass die gesamte Anlage aus Stein errichtet wurde, denn Reste einer Lehmziegelmauer konnten in Ägina VI nicht nachgewiesen werden.

Im Detail sah der Bau dieser Wehranlage wie folgt aus. Auf den Ruinen der Gebäude von Ägina V, der ersten Häuserzeile, wie sie von Walter genannt wurde, wurde die Befestigungsanlage errichtet. Die Gebäude, die neben den Hauptstraßen von Ägina V lagen, nahmen nun die Form von eckigen Türmen an. Die dahinterliegenden Räume dieser Gebäude wurden mit Steinen verfüllt und verstärkt. Sie bildeten die Hauptmauer der Befestigung. Die früheren Hauptstraßen von Ägina V wurden in Ägina VI als Toranlagen genutzt. Die frühere Nordstraße wird nun zum Nordtor, die Südstraße zum Südtor.

Der Zugang des Nordtors von Ägina VI wird von zwei rechteckigen Türmen flankiert und befestigt. Es handelt sich um die Türme 6 im Norden und 5 im Süden. Für den Bau der Türme wurden die vorderen Räume der Gebäude 13 und 14 aus der Siedlung V verwendet. Da die Mauern dieser Gebäude aber nicht stark genug für eine Befestigung waren, wurden sie durch zusätzliche Mauern verstärkt. Die bei der Hauptmauer der Befestigungsanlage angewandte Baumethode wurde auch bei den Türmen verwendet. Sie waren 5 x 5 m groß. Ihre Außenseite wurde mit größeren und massiven Steinen gebaut. Ihre innere Seite, entlang derer die Gasse verlief, wurde mit kleineren Steinen gebaut. Der innere Bereich beider Türme wurde mit Steinen verfüllt, also gab es keinen inneren Raum, wie zum Beispiel bei einer Bastion in Lerna. Von den beiden Türmen war nur der nördliche noch deutlich zu sehen. Der südliche war zu einem großen Teil von der Befestigungsmauer der Siedlung VII überbaut. Die Gasse, die in das Innere der Siedlung führte, wurde anscheinend durch eine Tür verriegelt. Die Torpfanne oder die Mauerköpfe dieser Tür wurden leider nicht gefunden. Stattdessen wurde die Schwelle des Tores in situ gefunden. Es handelt sich um einen Porosstein, der

[637] Ebd.

[638] Ebd. 49ff.

eine Länge von 2 m und eine Breite von 0,20 m hatte. Die Gasse an sich ist am Anfang breiter und wird dann enger. Die Vermutung, dass wahrscheinlich noch eine Tür in diesem Bereich existierte, konnte nicht bestätigt werden. Ebenfalls nicht bestätigt wurde die Annahme, dass weiter nördlich noch ein Turm stand. Denn nach Walter war ein weiterer Turm dort notwendig, wo die Befestigungsanlage nach Westen abbiegt und endet. Dieser Turm würde auf diese Weise das Ende der Hauptmauer umklammern und diesen Bereich besonders schützen.[639] Nachweisen lässt sich diese Vermutung leider nicht mehr, denn durch den Absturz der Felskante sind mögliche Hinweise für immer verloren gegangen, und das erhaltene Gelände wurde in römischer Zeit überbaut.
Ähnlich wurde auch das Südtor von Ägina VI gebaut. Wie das Nordtor wurde es durch zwei Türme flankiert und befestigt. Auch dieses Mal wurden Ruinen der Siedlung V für den Bau der Türme verwendet. Aus dem Gebäude 6 von Ägina V entstand Turm 3, und aus Gebäude 8 wurde Turm 4. Beide Bauten wurden mit durch Erdmörtel verbundenen Steinen verfüllt. Wie Gebäude 13 und 14 hatten Gebäude 6 und 8 keine starken Mauern, weshalb sie verstärkt werden mussten. Die Verstärkung war 1,50 m stark und bestand aus großen Steinen. Die inneren Seiten der Türme, zwischen denen die Gasse verlief, bekamen eine weniger mächtige Verstärkung von 0,20 bis 0,30 m. Beide Türme waren wie am Nordtor etwa 5 x 5 m groß und massiv gebaut. Sie besaßen keine Innenräume. Beide Türme des Südtores sind so gut wie nicht mehr sichtbar, weil sie später durch die Befestigungsanlage von Ägina VII überbaut wurden. Nur durch sehr wenige Hinweise lässt sich der Verlauf der Türme und ihre Länge noch rekonstruieren. Zwischen den Türmen 3 und 4 befand sich die Gasse, die in das Innere der Siedlung führte. Im Gegensatz zum Nordtor wurde hier keine Schwelle gefunden, sondern die Torpfanne des Tores. Es war 1,20 m breit, viel schmäler als das Nordtor. Gegenüber der Torpfanne wurde ein größerer Stein gefunden, sozusagen ein „Türstopper“. Nach oben soll das Tor nach der Meinung des Ausgräbers durch ein Mauerwerk abgeschlossen worden sein, welches beide Türme verband. Ob Teile dieses Mauerwerkes wirklich nachgewiesen wurden, wird nicht erwähnt. Wenn man durch die Tür ging, gelangte man nach 4 bis 5 m in das Innere der Siedlung. Am Ende der Gasse, an der inneren Seite der Hauptmauer der Befestigungsanlage, fand man zu beiden Seiten der Gasse zwei Fugen. Vermutlich befand sich an dieser Stelle noch eine Tür. An dieser Stelle wurden auch Verstärkungen vorgenommen. An der linken Mauer der Südtorgasse fanden sich Spuren einer Lehmziegelmauer. Es wird angenommen, dass an dieser Stelle eine Treppenanlage vorhanden war, die zum oberen Teil der Hauptbefestigungsmauer führte.
Südlich vom Südtor schützten noch mindestens zwei weitere Türme die Siedlung vor feindlichen Angriffen. Es handelt sich um die Türme 2 und 1. Turm 2 wurde nach der schon bekannten Methode auf die Mauern von Gebäude 3 gebaut und im Inneren mit Steinen und Erdmörtel aufgefüllt. Nur die Ostmauer des so entstandenen Gebäudes wurde neu errichtet und dabei ein wenig nach hinten verlegt. Von den beiden Zugängen in das Gebäude wurde der nördliche, apsisförmige zugemauert, der südliche blieb offen. Walter nahm an, dass an dieser Stelle Treppen existierten, die zum oberen Bereich des Turmes führten.[640] Die nördliche Seite des Turms hatte eine Länge von 5 m und entspricht damit den anderen Türmen. Die südliche Seite war dagegen nur 2 m lang. Die Breite des Bauwerkes beträgt 6 m, und er ist in einer Höhe von 2,20 m erhalten. Seine Gesamthöhe inklusive Brustwehr wurde auf 3,40 m geschätzt. Im Gegensatz zu den anderen Türmen scheint Turm 2 nicht verstärkt worden zu sein, zumindest nicht an den Stirnseiten. Die Grundmauern von Gebäude 3 ergaben zusammen mit der Steinfüllung ein sehr massives Bollwerk. Dagegen mussten die Stellen verstärkt werden, an der die nördliche und südliche Mauer des Turmes auf die Hauptbefestigung treffen. In Plan 8, der die Befestigungsanlage und die Vormauer von Ägina VI zeigt, ist dies deutlich zu sehen.
Südlich von Turm 2 lag Turm 1, der auf den Grundmauern von Gebäude 1 aus Ägina V errichtet wurde. Welche Maße er hatte, war nicht feststellbar. Es wurden nur Bereiche der Steinfüllung des Turmes und seiner nördlichen Mauer gefunden. Ebenfalls nicht nachzuvollziehen waren die Ausmaße von Gebäude 1 der Siedlung V. Die spätere Überbauung der Siedlung in diesem südlichen Bereich durch byzantinische Wohneinrichtungen zerstörte sehr viele Befunde. Ein zweiter Grund für die Zerstörung war hier der Abbruch der Felsplatte. Die Annahme des Ausgräbers, dass noch ein Eckturm im südlichen Teil der Befestigungsanlage stand, konnte nicht bestätigt werden. Stattdessen könnte Turm 1 schon der Eckturm gewesen sein. Am Ende einer Mauer, die von Turm 1 nach Westen verlief, wurden Kieselsteine gefunden, die vielleicht auf einen Ausgang aus dem befestigten Bereich hinweisen. Walter vermutet, dass von dieser Stelle die Bewohner zu der Hafenbucht oder zu einem Brunnen gelangen konnten. Für eine Funktion von Turm 1 als Eckturm der Befestigung im südlichen Bereich spricht, dass seine nördliche Mauer anscheinend stärker als die anderen Türme nach außen vorspringt. An den Seiten der Befestigungsanlage wäre dies sinnvoll, da sie stärker gefährdet waren als der

[639] Ebd. 46f.

[640] Ebd.

übrige Bereich der Wehranlage. Wahrscheinlich existierte auch eine ähnliche Konstruktion im nördlichen Bereich der Befestigungsanlage von Ägina VI. Dies ließ sich aber leider nicht nachweisen.

Insgesamt war das neue Befestigungswerk der Siedlung VI viel breiter und massiver als die Befestigungsanlage von Ägina V. Die zerstörten Gebäude von Ägina V und ihre Befestigungsanlage waren die Grundlage für die neue Anlage. Neu war die Methode, mit der die Bewohner der Siedlung diesen Bau errichteten. Eine solche Vorgehensweise tritt zum ersten Mal während der frühhelladischen Zeit auf. Wir kennen bis heute kein anderes Beispiel, bei dem die Grundmauern von Gebäuden als Schale benutzt wurden, um eine neue Befestigung zu errichten. Die nötige Prozedur für den Bau der Anlage wird ausführlich von Walter beschrieben und braucht hier nicht wiederholt zu werden.[641]

Außer der Hauptbefestigungsanlage wurde, wie schon erwähnt, die alte Befestigungsanlage repariert und weiter benutzt (Taf. 34). Sie wird nun als Vormauer bezeichnet. Ihre Länge und der Verlauf sind dieselben geblieben. Da die Befestigungsanlage von Ägina V nicht sehr stark war, wurde sie in Ägina VI verstärkt.[642] Die parallel dazu gebaute neue Mauer war fast ebenso breit wie die alte. Der Abstand zwischen den beiden Mauerzügen wurde mit Steinen und Mörtel verfüllt. Die Vermutung Walters, dass die neue parallel liegende Mauer als Brustwehr und die dahinter liegende alte Mauer als Wehrgang genutzt wurde, konnte nicht bestätigt werden. Es fehlen architektonische Teile, die eine solche These unterstützen. Die Breite der Vormauer erreichte 2,60 m. Die alte Mauer bestand in ihrem Sockelbereich aus größeren und längeren Steinen. Oben bestand sie aus mittelgroßen kugeligen Steinen. Nach der Verstärkung sah die gesamte Vormauer völlig anders aus, weil für die neue Mauer größere Bruchsteine verwendet wurden. Dazwischen sind zudem noch viele größere Steine eingebaut. Die Verstärkung wurde auch bei den Toranlagen verwendet, was man vor allem am Südtor sehen kann. Die Verstärkungsmauer wurde in Richtung der Tore verlängert, die älteren Mauerzüge wurden ummantelt. Auf diese Weise wurden die gebogenen Mauern des Südtores und eventuell des Nordtores verstärkt.[643] Ein anderes technisches Detail, das im Bereich des Südtores und nördlich davon zu sehen ist, ist eine Anzahl von Vertiefungen, die sich in der Oberfläche der Mauer befanden. In diesen Einbettungen lagen Holzriegel zusammen mit Lehmstrich. Die Stellen, in denen die Holzriegel lagen, waren 0,50 x 0,60 m groß. Darauf stand die Lehmziegelmauer. Spuren dieser Mauer wurden nördlich des Nordtores gefunden. Die Holzriegel verliehen der Mauer eine gewisse Elastizität.

Nördlich des Südtores fanden Archäologen einen Durchgang, der 1,20 m breit ist. Ob der Durchgang mit einer eventuellen Täuschung der Angreifer zusammenhing, wie Walter vermutet, kann nicht geklärt werden. Der Ausgräber vermutet etwas Ähnliches im Bereich des Nordtores, obwohl dort nichts gefunden wurde. Südlich des Nordtores wurde ein Wasserkanal gefunden, der das Wasser aus der Kiesstraße hinter der Vormauer nach außen leitete. Die Kanalwände waren so gebaut, dass sie das Wasser fern von der Mauer hielten, um die Befestigungsanlage zu schützen. Wie hoch die Anlage war, kann nicht sicher gesagt werden. Als die Vormauer die Hauptbefestigungsanlage der Siedlung V war, hatte sie laut Walter eine Höhe von 1,80 m. Nach ihrer Verstärkung war sie wahrscheinlich noch höher.

Bei der Hauptbefestigungsanlage von Ägina VI bleiben einige Fragen offen. Die Höhe der Anlage bleibt fraglich und unsicher ist auch noch, ob die Türme ganz aus Stein bestanden. Ebenso bleibt fraglich, ob eine Brustwehr auf der Befestigungsmauer errichtet wurde. Die Vermutung des Ausgräbers, dass die Toranlagen der Hauptbefestigung oben geschlossen waren, so dass eine Verbindung zwischen den Türmen und der Hauptmauer bestand, erscheint logisch, konnte aber durch die Befunde bisher nicht bestätigt werden. Es konnte auch nicht geklärt werden, ob der Bau der ganzen Verteidigungsanlage von Ägina VI einem Vorbild aus dem Osten folgte. Walter lehnt den Gedanken ab, dass die Anlage mit ihren massiven Bollwerken und Toranlagen Vorbilder in der heutigen Türkei, z. B. in Troas, hatte.[644] Er vertritt die Meinung, dass die Form der Befestigungsanlage von den Einwohnern der Siedlung selbst entworfen wurde. Nach der Zerstörung von Siedlung V gab es nicht genug Zeit, um eine neue Befestigungsanlage zu errichten. So nutzten die Bewohner die Ruinen der verbrannten Gebäude, um schnell eine neue Befestigungsanlage zu errichten. Nur

[641] Hier wird erläutert, welche Mauerzüge der verbrannten Gebäude von Ägina V abgetragen oder verstärkt wurden. Manche wurden mit anderen Mauern ummantelt, damit sie eine größere Stabilität und Festigkeit erhalten.

[642] Nur an drei Stellen zwischen den beiden Toren der Vormauer konnten die Archäologen die neue Verstärkung der Befestigungsanlage sehen. Die anderen Teile der Anlage befinden sich unter späteren Bebauungen. Fraglich bleibt, ob der Teil südlich des Südtores verstärkt wurde. Es scheint, dass dieser Mauerzug so geblieben ist, wie es auch während der Zeit von Ägina V war, oder es wurde nur repariert ohne verstärkt zu werden.

[643] Aus den Ausgrabungen hat sich ergeben, dass das Südtor der Vormauer sicher verstärkt wurde. Für das Nordtor wird Ähnliches angenommen, weil das Tor unter späteren Mauern liegt und nicht ausgegraben werden konnte.

[644] Ebd.

sie kannten das Gelände und die alten Mauerzüge der Häuserreihe der Siedlung V genau. Sie nutzten sie auf die bestmögliche Weise aus, um die Siedlung VI rasch mit einer Befestigungsanlage zu schützen. Dass die Siedlung dadurch verkleinert wurde, schien die Menschen nicht zu stören. Dennoch wird diese Verteidigungsanlage von Walter ein Provisorium genannt.[645] Die Bewohner der Siedlung waren daran gewöhnt, Bauwerke mit *„gekurvten Mauern und verschlungenen Torgassen"* zu bauen.[646] Der Bau der Hauptanlage von Siedlung VI entspricht nicht dem bekannten Bausystem der Ägineten. Die Befestigungsanlage von Ägina VII am Anfang der mittelhelladischen Zeit wird dagegen wieder in einer Bauweise errichtet, die eher dem äginetischen Bausystem entspricht.[647] Die Frage, wer die Hauptbefestigung von Ägina VI am Ende der Frühbronzezeit baute, muss unbeantwortet bleiben.

Wie in Ägina IV sind die Funde aus Ägina VI sehr spärlich. Es handelt sich um Fragmente von Amphoren, Schalen, Tassen, Kannen und Humpen. Aus diesem Grund ist es sehr schwierig die Siedlung VI zu datieren. Anhaltspunkte für die Datierung der prähistorischen Siedlung und besonders für die Hauptbefestigungsmauer wurden durch den Vergleich der Keramik aus Ägina V und Ägina VII gewonnen. Ein anderer Grund, der die Datierung von Ägina VI erschwert, ist, dass nur ein Ausschnitt der ganzen Befestigungsanlage ausgegraben wurde. Insgesamt handelt es sich bei der Keramik um Fragmente, die überwiegend an die Keramik der Siedlung V erinnern. Nur ein Gefäßfragment scheint zu der mittelhelladischen Epoche zu gehören. Walter unterscheidet die Fragmente durch ihre technischen Merkmale und trennt sie in zwei Kategorien. Bei der einen handelt es sich um Gefäße mit dunklem Dekor auf hellem Grund, bei der anderen um Gefäße mit hellem Dekor auf dunklem Grund. Die Amphoren und Kannen tragen Muster auf den Schultern. Die Humpen haben dagegen Muster auf dem ganzen Körper. Als Muster werden Striche sowie vergitterte Winkelmuster verwendet. Sie folgen oft der gewölbten Fläche des Gefäßes. Beim Vergleich der Keramik von Ägina V und VI erkannte der Ausgräber eine Kontinuität. Bei den technischen Merkmalen zeigt sich, laut Walter, die Keramik von Ägina VI aber deutliche Unterschiede.[648] Erwähnenswert ist das Fragment eines Depas, das aus dem Osten stammt und zur Gattung der konischen Gefäße gehört. Es ist ein seltenes Gefäß, das auch auf dem griechischen Festland selten anzutreffen ist. Nur durch ein anderes Fragment aus Tiryns konnte das oben genannte Gefäß ergänzt werden. Es liefert einen weiteren Anhaltspunkt für die Datierung der Befestigungsanlage von Ägina VI. Meiner Meinung nach darf man nicht außer Acht lassen, dass die ganze Keramik in die Mauerverfüllungen der Siedlung VI geraten war. Die Benennung der Keramikfragmente durch Walter als „versprengte Stücke" zeigt die Schwierigkeit, die ganze Befestigungsanlage von Ägina VI zu datieren. Deshalb wurde die Anlage von Ägina VI mehr durch die ausgegrabenen Schichtenfolgen datiert, als auf Grund der gefundenen Keramik.

Andere tönerne Fundobjekte waren Aufhänger und Spinnwirtel. Letztere behalten dieselbe konische Form wie in Ägina V, aber sie sind nicht so fein gearbeitet. Weitere Objekte werden nicht erwähnt. Ägina VI wird zeitgleich mit Lerna IV, Phase 3 datiert, also in die spätere frühhelladische Zeit III. Mit dem Ende der Frühbronzezeit ändert sich das Bild der Befestigungsanlage in Ägina wieder. Die mittelhelladische Befestigung wird noch massiver und größer.[649]

3.20. Lerna (Peloponnes)

3.20.1. Lage der Siedlung

Lerna ist eine der wichtigsten Grabungsstätten der Frühbronzezeit auf der Peloponnes. Die archäologische Stätte von Lerna liegt etwa 10 km von Argos entfernt auf der Straße nach Tripolis und am Fuß des Berges Pontinos. Es handelt sich um eine fruchtbare Ebene, die von Bergen und Hügeln umgeben ist. Das Gebiet von Lerna kontrolliert die Strecke über die Berge nach Arkadien. In prähistorischer Zeit konnte man leicht Kontakt mit der übrigen Peloponnes und mit der Halbinsel von Argolis, die den Golf von Argos vom Saronischen Golf trennt, aufnehmen. Von der Bucht von Lerna konnte man auch Kontakt mit Keos, Melos, Thera und den anderen kykladischen Inseln aufnehmen. Die prähistorische Siedlung liegt südlich des Dorfes Myli (Mühlen) am nördlichen Westufer des Golfes von Argos gegenüber von Tiryns und Nauplion. Es handelt sich um eine sehr günstige Lage, die den Zugang zur übrigen Peloponnes kontrolliert. Die Ruinen der Siedlung wurden auf einem durch Aufschüttung künstlich errichteten Hügel entdeckt. Die bisherigen Ausgrabungen zeigten, dass die Siedlung die Größe eines kleinen Dorfes hatte. Von Osten nach

[645] Ebd.

[646] Ebd.

[647] Ebd.

[648] Ebd. Über die Keramik von Ägina VI siehe das Kapitel: Stadt VI: Befunde und Funde, H. Walter – E. Felten (1981), 117ff.

[649] Über die Befestigungsanlagen von Ägina während der Mittelbronzezeit wird im entsprechenden Abschnitt dieser Arbeit gesprochen.

Westen hatte die ausgegrabene Siedlung eine Ausdehnung von 180 m, von Norden nach Süden waren es 160 m. Die Gegend der Siedlung war und ist reich an Wasser, das von vielen Quellen am Berg Pontinos entsprang. In der Gegend der Siedlung befindet sich ein Sumpfgebiet, das sicher schon seit neolithischer Zeit ein großes gesundheitliches Problem für die Bewohner von Lerna darstellte. Diesen Sumpf mit dem Namen Amymone soll Herakles bewältigt haben.[650]

Der Wasserreichtum machte die Gegend aber auch sehr fruchtbar. Zusammen mit der Küstennähe war der Ort ein ideales Siedlungsgebiet. Es ist bewiesen, dass der Ort schon in neolithischer Zeit bewohnt wurde. In der Frühbronzezeit wurde er wieder besiedelt. Ihren Höhenpunkt erlebte die prähistorische Siedlung in FH II (FH II, Lerna III A-B, 2750/2700-2500/2450, Lerna III C-D, 2500/2450-2300/2200). Von besonderer Bedeutung für diese Arbeit ist der Zeitraum von Lerna III, Phase C, in der die berühmten frühhelladischen Wehranlagen gebaut worden sein sollen.

3.20.2. Forschungsgeschichte

Der erste, der in Lerna systematische Ausgrabungen durchführte, war der amerikanische Archäologe Caskey in Zusammenarbeit mit der American School of Classical Studies of Athens.[651] Die Ausgrabungen dauerten von 1952 bis 1958 an, in denen, wie so oft, nicht die gesamte prähistorische Siedlung ausgegraben wurde. Nachgewiesen wurden zehn verschiedene Schichten, die nur sehr schwer voneinander zu trennen waren. Es handelt sich um früh- und mittelbronzezeitliche Schichten mit Überresten von mehr als hundert Gebäuden. Caskey veröffentlichte seine Berichte über den Verlauf der Ausgrabungen in der Zeitschrift Hesperia.[652] In seinem berühmten Artikel über die frühhelladische Zeit in Argolis unterschied Caskey die Siedlungsphasen Lerna I – VII.[653] Caskey verfasste auch einen kurzen Bericht über die architektonischen Überreste von Lerna IV.[654] Der Archäologe unterteilte die Siedlungsgeschichte der Siedlung von Lerna folgendermaßen: Zur FH I von Lerna I macht er keine Angaben, weil die Ausgrabungen keine Hinweise für diese Zeit erbrachten. Caskey hat vorgeschlagen, dass die Siedlung in FH I unbewohnt war. Als Lerna II bezeichnet er die Siedlung aus der spätneolithischen Zeit. Als Lerna III bezeichnet Caskey die Siedlung, die in FH II zur Blüte kam. Es handelt sich um eine Zeit, die in vier Phasen (A, B, C, D) unterteilt wird. Während der Phase C von Lerna III wurden die Befestigungsanlagen mit den Bastionen gebaut. Dies erfolgte nach dem Bau von zwei beeindruckenden Gebäuden. Das bekannteste davon und gleichzeitig das jüngere ist das „*House of the tiles*". Zeitlich gehört das Gebäude zu der späteren Phase von Lerna III. Seinen Vorgänger, das Gebäude „BG" gehört in eine frühere Phase von Lerna III. Lerna IV ordnet Caskey in FH III an. Nach der Zerstörung von Lerna III wurde das „*House of the tiles*" nicht mehr aufgebaut. An seiner Stelle wurde ein Tumulus errichtet, der von einem Steinkreis umgeben war. Der Grund dafür ist bis heute nicht bekannt. Die Häuser scheinen nun mehr apsisförmig als rechteckig zu sein. Sehr wichtige Informationen zu den architektonischen Elementen von Lerna III-IV lieferte

---

650 An dieser Stelle soll der bekannteste der griechischern mythologischen Helden eine seiner berühmten Taten vollbracht haben. Herakles soll das unkontrollierte Wasser unter Kontrolle gebracht haben. Im Mythos wurde das unruhige Wasser und der Sumpf zum vielköpfigen hässlichen Fabeltier Hydra (Wasserungeheuer), das von Herakles getötet wurde. Es ist aber nicht die Tat von Herakles, die den Ort von Lerna bekannt machte. Hier suchten die Griechen in der Antike den Eingang zum Hades, wo der Gott des Weines Dionysos in den dunklen Tiefen des Hades stieg, um Semele zurückzubringen. In Lerna soll auch Pluto mit Persephone verschwunden sein. Es ist bekannt, dass Mysterienspiele für dieses Ereignis gefeiert wurden. In Lerna soll der Vater der olympischen Götter Zeus Io nachgestellt haben. Er hat sie in einer Kuh verwandelt, damit er die Eifersucht seiner Gattin Hera entgehen konnte. Die Töchter von Danaos haben in der Umgebung von Lerna die Köpfe ihrer ermoderten Gatten in den nahegelegenen Alkyonischen See geworfen. Deswegen sind sie verurteilt worden, in Hades ohne aufzuhören, Wasser in bodenlosen Gefäße zu tragen. Der See galt damals als bodenlos. Später in der römischen Zeit versuchte Kaiser Nero erfolglos die Tiefe des Sees durch Loten festzustellen. Insgesamt ist das Gebiet von Lerna reich an Sagen, die vielleicht das Alter der prähistorischen Siedlung wiederspiegeln.

651 Im Jahr 1909 sollen die deutschen A. Frickenhaus und W. Müller erste Versuchsausgrabungen in Lerna durchgeführt haben.

652 J. L. Caskey, Excavations at Lerna, 1952-1953, Hesperia 23, 1954, 3-30; ders., Excavations at Lerna, 1954, Hesperia 24, 1955, 25-49; ders., Excavations at Lerna, 1955, Hesperia 25, 1956, 147-173; ders., Excavations at Lerna, 1956, Hesperia 26, 1957, 142-162; ders., Excavations at Lerna, 1957, Hesperia 27, 1958, 125-144; ders., Activities at Lerna, 1958-1959, Hesperia 28,1959, 202-207.

653 J. L. Caskey, The Early Helladic Period in the Argolid, Hesperia 29, 1960, 283-303.

654 J. L. Caskey, Houses of the Fourth Settlement at Lerna. *Χαριστήριον εις Αναστάσιον Κ. Ορλάνδον, II,* (1966), 144-152.

auch Overbeck.[655] Mit den Funden von Lerna befassten sich viele Wissenschaftler. Geyvall untersuchte die Fauna von Lerna im ersten Band des Gesamtwerkes von Lerna.[656] Angel wertete im zweiten Band des Gesamtwerkes von Lerna das menschliche Skelettmaterial anthropologisch aus.[657] Runter befasste sich im dritten Band des Gesamtwerkes mit der Keramik von Lerna IV.[658] Wiencke behandelt in Band vier die Architektur, Stratigraphie und Keramik von Lerna III.[659] In Teil 1 wird über die Überreste von Lerna III und die Stratigraphie des Ortes berichtet. Die Archäologin beschreibt die verschiedenen Bauphasen der Gebäude und der Befestigungsmauer mit allen technischen Details. In Teil 2 des vierten Bandes werden die Keramik und die anderen Fundobjekte von Lerna III besprochen.

3.20.3. Die Siedlung

Wie schon erwähnt liegt die prähistorische Siedlung von Lerna am südlichen Ortsausgang des Dorfes Myli auf der Ostseite der Straße. Die Siedlung wird heute von vielen Orangengärten umgeben. Von dem ehemaligen Hügel, der noch bis in die fünfziger Jahren existierte, ist heute nichts mehr zu sehen. Wenn man den Ausgrabungsort betritt, sieht man in einem Schnitt an der südwestlichen Seite den Grundriss eines der neolithischen Häuser der Siedlung. An dieser Seite ist auch die frühbronzezeitliche Befestigungsanlage der Siedlung zu sehen (Taf. 35). Im Zentrum der archäologischen Stätte nördlich der Befestigungsmauer befindet sich das *„House of the tiles“*, das auch als Korridorhaus bezeichnet wird. Südöstlich davon befinden sich Reste von anderen prähistorischen Gebäuden. Südlich des *„House of the tiles“* sind noch Spuren des Tumulus zu sehen, der nach der Zerstörung des Hauses gebaut wurde. An der östlichen Seite des *„House of the tiles“* sind Mauerreste des Vorgängerbaus zu sehen, des Hauses „BG“. Es war ebenfalls ein Korridorhaus. Im Nordosten wurden Reste von Gebäuden gefunden. Es handelt sich um neolithische rechteckige sowie früh- und mittelbronzezeitliche apsisförmige Häuser. Westlich des *„House of the tiles“* wurden Reste eines apsisförmigen frühbronzezeitlichen Hauses gefunden. Gräber aus der Mittel- und Spätbronzezeit wurden an der westlichen Seite des *„House of the tiles“* und an seinen nördlichen Fundamenten entdeckt. Die wichtigsten Befunde in Lerna sind außer der Befestigungsanlage das *„House of the tiles“* und sein Vorgänger, das Haus „BG“. Letzteres war ein rechteckiges Gebäude, das aus einem Vorraum und einem Hauptraum bestand. Es war 11,75 x 12 m groß. Reste des Gebäudes befinden sich an der nordöstlichen Ecke des *„House of the tiles“*. Leider wurde nicht das ganze Gebäude ausgegraben. Die wenigen Überreste zeigen die Form eines großen Gebäudes, das aus doppelten Mauern besteht. Die Breite dieser Mauern reichen von 0,80 bis 1,20 m. Im vorderen Bereich der Längswände lag ein Gang zwischen den doppelten Mauern. Er befand sich östlich des offenen Bereiches des Gebäudes mit dem Haupteingang. Diese vorgezogenen Teile der doppelten Mauern bildeten die Anten des Vorraumes. Was für eine Funktion diese Gänge hatten, ist bis heute nicht beantwortet. Sie werden mehrmals durch Quermauern unterbrochen, was die Deutung der Gänge noch verkompliziert. Im Vorraum des Gebäudes „BG“ wurde etwa in der Mitte eine Säulenbasis gefunden. Das Ganze erinnert von der Form an megaronartige Gebäude. Die Konstruktion mit den doppelten Mauern und den dazwischen liegenden kleinen Räumen ähnelt laut Sinos an die Konstruktionsprinzipien frühhelladischer Befestigungsanlagen.[660] Eine ähnliche Baukonstruktion gibt es in Phylakopi. Die Befestigungsanlage besteht dort aus einfachen und doppelten Mauern. Der Zwischenraum wurde oft mit Erde und Stein verfüllt. In manchen Fällen wurden auch Wohneinrichtungen direkt an den Mauern errichtet. Ein anderes Beispiel befindet sich im neolithischen Mersin. Die dortige Befestigungsanlage hat eine kasemattenartige Form. Es kann sein, dass die Formen solcher Anlagen in irgendeiner Zusammenhang miteinander stehen, dass sie sich z. B. gegenseitig beeinflusst haben oder von einem gemeinsamen Vorbild aus dem Osten beeinflusst wurden. In einem viel besseren Zustand ist das berühmte *„House of the tiles“* erhalten. Die Ausgrabungen erbrachten ein monumentales Gebäude, das auf dem griechischen Festland einzigartig ist. Es handelt sich um ein rechteckiges Gebäude, das 25 x 12 m groß war. Das Haus besteht aus doppelten

[655] J. Overbeck (1963).

[656] N. G. Geyvall, Lerna I. The Fauna mit einem Vorwort von John Caskey (1969).

[657] J. Angel, Lerna II. The People (1971). Er kam zu dem Ergebnis, dass die Männer von Lerna 1,60 – 1,70 m groß waren, die Frauen waren 1,48 – 1,56 m groß. Die Kindersterblichkeit war sehr hoch und die Menschen hatten nur eine geringe Lebenserwartung. Die meisten Frauen starben mit 25 – 40 Jahren, die Männer mit 30 – 45 Jahren. Aufgrund schlechter Ernährung litten die meisten Menschen an Arthritis sowie Malaria und ihre Zähne waren in einer schlechten Verfassung. Die oben genannten Angaben stammen von menschlichen Überresten aus der Mittelbronzezeit, die aus hunderte von Gräbern in Lerna entdeckt wurden. Aus der Frühbronzezeit wurden nur sehr wenige Gräber gefunden.

[658] J. Rutter, Lerna III. The Pottery of Lerna IV mit einem Vorwort von Martha H. Wiencke (1995).

[659] M. H. Wiencke, Lerna IV. The Architecture, Stratification and Pottery of Lerna III (2000).

[660] S. Sinos, Die vorklassischen Hausformen in der Ägäis (1971), 32f.

Mauern, die in einer Höhe von 0,70 m erhalten sind. Die Innenmauern des Hauses sind dagegen in einer Höhe von 1,15 m erhalten. Die Breite der Mauern erreicht einen Meter. Der Raum zwischen den Mauern besteht aus kleinen Zimmern, die aber größere Ausmaße haben als die des Hauses „BG". Wenn man das Gebäude von Osten her betritt, kommt man direkt in den Vorraum, auf den der rechteckige Hauptraum folgt. Die Südseite dieses Raumes besteht aus einer einfachen Mauer. Wahrscheinlich wurde dort keine doppelte Mauer errichtet, damit Fenster in die Mauer eingebaut werden konnten. Drei in einer Achse liegende Türen verbanden den Hauptraum mit einem kleinen rechteckigen Raum, einem quadratischen Raum und einem Vorraum, der durch eine Tür an der westlichen Außenmauer des Gebäudes zu betreten war. Eine weitere Eingangstür wurde an der nördlichen doppelten Mauer gefunden. An der nordwestlichen Ecke des Hauses befindet sich noch eine Tür, die Zugang zu einem kleinen Raum bietet. Die nördlichen doppelten Wände des Hauses bilden einen Korridor. Solche Korridore werden oft in kleine Räume unterteilt. Manche dieser kleinen Räume lassen sich nur von außen betreten. Die Zwischenräume solcher Korridore werden als Speicherräume interpretiert oder als Einrichtungen für Treppen, die zum zweiten Obergeschoss der Korridorhäuser führen. Eine solche Treppenanlage wurde an der nördlichen doppelten Mauer des „*House of the tiles*" ausgegraben. Über diese Treppe konnte man direkt nach außen gelangen. Die Treppenstufen waren entweder aus Lehm gebaut oder bestanden aus Rundbalken. Letztere wurden wieder mit Lehm verputzt. Der Unterbau des Gebäudes bestand aus Stein, der Oberbau der Mauern aus luftgetrockneten Lehmziegeln. Auch Stuck als Wandverputz wurde gefunden. Entlang der Außenmauern des Gebäudes befanden sich Bänke aus Ton. Die Außenmauern wurden mit einem gelblichen Putz versehen, der auch für den Boden des Hauses verwendet wurde. Die Räume wurden mit Kalk verputzt. Manchmal wurde der ältere Verputz von den Wänden abgekratzt, damit auf dem so entstandenen unebenen Untergrund die letzten Schichten des Putzes besser haften konnten. Dieses Verfahren scheint nicht in allen Räumen des Hauses verwendet worden zu sein. Die Dachkonstruktion des Hauses war wahrscheinlich geneigt. Die Dachziegel waren in Lehm eingebettet. Der Rand des Daches war mit Schiefersteinen anstatt mit Dachziegeln gebaut. Ob das „*House of the tiles*" in einem Stück gebaut wurde, bleibt offen. Wichtig ist der Fund von 150 Tonplomben, die im Raum XI des „*House of the tiles*" gefunden worden sind. Dieser Raum XI wurde als Lagerraum bezeichnet. Weitere Tonplomben von Lerna IIIC fanden sich in den Räumen CA und DM südlich des Gebäudes „BG", sowie in Raum B der Befestigungsanlage. Bemerkenswert sind die 60 verschiedenen Muster der 150 Tonplomben. Diese Tonplomben gaben Anlass für viele Diskussionen über die Deutung der Korridorhäuser. Der Vergleich des „*House of the tiles*" mit ähnlichen Häusern, die allgemein als Korridorhäuser bezeichnet werden, führte zu verschiedenen Interpretationen und Ansichten. Das Phänomen der Korridorhäuser kam nur in einer begrenzten Anzahl von Orten vor. Dazu gehören die Korridorhäuser in Lerna, vielleicht in Zygouries und in Akovitika auf der Peloponnes, auf Ägina und in Theben in Boiotien. Alle diese Gebäude gehören in FH II. Nur das „weiße Haus" in Ägina-Kolonna soll in die Übergangsphase von FH II zu FH III gehören. Besonders die Zeit von Lerna IIIC und IIID wurde von der Archäologin Wiencke als Zeit der Korridorhäuser bezeichnet.[661] Ob die Häuser Sitz einer privilegierten Elite waren bzw. als administratives oder auch religiöses Zentrum angesehen wurden, ist umstritten.[662] Die meisten Wissenschaftler wie Wiencke, Pullen, Overbeck, Caskey, Cherry, Renfrew und Maran sind aber dieser Ansicht. „*Der Korridorhaus-Architekturkomplex ist, insgesamt gesehen, als der Sitz einer privilegierten und wahrscheinlich auch mit administrativen Aufgaben betrauten Bevölkerungsgruppe anzusprechen, die ihre Sonderrechte und hervorgehobene Stellung durch architektonische Mittel darstellte und bekräftigte*".[663] Wissenschaftler wie Felten glauben dagegen, dass diese Baukonstruktionen von Großfamilien bewohnt wurden, die landwirtschaftliche und handwerkliche Tätigkeiten ausübten.[664]

---

[661] M. H. Wiencke (1989), 503f.

[662] J. W. Shaw (1987), 78f.

[663] J. Maran (1998), 193f. Maran geht mit der Interpretation der „Korridorhäuser" nicht konform. Er unterstützt die Ansicht, dass die „Korridorhäuser" Sitz einer Elite waren. Seine Argumentation stützt sich auf die verschiedenen Funde, wie Tonplompen, Siegelabdrücken, die architektonischen Elemente des Hauses, sowie die topographische Lage des Gebäudes innerhalb des befestigten Areales. Seine Isolierung im Zusammenhang mit den anderen prähistorischen Gebäuden gibt dem „Haus der Ziegel" eine besondere Bedeutung. Maran vergleicht das Haus mit den anderen „Korridorhäuser" und widerlegt Feltens These.

[664] F. Felten, Early Urban History and Architecture of Ancient Aigina, in: R. Hägg – D. Konsola (Hrsg.), Early Helladic architecture and urbanisation. Proceedings of a seminar held at the Swedish Institute in Athens, June 8, 1985, SIMA 76 (1986), 21ff. Für eine Interpretation als Bauernhäuser entschied sich der griechische Archäologe G. A. Papathanasopoulos, *Ακοβίτικα Καλαμάτας*, ADelt 25,1, 1970, Chronika, 177-179. Über die Korridorhäuser von Akovitika.

Wie die prähistorische Siedlung genau ausgesehen hat, kann nicht mit Sicherheit festgelegt werden, weil die Ausgrabungen von 1952 bis 1958 nur in einem kleinen Areal durchgeführt wurden. Für die Phasen Lerna IIIA und Lerna IIIB der älteren FH II fehlt es an Beweisen und Funden, so dass kein einheitliches und detailliertes Bild über diese Zeitphasen rekonstruiert werden kann. Am Ende der Phase Lerna IIIB und zu Beginn der Phase Lerna IIIC werden das Korridorhaus „BG“ und südlich davon die Befestigungsmauer gebaut. Während dieser Zeit wurden immer wieder neue Bauten errichtet, und die Befestigungsanlage ist immer wieder umgebaut worden. Am Übergang von der Phase Lerna IIIC zur Phase Lerna IIID wurde das „*House of the tiles*“ errichtet. Im Laufe der Phase Lerna IIID wurde es durch Feuer zerstört. Nach der Zerstörung dieses Korridorhauses wurde an dieser Stelle aus seinem Schutt ein Tumulus gebildet, der von einem Steinkranz umgeben wurde. Während der Phase Lerna IV gab es im Bereich des Tumulus keine Bautätigkeiten. Im übrigen Bereich wurden verschiedene Apsishäuser gebaut. Das älteste davon ist Apsishaus A1. Es handelt sich um einen Pfostenbau, der von Westen nach Osten orientiert war. Später wurde er zerstört, und an seiner Stelle wurde wieder ein Apsishaus gebaut, aber dieses Mal mit Steinfundament. Beide Baukonstruktionen standen östlich des Tumulus. In den späteren Bauphasen 3 und 4 von Lerna IV wurden verschiedene Apsishäuser gebaut, die nicht nur von Westen nach Osten orientiert waren, sondern auch von Norden nach Süden. Alle diese Wohneinrichtungen wurden östlich des „*House of the tiles*“ und des Tumulus ausgegraben. Nur während der Bauphase 4 von Lerna IV wurde ein Apsishaus im Bereich des Tumulus gebaut, das Haus D2. Es kann sein, dass die Handwerker, die diese Apsishäuser bauten, eine andere Einstellung zu diesem Areal hatten.[665] Weswegen der Bereich des Tumulus davor als ungeeignet für den Bau neuer Gebäude angesehen wurde, ist bis heute umstritten. Sicher ist, dass eine gewisse Kontinuität von den verschiedenen Phasen von Lerna IIIC, Lerna IIID und Lerna IV bis in die mittelhelladische Zeit festgestellt worden ist. Die Tradition der Korridorhäuser hört in FH III (Lerna IV) auf. Aus welchem Grund sie nicht länger fortgesetzt wird, ist bis heute nicht befriedigend beantwortet. Für die FH I bekommen wir kein klares Bild von der Keramik. Die Situation ist anders während der FH II und der Übergangsphase zur FH III in Lerna, den Phasen Lerna IIIA bis IIID. Während der älteren Phasen (A-B) von Lerna III taucht die für die Zeit typische Keramik auf, die ganz mit Urfirnis überzogen worden ist. Zu Beginn von Lerna IIIC werden die Gefäße nur zum Teil mit Urfirnis überzogen. In Phase Lerna IIID gibt es feine Keramik, die keinen Firnisüberzug hat.[666] Anders ist die Situation während Lerna IV, das durch vier architektonische Bauphasen und drei Keramikphasen charakterisiert wird. Die drei Keramikphasen von Lerna IV unterscheiden sich sehr von denen aus Lerna III. Meistens handelt es sich um musterbemalte Keramik, deren heller Grund mit dunklem Firnis überzogen wird, oder um grauminysche Keramik. Dazu gehören auch die „*smear ware*“ (geglättete Keramik), die Ritzkeramik und die einstichverzierte Keramik.[667] Erwähnenswert ist für diese Phase von Lerna IV die Einführung der Töpferscheibe. In Bezug auf die Frage der Kontinuität oder Diskontinuität der Siedlungsphasen wurde die Keramik von Lerna in der Literatur ausführlich behandelt und mit Funden von anderen Orten auf der Peloponnes verglichen.[668] Insgesamt bekommen wir kein einheitliches Bild von der prähistorischen Siedlung, weil nur ein Teil ausgegraben worden ist. Wahrscheinlich war die Ausdehnung der Siedlung viel größer, als es heute erscheint. Ob es außerhalb der Befestigungsanlage Wohneinrichtungen gab, bleibt offen.

3.20.4. Die Befestigungsanlage in Lerna

Der besser erhaltene Teil der frühbronzezeitlichen Befestigungsmauer befindet sich an der südlichen Seite

[665] Der Tumulus wurde nach Caskeys Ansicht von den neuen Bewohner Lernas errichtet, die zuvor das „Haus der Ziegel“ zerstört hatten. Sie hielten diesen Erdhügel vom Schutt des Hauses als eine Art Denkmal zur Erinnerung der Eroberung des Ortes.

[666] Mit dem Beginn von Lerna IIIC treten häufig keramische Gattungen hervor, die durch hell auf dunkel bemalte Gefäße definiert werden. Typisch noch für diese Zeit ist Keramik, die durch Stempelroller gekennzeichnet ist. Als Beispiel können Herdränder und Pithoi genannt werden, die Abrollungen eines Stempelrollers aufweisen. Mehr über die Keramik in Bauphase Lerna III wird von Wiencke besprochen. J. B. Rutter (1995).

[667] Typische keramische Formen mindestens für Nordostpeloponnes sind folgende: Schalen mit S-Profil oder Trichterrand mit ringförmigen Bandhenkeln. Humpen, Schalen und Tassen mit hochgezogenem Bandhenkel, Fußgefäße mit großem Bandhenkel und durchbrochener Wandung und die bekannten „*Ouzobecher*“ gehören auch zu Lerna IV. Mehr Information über die Keramik in Lerna IV ist im Gesamtwerk von Lerna (Lerna III) von J. B. Rutter (1995).

[668] Siehe auch J. Maran (1998) mit ausführlicher Literatur, hier wird das Thema der relativen Chronologie des Chalkolithikums und der frühen Bronzezeit im Südgriechenland, Nord- und Mittelgriechenland und Kykladen behandelt. Er versucht durch Vergleich und Analogie im Bezug auf die Keramik deutlich die verschiedenen keramischen Phasen darzustellen und sie chronologisch besser einzuordnen.

des ausgegrabenen Areals. Es handelt sich um zwei parallele Mauern, die durch Quermauern verbunden werden. Die Länge der Mauern beträgt fast 50 m. In verschiedenen Phasen wurde die Anlage durch vorspringende Türme verstärkt. Jede der beiden parallelen Mauern ist mehr als 1m breit. Der Abstand zwischen den beiden beträgt mehr als 2,10 m. Die Wehrmauer ist im Fischgrätmuster gebaut und besteht aus kleinen und mittelgroßen Feldsteinen, die ohne Bindemittel zusammengesetzt wurden. Der obere Teil der Befestigung wurde aus luftgetrockneten Lehmziegeln gebaut. Der Oberbau bildete wahrscheinlich einen Wehrgang, auf dem die Verteidiger stehen konnten. Die zwischen den Mauern liegenden Räume wurden mit Ziegeln gedeckt. Die Befestigungsanlage von Lerna erreichte eine Höhe von 6 bis 8 m und wurde in mehreren Bauphasen gebaut. Ihr Beginn lag am Ende von Lerna IIIB und am Anfang von Lerna IIIC, zur Zeit des Korridorhauses „BG". Die Anlage besteht aus zwei Mauern, die nördliche Mauer hat die Bezeichnung W-69, die südliche W-70. Die beiden parallelen Mauern neigen sich nach Norden. Direkt an Mauer W-70 wurde Turm B gebaut. Es handelt sich um eine hufeisenförmige Bastion, die etwa 2 m nach Süden vorspringt. Im Inneren der Bastion gibt es einen ebenfalls hufeisenförmigen Raum. Ob hier eine Schießscharte existierte, konnte nicht festgestellt werden. Caskey meint, dass die Wände des Turmes sehr breit waren und der innere Raum sehr eng, so dass Kämpfer nicht genug Platz hätten, um den Bogen zu spannen.[669] Schon in dieser Siedlungsphase wurde der Turm zerstört. Er wurde auseinander genommen, wie die Lage von vielen Steinen zeigte, und nicht wieder aufgebaut. Nach der Zerstörung des Turmes wurde der Zugang zu dem dahinter liegenden Zimmer geschlossen. Südwestlich der Mauer W-70 und des Turmes fanden die Archäologen eine Treppenanlage, die zum Haupttor der Mauer führt. Sie besteht aus 18 Treppenstufen. Über diese Treppe konnte man direkt zum Strand von Lerna gelangen. Zwischen den parallelen Mauern bildet eine Quermauer zwei Räume. Sie werden als Zimmer QR und Zimmer ST bezeichnet. In ihnen wurde viel Gebrauchskeramik gefunden (Taf. 36). Zum westlichen Teil der Befestigung kann in dieser Phase kaum etwas gesagt werden. Von der Wehrmauer wurden nur wenige Überreste gefunden, nämlich die zwei parallelen Mauern W-77 und W-78, die nach Westen orientiert sind. Nordöstlich von Mauer W-77 wurde ein kleines Haus, W-73, gefunden. An der östlichen Seite des Hauses fanden sich Spuren einer anderen Mauer, die von Nordwesten nach Südosten orientiert ist. Es handelt sich um die Mauer W-80 (Taf. 37). Ob sie Teil einer früheren Befestigung war, ist ungewiss. Ungewiss ist auch die Richtung des westlichen Teiles der Befestigung. Diese Bauphase wurde wahrscheinlich durch einen Zusammenbruch des Oberbaus der östlichen Befestigungsanlage beendet. Möglicherweise wurde der Einsturz durch ein Erdbeben verursacht. Gebrauchskeramik ist einfach im Bereich der östlichen Anlage liegengelassen worden, was für einen überstürzten Aufbruch spricht. In der mittleren Phase von Lerna IIIC wurden im östlichen Teil der Befestigung einige Veränderungen vorgenommen. Die parallelen Mauern W-69 und W-70 sowie die Zimmer QR und ST blieben aber unverändert. Mit dem Bau der Mauerteile W-82 und W-84 wurde noch ein Zimmer innerhalb der Wehranlage errichtet, das Zimmer P. Eine Verlängerung der Mauer W-82, die nach Westen orientiert war, bildete nun die südliche vordere Seite der Befestigungsanlage. Während dieser mittleren Phase von Lerna IIIC wurde auch der zweite Turm, Turm A, gebaut. Es handelt sich um einen massiven rechteckigen Turm, der direkt an die Mauer W-70 angeschlossen wurde. Er wurde westlich des Turmes B gebaut. Der neue Turm war massiver und größer als sein Vorgänger. Sein Vorsprung zur Mauer W-70 beträgt 2,50 m. Ein großer Teil von Turm A liegt über einem großen Teil der Treppenanlage. Ob das Tor der Wehranlage noch weiter westlich gebaut wurde, ist nicht sicher (Taf. 38). Am Ende der mittleren Phase von Lerna IIIC sah die Befestigungsanlage folgendermaßen aus. Die nördliche und innere Seite der Befestigungsanlage bestand aus den Mauern W-69, W-86 und W-89. Der südliche Teil bestand aus den Mauern W-85 (Verlängerung von W-70), dem Turm A und den Mauerteilen W-82 und W-83. In dem dazwischen liegenden Raum der inneren, nördlichen und äußeren, südlichen Mauer der Wehranlage wurden folgende Zimmer von Westen nach Osten errichtet: Zimmer D, C, B, A und P. An der Stelle, an der die beiden parallelen Mauern sich neigen und der östliche Teil der Befestigung sich nach Norden orientiert, blieben die Zimmer QR und ST unverändert (Taf. 39). Problematisch bleibt der Verlauf der Mauer W-83 nach Westen. Es scheint, dass die Befestigungsanlage in dieser Zeit noch weiter nach Süden gebaut wurde. Spuren von Mauer W-83 wurden südlich des Zimmers J gefunden. Zimmer J gehört zu der Endphase von Lerna IIIC. Südwestlich dieses Zimmers entdeckten die Archäologen Spuren eines Turmes, der als Westturm bezeichnet wurde (Taf. 40). Am Ende der Phase Lerna IIIC kam es zu weiteren baulichen Veränderungen. An der Innenseite der Befestigungsanlage wurden einige große Räume angefügt (Taf. 41). Es handelt sich um die Häuser CA und DM. Sie wurden während der Endphase von Lerna IIIC durch Feuer zerstört und nicht wieder aufgebaut. Mit dem Bau des „*House of the tiles*" wurden Teile beider Häuser überbaut. Der westliche Teil der

[669] J. L. Caskey (1958), 132ff.

Befestigung, der nicht mit dem Bereich der östlichen Befestigung verbunden zu sein scheint, besteht auf der inneren, nördlichen Seite aus den Mauern W-105 und W-109. Die äußere, südliche Seite der Befestigung besteht aus Mauer W-107. Die innenliegenden Räume L, K und J werden durch die Quermauern W-111, W-106 und W-108 getrennt. Das Ganze scheint sich mit dem östlichen Teil der Befestigung über das Zimmer D zu verbinden. Tatsächlich nehmen aber Mauer W-89 und W-83 eine südwestliche Orientierung, so dass der westliche Teil der Befestigungsanlage eine unabhängige Einheit bildet. Anscheinend wurde nicht der Versuch unternommen, diese Befestigung mit der östlichen zu verbinden. Die Befestigungsanlage soll am Ende der Phase Lerna IIIC folgendermaßen ausgesehen haben: Der westliche Teil bestand aus den Zimmern L, K und J. Der östliche Teil bestand aus Zimmer D, C, B, A und P. Das Zimmer C wurde in zwei Räume geteilt. In Zimmer A befand sich der Zugang zur Siedlung. Der Raum QR wurde in zwei Teile getrennt, Q und R. Dasselbe geschah mit Raum ST. Aus einem Zimmer wurden zwei, S und T. Bemerkenswert ist der Umbau des Turmes A. Der rechteckige Turm wurde vergrößert und blockierte die Treppenanlage völlig. Mit der Erneuerung des Turmes erhielt er eine „*gerundete südöstliche Ecke*".[670] Wie genau der Oberbau des Turmes aussah, kann nicht bestimmt werden. Caskey nahm an, dass er winkelförmig war. Gleichzeitig mit der Verstärkung des Turmes wurden auch andere Teile der Befestigungsanlage verstärkt. Dies ist besonders an der äußeren Seite der östlichen Befestigung zu sehen, östlich des Turmes, wo eine Reihe von Steinen zusammengesetzt wurde. Es bleibt offen, ob diese Verstärkungsmaßnahmen schon zu Ende geführt waren, als der Bau des „*House of the tiles*" begann. Mit dem Beginn von Lerna IV wurde die Befestigungsanlage aufgegeben, die Siedlung hingegen weiter bewohnt.
Insgesamt ist nicht viel über die Befestigungsanlage während der FH II in Lerna IIIC-D bekannt. Ob die Befestigungsanlage die ganze Siedlung umschloss, bleibt noch offen. Wenn ja, dann wäre die Anlage nicht für eine große Bevölkerung gedacht. Die Gebäude innerhalb von Lerna waren wahrscheinlich nur für eine Elite bestimmt, die sich durch eine Befestigungsanlage schützen wollte. Der Bau einer solchen Anlage erforderte Planung und eine enorme Arbeitskraft. Die Frage, was eigentlich durch die Befestigungsanlage geschützt wurde, ist nicht sicher zu beantworten. Dass die Bauten innerhalb der Befestigungsanlage wahrscheinlich einen besonderen Status innehatten, zeigt sich durch die beiden Korridorhäuser. Das „*House of the tiles*" und das Gebäude „BG" spielten vermutlich eine große Rolle für die frühhelladische Gesellschaft in Lerna, entweder administrativ oder religiös. Die gefundenen Tonplomben, die wohl eine Art Archiv waren, wie man sie aus späteren mykenischen Palastzentren kennt, deuten auf eine organisierte Elite in Lerna hin, die innerhalb der Mauern wohnte und agierte. Sie organisierten wahrscheinlich den Handel und kamen so zu Macht und Reichtum. Die Folge war der Bau von monumentalen Gebäuden und der Wehranlage in der Siedlung. Das Ganze begann mit einer eher unbedeutenden FH I Siedlung, die in FH II ihre Blüte erreichte. Die Architektur, die reiche Keramik und die Herstellung von verschiedenen Objekten demonstriert eine technologische Entwicklung in der Frühbronzezeit, die einzigartig für Südgriechenland ist.
Hoffentlich werden zukünftige Ausgrabungen ein besseres Bild von der prähistorischen Siedlung ergeben und weitere Informationen über das dortige Leben liefern.

3.21. Kastri (Syros)

3.21.1. Lage der Siedlung und Forschungsgeschichte

Die Insel Syros gehört zur mittleren Reihe der kykladischen Inseln. Nördlich liegen die Inseln Andros und Tenos. Östlich befinden sich Mykonos und Delos. Westlich von Syros liegt Kythnos und nordwestlich die Insel Kea. Im Süden befinden sich die Inseln Paros und Antiparos sowie die kleine Insel Salliagos. Südöstlich liegt Naxos, südwestlich die Inseln Seriphos und Siphnos. Die Insel Syros ist 17 km lang und 10 km breit. Mit 84 km^2 ist sie eine der kleineren kykladischen Inseln. Ihr höchster Berg Pyrgos erreicht eine Höhe von 451 m. Während der nördliche Teil der Insel, auf dem die frühbronzezeitliche Siedlung liegt, bergig ist, wird der übrige Bereich von einer landwirtschaftlichen Vielfalt geprägt. Hügel, Ebenen, Plantagen und Äcker wechseln sich dort ab. Wie die anderen kykladischen Inseln wird Syros durch kleine Strände, Buchten und vorspringende Kaps geprägt. Wassermangel und Waldarmut ist auch für Syros charakteristisch. Diese Tatsache bereitete den ersten Siedlern der Inseln schon ab neolithischer Zeit ernsthafte Probleme, obwohl vermutet wird, dass in der Bronzezeit mehr Wasser und eine größere Vegetation vorhanden waren. Besonders der Wassermangel war und ist eines der großen Probleme der Kykladen. Nur auf wenigen Inseln gibt es Quellen und Grundwasser. Aus diesem Grund versuchten die Menschen schon früher, das Problem durch Zisternen zu lösen. Das Wasser sammelte sich während des Winters in den Zisternen oder wenn es regnete. Nur auf diese Weise konnten die Menschen in trockenen Gebieten in den wärmeren Perioden mit Wasser versorgt werden. Warme, trockene Sommer und

[670] M. H. Wiencke (2000) Plan 24.

milde, niederschlagsreiche Wintern waren typisch, wie überall im Mittelmeerraum. Die prähistorische Stätte von Kastri liegt an der Nordostküste der Insel auf einem schwer zu erreichenden Berg, der ebenfalls Kastri genannt wird. Mit seinem Gipfel erreicht er eine Höhe von 165 m. Das Ganze wird südwestlich und südöstlich von zwei steilen Schluchten abgegrenzt. Geomorphologisch gesehen war die frühbronzezeitliche Siedlung von diesen Seiten des Berges unzugänglich und im Fall eines Angriffs leicht zu verteidigen. Nördlich der Siedlung ist die Geländesituation anders. Bossert beschreibt die Lage des Berges folgendermaßen: „*Er erhebt sich in einer ins Meer ragenden kurzen, breiten Zunge mit mäßig hoher, zerklüfteter Steilküste und gewinnt in kräftiger Steigung landeinwärts seine Gipfelhöhe von 164,7 m in 310 m Luftdistanz von der Küste. Er ist damit jedoch wesentlich niedriger als die Berge, die ihn auf der Landseite umschließen. Wohl bedingt durch den schräg liegenden, schieferartigen Marmor, aus dem er besteht, hat er eine unregelmäßige Form. Während sein lang gestreckter Nordhang fast in gleichem Winkel vom Meer bis zur Spitze ansteigt, die im Südteil des Berges liegt, sind seine Hänge im Südosten und Südwesten umso steiler, je mehr sie sich der Spitze nähern. Im Süden schließlich endet der Berg in einem 40 m hohen Felsabsturz, der auf einen etwa 170 m langen Sattel fällt. An dessen jenseitigem Ende erhebt sich ein wesentlich höherer und – vom Meer aus gesehen – Kastri beherrschender Berg*“.[671] Es handelt sich um ein schwer zu begehendes Gelände aus schieferartigem Marmor, der seit der Antike häufig für den Bau verwendet wird. Auch die Siedlung von Kastri ist mit diesem Material gebaut worden. Was damals die Menschen auf diesen unwegsamen Hügel geführt hat, ist bis heute nicht genügend beantwortet. Die Siedlung ist an allen Seiten dem Wind ausgesetzt, und die ganze Gegend scheint unfruchtbar gewesen zu sein. Dies könnte auch während der Frühbronzezeit so gewesen sein, obwohl vermutet wird, dass im Bereich der Siedlung Ackerbau möglich war.[672] Das größte Problem aber war die Wasserversorgung. Wie wurden die Menschen mit Wasser versorgt, wenn es auf dem Hügel keine Quelle gibt? Bisher wurde bei den Ausgrabungen keine gefunden. Es scheint, dass auch kein Brunnen vorhanden war. Die einzige Lösung waren die daneben liegenden Schluchten. Nur von hier konnten die Menschen mit Wasser versorgt werden. Wie die Wasserversorgung während des Sommers funktionierte, wenn die Schluchten trocken blieben, kann nicht beantwortet werden. Anzeichen für die Existenz von Zisternen konnten nicht gefunden werden. Wahrscheinlich aus diesem Grund wurde die prähistorische Siedlung sehr früh wieder verlassen und nicht wieder besiedelt. Geometrische Scherben, eine archaische Besitzerinschrift und eine viel jüngere kreisförmige Maueranlage auf der Spitze des Hügels bezeugen die Anwesenheit von Menschen, aber keine dauerhafte Besiedlung. Im Laufe der Zeit wurde das Baumaterial der prähistorischen Siedlung leider abgetragen und entweder für den Bau des Kastros oder der Grenzmauern auf den Feldern verwendet. Trotzdem sieht man heute noch die Grundmauern von Kastri und kann sich ungefähr vorstellen, wie die frühbronzezeitliche Siedlung ausgesehen hat. Ein Problem stellt die schon erwähnte kreisförmige Anlage auf dem Gipfel des Hügels dar. Der deutschen Archäologin Bossert gelang keine eindeutige Datierung. Aufgrund der guten Erhaltung der Anlage wurde die Vermutung geäußert, dass sie aus der Zeit der Freiheitskämpfe der Griechen gegen die Türken stammt.

Der erste, der systematische Ausgrabungen in Kastri und Umgebung ausführte, war der griechische Archäologe Tsountas im Jahr 1898. Außer der prähistorischen Siedlung fand er 600 Gräber, die als die Gräber von Chalandriani bekannt wurden.[673] Die Funde aus den Gräbern zeigen einerseits die erstaunliche Vielfalt der kykladischen Kultur, anderseits warfen sie neue Fragen auf für die Datierung der prähistorischen Stätte auf Kastri und ihr Verhältnis zu den Gräbern. Um diese Fragen zu beantworten, fand im November 1962 eine Ausgrabung statt durch die deutsche Archäologin Bossert in Zusammenarbeit mit dem Deutschen Archäologischen Institut in Athen und dem Ephoros der Kykladen, Zafeiropoulos.[674]

[671] E. M. Bossert (1967).

[672] W. Eckschmitt (1986).

[673] Ch. Tsountas, *Κυκλαδικά*, AEphem, 1899, 74–134.

[674] Die Freilegung eines Teiles von Lerna mit seiner Befestigungsanlage auf der Peloponnes, der spanischen Siedlung in Los Millares und der portugiesischen Siedlung in Vila Nova de S. Pedro gaben Anlass für neue Debatten über den Bau von Befestigungsanlagen während der Bronzezeit. Die Mauern und Bastionen dieser Anlagen haben eine verblüffende Ähnlichkeit mit der Befestigungsanlage von Kastri. Diese Entdeckungen reichten aus, um die Forschungsdiskussion über kykladische Beziehungen mit anderen Orten und Siedlungen neu zu entfachen. Von wem wurden diese Siedlungen beeinflusst? Die Frage konnte nicht eindeutig beantwortet werden. Vermutet werden aber Orte im Osten, weil auch im östlichen Mittelmeerraum solche Anlagen freigelegt wurden. Sehr bekannt ist z. B. die frühbronzezeitliche Siedlung von Arad in Israel (Südpalästina). Sie stimmt architektonisch und möglicherweise chronologisch mit der von Kastri überein.

3.21.2. Die Siedlung

Die prähistorische Siedlung mit ihrer Befestigung liegt 40 m unterhalb der kreisförmigen Anlage auf der Spitze des Hügels und hat eine Ausdehnung von 0,3 bis 0,5 ha. Der heutige Besucher erkennt sofort, dass die Siedlung mit ihren Wohneinheiten eng und winklig auf dem Hügel erbaut wurde. Die meisten Überreste liegen hinter der Wehranlage. Wahrscheinlich war die frühkykladische Siedlung auf den ganzen Gipfel des Hügels ausgedehnt. Spuren dieser Reste auf dem Gipfel des Hügels sind nicht mehr vorhanden. Entweder wurden sie zerstört oder abgebaut und für andere Baumaßnahmen, wie die Befestigung, wieder verwendet. Was heute noch von der Siedlung zu sehen ist, sind die Fundamente von 40 Gebäuden verschiedener Größe, die in der Nähe der Befestigungsanlage liegen. Rechteckige Häuser und solche mit gekrümmten Wänden beherrschen das Bild der Siedlung. Einige sind direkt an die Befestigungsmauer gebaut worden. Charakteristisch für die Bauweise der verschiedenen Wohneinheiten und Raumeinheiten ist, dass sie alle unregelmäßig gebaut sind. Dies bedeutet, dass die Bauten dem Felsgrund des Hügels angepasst wurden. Von einer wirklichen Stadtplanung kann man hier weniger sprechen.

Meistens handelt es sich um trapezförmige Gebäude, die manchmal auch abgerundete Ecken haben. Nur in einem Fall haben wir die Form eines ovalen Gebäudes.[675] Die übrigen Wohneinrichtungen bestehen aus einem oder zwei Räumen mit einem Durchmesser von 2 bis 3 m, die entweder von Osten oder von Westen zu betreten sind. Die Wände der Gebäude haben eine Breite von 0,30 bis 0,40 m. Von Süden her werden nur ganz selten Bauten betreten, und wir kennen nur ein Beispiel, nämlich Gebäude 23, dessen Eingang an der nördlichen Seite liegt. Aufmerksamkeit erregen die zweiräumigen Einrichtungen, deren Räume 4-5, 28-29, 33-34 und 36-37 nur selten in einer Achse liegen. Meistens werden die Räume über Eck angesetzt. Raum 7 und 8 sind anscheinend eine Ausnahme, da sie in einer Achse liegen. Im östlichen Teil von Kastri scheinen einige prähistorische Bauten abgetragen worden zu sein. Die beiden im Westen südlich von Bastion E gefundenen Gebäudekomplexe deuten darauf hin, dass es eine soziale Differenzierung innerhalb der Siedlung gab. Es handelt sich um Haus 12 sowie um die Räume 25 -26 und 28 – 29. Beide Wohneinheiten haben Vorhöfe und sind größer als die anderen prähistorischen Bauten. Funde, die eine soziale Differenzierung der Gesellschaft im Bereich dieser beiden Baukomplexe annehmen lassen, wurden aber nicht gefunden. Genauso wenig kann als sicher gelten, dass der Gebäudekomplex aus den Räumen 24, 41 und 42 ein frühbronzezeitliches Heiligtum war. Anhaltspunkte und Funde, die dies bestätigen könnten, fehlen bislang völlig. Über die anderen Gebäude, die hier nicht im Einzelnen aufgezählt werden, lässt sich nicht viel sagen. Die Grundmauern aller sind auf dem gewachsenen Fels gebaut und im Vergleich zu der Befestigungsanlage sind sie mit kleineren Steinen und Marmorplatten errichtet worden. Nur Haus 12 und die Räume 25 – 26 sowie 28 – 29 sind mit größeren Steinen und Marmorplatten gebaut. Deswegen wurde die Vermutung geäußert, dass der Gebäudekomplex auf eine soziale Differenzierung innerhalb der Siedlung hinweist. Alle Gebäude werden durch enge Gassen und kleine Höfen getrennt. Wegen der Morphologie des Felsbodens wurden sie dicht nebeneinander gebaut. Manchmal wurden Stufen, Treppen oder Terrassenmauern zwischen den Häusern gebaut, damit man das ansteigende Niveau der Siedlung überwinden konnte. Die Gebäude 20, 30 und 32 scheinen isoliert gebaut worden zu sein. Die Vermutung, dass es sich hier um Vorratsspeicher handelte, konnte nicht bestätigt werden.

Es wurden auch einige Türschwellen und Herdstellen ausgegraben. Tsountas fand in den Gebäuden 21 und 26 Bodenplatten. Für die Errichtung der Hauswände wurde nicht überall Ton verwendet. Es scheint, dass Ton in dieser Gegend nur sehr schwer zu finden war. Aus diesem Grund bauten die Menschen ihre Häuser nur aus Stein. Spuren von Balken oder andere Holzkonstruktionen, die beim Bau der steinernen Häuser möglicherweise verwendet wurden, fanden weder Tsountas noch Bossert. Wandverputz konnte ebenfalls nicht nachgewiesen werden.[676] Es ist unbekannt, ob die Dächer geneigt, flach oder gewölbt, wie im Hausmodell von Poliochni, waren.[677]

Zur Datierung des befestigten Ortes muss erwähnt werden, dass schon von Tsountas nur eine Bauschicht beobachtet wurde, die Gebäude wurden auch nicht umgebaut oder erneuert. Kastri wurde also nicht lange bewohnt. Beide Ausgräber fanden eine große Zahl von Keramikfragmenten und Gefäßen, die zusammen mit dem Inventar der 600 Gräber von Chalandriani ein Bild der frühen Gesellschaft auf der Insel ergeben. Überwiegend wurden auf Kastri Scherben von dickwandiger, grober

[675] Es handelt sich um den Raum 4. Siehe Plan

[676] Ch. Tsountas (1899), 119ff.

[677] F. Zafiropoulou, A prehistoric house model from Melos, AAA. 2, 1969, 406-408. Hier wird eine gewölbte Dachform über einem rechteckigen Grundriss dargestellt. Wahrscheinlich handelt es sich um eine hölzerne Konstruktion, die nicht überall auf den kykladischen Inseln zu treffen ist. Aus diesem Grund dürfen wir nicht diese Dachform verallgemeinern. Es scheint, dass auf der kykladischen Welt während der Frühbronzezeit meistens die geneigte und die flache Dachkonstruktion verwendet wurde.

Keramik gefunden, wahrscheinlich von Vorratsgefäßen, die bis heute leider unpubliziert sind. Von Bossert wird nur eine Auswahl der feinen Keramik behandelt.[678] Ein Teil der sog. Kastri – Gruppe der Keros – Syros – Kultur wurde aber von Rambach in seinem Kykladenwerk publiziert.[679] Der Vergleich der Keramik mit Funden von den anderen kykladischen Inseln und besonders mit Ajia Irini in Keos half bei der zeitlichen Einordnung sowie bei der Definition der FK IIIA und der sog. Kastri – Gruppe der Keros – Syros – Kultur.[680] Mit Hilfe der Keramik wird die befestigte Siedlung an das Ende von FK II und den Anfang von FK IIIA datiert. Bei der Keramik aus Kastri, die mit Keramik von A. Irini in Verbindung gebracht wird, handelt es sich um die berühmten Depasbecher, Formen von ritzverzierten Pyxiden, Askoi mit abgesetztem Ausguss, Backteller und Gefäße mit schräger Mündung. Dazu gehören auch viele Fragmente von unpublizierter grober Gebrauchskeramik.[681] Die Keramik von Kastri repräsentiert wahrscheinlich entweder die letzte Phase der Siedlung oder mehrere Phasen der Siedlungskontinuität. Erst mit der Publikation der groben Gebrauchskeramik wird der chronologische Rahmen der Siedlung deutlicher werden.

Neben der Keramik gab es Metallfunde, von denen die meisten aus einer Mauernische in Raum 11 stammen. Außerdem wurden in diesem Raum Bronzeschlacken auf der Herdstelle gefunden und ein Schmelztiegelbruchstück. Solche Funde wurden auch in Raum 20 und Raum 5 gemacht. Auf dem Tiegelbruchstück aus Raum 11 befanden sich Gussrückstände von Kupfer oder Bronze. Daher wird angenommen, dass Raum 11 eine Metallwerkstatt gewesen sein könnte. Bossert hat auch die Metallobjekte aus der Mauernische aufgelistet und beschrieben.[682] Es handelt sich um eine Metallspule, neun Meißel, drei Pfriemen, ein Metallrohstück und Reste eines Sägeblattes aus Bronze. Dabei befanden sich auch Funde aus Obsidian, Stein und Bein. Interessant sind auch die Bronzedolche, die in Raum 24 und 15 gefunden wurden. In den Räumen 16 und 31 wurden Flachbeile entdeckt. Problematisch bleibt die Lanzenspitze, die südwestlich des Raumes 4 gefunden wurde. Ob sie aus Anatolien importiert oder in Kastri hergestellt wurde, konnte anhand ihrer Form nicht geklärt werden.[683] Eine Blei – Isotopen – Analyse ergab, dass die Speerspitze sowie drei Meißel aus einer Kupferart hergestellt wurden, die auf

---

[678] E. M. Bossert (1967), 69ff. Es handelt sich um troianischen Henkelbecher. In Kastri fanden Archäologen sogar zwei Varianten davon: A. Glockenförmiger Becher mit Henkeln, die vom Boden des Gefäßes bis zu seiner Mündung reichen. B. Becher, die noch schlanker sind als die oben genannte. Die Mündung solcher Gefäße reicht sehr über die Henkeln hinaus. Ein ähnliches Gefäß wurde in Lerna gefunden. Meistens treten die glockenförmigen Depasbechern hervor. Sie sind sehr häufig in Anatolien an der Westküste und in Kilikien. In Kastri kommt die zweite Variante vor. Es sind drei Gefäße, die sehr ähnlich miteinander aussehen. Bossert vermutet, dass diese aus derselben Werkstatt stammen könnten. Ein Depasbecher (Abb. 4,3 bei Bossert) stimmt mit anderen aus Troia IId – IIIc überein. Die Archäologin äußert die Vermutung, dass dieses Gefäß ein Importstück gewesen sein könnte. Trotzdem kann es nicht für die Datierung der Siedlung verwendet werden, weil diese Form in Anatolien sehr verbreitet war. Nur in Troia traf man diese Form während der zweite bis in die vierte Besiedlungsphase und möglicherweise auch während der fünften Phase von der prähistorischen Stadt. Datierungsschwierigkeiten findet man auch bei den gefundenen Kannen in Kastri. Es handelt sich um drei Kannenformen. Zwei davon sind laut Bossert ägäischen Ursprungs und man findet sie auch in Troia II und III. Bei der dritten Form trifft man nur ganz wenige Exemplare (aus Ägina, Manika) und sie sind rot poliert. Es wurde angenommen, dass diese Gefäße aus Anatolien importiert wurden. Der Unterschied mit der dritten Kanneform (Abb. 3,3 bei Bossert) von Kastri liegt nur in der Mündungsform. Ähnliche Kannen (Schnabelkannen) wurden auch in Tarsus, Yortan, Troija III – IV und in Samos (Heraion – Stufe IV) gefunden. Mit der Kanne von Kastri (Abb. 3,3 bei Bossert) unterscheiden die Kannen aus den oben genannten Orten nur an das Material und nicht an der Form. Mit den anderen Gefäßen, wie die Askoi (Bügelaskoi) oder kykladischen Entenvasen (Abb. 5,1.2 bei Bossert), gibt es nicht viele Schwierigkeiten. Die Form dieser Gefäße wird im ganzen ägäischen Bereich während der Frühbronzezeit getroffen.

[679] J. Rambach, Kykladen I Die Frühe Bronzezeit – Grab– und Siedlungsbefunde. Beiträge zur ur- und frühgeschichtlichen Archäologie des Mittelmeer-Kulturraumes, BAM 33 (2000). ders. Kykladen II. Die Frühe Bronzezeit – Frühbronzezeitlich Beigabensittenkreise auf den Kykladen: Relative Chronologie und Verbreitung.
Beiträge zur ur- und frühgeschichtlichen Archäologie des Mittelmeer-Kulturraumes, BAM 34, (2000).

[680] P. Sotirakopoulou, The Chronology of the „Kastri Group“ responsidered, BSA 88, 1993, 5–20. Dazu C. Renfrew, The Emergence of Civilisation. The Cyclades and the Aegean in the Third Millenium B.C. (1972), 533f.

[681] E.M. Bossert (1967), 69f.

[682] Ebd. 63ff.

[683] Im Bezug auf die Typologie von solchen Speerspitzen hatte sich ergeben, dass in Anatolien Speerspitzen mit Blattschlitzen und mit Schäftungsangel sehr häufig sind. Im Gegensatz dazu wurde im ägäischen Bereich der Typus der Schäftungszunge häufig gebraucht. Bei der gefundenen Speerspitze in Kastri handelt es sich um eine Speerspitze aus Bronze mit Schäftungszunge. Mehr zu diesem Thema und über die Typologie von Lanzenspitzen siehe Bossert, 65ff.

den Kykladen nicht vorkommt. Vermutlich wurde diese Kupferart aus Anatolien importiert. Die Analyse ergab auch, dass die Metallobjekte aus der frühbronzezeitlichen Siedlung aus hochgradiger Zinnbronze bestehen, die auf den Kykladen nicht vorkommt. Das gab zusammen mit den Glockenbechern und den Depasbechern Anlass für Spekulationen, dass die Bewohner von Kastri Einwanderer aus dem kleinasiatischen Raum waren, eventuell sogar aus dem Großraum von Troia stammten. Das ist aber unwahrscheinlich, weil ähnliche Funde auch von anderen Inseln stammen, z. B. aus Agia Irini auf Keos und aus Kythnos auf Delos. Die Funde auf Kastri zeigen zusammen mit den Funden aus den Gräbern in Chalandriani, dass die Siedlung Kontakte mit anderen ägäischen Inseln und Orten auf dem griechischen Festland hatte. Dazu gehörten Ostattika, A. Irini, Lerna, Daskaleio – Kavos, Naxos, Manika in Euboia, Korinthia und Kolonna auf Ägina.

Die Siedlung lässt sich in die Mitte des 3. Jahrtausends datieren (ca. 2600 – 2300 v. Chr.), an das Ende von FK II. Die Keramik aus Kastri wurde zeitlich mit der Keramik aus A. Irini III gleichgesetzt. Dass einige Formen wie die flachen Schalen und Teller aus A. Irini in Kastri fehlen, kann am Forschungsstand liegen. Eine zukünftige Publikation der ganzen Keramik aus Kastri wird wahrscheinlich ergeben, dass die Besiedlung auf dem Berg Kastri bis in die Übergangsphase von FK II zu FK III andauerte. Maran setzt diese Phase mit Tiryns oder spätestens mit dem Beginn von Lerna IV gleich, obwohl die Keramik aus A. Irini und Kastri keine Merkmale besitzt, die charakteristisch für die frühkykladische Zeit III sind.[684] Bossert datierte die Siedlung anhand der zeitlichen Gleichsetzung der Keramik von Kastri mit der Keramik von Troia III und der chronologischen Einordnung der Metallfunde in die Zeit von Troia II in eine frühere Phase von FK II. Eine wichtige Rolle für die Datierung spielten für Bossert auch Verbindungen zum griechischen Festland, die sich anhand der Architektur und der Funde von Kastri nachvollziehen lassen. So wird Lerna III als Vergleichsbeispiel von Bossert, aber auch von Caskey herangezogen.[685] Chronologisch scheint sich die Siedlung nach Vergleichen mit Ägina III, Theben, Lerna IIIC und Raphina besser in eine entwickelte Zeit von FK II einordnen zu lassen als in eine frühere Phase.

3.21.3. Die Befestigungsanlage

Die Siedlung mit ihrer Befestigung liegt 40 m unterhalb der kreisförmigen Anlage auf der Spitze des Berges. Die Befestigung besteht aus der Hauptmauer mit ihren Bastionen und der Vormauer (Taf. 42). Die Baukonstruktion scheint nur die Nordseite der Siedlung zu schützen. Die Ausgrabungen von Bossert erbrachten aber Elemente der Hauptmauer und eine vorgesetzte Bastion auf der Westseite der Siedlung. Danach äußerte Bossert die Vermutung, dass die Siedlung eventuell auch im Süden und Osten geschützt wurde, wofür aber die Beweise fehlen.[686] Die Wehranlage riegelt den ganzen Gipfel nach Osten gegen das Meer hin ab.[687] Die Hauptmauer hat eine Länge von 72 m und ist in einer Höhe von 1 bis 1,34 m östlich von Bastion E erhalten. Die Breite der Mauer variiert zwischen 1,30 m und 1,80 m. Dies war aber nicht die ursprüngliche Breite der Anlage. In tieferen Lagen war die Mauer 1,20 m breit. Auf der Innenseite wurde sie an verschiedenen Stellen noch um 0,90 m verstärkt. Laut Bossert wurden die Räume 2, 8 und 11 mit ihren West- und Ostmauern an die Innenfront der Außenmauer verschoben, so dass die Nordwand des Raumes 10 die Verstärkung der Hauptmauer ersetzte und in Raum 12 die etwas gekrümmte Nordwand zum Ersatz für die Verstärkung wurde. Der Zwischenraum wurde mit Marmorschutt aufgefüllt.[688] Das führte zu der Schlussfolgerung, dass die Hauptanlage von der inneren Seite her verstärkt wurde. Die Hauptmauer wurde mit großen, hohen Marmorblöcken gebaut, die trocken aufeinander gesetzt wurden.

Als Verstärkung der Hauptmauer wurden die 5 Bastionen angesehen. Tsountas bezeichnete sie mit den griechischen Buchstaben A, B, Γ, Δ und E. Dazu gehört auch die Bastion Z, die an der westlichen Seite der Siedlung von Bossert gefunden wurde. Es wird angenommen, dass auch eine Eckbastion an der östlichen Seite gebaut wurde. Durch Bastion Z und die vermutete Eckbastion östlich der Siedlung verlief die Befestigungsanlage bis an die den Gipfel umschließenden Steilhänge. Auf diese Weise wurde der ganze Gipfel abgeriegelt. Alle Bastionen haben einen hufeisenförmigen Grundriss. Ihre Größe variiert. Im Gegensatz zu der Hauptmauer wurden sie mit kleineren Marmorplatten und verbindendem Erdmörtel gebaut. Sie stehen in einem Abstand von 4,50 bis 8 m. Im Inneren jeder Bastion befindet sich eine Kammer. Außer Bastion E, die eine apsidenförmige Kammer hat, haben alle anderen rechteckige Kammern, manchmal mit abgerundeten Ecken. Die Böden dieser Kammern sind teilweise mit Marmor bedeckt. Interessant ist, dass die Tiefe der Kammern in keinem einheitlichen Verhältnis zur Länge der Bastionen steht. Aus diesem Grund haben die gekrümmten Nordwände der Bastionen unterschiedliche Breiten von 1,40 bis 2,50 m. Die

[684] J. Maran (1998), 202f.
[685] E. M. Bossert (1967), 75f.
[686] Ebd. 55ff.
[687] W. Ekschmitt (1986), 40f.
[688] E. M. Bossert (1967), 57f.

Seitenwände der Bastionen sind mit 0,80 bis 1,30 m weniger stark als der nördliche mittlere Bereich der Wände. Wie hoch sie und die Hauptmauer der Befestigung waren, konnte nicht berechnet werden. Ebenso konnte nicht beantwortet werden, wie weit die Befestigungsanlage am Rand der Steilhänge entlang lief.

Über die gesicherten Zugänge zu der Siedlung kann Folgendes gesagt werden: Zum einen konnte man durch die Bastion B in den bewohnten Bereich gelangen. An der westlichen Wand der Bastion wurde eine zweistufige Treppe gefunden, die 1,10 m breit war. Über diese Treppe kam man in den inneren Bereich der Bastion. Hier musste man sich nach rechts wenden, wo sich eine andere Pforte in der Hauptmauer befand. Diese Öffnung hatte eine Breite von 0,82 m. Es ist sicher, dass beide durch hölzerne Türen geschlossen werden konnten. Tsountas fand sogar an der Nordwestecke der Bastion B die Türpfanne in situ. Außer den Eingängen in Bastion B fand man in Bastion Δ eine weitere Pforte. Durch sie konnte man nur in das Innere der Bastion gelangen. Für die anderen Bastionen wird angenommen, dass sie über Leitern zu erreichen waren. Der zweite Zugang zur Siedlung befand sich direkt an der Hauptmauer zwischen den Bastionen Γ und Δ. Man konnte durch ihn und Raum 9 in die Siedlung gelangen. Die Pforte hat eine Breite von 0,45 bis 0,50 m, gerade breit genug für eine Person.[689] Ein dritter Zugang wird an der westlichen Seite der Befestigung vermutet, wo sich Bastion Z befindet.

Ein zweiter Teil der Befestigung war die Vormauer der Anlage. Es handelt sich um eine Mauer, die direkt vor die Hauptmauer und die Bastionen gebaut wurde. Der Abstand zwischen der Vormauer und den Bastionen der Hauptmauer beträgt 0,80 bis 2,30 m. Von der Vormauer wurden nur Teile gefunden. Sie scheint die gleiche Länge wie die Hauptmauer gehabt zu haben, ist aber kleiner, niedriger und weniger mächtig. Ein ähnliches Beispiel gibt es in Ägina. Die Breite der Vormauer in Kastri reicht von 0,90 bis 1,15 m. Sie ist in einer Höhe von 0,25 bis 0,58 m erhalten. Ihre Gesamthöhe konnte nicht bestimmt werden. Sicher war sie nicht so hoch wie die Hauptmauer. Im Vergleich zu der Hauptanlage wurde sie aus kleineren Marmorplatten gebaut. Laut Tsountas wurden auch hier Bindungsmittel verwendet. Das Ganze bildete eine Art Zwinger und wurde durch einen Eingang vor Bastion Γ betreten. Der Knick, den die Vormauer nach Tsountas vor Bastion Γ bildete, konnte von Bossert nicht nachgewiesen werden. Der Bau der Vormauer war für mögliche Kämpfe von großer strategischer Bedeutung. Die Feinde konnten leicht im Zwinger isoliert und dann geschlagen werden. Dafür wurde eine große Zahl von Wurf- und Schleudersteinen eingesetzt, die man im Zwinger und im Inneren der Bastionen fand. Andere Waffen wurden in diesem Bereich der Anlage nicht gefunden. Dies zeigt, dass die seit der neolithischen Zeit verwendeten Wurf- und Schleudersteine auch während der Frühbronzezeit weiter benutzt wurden.

Wenn man die Wehranlage in Kastri betrachtet, erkennt man viele Ähnlichkeiten mit den Bastionen von Lerna. Wie aber Ekschmitt richtig festgestellt hat, fällt es sehr schwierig, das Verhältnis und die Abhängigkeit zwischen den beiden Befestigungsanlagen zu bestimmen.[690]

Im Falle eines Angriffs auf Kastri war eine Eroberung vom Land her wegen des Geländes zwar sehr schwer, aber nicht unmöglich. Bei einer länger andauernden Belagerung konnten die Angreifer im Zweifelsfall per Schiff versorgt werden. Dagegen konnten die Bewohner von Kastri eine Belagerung nicht für längere Zeit aushalten, da ihr Wasservorrat und die vorhandenen Lebensmittel nur für eine bestimmte Zeit ausreichen würden. Strategisch gesehen war die Lage der Siedlung bei möglichen kriegerischen Auseinandersetzungen also nicht besonders günstig. Die Frage, ob die Siedlung durch Angreifer aus dem minoischen Kreta bedroht wurde, wird von Ekschmitt verneint.[691]

Bei der Befestigungsanlage handelt es sich um ein technisches Meisterwerk. Es erforderte Planung, Organisation und technisches Können. Die Annahme, dass die Bewohner aus Troia kamen, ist rein hypothetisch. Es gab Vermutungen über troianische Flüchtlinge oder troianische Schmiede, die sich auf Syros niedergelassen haben, dort eine Handelsniederlassung gründeten und Handel mit anderen Orten trieben. Grund für diese Annahme waren die Keramik- und Metallfunde mit anatolischen Charakteristika. Die Siedlung konnte aber auch von anderen Personen gegründet worden sein, die Handel mit anderen Orten in Anatolien trieben. Es erscheint mir aber unlogisch, eine Handelsniederlassung in einem so schwer zugänglichen, unfruchtbaren und wasserlosen Gebiet zu gründen und diese dann durch den Bau einer Befestigungsanlage noch abweisender zu gestalten. Stattdessen wurde Kastri wohl entweder als Zufluchtsort für gefährliche Zeiten angelegt oder es handelte sich um einen Piratenstützpunkt.

[689] Ch. Tsountas (1899), 119f.

[690] W. Ekschmitt (1986), 41f.

[691] Ebd. Laut W. Ekschmitt ist die Vermutung, dass die Feinde der kykladischen Inselwelt Kreter waren, anachronistisch. Er begründet seine These folgendermaßen: während dieser Zeit gab es keine kretischen Importe auf den Kykladen. Im Gegenteil gab es sogar kykladische Importe in Kreta. Sicher ist, dass während der Zeit von Kastri die minoische „Thalassokratie“ noch nicht geboren wurde. Die Zeit der ersten Paläste auf Kreta ist viel später gekommen. Man nimmt an, dass diese Angreifer Piraten waren. Immer wieder wurden die kykladische Inseln von Piraten angegriffen oder als ihre Stützpunkte benutzt.

Der Vergleich der Keramik mit der Keramik aus den Gräbern von Chalandriani ergab, dass die Bewohner von Kastri für eine kurze Zeit ihre Toten im Gräberfeld von Chalandriani beigesetzt haben. Das Inventar der übrigen Gräber enthielt Funde aus anderen Zeiten.[692] Schließlich wurde Kastri verlassen und nicht wieder besiedelt. Vielleicht wurde die Siedlung durch Feuer zerstört, von dem sich Spuren im Bereich des Raumes 35 fanden. Die einzigen anderen Nachweise von Feuer stammen allerdings von Herdstellen und aus Raum 11, der eventuell eine Metallwerkstätte war. Dass in Raum 11 so viele Metallobjekte zurückgelassen wurden, spricht allerdings für ein plötzliches Verlassen der Siedlung, aus welchen Gründen auch immer. Ebenfalls wahrscheinlich ist aber auch, dass die frühbronzezeitliche Siedlung wegen der schwierigen Lebensumstände auf dem Berg von Kastri verlassen wurde.

3.22. Panormos (Naxos)

3.22.1. Lage der Siedlung und Forschungsgeschichte

Die prähistorische Siedlung befindet sich auf einer der größten kykladischen Inseln, der Insel Naxos. Sie liegt südöstlich von Syros und westlich von Paros. Im Süden liegen die Insel Ios und noch weiter südlich Thera. Südöstlich von Naxos befindet sich eine kleine Inselgruppe, zu der Keros, Schoinousai, Koufonisi und Amorgos gehören. Geographisch gesehen liegt die Insel günstig. Per Schiff konnten die Menschen mit dem Festland, Kreta, der östlichen Ägäis und Kleinasien Handel treiben. Besonders die Verbindung mit dem griechischen Festland war einfach, denn auch bei ungünstigem Wetter war eine sichere Fahrt dorthin möglich, da verschiedene Stationen auf den kykladischen Inseln angefahren werden konnten. Die geographische Lage von Naxos bot den Inselbewohnern Gelegenheit, ihre landwirtschaftlichen und handwerklichen Produkte auszutauschen.

Naxos hat eine Fläche von 428 km^2. Die Insel hat eine Länge von 34 km und ist 25 km breit. Ihr höchster Berg ist Zeus, volkstümlich Zia oder Sas, mit 1004 m. Zeus ist der höchste Berg der Kykladen. Zwischen anderen kleineren Bergen liegen fruchtbare Täler, die von Quellen und Bächen durchquert werden. Dieses Gebirge teilt Naxos in zwei Hälften. Charakteristisch für Naxos sind kilometerlange Sandstrände, die sich eindrucksvoll mit Felsküsten, abwechseln, welche steil in das ägäische Meer abfallen. Die Insel gehört wegen der regelmäßigen Regenfälle und der vielen Quellen zu den fruchtbarsten der Kykladen. Funde von zahlreichen Siedlungen und Grabstätten belegen, dass die Insel schon ab neolithischer Zeit bewohnt wurde.

Der erste, der Ausgrabungen auf Naxos durchführte, war Stephanos.[693] Tsountas untersuchte auf Naxos vor allem Gräberfelder.[694] Die befestigte Siedlung von Panormos wurde von Stephanos lokalisiert und später von Zafeiropoulos und Doumas ausgegraben. Doumas entdeckte noch weitere Siedlungsorte und Nekropolen auf Naxos, von denen viele bei Renfrew aufgelistet wurden. Beispielhaft seien hier Akrotiri an der nordwestlichen Küste von Engaries, Kampos tis Makris an der östlichen Küste bei Moutsouna und Lakkoudes im Südwesten genannt.[695] Ebenso wichtig sind die verschiedenen Nekropolen wie Agioi Anargyroi und Aphendika in der Inselmitte bei Sangri. An der östlichen Küste bei Klidos ist Korphi t Aroniou zu erwähnen. Am nördlichen Rand der Inselhauptstadt, die auch Naxos heißt, haben die Archäologen Kondoleon, Karouzos und Zafeiropoulos viele Hinweise auf die Besiedlungsgeschichte der Insel gefunden. Daraus ergab sich, dass die Orte um die Hauptstadt schon ab neolithischer Zeit und während der Bronzezeit (in frühkykladischer und spätmykenischer Zeit) bewohnt waren. Neolithische Funde wurden auch auf der Halbinsel Palati gefunden. Grotta, Aplomata und Kamini ergaben die meisten Hinweise für die

[692] Das Grabfeld befindet sich auf dem gegenüberliegenden Hang von Chalandriani. Es wurde, wie schon erwähnt, von Tsountas ausgegraben. Daraus ergab sich, dass nur eine kleine späte Gruppe von Funden zu der Siedlung von Kastri gehört.

[693] G. A. Papathanasopoulos, *Κυκλαδικά Νάξου*, ADelt17, 1961-62, Meletai, 104-151. K. Stephanos und Ch. Tsountas waren die ersten, die überall auf den Kykladen Ausgrabungen durchgeführt haben. K. Stephanos interessierte sich für menschliche Skeletten der antiken Zeit. Während seiner zahlreichen Ausgrabungen in Naxos, die von 1903 bis 1910 andauerten, brachte er viele Gräber und Orten der vorgeschichtlichen Zeit ans Licht. Die Funde von den zahlreichen Nekropolen wurden jedoch nie ausreichend publiziert. Seine Berichte sind in PAE 1903–1910 zu lesen.

[694] Ch. Tsountas, *Κυκλαδικά*, AEphem, 1898–99, 137 – 212.

[695] C. Renfrew (1972), 518ff. Grotta; Palati; Akrotiri; Pherendaki; Ormos Apollonos; Lionas; Agioi Anargyroi; Aphendika; Melanes; Risokastelia; Kameno Mitato; Kastraki; Poliochni; Louros; Phyrroges; Lakkoudes; Agioso; Roon; Karvounolakoi; Keli; Spedos; Panermos (hier Panormos); Korphi t' Aroniou; Aila; Vardaki; Phionda; Kleidos; Bebekos; Xerakrotiro; Kanaki; Petasi; Kampos tis Makris; Lygaridia; Moutsounas. Zu jedem Ortsnamen gibt Renfrew eine kurze Erläuterung, ob es sich um eine Nekropole, oder um eine Siedlung handelt. Dazu werden auch der Name des Ausgräbers und die Publikation der Funde erwähnt.

Besiedlungsgeschichte um die Hauptstadt. Meistens handelt es sich um Nachweise aus frühkykladischer und mykenischer Zeit. Mit dem Ende der mykenischen Kultur kommt es zu einer Besiedlungspause. Erst zu Beginn der geometrischen Zeit beginnt die Siedlungsgeschichte des Ortes wieder. Südlich der Stadt befindet sich in der Nähe des Dorfes Tripodes die befestigte Siedlung von Rizokastelia. Der Ort wurde ab der frühgeschichtlichen Zeit immer wieder besiedelt.[696] Eine Besiedlung des Ortes während der Frühbronzezeit wurde nicht festgestellt.[697]

Die hier behandelte befestigte Siedlung von Panormos befindet sich an der südöstlichen Küste von Naxos. Die Siedlung wurde von Stephanos 1903 lokalisiert, aber erst später im Jahre 1963 ausgegraben. Sie liegt auf einem kleinen Hügel, der als „*Κορφάρι των Αμυγδαλών*" (Gipfel der Mandelbäume) bekannt ist. Der Hügel befindet sich 300 m nordwestlich der Panormos – Bucht und ist vom Meer aus nicht zu sehen. Eine Höhenangabe für den Hügel und eine genaue Beschreibung des Ortes fehlen im Bericht von Doumas.[698]

3.22.2. Die befestigte Siedlung

Es handelt sich um eine sehr kleine, nur 600 m² große Siedlung, die ein Areal von 18 x 24 m umfasst. Sie befindet sich 70 m über dem Meeresspiegel. Hier befand sich vor den Ausgrabungen eine andere Baukonstruktion, die wahrscheinlich zum Dreschen benutzt wurde. Archäologen entdeckten die Fundamente von verschiedenen kleinen Gebäuden, die von einer Mauer umfasst wurden (Taf. 43,1). Diese erreicht eine Stärke von 1 bis 2 m. Im Verlauf der Mauer, die schlangenförmig den Gipfel des kleinen Hügels umzieht, gibt es Vertiefungen und Vorsprünge. Die herausragenden Bauteile der Mauer erinnern laut Doumas an die Bastionen von Kastri auf Syros.[699] Zwei davon scheinen den Eingang der befestigten Siedlung zu schützen, der sich an der nordöstlichen Seite befindet. Die anderen Bastionen scheinen aus den Ecken der Mauer zu bestehen, die die Siedlung umgibt. Das ganze Bauwerk wurde mit großen bearbeiteten Steinen errichtet. Sie sind direkt auf den anstehenden Fels gebaut, während die Wände der Räume auf kleineren Steinen errichtet sind, die zur Nivellierung des Bodens verwendet wurden.

Der Zugang ist 0,80 m breit und befindet sich zwischen den zwei Bastionen. Man erreichte ihn durch einen engen Korridor zwischen den Bastionen und über steinerne Treppen. Der innere Bereich von Panormos wird in 20 Räume geteilt. Die Wände dieser Räume sind in einer Höhe von 0,70 m erhalten und 0,60 m breit. Sie bestehen aus kleinen, flachen, unbearbeiteten Steinen, die mit Lehm verbunden sind. Eine Ausnahme ist die östliche Mauer von Raum 12. Sie erreicht in ihrer Mitte eine Breite von 1,80 m. Wahrscheinlich lag das an ihrer Lage gegenüber des Einganges zur Siedlung. Die Verteidiger konnten so auf der breiten Mauer von Raum 12 wie auf einem Wehrgang stehen und sich aus der Höhe herab verteidigen. Die meisten der anderen Räume (1, 2, 9, 14 – 15, 18 und 19) haben gebogene Wände. Zwei andere (5 – 6 und 16 – 17) laufen spitz zu. Der Rest der Räume in der Mitte der Siedlung (7 – 8, 12 – 13) verlaufen geradlinig. Die meisten Räume sind 5 bis 6 m² groß. Nur Raum 7 ist mit 7 m² größer. Es gibt aber auch kleinere Räume wie Räume 10 und 13, die 2 m² bzw. 2,50 m² groß sind. Sie wurden als Speicherräume verstanden.[700] Alle Gebäude werden durch kleine Straßen getrennt. Economidou erkannte, dass die kleinen Passagen mit 0,50 bis 0,60 m Breite die Räume der Siedlung in vier Gruppen aufteilen.[701] Wie es scheint, wurde die befestigte Akropolis von Panormos planmäßig gebaut. Es wird geschätzt, dass innerhalb der Siedlung 40 bis 50 Menschen lebten.

Innerhalb der Räume wurde nur wenig Keramik gefunden. Meistens handelt es sich um Scherben von grober Gebrauchskeramik, vor allem um Gefäßdeckel. Vollständige Gefäße wurden im Bereich des linken Korridors hinter dem Eingang in die befestigte Siedlung

[696] K. Scholes, The Cyclades in the late Bronze Age: a Synopsis, BSA 51, 1956, 9–40, Hier 12f.

[697] C. Renfrew (1972), 518ff.

[698] Chr. Doumas, *Κυκλάδες* , ADelt 19, 1964 Chronika, 411–412.

[699] Ebd.

[700] V. Economidou, Cycladic settlements in the Early Bronze age and their Aegean context (1993), 109ff.

[701] Ebd. Die erste Gruppe an der östlichen Seite der Siedlung umfasst die Räume 1 bis 4. Diese sind direkt an der östlichen Befestigungsmauer gebaut, die gleichzeitig ihre östliche Wand ist. Die zweite Gruppe an der nördlichen Seite der Siedlung umfasst die Gebäude 18 – 19 und 16 – 17. Die defensive Mauer ist gleich die nördliche Mauer dieser Baukonstruktionen. Die dritte Gruppe befindet sich an der westlichen Seite des befestigten Ortes. Sie enthält die Räume 8, 9, 10 und 14 – 15. Besonders der halbkreisförmige Raum 9 wird als Teil des defensiven Systems betrachtet. Der westliche gebogene Mauerteil dieses Raumes hatte wahrscheinlich die Funktion einer Bastion. Die vierte Gruppe ist die Zahl der Gebäude, die in der Mitte der Siedlung gebaut worden sind. Es handelt sich um die Gebäude 7, 11, 12 – 13. Ob diese Räume für das gemeinsame Nutzen verwendet wurden, ist fraglich. Da sie zentral liegen, könnten diese auch als Sitz des Oberhauptes der prähistorischen Siedlung angesehen werden. Belege hierfür fehlen bis lang. Dazu gehören laut V. Economidou auch die Räume 5 und 6. Raum 5 hat eine dreieckige Form, wie auch der gegenüberliegende Raum 17 an der nördlichen Seite der Siedlung.

gefunden. An dieser Stelle fanden die Archäologen Anzeichen eines Feuers. Wahrscheinlich wurde die Siedlung durch ein Feuer zerstört und danach verlassen. Spuren von Feuer und Gefäßscherben wurden auch vor dem Eingang außerhalb der Siedlung gefunden. Zusammen mit einer großen Zahl von Schleudersteinen und einer Lanzenspitze aus Bronze, erwecken sie den Eindruck, dass Panormos angegriffen wurde.
Ein Trichterhalskrug und einer Schnabelkanne wurden zeitlich zur Kastri – Gruppe zugeordnet, bzw. zum Typus Lefkandi I nach Renfrew.[702] An dieser Stelle kann die Frage gestellt werden, ob die oben erwähnten Funde von Panormos zu einem jüngeren oder älteren Abschnitt des Fundkomplexes von Lefkandi I gehören, da Trichterhalskrug und Schnabelkanne in beiden Abschnitten von Lefkandi I angetroffen werden. Die befestigte Siedlung von Panormos kann somit in die entwickelte FH II bis an den Anfang der FH III (FK IIIA) datiert werden.

3.23. Zusammenfassung

Im Vergleich zu den neolithischen Anlagen kann man bei den Siedlungen und Befestigungsanlagen im ägäischen Raum der Frühbronzezeit einen deutlichen Unterschied feststellen. Viele neolithische Orte wurden verlassen und zu Beginn der Bronzezeit wurden neue gegründet. Anders ist die Situation in Thrakien, Makedonien und Thessalien, wo viele neolithische Siedlungen eine Siedlungskontinuität bis in die Frühbronzezeit aufweisen. Überwiegend werden frühbronzezeitliche Siedlungen während der FH I auf Hügeln gebaut. Siedlungen in den Küstenzonen werden ebenfalls auf Hügeln oder auf vorspringenden Kaps errichtet. Auf diese Weise konnten natürliche Häfen und Seewege besser kontrolliert werden. Im Hinterland werden Siedlungen auf kleinen Hügeln oder in fruchtbaren Ebenen neben Flüssen bevorzugt. Manchmal werden Siedlungen auf sehr hohen Ebenen errichtet, wie die Siedlung Dempla auf Westkreta, die wahrscheinlich als Beobachtungsstützpunkt benutzt wurde. Für die FH II gelten dieselben Auswahlskriterien für die Gründung der Siedlungen. Für die FH III ist unsere Kenntnis über die Siedlungen sehr begrenzt.
Die Größe der Siedlungen ist während dieser Epoche variabel. Im Vergleich zur neolithischen Zeit und dem Übergang zur Frühbronzezeit nimmt jedoch die Größe zu. Zu den größeren gehört Manika auf Euboia mit einer Ausdehnung von 45000 m^2. Theben war 22 ha groß und Tiryns etwa 11 ha. Die meisten der genannten Siedlungen mit Befestigungsanlagen waren viel kleiner und hatten eine Ausdehnung von weniger als 5000 m^2.[703]
Insgesamt lässt sich den frühbronzezeitlichen Siedlungen im ägäischen Raum ein sehr variantenreiches Bild zeichnen. Auf dem griechischen Festland wurde aber nur ein kleiner Teil dieser Siedlungen vollständig ausgegraben, weshalb wir von vielen Siedlungen den Gesamtgrundriss nicht kennen. Dagegen ist die Situation auf den östlichen ägäischen Inseln anders. Die meisten frühbronzezeitlichen Siedlungen auf dem griechischen Festland verweisen auf ein dichtes Bebauungsschema. Die Gebäude wurden dicht aneinander gebaut und hatten häufig gemeinsame Wände. Wenn sie keine gemeinsamen Wände hatten, diente der Raum zwischen den Wohneinheiten wahrscheinlich zur Beleuchtung oder Belüftung der Häuser. Andere Siedlungen bestehen aus freistehenden rechteckigen Langbauten oder apsisförmigen Gebäuden, die durch Gassen und freie Plätze miteinander verbunden wurden. Oft bilden die Wohneinheiten Gruppen, die durch Straßen und Plätze gegliedert werden. Sie werden als Insulae bezeichnet.[704]
Zusammenfassend lässt sich zum Bebauungsschema der

702 Ch.. Doumas, An Early Cycladic ``Hooked-Tang´´ Spearhead from Naxos, in: G. C. Ioannidis (Hrsg.), Studies in Honour of V. Karageorghis (1992), 67ff.

703 D. Konsola, *Η πρώιμη αστικοποίηση στους πρωτοελλαδικούς οικισμούς. Συστηματική ανάλυση των χαρακτηρηστικών της* (1984), 94ff. Sie unterteilt die frühhelladische Siedlungen in drei Kategorien: solche mit einer großen Ausdehnung über 81 Ar, Theben und Manika, solche mit einer mittleren Ausdehnung von 41 bis 81 Ar und solche mit einer kleineren Größe bis 40 Ar wie Lithares, Orchomenos, Agios Kosmas, Raphina, Askitario, Ägina, Zygouries, Berbati, Lerna, Asine und Akovitika.

704 Sehr wichtig für die Siedlungsorganisation und Planung der frühbronzezeitlichen Siedlungen im heutigen griechischen Raum sind die Untersuchungen von D. Konsola, *Η πολεοδομική μορφή των προϊστορικών οικισμών του Αιγαιακού*, in: *Μνήμη Καθηγητού Ιερόνυμου Πίντου* (1982), 3–24; dies., Beobachtungen zum Wegenetz in frühhelladischen Siedlungen, AA, 1984:2, 197–210; dies., Stages of urban transformation in the Early Helladic period, in: R. Hägg – D. Konsola (Hrsg.), Early Helladic architecture and urbanisation. Proceedings of a seminar held at the Swedish Institute in Athens, June 8, 1985, SIMA 76 (1986), 9–19; dies., *Θήβα. Πρώιμες φάσεις οικιστικής εξέλιξης*, in: A. P. Bekiaris (Hrsg.), *Α Διεθνές Συνέδριο Βοιοτικών Μελετών*, EpetBoiotMel I, 1988, 65–74; dies., Settlement size and the beginning of urbanisation, in: P. Darque- R. Treuil, (Hrsg.), L' Habitat égéen préhistorique. Actes de la Table Ronde internationale organisée par le Centre National de la Recherche Schientifique, 23–25 Juin 1987, BCH Supplement XIX, 1990, 463–471; dies., *Η πρώιμη αστικοποίηση στην Ελλάδα: Ηπειρωτική Ελλάδα, Αρχαιολογία και Τέχνες* 62, 1997, 30–34. Für die Siedlungsorganisation der Nord- und ostägäischen Inseln ist die Untersuchung von O. Kouka (2002) sehr wichtig.

Siedlungen in der Frühbronzezeit Folgendes Bild rekonstruieren.
A) Das unregelmäßige Bauschema wird durch Bauten definiert, die keinem Plan folgen und durch Straßen und Plätze getrennt werden.
B) Das „anatolische" oder radiozentrische Bauschema, das man in der östlichen Ägäis und in Kleinasien antrifft, besteht aus Siedlungen mit einem bebauten Zentrum. Vom Zentrum wird die übrige Siedlung durch radial ausgedehnte Straßen abgetrennt. Diese werden wiederum von konzentrischen Straßen geschnitten.
C) Das orthogonale oder rektanguläre Bebauungsschema wird durch Wege und Straßen bestimmt, die rechtwinklig aufeinander treffen.
D) Das lineare Bebauungsschema wird durch eine zentrale, breite Straße definiert, an der alle bedeutenden Gebäude und öffentlichen Plätze der Siedlung liegen. Von dieser zentralen Straße zweigen weitere ab.
Bei den Hausformen der Frühbronzezeit handelt es sich vor allem um langrechteckige oder apsisförmige Bauten, die entweder frei stehen oder in geschlossenen Gruppen zusammengebaut werden. Die rechteckigen Wohneinheiten bestehen meistens aus zwei bis drei Räumen. Sie haben häufig einen Hof oder einen Vorraum an ihrer Vorderseite. Die größere Version dieser Bauten wird als Megaron bezeichnet. Es handelt sich um ein rechteckiges Gebäude, das aus einem offenen Vorraum, dem Antenraum, und einem Hauptraum besteht. Im zentralen Bereich des Hauptraums lag eine Herdstelle. Meistens steht diese frei innerhalb des bewohnten Areals. Kleinere Versionen dieses Typus werden als „Megaroiden" bezeichnet und sind meistens eng mit anderen Gebäuden zusammengebaut. Eine andere Version der Langhäuser sind die sog. Korridorhäuser, die zweistöckig waren und auf eine komplizierte Bauweise mit Korridoren, Speicherräumen und Treppenanlagen hinweisen. Sie sind bis zu 300 m^2 groß und werden als politische, administrative oder wirtschaftliche Zentren der frühhelladischen Siedlungen gedeutet. Dies bedeutet aber nicht, dass andere Langhäuser nicht auch zweistöckig sein konnten. Andere Langbauten hatten außer einem Vorraum und einem Hauptraum auch einen Hinterraum. Solche Gebäude werden meistens in der östlichen Ägäis und im kleinasiatischen Raum angetroffen und sind als Langraumbauten des östlichen Typus bekannt.
Bei den apsisförmigen Bauten handelt es sich meistens um einräumige Wohneinheiten mit nur einer geraden Mauer, die die Apsis abschließt.[705] Solche Häuser wurden in allen Phasen der Frühbronzezeit errichtet und können chronologisch von den rechteckigen Bauten nicht getrennt werden, da während der Frühbronzezeit beide Hausformen vorkommen. Reste dieser Häuser wurden in der östlichen Ägäis und auf dem griechischen Festland gefunden. Meistens stehen sie frei.
Es gab auch Rundbauten, aber Reste davon sind im ägäischen Bereich während der Frühbronzezeit nur sehr spärlich vorhanden. Das bekannteste Beispiel ist der Rundbau von Tiryns. Andere Rundbaukonstruktionen sind viel kleiner und können nicht mit der Monumentalität des Rundbaus von Tiryns verglichen werden.
Zu den Bauformen gehören auch Wohnhäuser mit einem unregelmäßigen Grundriss. Es handelt sich dabei um L-förmige Wohneinheiten mit einem Hof oder um Gebäude mit einem trapezoiden Grundriss.
Die Bauweise der Konstruktionen scheint von den vor Ort vorhandenen Baumaterialien abzuhängen. Auf dem griechischen Festland, aber auch in der nördlichen und östlichen Ägäis wurden die Bauten mit Lehmziegeln auf Mauersockeln errichtet. Auf Inseln mit ausreichend vorhandenem Stein, bauten die Menschen ihre Häuser auch nur aus Stein. Auch für die Dächer wurden dort teilweise Steinplatten verwendet. Für die Errichtung der Gebäudegrundmauern wurden verschiedene Techniken verwendet. Die am meisten verbreitete Mauertechnik sind Zweischalenmauern aus großen Steinen. Der Zwischenraum wurde mit kleineren Steinen und Mörtel aufgefüllt. Eine andere Bautechnik wurde bei den großen Gebäuden verwendet. Für den Oberbau wurden hier Lehmziegel unterschiedlichen Formats verwendet. In Nordgriechenland wurden die Häuser vollständig aus Lehmziegeln errichtet, ohne Mauersockel oder Fundamentierung. Sehr verbreitet sind auch Pfostenbauten mit „*Emplektonwänden*". Sie wurden mit einem Geflecht aus Zweigen und Schilf errichtet. Das Ganze wurde dann mit Lehm verstrichen und verputzt. Steinbauten wurden in diesem geographischen Raum auch errichtet, aber erst am Ende der Frühbronzezeit und mit dem Beginn der Mittelbronzezeit. Beispiele dafür finden wir in Kastanas, Agios Mamas und Toumba Thessalonikis.
Für die Dächer der Häuser mit einem dichten Bebauungsschema werden Flachkonstruktionen angenommen, die von Holzkonstruktionen getragen wurden. Manchmal wurde das Dach durch zusätzliche Holzpfosten gestützt. Für größere freistehende Wohneinheiten wie die Korridorhäuser oder für Rundbauten werden Giebeldächer vermutet. Für die Dachdeckung wurden gebrannte Dachziegel aus Ton oder Schieferplatten verwendet. Meistens wurden sie in Lehm eingebettet. Bei einfacheren Konstruktionen bestand das Dach der Häuser aus Schilf, das in Lehm gebettet wurde.
Den Zugang in die Gebäude erkennt man oft durch Schwellensteine. Sie bestehen entweder aus einer Reihe von Steinen oder aus Monolithen. Für die Böden der

[705] S. Sinos (1971), 37ff.

Bauten sind Pflasterungen üblich oder sie bestehen aus Lehm. Straßen und Wege in den Siedlungen waren meistens gepflastert.
Der Innenbereich der Gebäude war in verschiedene Funktionsbereiche geteilt. Kleine, große und tragbare Herdstellen, Backöfen und verschiedene Speichereinrichtungen wie Speichergruben, Erdkeller, Pithoi und Getreidekästen aus Lehm wurden gefunden. Zu den Inneneinrichtungen gehörten auch Plattformen, Bänke und andere Konstruktionen aus Lehm, die die Wirtschaftstätigkeiten der Wohneinheiten und allgemein der Siedlungen widerspiegeln. Das Bild einer Siedlung wurde ergänzt durch Brunnenanlagen, Abwasserkanäle, Versammlungsgebäude und Getreidespeicher, wie sie in Poliochni nachgewiesen sind.
Alle Baueinrichtungen der frühbronzezeitlichen Siedlungen, ihre gesellschaftliche Struktur, ihre soziökonomische Gliederung, ihre Größe und ihre Gemeinschaftswerke, wie z. B. Anlagen mit fortifikatorischem Charakter, beweisen eine Weiterentwicklung der Siedlungen während der Frühbronzezeit von dörflichen Gemeinschaften hin zu den „ersten Städten“ im ägäischen Kulturkreis. Für das griechische Festland sind die Publikationen von Konsola von enormer Wichtigkeit, für die östliche Ägäis die Arbeit von Kouka. Wissenschaftlich fundierte Auswertungen über die Siedlungsorganisation und Architektur auf den Kykladen fehlen bisher ebenso wie solche für Nordgriechenland und das westliche Griechenland.
Im Vergleich zu dem kleinasiatischen Raum stehen die Siedlungen auf dem griechischen Festland und auf den ägäischen Inseln bis auf wenige Fälle nicht auf demselben Niveau. Es ist daher nicht sicher, ob die großen Siedlungen überhaupt als „Städte“ bezeichnen werden können. Dagegen werden die Siedlungen in Kleinasien als „urban“ bezeichnet.[706] Gründe dafür sind ihre Größe, Siedlungsorganisation und Hierarchie, soziale Komplexität, Spezialisierung und möglicherweise eine „politische Zentralisierung“. Ob auch die griechischen Siedlungen diese Kriterien erfüllen, kann im Moment nicht beantwortet werden.
Wie die Grundmauern der Gebäude werden auch die Mauern der sog. Befestigungsanlagen in den Siedlungen der Frühbronzezeit in Zweischalenmauertechnik errichtet. Als Baumaterial wird immer Stein aus der näheren Umgebung verwendet. Bei einigen Mauern wurde auch die Fischgrättechnik festgestellt. Die Größe der Steine variiert, und meistens handelt es sich um unbearbeitete Steinblöcke. Für den Oberbau der Mauern werden Lehmziegel verwendet.

[706] D. Konsola (1984b), 36–47.

Siedlungen, die durch gestärkte Mauern geschützt wurden, werden hauptsächlich in Mittel- und Südgriechenland in FH II und den Beginn von FH III datiert. Dasselbe gilt auch für die ägäischen Inseln und besonders für die Kykladen.[707] Es gibt aber auch einige Siedlungen, deren Befestigungsanlagen schon in FH I datiert werden.[708] Einige Siedlungen werden während dieser Epoche von einfachen Mauern umgeben, die nur schwer als Befestigungsanlagen zu erkennen sind.[709] Trotzdem werden sie in der Literatur als Befestigungsanlagen bezeichnet. Eine der wenigen Siedlungen dieser Epoche, die tatsächlich Mauern mit fortifikatorischem Charakter besitzen, ist Lerna auf der Peloponnes. Ihre Befestigung besteht aus Kasematten und Bastionen. Eine ähnliche Befestigung hat Palamari auf Skyros. Die Befestigung besteht aus einer starken Mauer mit Bastionen, einer Vormauer und einem Graben. Diese Form der Befestigung geht auf kykladische Vorbilder zurück.[710]
Problematisch bleibt die Situation der Befestigungsanlagen während der Phase FH III, was allerdings wahrscheinlich am Forschungsstand liegt. Nur wenige Siedlungen aus FH III wie Lerna, Tiryns, Tsoungiza und Olympia wurden auf der Peloponnes ausgegraben. Sie erbrachten jedoch keine Hinweise auf Befestigungsmauern. Dasselbe gilt auch für Siedlungen der Phylakopi I-Kultur, die zeitgleich mit den Siedlungen der FH III datiert werden. Nur selten wurden defensive Bauten in dieser Periode gefunden. Eines der wenigen Beispiele ist Ägina VI. Es ist die einzige gut ergrabene frühbronzezeitliche Siedlung, die ein mächtiges Verteidigungswerk aus der FH III besitzt.
Insgesamt kann Folgendes über die Befestigungsmauern des griechischen Raumes während der Frühbronzezeit gesagt werden. Es gibt einfache Mauern, die eine Siedlung umgeben und dabei oft den Konturen des Hügels oder der Anhöhe, auf der die Siedlung liegt, folgen. Fraglich ist aber, ob diese wirklich als Befestigungsmauern bezeichnet werden können. Des Weiteren gibt es einfache Mauerzüge, die von halbrunden oder hufeisenförmigen Bastionen flankiert werden. Manchmal werden innerhalb der Bastionen Freiräume gelassen. Ein anderer Typ der Befestigung sind Mauern,

[707] Als Beispiel können folgende Siedlungen genannt werden: Kastri auf Syros, Kynthos auf Delos, Panormos auf Naxos(?) u.a.
[708] Zagani in Attika, Argissa Magula und Pevkakia Magula in Thessalien, Servia in Makedonien und Markiani auf Amorgos.
[709] Beispielhaft seien hier Ägina, Raphina, Askitario, Manika und Theben genannt.
[710] Siehe die Befestigung in Kastri auf Syros und Skala Sotiros auf Thasos.

bei denen die Bastionen nicht zusätzlich angebaut werden, sondern aus der Mauer selbst entstehen.[711]
Ein weiterer Typ besteht aus „Kasematten – Mauern“. Diese Form der Befestigung kommt in zwei Siedlungen der Phase FH II vor, in Lerna IIIC und in Raphina. Es handelt sich um zwei parallele Mauerzüge, die durch Quermauern verbunden werden. Diese Mauern bilden Räume innerhalb der Verteidigungsmauer. Für FH III wurde diese Form der Befestigung bis heute nicht nachgewiesen.
Häufig wird der Oberbau der Verteidigungsmauern aus Lehmziegeln errichtet. Solche Mauern kennen wir aus Lerna, Ägina, Samos und Troia. Ein neues architektonisches Element ist die Abböschung der Mauern. Diese wird vor allem im östlichen ägäischen Raum angetroffen wie in Poliochni, Thermi und Troia. Die verstärkten Toranlagen werden komplizierter, um den Zugang zu erschweren. Manchmal bekommen sie einen monumentalen, bzw. repräsentativen Charakter wie in Troia. Vergleichbar damit sind die Toranlagen in Poliochni, die aber nicht die Monumentalität der befestigten Tore Troias erreichen. Ein anderer Unterschied bei den Befestigungen des griechischen Raumes ist, dass die Verteidigungsanlagen in Kleinasien keine zweite Mauer oder einen Graben vor der Hauptmauer der Befestigung besitzen. Wenn man die Mauern mit fortifikatorischem Charakter in Kleinasien und im heutigen griechischen Raum vergleicht, erkennt man sofort einen Unterschied. Die Befestigungsanlagen in Griechenland und auf den ägäischen Inseln sind nicht so imposant wie die Verteidigunsanlagen der Frühbronzezeit in der heutigen Türkei und in anderen östlichen Bereichen.
Der Befund in den Siedlungen und Gräberfeldern bezeugt, dass die Menschen im ägäischen Bereich während der Frühbronzezeit eine wirtschaftliche Blüte durch den Handel und allgemein durch die Akkulturation mit anderen Siedlungen erlebten. Die Planung der Siedlungen als „proto – urbane“ Zentren, die Errichtung von zentralen Gebäuden mit einer administrativen, wirtschaftlichen und wahrscheinlich religiösen Funktion zeigen eine strukturierte Gesellschaft, die durch Aktivitäten wie Landwirtschaft, Viehzucht, Fischerei, Handel und Handwerk einen gewissen Wohlstand erlangte. Der Erwerb von Reichtümern forderte aber auch die Ergreifung von Sicherheitsmaßnahmen zu deren Schutz.

[711] In Panormos auf Naxos und in Pefkakia treffen wir auf solche Mauern.

3.24. Vergleichbare Siedlungen

3.24.1. Türkei

A. Troia

Eine der am besten erforschten und publizierten Siedlungen mit Befestigungsanlagen im kleinasiatischen Raum ist Troia. Die archäologische Stätte liegt in der Nordwestecke Kleinasiens, in der Landschaft Troas gegenüber der Südspitze der Halbinsel Chersonesos. Das Gebiet mit der dazwischen liegenden Meerenge ist als die Dardanellen bekannt. Die Ebene von Troas ist eine der fruchtbarsten und wasserreichsten in Westkleinasien. Die prähistorischen und historischen Ruinen von Troia befinden sich auf dem Hügel Hisarlik, was mit „kleine Burg“ übersetzt wird. Der kleine Hügel ist 200 x 150 m groß und hat eine Höhe von 15 m. Er liegt zwischen den Tälern der Flüsse Menderes und Dümrek.[712] Es handelt sich um ein Plateau, das nach Norden und Westen verhältnismäßig steil zur Ebene hin abfällt. Vom Hügel aus hat man einen weiten Blick auf die Küste der Ägäis, die etwa 6 km entfernt ist, und auf die Meerenge der Dardanellen, die 4,5 km entfernt ist. Geostrategisch gesehen ist die Lage von Troia sehr günstig, um die Handelswege von Europa nach Asien und von der Ägäis ins Schwarze Meer zu kontrollieren. Die heutige Küstenlinie verläuft anders als in der Bronzezeit, als sie sich in 1 bis 3 km Entfernung vor den Mauern von Troia befand.[713]
Der Hügel von Hisarlik – Troia wurde erstmals von dem britischen Hobbyarchäologen Calvert lokalisiert und ausgegraben. Er unternahm 1853 – 1865 erste Sondierungen auf dem Hügel und führte Ausgrabungen durch. Dabei entdeckte er Reste des Tempels der Athena Ilias und Keramik aus dem 7. und 6. Jahrhundert v. Chr. Aufgrund finanzieller Probleme wurden die Ausgrabungen aber eingestellt.
Ab 1870 führte Schliemann Ausgrabungen auf dem Hügel von Hisarlik durch, die bis 1890 andauerten. Er entdeckte unter den Bauten der Antike Reste von vier älteren Siedlungen. Die zweite Siedlung von unten brachte Schliemann mit dem homerischen Troia in Verbindung. Später erkannte er, dass die Verbindung von Troia II mit dem homerischen Troia nicht stimmte. Aus Siedlung II stammt der weltweit bekannte „Schatz des Priamos“. Die Ergebnisse seiner Untersuchungen in Troia

[712] Wahrscheinlich sind dies die Flüsse Skamander und Simoeis, die von Homer in Ilias öfters erwähnt werden.
[713] M. Siebler, Troia – Homer – Schliemann. Mythos und Wahrheit (1990), 27f.

fasste Schliemann 1880 in einer Monographie zusammen.[714]
Schon ab 1879 wurden weitere Untersuchungen auf dem Hügel unter der Leitung von Virchow und Dörpfeld durchgeführt. Dörpfeld konnte viele weitere Siedlungshorizonte unterscheiden. 1893 und 1894 führte er Ausgrabungen in Troia durch.[715] Nach seinen Beobachtungen wurden die verschiedenen Schichten von Troia I – IX von unten nach oben gezählt. In den Jahren 1932 und 1938 wurde die archäologische Stätte erneut untersucht. Die Universität von Cincinnati führte Ausgrabungen unter der Leitung von Semple, Blegen, Caskey, Rawson und Sperling durch, deren Ergebnisse in den fünfziger Jahren publiziert wurden. Dieses mehrbändige Werk gilt bis heute als Basis für alle weitere Untersuchungen.[716] Unter der Leitung von Blegen wurden die Schichten I – IX des Hügels in 46 Siedlungsphasen untergliedert.
Ab 1988 wurden wieder Ausgrabungen vor Ort durchgeführt, dieses Mal unter der Leitung von Korfmann. Die Ergebnisse und Funde der Ausgrabungen werden seit 1991 in der *Studia Troica* publiziert.[717] Ziel der Untersuchungen von Korfmann war die Freilegung neuer Befunde in Troia und Umgebung sowie die Konservierung der Überreste der archäologischen Stätte.
Für die Befestigungsanlagen der prähistorischen Siedlungen während der Frühbronzezeit sind die Siedlungshorizonte Troia I, II, III, IV und V von Interesse.[718] Wie schon erwähnt, wurden insgesamt 46 verschiedene Siedlungsschichten in Troia erkannt. Mit der Wiederaufnahme der Ausgrabungen durch Korfmann konnte noch eine weitere Siedlungsschicht hinzugefügt werden. Die Besiedlung des Ortes beginnt in der neolithischen Zeit.

A.1. Troia I (ca. 3000 - 2500 v. Chr.)

In dieser Besiedlungsphase konnten 14 Bauphasen nachgewiesen werden (Taf. 43,2). Nach heutigen Erkenntnissen war Troia I eine kleine Siedlung auf dem Hügel von Hisarlik, die von Umfassungsmauern umringt war. Die Siedlung hatte einen Durchmesser von 90 m und bestand aus rechteckigen Langhäusern, deren Spuren im „Schliemann – Graben“ gefunden wurden.[719] Die Häuser waren parallel angelegt und hatten teilweise einen Vorraum. Bei ihrer Errichtung wurde auch die Fischgrättechnik verwendet.[720] Die Häuser bestanden entweder aus luftgetrockneten Lehmziegeln oder aus Holzstämmen und Flechtwerk aus Zweigen, das mit Lehm verputzt war. Für die Dächer vermutet man flache Konstruktionen. Im Nordteil des Schliemann – Grabens, Schnitt C - D 3, wurde Haus 102 mit 16 m Länge ausgegraben. Es ist ein rechteckiges Haus mit einer offenen Vorhalle und einem Hauptraum. Das Gebäude wurde als Megaron bezeichnet und gilt als das älteste Beispiel dieses Typs. Korfmann bewies, dass es nicht allein, sondern in Verbindung mit den anderen Langbauten der Siedlung stand. Teilweise standen diese nebeneinander oder aber sie standen frei. Es wird angenommen, dass Haus 102 wegen seiner Größe und der Bauform als Sitz des „Herrschers“ von Troia I oder als Kultbau verwendet wurde.
Die Bewohner von Troia I beschäftigten sich mit Keramikproduktion, Metallurgie, der Herstellung von Steingeräten, Holz-, Textil- und Fellbearbeitung. Dazu kamen Viehzucht, Ackerbau und natürlich Handel.[721]

---

714 H. Schmidt (1902).

715 W. Dörpfeld, Troia und Ilion. Ergebnisse der Ausgrabungen in den vorhistorischen und historischen Ilion 1870–1894 (1902).

716 C. W. Blegen, Troy I: The First and the Second Settlements (1950); ders., Troy II: The Third, Fourth, and Fifth Settlements (1951).

717 StTroica, 1991 bis 2004.

718 Die Siedlungshorizonte von Troia sind folgende: Troia I bis Troia VII entspricht die gesamte Bronzezeit bis die Früheisenzeit. Archäologen konnten in diesem Zeitraum 50 Bauphasen erkennen. Troia VIII gehört zu der griechischen Antike und Troia IX zur römischen Zeit. Troia X entspricht der byzantinischen Epoche.

719 H. Schliemann ließ während seiner ersten Ausgrabungen durch die Mitte des Hügels von Norden nach Süden einen 40 m breiten und 17 m tiefen Schnitt ausgraben, der als „Schliemann – Graben“ bekannt wurde. Schliemann war der Ansicht, dass auf diese Weise die Burg mit der Palastanlage des troianischen Königs, Priamos, finden konnte. Leider sind durch diesen „chirurgischen“ Eingriff von H. Schliemann viele architektonische Teile von vielen Siedlungshorizonten zerstört und für immer verloren.

720 Schliemann – Graben, bei der Mauer g ist diese Bautechnik zu beobachten.

721 Die keramischen Produkte wurden mit der Hand gefertigt und poliert. Es handelt sich meistens um schwarzbraun gebrannte Keramik. Es gab aber auch keramische Objekte, die sorgfältig ausgearbeiteten wurden. Manche wurden mit Zickzack oder mit Wellenlinien verziert. Einige Gefäße werden mit menschlichen Gesichtern verziert. Diese Tradition wurde auch in Troia - II und III weiter verfolgt. Über die anderen keramischen Produkte handelt es sich meistens, um Schalen auf hohen Füßen, Schnabelkannen und Dosen mit Deckeln. Dreibeinige Kochtöpfe wurden auch gefunden. Typisch für Troia - I sind Schalen mit scharf umgeknickten Rand.
Metallverarbeitung ist in Troia - I auch nachgewiesen. Man benutzte Werkzeuge aus Kupfer und Bronze. Während der Ausgrabungen wurde eine Gussform für eine Schneide oder Speerspitze gefunden.

Von der sog. Befestigungsanlage von Troia I sind nur wenige Mauerzüge bis heute erhalten. Die Mauern folgen der Geomorphologie des Hügels und haben eine Länge von 14, 32 und 34 m. Die Außenseite der Befestigung war stark abgeböscht. Ein anderes technisches Detail ist, dass die Mauern im Sockelbereich als Stützmauern ohne innere Fassade gebaut sind. Die Verteidigungsanlage besteht aus unbearbeiteten Bruchsteinen. Bei der Errichtung der Anlage wurden Unregelmäßigkeiten durch kleine Steine ausgeglichen, hervorspringende Bauteile wurden abgeschlagen, Lücken und Löcher im Bauwerk wurden mit Bruchstücken, Lehm und Erde verfüllt. Durch diese Maßnahmen wurde das Bauwerk besser stabilisiert. Die Befestigung hatte eine Stärke von 2,50 bis 3 m und zumindest in ihrem unteren Bereich eine Höhe von 4 m. Die Böschung der Mauern bedeutet, dass die Steine an der Außenseite der Befestigung in einer steilen Schräglage aufgeschichtet wurden. Dass die Mauern auf diese Weise errichtet wurden, hängt mit der Statik des Bauwerkes zusammen. Die Mauern standen am Hügelhang. Wären sie senkrecht gebaut, dann könnten sie dem Druck von innen nicht standhalten und würden umstürzen.

Auf dem Unterteil der Befestigung wurde eine senkrechte Mauer aus ungebrannten Lehmziegeln errichtet. Wie hoch diese Mauer war, konnte nicht festgestellt werden. Das Ganze wurde verputzt, um es vor Witterungseinflüssen zu schützen. Spuren von Verputz wurden während einer späteren Phase auch im Unterteil der Befestigung gefunden. Wahrscheinlich hatte dies einen praktischen Grund. Durch den Verputz wurde die Oberfläche des Unterbaus geglättet, wodurch Angreifern ein Ersteigen der Mauer erschwert wurde.

Im südlichen Teil des ausgegrabenen Areals wurde eine 15 m lange Toranlage gefunden. Der 2 m breite Zugang wurde von viereckigen Bastionen flankiert. Von diesen kann man heute nur noch eine sehen, und auch die Mauer ist kaum mehr sichtbar. Nach Korfmann hat in Troia I möglicherweise noch eine ältere Verteidigungsmauer existiert. Im Süden der Siedlung wurden innerhalb des Schliemann – Grabens zwei Mauerzüge ausgegraben, die ursprünglich für Überreste von Häusern gehalten wurden. Schirmer war zuerst auf diese Mauerzüge b und c aufmerksam geworden.[722] Dörpfeld hielt Mauer b für den Teil eines Hauses und datierte sie mit Mauer c zu Troia I. Er schätzte, dass sie 2,50 m breit war.[723] 1987 fand Korfmann heraus, dass Mauer c unten breiter war als oben und geböscht. Sie hat eine Breite von 1,50 m. Mauer c stand frei und hat mit der dünneren Mauer b nichts gemeinsam. Mauer c springt im rechten Winkel nach Süden vor und bildet einen sog. Sägezahn. Korfmann bezeichnet sie mit Vorbehalt als Verteidigungsmauer und verweist auf die anatolische Bautechnik von Befestigungen in der sog. „Sägezahntechnik“.[724]

Die Siedlung von Troia I wurde durch einen Brand zerstört. Ob die Zerstörung Folge einer kriegerischen Auseinandersetzug war, konnte nicht festgestellt werden.

Die Herstellung von verschiedenen Werkzeugen aus Stein, Holz und Knochen in Troia war, wie auch in anderen Siedlungen in Kleinasien und in den ägäischen Inseln während der Frühbronzezeit enorm. Charakteristisch ist die Produktion von Messerklingen aus Obsidian. Für die Textilproduktion sprechen viele Spinnwirteln. Meistens sind kleine Keramikkugeln mit einem Loch in der Mitte. Sie wurden als Schwungscheiben beim Handspinnen oder als Gewichte beim Weben benutzt. Nadeln aus Knochen und Metall (verziert) wurden für die Textilproduktion und die Fellbearbeitung verwendet.

Für die Viehzucht sprechen Knochenfunde von Schaf, Ziege, Rind und Schwein. Die Jagd und die Fischerei war ebenfalls Bestandteil des Lebens in der frühbronzezeitlichen Gesellschaft von Troia – I. Schwein, Wildvögel, Kaninchen, Fische, Meerestiere von Muscheln und Austern ergänzten die Nahrung der Menschen. Für den Ackerbau spricht die fruchtbare Ebene von Troas. Emmer, Einkorn, Gerste und verschiedene Produkte, wie Erbsen, Linsen, Kichererbsen, Saubohnen, Ölfrüchte wurden kultiviert.

Handelsbeziehungen sind ebenfalls nachgewiesen. Der keramische Befund an den Randgebieten des Marmarameeres und auf den Inseln der nördlichen Ägäis bestätigt es. Zum diesem Thema vgl., M. Korfmann, 355ff. Aufgrund des Handels bezeichnet M. Korfmann Troia - I als „Maritime – Kultur“.

A.2. Troia II (ca. 2500 – 2300 v. Chr.)

Nach der Zerstörung von Troia I wurde die Siedlung auf dem Hisarlik erweitert. Es folgte eine Neuplanung und Umorganisation der Siedlung (Taf. 43,2). Als Beispiel dafür können an dieser Stelle die Planierungsmaßnahmen im Norden des Hügels erwähnt werden. Dort wurden große Terrassen aufgeschüttet, die durch Stützmauern stabilisiert wurden. Auf diese Weise wurde die Fläche des Hügels vergrößert, und es gab den Bewohnern von II die Möglichkeit, die eindrucksvollen Megara zu errichten. Die Erweiterung von Troia II machte sich auch bei der Verteidigungsanlage bemerkbar. Sie wurde vergrößert und bekam neue Tore und turmartige Bastionen. Nach der Erweiterung umfasste Troia II mit der Befestigungsanlage eine Fläche von 9000 m^2 und hatte einen Durchmesser

[722] W. Schirmer, Überlegungen zu einigen Baufragen der Schichten I und II in Troia, IstMitt 21, 1971, 1-43.

[723] W. Dörpfeld (1902), 45f.

[724] M. Korfmann, Zu Troias ältester „Verteidigungsmauer“, IstMitt 39, 1989, 307-313. Abb. 1.

von 120 m. In der 3 bis 4 m starken Schicht konnten acht Bauphasen erkannt werden (Troia IIa – Troia IIh).
Die meisten Überreste von Troia II stammen aus der Siedlungsphase Troia IIc. Während der Ausgrabungen wurden drei parallele rechteckige Langhäuser, die als Megara bekannt sind, gefunden. Das bekannteste und größte dieser Megara ist Gebäude IIA. Megaron IIA hat nach neuen Schätzungen eine Länge von 36 m und ist 14 m breit. Seine Mauern hatten eine Stärke von 1,50 m. Das Gebäude bestand aus einer großen Halle mit einer kleinen Vorhalle. Die Türöffnung des Gebäudes in der Vorhalle hatte eine Breite von 4 m. In der Mitte der größeren Halle gab es eine erhöhte Herdstelle mit einem Durchmesser von 4 m. Wegen des Grundrisses des Gebäudes dachte man an die einfachste Form eines griechischen Tempels. Mit der Entdeckung der Megara von Mykene und Tiryns erkannte man, dass es sich bei diesem Gebäude um ein Megaron handelt.[725] Wie üblich bestand der Unterbau des Gebäudes aus Steinen und der Oberbau aus Lehmziegeln. Die Wände waren von innen und außen verputzt. Um die Wände aus Lehmziegeln zu stabilisieren, musste ein Fachwerk aus Holzträgern im Wandinneren angelegt werden. Diese Holzträger waren quer miteinander verbunden. Die Antenfronten des Gebäudes waren mit Holz verkleidet. Für das Dach wird eine flache Konstruktion vermutet. Heute kann man die originalen Baureste von Megaron IIA nicht betrachten, weil sie von einer Erdaufschüttung geschützt werden. Während der Ausgrabungen wurde nur der vordere Bereich von Megaron IIA gefunden. Der hintere Teil ist mindestens zur Hälfte durch den großen, von Schliemann angelegten Nordsüdgraben verloren. Ob das Gebäude die Residenz eines Herrschers war oder ob es als Versammlungsort oder für Kultzwecke verwendet wurde, konnte nicht festgestellt werden. In den späteren Phasen wurde Megaron IIA in einen größeren Gebäudekomplex eingegliedert. Auf dem Plateau entstanden auch andere kleinere Megara. Die Frontseiten dieser Gebäude sind im Vergleich zu der Frontseite des Gebäudes IIA etwas zurückversetzt. Weitere rechteckige Langgebäude liegen nebeneinander, aber sie haben keine gemeinsamen Wände. Sie werden als Wohnhäuser bezeichnet. Sie werden durch kleine Straßen oder Gassen getrennt. Der innere Bereich der Siedlung, in dem die Megara standen, Troia wurde durch eine viereckige, peristylartige Kolonnadenmauer abgegrenzt. Direkt vor der Vorhalle von Megaron IIA stand das vermutlich bedachte Tor dieser Anlage, das als Tor II C bekannt ist und von dem der Schwellenstein (3 x 1,10 m) sichergestellt werden konnte. Das kleine „*Propylon*“ befindet sich nordöstlich des Haupttores FN der zentralen befestigten Anlage von Troia II.[726] Während der Ausgrabungen wurden wenige Spuren der Mauer gefunden, die den Vorhof von dem Innenhof mit den großen Megara trennte. Troia II war aber nicht nur auf den Hügel von Hisarlik begrenzt. Im Laufe der Ausgrabungen von Korfmann wurde erkannt, dass eine Untersiedlung südlich des Hügels existierte, in der wahrscheinlich die Bevölkerung von Troia wohnte. Man geht davon aus, dass die sog. Unterstadt von Troia II von einer hölzernen Befestigungsmauer umgeben wurde. Es bedeutet, dass Troia II aus zwei Teilen bestand, einer befestigten Anlage auf dem Hügel, in der wahrscheinlich die Elite von Troia II zuhause war und die als Burg bezeichnet wird, und einer geschützten Unterstadt. Die Ausgrabungen in der Unterstadt dauern noch an.
Aus den ersten Besiedlungsphasen (a – b) gibt es kaum Keramikfunde. Dasselbe gilt auch für die Bauphase Troia IIc, obwohl während dieser Phase die Befestigungsanlage erneuert wird und die Megara im Zentrum des Plateaus des Hügels entstehen. Der Bau der Megara dauerte bis in die Phase Troia IIg an. Aus Troia IId sind kaum Reste von Mauerzügen bekannt, dafür aber 20 Abfallgruben.[727] Von Troia IIe wurden keine geschlossenen Fundkomplexe gefunden. Während der Phase Troia IIf werden auf dem Hügel mehrräumige kleine Wohnhäuser errichtet, die agglutinierend gebaut sind. Siedlungsphase Troia IIg ist reicher an Befunden als die Vorgängerphasen. Die Bauweise bleibt dieselbe wie in den früheren Phasen. Die kleinen Häuser werden durch kleine und enge Gassen voneinander getrennt.[728] Durch die Funde aus dieser Schicht erkannten die Archäologen, dass Troia II den Höhepunkt seiner Entwicklung während der Frühbronzezeit erreichte. Die verschiedenen Aktivitäten und die Produktion von Gütern nimmt während Troia II im Vergleich zu Troia I rasant zu. Erwähnenswert ist während dieser Besiedlungsphase die Einführung der Drehscheibe für die Keramikproduktion und die Herstellung von verschiedenen Metallobjekten aus Bronze, Silber und Gold.[729]

[725] W. Dörpfeld (1902), 85ff. Über Troia II siehe auch C. W. Blegen, Troy and the Trojans (1963), 59ff.

[726] W. Dörpfeld (1902), 83f.; C. W. Blegen (1963), 63ff.

[727] C. W. Blegen (1950), 278ff.

[728] Ebd. 320ff.

[729] Davor wurden die keramischen Produkte mit der Hand gefertigt. Mit der Einführung der Drehscheibe stieg die Zahl der Keramikproduktion. Neue Gefäßformen treten vor. Sie bekommen eine hellbraunen–roten Farbe, die wahrscheinlich mit der Imitation von Gefäße aus Kupfer, Bronze und Gold zusammenhängen konnte. Die typische dunkle handgefertigte Keramik mit Verzierungen aus Troia - I ist auch bei Troia - II anzutreffen. Die sog. „Gesichtsvasen“ werden weiter produziert. Typisch aber für Troia - II ist die Produktion von Trichterförmigen Tonbechern, die als „*δέπας ἀμφικύπελλον*“ (Zweihenkeliger Becher) bekannt sind. Diese Gefäße haben keine Standfläche aber zwei am Boden ansetzende, auslandende

Durch die reichen Funde erkannte man, dass Troia II eine bedeutende Siedlung in der Troas war. Viele Materialien mussten importiert werden, um solcher eindrucksvollen Geräte und Schmuck herzustellen. Dies war nur mit weitreichenden Handelsbeziehungen möglich. Die geostrategische Lage von Troia spielte dabei eine wichtige Rolle. Troia II wurde von anderen Kulturkreisen beeinflusst. Randkulturen im zentralen und östlichen Anatolien und in Mesopotamien hatten einen großen Einfluss auf die Entwicklung Troias in der Frühbronzezeit. Andererseits hat Troia wiederum durch seine Handelsbeziehungen den gesamten ägäischen Raum kulturell beeinflusst.

Die Funde von Troia II bestätigen das hohe kulturelle Niveau der Siedlung. Dieser Reichtum wurde durch eine Befestigungsanlage geschützt, die noch größer und imposanter war, als die Verteidigungsmauer von Troia I. Wie aus den Schichten Troia IIg und h hervorging, wurde die frühbronzezeitliche Siedlung durch Brände zerstört. Aus diesen Schichten stammt der berühmte „Schatz des Priamos“, der bei den sog. Palasthäusern HS und HT und an der linken Seite des Tores FM gefunden wurde.[730]

Auch die Verteidigungsanlage wurde während der Besiedlungsphase von Troia II erweitert (Plan). Mauerzüge der neuen Anlage wurden während der Phasen Troia IIa – c vor der älteren Befestigung von Troia I errichtet. Der Abstand von der früheren Anlage beträgt 12 bis 28 m. Während der Phase Troia IIc hatte die Befestigungsanlage auf Hisarlik einen Umfang von 330 m. Ihr Verlauf bildet eine polygonale Form. Die Verteidigungsmauer besteht weiter aus einem geböschten Steinsockel mit einem Oberbau aus Lehmziegeln. Diese Konstruktionsweise ist in allen Besiedlungsphasen von Troia II anzutreffen. Im südöstlichen Bereich des Hügels ist der Abhang nicht sehr steil. Hier wurde die Mauer mit mehreren vorspringenden turmartigen Bastionen verstärkt.

Der Unterbau der Anlage besteht aus Kalksteinen, die mit Erdmörtel verbunden wurden. Man gewinnt den Eindruck, dass die Böschung der Steinsockelfassade aus fast unbearbeiteten Steinen besteht. Der innere Bereich des Unterbaus besteht aus unbearbeiteten Steinbrocken, die ohne Sorgfalt zusammengefügt wurden. Die Steine werden teilweise mit Erde verbunden.[731] Laut Dörpfeld war die Neigung des Unterbaus in der ersten Phase von Troia II nicht so stark, dass man ohne Schwierigkeit an der Mauer hinaufklettern konnte.[732] Während der späteren Phasen verwendeten die Erbauer größere Steine für den Unterbau und eine regelmäßigere Schichtung. Auf diese Weise bekam der Steinsockel eine steilere Böschung. Im Verlauf der Befestigungsanlage erreicht der Steinsockel verschiedene Höhen, die je nach Gelände von 1 bis 8,50 m variieren.[733] Auf dem Steinsockel wurde ein senkrechter Oberbau aus Lehmziegeln errichtet. Er hatte während der Besiedlungsphase Troia IIb eine Stärke von 2,80 m. In Troia IIc erreichte der Oberbau eine Stärke von 4 m. Wie hoch die Lehmziegelmauer gewesen ist, konnte nicht mit Sicherheit festgestellt werden. In einigen

Henkeln. Die Töpferscheibe ermöglichte dünnwandigere und kunstvollere Gefäße zu herstellen. Dies hatte die Steigerung der Produktivität von Gefäße zur Folge, die auch für den Handel verwendet wurden.

Die Herstellung von Steingeräten stieg ebenfalls enorm. Während dieser Besiedlungsphase werden viele Steinäxte und andere Geräte hergestellt. Kunstvollere Äxte werden aus Nephrit und Lapislazuli hergestellt. Bemerkenswert ist aber die Metallverarbeitung in Troia - II. Die verschiedenen Geräte werden nun nicht aus Kupfer hergestellt, sondern aus Bronze, eine Metall – Legierung aus Kupfer und Zinn. Werkzeuge und Waffen, wie Äxte, Sägen, Messer, Klingen, Schwerter, Speerspitzen und Pfeilspitzen werden hergestellt. Die Handwerker haben auch die Möglichkeit ganze Gefäße aus Bronze, Gold und Elektron zu gießen, wie Kannen und Schalen. Die Formen von den metallischen Gefäßen ähneln teilweise den keramischen Formen. Auch neue Formen werden entwickelt. Als Beispiel kann an dieser Stelle eine Sauciere und eine Flasche mit zwei gegenständigen Ausgussschnäbeln, schiffchenförmige Becher und ein zweihenkeliger Becher *„Depas“* aus Gold erwähnt werden. Besonderheiten wurden an den metallischen Gefäßen auch festgestellt, wie die Röhrenösen, die erwähnte Sauciere und die tordierte Riefelung von Gefäßwänden. Zu der Metallverarbeitung gehört auch die Goldschmiedekunst, die in Troia II ihre Blüte erreichte. Nicht nur Gefäße aus Gold wurden hergestellt, sondern eine Vielfalt verschiedener Formen von Schmück. Das große Diadem aus Gold, das H. Schliemann 1873 fand, ist ein Beispiel hervorragender Kunst. Zusammen mit diesem Fund fand er auch Nadeln, Perlen, Lockenringe, Plättchen, Armreifen und Körbchenohrringe. Der „Schatz A“ besteht aus 8700 kleinen Goldperlen. Jede von diesen Perlen ist anders geformt und trägt ein unterschiedliches Muster, wie Rauten, Blätter, Sterne und Blüten. Die sind wiederum mit verschiedenen Ornamenten ziseliert. Außerdem gehören zum Schatz des „Priamos“ auch Gold- und Silberkrüge, Bronzeschüsseln, Kelche, Teller, bronzene Speerspitzen und Silberbarren.

[730] Als H. Schliemann den Schatz fand, war er der Ansicht, dass Troia II das homerische Troia gewesen ist. Wegen des Schatzes, der Brandschichten und des Tores FM mit der Steinrampe, das von Schliemann als „Skäisches Tor“ identifiziert wurde, konnte anscheinend kein Zweifel mehr bestehen. Schliemann erkannte am Ende seines Lebens seinen Fehler. Er irrte sich um 1200 Jahre.

[731] W. Dörpfeld (1902), 52ff.

[732] Ebd. Für die Befestigungsanlage von Troia – II siehe auch C. W. Blegen (1963), 60ff.

[733] Ebd.

Bereichen der Befestigungsanlage erreicht die Lehmziegelmauer eine Höhe von 3 m. Wahrscheinlich war sie aber noch höher, denn während den Ausgrabungen wurde viel Ziegelschutt vor den Mauern gefunden.

Der obere Abschluss der Lehmziegelmauer bestand vermutlich aus einem überdachten Umgang, der aus Holzbalken und Lehmziegeln errichtet wurde. Troia II wurde durch Feuer zerstört. Starke Brandspuren wurden auch am oberen Teil der Lehmziegelmauer gefunden.[734]

Aus der Besiedlungsphase Troia IIa wurde nur ein Teil der Verteidigungsanlage besser erforscht. Es handelt sich um den Bereich zwischen den Toranlagen FL im südwestlichen Bereich der Befestigung und FN im südlichen. Zwischen den beiden wurden in einem Abstand von 10,60 m Mauervorsprünge gefunden. Sie sind 3 m breit und springen 2 m vor die Mauer. Diese turmartigen Vorsprünge bestehen aus demselben Material wie der ganze Mauersockel der Befestigungsanlage. Sie werden an der Stelle der Verteidigungsanlage gebaut, an der die Mauer einen „Knick“ bildet.[735] Der aus Lehmziegeln bestehende obere Teil der Bauten konnte nicht gesichert werden, da das Material während der späteren Phasen abgetragen wurde, um es anderswo zu verwenden. Ob an der ganzen Befestigungsanlage der Phase Troia IIa solche Mauervorsprünge existierten, konnte nicht geklärt werden. Während der Phase Troia IIb wurden an diesem Teil der Befestigung zwischen den Toren FL und FN Änderungen vorgenommen. Die Länge der Kurtinen zwischen Tor FL und FN wurde nun vergrößert, so dass nur ein Mauervorsprung übrig blieb. Dieser war 2,50 x 4 m groß und es konnte nicht festgestellt werden, ob es sich bei dieser Konstruktion um einen Turm handelt oder nicht. Die anderen zwei Mauervorsprünge wurden in die Tore FL und FN eingegliedert.

Während der Phase Troia IIc wurden drei dieser Mauervorsprünge an der südöstlichen Befestigungsmauer gefunden. Sie sind 2,25 x 3,30 m groß. Der Abstand zwischen ihnen beträgt 6,50 m. Dörpfeld bezeichnet sie als Bastionen.[736]

Der Verlauf der älteren Phasen von Troia II konnte nicht auf dem gesamten Hügel verfolgt werden. Teile der Verteidigungsanlage wurden im südwestlichen und südlichen Bereich des Hügels gefunden. Teilweise wurden auch Bauteile der Befestigungsanlage an der westlichen und östlichen Seite des Plateaus nachgewiesen. An der nördlichen Seite wurden keine Spuren der Anlage gefunden. Entweder wurden sie vollständig zerstört oder während der späteren Siedlungsphasen überbaut.[737]

Durch mindestens zwei Toranlagen ähnlicher Form (FL und FN) konnte man in den Innenbereich von Troia II gelangen.[738] Die Toranlage FL war kleiner als FN.[739] Tor FL konnte nicht vollständig ausgegraben werden, weil sein Torweg von einem vorspringenden Turm und späteren Bauten überbaut wurde. Sein Erhaltungszustand ist schlechter als der von Tor FN. Der Torweg von FL hatte eine Breite von 2,60 m[740], der von FN hatte eine Breite von 3,50 m.[741] Beide Torwege waren von einem Lehmstrich bedeckt, Steinpflaster wurden nicht gefunden. Die Toranlage FN ist besser erhalten als FL. Dörpfeld schlug vor, dass der Torweg an seinem vorderen Ende wahrscheinlich durch einen doppelten Verschluss (d und c) mit je zwei hölzernen Torflügeln verschlossen werden konnte. Für eine sichere Rekonstruktion ist der Erhaltungszustand der Mauern aber leider zu schlecht.[742]

Besser erhalten ist nach Dörpfeld der Verschluss (c). An dieser Stelle wurden viele Brandspuren gefunden.[743] Wenn man dem ansteigenden Weg zur Toranlage folgt, trifft man zu beiden Seiten des Torweges auf Spuren von Pfostenlöchern vor den Wänden. Wahrscheinlich stabilisierten dort Holzbalken die Mauern des Torweges und stützten gleichzeitig das Dach, welches die Toranlage laut Dörpfeld besaß.[744] Außerdem wurden Holzkohlereste von horizontalen Holzbalken der beiden Seitenmauern gefunden.[745] Der Torweg richtet sich nach dem Passieren der Befestigungsmauer nach Norden und biegt dann nach Osten. Auch der Weg nach Osten wird von zwei Mauern flankiert. Ob er bedacht war, konnte nicht festgestellt werden. Im Bereich des Weges wurden Teile einer treppenartigen Rampe (g) gefunden. Dörpfeld war der Ansicht, dass so Fußgänger direkt ins Innere der Burg gelangen konnten. Der Torweg wurde auch von Wagen benutzt.[746] In den späteren Phasen wurden die Wände der Toranlagen erweitert und verstärkt. In der älteren Phase von Troia II hatten sie eine Stärke von 3,50 bis 4 m.

---

[734] Ebd.

[735] Ebd.

[736] W. Dörpfeld (1902), 74ff.

[737] Ebd.

[738] Für beide Toranlagen galt Folgendes: man konnte durch die beiden Torwege auf das Plateau der Burg gelangen. Das Plateau war nicht direkt hinter der Mauerlinie der Befestigung, sondern nur die ansteigenden Torwege zu erreichen.

[739] W. Dörpfeld (1902), 56ff.

[740] Ebd.

[741] Ebd.

[742] Ebd.

[743] Ebd.

[744] Ebd.

[745] Ebd.

[746] Ebd.

Während der Phase Troia IIb wird ihre Stärke verdoppelt.[747]
Dörpfeld fand bei der Toranlage FL auch Hinweise auf eine kleine Pforte mit einer Öffnung von 0,80 m, die er als Ausfallpforte (i) bezeichnet. Sie lag zwischen dem Turm und der Burgmauer.[748] Möglicherweise hatte die Toranlage FN auch eine solche Pforte.[749] Die Existenz einer dritten Toranlage in Troia II konnte nicht festgestellt werden.
Nach den Bränden in Troia II a und b wurde die Verteidigungsanlage erweitert, und am Ende der Besiedlungsphase Troia II b, Anfang der Phase c, erhielt sie zwei neue Toranlagen im Südwesten (FM) und Südosten (FO).
Die kleinere Toranlage FM wurde schon im Jahr 1873 von Schliemann ausgegraben. Er hielt dieses Tor irrtümlich für das homerische „skäische" Tor. Das Tor ist 5,25 m breit, seine beiden Seiten bestehen aus Bruchsteinmauern. Das Ganze wird in drei Teile geteilt. Die Vorhalle besteht laut Dörpfeld aus zwei Tormauern bzw. Tortürmen k und i. Sie haben eine Breite von 2,70 m.[750] Den mittleren Teil bezeichnet Dörpfeld als „Thorgemach" mit zwei Bruchsteinmauern und einem doppelten Torverschluss.[751] Vier Quermauern von 0,65 m Länge springen aus den Mauern hervor. Die Türöffnungen hatten eine Breite von 4 m. Dahinter lag die Hinterhalle. Bei den Anten der beiden Bruchsteinmauern lagen zwei steinerne Basen, die vermutlich hölzerne „Parastaden" trugen.[752] Es wird vermutet, dass die Toranlage bis auf die Vorhalle überdacht war.[753] Über eine Rampe konnte man in das Torinnere gelangen. Diese Rampe besteht aus gepflasterten polygonalen Steinplatten. Sie weist eine Steigung von 25 Prozent auf und war über 5 m breit. Zusammen mit den Brüstungsmauern erreichte die Rampe eine Breite von 7,55 m. Bei der ersten Ausgrabung wurde der oberste Teil der Pflasterung zerstört. Der untere Teil war auch nach tausenden von Jahren noch sehr gut erhalten. Die ganze Konstruktion hatte eine Länge von mehr als 21 m.[754] Da die Rampe durch den Tourismus Schaden nahm, wurde sie in den 90er Jahren von Korfmann restauriert.[755] Auf der rechten Seite der Rampe springt die Verteidigungsmauer zu einer Art Bastion vor. Beeindruckend ist die Höhe der Befestigungsmauer im Bereich der Steinrampe. Sie erreicht dort eine Höhe von 8,50 m und ist mehr als 4 m breit. Die geböschte untere Hälfte der Verteidigungsanlage war teilweise geglättet und verputzt. Der Lehmziegelaufbau erreichte nach Schätzungen eine Höhe von 4 m.
Viel größer, aber von ähnlicher Gestalt war die Toranlage FO östlich des Tores FM, die wahrscheinlich auch über eine Rampe zu betreten war. Auch diese Anlage besteht aus drei Abschnitten und einem doppelten Torverschluss. Die Vorhalle des Tores wird von zwei vorspringenden Mauern flankiert, die als hervorragende kleine Türme zu verstehen sind. In einer früheren Phase hatten sie eine Länge von 8 m und waren 3,50 m breit. Später wurden sie verkleinert. Sie hatten dann eine Länge von 5 m und waren 2 m breit. Dörpfeld vermutete, dass die Toranlage in einer späteren Phase umgebaut wurde.[756] Wie das genau aussah, kann nicht mit Sicherheit gesagt werden, weil die Anlage von späteren Konstruktionen überbaut wurde. Laut Dörpfeld hatte das Tor eine Breite von 7,20 bis 7,60 m. Die Vorhalle hatte eine Tiefe von 4,80 m. Der mittlere Raum hatte eine Länge von 7,15 m und die hintere Halle eine Länge von 6,80 m. Die Quermauern des mittleren Raums mit dem doppelten Torverschluss waren 2,50 m stark, die Seitenmauern 2 m. Die Türöffnungen, die vermutlich durch hölzerne Türen verschlossen wurden, waren 4,40 m breit.[757] Ob Parastaden aus Holz an den Anten der Hinterhalle angebracht wurden, konnte nicht festgestellt werden. Basissteine wurden nicht gefunden.[758] Wie genau der vordere Teil des Tores und sein Oberbau ausgesehen haben, konnte ebenfalls nicht rekonstruiert werden. Dass das Tor überdacht war, gilt als sicher. Wenn man die Anlage passierte, gelangte man nordwestlich vor das „*Propylon*". Von dort gelangte man in das Innere der Anlage mit den großen Megara, wo wahrscheinlich die administrative Elite von Troia II wohnte.
Die Befestigungsanlage dieser Besiedlungsphase beweist Planung und baumeisterliches Können. Die großen Toranlagen, die starken und hohen Verteidigungsmauern mit den Bastionen und Türmen, die die imposanten Megara im Zentrum der Burg umfassten, und allgemein die ganze Anlage können als eine reine Machtdemonstration interpretiert werden.
Ob Troia II auch eine Unterstadt besaß, muss noch geklärt werden. Während der Ausgrabungen von Korfmann wurden 200 m südlich des Hügels auf dem Plateau Spuren einer Palisadenkonstruktion entdeckt und

[747] Ebd.
[748] Ebd. 59f. Pforte (i) in Fig. 10.
[749] Ebd.
[750] Ebd. 70f. Fig. 20 und 21.
[751] Ebd.
[752] Ebd. 70.
[753] Ebd. 72f.
[754] Ebd. 68ff.
[755] M. Korfmann, Troia – Ausgrabungen 1990 und 1991, StTroica 2, (1993), 1-42; M. N. Filgis – W. Mayer, Sicherung und Konservierung der Bausubstanz, StTroica 2, (1992), 83-104.
[756] W. Dörpfeld (1902), 72ff. Fig. 22.
[757] Ebd.
[758] Ebd.

verschiedene Baureste, die zeitlich in die Frühbronzezeit eingeordnet werden. Die Palisadenkonstruktion ist in einer Länge von 40 m erforscht worden.[759] Es handelt sich um einen 1 m tiefen und 0,40 m breiten Graben, der als Fundament für eine hölzerne Palisade verwendet wurde. In einem Abstand von 2,50 m hinter dem Graben wurden größere Pfostenlöcher gefunden, die 0,30 m breit sind und eine Tiefe von 1 m haben. In ihnen ruhten vermutlich die Ständer eines Wehrgangs. Zu dieser Baukonstruktion gehört auch eine Toranlage mit einer Öffnung von 2 m Breite zwischen zwei breiten Endpfosten. Die Toranlage wird von zwei kurzen Palisaden bis zu den inneren Wehrgangsstützen flankiert. Diese bilden einen schiefen Winkel, der den Verlauf des Torweges zeigt. Wie genau dieses Bollwerk aussah, konnte nicht mit Sicherheit festgestellt werden. Entweder bestand es aus einer lehmverputzten Flechtkonstruktion oder war ganz aus Holz. Was für einen Verlauf sie hatte und welche Fläche sie umschloss, konnte bisher nicht festgestellt werden. Anhand der gefundenen Keramik wurde diese Konstruktion in die Perioden Troia I und II datiert. Durch die Radiokarbonuntersuchung eines kleinen Holzstückes ergab sich eine Datierung zwischen ca. 2700 und 2500 v. Chr. Beeindruckend ist, dass aus dem ganzen ägäischen Bereich und aus Kleinasien keine weitere solche Konstruktion aus der Frühbronzezeit bekannt ist. Die Burg und die Unterstadt von Troia bleiben bisher eine Ausnahme. Zerstört wurde Troia II durch einen Brand.

Zu Troia III (ca. 2250 – 2200 v. Chr.) kann nicht viel gesagt werden. Nach den Überresten im inneren Bereich der Burg war Troia III dicht bebaut. Die Wohneinheiten waren viel kleiner als in den früheren Besiedlungsphasen. Charakteristisch ist, dass die Bauten während dieser Phase nur aus Stein errichtet werden, Lehmziegel wurden nicht verwendet. Archäologen erkannten vier Siedlungshorizonte in dieser Periode. In einer Schicht wurden Spuren eines Brandes gefunden. Troia III war auch befestigt. Während der Ausgrabungen im Jahr 1990 konnte Korfmann einen Teil der Befestigung in der südlichen Verlängerung des Schliemann – Grabens freilegen. Troia III besaß die erste Befestigungsmauer aus behauenem Stein. Auch die Toranlagen von Troia II wurden wohl weiter verwendet. Dies gilt vor allem für das südwestliche Tor mit der Rampe. Das andere Tor FO wurde verkleinert und mit Wohnbauten überbaut. An dieser Stelle muss erwähnt werden, dass Schliemann, Dörpfeld und Blegen noch keine Befestigung für diese Periode erkennen konnten. Sie betrachteten Troia III nach dem Brand von Troia II als eine „ärmliche“ Siedlung. In den letzten zehn Jahren konnte aber bewiesen werden, dass Troia III keinesfalls eine bedeutungslose Siedlung war. Neben der südöstlichen Toranlage FO wurde ein großer Bau gefunden, wahrscheinlich ein Megaron. Archäologen fanden im inneren Bereich des Gebäudes viele verschiedene Kultgefäße, Metallobjekte und viele andere wertvolle Funde. Daraus ergab sich, dass die Troianer dieser Phase weiterhin Handel betrieben.[760]

Für Troia IV und V (ca. 2200 – 1700 v. Chr.) ist nicht viel über die Verteidigungsanlagen bekannt. Das Gleiche gilt für die anderen Bauten im Inneren der Burg. Es gilt als sicher, dass sie eng zusammengebaut und durch enge Gassen getrennt wurden. Oftmals haben die Wohneinheiten gemeinsame Wände. Während dieser Phasen kommen in den Häusern kuppelartig gewölbte Öfen vor.

Für Troia V sind die Wohneinheiten wie in Troia IV. Es gibt Hinweise, dass während dieser Siedlungsphase die Burg von einer Befestigung umringt war.[761] Dörpfeld berichtet über zwei Stellen mit Resten einer Verteidigungsanlage. Nach der Ansicht Dörpfelds liegt ein Stück der Mauer in den Quadraten A3 bis A5 unterhalb des Gebäudes VI A. Es trägt auf den Plänen III-VII die Bezeichnung Vb, Vc und Vd. Der andere Teil der vermuteten Befestigung liegt in Quadrat H7 unter dem Gebäude VI G und wird als Ve bezeichnet. Die Mauern sind aus ungearbeiteten Steinen errichtet und haben einen Oberbau aus Lehmziegeln. Die Stärke der Mauern variiert zwischen 1 und 1,30 m.[762] Diese Stärke spricht aber nicht unbedingt für eine Befestigung, wenn man bedenkt, dass Troia in den früheren Phasen eine viel stärkere Verteidigungsanlage besaß. Sicher ist, dass viele Elemente der Befestigung der Frühbronzezeit zerstört oder von späteren Phasen überbaut wurden. Die Spuren der angenommenen Befestigungsanlagen von Troia IV und V wurden vor allem von der Verteidigungsanlage von Troia VI überbaut.

[759] P. Jablonka, Eine Stadtmauer aus Holz. Das Bollwerk der Unterstadt von Troia II, in: B. Theune-Großkopf (Hrsg.), Troia - Traum und Wirklichkeit (2001), 391-394.

[760] Das Gebäude wurde 1998 ausgegraben. Die Mauern sind in einer Höhe von 1,50 m erhalten. Der Hauptraum dieser Baukonstruktion ist 4,50 x 9 m groß. In der Mitte des Raumes fand man eine 1,50 m große Herdstelle. Direkt an einer Wand fand sich eine 0,60 x 0,60 x 0,25 m Konstruktion, die Anhand der Funde als Altar interpretiert wurde. Außer der zahlreichen Keramik und der Metallobjekte wurde im Gebäude ein bearbeiteter Bergkristall, eine Karneolperle, kleine Idole und ein Zepter mit einem Fayence – Knauf gefunden. Es wird angenommen, dass dieser Gegenstand ein Import aus Ägypten ist. Über die Funktion des Gebäudes wird spekuliert. Möglicherweise war es ein Megaron mit kultischen Funktionen.

[761] W. Dörpfeld (1902), 103ff. Fig. 31.

[762] Ebd.

Während dieser Besiedlungsphasen hatte Troia eine Ausdehnung von 18000 m^2.

Außer Troia kommt noch eine Reihe von anderen prähistorischen Siedlungen an der Westküste Kleinasiens vor. Einige bedeutende Siedlungen mit Befestigungsanlagen sind Yedibademli auf der Insel Imbros, Beşik-Yassi-Tepe, Bakla Tepe, Kale Tepe, Liman Tepe und Demirçihüyük in der nordwestlichen Türkei. In allen diesen bronzezeitlichen Siedlungen sind wichtige Funde gemacht worden. Die Ausgrabungen dauern noch an. Nur in Demirçihüyük wurden die Ausgrabungen abgeschlossen. An dieser Stelle kann auch die kleine befestigte Siedlung von Kanligecit im türkischen Teil Thrakiens erwähnt werden. Özdoğan und Parzinger führten 1994 Ausgrabungen auf dem Hügel von Kanligecit durch.[763] Es handelt sich um eine chalkolithische – frühbronzezeitliche befestigte Siedlung. Die Ausgräber konzentrierten sich auf die sog. Zitadelle, die zwei bis drei Megara umschließt. Form und Verlauf der Befestigung hat eine verblüffende Ähnlichkeit mit der Verteidigungsmauer von Troia II. Eine *„propylonartige“* Toranlage wurde auch gefunden. Außerhalb der befestigten Zitadelle soll eine „Unterstadt“ existiert haben. Die Keramik ergab, dass Kanligecit sowohl Beziehungen mit Anatolien als auch mit dem Balkanraum hatte. Die Besiedlung des Ortes dauerte bis zum Ende der Frühbronzezeit.[764]

B. Yenibademli (Imbros)

Der Fundort liegt auf einem kleinen Hügel 18 m über dem Meeresspiegel. Der Hügel hat eine Ausdehnung von 130 x 120 m und liegt 1,7 km südwestlich von Kalcköy. Am Westhang der Westterrasse des Hügels im Grabungsareal E9 wurde der eingestürzte Teil einer Mauer gefunden. Hüryilmaz nimmt aufgrund der Bautechnik und des Materials der Mauer an, dass sie eine Verteidigungsmauer war. Die Mauer scheint aus ungearbeiteten Steinen errichtet worden zu sein.[765] Andere Teile der vermuteten Befestigungsanlage werden nicht erwähnt. Anhand der gefundenen Keramik wurde die Mauer in die Frühbronzezeit I (Troia I) eingeordnet.

Im Grabungsareal F11 wurde eine Toranlage der frühbronzezeitlichen Siedlung gefunden. Sie liegt im südlichen Bereich der Befestigungsmauer und besteht aus einer Eingangsrampe. Ob sie von Bastionen oder Türmen flankiert wird, ist nicht bekannt. Zu beiden Seiten der Rampe bestand eine steinerne Brüstung. Zwischen den Brüstungen lag die gepflasterte Rampe. Diese Baukonstruktion erinnert sehr an die Rampe von Troia II.

Außer der vermuteten Verteidigungsmauer mit ihrer Toranlage werden die Reste von zwei Gebäuden in Yenibademli und die dazugehörenden Funde erwähnt.[766] Anhand der Keramik wird die Siedlung auf Imbros in die Frühbronzezeit I-II datiert.[767]

C. Beşik – Yassi – Tepe

Die prähistorische Stätte liegt 7 km westlich von Troia auf einer Landzunge in der Beşik -Bucht direkt am Meer. Der Ort wurde schon in prähistorischen Zeiten bewohnt. Mit den prähistorischen Schichten wurden auch Horizonte aus der hellenistischen, byzantinischen und osmanischen Zeit entdeckt. Am Westhang der sog. Untersiedlung, die südöstlich des Kaps liegt, wurde zahlreiche mykenische Keramik gefunden. Scherben von der Oberfläche des Kaps wiesen auf zeitgleiche Siedlungshorizonte mit Troia I hin.[768] Korfmann konnte in den frühbronzezeitlichen Schichten acht Siedlungshorizonte unterscheiden, die gleichzeitig mit Troia I sind.[769] Man fand Reste von Wohneinheiten, die häufig nebeneinander liegen. Es handelt sich um Langraumbauten mit gemeinsamen Zwischenmauern. Korfmann vermutete, dass einige der Häuser die Form

[763] N. Karul - Z. Eres - M. Özdoğan - H. Parzinger, Asagi Pinar I. Einführung, Forschungsgeschichte, Stratigraphie und Architektur, in: Archäologie in Eurasien 15. Studien im Thrakien – Marmara – Raum 1. 2003.

[764] Ebd.

[765] H. Hüryilmaz, Gökceada – Yenibademli Höyük. 1996 Yili Kurtarma Kazisi, XIX. Kazi Sonuçlari Toplantisi I, 1998, 357-378.

[766] Ein Gebäude wurde in Grabungsareal E9 gefunden. Archäologen erkannten hier vier Bauphasen des Gebäudes. Sie fanden mehrere bruchstückhafte Fußböden und Teile eines Herdes. Die keramischen Funde gehörten zur lokalen Produktion. Formen, wie Tunnelösen Schalen mit *„Anti-splash-rim“* kommen ebenfalls vor. Diese Gefäße werden auch in Troia – I hergestellt. Kleine Werkzeuge aus Obsidian, Nadeln und Pfrieme aus Knochen, Spinnwirtel, Nadelfragmente aus Bronze bzw. aus Kupfer, Tonidole, Tonanker, eine Schaftlochaxt, eine Gussform und ein Messerfragment wurden noch gefunden. Durch den Vergleich mit anderen Funden aus anderen Siedlungen Kleinasiens und der nordägäischen Inseln ging hervor, dass die Funde von Yenibademli Gemeinsamkeiten mit Funden aus Poliochni auf Lemnos, Thermi auf Lesbos und Troia hatten.

[767] H. Hüryilmaz, Rettungsgrabungen in Yenibademli Höyük, Gökceada/Imbros, in H. Erkanal – H. Hauptmann (Hrsg.), The Aegean in The Neolithic, Chalkolithic and Early Bronze Age, International Symposium, 13.-19. October, 1997 (2001).

[768] M. Korfmann, Beşik Tepe. Vorbericht über die Ergebnisse der Grabung von 1982, AA ,1984, 165-176.

[769] Ders., Beşik Tepe. Vorbericht über die Ergebnisse der Grabung von 1983, AA, 1985, 157-182.

eines Megaron hatten.[770] Zum Teil haben sie eine Breite von 5 – 6 m und sind 12 – 13 m lang.[771] Sie bestanden aus einem Vorraum bzw. einer Vorhalle und einem Hauptraum. Im Innenbereich der Häuser wurden Podeste aus Lehm entlang der Mauern gefunden. Die Herdstellen saßen oft in der Mitte der Wohneinrichtungen. Für die Dächer werden Flachdachkonstruktionen angenommen. Ob für die Siedlung auf dem kleinen Tumulus von Beşik Tepe ein radiales Bebauungssystem verwendet wurde, konnte nicht geklärt werden.

Die Keramik in Beşik – Tepe ähnelt derjenigen von Troia I.[772] Man fand auch Werkzeuge und einige Fundstücke aus Metall sowie Tierknochen.[773]

Dass die prähistorische Siedlung durch eine Befestigungsmauer geschützt war, kann man an der östlichen Seite des Hügels betrachten. Reste der Befestigung wurden dort in den Grabungsarealen S15 und S16 gefunden. Laut Korfmann handelt es sich um ein geböscht ansteigendes Trockenmauerwerk, das sich im Areal S15 rechtwinklig nach Westen richtet. Die Befestigungsmauer bestand aus unbearbeiteten Steinen, die mit rotem Lehm verbunden waren. An der Nordseite der Mauer wurde eine Pflasterung gefunden, die das Fundament der Mauer verstärkte. Im Grabungsareal S16 östlich der Mauer wurde eine gerundete Struktur entdeckt, die als Bastion interpretiert wurde. Welche Länge und Breite die Mauer hat und wie hoch sie erhalten war, erwähnt Korfmann nicht.[774]

D. Liman Tepe

Die Siedlung liegt auf einer kleinen Halbinsel südwestlich des Golfes von Izmir. Erste Ausgrabungen fanden 1979 – 1981 statt (Taf. 44,1). Nach einer Pause von 10 Jahren wurden die Ausgrabungen wieder aufgenommen. Die verschiedenen Schichten zeigen eine Siedlungskontinuität von der mittleren chalkolithische bis in die Spätbronzezeit. Aus der Frühbronzezeit konnten drei Phasen unterschieden werden. Es handelt sich um die Phasen Liman Tepe VI und IV. Diese entsprechen der Frühbronzezeit I bis III.[775] Schon während der Frühbronzezeit I wurde die Siedlung durch eine Verteidigungsmauer geschützt. Während der Frühbronzezeit II hatte Liman Tepe einen Durchmesser von 290 m. Bauelemente dieser Phase wurden nicht nur auf der Halbinsel gefunden, sondern auch südlich davon. Die prähistorische Siedlung bestand aus rechteckigen Bauten, die größere Bauinsulae bildeten. Sie wurden durch gepflasterte Straßen geteilt. Sehr interessant für die Aufteilung der Siedlung ist das Gebäude im Zentrum des Grabungsareals. Es handelt sich um ein langes, rechteckiges Gebäude mit einer Länge von 14,40 m und einer Breite von 1,20 m. Die südliche Mauer des Gebäudes ist 1,50 bis 2,20 m breit und in einer Höhe von 2 m erhalten. Dagegen hat die nördliche Mauer dieser Baukonstruktion eine Breite von 0,60 m. Der Bau wird von kleineren Mauern in kleine Räume aufgeteilt. Das Ganze erinnert an eine korridorartige Baukonstruktion, wie sie auf dem griechischen Festland und auf den Inseln während der Frühbronzezeit gebaut wurde. Kouka vergleicht dieses Gebäude mit dem Bau 28 in Poliochni *Azzuro* auf Lemnos und betrachtet ihn als einen Gemeinschaftsbau.[776] Aufgrund der Funde aus diesem Gebäude, seiner Größe und seiner Lage steht seine Wichtigkeit während der Frühbronzezeit fest.[777]

Die Lage an der Westküste Kleinasiens gegenüber den ägäischen Inseln und die Möglichkeit von Handelsbeziehungen mit den Inseln aber auch mit verschiedenen Siedlungen auf dem anatolischen Hochplateau, lässt annehmen, dass Liman Tepe eine wichtige Siedlung gewesen ist. Es konnten Handelsbeziehungen mit Troia, Poliochni, Thermi und Heraion von Samos festgestellt werden.

Schon während der Frühbronzezeit I wurde Liman Tepe durch eine Befestigungsmauer umschlossen. Reste dieser Anlage wurden in einem kleinen Grabungsareal im südlichen Bereich der Siedlung ausgegraben. Die Mauer besteht aus Kalksteinplatten und hat eine Länge von 15,50 m und eine Breite von 0,90 m. Sie ist in einer Höhe von 2,70 m erhalten. Die Mauer erstreckt sich von Osten nach Westen. Im südlichen Bereich der Mauer wurden in einem Abstand von 1,50 m drei vorspringende Mauerzüge entdeckt, die die Befestigungsmauer stützten. Außerdem stabilisierte eine Konstruktion aus unbearbeitetem Stein die senkrechte Mauer. Es gab drei Bauphasen der Befestigungsanlage.[778] Während der Frühbronzezeit II wurde die Siedlung nach Süden

---

[770] Ebd. 162f.

[771] M. Korfmann, Beşik Tepe. Vorbericht über die Ergebnisse der Grabung von 1984, AA, 1986, 303-311.

[772] Es handelt sich um Keramik, die charakteristisch für Troia – I ist, nämlich Schalen mit dem sog. „*Anti – Splash – Rand*“ und mit Tunnelösen.

[773] M. Korfmann (1985), 162f. Außer einer großen Zahl von Gefäßen fand man Spinnwirtel, Silexgeräte, ein Obsidian Artefakt aus Melos, zwei „Streitaxt“-Fragmente aus Ton. Viele Miniaturgefäße wurden auch gefunden.

[774] M. Korfmann (1985), 159f. Abb. 2–3.

[775] H. Erkanal, Archaeologigal Researches at Liman Tepe (1995).

[776] O. Kouka (2002), 7f., mit ausführlicher Literatur über die Siedlung.

[777] Ebd. Anm. 111.

[778] H. Erkanal, Early Bronze Age Fortification Systems in Izmir Region, Aegeum 20, 1999, 237–241; Dazu auch O. Kouka (2002), 7ff.

erweitert. Die frühere Befestigungsmauer wurde mit einer dicken Schicht Lehm bedeckt, und eine neue Befestigungsmauer wurde weiter südlich errichtet. Durch die neue Befestigung konnte wahrscheinlich der nördliche Teil der Siedlung, der direkt am Meer liegt, umschlossen werden. Vor dieser neuen Verteidigungsmauer wurde eine große Bastion entdeckt (Taf. 44,2). Sie ist hufeisenförmig und hat eine Länge von 15 m, ihre Höhe beträgt 6 m.[779] Erkanal nimmt an, dass sie sogar noch höher gewesen sein könnte.[780] Die Bastion hat eine nordsüdliche Richtung. Sie wurde auf einer Länge von 12 m ausgegraben. Spätere Bauten aus der mittleren Bronzezeit und eine römische Zisterne zerstörten den südlichen und südöstlichen Teil der Bastion. Aus diesem Grund konnte die tatsächliche Breite der Bastion nicht festgestellt werden. Im Innern besteht die Bastion aus Lehmziegeln. Ihre äußere Fassade besteht aus Kalksteinplatten wie die gesamte Befestigungsanlage. Im Vergleich zu den senkrechten Mauerzügen der Befestigung hat die Bastion eine geneigte Form. Die Lehmziegel der Bastion werden von kleinen Wandzellen umgeben, auf die die Kalksteinplatten gesetzt wurden. Erkanal spricht von halbkreisförmigen Wandzellen, die den entstehenden Druck aushalten konnten. Die Konstruktionsweise der Bastion ähnelt der Bauweise der aus der Bastion vorspringenden Mauerzüge.[781] Die äußeren Enden der Seitenmauern verlaufen im Einklang mit der Neigung der Bastion. Es wird angenommen, dass zuerst diese Wandzellen errichtet wurden, die mit Stein, Lehmziegeln und Erdmörtel gefüllt wurden. Dann wurden darauf die Kalksteinplatten in horizontalen Schichten gelegt. Wenn man heute die äußere Fassade dieser Anlage betrachtet, fühlt man sich an die Mauern von Poliochni erinnert. Andere bauliche Überreste der Verteidigungsanlage werden nicht erwähnt. Erkanal vermutet, dass die Befestigungsanlage von Liman Tepe eine rechteckige Form aufwies. In regelmäßigen Abständen wurde wahrscheinlich die Mauer mit solchen Bastionen flankiert, die Erkanal als Gemeinschaftswerk eines kommunalen Bauprogramms bezeichnet.[782]

Weiter nach Norden wurde die Befestigung durch einen Wellenbrecher verlängert, der heute unter Wasser steht. Es handelt sich um eine Baukonstruktion mit einer Länge von 100 m und einer Breite von 40 m. Am nördlichen Ende dieser Konstruktion fanden die Archäologen eine 30 m lange Mauer mit einer Breite von 5 m. Im südlichen Bereich des vermuteten Wellenbrechers wurde eine 15 m lange und 2 m breite Mauer errichtet, die wahrscheinlich einen Hafendamm darstellte. Die gesamte Konstruktion hat den Hafen von Liman Tepe geschützt. Aus anderen frühbronzezeitlichen Siedlungen des ägäischen Bereiches ist keine ähnliche Baukonstruktion bekannt.[783]

E. Kale Tepe

Die prähistorische Stätte liegt auf einem Felshügel auf der Halbinsel gegenüber von Chios. Sie ist 7 km vom der ägäische Küste und 17 km von Çeşme entfernt. Der Felshügel hat einen Durchmesser von 30 m. Anhand der Keramik wird die Siedlung in die Frühbronzezeit I und II datiert. Die Lage der Siedlung soll für die Frühbronzezeit sehr wichtig gewesen sein. Die prähistorische Siedlung lag an einem Ort, der die Wege nach Osten und Westen in Richtung des ägäischen Meers kontrollierte. Erkanal erwähnt, dass Kale Tepe durch eine Befestigungsmauer umschlossen wurde. Leider wurde sie im Laufe der Zeit von anderen Mauern überbaut, die Hirten errichtet haben sollen, um ihre Vieh zu schützen. Wie die Befestigungsanlage genau aussah, konnte nicht festgestellt werden. Es wird die Vermutung geäußert, dass hier eine kleine frühbronzezeitliche Zitadelle stand, um die Handelswege zu kontrollieren.[784] Andere Details werden leider nicht erwähnt.

F. Bakla Tepe

Bakla Tepe liegt südlich von Izmir und ist 15 km von der ägäischen Küste entfernt. Die prähistorische Stätte liegt auf einem felsigen Hügel, der heute innerhalb des Bereiches eines Staudammes liegt. Im Jahr 1994 wurden Rettungsausgrabungen durchgeführt, um die prähistorische Siedlung zu untersuchen. Während der Ausgrabungen erkannten die Archäologen verschiedene Siedlungshorizonte aus dem Chalkolithikum, der Frühbronzezeit I / II und aus der Spätbronzezeit. Sie kamen zu dem Ergebnis, dass die chalkolithische Siedlung einen Durchmesser von 250 m hatte, die frühbronzezeitliche Siedlung hingegen einen Durchmesser von 90 m. Aus der mykenischen Periode wurde ein Kammergrab auf dem Hügel gefunden.

Die Siedlung bestand aus Langraumbauten, die dicht aneinander gebaut wurden. Ihre Anordnung war radial. Sie grenzten nicht direkt an der Befestigungsmauer an, sondern hatten einen Abstand von 2 m. Dieser Zwischenraum wurde wahrscheinlich als Straße genutzt. Das Bebauungsschema, die Architektur, das Baumaterial und die Inneneinrichtungen erinnern an Thermi I-IIIB auf Lesbos.[785] Bakla Tepe ist eine der wenigen Siedlungen, in

[779] H. Erkanal (1999), 240f. Taf. LIIIa-b.
[780] Ebd. 241f.
[781] Ebd.
[782] Ebd. 240f.
[783] Ebd.
[784] Ebd. 239f.
[785] O. Kouka (2002), 6f., mit Literaturangaben.

der auch Nekropolen gefunden wurden. In der Frühbronzezeit war Bakla Tepe eine reiche Siedlung.[786]
Bakla Tepe wurde durch eine Befestigungsmauer geschützt. Reste dieser Mauer wurden am nördlichen Hang des Hügels entdeckt. Die Mauer richtet sich von Osten nach Westen und hat eine Länge von 10 m. Sie ist in einer Höhe von 1 m erhalten, wurde aber im Laufe der Zeit durch Erosion stark beschädigt. In einigen Teilen der Befestigung wurde die äußere Seite zerstört, dagegen ist die innere Seite verhältnismäßig gut erhalten.[787] Nach Schätzungen soll die Befestigung eine Breite von 3 m gehabt haben. Die Mauer besteht aus unbearbeiteten mittelgroßen Steinen, die horizontal gesetzt wurden und eine Böschung bilden.
Am östlichen Hang des Hügels wurde eine Konstruktion aus Stein gefunden, die laut Erkanal einer Rampe ähnelt und als Stütze der Mauer diente.[788] Sie reicht in eine Tiefe von 2,10 m bis zu den chalkolithischen Schichten.[789] An diesem östlichen Hang wurde ein tiefer Graben gefunden, der vor der Befestigungsmauer lag. Dieses System erinnert an das Befestigungssystem von Palamari auf Skyros.[790]
Ob die Verteidigungsanlage von Bakla Tepe andere Befestigungsbauten wie Bastionen oder befestigte Toranlagen besaß, ist nicht bekannt.

G. Demirçihüyük

Eine andere Befestigungsanlage der Frühbronzezeit, die mit der Befestigung von Troia verglichen wird, ist die Verteidigungsmauer von Demirçihüyük. Die prähistorische Stätte liegt auf einem Hügel an der phrygisch – bithynischen Grenze in der heutigen nordwestlichen Türkei.
Demirçihüyük liegt nördlich der alten Straße von Eskişehir nach Bozüyük, d. h. auf der Straße von Bursa nach Istanbul.[791] Die Siedlung nahm damals eine wichtige strategische Stelle ein. Sie lag am wichtigsten natürlichen Verkehrsweg vom anatolischen Hochland zum Marmarameer und zum Bosporus. Im Jahr 1975 wurden auf dem Hügel Ausgrabungen unter der Leitung von Korfmann aufgenommen. Schon im Jahr 1937 wurde der Ort unter der Leitung von Bittel untersucht.[792] Nach dem Abschluss der Arbeiten im Jahr 1978 standen 17 Bauphasen auf dem Hügel fest. Die Mächtigkeit der Siedlungshorizonte beträgt 9 m. Eine Kontinuität der verschiedenen Siedlungsphasen wurde auch festgestellt.[793]
Wie groß die Siedlung in der Frühbronzezeit war, konnte nicht festgestellt werden. Ein großer Teil des Hügels wurde im Laufe der Zeit durch einen kleinen Fluss abgetragen. Demirçihüyük war eine befestigte kreisförmige Anlage mit einem Durchmesser von 70 m. Der Ausgräber erkannte in dieser Siedlung das Schema der addierenden Radialbebauung und spricht vom „anatolischen Siedlungsschema“.[794]
Die Wohneinheiten waren trapezförmige Langraumbauten und bildeten einen Kreis. Jedes Haus hatte eine Fläche von 50 m^2 und bestand aus zwei Räumen. Das Fundament der Häuser war aus Bruchsteinen errichtet, die Mauern aus Lehmziegeln. Teilweise hatten die Gebäude auch gemeinsame Wände. Für die Dächer wird eine flache Dachkonstruktion vermutet.
Im Zentrum der Siedlung wurden Bauten gefunden, die aus leichten Materialen errichtet wurden. Es wird angenommen, dass diese Bauten als Speicher oder für andere wirtschaftliche Aktivitäten verwendet wurden. Ein zentrales Gebäude im Zentrum von Demirçihüyük konnte nicht festgestellt werden.
Die meisten Überreste der Verteidigungsanlage wurden in den Grabungsarealen F1-3 gefunden. Die Untersuchungen in den Grabungsarealen F/G8 und M5/6 ergaben, dass die Befestigungsmauer einen Kreis bildete.

---

[786] Ebd. Die Nekropole der frühbronzezeitlichen Siedlung – I lag außerhalb der Befestigung. Man fand Steinkisten, Pithosgräber und Gruben. In denen fanden sich Metallschmuck und Waffen. Südlich der Siedlung wurde die Nekropole der frühbronzezeitlichen Siedlung – II gefunden. Bei den Grabbeigaben handelt es sich um Kannen, ein- oder zweihenklige Trichterhalsbecher, Depata, Pyxiden, Metallschmuck und Steinidole.
[787] H. Erkanal (1999) Taf. LIId.
[788] Ebd. 239f.
[789] Ebd.
[790] O. Kouka (2002), 6f.
[791] M. Korfmann, Demirçihüyük, Eine vorgeschichtliche Siedlung an der phrygisch-bithynischen Grenze. Vorbericht über die Ergebnisse der Grabung von 1975. Mit Beiträgen von H. Becker, H. Schlich-Therle, J. Boessneck und A. von den Driesch, IstMitt 27-28, 1977-78, 1–59.
[792] K. Bittel, O. Heinz., Demirci – Hueyuck: eine vorgeschichtliche Siedlung an der phrygisch – bithynischen Grenze; Bericht über die Ergebnisse der Grabung von 1937 (1939).
[793] M. Korfmann, Demirçihüyük. Eine vorgeschichtliche Festung an der phrygisch – bithynischen Grenze. Vorbericht über die Ergebnisse der Grabung von 1978, IstMitt. 30, 1980, 5-21. Die Siedlungshorizonte wurden folgendermaßen benannt: C, D, E1, E2, F1, F2, F3, G, H, I, K1, K2, L, M, N, O und P. Aus dem Befund erkannten Archäologen eine Kontinuität von der Frühbronzezeit bis hellenistische – römische Zeit. Bei den Schichten E1, E2 und H fanden Archäologen Spuren von Brandkatastrophen aus. Im Siedlungshorizont L fand Korfmann Spuren einer plötzlichen Katastrophe.
[794] M. Korfmann (1983), 222ff.

Laut Korfmann wurden insgesamt über 100 m der Festungsmauern ausgegraben.[795] Die Verteidigungsmauer bestand aus großen und schweren Feldsteinen, der obere Bereich aus Lehmziegeln. Die Mauer war teilweise geböscht. In den Grabungsarealen F8 und F9 war die Befestigungsmauer nicht geböscht. Dies bedeutet, dass die Verteidigungsmauer gleichzeitig die äußere Wand der Häuser war. Ein anderes technisches Detail sind die sägezahnartigen Vorsprünge der Mauer und der Viereckbastionen. Eine ähnliche Bauweise kennen wir schon aus Troia I-II.[796] Ein solcher Vorsprung wurde im Grabungsareal H 10 gefunden.[797]

Außer der Befestigungsanlage wurde die Siedlung auch durch einen Graben geschützt. Am Hang des Hügels in den Grabungsarealen F9, G/H 10, I 10 und K 10 wurde laut Korfmann ein U-förmiger Graben gefunden. Er liegt 3 – 5 m vor dem Mauersockel hinter einer bermenartigen Zone. Der Graben hat eine Breite von über 1 m und soll eine Tiefe von über 1,20 m haben. Korfmann bezeichnet den Graben als Annäherungshindernis.[798] Er schätzt, dass an dieser Stelle des Hangs die Befestigung mit ihrer Mauerkrone gegenüber dem Graben eine Höhe von 7 m erreichte.[799]

Durch zwei lange Toranlagen konnte man ins Innere der Siedlung gelangen. Die nördliche hatte eine Länge von 20 m, die südöstliche Toranlage war wahrscheinlich ähnlich lang. Der nördliche Eingang hat eine Breite von 4 m. Nach innen wird die kleine Gasse der Toranlage immer schmäler. Beide Torwege waren teilweise gepflastert, die Toranlagen konnten durch hölzerne Türen geschlossen werden. Durch den Vergleich mit anderen prähistorischen Siedlungen vermutet Korfmann, dass Demirçihüyük insgesamt 4 Toranlagen hatte.[800]

3.24.2. Bulgarien – Ezero

Die Siedlung bei dem gleichnamigen Dorf Ezero liegt 3 km südöstlich der Stadt Nova Zagora in Südbulgarien auf einem ellipsoiden Hügel, der sich von Westen nach Osten richtet und eine Höhe von 9 m hat. Seine Fläche beträgt 200 x 145 m. Die südliche Seite des Hügels wurde im Laufe der Zeit vom Fluss Novozagorski Azmak abgetragen.[801]

Zum ersten Mal wurde Ezero von 1952 bis 1958 unter der Leitung von Mikov und Kojcvev in einer bulgarisch – sowjetischen Expedition ausgegraben. Zwischen 1961 und 1971 wurden zehn Grabungskampagnen ausgeführt. Von den verschiedenen Siedlungshorizonten war diejenige aus der Frühbronzezeit (Schicht I) die stärkste mit einer Mächtigkeit von 3,80 m. In Schicht I wurden neun Bauhorizonte erkannt. In fast allen Bauhorizonten wurden Spuren von Wohneinrichtungen gefunden. Meistens handelt es sich um Pfostenbauten, deren Wände aus Flechtwerk bestanden und mit Lehm verputzt waren. Die meisten Baukonstruktionen sind rechteckig und 4 – 9 m lang. Apsisförmige Bauten wurden auch festgestellt. Die üblichen Einrichtungen der Wohnbauten wie Herdstellen, Backöfen, Mühlsteine, Podien zum Trocknen des Getreides und Vorratsgefäße wurden auch in Ezero gefunden. Die Häuser bilden Gruppen und haben öfters gemeinsame Wände. Die frühbronzezeitliche Siedlung verfügte über ein unbebautes Zentrum. Spuren von zwei Straßen führten zum Zentrum und zu den Toranlagen der Siedlung, die in alle vier Himmelsrichtungen gebaut wurden.

Die Befestigungsanlage wurde während der verschiedenen Besiedlungsphasen immer wieder neu gestaltet. Sie hatte eine Stärke von 1,50 m und war aus unbearbeiteten Steinen gebaut.[802] Der älteste Mauerzug der Befestigung wurde im Horizont XIII gefunden. Es wird angenommen, dass diese Mauer die obere Fläche des Hügels umschloss. In den Besiedlungshorizonten VI, VII und X fanden viele Umbaumaßnahmen statt. Während der VI. Besiedlungsphase wurde die Siedlung erweitert und ihre Tore wurden verlängert und verengt. Sie werden mit den Toranlagen von Troia I und II verglichen. Im Siedlungshorizont V wurden Spuren einer stärkeren Befestigungsmauer gefunden. Es scheint, dass Ezero in der Frühbronzezeit durch mindestens zwei Ringverteidigungsmauern geschützt wurde. Wie hoch diese Anlage gewesen ist, konnte nicht festgestellt werden. Sicher ist nur, dass das Fundament der Verteidigungsanlage aus Stein bestand. Ob der Oberbau aus Lehmziegeln gebaut war, ist nicht gesichert. Ähnliche Befestigungsmauern wurden auch bei anderen Siedlungen in Bulgarien ausgegraben wie in Michalic, Kazanlak, Kyrillovo, Karanovo, Preslav und Okol Glava.[803]

Gleichzeitig zu den Baumaßnahmen im ägäischen Raum, in Anatolien und im Gebiet des Schwarzen Meeres entstanden auch in Bulgarien Befestigungsanlagen, die die Siedlungen vor möglichen Aggressoren schützen sollten.[804]

[795] Ebd. 11f. Taf. 20.
[796] Ebd.
[797] Ebd.
[798] Ebd.
[799] M. Korfmann (1983), 189f.
[800] M. Korfmann (1980), 12f.
[801] G. I. Georgiev - N. J. Merpert - R. Katincarov - D. G. Dimitrov, Ezero, Rannobronsowoto Seliste. Ezero. Eine Siedlung aus der Frühbronzezeit (1979), 535f.
[802] Ebd. 537f; (Abb. 10, 72 und 77).
[803] Ebd.
[804] Ebd.

3.24.3. Kroatien – Monkodonja

Auf der Halbinsel Istrien in Kroatien liegt auf einer Hügelkuppe die prähistorische Siedlung von Monkodonja (Taf. 45,1). Seit dem Ende des 19. Jahrhunderts und Anfang des 20. Jahrhunderts wurden über 300 Siedlungen auf Istrien lokalisiert, ohne systematisch ausgegraben zu werden. Siedlungen, die auf Hügeln liegen, werden als „*Gradina*" bezeichnet. In Monkodonja finden seit 1997 unter der Leitung von Hänsel und Terzan Ausgrabungen statt, die bis heute andauern. Die Siedlung ist 2,50 km vom Meer entfernt. Sie hat eine Fläche von 50000 m^2 und einen Durchmesser von 300 m. Vor der Errichtung der Siedlung wurde der Hügel vollständig zu einem Plateau planiert. Die dabei gewonnenen Steine wurden als Baumaterial für die Gebäude und die Befestigung der Siedlung verwendet. Bei der Errichtung der ersten Bauten auf dem Hügel war die Siedlung viel kleiner gewesen. Im Laufe der Zeit wurde sie vergrößert und erweitert. Hänsel und Terzan sprechen von einer Siedlung, die aus drei Teilen besteht.[805] Auf dem höchsten Plateau im Zentrum der Siedlung liegt das Areal der Akropolis. Es handelt sich um eine fast quadratische Fläche mit einem Gebäudekomplex aus großen Räumen sowie schmalen Korridoren und Höfen. Hier soll das administrative Zentrum von Monkodonja gelegen haben. Das Ganze wurde durch eine Mauer umschlossen. Der Bereich außerhalb dieser Mauer wird als Oberstadt bezeichnet. Die tiefer gelegenen bebauten Terrassen werden als Unterstadt bezeichnet.[806]

Außerhalb der Befestigungsanlage befand sich die Außensiedlung von Monkodonja.

Bei den Gebäuden handelt es sich meist um rechteckige, manchmal auch um kreisförmige Anlagen. Typisch für Monkodonja ist ein Gebäudekomplex aus unterschiedlichen Haupträumen sowie kleinen Nebenräumen, den wir schon aus dem ägäischen Kulturkreis kennen. In der Unterstadt waren die Wohnhäuser einfacher gebaut und kleiner. Hier spiegelt sich wahrscheinlich eine differenzierte Gesellschaft wider. Insgesamt hatte Monkodonja ein dichtes Bebauungsschema. Die Bauten bestanden gänzlich aus Stein. Holzbalken wurden für Deckenstützen verwendet. Inneneinrichtungen wie tief liegende Herdplatten sind ebenfalls nachgewiesen. Für die Dächer werden geneigte Dachkonstruktionen angenommen, die mit Steinplatten gedeckt waren. Noch heute gibt es solche Baukonstruktionen im ländlichen Bereich, die als „*Kazun*" bekannt sind.

[805] B. Hänsel - B. Terzan, Eine Siedlung aus der Bronzezeit, AiD 2, 2004, 52ff.

[806] Ebd. 53f. Rekonstruktion des Grundrisses der Siedlung mit ihren Befestigungen und die Toranlagen.

Beeindruckend ist die Verteidigungsanlage der bronzezeitlichen Siedlung. Sie hat eine Länge von 1 km und umschließt die ganze Siedlung. Die Mauer ist zweischalig. Ihre innere und äußere Seite besteht aus sehr großen, unbearbeiteten, gebrochenen Steinblöcken. Der Zwischenraum wurde mit kleineren Steinen aufgefüllt. Charakteristisch für die Mauer ist, dass sie ohne Mörtel oder andere Verbindungen gebaut wurde. Sie hat eine Stärke von 3 m und ist mindestens ebenso hoch. Türme oder Bastionen, die die Mauer verstärkten, wurden nicht gefunden. Mit den Rekonstruktionsarbeiten an der Befestigung erreicht sie heute eine Höhe von 2 m.[807]

Monkodonja hatte mindestens zwei Toranlagen. Das Nordtor war kleiner, aber länger. Die Archäologen sprechen von einem Zickzackgang. Das westliche Tor (Taf. 45,2) ist größer und komplizierter konstruiert als das nördliche. Es gibt hier mehrere Kontrollpunkte, bevor man in das Innere von Monkodonja gelangen konnte. Die Toranlage besteht aus einen Haupteingang und Nebeneingängen mit kleinen Gassen und Kammern. Nach der Ansicht von Hänsel und Terzan vermittelt die repräsentative und verteidigungswirksame Toranlage den Eindruck einer mächtigen Befestigung. Sie wird mit der Toranlage von Ägina verglichen und entspricht den Toranlagen des zweiten Jahrtausends v. Chr.[808]

Die Befestigung mit dem mächtigen Westtor, das dichte Bebauungsschema und eine Anzahl von verschiedenen Funden weist auf Beziehungen mit dem ägäischen Raum hin. Laut Hänsel und Terzan wurden bemalte Scherben unter der zweitältesten „Akropolismauer" gefunden, die aus dem Bereich der frühmykenischen Kultur stammen. Messer aus Bronze sowie dreifüßige Kochplatten aus Kreta und Zypern zeigen Handelsbeziehungen mit der südlichen Mittelmeerregion.[809] Monkodonja soll in der entwickelten Frühbronzezeit gegründet und vor oder während des Beginns der Urnenfelderzeit aufgelassen worden sein. Dies bedeutet eine Besiedlung von ca. 1800 v. Chr. bis 1300 v. Chr.[810]

3.24.4. Italien

Während des Chalkolithikums und mit dem Beginn der Bronzezeit in Italien vermehrt sich das Erscheinen von befestigten Siedlungen. Davon sind die „*Castellieri*" in Norditalien und auf Sardinien am besten erforscht. Es handelt sich um zitadellenartige Baukonstruktionen, die

[807] Ebd. 54ff.

[808] Ebd. 56f.

[809] Ebd. Zu Monkodonja siehe auch K. Bursic–Matijasic, The Monkodonja hillfort: a typological and statistical analysis of pottery Finds from the Middle Bronze Age hillfort of Monkodonja near Rovinj (1998).

[810] Ebd. 54f.

„Nuraghi" genannt werden. Ähnliche Konstruktionen treten auch auf der iberischen Halbinsel auf, die als *„Forts"* oder *„Motillas"* bekannt sind. Diese Baukonstruktionen bestehen aus einem Turm, der von Befestigungsmauern mit Bastionen oder kleineren Türmen sowie komplizierten Toranlagen umschlossen wird.

Für die chalkolithische Zeit in Italien gibt es wenige Beispiele von befestigten Siedlungen. Sie werden auf natürlichen defensiven Lagen wie Gipfeln, Vorgebirgen, Bergzungen und Halbinseln gegründet.[811] Beispiele von solchen Siedlungen gibt es auch auf dem Apennin, die ein großes Verteidigungspotential hatten. Viele davon hatten eine große Ausdehnung, konnten aber wegen der klimatischen Verhältnisse nicht das ganzen Jahr bewohnt werden. Aus diesem Grund wird angenommen, dass diese Siedlungen von Hirten und ihren Familien nur im Frühling und Sommer bewohnt wurden.[812] Befestigte Siedlungen wie die *„Castellieri"* im östlichen und *„Castellari"* im westlichen Italien wurden auch in den Alpen im nördlichen Italien lokalisiert. Etwa 300 Siedlungen sind in den maritimen Alpen bekannt. Die Siedlungen erstrecken sich von Ligurien in Richtung Südfrankreich. Mindestens 700 Siedlungen sind im nordöstlichen Italien bekannt und noch viel mehr in Kroatien und Slowenien. Sie sind als „Gradine" bekannt. Viele haben Mauern aus bearbeiteten Kalksteinblöcken oder sie werden von Terrassenmauern umgeben. Die Mauern umschließen Baukonstruktionen aus Stein. Im nordwestlichen Italien sind nur wenige Siedlungen erforscht. Viele dieser Siedlungen scheinen während des dritten Jahrtausends v. Chr. entstanden zu sein, einige stammen aber aus dem ersten Jahrtausend v. Chr. Im Gegensatz zum nordwestlichen Italien sind die Siedlungen in Nordostitalien besser erforscht.[813] Obwohl viele dieser prähistorischen Siedlungen lokalisiert wurden, sind nur wenige ausgegraben worden. Problematisch ist ebenfalls die Datierung der Siedlungen. Die meisten Siedlungen liegen zwischen 200 m und 2000 m über dem Meeresspiegel. Sie wurden auf natürlichen Berghängen oder auf Hochebenen gebaut. Die große Zahl spricht für eine dichte Besiedlung. Viele Orte haben nur einen Abstand von nur 1 – 2 km voneinander. Sie haben einen Durchmesser von 50 m oder sind noch größer und werden von Mauern mit einer Höhe von 4,50 m umschlossen. Die Hauptbefestigungen werden von kleineren Anlagen umringt. Es wird vermutet, dass der Raum zwischen den Mauern für das Vieh und für andere Aktivitäten benutzt wurde. Die Eingänge der Siedlungen sind unterschiedlich konstruiert. Öfters wurden sie durch halbkreisförmige Bastionen flankiert.[814] Die frühesten Beispiele von solchen Siedlungen stammen aus dem 18. Jahrhundert v. Chr. Einige weisen auf eine Siedlungskontinuität von vielen Jahrhunderten hin. Beispiele für solche *„Castellieri"* sind Elleri, Storje und Monrupino.

Die besten Beispiele für die frühe Bronzezeit kommen in Süditalien und auf Sizilien vor. Erste Formen von städtischen Kulturen sollen in diesem Raum entstanden sein. Grund dafür sollen Handelsbeziehungen mit anderen Mittelmeerregionen sein. Auf Sizilien werden die Siedlungen durch Umfassungsmauern und Gräben geschützt und die Siedlungen an den Küsten des Festlands durch Befestigungsanlagen. Während der Mittelbronzezeit entwickelten sie sich zu wichtigen regionalen Zentren weiter.[815] Im Folgenden werden einige frühbronzezeitliche Beispiele näher beschrieben.

Thapsos liegt im Südosten Siziliens und verfügt über einen natürlichen Hafen. Die Siedlung befindet sich auf einer Halbinsel, die durch einen engen Isthmus mit dem Festland verbunden ist. Während der Frühbronzezeit wurde die Siedlung mit einer 200 m langen Verteidigungsmauer umschlossen, die einen gebogenen Verlauf nahm. Eine spätere Mauer war stattdessen gerade. Die ältere Mauer war zweischalig und bestand aus unbearbeiteten Steinen. Miller spricht über zwei Bauphasen.[816] Die Befestigungsmauer wurde durch 6 halbkreisförmige Bastionen verstärkt, die vor die Mauer vorspringen. Sie sind in einem Abstand von 19 m gebaut und haben einen Durchmesser von 5 m.[817] Zur inneren Organisation der Siedlung während der Frühbronzezeit kann nichts gesagt werden. Nur für die späte Bronzezeit wurde eine gewisse Planung und ein Bebauungsschema festgestellt.[818]

Andere Siedlungen wie Torricella werden durch einfache starke Mauern oder Umfassungsmauern geschützt. Weitere Beispiele dafür wurden in Apulien und auf den kleinen Inseln vor Sizilien gefunden. Die Siedlung von Mursia auf der Insel Pantelleria liegt auf einem natürlichen Plateau. Von dort hat man eine sehr gute Sicht über das Meer. Die Siedlung war schon in der Frühbronzezeit befestigt. Die Mauer hatte eine Länge von 200 m und eine Höhe von 7 m.[819]

---

[811] R. Peroni, Introduzione alla protostoria italiana (1994).

[812] R. Osgood – S. Monks – J. Toms, Bronze Age Warfare, (2000), 92f.

[813] Ebd. 92f. Für Beispiele siehe V. Karoušková–Soper, Castellieri of the Venezia Giulia, North-eastern Italy (2nd-1st Millenium BC), BAR 192 (1983).

[814] R. Osgood – S. Monks – J. Toms (2000), 92f..

[815] Ebd. 93f. und R. Leighton, Sicily before History (1999).

[816] M. Miller (1995), 241ff.

[817] Ebd.

[818] Ebd. 93f.

[819] Ebd.

Aus der chalkolithischen Zeit sind die Siedlung von Conelle di Arcevia in den Marche und die Siedlung der Protoapennin–Kultur bei Tufariello im Vallo di Diano zu nennen.[820]

Conelle di Arcevia liegt auf zwei Landzungen zwischen zwei Tälern. Die Verteidigungsanlage besteht aus einem Graben mit einer Länge von 130 m und schützte die Siedlung an ihrer größten Schwachstelle. Der Graben hat eine Tiefe von 8 m. Im oberen Bereich hat er eine Breite von 7 m, unten erreicht der Graben eine Breite von 4 m. Miller sieht ihn als Verteidigungssystem und datiert dieses anhand der in der Nähe liegenden Nekropole in die Kupferzeit.[821]

In Tufariello wird die Siedlung von einer Befestigungsmauer umschlossen. Sie besteht aus unbearbeiteten Steinen, hat eine Breite von 5 m und wird in die Protoapennin-Kultur datiert.[822] In Castellucio di Noto wird der einzige Zugang im Süden der Siedlung durch eine Mauer und einen Graben geschützt. Die Anlage wurde in die Frühbronzezeit datiert.[823]

Eine andere befestigte Siedlung der Frühbronzezeit ist Petrano bei Melilli. Die Siedlung liegt auf einem Hügel, dessen Südseite sehr steil zum Fluss hin abfällt. Die anderen Seiten des Hügels wurden durch Mauern geschützt. Es handelt sich um zweischalige Baukonstruktionen mit einer Stärke von 1,20 bis 1,50 m. An der Nordwestseite und in der Mitte der Nordseite wurden Überreste von runden Türmen gefunden. Ihre Form ist oval, und sie haben einen Durchmesser von 15 m. Nach Miller lässt sich die Befestigungsanlage mit der südlichen Mauer von Thapsos vergleichen und wird auch in die Frühbronzezeit datiert.[824]

Bruncu S´Orcu auf Sardinien könnte mit Vila Nova de Sao Pedro in Portugal und den „*Motillas*“ oder „*Forts*“ in Spanien und Panormos verglichen werden. Es handelt sich dort um eine starke Befestigungsmauer mit herausspringenden halbrunden Bastionen, die einen zentralen Turm umschließen.[825]

Sa Urecci (Taf. 46,1) unterscheidet sich von Bruncu S ´Orcu (Taf. 46,2) und ähnelt in seiner Befestigungsmauer derjenigen der Siedlung El Antigors auf Mallorca. Die Befestigungsmauer wird mit runden Türmen verstärkt. Beide besitzen Rundtürme im Mauerverlauf und unterscheiden sich von den chalkolithischen Siedlungen auf der iberischen Halbinsel.

Insgesamt werden die Siedlungen der Frühbronzezeit an Orten angelegt, die von Natur aus geschützt sind. Ihre Schwachstellen werden durch zweischalige Mauern oder Mauern mit Bastionen und Gräben geschützt. Ähnliche Beispiele sind auf der Balkanhalbinsel, in Kleinasien und auf der iberischen Halbinsel anzutreffen.

3.24.5. Frankreich

Im Frankreich kann die frühbronzezeitliche Befestigung von Lebous als Beispiel genannt werden.[826] Lebous wird mit Pedra do Ouro in Portugal verglichen (Taf. 47,1).[827] Die Befestigungsmauer umschließt ein Areal von 55 x 70 m und wird von Rundtürmen verstärkt. Nach Leisner und Schubart ähneln die Türme 6 und 7 von Lebous dem Turm der Mauer II von Pedra do Ouro sehr. Alle haben einen Innenraum und einen Zugang und flankieren die schmale Verteidigungsmauer. Obwohl die Befestigung von Lebous in das Chalkolithikum datiert wird, wird vermutet, dass die Befestigung bis in die mittlere Bronzezeit bestand.[828]

3.24.6. Spanien

A. Los Millares

Eines der am besten publizierten Beispiele von befestigten Siedlungen in Spanien ist die Siedlung von Los Millares in der südostspanischen Provinz Almeria (Taf. 48).[829] Die Siedlung und die Befestigungsanlage liegen auf einem Plateau, das eine ostwestliche Richtung einnimmt. Es ist 1,50 km lang und seine Gesamtfläche beträgt 19 ha. Die prähistorische Siedlung mit ihrer Nekropole nimmt eine Fläche von 15 ha ein. Südlich des Plateaus befindet sich eine Hügelkette, auf der eine Anzahl von „*Forts*“, burgähnliche Anlagen, gefunden wurden, die Los Millares sicherten.[830] Die Befestigungsanlage folgt dem Geländeverlauf und schließt das Wohnareal ab. Die Befestigungsmauer ist aus unbearbeiteten Steinen gebaut und wird durch halbrunde Bastionen verstärkt. Während der Ausgrabungen zeigte sich, dass die Siedlung auch noch zwei innere

---

[820] Ebd. 26ff.

[821] Ebd. 228f.

[822] Ebd. 242f.

[823] Ebd. 226f.

[824] Ebd. 236f.

[825] Ebd. 24f. Abb. 3c. Zu Bruncu S'Orcu und Sa Urecci siehe auch A. B. Koberstein, Die Fundlandschaft Guspini, Provinz Cagliari, Sardinien in: Archäologische Studien in Südwestsardinien mit einer Einführung zur sardischen Vorgeschichte (1993). Bruncu S'Orcu, 129ff und Sa Urecci, 174ff., Abb. 5 und Abb. 9.

[826] V. Leisner - H. Schubart, Die kupferzeitliche Befestigung von Pedra do Ouro/Portugal, MM 7, 1966, 9-60. Hier 20ff.

[827] V. Leisner - H. Schubart (1966) Abb. 5a-b.

[828] Ebd. Abb. 4a-b.

[829] H. G. Buchholz, Ägäische Bronzezeit (1987) Abb. 23.

[830] A. Arribas - F. Molina, Los Millares. Neue Ausgrabungen in der kupferzeitlichen Siedlung (1978-1981), MM 23, 1982, 9–32.

Befestigungslinien besaß. Buchholz vergleicht die spanische Befestigungsanlage mit den Anlagen von Lerna auf der Peloponnes, Kastri (Chalandriani) auf Syros und Arad in Palästina.[831]
Die äußere Befestigungsmauer wurde in einer Länge von 310 m untersucht (Taf. 49,1). Sie verläuft von Südosten nach Nordwesten, in ihrem nördlichen Bereich biegt die Mauer zwei Mal um. Es handelt sich um eine 2 m starke Mauer, die durch eine oder zwei Mauerschalen verstärkt wird. Diese Verstärkungen wurden meistens an der inneren Seite der Hauptmauer errichtet. Ohne diese Verstärkungen war die Hauptmauer aber immer noch über 1m stark. Im Schnitt 16 erreichte die Mauer mit den Mauerschalen eine Stärke von 4,30 m. Sie erreicht eine Höhe von 1,20 m. Im südlichen Teil erreicht die Verteidigungsmauer eine Höhe von 2,30 m. Die zweischalige Hauptmauer der Befestigung besteht aus mittelgroßen und großen unbearbeiteten Steinen. Der Zwischenraum war mit Steinen und Lehm aufgefüllt. Ein technisches Detail der Mauer ist die Verwendung von großen in den Boden eingerammten Steinplatten, den sog. „*Orthostaten*“. Sie sind 0,80 m hoch und wurden senkrecht gesetzt. Auf diese stützt sich das Mauerwerk der Befestigungsanlage. Diese Steinplatten wurden nur an der äußeren Seite der Mauer verwendet.[832]
Ähnliche Steinplatten wurden auch für die Befestigungsmauer in Skala Sotiros auf Thasos und in Kiapha Thiti in Attika verwendet.[833]
In ihrer ganzen Länge wurde die Mauer von halbkreisförmigen Bastionen und später von kreisförmigen Türmen verstärkt. Außer diesen Formen wurden auch Bastionen quadratischer Form und gerundeten Ecken ausgegraben. Ihre Sockel bestehen aus gewaltigen Steinblöcken und das Mauerwerk aus großen Steinen. Dagegen bestehen die Bastionen des südlichen Teiles der Befestigungsmauer aus kleineren Steinen. In einigen Bastionen wurden auch „*Orthostaten*“ verwendet. Typisch für diese Baukonstruktionen ist, dass sie alle im Inneren Räume bilden. Man konnte die Bastionen durch einen Zugang an der Hauptmauer betreten. In den Bastionen VII, VIII und X wurde aber kein Zugang durch die Mauer gefunden.[834] Der Abstand zwischen den Bastionen ist unterschiedlich. Im nördlichen Teil der Befestigung haben die vier Bastionen einen Abstand zwischen 11 und 13 m. Einige wurden in einer späteren Phase vergrößert.[835] Die Befestigungsmauer wird durch eine große, komplizierte Toranlage durchbrochen. Sie liegt im Abschnitt Mitte – Süd der Verteidigungsmauer.[836] Nördlich des Tores liegen die Bastionen II und III und südlich Bastion I. Die Toranlage wurde immer wieder verstärkt und erweitert. Laut Arribas und Molina hatte das Tor in seiner früheren Phase eine Breite von 4,50 m. Später wurde die Innenseite des Tores durch eine Schalmauer verstärkt, ohne den Zugang zu verengen. Danach wurde die Verteidigungsmauer noch einmal von innen verstärkt. Nach dieser Baumaßnahme erreichte die Befestigungsmauer eine Stärke von 3 m. Im Laufe der Zeit wurde der Eingang durch zwei Mauerzüge verlängert, die eine Breite von 0,80 m hatten. Mit dieser Erweiterung bekam die Toranlage in Richtung Siedlungsareal eine Länge von 10 m. Das östliche Ende des Zugangs erreichte eine Breite von 3,50 m. Zwei „orthostatische“ Platten, die den Gang flankieren, wurden auch gefunden. Vor dem Zugang zur Toranlage wurde eine birnenförmige Konstruktion ausgegraben, die im Plan mit dem Buchstaben V bezeichnet wird. Sie hat eine Länge von 12,50 m. Der vordere Teil dieses sog. Zwingers hat eine Breite von 12 m, im hinteren Bereich ist er nur 8 m breit. Der östliche Teil dieser Konstruktion besteht aus zwei Mauerzügen, die sich auf beiden Seiten nach innen verengen. Sie bilden einen Eingang mit einer Länge von 4,40 m. Die Breite dieses Eingangs beträgt 1,60 m und verengt sich dann auf 1,40 m. Es scheint, dass diese Mauern zwei Bastionen bilden, die den Eingang flankieren. Weitere technische Details zu dem Zwinger in Los Millares werden leider nicht erwähnt.[837] Südlich der Bastion XVIII wurden Reste eines zweiten Tores mit einer Breite von 2,60 m gefunden.
Hinter der äußeren Befestigungsmauer wurden runde Baukonstruktionen entdeckt, die als Hütten interpretiert werden. Ihre Sockel waren aus Stein, ihr Oberbau soll aus organischen Materialien und Lehm bestanden haben.
In einem Abstand von 60 – 70 m von der inneren Seite der äußeren Verteidigungsmauer wurden Teile der sog. mittleren Befestigungslinie gefunden. Diese Mauer wurde auf einer Länge von 76 m erfasst. In einigen Bereichen erreichte sie eine Stärke von 3,20 m. Wie bei der äußeren Befestigungslinie wurden auch hier Verstärkungen durch Schalmauern festgestellt. Im Schnitt 24 wurden gleich drei dieser Verstärkungsschalen erkannt. An dieser Stelle erreicht die Mauer eine Breite von 5,50 m.[838] An der Innenseite dieser Mauer wurden zwei runde Baukonstruktionen gefunden, die als Türme angesehen werden.[839] Die Konstruktionsweise dieser Mauer ähnelt

[831] H. G. Buchholz (1987), 102f. Abb. 22a; Abb. 14a; Abb. 15.
[832] A. Arrivas - F. Molina (1982), 16f.
[833] Siehe Skala Sotiros (Thasos).
[834] A. Arrivas - F. Molina (1982),17f.
[835] Ebd. 18f.
[836] Ebd. 19f.
[837] Ebd.
[838] Ebd. 21f.
[839] Ebd. Ähnliche Türme wurden bei anderen kupferzeitlichen Befestigungen gefunden. Beispielhaft seien hier Zambujal, Pedra do Ouro, Cabezo del Plomo

der der äußeren Verteidigungsmauer. Dass die „mittlere Befestigungslinie“ von rundlichen Türmen und nicht von halbkreisförmigen Bastionen flankiert wird, wirft Fragen nach der zeitlichen Einordnung auf. Ob diese Mauer früher oder später als die äußere entstanden ist, konnte nicht beantwortet werden.[840] 80 m östlich der „mittleren Befestigungslinie“ wurde die „innere Mauer“ erfasst. Teile dieser Mauer wurden im Schnitt 66 gefunden. Verstärkungsmaßnahmen wurden auch hier festgestellt. Im Vergleich zu den zwei anderen Mauern hat sie eine Stärke von 1 m. Ob sie einen fortifikatorischen Charakter hatte, ist ungewiss. Wahrscheinlich war sie eher eine Terrassenmauer und grenzte das große Gebäude ab. Bei diesem handelt sich um einen rechteckigen Bau mit einer Länge von 32 m, der durch Zwischenmauern unterteilt wurde. Ob er in die chalkolithische Zeit datiert werden kann, ist nicht sicher.[841]

Die Siedlung wurde zudem durch eine Reihe von „*Forts*“ geschützt, die sich auf der Hügelkette befinden. Eines der wichtigsten scheint „Fort“ 1 zu sein. Es handelt sich um eine komplizierte polygonale Anlage mit einem rechteckigen Turm in der Mitte. Die gesamte Anlage und ihre Eingänge werden durch Bastionen flankiert und geschützt.[842]

Zusammenfassend kann gesagt werden, dass es sich bei Los Millares um eine Siedlung handelt, die während des Chalkolithikums gegründet wurde. Zwei Phasen konnten unterschieden werden, Los Millares I und II. Die erste wird in vier Unterphasen gegliedert. Los Millares II gehört zur sog. „Glockenbecherkultur“. Anhand der Funde kann diese Siedlung nicht älter als 2385 v. Chr sein. Problematisch bleibt, ob die Vorbilder solcher Befestigungsanlagen im östlichen Mittelmeerraum zu suchen sind. Die Annahme, dass Siedlungen mit Verteidigungsanlagen an der Küstenzone von Spanien durch Kolonisten aus dem östlichen Mittelmeer gegründet wurden, konnte nicht bestätigt werden. Obwohl ihre Form und Bauweise an Befestigungsanlagen des griechischen Festlandes, der Inseln und der Levante erinnern, fehlt der direkte Vergleich. Bis heute wurde in Los Millares keine Keramik gefunden, die sich mit Keramik aus dem Osten vergleichen lässt. Außerdem ergaben C-14 Untersuchungen, dass die Grabbauten in Los Millares nicht gleichzeitig mit den ägäischen errichtet wurden. Renfrew datiert die ägäischen „Tholosgräber“ in eine spätere Zeit. Er weist Kontakte und Parallelen zwischen dem Westen und dem Osten zurück[843] und vertritt die These, dass die Befestigungssysteme auf der iberischen Halbinsel eine autochthone Entwicklung waren.[844] Dass es Parallelen zu den östlichen Verteidigungsanlagen gibt, kann aber nicht abgestritten werden. In Los Millares wurde hinter der äußeren Befestigungslinie die Fischgrättechnik nachgewiesen, die Ähnlichkeit der Befestigung mit derjenigen von Syros (Chalandriani) und anderen in Südfrankreich und in der Levante ist verblüffend, und die Verwendung von „*orthostatischen*“ Platten an der Befestigungsmauer wurde auch in der Ägäis festgestellt.

Dass dieses Befestigungsschema in Spanien als Ergebnis der Metallverarbeitung und der daraus resultierenden Handelsbeziehungen zwischen den Völkern des Mittelmeers entstanden ist, kann ebenso wenig ausgeschlossen werden wie eine Kolonisierung aus dem Osten. Dass direkte Importstücke in Los Millares bisher fehlen, kann nicht als Gegenbeweis verwendet werden. Wahrscheinlich ist es nur eine Frage der Zeit, bis die Ausgrabungen einen kulturellen Austausch bestätigen.

Außer Los Millares gibt es eine große Zahl von weiteren befestigten Siedlungen in Spanien. Es ist aber nicht möglich, im Rahmen dieser Arbeit auf alle einzugehen. Charakteristisch ist aber, dass die Siedlungen in Spanien während der chalkolithischen Zeit an Plätzen gegründet werden, die leicht zu verteidigen sind und eine Kontrolle der Ressourcen, der Verkehrswege und dadurch des Handels ermöglichen. Im Verlauf der Bronzezeit werden zudem immer mehr Siedlungen gegründet. Die Lage dieser Siedlungen war entweder von Natur aus befestigt oder sie wurden durch die Errichtung von Befestigungsbauten geschützt.[845]

B. Cerro del Salto

Eine befestigte Siedlung befindet sich in Cerro del Salto del Miralrio in der Region von Jaen. Cerro liegt in einer fruchtbaren Ebene mit Flüssen, Weiden und Mineralquellen. Das Wohnareal wird von zwei steinernen Mauern umgeben. Auf einer Seite wurde die Siedlung durch einen steilen Hang von Natur aus geschützt, dort wurden keine Baumaßnahmen getroffen. Im Laufe der Zeit wurde die Anlage erneuert und verstärkt, die Toranlagen wurden dabei immer komplizierter.[846]

C. Fuente Alamo

Die Bauten der Siedlung Fuente Alamo in Almeria liegen auf Terrassen auf den Hängen eines Hügels. Die obere Fläche des Hügels wurde durch Befestigungsmauern

genannt.

[840] Ebd. 22f.

[841] Ebd. 23f.

[842] Ebd. Abb. 6.

[843] Ebd. 30ff.

[844] Ebd.

[845] Osgood, R. – Monks, S. – Toms, J. (2000), 42f.

[846] Ebd.

abgegrenzt. In dieser „Zitadelle" konnte ein kleiner Teil der Bevölkerung Zuflucht finden.

D. Penalosa

Die Siedlung Penalosa in der Region Jaen liegt auf einem langen Hügelsporn, der von zwei Flüssen abgegrenzt wird. Die steilen Hänge des Hügels wurden durch Terrassen nutzbar. Die Gebäudekomplexe auf den Terrassen werden durch eine Mauer geschützt, die von Bastionen flankiert wird. An der östlichen Seite sind die Gebäude und die Verteidigungsmauer sehr gut erhalten.

E. Region La Mancha

Wie im Südosten Spaniens werden auch Siedlungen in der Region La Mancha durch Befestigungsanlagen geschützt. In der Literatur sind die Siedlungen in diesem Gebiet als „*Motillas*" oder als „*Forts*" bekannt. Viele liegen auf rautenförmigen Hügeln, und sie kontrollieren die tief gelegenen fruchtbaren Ebenen. Die Befestigungsmauern erreichen eine Höhe von 4 – 11 m und sind aus Stein gebaut. In ihrer Mitte liegt meistens ein rechteckiger Turm mit einer Höhe von über 6 m.
Motilla del Azuer ist eines der am besten erhaltenen Beispiele. Es hat eine äußere Mauer mit einer Höhe von 5,80 m. Archäologen erkannten 4 Besiedlungsphasen. Motilla del Azuer wurde auch durch einen Graben zwischen der inneren und äußeren Befestigungsmauer geschützt. Der Zwischenraum konnte für verschiedene Zwecke verwendet werden. Die im Bereich der Befestigung gefundenen Gräber sind typisch für die Früh- und Mittelbronzezeit Spaniens.[847]
In anderen Gebieten Spaniens wurden viele befestigte Siedlungen lokalisiert, aber nicht systematisch ausgegraben.

3.24.7. Portugal

A. Zambujal

Die Siedlung liegt in der Provinz Estremadura 14 km weit entfernt von der Atlantikküste und 40 km nordwestlich von Lissabon auf einem kleinen Sporn, der steil nach Westen abfällt. Während des Chalkolithikums war die befestigte Siedlung nur 1 km von der Küstenzone entfernt. Der Sporn erhebt sich 70 m über die Bachsenke und befindet sich ca. 96 m über dem Meeresspiegel. Die prähistorische Stätte wurde schon im Jahr 1938 lokalisiert. Belo und Trindade begannen im Jahr 1959 mit offiziellen Ausgrabungen auf dem Sporn. Im Jahr 1960 wurden Ausgrabungen unter der Leitung von Coronel Afonso do Paco durchgeführt. Ab 1961 führten Leisner und Schubart Ausgrabungen mit dem Deutschen Archäologischen Institut von Madrid und dem Institut für Ur- und Frühgeschichte der Universität Freiburg durch. Die Untersuchung der chalkolithischen Siedlung wurde unter der Leitung von Sangmeister und Schubart fortgesetzt.[848] 1994 und 1995 gab es Ausgrabungen unter der Leitung von Kunst und Uerpmann in Zusammenarbeit mit dem DAI (Deutsches Archäologisches Institut) in Madrid. Seit 1996 finden immer wieder Ausgrabungen in Zambujal im Rahmen eines deutsch – portugiesischen Projektes statt.
Über die Bauten der Siedlung ist im Gegensatz zu der Befestigungsanlage nicht viel bekannt, da der Innenraum der Befestigungsanlage, genauer gesagt die Kernbefestigung (Linie I) im Laufe der Zeit zusammen mit Teilen der Verteidigungsanlage zerstört wurde. Heute befindet sich in diesem Innenraum ein neuzeitlicher Hof. Für seine Errichtung wurde Baumaterial von den prähistorischen Häusern und der Befestigungsanlage verwendet. Die verbliebene Fläche wurde für landwirtschaftliche Tätigkeiten genutzt.[849]
Die meisten Spuren von Wohneinheiten wurden in einem Graben zwischen Linie I und II gefunden.[850] Es handelt sich um acht Rundhäuser. Weitere Überreste von Wohnhäusern wurden bei den Linien II und III ausgegraben. Für die chronologische Zuordnung dieser Häuser und für die zeitliche Entwicklung der Siedlung sind die Rundbauten zwischen Linie I und II wichtig. Sie haben einen Durchmesser zwischen 3 und 6 m und die Stärke ihrer steinernen Sockel beträgt 1 m. Nur der Rundbau U hat größere Dimensionen. Die Mehrzahl der Bauten hat einen Oberbau aus Lehm. Eine andere Möglichkeit sind verputzte Wände mit Holz- und Strauchwerk. Die Böden mancher Häuser bestanden aus Steinplatten. Für die Dachkonstruktionen werden kuppelartige Konstruktionen angenommen, die eventuell mit Steinplatten bedeckt waren. Herdstellen und viele Kupfergießplätze wurden ebenfalls gefunden. Insgesamt gab es ein dichtes Bebauungsschema in der Siedlung und eine Baukontinuität der Rundhäuser von 800 – 900 Jahren.[851] Anhand der Funde und der C-14 Untersuchungen zeigte sich, dass der Sporn von

[847] Ebd. 45f.

[848] E. Sangmeister - H. Schubart, Zambujal. Die Grabungen 1964 bis 1973. Mit Beiträgen von A. v. d. Driesch, J. Boessneck, M. Hopf, G. Sperl, B. Kleinmann, MB 5, Zambujal Teil 1, 1981.

[849] Ebd. 255ff.

[850] Als Linie I wird die Kernbefestigung mit dem heutigen Hof bezeichnet. Linie II und III sind die äußeren Verteidigungslinien von Zambujal.

[851] E. Sangmeister - H. Schubart (1981), 259ff.

Zambujal gegen 2400 v. Chr. besiedelt wurde. Weitere Untersuchungen ergaben, dass der Sporn von Zambujal sogar schon kurz nach 3000 v. Chr. bewohnt wurde.[852] Laut Sangmeister und Schubart wurde die Befestigungsanlage bzw. das sog. Zwingersystem um 2200 v. Chr. gebaut. Gegen 2100 v. Chr. wurde es endgültig aufgegeben. Vor oder um 2000 v. Chr. wurden die Hohltürme errichtet. Das Befestigungssystem wurde bis 1650 v. Chr. erweitert und vergrößert. Danach gab es eine Zeit des Verfalls bis ca. 1600/1550 v. Chr. Es wird vermutet, dass dann auf die Ruinen der älteren Befestigungsanlage ein neues Verteidigungssystem gebaut wurde (Taf. 47,2). Wie lange Zambujal mit der neuen Befestigungsanlage bestanden hat, konnte nicht festgestellt werden. Über den Zeitpunkt, an dem die Bewohner die Siedlung aufgegeben und verlassen haben, kann nur spekuliert werden.[853]

Für die Befestigungsanlage beziehe ich mich auf den Plan von Sangmeister und Schubart bei der Beschreibung der charakteristischen Elemente der Verteidigungsanlage.[854] Sie wurde in mehreren aufeinander folgenden Bauphasen errichtet. Hier werden punktuell alle fünf Phasen Zambujals bis zum Ende in der späten Bronzezeit beschrieben.

Für die Errichtung der Befestigungsanlage wurde die Zweischalentechnik verwendet. Als Baumaterial wurden Bruchstein und Steinplatten im Lehmverband verwendet. Die Mauern und die Tore werden durch rund- oder halbkreisförmige Bastionen und runde Türme flankiert.

Nach der Meinung Sangmeisters und Schubarts wird die Besiedlung von Zambujal in drei Zeitstufen geteilt, die anhand der Befunde in fünf Phasen eingeteilt werden. Jede Phase wird in weitere chronologische Abschnitte unterteilt.[855]

Während der Phase 1a wird Zambujal wahrscheinlich von drei Befestigungslinien I, II und III umringt. Der Verlauf der Mauerzüge folgt der Morphologie des Geländes. Sangmeister und Schubart vermuten, dass die Verteidigungsanlage in verschiedenen Abschnitten errichtet wurde.[856] Die Befestigungsmauer besteht aus schmalen konkaven Mauerzügen, die mit massiven Rundtürmen verbunden werden. Das ganze Gelände wird durch Radialmauern geteilt.[857] Problematisch bleibt allerdings bis heute, ob die Befestigungslinie I die ganze Siedlung umgeben hat und ob die Befestigungslinien II und III später errichtet wurden. Über die schon erwähnten zeitlichen Abschnitte für die Errichtung der Verteidigungsanlage kann nur spekuliert werden. Am Anfang wurde die Befestigung durch halbkreisförmige Bastionen verstärkt. Als Beispiel kann an dieser Stelle Bastion T an der Befestigungslinie III erwähnt werden. An der Befestigungslinie I sind die starken kreisförmigen Türme E, G und H zu nennen. Turm G ist besser erhalten als die anderen. Er ist in einer Höhe von 4 m erhalten und hat einen Durchmesser von 8 m.

Während der Phase 1b werden neue Mauerzüge zwischen den Verteidigungslinien errichtet. Durch diese Baumaßnahme werden alle drei Linien miteinander verbunden. Die äußere Verteidigungslinie III wird an ihren beiden Flügeln erweitert. Während dieser Phase entstand der erste Turm mit Innenraum. Im südlichen Flügel der Linie III wurden Teile eines Hohlturms mit einer Schießscharte gefunden. Außerdem wurde die Befestigung durch Vorschalenmauern ausgebessert und verstärkt.[858]

Während der Besiedlungsphase 1c wird die Befestigungsanlage wieder ausgebessert und verstärkt.[859]

Mit dem Beginn der zweiten Phase 2a wurden Änderungen in der Entwicklung der Befestigungsanlage festgestellt. Es werden größere Höfe mit Schießscharten gebaut, die als „Zwinger“ bezeichnet werden. Im Areal EG ist das beste Beispiel einer solchen Anlage zu sehen.[860] Es handelt sich um eine bogenförmige Mauer, die sich nach Osten richtet. An dieser Mauer wurden acht Schießscharten und eine kleine Tür gefunden. Viele ältere Eingänge der Befestigung wurden verkleinert und dafür neue errichtet.

Mit der Phase 2b werden alle drei Befestigungslinien verbessert und durch halbkreisförmige und rechteckige massive Bastionen verstärkt.[861] Während der nächsten Phase 2c werden alle Bereiche der Befestigungsanlage verstärkt. Die Verstärkungen wurden an allen drei Verteidigungslinien zusammen mit der Errichtung von Hohltürmen festgestellt.[862]

Im Verlauf der Phase 3a wird die Baukonstruktion mit den Schießscharten aufgegeben. Vor der Fassade des sog. Zwingers wird eine Verschalmauer errichtet. Dasselbe passiert vor vielen Pforten der Befestigung.[863] Der Bau

[852] K. Cordes - A. Gut - T. Schuhmacher, Zur Frage der „Schießscharten“ in Zambujal, MM 31, 1990, 83–108.

[853] E. Sangmeister - H. Schubart (1981), 268f.

[854] Ebd. 261f.

[855] Ebd. Die Zeitstufen werden mit dem lateinischen I, II und III bezeichnet. Die fünf Phasen werden mit den arabischen Zahlen 1 – 5 bezeichnet. Die zeitlichen Abschnitte jeder Phase werden mit den Buchstaben a, b, c und d bezeichnet.

[856] E. Sangmeister - H. Schubart (1981), 226ff. Mit Abbildungen und Rekonstruktionen der Befestigung.

[857] Ebd. Abb. 25 Zambujal, Phase 1a.

[858] Ebd. Abb. 26 Zambujal, Phase 1b.

[859] Ebd. Abb. 27 Zambujal, Phase 1c.

[860] Ebd. Abb. 28 Zambujal, Phase 2a.

[861] Ebd. Abb. 29 Zambujal, Phase 2b.

[862] Ebd. Abb. 30 Zambujal, Phase 3c.

[863] Ebd. Abb. 31 Zambujal, Phase 3a.

von neuen Radialmauern teilt den Bereich zwischen den Befestigungslinien erneut. Mit 3b wird die Befestigung massiv verstärkt. Neue und mächtigere Bastionen werden errichtet.[864]

Am Ende der dritten Phase 3c finden Änderungen im Baukonzept der Kernbefestigung (Linie I) statt. Die Vorderseite des Kernwerkes wird durch Verschalmauern und massive Mauerblöcke abgerundet. Während dieser Siedlungsphase bekommt die Gasse des Haupttores ihre endgültige Form. Bei den Befestigungslinien II und III werden die Hohltürme und die Höfe verfüllt. Auf diese Weise bekommen die Bauten eine größere Stabilität, und es entsteht eine größere Fläche für die Verteidigung.[865] Erst in dieser Phase wurde Keramik, vor allem Scherben der sog. „Glockenbecherkultur" gefunden.

Charakteristisch für das Befestigungskonzept während der Phase 4a ist die Errichtung von kreisförmigen Hohltürmen, die wahrscheinlich mit einer Kuppeldachkonstruktion bedeckt waren. Die besterhaltenen Türme dieser Art sind Turm A und B an der Befestigungslinie I. Problematisch bleibt der Eingang in diese Bauten. Es wird angenommen, dass man Zugang durch eine Öffnung in der Decke hatte.[866] Solche Hohltürme wurden auch bei den anderen Befestigungslinien entdeckt. Ob sie Schießscharten besaßen, konnte nicht festgestellt werden. Nur durch den Vergleich mit früheren Türmen mit Schießscharten, wie z. B. mit dem Hohlturm R der Phase 1, können die Funktion und die Abwehrmöglichkeiten dieser Baukonstruktionen verstanden werden.[867] Bei der nächsten Phase 4b konnten keine Änderungen bei der Befestigung festgestellt werden. Während der Phase 4c gab es Verstärkungsmaßnahmen an der Befestigungsanlage. In der Phase 4d wurden erste Hinweise auf Zerstörungen gefunden. Sangmeister und Schubart sprechen von einem beginnenden Verfall der Mauerkonstruktionen durch zunehmende Versturzmengen, die die Siedlungsschichten überlagern.[868] Über die Dauer dieses Verfalls machen sie jedoch keine Angaben.

Während der Phase 5a wurde ein Wiederaufbau von Zambujal festgestellt. Ältere Mauern wurden verstärkt und neue konkave Mauern errichtet. Die Torgassen wurden auf ein höheres Niveau gebracht. Es wird von einem neuen Befestigungskonzept gesprochen, das aber wegen der wenigen Überreste nicht ausführlich beschrieben werden kann. Dasselbe gilt auch für die Phase 5b. Während dieser Periode, wahrscheinlich während der späten Bronzezeit, kam das endgültige Ende für die prähistorische Siedlung.

Die Errichtung einer solchen starken Befestigung erforderte von der dortigen Gesellschaft viele technische Kenntnisse und Erfahrung. Wie Los Millares erinnert auch die Anlage von Zambujal an die östlichen Verteidigungsanlagen des Mittelmeers. Dass die prähistorische Siedlung durch eine so imposante Befestigung geschützt wurde, ist kein Zufall, denn Zambujal war ein Zentrum für Kupferproduktion. Es wurden zahlreiche Geräte aus Kupfer und viele andere Hinweise auf Kupferverarbeitung gefunden. Dazu gehören Gusstropfen und Schmelztiegel mit anhaftenden Metallresten. Wahrscheinlich war die Siedlung ein Sammel-, Lager- und Handelsplatz für Kupfer. Mit der Entdeckung eines Kupfervorkommens 6 km nordöstlich von Zambujal gewannen Zambujal und wahrscheinlich auch andere chalkolithische Siedlungen in der Umgebung an Bedeutung.[869]

B. Monte da Tumba

Wie Zambujal liegt die befestigte Siedlung Monte da Tumba im Baixo Alentejo auf einem Sporn zwischen zwei kleinen Flüssen. Die nördliche und westliche Seite des kleinen Hügels fällt steil in die Ebene ab. Der Sporn besitzt eine natürliche Verteidigungssituation. Es handelt sich um ein wasserreiches und fruchtbares Gebiet, das schon seit neolithischer Zeit besiedelt wurde.[870] Grund für die Entdeckung der prähistorischen Stätte war die Errichtung eines Hauses auf dem Sporn von Monte da Tumba, wobei leider viel zerstört wurde. Im Jahr 1982 fand eine Notgrabung unter der Leitung von da Silva und Soares statt. Das Projekt wurde vom Museu de Arqueologia e Etnologia de Setubal und anderen Institutionen unterstützt. Es wurde großflächig ausgegraben, um viele Überreste der Siedlung auf einmal aufzudecken und so schneller einen Gesamtüberblick über die Siedlung zu gewinnen.

Es wurden neun Siedlungsschichten festgestellt, Siedlungshorizont 7 wurde dabei nochmals in 13 Schichten (7a – 7m) unterteilt.[871]

Die Befestigungsanlage ist aus unbearbeiteten Sandbrocken und Flusskieseln im Lehmverband gebaut. Auch bei dieser Siedlung konnten drei Verteidigungslinien festgestellt werden.[872] Über die erste Linie ist nur wenig bekannt, außer einem Mauerstück mit

[864] Ebd. Abb. 32 Zambujal, Phase 3b.
[865] Ebd. Abb. 33 Zambujal, Phase 3c.
[866] Ebd. Abb. 34 Zambujal, Phase 4a.
[867] Ebd.
[868] Ebd. 247f.
[869] Ebd. 255f.
[870] C. Tavares da Silva - J. Soares, Monte da Tumba (Torrao). Eine befestigte Siedlung der Kupferzeit im Baixo Alentejo (Portugal), MM 26, 1985, 1–21.
[871] Ebd. 5f.
[872] Ebd. Abb. 2; Beil. 1.

einer Höhe von 2 m. In einem anderen Mauerzug wurde zudem eine Öffnung entdeckt, die als Schießscharte identifiziert wurde.[873]

Von Befestigungslinie II sind der Hohlturm 45/85 mit einem Durchmesser von 5 m und die Mauerzüge a, c und d bekannt.[874]

Von der dritten Verteidigungslinie wurden die meisten Überreste gefunden. Sie umschloss einen ovalen Bereich und besteht aus dem Mauerzug e mit einer Stärke von 1,60 m sowie zwei halbkreisförmigen Bastionen 42/80 und 40/88 mit einem Durchmesser von je 7 m.[875] Dazu gehört auch die Mauer h mit der ähnlichen Bastion 63/99 an ihrem Ende. Mauer j soll auch zu der Befestigungslinie III gehören, sie ist aber leider sehr stark zerstört. Im Süden wurde die Befestigungsmauer der Siedlung in einer Länge von 26 m ausgegraben. Sie wird von fünf halbkreisförmigen Bastionen mit einem Außendurchmesser von 3,60 – 4, 60 m flankiert. Ihre bogenförmigen Mauern haben eine Stärke von 1,40 m.[876] Wie hoch die Befestigungsmauern und die Bastionen waren, wird nicht erwähnt.

Von den Wohnbauten der Siedlung ist nur Haus 51/71 bekannt. Es handelt sich um eine Rundkonstruktion, die durch eine Mauer mit der Bastion 46/76 verbunden ist. Die Wände bestehen aus Stein, der Oberbau soll aus luftgetrockneten Lehmziegeln bestehen. Für das Dach wird eine Lehmziegelkuppel angenommen.[877]

Die Befunde und C-14 Analysen ergaben, dass die Siedlung mindestens drei Bauphasen erlebte. Während der zweiten Phase wird Monte da Tumba stark befestigt. Die Errichtung der Befestigungsanlage soll gleichzeitig mit derjenigen von Zambujal, Phase II stattgefunden haben, also um 2200 v. Chr. Die dritte Siedlungsphase wird an das Ende der Kupferzeit in Portugal datiert.[878] Auch hier wurden metallurgische Aktivitäten festgestellt. Nach den Funden von Keramik, Steingeräten, Knochengeräten und Metallobjekten wird angenommen, dass Monte da Tumba eine wichtige Position während der Kupferzeit hatte.

C. Pedra do Ouro

Einige Kilometer östlich von Zambujal liegt die befestigte Siedlung Pedra do Ouro in der Provinz Estremadura. Die prähistorische Stätte liegt auf einem kleinen Bergplateau, das sich über 200 m über dem Meeresspiegel erhebt. Es handelt sich um einen kleinen Sporn, der nach Osten in eine Bergzunge ausläuft.[879] Die Abhänge im Norden, Osten und Süden des Hügels fallen steil ab, so dass Pedra do Ouro eine natürliche Verteidigungsposition besitzt.[880] Die Anlage wurde von Cabaco entdeckt, der aber keine systematischen Ausgrabungen auf dem Hügel durchführte. 1944 untersuchten G. und V. Leisner den Sporn, bestätigten die Existenz einer befestigten Siedlung und forderten weitere Ausgrabungen. Im Jahr 1965 führten V. Leisner und Schubart in Pedra do Ouro Grabungen durch. Die Überreste der Befestigungsmauer wurden als Mauer I, II und III bezeichnet (Taf. 47,3).[881] Es handelt sich um eine Befestigungsanlage, die ein Areal von 60 x 25 m umschließt. Überreste von Mauer I und II wurden am Ende der Bergzunge gefunden. Teile der Mauer III fand man an der nordwestlichen Seite des Sporns.

Mauer I hat eine Länge von 10 m. Ihre Breite ist unterschiedlich und reicht von 1,50 bis 2,30 m an ihrem südwestlichen Ende. Die Größe des Baumaterials ist ebenfalls unterschiedlich. Im nordöstlichen Bereich des Mauerzuges besteht die Mauer aus kleinen unbearbeiteten Steinen, im südwestlichen Teil dagegen aus großen Steinen. Die Mauer sitzt direkt auf dem Felsen auf. Im nordwestlichen Bereich der Mauer wird die Existenz einer halbkreisförmigen Bastion angenommen.[882] Der rekonstruierte Durchmesser dieser Baukonstruktion wird auf 4,50 m geschätzt.[883]

In einem Abstand von 58 m in nordwestlicher Richtung befindet sich Mauer II. Sie verläuft wie Mauer I von Nordosten nach Südwesten. Ihre Länge beträgt 10,40 m, ihre Breite reicht von 1,80 bis 2,80 m. Im südwestlichen Teil der Mauer fand man die Reste eines runden Hohlturmes. Er hatte insgesamt einen Durchmesser von 7,50 m. Die Breite seiner Wände reicht von 1,10 bis 1,90 m. Im Nordosten von Mauer II soll auch ein Turm existiert haben. Von ihm wurden aber nur wenige große Steinblöcke gefunden.

40 m nördlich der Mauer II liegt Mauer III. Es handelt sich um einen 9 m langen Mauerzug, der in nordöstlich – südwestlicher Richtung verläuft. Die Stärke der Mauer reicht von 1 bis 1,20 m. Die Mauer ist zweischalig und besteht aus mittelgroßen Steinen. Der Zwischenraum bestand aus kleineren Steinen. Im Vergleich zu den schon erwähnten Anlagen und der Befestigung von Vila Nova de Sao Pedro sind die Dimensionen dieser Befestigung sehr klein.

[873] Ebd. 8f.
[874] Ebd. Siehe Abb. 2.
[875] Ebd. Taf. 1,2.
[876] Ebd. 11f. Es handelt sich um die Bastionen (46/76; 54/73; 56/74; 62/75 und 69/78). Bastionen 54/73 und 56/74 (Taf. 2,2) gehören zwei verschiedenen Phasen (I und II).
[877] Ebd.
[878] Ebd. 20f.
[879] V. Leisner - H. Schubart (1966)
[880] Ebd. 9f.
[881] Ebd. Abb. 18. Rekonstruktion der Befestigungsanlage.
[882] Ebd. 13f.
[883] Ebd.

V. Leisner und Schubart bezeichnen die Konstruktion als eine dreigliedrige Befestigungsanlage, die den Geländesporn zur einzig gefährdeten Seite nach Nordwesten hin sichert.[884] Über den Raum innerhalb der Befestigungsanlage wissen wir leider nichts. Cabaco soll aber Hausgrundrisse gefunden haben.[885]
Anhand der Funde wird Pedra do Ouro in die späte Kupferzeit, genauer gesagt in die Phase Vila Nova de Sao Pedro II, datiert. Der Ort wurde wahrscheinlich am Ende der späten Bronzezeit oder zu Beginn der Eisenzeit verlassen. Pedra do Ouro wurde wahrscheinlich später gegründet als Los Millares, Zambujal und Vila Nova de Sao Pedro.[886]

D. Vila Nova de Sao Pedro

Diese befestigte Siedlung liegt 30 km nordöstlich von Pedra do Ouro und Lissabon. Architektonische Spuren der Siedlung wurden auf einem Bergvorsprung gefunden, der nach Osten, Norden und Nordwesten von tiefen Tälern abgeschnitten wird.[887]
Erste Ausgrabungen fanden unter der Leitung von Cabeco statt. Danach führten Jalhay und do Paco Grabungen in Vila Nova durch.[888] 1955 wurde die Befestigungsanlage untersucht. Im selben Jahr nahm auch Sangmeister an dem Projekt teil. Es handelt sich um eine kleine Befestigung, die mit derjenigen von Pedra do Ouro zu vergleichen ist (Taf. 49,2). Hier wird die zentrale Befestigung, die als Zitadelle bekannt ist, noch durch zwei äußere Mauerringe umschlossen. Es scheint, dass hier, wie auch in Zambujal, drei Befestigungslinien errichtet wurden, die Kernbefestigung, eine Befestigungsmauer, die von einer halbkreisförmigen Bastion und einem Hohlturm flankiert wird und eine nordwestliche Mauer. Die Mauer mit der Bastion und dem Hohlturm wurde in derselben Technik wie die Kernbefestigung errichtet. Es wird vermutet, dass dieser Mauerring einen Durchmesser von 80 m hatte.[889] Die äußere Mauer wurde nicht systematisch erforscht. Es handelt sich wahrscheinlich um eine zweischalige Mauer, die einen Durchmesser von 100 m hatte.[890] Am besten erforscht ist die zentrale Einrichtung. Von ihrer Größe entspricht sie den „*Forts*" von Los Millares. Die Mauer umschließt ein Areal von 25 x 25 m und hat an der Basis eine Stärke von 5 m. Je höher die Mauer wird, desto mehr nimmt ihre Breite ab. Im oberen Bereich erreicht sie noch eine Breite von 2 bis 3 m. Es handelt sich um eine zweischalige Mauer, die im Lehmverband errichtet wurde. Der Raum dazwischen wurde mit Steinen und Erde verfüllt. Wie hoch die Befestigungsmauer war, kann nicht mit Sicherheit gesagt werden. Nur in ihrem nördlichen Teil erreichte sie noch eine Höhe von 3 m. Der Zugang zu der Anlage befindet sich im südwestlichen Bereich. Die Bastionen der Anlage stoßen so eng aneinander, dass die Hauptmauer der Befestigung zu rundlichen Buchten zusammenschrumpft. Das Ganze erinnert an die Befestigungsanlage von Panormos auf Naxos. Auch hier verschmelzen die vorspringenden Bastionen mit der Hauptmauer der Befestigung.
Über den Innenbereich von Villa Nova de Sao Pedro ist wenig bekannt. Der Platz konnte nur einige Dutzend Menschen aufnehmen. Man fand wenige Überreste von Steinkonstruktionen, die als Silos interpretiert wurden. Ein Töpferofen von erstaunlicher Größe wurde ebenfalls entdeckt. Spuren von Wohnbauten wurden außerhalb der Kernbefestigung in der Nähe des zweiten Mauerringes gefunden.[891] Sangmeister erkannte hier zwei Besiedlungsphasen, I und II. Der Ort wurde in der ersten Hälfte des dritten Jahrtausends v. Chr. besiedelt.[892] Während der Phase Ib wurde Villa Nova zerstört. Ein Wiederaufbau der Siedlung und eine Verstärkung der Befestigung fanden in der Phase II statt. In dieser Phase hatte die Befestigung eine Stärke von 7 m. Problematisch bleibt, ob die äußeren Mauerringe und die Kernbefestigung gleichzeitig oder in einem zeitlichen Abstand voneinander errichtet wurden.
Anhand der Keramik wird angenommen, dass die Siedlung während der Phase I von Menschen der sog. „Glockenbecherkultur" zerstört und übernommen wurde.[893]

[884] Ebd. 12f.
[885] Ebd. Über die anderen Funde, wie Steinwerkzeuge, Pfeilspitzen aus Feuerstein oder Quarz, Dolche und Sichelstücke, Klingen, Knochenobjekte, Schmuck, Idolen, Metallgegenständen und Keramik siehe 25ff.
[886] Ebd. 46f.
[887] B. Blance, Die Anfänge der Metallurgie auf der Iberischen Halbinsel (1971), 59ff.
[888] Ebd.
[889] Ebd. 60f.
[890] Ebd.
[891] Ebd. 60f.
[892] Über die Datierung von Vila Nova de Sao Pedro siehe auch. H. N. Savory, The cultural sequence at Vila Nova de Sao Pedro, MM 13, 1972, 23–37.
[893] B. Blance (1971), 61f.

4. MITTELBRONZEZEIT

Im Vergleich zur Frühbronzezeit konnte nur eine kleine Anzahl von mittelbronzezeitlichen befestigten Siedlungen untersucht werden. Die meisten davon werden an das Ende dieser Epoche oder in die Übergangszeit von der mittleren zur späteren Bronzezeit datiert. Die Feststellung, dass wenige Befestigungsanlagen aus dieser Zeit bekannt sind, könnte einerseits mit dem Forschungsstand oder andererseits mit dem sozioökonomischen Wandel und den Zerstörungen des 3. Jahrtausends v. Chr. zusammenhängen.[894] Der Beginn dieser Epoche wurde früher von Archäologen als eine Zeit angesehen, in der frühbronzezeitliche Siedlungen verlassen und zerstört wurden. Aus jüngeren Untersuchungen hat sich aber ergeben, dass Zerstörungen schon gegen Ende von FH II stattgefunden haben. Dies hatte zur Folge, dass viele befestigte Siedlungen der Frühbronzezeit, wie z. B. Poliochni, Thermi, Emporio, Heraion, Kastri auf Syros, Raphina, Askitario, verlassen oder zerstört wurden. Dagegen existierten einige Siedlungen, wie z. B. Ägina und Kiapha Thiti, unverändert in der mittleren Bronzezeit weiter. Dasselbe gilt auch für Lerna, obwohl der Ort während der mittelhelladischen Zeit keine Befestigung besaß. Gleichzeitig werden aber auch neue Siedlungen wie Malthi gegründet. Ob der sog. Wandel, die Zerstörungen, das Verlassen und die Gründung von neuen Siedlungen mit Wanderbewegungen verschiedener Stämme zusammenhängen, die vermutlich aus Kleinasien kamen, kann nicht mit Sicherheit festgestellt werden. Als Beweis für die Ankunft neuer Stämme wurde die sog. Minysche Keramik heran gezogen.[895] Aus neuen Funden wie z. B. in Tiryns hat sich ergeben, dass frühere Formen der minyschen Keramik schon während der späten FH III hergestellt wurden. Während der Mittelbronzezeit kommt aber auch eine andere Gattung vor, die vorher nicht produziert wurde. Es handelt sich um die sog. "*matt – painted*" Keramik.

Es ist nicht Ziel dieser Arbeit, die Ursachen der oben genannten Veränderungen darzustellen und zu analysieren, sondern durch die Schilderung des Befundes die Entwicklung der frühbronzezeitlichen Befestigungen während der Mittelbronzezeit zu zeigen. Leider ist nur ein kleinerer Teil der mittelbronzezeitlichen Siedlungen vollständig ausgegraben, als dies bei den neolithischen und frühbronzezeitlichen Befestigungsanlagen der Fall ist. Die meisten Siedlungen der Mittelbronzezeit waren aber nicht befestigt, und wenn bei einigen doch starke Mauerteile entdeckt wurden, konnte nicht bewiesen werden, dass sie einen defensiven Charakter hatten. Meistens handelte es sich um Terrassen- und Stützmauern. Aus dem Befund konnte nur für die fünf Siedlungen Teichos Dymaion, Malthi, Ägina, Kiapha Thiti und A. Irini bewiesen werden, dass sie während der Mittelbronzezeit und zum Beginn der Spätbronzezeit durch Verteidigungsanlagen geschützt wurden. Besonders der Befund von Ägina erbrachte Hinweise über Verteidigungsmaßnahmen am Beginn und am Ende der Mittelbronzezeit. Die anderen Siedlungen werden, wie schon erwähnt, später datiert, nämlich an das Ende dieser Zeit und in die Übergangszeit zur mykenischen Zeit. Sog. befestigte Siedlungen, wie Peristeria, Argos und Geraki auf der Peloponnes, Brauron in Attika, Vryokastro auf Tenos und Phylakopi auf Melos, wurden in der älteren Literatur als mittelbronzezeitliche befestigte Siedlungen behandelt.[896] Da sie teilweise auf eine Besiedlungskontinuität von der frühen bis in die Spätbronzezeit hinweisen, hat sich aus neuen Untersuchungen ergeben, dass sie in die spätere Bronzezeit datiert werden müssen.[897] Außerdem konnte nicht bei allen Mauern ein defensiver Charakter festgestellt werden.

4.1. Teichos Dymaion (Peloponnes Achaia - Araxos)

4.1.1. Lage und Forschungsgeschichte

Die Befestigung liegt an der nordwestlichen Spitze der Peloponnes in Achaia und ist als Burg der Nonne (Kastro tis Kalogrias) bekannt.[898] In der Überlieferung wird der befestigte Ort von Pausanias und Polybius erwähnt.[899] Reisende wie E. Dodwell und M. Leake erwähnten in ihrem Reisebericht 1806 die Befestigung (Taf. 50,1). Die

[894] J. Maran (1998).

[895] H. Schliemann war derjenige, der diese Keramik als minysch bezeichnete. Laut Homer waren die Minyer Bewohner von Orchomenos in Boiotien. Diese keramische Gattung wurde mit der Drehscheibe hergestellt. Sie ist eine fein polierte und monochrome Keramik. Meistens bekommt sie eine graue Verfärbung. Auf der Peloponnes und besonders in Argolis sind die Gefäße schwarz gefärbt. Rote und gelb gefärbte minysche Keramik kommt ebenso vor.

[896] S. Iakovidis (1977), 164ff.

[897] R. Hope-Simpson - D. K. Hagel, Mycenaean Fortifications, Highways, Dams and Canals, SIMA 133 (2006). Peristeria 54-55; Argos 39; Geraki 48–49; Brauron 68; Vryokastro 110; Phylakopi 110–111.

[898] E. Mastrokostas, *Ανασκαφή του τείχους Δυμαίων*, ADelt 18, Chronika 1, 1963, 111-114.

[899] Polybius IV 59.4, N. D. Papachatzis, *Παυσανίου Ελλάδος Περιήγησις* (1967), 76ff.

Befestigungsanlage liegt auf einem Felsplateau des Araxos – Gebirge. Das Plateau erhebt sich ca. 60 m über der Ebene. Die südwestliche Seite des Hügels ist steil. Aus diesem Grund wurden hier keine Mauern mit defensivem Charakter errichtet. Auf der nordwestlichen, nordöstlichen und südöstlichen Seite, die im Fall eines Angriffs verwundbar waren, baute man starke Befestigungsmauern. In der Antike lag zwischen der Befestigung und dem Gebiet von Elis das Meer. Mit der Zeit verwandelte sich das Gebiet um den Hügel durch das Wasser des Flusses Manna in ein sumpfiges Gebiet.[900] Heute ist es eines der fruchtbarsten Gebiete der Peloponnes.

Unter der Leitung von E. Mastrokostas wurden in den sechziger Jahren Ausgrabungen auf dem Hügel durchgeführt. Die Ergebnisse seiner Untersuchungen wurden in Πρακτικά τής Αρχαιολογικής Εταιρείας und in der Reihe *Bulletin de Correspondance Hellenique* veröffentlicht.[901]

Die Ausgrabungen haben ergeben, dass das Plateau ab der spätneolithischen bis in die geometrische Zeit besiedelt wurde. Das befestigte Areal wurde aber auch in späteren Zeiten immer wieder genutzt. Während des Zweiten Weltkrieges wurden innerhalb der Befestigung durch die Errichtung von Bauten für die Verteidigung viele Befunde bzw. Siedlungshorizonte zerstört. Außerdem wurden vor dem Krieg die Kalksteine der südöstlichen Befestigungsmauer für die Produktion von Kalk verwendet.[902]

4.1.2. Die Befestigungsmauer

Die Verteidigungsanlage wurde an den oben genannten Seiten des Hügels errichtet und an dessen geomorphologische Gegebenheiten angepasst. Der längste Teil der Befestigungsmauer befindet sich an der nördlichen Seite des Plateaus und hat eine Länge von 190 m (Taf. 50,2). Die Reste der südöstlichen Mauer konnten in einer Länge von 51 m untersucht werden. Der nordwestliche Teil hat eine Länge von 47 m. Es handelt sich um eine zweischalige Befestigungsmauer mit einer Stärke von 4,90 bis 5,20 m. Sie ist in einer Höhe von 8 m erhalten, dürfte aber schätzungsweise 10 m hoch gewesen sein. An dieser Stelle muss erwähnt werden, dass die Anlage in der Antike und möglicherweise auch in späteren Zeiten mehrmals repariert und ergänzt wurde. Sie besteht aus Kalksteinen. Die äußere Mauerschale besteht im Vergleich zu der inneren aus größeren unbearbeiteten Kalksteinen. Der Raum dazwischen wurde mit unregelmäßigen Steinen aufgefüllt. Größere Steinbrocken wurden im unteren Teil der Befestigung verwendet. Auffällig ist die teilweise glatte Fassade der Mauer. Man bekommt den Eindruck, dass die meisten Kalksteine bearbeitet wurden. Dies hängt aber mit der Eigenschaft des Baumaterials zusammen. Wenn der Stein gebrochen wird, ist er relativ glatt und rechteckig. Die Bautechnik ähnelt der kyklopischen Anlagen. Leider erwähnte der Ausgräber keine Maße für die größeren Steine. Er verliert auch kein Wort über das Verbindungsmaterial. Da die Seiten des Baumaterials meistens flach sind, gab es weniger Bedarf für die Verwendung der sog. Füllsteine. Man könnte die Befestigungsmauer als *„pseudo – isodomisch“* bezeichnen.[903] Die Anlage war durch drei Tore zugänglich. Eines befindet sich etwa in der Mitte der längeren Befestigungsmauer. Seine Öffnung ist 2,60 m breit und wurde in byzantinischer Zeit zugemauert.[904] Von dem nordwestlichen Tor ist nichts erhalten. Mauerseiten des Tores und seine steinerne Schwelle wurden während des Zweiten Weltkrieges zerstört, um den Zugang von militärischen Fahrzeugen zu erleichtern.[905] Aus dem Befund hat sich ergeben, dass das Haupttor der Anlage an der südöstlichen Befestigungsmauer liegt, direkt hinter der Ecke der nordöstlichen längeren Mauer. Der Zugang ist 4,20 m breit. In welcher Zeit er durch eine turmartige Bastion flankiert wurde, konnte nicht festgestellt werden. Die turmartige Bastion ragt aus der Mauer ca. 9,40 m hervor und hat eine Stärke von ca. 4,40 m. Im Bereich des Zugangs wurde eine in den Fels gehauene Treppenanlage gefunden. Zu einem späteren Zeitpunkt wurde sie durch Steinplatten als Stufen ersetzt. Laut Mastrokostas wurde im inneren Bereich des Eingangs der Rest einer Türpfanne gefunden.[906]

Über Bauten innerhalb der Anlage ist nichts bekannt. Man fand wenige Bauelemente, wahrscheinlich Mauerzüge von Bauten, deren Funktion nicht festgestellt werden konnte. Es handelt sich um Räume, die aufgrund der Keramik in SH IIIB datiert wurden.

In welcher Zeit Teichos Dymaion errichtet wurde, konnte Mastrokostas nicht genau feststellen. S. Iakovidis ist der Meinung, dass die Anlage gegen Ende der

---

[900] In der Antike hieß der Fluss Larisos.

[901] E. Mastrokostas, *Ανασκαφή του τείχους Δυμαίων*, Prakt, 1962, 121–136; ders., *Ανασκαφή του τείχους Δυμαίων* , Prakt, 1963, 93-98; ders., *Ανασκαφή του τείχους Δυμαίων*, Prakt, 1964, 60-67; ders., *Ανασκαφή του τείχους Δυμαίων*, Prakt, 1965 121–136. und Ergon (1962), 171–175 zu lesen.

[902] E. Mastrokostas (1963b), 113f.

[903] Als *„pseudo – isodomisch“* wird die Mauer, die aus regelmäßigen, annähernd rechteckigen Steinblöcken verschiedener Länge in waagerechten Reihen besteht, bezeichnet.

[904] E. Mastrokostas (1962), 127ff. Taf. 133a.

[905] Ebd. 129f. Taf. 132 b.

[906] Ebd.

Mittelbronzezeit und zu Beginn der mykenischen Zeit gebaut wurde, ohne auf die keramischen Funde einzugehen.[907] Tatsache ist, dass die Keramik überwiegend aus SH IIIB und SH IIIC stammt. Aus SH IIB und IIIA wurden nur wenige Scherben gefunden. Mittelhelladische Keramik wurde leider nur in sehr geringen Mengen entdeckt. Angesichts dieser Tatsache wird die Befestigung nicht in die Mittelbronzezeit datiert, sondern später, nämlich in die Spätbronzezeit. Da die Anlage im Laufe der Zeit viele Veränderungen erlebt hat, erwies sich ihre Untersuchung als schwierig. Meines Erachtens kann man die Befestigungsmauer teilweise mit den mittelbronzezeitlichen Anlagen, z. B. von A. Irini oder Malthi, vergleichen. Besonders die glatten äußeren Mauerfassaden erinnern an die Befestigungsanlage in A. Irini auf Kea, die aber auch später errichtet wurden. Man verwendete nicht viele Füllsteine, und das Ganze erinnert trotzdem an die späteren kyklopischen Anlagen, deren Vorläufer wahrscheinlich Teichos Dymaion ist.

4.2. Malthi Dorion (Peloponnes – Messenien)

4.2.1. Lage der Siedlung und Forschungsgeschichte

Die Ruinen der prähistorischen Siedlung von Malthi liegen auf einem 138,80 x 82,40 m großen Plateau eines Hügels in Messenien, der 280 m über dem Meeresspiegel und 130 m über der Ebene emporragt. Der Hügel befindet sich in einer wichtigen geostrategischen Lage in der oberen messenischen Ebene, von der aus das südwestliche Soulima – Tal zwischen den Dörfern Vasiliko und Kokla kontrolliert werden konnte. Im Tal kreuzen sich die Wege aus der inneren fruchtbaren messenischen Ebene und die Wege, die von der westlichen Küste der Peloponnes in das Landesinnere führen. Vom Hügel aus hat der Betrachter eine weite Sicht nach Westen zum Golf von Kyparissia und nach Süden zu der Stadt Kalamata.

Der Hügel wurde erstmals von dem schwedischen Archäologen M. N. Valmin zwischen 1927 - 1934 großflächig ausgegraben. Valmin wollte Malthi als das homerische Dorion identifizieren.[908] Die Ergebnisse seiner Ausgrabung veröffentlichte er 1938.[909] Demzufolge war der Ort für lange Zeit besiedelt. Valmin fand neolithische Scherben und möglicherweise bauliche Überreste aus der Frühbronzezeit. Die meisten Funde und Befunde stammen aber aus der Mittelbronzezeit. Es wird angenommen, dass der Hügel von der Mittelbronzezeit bis zum Ende der Spätbronzezeit intensiv besiedelt wurde.

Die zwei entdeckten mykenischen Kuppelgräber am Fuß des westlichen Abhanges weisen wahrscheinlich auf die Bedeutung des Ortes in der späthelladischen Zeit hin. Valmin fand auch 47 Gräber innerhalb der Befestigungsmauer. Es handelt sich um einfache Pithoi - Bestattungen und Kistengräber, die unter und zwischen den Gebäudemauern gefunden wurden. Menschliche Überreste wurden dabei auch gefunden.

Malthi bestand möglicherweise nicht nur aus einer befestigten Akropolis, sondern auch aus einer Unterstadt, wie neu entdeckte Befunde westlich der befestigten Akropolis vermuten lassen.[910] Die Rede ist von zwei Siedlungen, deren Befunde und Keramik laut B. Eder schwer zu interpretieren sind. Die beiden bewohnten Areale sollen noch während SH IIIC und während der geometrischen Zeit bestanden haben.[911] Problematisch bleibt auch das Ende von Malthi. Eine genaue Datierung konnte nicht vorgenommen werden, obwohl Spuren einer Brandzerstörung in den erwähnten Überresten westlich des Hügels auf ein Ende der Besiedlung in SH IIIB oder C verweisen.[912]

Alle diese Probleme hängen mit der Publikation von Valmin zusammen. Der Ausgräber von Malthi datierte die Keramikfunde insgesamt früher. Seine von ihm sog. adriatische Ware ist eigentlich bronzezeitliche Keramik des griechischen Festlands aus der späteren mittelhelladischen und frühmykenischen Zeit.[913] Mit Vorsicht muss man auch den von Valmin publizierten Grundriss des befestigten Areals und besonders des sog. Anaktoron betrachten.[914] Laut Lauter wurden Fehler bei der Ausgrabung und bei der Vermessung gemacht. Einen solchen Fehler entdeckte er bei der Rampe, die hinauf zum Anaktoron führte. Darauf werde ich später noch weiter eingehen.[915]

Über die Besiedlungsphasen von Malthi sind in der Literatur fünf Bauphasen (I – V) bekannt. Die ersten zwei

---

[907] S. Iakovidis (1977), 166f.

[908] Ilias B 594.

[909] M. N. Valmin, The Swedish Messenia Expedition (1938).

[910] B. Eder, Argolis, Lakonien, Messenien, in: S. Deger-Jalkotzy (Hrsg.), Mykenische Studien 17 (1998), 159f.

[911] Ebd. B. Eder weist auf die fehlende Zeichnungen und Fotografien der Publikation von M. N. Valmin, die eine zeitliche Einordnung ermöglichen würden.

[912] Ebd. 160f.

[913] H. Lauter (1995), 83f.; W. A. McDonald – R. J. Howell, Excavations at Nichoria in Messenia: 1972-1973, Hesperia 44, 1975, 69- 141.

[914] Der Wort *``Anaktoron''* wurde erstmals von H. Lauter verwendet und bedeutet Palast. Er nennt so den Zentralgebäudekomplex von Malthi wegen seiner Lage und seiner architektonischen Auslegung.

[915] H. Lauter (1995).

datierte Valmin in die frühe Bronzezeit, die nächsten zwei in die Mittelbronzezeit und die fünfte in die Spätbronzezeit.[916] Für uns ist die Phase Malthi IV wichtig, in der die späte mittelhelladische Siedlung befestigt wurde.[917] Ob die Siedlung in neolithischer Zeit oder in der Frühbronzezeit befestigt war, muss offen bleiben. Insgesamt bleibt Malthi ein Fall für Nachforschungen, um den oben genannten Fehler zu korrigieren.[918]

4.2.2. Die Siedlung

Die Befestigungsmauer umgibt ein Areal, in dem etwa 320 Bauten aus allen Besiedlungsphasen von Malthi ausgegraben wurden. Es ist nicht mein Ziel, an dieser Stelle alle Bauten innerhalb der Befestigung zu beschreiben, sondern in einer Kurzfassung die verschiedenen Formen der Häuser der Siedlung zu schildern.

Das bewohnte Areal besteht eigentlich aus zwei Ebenen. In der ersten wurde eine größere Anzahl von Gebäuden gefunden, die entlang der Befestigungsmauer errichtet wurden. Es handelt sich um doppelt gestaffelte Kammerreihen.[919] In der zweiten Ebene befinden sich die Überreste des sog. Anaktoron von Malthi, in dem möglicherweise die führende Persönlichkeit der Siedlung wohnte. Dieser Bereich wird durch eine 1,20 bis 2,30 m breite Mauer abgegrenzt, deren Reste an der westlichen, östlichen und südlichen Seite des zentralen Gebäudekomplexes gefunden wurden. Es handelt sich vielleicht um eine Terrassenmauer, auf die sich die Bauten des Anaktoron stützten.

An dieser Stelle muss erwähnt werden, dass nicht das ganze Siedlungsareal von Malthi ausgegraben werden konnte. Das Areal nordwestlich und nordöstlich des Palastes ist stark erodiert und konnte deshalb nicht mehr untersucht werden. Nicht ausgegraben ist auch der Platz südlich des mittelhelladischen Palastes.

Bei den Gebäuden der Siedlung handelt es sich um Apsis- und rechteckige Häuser, die typisch für die Früh- und Mittelbronzezeit sind.[920]

Die Gebäude aus der frühhelladischen Zeit sind in Malthi sehr schlecht erhalten, und ihre Datierung erwies sich als schwierig. Es handelt sich um zweiräumige rechteckige Bauten, die entweder frei innerhalb der Siedlung standen, oder Gebäude, die in größeren Komplexen parallel zueinander angeordnet wurden.[921]

Apsishäuser wurden schon vor der Errichtung der Befestigungsmauer in Malthi gebaut. Solche Baukonstruktionen stammen aus der Frühbronzezeit, aber auch aus den früheren Phasen der Mittelbronzezeit. In dieser Zeit können beide Hausformen in festländischen Siedlungen vorkommen. Die Apsishäuser in Malthi bestehen meistens aus zwei Räumen, einem längeren rechteckigen Hauptraum und dem dahinter liegenden kleineren apsisförmigen Raum. Möglicherweise wurden in der Siedlung aber auch einräumige Apsisbauten errichtet.[922] Laut Valmin wurde nach der zweiten Siedlungsphase von Malthi diese Hausform aufgegeben.[923] Problematisch bleibt auch die Dachkonstruktion dieser Bauten. Es wird angenommen, dass sie möglicherweise aus geneigten Konstruktionen bestanden.[924]

Während der mittelhelladischen Besiedlung sind innerhalb der Befestigungsmauer meistens rechteckige Gebäude zu finden. Aus den Untersuchungen hat sich ergeben, dass die Bauten, die direkt an der westlichen Befestigungsmauer errichtet wurden, aus einem Raum mit einer kleinen Vorhalle oder aus zwei Räumen bestehen. Die Gebäude wurden nebeneinander entlang der Mauer errichtet und durch gemeinsame Wände getrennt. Ein paar Gebäude standen frei an der nordwestlichen Befestigungsmauer. Es wird angenommen, dass sie mit Flachdächern bedeckt waren und dass sie wegen einer großen Anzahl von Speichergefäßen nicht nur als Wohneinrichtungen, sondern auch als Magazine verwendet wurden.[925] Dieselbe Funktion hatten möglicherweise die Baueinrichtungen an der nördlichen Befestigungsmauer der Siedlung. Am Anfang sollen sie aus einem Raum bestanden haben. Während einer anderen Bauphase wurden noch zwei oder drei Räume hinzugefügt, die wahrscheinlich zum Wohnen verwendet wurden, wie die gefundenen Herdstellen zeigen.[926]

An der östlichen Befestigungsmauer treffen wir auf ähnliche Bauten. Ihre Funktion konnte nicht genau festgestellt werden. Man konnte auch nicht entscheiden, ob die Räume überdacht waren oder nicht. Es wird angenommen, dass in diesem Bereich Arbeitsräume und Werkstätten standen.[927] Interessant sind die Bauten im zentralen Bereich von Malthi, die in der Literatur als eine

[916] M. N. Valmin (1938) Plan II (Malthi I–II), Plan III (Malthi III–IV) und Plan IV (Malthi V).

[917] Die Gründung der befestigten Siedlung in der Spätmittelbronzezeit wird von vielen Wissenschaftlern akzeptiert. Zu diesem Thema siehe auch R. Hope Simpson - D. K. Hagel (2006), 56f.

[918] H. Lauter (1995), 83f.

[919] Ebd. 85f.

[920] S. Sinos (1971).

[921] Ebd. 32f.

[922] Ebd. 82f.

[923] M. N. Valmin (1938), 56f.

[924] S. Sinos (1971), 82f.

[925] Ebd. 78f.

[926] Ebd.

[927] Ebd.

Art Palast behandelt werden. Der Gebäudekomplex befindet sich auf einer erhöhten Ebene, die von einer Terrassenmauer gestützt wird. Südlich des Komplexes wurden Reste einer ansteigenden Rampe entdeckt, die von der Südostecke des sog. Anaktoron nach Westen führte. An der Südwestecke des zentralen Gebäudekomplexes biegt die Rampe nach Norden um. Laut Lauter ist nur der östliche Teil der Rampe in einer guten Verfassung.[928] Von dem ansteigenden westlichen Teil sind nur Reste der Steinfüllung erhalten. Lauter ist der Meinung, dass die Rampe bis zum Zugang zwischen den Räumen 6 und 7 führte.[929] An der Stelle der Kammer 200 wurde bei den Ausgrabungen die Steinfüllung der Rampe einfach weggetragen. Valmin erkannte hier daraufhin Trennmauern, die nicht mit der Rampe in Zusammenhang stehen konnten.[930]

Über die Funktion der verschiedenen Räume des zentralen Komplexes kann nur gemutmaßt werden. Lauter sieht die Räume wegen ihrer Lage als eine Einheit und versucht die Funktion einiger Räume anhand der wenigen erhaltenen Überreste festzustellen. Als Beispiel könnten an dieser Stelle die von Lauter vermutete Treppenanlage im Gemach 14 und Valmins Raum 11 mit dem Platz für Speichergefäße genannt werden.[931]

Ein Raum mit einer Herdstelle, einer zentralen Stützenstellung und einem möglicherweise nach Osten geöffneten Hof, der von Valmin und Lauter in ihren Plänen mit 1 bezeichnet wird, sowie die Lage der anderen Räume mit Höfen (Valmins A17, A4)[932] geben Anlass zu der Vermutung, dass dieser Bereich eine besondere Bedeutung innerhalb von Malthi gehabt hat. Der Fund eines Idols östlich des Raumes 1 (Valmins Raumkomplex C55 – 57) weist möglicherweise auf einen Bereich für kultische und religiöse Handlungen hin.

Obwohl die Funktion der Räume im zentralen höher gelegenen Bereich der Siedlung nicht eindeutig ist und die sozialen Strukturen nicht bekannt sind, wird in der Literatur darauf hingewiesen, dass hier die führende „Elite“ von Malthi residierte, die möglicherweise das wirtschaftliche Geschehen der Umgebung kontrollierte. Die vielen Speicherräume, die Werkstätten und die wenigen Wohneinrichtungen, in denen möglicherweise spezialisierte Handwerker wohnten, weisen zusammen mit der zentralen Anlage möglicherweise auf ein kleines wirtschaftliches und administratives Zentrum in Messenien hin, das sich mit A. Irini auf Keos vergleichen lässt und als Vorläufer der späteren mykenischen befestigten Palastanlagen angesehen werden kann.

4.2.3. Die Befestigungsmauer

Die Mauer umgibt das gesamte Plateau des Hügels. Nach den Ausgrabungen wurde ihre Form und Breite aber immer wieder von Hirten verändert (Taf. 51).

Auch während der prähistorischen Zeit wurden der Mauer Schäden zugefügt. Insgesamt konnten ein größerer Teil der Mauer und ihr Verlauf untersucht und erhalten werden. Die Mauer hat eine Länge von ca. 420 m, und ihr Grundriss ähnelt einem Halbkreis. Das gesamte Areal hat von Norden nach Süden eine Länge von 138,80 m und ist von Westen nach Osten 82,40 m breit. An der Mauer konnten fünf Durchlässe festgestellt werden, auf die weiter unten eingegangen wird.

Der größere Teil der Befestigung folgt den Konturen des Hügels. Es handelt sich hier um die nördliche, westliche und östliche Seite des Hügels, wo die Abhänge schroff abfallen. Aus diesem Grund ist die Befestigungsmauer an diesen Seiten nicht so stark gebaut, wie es der Fall an der südlichen Seite des Hügels ist, wo der Hang sanfter abfällt. Hier ist die Mauer besonders stark gebaut. Im Allgemeinen variiert die Stärke der Befestigungsmauer zwischen 1,60 und 3,55 m. Teilweise war die Mauer während der Ausgrabungen in einer Höhe von 1 m erhalten. Sie wurde direkt auf dem gewachsenen Fels errichtet. Stellenweise wurde dieser bearbeitet, um die Errichtung der Mauer zu erleichtern.

Es handelt sich um eine zweischalige Mauer, die aus unbearbeiteten plattenartigen Kalksteinblöcken besteht. Es sind kleinere und mittelgroße Steine, die selten mehr als 1m Länge reichen.

Größere Steine wurden vor allem an der äußeren Fassade der Mauer verwendet. Von dieser ist im Gegensatz zu der inneren Mauerschale weniger erhalten. Für den Raum zwischen den beiden Schalen wurden kleinere Steine verwendet. Die Mauer ist in Trockenbauweise errichtet.[933]

Ob die Mauer auf einen besonderen Stil hinweist, wie M. Kupper erwähnt, kann nicht mit Sicherheit gesagt werden. Er äußerte sich über einen Wechsel zwischen kleinen und größeren Steinformaten, der zu einer angestrebten Horizontalschichtung mit leichter Wellenbildung führt. Diese Schwingungen setzen sich zum Teil über einige Lagen nach oben fort, bis sie dann

[928] H. Lauter (1995), 85f.

[929] In Valmins Publikation handelt es sich um Raum A7. An dieser Stelle muss erwähnt werden, dass H. Lauter in seinem ergänzten und verbesserten Plan von Malthi - Dorion mit anderen Nummern die Räume des ``Anaktoron´´ bezeichnet. Dies kann auch zu Irritationen führen.

[930] H. Lauter (1995), 85ff.

[931] Ebd.

[932] Nach der Ansicht von Valmin wurde der zentrale Gebäudekomplex auch von seiner südlichen Seite betreten. Im Lauters Plan ist das nicht der Fall.

[933] M. Küpper, Mykenische Architektur, Material, Bearbeitungstechnik, Konstruktion und Erscheinungsbild (1996), 27f.

ausgeglichen werden. Dieser „Mauerstil" soll angeblich an der Terrassenmauer des zentralen Gebäudekomplexes beobachtet worden sein, die in der Bauweise der Befestigungsmauer ähneln soll. Am Ende stellt er aber fest, dass doch kein besonderer Mauerstil erkennbar ist.[934]
Das nördliche Tor der Siedlung ist 1,55 m breit und wird von zwei Mauerzügen, die möglicherweise einen Zwinger bilden, mit einer Länge von 4,50 m flankiert.[935] Ob die in der näheren Umgebung liegenden Überreste im inneren Bereich des Tores eine fortifikatorische Funktion hatten, bleibt offen. Die Befestigungsmauer erreicht an dieser Stelle eine Stärke von ca. 3 m. Östlich des Tores und innerhalb der Befestigungsmauer lag die geschützte Wasserquelle von Malthi.[936] Das nordwestliche Tor scheint ein einfaches Tor gewesen zu sein. Es hat eine Breite von 1,75 m. Zu dem Tor konnte man über eine Treppenanlage gelangen, die direkt aus dem Fels geschnitten wurde. Möglicherweise wurde das Tor für die Wasserversorgung benutzt.[937]
An der östlichen Seite der Befestigungsmauer wurde laut Valmin ein doppeltes Tor angelegt.[938] Im Plan von N. Scoufopoulos wird es als östliches (D8) und südöstliches Tor (C38) bezeichnet.[939] Beim östlichen Tor handelt es sich um einen engen Durchlass, der von einem geknickten Mauervorsprung flankiert wird.[940] Möglicherweise brach die östliche Mauer, die nach Süden verlief, hier ab. An ihrem südlichen Ende könnte eine turmartige Bastion gestanden haben. Über diesen Mauervorsprung sprach Iakovidis. Mit dem Betreten des Zugangs stand man zwischen einer senkrechten Mauer, die nach Norden verlief, und der parallel dazu verlaufenden äußeren Mauer. Das Ganze bildete einen Zwinger mit einer Länge von 10 m. Hinter dem Zwinger lagen Gebäude der Siedlung. Das andere Tor war laut Valmin und Iakovidis vermutlich tangential angelegt.[941] Es handelt sich um das südliche Tor, das von Scoufopoulos mit C1 bezeichnet wird. Die Befunde sind in diesem Bereich sehr schlecht erhalten, so dass sich eine Rekonstruktion des Tores als schwierig erwies. Das Einzige, was mit Sicherheit gesagt werden kann, ist, dass die Mauer an dieser Stelle eine Stärke von ca. 3,50 m erreicht. Die Mauerzüge hinter der Öffnung und die 5 x 12 m große Baukonstruktion können mit dem nördlichen Tor verglichen werden, das sich in Symmetrie zum südlichen Tor befindet.
Die von Scoufopoulos erwähnten Öffnungen D1 und C38 sollen nach der Mittelbronzezeit angelegt worden sein. Ob sie als Tore bezeichnet werden können, ist fraglich. Bei dem schlechten Erhaltungszustand der Mauer können nur Vermutungen geäußert werden.
An der südwestlichen Ecke der Befestigungsmauer liegt noch ein Tor, das als B18 bekannt ist.[942] Es scheint, dass das südwestliche Tor eine ähnliche Bauweise wie das nördliche hat. Ein Mauerzug an der östlichen Torseite bildete möglicherweise einen Zwinger. Spuren eines parallelen Mauerzuges wurden nicht gefunden. In diesem Bereich erreicht die südliche Befestigungsmauer eine Stärke von 3 bis 5 m. Dagegen hat die westliche Mauer des Tores eine Breite von 2,30 m. Möglicherweise war sie aber auch stärker. Ein großer Teil der Mauer hat sich leider nicht erhalten. Im Inneren der Toranlage wurde eine S – förmige Treppenanlage entdeckt, die in die Siedlung hinein führte. Sie hat eine Länge von 14 m und ist 1,40 bis 2 m breit. Von ihr sind nur 13 Stufen erhalten. Die Form der Treppenanlage erinnert an die der späteren kreisförmigen Treppenanlage von Tiryns.[943]
Im verbesserten und ergänzten Plan von Lauter sind die Tore zu sehen. Nur die späteren Türöffnungen an der östlichen Befestigungsmauer D1 und C38 sind nicht eingezeichnet.[944] Nach Lauters Ansicht sind fortifikatorische Besonderheiten an der südlichen Befestigungsmauer zu sehen. Die Stärke der Mauer und die sog. Mauerleibungen im Inneren der Tore weisen auf den defensiven Charakter der Befestigung von Malthi hin, die sich mit der von Kiapha Thiti vergleichen lässt.[945] Insgesamt ist der Erhaltungszustand der Tore schlecht, so dass eine Rekonstruktion nur mit viel Phantasie möglich ist.
Für die Datierung der Verteidigungsmauer werden die späte mittlere Bronzezeit (MH III) und der Übergang zu der frühen Spätbronzezeit (SH I und II) im Betracht gezogen. Möglicherweise wurde die Befestigung am Anfang der mykenischen Zeit vollendet. Versuche, die Mauer zeitlich in die späthelladische Zeit (SH III) einzuordnen, konnten nicht überzeugen. Es wird angenommen, dass in dieser Zeit Reparatur- und Verstärkungsmaßnahmen getroffen wurden.[946]

[934] Ebd. Taf. 16. Anm. 159.
[935] M. N. Valmin (1938), 17f.; N. C. Scoufopoulos, Mycenaean Citadels, SIMA 22, (1971), 21f. D53 on Plan 2.
[936] Ebd. Die Quelle wird im Plan von Valmin mit D35 markiert.
[937] M. N. Valmin (1938), 17f.
[938] Ebd. 20f.
[939] N. C. Scoufopoulos (1971) Plan 2
[940] S. Iakovidis (1977), E166f.
[941] S. Iakovidis (1977); M. N. Valmin (1938), 20f.
[942] N. C. Scoufopoulos (1971) Plan 2.
[943] Ebd. 21f.
[944] H. Lauter (1995) Textabb. 3.
[945] Ebd. 83f.
[946] R. Hope - D. K. Hagel (2006), 56ff.

4.3. Kiapha Thiti (Attika)

Obwohl die Topographie und die Forschungsgeschichte der Siedlung schon besprochen wurden, halte ich es für richtig, einige der Angaben an dieser Stelle zu wiederholen.[947]
Die Forschungen zeigten, dass ein großer Teil des Hügels mit vielen architektonischen Überresten durch einen Bergrutsch für immer verloren ist. Die Besiedlungsgeschichte und die Dauer der Siedlung bis in die byzantinische Zeit konnten aber dennoch nachgewiesen werden.
Wenige Spuren der neolithischen und chalkolithischen Besiedlung wurden auf der sog. Oberburg und Mittelburg des Hügels gefunden. Aus der Übergangszeit von der spätneolithischen Zeit zur Frühbronzezeit soll die ca. 10 m lange Mauer stammen, die im Bereich der Mittelburg gefunden wurde. Ihre Funktion bleibt bis heute offen, obwohl Iakovidis sie als „Brustwehr“ interpretierte.[948] Beide Bereiche wurden bis in FH II besiedelt. Nach FH II gab es eine Besiedlungslücke auf dem Hügel, die möglicherweise bis zum Ende von MH II andauerte.[949] Nach der Ansicht von Lauter erfolgte die Wiederbesiedlung in MH III, und sie dauerte bis an das Ende von SH II an, als vermutlich der erwähnte Bergrutsch Kiapha Thiti zerstörte.[950] Über eine Besiedlung des Hügels nach der Katastrophe ist nichts bekannt. Das Leben ging aber in der Umgebung um den Hügel weiter. Erneute menschliche Aktivitäten auf dem Gipfel des Hügels wurden erst im 8. Jahrhundert v. Chr. mit der Errichtung eines Heiligtums festgestellt. Kiapha Thiti wurde bis in die frühe byzantinische Zeit genutzt.[951]
Am Ende von MH III wurde die Siedlung auf den unteren Hängen des Hügels erweitert und durch eine starke Befestigungsanlage verstärkt. Sie ist in der Literatur als „URM“ bekannt.[952] Teilweise sind viele bauliche Überreste erhalten, so dass eine Rekonstruktion der Anlage möglich war.

4.3.1. Die Befestigungsanlage

Während der Ausgrabungen wurden die Reste der Mauer in Abschnitten untersucht (Taf. 3). Laut Lauter handelt es sich um 1) Abschnitt a – b, in dem die Südecke der Westmauer erforscht wurde. 2) Abschnitt b – c, der nicht vollständig ausgegraben wurde. 3) Abschnitt c – d, wo das Haupttor der Anlage liegt. 4) Abschnitt d – e, in dem sich das große „Stiegenhaus“ befindet. 5) In den Abschnitten e – f und f – g wurden die beide Bastionen, das „kleine Stiegenhaus“ mit einer Pforte und der am besten erhaltene Teil der Rampe untersucht, die entlang der Mauer zum Haupttor führte. 6) Im letzen Abschnitt h – i sind Bereiche der Mauer und Teile eines vermutlichen Abflusskanals erforscht worden.[953]
Die Mauer verläuft vom Südwesten nach Nordosten. Im Bereich der beiden Bastionen biegt die Befestigungsmauer um und nimmt eine Richtung nach Westosten. Reste der Anlage wurden bis an den östlichen abgebrochenen Abhang des Hügels verfolgt. Durch den Bergrutsch gingen leider der Rest der Anlage und die dazu gehörenden Bauteile der Siedlung für immer verloren.
Die Länge der Befestigungsanlage beträgt etwa 160 m und erreicht eine Stärke von 2 bis ca. 6 m. Von ihr sind aber nur 130 m erhalten. Die Mauer wurde selten direkt auf dem gewachsenen Fels errichtet. Meistens wurde sie auf das bearbeitete Hügelgelände gebaut. Sie besteht aus kleinen sowie mittleren Steinblöcken und ist in Trockenbauweise gebaut. An den Ecken der Mauer wurden größere Steine verwendet, am Fuß der Außenschale der Mauer plattenartige Steine, die sog. „*Orthostaten*“. Bei der Baukonstruktion handelt es sich um eine zweischalige Befestigungsmauer. Die Steinfüllung zwischen den Schalen besteht aus unregelmäßigen Steinblöcken, die einfach mit Erde hineingeschüttet wurden. Die Besonderheit der Mauer liegt an ihrer Innenschale, die teilweise besser als die Außenschale erhalten ist, und eigentlich aus zwei Schalen besteht. Gemeinsam erreichen sie eine Breite von 0,50 bis 1,20 m.[954]
Diese auffällige Konstruktion wurde nicht entlang der ganzen Mauer festgestellt. Je weiter die Mauer nach Westen verläuft, desto geringer werden die Spuren dieser bautechnischen Meisterleistung. Die Konstruktion half wahrscheinlich, den Druck auf die Befestigungsmauer zu verringern, der durch die dahinter liegenden Erd- und Steinmassen erzeugt wurde. Über die Außenschale der Mauer ist wenig bekannt, weil ein großer Teil von ihr

[947] Bezüglich der Lage und Forschungsgeschichte von Kiapha Thiti siehe den ersten Teil der Arbeit über die neolithischen Befestigungsanlagen.
[948] S. Iakovidis (1977), 162f.
[949] Keramische Funde aus FH III, MH I und II fehlen.
[950] H. Lauter, Die protomykenische Burg auf Kiapha Thiti in Attika, Aegaeum 3, 1989, 145-149.
[951] H. Lauter (1995).
[952] Ebd. URM (untere Ringsmauer). Beilage 18 (Gesamt- und Übersichtsplan). Mit der Unterburg umfasst nun die Siedlung eine Fläche von ca. 10000 m^2.
[953] H. Lauter (1995), 21f. Abschnitt a- b (Beil. 14), c–d (Beil. 15 oben), d–e (Beil. 15), e–f und f–g (Beil. 16), h–j (Beil. 17).
[954] H. Lauter (1989), 146f. Es konnte noch festgestellt werden, dass die Innenschale teilweise auf dem gewachsenen Fels errichtet wurde, während die Außenschale, wie schon oben erwähnt, meistens auf bearbeitete Erde gebaut wurde.

durch den Bergrutsch zerstört wurde. Sicher ist, dass sie nicht geneigt, sondern senkrecht auf dem Gelände des Hügels errichtet wurde. Sie bestand überwiegend aus bis zu 0,80 x 0,70 m großen Steinblöcken. Interessant ist der Fund der schon erwähnten „*Orthostaten*“ oder Verkeilungssteine, wie Lauter sie nennt, im östlichen Bereich der Befestigungsmauer. Die plattenartigen Steine wurden nicht überall am Fuß der Außenschale verwendet. Sie wurden an Stellen gelegt, an denen die Mauer höher liegt und nicht direkt auf dem gewachsenen Fels errichtet wurde. Es handelt sich um bis zu 1,50 m hohe Steinplatten. Man setzte sie vertikal gegen den Mauerfuß, um möglicherweise ein Abrutschen der Erde unter der Mauer zu verhindern.[955]

Die Anlage war durch ein Tor zugänglich, das im Abschnitt c – d entdeckt wurde. Obwohl seine Reste schlecht erhalten sind, wird in der Fachliteratur allgemein akzeptiert, dass an dieser Stelle der Zugang zu der befestigten Akropolis lag. Es handelt sich um eine 2,50 bis 3 m breite Öffnung. An der Torschwelle wurde ihre Unterlage gefunden, die aus vier großen Steinblöcken besteht. Möglicherweise war die Schwelle über 2,50 m breit. Sie wird von den beiden Mauerzügen flankiert, die 1,20 und 2 m aus der Schwelle herausragen.[956] Wie genau die Toranlage aussah, kann nicht gesagt werden. Lauter meint, dass sie möglicherweise wie die späteren mykenischen Toranlagen war.[957] Dafür gibt es aber keine Anhaltspunkte. Ebenso nur vermutet wird die Existenz einer Pforte im Bereich d, wo auch das „große Stiegenhaus“ gefunden wurde. Im inneren Bereich nordöstlich des Tores wurden drei Mauerzüge gefunden, die quer zu der Befestigungsmauer stehen. Es wird angenommen, dass sie Teile von zwei Räumen sind, die mit der Bewachung des Tores zusammenhängen könnten. Ihre flachen Dächer könnten eine Art Wehrgang für die Verteidigung der Mauer gewesen sein.[958]

Das von Lauter als „großes Stiegenhaus“ bezeichnete Gebäude liegt im Abschnitt d – e.[959] Als Bezeichnung ziehe ich hier die Formulierung „Turm“ vor. Im Bereich des Turmes erreicht die Mauer eine Breite von ca. 6 m. In nördliche Richtung vermindert sich die Breite des Mauerzuges von 5 auf 4 m. Dass dieser Abschnitt mächtiger als die anderen errichtet wurde, hängt wahrscheinlich mit der geomorphologischen Gegebenheit des Abhangs in diesem Bereich zusammen. Nach Lauter fällt die „URM“ in ihrem Verlauf entlang des Hangs über 5 m ab. Da die Mauer auf dem gewachsenen Fels nicht fundamentiert wurde, musste sie aus Stabilitätsgründen eine gewisse Stärke haben.[960] Vom Turm ist sein westlicher Teil besser erhalten. Im Inneren des Turmes wurde ein Raum gefunden, der eine ovale bis rechteckige Form hat. Er ist 4 x 3,30 m groß, sein Estrichboden besteht aus mehreren Schichten, die in die mittlere und möglicherweise bis an den Beginn der späteren Bronzezeit datiert wurden. Der Turm ist in derselben Bautechnik errichtet wie die gesamte Mauer. Der Eingang lag vielleicht im östlichen Bereich, Reste davon wurden nicht gefunden. In dem Raum fand man eine plattenartige Fundamentierung, auf der wahrscheinlich eine Wendeltreppe saß, über die man auf die Mauerkrone gelangen konnte.[961] Welche Höhe der Turm und die Mauer in diesem Abschnitt hatten, konnte nicht festgestellt werden.

In dem darauf folgenden Abschnitt e-f wurden die Reste von zwei aus der Mauer herausspringenden Baukonstruktionen entdeckt, die als Bastionen bezeichnet werden. Es handelt sich um dreieckige Vorsprünge an der Befestigungsmauer, die auf keine Weise an die hufeisenförmigen oder die turmartigen Bastionen erinnern. Es ist der Bereich, an dem die westliche Befestigungsmauer nach Osten umbiegt und zur nördlichen Verteidigungsmauer wird.[962] Am Besten ist die östliche Bastion an der nördlichen Befestigungsmauer erhalten. Sie springt ca. 4 m aus der Mauer vor und hat eine Breite von etwa 4,20 m. Das Fundament ihrer Außenschale bestand aus großen Steinplatten. Einige sind 0,80 m stark und haben eine Breite von 0,70 m. Von der sog. westlichen Bastion, die an der westlichen Mauer errichtet wurde, ist nicht viel erhalten. Ein Teil ihrer Fundamentierung und ihre innere doppelte Schale konnten gerettet werden. Laut Lauter sprang sie wahrscheinlich 4 m von der Innenschale der Mauer vor und hatte eine Länge von über 6 m.[963]

Hinter der Befestigungsmauer wurden vor allem Mauerzüge gefunden. An einer Quermauer, die als Mauer Z bekannt ist, konnte festgestellt werden, dass die Befestigung in diesem Abschnitt gleichzeitig mit der Quermauer und anderen radialen Mauern im inneren Bereich der Unterburg entstanden ist.[964]

Interessant war der Fund eines Keramikfragmentes vom Boden eines Topfes, der von J. Maran in die Zeit MH III und SH I datiert wurde.[965]

---

[955] H. Lauter (1995) Textabbildung 2. Taf. 12 a. Taf. 13 a–b.

[956] Ebd. Beil. 15. Die Torgewände oder besser der südwestliche Mauerzug springt 1,20 und der nordöstliche 2 m von der Unterlage der Schwelle vor.

[957] Ebd. 27ff.

[958] Ebd.

[959] Ebd. 32ff.

[960] Ebd.

[961] Ebd.

[962] Ebd.

[963] Ebd.

[964] Ebd.

[965] Ebd.

Im Abschnitt f – g wurde das „kleine Stiegenhaus" erforscht. Außerdem wurden Verkeilungssteine am Fuß der Außenschale der Mauer gefunden, und es konnte ein rechteckiger Raum entdeckt werden, der direkt an die Befestigungsmauer angeschlossen war. Aus den Keramikfunden in den Schichten C und F ergab sich, dass die Mauer während MH III entstanden ist.[966] Im Bereich des Raumes (Abschnitt 154/153) wurde nach Lauter keine Keramik aus SH I und II gefunden. Deshalb vermutet er, dass die Befestigungsmauer nicht lange nach MH III gebaut wurde.[967]

Der kleine Turm befindet sich östlich des rechteckigen Raumes.[968] Seine nördliche runde Seite springt leicht hervor und wird durch eine kleine Pforte unterbrochen. Vom südlichen Teil des Turmes ist wenig zu sehen, weil er nicht vollständig ausgegraben wurde. In seinem Inneren befand sich ein runder Raum mit einem Durchmesser von ca. 2,50 m. Der Turm war möglicherweise von seiner westlichen Seite her betretbar. In seinem Innenraum fand man Reste von drei bis vier Stufen und Lehm, der durch ein Feuer verhärtet wurde. Die Stufen wurden entlang der nordöstlichen Mauerkurve gefunden und überwinden nach Lauter einen hier vorhandenen Höhenunterschied.[969] Das heißt, es gab auch im kleinen Turm eine Wendeltreppe, die aber durch die bessere Erhaltung der Befunde deutlicher erkennbar ist als die Treppe im großen Turm.

Auf dem Boden des Raumes wurde eine trichterförmige Grube gefunden. Oben war sie 1,45 m und weiter unten 0,50 m breit. Der Boden der Grube wurde nicht erreicht. In der Grube fand man verkohlte Holzreste, eine Ascheschicht, kleine Steine und drei Scherben, die in MH III datiert wurden.[970] Ob sie für Verteidigungszwecke errichtet wurde, z. B. als eine Art „Wolfsgrube" wie im späteren Tiryns, konnte nicht geklärt werden.

Über den nächsten etwa 10 m langen Abschnitt g – h wird nicht viel berichtet, da dieses Stück der Befestigungsmauer nicht vollständig erforscht wurde. Trotzdem konnte der Verlauf der Mauer festgestellt werden. Über den letzten Abschnitt h – i wissen wir mehr. Die Mauer erreichte hier eine Breite von 3 m, und man fand auch in diesem Abschnitt die sog. Verkeilungssteine. Hinter der Mauer wurden Teile von Mauerzügen und der schon erwähnte Kanal gefunden, der durch die untere Ringmauer läuft. Reste des Kanals wurden an der inneren Schale der Mauer entdeckt. Es handelt sich um eine ca. 0,30 m breite Öffnung, die durch plattenartige Steine mit einer Höhe von 0,27 und 0,35 m umgeben wird.[971] Der Verlauf der Mauer konnte bis an den östlichen abgebrochenen Abhang des Hügels verfolgt werden. Ob die Befestigungsmauer möglicherweise nach Süden umbog, konnte nicht festgestellt werden. Wie hoch die Befestigungsanlage war, und ob sie mit Zinnen ausgestattet war, wie sie von minoischen und mykenischen figürlichen Darstellungen bekannt sind, sind Fragen, die bis heute offen bleiben.[972]

Die befestigte Akropolis war über eine Straße und eine Rampe, die entlang der Befestigungsmauer verlief, zugänglich. Die Straße lag tiefer im Vorgelände des Hügels. Nach ca. 60 m richtet sich der Weg nach Süden zur sog. östlichen Befestigungsmauer im Abschnitt (f – g) zwischen dem kleinen Turm und der östlichen Bastion. Vor der Verteidigungsmauer im Abschnitt (f – g) überwindet die Anstiegsrampe innerhalb von 5 m Länge eine Höhe von ca. 2 m. Die Stützmauern der Anstiegsrampe waren mit Steinplatten fundamentiert, der Bereich zwischen den Außenseiten war mit Steinblöcken verschiedener Größe verfüllt.[973] Durchschnittlich war die Rampe 2,50 m breit. Im Abschnitt vor den Vorsprüngen der Mauer bis hin zum großen Turm ist die Rampe schlecht erhalten. Vor den Bastionen konnte die aufgrund der Erosion nur teilweise erhaltene Terrassenmauer der Rampe untersucht werden. Sie bestand aus 0,50 bis 0,70 m langen unregelmäßigen und unbearbeiteten Steinblöcken.[974] In diesem Bereich befindet sich, wahrscheinlich aus fortifikatorischen Gründen, die mit 1,40 m engste Stelle der Rampe. Nach den Bastionen erreicht sie entlang der sog. westlichen Befestigungsmauer eine Breite von 3 m.[975] Die Rampe verlief bis zum Haupttor der Anlage nach Südwesten. Ihr Verlauf endet durch eine Aufschüttung von Steinen am Punkt c.[976]

Anhand des Keramikmaterials, das ausführlich von J. Maran bearbeitet und publiziert wurde, konnte die Befestigungsanlage an das Ende von MH III und den Beginn von SH I datiert werden.[977] Die Zerstörung der Anlage erfolgte nach Lauter am Ende von SH II. Für die darauf folgende Zeit konnte durch Funde in der Nekropole von Vurvatsi die Besiedlung in der umliegenden Umgebung weiter verfolgt werden.[978]

---

[966] Ebd. 40ff.
[967] Ebd.
[968] Ebd.
[969] Ebd.
[970] Ebd.
[971] Ebd.
[972] Ebd.
[973] Ebd. 30f.
[974] Ebd.
[975] Ebd.
[976] Ebd. 27ff.
[977] J. Maran, Kiapha Thiti. Ergebnisse der Ausgrabungen II2 (2. Jt. v. Chr.: Keramik und Kleinfunde), MarbWPr, 1990.
[978] Ebd. 51f.

4.4. Ägina (Attika)

Die prähistorische Siedlung mit einer Fläche von ca. 6435 m² liegt auf einem Felskap an der westlichen Seite der Insel neben der Hauptstadt. Es handelt sich um einen Felsrücken, der eine Länge von 200 m und eine Breite von 70 m hat. Der Fels erhebt sich 10 bis 12 m über dem Meeresspiegel. Das Siedlungsgebiet war wahrscheinlich größer als seine heute erhaltenen Überreste, denn durch Erosion stürzten Teile des Felskaps in das Meer. Besiedelt wurde der Ort von neolithischer Zeit bis in die byzantinische Epoche.[979]

Es gilt als sicher, dass die Siedlung während der gesamten Bronzezeit an ihrer östlichen Seite durch Befestigungsanlagen geschützt wurde. An dieser Stelle folgt die Darstellung der mittelhelladischen Befestigungen mit denen die Siedlungen VII, VIII und IX geschützt wurden. Ägina VII und VIII werden in die frühere Mittelbronzezeit datiert.[980] Siedlung IX wird gegen Ende der mittelhelladischen und an die Übergangszeit zur Spätbronzezeit datiert.

Wie in der Frühbronzezeit wurden auch in der Mittelbronzezeit die Befestigungsanlagen erweitert und verstärkt.[981] Da nur ein Abschnitt der Befestigungsmauern mit wenigen Funden ausgegraben wurde, erwies sich die Rekonstruktion beider Siedlungen als schwierig.

Anhand der architektonischen Überreste konnte der Ausgräber feststellen, dass die Hauptbefestigungsanlage von Ägina VII durch Baumaßnahmen ein anderes Aussehen erhielt, als es die Befestigung von Siedlung VI hatte. Die Vormauer, die 3 bis 4 m vor der Hauptbefestigung liegt, wurde ohne große architektonische Änderungen weiter verwendet. Laut Walter wurde der südliche Rondelleingang geschlossen, stattdessen wurde ein neuer Zugang weiter südlich geöffnet.[982]

[979] Lage und Forschungsgeschichte der prähistorischen befestigten Siedlung wurden im Abschnitt über die frühbronzezeitlichen befestigten Siedlungen des ägäischen Raumes ausführlich geschildert. An der Stelle wurde auch auf das Baumaterial eingegangen.

[980] J. Maran (1998), 36ff. Für die Datierung der Befestigungsanlagen spielt die mittelhelladische Keramik eine große Rolle. Wie schon erwähnt war Ägina ein Zentrum für die Herstellung keramischer Produkte. Hauptsächlich wurde eine mattbemalte Keramik hergestellt, aber vielfach wurden auch rot- schwarze und braunpolierte Gefäße hergestellt. Die Herstellung der sog. grauminysche Keramik nimmt ab. Laut Maran ist Ägina VII gleich mit Lerna VA und Ägina VIII mit Lerna VB zu datieren.

[981] H. Walter - F. Felten (1981), 50ff.

[982] Ebd. 48ff.

4.4.1. Ägina VII (ca. 2000 – 1900 v. Chr.)

Der Kern der älteren Befestigungsmauer von Ägina VI blieb erhalten (Taf. 52). Obwohl diese keine nennenswerten Schäden aufwies, wurde sie aber verstärkt und im Bereich der Türme und der Zugänge verändert. Es ist bis heute nicht bekannt, aus welchem Grund diese Erneuerungs- und Verstärkungsmaßnahmen erfolgten. Durch sie erreichte die Hauptmauer nun eine Breite von etwa 6 m. Bauliche Veränderungen wurden an der nördlichen und südlichen Toranlage der Befestigung festgestellt. Der nördliche Zugang wurde von Turm 5 und 6 und der südliche von Turm 3 und 4 flankiert. In Ägina VI konnte man von Osten her durch diese Zugänge in die Siedlung gelangen. In der Siedlung VII wurde die Öffnung der Zugänge nach Süden verlegt. Das diente wahrscheinlich Verteidigungszwecken und wurde folgendermaßen durchgeführt: Bei der nördlichen Toranlage wurde Baumaterial von Turm 5 abgetragen. Turm 6 blieb erhalten, nur an seiner östlichen Mauerseite wurde ein gebogener Mauerzug angefügt, der sich nach Süden richtete. Es handelt sich um eine zweischalige Mauer mit einer Breite von 2 m und an der Außenseite mit einer Länge von 14 m. Sie ist in einer Höhe von 2,50 m erhalten. Die äußere Schale der Mauer besteht aus relativ großen und die Füllung aus kleineren unbearbeiteten Steinen. Die innere Mauerschale besteht aus mittelgroßen Bruchsteinen. Sie waren meistens mit Erdmörtel verbunden. An diese gebogene Mauerverlängerung musste die östliche Mauerseite des Turmes 5 angepasst werden. Mit der Beseitigung des Baumaterials von der nördlichen Mauerseite des rechteckigen Bollwerks und mit der Abrundung seiner östlichen Fassade wurde auch der verlängerte nördliche Zugang der Siedlung errichtet.[983]

Die Öffnung des Zugangs ist 1,20 m breit. An dieser Stelle wurden drei große Schwellensteine in situ gefunden. Dahinter wurde eine Torpfanne und an der Mauer ein rechteckiges Loch entdeckt, das wahrscheinlich für einen Balken bestimmt war. Diese Funde weisen auf die Existenz einer Tür an dieser Stelle. Im inneren Bereich der Torgasse an der abgerundeten Mauer des Turmes 5 wird eine weitere Tür vermutet.[984] Beide bildeten einen Zwinger, in dem mögliche Angreifer leichter bekämpft werden konnten. Die Torgasse war teilweise gepflastert und mehr als 2 m breit. Dass die Gasse sehr breit war, wurde wohl als Schwachstelle für die Verteidigung der Toranlage angesehen. Aus diesem Grund wurde eine zusätzliche Mauer an die innere Mauerschale des verlängerten Mauerzuges hinzugefügt, um so die Torgasse zu verengen. Auf diese Weise erhielt

[983] Ebd. 50ff.

[984] Ebd.

die Torgasse eine Breite von ca. 2 m. Mit dem Bau der inneren Mauer wurde die verlängerte Mauer verstärkt und verbreitert. Laut Walter und Felten wurden so die Voraussetzungen für die Konstruktion eines Wehrganges und einer Brustwehr auf der Mauer erfüllt.[985]

Zwischen den beiden Toranlagen liegen die Reste der Hauptbefestigungsmauer in einer Länge von ca. 25 m. Die ältere Befestigungsmauer von Ägina VI wurde nun durch den Bau einer Mauer verstärkt. Sie besteht aus größeren unbearbeiteten Kalksteinblöcken, von denen einige nach der Ansicht von Walter und Felten „kyklopische Dimensionen" erreichen, da sie 0,70 x 0,25 m groß sind. Das Fundament der Verstärkungsmauer ist 2,50 m breit. Die Mauer erreicht eine Höhe von ca. 2,50 m. Zusammen mit der älteren Verteidigungsmauer erreicht die Befestigungsmauer an dieser Stelle während dieser Siedlungsphase eine Stärke von 6 m.[986]

1,20 m vor der Mauer wurden die Reste einer schmalen Mauer gefunden, die möglicherweise als versteckter Wehrgang genutzt wurde, um das nördliche Tor im Fall eines Angriffs besser schützen zu können. Ihr südlicher Bereich schloss an die südliche Toranlage an. Der Ausgräber fand anhand der erhaltenen Reste heraus, dass diese Baukonstruktion 2,10 m hoch war, und nimmt an, dass sie einen Oberbau aus Lehmziegeln hatte. Der Wehrgang war vom Nordtor aus oder über die 6 m breite Mauer zugänglich.[987]

Dieselben Verstärkungs- und Erweiterungsarbeiten wurden auch bei der südlichen Toranlage festgestellt. Der gebogene Mauerzug schließt an der östlichen Mauerseite von Turm 4 an, die sich wie die nördliche nach Süden richtet. Obwohl dieser Bereich von dem Fundament des späteren Tempels überdeckt ist, konnte die Breite des gebogenen Mauerzuges festgestellt werden. Sie beträgt am Beginn 3 m und im südlichen Bereich des Mauerzuges 2,60 m.[988] Die äußere Mauerschale der gebogenen Mauer ist im Vergleich zu der inneren schlechter erhalten. Walter und Felten gehen an dieser Stelle auf ein bautechnisches Detail ein. Von drei erhaltenen Steinreihen besteht die mittlere aus schräg gelegten Steinen und nicht aus waagrechten, wie es bei der oberen und unteren Steinreihe der Fall ist. Nach der Ansicht der Archäologen ergeben die schräg gestellten Steine eine kompaktere Konstruktion und halten eine stärkere Drucklast aus. Nach Schätzungen wurde die Höhe des Mauerzuges mit 2 m berechnet.[989] Der Wehrgang der gebogenen Mauer war möglicherweise 2,40 m breit. Ob eine 1,20 m hohe und 0,60 m starke Brustwehr auf der Mauer errichtet wurde, wie sie von Walter und Felten für die gesamte Befestigungsanlage angenommen wird, bleibt bis heute unklar. Man fand kein Baumaterial, das auf einen Oberbau aus Lehmziegeln mit Brustwehr hinweisen könnte.[990]

Für den Bau der Torgasse wurde Baumaterial von Turm 3 abgetragen. Durch eine Abrundung wurde er an die Torgasse und die gebogene Mauer angepasst. Die Öffnung der südlichen Toranlage war etwas kleiner als die der nördlichen. Hinter der Öffnung wurde an der inneren Mauerschale die Torpfanne gefunden. Nach 6 m fand man Spuren einer zweiten Tür.[991] Um die Torgasse zu verengen, wurde auch hier eine zusätzliche Mauer errichtet. Auf diese Weise wurde der gebogene Mauerzug um 1 m breiter. Wie hoch diese Mauer war, konnte nicht festgestellt werden. Problematisch bleibt auch der Zugang zum Wehrgang der befestigten Toranlage. Die Ausgräber vermuten, dass er über die abgerundeten Türme betretbar war. Dafür gibt es aber keine Beweise.[992]

Die Befestigung verläuft südlich der Toranlage weiter. Trotz des schlechten Erhaltungszustandes der Anlage konnte der Ausgräber feststellen, dass in diesem Bereich der kleine Turm 2 und südlich davon der größere Turm 1 aus Ägina VI nicht abgetragen wurden, sondern durch Verstärkungen weiter existierten. Verstärkt wurde auch die Kurtine zwischen der südlichen Toranlage und Turm 2, die eine Stärke von 6 m erreichte. Vor Turm 2 wurden Reste eines Mauerzuges entdeckt, der sich mit dem vor der Hauptbefestigungsmauer im Norden vergleichen lässt. Walter und Felten sind der Meinung, dass die Mauer an Turm 1 anschloss. Es scheint, dass zwischen Turm 2 und 1 eine Art Hof existierte, über dessen Funktion nur Vermutungen möglich sind. Aus welchem Grund das ältere Verteidigungskonzept mit den Türmen und den dazwischen liegenden Torgassen aufgegeben wurde, bleibt unbekannt.[993]

4.4.2. Ägina VIII (ca. 1900 – 1800 v. Chr.)

Die Befestigungsanlage von Ägina VIII ist eigentlich das Ergebnis der durchgeführten Verstärkungsmaßnahmen an der Befestigung von Ägina VII (Taf. 53). Die Verteidigungsmauer der letzten Siedlung wurde als Kern für die neue beibehalten.[994] Nach Ansicht der Archäologen wurden Verstärkungsmaßnahmen durchgeführt durch: A) Ummantelung der vorhandenen Mauern, B) zusätzliches Mauerwerk, C) Verstärkung der Mauerköpfe und D) den Anbau von Türmen. Von der

[985] Ebd.
[986] Ebd.
[987] Ebd.
[988] Ebd.
[989] Ebd.
[990] Ebd. 53f.
[991] Ebd.
[992] Ebd.
[993] Ebd.
[994] Ebd. 58ff. Plan 10.

älteren Befestigungsanlage wurde nichts abgetragen. Die gebogenen Mauerzüge der befestigten Toranlagen wurden verlängert und verstärkt. Die Mauern vor der Hauptbefestigung, die als Wehrgänge interpretiert wurden, werden als Stützmauern verwendet. Während dieser Siedlungsphase besteht die sog. Vormauer weiter. Vor ihr wurden die Reste von zwei Häusern gefunden, die wahrscheinlich zur Außensiedlung gehörten.[995]

Die Mauertechnik bleibt unverändert. Als Baumaterial wurde dieses Mal außerdem noch rötlicher, unregelmäßiger Kalkstein benutzt. Die größeren Brocken verwendeten die Erbauer für die Errichtung der Türme und für den Unterbau der Mauern. Überwiegend wurden sie für die äußere Fassade der Mauer verwendet. Für das Innere der Mauer benutzte man Steine von mittlerer und kleiner Größe.

Auffällig ist die Verwendung von rechteckigen Steinen am nördlichen Abschnitt der Verteidigungsmauer im Vergleich zum südlichen, in dem rundliche Steinbrocken verwendet wurden. Die Ausgräber sind der Meinung, dass sie gleichzeitig errichtet wurden, obwohl beide Abschnitte den Eindruck von verschiedenen Mauerwerken erwecken.[996]

Als Verbindungsmaterial wurde Lehmmörtel verwendet. Aufgrund der Größe der unbearbeiteten Steine mussten Füllsteine für die entstandenen Zwischenräume verwendet werden. Dies erinnert an die späteren mykenischen Befestigungsanlagen, bei denen dieselbe Bautechnik in größeren Dimensionen verwendet wurde.

Der nördlichste Abschnitt der Befestigung ist schlecht erhalten, dennoch konnte man Verstärkungsmaßnahmen erkennen, wie den angebauten Turm 4 und die großen Steinblöcke, die für das Fundament der Mauer verwendet wurden. Leider sind die Teile der zusätzlichen Mauer in diesem Abschnitt nur in einer geringen Höhe erhalten. Im nordöstlichsten Bereich der Befestigung wurden die Reste eines dreieckigen Vorsprunges entdeckt, der die Mauer zusätzlich schützte. Es wird angenommen, dass an dieser Stelle Wächter Stellung bezogen. Bemerkenswert ist, dass die turmartige Bastion nicht in die Hauptbefestigungsmauer eingebunden ist. Dasselbe gilt auch für die anderen turmartigen Bastionen der Befestigung.[997] Ein möglicher Grund dafür könnte gewesen sein, dass auf diese Weise im Fall einer Zerstörung der Bastionen die Hauptbefestigungsmauer keinen Schaden nehmen würde. Südlich von dieser Konstruktion liegen die Reste von dem Turm 4. Er ragt 1,20 m vor der Mauer hervor und hat eine Länge von 4 m. Zwei Balkenlöcher weisen auf die Verwendung von Holz für den Bau des Turms hin.[998]

Die nun verstärkte gebogene Mauer der nördlichen Toranlage erreicht eine Breite von 4,20 m. Der südliche Teil der Mauer wird auch durch eine 0,80 m breite Mauer verstärkt, die aus großen Steinblöcken besteht. Nach Berechnungen erreichte die Konstruktion eine Höhe von ca. 4 m.

Interessant ist der Zugang der nördlichen Toranlage, der aus zwei Toren, einem äußeren und einem inneren, besteht. Durch die Erweiterungs- und Verstärkungsmaßnahmen wird das ehemalige Tor von Ägina VII nun als inneres Tor bezeichnet. Das äußere Tor ist 1,10 m breit und entstand durch die Verengung des Durchlasses. Ein dahinter liegendes rechteckiges Loch weist auf einen Schließbalken hin.[999]

Die Öffnung des inneren Tores hat eine Breite von 1 m und liegt 4 – 5 m nördlich des neuen Tores. Es wurde ebenfalls durch Balken verschlossen. Das Niveau der Gasse wurde durch die Verstärkungsarbeiten erhöht, sie bestand aber weiterhin aus Kieselsteinen und Erde. Teilweise sind flache Steine von der Schwelle des Tores erhalten. Hinter dem doppelten Tor nimmt die Gasse einen nordwestlichen Verlauf, der ins Innere der Siedlung führt.

3,40 m südlich des nördlichen Tores liegen die Reste von Turm 3. Die Ausgräber geben keine Maße für die Baukonstruktion an, aber er scheint kleiner als Turm 4 zu sein. Wie schon oben erwähnt, ist der Turm nicht in die Hauptbefestigungsmauer eingebunden. Interessant ist, dass seine seitlich emporragenden Mauerzüge durch die ehemalige „Wehrgangsmauer" gestützt werden. Die Verteidigungsanlage erreicht hier eine beeindruckende Breite von 8 m. Sie schließt an die südliche befestigte Toranlage an. Leider konnte ein größerer Abschnitt der Anlage nicht untersucht werden, weil er vom Fundament der späteren Tempelanlage überdeckt wird.

Entsprechend der nördlichen Toranlage wurde die gebogene Mauer der südlichen Toranlage nicht verstärkt, sondern um 5 m nach Süden verlängert.[1000] Von ihr hat sich die innere Mauerseite auf ca. 2 m erhalten. Die Ausgräber konnten an der gebogenen Mauer die Bauphasen VII, VIII und IX nachweisen. Dieser Abschnitt der Befestigungsanlage bzw. ihre östliche Fassade erreicht eine Höhe von 4,20 m.[1001] Walter und Felten konnten auch einen Teil der Brustwehr der Mauer feststellen.

Wie im nördlichen und mittleren Abschnitt der Befestigung wurde auch hier eine turmartige Bastion

[995] Ebd. 70f.

[996] Ebd. 58f.

[997] Ebd. Abb. 46 und 47; Plan 10.

[998] Ebd. 62ff.

[999] Ebd.

[1000] Ebd.

[1001] Ebd. Abb. 51. Taf. 54 1–2.

errichtet, die als Turm 2 bezeichnet wird. Er springt 2 m vor der Mauer hervor und hat eine Höhe von 4 m. Auffallend ist, dass die Mauerseiten des Turmes schräg abfallen. Dieser besteht aus großen Kalksteinblöcken und Füllsteinen. Wie die anderen turmartigen Bastionen ist Turm 2 nicht in die gebogene Mauer eingebunden.

Aus der Verlängerung der gebogenen Mauer wurde der äußere Zugang der südlichen befestigten Toranlage gebildet. An der inneren Seite der verlängerten Mauer und der äußeren Fassade der verstärkten Hauptmauer wurden vier 1 m starke Mauern errichtet, die den 1 m breiten Durchlass flankieren. Sie sind in einer Höhe von 1,80 m erhalten. Das Tor war wahrscheinlich nach oben hin geschlossen. Sein Wehrgang verband die gebogene Mauer mit der Hauptbefestigungsmauer. Laut Walter und Felten war die Öffnung des Tores 1,60 m hoch.[1002] Hinter den zwei gegenüberliegenden inneren Mauern des Tores wurden an der Stelle Türpfannen gefunden, wo der Eingang durch eine Tür verschlossen wurde. An den Mauerseiten befinden sich Löcher, in denen wahrscheinlich die Balken lagen, die die Tür verriegelten.[1003] Einige Meter hinter dem Tor liegt das innere Tor bzw. das äußere von Ägina VII, das nicht verändert wurde. Hinter diesem Tor stellten die Ausgräber einige Änderungen fest, wie z. B. die Begradigung des Rundkopfes und die Aufgabe des inneren Tores von Ägina VII. Hinter dem Tor erweitert sich die Gasse, die ansteigend in das Innere der Siedlung führt.[1004]

Südlich der befestigten Toranlage wurden spärliche Reste der Befestigung dieser Phase entdeckt. Der Raum hinter der älteren Wehrmauer wurde mit Steinen verfüllt, und sie selbst wurde möglicherweise als Stützmauer für Turm 1 verwendet, der wie Turm 3 den südlichen Zugang schützte.[1005] Aufgrund der geringen Reste im südlichen Abschnitt ist eine Rekonstruktion der Befestigung schwierig. Der Bau einer byzantinischen Zisterne zerstörte viele bauliche Überreste der Verteidigungsanlage von Ägina VIII. Nur der Vergleich mit den älteren Bauphasen der Befestigung und besonders der Vergleich mit dem mittleren und nördlichen Abschnitt der Befestigung lässt erahnen, wie die Befestigung an dieser Stelle aussah.

In einer späteren Phase von Ägina VIII wurden der Bereich der südlichen Toranlage und die östliche Seite des Turmes 1 durch den Bau von Mauern verstärkt, die die Verteidigung dieses Bereiches wirksamer machen sollten.[1006]

[1002] Ebd. 65f.
[1003] Ebd.
[1004] Ebd.
[1005] Vgl. Turm 3.
[1006] Ebd. 71ff. Abb. 55.

4.4.3. Ägina IX (ca. 1800 – 1650 v. Chr.)

Während dieser Periode wird die bestehende Befestigungsanlage nicht weiter verstärkt, sondern die Siedlung bekommt eine neue starke Hauptbefestigung an der Stelle der alten Vormauer von Ägina, die während der Periode VIII weiter benutzt wurde. Die neue Anlage war durch zwei Tore von Norden und Süden zugänglich, die zu Höfen und dann durch die ehemaligen engen Torgassen der Periode VIII in das Innere der Siedlung führten (Taf. 54).[1007] Die neue Befestigung wurde direkt auf die Bauteile der Vormauer errichtet, die nicht abgetragen wurden. Sie konnte in einer Länge von ca. 72 m untersucht werden. Zwischen der neuen und der älteren Verteidigungsanlage wurden im Bereich der Tore zwei Vorplätze und ein langer, etwa 2 m breiter Gang gebildet, der von Norden nach Süden entlang der Mauer verlief. Aufgrund der späteren Bauaktivitäten und Zerstörungen fehlt der südlichste Teil des Korridors. Er sah möglicherweise wie der nördliche Abschnitt der neuen Anlage aus.[1008]

Die neue Befestigung besteht aus drei aneinander liegenden Mauerzügen, die im Bereich einer Ausfallpforte besser erforscht werden konnten.[1009] Als Verbindungsmaterial verwendete man Lehmmörtel. Laut der Ausgräber hat der innere Mauerzug eine Stärke von ca. 2,20 m und besteht aus Lehmziegeln und Steinen. Spuren für die Verwendung von Holzeinlagen wurden ebenfalls gefunden. Vor diesem Mauerzug liegt eine 0,60 m starke Mauer aus Stein. Der äußere Mauerzug besteht ebenfalls aus Stein und erreicht in seinem unteren Bereich eine Breite von 1,40 m. Insgesamt hatte die Mauer an dieser Stelle eine Breite von ca. 4,20 m. Auffällig ist, dass der äußere Mauerzug schräg abfällt.[1010] Diese Bautechnik wurde im nördlichen Abschnitt und im Bereich des nördlichen Tores mit der Bastion beobachtet. Es ist vorstellbar, dass die schräge Baukonstruktion auf Einflüsse aus dem kleinasiatischen Raum bzw. aus Troia zurückzuführen ist. Die Befestigungsmauer erreichte nach Schätzungen zusammen mit der Brustwehr eine Höhe von ca. 4,25 m.[1011] Der Wehrgang der Anlage war vermutlich durch eine Treppenanlage am südlichen Ende der Stein- und Lehmziegelmauer zu erreichen oder war über eine hölzerne Konstruktion zugänglich.[1012]

Im nördlichsten Bereich der Befestigung, die eine westliche Richtung nimmt, befindet sich eine Pforte, die als Ausfallpforte bezeichnet wird. Ihr Eingang ist 1,50 m

[1007] Ebd. Plan 11.
[1008] Ebd. 75f.
[1009] Ebd. Taf. 65, 1.2.
[1010] Ebd. Abb. 60.
[1011] Ebd. 76ff.
[1012] Ebd.

breit. Der Zugang wurde mit einer Tür verschlossen, die mehr als 2 m von der äußeren Mauerseite der Befestigung zurückversetzt angelegt wurde. Die Tür wurde wahrscheinlich mit Riegeln verschlossen. Leider konnten keine Löcher dafür nachgewiesen werden, weil die Überreste der Pforte nicht hoch genug erhalten sind. Das Ganze war möglicherweise überdacht. Damit hätten die Verteidiger die Möglichkeit gehabt, sich frei auf dem Wehrgang zu bewegen.[1013] Mit der Biegung der Befestigungsmauer nach Westen wird der nördliche Gang der Befestigung umschlossen. An dieser Stelle befindet sich der fälschlicherweise „Turmstube" genannte Raum. Eigentlich handelt es sich um einen Raum, von dem aus man auf den Wehrgang der Befestigung gelangen konnte.[1014] Südlich davon an der Stelle des nördlichen Durchlasses der älteren Vormauer wurde das nördliche Tor der neuen Befestigungsanlage errichtet. Die Hauptmauer besteht aus verschiedenen Steinmauern, die mit Lehmmörtel verbunden sind. Die schon oben erwähnte Lehmziegelmauer reicht nicht bis in den Torbereich. Die Hauptbefestigungsmauer scheint in einem turmartigen Vorsprung zu enden, der den Zugang von seiner nördlichen Seite her flankierte. Die Baukonstruktion hat eine gebogene Linie. Vor dem Vorsprung liegen die Reste der Bastion, die eigentlich den Zugang des Tores flankieren sollte, was aber nicht der Fall ist. Die Öffnung des Tores liegt einige Meter südlich von der Bastion. Die Ausgräber benannten die Baukonstruktion als turmartiges Mauerwerk mit Viertelbogen.[1015] Die Bastion besteht in ihrem unteren Bereich aus 0,90 x 0,70 m großen Kalksteinen und Porosblöcken. Im mittleren Bereich wurden Kalksteine von mittlerer Größe verwendet. Ihre Mauerseiten fallen schräg ab, wie auch die darauf folgende gebogene Mauer, die nach Norden verläuft. Offen bleibt, ob die Bastion bis oben massiv gebaut wurde. Walter und Felten vermuten eher, dass sie einen Innenraum hatte, wofür die Beweise bislang allerdings fehlen.[1016]

Der Zugang des nördlichen Tores, der zum Nordhof führte, konnte wegen der darüber liegenden Fundamentierung des späteren Tempels nicht untersucht werden. Der Nordhof liegt vor der älteren nördlichen befestigten Toranlage VIII. Durch einen Durchlass konnte man in den nördlichen Gang und dann in den nördlichsten Bereich der Befestigung gelangen.[1017]

Da der mittlere Bereich der Befestigungsanlage durch das Fundament des Tempels überdeckt ist, konnte er nicht erforscht werden. In seinem südlichen Bereich wurden architektonische Elemente gefunden, die auf die Konstruktionsweise der nördlichen Befestigungsmauer hinweisen, nämlich die breite innere Mauer mit Lehmziegeln und Steinen, die senkrechte steinerne Mauer und die schräg abfallende Steinmauer.

Im Vergleich zum nördlichen Tor ist das südliche besser erhalten. Die Eingangsöffnung ist 1,20 m breit. An den Mauern seitlich des Zugangs wurden Reste von Mauern gefunden, die die Öffnung verengten. Das Tor führte zum sog. Südhof, der direkt mit der südlichen befestigten Toranlage VIII verbunden war. An der nördlichen Seite des Hofes fand man einen 1,20 m breiten Durchlass, der zum mittleren Gang der Befestigungsanlage führte. Neben dem Eingang des inneren Tores, das in die Siedlung hineinführte, und gegenüber dem nördlichen Zugang, der zum mittleren Gang führte, fand man die Reste eines Gebäudes, welches aus zwei Räumen besteht. Innerhalb des Hauses wurde Keramik und ein Steinpodium entdeckt, dessen Funktion unbekannt ist.[1018]

Über den südlichen Bereich des Hofes und die südliche Befestigungsmauer ist nichts bekannt. Aufgrund späterer Zerstörungen konnten keine fortifikatorischen Überreste entdeckt werden. Die Ausgräber nehmen an, dass die Verteidigungsmauer hier ähnlich gebaut war wie im nördlichen Bereich.

Mit der Errichtung der neuen Befestigungsanlage wurden Bauteile der älteren Anlage, wie z. B. die vorspringenden turmartigen Bastionen, aufgegeben und wahrscheinlich abgetragen. Von der Befestigungsmauer verschwanden der Wehrgang und die Brustwehr, und ihre Höhe wurde halbiert. Änderungen wurden in den Torgassen und an ihren äußeren Zugängen festgestellt. Man erhöhte das Niveau der Torgassen um ca. 1 m. Die südliche Toranlage VIII blieb fast unverändert während Ägina IX.[1019] Der südliche Bereich der ehemaligen gebogenen Mauer wurde verlängert. Durch einen weiteren Mauerzug an ihrer östlichen Mauerseite wurde das Tor zwischen Südhof und mittlerem Gang gebildet. Die äußere Öffnung des ehemaligen Zugangs existierte weiter, während die innere abgeschafft wurde. Mehr Veränderungen stellte man im Bereich der nördlichen befestigten Anlage von Ägina VIII fest, die während der Phase IX eine andere Form bekam.[1020] Die beiden Torzugänge (das äußere und das innere Tor von Ägina VIII) wurden aufgegeben. Dasselbe gilt für die Torgasse. Walter und Felten beschreiben die baulichen Veränderungen an Nordtor VIII folgendermaßen: *„Der neue Toreingang hat die Form einer Zange, die älteres Mauerwerk ummantelt. Zum Bauen brauchte man keine neuen Steine herbeischaffen, die abgebaute Kopfmauer von VIII, auf welcher der neue*

[1013] Ebd.
[1014] Ebd.
[1015] Ebd.
[1016] Ebd.
[1017] Ebd. 80ff.
[1018] Ebd.
[1019] Ebd. 72f.
[1020] Ebd. 75f.

rechte Torkopf aufliegt, brachte große rötliche Kalkbruchsteine und vulkanische, sogar einige kyklopische Steine zum Bau des neuen Tores. Während die rechte Torwange mit einem kleinen Rücksprung in die alte Kurvenmauer einmündet, musste die linke Torwand von Grund auf neu gebaut werden. Sie ummantelte zunächst Turm 3 und anderes älteres Mauerwerk; ihre Fortsetzung nach Süden lässt sich nicht mehr aufdecken, wahrscheinlich stieß sie an die Außenseite der Südtormauern. Die Zwischenräume zwischen älteren und neuen Mauern hat man mit Steinen aufgefüllt“.[1021]
Anhand dieser Veränderungen verlor die ältere Befestigung ihren fortifikatorischen Charakter. Durch die Auffüllung der Mauer und durch das Verringern ihrer Höhe wurde sie möglicherweise nun für andere Zwecke benutzt, wie die Errichtung von Wohnbauten. Wie der Wohnbereich von Ägina IX und wie die Häuser, die auf und an der Befestigung von Ägina VIII errichtet wurden, aussahen, bleibt noch offen. Durch die Entdeckung von Mauerzügen ist sicher, dass vor der neuen Befestigung eine Außensiedlung von Ägina IX lag. Über sie ist nichts weiter bekannt.
Interessant ist der Fund eines Schachtgrabes in der Nähe des Südtores. Die Konstruktion selbst ist mittelhelladisch. Im Grab befanden sich aber die Überreste eines Mannes mit Waffen, die in die Spätbronzezeit datiert wurden.[1022]
Anhand der Keramik konnte die Verteidigungsanlage an das Ende der mittelhelladischen und den Beginn der Spätbronzezeit datiert werden. Die Gefäßtypen und die Dekoration der Gefäße bleiben die gleichen wie in Ägina VIII. Nur die Formen der Gefäße und die Setzung der Muster ändern sich. Diese Änderungen weisen auf den Beginn einer anderen Epoche hin, die mykenische.[1023]

4.5. Agia Irini (Kea)

4.5.1. Lage der Siedlung und Forschungsgeschichte

Kea ist eine der großen kykladischen Inseln. Sie liegt nordwestlich der kykladischen Inselgruppe, ca. 20 km östlich von Kap Sounion auf der Halbinsel Attika und von der Insel Makronisos sowie ca. 60 km südöstlich von Athen. Nördlich der Insel liegt die Insel Euboia und südöstlich die kykladische Insel Kythnos. Kea ist 18 km lang und 9 km breit und hat eine Fläche von ca. 128 km^2. Sie erreicht eine Höhe von bis zu 570 m über dem Meeresspiegel. Es handelt sich um eine bergige, wasserreiche Insel mit vielen kleinen fruchtbaren Ebenen, die für die wirtschaftliche Entwicklung der Insel in der Bronzezeit und auch später in der Antike eine große Rolle spielten. Die Ausnutzung der Eichenwälder im Norden und im zentralen Kea und das Vorkommen von Eisen und Blei auf der Insel waren in der Antike eine bedeutende Einnahmequelle für die Bewohner. Keas Küstenlinie ist mit vielen kleinen Buchten versehen, die für den Handel im ägäischen Bereich von enormer Wichtigkeit waren. Der bekannteste Hafen liegt an der nordwestlichen Seite der Insel. Es handelt sich um eine von Natur aus geschützte Lage gegenüber von Attika.[1024]
Nach der Überlieferung wurde die Insel nach dem Helden Keo aus Naupaktos benannt, der zusammen mit den Lokroi die Insel eroberte. Kea soll von verschiedenen Völkern bewohnt worden sein, dazu gehören Karer, Leleger, Phönizier und Pelasger. In der historischen Epoche haben die Ionier die Insel besiedelt.[1025] Kea wurde schon während der späten neolithischen Zeit besiedelt.[1026]
In der Bronzezeit wird die Siedlung von A. Irini gegründet und entwickelt sich zu einem der bekanntesten Siedlungsplätze in der Ägäis. Aus der Zeit zwischen dem Untergang der mykenischen Palastzentren und der geometrischen Zeit ist sehr wenig bekannt. Der archäologische Befund ist sehr spärlich und nicht ausreichend für eine Interpretation. Viel besser sind durch die archäologischen Zeugnisse die geometrische, archaische, klassische, hellenistische und römische Zeit auf der Insel vertreten. Die bronzezeitliche Siedlung von A. Irini, die ihren Namen von der dortigen Kirche bekam, liegt auf einer kleinen Halbinsel im Nordosten der Bucht von A. Nikolaos an der nordwestlichen Seite der Insel. Die Halbinsel ist ca. 110 m lang und an ihrer breitesten Stelle genau so breit. Am Anfang der byzantinischen Zeit wurden Teile der Halbinsel vom Meer überflutet. Bei den Untersuchungen zeigte sich, dass Teile der bronzezeitlichen Siedlung unter Wasser liegen. Laut J. L. Caskey soll die Befestigungsanlage in der Bronzezeit die gesamte Halbinsel umgeben haben. Er bezieht sich dabei auf architektonische Elemente des westlichen (x) und des östlichen Turmes (y), die unter Wasser liegen.[1027]

[1021] Ebd. Plan 11. Taf. 48, 1; 61, 2.

[1022] Es handelt sich um einen Schwert mit einem Griff aus Elfenbein, eine Lanze, Dölcher, ein Goldband und die Reste eines mykenischen Helmes, dessen Eberzähne erhalten sind. Die Funde wurden um 1650 v. Chr. datiert.

[1023] Über die Keramik siehe H. Walter (1983), 124ff. Ders., (1993), 28ff.

[1024] W. Ekschmitt (1986), 169ff.

[1025] N. Zapheiropulu, *Κέα. Ιστορία και αρχαιότητες* (2002). Die Insel wird folgenderweise genannt: *Υδρούσα, Κέως, Κέος, Κίος, Κέα, Τζιά*.

[1026] W. Ekschmitt (1986), 172f. An der nordwestlichen Seite der Insel auf größerer Höhe befinden sich die bekannten Steinzeitsiedlungen von Troullos, Kephala und Paoura.

[1027] J. L. Caskey, Investigations in Keos, Hesperia 40, 1971, 359-396.

Obwohl der deutsche G. Welter die prähistorische Siedlung entdeckte, wurde A. Irini von 1960 bis 1971 von der American School of Athens und der Universität von Cincinnati unter der Leitung von Caskey ausgegraben.[1028] Nach Caskeys Tod wurden die Ergebnisse der Ausgrabungen unter dem Titel *Keos* zwischen 1977 und 1999 von seinen Mitarbeitern in Kooperation mit der Universität von Cincinnati und der American School of Classical Studies at Athens veröffentlicht.[1029]

In A. Irini wurden wenige Scherben aus spätneolithischer Zeit gefunden, die auf eine Übergangszeit zur chalkolithischen Zeit hinweisen, die jünger als die Kephala – Stufe ist.[1030] Architektonische Überreste wurden nicht gefunden. Durch die späteren Siedlungsaktivitäten sind Bauelemente der neolithischen Besiedlung des Ortes für immer verloren. Nach der spätneolitischen Zeit und der Übergangszeit in das Chalkolithikum besteht eine Lücke in der Besiedlungskontinuität auf der Halbinsel.

Mehr ist über die frühkykladische Besiedlung von A. Irini während FK II und FK IIIA bekannt. Die Siedlung soll ca. 2800/2700 – 2300 v. Chr. (FK II) bestanden haben. Während der Ausgrabungen wurden Überreste von Räumen und eine große Anzahl von Keramik und kykladischen Idolen entdeckt.[1031]

Bei den frühbronzezeitlichen Bauten handelt es sich um einige Räume im westlichen Bereich der Halbinsel, die unter und hinter der frühen mittelbronzezeitlichen Befestigungsmauer gefunden wurden, und um Mauerzüge, die nordöstlich der hufeisenförmigen Bastion entdeckt wurden. Die Räume hinter der Befestigungsmauer werden als Haus E bezeichnet. Anhand der Keramik und der verschiedenen Bauphasen von Haus E konnten die unterschiedlichen frühbronzezeitlichen Besiedlungsphasen in A. Irini nachgewiesen werden.[1032] Caskey erkannte, dass die Häuser eine andere Orientierung haben als die Gebäude der späteren Siedlungsphasen. Unterschiede konnten auch in der Bauart der Gebäude festgestellt werden. Die Wände der frühbronzezeitlichen Häuser auf A. Irini bestehen aus kleineren Schiefersteinen und sind mit größerer Sorgfalt errichtet worden. Sie sind senkrechter als die Gebäude in der Mittelbronzezeit und vermitteln den Eindruck von glatten Wänden, weil die Steine so aufeinander gesetzt wurden, dass keine Unregelmäßigkeiten, wie z. B. hervorragende Steine, entstehen.

Im westlichen Bereich wurden Reste eines Wasserleitungskanals gefunden, der zu einer Quelle

---

[1028] Berichte von J. L. Caskey und seiner Mitarbeiter über die Ausgrabungen und die Funde auf der Halbinsel wurden in der Zeitschrift *Hesperia* veröffentlicht. Hesperia 31, 1962, 263–283; Hesperia 33, 1964, 314–335; Hesperia 35, 1966, 363–376; Hesperia 40, 1971, 113–126 und 359–396; Hesperia 41, 1972, 357–401; Hesperia 42, 1973, 284–300; Hesperia 43, 1974, 77–79.

[1029] Keos I – IX. Bezüglich der Befestigungsmauern in Ayia Irini ist die Arbeit von J. L. Davis wichtig, J. L. Davis, Fortifications at Ayia Irini, Keos: evidence for history and relative chronology (1977); ders., Ayia Irini: Period V, Keos (1986).

[1030] J. E. Coleman, Kephala. A Late Neolithic Settlement and Cemetery, Keos I (1977).

[1031] J. L. Caskey (1971), 368ff. Fig. 7. Taf. 65 bis 67. J. L. Caskey (1972), 357ff. Taf. 76–98. Das Thema der frühbronzezeitlichen Keramik in Ayia Irini hat J. Maran (1998), 139ff. ausführlich behandelt. Seiner Ansicht nach entspricht die Keramik von A. Irini II und III die FK II und FK IIIA Zeit. Für die FK II Keramik handelt es sich um eine rote bis braune lokale Keramik, die als mittelfein bis grob bezeichnet wird. Musterbemalung auf dieser Keramik ist selten. Die feine dunkel auf hell musterbemalte Keramik gilt als Import der Keros – Syros Kultur. Importiert ist auch die frühhelladische II Keramik aus der Peloponnes und dem östlichen Mittelgriechenland, die als „*Yellow Mottled Ware*“ bekannt ist. Bei den Untersuchungen der lokalen Keramik wurde festgestellt, dass sie stark von dem Festland beeinflusst wird. In der nächsten Periode (A. Irini III) ändert sich radikal das Bild der Keramik. Man fand viele Gefäßformen ostägäischer Herkunft, mit rot oder schwarz überzogener, geglätteter bis polierter Oberfläche. Teilweise konnte die Anwendung der Töpferscheibe erkannt werden. Obwohl das Vorkommen der ostägäischer Keramik gewaltig ist, wird die frühere Urfirnis und „*Yellow Mottled Ware*“ in kleineren Menge weiter hergestellt. Die so genannte „*Talc Ware*“, eine rote – violett Gattung mit glatter, wie vom Talk überzogener Oberfläche, wird während beiden Perioden produziert. Es konnte noch festgestellt werden, dass die Blütezeit dieser Keramik während der Periode A. Irini III ist. Einen Unterschied zwischen beiden Perioden wurde an der musterbemalten Keramik in Stufe III festgestellt, in der sie nur sporadisch vorkommt. Im Allgemeinen spricht Maran über eine langsame Einführung der ostägäischen und kleinasiatischen Gefäßformen, nämlich in drei Phasen. Anhand des keramischen Befundes bleibt die Datierung der Übergangszeit von der Frühbronzezeit zur Mittelbronzezeit problematisch. Unbeantwortet beleibt auch die Frage, ob zwischen A. Irini III und IV (entwickelte Mittelbronzezeit) eine Unterbrechung der Siedlungskontinuität vorkommt. Der Fund eines nicht stratigraphisch erfassten ostägäischen zweihenkligen Kruges unter Raum XII, der während der Troia IV - Zeit und der FH III in Mittelgriechenland zu datieren ist, konnte nicht weiter helfen.

[1032] D. E. Wilson – M. Eliot, Ayia Irini, Period III. The Last Phase of Occupation at the EBA. Settlement, in: MacGillivray - R. L. N. Barber (Hrsg.). The Prehistoric Cyclades (1984), 78–87. Fig. 4.

außerhalb der Befestigungsmauern führte. Weitere Überreste der Frühbronzezeit wurden auf der Halbinsel nicht gefunden. Wahrscheinlich wurden durch die spätere Bauaktivität die Reste der frühbronzezeitlichen Besiedlung zerstört.
Der Übergang zur mittelhelladischen Zeit scheint ohne Unterbrechung verlaufen zu sein. Über dem Fußboden des Hauses D, dessen Reste im westlichen Bereich der Halbinsel liegen, wurde eine harte rote Erdschicht entdeckt, deren Spuren auf der ganzen Halbinsel gefunden wurden. Nach dieser Schicht folgten die Funde der mittelbronzezeitlichen Siedlung von A. Irini IV. Dies bedeutet laut Maran, dass keine Indizien gefunden wurden, die auf eine Zerstörung der Siedlung A. Irini III hinweisen.[1033] Es scheint, dass auf A. Irini III direkt A. Irini IV folgte, wobei aber unbekannt ist, wie groß der Zeitraum war, der zwischen den beiden Siedlungen lag.
Nach ca. 2000 – 1900 v. Chr. wurde die mittelbronzezeitliche Siedlung A. Irini IV gegründet. Während dieser Periode wird die Siedlung von einer Befestigungsmauer umfasst. Teile der Befestigung wurden im westlichen Bereich der Halbinsel gefunden. Gebäude aus dieser Zeit wurden dagegen nicht entdeckt. Es wird aber angenommen, dass während dieser Zeit der Tempel in seiner frühesten Form gebaut wurde.
Insgesamt konnten nur einige wenige Mauerzüge untersucht werden. Gegen Ende dieser Periode wird die Siedlung erweitert.
Außerdem fanden die Ausgräber drei kleine Gräberfelder dieser Phase östlich und westlich der Siedlung. Bekannt ist das Grab 31 aus der mittelbronzezeitlichen Nekropole, in dem reiche Beigaben von Keramik und Schmuck gefunden wurden.[1034] Ebenso reich scheint Grab 40 im östlichen Bereich der Befestigungsanlage gewesen zu sein. Es handelt sich um ein Kammergrab, das mit einem Tumulus bedeckt wurde. Das Ganze wurde von einer niedrigen Umfassungsmauer umgeben. Wegen der Lage wird vermutet, dass im Grab eine wichtige Persönlichkeit beigesetzt wurde.[1035]
In der folgenden Periode etwa am Ende der Mittelbronzezeit und am Beginn der Spätbronzezeit, 1700 bis 1600 v. Chr., wird A. Irini V gegründet. Während dieser Phase werden die großen Befestigungsmauern mit den rechteckigen Türmen errichtet. Auch aus dieser Phase sind nur wenige architektonische Reste erhalten, weil sie durch die Siedlung der Spätbronzezeit überbaut und zerstört wurden. Durch ein Erdbeben am Ende der Mittelbronzezeit wurden Teilbereiche der Siedlung zerstört. Mit dem Beginn der Spätbronzezeit werden beschädigte Bereiche der Befestigungsanlage wiederhergestellt und verstärkt.
Mit den Funden der Mittelbronzezeit und besonders mit der Keramik hat sich schon Caskey ausführlich beschäftigt.[1036]
Während SK I und II, in der Zeit von 1600 bis 1450 v. Chr., wird die Siedlung neu organisiert. Ein neuer Bauplan mit neuen Gebäuden, gepflasterten Straßen und Abflusskanälen findet Anwendung.[1037] Es ist die Phase, in der A. Irini die höchste Blütezeit erlebt.
Durch ein starkes Erdbeben wird die Siedlung 1450 v. Chr. zerstört.[1038] Am Ende von SK II werden dann einige Gebäude renoviert. In dieser Zeit wird eine Zunahme der Importkeramik vom griechischen Festland festgestellt. Im Gegensatz dazu wird weniger Keramik aus Kreta importiert. Am Ende der Spätbronzezeit, etwa um 1100 v. Chr., wird die Siedlung aus ungeklärten Gründen verlassen. Es scheint aber, dass der Tempel weiter Verwendung fand.

4.5.2. Die Siedlung

Innerhalb der mittelbronzezeitlichen Befestigungsanlage gibt es nur wenige architektonische Reste der früh- und mittelbronzezeitlichen Besiedlung des Ortes. Es handelt sich dabei um einige Räume und Mauerzüge unter und hinter der früheren Befestigungsmauer, die im westlichen und nördlichen Bereich der Halbinsel gefunden wurden.[1039]
Die meisten Überreste der Siedlung, die von der Befestigungsanlage umgeben werden, wurden nördlich der Kirche von A. Irini gefunden. Im südlichen Bereich

[1033] J. Maran (1998), 141f.
[1034] J. L. Caskey (1972), 385ff.
[1035] Ebd.
[1036] Ebd. 357ff. Taf. 76–98. In der früheren Phase der Mittelbronzezeit kommen die sog. grauminysche und die mattbemalte kykladische Keramik vor. Nebenbei wurde auch Keramik aus der Übergangszeit von der Frühbronzezeit zu Mittelbronzezeit gefunden. Meistens handelt es sich um FH II Keramik. An dieser Stelle muss erwähnt werden, dass in A. Irini keine FH III – Keramik gefunden wurden. Caskey fand noch MM IIB- bis MM IIIA Keramik. Nach der Verstärkung der Befestigungsanlage konnte eine Senkung der MM IIB und eine Zunahme der MM III - Keramik festgestellt werden. In dieser Zeit tritt die festländische Keramik nicht so häufig auf. Bezüglich der Keramik erwähnt Caskey noch, dass Weißmalerei auf dunklem Hintergrund und Firnismalerei auf hellem Hintergrund nebeneinander stehen.
[1037] Aus dieser Zeit stammen die architektonischen Reste, die der heutige Betrachter auf der Halbinsel von A. Irini vor Augen hat.
[1038] Es ist die SK II Zeit, die gleich mit SM IB und SH II ist.
[1039] J. L. Davis (1977) Fig. 3, 8 und 11. Beide Häuser wurden entlang der Befestigungsmauer errichtet.

der Halbinsel wurden vor allem Mauerzüge von Gebäuden ausgegraben, von denen aber kein einziges rekonstruiert werden konnte.
Während SK I und II wurden die Gebäude errichtet, deren Reste noch heute sichtbar sind. Es handelt sich um spätmykenische Bauten in einem dichten Bebauungsschema. Die Raumorganisation war gut geplant. Die Gebäudekomplexe werden durch Straßen und kleinere Gassen unterteilt, und die Siedlung wurde durch ein entwickeltes System von Abwasserkanälen geteilt, das schon in der Frühbronzezeit und Mittelbronzezeit vorhanden war. An dieser Stelle können nicht alle Räume oder Gebäude der Spätbronzezeit beschrieben werden. Es folgt nur eine kurze Zusammenfassung von den Gebäuden, die eine wichtige Rolle innerhalb der Siedlung gespielt haben könnten. Zutritt zur Siedlung hatte man von der östlichen Seite, wo Reste des Haupttores gefunden wurden.[1040]
Durch einen Korridor und eine kleinere Toranlage gelangte man in einen kleinen Hof. Gegenüber des kleines Tores wurde eine Treppenanlage gefunden, die in das Haus A hineinführte. An der östlichen Seite des Hofes liegen die Reste des Tempels von A. Irini.
Allgemein waren die Gebäude in A. Irini nach den vielen erhaltenen Treppen wahrscheinlich zweistöckig. Außerdem hatten die Häuser viele Speichereinrichtungen und Kellerräume. Die Bauten bildeten große Komplexe und wurden ganz aus Stein errichtet. Die Größe des Baumaterials variiert dabei. Im Vergleich zur Frühbronzezeit werden die Mauern weniger sorgfältig errichtet. Sie sind meistens grob und erwecken den Eindruck, dass sie in Eile errichtet wurden. Trotzdem sind sie sehr stabil. Auffallend ist die Form der Häuser. Sie bestehen aus vielen Räumen, die auf einer Achse hintereinander gebaut wurden. Dies bedeutet, dass die Räume nicht im Viereck angeordnet wurden.[1041] Das beste Beispiel eines solchen Hauses ist Gebäude F. Es hat eine Länge von 21 m und eine Breite von 6 m. Das Gebäude besteht aus sechs Räumen. Zimmer I ist separat und beinhaltet eine Treppenanlage. Die Räume II bis VI sind dagegen miteinander verbunden. Caskey bezeichnete die ersten fünf Räume von Norden als Kellerräume. Der Boden des sechsten Raumes liegt 1,80 m höher als in den anderen Zimmern. Dies hängt mit der Morphologie des Felsens zusammen, auf dem Haus F errichtet wurde. Der Fels steigt nämlich Richtung Südosten an. In Raum VI wurden Treppenstufen entdeckt. Die Stufen im südlichen Bereich des Raumes führten wahrscheinlich zum oberen Stockwerk. Durch eine zweite absteigende Treppenanlage konnte man in Raum V gelangen. In den Räumen wurde Keramik aus SM IB / SH II und SH IIIA1 gefunden.

[1040] Über die Toranlage wird weiter berichtet.
[1041] W. Ekschmitt (1986), 176f.

Obwohl die Mauern des Gebäudes teilweise hoch erhalten sind, konnte Haus F nicht rekonstruiert werden. Dasselbe gilt für den Zugang des Gebäudes. Ob er an der Seite der Straße, die Haus F von A trennt, liegt, konnte nicht festgestellt werden. Es wird angenommen, dass Haus F Teil eines größeren Gebäudekomplexes ist. Ob die angeschlossenen Räume an seiner nördlichen, westlichen und südöstlichen Seite einen Hinweis dafür geben, ist nicht sicher. Am Ende wurde das Gebäude durch ein Erdbeben zerstört.[1042] Südlich und südöstlich des Hauses F liegen die Reste des Gebäudekomplexes, der in der Literatur als Haus A bekannt ist.[1043]
Das Ganze wird von Straßen umgeben, wodurch Haus A von allen anderen Gebäuden getrennt wird.[1044] Es handelt sich um ein vieleckiges Gebäude, das als Sitz der „Elite“ der Siedlung gilt. Haus A bestand aus einem Untergeschoss und einem Erdgeschoss.[1045] Es kann aber nicht ausgeschlossen werden, dass das größte Gebäude der Siedlung mindestens ein Obergeschoss hatte. Man konnte 39 Räume nachweisen, die in einer längeren Entwicklung während der Spätbronzezeit errichtet wurden. W. Willson - Cummer und E. Schofield teilten den Bauprozess des Hauses in verschiedene Perioden ein.[1046] Am Anfang bestand das Haus aus einigen mittelbronzezeitlichen Räumen. Ob dieses Gebäude frei stand, ist schwer zu beurteilen.[1047] Sicher ist, dass in den verschiedenen Bauphasen des Gebäudes neue Räume errichtet wurden und in das Hauptgebäude miteinbezogen wurden. Ein Grund für die dauernden Bauaktivitäten im Haus waren Naturkatastrophen, wie z. B. Erdbeben. Auf eine Zerstörung folgte immer die Wiedererrichtung.
Haus A wurde vollständig aus örtlichen Baumaterialien errichtet.[1048] Die Bauweise des Hauses entspricht einer längeren Bautradition. Wie in der Frühbronzezeit wird für den Bau grauer oder grüner Schiefer verwendet. Für die

[1042] J. L. Caskey (1971), 386ff.
[1043] W. Willson-Cummer - E. Schofield, Ayia Irini: House A, Keos III (1984).
[1044] An der nordöstlichen Seite des Hauses befinden sich der Tempel und der kleine Hof, der zum Haupttor der Siedlung führt. Nördlich liegen die Räume eines kleinen Gebäudes, das als *house* AB bezeichnet wird und die sog. *Plateia* (Platz), die nicht ausgegraben wurde. An der nordwestlichen Seite des Hauses A liegt das lang gestreckte Gebäude F und eine Vielzahl von anderen Räumen. Südlich liegt die Kirche von A. Irini. An der östlichen Seite liegt Haus B.
[1045] W. Willson-Cummer - E. Schofield (1984) Taf. 24 und 25 (Rekonstruktionspläne des Unter- und Erdgeschosses).
[1046] Ebd. 30f. Es handelt sich um die Perioden V bis VIII. Periode VII wurde in einer früh, mittleren und späteren Unterphase geteilt.
[1047] Ebd.
[1048] Ebd. 40f.

SK wird außerdem blaugrauer Kalkstein verwendet, der Marmor ähnelt.
Die Fundamente und Mauern der Zimmer sind grob errichtet und besitzen eine gewisse Stärke, die Räume waren aber nicht größer als in der Frühbronzezeit. Die Verwendung von größeren Steinen zeigt möglicherweise festländische Einflüsse. Für die Errichtung der Fundamente wurden minoische Bautechniken verwendet. Minoischer Einfluss konnte außer bei der Keramik in bestimmten Räumen des Hauses, wie z. B. in Lichthöfen, Toiletten und Bädern, erkannt werden.
Das Baumaterial wurde nicht bearbeitet, sondern einfach eingesetzt. Es scheint, dass die Mauern des Hauses ohne Verbindungsmaterial in Trockenbauweise gebaut wurden und nicht mit Putz versehen waren, außer in den Räumen mit Fresken. Während den Ausgrabungen konnten Anhäufungen von Lehm festgestellt werden. Es wird angenommen, dass Lehmziegel für den Bau kleinerer Trennmauern im Haus und für die Errichtung von Bänken verwendet wurden.[1049] Obwohl die Verwendung von Lehmziegeln für den Oberbau der Mauern nicht ausgeschlossen wird, nehmen Willson - Cummer und Schofield an, dass der Oberbau ganz aus Stein bestand.[1050] Schieferplatten wurden für die Errichtung der Treppen und für Schwellensteine verwendet. Dasselbe Material wurde auch für die Bodenpflasterung der Zimmer eingesetzt.[1051] Viele der Räume scheinen keine hölzernen Türen gehabt zu haben, da auf den Schwellensteinen keine Drehpfostenlöcher gefunden wurden. Möglicherweise waren sie nur mit hölzernen Rahmen verkleidet.[1052]
Die Raumteilung scheint kompliziert zu sein. Es konnte aber festgestellt werden, dass in der letzten Bauphase des Gebäudes dasselbe Bebauungsschema wie in Haus F, B und C angewandt wurde. Cummer und Schonfield sprechen über eine Kombination von fünf geradlinigen, langgestreckten Baueinheiten. Jede Einheit besteht aus vielen Räumen, die in einer Achse hintereinander gebaut werden.[1053]
Problematisch bleiben die Zuordnung und die Funktion der Räume, weil alle Räume des Hauses auf einer Ebene zu sein scheinen. Es konnte aber festgestellt werden, dass die Räume in ein Kellergeschoss und ein Erdgeschoss aufgeteilt waren.[1054]
Im Untergeschoss konnten einige Räume erkannt werden, die möglicherweise als Speicherräume benutzt wurden, sowie zwei Räume mit Feuerstellen, die in der Literatur als Küchen bekannt sind. Über die Funktion der anderen Räume ist nichts bekannt.[1055]
Dasselbe Problem trifft man auch im Erdgeschoss des Hauses an. Dort fanden sich aber mehr Hinweise auf die Funktion und die Zuordnung der Zimmer. Man konnte über eine Treppenanlage im Innenbereich des Erdgeschosses in einen Hof mit Bänken und einer Herdstelle im Zentrum gelangen.[1056] Der Hof ist durch zwei Zugänge an eine Halle mit zwei Säulen angeschlossen. Von den dahinterliegenden Räumen im sog. östlichen Bereich des Hauses konnten ein kleiner Innenhof, ein kleiner Raum mit Säule, ein Lichthof und eine Toilette identifiziert werden. An der südöstlichen Seite des Gebäudes wurde ein Badzimmer entdeckt, das möglicherweise vom oberen Stock zu betreten war. Eine Vertiefung im Boden ließ das Wasser in den Abwasserkanal laufen.
An der westlichen Seite des Gebäudes könnte ein Heiligtum existiert haben.[1057] Über die Funktion der anderen Räume können nur Vermutungen geäußert werden.
Wie genau das Obergeschoss des Hauses aussah, konnte nicht festgestellt werden. Es wird angenommen, dass sich im oberen Stockwerk hauptsächlich die Wohnräume des Hauses befanden.[1058]
Zusammenfassend handelt es sich bei Haus A um das wichtigste Gebäude von A. Irini. Seine Größe und Position innerhalb der Befestigungsmauern sowie seine direkte Verbindung mit der Toranlage der Siedlung weisen auf ein administratives Zentrum hin. In diesem Haus residierte vielleicht die „führende Persönlichkeit" der spätkykladischen Siedlung. Haus A besteht aus einer großen Anzahl von Räumen, die im Untergeschoss und Erdgeschoss verteilt waren. Speicherräume, möglicherweise Räume für die Textilbearbeitung und Räume für die Essensvorbereitung kommen in beiden Ebenen vor. Im Erdgeschoss befanden sich die Empfangsräume, die mit Fresken versehen waren, sowie Speicherräume zur Aufbewahrung von wertvollen Objekten und Räume, in denen Kulthandlungen

[1049] Ebd.
[1050] Ebd.
[1051] Ebd.
[1052] Ebd.
[1053] Ebd.
[1054] Ebd.
[1055] Ebd. 11ff. Es handelt sich um die Räume 25, 26, 27 und 30.
[1056] Im Grundriss des Hauses wird der kleine Treppenansatz mit (35) markiert.
[1057] Es handelt sich um Raum 7. Auf eine Plattform könnten Kultidole stehen, die jedoch leider nicht gefunden wurden. Im Gegenteil fand man Teile von Speichergefäßen, Webgewichte, Spinnwirtel und Mörserkeulen. Der Fund zwei Marmoridole konnte keinen Hinweis auf die Funktion des Raumes 7 liefern. Webutensilien wurden auch in den Kellerräumen und überall in der Siedlung gefunden.
[1058] W. Willson - Cummer - E. Schofield (1984) Taf. 26. (Rekonstruktion des Obergeschosses).

stattfinden konnten. Es wurden auch Funde entdeckt, die auf Metall- und Steinbearbeitung hinweisen. Toiletten, Lustralbäder, Lichthöfe und die Bauweise erinnern an minoische Paläste und Villen. Am Ende der Bronzezeit wurde das Gebäude durch ein Erdbeben zerstört und nicht wieder aufgebaut.[1059]

Das andere wichtige Gebäude der Siedlung war der Tempel von A. Irini, der sich nordöstlich von Haus A befindet. Es handelt sich um ein langgestrecktes Gebäude mit einer Länge von ca. 24 m und eine Breite von ca. 6 m. Sein südöstlicher Bereich, in dem der Zugang zum Gebäude vermutet wird, ist leider durch die Bodenerosion und die Einwirkung des Meeres für immer verloren. Der Tempel ist von Gassen umgeben und grenzt an den schon erwähnten kleinen Hof vor Haus A und an die kleine Toranlage. An seiner nordöstlichen Seite befinden sich die sog. Tempelstrasse und ein größeres Gebäude, dessen Räume direkt an der Befestigungsmauer errichtet wurden. Ob diese Räume dem Tempel zugeordnet werden können, ist nicht sicher. Einen Beweis dafür könnte vielleicht der Fund von fünf tönernen Füßen nordöstlich des Tempels liefern. Ob sie Reste von hölzernen Figuren waren, die im Zusammenhang mit dem Tempel für kultische Zwecke verwendet wurden, konnte allerdings bis heute nicht entschieden werden.

Der Vorgänger des spätbronzezeitlichen Tempels bestand nur aus zwei Räumen und wurde während der Errichtung der ersten Befestigungsanlage gebaut.[1060]

Im Laufe der Zeit wurde das Gebäude erweitert.

In der Spätbronzezeit besteht es aus mindestens sechs Räumen, die symmetrisch zueinander gebaut wurden. Raum 6 ist leider nicht vollständig erhalten. Die erste Zerstörung erlitt der Bau etwa 1600/1550 v. Chr. Es scheint, dass der Tempel gleich nach der Katastrophe wieder in seiner früheren Form errichtet wurde.

Während SK II, als A. Irini seine Blütezeit erlebte, entwickelte sich der Tempel zu einem wichtigen Kultzentrum. Problematisch bleibt in dieser Zeit die Funktion der Räume im Untergeschoss des Gebäudes. Es konnte nicht festgestellt werden, ob sie als Kult- oder als Speicherräume verwendet wurden. Von den Räumen des Obergeschosses wissen wir leider nichts. Aus dieser Zeit stammen die einzigartigen, großen weiblichen Statuen aus Ton, die im Tempel zusammen mit zahlreicher Keramik gefunden wurden.[1061] Bei einem Erdbeben um ca. 1450 v. Chr. wird das Gebäude vollständig zerstört. Während SH IIIA wird der Tempel wiedererrichtet.

In SH IIIC, ca. 1190 v. Chr., fanden bauliche Veränderungen im Tempel statt. In Raum 6 wird ein Altar oder möglicherweise auch eine große Herdstelle über eine ältere Opferstelle gebaut, an der Kulthandlungen mit Brandopfern praktiziert wurden. An den Mauerseiten wurden lange Bänke gefunden. Am Ende der Bronzezeit wird das Gebäude wieder zerstört. Anhand der verschiedenen Schichten und Funde konnte bestätigt werden, dass der Tempel eine längere Nutzungskontinuität hatte. In historischer Zeit wurde der Ort wahrscheinlich für den Kult des Dionysos verwendet.

4.5.3. Die Befestigungsanlage

A. Beginn der mittleren Bronzezeit

Von der älteren Befestigungsmauer, die in die frühere Phase IV der mittleren Bronzezeit, ca. 1900/1800 v. Chr. datiert wird, konnten nur spärliche Reste nachgewiesen werden (Taf. 55,1). Es handelt sich um einen kleinen Abschnitt der Befestigung, der einige Meter hinter der späteren größeren Befestigungsmauer gefunden wurde. Die Mauer ist geradlinig und wird durch eine hufeisenförmige Bastion verstärkt, die mehr als 5 m aus der Mauer hervorspringt und einen kleinen Zugang flankiert.[1062] Im Inneren der defensiven Konstruktion befand sich ein Zimmer. Reste der Mauer befinden sich im westlichen Teil der Halbinsel, und sie reichen bis an die westliche Mauer des Hauses F. Die Befestigungsmauer verlief in östlicher Richtung. Wo sie

[1059] Mehrmals wurden die Bauten der Siedlung von Erdbeben beschädigt. Am Ende der Bronzezeit war wahrscheinlich das Ende von A. Irini versiegelt. Vorboten von kleineren Erdbeben haben möglicherweise die Bewohner des Ortes gewarnt. Sie verließen A. Irini und nahmen alle wertvollen Objekte mit. Wahrscheinlich ist es der Grund, dass während der Ausgrabungen keine Prestigeobjekte, wie z. B. aus Metall oder Elfenbein gefunden wurden, sondern nur zahlreiche zurückgelassene Keramik.

[1060] M. E. Caskey, The Temple at Ayia Irini. The Statues, Keos II (1986); dies., Ayia Irini, Kea: the terracotta statues and the cult in the temple, in: R. Hägg – N. Marinatos (Hrsg.), Sanctuaries and Cults in the Aegean Bronze Age. Proceedings of the First International Symbosium at the Swedish Institute in Athens, 12-13 May, 1980 (1981), 127–135; J. L. Caskey, Excavations in Keos, Hesperia 31, 1962, 263-283; J. L. Caskey, Excavations in Keos 1964-1965, Hesperia 35, 1966, 363-376; J. L. Caskey (1971), 384ff.; Eine kürze Zusammenfassung über das Gebäude ist bei W. Ekschmitt (1986), 183ff. zu lesen.

[1061] Es handelt sich um 55 weiblichen Figuren mit langen Rocken und nackte Brüste. Sie sind mit Kränze, Blumengirlanden und Halsketten geschmückt und erinnern uns sehr an den kretischen Statuetten. Teilweise fand man Farbe und Glasur auf den tönernen Statuen. Was genau sie darstellen, bleibt bis heute offen.

[1062] J. L. Caskey (1971), 367ff. In der Literatur werden die Mauer mit (DJ) und die Bastion mit (w) bezeichnet.

genau endete, konnte nicht festgestellt werden. Obwohl diese ältere Befestigungsanlage am Beginn der Mittelbronzezeit errichtet wurde, erinnert ihre Bauweise an frühbronzezeitliche Verteidigungsanlagen. Vorbilder für die Errichtung eines solchen fortifikatorischen Systems könnten die frühbronzezeitlichen Befestigungsanlagen von Lerna auf der Peloponnes und Kastri auf Syros sein.[1063] Dieses frühere Befestigungssystem wurde zerstört. Laut Caskey war die Befestigung noch im Gebrauch, als Keramik aus MM IIB/IIIA nach Kea importiert wurde. Nach der endgültigen Zerstörung dieser Befestigung blieb A. Irini möglicherweise eine Zeitlang unbefestigt.[1064]

B. Ende der mittleren Bronzezeit

Besser sind wir über die spätere Befestigungsanlage unterrichtet, die am Ende der Mittelbronzezeit in der Phase V, ca. 1700 v. Chr., errichtet wurde. Es handelt sich um die „große Befestigung", die Davis untersucht und ausführlich beschrieben hat.[1065] Die am Besten erhaltenen Überreste der Verteidigungsmauer der Periode V wurden im westlichen Bereich und an der östlichen Seite der Halbinsel entdeckt. Die Mauer wurde direkt auf dem gewachsenen Fels errichtet, und erreicht eine Stärke von durchschnittlich 2 m (Taf. 55,2).

Ein Teil der Anlage liegt heute unter Wasser. Es handelt sich hier um Turm x. Da die Mauerzüge der Befestigungsmauer östlich des Turmes aus der Mittelbronzezeit stammen, war der Turm möglicherweise Teil der mittelbronzezeitlichen Befestigungsanlage. Seine östliche und südliche Mauerseite sind schlecht erhalten. Man konnte aber feststellen, dass der Turm mit Steinblöcken aus Schiefer und blauem Marmor errichtet wurde. Die Steinblöcke haben eine Länge von ca. 1 m, und sie sind bis 0,50 m hoch. Ob nun die Befestigungsmauer von Turm x bis Turm y die ganze Halbinsel umgab, wie Caskey vorgeschlagen hatte, konnte bis heute nicht festgestellt werden.[1066]

Die mittelbronzezeitliche Mauer nimmt von Turm x aus eine östliche Richtung. Sie biegt vor der Quelle nach Nordosten ab. Dieser Teil der Mauer ist laut Davis „anders" als der Mauerbereich nach dem Wasserkanal und der Quelle.[1067] Die äußere Fassade besteht aus größeren Schieferplatten, wie auch Turm x. Blauer Marmor wird nur in kleinerem Format verwendet, um die Zwischenräume der größeren Steinblöcke auszufüllen. Die innere Fassade besteht aus kleinen Schieferplatten und kleinen Blöcken des blauen Marmors.[1068] Nach einer Zerstörung zu einem unbekannten Zeitpunkt in der letzten Phase der Mittelbronzezeit wurde dieser Bereich der Mauer verstärkt. Die Verstärkung variiert zwischen 0,60 und 0,70 m Breite. Dies bedeutet, dass die Befestigungsmauer eine Stärke von ca. 2,50 m erreichte.[1069]

Der folgende Teil der Mauer besteht nur aus kleineren blauen Marmorblöcken und einigen Schieferplatten mit einer Länge von ca. 1,50 m. Die Marmorblöcke sind weniger als 0,70 m lang, und sie haben eine Breite und eine Höhe von ca. 0,50 m.[1070] Schiefer wird in diesem Teil der Mauer nur selten verwendet, um die Zwischenräume der Mauer zu füllen. Obwohl der Verlauf beider Teile gleich ist, sind einerseits die Verwendung und die Größe der Schieferplatten und andererseits die Benutzung nur von Marmorblöcken auffällig. Aus welchem Grund dieser Bereich der Mauer „anders" aussieht, wissen wir nicht.[1071]

Zwischen den Quadranten G6 und G7 ist die innere Fassade der Befestigungsmauer viel besser erhalten. Sie konnte hier bis in ihr Fundament untersucht werden. Die Mauer erreicht an dieser Stelle eine Höhe von ca. 2,10 m.[1072]

Nördlich des Hauses F (Quadrat G6) biegt die Mauer erneut um und nimmt bis Quadrat H4 einen Verlauf nach Norden.[1073] An dieser Stelle wurden keine Reste der Befestigungsmauer gefunden, weil der Bereich durch den Bau einer Straße zerstört wurde. Südlich dieses Abschnittes konnte die Mauer besser untersucht werden. Mit der Entdeckung von Grab 8 musste ein Teil der äußeren Mauerfassade entfernt werden. So konnte die Bauweise der Mauer viel besser untersucht werden. Es wurde festgestellt, dass der Raum zwischen der äußeren und inneren Seite der Mauer mit kleineren Steine und Erde verfüllt war.[1074]

Nach dem Straßenabschnitt trifft man erneut auf Teile der Befestigungsanlage. Es handelt sich hier um den nordwestlichen Turm nw der Anlage, der laut Davis zum nördlichen Sektor gehört. Er nimmt an, dass an der

[1063] Vgl. Frühbronzezeit.

[1064] J. L. Caskey, Investigations in Keos. Part II: A Conspectus of the Pottery, Hesperia 41, 1972, 357-401.

[1065] J. L. Davis (1986) beschreibt die Befestigung nach westlichem, nördlichem und östlichem Sektor. Außerdem beschreibt er die Räume, die direkt hinter der Befestigungsmauer liegen und die dazu gefundene Keramik. Darauf werde ich nicht eingehen, sondern nur auf die Befestigungsanlage.

[1066] J. L. Caskey (1971), 377f.

[1067] Ebd. 365ff.

[1068] J. L. Davis (1986), 9f. Quadrate D – E7.

[1069] Ebd.

[1070] In diesem Bereich ist die Mauer in einer Höhe von ca. 1,50 m erhalten.

[1071] J. L. Davis (1986) Quadrat E7, östlich des Kanals.

[1072] Ebd. 10f.

[1073] Ebd. Taf. 3.

[1074] Ebd. 12f.

südlichen Seite des Turmes ein kleines Tor existiert hat. Das Problem ist aber, dass durch den Bau der Straße der Verlauf der Befestigungsmauer für immer verloren ist. Wo das Tor des Turmes lag, konnte nicht mehr festgestellt werden. Davis schlug zwei Lösungen vor, wie dieser Teil der Befestigung ausgesehen haben könnte. Entweder lag der Zugang in den Turm innerhalb der Befestigung oder außerhalb.[1075] Mir erscheint es logischer, den Eingang des Turmes innerhalb der Befestigungsmauer zu legen, denn nach der bisherigen Bautradition von defensiven Baukonstruktionen lag der Eingang bei solchen Bauten immer innerhalb und nicht außerhalb der Befestigungsanlage.

Vom nordwestlichen Turm richtet sich die Mauer nach Osten und verläuft in einer zickzackartigen Linie. Somit konnte der Felsvorsprung, der sich nach Norden richtete, in das Siedlungsgebiet eingegliedert werden.[1076] Die in Zacken verlaufende Mauer erinnert an die Befestigungsmauer der Oberburg in Tiryns.

Zwischen Quadrat L2 und L3 verläuft die Mauer im östlichen Sektor der mittelbronzezeitlichen Befestigung nach Süden. Hinter der Unterbrechung durch die Straße wurden Teile der Befestigung in den Quadranten L4, 5 und 6 gefunden. In L5 liegen die Reste des Turmes e, einer viereckigen Baukonstruktion, in der während der Ausgrabungen wenige Funde gemacht wurden. Innerhalb des Turmes fand man kleine Mauerzüge entlang der Mauerseiten, die den Bereich in zwei Räume teilten.[1077] Die Räume waren durch eine Öffnung verbunden. Ob die Mauerzüge einen hölzernen Boden trugen oder ob sie als Speichereinrichtungen verwendet wurden, konnte nicht festgestellt werden. An der südöstlichen Ecke des Turmes wurden keine Mauerzüge gefunden. Es wird angenommen, dass dieser Bereich von oben her zu betreten war. Der Vorschlag, dass Turm e für die Haltung von Wachhunden bestimmt war, kann weder bestätigt noch ausgeschlossen werden. Die Stärke der östlichen Mauerseite des Turmes mit mehr als 3 m deutet darauf hin, dass der Errichtung eines solchen Bauwerkes eine sorgfältige Planung vorausging. Man wollte nicht nur einfache Bastionen, sondern starke Türme bauen. Caskey vermutete, dass die östliche Mauerseite des Turmes eine Treppenanlage stützte. Dies konnte aber auch nicht bestätigt werden.[1078] Dass an der viereckigen Konstruktion kein Zugang gefunden wurde, macht die Situation noch problematischer. Möglicherweise lag der Eingang höher als die erhaltenen Mauerzüge oder der Turm wurde über eine Leiter erreicht. Gegen Ende der Mittelbronzezeit wurde der innere Bereich mit Erde aufgefüllt. Bis heute konnte die genaue Funktion des Turmes leider nicht bestimmt werden.

Spärlich sind die Baureste zwischen Turm e und der späteren Toranlage der Siedlung. Sicher ist, dass auf dem Verlauf der mittelbronzezeitlichen Befestigung die Wehrmauer der Spätbronzezeit errichtet wurde. Wegen der Abflusskanäle und Konstruktionen wie Grab 28, die in situ gefunden wurden, konnte man tiefere Bauhorizonte neben der Befestigungsmauer nicht untersuchen.[1079] Weiter südlich im Bereich der späteren Toranlage fand man vereinzelte Mauerzüge der Befestigung. Es wird angenommen, dass der Zugang zur Siedlung während der späteren Mittelbronzezeit an derselben Stelle lag, wie später der mykenische, nämlich nördlich des Tempels. Außerhalb des Haupttores wurden verschiedene Mauerzüge gefunden, die in die Mittelbronzezeit datiert wurden. Sie bestehen aus kleineren Steinblöcken. Aufgrund der Größe des Baumaterials waren die Mauerzüge kein Bestandteil der mittelbronzezeitlichen Befestigung. Südöstlich von der späteren Toranlage wurden Überreste des anderen rechteckigen Turmes y der Befestigung gefunden, dessen Reste unter Wasser liegen, weshalb eine Datierung nicht möglich ist.

Die mittelbronzezeitliche Mauer wurde gegen Ende dieser Periode so stark beschädigt, dass in der Spätbronzezeit während der Perioden VI und VII in dem südöstlichen Sektor die Befestigungsanlage vom Fundament her völlig neu errichtet werden musste. Solche Bau- und Erweiterungsmaßnahmen wurden auch im nördlichen Sektor festgestellt. Es handelt sich um Verstärkungsmaßnahmen der Mauer durch neue Mauerzüge (Plate 2. Keos V). Östlich der früheren Befestigungsmauer werden in der Spätbronzezeit neue Mauern errichtet, so dass die früher im Zickzack verlaufende Mauer nun eine gerade Linie bildet. Laut Davis wurden die Erweiterungsarbeiten während SM IA durchgeführt. Von Quadrat L3 richtet sich die Mauer nach Osten bis zum rechteckigen Turm ne in den Quadraten M3 – 4, der als nordöstliche Bastion bezeichnet wird. Innerhalb seiner Mauern wurde ein 4 x 2,20 m großer Raum gefunden, der vom Westen her zu betreten war. Die Mauern des Turmes sind teilweise noch in einer Höhe von ca. 2,80 m erhalten. Sie bestehen aus Schieferblöcken, die Zwischenräume wurden mit blauem Marmor verfüllt. Die Steinblöcke sind ca. 0,80 m hoch und erreichen eine Länge von ca. 1,30 m. Die äußere Fassade der Mauer ist im Gegensatz zu der inneren gleichförmig, und sie wurde mit Sorgfalt errichtet.[1080]

[1075] Ebd. Taf. 5. Taf. 6 (a, b, c und d)

[1076] Ebd. Taf. 3. Quadrate G, H, J, K 2 – 3.

[1077] Ebd. Taf. 8. Der Turm ist ca. 8 x 6 m groß.

[1078] Ebd. 13ff.

[1079] Ebd.

[1080] J. L. Davis (1977), 19ff. Es handelt sich um die Quadrate J, K, L 2 – 3 und M 3 – 5.

Vom Turm ne aus verläuft die Mauer Richtung Süden. Im Quadrat M5 wendet sie sich nach Westen. Möglicherweise traf sie einige Meter nördlich des Turmes e wieder auf die mittelbronzezeitliche Mauer.
Im südöstlichen Bereich sind vor allem Überreste der Spätbronzezeit erhalten. Im Quadrat L7 liegt das Haupttor der Siedlung. Vom Tor sind seine 3 m breite Schwelle erhalten und Teile seiner Seitenmauern, die den Korridor bilden. Auf der Schwelle konnte die Lage der Türpfosten festgestellt werden. Drehpfostenlöcher wurden aber nicht gefunden. Durch den Korridor und einen kleinen Zwinger gelangte man in einen Hof vor Haus A. Zum Haupttor führte eine Rampe, die durch eine Mauer gestützt wurde. Südöstlich der Toranlage wurde ein Komplex von Räumen gefunden, der in verschiedenen Bauphasen errichtet wurde. Die Räume sind direkt an die spätbronzezeitliche Befestigung angebaut.[1081] Die genaue Datierung vieler Mauerzüge in diesem Bereich erwies sich wegen der spätbronzezeitlichen Überbauung als schwierig. Eine spätere Baukonstruktion ist der Turm g. Er springt aus der Mauer hervor und flankiert den Zugang in die Siedlung. Von ihm ist nur seine nordwestliche Mauerseite erhalten.[1082]
Zusammenfassend lässt sich Folgendes über die mittelbronzezeitliche Siedlung von A. Irini sagen. Über die Gebäude dieser Zeit wissen wir sehr wenig, weil sie durch spätere Bauaktivitäten überbaut und zerstört wurden. Möglicherweise handelt es sich um rechteckige Bauten. Es konnte festgestellt werden, dass die Böden aus gestampfter Erde oder aus Lehm bestanden und dass die Wände in den Häusern verputzt waren. Die Türrahmen wurden wahrscheinlich mit Holz verkleidet. Sicher ist, dass die Gebäude ganz aus lokalem Stein errichtet wurden. Ein Oberbau aus Lehmziegeln wie bei Gebäuden auf dem Festland kann ausgeschlossen werden. Es wurden keine Reste von Lehmziegelmauern gefunden. Zu den Dachkonstruktionen der Häuser aus der Mittelbronzezeit in A. Irini lässt sich nichts sagen. Man kann im Vergleich zu anderen Orten auf Kreta, auf dem Festland und auf anderen ägäischen Inseln nur vermuten, wie die Dächer ausgesehen haben könnten. Möglicherweise waren es Flachkonstruktionen, die aus einer Kombination von Schilf und Erde errichtet wurden. Dass sie mit Steinplatten bedeckt waren, bleibt eine Annahme. In diesem Fall müssten aber die Dächer geneigt sein. Bei den Ausgrabungen konnten keine größeren Steinplatten gefunden werden, die für Dächer geeignet wären.[1083] Wenn man das spätere Bebauungsschema der Spätbronzezeit betrachtet, kann man sich gut vorstellen, dass die Bauten flache Dachkonstruktionen trugen.
Gegen Ende der Mittelbronzezeit war A. Irini dicht bebaut. Dies ergab sich aus dem Verlauf der Befestigungsmauer und ihrer Erweiterung zu Beginn der Spätbronzezeit. Dagegen scheint die frühere mittelbronzezeitliche Siedlung viel kleiner gewesen zu sein, obwohl von ihr und ihrer Befestigung nur wenig entdeckt werden konnte (Taf. 56).
Glücklicherweise ist von der späteren mittelbronzezeitlichen Verteidigungsmauer der Periode V mehr erhalten. Nach Davis ist sie in einer Länge von mehr als 100 m erhalten, und ihre durchschnittliche Breite beträgt 2 m. Teilweise ist sie in einer Höhe von 2 bis 2,10 m erhalten, und sie besteht aus großem unbearbeitetem Lokalgestein. Wie hoch die Mauer in Wirklichkeit gewesen ist, kann nur vermutet werden. Es wird angenommen, dass ihre äußere Fassade ca. 5 m hoch war. Da die Türme x und e aus stärkeren Mauern bestehen, nimmt man an, dass sie höher als die Hauptbefestigungsmauer waren.[1084] Wie die Mauerkrone aussah, konnte nicht festgestellt werden. Davis versuchte anhand einiger Vergleichsbeispiele die Mauer zu rekonstruieren.[1085]
Ob die Verteidigungsanlage die ganze Halbinsel umgab, konnte nicht festgestellt werden. Da die Halbinsel im Laufe der Zeit stark aberodierte, wird vermutet, dass die mittelbronzezeitliche Siedlung größer gewesen ist. Eine Besiedlung außerhalb der Befestigungsanlage während der mittleren Bronzezeit konnte nicht festgestellt werden.
Zu den befestigten Siedlungen auf den Kykladen während der Mittelbronzezeit lässt sich Folgendes sagen: Nur A. Irini wurde von einem defensiven Werk mit Türmen geschützt. Akrotiri scheint nicht befestigt gewesen zu sein und Phylakopi auf Melos wurde in der spätkykladischen Zeit durch eine Verteidigungsmauer geschützt.[1086] Dass die Siedlung geschützt war, hängt

[1081] J. L. Caskey (1971), 377f.
[1082] J. L. Davis (1986) Taf. 9.
[1083] Ebd. 102f.
[1084] Ebd. 101f.
[1085] Ebd. Es handelt sich um zwei Freskodarstellungen. Auf der einen ist eine Mauer mit gerundeten Zinnen anatolischen Typs abgebildet, während die andere eine Mauer mit einem Gebäude darstellen soll. Möglicherweise handelt es sich um einen Turm, der höher als die Mauer ist. Bezüglich der Bauweise soll er der Mauer geähnelt haben. Eine Rekonstruktion der Mauerkrone oder der Brüstung der Befestigungsmauer könnte durch das bekannte Fresko aus Akrotiri auf Thera, und die Belagerungsszene auf einem silbernen mykenischen Rhyton möglich sein. In beiden Darstellungen tragen die Mauern eine niedrige Mauerkrone. Möglicherweise trug aber die Befestigung in A. Irini eine Mauerkrone wie in Troia VI oder in Kolonna auf Ägina.
[1086] Über möglichen befestigten Siedlungen der

möglicherweise mit der geographischen Lage der Insel zusammen. Anhand der Keramikfunde können Handelsbeziehungen mit der ägäischen Inselwelt, dem minoischen Kreta und dem Festland als bewiesen gelten. Es könnte sein, dass A. Irini sich zu einem Zentrum entwickelte, welches die Handelswege kontrollierte und möglicherweise zu großem Reichtum gelang, obwohl, wie schon oben erwähnt, keine Prestigeobjekte gefunden wurden. Die Siedlung wurde von den oben erwähnten Gebieten beeinflusst und dies nicht nur bei der Keramik, sondern auch in der Architektur. Dies wurde bei Gebäuden wie Haus A deutlich, aber auch bei der Befestigungsanlage. Es scheint, dass die Erbauer am Anfang der Mittelbronzezeit der kykladischen sowie der helladischen Bautradition folgten. Die Mauern werden mit hufeisenförmigen Bastionen versehen.[1087] Vor dem Beginn der Spätbronzezeit erhalten sie rechteckige Türme. Die Befestigungsanlagen werden nun aus größeren unbearbeiteten Steinblöcken errichtet, die mit den späteren kyklopischen Verteidigungsanlagen verglichen werden können.

4.6. Zusammenfassung

Zu den mittelbronzezeitlichen Siedlungen im heutigen griechischen Raum kann Folgendes gesagt werden: Sie werden entweder direkt auf den frühbronzezeitlichen Siedlungshorizonten gegründet, was eine gewisse Siedlungskontinuität bedeutet, oder man sucht neue Plätze, um dort eine Siedlung zu errichten. Die Auswahl solcher Plätze unterscheidet sich nicht von der Frühbronzezeit. Felsige Hügel, Abhänge und fruchtbare Ebenen werden auch weiter besiedelt, vorausgesetzt, die ökonomischen Ressourcen sind vorhanden. Eine Rolle für die Auswahl eines Ortes spielte aber auch eine natürlich geschützte Lage. Es gibt Beispiele von Siedlungen, die in vom Wind geschützten Meeresbuchten gegründet wurden wie A. Irini auf Keos, Kirra in Phokis, Pefkakia in Thessalien oder Lefkanti in Euboia. Davon wurden nur in A. Irini Reste von Befestigungsmauern gefunden. Malthi wurde ebenfalls auf einer von Natur aus geschützten, bergigen Lage gegründet, die unzugänglich war. Nach den bisherigen Ausgrabungen ist Malthi das einzige Beispiel einer solchen Siedlung auf dem Festland. Man kann aber nicht ausschließen, dass noch andere so befestigte Siedlungen existierten. Obwohl in vielen Siedlungen zwischen der Früh- und der Mittelbronzezeit eine Siedlungskontinuität erkannt wurde, konnten keine Verteidigungsbauten gefunden werden. Größere Siedlungen in Boiotien wie in Theben und Orchomenos waren möglicherweise unbefestigt.[1088] Dass, verglichen mit der Frühbronzezeit, nur wenige Siedlungen befestigt waren, bedeutet nicht, dass die Mittelbronzezeit eine friedliche Periode war. Zerstörungshorizonte, neue Elemente in der Keramik und bei anderen Funden, die meistens als Beigaben in Gräbern gefunden wurden, weisen auf fremde Einflüsse hin und auf unruhige Zeiten während der Mittelbronzezeit.[1089]

Wie die mittelbronzezeitlichen Siedlungen organisiert waren, konnte nur in Malthi festgestellt werden. Dort waren an der Befestigung Wohn-, Arbeits- und Speicherbauten errichtet, und im erhöhten Zentrum der Siedlung lag wahrscheinlich das administrative Zentrum, in dem die „führende Elite" der Siedlung wohnte. Nur durch Vergleiche mit den früh- und spätbronzezeitlichen Siedlungen können Informationen über die Gestaltung und die Planung der übrigen Siedlungen gewonnen werden. Leider sind in vielen Siedlungen nur bruchstückhafte Überreste von mittelbronzezeitlichen Bauten bzw. Häusern gefunden worden, die eine Rekonstruktion der „typischen" mittelbronzezeitlichen Siedlung erschweren.

Die Befunde zeigten, dass wie in der vergangenen Periode sowohl rechteckige und trapezförmige als auch apsisförmige Baukonstruktionen vorkommen. Letztere Form wurde auch am Ende der Frühbronzezeit gebaut.[1090] Des öfteren existieren beide Hausformen nebeneinander in einer Siedlung. Es handelt sich um Wohneinheiten, die aus einem oder zwei Räumen bestehen. Die Häuser stehen frei oder dicht nebeneinander. Die Bauweise unterscheidet sich kaum von der Frühbronzezeit. Der untere Bereich besteht aus Stein und der Oberbau aus Lehmziegeln. Auf den ägäischen Inseln werden meistens Gebäude errichtet, die ganz aus Stein bestehen. Ihre Wände waren oft verputzt, und die Böden bestanden entweder aus Lehm oder aus Erde. Der innere Bereich der Häuser wurde durch kleinere Mauern in Räumen unterteilt, in denen Herdstellen, Bänke, Speichereinrichtungen und Abfallgruben gefunden wurden. Für die Dächer werden flache oder geneigte Konstruktionen angenommen, die durch Holzpfeiler gestützt wurden. Dass keine Dachziegel gefunden wurden, zeigt, dass die Dächer möglicherweise aus organischem Baumaterial bestanden, das mit Lehm bedeckt wurde. Auffällig ist für die Siedlungen der mittleren Bronzezeit das Fehlen von zentralen Gebäuden, die eventuell eine administrative Funktion hatten.

Mittelbronzezeit wurde schon oben berichtet. Es handelt sich um Akroterion Ourion auf Tenos, Rizokastelia auf Naxos.

[1087] Siehe Lerna in der Peloponnes und Kastri auf Syros.

[1088] R. Treuil - P. Darcque - J. Cl. Poursat - G. Touchais, Les civilisations égéennes du Néolithique et de l'Age du Bronze (1989), 253ff.

[1089] Ebd.

[1090] S. Sinos (1971), 75ff.

Der Gebäudekomplex in Malthi könnte eine solche Funktion gehabt haben.
Über das Bebauungsschema ist auch wenig bekannt. Es hängt wahrscheinlich von der Lage der Siedlung ab und ob sie durch eine Befestigungsanlage umfasst wurde. Einige der beschriebenen Siedlungen weisen auf ein dichtes Bebauungsschema hin, das durch kleine Straßen geteilt wurde. Ob bei anderen ein lockerer Bauplan verwendet wurde, lässt sich aus dem bisherigen Befund leider nicht klären.
Anhand der wenigen ausgegrabenen Mauern mit fortifikatorischem Charakter im heutigen griechischen Raum und wegen der Überbauung der mittelbronzezeitlichen architektonischen Elemente vor allem durch mykenische, ist es nicht leicht, ein vollständiges Bild einer mittelhelladischen bzw. mittelkykladischen Siedlung mit Befestigung zu rekonstruieren.
Unter den oben beschriebenen Befestigungsanlagen können meiner Ansicht nach die Anlagen von Malthi sowie Ägina VII und VIII hervorgehoben werden. Die erste vertritt den festländischen und die zweite den kykladischen Charakter, welcher wahrscheinlich aus dem kleinasiatischen Raum beeinflusst wurde. Die Lage entspricht in der Mittelbronzezeit den frühbronzezeitlichen Befestigungen. Der Verlauf der Mauern folgt meistens den geomorphologischen Gegebenheiten des Ortes, an dem sie gebaut werden. Der Unterschied zu den Anlagen der Frühbronzezeit ist, dass die mittelbronzezeitlichen Anlagen massiv errichtet werden. Ihre Verteidigungszwecke konnten aber auch durch die Errichtung von dünneren Mauern erfüllt werden. Die Mauern sind in der Regel zweischalig und bestehen aus größeren unbearbeiteten Steinen. Die Verwendung der Füllsteine nimmt rasant zu. Die massiven Baukonstruktionen werden meistens senkrecht errichtet, oder sie fallen wie in Ägina schräg ab. Dass sie einen Oberbau aus Lehmziegeln trugen, muss offen bleiben, obwohl die Verwendung von Lehmziegeln im Mauerwerk als sicher gilt.[1091]
Die befestigten Areale waren durch einfache Durchlässe oder verstärkte Toranlagen zugänglich. Des öfteren wird der Eingang zu einer Siedlung durch vorspringende turmartige Bastionen flankiert. Besonders an den Toranlagen verwendet man größere Steinbrocken, um einen besseren Schütz zu gewährleisten. Einige Male werden die Zugänge innerhalb der Befestigungsmauer verlängert, um einen Zwinger zu bilden.
Die Stärke der Mauern erfüllte die baulichen Voraussetzungen für einen Wehrgang, auf dem im Fall einer feindlichen Auseinandersetzung viele Verteidiger Platz hatten. Ob auf allen geschilderten Anlagen ein Wehrgang mit Brustwehr errichtet wurde, wie es bei der äginetischen Befestigungsanlage der Fall ist, kann nur vermutet werden.
Zusammenfassend lässt sich sagen, dass die erhaltenen Verteidigungsreste dieser Periode große und massive Baukonstruktionen waren, die durch Bastionen und Türmen verstärkt wurden. Sie sind die Vorläufer der späteren befestigten Anlagen, die in der Literatur als „kyklopisch“ bekannt sind, die mykenischen Befestigungen.

4.7. Vergleichbare Siedlungen

4.7.1. Türkei

Über Befestigungsanlagen der Mittelbronzezeit in Kleinasien ist nicht viel bekannt. Dies ist wahrscheinlich nur eine Frage des Forschungsstandes. Aus der Mittelbronzezeit stammen die Siedlungsarchitektur und Organisation von Troia und Milet, deren Verteidigungsmauern aber in die Spätbronzezeit gehören.
Auf die Lage und die Forschungsgeschichte von Troia wurde schon im Abschnitt über die frühbronzezeitlichen Befestigungsanlagen eingegangen.[1092] Zu der mittelbronzezeitlichen Befestigungsanlage von Troia kann nicht viel gesagt werden. Es handelt sich um die Besiedlungshorizonte Troia V und VI (ca. 1750 – 1300 v. Chr.). Die Untersuchungen ergaben, dass Troia V (entwickelte Mittelbronzezeit bis 1700 v. Chr.) von einem dichten Bebauungsschema geprägt wurde. Die Gebäude haben oft gemeinsame Wände und werden durch enge Gasse voneinander getrennt. Während der Ausgrabungen von Dörpfeld wurden wenige architektonische Elemente von der Befestigungsanlage von Troia V entdeckt. Es handelt sich um Teile einer Mauer, die wie in den früheren Phasen schräg abfiel. Sie bestand aus unregelmäßigen Kalksteinen und hatte einen Oberbau aus Lehmziegeln. Die Befestigungsmauer hatte eine Stärke von 1 bis 1,30 m. Die Untersuchungen von Blegen ergaben, dass dieser Befund zeitlich in eine frühere Phase von Troia VI, ca. 1750 – 1500 v. Chr., einzuordnen ist.[1093] Leider ist die Mauer durch Bodenerosion stark zerstört, so dass nur ihre eingestürzten Teile erkannt werden konnten.[1094]
Man nimmt an, dass die mittelbronzezeitliche Befestigung von Troia dieselben Charakteristika hatte wie in den Bauphasen von Troia VI. Die Befestigungsmauern

[1091] Siehe Ägina.

[1092] Kap. Frühbronzezeit.
[1093] C. W. Blegen, Troy III. The Sixth Settlement (1953), 81ff.
[1094] M. Korfmann, Troia – Ausgrabungen 1994, StTroica 5, (1995), 1-38.

wurden in gerader Linie errichtet. Der Verlauf der Mauer bildete möglicherweise die Form eines Polygons. Grund für diese Annahme waren die geradlinigen Mauernabschnitte und dass in Abständen die sog. Sägezahntechnik verwendet wurde. Auf diese Weise bilden sich Mauervorsprünge an der Verteidigungsmauer. Wahrscheinlich wurden die Hauptbefestigungsmauer und ihre Toranlagen durch Türme flankiert und verstärkt, wie es bis dahin typisch für die troianische Bautradition war. Obwohl die Befestigungsanlage von Troia VI noch in der Mittelbronzezeit errichtet wurde, erlebte sie im Laufe der Zeit zahlreiche bauliche Veränderungen, bis sie um 1300 v. Chr. durch ein Erdbeben zerstört wurde. Archäologen erkannten acht Bauphasen (VIa – VIh). Während dieser Periode umfasste die Befestigung eine Fläche von ca. 20000 m^2. Dazu kam noch die Untersiedlung von Troia, die seit 1988 untersucht wird. Sie war wahrscheinlich befestigt, und zusammen mit der Burganlage erreichte das bebaute Siedlungsareal eine Gesamtausdehnung von ca. 270000 m^2.

In Zentralanatolien sind die Siedlungen von Kültepe und Bogazköy, Acemhöyük und Alisar mit ihren Unterstädten von großer Wichtigkeit für die Erforschung der Mittelbronzezeit.[1095] In Kültepe wurde eine Palastanlage entdeckt, die durch eine Befestigungsanlage geschützt wurde. Es handelt sich hier um die Besiedlungsphasen Karum Ib und Karum II. Die Akropolis hatte eine Ausdehnung von 80 x 100 m. Der Palast der Phase Ib hatte 60 Räume, welche einen rechteckigen Gebäudekomplex bildeten, in dessen Mitte sich ein Hof befand. Während dieser zwei Phasen wird der Palast von einer starken Befestigungsmauer umfasst. Die Mauer hat eine Stärke von 3 m und ist in einer Höhe von 4 m erhalten. Sie ist zweischalig und besteht aus großen bearbeiteten Steinblöcken. Zwischen den Mauerschalen wurde der Raum mit kleineren Steinen und Schutt aufgefüllt.[1096] Die Ausgräber stellten fest, dass die Mauer mit Querbalken verstärkt wurde. Außerdem besaß die Mauer Vorsprünge, die das Vorankommen der Angreifer entlang der Mauer konsequent erschwerten. In der früheren Phase II fand man Spuren von vertikalen Mauerzügen. Auf diese Weise wurde die Kastenmauer gebildet.[1097] Anhand einer Tontafel mit Text wurde die Anlage um 1800 v. Chr. datiert.[1098]

Ähnliche Befestigungen wurden in Kusura und in der Unterstadt von Karahöyük entdeckt. Beide Befestigungen wurden durch massive Vorsprünge und Bastionen verstärkt.[1099] In Karahöyük konnte ein verstärktes Tor mit Türmen nachgewiesen werden. Auch der Palast von Beycesultan V wurde von ähnlichen Befestigungsmauern umgeben.[1100]

Entwickelte Formen dieser Befestigungen sollen in Alaca und Bogazköy IVc/i bestanden haben.[1101]

Die Gebäudearchitektur und die Bauweise der oben genannten Befestigungsanlagen haben Siedlungen östlich von Zentralanatolien am oberen Euphrat in der Region Malatya beeinflusst.[1102] In Korucutepe, Norşun Tepe wurden Verteidigungsmauern nachgewiesen. Die Mauer von Koruçutepe wurde mit Türmen verstärkt. Die Kastenbauweise konnte nicht nachgewiesen werden. Solche Mauern wurden dagegen in Karkemish an der Grenze zwischen der Türkei und Syrien sowie in Sechem und in Lakish in Palästina errichtet.[1103] Bei diesen Befestigungsmauern wurde der Raum zwischen den Mauerschalen mit Lehm aufgefüllt. Die Verteidigungsmauer von Lidar Hüyük hatte eine Stärke von ca. 3 m und wurde von turmartigen Bastionen verstärkt. Direkt an der Befestigungsmauer wurden Räume errichtet. In Arslantepe wurde ein Teil der frühbronzezeitlichen Befestigungsmauer entdeckt, die aus Stein bestand. Der Oberbau wurde aus Lehmziegeln errichtet. Da die Siedlung während der Spätbronzezeit befestigt war, wird angenommen, dass sie auch in der Mittelbronzezeit durch eine Befestigungsmauer geschützt wurde, obwohl bis heute keine Überreste der Befestigung nachgewiesen werden konnten.[1104]

Imikusagi Hüyük wurde ebenfalls von einer Befestigung umgeben. Der Sockel der Mauer bestand aus Steinen und der Oberbau aus Lehmziegeln.

Im Oberbau konnte die Verwendung von Holzbalken nachgewiesen werden.[1105]

Diese wenigen Beispiele zeigen, dass während der Mittelbronzezeit in der Türkei befestigte Siedlungen errichtet wurden. Zerstörungshorizonte zeigen, dass in der Region unruhige Zeiten herrschten, weshalb Schutzmaßnahmen getroffen wurden. Allerdings wurden nur in wenigen Siedlungen Verteidigungsanlagen errichtet, obwohl in vielen Siedlungen mittelbronzezeitliche Schichten und Funde nachgewiesen wurden. Es ist dasselbe Phänomen wie bei den Siedlungen im ägäischen Raum.

1095 B. Kull, Demirçihüyük, Die Mittelbronzezeitliche Siedlung, V (1988), 76f.
1096 Ebd.
1097 Ebd.
1098 Ebd.
1099 Ebd. 78f.
1100 Ebd.
1101 Ebd.
1102 G. M. Di Nocera, Die Siedlung der Mittelbronzezeit von Arslantepe. Eine Zentralsiedlung von Beginn des zweiten Jahrtausends v. Chr. in der Ebene von Malatya, Arslantepe VIII, (1998), 72ff.
1103 Ebd.
1104 Ebd. 73f.
1105 Ebd.

4.7.2. Europa

In Nordeuropa bzw. in England werden Siedlungen an Orten gegründet, die eine wichtige geostrategische Rolle bei der Nutzung von Ressourcen, Verkehrswegen und Handelsbeziehungen spielten. Wie im ägäischen Bereich werden sie meistens auf Hügeln und in von Natur aus geschützten Lagen gegründet. Untersuchungen ergaben, dass sich in diesen Siedlungen eine „Elite“ herauskristallisiert hatte, die wahrscheinlich das wirtschaftliche und religiöse Geschehen kontrollierte. Darauf verweisen große zentrale Gebäude in den Siedlungen und die dort gefundenen Prestigeobjekte.[1106]
Die bekanntesten dieser Siedlungen sind Dartmoor, Grimspound, Merrivale und Shaugh Moor. Bei Dartmoor im Südwesten Englands konnte festgestellt werden, dass es eine gut organisierte bronzezeitliche Siedlung war. Grimspound bestand aus kreisförmigen Steingebäuden, die von einer Umfassungsmauer umringt wurden.[1107] In Merrivale fand man kleine und größere kreisförmige Gebäude, die von längeren Mauerzügen abgegrenzt haben. Möglicherweise waren die Mauerzüge Teil einer Anlage, die die Siedlung abgrenzte und schützte.[1108] In Shaugh Moor wurden auch kreisförmige Häuser entdeckt, die von einer Mauer umfasst wurden. Die Siedlung wird durch eine Mauer in zwei Teile geteilt. In einem Bereich standen die Häuser, und im anderen wurden die Tiere gehalten. Die Siedlung wurde an das Ende der Mittelbronzezeit und den Beginn der Spätbronzezeit (ca. 1700 – 1600 v. Chr.) datiert.[1109] Viele Siedlungen in England, die auf Hügeln errichtet wurden, wie Itfort Hill, Sussex, oder die in der Ebene lagen wie Blackpatch in Sussex und Trehellan Farm in Cornwall, bezeichnet man als reine landwirtschaftliche Siedlungen. Sie werden von Mauern umfasst, die aber keinen fortifikatorischen Zweck erfüllten. Man fand keine Bastionen, Türme oder befestigte Toranlagen. Dies gilt vor allem für Siedlungen der entwickelten Früh- und Mittelbronzezeit.[1110]
In der Siedlung Hallunda in Schweden, die auf einem Hügel errichtet wurde, wurde Metall verarbeitetet. Trotzdem wurden keine Überreste gefunden, die auf eine Befestigungsanlage hinweisen könnten. Da in der Siedlung ein kostbares Material zu Waffen und wahrscheinlich auch zu anderen Prestigeobjekten verarbeitet wurde, würde man eigentlich Schutzmaßnahmen erwarten. Laut R. Osgood, S. Monks und J. Toms handelte es sich aber um friedliche Zeiten, d. h. es bestand keine Gefahr, die eine Errichtung von Befestigungsanlagen erforderte.[1111]
Gegen Ende der Mittelbronzezeit änderte sich das angeblich friedliche Bild der Siedlungen im nördlichen und westlichen Europa.[1112] Die Mehrzahl der Siedlungen wurde nun auf Hügeln errichtet, und es wurden während dieser Zeit viele Verteidigungsmaßnahmen getroffen. Siedlungen, die schon in neolithischer Zeit befestigt waren, werden auch während der Bronzezeit durch Anlagen geschützt. Dazu gehören in England Hambleton Hill in Dorset und Crickley Hill in Gloucestershire.[1113] Meistens werden sie durch Gräben geschützt. Während der Mittelbronzezeit und danach werden diese Schutzmaßnahmen weiter verwendet. Siedlungen wie Norton Fitzwarren und Somerset werden auch durch Gräben geschützt. Die Siedlung Rams Hill in Berkshire wurde durch einen 3 bis 3,75 m breiten Graben und bastionartige Konstruktionen geschützt. Der Graben war steil und erreichte eine Tiefe von 0,90 bis 1,24 m, seine Sohle war flach. Nach Radiocarbonuntersuchungen wurde die Anlage zwischen dem Ende der Mittelbronzezeit und dem Anfang der Spätbronzezeit errichtet.[1114]
Die Siedlung Mam Tor in Derbyshire liegt auf einem Hügel mit einer Höhe von ca. 509 m. Archäologen stellten eine Besiedlungskontinuität von ca. 1679 bis 996 v. Chr. fest. Die Verteidigungsanlage bestand aus Palisaden und Gräben. In einer späteren Zeit, die nicht genauer bestimmt wird, wurden auch Erwälle errichtet. Während der Spätbronzezeit nimmt die Zahl der befestigten Siedlungen zu.[1115]
Die Siedlung Setefilla bei Sevilla in Spanien kontrollierte durch ihre Lage wichtige Ressourcen in ihrer Umgebung. Sie wurde durch eine Befestigungsmauer mit Bastionen geschützt. Der Unterschied zu den Siedlungen Nordeuropas liegt darin, dass in Spanien Stein und Lehmziegel für die Errichtung von Befestigungsanlagen verwendet wurden. Setefilla wird in die Mittelbronzezeit datiert und wurde ca. 1570 v. Chr. durch ein Feuer zerstört.[1116] Wahrscheinlich wurde Setefilla wie viele andere Siedlungen durch kriegerische Auseinandersetzungen zerstört und dann verlassen.[1117]
Die Gründung von befestigten Siedlungen am Ende der Mittelbronzezeit und zu Beginn der Spätbronzezeit konnte auch an vielen Orten im zentralen und östlichen Europa festgestellt werden. Wie in der Frühbronzezeit

[1106] R. Osgood - S. Monks - J. Toms (2000), 10ff.
[1107] Ebd. Fig. 2.1.
[1108] Ebd.
[1109] Ebd.10ff.
[1110] Ebd.
[1111] Ebd.
[1112] Ebd.
[1113] Ebd.
[1114] Ebd.
[1115] Ebd. Fig. 2.2.
[1116] Ebd. 45f.
[1117] Ebd.

werden die Siedlungen weiter auf Hügeln und in geschützten natürlichen Lagen gebaut, die die Möglichkeit haben, wichtige Handelswege und Ressourcen zu kontrollieren.[1118] Sie werden durch Erdwälle und Gräben geschützt, wie z. B. Siedlungen in der Tisza-Ebene an der Donau.[1119] Eine große Anzahl der Siedlungen wird gegen Ende der Bronzezeit durch Feuer bzw. durch kriegerische Aktivitäten zerstört. Während der folgenden Phasen steigt die Anzahl befestigter Siedlungen an.

Eine der bekannten mittelbronzezeitlichen befestigten Siedlungen, die um 1800 v. Chr. datiert wurde, ist Zámeček bei Nitriansky Hradok am Fluss Nitra in der Slowakei. Die Siedlung wurde durch eine Palisade und einen doppelten Graben umfasst. Die Gräben sind V – förmig. Sie waren 4,50 m tief und erreichten eine Breite von ca. 10 m.[1120]

In der Karpatenregion im östlichen Europa werden bei den früh- und mittelbronzezeitlichen Siedlungen Schutzmaßnahmen getroffen. Die Siedlungen liegen in Ebenen in der Nähe von Flüssen und werden meistens durch Erdwälle geschützt. Es handelt sich wahrscheinlich um Schutzmaßnahmen gegen Überschwemmungen, aber sie könnten auch einen fortifikatorischen Charakter haben. Bei anderen Siedlungen tritt die Kombination Erdwall und Graben auf.[1121]

Durch Gräben und Palisaden werden viele Siedlungen in Ungarn wie Cetacuia in Otomani geschützt. Sie wurden an Orten gegründet, von denen aus Handelswege kontrolliert werden konnten. Von Cetacuia in Otomani aus konnte fast die gesamte ungarische Ebene kontrolliert werden.[1122] Während der Mittelbronzezeit nimmt die Zahl der befestigten Siedlungen zu. Die ungarische Siedlung Skalka in Bohemien wurde von Erdwällen, Palisaden und Gräben umringt. Die Befunde und Funde zeigen, dass Skalka durch kriegerische Auseinandersetzungen zerstört wurde. Man fand viele bronzene Pfeilspitzen, Brandspuren und menschliche Skelettreste in einem Zerstörungshorizont. Ein Teil der zerstörten Palisade wurde in einem Graben gefunden. Darauf lagen Steine.[1123]

Andere Siedlungen waren von Natur aus befestigt wie Alsace. Die Siedlung lag relativ hoch und konnte das Rheintal kontrollieren.[1124]

Siedlungen im Rhein - Main – Gebiet in Deutschland und im Lausitzgebiet zwischen Polen und Deutschland lieferten zahlreiche Informationen zu Befestigungsanlagen. Obwohl viele der Befunde aus der Eisenzeit stammen, wird angenommen, dass viele Befestigungen schon in der Bronzezeit bestanden.[1125] Es handelt sich um verschiedene Varianten von Palisaden, die aus Erde und Steinen errichtet wurden. Laut Osgood, Monks und Toms handelt es sich um die Varianten *„plank and palisade type, a box type, a grid type and a drystone wall type*.[1126]

In Italien ist aus der Mittelbronzezeit die Siedlung Faraglioni bekannt. Die Siedlung liegt nordwestlich von Sizilien auf der kleinen Insel Ustica. Die Seite der Siedlung, die ins Inselinnere führt, wird durch eine Befestigungsmauer geschützt. Die Mauer bestand aus Stein und wird durch 10 halbkreisförmige Bastionen verstärkt.[1127] Im südöstlichen Sizilien wurde die Siedlung Pentalica entdeckt. Ihre Verteidigunsanlagen umschließen eine Akropolis, auf der ein trapezförmiger Turm steht. In Sardinien wurden die sog. *Nuraghi* untersucht. Es handelt sich um die Baukonstruktion eines zentralen Turmes, der von vier anderen, miteinander verbundenen Türmen umschlossen wird. Sie wurden aus Stein errichtet. Der Grundriss dieser Baukonstruktionen ist rechteckig, aber runde Formen kommen auch vor. Die Mauern haben eine Stärke von ca. 4 m. Die Türme waren wahrscheinlich zweistöckig. Das Ganze war nur durch einen Eingang zugänglich. Innerhalb der *Nuraghi* befinden sich Treppenhäuser und Räume verschiedener Größe, die durch enge Passagen und Gänge unterteilt werden. Die Stärke der Mauern, ihre Höhe, ihre Komplexität und der einzige Zugang geben den *Nuraghi* einen fortifikatorischen Charakter. Sie werden als kleine Burgen angesehen, in denen die örtliche „Elite" lebte. Ihre Funktion ist bis heute nicht eindeutig geklärt. Sie wurden möglicherweise als Speicher für verschiedene Produkte oder für Prestigeobjekte der „Elite" verwendet. Als schwierig erwies sich ihre Datierung, obwohl nach Radiocarbonuntersuchungen die *Nuraghi* in Sardinien in die frühe mittlere Bronzezeit (ca. 1500 v. Chr.) datiert werden müssen. Während der Spätbronzezeit und der Eisenzeit werden sie noch komplexer. Die meisten *Nuraghi* stammen wahrscheinlich aus dieser Zeit.[1128] Ähnliche Baukonstruktionen wurden auch auf der iberischen Halbinsel entdeckt.

[1118] Ebd. 65ff.
[1119] Ebd.
[1120] Ebd. 67f. Fig. 4.1.
[1121] Ebd. 67ff.
[1122] Ebd.
[1123] Ebd.
[1124] Ebd.
[1125] Ebd.
[1126] Ebd.
[1127] Ebd. 69f. Fig. 5.2.
[1128] Ebd. 94f. Fig. 5.3.

5. SPÄTBRONZEZEIT

Im Vergleich zu den mittelbronzezeitlichen Befestigungsanlagen ist unsere Kenntnis über die Verteidigungsanlagen der Spätbronzezeit anhand des archäologischen Materials besser. Es ist die Epoche, die in allen Gebieten des griechischen Festlandes neutral als späthelladisch bezeichnet wird. Diese späthelladische Zeit wird wiederum in verschiedene Perioden unterteilt. Es handelt sich dabei um den Zeitraum von 1600 bis 1100 v. Chr., in dem die sog. mykenische Kultur entstand, ihren kulturellen Höhepunkt erreichte und am Ende schließlich ihren Niedergang erlebte.[1129] Ihre Blütezeit erlebte die mykenische Zeit auf dem Festland während der SH IIIA1 Periode etwa im 14. Jahrhundert v. Chr. mit der Errichtung der ersten mykenischen befestigten Palastanlagen. Bis zum Bau der mykenischen Burganlagen fand ein langer Entwicklungsprozess statt, der die mykenische Kultur prägte. Die Beziehungen zum minoischen Kreta und zu anderen Kulturen des östlichen Mittelmeerraumes lieferten die kulturellen und wirtschaftlichen Grundlagen für das Erblühen der mykenischen Kultur.[1130] Es war eine Zeit des Wandels, die mit dem Untergang der minoischen Herrschaft zu politischen und wirtschaftlichen Veränderungen im ägäischen Kulturkreis führte. Besonders die Akkulturation mit den Minoern und die Kontrolle der Handelsbeziehungen im östlichen Mittelmeerraum führten zu Reichtum und zur Zentralisierung der Macht in einigen mykenischen Siedlungen, die sich zu administrativen, wirtschaftlichen und religiösen Zentren entwickelten. Durch diese Entwicklung bildeten sich innerhalb der spätbronzezeitlichen Gesellschaft auf dem griechischen Festland hierarchische Strukturen, deren Macht mithilfe einer monumentalen Architektur ausgedrückt wurde. Es handelt sich dabei um Anlagen, die durch sog. kyklopische Befestigungsmauern geschützt wurden.[1131] Am bekanntesten sind dabei die Anlagen von Mykene und Tiryns. Aber auch die Anlagen von Midea in Argolis, Gla in Boiotien und Athen wurden durch kyklopisches Mauerwerk geschützt. Außerdem waren die mykenischen Zentren von Pylos auf der Peloponnes und Theben in Boiotien wahrscheinlich von kyklopischen Mauern umgeben. Auch das mykenische Zentrum von Iolkos in Magnesien könnte befestigt gewesen sein. Darüber hinaus gab es noch kleinere mykenische Zentren und Siedlungen, die befestigt waren. Viele der kleineren befestigten Anlagen sind aber leider nicht vollständig erhalten, so dass eine Rekonstruktion nicht möglich ist. Leider wurden viele der Anlagen nach den Ausgrabungen auch wieder zugeschüttet. Einige Anlagen wurden im Laufe der Zeit durch die Landwirtschaft zerstört, andere vermutete Befestigungsanlagen bei der Errichtung späterer Gebäude überbaut.

Im Folgenden werden die bisher erforschten Siedlungen im heutigen griechischen Raum vorgestellt, in denen Verteidigungsanlagen sicher nachgewiesen sind oder vermutet werden (Taf. 57,1-5).[1132] Es folgt eine

[1129] Der Begriff „mykenisch" bezieht sich hier auf die befestigte Anlage von Mykene in Argolis.

[1130] Das griechische Festland wurde während der späten mittelhelladischen und frühen späthelladischen Zeit intensiv von der minoischen Kultur beeinflusst. Im Gegensatz dazu kann nach der SM IB Periode eine starke festländische Beeinflussung auf Kreta festgestellt werden.

[1131] Der Begriff „kyklopisch" geht auf die antike Mythologie zurück, nach der die mykenischen Fortifikationen von einäugigen Riesen, den Kyklopen, erbaut wurden. Die Größe der megalithischen Steinbrocken spielt eine erhebliche Rolle für eine Definition als kyklopisch. In der bisherigen Literatur wurde der Begriff von den Forschern sehr subjektiv verwendet. Dies führte zu großen Irritationen bei der Benennung von kyklopischen Mauern und bedeutet, dass der Begriff auch für spätere Befestigungsanlagen der geometrischen, archaischen, klassischen und hellenistischen Zeit benutzt wurde. Als kyklopisch werden in dieser Arbeit die Baukonstruktionen verstanden, die aus unterschiedlich großen, grob bearbeiteten oder unbearbeiteten Steinbrocken bestehen. Die Fugen dieser Mauerwerke wurden mit Lehm und kleineren Steinen aufgefüllt. Die kleineren Steine wurden mit Sorgfalt ausgewählt, so dass die innere und äußere Fassade der Mauern gleichmäßig und glatt wirken. Dies gilt nicht nur für die Verteidigungsmauern und Toranlagen der spätbronzezeitlichen Burganlagen, sondern auch für andere Baukonstruktionen wie Terrassenmauern und Brücken, die in derselben Bautechnik errichtet wurden. Zu der spätbronzezeitlichen Architektur gehören aber auch die Tholosgräber, die aus bearbeiteten Quadersteinen erbaut wurden. In diesem Fall wurden keine Zwickelsteine verwendet. Obwohl die Tholosgräber zu der mykenischen monumentalen Architektur gehören, wurden sie in der Literatur nie als kyklopisch bezeichnet. Da also der Begriff „kyklopisch" nicht bei allen mykenischen Bauwerken verwendet wird, wird in dieser Arbeit das Wort „kyklopisch" nur benutzt, um die Größe der Baukonstruktionen zu betonen, die nach antiker Vorstellung mit den übermenschlichen Kräften der Kyklopen errichtet wurden.

[1132] Die folgenden Siedlungen werden geographisch und administrativ so eingeteilt, dass die Teilung den heutigen Präfekturen Griechenlands entspricht. Als Beispiel sollen an dieser Stelle die Siedlungen Dramesi und Pyrgos genannt werden. Sie gehören geographisch zu Zentralgriechenland aber administrativ zur Insel Euboia. In der Antike standen beide Orte unter der Herrschaft Boiotiens. Dasselbe gilt auch für die Siedlung Bathi, die an der östlichen Küstenlinie Zentralgriechenlands

Beschreibung der größeren und bekanntesten befestigten mykenischen Palastanlagen, die als Vertreter der monumentalen defensiven Bauarchitektur des spätbronzezeitlichen Griechenlands gelten.

5.1. Attika

Außer der Befestigungsanlage von Athen, die weiter unten ausführlich beschrieben wird, gibt es eine kleine Anzahl von Anlagen, bei denen noch nicht festgestellt werden konnte, ob sie tatsächlich als befestigt gelten können oder nicht. Siedlungen wie Kiapha Thiti oder Kolonna auf der Insel Ägina wurden schon in den Kapiteln zur Früh- und Mittelbronzezeit ausführlich besprochen. Die Befestigung von Kiapha Thiti bestand wahrscheinlich bis zum Beginn der Spätbronzezeit, bevor sie durch eine Katastrophe zerstört und der Hügel von Kiapha Thiti verlassen wurde. Befestigt soll auch die mykenische Siedlung in **Ägina Kolonna** gewesen sein. Wie schon erwähnt, war Kolonna wahrscheinlich eines der wichtigsten Zentren während der Früh- und Mittelbronzezeit. Zu Beginn der Spätbronzezeit spielte die Siedlung im Vergleich zu anderen eine bedeutende Rolle. Dies bezeugt die an verschiedenen Orten Griechenlands gefundene äginetische Keramik sowie Funde aus der Siedlung selbst. Am Anfang der mykenischen Epoche wurde Kolonna nach Osten erweitert und wurde damals von den Ausgräbern als „Äußere Vorstadt" bezeichnet. Teile der Befestigungsanlage sollen aus dieser Periode stammen. Sie sind aus großen Kalksteinfelsen errichtet und erinnern an die sog. kyklopische Bauweise. Anhand der Keramik hat sich gezeigt, dass die Anlage aus der SH I Zeit stammt. W. Gauss spricht außerdem noch von einer SH IIA-Schicht in der sog. „Äußeren Vorstadt".[1133]

In **Agios Kosmas** in Athen identifizierte Mylonas eine mykenische Mauer. Befunde und Funde der prähistorischen Siedlung nahe dem alten Flughafen stammen überwiegend aus der frühhelladischen Zeit. Es scheint, dass die Siedlung von Agios Kosmas während der Frühbronzezeit wichtiger als in der Spätbronzezeit gewesen ist. Mylonas sprach über architektonische Elemente von frühmykenischen Gebäuden und Reste einer Mauer, die er anhand der spärlichen Keramik in die SH III Zeit datierte.[1134] Von der vermutlichen mykenischen Befestigungsmauer wurden nur wenige Reste, meistens Steinblöcke gefunden, die an der südöstlichen und östlichen Seite der Siedlung ans Licht gebracht wurden. Von der Mauer konnte man in situ ihre Innenseite in einem schlechten Zustand finden. Weder die Höhe der Mauer noch ihre Stärke konnte festgestellt werden. Mylonas schreibt über einen Eingang an der Mauer, eine Straße, die dorthin führte und verfallene Steinblöcke. Die Mauer soll an dieser Stelle 3,20 m breit gewesen sein. Weitere technische Details zu dieser Befestigungsmauer sind nicht bekannt.

Eine andere Ortschaft in Attika, die möglicherweise von einer Befestigungsmauer umschlossen wurde, ist das sog. **Kastro tou Christou** bei Koropi.[1135] Es handelt sich um einen Hügel, der 3 km west- nordwestlich von Koropi liegt. Der Hügel befindet sich westlich der sog. Mesogaia-Ebene und der Mündung des Pinari-Passes, der über Hymettos zur athenischen Ebene führt. Auf der östlichen Seite des Hügels befindet sich das Kloster von „Bethlehem" mit der kleinen Kirche von Agios Christos. Der obere Teil des Hügels wird von Umfassungsmauern umschlossen, die aus dem Mittelalter stammen. Während einer kleinen Ausgrabung wurden zwei Mauerzüge gefunden, die aus großen unbearbeiteten Steinblöcken bestehen. Diese Mauern erinnern an die kyklopische Bauweise. Ob die Mauern zu einer Verteidigungsanlage gehörten, ist fraglich. Es ist möglich, dass diese Baukonstruktionen zu Terrassenmauern gehörten. Bis heute konnte die Funktion der Mauerzüge nicht festgestellt werden. Die gefundene Keramik stammt aus der mittelhelladischen Zeit, spätbronzezeitliche Keramik wurde ebenfalls gefunden. Sie stammt aus der SH I/II Zeit. Fragmente von einer Kylix wurden in die SH IIB Zeit oder die SH IIIA1 Periode datiert. Interessant ist, dass am nordwestlichen Hang des Hügels schon beraubte mykenische Kammergräber entdeckt wurden. Aus den geplünderten Gräbern stammen die Fragmente der erwähnten Kylix.

Bei dem antiken **Brauron** in Agios Georgios sollen Reste einer Befestigungsmauer entdeckt worden sein. Der niedrige Hügel, der nach der kleinen Kapelle des Agios Georgios benannt wurde, grenzt an die Mesogaia-Ebene an. Reste der prähistorischen Besiedlung wurden auf dem südlichen und östlichen Hang des Hügels gefunden. Während der Arbeiten zur Errichtung des Museums

gegenüber der Insel Euboia liegt.

[1133] W. Gauß, Ägina Kolonna in frühmykenischer Zeit, in: E. Alram – Stern, G. Nightingall (Hrsg.), Keimelion. Elitenbildung und elitärer Konsum von der mykenischen Palastzeit bis zur homerischen Epoche. Akten des internationalen Kongresses vom 3. bis 5. Februar 2005 in Salzburg, (Österreichische Akademie der Wissenschaften. Philosophisch-Historische Klasse Denkschriften 350 (2007), 163–172. Themen des Verfassers in diesem Artikel sind allgemein die äginetische Keramik und ihre Verbreitung. Über Siedlungsarchitektur und die Verteidigungsanlage der frühmykenischen Siedlung verliert er nur wenige Sätze. 163f. Abb. 1.

[1134] G. E. Mylonas, Aghios Kosmas (1959). Zu Agios Kosmas siehe auch N. Scoufopoulos, Mycenaean Citadels, SIMA 22 (1971), 75ff.

[1135] N. Scoufopoulos (1971), 76f.

wurden Ausgrabungen an der nordöstlichen Seite des Hügels durchgeführt. Man fand massive Stützmauern und Reste von Bauten, die anhand der Keramik in die SH II bis SH IIIB Zeit datiert wurden. Auf diese Datierung kamen Archäologen auch anhand der Funde vom Hügel Chamolia, der östlich von Agios Georgios liegt. Dort fand man Kammergräber mit reichlich mykenischer Keramik. Daraus hat sich ergeben, dass der Siedlungsbereich in diesem Gebiet eine Fläche von 16000 m^2 umfasste. Feine Keramik der SH I und SH IIA wurde ebenfalls gefunden. Auf dem Hügel wurden die Reste eines Hauses entdeckt, das während der MH- und SH IIA Zeit bewohnt wurde. Außerdem fand man die Fundamente einer Mauer in einer Länge von 168 m auf der nord-nordwestlichen Seite des Hügels. Nachgewiesen wurden mittelhelladische und frühspäthelladische Keramik. Auf der südöstlichen Seite des Hügels fand I. Papadimitriou in den 50er Jahren Reste einer Mauer, die er als eine Befestigungsmauer der Mittelbronzezeit interpretierte. Architektonische Überreste der Mauer wurden in einer Länge von 20 m gefunden. Diese Mauer erreichte eine Höhe von 3 m. Sie bestand aus mittelgroßen unbearbeiteten Steinbröcken, die planlos aufeinander gelegt wurden. Die erwähnten Mauern scheinen durch Terrassierungsarbeiten entstanden zu sein. Es wurden bisher keine Anhaltspunkte gefunden, die auf eine Verteidigungsmauer hinweisen.[1136] Bis heute konnte nicht festgestellt werden, ob auf dem Hügel eine befestigte Siedlung existierte.

Bei **Thorikos** wurden Reste von Gebäuden und Tholosgräber gefunden. Die zahlreiche Keramik stammt aus der Zeit von SH I bis SH IIIB. Nur anhand der geostrategischen Lage des Hügels, der als Velatouri Hügel bekannt ist, wird angenommen, dass es hier eine befestigte Siedlung gab. Thorikos kontrollierte das Gebiet der Route von Laurion nach Athen durch die Mesogaia Ebene. Durch den Vergleich mit dem Hügel von Kiapha Thiti wird vermutet, dass die Bauten auf dem Hügel eventuell von Befestigungsmauern umschlossen wurden. Bis heute fehlen aber Beweise für eine Befestigungsanlage auf dem Hügel.[1137]

Über **Plasi** in Marathon wurde schon berichtet. Problematisch bleibt die Datierung der Mauer und des sog. Turmes, da diese architektonischen Teile nicht nur in die Frühbronzezeit, sondern anhand der Keramik auch in die Mittel- oder Spätbronzezeit datiert werden könnten.[1138]

An der südwestlichen Küste der Insel Salamis fand Y. G. Lolos bei der Ortschaft **Kanakia** die Reste einer Siedlung. Ob die Siedlung als das sog. „alte Salamis" identifiziert werden kann, bleibt noch offen. Die Siedlung grenzt an zwei Häfen, von denen eine befestigte Straße nach Norden führt, wo Terrassen festgestellt wurden. Es wurden auch einige Baukonstruktionen entdeckt, die zu Verteidigungszwecken verwendet werden konnten. Von den Gebäuden konnten nur einige teilweise ausgegraben werden. Von den Räumen dieser Bauten wurden einige als Werkstätten und Kellerräume identifiziert. In den Kellerräumen fanden sich vollständige Gefäße der SH IIIC Zeit. Es wurden auch Gefäße nachgewiesen, die von der SH IIIB bis in die SH IIIC Zeit benutzt wurden. Interessant ist eine Baukonstruktion, die einem massiven Turm ähnelt. Dieser Turm scheint einen Eingang zu flankieren. An einer Seite des sog. Turmes wurde ein Raum gefunden, der als Wachraum bezeichnet wird. In der Zerstörungsschicht dieses Gebäudes wurden eine Matrize für Pfeile und ein Schleuderstein gefunden. Die Siedlung selbst bestand aus einer Akropolis und einer Unterstadt. Die drei ausgegrabenen Gebäudekomplexe beinhalteten viele Räume und Nebenräume. Ob diese Gebäudekomplexe das Werkstadtviertel des mykenischen Zentrums von Salamis bildeten, bleibt offen. Funde auf der sog. Akropolis weisen auf Beziehungen mit Zypern um 1200 v. Chr. hin. Die Ausgrabungen dauern noch an.[1139]

5.2. Peloponnes

5.2.1. Argolis

Die berühmtesten befestigten mykenischen Burganlagen von Mykene, Tiryns und die Befestigungsanlage von Midea, die im Folgenden noch einzeln beschrieben werden, befinden sich in Argolis auf dem Peloponnes. Außer diesen Anlagen wurden bis heute viele mykenische Siedlungen lokalisiert und teilweise ausgegraben, die über defensive Mauern verfügen könnten. Hierzu muss aber gesagt werden, dass es bei einigen Siedlungen schwer ist, die Funktion einer Mauer als defensiv zu identifizieren. Ein Beispiel dafür könnte eine Mauer in **Prosymna** gewesen sein, das als das antike argivische Heraion bekannt ist. Es handelt sich um eine Mauer, die

[1136] R. Hope-Simpson, D. K. Hagel (2006), 68f., mit ausführlicher Literatur.

[1137] Ebd. 69f. R. Hope-Simpson und D. K. Hagel beschreiben oftmals Ortschaften, die wahrscheinlich durch Fortifikationen geschützt wurden. Leider wird oft der Beweis für eine Befestigungsmauer nicht geliefert. Grund dafür ist meistens der schlechte Erhaltungszustand der architektonischen Elemente.

[1138] Ebd. Über Plasi in Marathon siehe das Kapitel über Attika in der Frühbronzezeit.

[1139] Ebd. 70f. dazu auch der Bericht aus folgende Quelle: www.enet.gr. 10.06.2002. Titel des Berichtes: *Η άγνωστη μυκηναϊκή Σαλαμίνα.*

als kyklopisch bezeichnet wird. Man konnte aber inzwischen nachweisen, dass es sich eher um eine Terrassenmauer für die Kultstätte als um eine Befestigungsmauer handelt. Untersuchungen ergaben, dass diese Mauer nicht im mykenischen Zeitalter errichtet wurde, sondern viel später, entweder während der geometrischen oder sogar erst während der archaischen Zeit.[1140] Wright bezeichnete diese Mauer als eine Imitation kyklopischer Baukonstruktion. Möglicherweise hängt die Errichtung einer solchen Mauer mit dem Kultritus des sog. Heroenkult in der späteren geometrischen Zeit und mit dem Kult der Hera in Tiryns zusammen, wie Wright behauptet. Der Bau solcher kyklopischen Konstruktionen, könnte noch auf der mykenischen Bautradition basieren, die nicht gleich nach dem Untergang der mykenischen Welt in Vergessenheit geriet.

Auf dem Hügel **Aspis** bei Argos konnte bis heute nicht festgestellt werden, ob die Fundamente einer Mauer mit einer Stärke von 2,60 m zu einer Befestigungs- oder zu einer Terrassenmauer gehören. Problematisch bleibt die Datierung der Baukonstruktion. Ob Teile der Mauer während der SH III Zeit errichtet wurden, bleibt fraglich. Aus der Keramik und dem Befund hat sich ergeben, dass die Mauer während der Mittelbronzezeit errichtet wurde. Problematisch ist auch das Fehlen von anderen mykenischen architektonischen Elementen auf dem Hügel. Dies könnte mit der Erosion oder mit späteren Bauaktivitäten zusammenhängen. Es ist schwierig festzustellen, welche Teile der sog. kyklopischen Mauer tatsächlich zur Spätbronzezeit gehören könnten, während in einigen Bereichen die Fundamentierung der Baukonstruktion in die archaische oder die geometrische Zeit datiert wird. Dies betrifft besonders die polygonale Mauer im nordwestlichen Sektor.[1141]

Architektonische Teile einer möglicherweise mykenischen Befestigungsanlage wurden auf dem Hügel **Larisa** nachgewiesen, der ebenfalls über dem antiken und modernen Argos liegt und höher als der Hügel Aspis ist. Der Hügel liegt 10 km südwestlich von Mykene und 8,50 km westlich von Tiryns. Die Lage von Larisa spielte damals eine geostrategische Rolle. Man konnte auf dem Hügel die westliche argolische Ebene und wichtige Routen der nordöstlichen Peloponnes kontrollieren. Auf Larisa stehen noch heute die Reste der mittelalterlichen Befestigungsanlagen. Man konnte aber auch Teile einer Befestigungsanlage aus der späthelladischen Zeit identifizieren. Es handelt sich um eine Mauer aus großen Steinblöcken, von denen viele in spätere Baukonstruktionen eingegliedert sind. Von einem Teil der Mauer wurde die äußere Fassade gefunden, die eine Stärke von 1,50 m hat. Auf dem Hügel fand man mittel- und späthelladisch III Keramik. Es wird angenommen, dass auf Larisa eine Art Wachturm existierte. Die Existenz eines mykenischen Zentrums, wie in Tiryns und Mykene, kann aber nicht ausgeschlossen werden. Anhand des archäologischen Befundes lässt es sich aber nicht nachweisen, weil der Gipfel des Hügels durch die Zeit regelmäßig überbaut wurde.[1142] Trotzdem gibt es genügend architektonische Teile, die in spätere Bauten integriert wurden und auf eine mykenische Befestigung hinweisen könnten. Ch. I. Piteros untersuchte die gesamte Akropolis auf dem Hügel Larisa in Argolis und fand Beweise, die die Existenz einer mykenischen Burg bestätigten.[1143] Es konnte festgestellt werden, dass der Hügel schon seit der mittelhelladischen Zeit besiedelt und zuerst während der Spätbronzezeit befestigt wurde.[1144] Teile der sog. mykenischen Fortifikation wurden bei beiden „*Periboloi*" der spätbyzantinischen Befestigung erkannt.

Die innere „*Peribolos*" A der byzantinischen Befestigung ist 57 x 52 m groß. Die äußere „*Peribolos*" B ist viel größer und umfasst das obere Plateau des Hügels von Larisa.[1145] Reste der sog. mykenischen Fortifikation von Larisa wurden teilweise an der inneren Seite von „*Peribolos*" A gefunden. Es handelt sich um Teile an der östlichen, nördlichen und südlichen inneren Seite von „*Peribolos*" A.[1146] Laut Piteros verläuft der größte und besser erhaltene Teil der mykenischen Befestigung in einer Länge von 35 m entlang der östlichen byzantinischen Befestigung von „*Peribolos*" A. Die Reste der sog. mykenischen Fortifikation liegen 2,70 bis 3,70 m hinter der byzantinischen Mauer.[1147] Von dem 35 m langen Mauerzug ist sein südlicher Teil mit einer Länge von 14 m besser erhalten. Die Mauer erreicht an dieser Stelle eine Höhe von 2,80 bis 3,50 m.[1148] Ihre äußere

[1140] C. J. Wright, The old Temple Terrace at the Argive Heraeum and the Early Cult of Hera in the Argolid, JHS 102, 1982, 186-201.

[1141] R. Hope – Simpson, D. K. Hagel (2006), 39f.

[1142] Ebd.

[1143] Ch. I. Piteros, *Η Μυκηναϊκή ακρόπολη της Λάρισας του Άργους* in: *Η περιφέρεια του Μυκηναϊκού κόσμου* (1999), 369–396. Mit ausführlicher Literatur.

[1144] Ebd. Laut Piteros wurde Larisa zuerst während der mykenischen Periode besiedelt und befestigt. Die Besiedlungskontinuität reicht von der gesamten Antike bis in die spätbyzantinische Epoche. Während der Herrschaft der Franken über Argolis bekam die mittelalterliche Befestigung ihre letzte Form. Auch während der Befreiungskriege der Griechen gegen den Türken behielt die Befestigung ihren defensiven Charakter.

[1145] Ebd. Abb. 3.

[1146] Ebd. 370f. Abb. 4 Q,R,V,d,e und Abb. 5.4*a*,*β*,*γ*.

[1147] Ebd. Abb. 4 Q,R,V Abb. 5.4 *a*,*β*, Abb. 8.

[1148] Ebd. Abb. 4 R,Q Abb. 5.4*a*, Abb. 9, Abb. 10.

Fassade ist mit Sorgfalt errichtet und wird als kyklopisch bezeichnet. Sie besteht aus unbearbeiteten Kalksteinbrocken, die 0,50 bis 0,70 m groß sind. Viele der Steinblöcke sind sogar 0,70 – 0,90 m x 1,20 – 1,50 m groß.[1149] Diese östliche Mauer verläuft von Süden nach Norden und biegt leicht ab. Sie erreicht eine Stärke von 1,30 bis 1,45 m.[1150] Von der inneren Seite der östlichen Befestigungsmauer ist fast nichts erhalten. Es wurde schon vermutet, dass die mykenische Mauer hier eine Stärke von 1,50 m erreichte. Piteros nimmt an, dass die Mauer wahrscheinlich stärker war und empfiehlt weitere archäologischen Untersuchungen.[1151] Der nördliche Teil der östlichen Befestigungsmauer hat eine Länge von 21,20 m.[1152] Der mit 19 m Länge größte Teil dieser Mauer wurde während der spätbyzantinischen und der Frankenzeit umgebaut. In dieser Zeit soll ein Gebäude zwischen der Befestigungsmauer von *„Peribolos“* A und der sog. mykenischen Mauer errichtet worden sein. Dabei wurde mykenisches Baumaterial wieder verwendet und der nördliche Teil der östlichen mykenischen Fortifikationsmauer um 1,10 m nach Westen verlegt.[1153] Dieser nördliche Teil scheint sich nach Westen zu richten. An der Stelle, wo die Mauer nach Westen biegt, ist sie in einer Höhe von 2,60 m erhalten.[1154] Noch weiter westlich ist die Mauer in byzantinische Mauerzüge und in die Apsis der byzantinischen Basilika integriert. Piteros konnte die äußere Fassade dieser Mauer in einer Länge von 2,70 m und einer Höhe von 2,50 m nachweisen.[1155] Sie besteht aus 1,10 x 0,65 m und 0,80 – 1 x 0,60 m großen Steinen. An der äußeren Fassade dieser Mauer ist die späte archaische Befestigungsmauer errichtet.[1156] Piteros nimmt an, dass der nördliche Teil der sog. nordöstlichen Befestigungsmauer 5,10 m hoch war. Die östliche Fortifikationsmauer erreichte laut Piteros eine Höhe von 6,40 m. Dieser Unterschied hängt mit der Geomorphologie der Konturen des Hügels zusammen.[1157] Die sog. nördliche mykenische Befestigungsmauer ist laut Piteros teilweise erhalten und verläuft von Osten nach Westen in einer Länge von 31 m.[1158] Von dieser Mauer ist der untere Teil erhalten, der unterhalb der spätbyzantinischen Kirche an ihrer südlichen Seite entlang verläuft. Die äußere Seite dieser nördlichen Mauer konnte in einer Länge von 4,50 m untersucht werden. Sie ist in einer Höhe von 2,10 m erhalten und befindet sich unter dem Boden der byzantinischen Kirche. Sie besteht aus mittelgroßen Kalksteinbrocken und scheint kyklopisch zu sein. Die innere Seite dieser Mauer ist in einer Länge von 9 m und in einer Höhe von 1,90 m erhalten. Sie besteht aus kleineren Steinbrocken. Insgesamt hatte die sog. nördliche mykenische Mauer eine Stärke von 1,50 m. Dieselbe Stärke wurde auch an der östlichen mykenischen Mauer festgestellt.[1159] Vom westlichen Teil der nördlichen mykenischen Mauer ist nur sehr wenig erhalten.[1160] Dort befindet sich eine 2,20 m große Ecke, die wie die byzantinische Mauer von *„Peribolos“* A in südliche Richtung verläuft.[1161] Der nordwestliche, westliche und südwestliche Teil der sog. mykenischen Mauer sind leider nicht erhalten. Es wird angenommen, dass die Mauer genauso wie die spätere Fortifikation an die Konturen des Hügels angepasst war.[1162] An der südöstlichen Seite des Hügels wurden auch in späteren Zeiten immer wieder die Toranlagen der Befestigungen errichtet. Nur auf dieser Seite des Hügels war durch die vorhandene Geomorphologie des Bodens der Zugang in die Befestigung möglich. Piteros vertritt anhand des archäologischen Befundes die Meinung, dass an dieser Stelle auch das mykenische Haupttor der Befestigung lag.[1163] Schon in den 20er Jahren fand man zwei parallele Mauerzüge innerhalb der byzantinischen *„Peribolos“* A. Die Mauerzüge hatten eine Länge von mindestens 8 m. Der Abstand zwischen den beiden Mauerzügen betrug 4,50 m. Von der östlichen Mauer ist nicht viel erhalten. Die westliche Mauer ist dagegen in einer Länge von 8 m erhalten. Sie ist 1,30 m breit, 2 m hoch erhalten und besteht aus großen Kalksteinbrocken. Etwas weiter nördlich wurde zwischen den beiden Mauerzügen eine steinerne Schwelle gefunden. Die Schwelle ist 4,30 x 1,40 x 0,50 m groß und wurde im

---

[1149] Ebd. Abb. 9, Abb. 10, Abb. 11.
[1150] Ebd. 371f. Abb. 4R, Q, Abb. 5.4*a*, Abb. 9.
[1151] Ebd. Dass die innere Seite der östlichen Befestigungsmauer nicht erhalten ist, hängt wahrscheinlich mit der Geomorphologie des Bodens und mit den ständigen baulichen Veränderungen im Laufe der Zeit zusammen. Piteros vermutet, dass die sog. mykenische Fortifikationsmauer auf Larisa nicht der typischen Konstruktionsweise entsprach, sondern in Form einer Stützmauer errichtet wurde.
[1152] Ebd. Abb. 4V, Abb. 5.4*β*, Abb.12.
[1153] Ebd.
[1154] Ebd. 272f. Abb. 5.5*γ*.
[1155] Ebd. Abb. 5 4*δ*, Abb. 14.
[1156] Ebd. Es handelt sich um die südliche Verlängerung des nördlichen Teiles der spätarchaischen Befestigungsmauer. Die Verlängerung ist in einer Länge von 7,15 m und in einer Höhe von 3,80 m erhalten. Abb. 5.4*δ*, 6, Abb.15. Es wird vermutet, dass die gesamte Höhe der spätarchaischen östlichen Fortifikation 9 m erreichte. Für ihre Errichtung wurde auch mykenisches Baumaterial verwendet.

[1157] Ebd.
[1158] Ebd.
[1159] Ebd. 373f. Abb. 5.4*ε*.
[1160] Ebd. Abb. 5.4*ζ*.
[1161] Ebd. Abb. 5.4*η*.
[1162] Ebd.
[1163] Ebd.

Laufe der Zeit bearbeitet. Sie besteht aus einem monolithischen Stein, der 2,70 x 0,40 m groß ist. Weitere kleinere Steine wurden in hellenistischer Zeit hinzugefügt.[1164] Weiter südlich wurde innerhalb der byzantinischen Befestigung eine der Parastaden des mykenischen Tores gefunden. Es handelt sich um einen monolithischen Kalkstein, der in zwei Teile gebrochen war. Die Parastade ist 2,55 x 1,11 x 0,90 m groß. Bei einer byzantinischen Toranlage von „*Peribolos*" A wurden andere Fragmente, wahrscheinlich eines mykenischen Tores, gefunden. Allein die Schwelle soll eine Länge von 3,65 m gehabt haben.[1165] Andere Teile einer eventuell mykenischen Toranlage wurden direkt an der byzantinischen Mauer „*Peribolos*" A gefunden, wie zum Beispiel der etwa 4 m lange Monolith, der als Baumaterial für die spätere Befestigung verwendet wurde.[1166] Der Monolith könnte ursprünglich der obere Abschluss des mykenischen Tores gewesen sein. Anhand dieser Befunde nimmt Piteros an, dass es sich bei den architektonischen Elementen um Teile von mindestens zwei mykenischen Toranlagen handelt. Durch den Vergleich mit den anderen bekannten mykenischen Toren von Mykene, Tiryns und Midea bekräftigt er seine Meinung.[1167] Anhand der gefundenen Keramik, die nicht vollständig publiziert worden ist, konnte man feststellen, dass die Akropolis von Larisa sicher schon von der MH II Zeit bis in die SH Zeit benutzt wurde. Weitere Funde bezeugen Handelsbeziehungen mit anderen Orten während der Bronzezeit.[1168] Problematisch bleibt bis heute die genaue Datierung der sog. mykenischen Keramik und die Funktion der Mauerzüge, die als Teile einer mykenischen Befestigungsmauer bezeichnet werden. Die geringe Stärke dieser Mauerzüge sprechen nicht für eine kyklopische Befestigungsmauer, wie sie von anderen mykenischen Burgen her bekannt ist. Es kann aber trotzdem nicht ausgeschlossen werden, dass der Gipfel des Hügels während der Spätbronzezeit befestigt war. Leider wurde der Gipfel durch die ständigen baulichen Veränderungen in den verschiedenen Epochen verändert, so dass sich kein vollständiges Bild einer mykenischen Fortifikation rekonstruieren lässt.

Eine andere mykenische Siedlung wird auf **Palamidi in Nauplion** vermutet. Besonders auf dem nordöstlichen Hang, auf dem viele Kammergräber entdeckt wurden, und in der umliegenden Umgebung, in der eine große Anzahl von Funde ans Licht gebracht wurde, vermutet man eine große mykenische Siedlung. Auf Palamidi sieht man heute noch die Reste der mittelalterlichen Burg. Die Befestigungsmauern schließen nach Osten ein Areal von 500 m und nach Westen von 200 m ein. Der heutige Betrachter kann an diesen Mauern große kyklopische Steinblöcke erkennen. Aufgrund dieser Steine und der späthelladischen Keramik, die auf dem Hügel gefunden wurde, kann man nicht ausschließen, dass es auf dem Gipfel und an den Hängen des Hügels in dieser Zeit eine Siedlung gab. Es wird angenommen, dass diese Siedlung schon existierte, bevor die mykenische Ära in diesem Gebiet begann. Obsidian und Scherben aus früheren Zeiten weisen auf die frühere Besiedlung in Nauplion und Palamidi hin.[1169]

Eine befestigte mykenische Siedlung wird auch bei **Asine** vermutet. Die Reste des antiken Asine liegen auf dem Kap Kastraki, das sich auf einer kleinen Halbinsel 1,50 m nordöstlich vom Ort Tolon befindet.

Bei den Ausgrabungen von 1922 bis 1930 und den Ausgrabungen seit 1970 hat sich herausgestellt, dass Asine schon seit der Frühbronzezeit immer wieder besiedelt wurde.[1170] Durch verschiedene Funde konnten Beziehungen mit den Kykladen und Kreta schon für frühere Zeiten nachgewiesen werden. Von der Frühbronzezeit sind architektonische Teile von zwei Apsisgebäuden gefunden worden. Bei verschiedenen frühbronzezeitlichen Schichten fanden Archäologen viele Gruben, die viel Keramik enthielten. Zerstörungschichten wurden auch gefunden. Eine solche bezeichnet die Übergangszeit von der Frühbronzezeit zur Mittelbronzezeit. Durch die Keramikfunde konnten Handelsbeziehungen mit dem minoischen Kreta während der mittelhelladischen Periode festgestellt werden. Aus der mittelhelladischen Besiedlung des Ortes sind Reste ihre Nekropole auf dem Barbouna Hügel gefunden, der nordöstlich von Asine liegt. Es wird angenommen, dass Asine während der Mittelbronzezeit eine Ausdehnung von 60000 m^2 hatte. Für die mykenische Siedlung wird dieselbe Fläche gerechnet. Ihre Begräbnisstätte lag ebenfalls auf dem Barbouna Hügel. Dort fanden Archäologen Goldschmuck, Elfenbein, Gefäße aus Bronze und eine große Anzahl von Keramik.[1171]

Spuren einer späthelladischen Befestigungsanlage wurden leider in Asine nicht gefunden. Dass es eine solche gab, ist aber durchaus möglich. Durch spätere Bauaktivitäten, besonders während der hellenistischen Periode, wurde das gesamte Areal überbaut. Auf diese Weise gingen leider viele architektonische Elemente aus der mykenischen Zeit für immer verloren. Erhalten haben sich aber die Fundamente eines Gebäudekomplexes, der aus mindestens neun Räumen bestand. Einer dieser

[1164] Ebd. Abb. 4N, Abb. 5.7δ.
[1165] Ebd.
[1166] Ebd. 374f. Abb. 4P, Abb. 5.7ε, Abb. 24.
[1167] Ebd.
[1168] Ebd. 375ff.
[1169] R. Hope – Simpson, D. K. Hagel (2006), 39f.
[1170] O. Frödin, A. W. Person, Asine. Results of the Swedish Excavations, 1922-1930 (1938).
[1171] R. Hope – Simpson, D. K. Hagel (2006), 40f.

Räume wurde durch zwei Säulen gestützt. In diesem Raum wurde eine Kultbank gefunden, auf der wahrscheinlich Tonfiguren standen. Mauerzüge, die für Teile einer mykenischen Verteidigungsanlage gehalten wurden, stammen aus der hellenistischen Zeit.[1172]
Ausgrabungen auf dem nord- und nordwestlichen Hang des gegenüberliegenden Hügels von **Barbouna** konnten die Existenz von mykenischen defensiven Baukonstruktionen nicht bestätigen. Viel mehr handelt es sich hier um Baukonstruktionen der geometrischen Zeit. Überwiegend wurden auf Asine Reste der mykenischen und geometrischen Besiedlung des Ortes gefunden. Dies bezeugt eine Besiedlungskontinuität zwischen beiden Epochen.

Auf einem kleinen Hügel, der **Kastro** von den Einheimischen genannt wird, fanden Archäologen schon in den 30er Jahren architektonische Elemente, die auf eine späthelladische Befestigungsanlage hinweisen könnten. Der Hügel liegt 200 m nördlich des Dorfes Kandia. Auf dem Gipfel des Hügels befindet sich die kleine Kapelle von Agia Eleousa. Die höchste Fläche des Hügels dehnt sich 80 m nach Nordosten und 30 m nach Südosten aus. Reste der prähistorischen Siedlung wurden auf den oberen Terrassen auf dem südlichen Hang des Hügels entdeckt. Es handelt sich meistens um Reste von Wohnhäusern aus der Mittel- und Spätbronzezeit. Die gefundene Keramik umfasst einen Zeitraum von der FH II Zeit bis in die SH IIIC Zeit. Auf den niedrigen Terrassen des Hügels fand man geometrische Keramik und Reste von geometrischen Bauten. Der Gipfel des Hügels wurde möglicherweise von einer Befestigungsmauer umschlossen. Durch die dort entdeckte Keramik konnte die Errichtung der Mauer in die SH IIIB Zeit datiert werden. Am besten ist die Mauer an der östlichen und nordöstlichen Seite des Hügels erhalten. Die Mauer besteht aus unbearbeiteten großen und kleinen Steinen und sie ist ohne Sorgfalt gebaut. Ihre Höhe kann nicht mehr festgestellt werden. In einigen Abschnitten erreicht die Mauer eine Höhe von über 1,60 m. Ihre Stärke variiert, aber sie überschreitet die 2 m nicht.[1173]

Möglicherweise gab es eine befestigte Anlage auf dem Hügel **Profitis Elias**, der östlich von Tiryns und nördlich des gleichnamigen Dorfes liegt. Auf dem Gipfel des Hügels, dessen Oberfläche sich 60 m nach Norden und 40 m nach Süden erstreckt, gab es einen Tempel, wahrscheinlich aus der archaischen Zeit. Die meisten architektonischen Reste des Tempels sind von der Kirche überbaut. In der Nähe wurde eine Mauer gefunden, die einen Raum mit vielen archaischen Votivgaben umgab. Auf der südlichen Seite des Hügels wurden Reste einer Mauer gefunden, die als kyklopisch bezeichnet wurde, obwohl sie nicht aus großen Steinblöcken besteht. Erhalten sind zwei Reihen aus aufeinander liegenden Steinbrocken. Wie hoch und wie stark die Mauer war, ist nicht bekannt. Während der archaischen Zeit wurde die vermutliche Befestigungsanlage verstärkt. Dies konnte aus der späthelladischen und archaischen Keramik bestätigt werden. Die Fläche der gesamten prähistorischen Siedlung auf Profitis Elias war wahrscheinlich größer. Die SH IIIA2-B Keramik wurde in einer Fläche gefunden, die sich 200 m nach Nordwesten und 150 m nach Südwesten erstreckt.[1174]

Kyklopische Mauerzüge wurden auch bei **Vassa** in Nea Epidauros gefunden. Der Ort liegt an der östlichen Küstenlinie der Peloponnes. Es handelt sich um einen felsigen Hügel, der nördlich der Straße liegt, die von Nea Epidauros in die Ebene von Dimaina führt. Die prähistorische Siedlung soll eine Fläche von 200 m in nördliche Richtung und 120 m nach Süden besessen haben. Eine große Anzahl von Keramik der SH IIIA und SH IIIB Periode wurde auf dem Gipfel des Hügels und auf seiner westlichen und südlichen Seite gefunden. Teile der sog. Befestigungsmauer wurden auf dem südlichen Hang des Hügels gefunden. Es handelt sich um eine Mauer, die teilweise eine Höhe von 3 m erreicht. Die Steinbrocken wurden ohne Sorgfalt aufeinander gelegt. Manche von ihnen sind 2,10 x 0,50 m groß. In manchen Abschnitten bekommt man den Eindruck, dass die Baukonstruktion eine glatte Außenfassade hat. Welche Stärke die Mauer hatte, konnte leider nicht festgestellt werden. Es wird angenommen, dass ihre Stärke entweder weniger als 5 m oder 7 m beträgt. Eine solche Stärke haben die Verteidigungsanlagen von Mykene, Tiryns und Midea.[1175]

5.2.2. Korinthia

In Korinthia sind zwei Siedlungen bekannt, die teilweise von Verteidigungsmauern umschlossen sein könnten. Zu den Defensivanlagen in Korinthia gehört auch die sog. kyklopische Mauer des Isthmus von Korinth. Eine der Siedlungen ist **Korakou**, die schon in den 20er Jahren von C. W. Blegen ausgegraben wurde.[1176] Die Siedlung liegt an der Küste des korinthischen Golfes und ist 2 km westlich von dem heutigen modernen Korinth entfernt. Während der Ausgrabungen unter der Leitung von Blegen wurden Gebäude aus der Spätbronzezeit und Teile einer Befestigungsanlage ausgegraben, die mykenisch

[1172] Ebd.

[1173] Ebd. 40ff. Taf. 5a. Zu Kandia – Kastro siehe auch N. Scoufopoulos (1971), 56f.

[1174] Ebd. 41f.

[1175] Ebd. 41f. Taf. 5b, 6a und 6b.

[1176] C. W. Blegen, Korakou. A Prehistoric Settlement near Corinth (1921).

sein soll. Auf der westlichen Seite des Hügels von Korakou wurden Teile einer viereckigen Baukonstruktion mit einer Breite von 9,55 m entdeckt. 10 m westlich davon scheint die Baukonstruktion von einer Mauer mit einer Stärke von 2 m umschlossen zu sein. Ob die Baukonstruktion ein Turm ist, bleibt fraglich. Teile der Mauer konnten in einer Länge von 10 m südlich des sog. Turmes gefunden werden. Die Mauer ist in einer Höhe von 1,70 m erhalten und sie besteht aus mittelgroßen Steinen. Dass die Mauer mykenisch ist, wurde durch die Keramikfunde bestätigt.[1177] Ob sie die Funktion einer Befestigungsmauer hatte, bleibt bis heute umstritten.

Eine andere mykenische Siedlung wird in **Rachi Boska oder Perdikaria** vermutet.[1178] Es handelt sich um einen Hügel, der 2 km östlich von Examilia und südlich der Strasse, die nach Kenchreai führt, liegt. Es handelt sich um eine geostrategische Lage, die die Routen von Korinth nach Kenchreai und die Route von Isthmia kontrolliert. Die Oberfläche des Hügels erstreckt sich 100 m nach Osten und 60 m nach Westen. Der nördliche Rand des Hügels fällt steil hinunter zu den Terrassen, die sich über die ganze nördliche Seite von Perdikaria erstrecken. Scherben, die auf dem Gipfel des Hügels auf die nördlichen Terrassen und in einem Bereich von 150 m nach Osten und 130 m nach Westen gefunden wurden, könnten auf die Ausdehnung der späthelladischen Siedlung hinweisen. Ob nun diese Siedlung durch eine Verteidigungsanlage geschützt wurde, konnte bis heute nicht beantwortet werden. Blegen fand damals einen Mauerzug mit einer Länge von 9,50 m. Die Mauer war in einer Höhe von 3 m erhalten. Er bezeichnete sie als Terrassenmauer. Die Baukonstruktion liegt auf dem nördlichen Hang des Hügels, wo, wie schon erwähnt, auch andere Terrassenmauern gefunden wurden.[1179] Sie besteht aus mittelgroßen unbearbeiteten Steinbröcken. Manche sind 1 x 1 m groß und sie erwecken den Eindruck, dass es sich hier um eine kyklopische Mauer handelt. Die Mauer ist ohne Sorgfalt errichtet und sie besteht aus einer Mauerschale (Außenfassade). Eine innere Seite scheint die Mauer nicht zu haben und ihre Stärke ist nicht beträchtlich. Andere architektonische Teile, die auf den defensiven Charakter der Mauer hinweisen könnten, sind nicht bekannt. Die Mauer wurde 1906 entdeckt. Im Verlauf der Zeit wurde die Geomorphologie des Bodens auf den nördlichen Hang des Hügels regelmäßig durch die Kultivierung verändert. Wahrscheinlich war sie schon in der mykenischen Zeit eine Stützmauer und nicht etwas anderes.

Kionia oder anders das antike **Stymphalos**, liegt nordwestlich des stymphalischen Sees und 1,50 km südlich des heutigen Stymphalos. Eine mykenische befestigte Siedlung wird auf einem Hügel vermutet, der die östliche Verlängerung des Berges Kyllini bildet. Die sog. Akropolis von Kionia besteht aus Terrassenmauern. Auf der östlichen Terrasse des Hügels wurde mykenische Keramik der SH IIIB Periode gefunden, die stratigraphisch nicht zugewiesen werden kann. Auf dem niedrigen östlichen Hang des Hügels wird die mykenische Siedlung vermutet. Sie soll sich 250 m nach Osten und 50 m nach Westen erstreckt haben. Westlich liegt auch das sog. Heiligtum der Athena. Im südöstlichen Bereich des östlichen Hangs des Hügels fand man einen Mauerzug, der als kyklopisch bezeichnet wurde. Er besteht aus großen unbearbeiteten Steinbrocken und man nahm an, dass es eine Umfassungsmauer war. Sie umschloss die vermutliche mykenische Siedlung, über deren architektonische Elemente nichts bekannt ist. Die Funktion und die Errichtungszeit der erwähnten Mauer konnten leider bis heute nicht bestimmt werden.[1180]

Zwischen dem korinthischen Golf im Westen und dem saronischen Golf im Osten befindet sich jener schmalen Landstreifen, der schon in der Antike als **Isthmus von Korinth** bekannt war. Die Landenge verband damals den Peloponnes mit dem griechischen Festland. Schon in der Antike wurde versucht, durch einen Kanal beide Golfe zu verbinden, um die Schifffahrt um den Peloponnes zu verkürzen. Dieses Projekt scheiterte immer wieder, weil die Kanalwände abstürzten. Erst in der Neuzeit wurde der Versuch unternommen, durch den Isthmus einen Kanal zu errichten, den sog. Kanal von Korinth. Die Arbeiten dauerten von 1881 bis 1893. An der östlichen Seite des Isthmus soll während der Spätbronzezeit eine Mauer mit defensivem Charakter errichtet worden sein, um eventuelle Angriffe aus Zentralgriechenland und Attika abzuwehren.[1181] Die Mauer wurde als kyklopisch bezeichnet. Ihre Funktion bleibt bis heute umstritten. Es

[1177] R. Hope – Simpson, D. K. Hagel (2006), 42f. Interessant ist der Befund von zwei Mauerzügen, die einen Winkel bilden. Wahrscheinlich handelt es sich hier um ein Gebäude. Diese architektonischen Elemente liegen 700 m von Blegens Ausgrabungsareal entfernt. Möglicherweise hatte das mykenische Korakou eine größere Ausdehnung als uns heute bekannt ist. SH IIIB und SH IIIC Keramik wurde auch gefunden.

[1178] Ebd. Fig. 4.

[1179] Ebd. Taf. 7b.

[1180] Ebd. 62f. Taf. 12b.

[1181] Schon während der Perserkriege wurden Befestigungsanlagen entlang des Isthmus errichtet. Bekannt ist die von 480 v. Chr., die immer wieder erneuert wurde. Der heutige Betrachter sieht vor allem architektonische Teile der byzantinischen Befestigungsmauer, die sog. Justinianische Mauer. Sie wurde im 6. Jahrhundert n. Chr. errichtet. Von den Befestigungsanlagen des Justinians sind südlich des Kanals von Korinth Reste eines Kastells erhalten. Diese defensiven Einrichtungen wurden bis das Ende der byzantinischen Zeit verwendet.

wird angenommen, dass diese Sperrmauer ein Straßendamm gewesen ist. Die Mauer wurde von O. Broneer entdeckt und teilweise ausgegraben. Die Ausgrabungen dauerten von 1957 bis 1959, sie wurden aber 1967 wieder aufgenommen. Laut Broneer war die Mauer eine defensive Baukonstruktion, die die südlichen Städte und Siedlungen des Peloponnes vor Angriffen aus dem Norden schützen sollte.[1182] Die sog. kyklopische Mauer von Isthmus hat eine Länge von 3 km. Sie ist aber nicht in ihrer ganzen Länge von Broneer ausgegraben worden, sondern es wurden einzelne Abschnitte in verschiedenen Sektoren untersucht.[1183] Es wird angenommen, dass die sog. kyklopische Mauer nicht in Poseidons Heiligtum endete, sondern weiter bis zum korinthischen Golf verlief. Leider wurden nördlich des Heiligtums keine Mauerteile gefunden.[1184] Die Mauer verläuft im Osten nah des saronischen Golfes im Sektor Sk und nimmt eine westliche Richtung bis zum Sektor Pe. Von hier läuft die Mauer nach Südwesten bis in den Sektor Pa, der am östlichen Hang des Hügels Rachi liegt. Vom Sektor Pa aus soll die Mauer eine nördliche Richtung entlang des südöstlichen Hanges von Rachi genommen haben bis hin zu den Sektoren Mi und Ge, die an der südlichen Seite des Poseidon- Heiligtums liegen. Vom Sektor Pa bis Sektor Mi konnten keine Reste der sog. kyklopischen Mauer gefunden werden. Es wird angenommen, dass die Mauer von späteren Aktivitäten zerstört wurde und das Baumaterial für andere Zwecke verwendet wurde. Vom Sektor Mi soll die kyklopische Mauer eine westliche Richtung genommen haben. Leider konnte man keine Hinweise für den weiteren Verlauf der Mauer finden. Auch westlich des Sektors Ro fehlt ein 360 m langes Teil der Mauer. Dieser Teil wurde wahrscheinlich mit der Errichtung der Justinianischen oder später der sog. Hexamilion- Befestigungsmauer zerstört.[1185] Aus den ausgegrabenen Teilen der Mauer konnte ihre Konstruktionsweise festgestellt werden, die an die kyklopische Bauweise erinnert. Die äußere Fassade der Mauer besteht aus größeren Steinbrocken. Die Fugen wurden mit kleineren Steinen gefüllt, wie es auch bei anderen kyklopischen Befestigungsanlagen der Fall war. Die innere Seite der Mauer wurde mit kleineren Steinbrocken gebaut. Für die Errichtung der Mauer wurde meistens Kalkstein verwendet. Als Verbindungsmaterial verwendete man Erde und Lehm. Durch den Lehm war die Mauer widerstandsfähiger gegen Regenwasser. Ein anderes technisches Baudetail sind die sog. Vorsprünge der Mauer, die auf die mykenische Architektur hinweisen. Sie wurden damals von Broneer als kleine vorspringende Türme *„small tower-like projections“* bezeichnet. Sie haben durchschnittlich eine Breite von 2,10 bis 2,80 m und sie ragen 0,60 bis 0,70 m aus der Hauptmauer hervor. Solche architektonischen Details wurden auch in einer Länge von 8,40 m im Sektor Ro und in einer Länge von 11,70 m im Sektor Ph auf dem Grundstück von N. Phytobanis beobachtet. Letzterer Sektor liegt 800 m östlich vom Sektor Pe.[1186] Die hervorragenden Teile hatten nicht einen defensiven Charakter, sondern dienten der Stabilität der Mauer. Die Stärke der Mauer variiert. Man konnte eine durchschnittliche Stärke von 3,60 bis 4 m feststellen. Dies ist bei den Sektoren Sk, Ge und teilweise bei Sektor Pe festgestellt worden. An diesen Teilen der Mauer wurden keine Bauteile beobachtet, die aus der Mauer hervorragen. Es gibt aber Teile der Mauer, die noch stärker sind. Beim Sektor St wurde eine Stärke von 4,50 bis 5,75 m gemessen. Dies hängt wahrscheinlich mit dem sumpfigen Boden zusammen. Um die Erosion des Bodens zu vermeiden, wurde die Mauer an dieser Stelle stärker errichtet. Die erhaltene Höhe der Mauer beim Sektor Sp beträgt 2,50 m. Es wird aber angenommen, dass die Mauer über 5 m hoch war, möglicherweise sogar 6 m.[1187] Anhaltspunkte, die für eine solche Höhe sprechen könnten, wurden nicht gefunden. Hope und Simpson kamen wahrscheinlich durch den Vergleich mit der Höhe anderer mykenischer Befestigungsanlagen wie in Mykene, Tiryns, Midea und Gla zu diesem Ergebnis.

[1182] O. Broneer, The Cyclopean Wall on the Isthmus of Corinth and its Bearing on Late Bronze Age Chronology, Hesperia 35, 1966, 346-362; ders., The Cyclopean Wall on the Istmus of Corinth, Addendum, Hesperia 37, 1968, 27-35.

[1183] Es handelt sich um folgende Sektoren vom Osten nach Westen: Sk, St, Ro, Ph, Pe, Sp, Zo, VI, Pa, Mi und Ge. Letztere beide Sektoren liegen südlich des Tempels von Poseidon im antiken Isthmia. Beim Mauerabschnitt Zo wurde nicht ihre äußere Fassade gefunden. Broneer fand damals die innere Seite der Mauer und Teile ihre Steinfüllung. Problematisch war hier der Befund von zwei bearbeiteten, rechteckigen Steinblöcken, die in die Mauer integriert wurden. Es wurde angenommen, dass Zo später Teil einer Mauer war, die als Straße benutzt wurde und dass die erwähnten Steine aus der klassischen oder hellenistischen Siedlung auf dem Hügel Rachi stammen. Über den Mauerabschnitt Zo siehe R. Hope – Simpson, D. K. Hagel (2006), 131f.

[1184] Ebd. 132f.

[1185] Die 6 Meilen lange Mauer wurde vom spätbyzantinischen Kaiser Emmanuel II. errichtet. Die Errichtung der Mauer dauerte von 1415 bis 1444. Im 1446 wurde die Mauer von den Osmanen gestürmt. Die Mauer erlitt viele Zerstörungen, aber sie wurde später mehrmals von den Venezianern wiedererrichtet. Während der Befreiungskriege gegen die Türken wurde die Mauer von den Griechen zur Abwehr verwendet.

[1186] R. Hope – Simpson, D. K. Hagel (2006), 129f.

[1187] Ebd. 128f.

Von den verschiedenen Sektoren ist der Mauerabschnitt im Sektor Sp am besten erhalten. Hier konnte man deutlich die Konstruktionsweise der Baukonstruktion beobachten, die auf die kyklopische Bauweise hinweisen. Dieser Teil wird gern mit den Mauern von Mykene, Tiryns und Midea verglichen.[1188] Ähnlichkeiten konnte man auch mit Teilen des Damms von Tiryns feststellen.[1189] Bautechnische Details, die auf mykenische Bauweise hinweisen, konnten Archäologen bei Mauerabschnitt St deutlich beobachten. Es handelt sich um grob bearbeitete Steinblöcke, die in unregelmäßigen Reihen gelegt wurden. Kleinere Steine für die Fugen wurden auch verwendet. Die Mauer ist nicht in der sog. Trockenbauweise errichtet, sondern es wurde Lehm als Verbindungsmaterial benutzt. Bei dem Mauerabschnitt Pe wurde dieselbe Bauweise beobachtet. Es gilt als sicher, dass bei verschiedenen Sektoren der sog. kyklopischen Mauer von Isthmus dieselbe Bautechnik verwendet wurde.[1190] Ähnlichkeiten bezüglich der Bautechnik wurden auch bei den Mauerabschnitten Pe, Sk und Ge festgestellt worden. Wie schon oben erwähnt, wurden in die äußere Fassade der Mauer lange und besser bearbeitete Steinblöcke eingebaut. Für die äußere Seite der Mauer wird immer die größere Oberfläche der Steinbrocken verwendet. Die innere Oberfläche ist meistens unregelmäßig und verbindet sich gut mit der Steinfüllung der Mauer.

Über die Funktion der sog. kyklopischen Mauer gehen die Meinungen der Wissenschaftler auseinander. Einerseits wird angenommen, dass es sich hier um eine defensive Baukonstruktion handelt und anderseits, dass die erwähnten Mauerzüge Teile einer mykenischen Straße sind. Anhand des archäologischen Befunds scheint die Mauer von Isthmia eher einen defensiven Charakter zu haben als eine einfache Straße zu sein. Es könnte sein, dass entlang der Mauer eine Straße lief. Dies ist aber auch nicht sicher. Laut Hope und Simpson sind aus folgenden Gründen die Mauerzüge der sog. kyklopischen Mauer von Isthmia keine Teile einer Straße: Bis heute konnte nicht bewiesen werden, dass die vermutliche Straße mykenische Siedlungen verband, Siedlungen wie Gonia und Perdikaria liegen außerhalb des Verlaufs der Mauer. Die wichtige Siedlung Korakou am korinthischen Golf, die vermutlich auch ein wichtiger mykenischer Hafen und ein administratives Zentrum war, scheint nicht mit der angeblichen Straße verbunden zu sein. Ob die Siedlung von Korinth mit der Straße verbunden war, ist immer noch ungewiss, da die Ausdehnung der mykenischen Siedlung bis heute nicht bestimmt werden konnte.

Schwierigkeiten bei der Errichtung eines solchen Werkes bereiteten die geomorphologischen Gegebenheiten und der sumpfige Boden. Die Arbeitsleistung und die Kosten für den Bau einer solchen Strasse wären sehr kostspielig gewesen und es war auch nicht unbedingt notwendig, da es eine Alternative gab. In der Antike wurde die sog. Diolkos Straße benutzt, die an der engsten Stelle des Isthmus den korinthischen und den saronischen Golf verband. Aus welchem Grund sollten die Mykener nicht eine Straße in diesem engsten Gebiet benutzt haben und stattdessen eine andere längere und bestimmt teuere Straße errichtet haben? Die Straße von Diolkos wäre einfacher zu verwalten und zu reparieren gewesen, wenn der Boden sumpfig wurde. Außerdem spricht die Höhe der von Broneer ausgegrabenen Teile gegen eine Straße. Die Höhe der erhaltenen Mauerteile müsste mit der Fläche der vermuteten Straße übereinstimmen und das ist hier nicht der Fall.[1191] Aus praktischen Gründen konnte also die 3 km lange angebliche Straße, die bis zum Poseidonheiligtum reicht, keine Straße gewesen sein. Dass aber entlang der Mauerteile ein Pfad verlief, kann nicht ausgeschlossen werden. Es gibt aber auch andere Anhaltspunkte, die für den defensiven Charakter dieser Mauerzüge sprechen. Die inneren Mauerseiten (südwestliche Seiten der Mauern) der Mauerzüge Sk und Ge wurden nicht mit Sorgfalt, wie die äußeren Fassaden (nordöstlichen Seiten) der Mauerzüge, errichtet. Die inneren Seiten bestehen aus kleineren groben unbearbeiteten Steinen. Hope und Simpson fragen sich, ob im Fall einer Straße beide Mauerseiten auf dieselbe Weise errichtet sein sollten.[1192] Im Vergleich zu mykenischen Straßen weist die Mauer hier an ihren beiden Seiten keine „*Kerbs*"-Randsteine auf. Die Steine der äußeren Fassade (ihre hintere Fläche) sind einfach mit der Steinfüllung der zweischaligen Mauer verkeilt.[1193] Bezüglich der Bauweise ist die äußere Fassade der Mauer viel besser als Stützmauern von bekannten mykenischen Straßen gebaut und außerdem konnten an den erhaltenen Teile der Mauer keine Brücken und keine Kanäle für die Entwässerung gefunden werden. Im Gegenteil dazu wurde die Mauer durch die Verwendung von Lehm wasserdicht gemacht.[1194]

[1188] Ebd. 129f. Taf. 8a und b.

[1189] Ebd. Taf. 31 – 32.

[1190] Ebd. An dieser Stelle wird die Länge der folgenden Sektoren erwähnt: Sektor Sk hat eine Länge von 17 m, Sektor St 25 m, Sektor Pe 45,50 m, Sektor Sp 22m, die Mauer im sog. Grundstück von Ioannis Vlassis mit einer Länge von 30 m und Ge mit 20,50 m Länge. Andere erhaltene Teile der Mauer haben eine Länge von 13 bis 13,50 m.

[1191] Ebd. 134f.

[1192] Ebd.

[1193] Ebd.

[1194] Ebd. Hier werden die Brücken und die Mauern von einigen großen mykenische Kanäle nicht mitberechnet.

Die sog. kyklopische Mauer von Isthmia wird in die Spätbronzezeit datiert, obwohl die Keramikfunde von Broneers Ausgrabungen nicht eindeutig sind. Die Baukonstruktion wird anhand der Konstruktionsweise, durch den Vergleich mit ähnlichen Bauwerken, wie die Dämme und Kanäle in der Kopaisebene und der Ausgrabungen in Gla, in die späthelladische Zeit datiert. In der Kopaisebene gingen Archäologen von einer Datierung in die SH IIIB1 Periode aus, obwohl diese Baukonstruktionen nicht vollständig untersucht wurden. Aus geologischen Untersuchungen am Damm von Tiryns, der aber nicht vollständig untersucht wurde, ergab sich eine Datierung in der frühen SH IIIC Zeit.[1195] Wahrscheinlich ist die Mauer während dieser Perioden oder in der SH IIIB2 Zeit entstanden, als die befestigten Burgen von Mykene, Tiryns und Midea verstärkt wurden.[1196] Archäologen kamen zu diesem Ergebnis mehr aus der Bauweise und der Konstruktionsprinzipien der Mauer als durch die Keramikfunde. Eine spätere Datierung in der Eisenzeit oder im 7. Jahrhundert v. Chr. wurde ausgeschlossen.[1197] Die Mauer wird als Damm- oder Abgrenzungsmauer mit defensivem Charakter verstanden. Sie konnte nicht auf Dauer die Gefahr einer Invasion vom Nordosten abwehren. Ein Angriff konnte gewiss auch vom Meer ausgehen, aber mit versammelten Kräften konnte er abgewehrt werden. Die Mauer konnte noch eine Abschreckungsfunktion haben, wie später die Hadrianische Mauer im nördlichen England oder auch die chinesische Mauer. Sicher passte die Baukonstruktion von Isthmia in das defensive Konzept der Mykener mit ihren Verstärkungsbaumaßnahmen während der oben genannten Zeiten. Ob die Mauer vollendet wurde und bis an den korinthischen Golf verlief, konnte bis heute nicht festgestellt werden. Dasselbe gilt auch für ihre Höhe. Nur durch den Vergleich mit anderen mykenischen Befestigungsanlagen kann vermutet werden, wie hoch sie gewesen ist. Leider sind nur wenige Teile von ihr erhalten, die eine Rekonstruktion nicht ermöglichen. Sicher ist, dass für die Errichtung eines solchen Bauwerkes eine administrative Organisation und ungeheuere Finanz- und Arbeitsleistung gefordert war. Diese waren anhand des archäologischen Befundes während der Spätbronzezeit auf dem Peloponnes vorhanden. Andere eventuelle mykenische Befestigungsanlagen in Argolis und Korinthia sind nicht bekannt. Die von Scoufopoulos und Iakovidis angesprochenen sog. mykenischen Wachtürme können nicht in diese Arbeit aufgenommen werden, weil es sich meistens um architektonische Teile der klassischen und hellenistischen Epoche handelt. Dies konnte durch die Keramik und aus der Konstruktionsweise der Baukonstruktionen herausgestellt werden. Meistens handelt es sich um polygonale Mauern, die während der oben genannten historischen Epochen gebaut wurden. Es handelt sich um folgende Orte: Kasarma, Katzingri, Kastraki, Alepotrypes bei Ligourio, Kastro Choritsa und Xerokastelli.[1198]

5.2.3. Elis, Arkadien und Achaia

In diesen geographischen Gebieten auf dem zentralen und nordwestlichen Peloponnes sind bei verschiedenen Ortschaften mykenische Baukonstruktionen gefunden worden, die auf Verteidigungsmauern hindeuten. Auf dem Hügel Nestoras in **Kakovatos,** der in der westlichen Küstenebene von Elis liegt, wurden architektonische Elemente von Gebäuden und einer Mauer gefunden, die als mykenisch bezeichnet werden. Auf der Oberfläche des niedrigen Hügels wurden Reste von einem Gebäudekomplex gefunden, die Dörpfeld als Palast bezeichnete.[1199] Es handelt sich um eine Fläche, die sich 110 m nach Nordosten und 20 m nach Südwesten erstreckt. Möglicherweise war der Hügel von einer Verteidigungsmauer umschlossen. An der südlichen Seite des Gebäudekomplexes wurde am steilen Hang eine Mauer gefunden, die aus großen Steinblöcken besteht. Es konnte nicht festgestellt werden, ob diese Mauer zum sog. Palast gehört oder ob es sich tatsächlich um einen Teil einer Fortifikationsmauer handelt. Große Steinblöcke fand man auch an der nordwestlichen Seite des Hügels. Es wird vermutet, dass die Siedlung in Kakovatos eine Fläche von 200 m vom Osten nach Westen und 90 m nach Nordwesten umfasste. Die Keramik weist auf die Mittel- und Späthelladische Zeit hin. Interessant ist der Befund von drei Tholosgräbern mit reichen Beigaben auf dem nordöstlichen Teil des Hügels.

Eine weitere mykenische Befestigung wurde in **Kleidi** bei Kato Samikon vermutet. Der niedrige Hügel liegt in der westlichen Küstenebene von Elis nördlich von Kakovatos. Er grenzt an den inzwischen ausgetrockneten Sumpf von Agoulinitsa. Kleidi liegt gegenüber den Befestigungen des antiken Samikon. Auf dem Hügel und einer Fläche von 250 m nach Norden und 80 m nach

[1195] Ebd. 136f.

[1196] Ebd. 137f. Die zwei fast vollständigen gefundenen Vasen aus der frühen SH IIIB2/C Zeit können nicht als *terminus post quem* verwendet werden. Die gefundene Keramik an der Mauer und der Umgebung weist auf eine Besiedlungskontinuität während der SH IIIB bis SH IIIC Zeit hin.

[1197] Ebd.

[1198] Ebd. 44ff. Zu diesen Orten siehe auch S. Iakovidis, Late Helladic Fortifications, in: R. Laffineur (Hrsg.), Polemos, Aegaeum 19 (Liège: University of Liège) 1999, 199-203.

[1199] Ebd. 59f.

Süden fand man späthelladische Keramik. Auch in der Umgebung des Hügels wurde im Norden und Süden mittelhelladische und späthelladische IIIB Keramik entdeckt. Überwiegend fand man aber Keramik der frühmykenischen Zeit.
Von einer mykenischen Fortifikation sprach Dörpfeld, obwohl diese im Jahr 1939 nicht sichtbar war. Andere Wissenschaftler entdeckten in den 50er und 80er Jahren Reste einer Mauer von großen Steinblöcken am nördlichen Hang des Hügels. Diese Steine sollen zu einer Befestigungsanlage und nicht zu Gebäuden gehört haben.[1200] Problematisch war die Kategorisierung des archäologischen Materials. Entweder lag es im Sumpfgebiet oder war von späteren Gräben zerstört. Ein Teil des erwähnten Baumaterials war von der sog. kyklopischen Mauer überbaut. Es handelt sich um eine Mauer, die vom Westen nach Osten über den Hügel verläuft. Die Mauer verläuft weiter zwischen dem Hügel und dem antiken Samikon. Teile dieser Mauer wurden in einer Länge von 60 m nachgewiesen. Ihre Stärke liegt zwischen 2,60 und 3,05 m und sie besteht aus großen Steinblöcken. Die Baukonstruktion ist in einer Höhe von 1,60 m erhalten. Leider konnte die gefundene Keramik keine Anhaltspunkte für die Datierung der Mauer geben. Man nimmt an, dass die sog. kyklopische Mauer eher hellenistisch als mykenisch ist.[1201]
Im östlichen Arkadien nördlich der klassischen Befestigung von Mantineia liegt der Hügel **Gourtsouli**. Hier wird die vorklassische Siedlung Ptolis vermutet. Bei den Ausgrabungen konnte festgestellt werden, dass der Hügel und seine Umgebung schon von der Frühbronzezeit an besiedelt war. Heute liegt auf dem Gipfel des Hügels die kleine Kapelle von Panagia. Vom Ende des 8. Jahrhunderts bis in die Mitte des 2. Jahrhunderts v. Chr. gab es auf dem oberen Plateau des Hügels ein Heiligtum. Es konnte eine Siedlungskontinuität auf dem oberen Plateau und auf dem östlichen Hang des Hügels von der Früh- bis in die Spätbronzezeit festgestellt werden. Auf dem östlichen Hang fand man die Reste einer 10 m langen Mauer ca. 100 m von der Kapelle entfernt. Es wurde damals von einer Mauer mit kyklopischen Stil gesprochen. Die Mauer ist in einer Höhe von 1,50 m erhalten. Spuren des Verlaufs der Mauer wurden 30 m südlich gefunden. Es wird angenommen, dass der obere Teil des Hügels durch eine Umfassungsmauer umschlossen wurde. Die Mauer mit möglicherweise defensivem Charakter schützte ein Areal von 200 m Durchmesser. Man nimmt an, dass die Mauer mykenisch ist, was aber nicht sicher ist.[1202]

Eine andere Befestigungsmauer wird auf dem felsigen Hügel von **Panigyristria** vermutet. Der Hügel liegt nordöstlich von Mantineia in Argolis. Panigyristria liegt nah des Dorfes Nestani, wo auch die Befestigung von der antiken Stadt Nestani liegt. Von der vermuteten spätbronzezeitlichen Befestigung sind nur spärliche Reste erhalten. Teile der Mauer wurden südlich des Turmes der östlichen Toranlage der antiken Befestigung gefunden. Es handelt sich nur um einen kleinen Teil der Mauer, die einer kyklopischen Mauer ähnelt, weil zwischen den größeren Steinen kleinere Zwickelsteine verwendet wurden. Die Mauer ist in die spätere klassische und hellenistische Befestigungsmauer integriert, die polygonal und isodomisch errichtet wurde. Mehr über die sog. mykenische Mauer ist nicht bekannt. Nur wenige prähistorische und mykenische Scherben konnten auf die Besiedlungskontinuität auf dem Hügel hinweisen. Überwiegend wurde klassische und hellenistische Keramik gefunden.[1203]
Im nordwestlichen Arkadien auf dem Hügel **Troupes** konnten Spuren einer Besiedlung festgestellt werden. Der Hügel liegt 2 km nordöstlich von Dimitra, das auf dem südlichen Hang des Berges Aphrodision und nah des Tals des Flusses Ladonas liegt. Auf dem östlichen Hang des Hügels wurde vor allem prähistorische Keramik gefunden. Es konnte nachgewiesen werden, dass der Ort schon ab dem Neolithikum besiedelt wurde. Die meisten Scherben stammen aber aus der mittelhelladischen Epoche. Reste einer Fortifikationsmauer fand C. T. Syriopoulos auf dem Hügel **Agios Elias** westlich von Dimitra. Er datierte die Mauer in die späthelladische Zeit. Die Mauer besteht aus großen rechteckigen Steinblöcken. Ein Teil der Mauer besteht aus kleineren Steinen, die für eine polygonale Mauer sprechen. Dies weist auf eine spätere Baukonstruktion hin. Leider konnte dieser Mauer bis heute nicht systematisch untersucht werden. Ihre Datierung ist umstritten. Ob nun auf beiden Hügeln die prähistorischen Siedlungen während der Spätbronzezeit jeweils durch Mauern besonders geschützt wurden, ist unklar.[1204]
Über die Befestigung in Araxos, das sog. **Teichos Dymaion**, das in der Mittelbronzezeit errichtet wurde und bis in mykenische Zeit bestand, wurde schon berichtet.

5.2.4. Messenien

Von den vielen ausgegrabenen Siedlungen in Messenien sind nur wenige bekannt, die auf eine Befestigungsanlage hinweisen. Eine davon ist die schon erwähnte bei Vasiliko Malthi – Dorion.[1205]

[1200] Ebd. 60f.
[1201] Ebd.
[1202] Ebd. 61f. Taf. 12a.
[1203] Ebd.
[1204] Ebd. 62f.
[1205] Siehe den Teil über die Mittelbronzezeit.

An der westlichen Küste vom Peloponnes, etwa 9 km nördlich der Bucht von Navarino, 17 km nördlich des modernen Pylos und 4 km südlich von Chora, liegt der Hügel **Ano Englianos**, wo der sog. mykenische Palast Nestors von Blegen gefunden und ausgegraben wurde. In den Jahren 1912 und 1926 wurden die bronzezeitlichen Tholosgräber nördlich von Navarino von K. Kourouniotis ausgegraben. Der Archäologe sah hier Königsgräber und zusammen mit Blegen erforschte er 1939 die architektonischen Reste der mykenischen Siedlung in Ano Englianos. Die systematische Freilegung der archäologischen Stätte erfolgte durch C. W. Blegen und M. Rawson und dauerte von 1952 bis 1971.[1206] Der Hügel liegt 185 m über dem Meeresspiegel und war schon seit der mittelhelladischen Zeit besiedelt. Keramik und frühe Baustrukturen belegen es. Das Plateau mit den Ruinen auf dem Hügel erstreckt sich 170 m vom Nordosten nach Südwesten. Seine breiteste Stelle beträgt 90 m. Der Hügel hat auch steile Hänge, ist aber nicht von Natur aus befestigt, wie z. B. der Hügel von Mykene. Die architektonischen Elemente, die man heute sieht, stammen aus der Spätbronzezeit. Der Palast soll innerhalb einer älteren Befestigung, möglicherweise einer mittelhelladischen oder frühmykenischen, errichtet worden sein, deren Teile über- oder ausgebaut wurden. Aus dieser Zeit sollen die Reste einer Umfassungsmauer mit einem Tor an dem seichter abfallenden nordöstlichen Hang des Hügels stammen. Wie diese Befestigung oder Umsäumung der früheren Siedlung ausgesehen hat, ist nicht bekannt. Interessant ist der Hinweis auf minoischen Einfluss in der früheren Besiedlungsphase in Ano Englianos. Als Beispiel könnten an dieser Stelle Steine mit Stierhörnerdarstellungen und Doppelaxtsymbolen erwähnt werden, die später in den mykenischen Mauern oder Fundamenten der mykenischen Paläste verbaut wurden. Solche Quader mit eingeritzten Doppelaxtsymbolen fand man unterhalb des Fundaments des Palastes.

In der SH IIIB Zeit (etwa 1300 v. Chr.) leitete man die Planierung des Hügels und den Bau des neuen Palastkomplexes ein. Mit der Errichtung der neuen Gebäude gingen viele architektonische Elemente der früheren Besiedlungsphase für immer verloren. Nur wenige Baustrukturen konnten Archäologen unter dem Palastfundament erkennen. Außerhalb des Palastkomplexes erstreckten sich die Gebäude der Siedlung über den ganzen Hügel. Die mykenische Siedlung soll ein Areal vom 20 ha umfasst haben. Ob eine Untersiedlung auf der Ebene existierte, konnte nicht festgestellt werden. Nur im Süden und Norden des Hügels fand man reich ausgestattete Tholos- und Kammergräber.

Der Palastkomplex nun, der besser als diejenigen von Mykene und Tiryns erhalten ist, besteht aus vier Gebäudeeinheiten mit über 100 Räumen. Sie sind in der Literatur als zentrales, nordwestliches, nordöstliches Gebäude und als Weinmagazin bekannt. Aus der Raumverteilung und dem Grundriss des Gebäudekomplexes kamen die Archäologen zu dem Schluss, dass das frühere Gebäude durch den zentralen und axial ausgerichteten Zentralbau abgelöst wurde. Im süd- und nordwestlichen Bereich des Palastkomplexes blieben aber Räume der früheren Baueinrichtungen als Annex in Betrieb. Es handelt sich um Bauten, die Ähnlichkeiten mit dem Hauptgebäude, wie z. B. Funktionsräume, aufweisen. Leider ist der Erhaltungszustand des südwestlichen Gebäudekomplexes schlechter als die anderen architektonischen Reste der Anlage. Das Baumaterial wurde im Laufe der Zeit abgetragen und für die Errichtung anderer Bauten wieder verwendet. Während der SH IIIC Zeit (etwa 1200 v. Chr.) wurde der gesamte Palastkomplex durch eine Feuerbrunst zerstört und nicht wieder aufgebaut.

Als Baumaterial für die Errichtung des sog. Palastes benutzten die Bauarchitekten bearbeitete Kalksteinquadern mit geglätteten Oberflächen. Diese wurden meistens an den Außenmauern des Gebäudes verwendet. Damit versuchten die Bauherren wahrscheinlich dem Gebäude eine gewisse Monumentalität zu verleihen. Die inneren Mauern wurden meistens mit kleineren unbearbeiteten Steinen errichtet und mit einem Fachwerk aus Holzbalken gestützt. Holz wurde auch für die Türrahmen, Säulen, die Decken und die Dachkonstruktion verwendet.[1207] Die

---

[1206] C. W. Blegen, M. Rawson, The Palace of Nestor at Pylos in Western Messenia I (1966). Zum Thema Pylos siehe auch G. G. Lolos, *Η πρωτεύουσα του Νέστορος και η γύρω περιοχή. Πύλος Ημαθοείς* (1997). J. L. Davis (Hrsg.), S. E. Alcock, Sandy Pylos. An Archaeological History from Nestor to Navarino, J. L. Davis (Hrsg.) with contributions by Susan E. Alcock (1998), 23-47, 81-111. C. W. Blegen, M. Rawson, A guide to The Palace of Nestor, Mycenaean sites in its environs and the Chora Museum, American School of Classical Studies at Athens (2001). C. W. Shelmerdine, T. G. Palaima (Hrsg.), Pylos comes alive. Industry and Administration in a Mycenaean Palace. Papers of a symposium of the New York Society of the Archäological Institute of America, 4-5 May N.Y. (1984). P. Dyczek, Pylos in the Bronze Age. Problems of Culture and Social Life in Messenia (1994). C. W. Shelmerdine, The Perfume Industry of Mycenaean Pylos, SIMA 34 (1985). R. Hope – Simpson, D. K. Hagel (2006), 52ff. mit ausführlicher Literatur. Die archäologische Stätte verband man mit dem aus homerischer Überlieferung bekannten Reich Pylos, nach dessen legendärem Herrscher der Monumentalbau auf der Akropolis den Namen Nestorpalast erhielt.

[1207] Die Verwendung des Fachwerkes wurde

Wände waren mit Stuck versehen. Den Fußboden und die Wände der repräsentativen Räume schmückte man mit Fresken.
Das zentrale Gebäude besteht aus dem Megaron, seinem Hof und seinen Nebenräumen. Die Nebenräume flankieren beide Seiten des Megaron und waren von zwei Gängen zu betreten. Es handelt sich um Magazine für Wein und Öl, Werkstätten, Gästeräume und Archivräume.[1208] Man konnte ins Megaron durch einen „*Propylon*" gelangen. An der linken Seite befanden sich zwei Archivräume. In nordwestlicher Richtung fand man durch einen zweiten „*Propylon*" Zutritt zu dem Hof des Megaron. Von dem offenen Hof konnte man durch einen Portikus in den nordöstlichen Bereich des Palastkomplexes gelangen. Die Funktion dieses Teiles konnte nicht mit Sicherheit festgestellt werden. Es wird angenommen, dass die verschiedenen Räume entweder privat oder wirtschaftlich benutzt wurden. Man vermutete Werkstätten zur Reparatur von Metall- und Lederwaren. Von der nordwestlichen Seite des Hofes konnte man durch eine Vorhalle und einen Vorraum in den großen Hauptraum des Megaron gelangen, der in der Literatur als Thronraum oder Königshalle bezeichnet wird. Von dem Vorraum konnte man durch zwei Zugänge zu den beiden flankierenden Gebäudekomplexen gelangen. Der Hauptraum des Megaron ist 11 x 13 m groß. In seiner Mitte befindet sich eine runde Konstruktion, die mit Putz versehen ist. Sie hat einen Durchmesser von 4 m und wird als Herd beziehungsweise Feuerstelle bezeichnet. Die Feuerstelle wurde von vier kannelierten Säulen umsäumt, deren Steinbasen erhalten sind. Die aus Holz bestehenden Säulen stützten möglicherweise ein Obergeschoss. Es wird vermutet, dass im Obergeschoss eine Galerie um den zentralen Feuerstellebereich herumlief. Dies konnte bis heute nicht bewiesen werden, weil keine Spuren eines Obergeschosses gefunden wurden. Eine zentrale durchgehende Öffnung für den Rauchabzug, aber auch für die Beleuchtung der Haupthalle scheint wahrscheinlicher. Der Fund eines Tonfragmentes nah der Herdstelle, der wahrscheinlich zu einem Rauchabzug gehörte, zeigt, dass der Rauchabzug nicht nur durch die Öffnung über die Feuerstelle folgte, sondern auch durch Kaminöffnungen im Dach.
Der Hauptraum war in Form von großen aufwendigen Fresken an den Wänden geschmückt. Phantastische Tiergestalten wie Greifen, das Fresko mit dem sitzenden Mann, der Kithara spielt, oder der Kampf von mit Speeren bewaffneten Kriegern, die Beinschienen und Eberzahnhelme tragen, mit anderen leicht bewaffneten, in zerlumpte Felle gekleidete Männer in einer Flusslandschaft, sind einige Fresken mit denen der Palast von Pylos geschmückt war. Der mit Stuck versehene Boden war mit bemalten Quadraten gestaltet. Die Quadrate wirkten wie gemusterte Fliesen und hatten wahrscheinlich einen Marmoreffekt oder ein Muster aus Meerbewohnern wie Kraken oder Delphinen. Vor dem Thron in Pylos, der in der Mitte der rechten Seitenwand (nordöstliche Wand) des Hauptraumes lag, war eine Tintenfischdarstellung auf der Bodenfläche. Dass an dieser Stelle ein Thron stand, wurde durch eine annähernd quadratische Aussparung in diesem Bereich des Raumes deutlich. Eine davon ausgehende Rinne, die möglicherweise zum Opfer benutzt wurde, könnte die enge Verbindung des Herrschers von Pylos mit kultischen Handlungen aufzeigen.
Über die anderen Räume des Palastes, die um das Megaron herum liegen, kann Folgendes erwähnt werden: Die zahlreiche Keramik weist auf den starken wirtschaftlichen Charakter des gesamten Gebäudekomplexes hin. Der Fund von tausend undekorierten Gefäßen zeigt wahrscheinlich, dass die Gefäße nicht nur zum eigenen Bedarf verwendet wurden, sondern ihre Lagerung auch wirtschaftlichen Gründen diente. Aus dem erwähnten Fund der Tontafeln konnte die Lieferung einer großen Auswahl verschiedener Produkte belegt werden. Daraus lässt sich der administrative und wirtschaftliche Aspekt der gesamten Palastanlage auf Ano Englianos feststellen. Seine Funktion als Residenzanlage wird wahrscheinlich durch das zentrale Gebäude mit dem Megaron und seine beide Seiten flankierenden

---

wahrscheinlich vom minoischen Kreta übernommen und wurde auch während der Frühbronzezeit verwendet. Auf diese Weise waren die Mauern der Gebäude widerstandsfähiger gegen Erdbeben. Der intensive Gebrauch vom Holz für den Bau des Palastkomplexes lässt die Folgen der Feuerkatastrophe in der SH IIIC Zeit erahnen.

[1208] Besonders wichtig für die Studie des mykenischen Verwaltungssystems und der Landnutzung der benachbarten Gebiete von Pylos war der Fund von über 1250 beschrifteten Tontafeln. Der Engländer M. Ventris konnte 1952 mit Hilfe des Philologen J. Chadwick die sog. Linear – B Schrift auf den Tontäfeln in frühgriechischer Sprache entziffern. Die Tontafeln belegen Warenlieferungen innerhalb des Einflussbereichs des Palastes. Es gab Betriebe, die mit der Produktion und der Lieferung von Olivenöl und aromatischen Duftstoffen sich beschäftigten. Daraus konnte man schließen, dass in Pylos eine Parfümindustrie existierte. Der Fund von Bügelkannen im Raum 32 mit einer aufwendigen und fortschrittlichen Bemalung im Vergleich zu anderen Gefäßen weist wahrscheinlich auf die Lagerung von veredeltem parfümiertem Öl hin, welches zu kultischen, medizinischen und persönlichen Zwecken benutzt wurde. Die frühgriechischen Texte auf den Tontafeln behandeln meistens logistische Themen wie Steuereinnahmen, Schulden, Verteilung verschiedenen Produkten und Ausgaben für Waffen.

Nebengebäude gezeigt. Die sog. Königshalle mit dem Thron diente wahrscheinlich als Repräsentationsraum. Dass die Königshalle aber auch für kultische Zwecke benutzt wurde, kann nicht ausgeschlossen werden. Problematisch bleiben die Definition des privaten Bereiches innerhalb der Palastanlage von Pylos und die Funktion verschiedener Räume. Die erstaunliche Lagerkapazität der Anlage, die anscheinend den eigenen Bedarf übertraf, und der Mangel an eigenen Produktionsstätten, bereitet Probleme bezüglich der Funktion des gesamten Gebäudekomplexes. Kann die sog. Palastanlage von Pylos als wirtschaftlicher und kultischer Mittelpunkt angesehen werden oder war sie auch der Sitz eines Herrschers, der hier mit der elitären Gesellschaft von Messenien residierte? Sicher ist, dass eine solche Anlage ohne eine zentrale Organisation, Verwaltungsmacht und Machtausübung nicht funktionieren konnte.

Problematisch bleibt auch die Frage, ob die Siedlung von Ano Englianos von einer Befestigungsanlage geschützt wurde. Wie schon oben erwähnt, fanden Archäologen Reste einer Mauer und eines Tores am nordöstlichen Hang des Hügels. Es handelt sich um die Reste einer Umfassungsmauer, die anhand der Keramik in die SH I/IIA Zeit datiert wurde.[1209] Die Reste bestehen aus der sog. nordöstlichen Toranlage, eine 10 m lange Mauer und Teile von Mauern an dem nordwestlichen Hang des Hügels, die 28 m, 37 m und 59 m entfernt von der nordöstlichen Toranlage liegen. In der Nähe des Tores sind Teile eines Mauerzuges erhalten. Die Mauer besteht aus zwei oder drei Reihen kleiner bearbeiteter Steine und erreicht eine Höhe von 0,60 m. Die Breite der Mauer beträgt 1,40 m. Es wird angenommen, dass hier an der südöstlichen Seite der Toranlage eine turmartige Bastion existierte. Steinplatten und stufenweise gelegte Steine in diesem Bereich zeigen, dass man an dieser Stelle Zutritt in die Siedlung fand. Andere Teile einer Befestigungsmauer sind nicht bekannt. Mit der Errichtung der neuen Palastanlage wurden wahrscheinlich Teile der Befestigungsanlage absichtlich abgetragen oder mit Erde zugeschüttet. Ein Teil der früheren Fortifikationsmauer soll unter dem südwestlichen Bereich der Palastanlage liegen. Dies könnte bedeuten, dass die Palastanlage während der Feuerkatastrophe keine Befestigungsmauern besaß. Andere architektonische Reste einer Befestigungsmauer auf dem Plateau des Hügels sind nicht bekannt. Die Zerstörung der Palastanlage wird in der Übergangszeit von SH IIIB2 und der frühen SH IIIC Zeit vermutet.[1210] Geophysikalische Untersuchungen am nordwestlichen Hang des Hügels konnten die Existenz einer Befestigungsanlage in Ano Englianos bestätigen. Man vermutet an der steilen nordwestlichen Seite des Hügels eine massive Fortifikationsmauer, die 60 m nordwestlich von der Palastanlage entfernt liegt. Möglicherweise umschloss diese Mauer einen Teil der sog. Unterstadt von Ano Englianos, die eine Ausdehnung von 12,40 ha gehabt haben soll.[1211] Zukünftige Ausgrabungen werden dies eventuell bestätigen. Dann muss man ein neues Bild von Ano Englianos und dem „Palast des homerischen Königs Nestor“ zeichnen.

In **Muriatada,** das auch als Elliniko bekannt ist, wurden Reste einer befestigten Akropolis gefunden. Der Hügel von Elliniko liegt 9 km östlich von der Stadt Kyparissia und 2 km östlich vom Dorf Muriatada in Messenien. Der Hügel liegt am nördlichen Hang des Berges Kyparissia und beherrscht die ganze Umgebung. Das Plateau des Hügels erstreckt sich 200 m nach Norden und 150 m nach Süden und wurde von S. Marinatos ausgegraben.[1212] Er fand auf dem Hügel architektonische Reste einer mykenischen Siedlung, die von starken Umfassungsmauern umsäumt wurde. Marinatos erkannte Mauern, die Ähnlichkeiten mit denen von Gla aufweisen. Auf dem Hügel wurde außerdem ein kleiner Gebäudekomplex mit vielen Räumen und einem Megaron gefunden, der als Palast bezeichnet wurde. Die Freilegung eines Fundaments weist wahrscheinlich auf die Existenz eines Tempels hin. Aufgrund der Keramik wurde die Siedlung in die SH IIIB Zeit datiert. Genauer wird sie in die letzte Phase des Palastes von Ano Englianos datiert.[1213] Die sog. Befestigungsmauer der Siedlung ist auf dem südlichen Hang des Hügels besser erhalten. Hier wurden Reste eines Turmes oder einer Bastion gefunden. Die Reste der sog. Fortifikationsmauer sind in einer Länge von 16 m erhalten. Die Höhe der Baukonstruktion erreicht 5 m. Die Mauer besteht aus längeren rechteckigen, dünnen Kalksteinblöcken. Ob nun die Mauer zu der kyklopischen Konstruktionsweise gehört, ist ungewiss. Der hier verwendete Kalkstein scheint für kyklopische Konstruktionen nicht geeignet zu sein. N. C. Loader erkannte an der Mauer polygonale, viereckige und rechteckige Steine, die eher an archaische Mauern erinnern. Außerdem gibt es keine vertikalen großen Steinplatten in den Zwischenräumen.[1214] Eine Ähnlichkeit mit der kyklopische Mauer in Isthmia ist

[1209] R. Hope – Simpson, D. K. Hagel (2006), 52ff.

[1210] Ebd.

[1211] Ebd. Im durchgeführten Survey in der sog. *``Lower Town''* fanden Archäologen SH IIIA und SH IIIB Keramik.

[1212] S. Marinatos, *ΜΟΥΡΙΑΤΑΔΑ: ΕΛΛΗΝΙΚΟ*, Prakt, 1960, 201-206.

[1213] R. Hope – Simpson, D. K. Hagel (2006), 54f.

[1214] N. C. Loader, Building in Cyclopean Masonry. With Special Reference to the Mycenaean Fortifications on Mainland Greece, SIMA 148 (1998), 35f.

nicht vorhanden. Während Marinatos Ähnlichkeiten mit der Befestigungsanlage in Gla erkennt, sehen Hope-Simpson und Hagel nur eine oberflächige Ähnlichkeit. Sie tendieren viel mehr zu einem örtlichen, provinzialen Stil der Mauer, deren Baumaterial, wie schon erwähnt, nicht für kyklopische Konstruktionen geeignet war. Die ohne größere Sorgfalt zusammengesetzten Baumaterialien weisen nicht auf gut qualifizierte Bauarchitekten hin.[1215]

Eine andere wichtige mykenische befestigte Akropolis in Messenien ist **Peristeria**. Der Hügel von Peristeria liegt 10 km nördlich von Kyparissia. Es handelt sich um eine strategisch wichtige Stelle, die die Wege von Kyparissia an der Küste in das Innenland von Messenien und die Ebene von Pamisos kontrollierte. Man konnte die befestigte Siedlung von der südlichen Seite des Hügels betreten. Die nördliche Seite des Hügels fällt steil ab und die anderen waren leicht zu verteidigen. Das obere Plateau des Hügels erstreckt sich 200 m nach Norden und 100 m nach Süden. Die architektonischen Elemente wurden in die frühe Spätbronzezeit datiert. Ein Gebäude, das als östliches Haus bekannt ist, wurde in die SH I Zeit datiert. Man fand noch drei Kuppelgräber, die zwei großen sind mit den Nummern 2 und 3 bekannt. Am Eingangspfosten eines dieser Tholosgräber wurde ein Steinmetzzeichen gefunden. Beide (2 und 3) gehören zur SH IIA Zeit. Das sog. südöstliche Haus war von der SH IIB bis in die SH IIIA2 Zeit bewohnt. Der Fund von Figurinen gab den Anlass zu vermuten, dass in diesem Gebäude kultische Handlungen praktiziert wurden.[1216] Hauptsächlich wurde SH IIIA/B Material auf dem Hügel gefunden. Auf seiner nördlichen Seite fand man die Reste eines Gebäudes. Die Keramikfunde an dieser Stelle stammen aus der SH III Zeit. Es wird angenommen, dass die befestigte Siedlung während dieser Periode an Bedeutung verloren hat. Dafür spricht, dass die Kuppelgräber in dieser Zeit keine Verwendung mehr fanden.[1217] In Bezug auf die sog. Befestigungsmauer der Siedlung kann Folgendes erwähnt werden. Architektonische Reste der Mauer wurden an der südlichen Seite des Hügels entdeckt. Es wird vermutet, dass sie in der frühen Spätbronzezeit errichtet wurde. Es handelt sich um eine einfache Mauer ohne besondere Konstruktionsweise. Die Mauer besteht aus kleinen dünnen Steinen und ist weniger als 1 m hoch erhalten. Man erkannte Ähnlichkeiten mit den sog. Fortifikationsmauern von Ano Englianos und Malthi – Dorion. Von der Mauer wurden 30 m freigelegt. An der Südseite (in ihrem südwestlichen Bereich) hat die Mauer eine Stärke von 2,80 m. Nahe diesem ausgegrabenen Areal wurden Reste einer Toranlage gefunden. Eine gepflasterte Straße führte hier in das Innere der befestigten Akropolis. Der Befund zweier kleiner Räume hinter der Mauer erinnert an die sog. „*casemate walls*“ im Nahen Osten oder an ähnliche Baukonstruktionen wie in Kiapha Thiti in Attika.[1218]

Andere Orte in Messenien, die während der Spätbronzezeit befestigt waren, sind leider nicht bekannt. Ortschaften wie Aetos bei Agios Dimitrios, Kastro und Tourles bei Kalamata, Zarnata bei Kampos und das Kastro bei Kardamyle weisen auf keine späthelladischen Fortifikationen hin. Meistens handelt es sich um klassische und hellenistische Mauerzüge, die in spätere mittelalterliche Baukonstruktionen, wie Burgen und Kastelle, integriert wurden.

5.2.5. Lakonien

In Lakonien wurden bei folgenden Orten spätbronzezeitliche Befestigungsmauern vermutet: Menelaion, Agios Basileios, Geraki (das antike Geronthrai), Lekas Panagiotis in Stephania, Agios Stephanos, Passava (das antike Las) und Tigani bei Mezzapos.[1219]

Menelaion liegt 2 bis 3 km südöstlich vom heutigen Sparta oberhalb der östlichen Ebene des Flusses Eurotas. Die mykenische Siedlung liegt auf einer Hügelkette. Es handelt sich um den nördlichen Hügel, den zentralen, der als Menelaion Hügel bekannt ist, und den südlichen, der als Aetos Hügel bekannt ist.[1220] Der Ort wurde im 19. Jahrhundert als das antike Therapnai identifiziert.[1221] Schliemann suchte hier den Palast des Menelaos, aber ohne Ergebnisse. Die mykenische Siedlung wurde von der Britischen Archäologischen Schule in Athen 1909 entdeckt. Der Ort wurde erst 1973 systematisch untersucht. Der archäologische Befund umfasst ein Gebiet mit einer Länge von 1 km vom Norden nach Süden und einer Breite von 400 m vom Osten nach Westen. Der Ort war schon seit der Mittelbronzezeit besiedelt. Die architektonischen Reste auf dem

---

[1215] R. Hope – Simpson, D. K. Hagel (2006), 54f.

[1216] Ebd. 55f.

[1217] Ebd.

[1218] Ebd.

[1219] Ebd. 46ff.

[1220] Der Menelaion Hügel wird von den Einheimischen auch Hügel von Profitis Elias genannt.

[1221] Die archäologische Stätte muss eine große Bedeutung als Kultstätte gehabt haben. Man fand tausende Weihgeschenke, die auf die Bedeutung des Kultortes seit der geometrischen Zeit hinweisen. Es wird vermutet, dass hier eine weibliche Gottheit und ihre Helfer verehrt wurden. Später identifizierte sich der Kult mit Helena und ihren Brüdern, den Dioskuren. Die Kultstätte hängt aber auch mit dem Kult des Menelaos zusammen. Während der hellenistischen Zeit wurde der ältere Kult verdrängt und die Kultstätte wurde als Menelaion bekannt.

Menelaion-Hügel wurden in die SH IIB und SH IIIA1 Periode datiert. Es handelt sich um zwei Gebäudekomplexe. Aus der SH IIB Zeit stammt ein Gebäudekomplex, der aus vier rechteckigen Bauten besteht. Korridore teilen die Gebäude. Der Komplex ist als Megaron 1 bekannt und hat eine Fläche von 20 x 25 m. Das zentrale Gebäude besteht aus einem „*Propylon*“, einer Vorhalle und einem größeren Raum. In diesem Raum wurden weder die übliche rundliche Herdstelle noch die Säulen, die eine solche Feuerstelle normalerweise umsäumen, nachgewiesen. Das zentrale Gebäude erinnert an das Megaron mit der sog. Königshalle in Pylos. Megaron 1 war im östlichen Bereich des Plateaus auf dem Hügel errichtet. Es konnte festgestellt werden, dass der Gebäudekomplex durch Erosion erhebliche Schäden erlitten hatte. Aus Stabilitätsgründen musste er schließlich in den inneren Bereich des Hügels verlegt werden. Dies geschah während der SH IIIA1 Zeit, und man errichtete den zweiten Gebäudekomplex mit einer Größe von 37 x 36 m. Es ist als Megaron 2 in der Literatur bekannt. Megaron 2 richtet sich nach Westen und nicht nach Süden. Sein Grundriss ähnelt dem von Megaron 1. Die Eigenart dieses Gebäudes besteht darin, dass es auf zwei unterschiedlich hohen Flächen errichtet wurde. Aus den Untersuchungen hat sich ergeben, dass dieser Bau verlassen wurde, bevor er vollendet wurde. Während der SH IIIB2 Phase wurde der Gebäudekomplex renoviert und bewohnt. Problematisch bleibt die Funktion der beiden Gebäudekomplexe im Zusammenhang mit anderen Palastanlagen. Ob sie als große Häuser, als Gebäude von irgendwelchen lokalen Anführern oder als Villen bezeichnet werden können, ist ungewiss. Während der SH IIIB2 Periode soll die mykenische Siedlung eine Fläche von 70000 m^2 umfasst haben. Dies bedeutet, dass die Siedlung sich über die schon erwähnten drei Hügel erstreckte.[1222] Anhand der zahlreichen Keramik zeigt sich die Wichtigkeit des Menelaion.[1223] Ob nun die mykenische Siedlung befestigt war, ist nicht bekannt. Möglicherweise war ihre natürliche Lage auf der Hügelkette gleichzeitig ihre Verteidigung. Es könnte aber auch sein, dass mögliche Befestigungen durch Erosion für immer verloren sind.[1224] Während der Ausgrabungen konnten Verstärkungsmaßnahmen gegen Erosion festgestellt werden. Es handelt sich um Häusermauern mit einer beträchtlichen Stärke auf dem nördlichen und dem Aetos Hügel. Außerdem fand man auf dem Aetos Hügel Reste von einer Mauer mit einer Stärke von 1,20 m. Nur der untere Teil dieser Mauer wurde in situ gefunden. Die Mauer besteht aus großen langen Steinblöcken. Einige davon sind von beträchtlicher Größe und wurden wahrscheinlich von einem anderen Ort hierher gebracht. Es wurde geschätzt, dass die Mauer eine Höhe von über 2 m erreichte.[1225] Es konnte noch festgestellt werden, dass während der SH IIIB Periode auf dem Aetos Hügel Terrassenmauern errichtet wurden. Ob diese Mauern auch einen defensiven Charakter hatten, konnte leider aus den wenigen architektonischen Elementen nicht bestätigt werden.

Auf **Agios Basileios,** einem Hügel mit gleichnamiger Kapelle, wurde spätbronzezeitliche Keramik gefunden. Es handelt sich um Keramik der SH IIIB1 Periode. Der Hügel und die benachbarte Umgebung wurden schon seit der Frühbronzezeit besiedelt. Südwestlich des Hügels befindet sich ein Plateau, das sich 250 m von Nordosten und 120 m nach Südwesten erstreckt. Hier wird eine mykenische Siedlung vermutet. Im Südwesten des Plateaus wurden Reste einer Mauer entdeckt. Ob sie Teil einer Umfassungsmauer war, bleibt fraglich. Es handelt sich um die Fundamente der Mauer, die sich in einer Länge von 16 m erstrecken. Es wurde angenommen, dass diese Mauer aus der historischen Zeit stammt. Sie besteht aus großen unbearbeiteten Steinen. Die späthelladische Keramik im Fundament der Mauer weist aber auf eine Datierung in der mykenischen Zeit hin.[1226]

Möglicherweise existierte eine mykenische Befestigungsanlage in **Geraki.** Geraki, das in der Antike als Geronthrai bekannt war, liegt an der westlichen Seite des Parnonas – Gebirges in Lakonien, etwa 33 km östlich des modernen Sparta. Geraki liegt am Fuß eines Hügels. Der Ort wurde möglicherweise schon im Neolithikum besiedelt. Eine Besiedlung der sog. befestigten Akropolis von Geraki in der Früh- und Mittelbronzezeit ist durch den reichen archäologischen Befund bewiesen. Es konnte noch festgestellt werden, dass Geraki in der Frühbronzezeit vom Feuer zerstört wurde. Nach der Katastrophe wurde der Ort wieder besiedelt.[1227] Im Gegensatz zu den früheren Epochen wurden aber keine Beweise gefunden, die die mykenische Besiedlung des Ortes belegen. Dies wurde auch während der Ausgrabungen der Universität von Amsterdam 1995-96 wieder bestätigt. Dafür wurde erneut die Siedlungskontinuität zwischen Früh- und

---

[1222] R. Hope – Simpson, D. K. Hagel (2006), 46ff. Mit Literaturangaben.

[1223] Ebd.

[1224] Ebd.

[1225] Ebd. In den Trümmern der Mauer wurde ein menschliches Skelett gefunden. Die Mauer wurde in der SH IIIB2 Zeit zerstört. Aus den Ruinen der Häuser konnte festgestellt werden, dass sie von einer Feuerbrunst zerstört wurden.

[1226] Ebd. 47f.

[1227] E. Alram–Stern, Die ägäische Frühzeit. Die Frühbronzezeit in Griechenland mit Ausnahme von Kreta (2004), 647ff. Mit Literaturangaben der Ausgräber in Geraki.

Mittelbronzezeit nachgewiesen. Es wurden Teile einer Umfassungsmauer entdeckt, die in die FH II Zeit datiert wurde. Außerdem konnte die klassische und hellenistische Besiedlung des Ortes durch den Befund von Häusern und einer Straße bestätigt werden.[1228] Eine Mauer mit einer Länge von 750 m scheint den ganzen Hügel von Geraki zu umgeben. Problematisch bleibt die Datierung der Baukonstruktion. Schon bei frühen Untersuchungen wurde die Mauer fälschlicherweise als kyklopisch bezeichnet. Als Wace auf der Akropolis im 19. Jahrhundert Ausgrabungen durchführte, bezeichnete er Teile der Mauer als „*pelasgisch*".[1229] Sie wurden an der nördlichen und der östlichen Seite des Hügels gefunden. Außerdem fand man Reste einer Toranlage und eines Turmes oder einer Bastion an der rechten Seite der sog. Toranlage, die hervorzuragen scheint. Die Steine der Mauer sind an dieser Stelle rechteckig aber grob bearbeitet. Die meisten sind polygonal. An einigen Stellen war die Mauer in einer Höhe von 2 m erhalten. In einem Abschnitt im nordöstlichen Hang des Hügels hat die Mauer eine Höhe von 3 m. Anhand der Konstruktionsweise mit dem sog. polygonalen Stil scheint die Mauer mehr in die klassische oder hellenistische Zeit zu gehören. Teile der Mauer bestehen aus großen polygonalen Steinblöcken, die eng und mit Sorgfalt neben- und aufeinander gesetzt wurden. Auf diese Weise wurden keine Zwischenräume zwischen den Steinblöcken gelassen. Es gibt aber Teile der Mauer, wo die Bauweise den Eindruck einer mykenischen Fortifikationsmauer erweckt. Eine nähere Betrachtung ergibt aber offensichtliche Unterschiede. Hope – Simpson und Hagel vergleichen die Mauer von Midea und Geraki, um diese Unterschiede zu betonen.[1230] Loaders Versuche, die Mauer in die mykenische Zeit zu datieren und sie als eine mykenische Baukonstruktion vom „Typ I" und „Typ III" zu bezeichnen, konnte nicht überzeugen. Dasselbe gilt auch für die Datierung der Mauer. Einerseits verneint Loader zwar die SH IIIB Datierung der Mauer, anderseits akzeptiert sie diese aber auch.[1231] Eine Datierung in der Mittelbronzezeit konnte auch nicht überzeugen.[1232] Ob die Akropolis in Geraki zu einer Verteidigungslinie mit anderen befestigten Akropolen, wie Agios Stephanos und Agios Basileios, gehörte, bleibt eine Annahme, solange nicht bewiesen ist, dass es sich bei allen um mykenische Verteidigungsanlagen handelt. Wie bei den erwähnten Siedlungen bleibt in Geraki bis heute die Datierung der Mauer problematisch. Da bis heute keine mykenischen Funde entdeckt wurden, muss eine spätbronzezeitliche Datierung der sog. Befestigungsmauer ausgeschlossen werden. Dass Geraki in der Früh- und Mittelbronzezeit besiedelt war, ist bewiesen. Dasselbe gilt auch für die geometrische, archaische, klassische und römische Zeit. Die einzige Epoche, die in Geraki noch nicht vertreten ist, ist die mykenische. Wahrscheinlich ist es eine Frage der Zeit und der Ausgrabungen auf dem Hügel, die dort seit 1995 durchgeführt werden.

Am Rand des sog. Elos Sumpfes und 3 km westlich von Skala wurden im Ort **Stephania** in den 50er Jahren Teile von zwei Ringmauern gefunden. Die Reste wurden auf dem Grundstück eines verlassenen und zerstörten Bauernhauses entdeckt, das auf einem niedrigen Hügel lag. Dieser ist als Lekas oder auch Panagiotis bekannt. Der Feldbau und die Olivenplantagen zerstörten einen großen Teil der vermutlichen Befestigungsmauer. Von der Mauer waren nur ihr unterer Teil und das Fundament erhalten. Man fand von der sog. inneren Ringmauer zwei oder drei Lagen mittelgroßer grober Steine. Sie sind durchschnittlich 0,60 x 0,30 m groß. Als Verbindungsmaterial wurde weißer Lehm verwendet. Es konnte festgestellt werden, dass die Mauer eine Stärke von 3 m hatte. Ob sie Teil eines Erddammes war, ist nicht sicher. Es kann aber nicht ausgeschlossen werden. Die Mauer soll ein Areal von 130 x 110 m umschlossen haben. Hauptsächlich wurde Keramik aus der SH IIIB Zeit gefunden. Sie wurde in einem Gebiet gefunden, das sich 250 m nach Norden und 180 m nach Süden erstreckte. Wahrscheinlich wurden die Scherben durch Erosion und die ständige Kultivierung des Ortes so weit verteilt. Aufgrund der Keramik konnten die Reste der Mauer in die mykenische Zeit datiert werden. Leider ist vom Befund nur sehr wenig erhalten und meistens in einem schlechtem Erhaltungszustand.[1233] Nur die Keramik gibt uns Informationen über die mykenische Besiedlung des Ortes. Ob eine befestigte Siedlung oder einfach ein kleines mykenisches Dorf in Stephania existierte, ist bis heute nicht bekannt. Die Funktion der Mauer bleibt problematisch. Möglicherweise hatte sie eine schützende Funktion gegen das Wasser. Der weiße Lehm zwischen den Steinen hatte nicht nur die Funktion eines Verbindungsmaterials, sondern schützte die Mauer und ihr Fundament vor der Feuchtigkeit und hinderte das Wasser daran, ins Innere der Mauer einzudringen. Die sumpfige Gegend war ein Grund für solche Baueinrichtungen.

[1228] Dazu muss erwähnt werden, dass Geraki auch in der römischen Zeit und in der byzantinischen Zeit besiedelt war. Interessant sind die vielen Kirchen aus dieser Zeit. Für ihre Errichtung wurde viel antikes Baumaterial verwendet.

[1229] A. J. Wace, F. W. Hasluck, Laconia II. Geraki, BSA 11, 1904-1905, 91-112.

[1230] R. Hope –Simpson, D. K. Hagel (2006), 48f. Taf. 4b (Midea) und Taf. 9b (Geraki).

[1231] N. C. Loader (1998), 24ff. und 53f.

[1232] R. Hope – Simpson, D. K. Hagel (2006), 48f.

[1233] Ebd. 49f.

Der Hügel von **Agios Stephanos** liegt in der Elos Ebene am lakonischen Golf. In der mykenischen Zeit ragte der Hügel als Kap in das Meer heraus. Auf dem Hügel konnte eine Besiedlungskontinuität von der Früh- bis in die Spätbronzezeit festgestellt werden. Es wird vermutet, dass die mykenische Siedlung einen Durchmesser von 160 m hatte.[1234]

In den 50er Jahren wurden auf der nördlichen und südlichen Seite des Hügels Spuren von Umfassungsmauern gefunden. Es handelt sich um das Grabungsareal VI mit einer Länge von 16 m und eine Breite von 1 m. Es wird angenommen, dass die mykenische Siedlung von einer Fortifikationsmauer umschlossen wurde. Dieser Grabungsschnitt an der nordöstlichen Seite der Siedlung mit einer Anhäufung von Steinen und die sog. Mauer (cd) gaben den Anlass zu der Annahme, dass an dieser Stelle eine Befestigungsmauer errichtet wurde. Anhand der gefundenen mykenischen Keramik aus der SH IIIB Periode konnte die eventuelle mykenische Verteidigungsanlage datiert werden. Durch zwei Schnitte im Norden und Süden mit einer Breite von 4,20 und 3,10 m wurde das Fundament der Mauer nachgewiesen.[1235]

Die fränkische mittelalterliche Burg **Passava** liegt auf einem Hügel etwa 10 km südlich von Gytheion entfernt. Die befestigte Akropolis kontrollierte die einzige Route auf der Halbinsel Mani von Gytheion nach Oitylos. In der Antike war Passava als Las bekannt.[1236] Im unteren Bereich der östlichen mittelalterlichen Befestigung kann man eine 52 m lange polygonale Mauer erkennen. Diese Mauer macht zwei Drittel der Höhe der fränkischen Befestigung aus.[1237] Einige der Steinblöcke sind 1m lang und 1 m hoch. Einer der größeren Steine ist 1,50 m lang und 0,80 m hoch. Die Mauer erweckt den Eindruck einer Quaderkonstruktion. Der niedrigste Teil der Mauer besteht aus polygonalen Steinen. Diese Mauer ist der Mauer von Geraki ähnlich und scheint kyklopisch zu sein. Es fehlen aber überwiegend die Fugen an der Mauer. Nur wenige Stellen wurden mit kleineren Steinen gefüllt. Eine Datierung des Mauerwerkes in die mykenische Zeit wird ausgeschlossen, da keine Keramik aus dieser Zeit gefunden wurde. Hauptsächlich fand man klassische und hellenistische Keramik.

Eine andere mykenische Siedlung beziehungsweise eine Befestigungsanlage wird in **Tigani bei Mezzapo** vermutet. Tigani liegt gegenüber von Mezzapo und ist eine kleine Halbinsel, die sich ins Meer erstreckt. Es ist eine hohe und schmale Felszunge, auf der architektonische Elemente einer starken Befestigungsanlage gefunden wurden.[1238] In den sog. fränkischen Mauern der Anlage und in den Mauern der Türme A, B und C, die direkt an den Klippen des felsigen Hügels erbaut wurden, konnten Steinblöcke festgestellt werden, die anscheinend aus früheren Zeiten stammen. Besonders im unteren Teil des Turmes B wurde älteres Baumaterial festgestellt. Ebenso besteht ein Teil der Befestigungsmauer im südwestlichen Bereich der Burg mit den Türmen D, E und F aus früherem Baumaterial. Beim sog. Turm E konnte dasselbe festgestellt werden.[1239] Hier wurde ein Mauerzug mit einer Stärke von 2 m gefunden. Sie besteht aus großen Steinbrocken und die Fugen sind mit kleineren Steinen gefüllt. Teile der Türme E, D und die dazugehörenden Mauern bestehen aus großen und langen Steinblöcken. Einer davon ist 1,20 x 0,70 m groß. Es konnte festgestellt werden, dass diese Teile nicht mit Sorgfalt errichtet wurden und wie schon erwähnt, für die Füllung der Fugen kleinere Steine verwendet wurden. Ein Teil des sog. Turmes E aber ist polygonal errichtet und erinnert uns an die Mauer von Geraki. Ob die erwähnten Mauerteile aus der mykenischen Zeit stammen, konnte bis heute nicht bewiesen werden. Dass keine späthelladische Keramik gefunden wurde, weist auf eine spätere Datierung hin. Anhand des Stils der Mauerzüge scheint eine klassische oder hellenistische Datierung des Befundes wahrscheinlicher.[1240]

5.3. Zentrales Griechenland

5.3.1. Boiotien

Die am besten erhaltene Befestigungsanlage in Boiotien ist diejenige von Gla. Über sie wird weiter unten noch ausführlich berichtet. Es gibt aber viele andere Orte im zentralen Griechenland,[1241] die anhand des archäologischen Befundes auf spätbronzezeitliche Verteidigungsmaßnahmen hinweisen. Ein solcher Ort soll **Orchomenos** gewesen sein, obwohl dort bis heute keine mykenischen Befestigungsanlagen ausfindig gemacht wurden.

[1234] Ebd.

[1235] Ebd. 50f.

[1236] Es wird angenommen, dass Las während der klassischen und römischen Epoche südlich der mittelalterlichen Burg von Passavas und oberhalb der fruchtbaren Ebene von Bathi lag.

[1237] R. Hope – Simpson, D. K. Hagel (2006), 50f.

[1238] Es wird vermutet, dass die Anlage venezianisch ist oder dass sie im 1248 von Guillaume II. de Villehardouin errichtet wurde, als er auch die Anlagen von Mystra und Monemvassia erbauen ließ.

[1239] R. Hope – Simpson, D. K. Hagel (2006), 51f. Taf. 10b und Taf. 11a – b.

[1240] Ebd.

[1241] Heutzutage nennt man diesen Teil des Festlandes Sterea Ellada.

Orchomenos liegt an dem östlichen Hang des Akontiongebirges im Nordwesten Boiotiens, an der Stelle, wo der Fluss Kiphisos in die Kopaisebene eintritt. Früher lag die Siedlung am Ufer des Sees Kopais. Dank einem modernen Drainagesystem wurde das Gebiet inzwischen in eine fruchtbare Ebene verwandelt.[1242] Orchomenos wurde schon von der neolithischen Zeit an besiedelt und seine Besiedlungskontinuität wird anhand des Befundes von allen prähistorischen und historischen Epochen vertreten. Interessant ist die starke mittelhelladische Schicht der Siedlung mit der in der Literatur sog. minyschen Keramik.[1243] In der Spätbronzezeit war diese Siedlung bedeutend. Während des 14. Jahrhunderts v. Chr. wurde das Kuppelgrab von Orchomenos errichtet, das von Schliemann ausgegraben wurde und als „Schatzhaus des Minyas" bekannt ist. Östlich des Tholos wurden in den 70er Jahren Teile des sog. Palastes entdeckt. Es handelt sich um einen Gebäudekomplex im Bereich des ehemaligen Klosters von Skripou. Die Anlage besteht mindestens aus zwei Flügeln, eventuell auch einem dritten, die drei selbstständige Einheiten mit Eingang im Westen darstellen. Die Teilung des Gebäudes weist auf die bekannte Gliederung in Portikus, Vorhalle und Megaron hin. Das Megaron mit der großen runden zentralen Herdstelle ist typisch für die peloponnesischen Burgpaläste, auch wenn in diesem Fall die Feuerstelle nicht von Säulen umsäumt wird.[1244] Die Anlage hat eine Länge von über 30 m. Die Außenmauern sind 2 m stark und in einer Höhe von 2 m erhalten. Die Zwischenmauern sind schmäler, die Breite und der Abstand der Flügel bleiben unbekannt. Die Räume und die Wände waren mit Fresken geschmückt. Zahlreiche Keramik wurde auch gefunden. Gegenüber dem Kloster fand man ein Gebäude, das aus zwei Räumen besteht. Funde wie ein Schwert und zwei Dolche zeigen die Zugehörigkeit des Gebäudes in die Periode SH IIIA. Es wird angenommen, dass dieses Gebäude die Wachstube eines früheren Palastes war. Diese Annahme führte zu Spekulationen bezüglich der Errichtung und der Zerstörung beider Anlagen.[1245] Leider konnte kein vollständiges Bild dieser Anlagen rekonstruiert werden, weil viele architektonische Teile durch Erosion für immer verloren sind. Man konnte bis heute keine Spuren einer mykenischen Verteidigungsanlage finden. Das kann aber auch eine Frage der Zeit und der weiteren Untersuchungen sein. In der Spätbronzezeit wurde der See von Kopais von einigen Siedlungen umsäumt, die durch Mauern geschützt wurden. Wahrscheinlich spielte Gla mit seiner gewaltigen Befestigung während der mykenischen Zeit für die Kopaisebene und eventuell auch das gesamte Boiotien eine zentrale Rolle, so dass in Orchomenos die Errichtung einer Fortifikation in dieser Zeit nicht notwendig war. Dies bleibt aber nur eine Annahme. Die einzige erhaltene Befestigung in der Umgebung von Orchomenos ist hellenistisch.

Am nördlichen Rand der Kopaisebene, 6 km nördlich von Orchomenos befindet sich das Dorf **Pyrgos** am Fuß eines steilen Hügels.[1246] Auf dem Hügel sind Reste eines byzantinischen oder fränkischen Turmes erhalten. Auf dem Plateau des Hügels wird eine mykenische Siedlung vermutet. Mittel- und späthelladische Keramikfunde weisen auf eine Besiedlungskontinuität auf dem steilen Hügel hin. Die Siedlung erstreckte sich 250 m nach Norden und 150 m nach Süden. Auf den östlichen Terrassen des Hügels fand man Keramik aus der archaischen, klassischen und hellenistischen Zeit. Außerdem wurden Mauerzüge gefunden, die aus langen Steinblöcken bestehen.[1247] Sie befinden sich an dem südöstlichen Hang des Hügels und sind in einer Länge von 30 m erhalten.[1248] Die Mauer besteht aus großen, langen Kalksteinblöcken. Manche haben eine Länge von über 1 m. An manchen Stellen ist die Mauer in einer Höhe von 3 m erhalten. Die Fugen der Mauer wurden mit kleineren Steinen gefüllt. Die Bauweise erinnert uns an die sog. kyklopische Bauweise. Manche Wissenschaftler, wie Loader, beschreiben die Mauer als polygonal, weil einige der Steine eine polygonale Form haben.[1249] Hinter

---

[1242] Der heutige Orchomenos ist das Ergebnis der Vereinigung der Dörfer Skripou und Petromagula.

[1243] Es handelt sich um die bekannte Keramik mit grauen, scharf profilierten Gefäßen, die charakteristisch für die mittelhelladische Zeit war. Sie ist auch als Orchomenosware bekannt.

[1244] R. Hope – Simpson, D. K. Hagel (2006), 75f. mit ausführlichen Literaturangaben.

[1245] Wenn die sog. Wachstube zu einer früheren Anlage gehört hat, müsste diese Anlage unter der darauf folgenden Anlage gelegen haben. Dies könnte folgendes bedeuten: Entweder wurden die Fundamente der früheren Anlage für die neue wieder verwendet oder beim Bau der neuen Palastanlage wurden alle Spuren der vorigen Anlage zerstört. Anhand der Funde auf dem Boden des Hauptraumes des sog. nördlichen Flügels des Gebäudekomplexes wurde die Zerstörung der jüngeren Palastanlage gegen Ende der SH IIIB Periode datiert. Es ist möglich, dass die zwei Palastanlagen praktisch dieselben Grundrisse hatten. Unbekannt bleiben aber die Errichtungszeit des letzten Palastes sowie die Entstehungszeit und das Ende der sog. früheren Palastanlage.

[1246] Es wird vermutet, dass Pyrgos mit dem homerischen Aspledon zu identifizieren ist.

[1247] H. Bulle, Orchomenos I. Die älteren Ansiedlungsgeschichten (1907).

[1248] R. Hope – Simpson, D. K. Hagel (2006), 76f. Taf. 16a.

[1249] N. C. Loader (1998), 29ff.

der Mauer gibt es noch Reste einer Ringmauer, die wahrscheinlich im Zusammenhang mit dem mittelalterlichen Turm steht. Eine Datierung dieser Mauer ist bis heute nicht möglich.
Eine mykenische Befestigungsmauer wird in **Stroviki** vermutet. Stroviki liegt auch am nördlichen Rand der Kopaisebene und ist 5 km südwestlich von Kastro, das früher Topolia hieß. Das Dorf liegt am Fuß eines 50 m hohen Hügels, der Nisi (Insel) heisst. Der Hügel war vom Neolithikum bis die Spätbronzezeit besiedelt.[1250] Dann wurde der Ort aus unbekannten Gründen verlassen. Archäologisches Material wurde in einer Fläche gefunden, die sich 200 m nach Osten und 150 m nach Westen erstreckt. Man fand damals an der nördlichen Seite die Fundamente von zwei Umfassungsmauern. Die äußere Mauer wurde wahrscheinlich in der Spätbronzezeit errichtet. Mehr über diese Reste ist nicht bekannt. Südöstlich von Stroviki wurden in den 30er Jahren Teile einer Mauer gefunden, die als kyklopisch bezeichnet wurde. Später stellte man fest, dass diese Mauer Teil eines Dammes gewesen ist.[1251]
Das 5 km entfernte Dorf von Stroviki Kastro **Topolia** wurde anhand von Inschriften als das antike Kopai identifiziert. Die gefundene späthelladische Keramik gab den Anlass zu vermuten, dass auf dem konischen Hügel von Kastro eine mykenische Siedlung existierte. Leider wurden aber keine architektonischen Reste einer Siedlung gefunden. Nur Teile einer Mauer wurden gefunden, die aus großen, groben und langen Steinen bestand. Man erkennt dabei eine gewisse Ähnlichkeit mit der Befestigungsmauer von Gla.[1252]
Am nordöstlichen Rand der Kopaisebene liegt der sog. Hügel Pyrgos Agia Marina. Der Ort befindet sich 4 km nordwestlich von Akraiphnion. Agia Marina liegt an einem Seitenhang des Höhenrückens Nisi nördlich von Kokkinon und wurde nach der gleichnamigen Kapelle benannt.[1253] 1 km nördlich von Agia Marina auf dem nordwestlichen Ausläufer des Nisi liegen auf einem Hügel die Reste der mykenischen Burganlage. An dieser Stelle gab es einen mittelalterlichen Turm, daher auch der Name Pyrgos. Von ihm ist heute nichts mehr erhalten. Das ganze Baumaterial wurde abgetragen. Da dieser Hügel in der Nähe von Agia Marina ist, wird der Hügel mit dem mykenischen Befund als Pyrgos Agia Marina angesprochen. Das Plateau des Hügels erstreckt sich 150 m nach Osten und 80 m nach Westen. Diese Fläche wurde von einer Umfassungsmauer mit einer Stärke von 2 bis 3 m umgeben. An manchen Stellen erreicht die Mauer eine Höhe von 2 m. Sie besteht aus mittelgroßen, groben Steinen. Eine gewisse Ähnlichkeit wurde auch mit der Anlage von Gla festgestellt, obwohl die Mauer von Agia Marina nicht die Qualität der Mauer von Gla aufweist. Besser ist die nördliche Umfassungsmauer erhalten. An ihrer südwestlichen Seite wurde eine Toranlage entdeckt. Auf dem westlichen Hang des Hügels wurden Reste einer Mauer gefunden, die eine Fläche mit einem Durchmesser von 100 m umschloss. Eigentlich ist diese Mauer die Verlängerung der Mauer auf dem oberen Plateau des Hügels, und sie sollte den tieferen Bereich auf dem westlichen Hang des Hügels umschließen. Eine genaue Rekonstruktion der Siedlung ist nicht möglich. Während der Ausgrabungen wurden einige Reste von Bauten, Mauerzüge und Keramik der SH IIIA/B Zeit gefunden. Anhand der Keramik konnte eine Besiedlungskontinuität seit der FH I/II Zeit festgestellt werden. Südlich der Burg fand man in der sog. Phountiklisa, oder auch Chountiklisa genannt, Gräber. Es wurde angenommen, dass Pyrgos Agia Marina eine zentrale Rolle in der Kopaisebene spielte. Man konnte von Agia Marina aus die Kanäle westlich der Siedlung und die Wege zwischen Gla und die anderen sog. kleinen Burgen von Agios Ioannis und Kantza im nordöstlichen Bereich der Kopaisebene kontrollieren.[1254]
Am Nordufer des nordöstlichen Teils der Kopaisebene, nordöstlich von Pyrgos Agia Marina liegt auf zwei Halbinseln jeweils eine weitere mykenische Burganlage. Auf der östlichen Halbinsel, 50 m über die Ebene liegt **Agios Ioannis**.[1255] Die Anlage erstreckt sich 250 m nach Nordosten und etwa 100 m nach Südwesten, während ihre Mauerstärke 3 m erreicht. Die Mauern der Burganlage bestehen aus großen und langen Steinbrocken, die sorgfältig gelegt wurden. Die sog. Zwickelsteine fanden weniger Verwendung. Manchmal bekommt man den Eindruck, dass Teile der Mauer im polygonalen Stil errichtet wurden. An manchen Stellen ist

---

1250 Es wurde angenommen, dass Stroviki mit dem antiken Ort Olmones gleichzusetzen ist. Durch die dort entdeckten Fundamente und Votivscherben konnte bewiesen werden, dass auf der nordöstlichen Seite des Hügels Nisi das Heiligtum des Heros stand. Für die späthelladische Besiedlung des Ortes ist die mykenische Nekropole an der südlichen Seite des Hügels von großer Bedeutung. Nordwestlich des Hügels wurden auf dem Hügel Agios Georgios auch mykenische Gräber gefunden.

1251 R. Hope – Simpson, D. K. Hagel (2006), 76ff.

1252 Ebd. 77f. Zum Kastro siehe auch J. M. Fossey, Mycenaean Fortifications of the Northeast Kopais, OpAth 13, 1980, 156-162.

1253 Die Kapelle von Agia Marina befindet sich in einer Umgebung, wo der Boden terrassenförmig abgestuft ist. Es wird vermutet, dass es hier eine byzantinische Siedlung gab.

1254 R. Hope – Simpson, D. K. Hagel (2006), 79f. Fig. 13.

1255 Die durch ein Erdbeben zerstörte Kirche des heiligen Ioannis auf dem Gelände der spätbronzezeitlichen Burganlage gab dem Ort den Namen.

die Mauer in einer Höhe von 2 m erhalten.[1256] Auf die Innenbebauung lassen sich nur durch wenige Reste Rückschlusse ziehen, deshalb konnte kein vollständiges Bild der Gebäude innerhalb der Burganlage rekonstruiert werden. Der Scherbenbefund reicht von der SH IIB bis zur SH IIIB Periode. Die Keramik verweist auf eine Datierung wie in Gla, wobei allerdings vereinzelt auftretende geometrische Keramik auf eine längere anhaltende Besiedlung schließen lässt. Auf dem nordöstlichen flachen Hang von Agios Ioannis wurden architektonische Elemente und Keramik aus der römischen und byzantinischen Zeit gefunden. Wahrscheinlich war die Burganlage während dieser Zeiten besiedelt.

Auf der westlichen Halbinsel befindet sich die Burganlage von **Kantza.** Auf der Oberfläche des Hügels besitzt die Burganlage Maße von 110 m auf 80 m. Von der gesamten Anlage sind vor allem die Fundamente der Gebäude erhalten. Die Befestigungsmauern bestanden aus großen rauen Steinbrocken. Die Steine ähneln denjenigen von Agios Ioannis. Die Stärke der Mauer lag zwischen 2,50 m und 3 m. Trümmer im oberen Ring der Anlage weisen auf ein größeres Gebäude hin. Man fand nur wenige Scherben der SH III Zeit und Obsidian. Man entdeckte auf dem Hügel noch Fundamente von Apsishäusern und eine Grabstätte mit Steinkistengräbern.[1257]

Die drei letzten erwähnten Burganlagen bilden ein bogenförmiges System am nordöstlichen Rand der Kopaisebene, welches als Schutz und Sicherung der Abflüsse aus der Ebene angesehen wird. Wahrscheinlich wurde dieses Konzept mit der Befestigungsanlage von Gla vervollständigt.

Am Südufer des südöstlichen Teils der Kopaisebene liegt **Kastraki**, das mit dem antiken **Medeon** identifiziert wird. Der Ort ist heute auch als Davlos bekannt. Auf dem kleinen Akropolisfelsen fand man Reste der klassischen Stadt und ihrer Verteidigungsanlage. Auf dem westlichen Hang des Hügels und in der sog. Unterstadt von Medeon wurden Mauerfundamente und Keramik aus der mittel- und späthelladischen Zeit gefunden. Außerdem wurde auch klassische und hellenistische Keramik überall auf dem Hügel und in der Umgebung gefunden. Die architektonischen Reste der Fortifikation und einer Toranlage scheinen wegen der polygonalen Bauweise eher klassisch und hellenistisch als mykenisch zu sein.[1258]

5 km östlich des Medeon liegt Kastri, das in der Antike als **Haliartos** bekannt war. Haliartos liegt auf dem Felshügel Kastri am südlichen Rand der Kopaisebene und 2 km westlich des heutigen Mulki.[1259] Die geostrategische Lage des Ortes spielte damals eine große Rolle. Haliartos lag an der alten Straße, die von Theben nach Delphi, Chaironeia und weiter nach Thessalien führte. Dies bedeutet, dass Haliartos Mittelgriechenland mit Nordgriechenland verband. Die mykenische Akropolis lag auf dem westlichen Ausläufer eines Höhenrückens. Auf dem Hügel erstreckte sich die Siedlung in einer Fläche von 250 m nach Westen und 150 m nach Osten. Anhand der Keramikfunde wird angenommen, dass die spätbronzezeitliche Siedlung eine größere Ausdehnung nach Osten hatte. Der Scherbenfund weist auf eine Datierung der mykenischen Siedlung von SH II bis in die SH IIIB Periode hin. Im Gegensatz zu der Keramik wurden keine architektonischen Reste der Innenbebauung von der befestigten Akropolis gefunden. Auch die verschiedenen Schichten gaben kein deutliches Bild der prähistorischen Besiedlung auf dem Hügel. Dass die Siedlung von Mauern umschlossen wurde, gilt als erwiesen. Reste dieser Mauern sind an der südlichen und westlichen Seite des Hügels erhalten.[1260] Eine Rampe führte möglicherweise zu einer Toranlage, deren Fundamente im südwestlichen Bereich des Hügels entdeckt wurden. Die Mauer besteht aus großen, langen und groben Kalksteinblöcken. In den Fugen wurden kleinere Steine verwendet. Die Konstruktionsweise ähnelt der sog. kyklopischen Bauweise. Die Steine haben durchschnittlich eine Länge von 1 m. An manchen Stellen erreicht die Mauer eine Höhe von 2 m. Leider konnte ihre Stärke nicht festgestellt werden. Von der Mauer ist nur ihre äußere Fassade sichtbar, dahinter wurde nicht ausgegraben. Es wird anhand des Scherbenbefundes vermutet, dass die Mauer etwa in der SH IIIA2 Periode errichtet wurde.

Etwa 20 km südöstlich von Haliartos liegt **Theben**. Die Stadt liegt an einer zentralen Stelle, wo vom Süden die Routen von Athen und Korinth mit der Route aus Delphi im Norden und Chalkis im Osten zusammentrafen. In der Spätbronzezeit war Theben wahrscheinlich ein der großen und bedeutenden mykenischen Zentren auf dem griechischen Festland. Aufgrund des archäologischen Befundes wird die Besiedlungskontinuität von Theben für alle Epochen nachgewiesen. Die Akropolis von Theben, die in der Literatur als Kadmeia bekannt ist, war das Zentrum der prähistorischen Siedlung und der späteren Stadt Theben. Die Akropolis liegt auf einem Hügel, der eine ovale Form hat. Das Areal erstreckt sich 800 m nach Norden und 600 m nach Süden. Seine Breite reicht von

[1256] R. Hope – Simpson, D. K. Hagel (2006), 79f. Taf. 17b.

[1257] Ebd.

[1258] Ebd. 80ff.

[1259] Ebd.

[1260] Ebd. Taf. 16b. Dazu muss erwähnt werden, dass Teile der Befestigung in Quaderstil aus der klassischen Epoche auch erhalten sind.

300 bis 400 m.[1261] Leider liegen viele der prähistorischen architektonischen Elemente der verschiedenen Epochen unter den Gebäuden des modernen Theben. Aus diesem Grund war eine Rekonstruktion des mykenischen Zentrums nicht möglich, da keine großflächigen Ausgrabungen stattfinden konnten. Teilweise konnte aber festgestellt werden, dass mykenische Baukonstruktionen auf dem ganzen Hügel verbreitet sind. Teile einer Umfassungsmauer wurden auf dem nördlichen und westlichen Hang des Hügels entdeckt. Es handelt sich um die Fundamente der Mauer, die in einem schlechten Zustand erhalten sind. Es wurde angenommen, dass die Mauer eine Länge von 1700 m hatte und dass sie eine Fläche von 192000 m^2 umschloss. Dies bleibt aber nur eine Vermutung. Auf der westlichen Seite des Hügels wurden an zwei Stellen Mauerteile gefunden. Eines davon hat eine Stärke von 3,50 m. Die Mauer besteht aus großen Kalksteinblöcken mit einer Länge von 1 m. Die Ausgräber erkannten darin die sog. kyklopische Bauweise.[1262] Anhand der Keramik wurde die Mauer in die SH IIIB Periode datiert. Andere Teile der sog. Befestigungsmauer von Kadmeia wurden nördlich des heutigen Museums von Theben und über der nördlichen steilen Neigung des Hügels identifiziert. Leider waren diese architektonischen Elemente schlecht erhalten. In der Umgebung des Museums wurde das Fundament einer Mauer gefunden, die eine Länge von 7 m hat. Ihre Stärke beträgt 3,15 m. In anderen Ausgrabungsarealen wurden Mauerteile gefunden, die auf eine Verteidigungsanlage hinweisen könnten. Es wird angenommen, dass die Umfassungsmauern, die wahrscheinlich einen defensiven Charakter hatten, am Ende der SH IIIA2 oder zu Beginn der SH IIIB Periode errichtet wurden. Während der SH IIIB2 Periode oder in der Übergangszeit zu der SH IIIB2 – C Zeit wurden sie zerstört. Dies gilt auch für die Gebäude, in denen die Tontafeln entdeckt wurden.[1263]

Aus dem Befund hat sich ergeben, dass auf der Kadmeia ein Gebäudekomplex mit vielen freskengeschmückten Räumen, Werkstätten, Magazinen und Archivräumen gebaut wurden. Das ganze wird als Palast bezeichnet. Insgesamt wurden die Reste von zwei zeitlich aufeinander folgenden Palästen entdeckt. Der ältere, der als „Haus des Kadmos“ bekannt ist, wurde durch ein Feuer um die Mitte des 14. Jahrhunderts v. Chr. zerstört. Auf dem zerstörten Palast wurde der neue errichtet. Zahlreiche Keramik, Funde aus Gold, Edelsteine, der Fund von 32 Siegelzylindern und hunderte Tontafeln mit der Linear B - Schrift beweisen die Bedeutung des Palastes für Boiotien und seine Beziehungen mit der ägäischen Welt und dem Orient. Es wurde auch festgestellt, dass der Palast die Produktion und den Handel landwirtschaftlicher Güter pflegte. Der Befund von vielen reichen Nekropolen, die in der Umgebung gefunden wurden und die vier großen mykenischen Kammergräber im Osten von Theben, die teilweise mit Fresken geschmückt waren, beweisen ebenso wie die ausgegrabenen Bereiche des Palastes mit ihren zahlreichen Funden, dass Theben ein bedeutendes mykenisches Zentrum gewesen ist, das wahrscheinlich eine wichtige Rolle im zentralen Griechenland spielte. Leider konnte der Palast aber wegen der späteren Überbauung nicht in seiner ganzen Ausdehnung ausgegraben werden. Dieser jüngere Palast wurde durch ein Feuer um die Mitte des 13. Jahrhunderts v. Chr. zerstört.

20 km südwestlich von Theben liegen auf einem flachen Sporn im Hügelland oberhalb des Asopostals Reste einer Siedlung, die als **Eutresis** bekannt ist. Die archäologische Stätte liegt nordöstlich gegenüber von dem Dorf Leuktra und hat eine Ausdehnung von 500 m. Die Siedlung wird durch alle drei Helladische Perioden vertreten.[1264] Man fand bei Ausgrabungen architektonische Reste von Häusern aus der gesamten Bronzezeit. Die meisten Funde stammen dabei aus der frühhelladischen Zeit. Während dieser Zeit war Eutresis eine bedeutende Siedlung. Aus der sog. mykenischen Ära wurden nur drei Häuser gefunden, die in die SH III Periode datiert wurden. Meistens handelt es sich um die Fundamente von Häusern, die durch Erosion und das Abtragen des Baumaterials schlecht erhalten waren. Aus der Untersuchung der Keramik hat sich ergeben, dass die meisten Scherben aus der SH IIIB Zeit stammt. Weniger Keramik stammt aus den früheren Perioden SH I-IIIA1 und SH IIIA2.[1265] Keramik aus der SH IIIC Periode wurde auch gefunden. In dieser Zeit wird das Ende der mykenischen Siedlung vermutet.[1266] Für die SH IIIB Periode wird die Errichtung der sog. Befestigungsmauer von Eutresis angenommen, die von H. Goldman teilweise ausgegraben und untersucht wurde.[1267] Die Mauer soll eine Fläche von 213000 m^2 umschlossen haben. Davon waren nur 35000 m^2 mit Bauten belegt. Südlich der Siedlung wurden Reste der sog. Verteidigungsanlage ausgegraben. Es handelt sich um Steinbrocken in situ, Fundamente und Massen von Trümmern, die auf den Verlauf der Mauer hinweisen. Im Norden konnte der Mauerverlauf nicht festgestellt werden, im Süden besteht sie aus massiven groben polygonalen Steinbrocken von unregelmäßiger Größe. Das Fundament bestand aus

[1261] Ebd. 82ff., mit Literaturhinweisen.

[1262] Ebd.

[1263] Ebd. 83f.

[1264] Die Funde reichen bis in die byzantinische Zeit.

[1265] Ebd. 83f.

[1266] Ebd. 84f.

[1267] H. Goldman, Excavations at Eutresis in Boeotia (1931).

kleineren Steinen, auf denen die großen Steinbrocken aufgelegt wurden. Die Mauer war hier 4,60 m stark und in einer Höhe von 0,90 m erhalten. Weiter östlich wurde ein weiteres Stück der Mauer gefunden. Es bestand aus zwei Reihen von Steinen. In dem sog. südwestlichen Sektor wurden Reste eines Tores gefunden bzw. einer Türschwelle mit einer Länge von 3,28 m. In der Nähe wurden auch Teile einer Bastion entdeckt. Anhand dieses Befundes wurde vermutet, dass es sich hier um eine kyklopische Befestigungsmauer handelt.[1268] Leider ist heute nichts mehr davon zu sehen, weshalb der Befestigungscharakter der Mauer fraglich ist. Die ständige Kultivierung der Ebene und das Abtragen des Baumaterials von der Siedlung und von der vermeintlichen Befestigungsanlage haben dazu geführt, dass man heute kein genaueres Bild der prähistorischen Siedlung rekonstruieren kann. Man ist auf den alten Grundrissplan der Siedlung angewiesen, der während der Ausgrabungen erstellt wurde, durch den das Bild der Siedlung aber nicht deutlich wird.[1269]

Eine andere mykenische Anlage wird bei **Thisbe** in Palaiokastro vermutet. Der Hügel von Palaiokastro liegt an der nordwestlichen Seite des modernen Thisbe, das früher Kakosi genannt wurde, unterhalb des Berges Helikon. Der Hügel hat eine Länge von 400 m. Seine Oberfläche erstreckt sich 150 m nach Nordwesten und 100 m nach Südosten. Im nordwestlichen Bereich des Hügels wurden Reste einer Umfassungsmauer gefunden, die eine Stärke von 3 bis 4 m hat. Die innere Seite der Mauer wurde über einige Meter untersucht. Es konnte festgestellt werden, dass die Baukonstruktion von Norden aus in nordöstlicher Richtung verlief. In diesem nordöstlichen Bereich waren zwei Schichten von der Mauer sichtbar. Trümmer und Erde bedeckten hier das Fundament der Mauer. Der Befund bestand aus groben mittelgroßen und großen Steinen. Die Bauweise ähnelt der sog. kyklopischen Mauer von Gla und Mauern von anderen Siedlungen in Boiotien. Obwohl kein vollständigeres Bild von der Mauer möglich ist, wird vermutet, dass sie in die Spätbronzezeit zu datieren ist. Anlass dafür gaben die reichen Scherbenfunde auf der Oberfläche des Hügels und auf den Terrassen, die südwestlich des Hügels liegen. Andere mykenische Baustrukturen bzw. Gebäude auf dem Hügel sind nicht bekannt. Dazu muss erwähnt werden, dass das antike Thisbe auf einem niedrigeren Hügel lag, der als Neokastro bekannt ist. Der Hügel befindet sich an der südlichen Seite des heutigen Dorfes. In Neokastro wurden Teile einer Verteidigungsanlage gefunden, die ursprünglich 2,50 km lang war. Dazu gehörten 12 Türme und mindestens eine Toranlage. Die Mauer stammt aus dem 4. Jahrhundert v. Chr. oder aus der frühhellenistischen Epoche. Im südlichen Bereich von Neokastro und in der näheren Umgebung wurden Reste von Kammergräbern gefunden, von denen einige mykenisch sind. Nordwestlich von Thisbe und in der Nähe von Palaiokastro wurden auch Gräber gefunden. Man konnte feststellen, dass viele der Funde aus diesen Gräbern zu der SH IIIA/B Periode gehören. Die Lage der mykenischen Siedlung war von Bedeutung, denn sie verband die Wege, die zu wichtigen Siedlungen führten, wie Theben, Orchomenos, Bathi und Chorsiai.[1270]

Zwischen den Präfekturen Boiotien und Euboia am Rand des Sees Paralimni liegt **Oungra**. Der Ort ist auch als Chelonokastro bekannt. Im nordöstlichen Bereich des Sees wurden antike Reste von Baukonstruktionen und Gräber ausgegraben. Die nördliche Seite der antiken Siedlung von Oungra grenzt an den Hügel Chelonokastro und ist ein Ausläufer des Berges Ptoon. Auf diesem Hügel lag die antike Akropolis von Oungra. Dort wurden Umfassungsmauern mit einer Stärke von 2 m gefunden. Sie wurden damals als mykenisch bezeichnet. Es handelt sich aber um eine äußere und eine innere Mauer, die auf dieselbe Bauweise hinweisen. An der äußeren Mauer fand man mykenische Scherben, die aus der SH IIIB Periode stammen. An der inneren Mauer wurde nur ein Fragment archaischer Keramik gefunden. Anhand der spärlichen Beweislage können diese beiden Mauerteile nicht mit Sicherheit datiert werden.[1271]

Westlich von Orchomenos liegt die Ebene von **Chaironeia**. Das heutige Dorf Chaironeia liegt am rechten Fuß der antiken Akropolis von Chaironeia. Am Fuß des nördlichen Hangs der Akropolis lag die antike Stadt von Chaironeia. Die Ortschaft wurde schon im Neolithikum besiedelt.[1272] Nördlich des Ortes, der früher Kapraina hieß, wurden in der Nähe des rechten Flussufers von Kiphisos auf der Magula Balomenou Reste einer neolithischen Siedlung gefunden. Die dort nachgewiesene Verteidigungsanlage, die im polygonalen Stil errichtet wurde, stammt aus dem 5. Jahrhundert v. Chr. Insgesamt wurden vier Bauphasen der Fortifikation unterschieden.

[1268] R. Hope – Simpson, D. K. Hagel (2006), 84f.

[1269] Auf dem Hügel kann man heute keine Grundrisse mehr erkennen. Von der vermuteten Fortifikation fehlt jede Spur. Es bleibt problematisch, ob Eutresis in der Spätbronzezeit überhaupt befestigt war.

[1270] R. Hope – Simpson, D. K. Hagel (2006), 84ff.; R. Hope – Simpson, R. Dickinson O. T. P. K., SIMA 52 (1979), 249ff.

[1271] R. Hope – Simpson, D. K. Hagel (2006), 88f.

[1272] Der Ort gab seinen Namen einer der bedeutendsten Schlachten der antiken Welt. Im Jahr 338 v. Chr. besiegte Philipp II. von Makedonien die verbündeten Athener und Thebaner in Chaironeia. Bekannt ist das auf einem 3 m hohen Sockel stehende 5,50 m hohe Löwendenkmal, das auf dem Grab der gefallenen Thebaner errichtet wurde.

Die erste Phase war möglicherweise mykenisch.[1273] Die Anlage soll eine Länge von 1300 m gehabt haben und umschloss wohl ein Gebiet von 90000 m^2. Die östliche Mauer an dem westlichen Teil der Anlage besteht aus großen und kleineren Steinblöcken. Wo es nötig war, wurden die Fugen mit kleinen Steinen gefüllt. Diese Mauer ähnelt mehr einer polygonalen als einer kyklopischen Mauer. Während der zweiten Bauphase wurde trapezförmiges Baumaterial in die Mauer integriert. Mit der dritten Phase erhielt die Mauer den sog. Quaderstil, der auch in der hellenistischen Epoche verwendet wurde. Die Aussage der Ausgräber, dass die Mauer in ihrer ersten Phase mykenisch ist, überzeugt nicht. Man fand insgesamt nur wenig Spuren einer mykenischen Besiedlung in Chaironeia. Zwei vermutlich mykenische Gräber auf dem östlichen Hang der Akropolis konnten keine Hinweise auf eine mykenische Besiedlung des Ortes geben. Außerdem fehlt dort die Keramik aus dieser Zeit vollständig. Auf der Oberfläche der befestigten Akropolis fand man überhaupt keine spätbronzezeitlichen Scherben. Die vorhandene Keramik ist überwiegend klassisch oder hellenistisch. Die wenigen mykenischen Scherben, die außerhalb der Akropolis gefunden wurden, werden entweder allgemein in die SH Zeit oder in die SH III Periode datiert.[1274] Sie hängen aber nicht mit der Errichtung der Mauer der ersten Phase zusammen. Das Fehlen von Beweisen und die baulichen Veränderungen, die im Laufe der Zeit an der Verteidigungsanlage vorgenommen wurden, verhindern eine Rekonstruktion der Verteidigungsanlage. Solange nicht bewiesen werden kann, dass in Chaironeia eine mykenische Siedlung existierte, muss auch die Frage nach einer spätbronzezeitlichen Befestigungsanlage in Chaironeia unbeantwortet bleiben.

Südlich der Kiphisosebene zwischen Chaironeia und dem heutigen Dauleia (Daulis) liegt die befestigte Akropolis von **Panopeus**. Der Hügel mit der Befestigungsanlage liegt oberhalb des Dorfes Agios Blasios. Der Hügel grenzt an den westlichen Ausläufer des Berges Parnassos. Seine nordwestliche Seite besteht aus Felsklippen, die nur schwer zu besteigen sind. Der östliche Teil des Hügels ist steil und bildet zwei Ebenen, die durch eine Mauer getrennt werden. Auf dem unteren Teil befand sich eine mittelalterliche Turmanlage. Während der Antike führte die Pilgerstraße von Athen nach Delphi an der Akropolis vorbei. Was man heute noch sieht, sind überwiegend die Reste der hellenistischen Befestigungsmauer. An der südöstlichen Seite der Akropolis erkennt man, dass die spätere Befestigungsanlage auch aus prähistorischem Baumaterial besteht.[1275] Es handelt sich um Teile einer Umfassungsmauer, die aus drei bis vier Schichten von riesigen Steinblöcken besteht. Die Mauer wird als kyklopisch bezeichnet und sie erreicht eine Höhe von 2 m. Nur wenige Fugen wurden mit kleineren Steinen gefüllt. Aufgrund der Konstruktionsweise der äußeren Fassade der Mauer kann man annehmen, dass dieser Teil mykenisch sein kann. Es konnte festgestellt werden, dass die Mauer an der südöstlichen Seite des Panopeus 3 m stark ist. Außerdem konnten Teile der früheren Mauer in einer Länge von 40 m entlang der südlichen Seite der Akropolis verfolgt werden. Darauf wurden die späteren Befestigungsmauern errichtet. Bautechnische Details an beiden Enden der Mauer weisen auf Vorsprünge (kleine Bastionen) hin, die aus der Mauer hervorragen. Am östlichen Ende des Hügels nimmt die Mauer eine nördliche Richtung. Sie soll auf dem Hügel eine Fläche von 250 x 80 m umschlossen haben. Außer den mittelhelladischen Scherben fand man auf dem südöstlichen Teil des Hügels SH I und SH IIIA-B Keramik. Es wird angenommen, dass die mykenische Siedlung von Panopeus die fruchtbare Ebene und die landwirtschaftlichen Produkte der Gegend kontrollierte.[1276] Leider sind auf der Oberfläche des Hügels keine Besiedlungsreste erhalten. Im Laufe der Zeit wurde Panopeus mehrmals erobert und zerstört. Heute sieht man, wie schon erwähnt, die spätere Verteidigungsanlage der Akropolis. An deren Mauer wurden viele Türme errichtet und man konnte durch drei Tore in die befestigte Akropolis gelangen.

In **Anthochorion** wird eine mykenische Siedlung vermutet, die möglicherweise befestigt war. Der Ort ist auch als Levendi bekannt und wurde als das antike Parapotamioi identifiziert. Der Ort liegt 7 km nördlich von Chaironeia in der Enge zwischen dem Parnassos und dem Hadylion Gebirge, die die obere von der mittleren Kiphisosebene teilt. Die sog. Akropolis von Anthochorion liegt auf einem 40 m hohen Hügel am rechten Ufer des Flusses Kiphisos. In der Antike war der Hügel von einer Befestigungsmauer umringt, von der nur wenig erhalten ist. Parapotamioi war in der Antike Schauplatz von kriegerischen Auseinandersetzungen, die immer wieder zu der Eroberung und Zerstörung der antiken Stadt führten. Die Oberfläche des Hügels erstreckt sich 250 m nach Norden und 200 m nach Süden. Die gefundene Keramik stammt vor allem aus der klassischen und hellenistischen Zeit. Anhand der Scherben konnten auch frühere Perioden auf dem Hügel identifiziert werden. Es handelt sich um Keramik der Mittel- und der Spätbronzezeit. Die wenigen Scherben und ein Gefäß (Kylix) weisen auf die SH IIIA2 bis SH IIIB Periode hin.

[1273] J. M. Fossey, G. Gauvin, Les fortifications de l'acropole de Chéronée, in J. M. Fossey (Hrsg.), Boeotia Antiqua I (1989), 41-75.

[1274] R. Hope – Simpson, D. K. Hagel (2006), 89f.

[1275] F. E. Winter, Greek Fortifications (1971).

[1276] R. Hope – Simpson, D. K. Hagel (2006), 93f.

Die spärliche Keramik kann aber nicht die mittel- und spätbronzezeitliche Besiedlung des Hügels beweisen. Architektonische Elemente der früheren Epochen wurden nicht gefunden. Die erwähnte Befestigungsanlage ist im polygonalen Stil errichtet. An manchen Stellen wurden die Fugen mit kleinen Steinen gefüllt. Die schlecht erhaltene Mauer erweckte den Eindruck, dass sie kyklopisch ist. Leider konnte das bis heute nicht bewiesen werden.[1277]

An der südlichen Küstenlinie Boiotiens liegt nahe des Hügels **Kastro** das Dorf Libadostro. Auf dem niedrigen Hügel sind Reste einer mittelalterlichen Burg erhalten. Kastro liegt gegenüber dem antiken Hafen von Kreusis, der westlich der Mündung des Flusses Libadostras liegt. Auf der Hügeloberfläche fand man Scherben späthelladischer Keramik. Auf dem südwestlichen Hang des Hügels wurden Reste einer Umfassungsmauer gefunden. Spuren von früh- und mittelhelladischen Befestigungsanlagen wurden auch gefunden. Ob der Hügel in der Spätbronzezeit befestigt war, ist nicht bekannt, kann aber auch nicht ausgeschlossen werden.

Dasselbe gilt auch für **Alyki**, den Ort, an dem das antike Siphai lag. Die archäologische Stätte liegt 500 m südlich des heutigen Dorfes Alyki. Die Reste der antiken Stadt liegen auf einem steilen Felsen und am Strand südlich des Felsens. Leider sind viele Reste der antiken Stadt vom Meerwasser überspült. Auf der südlichen Seite der Akropolis von Siphai wurden Scherben aus der Mittel- und Spätbronzezeit gefunden. Unterhalb des oberen Teiles des Hügels wurden Teile einer Mauer gefunden, die aus langen Steinblöcken besteht. Mehr ist über die Mauer nicht bekannt. Eine mykenische Besiedlung des Ortes kann aber nicht ausgeschlossen werden.[1278]

5.3.2. Phthiotis

Nordöstlich der Kopaisebene an der Küstenlinie von Lokris im euböischen Golf liegt **Larymna**. Der Ort mit Hafenplatz liegt an einer Bucht, die denselben Namen trägt. Da Larymna über eine befestigte Akropolis verfügte, wird es auch Kastri genannt. Die Akropolis liegt auf einer Halbinsel, die den Hafen in zwei Teile teilt. Reste einer antiken Umfassungsmauer umschlossen auf der Akropolis eine Fläche von 150 x 80 m. Auf der südlichen Seite der Akropolis ist die Umfassungsmauer im isodomischen Stil errichtet, außer einem halbkreisförmigen Turm, der im polygonalen Stil gebaut wurde. Diese Mauer ist entweder klassisch oder hellenistisch. An der östlichen Seite des alten Hafens wurde eine 80 m lange Mauer gefunden. Sie war in einer Höhe von 2,50 m erhalten und hatte eine Stärke von 4,50 m.[1279] Die Mauer besteht aus großen langen Steinblöcken, die aber in der Regel 1 m in der Länge nicht überschreiten. Die Bauweise erinnert an die Mauern von Gla oder Agios Ioannis. Die Räume zwischen den Steinbrocken wurden mit kleineren Steinen aufgefüllt. Dies ist aber nicht die Regel für die gesamte Baukonstruktion. Im Allgemeinen unterscheidet sich die Mauer von späteren ähnlichen Konstruktionen der klassischen und hellenistischen Epoche, die mit mehr Sorgfalt errichtet wurden. Innerhalb der Mauer wurden wenige Scherben aus der SH IIIB Periode gefunden. Die Keramikfragmente, die meistens auf der Oberfläche des Ausgrabungsareals lagen, sind klassisch und hellenistisch. Larymna war möglicherweise der Hafen von Orchomenos. Die sog. untere Stadt von Larymna war durch eine Straße mit der oberen Stadt von Larymna verbunden, die auf dem Hügel Bazaraki lag. Ob Teile dieser Straße mykenisch sind, bleibt fraglich. Bazaraki befindet sich etwa 3 km südlich von Larymna. Die archäologische Fläche erstreckt sich 150 m nach Norden und 120 m nach Süden. Außer früh- und späthelladischen Scherben fand man vor allem klassische und hellenistische Keramik sowie Teile von Verteidigungsanlagen aus diesen Zeiten.[1280]

5.3.3. Euboia

An der östlichen Küste Zentralgriechenlands, die in der Antike zum Herrschaftsbereich Boiotiens gehörte, liegen die Siedlungen von Pyrgos, das früher Dramesi genannt wurde, Bathi, das auch als Nisi bekannt ist, und die Siedlung von Glypha, die auch Vlicha genannt wurde. Heute sind die drei Orte administrativ Teile der Präfektur von Euboia.

Dramesi liegt am nördlichen Rand von Paralia Aulidos (Strand von Aulis) und südlich von Euripos. Nordwestlich von Dramesi liegt der Hügel Pyrgos. Da auf dem südlichen Hang des Hügels die Kapelle von Agia Paraskevi liegt, wird Pyrgos auch Agia Paraskevi genannt. Es handelt sich um einen lang gestreckten Hügel mit einer Höhe von 15 m. Die Oberfläche von Pyrgos erstreckt sich 300 m nach Nordosten und 90 m nach Südwesten. Die Ausgrabungen haben ergeben, dass Pyrgos schon vom Neolithikum an besiedelt wurde. Die gefundenen Siedlungsreste stammen aus der Früh- bis in die Spätbronzezeit. Es handelt sich dabei um Mauerzüge und Gräber. Die Keramikscherben aus den Gräbern wurden in die SH I-II Periode datiert. Die meisten der Scherben, die man auf der Oberfläche fand, wurden aber

[1277] Ebd. 93ff.

[1278] Ebd. 90f.

[1279] J. M. Fossey, The Ancient Topography of Opountian Lokris (1990). W. A. Oldfather, Studies in the History and Topography of Locris I, AJA, 1916, 32-61.

[1280] R. Hope – Simpson, D. K. Hagel (2006), 82f.

in die SH II bis SH IIIC Periode datiert. Auf dem nordwestlichen Hang des Hügels wurden Teile eines Kuppelgrabes mit menschlichen Überresten gefunden. Außerdem fand man mittel- und späthelladische II Keramik. Außer den Tholosgräbern wurden auch Kistengräber gefunden. Auf dem südlichen Hang befanden sich auch mykenische Gräber. Eine mykenische Nekropole wurde 1 km nördlich von Dramesi entdeckt. Es wird vermutet, dass Pyrgos eine bedeutende Siedlung in der prähistorischen Zeit war. Eine Befestigungsanlage konnte aber bis heute nicht festgestellt werden. Dies bedeutet jedoch nicht, dass die Siedlung keine hatte. Es wird angenommen, dass Pyrgos der Hafen des mykenischen Theben war.[1281]

Nördlich von Paralia Aulidos liegt **Bathi**, das antike Aulis. Eine kleine Halbinsel mit einem felsigen Hügel trennt die Küstenlinie um Aulis in zwei Buchten. Die nördliche größere Bucht wird als „Megalo“ Bathi und die kleine südliche als „Mikro“ Bathi bezeichnet.[1282] Auf dem östlichen Teil der Halbinsel, die man als Nisi bezeichnet, wurden Spuren gefunden, die auf eine Besiedlung der Halbinsel hinweisen. Dies wurde aber nicht bestätigt. Während der Ausgrabungen im Heiligtum der Artemis wurden der westliche Hang der Halbinsel und der östliche Bereich des Heiligtums untersucht. Reste von langen Mauern, die aus langen Steinen errichtet wurden, gaben Anlass zu den Vermutungen, dass dieser Befund Teil einer späthelladischen oder späteren Umfassungsmauer ist, die möglicherweise das Heiligtum der Artemis umgab. Über die sog. mykenischen Funde auf Nisi ist nichts weiter bekannt. In welchem Zusammenhang sie mit den erwähnten langen Mauerteilen stehen, konnte nicht festgestellt werden. Es ist auch nicht bekannt, ob Teile einer Mauer auf Nisi, die aus kleineren Steinen besteht, überhaupt mykenisch sind. Welche Baukonstruktionen damals auf der Halbinsel standen, konnte nicht festgestellt werden. Dass der Felsrücken Nisi besiedelt wurde, scheint unwahrscheinlich, weil er unfruchtbar ist.[1283]

Nördlich von Aulis liegt **Glypha**.[1284] Der Hügel liegt nah der Küstenlinie 2 km südwestlich von der Brücke über den Euripos-Kanal. Der 36 m hohe Hügel weist auf eine reiche Siedlungsgeschichte hin. Aus dem Befund konnte eine Besiedlungskontinuität vom Neolithikum bis in die Spätbronzezeit festgestellt werden. Der Ort wurde auch während der klassischen und römischen Zeit besiedelt. Es wird angenommen, dass das mykenische Glypha sich auf dem Hügel in einer Fläche von 200 m nach Norden und 120 m nach Süden erstreckte.[1285] Während der Ausgrabungen wurden Teile einer Umfassungsmauer auf der südwestlichen Seite des Hügels gefunden. Die Mauer hat eine Stärke von 2,20 bis 3 m und ist in einer Höhe von 1,50 m erhalten. Die Mauer nahm einen Verlauf von Nordwesten nach Südosten. Sie besteht aus zwei Reihen unbearbeiteter langer Steinbrocken. Die Fugen wurden auch hier mit kleineren Steinen aufgefüllt. Der Raum zwischen beiden Mauerschalen war mit Steinen und Erde gefüllt. Bei der Freilegung der Mauer wurde festgestellt, dass die äußere Fassade sorgfältiger als die innere errichtet wurde. Im Bereich der Mauer wurde Keramik aus der SH IIIB Periode gefunden. Außerdem konnte festgestellt werden, dass die Siedlung in der SH IIIB1 Periode eine Katastrophe erlitt. Ob nun die ganze Siedlung oder nur ein Teil von ihr verlassen wurde, ist nicht sicher. In einem Gebäude wurden Gefäße der SH IIIA1 und SH IIB Periode ans Licht gebracht. Die Perioden SH IIIA2 und SH IIIB1 sind auch gut vertreten. Scherben der SH IIIC Periode wurden ebenfalls gefunden. Es wird vermutet, dass Glypha einer der Häfen des mykenischen Theben war.[1286]

Eine mykenische Befestigung wird auf der Akropolis von **Eretria** in Euboia vermutet. Die archäologische Stätte ist 20 km südöstlich von Chalkis entfernt. Die Stadtanlage erstreckte sich zwischen einer natürlichen Einbuchtung des Meeres und einem landeinwärts gelegenen, 125 m hohen Hügel, auf dem die Akropolis der Stadt lag. Der Ort, an dem das heutige Eretria liegt, hieß früher Nea Psara.

Die Akropolis liegt 1,5 km vom Hafen entfernt. Ihre Lage war strategisch wichtig, denn man konnte den Hafen und die Küstenebene von der Akropolis aus kontrollieren. Schon in vorgeschichtlicher Zeit wurde der Hügel besiedelt. Die spätere Besiedlung der Akropolis, besonders die in der hellenistischen Zeit zerstörten die prähistorischen Schichten und die meisten architektonischen Reste dieser früheren Zeiten. Von der Früh- und Mittelbronzezeit sind einige bauliche Elemente erhalten. Im Gegensatz dazu ist von der mykenischen Zeit fast nichts mehr vorhanden. Auf der Oberfläche der Akropolis wurde eine 1 m starke Mauer gefunden, die als kyklopisch bezeichnet wird. Die Mauer verläuft von Osten nach Westen. Nach der Meinung der Ausgräber

[1281] Ebd. 85ff. Bemerkenswert ist der Fund eines Steinpfeilers mit eingeritzten Schiffdarstellungen der mykenischen Zeit.

[1282] Ebd. 86f. In Aulis im Hafen von „Megalo Bathi“ haben sich laut der Überlieferung die Griechen unter der Führung des Königs von Mykene, Agamemnon, versammelt und sind mit den Schiffen nach Troia aufgebrochen. Da kein günstiger Wind die Fahrt ermöglichte, musste Agamemnon seine Tochter Iphigeneia der Göttin Artemis opfern. Auf diese Weise wurde Artemis umgestimmt.

[1283] Ebd.

[1284] Glypha wird auch Vlicha oder Tseloneri genannt.

[1285] R. Hope – Simpson, D. K. Hagel (2006), 87f.

[1286] Ebd.

könnte sie zwei Funktionen haben. Entweder war sie nur eine Stützmauer an der Neigung der Akropolis oder sie hatte zusätzlich noch einen defensiven Charakter. Ein Teil der Mauer grenzt an den südlichen Bereich eines mykenischen Raumes. Ob diese architektonischen Elemente zusammenhängen, bleibt wegen des schlechten Erhaltungszustandes fraglich. Der Fund eines Gefäßes aus der SH IIIC Periode könnte eventuell bei der Datierung der erwähnten Mauer weiterhelfen. Außerdem sind in den Keramikfunden verschiedene Perioden der Spätbronzezeit vertreten. Es handelt sich dabei um Keramik der SH IIIA2 und SH IIIB bis SH IIIB - C1 Periode. Ob die Akropolis während der Spätbronzezeit befestigt war, kann leider nicht mehr festgestellt werden. Bauliche Veränderungen zerstörten im Laufe der Zeit die Baustrukturen der mykenischen Zeit.[1287]

An der nordöstlichen Küste von Euboia liegt die archäologische Stätte von **Kerinthos**. Die antike Stadt befand sich an der Mündung des Flusses Boudoros in das ägäische Meer, nah des heutigen Mantoudi. Kerinthos wurde mit der Siedlung Kastri identifiziert, die gegenüber dem Dorf Kria Brisi etwa 4 km nordwestlich vom Mantoudi liegt. Der lang gestreckte Hügel erstreckt sich 800 m von Osten nach Westen und hat eine Breite von 150 m. Boudoros liegt östlich des Hügels. Die nördliche Seite von Kastri fällt steil zur Küste ab. Das antike Kerinthos lag auf dem westlichen und südlichen Hang des Hügels. Während der Ausgrabungen wurden Reste von Gebäuden gefunden, die in das 4. und 3. Jahrhundert v. Chr. datiert wurden.[1288] Auf der nördlichen Seite des Hügels wurden Reste von Gebäuden entdeckt, die in das 7. und 5. Jahrhundert v. Chr. datieren. Was die Keramik betrifft, kann Folgendes gesagt werden: Es handelt sich um Keramik der protogeometrischen, geometrischen, archaischen und klassischen Zeit. Frühhelladische Scherben und Steinwerkzeuge wurden auch gefunden.[1289] Aus der Spätbronzezeit wurden nur wenige Scherben entdeckt. Es handelt sich dabei um Keramik der SH III Periode. Die Fragmente wurden auf der Oberfläche und am westlichen Hang des Hügels gefunden, wo auch Teile einer Umfassungsmauer am Fuß des Hügels entdeckt wurden. Die Mauer hat eine Länge von 50 m und biegt vom Nordosten nach Südwesten. Sie hat eine Stärke von 3 m und ist in einer Höhe von 1,60 m erhalten. Die Mauer besteht in ihrem unteren Teil aus groben langen polygonalen Steinblöcken, die vermutlich zu einer späteren Zeit durch kleinere grob bearbeitete Steine ersetzt wurden. Die Fugen wurden auch hier mit kleineren Steinen aufgefüllt. Die Mauer wird als halbisodomische Baukonstruktion bezeichnet. Nach einer Länge von 30 m konnte die Mauer wieder in einer Länge von 20 m entlang des südlichen Hügelfußes verfolgt und untersucht werden, obwohl sie schlecht erhalten ist. Danach biegt sie um und nimmt bergauf einen nordöstlichen Verlauf. Ein Abschnitt der Mauer hat sich an der südlichen Seite des Hügels erhalten. Am südöstlichen Ende des Gipfels ist noch ein Abschnitt der Mauer erhalten. Auch hier hat die Mauer eine Stärke von 3 m. Ihre äußere Fassade besteht aus langen Steinen. Spuren der Mauer fand man auch an der nördlichen Seite des Hügels. Die Annahme, dass die Mauer mykenisch ist, konnte nicht überzeugen. Dass die Mauer teilweise mykenischen Baukonstruktionen ähnelt, spricht nicht für eine Datierung in die späthelladische Zeit. Die halbisodomische Bauweise wurde erst in späteren Zeiten verwendet. Es wird vermutet, dass Kastri eine hellenistische Siedlung war und dass die Mauer während dieser Zeit errichtet wurde. Der Ausgräber äußerte die Annahme, dass hier eine mykenische Siedlung existierte, obwohl keine architektonischen Elemente dieser Zeit ans Licht gebracht wurden. Dass die vermutliche mykenische Siedlung über einen Hafen verfügte und auch befestigt war, bleibt deshalb nur eine Annahme.[1290]

5.3.4. Phokis

Über dem Tal des Pleistos, das sich am südlichen Abhang des Parnassos erstreckt, liegt die archäologische Stätte von **Delphi** mit dem Orakelheiligtum des Apollon. Die Terrasse mit den antiken Resten liegt in einer Höhe von etwa 600 m über der Ebene. Die spätbronzezeitliche Siedlung von Delphi soll sich nordöstlich und östlich des Apollontempels erstreckt haben. Es wird geschätzt, dass die Siedlung eine Gesamtfläche von 16000 m^2 hatte. Im Vergleich zu anderen Siedlungen war sie eher klein.[1291] Aus den wenigen erhaltenen architektonischen Elementen ging hervor, dass die mykenischen Bauten zu der SH III Periode gehörten. Am westlichen Bereich des Tempels wurden mykenische Kammergräber mit SH IIIB- und IIIC-Keramik entdeckt. Die wichtigste Phase der mykenischen Siedlung war wohl die Periode SH IIIB. Während der Periode SH IIIC wurde die Siedlung wegen einer Naturkatastrophe verlassen. Interessant ist der Befund eines Mauerzuges unter der *Cella* des Tempels mit einer Stärke von 2,10 m. Die Mauer ist ohne größere

[1287] Ebd. 91f. mit Literaturangaben.

[1288] A. Sampson, Kerinthos, Kria Vrisi, AAA, 1975, 28-37.

[1289] R. Hope – Simpson (2006), 92f. Es wird vermutet, dass während der Frühbronzezeit der im Südwesten liegende benachbarte Hügel von Agios Elias besiedelt war.

[1290] Ebd.

[1291] Ebd. 94f. Zur mykenischen Siedlung von Delphi siehe auch S. Müller, Delphes et sa région à l' époque Mycénienne, BCH 116, 1992, 445–496.

Sorgfalt gebaut und verläuft vom Nordwesten nach Südosten. Die Baukonstruktion war von einer Lehmschicht mit SH IIIC-Keramik bedeckt. Es konnte festgestellt werden, dass der Mauerzug aus unbearbeiteten mittelgroßen Steinbrocken besteht.[1292] Die Errichtung der Mauer wird zwischen dem Ende der SH IIIA2 und dem Beginn der SH IIIB Periode vermutet.[1293] Die Annahme, dass die Mauer Teil einer Verteidigungsanlage war, konnte aber nicht überzeugen. Man kann eine Baukonstruktion nicht nur wegen ihrer Stärke, Lage und Orientierung als Fortifikation bezeichnen. Leider fehlen die Hinweise, die der Mauer einen defensiven Charakter verleihen könnten. Meines Erachtens könnte die Mauer Bestandteil von Terrassierungsmaßnahmen gewesen sein. Delphi liegt nicht nur auf einer Ebene, sondern auch auf Hangterrassen. Ein Regenfall konnte den Boden wegspülen und den Sturz von Steinbrocken aus höheren Lagen verursachen. Dies hätte katastrophale Folgen für die Bauten in Delphi gehabt. Die Vermutung von Hope – Simpson und Hagel, dass die Mauer als eine Grenzmauer zwischen der mykenischen Siedlung und der mykenischen Nekropole diente, kann aber auch nicht ausgeschlossen werden.[1294]

Eine weitere befestigte Siedlung in Phokis ist **Krisa**. Die Siedlung liegt zwischen Delphi und dem korinthischen Golf. Der Ort wurde schon in der Antike als Kirra identifiziert. Als Krisa ist auch die Küstenebene benannt, die südlich von Amphissa und entlang des Golfes von Itea liegt. Der Golf war früher als krisäischer Golf bekannt. Beim heutigen Kirra, das an der westlichen Seite des Flusses Pleistos liegt und früher Xeropigadi (trockener Brunnen) hieß, haben Archäologen auf einer Magula in der Nähe der Kapelle von Agios Nikolaos Reste einer prähistorischen Siedlung entdeckt. Aus dem Befund ging hervor, dass die Siedlung schon in der Mittelbronzezeit besiedelt wurde und dass Kirra ein Hafenplatz war.[1295] Es konnte festgestellt werden, dass Kirra während der Mittelbronzezeit zerstört wurde. Die Besiedlungskontinuität reicht bis die Spätbronzezeit, in der die Siedlung aus heute unbekannten Gründen verlassen wurde. Es wird angenommen, dass Kirra auf einen Hügel ins Landesinnere verlegt wurde. Der Ort befindet sich etwa 1 km südlich des heutigen Dorfes Chryso. Die Akropolis von Krisa liegt auf einem lang gestreckten Hügel, der nach der gleichnamigen Kirche als Agios Georgios bezeichnet wird. Der lange und felsige Hügel befindet sich am südlichen Hang des Parnassos über der Ebene und kontrolliert die ganze Ebene mit dem Golf und der Route nach Delphi.[1296] Agios Georgios erstreckt sich etwa 1 km vom Osten nach Westen. Seine breiteste Stelle ist im östlichen Teil des Hügels und beträgt 400 m. Die gesamte Oberfläche des Ausläufers beträgt 235000 m^2. Die prähistorische Siedlung nahm aber mit 200 x 100 m nur einen kleinen Teil dieser Fläche ein. Durch die Ausgrabungen konnte festgestellt werden, dass die Siedlung von der mittel- bis in die späthelladische Zeit beziehungsweise in die SH IIIB Periode besiedelt wurde. Man fand Reste von Häusern der Spätbronzezeit und einigen Säulenbasen. Die Siedlung wurde wahrscheinlich durch eine Feuersbrunst am Ende der SH IIIB Periode zerstört und dann verlassen.[1297] Über die spätbronzezeitliche Befestigung von Krisa kann Folgendes gesagt werden: Da die geomorphologischen Gegebenheiten des Hügels an der südlichen und südöstlichen Seite von Krisa ein Ersteigen nicht ermöglichten, wurden hier keine Verteidigunsanlagen errichtet. An der nord-nordöstlichen und nordwestlichen Seite der Siedlung waren dagegen Schutzmaßnahmen nötig. Archäologen stellten fest, dass die Mauer wahrscheinlich während der SH IIIB Periode errichtet wurde und eine Länge von 1500 m hatte. An der nordwestlichen Seite der Siedlung ist die Mauer in einer Höhe von 3 m erhalten. Ihre Stärke variiert zwischen 4 m und 5 m. Die äußere Fassade der Mauer besteht aus großen massiven Steinbrocken. Einer davon war 2,70 m lang und 1,60 m hoch. Die Fugen der Mauer wurden mit kleineren Steinen verfüllt. Die sog. kyklopische Bauweise wurde auch hier verwendet.[1298] Der Zwischenraum der zweischaligen Mauer wurde mit kleineren Steinen und Erde verfüllt. Hope – Simpson und Hagel vergleichen die Mauer von Krisa mit der Fortifikationsmauer von Midea.[1299] Auch die Fundamente einer Toranlage wurden gefunden. Die Reste des Tores wurden an der nördlichsten Stelle der Befestigungsmauer entdeckt. Die Toröffnung ist 3,75 m groß und liegt 250 m westlich vom östlichen Ende der Siedlung. Außerhalb der Befestigung wurden im nordwestlichen Bereich die Reste einer halbförmigen Baukonstruktion mit einem Durchmesser von 6,20 m nachgewiesen. Es handelt sich um einen Turm, der direkt auf dem Felsen errichtet wurde und in

[1292] Ebd. Dazu auch P. Darcque, Delphes, BCH 115, 1991, 688-690.

[1293] Ebd.

[1294] Ebd.

[1295] Während der Bronzezeit verlief die Küstenlinie in der Nähe der prähistorischen Siedlung.

[1296] S. Müller, Delphes et sa région à l' époque mycénienne, BCH 116, 1990, 445-496 esp. And figs. 1-3 (air photo, area map and view)

[1297] J. Jannoray, H. Van Effenterre, FOUILLES DE KRISA, BCH 61, 1937, 299 - 326 und dies., FOUILLES DE KRISA, BCH 62, 1938, 110 – 147.

[1298] R. Hope – Simpson, D. K. Hagel (2006), 95f. Taf. 19b.

[1299] Ebd.

einer Höhe von 2 m erhalten ist. Die Keramikfunde an dieser Stelle stammen aus der SH IIIB Periode. Es wird angenommen, dass diese Baukonstruktion zu einem mykenischen Verteidigungssystem gehörte. Der Turm fand während der byzantinischen Zeit eine Wiederverwendung.[1300]

Nordöstlich von Erateini an der nördlichen Küste des korinthischen Golfes liegt **Tolophontas**, das früher Vitrinitsa hieß. Tolophon war in der Antike eine bekannte Stadt mit einem wichtigen Hafen. Nördlich des Hafens liegt die befestigte Akropolis des antiken Tolophon. Etwa 1 km nördlich von Tolophon wurden Reste einer prähistorischen Siedlung entdeckt.[1301] Die Siedlung liegt auf einem Hügel und heißt Marathiou. Auf dem Gipfel des Hügels wurden Reste von zwei Umfassungsmauern entdeckt. Die äußere wurde als kyklopisch bezeichnet und hat eine Stärke von 3 m. Teilweise ist diese Mauer in der sog. polygonalen Bauweise errichtet. Die Steine sind nicht sehr groß und die Fugen wurden mit sehr kleinen Steinen gefüllt. Da keine spätbronzezeitlichen Keramikfragmente gefunden wurden, nimmt man an, dass die Mauern während der klassischen oder hellenistischen Zeit errichtet wurden.[1302]

5.3.5. Aitolo – Akarnania

Die archäologische Stätte von **Kalydon** liegt 12 km östlich der Stadt Messolonghi. Es wird vermutet, dass auf einem Hügel nördlich des antiken Kalydons eine befestigte mykenische Akropolis existierte. Geostrategisch ist die Lage des Hügels wichtig, da von dem Hügel aus die ganze Ebene von Messolonghi nach Westen und Süden kontrolliert werden konnte. Die Route, die durch das Tal des Flusses Euenos nach Osten führte, konnte ebenfalls überwacht werden. Auf dem Gipfel des Hügels fand man Mauerzüge eines mykenischen Hauses und Teile einer apsisförmigen Baukonstruktion, die möglicherweise ein Haus war. Die gefundene Keramik stammt aus der SH III Periode und aus der geometrischen Zeit. Auch in der Umgebung wurde Keramik aus diesen Zeiten gefunden. Interessant ist der Fund von mykenischen Waffen. Im höchsten westlichen Bereich der Akropolis wurden Reste eines Turmes gefunden. Die Annahme, dass es sich hier um Teile einer mykenischen Befestigungsanlage handelt, konnte nicht bewiesen werden. Die spätere Überbauung der Akropolis und die Errichtung von Fortifikationsanlagen zerstörten leider frühere Schichten und die architektonischen Elemente vergangener Zeiten.[1303]

Eine andere mykenische Verteidigungsanlage wird auf dem Hügel Gyphtokastro vermutet, die als **Altes Pleuron** bekannt ist.[1304] Der Felshügel liegt 2 km nördlich der Stadt Messolonghi und erhebt sich 100 m über die Küstenebene. Dass der Hügel besiedelt war, ist durch Funde bewiesen, wie Scherben, Mauerzüge und Steine, die über ein Areal mit einem Durchmesser von 300 m verstreut sind. Die Oberfläche des Hügels erstreckt sich 90 m nach Osten und 70 m nach Westen. Hier soll eine Mauer mit rechteckigen Steinblöcken gefunden worden sein. Möglicherweise war die Baukonstruktion Teil einer Umfassungsmauer. Außerdem sollen an der Nordseite des Hügels eine Mauer und Teile einer Straße entdeckt worden sein, die als mykenisch bezeichnet wurden, obwohl keine spätbronzezeitliche Keramik in diesem Bereich gefunden wurde. Die erwähnte Mauer liegt auf dem nördlichen Abhang des Hügels. Sie war über 2 m stark und konnte in einer Länge von 10 m verfolgt werden. In den 60er Jahren war sie noch sichtbar. Die Mauer wird als kyklopisch bezeichnet. Einen anderen Mauerzug fand man auf dem südwestlichen Hang des Hügels. Die Mauer besteht aus großen Steinbrocken und ihre Fugen wurden mit kleineren Steinen aufgefüllt. Die Bauweise ähnelt der sog. kyklopischen Konstruktionsweise.[1305] Ob diese Mauerzüge einen defensiven Charakter hatten oder einfach Terrassenmauern waren, konnte nicht entschieden werden. Auf der Hügeloberfläche wurden Obsidian und Scherben frühhelladischer Keramik gefunden. Auf dem westlichen Hang des Hügels gab es Gräber mit geometrischer Keramik. Scherben aus der mykenischen Zeit wurden ebenfalls gefunden. Auf dem südöstlichen Hang fand man auch Gräber und fünf Pithos-Bestattungen.[1306]

[1300] Ebd.

[1301] W. A. Oldfather (1916). Zum Marathiou siehe auch, L. Lerat, F. Chamoux, Voyage en Locride Occidentale, BCH 71-72, 1947-48, 47-80, esp.72 and pls. III and IX 1.

[1302] R. Hope – Simpson, D. K. Hagel (2006), 96f. Dieselbe Datierung wird auch für die sog. „Amphissa *Forts*“ angenommen. Es handelt sich um die Reste von zwei halbförmigen Baukonstruktionen nördlich von Amphissa in der Nähe von Prosilion. Beide sind 700 m voneinander entfernt und waren wahrscheinlich Wachtürme. Da keine mykenische Keramik gefunden wurde, bleibt nur eine spätere Datierung möglich.

[1303] Ebd. 103f.

[1304] Das Alte Pleuron lag eigentlich auf zwei Hügeln, Gyphtokastro und Petrovouni. Südwestlich liegt auf einem höheren und lang gestreckten Hügel das Neue Pleuron. Der Hügel ist als Kastro von Kyra Irini bekannt. Das Neue Pleuron wird von einer hellenistischen Befestigungsanlage umringt. Die Mauer wird durch 36 rechteckige Türme verstärkt und war durch 6 Tore zugänglich.

[1305] R. Hope – Simpson , D. K. Hagel (2006), 103f. Taf. 24b.

[1306] Ebd. 104f.

Im westlichen Aitolo-Akarnania befindet sich **Palairos**. Palairos liegt auf einem hohen Hügel, der die fruchtbare Ebene im Süden und die Route im Norden kontrollierte, die zum Golf von Arta führte. Die archäologische Stätte liegt 8,5 km nordwestlich des heutigen Palairos und 5 km nordwestlich des Golfes von Palairos. Die Siedlung auf dem Hügel wird von einer hellenistischen Befestigungsanlage umringt, die durch Türme verstärkt wird. Die Burg ist auch als Kastro tis Kechropoulas bekannt. Anhand der mykenischen Keramikfunde scheint eine mykenische Besiedlung des Hügels möglich. In der Nähe der sog. südwestlichen Toranlage fand man mykenische Keramik und Teile einer früheren Mauer. Sie wurde als grobe polygonale Mauer beschrieben. Die dazugehörende mykenische Keramik wurde als *terminus post quem* für die Datierung der Mauer verwendet. Die Bauweise entspricht nicht der sog. kyklopischen Bauweise. Wahrscheinlicher ist eine spätere Datierung der Baukonstruktion, nämlich in die klassische oder hellenistische Epoche. Dass in Palairos mykenische Keramik gefunden wurde, bedeutet nicht automatisch, dass hier eine mykenische Siedlung beziehungsweise eine befestigte mykenische Siedlung existierte. Dies kann aber auch nicht ausgeschlossen werden. Leider fehlen die Anhaltspunkte, wie Reste von Bauten und andere Baukonstruktionen, die auf eine spätbronzezeitliche Besiedlung des Ortes hinweisen könnten.[1307]

5.4. Preveza (Epirus)

Bei dem heutigen Dorf Mesopotamos, in der Fläche von Kanallaki und auf dem Hügel **Xylokastro** lag in der Antike die Stadt Ephyra. Der Hügel ist das nördliche Ende einer Hügelkette und wird vom Süden durch den Fluss Acheron und vom Osten durch den Fluss Kokytos abgegrenzt. Nordwestlich des Hügels liegt der See Acherousia. Am südlichen Ende der Hügelkette liegt der bekannte Ort Nekyomanteion oder Nekromanteion. Dort befand sich das berühmte Totenorakel der Thesproter, das die Befragung der Seelen von Verstorbenen ermöglichte. Die Akropolis von Xylokastro wurde hauptsächlich von zwei Ringmauern umschlossen. Teile der sog. inneren Ringmauer sind in polygonaler Bauweise errichtet. Die äußere Mauer wurde als kyklopische Mauer bezeichnet, weil Teile der Mauer den Ausgräber an die sog. kyklopische Bauweise erinnerten.[1308] Die Mauer umschloss auf dem kegelförmigen Hügel eine Fläche von 450 x 100 m. Der Verlauf der Mauer konnte bis an die nordöstliche Seite des Hügels verfolgt werden. Es wurde berechnet, dass sie 1200 m lang war und insgesamt ein Areal von 4,24 ha umgab.[1309] Am besten sind Teile der Mauer an der süd- und südwestlichen Seite des Hügels in einer Länge von 100 m erhalten. Die Mauer besteht hier aus unbearbeiteten mittelgroßen Steinbrocken in einer Höhe von 2,50 m. Die Fugen wurden mit kleineren Steinen verfüllt. Die Mauerstärke wird nicht erwähnt. Im Vergleich zu anderen Baukonstruktionen ist die Mauer von Xylokastro nicht besonders sorgfältig errichtet.

Die mittelgroßen Steine und die verfüllten Fugen verleihen ihr eine gewisse Ähnlichkeit mit anderen spätbronzezeitlichen Fortifikationsanlagen. Architektonische Teile einer Toranlage im südlichen Bereich wurden ebenfalls gefunden. Es handelt sich um eine 2 m breite Öffnung. Die rechte Seite des Tores wurde durch eine turmartige Bastion verstärkt. Man erkennt an dieser Stelle dasselbe Verteidigungskonzept wie bei dem Löwentor in Mykene. Von der sog. inneren Mauer auf dem Hügel ist ein kleiner Teil in einer Länge von 60 m erhalten. Die Linie der Mauer verläuft im südlichen Bereich des kegelförmigen Gipfels bogenförmig von Osten nach Westen. Die Mauer umschließt ein kleines Areal mit zerklüfteten Felsen. Zwei bis drei Schichten von übereinander gelagerten Steinen sind in polygonaler Bauweise errichtet. Die Mauer ist wahrscheinlich klassisch oder hellenistisch. Teile einer anderen Mauer sind am südlichen Ende des Hügels erhalten und werden als mittlere Umfassungsmauer bezeichnet. Sie sind in einer Länge von 140 m erhalten. Auch hier verläuft die Mauer in einer halbkreisförmigen Linie von Osten nach Westen. Die niedrigeren Bauteile der Mauer hat man als kyklopisch bezeichnet, wie es auch bei der sog. äußeren Mauer der Fall ist. Auch diese niedrigeren Teile der Mauer sind nicht sorgfältig erbaut. Am nordwestlichen Ende der Mauer wird ein Tor vermutet. An dieser Stelle besteht der untere Bereich der Mauer im Gegensatz zu den niedrigen Schichten aus grob bearbeiteten Steinen mit einer geglätteten Außenfläche. Es wird angenommen, dass die Steine eine Ecke bildeten, möglicherweise eine Seite eines Tores. Allerdings wurden die Mauern nicht vollständig untersucht. Für die Datierung dieser Mauerteile wurde nicht die Keramik verwendet, die in der Mauer oder in der Nähe der Mauer entdeckt wurde. Stattdessen wurde die Mauer durch die Keramik aus drei Tumuli, die in der Nähe der sog. äußeren und mittleren Umfassungsmauer entdeckt wurden, datiert. Es handelt sich dabei überwiegend um lokale handgemachte spätbronzezeitliche Keramik. Die spärlichen Fragmente, die für die Datierung verwendet wurden, stammen

[1307] Ebd.

[1308] Ebd. 105f. Taf. 24a. dazu auch in Ergon 1958, 95-103. Ancient Ephyra: Excavations on Xylokastro Hill. Ergon 1975, 88-90; 1976, 85-88; 1977, 70; 1978, 33-36; 1979, 16; 1980, 18; 1981, 33-34; 1982, 30; 1983, 43-45; 1984, 45-46; 1986, 83-84; 1987, 70-81.

[1309] R. Hope – Simpson , D. K. Hagel (2006), 105f.

wahrscheinlich von importierter Keramik. Diese wurde in die SH IIIA und die frühe SH IIIC Periode datiert. Daraus wurde geschlussfolgert, dass die Mauerteile mit der sog. kyklopischen Bauweise während dieser Perioden errichtet wurden.[1310]

5.5. Ionische Inseln – Kephallenia

Auf der Insel Ithaka wurden Reste einer Fortifikation entdeckt, die als kyklopisch bezeichnet wird. Es handelt sich um den Berg **Aetos** auf dem schmalen Landstreifen der Insel. Der Hügel mit der archäologische Stätte erhebt sich über der Kapelle von Agios Georgios und liegt zwischen den Golf von Molos im Norden und der Küste von Pisaeto im Süden. Bei den Ausgrabungen wurden Reste von protogeometrischen Gebäuden und einer Kultstätte entdeckt.[1311] Anhand des Befundes wurde festgestellt, dass die Siedlung auch während der archaischen Zeit bewohnt wurde. Eine Kultstätte für Apollon gab es dort wahrscheinlich auch. Die Siedlung war möglicherweise schon in der Spätbronzezeit besiedelt, obwohl mykenische Keramik nur spärlich vorhanden ist.[1312] Überwiegend handelt es sich dabei um spätbronzezeitliche Keramik lokaler Produktion. Zahlreicher ist dagegen die geometrische, archaische und hellenistische Keramik. Bei der sog. Befestigungsanlage von Aetos handelt es sich meistens um eine polygonale Baukonstruktion, die entweder in der klassischen oder hellenistischen Epoche errichtet wurde. S. Symeonoglou hatte die Behauptung geäußert, dass Reste eines Tores mit einem Türsturz und Teile einer Mauer in einer Länge von 120 m und einer Höhe von 3,50 m kyklopisch sind. Die Baukonstruktion wurde in das 13 Jahrhundert v. Chr. datiert.[1313] Wenn man aber die Mauer betrachtet, scheint sie eher grob polygonal als kyklopisch zu sein. Für die Errichtung der Mauer wurden auch größere Steinbrocken verwendet, was aber kein Beweis für eine mykenische Konstruktion ist. Außerdem fehlt die Keramik für eine mögliche Datierung der Mauer. Die spärlichen Scherben und die Kylix wurden nicht im Zusammenhang mit der Mauer gefunden. Die lokale Keramik entspricht nicht der Qualität der echten mykenischen Keramik auf dem Peloponnes. Es fehlen auch die architektonischen Elemente, die auf eine mykenische Besiedlung des Hügels hinweisen könnten. Aus diesen Gründen scheint eine spätere Datierung der sog. kyklopischen Fortifikation von Aetos wahrscheinlicher.

[1310] Ebd.

[1311] H. Waterhouse, From Ithaca to the Odyssey, BSA 91, 1996, 301-317.

[1312] Es handelt sich um ein Gefäß der Periode SH IIIB1 und Scherben der SH IIIC Periode.

[1313] R. Hope – Simpson, D. K. Hagel (2006), 107f. Dazu siehe auch S. Symeonoglou, *Αι Γιώργη Αετού της Ιθάκης*, Ergon, 1984, 42-45.

5.6. Thessalien

5.6.1. Larisa

An der westlichen Uferlinie des schon ausgetrockneten Sees Karla (Boibe) liegt **Petra**. Die Siedlung befindet sich 5 km östlich des heutigen Dorfes Armenion in der Präfektur von Larisa. Die archäologische Stätte liegt auf einer lang gestreckten Hügelkette, die im See eine Halbinsel bildet. Nur durch eine Landenge an der südwestlichen Seite war die Halbinsel mit dem Festland verbunden. Das Gebiet war schon vom Neolithikum an besiedelt. Die bekannten neolithischen Siedlungen von Dimini und Sesklo sind nicht weit von Petra entfernt.[1314] Die Siedlung wurde in den 50er Jahren ausgegraben und es zeigte sich dabei, dass sie sich auf einer Fläche von über 1 km^2 erstreckte. Petra wurde durch eine 4 km lange Mauer umschlossen, die eine Stärke von 5 m hatte.[1315] Auf dem nordöstlichen und südwestlichen Hügel wurden auch Mauerzüge einer möglichen Befestigung gefunden. Auf dem größeren Hügel (der sog. nordöstliche) haben die Mauerteile eine Stärke von 5 m. Leider ist die Mauer hier nur schlecht erhalten. Viele der Steine wurden nicht in situ gefunden. Die Mauer besteht aus langen, grob bearbeiteten rechteckigen Steinen. Architektonische Elemente fanden Archäologen auch zwischen den Hügeln. Als Beispiel kann hier der Bereich zwischen dem nordöstlichen und dem südwestlichen Hügel genannt werden, wo man Reste von Häusern und Gräber fand. Die Keramikfragmente stammen aus mittelhelladischer Zeit und aus der SH IIIA2-B Periode.[1316] Dass architektonische Teile und Keramik der Spätbronzezeit gefunden wurden, weist auf eine mykenische Besiedlung des Ortes in diesem Gebiet hin. Möglicherweise war es eine bedeutende mykenische Siedlung. Als sicher gilt, dass die Mauerzüge auf dem nordöstlichen und südwestlichen Hügel mykenisch sind. Es wird angenommen, dass auf dem nordöstlichen Hügel die Akropolis der mykenischen Siedlung lag. Leider bereitet der Erhaltungszustand der anderen Mauerteile Schwierigkeiten für die Datierung der Mauer und ihre Bezeichnung als kyklopisch. Es wird vermutet, dass die Mauerteile unterhalb der Akropolis und entlang der Uferlinie des ausgetrockneten Sees klassisch oder

[1314] Beide archäologischen Stätten liegen südlich von Petra in Magnesia und westlich von Volos.

[1315] V. Milojčić, Ausgrabungen auf den Magulen bei Larissa, AA, 1955, 221-231.

[1316] R. Hope – Simpson, D. K. Hagel (2006), 98f.

hellenistisch sind. Hope – Simpson und Hagel vergleichen die Befestigung in Petra mit Befestigungen aus diesen Zeiten.[1317]
Südwestlich von Petra liegt die Siedlung **Ktouri**, in der auch mykenische Befestigungsanlagen vermutet werden. Der Hügel befindet sich nördlich des Chalkodoniogebirges und ist auch als Phrourion (Festung) bekannt. Vom Hügel aus konnte man das Enipeastal und die Route in das westliche Thessalien kontrollieren. Der große Hügel von Ktouri wird von zwei Befestigungsanlagen umgeben, die als äußere und innere Befestigung bezeichnet werden. Die äußere Mauer hat eine Länge von 1694 m und umgibt ein Areal, das sich 700 m nach Norden und 350 m nach Süden erstreckt. Diese Mauer ist im sog. polygonalen Stil errichtet. Es handelt sich um eine zweischalige Mauer, die mit relativ großen Steinen erbaut wurde. Für die Räume zwischen den Steinbrocken wurden keine Steine verwendet, weil die Oberflächen der Steinbrocken gut auf- und aneinander passten. Der Raum zwischen beiden Mauerschalen wurde mit Steinen verschiedener Größe verfüllt. Die Mauer erreichte an einigen Stellen eine Stärke von 3,80 m. Da die Konstruktionsweise der Mauer nicht der mykenischen ähnelt und anhand einer Scherbe aus der klassischen oder frühhellenistischen Zeit, die direkt in der Mauer entdeckt wurde, wird die Mauer in diese Zeit datiert.[1318] Die sog. innere Mauer ist auch zweischalig. Sie hat eine Länge von 248 m und umschließt auf der Oberfläche des Hügels ein Areal, das 80 x 90 m groß ist. Die Mauer hat im Durchschnitt eine Stärke von 2,50 m. Der Raum zwischen beiden Mauerschalen wurde auch hier mit Steinbrocken verschiedener Größe gefüllt. Während der Ausgrabungen stellten die Archäologen fest, dass die sog. innere Mauer durch 5 kleine Türme verstärkt wurde. Die Türme hatten eine Breite von 5 bis 6 m und sie ragten aus der Hauptbefestigungsmauer 4 bis 5 m heraus. Es zeigte sich, dass die Fundamentierung der Mauer 2,30 m unter der heutigen Bodenfläche liegt. Der Ausgräber erkannte hier eine Mauer im mykenischen Stil. Die Steinbrocken haben eine Länge von 0,80 m und die Fugen wurden mit kleineren Steinen verfüllt. Laut Hope – Simpson und Hagel ähnelt die äußere Fassade der Mauer denjenigen, die in der Kopaisebene gefunden wurden.[1319] Aufgrund der mykenischen Scherben aus der SH IIIB Periode, die neben der sog. inneren Befestigungsmauer gefunden wurden, datierte man die Baukonstruktion in diese Zeit. Eine Scherbe aus dieser mykenischen Periode wurde auch in der Mauer gefunden. Dies war der Grund für eine *terminus post quem* Datierung der Baukonstruktion.[1320] Dass die Mauer während der klassischen oder hellenistischen Zeit errichtet wurde, wird bezweifelt. Die Konstruktionsweise erinnert mehr an spätbronzezeitlichen Konstruktionen als an die der späteren historischen Zeiten. Der Vergleich zwischen der äußeren und inneren Mauer auf dem Hügel macht dies deutlich. Dazu muss erwähnt werden, dass in dem Areal, das durch die innere Mauer umgeben wird, keine mykenischen architektonischen Elemente und Funde entdeckt wurden. Es wird angenommen, dass in Ktouri während der mykenischen Zeit ein Wachturm stand.[1321]

5.6.2. Karditsa

Westlich von Ktouri in Karditsa liegt **Pyrgos Kieriou**, das mit dem antiken Arne-Keirion in Verbindung gebracht wird. Der Hügel, der als Magula bezeichnet wird, liegt in der fruchtbaren westlichen thessalischen Ebene. Er grenzt auch an andere Hügel (Magules), auf denen prähistorische Besiedlung festgestellt werden konnte.[1322] Das antike Kierion liegt auf einem felsigen Hügel, der sich an der westlichen Seite des Dorfes Pyrgos Kieriou erhebt. Der obere Teil des Hügels wird von einer Befestigungsmauer umgeben, die eine Fläche von 200 x 140 m hat. Die Mauer besteht aus großen grob bearbeiteten Steinbrocken. Einige Steine in den Fugen der Mauer geben Anlass zu der Annahme, dass die Baukonstruktion kyklopisch ist. Einer der Steinbrocken ist mit 2,60 x 1,35 x 1,10 m besonders groß.[1323] Teilweise ähnelt die Mauer mykenischen Baukonstruktionen. Es konnte festgestellt werden, dass sie mehrmals repariert wurde. Auf der südöstlichen Seite des Hügels ist die Mauer in einem groben polygonalen Stil errichtet, der vom mykenischen deutlich zu unterscheiden ist. Dieser Teil der Mauer ähnelt der sog. äußeren Ringmauer von

[1317] Ebd. Es handelt sich um die Befestigungen von Pherai, Larissa und Demetrias in Thessalien. Sie waren größer als andere Anlagen dieser Epochen.
[1318] Ebd. 99f. Taf. 23a.
[1319] Ebd. Es handelt sich um die Entwässerungskanäle von Pyrgos in der Kopaisebene. Taf. 42a-b.
[1320] Ebd. Dazu auch M. Küpper (1996), 30f.
[1321] Ebd. Die mykenische Siedlung von Ktouri wird auf einer Magula 500 m westnordwestlich des Hügels vermutet. Sie soll während der SH IIIA2-B Periode besiedelt gewesen sein.
[1322] Es handelt sich um Orte wie Prodromos und Vlochos oder die Magula Tsani und die Makria Magula. Makria Magula liegt südwestlich von Pyrgos Kieriou und wurde von der Früh- bis in die Spätbronzezeit besiedelt. Auf dem Hügel wurden Reste von Mauerzügen entdeckt, die möglicherweise eine Verteidigungsmauer bildeten. Makria Magula wurde als das antike Arne identifiziert, das nach der Überlieferung zuerst Hauptstadt der Äoler und dann der Boiotier war.
[1323] R. Hope – Simpson, D. K. Hagel (2006), 100f. Taf. 23b.

Ktouri. Bei der Datierung der Mauer konnte die Keramik nicht helfen. Auf dem Hügel fand man nur einige spätbronzezeitliche Scherben lokaler Produktion, die nicht im Zusammenhang mit den Resten der vermuteten mykenischen Befestigungsmauer gefunden wurden. Die klassischen und hellenistischen Scherben sind auch spärlich. Mykenische Keramik wurde südwestlich auf der Makria Magula gefunden. Architektonische Reste einer mykenischen Besiedlung des Ortes wurden im heutigen Dorf Pyrgos Kieriou entdeckt. Mehr ist über diese Siedlung und den Hügel von Pyrgos Kieriou leider nicht bekannt. Aufgrund der in der Umgebung entdeckten Nekropolen wird vermutet, dass Pyrgos Kieriou größere Bedeutung in der historischen als in der prähistorischen Zeit hatte. Möglicherweise stand auf dem Hügel in der Spätbronzezeit ein kleiner mykenischer Wachturm.[1324]

5.6.3. Magnesia

Teile einer mykenischen Befestigungsanlage könnten die Mauern auf dem Hügel **Nevestiki** in Ano Lechonia gewesen sein. Der Hügel liegt östlich der Stadt Volos in der fruchtbaren Ebene von Agria. Die sog. befestigte Akropolis liegt nördlich des heutigen Dorfes Ano Lechonia.[1325] Die Oberfläche des Hügels erstreckt sich 130 m nach Nordwesten und 70 m nach Südosten. Die Abhänge des Hügels fallen sanft in die Ebene ab. Der südliche und westliche Hang besteht aus Terrassen. In diesem Bereich wurden Mauerteile als „pelasgisch" bezeichnet.[1326] Die Mauer soll auch als Terrassenmauer verwendet worden sein. Möglicherweise umschloss sie einen Bereich von 200 x 150 m. Die Baukonstruktion besteht aus Steinen verschiedener Größe. Einige sind über 1 m lang. An einigen Abschnitten der Mauer wurde der sog. polygonale Stil festgestellt. An anderen ähnelt die Mauer mykenischen Baukonstruktionen. Das bautechnische Detail der kleineren Steine in den Fugen der Mauer wurde hier auch verwendet. Ob diese Mauer einen defensiven Charakter hatte, konnte nicht festgestellt werden. Problematisch bleibt auch die Datierung der Mauer. Anhand einiger klassischer und hellenistischer Scherben scheint die Datierung der Baukonstruktion in dieser Zeit wahrscheinlicher zu sein. Dass der Hügel von Nevestiki schon in der prähistorischen Zeit besiedelt war, konnte durch Obsidianfunde und einige vorgeschichtliche Scherben grober Keramik nachgewiesen werden. Architektonische Elemente aus früheren Zeiten wurden auf dem Hügel dagegen nicht entdeckt.

[1324] Ebd.

[1325] A. J. B. Wace, The Topography of Pelion and Magnesia, JHS 26, 1906, 143-168, esp. 153-154.

[1326] R. Hope – Simpson, D. K. Hagel (2006), 101f. Taf. 22a-b.

Im südlichen Bereich der Halbinsel von Magnesia, die etwa bogenförmig den Golf von Pagasitikos umgibt, befinden sich die Überreste der Siedlung Palaiokastro auf dem gleichnamigen Hügel beim heutigen Dorf **Agios Andreas**. Der Hügel Palaiokastro war während der Antike von einer Umfassungsmauer umgeben. Der Hügel liegt südöstlich von der Landenge zwischen dem nördlichen und südlichen Hafen von Agios Andreas. Die Oberfläche des Hügels erstreckt sich 100 m nach Nordwesten und 70 m nach Südosten. Auf dem Hügel wurden Reste einer Verteidigungsmauer und eines Tempels gefunden. Teile der sog. Befestigungsmauer wurden auf dem nordwestlichen Hang des Hügels entdeckt. Die Mauer bestand aus großen Steinen und soll den ganzen Hügel umgeben haben. Heute ist nichts mehr davon zu sehen, weil auf dem Hügel immer wieder Terrassenmauern errichtet wurden, um die Hänge von Palaiokastro zu kultivieren. Während dieser Baumaßnahmen wurde die Fortifikationsmauer zerstört. Die klassischen und hellenistischen Keramikfunde weisen wahrscheinlich auf den Bau der Mauer während dieser Zeiten hin. Ob der Hügel in der Spätbronzezeit besiedelt war, konnte nicht festgestellt werden. Späthelladische Architektur und Keramik fehlen ganz.[1327] An der westlichen Seite der heutigen Stadt Volos liegt die sog. Altstadt der Hauptstadt von Magnesien, die auch als Kastro von Volos bekannt ist. Kastro liegt östlich des schon ausgetrockneten Flusses Xerias, der in der Antike Anauros genannt wurde. Es handelt sich um einen Hügel, der während der byzantinischen Epoche befestigt war. Anhand des archäologischen Befundes und der Überlieferung wurde Kastro als **Iolkos** identifiziert. Der Ort liegt im Golf von Pagasitikos und galt als Wohnsitz des Peleus und des Iason. Iolkos war der Ausgangspunkt der Reise der sagenhaften Argonauten. An dieser Stelle muss aber erwähnt werden, dass auch die prähistorische Siedlung von Dimini mit dem berühmten Iolkos gleichgesetzt wird.[1328] In den 50er Jahren wurde während der Ausgrabungen ein Gebäudekomplex entdeckt, der als Palastanlage von Iolkos bezeichnet wird. Zwei Megara gelten als Zentralgebäude der Anlage, die durch einen 1600 m^2 großen Hof miteinander verbunden werden. Eine 95 m lange Straße führte zu der Palastanlage. An beiden Seiten der Straße wurden Häuser gefunden, die 60 bis 70

[1327] Ebd.

[1328] In Dimini wurden außer der neolithischen Anlage Reste einer mykenischen Siedlung an der Süd- und südöstlichen Seite der archäologischen Stätte entdeckt. Außerdem fanden die Archäologen mittel- und spätbronzezeitliche Kistengräber. Mykenische Tholosgräber wurden auch gefunden. Ob die mykenische Siedlung mit Iolkos oder der mythischen Stadt Aison, die als Vorgängerin von Iolkos gilt, zu identifizieren ist, muss offen bleiben.

m² groß sind. Ungewöhnlich ist, dass diese Gebäude nicht von der erwähnten Straße aus zugänglich sind. Aus diesem Grund nahm die Ausgräberin V. Adrymi – Sismani an, dass die Straße eine Prozessionsstraße gewesen sein könnte.[1329] Die Häuser selbst verfügten über ein Abwasserkanalsystem. Außerdem wurden in den Häusern Badenwannen aus Ton gefunden. Die Palastanlage wird durch die beiden Megara in zwei Gebäudekomplexe geteilt. Der eine bestand aus Privaträumen, Verwaltungsräumen, Speicherräumen mit vielen Vorratsgefäßen und Werkstätten. Interessant ist ein Fund von sechs Matrizen, die für die Herstellung von Schmuckstücken und Werkzeug verwendet wurden. Im anderen Gebäudekomplex fanden Archäologen einen erhöhten Altar und Nebenräume, die wahrscheinlich zu einem Gebäude für kultische Handlungen gehörten. Außerdem fand man Speicherräume mit großen Pithoi und anderen Gefäßen, in denen Getreide, Wein, Olivenöl und andere Produkte aufbewahrt wurden. Sehr wichtig sind zwei Funde, die mit der Linear – B Schrift beschriftet sind. Anscheinend war der gesamte Gebäudekomplex ein wichtiges mykenisches Zentrum, das mit den mykenischen Anlagen von Mykene, Tiryns, Midea und Phylakopi vergleichbar ist. Ob die sog. Palastanlage von Iolkos befestigt war, konnte bis heute nicht festgestellt werden.

5.7. Kykladen

Auf den Kykladen sind folgende spätbronzezeitlichen Siedlungen mit Befestigungen bekannt: Agia Irini auf Kea, Phylakopi auf Melos, Agios Andreas auf Siphnos, Akroterion Ourion auf Tenos, Koukounaries auf Paros und Grotta auf Naxos. Über die befestigte Siedlung von Agia Irini wurde im Rahmen dieser Arbeit schon ausführlich berichtet.[1330] Über die Siedlungen von Phylakopi und Agios Andreas werde ich weiter unten ausführlich eingehen.

2,5 km östlich der heutigen Stadt Tenos wurden auf **Akroterion Ourion** (Vryokastro) Reste einer Höhensiedlung entdeckt, die wahrscheinlich befestigt war. Funde weisen auf eine Besiedlungskontinuität von der früh- bis in die spätkykladische Epoche hin.[1331] Auf den modernen Terrassen des Hügels wurden Reste von Mauerzügen beobachtet, die als Teile von einer Befestigungsanlage angesehen werden. Auf dem südlichen Hang fand man die Reste eines Mauerzuges mit einer Länge von über 30 m. Die Mauer besteht aus unbearbeiteten großen Steinbrocken, die in drei bis vier Schichten aufeinander liegen. Teile einer anderen Mauer wurden auf dem westlichen Hang von Vryokastro hinter einer modernen Terrassenmauer entdeckt. Sie besteht auch aus groben großen Steinen. Die Stärke dieser Mauerteile wird leider nicht erwähnt. Ob sie zweischalig war, ist auch nicht bekannt. Die Mauerzüge wurden mit den Mauern von Phylakopi und Agia Irini verglichen, die eine ähnliche Bauweise haben. Besonders die Verwendung von kleinen quadratischen Steinen in den Fugen der Mauer erinnert an die Mauer von Agia Irini, die ebenfalls eine glatte äußere Fassade hat. Aus diesem Grund wurde vorgeschlagen, dass die vermutlichen Befestigungsanlagen während der späten Mittelbronzezeit errichtet wurden. Scherben der sog. minyschen Ware der Mittelbronzezeit könnten ein Beweis für diese Datierung sein. Da aber auch Scherben der SH III Periode gefunden wurden, könnte die Mauer auch in diese Zeit datiert werden. Hope – Simpson und Hagel schlagen vor, dass die Mauer wegen der Ähnlichkeiten mit der Mauer von Phylakopi auf Melos in der SH I Periode errichtet worden sein muss.[1332]

Teile einer Befestigungsmauer wurden in **Grotta** bei Naxos gefunden. Die mykenische Siedlung liegt unterhalb des sog. Kastro an dem nördlichen und nordwestlichen Bereich der Hauptstadt der Insel, die auch den Namen Naxos trägt. Ein Teil der prähistorischen Siedlung liegt leider heute unter dem Meeresspiegel. Aus den Keramikfunden hat sich ergeben, dass der Ort schon in der Frühbronzezeit besiedelt war. Im Vergleich aber zu anderen Epochen ist die mittel- und spätbronzezeitliche II Keramik spärlich. Besser ist die spätbronzezeitliche IIIA-C Periode vertreten. Architektonische Teile der mykenischen Siedlung wurden im westlichen Bereich des sog. Demetrokalli-Grundstückes gefunden. Es handelt sich um eine befestigte Straße, die wahrscheinlich den nördlichen mit dem westlichen Hafen verband. Außer der Straße fand man Mauerzüge, die aus großen Granitblöcken bestehen. Keramik wurde auch gefunden.[1333] Reste von mykenischen Häusern wurden etwa 100 m östlich des erwähnten Grundstückes entdeckt, die in die SH IIIA-C Periode datiert werden. Die aus SK II stammende Keramik unter den Fundamenten der Gebäude weist wahrscheinlich darauf hin, dass die

1329 Quelle: www. Enet gr. Datum 08. 03. 2002.

1330 Siehe den Teil über die Mittelbronzezeit. Die Siedlung war sowohl während der mittelkykladischen als auch zu Beginn der spätkykladischen Zeit befestigt.

1331 K. Scholes, The Cyclades in the Later Bronze Age, BSA, 1956, 9–40. Dazu auch A. L. Schallin, Islands Under Influence. The Cyclades in the Late Bronze Age and the Nature of Mycenaean Presence, SIMA 111 (1993).

1332 R. Hope – Simpson, D. K. Hagel (2006), 110f.

1333 O. Hadjianastasiou, Some Hints of External Connections in the Earlier Late Bronze Age, BSA 84, 1989, 205-215. Es handelt sich um minoische importierte Keramik der SM IB Periode und lokale Imitationen, die in die SK II (SH IIA und SM IB) datiert wurden.

frühere prähistorische Siedlung sich nicht nur an dieser Stelle, sondern auch am westlichen Ende von Grotta entlang der heutigen Küstenlinie und nach Norden erstreckte. Welche Ausdehnung die prähistorische Besiedlung des Ortes hatte, konnte nicht festgestellt werden. Es wird aber angenommen, dass Grotta während der Bronzezeit eine große Siedlung war.[1334] Die ständige Überbauung und eine Besiedlungskontinuität bis heute führten zu der Zerstörung der frühgeschichtlichen Schichten, so dass die Besiedlung des Ortes während der SK I Periode nicht bewiesen werden konnte. Im Gegensatz dazu konnten zwei Bauphasen der mittleren und späteren Spätbronzezeit erkannt werden. Die erste beginnt in der SH IIIA Periode und reicht bis in die SH IIIB Periode, wo die Siedlung durch ein Erdbeben zerstört wurde.[1335] Vor dem Ende der SH IIIB oder am Beginn der SH IIIC Periode wurde die Siedlung nach der Katastrophe neu errichtet. Die früheren architektonischen Elemente wurden überbaut und die Siedlung bekam eine neue Orientierung. Man fand architektonische Elemente von Bauten und die eines Megarons. Das Gebäude bestand aus trapezförmigen und polygonalen Räumen. Fundamente und Wände wurden nur zum Teil aus Steinen errichtet. Der Oberbau der Mauern bestand aus Lehmziegeln. Die Böden der Häuser bestanden entweder aus gestampfter Erde oder aus Steinplatten. Auch die Reste dieser Besiedlungsphase wurden durch die Errichtung von späteren Bauten meistens zerstört, so dass eine Rekonstruktion der spätkykladischen Siedlung nicht mehr möglich ist. Dass Grotta in der Spätbronzezeit wahrscheinlich eine wichtige Siedlung gewesen ist, zeigt der gesamte Befund in Grotta zusammen mit den reichen Kammergräbern auf den nahe liegenden Hügeln Aplomata und Kamini. Die Untersuchungen haben ergeben, dass die Siedlung in der Mitte der SH IIIC Periode Kontakte mit dem ägäischen Kulturraum, Zypern und Ägypten pflegte. Der Reichtum der Siedlung wurde durch eine Befestigungsanlage geschützt, deren Teile an der nördlichen Seite der heutigen Stadt Naxos entdeckt wurden. Es handelt sich um architektonische Reste der Mauer und anderer Bauten der mykenischen Siedlung, die im sog. Metropolis-Grundstück ausgegraben wurden. Metropolis liegt etwa 70 m südlich von Grotta auf einer etwas höheren Fläche. Die Baukonstruktion nimmt einen Verlauf von Südosten nach Nordwesten. Der Mauerzug hat eine Länge von etwa 20 m und ist 3,10 bis 3,20 m breit. Der untere Teil der Mauer besteht aus unbearbeiteten Steinblöcken, die sorgfältig errichtet wurde. Dieser Teil der Mauer ist teilweise in einer Höhe von 1 bis 1,30 m erhalten. Der obere Teil der Mauer bestand aus Lehmziegeln. In einem Abschnitt der Baukonstruktion waren die Lehmziegel in einer Höhe bis 0,70 m (2 Schichten im nördlichen und 8 Schichten im südlichen Abschnitt der Mauer) erhalten. Reste von Lehmziegeln wurden auch hinter der inneren Fassade der Mauer entdeckt. Es konnte festgestellt werden, dass die Umfassungsmauer in der frühen SH IIIC Periode errichtet wurde. Sie wurde während verschiedener Phasen gebaut und verstärkt. In der späten SH IIIC Periode wurde ein großer Teil der Mauer wahrscheinlich zerstört und wiederhergestellt. Während späterer Bauaktivitäten in der geometrischen und klassischen Zeit erlitt die vermutliche mykenische Befestigungsmauer erheblichen Schaden. Scherben dieser und späterer Zeiten drangen tief in die Mauer ein und Teile der Umfassungsmauer waren in den früheren historischen Zeiten noch sichtbar. Andere Teile der Mauer wurden später durch römische Fundamentierungen zerstört. Aufgrund der ständigen Bauaktivitäten in Naxos ist es nicht möglich ein Bild der sog. Befestigungsmauer von Grotta zu rekonstruieren. Der erhaltene Teil wurde mehrmals zerstört und seine ursprüngliche Form durch Bauaktivitäten verändert. Ob die Mauer eine mykenische Bauweise hat, ist fraglich. Sicher darf sie nicht als kyklopisch bezeichnet werden. Dass sie eine erhebliche Breite hat, könnte auf eine defensive Baukonstruktion hinweisen, die im Laufe der Zeit immer wieder verändert wurde. Problematisch bleibt die Konstruktionsweise der Mauer. Dass der obere Teil aus Lehmziegeln errichtet wurde, spricht gegen die kykladische Bautradition von Befestigungsanlagen, die hauptsächlich aus Stein gebaut wurden. Die Mauer lässt sich eher mit frühbronzezeitlichen Baukonstruktionen als mit mykenischen Anlagen vergleichen. Anhand weniger Anhaltspunkte konnten die Archäologen noch feststellen, dass die Mauer vom Hügel Kastro sich nach Norden erstreckte und einen Teil der prähistorischen Siedlung umgab, der heute unter Wasser liegt. Teile der sog. Verteidigungsmauer konnten die Archäologen auch unter Wasser identifizieren.

Westlich von Naxos auf der Insel Paros haben Archäologen in den 70er Jahren eine prähistorische Siedlung auf dem Hügel **Koukounaries** identifiziert. Die archäologische Untersuchung der Akropolis dauerte bis in

[1334] B. K. Labrinoudakis, *Ανασκαφή Νάξου*, Prakt, 1985, 144-161. B. K. Labrinoudakis, P. Zapheiropoulou, *Ανασκαφή Νάξου. Πλατείας Μητροπόλεως*, Prakt, 1985, 162-167, pls. Z1-Z2.

[1335] M. B. Kosmopoulos, Reconstructing Cycladic Prehistory: Naxos in the Early and Middle Late Bronze Age, OJA 17(2), 1998, 127-148. Während der SH IIIA-B Periode soll Grotta eine größere Siedlung als während der früheren Epochen gewesen sein. Entsprechend groß war auch die importierte mykenische Keramik in dieser Zeit. Sie wird als SH IIIA1-2 Keramik bezeichnet. Laut Kosmopoulos reflektiert die importierte Keramik die Integration von Grotta in die sog. mykenische *Koine* in dieser Zeit.

den Beginn der 90er Jahre (1991-93) an. Es handelt sich um einen steilen Hügel auf der Landspitze Oikonomos an der Westseite der Naousa-Bucht. Die Untersuchungen ergaben, dass der Hügel schon ab dem Neolithikum besiedelt wurde. Unter der späthelladischen Schicht konnten Archäologen die Besiedlungsphasen FK I-II feststellen. Architektonische Elemente und die Fundverteilung auf dem oberen und unteren Plateau der Akropolis belegen die frühkykladische Besiedlung von Koukounaries.[1336]

Auf dem Gipfel des Hügels wurden in einer Fläche von 25 x 25 m spätbronzezeitliche Strukturen eines Gebäudekomplexes entdeckt, der nur teilweise erhalten ist. Viele Teile des mykenischen Gebäudes wurden mit der Errichtung der nachfolgenden geometrischen Bauten überbaut oder zerstört. Der ursprüngliche Bau hatte eine Länge von 22 m und war 16,50 m breit. Vom Gebäudekomplex sind die Reste von drei Lagerräumen besser erhalten. In den Räumen wurden große Pithoi und hunderte von anderen Vorratsgefäßen gefunden. Man fand auch Obsidianklingen, Webgewichte, einige Waffen und andere Prestigeobjekte. Der Fund eines Elfenbeinfragments mit einer Reliefdekoration, das möglicherweise einen Thron schmückte, und die große Anzahl der Vorratsgefäße geben Anlass zur Annahme, dass die Siedlung auf Koukounaries mit dem Gebäudekomplex auf dem Gipfel des Hügels wahrscheinlich ein Verwaltungszentrum war. Anhand des Befundes hat sich ergeben, dass die spätbronzezeitliche Siedlung entweder in der späten SH IIIB2 oder in der frühen SH IIIC Periode gegründet wurde. In der frühen SH IIIC Periode wurde aber der schon erwähnte Gebäudekomplex durch ein Feuer zerstört. Als der Bau entdeckt wurde, lag er unter Zerstörungsschichten mit Asche. Interessant ist der Fund von vielen Tierknochen und menschlichen Knochen, die auf eine kriegerische Auseinandersetzung hinweisen könnten.[1337] Dass die Bewohner von Koukounaries auf einen Krieg vorbereitet waren, wird durch viele Schleudersteine bewiesen, die in den Lagerräumen des Gebäudes in situ gefunden wurden.[1338] Die Akropolis wurde wahrscheinlich von einer Befestigungsmauer geschützt. Teile der Mauer fand man auf dem sog. unteren Plateau des Hügels. Es scheint, dass die Mauer den Zugang vom Süden in die Siedlung schützte. Die sog. Fortifikationsmauer ist in einer Länge von 16,50 m erhalten und sie besteht teilweise aus großen und grob bearbeiteten Granitblöcken, die vom Hügel abgebaut wurden. Die Baukonstruktion besteht aus zwei Mauernschalen, deren Fugen mit kleineren Steinen gefüllt wurden. Der Zwischenraum wurde mit Steinen verschiedener Größe und Erde verfüllt. Die Mauer erreicht eine Breite von etwa 1,70 m und ist an manchen Stellen in einer Höhe von 3 m erhalten. Es wird vermutet, dass sie eine Höhe von 8 m hatte. Der westliche Teil der Mauer ragte nach Süden heraus und verfügte über Vertiefungen. Die Öffnung zwischen der Mauer und dem Fels auf der westlichen Seite wird als Tor betrachtet, das zum oberen Plateau des Hügels führte.[1339] Die Mauer selbst erweckt den Eindruck, dass sie kyklopisch ist, obwohl sie nicht über eine besonders beträchtliche Stärke verfügt. Die Bauweise erinnert an die Befestigungsmauer von Agios Andreas auf Siphnos und andere Befestigungsanlagen auf dem Peloponnes. Die Mauer von Koukounaries hatte nach der Ansicht der Archäologen zwei Funktionen. Einerseits hatte sie einen defensiven Charakter und anderseits war sie gleichzeitig die Stützmauer für die südliche Seite des Gebäudekomplexes auf dem sog. oberen Plateau der Akropolis. Nach der Katastrophe wurde die Siedlung kurzfristig verlassen. Während der mittleren SH IIIC Periode wurde der Hügel von Koukounaries wieder besiedelt. Die Errichtung einer Mauer auf der westlichen Seite der Siedlung, die teilweise mit den Trümmern der SH IIIC Besiedlungsphase gebaut wurde, hatte eine Funktion als Stütz- und Fortifikationsmauer. Eine ähnliche Mauer wurde auf der östlichen Seite des Hügels gefunden, die vom Norden nach Süden verläuft. Der Befund von anderen architektonischen Elementen am Fuß des Hügels, eventuell von Häusern, weist möglicherweise auf eine dichte Besiedlung des Ortes hin. Während der geometrischen und archaischen Zeit wurde die Siedlung weiter besiedelt.[1340]

[1336] D. Schilardi, Koukounaries, Ergon 1990, 104 – 108; derselbe, *Ανασκαφή Πάρου*, Prakt, 146, 1990, 209-223.

[1337] R. Hope – Simpson, D. K. Hagel (2006), 114f. Viele Tierknochen wurden in den Trümmern gefunden. Möglicherweise wurden viele Tiere in die befestigte Akropolis hineingeführt, um das Überleben der Menschen im Fall einer Belagerung zu sichern. Der Schädel einer Frau weist auf eine tödliche Verletzung hin. Die Frau wurde anscheinend nah des Fundaments einer Mauer beerdigt. Dies zeigt vermutlich, dass die Einwohner von Koukounaries gezwungen waren, sich in die befestigte Akropolis zurückzuziehen.

[1338] Ebd.

[1339] D. Schilardi, The LH IIIC period at the Koukounaries acropolis, Paros, in J. A. MacGillivray and R.L.N. Barber (Hrsg.), The Prehistoric Cyclades. Contributions to a workshop on Cycladic chronology (1984), 184-206. Derselbe, *Ανασκαφή Κουκουναριών Πάρου*, Prakt, 1981, 269-292.

[1340] R. Hope – Simpson, D. K. Hagel (2006), 114f. Das Athena Heiligtum, das auf der südöstlichen Seite des Hügels auf einer Terrasse errichtet war, wurde von der archaischen Zeit bis in das 4. Jahrhundert v. Chr. weiterverwendet.

5.8. Dodekannes

In **Heraion** auf der Insel Samos wurden Reste einer Umfassungsmauer entdeckt, die als mykenisch bezeichnet wurde.[1341] Dass der Ort während der SH III Periode besiedelt war, wird außer durch die Reste der sog. Befestigungsmauer auch durch den Befund von zwei Kammergräbern in der Nähe belegt. Die Gräber stammen aus der SH IIIA Periode. In diese Zeit wurden auch architektonische Elemente von Häusern in Heraion datiert. Spätbronzezeitliche Reste wurden im südlichen und westlichen Bereich der zwei „Hekatompedon" Tempelanlagen entdeckt. Mykenische Keramik wurde im Areal des „*Phoikos Altares*" und im nördlichen Bereich des Heiligtums gefunden. Wie genau die spätbronzezeitliche Siedlung in Heraion aussah und welche Ausdehnung sie hatte, konnte nicht mehr rekonstruiert werden. Im Sektor KL 10/11 fanden Archäologen Teile der sog. mykenischen Befestigungsanlage. Es handelt sich um einen Mauerzug, der eine Länge von 30 m hat. Seine Stärke beträgt etwa 3 m. Von der Mauer war nur eine Schicht des Fundaments erhalten, das aus Steinen mittlerer Größe bestand. Im Vergleich zu anderen mykenischen Anlagen ist das Baumaterial sehr klein.[1342] Mehr ist über die sog. mykenische Verteidigungsmauer leider nicht bekannt.

An der südlichen Küste der Insel **Leros** fanden Archäologen in der Siedlung Palaiokastro Reste einer Fortifikationsmauer. Die archäologische Stätte liegt auf einem Hügel am Strand von Xerokambos, der von Natur aus befestigt ist. Aus dem Befund ergab sich eine Besiedlungskontinuität von der klassischen bis in die byzantinische Epoche. Auf dem östlichen Hang des Hügels wurden Reste einer Befestigungsmauer entdeckt, die isodomisch errichtet wurde. Es wurde anhand der Keramik angenommen, dass die Mauer im 4. oder 3. Jahrhundert v. Chr. errichtet wurde. Auf dem südöstlichen Hang des Hügels ca. 25 m unter dem Gipfelplateau fand man Reste einer Mauer, die als kyklopisch bezeichnet wird. Sie erstreckt sich über eine Länge von 42 m.[1343] Die Mauer besteht aus großen langen Kalksteinblöcken und die Fugen wurden mit kleineren Steinen gefüllt. Teilweise war die Mauer in einer Höhe von 2 m erhalten. Welche Stärke die Baukonstruktion hatte, wurde nicht erwähnt, beziehungsweise konnte nicht festgestellt werden. Da die Archäologen keine spätbronzezeitliche Keramik im Zusammenhang mit der Mauer fanden, konnte die Zeit der Errichtung der Baukonstruktion nicht festgestellt werden.

Auf der Insel Kos in **Palaiopyli** wurden Reste einer Mauer gefunden, die wahrscheinlich einen defensiven Charakter hatte. Die architektonischen Elemente fand man auf einem steilen felsigen Hügel am Fuß des Berges Dymaion. Der Ort liegt etwa 1,50 km südöstlich von Amaniou. Der Hügel ist aufgrund der Reste einer mittelalterlichen Burg auch als Kastro tis Oraias bekannt und liegt geostrategisch günstig. Man konnte das niedrige Gelände, das sich von hier nach Norden erstreckte, gut kontrollieren. Im südlichen Bereich des Ausläufers von Palaiopyli wurden Reste einer mittelalterlichen Siedlung entdeckt. Auf dem Gipfel des Hügels konnten leider keine prähistorischen architektonischen Elemente nachgewiesen werden, während auf dem nordwestlichen Hang in zwei Schnitten Reste einer Mauer entdeckt wurden, die anderen kyklopischen Baukonstruktionen ähneln. Beide Schnitte haben eine Länge von 15 m und sind ca. 15 m voneinander entfernt. Die Mauer im westlichen Schnitt hat eine Stärke von 2 m und ist teilweise in einer Höhe von 3 m erhalten. Sie besteht aus großen Steinblöcken und ihre Fugen wurden mit kleineren Steinen verfüllt. Anhand der Keramik in der Nähe der Schnitte wird die Mauer spätbronzezeitlich datiert.[1344] Die Bauweise erinnert an die mykenische Bautradition und hat meines Erachtens gewisse Ähnlichkeiten mit anderen mykenischen Verteidigungsanlagen wie z. B. in Midea. Dass die Mauer in Palaiopyli einen defensiven Charakter hatte, ist sehr wahrscheinlich, obwohl bis heute keine anderen architektonischen Teile, wie turmartige Bastionen oder verstärkte Toranlagen, entdeckt wurden.

Eine andere mykenische Befestigungsanlage wurde in **Megalo Chorio** auf der Insel Telos vermutet. Reste des antiken Telos fanden Archäologen auf dem Hügel Kastro im Norden der Insel bei Megalo Chorio. Überwiegend

[1341] Über Heraion ist schon im Teil über die Befestigungsanlagen in der Frühbronzezeit berichtet worden. Die archäologische Stätte liegt etwa 100 m von der Küste entfernt an der Mündung des Flusses Imvrassos, etwa 7 km westlich des Hafens Tigani (Pythagoreion). Heraion war in der Frühbronzezeit besiedelt, und die Siedlung wurde schon in dieser Zeit von Befestigungsmauern geschützt. Dass auch die mittelbronzezeitliche Siedlung befestigt war, ist bisher nur eine Annahme.

[1342] Über das Heraion in Samos siehe E. Buschor, O. Ziegenhaus, Heraion 1959, AM 74, 1959, 1-3. Dazu auch BCH 83, 1959, p. 727, fig. 8; E. Buschor, AR, 1959-60.

[1343] J. L. Benson, Ancient Leros, Greek, Roman and Byzantine Monographs No. 3 (1963).

[1344] R. Hope – Simpson, D. K. Hagel (2006), 120f. Taf. 26a-b. In Bezug auf die gefundene Keramik hat sich ergeben, dass Palaiopyli in der Frühbronzezeit und in der SH IIIA-B Periode besiedelt war. Mittelbronzezeitliche, klassische und römische Funde fehlen ganz. Während des Hellenismus wurde Palaiopyli wahrscheinlich wieder besiedelt. Die mittelalterliche Besiedung des Ortes und seiner Umgebung ist anhand des archäologischen Befundes bewiesen.

wurden Häuser, Befestigungs- und Terrassenmauern aus der historischen Zeit erforscht. Es handelt sich um architektonische Reste von 30 Häusern und Fortifikationsmauern. Letztere wurden auf der nördlichen Seite und im südlichen Teil der östlichen Seite der archäologischen Stätte von Kastro ausgegraben.[1345] Bei den Untersuchungen hat sich ergeben, dass sie im 4. oder 3. Jahrhundert v. Chr. errichtet wurden. Die angebliche mykenische Verteidigungsmauer war eine massive antike Terrassenmauer, die zwischen Megalo Chorio und dem oberen östlichen Abhang von Kastro lag. Da die Baukonstruktion aus groben polygonalen Steinbrocken bestand, wurde sie als kyklopisch bezeichnet. An dieser Stelle muss erwähnt werden, dass die Mauer nicht mit Sorgfalt errichtet wurde und dass ihre Höhe und Stärke nicht angegeben wird. Als Errichtungszeit der Mauer wurde die hellenistische Epoche vorgeschlagen, weil keine mykenische Keramik im Zusammenhang mit der Mauer entdeckt wurde.[1346]

Eine hellenistische Datierung wurde auch für die vermutlichen mykenischen Anlagen in Kastro auf der Insel Symi, Chorio auf der Insel Chalki und Erimokastro bei Kallithies auf der Insel Rhodos vorgeschlagen.[1347]

Eine mykenische Befestigungsanlage wird auf der Akropolis des antiken **Arkaseia** vermutet. Es handelt sich um den Hügel Palaiokastro, der südlich des Dorfes Arkasa an der westlichen Küste der Insel Karpathos liegt.[1348] Die Oberfläche des Hügels erstreckt sich auf einer Fläche von 200 m nach Nordwesten und etwa 60 m nach Südosten. Die Fläche wurde von einer Umfassungsmauer umgeben. An der nordöstlichen Seite war die Mauer in einer Höhe von 3 erhalten und sie hatte eine Stärke von 2 m. Die Baukonstruktion besteht aus langen grob bearbeiteten Steinbrocken. Die Zwischenräume wurden mit kleineren Steinen verfüllt.[1349] Laut Hope – Simpson und Hagel wurde die Mauer im sog. kyklopischen Stil errichtet. Eine Datierung der Mauer in die Spätbronzezeit scheint nach der Meinung der Archäologen wahrscheinlich.[1350] Problematisch ist, dass bis heute keine mykenische Keramik im Zusammenhang mit der Mauer gefunden wurde. Man fand nur drei Scherben in der Siedlung, die möglicherweise spätbronzezeitlich sein könnten. Leider fanden Archäologen keine anderen architektonischen Teile aus dieser Zeit. Man fand nur architektonische Reste von Bauten der römischen Zeit. Die Keramik ist meistens geometrisch oder hellenistisch. Dass man auf Palaiokastro eine mykenische befestigte Siedlung gründete, ist möglich. Obwohl der Befund spärlich ist, kann dies nicht ausgeschlossen werden. Ein Hinweis darauf könnte vielleicht das Kammergrab geben. Man fand es 1500 m östlich der Siedlung. Die dort entdeckte Keramik ist überwiegend minoisch oder minoisch lokaler Produktion. Importierte mykenische Keramik wurde ebenfalls im Grab gefunden. Diese Ware wurde wahrscheinlich in Argolis hergestellt.[1351] Im weiteren werden die bekanntesten mykenischen Burganlagen beschrieben.

5.9. Tiryns (Peloponnes)

5.9.1. Lage der Burg

Die Befestigungsanlage mit ihren Bauten liegt an der Straße von Argos nach Nauplion in einer fruchtbaren Ebene im argolischen Golf im Nordosten der Peloponnes (Taf. 58).[1352] Die Ebene wird durch zwei Gebirgsketten abgegrenzt, die des Artemision im Westen und des

[1345] W. Höpfner, M. Philemonos, *ΤΗΛΟΣ. Μεγαλοχωριό*, ADelt 51, 1996,Chronika B´2, 693-697 mit Plan, fig. 6.

[1346] R. Hope – Simpson, D. K. Hagel (2006), 120f. Archäologen fanden nur eine Scherbe aus der Spätbronzezeit. Sie wurde zusammen mit archaischen und geometrischen Scherben gefunden. Der einzige prähistorische Fund ist ein Gefäß aus der MM III/SM I Periode, das südlich von Megalo Chorio entdeckt wurde.

[1347] Ebd. 118ff. Auf der Akropolis von Symi, Kastro wurden Reste von zwei Umfassungsmauern und die Fundamente von einem Turm entdeckt. Man datierte die architektonischen Elemente in das späte 4. Jahrhundert v. Chr. oder in die hellenistische Zeit. Auf der Akropolis in Chorio, die auch Kastro genannt wird, wurden Teile von Befestigungs- und Terrassenmauern gefunden. Die Baukonstruktionen sind entweder isodomisch oder polygonal errichtet. Eine Terrassenmauer am Fuß des östlichen Hangs von Kastro erweckt den Eindruck, dass sie kyklopisch sein könnte. Sie besteht aus polygonalen Steinbrocken. Man datierte sie in die hellenistische Epoche. In Erimokastro auf Rhodos, das 3 km südöstlich von Kallithies liegt, fanden Archäologen auf dem Hügel Reste einer Umfassungsmauer. An der nordwestlichen Seite des Hügels ist die Mauer in einer Höhe von etwa 4 m erhalten und hat eine Stärke von 1,70 m. Sie besteht aus groben polygonalen Steinbrocken und sie ähnelt ein wenig kyklopischen Baukonstruktionen. Die Mauer konnte anhand der Keramik nicht datiert werden. Hope – Simpson und Hagel sind der Ansicht, dass die Mauer wahrscheinlich hellenistisch ist.

[1348] E. M. Melas, The Islands of Karpathos, Saros and Kasos in the Neolithic and Bronze Age, SIMA 68 (1985).

[1349] R. M. Dawkin, Notes from Karpathos, BSA 9, 1902-1903, 176-210.

[1350] R. Hope – Simpson, D. K. Hagel (2006), 117f. Taf. 25b.

[1351] Ebd.

[1352] U. Jantzen (1975). Zu Tiryns siehe auch A. Papadimitriou., Tiryns, Historischer und archäologischer Führer (2001).

Arachnaion im Osten. Da die Ebene in der Argolis sehr fruchtbar und wasserreich ist, wurde sie schon seit der neolithischen Zeit besiedelt. Landwirtschaft, Viehzucht und der Kontakt mit dem Meer prägten schon in prähistorischen Zeiten das Bild der Gegend. Es ist kein Zufall, dass die Argolis mit ihren bekannten mykenischen Zentren während der Spätbronzezeit ein sehr hohes kulturelles Niveau erreicht hat, was den politischen, wirtschaftlichen, militärischen und religiösen Aspekt betrifft.

Die archäologische Stätte befindet sich heute im Süden der Ebene, 2 km von der Bucht von Nauplion entfernt. Während der Spätbronzezeit war die mykenische Burg nach den Untersuchungen von E. Zangger 1 km vom Meer entfernt.[1353] Es handelt sich dabei um ein felsiges, lang gestrecktes Plateau, das 30 m über der argolischen Ebene liegt.[1354] Der Hügel hat eine Größe von 80 x 280 m (20000 m^2) und seine Form spielte eine große Rolle für den Bau der mykenischen Befestigungs- und Palastanlage. Er fällt nämlich von Süden nach Norden ab. Während der verschiedenen Bauphasen von Tiryns wurde der Hügel in drei Teile gegliedert, die in der Literatur als Oberburg, Mittelburg und Unterburg bekannt sind.

Südlich der Burg floss früher der kleine Fluss Manesi, der schon während der Bronzezeit das Gebiet überschwemmte. Wahrscheinlich änderte sich nach einem Erdbeben in der Spätbronzezeit der Verlauf des Flussbetts, was große Überschwemmungen nördlich und östlich des befestigten Hügels zur Folge hatte. Dieses Problem wurde damals mit der Errichtung eines Dammes behoben. Das Wasser wurde dann durch ein künstliches Flussbett 800 m lang nach Süden zu dem kleinen Fluss Ramandani geleitet, der in den argolischen Golf mündete.[1355] Bei dem Staudamm handelte es sich um einen Erdwall mit einer Verkleidung aus Steinbrocken. Spuren des Erdwalls fanden sich fünf km östlich des befestigten Ortes hinter dem Hügel Profitis Elias beim Dorf Kofini. Der Staudamm war 10 m hoch und wurde in derselben kyklopischen Technik errichtet wie die Befestigungsmauern von Tiryns. Heute sind nur noch einige Steinblöcke des Damms zu sehen. Die Errichtung des Staudammes und des künstlichen Kanals ist ein typisches Merkmal mykenischer Architektur, wie sie nicht nur bei Tiryns verwendet wurde. Auch an anderen mykenischen Orten wurden solche Maßnahmen angewandt, wie z. B. in Gla, um dort den Kopaissee trocken zu legen. Auf diese Weise wurde das Gebiet für die Landwirtschaft und die Viehzucht nutzbar gemacht.

Laut J. Schäfer gilt Folgendes für Tiryns (wie auch für die Lage der anderen mykenischen Zentren in Argolis): *„dass der Felssockel von Tiryns einen besonderen Anziehungspunkt für Siedler bilden musste, denen es in gleicher Weise auf die Nähe des Meeres wie auch die Verbindung zum umliegenden Weide-und Ackerland ankam“.*[1356]

Schon Homer berichtete in seinem Schiffskatalog in der Ilias über das „wohlbefestigte“ (*τειχιόεσσα*) Tiryns.[1357] Später bewunderte Pausanias die kyklopischen Mauern von Tiryns.[1358] Der befestigte Ort soll damals „Lirymna“ genannt worden sein, ebenso ein vorgeschichtlicher Name wie auch das Wort Tiryns.[1359] Nach der mythologischen Überlieferung soll Tiryns älter als Mykene sein und von Perseus, dem Sohn des Zeus und Gründer von Mykene, erobert worden sein. In Tiryns sollen die Töchter des Königs Proitos wahnsinnig geworden sein. Für ihn bauten die lykischen Kyklopen die Befestigungsmauern von Tiryns, wie auch in Mykene für Perseus. Hier herrschte auch der König Eurystheus, in dessen Dienst Herakles seine berühmten zwölf Taten vollbrachte. Die Söhne von Herakles wurden danach aus Tiryns vertrieben und sie sollten laut einem delphischen Orakel nach drei Generationen wieder zurückkehren. Nach Eurystheus übernahm Atreus der Pelopide, König von Mykene und Eroberer von Troia, die Macht in der Argolis. Nach der Zeit Agamemnons und unter seinem

[1353] E. Zangger, Argolis II. The Geoarchaeology of the Argolid (1993), 80f. Fig. 43.

[1354] In der Literatur variiert die Höhe des felsigen Hügels zwischen 18 m, 26 m und 30 m.

[1355] G. Hiesel, Grabungen und Forschungen in Tiryns, Antike Welt, Heft 2, 1975, 25-38. Hier 38f. Zur Flussumleitung bei Tiryns siehe J. Knaus, Mykenische Flussumleitung bei Tiryns, im Becken von Pheneos, in Olympia und in der Kopais, in: Althellenische Technologie und Technik von der prähistorischen bis zur hellenistischen Zeit mit Schwerpunkt auf der prähistorischen Epoche (2004), 295-311.

[1356] J. Schäfer, über Tiryns, in: U. Jantzen (Hrsg.), Führer durch Tiryns von den Mitarbeiter der Grabung (1975), 6f.

[1357] Ilias, II, 559.

[1358] Pausanias IX 36, 5. H. Schliemann übersetzte in Tiryns 1886, 19ff. folgendermaßen: *„Nun sind aber die Hellenen sehr stark in der Sucht, das Ausländische mehr zu bewundern als was sie in ihrem eigenen Lande haben, wie denn hervorragende Schriftsteller darauf verfallen sind, die ägyptischen Pyramiden aufs genaueste zu beschreiben, während sie das Schatzhaus des Minyas und die Mauern von Tiryns, die doch gleiche Bewunderung verdienen, keiner Silbe würdigen“. Pausanias II 25, 8: „Die Ringmauer, welche das einzige Ueberbleibsel (von Tiryns) ist, wurde von Cyklopen gebaut; sie besteht aus unbehauenen Steinen, deren jeder so gross ist, dass ein Gespann von zwei Maulthieren nicht einmal den kleinsten von der Stelle bewegen könnte; die Zwischenräume sind mit kleinen Steinen ausgefüllt, um die grossen Steine noch mehr in ihrer Lage zu befestigen“.*

[1359] H. Schliemann, Tiryns (1886). Über die Etymologie des Wortes Tiryns siehe 17ff. Anm. 2.

Enkel Teisamenos kehrten die Herakleiden zurück. In dieser Zeit zerbrach die Herrschaft der mykenischen Könige. Ob sich hier historische Ereignisse widerspiegeln, wie die Ankunft der Dorer auf dem Peloponnes, bleibt offen.[1360]

Tiryns und seine Bewohner werden erst im 5. Jahrhundert v. Chr. in historischen Quellen erwähnt, als Tiryns politisch, militärisch und wirtschaftlich von Argos aus kontrolliert wurde. In dieser Zeit wurden die Bewohner in das heutige Porto Cheli vertrieben. Dort gründeten sie eine neue Heimat und prägten ihre eigenen Münzen mit der Aufschrift „Tirynthier". Derselbe Name findet sich auch auf dem schlangenartigen Dreifußkessel aus Bronze in Delphi, den der spartanische König Pausanias nach dem Sieg über die Perser 478-477 v. Chr. Apollo weihte. Athenaios berichtete über die Tirynthier: *„danach fielen sie durch Trunksucht, ungetrübte Heiterkeit und eine bisweilen verhängnisvolle Bereitschaft zum Lachen auf*".[1361] Bis zum 2. Jahrhundert n. Chr., als Pausanias über die Mauern der prähistorischen Akropolis berichtet, ist nichts weiter über die kyklopische Befestigungs- und Palastanlage bekannt.

Weitere Informationen gibt es erst seit Beginn der Ausgrabungen auf der mykenischen Akropolis. Die Untersuchungen ergaben, dass der Hügel von Tiryns schon seit dem Neolithikum besiedelt wurde, obwohl wegen der intensiven Bauaktivität im Laufe der Zeit keine architektonischen Elemente aus dieser Zeit gefunden wurden. Es fanden sich nur einige neolithische Scherben und ein weibliches Idol, die zeigten, dass Tiryns schon während der mittelneolithischen Zeit (6000 – 5500 v. Chr.) besiedelt wurde. Eine Besiedlung des Hügels während der Frühbronzezeit und in den nachfolgenden Epochen bis in die byzantinische Zeit konnte dagegen archäologisch erforscht und nachgewiesen werden.

Von der frühhelladischen Zeit wurde die zweite Phase FH II (ca. 2600 – 2200 v. Chr.) belegt. Der wichtigste Befund aus dieser Zeit ist der bekannte und noch immer umstrittene Rundbau auf der Oberburg von Tiryns, der in dieser Arbeit im Abschnitt über die Frühbronzezeit behandelt wurde.[1362] Dass dieses Gebäude genau an der Stelle stand, an der später auch der mykenische Palast errichtet wurde, kann kein Zufall gewesen sein. K. Kilian spricht über *„eine gesellschaftliche Hierarchie, die bei den mykenischen Zentren versinnbildlicht wurde, denn das Zentrum der Macht auf einem topographisch besonders exponierten Punkt lag*". In diesem Fall liegt der Rundbau auf der Oberburg, so wie auch später die Palastanlage.[1363] Außerdem fanden Archäologen auch einige Mauerzüge unterhalb des mykenischen Palastes. Auf der Mittelburg wurden zwei frühhelladische Schichten entdeckt. Eine davon ist eigentlich eine Brandschicht. Den Lehmfußboden eines Raumes hat hier H. Schliemann ausgegraben.[1364] Rechteckige und Apsisbauten wurden in der Unterburg gefunden. Meistens handelt es sich dabei um vereinzelte Mauerzüge. Das bekannte Fischgrätenmuster und der Oberbau der Gebäude aus Lehmziegeln in diesem Bereich konnten während der Ausgrabungen von 1976 bis 1983 durch Kilian nachgewiesen werden. Architektonische Spuren und Keramik wurden auch im Bereich der sog. Stadtsiedlung gefunden.[1365] Überwiegend wurde Keramik der FH II und III Zeit gefunden.[1366] Was für eine Ausdehnung die frühhelladische Siedlung hatte, konnte allerdings bis heute nicht festgestellt worden.

Aus der mittelhelladischen Zeit (MH Zeit ca. 2000–1600 v. Chr.) sind nur wenig architektonische Elemente erhalten. Die Ausdehnung und die Größe der prähistorischen Siedlung konnten nicht festgestellt werden, weil die mittelhelladischen Bauten der späteren mykenischen Bauaktivität zum Opfer gefallen sind. Reste von mittelhelladischen Bauten wurden auf der Oberburg

[1360] Im Bezug auf die Mythologie von Tiryns siehe Tiryns, Historischer und archäologischer Führer, 11ff.

[1361] G. Hiesel, Tiryns. Antike Welt (1975), 25f.

[1362] Ob es sich um eine Residenz, ein Heiligtum oder einen Getreidespeicher handelt, ist bis heute umstritten.

[1363] J. Maran, Tiryns – Mauern und Paläste für namenlose Herrscher, in: Archäologische Entdeckungen. Die Forschungen des Deutschen Archäologischen Instituts im 20. Jahrhundert (2000), 118-123. Hier 118ff.

[1364] Zu den frühhelladischen Schichten auf der Mittelburg siehe Tiryns III, 39f.

[1365] G. Hiesel (1975), 25f.; derselbe, Die Stadt, in: U. Jantzen (Hrsg.), Führer durch Tiryns (1975), 83ff.

[1366] Es handelt sich um grob gemachte Haushaltskeramik und Speichergefäße, die ohne Töpferscheibe hergestellt wurden. Die Keramik wurde stark gebrannt und mit dunklem Firnis überzogen. Einige Gefäße haben auch einen weißen Überzug. Manche Gefäße wurden mit Ornamenten und Bändern geschmückt, Vorratsgefäße mit Fischgrätenmustern, Spiralketten oder Zierstreifen. Typisch für diese Zeit sind die Schnabelgefäße (Schnabeltassen und Schnabelkannen) sowie Keramik, die metallische Gefäße nachahmt. Die feine Keramik ist dünner gemacht. Man fand auch Askoi, Schöpflöffel und Pyxiden für die Aufbewahrung von Schmuck oder teuren Ölen. Die polierte Keramik aus FH III ist mit Mustern versehen und wurde ebenfalls von Hand gefertigt. Sie ist als „gemusterte Urfirnis"- Keramik bekannt. Hauptsächlich kommen zylinderförmige Gefäße (Humpen) vor und dünne hohe Speichergefäße mit trichterhalsförmigen Mündungen. Flache, runde und tiefe Gefäße (Schüsseln) mit nach außen geschwungener Lippe treten auch auf. Die Keramikherstellung in der FH III Zeit entspricht der Technik der FH II Zeit. Bezüglich des Formenrepertoires und der Dekoration der Gefäße wurde eine Ähnlichkeit mit den entsprechenden Formen und Dekorationen der mittelhelladischen Keramik festgestellt.

gefunden. Es handelt sich um Terrassenmauern, die als Fundament für die Bauten verwendet wurden. Sie könnten aber während der mittelhelladischen Zeit auch eine defensive Funktion übernommen haben, um laut Iakovidis eine Erstürmung der Oberburg durch Feinde zu erschweren.[1367] Leider konnte ihre Funktion bis heute nicht genau festgestellt werden.[1368] Die meisten mittelhelladischen Funde wurden östlich und südöstlich des großen Megarons gefunden, neben dem Haupthof des Palastes. Es handelt sich dabei um rechteckige, apsidiale und ovale Mauerzüge. Man fand in diesem Bereich auch Kistengräber, aber leider ohne nennenswerte Grabbeigaben.[1369] Westlich des Haupthofes wurden ebenfalls einige Mauerzüge gefunden, von denen nur ein apsidiales Gebäude rekonstruiert werden konnte. Auf der Mittelburg wurde die mittelhelladische Zeit durch zwei Bothroi bezeugt.[1370] Auf der Unterburg wird die Mittelbronzezeit durch Mauerzüge und Bestattungen zwischen den Mauern vertreten. Über die mittelhelladische Siedlung außerhalb der befestigten Burg ist wenig bekannt, so wie es auch für die Frühbronzezeit der Fall ist. Spuren der mittleren Bronzezeit wurden in 2 m starken Schichten südlich und südöstlich der Befestigungsanlage gefunden. Welche Ausdehnung und Größe die mittelhelladische Siedlung von Tiryns hatte, konnte bis heute nicht festgestellt werden.[1371]

Für die Spätbronzezeit (ca. 1600 – 1050 v. Chr.) ist für uns das 14. bis 12. Jahrhundert v. Chr. interessant. Während dieser drei Jahrhunderte wurden die Befestigung und die anderen Bauten auf dem Hügel errichtet. Auf die Entwicklung und die starke Bautätigkeit in diesen Jahrhunderten wird später noch ausführlich eingegangen werden. Nach dem Niedergang der mykenischen Zentren im 12. Jahrhundert v. Chr. bleibt Tiryns weiter bewohnt, verliert aber wie Mykene seinen Glanz. Während des nächsten Jahrhunderts (bis 1100 v. Chr.) folgt eine Periode der Umwälzungen und Erschütterungen, die schon während des 13. Jahrhunderts v. Chr. die Mittelmeerregionen im Atem hielten. Grund dafür waren wahrscheinlich Völkerwanderungen oder innere Unruhen.

Die sog. „dunklen Jahrhunderte“ werden durch wenige Funde aus Bestattungen der submykenischen und protogeometrischen Epoche bezeugt. Die geometrische Epoche (ca. 1000 – 800 v. Chr.) ist dagegen mit Funden viel besser vertreten. Archäologen fanden westlich der Befestigungsanlage wenige architektonische Reste von Wohnbauten der geometrischen Epoche. Außerdem wurden viele geometrische Gräber südwestlich von Tiryns gefunden. Es handelt sich um Steingrab und Pithosbestattungen mit reichen Beigaben.[1372] Dadurch zeigte sich, dass es nach der mykenischen Ära eine dichte geometrische Besiedlung des Ortes gegeben hatte. Anhand des gesamten geometrischen Befundes könnte dies bedeuten, dass die „dunklen Jahrhunderte“ nicht so „dunkel“ waren, wie es zum Teil bis heute angenommen wird.

Die archaische und die klassische Epoche (700 – 400 v. Chr.) werden durch Votivgaben nachgewiesen, die vor allem auf der Oberburg gefunden wurden.[1373] In welcher Form nun während dieser Zeit im Bereich des ehemaligen mykenischen Megarons kultische Handlungen für Hera stattfanden und ob ein Tempel für diesen Kult errichtet wurde, ist bis heute umstritten. Ein Heiligtum für Athena ist durch Keramik und andere Funde im Bereich des Haupttores der Burg belegt.[1374] Nichts Nennenswertes kann über die hellenistische und römische Zeit berichtet werden, da keine Schichten aus dieser Zeit nachgewiesen wurden.[1375] Nur spärlich vertreten sind die Funde aus der byzantinischen Besiedlungsphase des Ortes. Im Westen der mykenischen Burg wurden Reste einer Siedlung entdeckt. Die kleine Kirche, die auf dem Vorhof des großen mykenischen Megarons stand, wurde zu Beginn der Ausgrabungen auf der Oberburg einfach abgetragen.[1376]

[1367] S. Iakovidis (1977), 176f.

[1368] Über die mittelhelladischen Funde berichtete K. Müller, H. Sulze, Tiryns III, die Architektur der Burg und des Palastes (1930).

[1369] Es handelt sich um ein kleines schwarzes Gefäß, einen schwarzen polierten Kantharos und eine Säge aus Feuerstein, die in drei Gräbern gefunden wurden.

[1370] K. Müller, H. Sulze, Tiryns III (1930), 113f. Dragendorff spricht von zwei runden Gruben mit einem Durchmesser von 0,80 m und einer Tiefe von 0,45 m mit senkrechten Wandungen. Sie enthielten mittelhelladische Scherben und Tierknochen.

[1371] Bei der Datierung der mittelhelladischen Funde half die polierte grau- und gelbminysche, polychrome und mattbemalte mittelbronzezeitliche Keramik. Überwiegend wurden polierte Humpen mit Vertikalhenkeln gefunden. Kannen, Kantharoi und eine Vielfalt von anderen Gefäßen kamen ebenfalls vor. Durch den Einfluss der minoischen Keramik wurde die Entwicklung der bekannten mykenischen Keramik vorbereitet.

[1372] G. Hiesel, Tiryns. Antike Welt (1975), 26f.

[1373] Es handelt sich um Terrakotten, Miniaturgefäße, Blumen, Früchte und Kränze aus Ton.

[1374] U. Naumann, Die archaische und klassische Zeit, in: U. Jantzen (Hrsg.), Führer durch Tiryns (1975), 101-106.

[1375] In der Unterburg wurden im Bereich östlich der Nordpforte an der inneren Seite der Befestigungsmauer klassische und hellenistische Störungsschichten festgestellt.

[1376] Ebd. G. Hiesel, die byzantinische Zeit, in: U. Jantzen (Hrsg.), Führer durch Tiryns (1975), 107-110.

5.9.2. Forschungsgeschichte

F. Thiersch und A. R. Rangabe waren die ersten, die im Jahr 1831 für einen Tag eine Ausgrabung auf dem felsigen Plateau durchführten. Sie haben drei Säulenbasen und einen Stützpfeiler ans Licht gebracht. 1876 führte Schliemann auf der mykenischen Burg und in ihrer Umgebung Ausgrabungen durch, die aber nicht lang andauerten. Systematische Ausgrabungen in Tiryns leitete er von 1884 bis 1885 zusammen mit Dörpfeld. Während dieser Zeit wurden die meisten architektonischen Reste des letzten mykenischen Palastes auf der Oberburg ausgegraben sowie auch ein Teil der Mittelburg. Probeschnitte auf der Unterburg ergaben Reste von Bauten. Weitere Ausgrabungen führte Schliemann auch außerhalb der mykenischen Befestigungsanlage durch. Die Ergebnisse seiner Untersuchungen veröffentlichte er in seinem Buch „Tiryns" im Jahr 1886.[1377] Nach einer längeren Pause begann das Deutsche Archäologische Institut mit systematischen Ausgrabungen, die von 1905 bis 1929 andauerten. Dörpfeld und G. Karo leiteten diese Ausgrabungen von 1905 bis 1914. Während dieser Zeit wurde die gesamte Fläche des Hügels sowie seine Außenbezirke untersucht und auch die geometrische Nekropole entdeckt. Nach dem Ersten Weltkrieg untersuchten K. Müller und H. Sulze von 1926 bis 1929 erneut den Felshügel und besonders die Oberburg. Beide versuchten die Baugeschichte von Tiryns zu erforschen und untersuchten auch das Gebiet der Außensiedlung südöstlich der Burg. Ziel war dabei die Erforschung der Ausdehnung der Außensiedlung. Auf dem benachbarten Hügel Profitis Elias wurden das Kuppelgrab und das mykenische Gräberfeld untersucht. Aus Mangel an finanziellen Mitteln mussten die Ausgrabungen von Sulze und Müller schließlich eingestellt werden.

Nach einer längeren Unterbrechung widmete sich N. Verdelis in den fünfziger und sechziger Jahren (1957, 1962 – 1963 und 1965) Restaurierungsarbeiten und Ausgrabungen in Tiryns. Er restaurierte die Westseite der Befestigungsmauer, die zusammengefallen war. Außerdem gelang ihm die Entdeckung der beiden Zugänge (*Syringes*) in der Unterburg, die zu den unterirdischen Brunnen außerhalb der Befestigung führten. Bis zu diesem Zeitpunkt war angenommen worden, dass die Unterburg im Fall einer Belagerung als Zufluchtsort diente, was aber nicht der Fall war. Stattdessen war die Unterburg mit ihren Bauten in einem gemeinsamen Konzept mit der Palastanlage errichtet worden. Nach 1965 wurden die Ausgrabungen in der Unterburg und der sog. Stadt außerhalb der Mauern wieder vom Deutschen Archäologischen Institut geleitet. P. Grossmann und J. Schäfer führten von 1965 bis 1967/68 Grabungen in der Unterburg durch und erforschten vier mykenische Bauten. Diese Gebäude waren chronologisch identisch mit der Befestigungsmauer. Dies bedeutet, dass sie in der SH IIIB Zeit zerstört und von einer Schicht aus SH IIIC1 überdeckt wurden. Grossmann und Schäfer fanden darüber hinaus Reste einer frühbronzezeitlichen Besiedlung der Unterburg. Unter der Leitung von U. Jantzen zusammen mit einer Reihe von wissenschaftlichen Mitarbeitern und später von Schäfer wurde in den Jahren 1967/68 – 1974 die Unterburg und das Gebiet westlich der Unterburg untersucht. Die Ergebnisse der Ausgrabungen und die allgemeine Geschichte von Tiryns wurden im von Jantzen publizierten Katalog „Führer durch Tiryns" kürzlich zusammengefasst. Über die Ausgrabungen und die publizierte Literatur von Tiryns bis 1976 berichtete auch F. Schachermeyr.[1378]

Kilian übernahm die Leitung der Ausgrabungen von 1975 – 1986. Während dieser Jahre wurde ein Bereich der Außensiedlung nordwestlich der befestigten Anlage untersucht. Die Erforschung der Unterburg wurde abgeschlossen, und Kilian wendete sich der Oberburg zu, um dort die verschiedenen Bauphasen der Palastanlage zu erforschen.

Seine Untersuchungen erbrachten viele wichtige Ergebnisse bezüglich der Baugeschichte des mykenischen Zentrums. Kilian war derjenige, der die bis dahin angenommene Funktion der Unterburg als Fluchtburg in Zweifel stellte. Er fand heraus, dass der Bereich der Unterburg während der sog. palatialen und nachpalatialen Zeit (SH IIIC und ca. 1200 – 1050 v. Chr.) ein dichtes Bebauungsschema hatte, das nach gewissen Plänen und Konzepten erbaut wurde.

Dies bedeutete nach Ansicht Kilians, dass die Unterburg im Fall einer Belagerung nicht als Fluchtort verwendet wurde. Nach seinen Untersuchungen war sie während der neolithischen Zeit, der Frühbronzezeit und der späthelladischen Zeit IIIA bewohnt. Außerdem versuchte er die chronologische und bauorganisatorische Beziehung der Unterburg zur Befestigungsanlage, zum doppelten Palast und zur Außensiedlung zu bestimmen. Durch die Befundanalyse konnten Kilian und seine Mitarbeiter verschiedene Fundgruppen bestimmen und mit Hilfe der Keramik Datierungsprobleme der „mykenischen" Anlage lösen. Daraus ergab sich eine Kontinuität der

[1377] H. Schliemann,Tiryns (1886). Der prähistorische Palast der Könige in Tiryns. Mit Beiträgen von W. Dörpfeld über die architektonischen Elemente der Ausgrabungen.

[1378] F. Schachermeyr, Die ägäische Frühzeit, Band 2. Die mykenische Zeit und die Gesittung von Thera (1976), 120ff.

mykenischen Keramik von SH IIIB und SH IIIC bis in die submykenische Periode.

Kilian fand auch heraus, dass der Palast des 13. Jahrhunderts v. Chr. auf der Oberburg einen Vorgänger im 14. Jahrhundert v. Chr. hatte. Seine Erkenntnisse über die Außensiedlung, ihre Besiedlungsdauer und Ausdehnung sind von enormer Wichtigkeit.[1379] Berichte über die Ausgrabungen und Untersuchungen von Kilian und seinen Mitarbeitern wurden in der Zeitschriftenreihe Archäologischer Anzeiger publiziert.[1380]

In den achtziger Jahren untersuchte Ch. Piteros zusammen mit E. Paläologou und K. Demakopoulou die geometrische Nekropole und Teile der Außensiedlung im Nordwesten und südlich von der Burg. Paläologou entdeckte während dieser Zeit das zweite Kuppelgrab von Tiryns, das westlich des ersten liegt.

Seit 1997 leitet der Historiker J. Maran die Ausgrabungen in Tiryns mit der Unterstützung des Deutschen Archäologischen Instituts und der 4. Archäologischen Ephorie von Argolis. Während dieser Zeit wurden die Oberburg, die Unterburg und die Außensiedlung im Nordosten der Burg untersucht und restauriert. Durch die Restaurierungs- und Konservierungsarbeiten im Bereich des Palastes wurde im 1998 von Maran Folgendes festgestellt: Ein kleiner Antenbau, der innerhalb des großen Megarons entdeckt und bis zu diesem Zeitpunkt für einen eisenzeitlichen oder protogeometrischen Tempel gehalten wurde, konnte durch neu entdeckte Pfostenlöcher und mit C-14 untersuchte Holzkohle als das letzte Megarongebäude der SH IIIC Periode identifiziert werden. Dadurch konnte festgestellt werden, dass auf der Oberburg auch nach der großen Brandkatastrophe eine baugeschichtliche Kontinuität vorhanden war.[1381] Außerdem fand Maran noch die Überreste eines mykenischen Gebäudes, das eventuell vor den mykenischen Bauten im 14. Jahrhundert v. Chr. errichtet wurde. Untersuchungen wurden auch im Bereich der Unterburg und in der Außensiedlung nordöstlich der Burg durchgeführt, die wichtige Erkenntnisse für die SH IIIB und SH IIIC Zeit lieferten. Der wichtige Befund des Gebäudes XV in der Nähe der Nordpforte weist noch einmal auf den Untergang der mykenischen Burg in der SH IIIB Zeit hin. Außerdem erkannten die Ausgräber die Nutzung dieses Bereiches (Nordpforte) der Unterburg im Zusammenhang mit der Außensiedlung in der späteren Palastzeit besser. Während der Ausgrabungen im Sommer 2002 entdeckte Maran westlich der Nordpforte einen Durchlass (*Syringx*), der als Nordgang bezeichnet wird. Seine Funktion als Gang, der zur Außensiedlung führte und später als Entwässerungskanal im Zusammenhang mit dem Bau XI verwendet wurde, erinnert an ähnliche Baukonstruktionen aus dem hethitischen Kulturkreis, die

---

[1379] S. Iakovidis, Das Werk Klaus Kilians, AM 108, 1993, 9–27.

[1380] C. Podzuweit – D. Salzmann, Ein mykenischer Kieselmosaikfussboden aus Tiryns, AA, 1977, 123-137. K. Kilian – C. Podzuweit, Ausgrabungen in Tiryns 1976, AA, 1978, 449–498. P. Grossmann, Arbeiten an der Unterburgmauer von Tiryns in den Jahren 1969, 1971 und 1972, AA, 1980, 477–498. K. Kilian – C. Podzuweit – H. J. Weißhaar, Ausgrabungen in Tiryns 1978–1979, AA, 1981, 149–256. K. Kilian – G. Hiesel – H. J. Weißhaar, Ausgrabungen in Tiryns 1980, AA, 1982, 393–466. K. Kilian, Ausgrabungen in Tiryns 1981, Bericht zu den Grabungen, AA, 1983, 277 – 328; Ebd. H. J. Weißhaar, Bericht zur frühhelladischen Keramik, 329–358; Ebd. C. Podzuweit, Bericht zur spätmykenischen Keramik. Die Phasen SH IIIC, Fortgeschritten bis Spät, 359–402; Ebd. W. Schnuchel, Zur KO 4. Einer Kammer in der Unterburg von Tiryns, 403–412; Ebd. L. Godart – J. T. Killen and S. P. Olivier, Eighteen more Fragments of linear B Tablet from Tiryns, 413–426. L. Godart., Autour des textes en lineaire B de Tirynthe. Ausgrabungen in Tiryns 1982/83, AA, 1988, 245–251 ; Ebd. K. Kilian, Ausgrabungen in Tiryns 1982/83, 105–151; Ebd. J. P. Olivier, Tirynthian Graffiti. Ausgrabungen in Tiryns 1982/83, 253–268 ; Ebd. A. Papadimitriou, Bericht zur früheisenzeitlichen Keramik aus der Unterburg von Tiryns. Ausgrabungen in Tiryns 1982/83, 277–243; Ebd. C. Podzuweit, Keramik der Phase SH IIIC – Spät aus der Unterburg von Tiryns. Ausgrabungen in Tiryns 1982/83, 213–225; Ebd. G. Schönfeld, Bericht zur bemalten mykenischen Keramik. Ausgrabungen in Tiryns 1982/83, 153–211; Ebd. E. L. Schwander, Archaische Spolien aus Tiryns. Ausgrabungen in Tiryns 1982/83, 269–284.
Zu den Ausgrabungen in Tiryns veröffentlichte K. Kilian eine Reihe von Artikeln. Einige davon sind: Zu einigen früh- und hochmittelalterlichen Funden aus der Burg von Tiryns. Sonderdruck aus „Archäologisches Korrespondenzblatt" 10 – 1980, Heft 3 (Römisch – Germanisches Zentralmuseum. Forschungsinstitut für Vor- und Frühgeschichte) 281–290; derselbe, Neue historische Aspekte des Spätmykenischen. Ergebnisse der Grabungen in Tiryns. Sonderdruck aus Jahrbuch 1981 der Heidelberger Akademie der Wissenschaften, 76 – 83; derselbe, *Ιστορική εξέλιξη της Πελοποννήσου κατά τα τέλη της Μυκηναϊκής εποχής. Σύγκριση των ανασκαφών στην Αργολίδα με την Ηλίδα και Αχαίαν. Πρακτικά Β΄ συνεδρίου πελοποννησιακών σπουδών, Αθήναι* 1981-82, 155–159; derselbe, *Η διοικητική οργάνωση της Πύλου και η αρχαιολογική ιεραρχία των οικισμών της Αργολίδας στη Μυκηναϊκή εποχή. Πρακτικά Β΄ τοπικού συνεδρίου Μεσσηνιακών σπουδών* (27 – 29 November 1982) Athen 1984, 55–68; derselbe, *Μυκηναϊκά ανάκτορα της Αργολίδας. Αρχιτεκτονική εξέλιξη από την οικία του αρχηγού στο ανάκτορο του* WA – NAX. *Πρακτικά του Β΄ τοπικού συνεδρίου αργολικών σπουδών* (Argos 30 Mai – 1 Juni 1986), Athen 1989, 34–40.

[1381] J. Maran, Das Megaron im Megaron. Zur Datierung und Funktion des Antenbaus im mykenischen Palast von Tiryns, AA, 2000, 1–16.

sog. Ausfallpforten (Poternen).[1382] Während der SH IIIC Zeit wurde der Nordgang verschüttet.[1383] Allgemein stellte Maran für die Bauten auf der Unterburg während der SH IIIB2 Zeit ein neues architektonisches Konzept für die Siedlung und die Organisation der Unterburg fest.

Maran hat auch Hinweise für die Nutzung der Nordpforte und der dazu gehörenden Straße für das Ende der Palastzeit und die sog. Nachpalastzeit nachgewiesen. Dies könnte bedeuten, dass die Nordpforte keine einfache Ausfallpforte war, sondern ein reguläres Tor der mittleren SH IIIC Zeit, das die befestigte Unterburg mit der Außensiedlung von Tiryns verband. Sicher ist, dass die Pforte nicht sofort nach der großen Katastrophe in der SH IIIB Zeit wiederhergestellt wurde. Im Nordosten der Außensiedlung sicherte Maran fünf Besiedlungsphasen von der früheren (12. Jahrhundert v. Chr.) bis in die entwickelte SH IIIC Zeit. Er erkannte ein Bebauungsschema, dass auch schon von Kilian im nordwestlichen Bereich der Außensiedlung angetroffen wurde. Auch der Befund in beiden Bereichen ähnelt sich.[1384] Wichtig ist u.a. auch noch der Befund eines spätgeometrischen Areals mit Töpferwerkstätten, Straßen und zahlreicher Keramik.

Im Jahr 2003 beendete Maran die Untersuchungen am nördlichen Bereich der Unterburg und stellte fest, dass in diesem Bereich während der SH IIIB2 Zeit eine Neukonzeption des Siedlungsplanes stattgefunden hatte.[1385] Maran fand noch eine steinerne Plattform unter dem Raum 78c vom Gebäude XI, die der von Kilian 10 m weiter südlich gefundenen Steinplattform ähnelt. Da beide Baukonstruktionen entlang der Befestigungsmauer entdeckt wurden, wird vermutet, dass sie als Unterbauten für irgendwelche Geräte (Hebevorrichtungen) für die Errichtung oder Reparatur der kyklopischen Mauern verwendet wurden.[1386]

Die Ausgrabungen in Tiryns und seiner Umgebung dauern bis heute an. Der Verlauf der Ausgrabungen und die Befunde von der frühen Bronzezeit bis in die hellenistisch-römische Zeit sind im Werk „Tiryns“ ausführlich dokumentiert worden. Zum Thema Tiryns gibt es noch eine Reihe von Publikationen, die in verschiedenen Zeitschriften seit Beginn der Ausgrabungen erschienen sind, wie in den Athenischen Mitteilungen, dem Archäologischen Anzeiger und vielen anderen.[1387]

An dieser Stelle muss erwähnt werden, dass bei der Beschreibung der befestigten Palastanlage nicht alle Räume ausführlich erklärt werden können. Die gesamte Anlage mit den wichtigsten Gebäuden wird nur kurz beschrieben, während die Befestigungsmauern ausführlicher analysiert werden.[1388]

5.9.3. Die befestigte Palastanlage

A. Erste Phase

(Taf. 58,1)

Dass Tiryns mit seiner Außensiedlung in der FH II Zeit ein hohes Kulturniveau erreicht haben soll, wie Maran behauptet, kann nur vermutet werden.[1389] Bis heute bleibt die Funktion des sog. Rundbaus umstritten und ebenso das Aussehen der frühbronzezeitlichen Siedlung unterhalb des felsigen Hügels, obwohl der Befund aus dieser Zeit enorm ist. Durch den Vergleich mit Lerna kann man für beide frühhelladischen Siedlungen annehmen, dass sie damals eine wichtige Rolle in der argivischen Ebene spielten, obwohl für Tiryns viele

[1382] Quelle: http://tovima.dolnet.gr/ aus 12.01.2003. Es handelt sich um einen schräg zur Mauer verlaufenden, versteckten Gang innerhalb der Befestigungsmauer. Der Gang wird von einem Kraggewölbe und waagrechten Sturzblöcken abgedeckt. Am Ende der SH IIIB Zeit wurde der Gang aufgegeben und wahrscheinlich als Entwässerungskanal verwendet.

[1383] Das Wort „Poterne“ kommt aus dem Lateinischen „Posterula“ und bedeutet kleines Hinter- oder Nebentor. Die Funktion der sog. „Poternen“ ist bis heute umstritten.

[1384] Es handelt sich nämlich um Häuser, die um einen Hof gebaut wurden. Dieses Bebauungsschema hat sich bis zum Ende der mykenischen Zeit etabliert.

[1385] Tiryns, Jahresbericht des Deutschen Archäologischen Instituts, AA, 2004/2, 272–274.

[1386] Ebd.

[1387] Die Ergebnisse der Ausgrabungen in Tiryns sind in der Reihe „Tiryns“ des Deutschen Archäologischen Instituts in Athen publiziert worden. Es handelt sich um 13 Bände (1912–2005), in denen der Verlauf der Ausgrabungen mit den Befunden der verschiedenen Epochen geschildert wird: Tiryns. Die Ergebnisse der Ausgrabungen des Instituts I – IV (1912–1938); Tiryns, Forschungen und Berichte V – IX, XI – XII (1971–2000). Im Band X (2003) wird die Palastkeramik behandelt und im Band XIII (2005) die archaische Keramik. Leider kann hier nicht die gesamte Literatur von Tiryns aufgelistet werden. Es wird aber versucht, bei jedem behandelten Thema und jeder Problematik die wichtigste Literatur zu nennen.

[1388] Die Datierung der befestigten Palastanlage stützt sich auf die dort gefundene späthelladische Keramik. Auf Technik, Formen und Dekorationen der Keramik kann ich hier nicht eingehen. Dieses Thema wurde und wird noch heute immer wieder ausführlich in der Literatur behandelt.

[1389] J. Maran, Tiryns. Mauern und Paläste für namenlose Herrscher, in Archäologische Entdeckungen. Die Forschungen des deutschen Archäologischen Instituts im 20. Jahrhundert (2000), 118f.

Fragen noch offen sind, wie z. B. die Existenz einer Befestigungsmauer, die die Außensiedlung umfasste. In welcher Beziehung (politisch, strategisch oder wirtschaftlich) die beiden benachbarten Orte zueinander standen, konnte bis heute nicht geklärt werden.
Für die mittelhelladische Zeit ist leider noch weniger bekannt, da nur wenige architektonische Reste entdeckt wurden. Daher ist eine Rekonstruktion des mittelhelladischen Tiryns auf dem Hügel und der dazugehörigen Außensiedlung bis heute nicht möglich.
Das gilt aber nicht für die mykenische Palastzeit (ca. 1400 – 1200 v. Chr.). Anfang des 14. Jahrhunderts v. Chr. (SH IIIA) hat die architektonische Entwicklung der befestigten Palastanlage begonnen. Die Ausgräber fanden im Bereich der Oberburg Hinweise auf eine ältere Palastanlage, die von einer Befestigungsmauer umgeben war. Es handelt sich um die erste Phase der befestigten Palastanlage, die in der Literatur als „erste Bauphase der Mauern" oder als „die erste Burg" bezeichnet wird.
Die Befestigungsmauer umgab eine Fläche von etwa 7000 m^2. Die Schicht dieser älteren Bauphase liegt 2–3 m unter dem heutigen Laufniveau. Teile der ersten kyklopischen Mauer lassen sich heute in wenigen Abschnitten der gesamten Anlage auf der Oberburg beobachten, wie z. B. vom westlichen Bereich des späteren Korridors der Haupttoranlage der Befestigung bis an das nordöstliche Ende der Oberburg (Taf. 58,2).[1390] Die Mauer ist meistens zweischalig, vor allem im südlichen Teil der Fortifikation. Im nordöstlichen Bereich des Geländes ist nur die äußere Fassade der Mauer sichtbar. Hinter der Fassade wurde der Bereich einfach mit Steinen aufgefüllt. Die Mauerbreite variiert an dieser Stelle und hängt von der Geomorphologie des Felsens ab. Dies bedeutet, dass die Mauer zwei Funktionen übernahm. Einerseits war sie eine Terrassenmauer, die den dahinterliegenden Erdboden stabilisierte, und anderseits hatte sie auch einen fortifikatorischen Charakter. Sie wurde auf älteren Erdschichten oder auf der felsigen Fläche des Hügels errichtet. Im ersten Fall huben die Bauarbeiter einen Graben aus und im zweiten wurden die Unebenheiten des Felsbodens durch kleinere Steine oder durch ein Einebnen des Felsens begradigt. Die Mauer selbst besteht im Vergleich zu den späteren Phasen aus weniger großen Steinblöcken. Durchschnittlich erreichen sie eine Höhe von 0,60 – 0,70 m. Als Baumaterial wurde grauer Kalkstein verwendet. Es scheint, dass die Steinblöcke vorsichtig ausgesucht und mit Sorgfalt bearbeitet wurden. Besonders die Oberfläche und die äußere Fassade der quaderartigen Steine wurden besser bearbeitet. Dies hatte den Vorteil, dass weniger Steine zum Verfüllen der Fugen zwischen den größeren Steinblöcken benötigt wurden. Als Verbindungsmaterial wurde Lehm verwendet, der wahrscheinlich auch eine abdichtende Funktion hatte. Zwischen den Mauerschalen wurde der Raum mit kleineren unbearbeiteten Steinblöcken aufgefüllt, ohne dass diese sorgfältig zusammengefügt wurden.
Der Verlauf der Mauer scheint zum Teil den geomorphologischen Gegebenheiten des Hügels angepasst zu sein. Dies hängt wahrscheinlich von der Errichtungsweise der Mauer ab. Sie wurde nämlich in kleinen geradlinigen Abschnitten gebaut und folgt einer in Zacken verlaufenden Linie. Nach dem Haupttor der Anlage richtet sich die Mauer nach Norden und biegt nach 5 bis 6 m nach Osten ab. Danach nimmt die Mauer die nördliche Richtung wieder auf und endet nach 40 m in der nordöstlichen Ecke des Geländes in einer gezahnten Form. Parallel zu dieser Mauer verlief eine kleinere Terrassenmauer ähnlicher Baukonstruktion. Danach richtete sich die Mauer nach Westen und verschwand unter den Bauten der späteren Palastanlage. Viele ihrer Teile wurden aber im Laufe der Zeit zerstört oder überbaut. Architektonische Reste der Mauer wurden im nordwestlichen Bereich der Oberburg entdeckt, die sich in gezahnter Form nach Süden richten bis zum Bereich der späteren turmartigen Bastion.
Südlich des Haupttores, wo die Mauer sich nach 20 m nach Westen richtet, konnte eine Mauerbreite von 3 m festgestellt werden. Im südlichen Bereich erreichte die Mauer eine Breite von 4 m. Welche Höhe die Mauer auf der Oberburg hatte, ist nicht bekannt.[1391]
Mehr ist über das Haupttor der ersten Bauphase der Befestigung bekannt, das an der Ostseite der Oberburg und mehrere Meter unter dem späteren mykenischen „*Propylon*" gefunden wurde.[1392] Die 2,84 m breite Öffnung des Tores befand sich zwischen zwei starken Mauerteilen, die später als Fundamente für das „*Propylon*" verwendet wurden. In einer späteren Phase wurden die turmartigen Bastionen der Mauer nach innen verlängert und vergrößert. Von der Erweiterung sind nur spärliche Reste erhalten. Zu dem Tor führte eine Straße, die wiederum auf einer Terrasse lag. Wegen der Erweiterung des Tores und der gefundenen Keramik unterteilte Müller die erste Bauphase von Tiryns in zwei Perioden.[1393]
Zusammenfassend lässt sich für die erste Phase der Burg sagen, dass eigentlich nichts über die architektonische Gliederung der Oberburg während des 14. Jahrhunderts v. Chr. bekannt ist. Das Einzige, was auf eine starke

[1390] Es handelt sich um den Bereich (53–55).

[1391] S. Iakovidis, *ΑΙ ΜΥΚΗΝΑΙΚΑΙ ΑΚΡΟΠΟΛΕΙΣ* (1973), 6ff. Für den architektonischen Befund siehe auch Tiryns III, 1ff.

[1392] Im Plan wird das „*Propylon*" mit (1) bezeichnet.

[1393] K. Müller, H. Sulze, Tiryns III (1930). Über die Untersuchungen am alten Tor, 8ff.

bauliche Entwicklung in Tiryns hinweist, ist die Errichtung der starken Mauern in einer Zeit (SH III), in der die minoischen Paläste zugrunde gingen.

B. Zweite Phase

Am Ende des 14. Jahrhunderts v. Chr. und Anfang des 13. Jahrhunderts v. Chr. (SH IIIB1) hat die zweite Bauphase der befestigten Palastanlage begonnen. Es findet eine starke Bauaktivität auf dem felsigen Hügel statt, durch die eine Verdoppelung des Areals erfolgte. Die Errichtung der Mauern der Mittelburg nördlich von der Oberburg fügten noch 3000 m^2 zu der befestigten Palastanlage hinzu. Erweiterungsarbeiten fanden chronologisch nacheinander an der östlichen und südlichen Seite der Oberburg statt. In dieser Phase wurde die Mittelburg vielleicht von Mauern umgeben. Sie ist eigentlich das Ergebnis einer terrassenartigen Erweiterung nach Norden, die von einer fast quadratischen Mauer umfasst wird. Das Ganze liegt 2,50 m tiefer als die Oberburg. Müller sprach von zwei Bauperioden bei den Erweiterungsarbeiten der Mittelburg.[1394] Die Mauer hat eine Stärke von 5-7 m und soll in drei Abschnitten errichtet worden sein. Die gezahnte Bautechnik wurde auch hier verwendet. Zuerst soll der südwestliche, danach der westliche und als Letztes der nördliche und östliche Teil der Mauern von der Mittelburg errichtet worden sein. Laut Müller kommen der westliche und östliche Teil mit der Nordfront der Mittelburg zusammen, ohne wirklich miteinander verbunden zu sein. Sie haben wahrscheinlich ältere Terrassenmauern der Frühbronzezeit ersetzt. Obwohl diese Mauerbereiche als Teil der gesamten Befestigung angesehen werden, hatten sie auch eine Funktion als Terrassenmauern, um den dahinterliegenden Boden zu stabilisieren. Dies wird durch die innere, ohne Sorgfalt gebaute Fassade der Mauern deutlich, die im Gegensatz zu der äußeren Fassade nicht zu sehen war.[1395] Während der Periode IIb wurde im nordwestlichen Bereich der Mittelburg der Turm (48) gebaut. Er sollte die westliche Befestigungsmauer der Oberburg und wahrscheinlich ein Tor in diesem Bereich schützen. Die Erweiterungsarbeiten im Süden des befestigten Platzes beschränkten sich nicht nur auf das Plateau des felsigen Hügels, sondern fanden auch auf seinem Hang statt.[1396] Durch den Bau einer turmartigen Bastion am südlichen Hang der Oberburg erreichte die Mauer zusammen mit der Mauer der ersten Phase stellenweise eine Breite von 8 m. Dies geschah während der Bauperiode IIa. Im inneren Bereich wurden viele rechteckige Räume errichtet, die als Vorratskammern gedeutet werden. Im Laufe der mykenischen Epoche wurden sie öfters umgebaut. Zwischen den Speicherräumen und der ersten älteren Mauer wurde eine Treppenanlage errichtet, die durch die südliche Mauer zu einer Pforte führte.

Die wichtigste Erneuerung während der zweiten Phase scheint die Umgestaltung der östlichen Seite der Oberburg gewesen zu sein. Das Ganze erhält durch Verstärkungsmaßnahmen einen fortifikatorischen Charakter, so dass dieser Bereich im Fall des Eindringens von Feinden besser geschützt werden konnte. Man riss die ältere Toranlage ab und vergrößerte den Platz davor zu einem längeren, nach Norden ausgerichteten Hof[1397], der von Mauern umgeben wurde.[1398] Parallel zu der östlichen Mauer der ersten Bauphase und der vorliegenden Terrasse wurde eine neue Mauer errichtet, die nach Norden verläuft. Der östliche Teil dieser Mauer erreichte eine Stärke von 5-8 m. Der Bereich zwischen den beiden Mauern erhielt eine von Norden nach Süden ansteigende Form. Auf dieser Rampe wurden zwei aufeinander folgende Tore errichtet, die ein Eindringen verhindern sollten. Beide Tore lagen am Nordende des Hofes (56) und bildeten zusammen den Zwinger (55). Das alles geschah in der Bauperiode IIa. Etwa in der Mitte des 13. Jahrhunderts v. Chr. wurde das Tor dann nach Norden verlegt.[1399] Nach Ansicht von Müller wurde es in der zweiten Periode IIb der zweiten Bauphase errichtet. Die Toranlage ähnelt dem berühmten Löwentor von Mykene.[1400] Das Tor soll etwa dieselben Ausmaße wie das von Mykene gehabt haben und bestand aus Konglomeratgestein. Heute sind nur noch wenige Teile des Tores zu sehen. Man fand die monolithische Schwelle des Tores, die eine Länge von 4 m und eine Breite von 1,45 m hat. Erhalten ist in einer Höhe von 3,20 m auch die westliche Umfassung des Tores, die sich mit der Mauer verbindet. Vom östlichen Türpfosten ist nur sehr wenig erhalten.

Als Baumaterial für die Erweiterungsarbeiten wurde wie in der ersten Phase Kalkstein verwendet. Nur benutzte man dieses Mal auch roten Kalkstein für den Bau der Mauern. Merkwürdig ist, dass das Baumaterial nicht sorgfältig bearbeitet wurde und dass es nicht einheitlich ist, wie in der ersten Bauphase der befestigten Palastanlage.[1401] Dadurch wurde früher angenommen, dass die gesamte Erweiterung in zwei Phasen vollendet wurde. Zum einen wurden graue und rote Steinbrocken verwendet. Obwohl sie nicht sorgfältig bearbeitet wurden, versuchte man doch die Flächen der Steine zu

[1394] K. Müller, H. Sulze,Tiryns III (1930), 35ff.
[1395] Ebd. Abb. 25.
[1396] Ebd. 21ff.

[1397] Siehe Plan. Der Hof vor der älteren Toranlage bzw. vor dem späteren „*Propylon*" wird mit (56) bezeichnet.
[1398] K. Müller, H. Sulze,Tiryns III (1930), 25ff.
[1399] Siehe Plan, Punkt (53).
[1400] K. Müller, H. Sulze,Tiryns III (1930), 28ff.
[1401] Ebd. 57f.

bearbeiten und besonders die Oberfläche, auf die der nächste Stein gelegt wurde. Manchmal wurden auch größere Steinbrocken benutzt, die 1,25 x 1,20 m groß sind. Diese wurden während der ersten Bauphase nicht verwendet. Ein anderes bautechnisches Detail ist, dass die Steine nicht in horizontalen Schichten verlegt wurden. Zum anderen wurden für den sog. zweiten Typus der Mauern auch unbearbeitete Steine verwendet. Roter Kalkstein kam ebenfalls vor, aber nicht so häufig. Man erkennt an verschiedenen Mauerabschnitten, dass große und kleine Steine abwechselnd verwendet wurden. Sie sind nicht nach ihrer Länge, sondern nach ihrer Höhe ausgesucht worden.[1402] Große Steine wurden auch an den Mauerecken verwendet.

Anhand dieser Unterschiede bei der Bautechnik nahm man lange an, dass die Mauern in verschiedenen Perioden errichtet wurden, wie es Müller vermutete. Dies wurde aber durch neue Untersuchungsergebnisse widerlegt, die ergaben, dass das Dreiperiodensystem Müllers für die zweite Bebauungsphase nicht mehr gelten kann. Die Errichtung der beeindruckenden fortifikatorischen Einrichtungen in Tiryns findet während der SH IIIB2 statt.[1403] Die unterschiedlichen Bauweisen bei den Befestigungsmauern sind vielmehr auf verschiedene Baumethoden als auf wechselnde Bauperioden zurückzuführen.

C. Dritte Phase

Am Ende der späthelladischen Zeit IIIB1 (ca. 1250 v. Chr.) begann die dritte Phase des Erweiterungsprozesses der Burg von Tiryns, die das bebaute Areal verdoppelt hat. Anlass für die neuen Baumaßnahmen in der gesamten Fläche des Hügels soll ein Erdbeben gewesen sein.[1404]

Die Verstärkung und die Erweiterung der kyklopischen Befestigungsanlage weisen wahrscheinlich auf unruhige Zeiten hin, die am Ende der Bronzezeit im ägäischen Bereich zum Untergang der mykenischen Palastzeit führten. Diese Überreste der letzten Bebauungsphase der kyklopischen Anlage sind noch heute in Tiryns sichtbar.

D. Oberburg

Auf der Oberburg ist eine neue Palastanlage entstanden, die in der Literatur als Doppelpalast bekannt ist. Es besteht aus zwei Megara mit ihren Vorhöfen und zwei Gebäudekomplexen (östliches und westliches), die aus Wohn-, Wirtschafts- und Speicherräumen bestehen. Südlich des großen Vorhofes wurden ebenfalls solche Räume gefunden.

Zu der Palastanlage gelangte man über eine Rampe, die an der östlichen Seite des Hügels liegt. Es wird angenommen, dass sie eine Länge von 47 m hatte. Ihre Breite beträgt 4,70 m. Die Rampe führte zu einem Tor, das an der östlichen Seite der Befestigungsmauer lag. Das Tor hatte am Anfang die gleiche Breite wie die Rampe, wurde danach aber verengt.[1405] Über den Torweg konnte man im Norden zur Mittelburg gelangen. Im Süden traf man auf das Haupttor der Befestigungsanlage.[1406] Südlich des Tores befindet sich einer Gang, der wahrscheinlich überdacht war und die Funktion eines Zwingers hatte.[1407] Durch einen Vergleich mit dem Tor in Mykene nimmt man zusammen mit den Befestigungsmauern eine Gesamthöhe von 8 m an. Der Gang führte zu einem doppelten Tor, das, wie schon erwähnt, während der zweiten Bauphase errichtet wurde.[1408] Von diesem Tor sind heute nur spärliche Fundamentreste vorhanden und es ist praktisch nichts mehr oberirdisch zu sehen. Durch das doppelte Tor kam man in einen Hof, der vor dem

---

[1402] Ebd. Zur Baukonstruktion der Mauern siehe auch S. Iakovidis, Late Helladic Citadels on Mainland Greece (1983), 6f.; derselbe, (1973), 10f.; derselbe, in: Kriegswesen I. Wehrbauten (1977), 178f.

[1403] M. J. Felsch, Datierung der Burgmauern von Tiryns, in: R. Rolle, K. Schmidt und R. F. Docter (Hrsg.), Archäologische Studien in Kontaktzonen der antiken Welt (1998), 111–129. Mit der Datierung und Müllers Bauphasenschema befasste sich auch M. Küpper (1996), 34ff. Er erwähnt die wichtigsten Beispiele, die Müllers chronologisches System widerlegen und verweist auf die behandelte Literatur. Laut Küpper *„verändern die jüngeren Grabungen vor allem das Bild von Müllers Burg II. So ließ sich eben keine frühe Terrassenmauer nördlich des Megaronkomplexes nachweisen, der Befund weist ihre Errichtung erst in SH IIIB2 aus. Derselben Periode gehört nach Kilian auch die nördliche Stützmauer der Mittelburg an. Dies hat für das Gesamtbild weitreichende Folgen: der Turm an der Westmauer der Mittelburgmauer ist trotz Baufuge nicht mehr von der Errichtung der Westtreppe zu trennen. Außerdem ist durch die Spätdatierung auch die davon abhängige Gestaltung des großen Konglomerattores und der zugehörigen Flankenmauern der zweiten Hälfte des 13. Jahrhunderts v. Chr. zuzuweisen. Des Weiteren müsste damit auch der Ausbau der Südburg in SH IIIB2 gehören, da Müller ja ausdrücklich die Einheitlichkeit des Mauerstils zwischen Mittelburgmauer und Südburg, Periode II betont. Dies wird gestützt durch Kilians Fundamentanalyse, die die Kastenfundamente der Südburg ebenfalls mit SH IIIB2 in Verbindung bringt“*.

[1404] J. Maran, Tiryns. Mauern und Paläste für namenlose Herrscher (2000), 121f.

[1405] Im Plan wird die Rampe mit (52) und das Tor mit (51) bezeichnet.

[1406] Das Tor wird mit (53) bezeichnet.

[1407] Der Gang wird mit (54) bezeichnet.

[1408] Es handelt sich um das doppelte Tor (55).

„*Propylon*" der früheren Bauphasen lag.[1409] An seiner östlichen Seite wurde eine Reihe von Säulenbasen gefunden, die wahrscheinlich eine Halle mit Räumen stützten. Direkt hinter und unter dieser Halle befindet sich die östliche Galerie der Oberburg.[1410] Gegenüber der Halle liegt das große „*Propylon*" der Palastanlage, welches zu einem Hof führte.[1411] Wie genau dieser Hof aussah, konnte nicht festgestellt werden, da sein schlechter Erhaltungszustand keine genauen Rekonstruktionen erlaubt. Wahrscheinlich besaß er Säulen und Hinterräume wie der Hof (56). Architektonische Reste wurden aber nicht gefunden. Südlich des Hofes befindet sich die andere (südliche) Galerie der Oberburg.[1412]

An der nördlichen Seite des Hofes (2) liegt ein rechteckiges Gebäude, dessen Funktion fraglich ist. Ob die drei nebeneinander liegenden Räume als Werkstätte oder als Speicherkammer verwendet wurden, konnte nicht festgestellt werden. Direkt an der westlichen Seite des Gebäudes liegt das sog. kleine „*Propylon*", das zum zentralen Hof und zum großen Megaron der Palastanlage führte.[1413]

Der Palasthof bzw. der Haupthof der Palastanlage hat eine fast rechteckige Form, eine Länge von 16 m und ist 21 m breit. Dabei wird die Tiefe seiner Säulenhallen nicht mitgerechnet.[1414] Diese umgaben die westliche, südliche und östliche Seite des Haupthofes. Die Hallen hatten Rückwände, die durch Türen zu anderen Bereichen der Palastanlage und nicht zu geschlossenen Räumen führten. In der Achse des großen Megarons und vor der südlichen Säulenhalle des Palasthofes wurde ein Altar gefunden. Während der mykenischen Zeit hatte er eine rundliche Form. Nach der mykenischen Zeit wurde er umgeformt (zuerst quadratisch und dann rechteckig), aber weiter für kultische Handlungen verwendet. Die Baukonstruktion hatte eine Länge von 3,25 m und war 2,68 m breit. Die rundliche Konstruktion des Altares hat einen Durchmesser von 2,06 m.[1415] Heute sind nur noch die Basis der rundlichen Form und einige Teile der späteren Umformung zu sehen. Wie hoch der Altar gewesen ist, konnte nicht festgestellt werden. Die Baukonstruktion könnte verputzt und bemalt gewesen sein. Dies bleibt aber eine Vermutung, da während der Ausgrabungen keine Hinweise darauf entdeckt wurden.

Nördlich des Altares liegt an der nördlichen Seite des Hofes das große Megaron der Palastanlage.[1416] Das Gebäude befindet sich auf der höchsten Stelle der Oberburg. Es hat eine Länge von 25 m und ist 12,50 m breit. Die rechteckige Baukonstruktion ist die typische Bauform eines Megaron, die in späteren Zeiten beibehalten und für die Errichtung der griechischen Tempel verwendet wurde. Der Bau besteht aus drei hintereinander liegenden Räumen. Mauerreste des großen Megarons haben sich in einer Höhe von 0,40 bis 0,60 m erhalten. Der Mauersockel besteht aus Kalksteinen, die mit Lehmmörtel verbunden wurden. Leider ist nur noch eine Schicht von Steinen im großen Megaron erhalten. Für die Errichtung der größeren Gebäude der Oberburg wurden im Vergleich zu den anderen Bauten größere Steine verwendet. Durchschnittlich sind sie 0,65 m lang und 0,35 m hoch. Die Seitenmauern des Gebäudes erreichen eine Stärke von 1,25 m. Dagegen sind die Teilungsmauern innerhalb des Gebäudes stärker gebaut. Sie erreichen eine Breite von 1,24 bis 1,45 m. Die nördliche Wand des Megarons ist weniger stark als die anderen. Sie hat eine Breite von 1 bis 1,02 m. Die Stärke der Teilungsmauern gab Anlass für Spekulationen, dass der Bau noch ein zweites Stockwerk hatte. Dies bleibt aber bis heute umstritten. Der Oberbau bestand aus Lehmziegeln oder Bruchsteinen, die durch ein dichtes Netz von Holzbalken zusammengehalten wurden. Die Verwendung von Holzbalken (Längsbalken, Querbalken) wurde schon für frühere Zeiten nachgewiesen. Alle Mauern des großen Megarons waren mit Lehm verputzt. Für das Dach wird eine flache Konstruktion angenommen.[1417]

Das Ganze wird in mehrere Räume gegliedert. Der erste Raum, die Vorhalle, hat eine Breite von 9,65 m und eine Tiefe von 4,98 m. Ihre Front besteht aus zwei zu Anten verbreiterten Mauerzügen (Parastaden) und aus zwei Säulen zwischen den Anten. Diese trugen zusammen den vorderen Teil der Dachkonstruktion. Vor der Vorhalle wurden zwei flache Stufen entdeckt, die aus rotem und grauem Kalkstein bestehen.[1418] Der Boden und die Wände der Vorhalle waren mit Verputz belegt. Der untere Bereich der Wände war mit kretischem Alabaster

---

1409 Der Außenhof ist mit (56) markiert.

1410 Die östliche Galerie der Oberburg wird mit (57) bezeichnet. Von den Säulenbasen sind heute nur 4 vorhanden.

1411 Das „*Propylon*" ist mit (1) und der Hof mit (2) markiert.

1412 Es handelt sich um die Galerie (59).

1413 Das kleine „*Propylon*" wird mit (3) und der zentrale Hof mit (4) bezeichnet. Zu dem kleinen „*Propylon*" siehe Schliemann, Tiryns (1886), 227ff.; K. Müller, H. Sulze, Tiryns III (1930), 130ff.

1414 H. Schliemann (1886), 230ff.; K. Müller, H. Sulze, Tiryns III (1930), 134ff.

1415 H. Schliemann (1886), 233ff.; K. Müller, H. Sulze, Tiryns III (1930), 137ff. Abb. 64 und 65.

1416 Das große Megaron wird mit (5), (6) und (7) bezeichnet.

1417 H. Schliemann (1886), 288ff.; K. Müller, H. Sulze, Tiryns III (1930), 177ff.

1418 H. Schliemann (1886), 236ff.; K. Müller, H. Sulze, Tiryns III (1930), 139ff.

verkleidet, welcher mit einer Reliefverzierung aus Triglyphen mit Rosetten und Anthemien geschmückt war. Details des Reliefs waren in einer blauen Substanz bzw. Glaspaste wiedergegeben, die als „*Kyanos*" bekannt ist.[1419] Geschmückt war auch der Boden der Vorhalle. W. Dörpfeld berichtete, dass der Fußboden durch eingeritzte Linien von Rosettenbändern in Quadrate und schmale Rechtecke eingeteilt war.[1420]

Ein anderes bautechnisches Detail mykenischer Architektur sind die Sägespuren an den Quadersteinen der Anten der Vorhalle. Küpper berichtete schon in seiner Untersuchung über die mykenische Architektur von solchen Bearbeitungsspuren an verschiedenen Stellen mykenischer Bauten und erwähnte mehrere Beispiele, die seiner Ansicht nach durch Pendelsägen entstanden. Derselben Meinung war auch Dörpfeld, als er solche Spuren bei Anten, Basen und Schwellen auf der Oberburg entdeckte.[1421]

Durch drei Türen konnte man in die dahinter liegende Halle kommen, die fast so groß wie die Vorhalle ist. Auch der Boden dieses Raumes war mit Rosettenbändern geschmückt. An der westlichen Seite des Raumes gab es eine Türöffnung, die zu dem westlichen Gebäudekomplex der Palastanlage führte. In der Mitte ihrer nördlichen Mauer befindet sich eine 2 m breite Türöffnung, die zum Hauptraum des Megarons führt. Der Schwellenstein ist 1,25 m breit und hat eine Länge von 3 m, aber keine Angellöcher.

Der Hauptraum des Megarons hat eine Länge von 11,80 m und ist 9,80 m breit. Es handelt sich um einen der größten Innenräume mykenischer Architektur. Der Raum war mit einer Herdstelle und einem Thronplatz ausgestattet. Die rundliche Herdstelle mit einem Durchmesser von 3 m lag zwischen vier Säulen, die die Dachkonstruktion und die Öffnung für den Abzug des Rauches der Feuerstelle trugen. Die Öffnung diente auch für die Beleuchtung des Raumes.[1422]

Von den Säulen wurden nur die Basen gefunden und von der Herdstelle nur wenige Überreste. Sie war wahrscheinlich wie der Altar des Hofes verputzt und bemalt. Spuren des sog. Thronplatzes wurden an der östlichen Seite des Raumes gefunden. Er lag genau in der Mitte der östlichen Wand des Raumes und seine Spuren weisen auf eine Konstruktion mit einer Länge von 2,10 m und einer Breite von 1,43 m hin. Müller berichtete über ein Rechteck, „*das durch eine niedrige Steinreihe an der Ostwand abgegrenzt wurde. Mehrere andere waren mit Spiralen in Relief geschmückt...*".[1423] Über das Thronpodest berichtete auch Kilian. Nach seiner Ansicht wurde die Ausstattung der späteren mykenischen Palastmegara vom Thronraum im Palast von Knossos beeinflusst.[1424] Eine Rekonstruktion des Thronpodestes in Tiryns hat T. Schulz wiederzugeben versucht.[1425]

Wie die beiden Vorhallen des Megarons war auch der Boden des Thronraumes geschmückt. Er war durch Rosettenbänder in Quadrate geteilt, die einerseits mit figürlichen Motiven (Delphine und Oktopoden) und anderseits mit Netzmustern bemalt waren. Von Thronplatz, Herdstelle und Bodenverzierung ist nach einer Konservierung des Bodens in den 90er Jahren heute nichts mehr zu sehen. Nur die Basen der Säulen sind heute noch zu erkennen. Von der Bemalung der Wände hat sich leider nichts erhalten. Es gilt aber als sicher, dass sie mit verschiedenen Freskomalereien bemalt waren. Fragmente von Bodenverzierungen und Wandmalereien fanden die Ausgräber im östlichen Palastflügel und in der sog. Epichosis an der Westtreppenanlage von Tiryns.[1426]

Östlich des großen Megarons und seines Haupthofes befindet sich der sog. östliche Palastflügel der Palastanlage mit dem kleineren Megaron und anderen Gebäuden, die als Wohnräume interpretiert werden. W. Dörpfeld und später Müller beschrieben diesen Teil der Palastanlage ausführlich.[1427] Der westliche Palastflügel war eigentlich die vorherige Palastanlage auf der Oberburg, die in der ersten Hälfte des 13. Jahrhunderts v. Chr. (zweite Phase) errichtet wurde. Am Beginn und während der zweiten Hälfte des 13. Jahrhunderts v. Chr. (dritte Bauphase) wurde der westliche Teil der älteren Palastgebäude abgerissen und an seiner Stelle wurden das große Megaron, die Höfe und der westliche Teil der Oberburg neu errichtet.

Als Zentralgebäude des östlichen Palastflügels wird das sog. kleine Megaron angesehen, das halb so groß wie das große Megaron ist. Seine Seitenmauern sind 1,03 m stark, wogegen die schlecht erhaltene Nordwand nur eine Stärke von 0,69 m aufweist. Auch in diesem Gebäude ist die Teilungsmauer zwischen Vorhalle und Hauptraum breiter als es die Seitenmauern sind. Sie erreicht eine Breite von 1,22 m. Die Existenz eines weiteren Stockwerkes bleibt aber auch für diesen Bau nur eine Vermutung. Das Ganze besteht aus zwei Räumen, einer

---

[1419] K. Müller, H. Sulze, Tiryns III (1930), 142ff. Abb. 68 und 69.

[1420] H. Schliemann (1886), 243f. Fig. 113.

[1421] K. Müller, H. Sulze, Tiryns III (1930), 183ff. Zum selben Thema später M. Küpper (1996), 16ff.

[1422] K. Müller, H. Sulze, Tiryns III (1930) 143ff.

[1423] Ebd. 145f.

[1424] K. Kilian, Die Thronfolge in Tiryns, AM, 1988, 1–9.

[1425] T. Schulz, Die Rekonstruktion des Thronpodestes im ersten großen Megaron von Tiryns, AM, 1988, 11–23.

[1426] Es handelt sich um folgende Wandmalereien: Szene einer Wildschweinjagd, eine Darstellung der sog. Frau mit der Pyxis und die Darstellung eines Paares auf einem Wagen. Alle werden in das 13. Jahrhundert v. Chr. datiert.

[1427] H. Schliemann,(1886), 272ff.; dazu auch K. Müller, H. Sulze, Tiryns III (1930), 157ff.

Vorhalle und einem Hauptraum.[1428] Die Vorhalle ist 5,05 x 5,59 m groß. Ihre Seitenmauern enden in Anten, an denen jeweils eine Türöffnung gefunden wurde. Diese führten westlich zum großen Megaron und östlich zu nahe liegenden Räumen, was an den beiden erhaltenen Schwellen zu erkennen ist. Zwischen den beiden Anten wurden keine Säulenbasen gefunden, wie sie bei einem Megaron zu erwarten wären. Grund dafür ist wahrscheinlich der geringe Abstand (5,59 m) zwischen den beiden Anten, der die Errichtung von Stützsäulen für die Querbalken der Vorhalle wohl unnötig machte. In der Mitte der Vorhallennordwand lag eine dritte Türöffnung, die zum Hauptraum des Gebäudes führte. Die Türschwelle ist auch hier noch vorhanden.[1429] Der Boden der Vorhalle war mit Kalkestrich bedeckt. Ob er auch mit Verzierungen geschmückt war, ist nicht mehr festzustellen.

Durch die Tür an der Nordwand gelangte man in den Hauptraum des Gebäudes. Er ist 5,64 x 7,60 m groß und seine erhaltenen südlichen Mauerzüge erreichen eine Höhe von 0,50 m. Die Nordwand ist nur schlecht erhalten. In der Mitte des Raumes lag eine rechteckige Herdstelle, die nicht von Stützsäulen umgeben wurde. Die Herdstelle hatte eine Breite von 1,24 m, die Länge konnte nicht festgestellt werden. An ihrer östlichen Seite befand sich der Thronplatz des kleinen Megarons. Der Thronplatz scheint durch keinen Steinsockel abgegrenzt worden zu sein, sondern wurde durch eine Verzierung des verputzten Bodens vom übrigen Raum abgegrenzt. Dabei handelt es sich um Reste von Quadraten mit einem Netzmuster, deren Rahmen abwechselnd aus gelben, roten und blauen Linien bestehen. Das Netzmuster wird von einem Rosettenband umgeben. Spuren von Boden- und Wandmalerei wurden auch in der südwestlichen Ecke des Gebäudes gefunden. In einer späteren Zeit wurde an dieser Stelle ein Zimmer errichtet. Auch für das kleine Megaron wird eine flache Dachkonstruktion angenommen.

Vom Thronplatz, der Wand- und Bodenmalerei und der rechteckigen Herdstelle ist heute nichts mehr zu sehen. Nur die Mauerzüge und die Schwellen der Türöffnungen sind noch erkennbar. Über die Funktion des Gebäudes können nur Vermutungen angestellt werden. Ob es von der Frau des Machthabers oder von einer Person niedrigeren Ranges benutzt wurde, wie es oft in der Literatur gemutmaßt wird, kann nicht bewiesen werden.

Dass das kleine Megaron einen Hof besaß, gilt als sicher.[1430] Wahrscheinlich war er, wie der Hof des großen Megarons, von einer Säulenreihe umgeben. Spuren davon wurden in Form von Säulenbasen und Eckpfeilern an der Ostseite des Megarons gefunden. Die Südseite des Hofes wird durch einen Mauerzug gebildet. Heute ist von dem Hof fast nichts mehr zu sehen, weil heute vor dem kleinen Megaron die Reste des frühbronzezeitlichen Rundbaus liegen und im westlichen Bereich das große Megaron steht.

Östlich und südöstlich des kleinen Megarons wurde ein Raumkomplex gefunden. Interessant ist das Gebäude neben dem kleinen Megaron, das man wegen seiner Struktur als „Megaroid" bezeichnet.[1431] In seiner Vorhalle fanden die Ausgräber dieselbe Bodenmalerei (Delphine und Oktopoden) wie im großen Megaron. Östlich und südlich dieses Gebäudes wurde eine Reihe von Räumen gefunden, die als Wohnräume interpretiert werden. Direkt südlich vom Hof des kleinen Megarons liegt noch ein Hof mit einem Fassadenbau an seiner westlichen Seite.[1432] Von hier konnte man durch einen Korridor in das „*Propylon*" (1) der Palastanlage gelangen. Östlich des Korridors befindet sich ein Bereich mit Mauerzügen, die leider nicht mehr rekonstruierbar sind.

Westlich des großen Megarons und seines Hofes liegt der sog. westliche Flügel der befestigten Palastanlage. Leider ist ein großer Teil seines südlichen und westlichen Bereiches zerstört und stark erodiert.[1433] Dieser Flügel wird im Westen durch die Mauer der zweiten Bebauungsphase abgegrenzt. Zu diesem Bereich gelangte man über die westliche Seite des großen Megarons. Der wichtigste Befund ist das sog. Badezimmer, das wahrscheinlich für kultische Zwecke verwendet wurde.[1434] Sein Boden besteht aus einem einzigen bearbeiteten, 20 Tonnen schweren, quadratischen, monolithischen Kalksteinblock. Der Monolith ist 4 m lang, 3 m breit und hat eine Stärke von 0,70 m. Eine Senkung in nordöstlicher Richtung wurde als Abfluss für das Wasser genutzt, das weiter zu dem zentralen Abwasserkanal geleitet wurde.[1435]

Der südlichste Teil der Oberburg besteht aus der starken Befestigung der dritten Bauphase mit der südlichen Galerie und aus Räumen, die als Speicherräume interpretiert werden.

E. Mittelburg

Zu diesem Bereich konnte man über eine Treppenanlage gelangen, die nah an der nordwestlichen Ecke des großen

[1428] Sie werden mit den Ziffern (17) und (18) bezeichnet.
[1429] H. Schliemann (1886) Fig.119.
[1430] Der Hof des kleinen Megarons ist als (16) markiert.

[1431] Es handelt sich um die Räume (21 und 22).
[1432] Der Hof wird mit (30) und der Fassadenbau mit zwei Säulen zwischen den Anten mit (31) bezeichnet.
[1433] Über den westlichen Flügel der Oberburg siehe H. Schliemann, Tiryns (1886), 260ff.; K. Müller, H. Sulze, Tiryns III (1930), 147ff.
[1434] Das Badezimmer wird mit (11) bezeichnet.
[1435] K. Müller, H. Sulze, Tiryns III (1930) Abb. 76 (Lageplan der Kanäle).

Megarons gefunden wurde und wahrscheinlich durch eine Pforte an der westlichen Befestigungsmauer der Mittelburg, wo später die Mauer mit einem Turm verstärkt wurde.[1436] Wie schon erwähnt, liegt die Mittelburg 2,50 m niedriger als die Oberburg. Der Bereich wird von der nördlichen Stützmauer der Palastanlage und der nördlichen, westlichen und östlichen Mauer der zweiten Bebauungsphase umgeben.[1437] Die nördliche Mauer dieser Bauperiode erreicht eine Stärke von 7 m, während die östliche und die westliche Mauer jeweils eine Breite von 5 m erreichen.

Über die Funktion der Mittelburg kann bis heute nicht Sicheres festgestellt werden. Nur der Befund eines Keramikofens aus der Spätbronzezeit weist auf eine mögliche Funktion des Bereiches hin. Wahrscheinlich existierten in diesem Bereich Wohneinheiten oder verschiedene Produktionswerkstätten. Dasselbe könnte auch für die früheren Epochen (früh- und mittelhelladische Zeit) gelten. Umstritten bleibt aber der Grund, aus dem dieser Bereich so intensiv abgegrenzt wurde.

F. Die Unterburg

Die Unterburg gehört zu der letzten Bebauungsphase der befestigten Palastanlage. Sie befindet sich auf dem niedrigeren Teil des lang gestreckten Hügels.

Die Unterburg liegt 10 m niedriger als die Oberburg und hat eine Länge von 130 m. Ihre größte Breite beträgt 50 m, ihre kleinste 28 m.

Die westliche Befestigungsmauer der Unterburg schließt an der nordwestlichen Ecke der Mittelburg an. Ihr östlicher Mauerzug schließt dagegen nicht an der nordöstlichen Ecke der Mittelburg an, sondern verläuft parallel bis zum Tor 51. Wie schon erwähnt, konnte man sich nach dem Tor nach Norden wenden und über den Weg (50) zur Unterburg gelangen. Weiter südlich traf man auf das mykenische Tor von Tiryns, das zur Oberburg führte. Auf diese Weise waren Oberburg und Unterburg miteinander verbunden. Es stellt sich die Frage, ob im Bereich des Weges (50) noch ein Tor existierte, das den Weg zu der Unterburg versperrte. Im Fall eines Angriffes konnten sich die Feinde nach dem Eindringen durch das Außentor (53) nach Norden wenden und so direkt den Bereich der Unterburg erreichen und erobern.

Es wurden noch zwei andere kleine Zugänge zur Unterburg gefunden. Der eine liegt an der westlichen Mauer der Unterburg im Bereich vor der nördlichen Mauer der Mittelburg. Die Befestigungsmauer bildet hier einen Knick und wendet sich nach Südosten. Von diesem kleinen Tor haben sich Reste der Treppenanlage erhalten sowie die Torschwelle mit ihren Angellöchern.

Der andere Zugang, der einen Wachraum enthält, wurde an der nördlichen Mauer der Unterburg gefunden, an der Stelle, an der die Mauer eine Spitze bildet. Es handelt sich um eine einfache Maueröffnung ohne Schwelle oder Treppenanlage.

Die Befestigungsmauer, die den Hügelkonturen folgt, umgibt den gesamten Bereich der Unterburg. Während der frühen späthelladischen Zeit IIIB wurde dieser Bereich von einer Mauer umfasst. Während der dritten Bebauungsphase (SH IIIB2) wurde diese ältere Mauer, die wahrscheinlich aus Stein und Lehmziegeln bestand, durch eine neue, stärkere Mauer ersetzt. Reste dieser Mauer wurden im westlichen Bereich der Unterburg gefunden. Laut Kilian grenzte diese ältere, später eingestürzte und danach nicht wieder reparierte Mauer an den westlichen Bereich des Zerstörungshorizontes (16a 6) der Unterburg. Dieser Mauerzug konnte in einer Länge von 15 m verfolgt werden. Er scheint den geomorphologischen Gegebenheiten des Hügels zu folgen, obwohl ein Teil nicht direkt auf dem Hügelfels errichtet wurde. Die ältere Befestigungsmauer erreichte eine Breite von 2,70 bis 4,10 m und bestand wahrscheinlich aus einer Zweischalenmauer. Hinter ihrer äußeren Mauerschale, die aus Bruchstein bestand, fand Kilian den Mauerkern der Baukonstruktion. „*Hinter der steingesetzten Fassade besteht die Befestigung aus durchlaufenden Schichtungen von Stein-, Lehmpackung wechselnd mit horizontal verlegten verbrannten Lehmziegeln; zumindest für das lehmige Packmaterial wurden Siedlungsablagerungen des Frühhelladisch II benutzt. In LX 43/68. 78. 89; LXI 44/10. 30 lassen die in den oberen Lagen der Packung Steingesetzte Mauer – parallel zur Fassade – sowie die darauf aufgesetzten Lehmziegel zusammen mit jenen auf der Krone der Fassade (LXII 43/71) aufgehende Wände aus Lehmziegelwerk mit Kammern –1,80 m breit – in der Befestigung vermuten*“. Eine ähnliche Baukonstruktion mit Kammern soll laut Kilian bei Chora auf der Insel Naxos gefunden worden sein. Dies kann aber nicht mit Sicherheit bewiesen werden, weil der Befund von Kilian leider nicht ausreichend dokumentiert wurde.[1438]

Auch wenn der innere Bereich der Unterburg schon von Schliemann und Dörpfeld 1884, Dragendorff 1913 sowie Verdelis, Grossmann und Schäfer in den 60er Jahren ausgegraben wurde, war K. Kilian der Erste, der ab 1976 systematische Untersuchungen in der Unterburg von

[1436] Es handelt sich um den Turm (48).

[1437] Siehe oben zur zweiten Bebauungsphase der mykenischen Burg.

[1438] Zur älteren Befestigungsmauer siehe K. Kilian, Ausgrabungen in Tiryns 1982/83, AA, 1988, 133f; 139f. Zur älteren Befestigungsmauer siehe auch M. Küpper (1996), 29f.

Tiryns durchführte.[1439] Wie schon erwähnt, war das Areal der Unterburg wohl schon seit neolithischer Zeit besiedelt. Die wenigen Keramikfragmente aus den Stufen Arapi, Larissa und Rahmani weisen auf eine neolithische Siedlung auf der Unterburg hin, deren architektonische Reste durch die spätere frühbronzezeitliche Überbauung für immer verloren sind.

Die frühbronzezeitliche Besiedlung der Unterburg ist durch die Zeit FH II und III vertreten, aus der die Überreste von einräumigen, lang gestreckten Häusern gefunden wurden. Es handelt sich dabei um typische Bauten der Frühbronzezeit mit Steinfundamenten in Fischgrättechnik. Ihr Oberbau bestand aus Lehmziegeln und sie hatten Ziegeldächer. In einigen Häusern befanden sich Arbeitsplätze, an denen Blei, Obsidian oder Elfenbein bearbeitet wurde. Die Gebäude hatten vier Bauphasen, von denen die erste und vierte jeweils durch Feuer zerstört wurden.

Dass die frühbronzezeitliche Siedlung Kontakte mit den ägäischen Inseln hatte, wird durch die Keramik bestätigt.[1440]

Aus der Frühbronzezeit oder aus dem Beginn der Mittelbronzezeit stammen auch 12 bis 14 Apsisgebäude. Ihre Fundamente bestehen aus Steinen, die in horizontalen Schichten errichtet wurden. Der Oberbau bestand aus Lehmziegeln, als Dachkonstruktionen werden geneigte Dächer vermutet. Die Böden der Häuser bestanden aus Lehmstrich. In den Häusern fand man Herdstellen und Mahlsteine. Die Bauten wurden schließlich durch ein Feuer zerstört.

Gesichert sind auch mittelhelladische architektonische Elemente im nordwestlichen Bereich der Unterburg. Hauptsächlich handelt es sich um Mauerzüge, die in die zweite und dritte Phase dieser Epoche gehören. Gering vertreten sind dagegen Funde aus der Zeit SH I und II. Es handelt sich um Importkeramik und das Schachtgrab einer Kinderbeisetzung mit reichen Beigaben. Aus der Periode SH IIIA wurden architektonische Reste von Häusern und zahlreiche Keramik gefunden.[1441] Während SH IIIB1 wurde die Unterburg erstmals von einer Befestigungsmauer umfasst.[1442] In der Periode SH IIIB2 wurde die „kyklopische" Mauer errichtet.[1443] Das Siedlungsgebiet innerhalb der Befestigungsmauern, das durch eine Straße in zwei Bereiche geteilt wurde, weist auf ein dichtes und organisiertes Bebauungsschema hin, was besonders entlang der westlichen Verteidigungsmauern deutlich wird. Seit 1913 wurden dort 10 Wohnhäuser entdeckt. Sie wurden nach einer Terrassierung auf älteren Besiedlungsschichten errichtet. Die mykenischen Häuser standen auf starken Fundamenten und waren in viele Räume unterteilt. Außer den Wohnräumen gab es dort Speicher, Kult- und Arbeitsräume. Werkstätten für die Metall- und Elfenbeinbearbeitung wurden auch außerhalb der Wohneinheiten gefunden. Interessant ist ein Befund aus dem Gebäude 6, einem zweistöckigen Bau mit einem Kultraum (das sog. Haus der Priesterin). Im Bereich dieses Gebäudes fanden die Ausgräber viel einheimische Keramik, Importkeramik, Werkzeuge, Metallreste und fünf Linear B - Tafeln, die auf einen Archivraum hinweisen.[1444]

Ein Erdbeben am Ende der Phase SH IIIB fügte der gesamten befestigten Palastanlage und natürlich auch der Unterburg erheblichen Schaden hinzu. In derselben Zeit wurde auch Mykene beschädigt.[1445] Nach der Zerstörung wurden die Gebäude der Unterburg in der Übergangszeit zu der Phase SH IIIC auf den Ruinen wieder errichtet. Die Häuser dieser Phase waren einstöckig und wurden einzeln und freistehend, ohne einheitliche Planung im westlichen und südlichen Bereich der Unterburg gebaut.[1446]

Von Bedeutung sind außerdem ein kleines Heiligtum und eine Kultstätte an der westlichen Befestigungsmauer der Unterburg.[1447]

G. Die „kyklopische" Mauer von Tiryns und ihre defensiven Verstärkungsmaßnahmen

(Taf. 58,3)

Die gesamte Anlage der Befestigung wurde nach einem Erdbeben errichtet. Während der dritten Bauphase SH IIIB2 (1250 – 1200 v. Chr.) wurde auch die Unterburg

[1439] Siehe den Bereich zur Forschungsgeschichte.

[1440] Es wurden Fragmente der sog. kykladischen „Pfannen"-Gefäße und Keramik aus der Poliochni *Giallo*-Periode gefunden. Zu dem Befund gehören auch nicht fertiggestellte Idole, wie sie ähnlich in Lerna, Zygouries, Thouria und Phylakopi gefunden wurden.

[1441] Zu den Befunden der verschiedenen Perioden auf der Unterburg siehe S. Iakovidis, Das Werk Klaus Kilians, AM 108, 1993, 9-27.

[1442] Siehe oben.

[1443] S. Iakovidis (1993), 13f.

[1444] Ebd. 17ff. Interessant ist auch Kilians Entdeckung von 50 beigabenlosen Gräbern im Bereich der Unterburg. Nur drei der Gräber, die nahe der Befestigungsmauer unter dem Splitt gefunden wurden, stehen wahrscheinlich im zeitlichen Zusammenhang mit der Errichtung der Befestigungsanlage der dritten Bauphase.

[1445] Ebd. 18f. Anm. 7. Iakovidis listet dort Literatur zu den durch das Erdbeben zugefügte Schäden in den mykenischen Zentren der Argolis auf.

[1446] Ebd.

[1447] Ebd. 19ff. (Beschreibung der Kultstätte). Sie wird in der Literatur mit R 117 bezeichnet.

von den „kyklopischen Mauern“ umfasst. Die Mauern der früheren Bauphasen auf der Oberburg und Mittelburg wurden durch riesige Steinbrocken erweitert und verstärkt. Durch diese Baumaßnahmen konnte die Fläche des befestigten Areals verdoppelt werden. Die Burg erhielt durch viele neue Speicherräume eine größere Vorratskapazität, und durch unterirdische Gänge im Bereich der Unterburg wurde eine Verbindung zu den Quellen hergestellt. Andere architektonische Errungenschaften dieser Zeit sind die Kammern innerhalb der Befestigungsmauer, die sog. Galerien (Taf. 58,4a-b). Charakteristisch für diese Kammern ist die sog. Kragbauweise. Obwohl sie wie die Befestigungsmauer aus größeren Steinbrocken errichtet wurden, wird in ihrem oberen Bereich ein Spitzbogen gebildet. Eine andere technische Besonderheit der Befestigungsmauer ist die bogenförmige Mauer der Westtreppenanlage.[1448]

Der Umfang der Befestigungsmauer beträgt 725 m und umfasst eine Fläche von 20000 m^2. Als Baumaterial verwendete man Kalkstein, der in der Umgebung reichlich zu finden ist, besonders auf dem Hügel Profitis Elias.[1449] Wie schon erwähnt, wurde grauer und roter Kalkstein für die Errichtung der Befestigungsmauer benutzt. Im Vergleich zu den zwei früheren Bauphasen nimmt die Größe der verwendeten Steine zu, von denen viele mehrere Tonnen schwer sind. Sie haben eine Länge von 2 m und sind über 1 m hoch. Ihre Stärke beträgt 1 m. Manchmal werden noch größere Blöcke mit einer Länge von 3,25 bis über 4 m verwendet. Sie sind vor allem an den Mauerecken zu beobachten und besser bearbeitet.[1450]

Aus Konglomeratstein besteht das Haupttor in Tiryns, das dem in Mykene ähnelt. Wahrscheinlich wurden die Steine für das Haupttor von Mykene hergebracht, da in der Gegend von Tiryns solche Konglomeratsteine nicht vorkommen.

Im Gegensatz zu den zwei früheren Phasen wurden die Steinblöcke der dritten Bebauungsphase ohne größere Sorgfalt bearbeitet, was an den Fassaden und an der Oberfläche gut zu beobachten ist (Taf. 58,5a). Die grobe Bearbeitung führte zu einer vermehrten Nutzung von Fugsteinen zwischen den größeren Steinblöcken, um die tonnenschweren Brocken zu unterfangen.

Durchschnittlich hat die Mauer von Tiryns eine Stärke von 7,50 m. Teilweise erreicht sie aber mit den spitzförmigen Kammern südlich und südöstlich der befestigten Anlage auch eine Stärke von 17,50 m. Die Mauerschalen bestehen aus größeren Steinen, der Kern der Befestigungsmauer aus kleineren Steinbrocken. Hauptsächlich wurden für die äußere Fassade der Mauer Steine in kubischer Form verwendet. Laut P. Grossmann war es nur mit derartigen Steinblöcken möglich, einigermaßen ebene Ansichtsflächen und hinreichend einheitliche Schichtenhöhen herzustellen (Taf. 58,5b). Steine in prismatischer Form und mit unregelmäßigen Oberflächen wurden dagegen für den Mauerkern verwendet.[1451] Dass die unregelmäßige Hinterseite der größeren Steine in der Mauerfassade sich gut mit der Hinterfüllung verbinden ließ, scheint nicht von großer Wichtigkeit gewesen zu sein. Ob es, wie von Grossmann angenommen, ein bautechnisches Detail bei der Errichtung von „kyklopischen“ Mauern war, kann nicht mit Sicherheit gesagt werden.[1452] Das Ganze hat sich einfach aus dem Bau der Befestigungsmauer und der Form der Steinblöcke ergeben und gehört nicht zu den Konstruktionsprinzipien mykenischer Fortifikationsmauern. Dazu gehört ganz im Gegenteil die Verwendung von vielen Fugsteinen, die für die Verdichtung der Mauer von enormer Wichtigkeit waren. Das Gewicht der Steinbrocken spielte natürlich eine Rolle für die Stabilität und Festigkeit der Mauer.

Ein anderes bautechnisches Element ist die Verwendung von Lehm als Bindemittel und als Fugenfüllung zwischen den Steinen. Spuren davon wurden in der Mauer selbst sowie im Mauerfundament auf der Oberburg und der Unterburg gefunden. Bautechnisch folgte jeweils nach einer Schicht von Steinblöcken eine Schicht Lehm. Er wurde auch als Verputz im unteren Bereich der Mauer verwendet. Wahrscheinlich war die gesamte Befestigungsmauer im Fundamentbereich verputzt. Auf diese Weise war die Mauer unempfindlicher gegen Wettereinwirkungen.

Die Grundmauer wurde direkt auf dem Felshügel errichtet und war mit weißem Lehm vermörtelt, der als „*ασπρόχωμα*“ bekannt ist.[1453]

Über die Fundamentierung mykenischer Architektur hat Kilian berichtet. Obwohl seine Untersuchung vor allem von der Fundamentierungsweise mykenischer Bauten (Wohn- und Palastbauten) handelt, weist er auch auf die Fundamentierung der „kyklopischen“ Befestigungsmauern hin.[1454] Kilian unterscheidet dabei verschiedene Kategorien von Fundamentierungen. Laut

[1448] Auf die Galerien und die Westtreppenanlage wird später eingegangen.

[1449] Eigentlich ist der Kalkstein weiß, wird mit der Zeit aber immer grauer.

[1450] M. Müller, H. Sulze,Tiryns III (1930), 58ff.

[1451] Zur Konstruktionsweise der Befestigungsmauer siehe P. Grossmann., AA, 1980, 492ff.. Er beschreibt hauptsächlich die Konstruktionsweise der Unterburg.

[1452] Ebd. P. Grossmann erkannte hier ein Konstruktionselement und sprach von überkreuzenden Baugefügen im Mauerkern, die die Mauer zusammen hielten.

[1453] P. Grossmann, AA, 1980, 497f.; S. Iakovidis, AM, 1993, 13f.

[1454] K. Kilian, Mykenische Fundamentierungsweisen in Tiryns, BCH Suppl. 19 (1990), 95–113.

seiner Analyse gehörten die Fundamente der Unterburgmauer zur Kategorie 1d oder 2c.[1455] Eigentlich gibt es keinen großen Unterschied zwischen den beiden Kategorien. Die Fundamentierung der Mauern ist von der geomorphologischen Gegebenheit des Bodens abhängig. Ein Flachfundament wird im Fall der „kyklopischen" Mauer von Tiryns verwendet, wenn keine Siedlungshorizonte auf der Felsoberfläche vorhanden sind. Das Tieffundament wird im Fall einer Vertiefung des Felsens verwendet. Eigentlich wird die Spalte oder die Senkung des Felsen verfüllt und darauf die Grundmauer errichtet. In beiden Fällen versucht man die Grundmauer direkt auf der Oberfläche des Felsen zu errichten.

Über den oberen Aufbau der „kyklopischen" Mauern wissen wir nichts. Die Annahme, dass die Mauer einen Trockenziegeloberbau besaß, konnte durch den archäologischen Befund nicht bestätigt werden.[1456]

[1455] Ebd. 101f. Bei der Kategorie 1d handelt es sich laut Kilian um Flachfundamente, Basis mit Steinpackung verkeilt (Fig. 6). Nach Setzen des Steinsockels wird die Basis der verbliebenen Fundamentgrube mit einer Steinpackung verkeilt und dann mit Lehm weiter verfüllt. Entsprechend wird das breite Flachfundament, das zwischen beiden Wänden eines Korridors entstanden ist (Mauerabstand 1,40 – 1,80 m) mit ein bis zwei gut verkeilten Steinlagen verstreift, darüber folgt bis zum Unterbau des Estrichs eine Erdverfüllung. Eine ähnliche Funktion war wohl auch den Keillagen größerer Blöcke in den Tieffundamenten zugedacht. S. 103f. Kategorie 2c. Hier handelt es sich um ein vertikales Abgraben der Tellschichten und ein Freiräumen der Feldseite bis zum Felsen (Fig. 1, 12). Nach Ansicht Kilians war dies eine Sondervariante, die vor allem auf die Anlage von Befestigungen u.ä. begrenzt ist. Hangseitig waren diese Mauern mit Erde und Steinen hinterfüllt. Hiervon abzusetzen als Vorbereitung des Baugrundes für die Innengestaltung der Unterburg, die nach Erstellung der Burgmauern im Rohbau unmittelbar erfolgte, ist eine Freilegung des Felsgrundes auf etwa 60 m Länge und mit 3-12 m Abstand von der Fundamentkante der Befestigung zu werten: Unebenheiten des Felsens wurden abgearbeitet oder mit leichten Anschüttungen ausgeglichen...oder etwa beim Weg zu den Syringeneingängen abgesprengt. Das Planieren von Felsflächen in Terrassenabschnitten ist ebenso zeitlos wie die Flachfundamentierung. Felsflächen werden in Bauten von einfacher bis gehobener Wohnqualität miteinbezogen. Die Grundmauern dieser Häuser sind z. T. den Felsen benutzend in der Technik der Terrassenmauern, Flach- bzw. Tieffundamenten ausgeführt und unter diesen Varianten einzuordnen. Tiryns, Befestigung, Unterburg.–Mykene: Befestigung, Ausbau des Gräberrundes A; Ostpalast; großes Treppenhaus und Rampe beim Löwentor.

[1456] P. Grossmann (1980), 497ff.

Reste von Lehm innerhalb der Mauern weisen nicht unbedingt auf einen Lehmziegelbau auf der Befestigungsmauer hin. Man vermutet vielmehr, dass der Lehm aus der Verfüllung herunter geflossen ist. Eine vermutete Brustwehr mit Zinnen konnte ebenfalls nicht bestätigt werden.[1457]

Die bei Homer beschriebenen Befestigungsmauern mit Zinnen sprechen eher für Beispiele aus Homers eigener Zeit als für Verteidigungsanlagen der Spätbronzezeit im ägäischen Bereich.

Auf der Oberburg wurde am Mauerverlauf nicht viel geändert. Die Mauer folgt, wie in den früheren Phasen, einer in Zacken verlaufenden Linie. Sie ist in gezahnter Form und in kleinen geradlinigen Abschnitten gebaut worden.[1458] Während der dritten Bauphase wurden die Mauern der Oberburg verstärkt. Dies war das Ergebnis eines langen Prozesses von Terrassierungsarbeiten, die den Kern der doppelten Palastanlage auf der Oberburg gebildet haben. Mit der Anlage von rechtwinkligen Terrassenmauern waren gleichzeitig die baulichen Voraussetzungen für die Errichtung der „kyklopischen" Befestigungsmauer vorhanden. Im Gegensatz zur Mauer der Unterburg bereitete der Bau der Mauerabschnitte auf der Oberburg durch die örtlichen Gegebenheiten allerdings Schwierigkeiten.

Dörpfeld dachte deshalb an zwei Möglichkeiten für die Errichtung der Mauer. Entweder musste man vom Fuß des Felshügels aus eine Mauer mit Böschung bauen, wie es in Troia der Fall ist, wofür aber kleinere Steine verwendet werden mussten, oder man musste direkt auf der Felsoberfläche die Außenseite der Mauer in treppenförmigen Absätzen nach oben zurücktreten lassen. Diese Bauart wurde auf der Oberburg verwendet.[1459] Laut Dörpfeld wurde auf dem Felsen eine vertikale Untermauer errichtet, über der eine ebenfalls vertikale Obermauer folgt, welche durchschnittlich 6,50 m gegenüber der ersten zurücktrat.[1460] Dörpfelds Beobachtungen beziehen sich dabei auf die östliche Befestigungsmauer der Oberburg. Nach seinen Messungen erreicht die Mauer eine Breite von 10,90 m. Die Obermauer ist 4,45 m und die Untermauer 6,45 m breit.

Die gesamte Höhe der Mauer beträgt an dieser Stelle 16 m.[1461] Der Rest der Befestigungsmauer von Tiryns

[1457] Ebd.

[1458] Siehe erste und zweite Bebauungsphase.

[1459] H. Schliemann (1886), 205ff.

[1460] Ebd. 206f. (Taf. III).

[1461] Ebd. Nach Dörpfeld *„entfallen von 16 m, wovon fast 5 m auf die Obermauer entfallen. Der Rest von 11 m, welcher die Höhe der Krone der Untermauer über die Ebene angibt, umfasst zwei Maße, nämlich die Höhe des ansteigenden Felsens und die Höhe der unteren Mauer. Wie groß jedes einzelne dieser Maße ist, wissen wir für*

erreicht heute, nach den Restaurierungsarbeiten, eine Höhe von 7,50 bis 8 m. Wie hoch genau die Befestigungsmauer ursprünglich war, konnte nicht festgestellt werden. Wahrscheinlich erreichte sie eine Höhe von 10 m. Dies ist aber nicht sicher, weil kein Mauerzug in seiner gesamten Höhe erhalten ist.

Eine Besonderheit der Verstärkungs- und Erweiterungsarbeiten auf der Oberburg ist die Errichtung der sog. Galerien während der dritten Bauperiode. Sie befinden sich an der östlichen und südlichen Seite der Oberburg und wurden an die innere Seite der Mauer der zweiten Bebauungsperiode angefügt.[1462] Die östliche Galerie liegt unter der Osthalle des äußeren Vorhofes (56) und ist heute durch eine moderne Treppenanlage zu erreichen. Die Baukonstruktion hat eine Länge von 29,10 m, der Korridor mit den Spitzgewölben hat eine Breite von 1,65 m. An den Korridor schließen 7 Kammern an, die auch in Spitzbögen enden.[1463] Wie schon erwähnt, ist die verwendete Bautechnik als „Kragbauweise" bekannt. Der Sinn dieser Technik liegt darin, dass die bearbeiteten Steinbrocken stufenweise von unten nach oben herausragen. Auf diese Weise bilden die Steinblöcke eine gekrümmte Steindecke, die in einem Spitzbogen endet. An die Spitze des Gewölbes wurde ein Stein gelegt, der als Schlussstein bezeichnet wird. Er verteilt dann die Last des Mauerwerkes auf die Seiten der Konstruktion.

Die andere Galerie befindet sich an der südlichen Seite der Oberburg. Man konnte sie durch eine überdachte Treppenanlage erreichen. Der Gang dieser Galerie hat eine Länge von 21,90 m und ist 2,58 m breit. An den gewölbten Korridor schließen 5 Kammern an, die 3,30 x 4,30 bis 5,30 m groß sind. Diese Baukonstruktion ist durch die Errichtung einer neueren, stärkeren Mauer vor der älteren der zweiten Bebauungsphase entstanden. Sie hatte eine Breite von 9 m.

Aufgrund dieser Erweiterungsarbeiten erreicht der südliche Bauteil der Oberburg eine Breite von über 17 m. Welche Funktion die gewölbten Kammern hatten, konnte bis heute nicht geklärt werden. Wahrscheinlich wurden sie als Vorratsräume verwendet. Eine fortifikatorische Funktion dieser Einrichtungen konnte nicht belegt werden. An der östlichen Seite des Korridors wurden Kammern mit Öffnungen gefunden, bei denen es sich um Schießscharten handeln könnte. Von innen sind diese Öffnungen 1,30 m breit und 1,80 m hoch. Das Ganze bildet eine spitze Öffnung an der Mauer mit einer Breite von 0,10 m nach außen. Entweder wurde die Öffnung als Schießscharte verwendet oder sie diente zur Beleuchtung des Korridors.[1464]

Eine weitere Verstärkungs- und Erweiterungsmaßnahme war die Errichtung einer turmartigen Bastion an der südwestlichen Ecke der Oberburg, die in zwei Räume geteilt wird.[1465] Sie wurde direkt auf einem Felsvorsprung erbaut. Da an der Mauer der Bastion kein Zugang gefunden wurde, wird vermutet, dass sie von oben durch hölzerne Leitern zugänglich war. Der Turm hat eine Länge von 19,20 m und ist 8,30 m breit.[1466] In den Räumen wurden Lehmziegel und roter Schutt entdeckt. Daraus kann man zu dem Ergebnis gelangen, dass der obere Aufbau der turmartigen Bastion aus Lehmziegeln und Holzbalken bestand.[1467] Eine Funktion als Zisterne oder als Speichereinrichtung kann weder bestätigt noch ausgeschlossen werden.

Nördlich des Turmes beginnt an der westlichen Stützmauer der befestigten Palastanlage und ungefähr auf Höhe des Hofes des großen Megarons eine andere defensive Einrichtung der Burg, die sog. westliche befestigte Treppenanlage mit bogenförmigem Verlauf.[1468] Dörpfeld bezeichnete die Anlage in seinem Kapitel 4 als „Nebenaufgang zur Oberburg".[1469] Müller nannte die bogenförmige Anlage später „die Westtreppe und ihre Befestigung".[1470] Iakovidis wählte die Bezeichnung „westliche Bastion" in seinem Werk über die mykenischen Zitadellen.[1471] H. Knell nannte das Bauwerk einfach „Westtreppenanlage".[1472] Kilian benutzte ebenfalls die Bezeichnung „Westtreppenanlage"[1473] und Maran bezeichnete sie als „stark befestigter Treppenaufgang".[1474]

Es handelt sich um eine bogenförmige Konstruktion, deren Kurvenverlauf an der westlichen Mauer der Mittelburg und vor dem Turm (48) endet, der etwa zur selben Zeit wie die befestigte Treppenanlage gebaut

die Ostseite der Oberburg nicht, weil daselbst noch die ganze Untermauer mit großen Steinblöcken und Schutt bedeckt ist. Das im Plan für die Höhe der Untermauer angegebene Maß von 6 m ist an einer anderen Stelle der Burg genommen, wo der Fels zu Tage ist".

1462 K. Müller, H. Sulze, Tiryns III (1930), 60ff. Im Grundriss der Oberburg von Tiryns werden die Galerien mit (57) und (59) bezeichnet.

1463 Die Kammern sind 4,30 x 3,30 m groß.

1464 K. Müller, H. Sulze, Tiryns III (1930), 66f.;

1465 Sie ist mit (43) und (44) markiert. Beide Räume sind 4,95 x 6 m groß. Die Trennmauer beider Räume ist 1,70 m stark.

1466 H. Schliemann (1886), 363ff.

1467 Ebd. 364f.

1468 Im Grundriss der Oberburg wird sie mit (47) markiert. Diese bogenförmige defensive Einrichtung ist in Tiryns einzigartig, da die Befestigungsmauer ansonsten in geradlinigen Abschnitten errichtet worden ist.

1469 H. Schliemann (1886), 377ff.

1470 K. Müller, H. Sulze, Tiryns III (1930), 39ff.

1471 S. Iakovidis (1973), 13ff.

1472 U. Jantzen (1975), 40ff.

1473 K. Kilian (1990), 123f.

1474 J. Maran (2000), 121f.

wurde, um die westliche Stützmauer der Palastanlage und wahrscheinlich einen Zugang nahe des Turmes besser schützen zu können. Um Feinde von dieser Stelle fern zu halten, erschien es den Erbauern klüger, den ehemaligen Pfad am westlichen Hang des Felshügels durch eine Treppenanlage zu ersetzen, die durch eine mächtige gebogene Mauer geschützt wurde. Auf diese Weise konnten Feinde die westliche Stützmauer der Palastanlage auf keinen Fall direkt erreichen. Die Mauer wurde direkt auf dem felsigen Hang errichtet und erreicht eine Stärke von 5 bis 7 m. Ihre gesamte Länge beträgt mehr als 45 m.

Im südlichen Bereich der bogenförmigen Mauer befindet sich eine gewölbte Pforte mit einer äußeren Höhe von 2,50 m und einer Breite von 1,50 m. Hier wurde wie bei den Galerien die „Kragbauweise" verwendet. Durch die Öffnung, an der keine Spuren einer Tür (Türpfannen) gefunden wurden, gelangte man in das Innere der bogenförmigen Konstruktion. Die Pforte durchquert die „kyklopische" Mauer nicht in gerader Linie, sondern schräg von Südwesten nach Nordosten.

Die fortifikatorische Besonderheit der Pforte liegt in ihrer trichterförmigen Form. Je tiefer man durch die Mauer geht, desto höher und breiter wird die Pforte. Für die Verteidiger der Burg war der trichterförmige Zugang von großer Wichtigkeit. Durch die äußere Pforte konnten nur ein paar Angreifer gleichzeitig die Mauer durchqueren. Wenn die Eindringlinge die innere Öffnung der Pforte erreichten, war es sehr schwierig für sie, die Treppenanlage hinaufzusteigen. Direkt gegenüber der trichterförmigen Öffnung lag eine erhöhte Terrasse, auf der die Verteidiger der Burg Stellung nehmen konnten. Von dieser Stelle aus, von der Mauerkrone der bogenförmigen Mauer und von den Palaststützmauern konnten Feinde leichter abgewehrt werden, weil sie keine Deckungsmöglichkeiten mehr hatten.

Die ersten 5,40 m vor der inneren Öffnung bestehen aus einem ansteigenden steinernen Pfad. Danach kommen die Stufen der Treppenanlage. Es handelt sich um eine Treppenanlage mit einer Breite von 1,50 bis 2,30 m. In Situ wurde nur der südliche Teil der Anlage mit 65 Stufen gefunden. Vom nördlichen Teil der Treppen wurde nur die Fundamentierung gefunden. Die ganze Treppenanlage hat eine Länge von 45 bis 50 m.

Zwischen dem nördlichen Teil der Treppen und der Südmauer des Turmes gab es eine 7 m tiefe, unüberwindbare Grube, die in der Literatur „Wolfsgrube" genannt wird. Man konnte sie nur mit Hilfe einer hölzernen Konstruktion (einer Art Brücke) überqueren. Während kriegerischen Auseinandersetzungen wurde diese Konstruktion einfach weggeräumt. Nach der Grube musste man den Turm durchqueren, um über einen kleinen Weg in die Palastanlage zu gelangen.[1475]

Der Grund für die Errichtung dieses Bollwerkes hängt mit dem Schutz der westlichen Burgmauer zusammen. Dass die gewölbte Pforte der bogenförmigen Mauer keine Tür besaß, sorgte für viele Spekulationen. Das Bollwerk mit der offenen Pforte könnte gebaut worden sein, um den Einwohnern der befestigten Palastanlage den Zugang zu den westlichen Wasserquellen zu ermöglichen. Dies konnte aber durch die Entdeckung der unterirdischen Bauten (Syringes) in der Unterburg von Verdelis in den 60er Jahren widerlegt werden. Man konnte das kostbare Wasser im Bereich der Unterburg gefahrlos besorgen. Dagegen wäre es während unruhiger Zeiten sehr riskant, die Burg über den Bereich der westlichen Treppenanlage mit Wasser zu versorgen. Meines Erachtens handelt es sich vielmehr um eine rein defensive Einrichtung, die zum Schutz der westlichen Seite der Burg errichtet wurde. Einerseits konnten mögliche Angreifer nicht direkt in die Nähe der westlichen Stützmauer gelangen und andererseits hatte die befestigte Treppenanlage mit ihrer offenen Pforte die Funktion eines weiteren Zu- und Ausgangs für die Oberburg. Wahrscheinlich wurde die Anlage in Friedenszeiten auch für den Transport verschiedener Produkte vom vermutlich im Westen gelegenen Hafen verwendet.

Es kann nicht sein, dass die doppelte Palastanlage nur vom Osten aus zu erreichen war. Vielmehr besaß die östliche Toreinrichtung durch ihre Monumentalität eine repräsentative Funktion, während die westliche wahrscheinlich täglich benutzt wurde. Man konnte im Westen hinaufsteigen und nach der Kontrolle des Wachpostens im Turm (48) in den inneren Bereich der Oberburg gelangen.

An der östlichen Seite der Oberburg schützen die mächtigen Mauern und das Tor den Zugang zur Oberburg. Mit der Errichtung der Mauern der Unterburg bekam die befestigte Palastanlage ihre letzte Gestaltung. Wie schon erwähnt, konnte man vom Osten aus über eine Rampe in die Oberburg gelangen. Nach der Rampe kam man zum äußeren Tor der östlichen Befestigungsmauer, das im Norden von einer turmartigen Konstruktion flankiert wird.[1476] Der Turm ist in einer Höhe von 7 m

[1475] S. Iakovidis (1983), 8ff. Über die Westreppe und ihre Befestigung siehe die oben erwähnte Literatur. Leider wird nur ihre Tiefe angegeben; wie breit die Grube ist, wird nicht erwähnt.

[1476] Das Außentor wird mit (51) bezeichnet. Der östliche Mauerzug der Unterburg, der parallel zum östlichen Mauerzug der Mittelburg verläuft, endet an der turmartigen Baukonstruktion. Dasselbe gilt für die östliche Befestigungsmauer der Oberburg, deren nördlicher Teil am Außentor (51) endet.

erhalten und hat eine rechteckige Form mit 7,50 m Breite und 10,30 m Länge.
Die Öffnung des Außentores ist 4,70 m breit. In späteren, nachmykenischen Zeiten wurde der Zugang auf 2,50 m verengt. Leider wurden vom Tor weder eine Türschwelle noch Spuren der Verankerung des Tores gefunden. Von Müller wurde angenommen, dass das Tor durch eine hölzerne Tür verschlossen wurde, deren Flügel an hölzernen Rahmen befestigt waren.[1477] Wenn man das Tor durchquerte, kam man zum Torweg, der nach Norden zur Unterburg und nach Süden zur Oberburg führte.[1478] Der Weg wird im Osten und Westen durch die starken Mauern der zweiten und dritten Bebauungsphase flankiert. Weiter südlich führt der Weg zum monumentalen Haupttor der befestigten Palastanlage, das dem Tor von Mykene ähnelt.[1479] Die erhaltene Schwelle mit einer Breite von 1,45 m und einer Länge von 4 m sowie die Reste der Türpfosten verraten die Größe und Monumentalität des Tores. Von den mächtigen Türpfosten ist nur die westliche in einer Höhe von 3,20 m erhalten. Der Raum zwischen den beiden Pfosten beträgt 2,86 m. Dieselbe Öffnungsbreite wurde bei dem Tor in Mykene gemessen. Hinter den Pfosten erreicht das Tor eine Breite von 3,20 m im Gegensatz zu dem mykenischen Tor, wo 3,03 m gemessen wurden.
Vom Oberbau des Tores ist leider nichts erhalten. Durch die Betrachtung des mykenischen Tores kann man sich aber gut vorstellen, wie das Haupttor von Tiryns mit Entlastungsdreieck, Türsturz und Endung ausgesehen hat. Es wurde noch eine andere bautechnische Gemeinsamkeit bei den beiden Toren festgestellt. Laut Müller *„schließen im Innern an das tirynthische Tor zwei 4,27 lange Mauern an, welche, wie Wace aus den Zapfenlochern auf ihrer Oberfläche geschlossen hat, einst durch eine Holzdecke verbunden waren (BSA. XXV 17); sie gehören also mit zur Toranlage. In Tiryns ist die entsprechende Steinschicht zerstört, aber die beiden Mauern sind vorhanden und haben genau dieselbe Länge wie in Mykene, zweifellos also auch den gleichen Zweck*“.[1480] Die wichtigste Gemeinsamkeit beider Haupttore ist aber die Verwendung des Konglomeratgesteins. Wie schon erwähnt, ist dieses Gestein (amygdalitis) in der Umgebung von Tiryns nicht vorhanden. Da dasselbe Konglomeratgestein in Mykene verwendet wurde und dort in der Umgebung zu finden ist, kann man vermuten, dass das Baumaterial für das Haupttor in Tiryns aus der Umgebung von Mykene geholt wurde.

[1477] K. Müller, H. Sulze, Tiryns III (1930), 67ff.
[1478] Der Torweg wird mit (50) markiert.
[1479] H. Schliemann (1886), 218ff.; K. Müller, H. Sulze, Tiryns III (1930), 70ff.
[1480] K. Müller, H. Sulze, Tiryns III (1930), 71f. Anm. 4.

Die Toröffnung wurde wahrscheinlich mit zwei hölzernen Türflügeln verschlossen, die man durch einen runden Querbalken verriegeln konnte. Dies wird durch die ausgebohrte Vertiefung an dem westlichen Türgewände des Tores bestätigt. Die Vertiefung hat einen Durchmesser von 0,17 m und reicht bis in das Mauerwerk hinein.[1481]
Hinter dem Haupttor musste man den Torweg (54) überqueren, der im Osten durch die massive Befestigungsmauer und im Westen durch die Stützmauer des westlichen Palastflügels flankiert wird. Bevor man zu dem Außenhof des großen „*Propylons*“ mit der östlichen Säulenhalle und der Galerie gelangte, musste man den Zwinger (55) mit den doppelten Türen durchqueren, von wo man in den inneren Bereich der doppelten Palastanlage gelangte.[1482]
Südlich des Haupttores konnte man über den Torweg (50) in die Unterburg gelangen.[1483] Es scheint die einzige direkte Verkehrsmöglichkeit zwischen Oberburg und Unterburg zu sein, da die westliche Befestigungsmauer der Unterburg direkt an die Nordwestecke der Mittelburg anstößt, während die östliche Unterburgmauer parallel zur östlichen Mauer der Mittelburg verläuft und ihr Mauerzug bis zur Öffnung des Außentores an der Rampe reicht. Dies hatte im Fall einer Eroberung der Unterburg den Vorteil, dass die Angreifer keinen direkten Zugang zur Palastanlage der Oberburg hatten.
Die Befestigungsmauer ist in geradlinigen Abschnitten erbaut und folgt den geomorphologischen Gegebenheiten des Hügels. Ihr Verlauf ähnelt einem Oval, das sich nach Nordwesten richtet.
Die „kyklopische“ Mauer erreicht eine Stärke von 7 bis 8 m und ist teilweise auf der bearbeiteten Felsoberfläche des Hügels errichtet worden. Für die Errichtung der Mauer der Unterburg wurden im Vergleich zur Oberburg größere Steinbrocken verwendet.[1484]
Das Areal der Unterburg war außer durch die äußere östliche Toranlage (Taf. 58,6) noch durch zwei andere, kleinere Durchlässe erreichbar.[1485] Das westliche Tor liegt an der westlichen Befestigungsmauer der Unterburg, an der Stelle der Biegung nach Südosten (Taf. 58,7). Die Pforte hat eine Breite von 2,20 m und wurde wahrscheinlich in der „Kragbautechnik“ errichtet, da nach 2,75 m Höhe beide Mauerseiten der Pforte nach innen zu neigen scheinen. Dies könnte aber eine Folge früherer Katastrophen gewesen sein. Als die Pforte entdeckt wurde, war der Zugang mit heruntergefallenen

[1481] Ebd.
[1482] Siehe zweite Bebauungsphase.
[1483] Siehe dritte Bebauungsphase, Die Unterburg.
[1484] Über die Konstruktionsweise und das Baumaterial siehe oben.
[1485] K. Müller, H. Sulze, Tiryns III (1930), 51ff.

Steinbrocken verfüllt.[1486] Dass das Tor aber ein Gewölbe getragen haben könnte, kann nicht ausgeschlossen werden. Dafür sprechen die Galerien und die Pforte an der westlichen befestigten Treppenanlage. Vom Tor selbst sind nur die Treppenstufen in schlechtem Zustand und die Türschwelle erhalten, an der die Zapfenlöcher für die Drehpfosten der hölzernen Tür gefunden wurden. Die Treppen lagen vor der monolithischen Türschwelle und die Schwelle liegt 3,25 m tiefer vor der äußeren Fassade der Mauer.[1487] Die erhaltenen Treppen hatten eine Höhe von 0,20 bis 0,26 m und eine Breite von 0,28 bis 0,32 m. An den Seiten der Schwelle fanden die Ausgräber Vertiefungen, die 0,22 m bzw. 0,26 m von den beiden Mauerseiten entfernt sind. Daraus kann man schließen, dass an den Vertiefungen die Rahmen der hölzernen Tür befestigt waren. Nach der Ansicht Müllers diente eine Vertiefung zur Verbindung des Pfostens mit der Schwelle und bei der anderen konnte sich die vermutlich einflügelige, 1,35 m breite Tür drehen.[1488]

Die andere Öffnung liegt östlich von der Nordspitze der Unterburgmauer.[1489] Wahrscheinlich handelt es sich auch hier um einen gewölbten Zugang, der 2,75 m über dem Boden liegt.

Die Öffnung des gewölbten Gangs hat eine Breite von 2,20 bis 2,50 m. Laut P. Grossmann fällt seine Sohle auf der gesamten Durchgangslänge um rund 0,50 m und damit verhältnismäßig stark nach außen ab.[1490] Spuren von der Existenz einer Tür oder einer Treppe wurden nicht gefunden. An der östlichen Wand des Durchlasses wurde eine 1,20 m breite und 2,80 m tiefe Kammer gefunden, die wahrscheinlich als Wachraum genutzt wurde. Da außerhalb der Mauer keine Spuren einer Rampe oder einer Treppenanlage gefunden wurden, konnte bis heute nicht festgestellt werden, wie man von außen Zugang bekam. Aus diesem Grund wurde angenommen, dass hier eine Leiter aufgestellt wurde. Spekulationen von Müller und Grossmann zur Nutzung des Nordgangs als Ausfallpforte im Fall einer Belagerung konnten bis heute nicht bestätigt werden, weil der Befund keine eindeutigen Hinweise dafür gab. Das Fehlen einer Schwelle mit Zapfenlöchern bzw. das Fehlen von Vertiefungen, wie es sie bei der westlichen Pforte gibt, liefern keine Hinweise für die Nutzung dieser Baukonstruktion. Der byzantinische Umbau der sog. Nordpforte in eine Zisterne zerstörte jeden Hinweis auf seine ehemalige Funktion. Als J. Maran 2001 mit der Restaurierung der Unterburg begann, führte er einige Notgrabungen in Bereich der Nordpforte und im Bereich der Außensiedlung nördlich der Unterburgmauer durch. Nach seiner Auffassung *„hat es in dem nördlichen Teil der Unterburg keine lange Siedlungsunterbrechung gegeben. Allerdings wurde der solide gebaute Bau XV nicht wieder aufgebaut. Die spärlichen Überreste der Nutzung der frühen Phase SH IIIC tragen Merkmale der Ruinenbewohnung, die Kilian im Westen der Unterburg angetroffen hat. Für eine Nutzung des Torweges in dieser Zeit ergaben sich keine Hinweise, was darauf hindeutet, dass die Nordpforte nach der Katastrophe noch nicht wiederhergestellt war. Dies scheint sich erst im mittleren Abschnitt von SH IIIC geändert zu haben, als das Grundstück, auf dem Bau XV gestanden hatte, mit einem etwas anders ausgerichteten Raum bebaut wurde, in dem zwei Bauphasen unterschieden wurden. Die ausgeprägten Spuren einer Nutzung des Torweges in der ausgehenden Palastzeit und dann wieder in der fortgeschrittenen Nachpalastzeit widersprechen der in der Literatur oft geäußerten Auffassung, dass die Nordpforte nicht als regulärer Zugang zur Burg, sondern als eine in Krisenzeiten genutzte Ausfallpforte gedient hat“*.[1491] Wahrscheinlich liegt J. Maran mit seiner Vermutung richtig, die Nordpforte als einen regulären Zugang zu bezeichnen, der die Unterburg mit der nördlichen Außenstadt verband. Die Zweifel zur Funktion der Nordpforte konnten aber nicht endgültig behoben werden, obwohl Maran eine Funktionskontinuität für die Nordpforte nach der Katastrophe annimmt. Dass der zur Nordpforte führende Weg während der fortgeschrittenen Phase SH IIIC wieder in Betrieb genommen wurde, gibt keine klaren Hinweise auf eine Funktion der Nordpforte als regulärer Zugang oder als geheime Ausfallpforte, die wahrscheinlich vermauert und nur durch Leitern von außen zu erreichen gewesen wäre.[1492] Das Fehlen einer Schwelle, Rampe oder Treppenanlage gibt weiter Anlass für Spekulationen über die Nutzung der Nordpforte.

Dagegen kann man den versteckten Gang, der Ende 2002 wenige Meter westlich der Nordpforte entdeckt wurde, als Ausfallpforte bezeichnen. Es handelt sich um einen schräg durch die Befestigungsmauer verlaufenden Durchlass, der laut Maran in der fortgeschrittenen Phase SH IIIB erbaut wurde und eine Verbindung zwischen der Unterburg und dem nördlichen Stadtgebiet herstellte.[1493] Der Gang soll zeitgleich mit der „kyklopischen“ Mauer

---

1486 Ebd.

1487 Ebd. Abb. 35.

1488 Ebd.

1489 Ebd. 52ff. Abb. 36.

1490 P. Grossmann, AA ,1980, 481–484. Abb. 7 – 8.

1491 Diese Information von J. Maran wurde aus der Tiryns – Internetseite der Universität Heidelberg übernommen.

1492 P. Grossmann, AA, 1980, 477-498.

1493 J. Maran, Architektonische Innovation im spätmykenischen Tiryns – Lokale Bauprogramme und fremde Kultureinflüsse, in: Althellenische Technologie und Technik von der prähistorischen bis zur hellenistischen Zeit mit Schwerpunkt auf der prähistorischen Epoche (2004), 261–293.

errichtet worden sein und wird gern mit der Nordgalerie von Mykene und mit den hethitischen Poternen verglichen.[1494] Der Durchlass wird als Nordgang bezeichnet und hat eine Länge von 8 m. Seine Höhe variiert zwischen 1,20 – 1,70 und 2,60 m. Obwohl seine obere Hälfte in der „Kragbautechnik“ errichtet wurde, wurde die Abdeckung der unteren Hälfte mit großen waagerechten Sturzblöcken gebaut, die sich in gestaffelter Abfolge bis zur feldseitigen Öffnung hinzieht.[1495] Dass der sog. Nordgang unterschiedliche Höhen und Breiten aufweist, sieht man in seinem mittleren Bereich. An dieser Stelle ist er in der oberen Hälfte 0,60 m breit und 1,20 m hoch. Die untere Hälfte war noch nicht gereinigt, als Maran den Nordgang beschrieb. Die gesamte Breite liegt laut Maran zwischen 0,73 m und 0,75 m.[1496] Besonders für die engste Stelle des Gangs werden fortifikatorische Gründe vermutet. Die Stelle sollte ein schnelles Vordringen feindlicher Truppen verhindern. Die Öffnung des Durchlasses im Inneren der Befestigungsmauer ist 0,80 m breit. Ihre Höhe konnte nicht festgestellt werden, weil sie von der späteren Kanalkonstruktion überdeckt wird. Die Öffnung an der äußeren Fassade der Wehrmauer wurde nicht gefunden, weil sie schon in der Spätbronzezeit mit Steinen verschlossen wurde. Nach der Auffassung des Ausgräbers ist der Nordgang älter als die Nordpforte, die am Ende von SH IIIB errichtet wurde.

Danach wurde der Nordgang umfunktioniert und als Abflusskanal für den Bau XI verwendet. Während SH IIIC wurde auch diese Funktion aufgegeben.[1497]

Eine andere bautechnische Besonderheit der Unterburgmauer sind die 28 quadratischen Kammern an ihrer Innenseite. Auch bei diesen Baukonstruktionen wurde die Kragbautechnik verwendet. Die fortifikatorische Eigenart dieser Kammern liegt an der Tatsache, dass sie mit engen Scharten nach außen versehen waren.[1498] Ihr quadratischer Grundriss reicht etwa bis zur Mitte der Befestigungsmauer. Hervortretende Steinlagen an beiden Mauerseiten der vierten, fünften und sechsten Kammer an der östlichen Unterburgmauer zeigen, dass sie aus zwei Stockwerken bestanden. Ihr Obergeschoss war wahrscheinlich mit einer Scharte versehen. Nach der Katastrophe in SH IIIB2 (ca. 1200 v. Chr.) wurde die Hälfte der Kammern der Unterburgmauer mit „kyklopischem“ Mauerwerk verschlossen. Die Kammern wurden in regelmäßigen Abschnitten errichtet. Dies bedeutet, dass alle 4,20 bis 4,40 m eine gewölbte Kammer gebaut wurde. Ihre Breite beträgt 3,05 bis 3,25 m und sie erreichen eine Tiefe von 3,35 bis 3,70 m. Ihre Höhe beträgt 2 m.

Ihre genaue Funktion konnte bis heute nicht geklärt werden. Dörpfeld vermutete, dass mit der Errichtung dieser gewölbten Hohlräume Baumaterial eingespart wurde, obwohl er die Möglichkeit einer Verwendung als Aufbewahrungsräume nicht ausschließt.[1499] Müller nahm an, dass mit den Kammern Vorratsraum gewonnen wurde.[1500] Grossmann unterstützt die Möglichkeit, dass die Kammern zur Verteidigung verwendet wurden, zumindest eine Zeit lang. Dafür sprechen seiner Meinung nach auch die äußeren Mauerschlitze. Dieselbe Meinung vertritt auch Schnuchel. Als er die Kammer KO 4 untersuchte, fand er heraus, dass sich der Zugang zum Mauerschlitz des Obergeschosses von dem des Untergeschosses unterscheidet. Im Obergeschoss der Kammer laufen die Seitenwände nicht aufeinander zu wie im Untergeschoss, sondern sie verlaufen parallel. Am Ende bleibt eine Öffnung an der äußeren Fassade der Unterburgmauer mit einer Breite von 0,20 m. Aus diesem Grund gab Schnuchel den Öffnungen verschiedene Funktionen. Die Maueröffnung im Obergeschoss wurde seiner Meinung nach als Schießscharte verwendet, während die Öffnung im Untergeschoss zur Belüftung und Beleuchtung des Raumes diente.[1501] Wegen der eingeschränkten Bewegungsfreiheit im Obergeschoss unterstützte Kilian die These von Schnuchel nicht.[1502] Die Tatsache, dass bei den meisten Kammern keine Öffnungen gefunden wurden, zeigte nach Kilians Meinung, dass sie nicht zum Verteidigungskonzept der Unterburg gehörten, während W. Schnuchel mindestens in zwei Kammern - KO 4 und KW 7 - ein Verteidigungskonzept erkannt haben will. Zu diesem Ergebnis kam er durch den Vergleich der Obergeschosse in den beiden Kammern.[1503] Bei den anderen gewölbten Kammern kann man nicht von einem defensiven Charakter sprechen, da sie am Ende des 13 Jahrhunderts v. Chr. zugemauert wurden. Grossmann vermutete, dass die Errichtung der Kammern mit den Schießscharten am Anfang defensiven Zwecken diente. Durch die kleinen Öffnungen konnten die Verteidiger mit ihren Waffen aber nicht sehr viel erreichen, weil die Reichweite ihrer Pfeile

[1494] Ebd. 265ff. Über die Galerien von Mykene wird weiter berichtet.

[1495] Ebd. 264f. Abb. 1;5 und 6.

[1496] Ebd.

[1497] Ebd. Anm. 8.

[1498] W. Schnuchel, Zur KO 4 – Einer Kammer in der Unterburgmauer von Tiryns, AA, 1983, 403–412. Es handelt sich um die vierte Kammer von Süden in der Ostmauer der Unterburg, die mit einer Scharte im Obergeschoss versehen war. Durch Schnuchels Analyse kann man viele detaillierte Informationen über die Konstruktionsweise dieser Einrichtungen gewinnen.

[1499] H. Schliemann, Tiryns (1886), 203f.

[1500] K. Müller, H. Sulze, Tiryns III (1930), 66f.

[1501] W. Schnuchel, AA, 1983, 410f.

[1502] K. Kilian, AA, 1982, 397f.

[1503] W. Schnuchel, AA, 1983, 411f.

beschränkt war. Wenn laut Grossmann ein Feind den Fuß der Verteidigungsmauer erreichte, dann konnte er von den Bogenschützen hinter den Maueröffnungen nicht mehr mit Pfeilen erreicht werden. Deshalb wurden seiner Meinung nach die Kammern an der Befestigungsmauer der Unterburg wahrscheinlich aufgegeben. Diese Überlegungen konnten bis heute nicht bestätigt werden. Von einer defensiven Funktion kann wahrscheinlich nur bei den zwei oben genannten Kammern gesprochen werden. Der Rest liefert keine Hinweise auf eine fortifikatorische Verwendung. Man könnte an dieser Stelle aber folgende Frage stellen: Aus welchem Grund muss die Mauer mit Schießscharten versehen sein, wenn die Befestigungsmauer durchschnittlich eine Stärke von 7,50 m und eine Höhe von 10 m hat? Die Einwohner konnten Tiryns ebenso effektiv verteidigen, wenn sie auf der Mauerkrone kämpften. Dass bei den anderen mykenischen Zentren kein Verteidigungskonzept mit Schießscharten an der Mauer verwendet wurde, spricht meiner Meinung nach eher gegen eine langfristige fortifikatorische Funktion der Kammern von Tiryns. Als die militärische Verwendung der Öffnungen nicht die erhofften Erwartungen erfüllte, wurden sie zugemauert. Dass ein Teil der gewölbten Kammern in der spätmykenischen Zeit verputzt und bewohnt war, wurde durch die Untersuchungen bestätigt.[1504]
Interessant sind auch die unterirdischen gewölbten Baukonstruktionen, die an der Nordwestseite der Unterburg im Jahr 1962 durch Verdelis entdeckt wurden.[1505] Die beiden in der „Kragbautechnik" erbauten Zugänge innerhalb der Mauer führen zu unterirdischen Wasserstellen außerhalb der Befestigungsmauer. Verdelis entdeckte zuerst an der Innenseite der Unterburgmauer zwei spitzbogige Durchlässe, die parallel zu den Brunnen verlaufen. Die Gänge wurden in zwei natürlichen Spalten des Hügelfelsen angelegt und mit Steinplatten bedeckt. Am Anfang haben die beiden Gänge einen Abstand von 9 m, außerhalb der Mauer wurde ein Abstand von 2,60 m gemessen.[1506] Sie werden nach ihrer Richtung innerhalb der Befestigungsmauer als nördlicher und südlicher Gang bezeichnet. Der nördliche Gang hat außerhalb der Befestigungsmauer eine Länge von 18,70 m und der südliche von 20,50 m. Da die Befestigungsmauer an dieser Stelle eine Stärke von 10,20 m hat, erreichen die Gänge insgesamt eine Länge von 28,90 bzw. 30,70 m. In ihrem unteren Bereich sind sie 1,40 m breit und erreichen durchschnittlich eine Höhe von 3,50 m. Beide sind geneigt und folgen dem Hügelhang.[1507] Am Anfang der beiden Gänge konnte man über Treppen, die direkt aus dem Felsen geschlagen wurden, hinab steigen. Für den Rest der unterirdischen Gänge müssen hölzerne Treppen verwendet worden sein, deren Spuren aber verloren sind. Die Befunde zeigen, dass während der dritten Bebauungsphase von Tiryns alle erforderlichen Baumaßnahmen getroffen wurden, um die befestigte Anlage im Fall einer Belagerung oder in unruhigen Zeiten mit Wasser zu versorgen. Die Errichtung der Gänge war eine bauliche Meisterleistung. Verteidigungsmaßnahmen zum Schutz der sog. Außenstadt von Tiryns konnten bis heute nicht entdeckt werden.

5.10. Mykene (Peloponnes)

5.10.1. Lage der Burg

Die befestigte Akropolis liegt auf einem Hügel, der sich 288 m über dem Meeresspiegel und 40 m über der Ebene erhebt, am nordöstlichen Rand der fruchtbaren argolischen Ebene (Taf. 59). Der Hügel ist Teil des Arachnaiongebirges, das die natürliche Grenze zwischen Argolis und Korinthia bildet. Der befestigte Hügel beherrscht den einzigen natürlichen Durchlass, der als Tretos- oder auch als Dervenakiapass bekannt ist, und die beiden Ebenen von Argolis und Korinthia verbindet. Außerdem konnte Mykene durch seine Lage die Wege Richtung Norden und Osten kontrollieren.[1508] Dies spielte eine erhebliche Rolle für die politische, wirtschaftliche und strategische Entwicklung von Mykene. Die Schiffsrouten im Bereich des Peloponnes und der Handel mit anderen Ortschaften auf dem griechischen Festland durch den korinthischen Isthmus stärkten wahrscheinlich die geostrategische Position des Ortes innerhalb der mykenischen Welt. Mykene liegt zwischen den beiden Bergen Profitis Elias und Zara. Profitis Elias im Norden liegt 805 m über dem Meeresspiegel, Zara im Süden 660 m. Der Hügel von Mykene wird durch zwei Schluchten abgegrenzt, die Kokoretsa-Schlucht auf der Seite des Profitis Elias und der Chavosschlucht auf der Seite des

[1504] W. Rudolpf, Tiryns: Unterburg 1968. Eine Kammer in der Unterburgmauer über Bau 1, in: Tiryns VIII (1975), 97-116. Hier 97ff. Zum selben Thema siehe U. Jantzen und Mitarbeiter, Tiryns 1968, AA, 1969, 1-11.
[1505] N. Verdelis, *Ανασκαφή Τίρυνθος, Αποκάλυψις δύο νέων Συρίγγων*, ADelt 18, 1963, Chronika I, 66ff. Zum selben Thema siehe Tiryns V, 44f.
[1506] Ebd. Abb. 1.
[1507] Ebd. Abb. 4 und 5.
[1508] Obwohl der Hügel von Mykene durch eine Reihe anderer Hügel aus der Ferne vor einem ankommenden Betrachter verborgen bleibt, hat man von Mykene aus einen guten Überblick über die Ebene bis nach Argos und bis zum Golf von Nauplion. Ebenso konnte man die von Korinth und Kleonai kommenden Straßen einsehen und kontrollieren.

Zaras. Durch beide Schluchten ist der Zugang zu dem Hügel nur schwer möglich. Zugänglich war die Hügelkuppe eigentlich nur von Westen her, wo der Boden im Vergleich zu den anderen Hängen nicht so schroff abfällt. Auch innerhalb der Befestigungsmauern ist das Gelände steil, wurde aber mit beträchtlichem Arbeitsaufwand durch große Terrassierungen dem Platzbedarf angepasst.

Nach der Überlieferung gründete Perseus, der Sohn des Zeus und der Danae, die berühmte befestigte Akropolis und wurde der erste König von Mykene. Er ließ die eindrucksvollen und starken Befestigungsmauern von den Kyklopen erbauen. Perseus herrschte mindestens drei Generationen über Mykene und die benachbarten Gebiete. Eurystheus, ein Nachkomme von Perseus, herrschte laut Mythologie ebenfalls über die argivische Ebene. Er war der König von Tiryns und gab Herakles den Auftrag, seine berühmten Taten zu vollbringen. Als Eurystheus durch die Söhne des Herakles getötet wurde, kam Atreus, Sohn des Pelops, an die Macht. Während seiner Herrschaft und der seines Sohnes Agamemnon erlebte das Königreich von Mykene seine höchste Blüte. Agamemnon war der stärkste unter den griechischen Königen, er führte die archaischen Griechen gegen Troia, eroberte und zerstörte die Stadt des Königs Priamos. Das Ende von Mykene und allgemein der mykenischen Welt soll nach der Überlieferung durch die eindringenden Dorer (Herakleiden) gekommen sein.

Die wichtige Bedeutung der natürlich befestigten Lage des Ortes und seiner Umgebung scheint nach spärlich vorhandener Keramik schon in der neolithischen Zeit erkannt worden zu sein. Leider sind unsere Kenntnisse über die frühe Besiedlungsgeschichte des Ortes während des Neolithikums und der Frühbronzezeit sehr dürftig. Die Mittelbronzezeit ist, vor allem durch zahlreiche mittelhelladische Gräber, besser vertreten. Man kann davon ausgehen, dass Mykene und seine Umgebung während dieser Zeit dicht besiedelt waren. Durch die reich ausgestatteten Schachtgräber des Gräberrundes A wird der Übergang von der mittelhelladischen zur späthelladischen Zeit besser verständlich.

Die reiche Ausstattung der Gräber mit Waffenbeigaben mit eingelegten Verzierungen, Gefäßen aus Gold und Silber, kostbarem Schmuck, wie z.B. Bernsteinperlen, und den goldenen Totenmasken weisen auf eine Zeit des Wohlstandes, zumindest für die Elite des Ortes, hin. Während dieser Übergangszeit war ein Teil des Hügels befestigt. Während der Ausgrabungen und durch die Untersuchung der Keramikfunde wurde deutlich, dass die Befestigungsanlage von Mykene in drei Bebauungsphasen errichtet wurde. Zu der ersten Bebauungsphase, die etwa in die Mitte des 14. Jahrhunderts v. Chr. (SH IIIA2) datiert wird, gehören der nördliche und ein Teil des südöstlichen Mauerzuges der Befestigungsmauer. Während der nächsten Periode (SH IIIB1) wurde das befestigte Gebiet in südlicher und westlicher Richtung erweitert. Auf diese Weise wurde das südwestliche Areal mit dem sog. Südhaus, dem Kultzentrum und dem Gräberrund A in die kyklopische Befestigung eingegliedert. Während dieser Zeit erfolgte der Bau des monumentalen Löwentores und des Kornspeichers. Am Ende der SH IIIB1 Zeit wurden Gebäude außerhalb der Mauern durch ein Erdbeben zerstört. Die vorgeschlagene Datierung bleibt aber problematisch und manche Archäologen schlagen eine genauere Überprüfung der Keramik der SH IIIB1 Zeit vor, um die Zeit des Erdbebens sicher festzulegen.[1509]

Die letzte Erweiterung des befestigten Areals fand in der SH IIIB2 Zeit statt. Während dieser Periode wurde der nordöstliche Bereich der Befestigung erweitert. Durch diese Baumaßnahme konnten die Mykener den Zugang zu einer unterirdischen Brunnenanlage sichern. Dies könnte ein Hinweis auf unruhige Zeiten sein. Dass am Ende dieser Periode ein starkes Erdbeben für große Zerstörungen sorgte, gilt als sicher. Iakovidis fand viele Spuren dieser Katastrophe bei den Befestigungsmauern und einer Reihe von Bauten in Mykene. Es wird angenommen, dass dasselbe Beben Spuren in Midea und Tiryns hinterließ.[1510] Aus der Übergangszeit von SH IIIB zu SH IIIC stammen Zerstörungsschichten mit Feuerspuren. Für den Anfang der SH IIIC Zeit wurden Reparaturen und Wiederaufbauten nachgewiesen. Die Nutzung des Geländes wurde neu organisiert. Die Baumaßnahmen weisen auf eine neue Organisation des bewohnten Areals hin und die Funde zeigen, dass die kulturelle Kontinuität in Mykene nach dem Erdbeben nicht abbricht. Es findet aber ein Strukturwandel statt. Die Siedlungsplätze werden immer wieder verlassen, während die Palastzentren weiter bestehen. Im Fall von Mykene wird der östliche und nordöstliche Teil der Anlage ohne irgendwelche Katastrophen langsam aufgegeben im Gegensatz zum südwestlichen Teil des Hügels, der während SH IIIC weiter und mit neuen Bauten (Bereich des Kultzentrums) überbaut und bewohnt wird. In der fortgeschrittenen Zeit SH IIIC wird der Kornspeicher durch ein Feuer zerstört. Am Ende dieser Periode werden viele Gebäude von Mykene, besonders die des Südareals, aufgegeben. Es ist eine Tatsache, dass am Ende der SH IIIC Zeit Mykene langsam verlassen wird. Wahrscheinlich werden einige Teile der berühmten Stätte noch eine Zeitlang weiter genutzt. Das kann auch durch einige SH IIIC Gräber bestätigt werden, die außerhalb des Siedlungsgebietes

[1509] B. Eder (1998), 32ff. Anm. 49 (mit ausführlicher Literatur).

[1510] Ebd.

angelegt wurden und zeigen, dass die Umgebung von Mykene am Ende von SH IIIC noch weiter besiedelt wurde.[1511]

Während der geometrischen Zeit werden viele kleine Bauten auf den Ruinen der Palastanlage gebaut. Sie alle wurden aber in der archaischen Zeit von dem Athenatempel überbaut. Die Errichtung des Tempels auf der Kuppe des Hügels hatte die Zerstörung vieler mykenischer architektonischer Reste zur Folge.

Während der historischen Zeit war Mykene relativ unbedeutend. Nur sporadisch gibt es durch die antike Überlieferung Informationen über die Stadt, die im Gegensatz zur Vergangenheit keine politische, wirtschaftliche und strategische Rolle innerhalb Griechenlands mehr spielte. Antike Quellen berichten über die Teilnahme von Mykene an den persischen Kriegen an der Seite der Spartaner und ihres Königs Leonidas. Herodot erwähnt eine mykenische Truppe bei den Thermopylen, die im Jahr 480 v. Chr. vor der heroischen Opferung des Leonidas und seiner 300 Soldaten vom Schlachtfeld zurückbeordert wurde. Im Jahr 479 v. Chr. nahmen die Mykener an der Schlacht von Plataiai gegen die Perser teil. Nach dem siegreichen Ende der Kriege gegen die Perser wurde Mykene 468 und 460 v. Chr. von Argos zerstört. Grund war der Streit um die Kultaufsicht von Heraion und die Ausrichtung der Nemeischen Spiele. Während des 3. Jahrhunderts v. Chr. stellten die Argiver die zerstörte Stätte von Mykene wieder her und sie besserten die Befestigungsanlage aus. Die von ihnen errichtete Stadt wurde bis zum Ende der vorchristlichen Zeit bewohnt. Während der hellenistischen Zeit wurde die Befestigung teilweise repariert. Aus den Funden ergab sich, dass der Ort dicht besiedelt war. Auf der Kuppe des Hügels wurde ein Tempel erbaut, in dem 235 v. Chr. der argivische Tyrann Aristippos getötet wurde. Zu Strabons Zeit war Mykene schon verlassen. Als Pausanias die Stadt in der Mitte des 2. Jahrhunderts n. Chr. besuchte, fand er viele Ruinen und nur wenige Einwohner in der Ortschaft. Er berichtet über Teile der kyklopischen Befestigungsmauer, das Löwentor, die angeblichen Schatzhäuser des Atreus und seiner Kinder sowie die Gräber von Agamemnon und seiner Gefolgschaft, die nach der Mythologie bei der Rückkehr aus Troia ermordet wurden. Pausanias glaubte auch die Grabstätten der Frau Agamemnons, Klytemnestra, und ihres Liebhabers, Ägisthos, gesehen zu haben, die nach Homer den König ermordeten. Laut Pausanias liegen ihre Ruhestätten außerhalb der befestigten Akropolis, da nach der Ermordung der beiden durch Orestes die Mykener sie nicht für würdig hielten, Gräber innerhalb der Akropolis zu erhalten. Außerdem soll Pausanias die Perseiaquelle von Mykene gesehen haben. Nach seinem Reisebericht gibt es keine weiteren Informationen über die Stadt. Der Name Mykene erscheint erst wieder im 18. und 19. Jahrhundert in Reiseberichten, was zur Ausbeutung des Ortes führte. Der Pascha Veli von Nauplion, Lord Elgin und Sligo sind einige der bekanntesten Räuber und Antiquitätenschmuggler von Mykene.

5.10.2. Forschungsgeschichte

Die Erforschung des Ortes begann 1841 durch die Griechische Archäologische Gesellschaft von Athen. Ausgrabungen wurden im Bereich des Löwentores unter der Leitung von K. Pittakis ausgeführt. Man legte den Zwinger vor dem Tor und das mykenische Tor selbst frei. Im Inneren der befestigten Akropolis wurde aber keine Ausgrabung durchgeführt.[1512] 1874 untersuchte H. Schliemann auf der Akropolis in nur fünf Tagen 34 Gräber und Gruben auf dem Hügel, hielt den Befund aber nicht für wichtig. Nach zwei Jahren widerlegte er sich selbst, als er die sog. königliche Grabstätte von Mykene ausgrub. In der Literatur ist der königliche Friedhof von Mykene als Gräberrund A bekannt. Er liegt innerhalb der Befestigung, südlich des Löwentores. An dieser Stelle entdeckte und erforschte Schliemann fünf (I – V) Schachtgräber, die reich an Grabbeigaben waren. Neben den menschlichen Überresten fand der Ausgräber Keramik und verschiedene Objekte aus Gold, Silber und Bronze. Aus dem reichen Fund der Schachtgräber sind v. a. die goldenen Gesichtsmasken bekannt. Schliemann glaubte, die Gräber von Agamemnon und seiner Gefolgschaft entdeckt zu haben. Die Ausgrabung im Bereich des Gräberrundes A beendete P. Stamatakis mit der Entdeckung des sechsten Grabes (VI). Stamatakis vertrat die Griechische Archäologische Gesellschaft und war mit Schliemanns Ausgrabungsmethoden nicht immer einverstanden.[1513] Von 1881 bis 1882 zeichnete H. Steffen, ein deutscher Militäringenieur, die Topographie des Ortes mit allen sichtbaren architektonischen Resten der befestigten Akropolis.[1514] Von 1881 bis 1902 übernahm Ch. Tsountas die Leitung der Ausgrabungen in Mykene. Tsountas grub systematisch und mit für seine Zeit modernen Methoden aus. Er erforschte einen großen Teil des mykenischen Palastes, verschiedene Häuser innerhalb der Befestigungsanlage, die unterirdische Zisterne an der Nordostspitze der Befestigungsmauer und

[1511] Ebd. B. Eder (1998), 37ff.

[1512] G. Mylonas (1976), 120f. B. Ch. Petrakos, *Η εν Αθήναις Αρχαιολογική Εταιρεία. Η ιστορία των 150 χρόνων της* 1837 – 1987 (1987), 28f.

[1513] Über den Verlauf der Ausgrabungen von Schliemann sowie die Entdeckung der Schachtgräber und ihre Grabbeigaben im Gräberrund A siehe K. Demakopoulou, Mykene, in: Troia, Mykene, Tiryns, Orchomenos. Heinrich Schliemann zum 100. Todestag (1990), 88ff.

[1514] H. Steffen, Karten von Mykenai (1884).

eine Anzahl von Kammergräbern und Tholosgräbern auf den umliegenden Hügeln. Tsountas war der erste Archäologe, der die gesamte Anlage von Mykene als eine Einheit betrachtete. Obwohl Tsountas während seiner Tätigkeit in Mykene viel ausgegraben hatte, blieben viele seiner Funde unpubliziert. Sein Bericht über die Ausgrabungen und allgemein über die mykenische Kultur ist aber von enormer Wichtigkeit für spätere Forschergenerationen.[1515] Nach Tsountas fanden kleinere Ausgrabungen statt: durch D. Evangelides 1909, G. Rodenwaldt 1911 und A. Keramopoulos 1917. Im Jahr 1919 wurden die Ausgrabungen in Mykene unter der Leitung von Alan J. B. Wace wieder aufgenommen, und sie dauerten bis 1923 an. Während der Ausgrabungen untersuchte er die Befestigung und die Palastanlage, die er zu rekonstruieren versuchte. Wace entdeckte aber auch neue architektonische Reste innerhalb der befestigten Anlage. Anhand des Befundes konnte er ein besseres Bild bezüglich der geschichtlichen und baugeschichtlichen Entwicklung von Mykene rekonstruieren. Er erkannte die verschiedenen architektonischen Phasen und datierte sie. Wace war derjenige, der erkannte, dass das Gräberrund A nicht von Anfang an von der Befestigungsmauer umschlossen wurde. Dies wurde erst mit der zweiten Phase der Erweiterung möglich. Er erkannte, dass die Sandsteinumfassung des Gräberrundes A zu einem späteren Zeitpunkt angelegt wurde. Er untersuchte außerdem eine Reihe von Gräbern, die wichtige Erkenntnisse zur mykenischen Kultur erbrachten. Die neuen Erkenntnisse veröffentlichte er in seinem Buch „Mycenae".[1516] Seine Grabungsberichte sind in der Reihe „The British School of Archaeology at Athens" zu lesen.[1517] Obwohl das Werk des Ausgräbers als maßgebend gilt, war seine Datierung falsch. Wace hatte angenommen, dass die Hügelkuppe während der Mittelbronzezeit von einer Befestigung umgeben wurde. Spätere Untersuchungen ergaben aber, dass die angebliche Befestigungsmauer der mittelhelladischen Zeit auf keinen Fall zu einer Befestigung gehörte, sondern es sich um eine quer zur Terrassenmauer liegende Hauswand handelte.[1518] Eine bessere Datierung der verschiedenen Phasen von Mykene leitete A. Furumark anhand von Keramikanalysen ein.[1519] Der zweite Weltkrieg unterbrach die Untersuchungen auf der befestigten Akropolis. 1950 begann Wace wieder mit seinen Ausgrabungen. Er untersuchte überwiegend die Gräber und Bauten von Mykene bis zu seinem Tod 1957. Während der Ausgrabungen von Wace setzten Archäologen der archäologischen Gesellschaft von Athen die Restaurierung und Konservierung der Monumente unter der Leitung von A. Keramopoulos, Sp. Marinatos und G. E. Mylonas fort. Dabei wurden auch neue Funde ausgegraben.[1520]

Die von Wace unvollendeten Ausgrabungen wurden von A. J. B. Wace, D. French und Lord W. Taylor weitergeführt und abgeschlossen. Nach dem Tod von A. J. B. Wace übernahm G. E. Mylonas die Leitung der Ausgrabungen, die bis in die 80er Jahre andauerten.[1521]

Mylonas erforschte mit I. Papadimitriou das Gräberrund B und das sog. Kulturzentrum von Mykene, das früher teilweise von Taylor untersucht wurde. Außerdem erkannte Mylonas während der Forschungen nördlich des Löwentores im Jahr 1955, dass die Fassade der Befestigungsmauer, die aus isodomen Konglomeratschichten besteht, nicht mit dem Kern der Befestigungsmauer verbunden ist, sondern in einer späteren Periode der kyklopische Kern der Mauer einfach mit Konglomeratsteinen verkleidet wurde.[1522] S. Iakovidis, der von Anfang an mit Mylonas gearbeitet hatte, übernahm später die Leitung der archäologischen Forschung in Mykene. Seine Ausgrabungen dauern bis heute an. Sehr wichtig ist sein Werk über die Befestigungsanlagen der mykenischen Zeit.[1523]

1515 Ch. Tsountas, *Μυκήναι και μυκηναίος πολιτισμός* (1893). Die englische Fassung seines Werkes wurde von Ch. Tsountas und J. L. Manatt unter dem Titel „ The Mycenaean Age" 1897 in Boston veröffentlicht.

1516 A. J. B. Wace, Mycenae. An Archaeological History and Guide (1949).

1517 Sammelband aus diversen BSA – Beiträgen: A. J. B. Wace and others, Excavations at Mycenae, BSA 12, 1939 – 1955 (1980) o. Pagin., Abb. Taf., ed. French E.

1518 S. Iakovidis (1977), 171f. Anm. 1138 mit Literaturangaben

1519 A. Furumark, The Mycenaean Pottery. Analysis and Classification. (1941). Derselbe, The Chronology of Mycenaean Pottery (1941).

1520 Das sog. Grab von Klytemnestra, der Palast und Teile der Befestigungsmauer wurden von A. K. Orlandos und E. Stikas von 1950 bis 1957 restauriert. 1951 wurde 120 m westlich des Löwentores das Gräberrund B entdeckt und von I. Papadimitriou ausgegraben. 1955 wurde die Erforschung des Gräberrundes B beendet. Während der 50er Jahre wurden die kyklopische Befestigungsmauer und die Tore weiter erforscht. N. Verdelis, der auch in Tiryns Ausgrabungen durchführte, grub das große Westhaus von Mykene aus. Dabei entdeckte er einige Linear - B Schrifttafeln.

1521 Berichte über die Ausgrabungen von Mylonas in Mykene sind in der Reihe *Πρακτικά της εν Αθήναις Αρχαιολογικής Εταιρείας* von 1958 – 1975 zu lesen.

1522 Dasselbe beobachtete im Jahr 1895 auch F. Adler. Siehe Schliemann, Tiryns (1886), XVIIf.

1523 Über den Verlauf den Ausgrabungen siehe F. Schachermeyer (1976), 99ff. Schachermeyer liefert eine kurze Zusammenfassung der Ausgrabungen in Mykene von 1966 bis 1975 mit ausführlicher Literatur. Über die Darstellung der mykenischen Akropolen siehe S.

E. French führte von 1991 bis 1994 in Mykene Untersuchungen unter der Leitung von S. Iakovidis durch. Danach fanden immer wieder kleinere Ausgrabungen und Restaurierungsarbeiten in Mykene und seiner Umgebung statt, die noch nicht abgeschlossen wurden.[1524] Die große Anzahl von Forschungsberichten über das befestigte Palastzentrum kann hier nicht vollständig aufgelistet werden.[1525]

Ab 2000 lieferte das unbekannte Material der Ausgrabungen, das in den Magazinen des Museums in Nauplion und in einem provisorischen Lagerhaus in Mykene mit den Jahren angehäuft wurde, Iakovidis einen Anlass, die Ergebnisse der Ausgrabungen von Mylonas erneut zu publizieren. Die Menge und die Vielfalt des Materials sind enorm und sehr interessant für weitere Studien. Bis 2000 war es aus Platzmangel unmöglich, dieses Material gründlich zu studieren. Die Errichtung des neuen Museums in Mykene ermöglichte ein Ausstellen der Funde und den Beginn einer wissenschaftlichen Untersuchung.

2006 ist der erste Band dieser Studie erschienen, der die sog. nordwestliche Besiedlung (Gebäude N und die umliegenden Bauten) der mykenischen Burg behandelt.[1526] Die Veröffentlichung der Bauten im südwestlichen Bereich der Burg, des Bereiches des sog. hellenistischen Turmes, des Kultzentrums, des sog. Gebäudes M, des Künstlersviertels, des Säulenhauses und einiger Bauten außerhalb der Burg wird folgen.

5.10.3. Das befestigte Areal von Mykene

Das Areal wird von starken „kyklopischen" Befestigungsmauern umgeben, außer seinem südlichen Teil, der im Laufe der Zeit mit einem Teil der Palastanlage (Megaron) in die Schlucht Chavos gestürzt ist (Taf. 59,1). Die Mauer, die den gesamten Hügel von Mykene umgibt, bildet eine ungefähr dreieckige Form. Sie umschließt eine Fläche von 30000 m^2 auf stark abfallendem Gelände. Auf der Kuppe des Hügels liegt der Palast von Mykene, der im Laufe der Geschichte viele Zerstörungen erlebt hat. Besonders viele späthelladische architektonische Reste der Palastanlage wurden durch den Bau des archaischen und später des hellenistischen Tempels für immer zerstört. Erosion spielte auch eine Rolle bei der Vernichtung wichtiger architektonischer Elemente, die bei einer Rekonstruktion des Geländes sicher helfen könnten. Leider kann der Betrachter heute außer dem restaurierten Teil des Megaron nur mit Schwierigkeit den Grundriss des Palastkomplexes erkennen. Im Südwesten der Palastanlage wurde entlang der Befestigungsmauer eine Reihe von dicht nebeneinander gebauten Gebäuden errichtet. Sie bilden Baukomplexe, die durch kleinere Gassen getrennt werden. Einige dienten religiösen und kultischen Handlungen. Andere wurden als Vorrats- und Arbeitsvorrichtungen benutzt. Jedes Gebäude bekam während der Ausgrabungen anhand seines Fundinventars eine Bezeichnung, wie z. B. das Haus der Idole oder das Haus mit den Fresken. Dasselbe Benennungssystem wurde auch für die Gebäudekomplexe nordöstlich und nordwestlich des Palastes verwendet. Das befestigte Areal wurde von der westlichen Seite des Hügels aus betreten, wo die monumentale Toranlage von Mykene liegt, das sog. Löwentor. Hinter dem Löwentor konnte man zu der in südlicher Richtung ansteigenden großen Rampe mit einer Länge von 27 m und einer Breite von 5,75 bis 6 m gelangen. Am südlichen Ende der großen Rampe wurden Teile einer Straße gefunden, die wahrscheinlich in nord-nordöstlicher Richtung verlief.

Iakovidis (1983).

[1524] E. French, Mycenae. Agamemnon´s Capital (2002), 18ff.

[1525] Als Beispiel kann an dieser Stelle die Reihe „Well built Mycenae" erwähnt werden: W. D. Taylour, The excavations in: W. D. Taylour, E. B. French, K. A. Wardle (Hrsg.), Well built Mycenae. The Helleno – British excavations within the citadel at Mycenae, 1959–1969, 1, (1982). J. H. Crouwel, The Mycenaean pictorial pottery in: W. D. Taylour, E. B. French, K. A. Wardle (Hrsg.), Well built Mycenae. The Helleno – British excavations within the citadel at Mycenae, 1959–1969, 21, (1991). D. Evely, C. Runnels, Ground stone in: W. D. Taylour, E. B. French, K. A. Wardle (Hrsg.), Well built Mycenae. The Helleno – British excavations within the citadel at Mycenae, 1959–1969, 27, (1992). A. D. Moore, W. D. Taylour, The temple complex in: W. D. Taylour, E. B. French, K. A. Wardle (Hrsg.), Well built Mycenae. The Helleno – British excavations within the citadel at Mycenae, 1959–1969, 10, (1999). M. Alden, The prehistoric cemetery. Pre Mycenaean and early Mycenaean graves in: W. D. Taylour, E. B. French, K. A. Wardle (Hrsg.), Well built Mycenae. The Helleno – British excavations within the citadel at Mycenae, 1959–1969, 7, (2000). Sehr wichtig für die Forschung sind auch die Beiträge von K. Kilian, Der Hauptpalast von Mykene, AM 102, 1987, 99–113. G. Albers, Neue Überlegungen zu dem Kultzentrum von Mykene, in: *Ἰθάκη*. Festschrift für Jörg Schäfer zum 75. Geburstag am 25. April 2001 (2001), 45-51. R. Laffineur, Schliemanns Ausgrabung in Mykene. Überlegungen zur Topographie der Schachtgräber in: H. Schliemann 7 (2001), 183-194. M. L. Galaty, W. A. Parkinson, Rethinking Mycenaean palaces. New interpretations of an old idea in: M. L. Galaty, W. A. Parkinson (Hrsg.), University of California, Los Angeles. Institute of Archaeology. Monographs 41, (1999). P. A. Mountjoy, Mycenaean Pottery. An Introduction (1993). u. a.

[1526] S. Iakovidis, *ΑΝΑΣΚΑΦΕΣ ΜΥΚΗΝΩΝ Ι. Η ΒΟΡΕΙΟΔΥΤΙΚΗ ΣΥΝΟΙΚΙΑ* (2006).

Die 30 m lange Straße führte zu der Kuppe des Hügels. Am Ende der mykenischen Zeit nahm der Verlauf der Straße eine nordöstliche Richtung. Einerseits führte die Straße von hier zum nordwestlichen Eingang des Palastes und anderseits zur südlichen Ecke der Palastanlage, wo das große Treppenhaus liegt.

5.10.4. Die Palastanlage und ihre Bauten

Die Bauten der Palastanlage wurden auf der Hügelkuppe errichtet (Taf. 59,2). Da die Geomorphologie des Gipfels den Bau erschwerte, wurden schon in mittelhelladischer bis späthelladischer Zeit gestaffelte Terrassen angelegt, besonders an den südwestlichen und östlichen Hängen des Hügels. Das Areal der Palastanlage wurde systematisch von Tsountas untersucht, aber Wace und L. B. Holland waren diejenigen, die die Palastarchitektur von Mykene in ihren Hauptphasen darstellten.[1527] Der erste Palast entstand während der mittelhelladischen Zeit, als auch die Schachtgräber angelegt wurden, und wurde mit einigen Veränderungen bis in die SH II Zeit beibehalten. Während der beginnenden SH III Zeit wurde der zweite Palast in zwei Bebauungsphasen erbaut. Aus SH IIIA konnten architektonische Reste in dem sog. Nordwestareal am Randbereich der Palastanlage identifiziert werden. Der Zugang zum Palast in diesem Bereich gehört zeitlich auch zu dieser Periode. Aus der SH IIIB Zeit stammen die Reste der Nordterrasse, die zum nördlichen Zentralkomplex gehören, und die architektonischen Elemente des südlichen Palastareals. Anhand neuerer Untersuchungen und Entdeckungen auf der Kuppe des Hügels konnten Mylonas und Iakovidis einen Plan der gesamten Palastanlage von Mykene rekonstruieren, der bis heute als zulässig gilt.[1528] Die Frage, ob auf der Nordterrasse ein früherer Palastkomplex existierte, konnte bis heute nicht geklärt werden.[1529] Auch der Haupt- und der angebliche Sekundärpalast in Mykene konnten nicht lokalisiert werden, falls es eine solche Teilung tatsächlich gab. Kilian schlug eine Analyse der Raumfunktionen der Palastanlage von Mykene vor, um eine Antwort auf diese Frage zu finden. Durch den Vergleich mit anderen mykenischen Palastanlagen könnte die Organisationsform dieses Palastes besser verständlich werden.[1530]

Obwohl die architektonischen Reste des Palastes sich in einem schlechten Zustand befanden, konnte ein großer Teil der spätmykenischen Palastanlage mit dem Megaron rekonstruiert werden. Wie schon erwähnt, führte die Straße von der großen Rampe zum nordwestlichen Bereich der Palastanlage, wo das sog. „*Propylon*" der Anlage liegt. Mit der Errichtung des nördlichen Tores stellten die Mykener eine Verbindung her. Die 4,70 m breite Straße verläuft vom nördlichen Tor entlang der nördlichen Befestigungsmauer und kreuzt die Straße, die von der großen Rampe bis in den nordwestlichen Bereich der Palastanlage verlief. Beide Straßen kreuzen sich 90 m westlich des Nordtores. An dieser Stelle wurde eine Treppenanlage mit einer Breite von 2,50 m errichtet, die nach Süden führte. Man schätzt, dass die schlecht erhaltene Anlage aus 30 Treppenstufen bestand. Sie ist sehr gut an die Morphologie des Felsens angepasst und wurde von einer „kyklopischen" Stützmauer gestützt.[1531] Über die Treppenanlage konnte man zu einer Art Rampe gelangen, die zum nordwestlichen Zugang[1532] der Palastanlage führte.[1533] Bevor man in das „*Propylon*" gelangte, ging man am sog. Wachhaus vorbei, das direkt unter der nördlichen Terrasse gebaut wurde.[1534] Das Ende der Rampe bildete vor dem „*Propylon*" einen kleinen gepflasterten Hof. Das „*Propylon*" hat eine rechteckige Form und besaß wahrscheinlich ein flaches Dach. In der Mitte seines nördlichen und südlichen Zuganges wurden zwei Säulenbasen gefunden, die genau in der Achsenrichtung der Baukonstruktion errichtet wurden. Der Boden des „*Propylons*" lag in der mykenischen Zeit 0,90 m höher als heute. Iakovidis vermutet anhand einiger spärlicher Reste, dass das „*Propylon*" einen älteren Vorgänger hatte. Es wurde aber keine Keramik gefunden, mit der diese ältere Periode datiert werden könnte.[1535] Von diesem Bereich konnte man in die Palastanlage gelangen, die auf drei verschiedenen Ebenen auf der Kuppe des Hügels errichtet wurde, die in der Literatur als nördliche, mittlere und südliche Terrasse bekannt sind.

Der höchste Teil des Palastes nimmt den Gipfel des Hügels ein. Es handelt sich um den Bereich, in dem später der archaische und hellenistische Tempel mit ihren Nebenräumen errichtet wurden. Entlang des „*Propylons*" und auf seiner östlichen Seite wurde ein 15 x 3 m großer Raum gefunden.[1536] Seine Fläche liegt 3 m höher als die des „*Propylons*" und 4 bis 4,50 m niedriger als das Niveau des Felsens. Laut Iakovidis konnte man von dem

[1527] A. J. B. Wace, Containing the Report of the School Excavations at Mycenae, BSA 25, 1921 – 1923.

[1528] K. Kilian (1987). mit ausführlicher Literatur.

[1529] Ebd. 100ff.

[1530] Ebd.

[1531] S. Iakovidis (1973), 83ff. Plan 10,2.

[1532] Ebd. Das sog. „*Propylon*" wird von S. Iakovidis mit (9) bezeichnet.

[1533] Ebd. Die Rampe, die durch Terrassenmauern gestützt wird, ist mit (3) (6) und (7) bezeichnet.

[1534] Ebd. Es handelt sich um die Räume (4) und wahrscheinlich (5). Raum 5 soll angeblich zu einem größeren Gebäude gehören.

[1535] Ebd. 85ff.

[1536] Ebd. (82).

Raum über eine Treppe[1537] an seiner nordöstlichen Ecke zu der höchsten Ebene der Palastanlage gelangen. Zugang zu dem länglichen Raum bekam man hinter dem „*Propylon*“ durch eine Treppenanlage, die in Richtung Osten direkt zu dem nördlichen Korridor führte.[1538]

Vom mykenischen Palast gibt es in diesem Bereich nur wenige architektonische Reste, die kaum erkennbar sind. Eine genaue Rekonstruktion dieser Ebene mit ihren Bauten konnte bis heute nicht erstellt werden. Ältere Vermutungen, dass auf der höchsten Ebene eine mittelhelladische Palastanlage errichtet wurde, konnten nicht ausreichend geklärt werden. Aufgrund der mittelhelladischen Keramik und verputzten Böden versuchte Mylonas den Palast oder besser das Megaron der MH- und SH I Zeit zu rekonstruieren.[1539]

Aufgrund von vier Säulenbasen, die eingebaut im Fundament des späteren Tempels gefunden wurden, versuchte man ein megaronartiges Gebäude der spätmykenischen Zeit zu rekonstruieren. Kilian konnte aber mit überzeugenden Argumenten beweisen, dass die Rekonstruktion von Mylonas nicht stimmt. Dasselbe gilt auch für den Bau mit den vier Säulen und dem Herd der Palastzeit.[1540] Kilian vertritt die Meinung, dass auf der nördlichen Terrasse architektonische Reste von Bauten der spätmykenischen Palastanlage vorhanden sind, aber auf keinen Fall Reste eines Megaron wie das an der südlichen Terrasse des Palastes. Die geomorphologische Gegebenheit der Hügelkuppe erlaubt laut Kilian keine Errichtung von größeren Gebäuden, in diesem Fall eines 16 m langen Megaron.[1541]

Die mittlere Terrasse liegt zwischen dem nördlichen und dem südlichen Korridor. In der Fläche zwischen den beiden Korridoren wurden Baureste gefunden. Überwiegend scheint die mittlere Ebene aber eine einfache Terrasse gewesen zu sein, die über die südliche empor ragte. Ein großer Teil davon wurde von dem späteren Tempel überbaut. Im westlichen Teil, der als Westportal bekannt ist, wurden zwei rechteckige Zimmer identifiziert, die vom Korridor zugänglich waren. Es handelt sich um die Räume (41) und (39).[1542] Die genaue Funktion beider Räume konnte nicht festgestellt werden. Der Zugang in den Korridor wird durch einen großen Schwellenstein aus Konglomerat gekennzeichnet, der in situ gefunden wurde. Er wurde von zwei Seitenmauern umgeben. Durch die Angelbefestigung auf dem Schwellenstein ist eine Tür für diese Stelle nachgewiesen. Der Durchgang war sorgfältig gebaut und bildete nach Iakovidis eine Art „*Propylon*“.[1543] Der 24 m lange Korridor führte ansteigend nach Osten zu Räumlichkeiten der Palastanlage, die zwischen der mittleren und südlichen Terrasse liegen. Der Korridor reichte bis zur Quermauer (35). Von dort konnte man wahrscheinlich ein weiteres Geschoss nördlich des Megaron erreichen.[1544] Hinter dem Westportal konnte man durch einen Zugang an der südlichen Mauerseite des Südkorridors direkt in den großen Hof der Palastanlage gelangen. Man konnte durch einen Korridor auch in den nördlichen Bereich des Hofes gelangen. Direkt an der Nordseite des Korridors wurden Spuren einer Treppenanlage gefunden, die zu einem oberen Stockwerk führten.[1545] In welcher architektonischen Beziehung das Westportal zu dem Korridor (49) und dem umliegenden Bereich stand, ist bis heute wegen der schlechten Erhaltung der Baureste ungeklärt. Südlich des Korridors befindet sich der Raum (52) mit einem kleinen Hof (61), der an das große Treppenhaus (63, 66, 67) angrenzte. Welche Funktion Raum (52) hatte, ist bis heute umstritten.[1546] Unter dem

---

[1537] Ebd. (83).

[1538] Ebd. (81).

[1539] G. E. Mylonas, Mycenae and the Mycenaean Age (1966) Bild 14. Derselbe, Mycenae, Rich in Gold, (1983), 117f.

[1540] K. Kilian (1987) Abb. 1. 107ff.

[1541] Ebd. 109ff. Nach der Ansicht Kilians: „*Die erheblichen Unterschiede in den Höhen der vorhandenen bzw. aus dem anstehenden Felsen erschlossenen Fußböden machen deutlich, dass der beschriebene Zentralkomplex der Nordterrasse trotz der einheitlichen Fluchten seiner Ostwestmauern nur aus einer Folge separierter Räume bestehen kann; d. h. durch die der Geländeformation angepassten Bauweise können sowohl O-W wie auch N/S gerichtete Großräume geradezu ausgeschlossen werden. ... ist auf der Nordterrasse nur mit einer erheblichen Aufschüttung, die in keiner Weise belegt ist, ein ebener Baugrund für ein solches, etwa 16 m langes Megaron zu gewinnen*“.

[1542] S. Iakovidis (1973), 87f. Plan 10. Er spricht nur über den Raum (41). Der längliche Raum (37, 38, 36) wird von ihm als eine Einheit betrachtet, während K. Kilian östlich des Raumes (41) Raum (39) identifiziert. K. Kilian nummeriert und bezeichnet nach den Ergebnissen der späteren Ausgrabungen die verschiedenen Raumeinheiten anders als Iakovidis. Für Kilian gibt es nördlich des Südkorridors zwei Räume (41) und (39). Der längliche Raum wird von ihm mit (38) und (36) bezeichnet. Im Allgemeinen stimmt seine Nummerierung aber mit der von Iakovidis überein, da er den von Iakovidis entworfenen Plan der Akropolis von Mykene als Grundlage verwendete.

[1543] Ebd. 88f.

[1544] K. Kilian (1987), 103f.

[1545] Der Korridor ist mit (49) und die Treppenanlage mit (47) bezeichnet.

[1546] S. Iakovidis (1973), 90f. Tsountas war der Meinung, dass der 5,50 x 6,20 m große Raum eine Wohneinrichtung für Gäste war. Er interpretierte eine 1,07 x 0,82 m große Vertiefung im Boden des Raumes als Herdstelle. Wace glaubte dagegen, dass es der Sockel eines Throns war. Mylonas hielt die Baueinrichtung für

kleinen Hof wurden architektonische Teile des älteren Palastes von Mykene entdeckt.[1547]
Vom kleinen Hof konnte man auch in den großen Palasthof gelangen. Dieser ist 15 x 12 m groß. Die Fläche des Hofes war mit Mörtel bedeckt, außerdem war er in Quadrate unterteilt und bemalt. An seiner südlichen Seite wurden nur wenige Reste von Mauerzügen gefunden, im Gegensatz zu seiner nördlichen Seite, wo die Mauer durch Fachwerk abgegrenzt wurde. Sie war sorgfältig gebaut, verputzt und mit Fresken geschmückt. Mit Freskomalereien war auch die westliche Seite des Hofes verziert. Ob seine südliche Seite ganz offen war, konnte nicht festgestellt werden. Im Vergleich zu anderen mykenischen Palastanlagen kann man annehmen, dass alle Seiten des Palasthofes von Mykene von Mauern umgeben wurden. Auf der südlichen Seite war wahrscheinlich die Höhe der Mauer begrenzt, damit der Blick nach Süden nicht versperrt wurde. Dies bleibt aber nur eine Annahme, weil die wenigen gefundenen architektonischen Teile an der südlichen Seite des Hofes nicht darauf hinweisen. Seine südwestliche Ecke grenzt an das sog. Treppenhaus von Mykene. Dies bedeutet, dass die Palastanlage auch vom Süden aus betreten werden konnte.[1548] Als Wace das Gebäude untersuchte, fand er den Zugang des Gebäudes an seiner südlichen Mauerseite. Über die Treppenanlage gelangte man in den kleinen Hof (61). Von hier und durch den Raum (52) konnte man den großen Palasthof betreten. Nach der Ansicht von Wace bestand das große viereckige Treppenhaus aus zwei Stockwerken. Seine Treppenanlage besaß zwei Flügel. Der erhaltene Teil bestand aus Stein, der andere, nicht mehr erhaltene, aus Holz. Der Bau war wahrscheinlich der offizielle Durchgang in den Palast. Das Gebäude war durch eine Straße mit dem Löwentor verbunden und es wird angenommen, dass es nur für wichtige Angelegenheiten benutzt wurde, während der nordwestliche Durchgang mit dem „*Propylon*“ täglich benutzt wurde. Dass diese Baueinrichtung keinen Thronsaal besaß, wie Wace vermutete, gilt als sicher.[1549] Dieser lag sicher im Megaron, wie es für diese Zeit üblich war. Zwischen dem Treppenhaus und dem Hof wurden Teile eines Abwasserkanals gefunden.[1550]
An der östlichen Seite des Palasthofes befindet sich das Megaron der Palastanlage.[1551] Der Bau liegt 35 m höher als das Löwentor und wurde auf einer künstlichen Terrasse errichtet, die durch die darunter liegende Befestigungsmauer gestützt wurde. Von diesem Gebäude ist nur eine Hälfte erhalten. Die andere (südöstliche) Hälfte stürzte zusammen mit der Terrassenmauer und der „kyklopischen“ Befestigungsmauer in die Chavosschlucht. Der heutige Betrachter sieht die Rekonstruktion des abgestürzten Teiles.
Das Megaron ist 23,80 x 14,20 m groß[1552] und besteht aus einer Vorhalle, einem Vorraum und dem Hauptraum mit der zentralen Herdstelle und den Thron.[1553] Seine Schmalseite mit der Vorhalle liegt an der östlichen Seite des Palasthofes.
Die Vorhalle ist 3,85 x 11,50 m groß und wie in jedem Megaron besitzt sie zwischen ihren Anten zwei Säulen, von denen nur die Säulenbasen erhalten sind. In der Nähe der südlichen Säule wurden Reste eines kleinen rechteckigen Altares gefunden (0,85 x 0,75 m groß), der aus zwei flachen Becken bestand und wahrscheinlich für Trankopfer benutzt wurde. Der Boden war mit rechteckigen Alabasterplatten bedeckt. Die Wände der Vorhallen waren verputzt. Der untere Teil war mit einem Triglyphen – Rosetten – Fries, geschmückt. An der nördlichen Mauerseite der Vorhalle gibt es eine Türöffnung mit Schwellenstein, die zu einer Reihe von Räumen führt, die direkt an der nördlichen Seitenmauer des Megaron errichtet wurden. Von diesen Räumen konnte man auf die mittlere und die nördliche, höhere Terrasse der Palastanlage gelangen. In der Mitte der östlichen Mauer der Vorhalle führt eine 2 m breite Öffnung zu dem Vorraum des Gebäudes.
Der Raum ist 4,30 x 11,50 m groß. Von der Türöffnung ist die Türschwelle aus Konglomerat erhalten. Die Schwelle hat eine Länge von 2,50 m und ist 1,14 m breit. An ihren Rändern wurden Spuren von viereckigen Vertiefungen gefunden, die für die hölzernen Pfosten der Türverkleidung bestimmt waren. Auf der südlichen Seite der Türschwelle konnte ein schlecht erhaltenes Türangelloch festgestellt werden. Im Loch fand man Bronzereste vom Angelpfosten, um den sich die Tür drehte. Wie die Vorhalle war auch der Vorraum mit Stuck verputzt und mit Fresken dekoriert. Sein Boden war

ein Gästezimmer mit Hygieneeinrichtungen. Dafür spricht der Befund von Teilen eines Abflusskanals.

[1547] Ebd. 91f. Es handelt sich um das sog. Untergeschoss (*Pillar Basement*), in dessen Mitte eine Säulenbasis gefunden wurde. Die Keramik beweist, dass der Bau während der SH IIIA Zeit errichtet wurde. Seine Zerstörung wird in die SH IIIB Zeit datiert. Östlich des kleinen Hofes und unter dem Boden eines hellenistischen Speicherraumes (Pithos Area) wurden viele Freskomalereien, wahrscheinlich der älteren Palastanlage gefunden.

[1548] Das Treppenhaus wird mit (63, 66 und 67) bezeichnet.

[1549] Ebd. 98ff. Zum Grand Staircase siehe auch A. J. B. Wace (1949), 73ff. Fig. 28.

[1550] Ebd. 89f.

[1551] A. J. B. Wace (1921–1923), 232ff.

[1552] In der Literatur wird meistens die Größe der inneren Fläche des Gebäudes (23 x 11,50 m) angegeben.

[1553] In der Literatur stößt man öfters auf die Wörter *Αἴθουσα*, *Πρόδρομος* und *Δόμος* (Vorhalle, Vorraum und Hauptraum). Vgl. das Megaron in Tiryns.

entlang der Seitenmauern mit 1 bis 1,50 m breiten Alabasterplatten bedeckt. Der innere Bereich war mit bemaltem Mörtel bedeckt. Es konnte festgestellt werden, dass dieser Bereich in Quadrate eingeteilt war und dass er eine lineare dekorative Musterung trug. In der Mitte der östlichen Wand wurde in situ noch eine Türschwelle gefunden, die zum Hauptraum des Megaron führte. Es handelt sich wieder um ein Konglomerat mit einer Länge von 2,05 m und einer Breite von 0,89 m. Auf der Türschwelle wurden keine Vertiefungen gefunden, die auf hölzerne Pfostenrahmen und eine Tür hinweisen. Aus diesem Grund wird angenommen, dass die Öffnung nicht durch eine hölzerne Tür, sondern wahrscheinlich durch einen Vorhang geschlossen wurde.

Der rechteckige Raum ist 12,96 x 11,50 m groß und wie auch in Tiryns besaß er in seiner Mitte eine runde erhöhte Herdstelle, die von vier Säulen umgeben war. Die Herdstelle hatte einen Durchmesser von 3,70 m und sie war 0,15 m hoch. Das Zentrum des Herdes bestand aus Ton und das Ganze wurde von einer kreisförmigen Steinreihe aus Porosgestein umschlossen. Der steinerne Ring und das Zentrum waren mit Stuck versehen, der immer wieder erneuert wurde. Es konnten zehn bemalte Schichten festgestellt werden. Diese zentrale Einrichtung wurde von vier Säulen umgeben, drei ihrer Basen wurden in situ gefunden.

Der Hauptraum war wie die Vorhalle und der Vorraum dekoriert. Sein Boden war entlang der Mauerseiten ebenfalls mit Alabasterplatten bedeckt. Der innere Bereich war durch bemalte Doppellinien in Quadrate geteilt. Die Wände des Raumes waren mit Fresken geschmückt. Es wurden Fragmente der Freskomalereien gefunden, die durch die Brandkatastrophe nicht zerstört wurden. Es handelt sich um Kampfszenen von der Eroberung eines Gebäudes, die Darstellung eines mehrstöckigen Gebäudes auf felsigem Boden und Darstellungen von Kriegern, Pferden mit Wagen und Stallknechten(?).[1554] Spuren eines Thronplatzes, wie in Tiryns, wurden nicht gefunden. Wahrscheinlich lag der Thron an der südlichen Mauerseite des Megaron, die in die Schlucht gestürzt ist. Die nördliche und westliche Seite des Gebäudes sind besser erhalten. Teilweise sind die Mauern in einer Höhe von 3 m erhalten. Durch die Brandkatastrophe in der spätmykenischen Zeit wurden diese Mauerteile gewissermaßen konserviert, so dass die Bauweise und das Baumaterial des Megaron gut zu erkennen sind. Die Mauerzüge bestehen aus mittelgroßen Steinen, die durch Lehm verbunden waren. Fachwerk wurde für die Errichtung der Mauern auch verwendet. Für das Dach wird eine flache Konstruktion angenommen.

Von der nördlichen Seite der Vorhalle konnte man durch einen Zugang zu den Räumen gelangen, die direkt an der nördlichen Seite des Megaron errichtet wurden.[1555] Als die Quermauer (35) errichtet wurde, konnte man die mittlere und nördliche Terrasse wahrscheinlich über eine hölzerne Treppenanlage erreichen. An der nördlichen Mauer des Raumes (33) fanden die Ausgräber gemauerte Bänke, die mit Stuck versehen waren und eine Feuerstelle.[1556] An der östlichen Wand des Raumes (31) wurden Reste von Treppen gefunden, die zu einer oberen Etage oder zu einer oberen Terrasse führten, wo auch das sog. Badezimmer von Agamemnon gefunden wurde, in dem nach der Überlieferung Agamemnon ermordet worden sein soll. Es handelt sich um die Ecke eines Zimmers (26), dessen Boden mit rotem Mörtel geschmückt war.[1557] Von Raum (32) aus konnten die Räume (30) und (29) erreicht werden. Letzter wurde wahrscheinlich als Zisterne verwendet. Kilian nahm an, dass die Räume nördlich des Megaron ein Raumkomplex für Dienstleistungen und Vorratshaltung waren.[1558] Ob die wenigen architektonischen Elemente nördlich dieser Räume eine ähnliche Funktion hatten, ist nicht mehr festzustellen.

Zu der Palastanlage gehören auch die Gebäudekomplexe östlich der Hügelkuppe. Oft wird dieser Bereich als Ostflügel des Palastes bezeichnet. Es handelt sich um Gebäude wie das Haus der Werkstätten der Künstler und Handwerker, das auch als Künstlerviertel (*Artists' Workshop*) bekannt ist, das Haus der Säulen (*House of Columns*), die Gebäude *Delta* und *Gamma* und die Häuser A und B. Letztere wurden innerhalb der nordöstlichen Erweiterung der Befestigungsmauer gefunden. Der östliche Hang der Akropolis ist in aufeinander folgende Terrassen gegliedert, die sich bis zur Befestigungsmauer erstrecken. Auf diesen wurden die oben genannten Gebäude errichtet. Obwohl vieles durch die spätere hellenistische Besiedlung des Ortes überbaut und zerstört wurde, konnten die Gebäude systematisch ausgegraben und erforscht werden. Die Bauten waren durch das nördliche Tor erreichbar und wahrscheinlich

---

1554 Viele der Freskofragmente wurden rekonstruiert. Über die Freskomalereien in Mykene siehe Ch. Tsountas, *ΑΡΧΑΙΟΤΗΤΕΣ ΕΚ ΜΥΚΗΝΩΝ*, AEphem, 1887, 156-172.; G. Rodenwaldt, Der Fries des Megarons von Mykenai (1921). W. Lamb, Decoration of Walls, BSA 25 (1921 – 1923). Über die Frescoes 162ff. Über die Dekoration der Wände 235ff.

1555 Siehe Plan. Es handelt sich um die Räume 30 bis 34 (O nach W).

1556 K. Kilian (1987), 103ff. Kilian vergleicht die Einrichtungen des Raumes 33 mit einer ähnlichen Inneneinrichtung in der Palastanlage von Pylos (Nr. 10).

1557 Ebd. Kilian bezeichnet es als Lustralbecken.

1558 Ebd. Er sieht das Ganze als eine Funktionseinheit, ähnlich der im Palast von Pylos (Nr. 9/10).

auch über einen Weg, der von der Kuppe des Hügels zu einem offenen Platz führte. Südlich dieses Platzes liegen das Gebäude der Künstler und das Haus der Säulen. Östlich liegt das Gebäude *Delta* und nördlich das Gebäude *Gamma*.

Bei dem Künstlerviertel handelt es sich um einen 27 x 28 m großen Gebäudekomplex, der auf zwei verschiedenen Niveaus errichtet wurde, wovon das westliche höher liegt als das östliche. Der 19 m lange und 2,50 m breite Hof des Gebäudes wird von zwei Korridoren flankiert, die zu nebeneinander liegenden Räumen führten. Der westliche Korridor hatte eine Länge von 17,40 m und war 2,70 m breit. An seinem südlichen Ende wurden Reste eines Zimmers und Teile eines Abwasserkanals gefunden. An seiner westlichen Seite liegen die Reste von vier Räumen, die wahrscheinlich als Speicherräume verwendet wurden. Der östliche Korridor hatte eine Länge von 26 m und war 2 m breit. An seinem nördlichen Ende ist er mit dem Hof verbunden und mit einer Treppenanlage, die zu einem weiteren Stockwerk führte. Von dieser sind drei Treppenstufen erhalten. Vier Räume flankieren die östliche Seite des Korridors, die aber nicht direkt mit dem Korridor verbunden waren. Wahrscheinlich wurden sie von oben betreten oder der Zugang lag höher. Der Eingang zu dem Gebäude lag an seiner nordwestlichen Ecke. Leider konnte seine Form nicht rekonstruiert werden, weil er durch spätere Bauaktivitäten überbaut und zerstört wurde.

Der Bau hing mit der Herstellung von verschiedenen künstlerischen Objekten zusammen, wie verschiedene Funde zeigen. Es fanden sich Teile von Elfenbein und Goldblättern, Schlacke von Bronzeverschmelzung, kleine Stücke von Halbedelsteinen wie Opal, Steatit, Bergkristall und Quarz, Reste von blauer Farbe und Klumpen einer geblichen Substanz (Schwefel und Colophony?), die bei Erhitzung stark haftende Eigenschaften entwickelten. Außerdem fand man viele Spuren der Brandkatastrophe im Gebäude und eine große Zahl vollständiger Keramikgefäße der SH IIIB Zeit.[1559]

Das Säulenhaus wurde östlich des oben erwähnten Gebäudes auf einer niedrigen Terrasse entdeckt, die sehr sorgfältig errichtet wurde. Aufgrund der Keramik wird sie, wie auch das Säulenhaus, in die zweite Hälfte von SH IIIB datiert.[1560] Für die Datierung des Säulenhauses war auch der Befund eines Turmes südlich des Baukomplexes an der Befestigungsmauer von enormer Wichtigkeit. Durch die Verwendung von Konglomeratquadersteinen, die in der letzten Ausbauphase der Palastanlage verwendet wurden, konnte der Bau datiert werden.[1561]

Der Bau wurde durch einen Korridor betreten, der an der nordwestlichen Seite des Hauses liegt und an der östlichen Seite des Hauses der Werkstätten angrenzt. Der Zugang wird von zwei Türpfosten aus Konglomerat gekennzeichnet und einer Türschwelle, die in situ gefunden wurden. Die Türanlage war überdacht. Durch den Korridor konnte man in den Hof mit den Säulen gelangen. Fünf erhaltene Säulenbasen aus Stein wurden an der östlichen Seite des Korridors gefunden. In dem nördlichen Bereich des Hofes fand Wace zwei Säulenbasen, deren Durchmesser größer war, als die der fünf westlich und der drei östlich gelegenen. Die Größe der Säulenbasen an der nördlichen Seite des Hofes und die architektonischen Teile dahinter gaben für Wace den Anlass anzunehmen, dass die Mykener an dieser Stelle ein megaronartiges Gebäude gebaut hatten. Ob die zwei Säulen nun bis zum Dach des Megaron reichten oder ob sie eine Art Balkon trugen, ist nicht mehr festzustellen. Ebenso konnte die Frage nach der Frontseite des Gebäudes und der Existenz eines oder zweier Stockwerke nicht geklärt werden. Das Ganze bestand aus einem Vorraum und einem Hauptraum. Über einen Zugang an der östlichen Seite des Hauptraumes konnte man durch einen Korridor und eine Treppenanlage zu den östlichen Räumlichkeiten und zu einem weiteren Stockwerk gelangen.[1562] Südlich des Hofes liegen einige Räume, die als Magazin- und Speicherräume verstanden werden. Funde von Pithoi, Bügelkannen und einer Tontafel, in der Textilien erwähnt werden, bestätigen die Funktion der südlichen Räume. Nach der Brandkatastrophe am Ende von SH IIIB wurde der Baukomplex erneuert und seine Struktur durch einige Räume verändert, wie z. B. die zwei Baukonstruktionen im Bereich des sog. Megaron, die während der SH IIIC Zeit errichtet wurden.[1563]

Nordöstlich des Säulenhauses befindet sich das Gebäude *Delta*. Zwischen beiden Häusern wurden mittelhelladische architektonische Elemente von mehreren nebeneinander liegenden Räumen nachgewiesen, die später von mykenischen Bauten überbaut wurden. *Delta* stößt an die östliche Befestigungsmauer und ist 19 x 16 m groß. Es besteht aus mindestens sechs rechteckigen Räumen, die von oben zu betreten waren. Direkt an der Befestigungsmauer wurden Reste von drei Zimmern gefunden, die tiefer als die

[1559] S. Iakovidis (1973), 95ff.

[1560] Ebd. 97ff. Über das Säulenhaus siehe auch G. Hiesel. Späthelladische Hausarchitektur. Studien zur Architekturgeschichte des griechischen Festlandes in der späten Bronzezeit (1990), 115ff. Einige architektonische Teile, wie der Mauerzug zwischen Vor- und Hauptraum des Megaron, gehören zeitlich in die Nachbesiedlungsphase von Mykene und werden in die Zeit SH IIIC datiert.

[1561] G. Hiesel (1990), 118f.

[1562] Ebd. Abb. 89; 90. Viele Teile östlich des sog. Megaron und des Hofes sind ergänzt worden.

[1563] S. Iakovidis (1973), 100f. Plan 11, (11-12).

anderen lagen. Die Räume wurden wahrscheinlich als Kellerräume verwendet. Wie das Säulenhaus wurde auch Gebäude *Delta* während der SH IIIB Zeit errichtet und durch die Brandkatastrophe zerstört. Die Keramik zeigt aber, dass das Gebäude während der SH IIIC Zeit weiter benutzt wurde.

Entlang der nördlichen Befestigungsmauer und nördlich des Säulenhauses liegt das Gebäude *Gamma*, das auch für die Aufbewahrung von Vorräten verwendet wurde. Es hat eine Länge von 26,50 m und seine Breite variiert zwischen 11 und 7 m. Bezüglich der Errichtung, der Zerstörung und der Wiederherstellung gilt für das Gebäude dasselbe wie für die zwei anderen.

Westlich des Gebäudes *Gamma* und nah des Nordtores wurde eine Reihe von Räumen ausgegraben, in denen viele Vorratsgefäße in situ gefunden wurden. Außer der Keramik fanden die Ausgräber Fragmente einer Tontafel, Objekte aus Elfenbein, Metallteile aus Bronze, Bleistücke und viele andere kleinere Funde, die während der Brandkatastrophe aus der oberen Etage in die unteren Räume gerutscht sind.

Östlich des Gebäudes *Gamma* wurden in der sog. nordöstlichen Erweiterung der Befestigungsanlage Reste von zwei Bauten gefunden, die als Häuser A und B bekannt sind. Beide sind direkt an der Befestigungsmauer errichtet. Vom Gebäude A ist nur ein Speicherraum mit sechs großen Pithoi erhalten. Nördlich lag Gebäude B, das aus vier Räumen besteht. Auch hier wurde zahlreiche Keramik aus SH IIIB und C gefunden, die auf die Datierung der Bauten hinweist. Die Gebäude wurden wahrscheinlich auch nach dem 12. Jahrhundert v. Chr. weiter benutzt.[1564]

5.10.5. Die Bauten im süd- und südwestlichen Bereich des befestigten Areals

Außer den Bauten der Palastanlage fanden Archäologen im Verlauf der Ausgrabungen eine Reihe von anderen Gebäuden und Baukomplexen, die das Bild der befestigten Akropolis vervollständigen. Die meisten wurden an der süd- und südwestlichen Seite des ummauerten Gebietes entlang der Befestigungsmauer ausgegraben.[1565]

Direkt an der rechten Seite (südlich) des Haupttores von Mykene wurden die Reste eines Gebäudes gefunden, das als Getreidespeicher (*Granary*) bekannt ist.[1566] Es kann aber nicht ausgeschlossen werden, dass der Bau mit der Bewachung des Löwentores zusammenhing. Das Gebäude wurde direkt an der Innenseite der Befestigungsmauer errichtet - wahrscheinlich in zwei Bebauungsphasen - und seine Bezeichnung verdankt es den dort gefundenen Pithoi mit verkohlten Getreidekörnern. Es war teilweise von Schliemann, hauptsächlich aber von Wace ausgegraben worden.[1567] Der Bau bestand wahrscheinlich aus drei Stockwerken. Der erhaltene Bereich, das Untergeschoss, besteht aus zwei rechteckigen Räumen, einem östlichen und einem westlichen, die durch eine Tür miteinander verbunden waren. Über eine Treppenanlage vor dem östlichen Speicherraum, von der zwei Stufen erhalten sind, konnte man zum Obergeschoss gelangen. In den Mauern des Untergeschosses wurden zwei Fensteröffnungen gefunden. Seine Mauern bestanden aus kleinen und mittelgroßen Steinen. Im oberen Bereich bestanden die Mauern aus Lehmziegeln. Fachwerk wurde auch verwendet. Die Wände waren verputzt und die Böden waren mit gestampfter Erde oder Mörtel bedeckt. An der nordöstlichen Seite des Gebäudes befinden sich zwei enge parallele Korridore, die im Untergeschoss als Speichereinrichtungen benutzt wurden. Durch sie konnte man im oberen Stockwerk in die Räume gelangen, die entsprechend dem Grundriss der unteren Räume gebaut waren. Während der zweiten Bauphase wurden die Korridore verlängert. Ihre Mauerzüge reichen bis zum Gräberrund A.

Die Keramik ergab, dass der Getreidespeicher am Ende der SH IIIB Zeit errichtet und bis zum Ende der befestigten Akropolis verwendet wurde. Wegen der zahlreichen Keramik im Gebäude sprach Wace von der sog. „*Granary Class*“ Keramik.[1568]

Zwischen Getreidespeicher und Löwentor entdeckte Wace eine Baukonstruktion, die als Treppenhaus bekannt ist. Durch sie konnte man auf die „kyklopische“ Mauer gelangen. In der 4 m großen Aufschüttung konnte Wace 13 Schichten feststellen und zahlreiche Keramik sichern, die für die Datierung sowohl des Treppenhauses als auch des Löwentores und des Getreidespeichers eine große Rolle spielte. Anhand der Keramikfunde konnte die Entwicklung der spätmykenischen Keramik besser erforscht werden.

[1564] S. Iakovidis (1973), 80f. Die Bezeichnung Haus A und B könnte meiner Meinung nach für Verwirrung sorgen. G. Hiesel, (1990), 113ff. bezeichnet als Gebäude A und B die Bauten im südöstlichen Bereich der Befestigungsanlage, die entlang der Befestigungsmauer errichtet wurden. Gebäude B wird von G. Mylonas als Haus des Priesters bezeichnet, obwohl es laut G. Hiesel eine andere Funktion hatte.

[1565] Es ist nicht meine Intention, an dieser Stelle die Bauten und ihre Funde in diesem Bereich der Akropolis ausführlich zu schildern, sondern es wird der Versuch unternommen, eine kurze Beschreibung der Baukonstruktionen darzulegen.

[1566] S. Iakovidis (1973), Plan 6, Z.

[1567] A. J. B. Wace, BSA 25 (1921–1923), 38ff.

[1568] A. J. B. Wace, BSA 25 (1921–1923), 40ff.

Südlich dieser Baukonstruktionen liegt das sog. Gräberrund A von Mykene.[1569] Es handelt sich um einen Rundplatz mit 28 m Durchmesser, der aus einer Doppelreihe aufrecht stehender Plattensteine besteht. Die Höhe der Steinplatten variiert zwischen 0,92 m und 1,52 m und der Raum zwischen ihnen erreicht eine Breite von 1,35 m. Unter diesem Platz wurden sechs Schachtgräber mit reichen Beigaben aus der Übergangszeit zwischen Mittelhelladikum und Späthelladikum entdeckt. Außerdem fand Schliemann umgebettete Grabstelen aus Tuffstein, die mit Reliefs geschmückt waren. Sie standen auf der Oberfläche des Gräberrundes. Das Gräberrund war Teil eines mittelhelladischen Friedhofes, der sich um einen runden Platz erstreckte. Während einer Phase wurde der Bereich des runden Platzes von dem übrigen mittelhelladischen Friedhof abgetrennt, wahrscheinlich um Grabplätze für die wichtigsten Personen von Mykene zu schaffen. Am Anfang wurde der Platz mit einer einfachen Ummauerung umschlossen. Später, als das Löwentor und die westliche Befestigungsmauer errichtet wurden, legte man eine doppelte Steinplattenreihe an. Da das Haupttor und die „kyklopische" Befestigungsmauer höher als das frühere Gräberrund lagen, wurden Baumaßnahmen getroffen, um die runde Anlage einigermaßen auf dasselbe Niveau zu bringen. Durch die Errichtung einer starken, geneigten Stützmauer konnte der Druck der Erde gehalten und ein höheres technisches Niveau eingerichtet werden. Auf diese Weise konnte sich kein Regenwasser ringsherum um den Kreis sammeln, das die Gräber schädigen könnte und außerdem war der Zugang in die Grabanlage leichter als vorher. Der Eingang liegt an der nördlichen Seite gegenüber der verlängerten Korridore des Getreidespeichers. Er besteht aus drei Schwellensteinen, die von zwei Verlängerungen der doppelten Steinplattenreihe flankiert wird. Er ist 2,50 m breit und hat eine Tiefe von 3,63 m.

Südlich des Gräberrundes A wurde entlang der Befestigungsmauer eine Reihe von Baukomplexen gefunden, die dicht nebeneinander errichtet wurden und durch kleine Gassen unterteilt werden. Die Gebäude bestehen aus mehreren Räumen, die manchmal durch Korridore getrennt werden. Anhand des Fundinventars bekam jedes Haus sein Namen.

Das sog. Haus der Kriegervase (*House of the Warrior Vase*) liegt direkt südlich des Gräberrundes A.[1570] Seine längere südwestliche Mauer wurde entlang der Befestigungsmauer gebaut. Die nördlichen Mauerzüge haben einen gezackten Verlauf. Dies bedeutet, dass das Gebäude nach dem Bau des Gräberrundes A errichtet und seine nördliche Seite an das Gräberrund angepasst wurde. Das Haus besteht aus zwei Bereichen. Zum nördlichen gehören drei Räume mit verschiedener Form und Größe und zum südlichen eine megaronartige Baukonstruktion, die von zwei rechtwinklig zur Befestigungsmauer verlaufenden Korridoren flankiert wird. Problematisch bei dem Gebäude bleibt das Betreten des Raums (52) und des oberen Stockwerkes. Eigenartig ist der Bau der megaronartigen Baukonstruktion mit Vorhalle und Hauptraum. Der Vorraum konnte von beiden Korridoren aus betreten werden. Eigenartig ist, dass die Front der sog. Vorhalle nach Westen gerichtet ist, in Richtung der kyklopischen Mauer. Problematisch bleibt auch das Betreten des Hauptraumes, zu dem kein Zugang gefunden wurde. G. Hiesel äußerte die Vermutung, dass der Zugang über eine hölzerne Treppe in der Nordostecke möglich war. Der Befund eines Wandpfeilers mit Konglomeratstein, vier Dübellöchern und zwei antenartigen Vorlagen konnten das Problem der Ausrichtung des Hauses lösen. Hiesel ergänzt eine balkonartige Terrasse hier im „*piano nobile*", um die Richtung des Hauptraumes zu ändern.[1571] Anhand der Keramik wurde das Haus der Kriegervase in die SH IIIB Zeit datiert und es wurde mehr oder weniger zeitgleich mit dem Getreidespeicher zerstört.

Auf der Stützmauer des Gräberrundes und östlich des Hauses der Kriegervase wurden die Reste des Hauses an der Rampe (*The Ramp House*) gefunden. Das Gebäude wurde entlang der kleinen Rampe errichtet und richtet sich nach Süden. Es handelt sich um ein megaronartiges Gebäude, das von kleineren Räumen, wahrscheinlich Speicherräumen, umgeben wurde.

An der südlichen Mauer des Hauses der Kriegervase liegt das sog. südliche Haus (*The South House*).[1572] Zum Gebäude gehören noch einige Räume, die von W. Taylour gefunden wurden. Damals wurde der Gebäudekomplex als Haus der Zitadelle (*Citadel House*) bezeichnet, obwohl er eigentlich zum südlichen Haus gehört. Das Haus war wahrscheinlich eines der größten Gebäude von Mykene und bestand aus zwei oder drei Stockwerken. Vom westlichen Bereich sind architektonische Teile des Kellergeschosses erhalten. Es handelt sich um die Räume I – III, die durch Türen miteinander verbunden waren. Nördlich und östlich dieser Räume befinden sich Raum IV und V, die von kleineren Räumen flankiert werden. Es handelt sich wahrscheinlich um Speichereinrichtungen und Magazinräume. In Raum V fanden die Ausgräber entlang der Wände 10 Pithoi.[1573] Der westliche Teil des

---

[1569] Über den „*Grave Circle*" siehe A. J. B. Wace, BSA 25 (1921–1923), 103ff.; S. Iakovidis (1973), 56ff. G. Karo, Die Schachtgräber von Mykenae, 2Bd (1930/33).

[1570] Das Gebäude wurde wegen den Bruchstücken eines Kraters so genannt, der mit Kriegerdarstellungen versehen war.

[1571] G. Hiesel (1990), 126ff. Abb. 96.

[1572] S. Iakovidis (1983) Plan 7 (I – V).

[1573] Ebd. 43ff.

Hauses war niedriger als der östliche. Interessant ist der Erhaltungszustand vieler architektonischer Teile des Gebäudekomplexes, die durch die Brandkatastrophe konserviert wurden. Man konnte daran die Bauweise mykenischer Häuser nachvollziehen. Der untere Teil der Wände des Südhauses mit einer Breite von 0,65 m wurde auf der 1 m breiten Grundmauer errichtet, die direkt auf dem Felsen gebaut war. In einer Höhe von 1,50 m folgte die Mauer aus luftgetrockneten Lehmziegeln, die mit Hilfe von Fachwerk besser stabilisiert wurden. Das Ganze war mit Lehm und Stroh verputzt. Die Böden in den Kellergeschossen waren aus gestampfter Erde, im Gegensatz zu den Böden der oberen Stockwerke. Die Balken, die den Boden der oberen Etage stützten, waren mit Schilf und Zweigen von Büschen bedeckt. Das Ganze wurde dann mit einer Schicht aus Lehm und Mörtel bedeckt. Die Türschwellen und die Rahmen der Türen bestanden meistens aus Holz. Nur die Basen der Türrahmen des großen Zimmers (IV) waren aus Stein und der kleine Hof davor war mit Mörtel bedeckt. Für das Dach wird eine flache Konstruktion angenommen.

Gleich hinter dem Südhaus liegt das sog. Kultzentrum (*The Cult Centre*) von Mykene.[1574] Es handelt sich um einen Komplex von fünf Gebäudeeinheiten mit ihren dazugehörigen Höfen.[1575]Anhand der Funde, wie z. B. Altären, Opfersteinen, großen Tonstatuetten und allgemein dem Inventar, ließ sich eine sakrale Nutzung des gesamten Komplexes nachweisen. Das Kultzentrum war über eine Prozessionsstraße erreichbar, die entlang der nördlichen und östlichen Seite der Bauten im süd- und südwestlichen Bereich der befestigten Akropolis hinter der großen und kleinen Rampe verlief. Über eine Treppenanlage und durch einen wahrscheinlich überdachten Zugang konnte man zu einem Gebäude gelangen. Hier wurden die Reste eines viereckigen Altares und dahinter ein Herd in Hufeisenform gefunden. Dahinter befand sich noch ein kleiner Raum, der als das Allerheiligste des Tempels (*Shrine Gamma*) bezeichnet wird.[1576]

An seiner südwestlichen Seite liegt das sog. Tsountas Haus. Das Gebäude wurde auf verschiedenen Ebenen errichtet und besteht aus einem Hof, einem Wohnbereich, der aus einem Vor- und einem Hauptraum besteht, und vier kleineren Räumen, die als Magazine bezeichnet werden und in denen Pithoi gefunden wurden. Ein Korridor trennt den sog. Wohnbereich von dem niedrigeren Teil des Hauses mit den Magazinräumen, die direkt vom Korridor aus zu betreten waren. Seine nordöstliche Seite war Bestandteil einer Terrassenmauer. Eine Stufenanlage an der nordwestlichen Ecke des Korridors führte zum oberen Bereich des Hauses. Im Vorraum wurden eine rechteckige Herdstelle und einige Pithoi gefunden. Eine Säulenbasis vor den Wohnräumen weist wahrscheinlich auf einen überdachten Hof hin. Über die Funktion des Hauses, das wie viele andere in Mykene während der SH IIIB Zeit errichtet und am Ende dieser Zeit zerstört wurde, wissen wir sehr wenig.[1577] Die Entdeckung eines Freskofragmentes mit einer eselsköpfigen Dämonendarstellung in der Nähe und einer Opferstelle im Hof des Hauses könnte eventuell auf seine Kultfunktion innerhalb des Kultzentrums hinweisen.[1578]

Westlich des Hauses von Tsountas liegt hinter einer geneigten Fläche das sog. Haus der Idole (*The House of the Idols*).[1579] Das Gebäude besteht aus drei Räumen, Vorraum, Hauptraum und einem erhöhten Hinterraum, der 2 x 2 m groß ist und über eine Treppenanlage zu erreichen war. In diesem kleinen Raum wurden die tönernen Idole aufgehäuft gefunden. Es handelt sich um menschenähnliche, aber Furcht erregend aussehende Figuren mit ausgestreckten Armen, die möglicherweise chthonische Gottheiten darstellen. Zu den Idolen gehören noch tönerne zusammengerollte Schlangen mit erhobenem Kopf und eine einzelne bemalte weibliche Figur. Zwei erhöht stehende, verputzte Bänke im Raum weisen auf den ursprünglichen Platz der Idole hin.

Westlich des Hauses der Idole wurden die Reste von einigen Räumen gefunden, deren Mauern an das südliche Haus angrenzen und an die südwestliche Befestigungsmauer.[1580] In einem Raum (*Room with the Fresco*) fand man Fragmente von Freskomalereien mit Frauendarstellungen, die wahrscheinlich auf weibliche Gottheiten hinweisen.

Beide Baukomplexe wurden während der SH IIIB Zeit errichtet. Am Ende dieser Periode wurden sie durch ein Erdbeben zerstört. Nach ihrer Wiederherstellung in derselben Zeit wurden sie während der SH IIIC Zeit weiter benutzt, bis sie für immer verlassen wurden.

Südlich der beiden erwähnten Gebäude wurde in einem kleinen Hof ein runder Altar gefunden, der mit gelblichem Ton versehen war.[1581] In der Nähe dieses Altares fand Tsountas das schon oben erwähnte

[1574] S. Iakovidis (1983), 44ff.

[1575] A. D. Moore, W. D. Taylour (1999) Fig. 1.

[1576] S. Iakovidis (1983) Plan 7. Der Tempel wird mit *C* bezeichnet.

[1577] G. Hiesel (1990), 125ff. Während der SH IIIB2 Zeit fand ein Umbau des Hauses statt, wahrscheinlich nach einem Erdbeben. Nach der Zerstörung in der SH IIIB Zeit wurde das Gebäude repariert und weiter benutzt. In der SH IIIC Zeit wurde ein Teil des Hofes überbaut.

[1578] S. Iakovidis (1983), 47f.; G. Hiesel (1990), 126f.

[1579] Ebd. 47f. Plan 7. Die Räume werden mit *a*, *b* und *c* bezeichnet.

[1580] S. Iakovidis (1983) Plan 7. Das Haus (*d*) wird als *House of the Frescoes* bezeichnet.

[1581] Ebd. (*B*).

Freskofragment mit der eselsköpfigen Dämonendarstellung.
Südlich des Kultzentrums und des Tsountas Hauses befindet sich eine Reihe von Gebäuden, die vom Bereich des Kultzentrums durch eine Treppenanlage und einen Abflusskanal getrennt werden. Hinter dem Abflusskanal befindet sich ein Komplex von drei rechteckigen Räumen, die während der SH IIIC Zeit errichtet wurden.[1582] Südwestlich dieser Räume bzw. entlang der Befestigungsmauer wurde ein Gebäude ausgegraben, das von den oben erwähnten Räumen durch eine kleine Straße getrennt wird.[1583] Während der Ausgrabungen zeigte sich, dass der nördliche Teil dieses Gebäudes durch eine Feuerbrunst zerstört wurde. Später wurde es von einem hellenistischen Haus überbaut. In der SH IIIC Zeit wurde an dieser Stelle ein Haus errichtet, das bis zum Ende der mykenischen Zeit benutzt wurde. Anhand der dortigen 3 m starken Aufschüttung konnte man drei Bauphasen des Gebäudes nachweisen. In diesem Bereich wurden auch Fragmente von wunderbaren Fresken gefunden, auf denen achtförmige Schilde dargestellt waren und der Oberkörper einer Frau mit einem Halsband, die als Göttin interpretiert wird.[1584] Aufgrund der Keramik werden die Fresken in die letzte Phase der SH IIIB Zeit datiert.
Weiter südlich und entlang der Befestigungsmauer wurden Überreste von anderen Gebäuden entdeckt, deren Funktion nicht eindeutig ist. Es handelt sich um rechteckige Gebäudekomplexe, die durch kleine Gassen und Treppenanlagen voneinander getrennt werden. Zeitlich scheinen sie in die SH IIIB Zeit zu gehören.
Interessant ist der Befund eines Speicherraumes am Anfang des Korridors, der zu dem sog. Kultzentrum führt. Es handelt sich um einen 1,80 x 3,20 m großen Raum, der anhand der Keramikfunde an das Ende der mittelhelladischen Zeit datiert wird. Man fand Pithoi und andere Gefäße, in denen Getreide aufbewahrt wurde. Dadurch zeigte sich, dass dieser Bereich schon gegen Ende der mittelhelladischen Zeit bewohnt und benutzt wurde, als das Gräberrund A und die königlichen Gräber außerhalb der kyklopischen Mauern entstanden.[1585]
Die meisten der oben erwähnten Gebäude wurden laut Iakovidis am Ende der SH IIIB Zeit durch Feuer zerstört und danach aufgebaut.[1586]

[1582] S. Iakovidis (1973) Plan 7 *Δ*.
[1583] Ebd. Plan 7 *E*.
[1584] Ebd. 74f.
[1585] Ebd. 75f. Plan 7 *Z*
[1586] Ebd.

5.10.6. Die Gebäude am nordwestlichen Hang der mykenischen Burg

Auch dieser Bereich der mykenischen Burg scheint in der späthelladischen Zeit sehr dicht bebaut gewesen zu sein, obwohl man bis vor kurzem vermutete, dass die meisten dort vorhandenen architektonischen Teile an dieser Stelle hellenistisch sind.[1587] Untersuchungen zeigten, dass es sich überwiegend um Gebäude der mykenischen Zeit handelt. In der Literatur sind sie als Gebäude N und M bekannt. Heute spricht man über die nordwestliche Besiedlung der befestigten Akropolis.[1588]
Das sog. Haus N befindet sich nah des Löwentores an der nordwestlichen Ecke der Befestigung. Von ihm sind nur die Fundamente erhalten, die aus starken fast „kyklopischen" Mauern bestehen. Das Ganze besteht aus vier rechteckigen Räumen, die nicht miteinander verbunden sind. Iakovidis nahm an, dass dieses Gebäude möglicherweise von der Wache des Löwentores benutzt wurde.[1589] Das Gebäude ist Teil eines größeren Gebäudekomplexes, der aus Gebäude N, II und I besteht.[1590] Der heutige Betrachter sieht noch die Magazine dieser Bauten. Nördlich von N befindet sich Gebäude II. Die architektonischen Reste von Gebäude I liegen direkt östlich von Gebäude N.[1591] Iakovidis beschreibt die Bauweise der Gebäude und die Funde, überwiegend Keramik. Sie weist eine Kontinuität von der früh- bis in die späthelladische Zeit auf.[1592] Die Untersuchung der Bauweise ergab, dass Gebäude N als erstes errichtet wurde. Danach folgte der Bau von Gebäude II und als letztes wurde Gebäude I gebaut. Aufgrund der Keramik werden die Gebäude in die SH IIIB Zeit datiert. Dies bedeutet, dass die Bauten der nordwestlichen Besiedlung auf der Akropolis nach der Mitte des 13. Jahrhunderts v. Chr. errichtet wurden, nämlich nach dem Bau des monumentalen Löwentores. Anhand der gefundenen Dachziegelfragmente nimmt der Ausgräber an, dass die Bauten geneigte Dächer trugen.
Was für eine Funktion diese Bauten innerhalb des befestigten Areals hatten, konnte nicht mit Sicherheit festgestellt werden. Iakovidis vermutet, dass dieser Gebäudekomplex nicht von einfachen Menschen bewohnt wurde. Die Keramikfunde und eine kleine Anzahl von anderen Objekten, die in den oben genannten Räumen gefunden wurden, konnten keine weitere

[1587] Ebd. 75ff.
[1588] S. Iakovidis (2006).
[1589] S. Iakovidis (1973).
[1590] S. Iakovidis (2006). Gebäude N besteht aus vier Räumen (N1 - N4), Gebäude II aus sieben Räumen (II1-II7) und Gebäude I aus drei Räumen (I1-I3).
[1591] Ebd. Plan 8.
[1592] Ebd. 114ff.

Auskunft geben. Iakovidis glaubte, dass man durch einen Vergleich dieser Funde mit den älteren, die Tsountas in diesem Bereich entdeckte, den Status der Bewohner dieser Häuser feststellen könnte. Wahrscheinlich waren es Menschen, die zum Umkreis der regierenden Persönlichkeit von Mykene gehörten.[1593]

Der zweite Gebäudekomplex liegt östlich von Haus N, II und I direkt an der nördlichen Befestigungsmauer. Die ausgegrabene Überreste umfassen eine dreieckige Fläche, die 45 x 20 m groß ist. Das Ganze besteht aus Speicherräumen und aus einem Haus, das in der Literatur als Haus M bekannt ist.[1594] Haus M ist 17 x 14 m groß und es besteht aus vier Räumen. Das Gebäude liegt schräg gegenüber der nördlichen Befestigungsmauer. Haus M und die anderen Baueinrichtungen werden durch kleine Gassen und Treppenanlagen getrennt. Der Baukomplex ist nicht direkt an der Befestigungsmauer angebaut. Ein 1,35 m breiter Korridor, der zwischen zwei Stützmauern liegt, trennt die Anlage von der nördlichen „kyklopischen" Mauer.[1595] Ob es sich bei Haus M und den daneben liegenden Räumen um das „Quartier des Militärkommandanten" handelt, wie es G. Mylonas behauptete, kann nicht mit Sicherheit gesagt werden. Die Flankierung und der Schutz der Eingänge des Gebäudes durch Wachtürme sind nicht eindeutig.[1596]

Nordöstlich des Hauses M und innerhalb der Befestigungsmauer befinden sich drei Räume, die nach Iakovidis als Zimmer 1 - 3 bekannt sind.[1597] Nach seiner Ansicht handelt es sich um Vorratsräume, die wahrscheinlich die Konstruktionsweise der Galerien in Tiryns nachahmten. Sie wurden zu einem späteren Zeitpunkt errichtet und gehören nicht zu der ursprünglichen kyklopischen Mauer. Der schlechte Erhaltungszustand dieser Räume liefert keine weiteren Informationen zu diesen Baueinrichtungen.[1598] Der ganze Gebäudekomplex im nordwestlichen Hang des Hügels wurde laut Iakovidis nach der Errichtung der Befestigungsmauer gebaut. Anhand der Keramik konnte festgestellt werden, dass die Bauten in diesem Bereich gegen Ende der SH IIIB Zeit errichtet und auch während der SH IIIC Zeit weiter benutzt wurden, also während des 12. und zu Beginn des 11. Jahrhunderts v. Chr.

[1593] Ebd. 121ff. Tsountas fand den sog. Hort der Bronzen. Aus dem Areal stammen die sog. Statue des Reshef und ägyptische Tafeln.

[1594] S. Iakovidis (1973), 78ff.

[1595] Ebd. Plan 8

[1596] G. E. Mylonas, *Ανασκαφή Μυκηνών*, Prakt, 1963, 99-106. Derselbe, Mykene, ein Führer zu seinen Ruinen und seine Geschichte (1981), 69f.

[1597] Ebd. 77f.

[1598] Ebd.

5.10.7. Die kyklopische Befestigungsmauer und ihre Bauphasen[1599]

Die sog. kyklopische[1600] Mauer umschließt eine Fläche von 30000 m^2 und ihr Umriss bildet eine etwa dreieckige Form. Für die Errichtung der gewaltigen Befestigungsanlage wurde im Allgemeinen Kalkstein verwendet. Für einige Stellen, wie z. B. im Bereich des Löwentores, des Nordtores und an einem Teil der nordöstlichen Mauer, der nach außen hervorspringt, wurde Konglomerat, der sog. Mandelstein, verwendet. Das Konglomerat wurde für den Bau der äußeren Seite der Mauer benutzt und besteht aus großen bearbeiteten Quadern (Taf. 59,3).[1601] Es handelt sich um große Steinblöcke, die in Reihen übereinander geschichtet wurden. Bei der Betrachtung der Mauer zeigt sich, dass die oben genannten Teile der Befestigungsanlage auf isodomische Weise errichtet wurden. Bauliche Veränderungen wurden auch an anderen Teilen der Befestigungsanlage beobachtet, die aber während späterer Zeiten stattgefunden haben, nämlich in hellenistischer Zeit. Es handelt sich um Mauerteile, die aus polygonalen bearbeiteten Steinen bestehen. Jede Oberfläche dieser Steine passt genau an eine andere, ohne Zwickelsteine zu verwenden. Dies ist an dem gebogenen Teil des Turmes und an der anschließenden westlichen Mauer am Löwentor zu beobachten. Dieselbe Bauweise sieht man an dem sog. polygonalen Turm, der sich direkt vor dem Tsountas Haus befindet, und an einem Teil der nordöstlichen Befestigung. Der Rest der Mauer besteht aus großen unbearbeiteten Steinblöcken. Für den Bau der beiden äußeren Seiten der Mauer wurden größere und für den inneren Bereich kleinere Steine verwendet. Verbindungsmaterial (Lehm) scheint nicht verwendet

[1599] Über die Befestigungsmauern von Mykene siehe auch A. J. B. Wace (1949), 49ff. G. Mylonas (1957), 20ff. Derselbe (1966), 15ff.

[1600] Mit der Terminologie „kyklopisch" werde ich mich an dieser Stelle nicht befassen, da diese Definition nicht genau ist. Bis heute werden meines Erachtens Mauern aus rein subjektiven Vorstellungen des jeweiligen Archäologen als „kyklopisch" bezeichnet. Die Definition „kyklopisch" verdanken wir Pausanias (Paus. II, 25.8), der auf diese Weise die erhebliche Größe der unbearbeiteten Steine der mykenischen Burgen bezeichnete. Folgenderweise beschrieb er die Mauern in Tiryns: „*Sie ist aus unbearbeiteten Steinen gebaut. Jeder Stein ist so groß, dass auch der kleinste von ihnen nicht von einem Gespann von Maultieren von der Stelle bewegt werden könnte*". Nach der antiken Überlieferung wurden die mykenischen Befestigungsanlagen von den Kyklopen erbaut.

[1601] M. Küpper (1996), 7ff.

worden zu sein, weil die glatten Oberflächen der Steine sehr gut aufeinander passen.[1602]
Wo die Oberfläche der Steine nicht harmonisch zusammenpasste, verwendete man sog. Zwickelsteine, um die Lücken zwischen den Steinen zu schließen. Die Füllsteine wurden mit Sorgfalt zwischen die sog. kyklopischen Steine gesetzt, so dass sich aus den äußeren Fassaden der Mauer ein einheitliches und dichtes Bild ergibt. Die Verwendung von Füllsteinen an den mykenischen Befestigungsmauern wird als eines der wichtigsten Merkmale oder Konstruktionsprinzipien mykenischer Befestigungsarchitektur verstanden (Taf. 59,4).[1603]
Der Verlauf der Mauer folgt den geomorphologischen Gegebenheiten des Hügels und sie wurde direkt auf dem Felsen errichtet (Taf. 59,5). Manche Unebenheiten des Felsen mussten bearbeitet werden, um die Fundamentierung bzw. den Bau der Befestigungsmauer zu ermöglichen. Als Beispiel könnte an dieser Stelle die Nordmauer von Mykene genannt werden. Für die Errichtung dieses Teiles der Befestigungsmauer wurde der Fels bearbeitet und seine Spalten und Risse mit Steinen aufgefüllt. Auf diese Weise bekam die Mauer ein stabiles Fundament. In anderen Abschnitten der Mauer wurde die Oberfläche des Felsen mit einer Schicht aus gelbem Lehm (das sog. „*Asprochoma*") ausgeglichen. Darauf wurden die unteren gewaltigen Steinblöcke der Mauer angebracht. Andere Unebenheiten wurden durch kleine Steine und Erde beseitigt.[1604]
Die Befestigungsanlage hat eine Länge von ca. 900 m und ist größtenteils erhalten bis auf einen Bereich, der in die Chavosschlucht gestürzt ist. Die Mauer erreicht eine Stärke zwischen 5,50 m und 7,50 m. Ihre Höhe konnte nicht festgestellt werden. Es wird angenommen, dass die kyklopische Mauer eine Höhe von ca. 12 m hatte, vor allem wenn man den Teil der Mauer südlich des Löwentores betrachtet, der in einer Höhe von 8,25 m erhalten ist. Über den oberen Abschluss der Mauer ist nichts bekannt.
Die ganze Befestigungsanlage ist in mehreren Bauphasen entstanden (Taf. 59,6). Der heutige Betrachter sieht die dritte Bauphase der Verteidigungsanlage.
Iakovidis erkannte für die Errichtung der Befestigungsanlage drei Bauphasen.[1605] Während der SH IIIA2 Zeit wurden die nördliche und ein Teil der südöstlichen Mauer errichtet. In SH IIIB wurde der südliche Teil der Befestigung und die Fläche des Burgareals erheblich nach Süden und Westen erweitert. Während dieser Bebauungsphase wurden das Löwentor errichtet und das Gräberrund A in die mykenische Fortifikation einbezogen. Einige Jahre später baute man die sog. Nordtoranlage. Am Ende der SH IIIB Zeit wurde die nordöstliche Erweiterung der Befestigung errichtet. Im Unterschied zu Iakovidis spricht man heute von vier Bebauungsphasen der Befestigung, obwohl kein wirklich großer Unterschied zu den oben genannten Bauphasen zu erkennen ist. Es handelt sich um die folgenden Bauphasen: Während der SH IIIA2 Zeit wird die nördliche Mauer als Teil der ersten Befestigungsanlage erbaut. Mitte der SH IIIB Zeit und zu Beginn der SH IIIB2 Zeit wurden das Löwentor und die Westmauer der Anlage errichtet. In der Mitte der SH IIIB Zeit entstanden die nördliche Toranlage und ihre Bastion. Beide Baukonstruktionen wurden aber etwas später als das Löwentor und die Westmauer gebaut. Gegen Ende der SH IIIB2 Zeit wurde die nordöstliche Erweiterung der Befestigung errichtet.[1606]

A. Erste Bauphase

Zur ersten Bauphase der Fortifikation gehören die nördliche Befestigungsmauer und ein Teil der südöstlichen Befestigungsmauer. Von der südöstlichen Mauer sind nur spärliche architektonische Elemente erhalten. Während der zweiten Bauperiode wurde sie abgebaut, dennoch lassen Spuren der Befestigung noch ihren Verlauf erkennen. Die Mauer ist an die geomorphologischen Gegebenheiten des Hügels angepasst. Sie wurde direkt auf dem Felsen errichtet, ohne dass aufwendige Fundamentierungsarbeiten stattfanden.[1607] Die Mauer der ersten Phase beginnt oberhalb des Löwentores. Ein Teil davon wird durch die später angebauten Mandelsteine (Konglomeratgestein) verdeckt. Die Mauer nimmt ihren Verlauf in gerader Linie nach Norden bis zu einem felsigen Vorsprung des Hügels. Dort biegt sie im rechten Winkel um und nimmt einen Verlauf nach Osten. Etwa 80 m von der nordwestlichen Ecke der Befestigungsmauer entfernt wurden im Bereich des Gebäudes M die drei Speicherräume (?) gefunden, die an diejenigen von Tiryns erinnern. Sie sollen in einer späteren Zeit entstanden sein. Die Deutung der Räume ist aber bis heute umstritten. Die Mauer folgt den Konturen des Hügels bis sie die nordöstliche Seite des Hügels erreicht. An dieser Stelle wurde später die Nordosterweiterung der Befestigungsanlage errichtet. Um

[1602] Die Verwendung von Verbindungsmaterial kann aber auch nicht ausgeschlossen werden. Wahrscheinlich wurde Lehm verwendet, der aber im Laufe der Zeit einfach weggespült wurde.
[1603] M. Küpper (1996), 31f.
[1604] Ebd. 34f. Über die Fundamentierungsweise siehe auch K. Kilian, Mykenische Fundamentierungsweise in Tiryns, BCH, 1990, 95–113.
[1605] S. Iakovidis (1983), 27ff. Plan 5.
[1606] M. Küpper (1996), 34f.
[1607] S. Iakovidis (1983), 27ff.

dies zu ermöglichen, hat man ein ca. 30 m langes Stück der alten Mauer abgetragen. Iakovidis spricht an dieser Stelle von Spuren der alten Mauer. Danach wendet sich die Mauer nach Süden.[1608] An der Stelle, an der die Mauer die südliche Richtung einnimmt, wurden Spuren einer Öffnung gefunden. Es handelt sich um einen Durchlass, der zu den Quellen führte, die zwischen den Bergen Zara und Profitis Elias lagen. Es handelt sich um eine 2 m breite Fläche aus gestampfter Erde und Kies. Dies erinnert an mykenische Straßen. Ob der Durchlass durch eine Tür verriegelt wurde, konnte nicht festgestellt werden. Später wurde der Durchlass durch die nördliche Toranlage ersetzt. In einem guten Erhaltungszustand befindet sich auch die südöstliche Mauer, die entlang der Chavosschlucht verläuft, bis sie eine westliche Richtung einnimmt. An der Stelle, an der die Befestigungsmauer rechtwinklig umbiegt, wurde später eine Bastion aus Konglomeratgestein errichtet, die eine stützende Funktion für die dahinterliegenden Erd- und Gesteinsmassen hatte, auf denen Einrichtungen des östlichen Palastkomplexes gebaut wurden. Der Bau ist als Südostturm bekannt. Die südliche Befestigungsmauer der ersten Bauphase ist bis auf einige zweifelhafte Überreste nicht erhalten. Der Verlauf der Mauer folgte einigermaßen den Konturen des Hügels. Leider ist dieser Teil der Befestigungsmauer, der gleichzeitig auch als Stützmauer verwendet wurde, mit dem südöstlichen Teil des Megaron in die Schlucht gestürzt. Sicher ist, dass die Mauer eine westliche Richtung einnahm, der genaue Verlauf konnte aber nicht festgestellt werden. Laut Iakovidis wurden Reste und Spuren dieser ersten Bauphase im Bereich des Löwentores gefunden. Es handelt sich um Bearbeitungen der Felsoberfläche und einzelne Steinblöcke, die in situ gefunden wurden. Andere Spuren fand man kurz vor dem Osthang des Hügels. Es handelt sich um große unbearbeitete Steine, die später von einer spätbronzezeitlichen Terrassenmauer überbaut wurden.[1609] Aufgrund dieser wenigen und zweifelhaften architektonischen Elementen glaubte man, den Verlauf der südlichen Befestigungsmauer der ersten Phase der Fortifikation von Mykene festgestellt zu haben. Die Mauer soll dabei irgendwo im Bereich des Löwentores anschließen. An dieser Stelle soll das Haupttor der ersten Befestigung gebaut worden sein. Leider konnten bis heute keine Reste davon gefunden werden. Als einziger Beweis für die Existenz eines Haupttores der ersten Fortifikation gelten die Reste einer Rampe, die unter der späteren großen Rampe gefunden wurden. Die ältere Rampe nahm eine ansteigende westliche Richtung ein und führte zur westlichen Befestigungsmauer. Bearbeitungsspuren und Spuren einer kleinen Straße zwischen Gräberrund A und der Mauer, die im Bereich der südwestlichen Befestigungsmauer gefunden wurden, könnten möglicherweise auf die Stelle des alten Haupttores deuten. Dies bleibt aber nur eine Annahme.[1610]

B. Zweite Bauphase

Die zweite Bauphase der Fortifikation in Mykene entspricht der Erweiterung des befestigten Areals und der Errichtung von neuen Gebäuden und Einrichtungen innerhalb der kyklopischen Mauern. Mit der Erweiterung wurde das befestigte Areal um 11000 m^2 vergrößert. Es wird angenommen, dass während dieser Bauperiode Mykene seine größte Macht erlebte. Dies spiegelt sich in der Errichtung neuer Gebäude im Areal und in der Erweiterung der mächtigen Befestigungsmauer wider.
Die Erweiterung ist am besten im westlichen Bereich des Hügels zu beobachten. Das Konzept war einfach und genial zugleich. Die westliche Befestigungsmauer wurde aus der Randlinie des Hügels an seinen Fuß versetzt. Auf diese Weise wurde der ganze westliche Hang des Hügels in die Fortifikation miteinbezogen.[1611] Die neue Befestigungsmauer wird mit der älteren durch das monumentale Löwentor verbunden. Die neue Mauer nimmt eine südwestliche Richtung ein und biegt dann in eine südöstliche Richtung. Sie nimmt einen kurvolinearen Verlauf. Auf diese Weise wird das bekannte Gräberrund A in die Befestigung miteinbezogen.[1612] Nach der Biegung richtet sich die Mauer nach Südosten. Ihre architektonischen Elemente reichen bis an die östliche Seite der Bauten im südlichen Bereich des befestigten Areals, wo sie eine nördliche Richtung einnimmt. Der andere Teil der Befestigungsmauer ist nicht erhalten, weil er in die Chavosschlucht gestürzt ist. Die Mauer der zweiten Bauphase weist auf erhebliche architektonische Unterschiede hin im Vergleich zu der älteren

[1608] Ebd.

[1609] Ebd. 28f.

[1610] Ebd.

[1611] Ebd. 29ff.

[1612] Gräberrund A wurde durch die Errichtung der westlichen Mauer in die Befestigung einbezogen. Als die Mauer und das Löwentor errichtet wurden, lag das Gräberrund A viel tiefer als das Niveau der neuen Oberfläche. Da die Gräber in einer künstlichen Aushöhlung lagen, die nun tiefer lagen und schwer zu erreichen waren, bestand auch die Gefahr, dass die ganze Einrichtung durch Regenwasser weggespült werden könnte. Um die Gräberanlage auf das neue Niveau der befestigten Akropolis zu bringen, wurde auf der alten Umfassungsmauer des Gräberrundes eine neue geneigte Mauer errichtet. Sie erfüllte einen doppelten Zweck: Einerseits verhinderte sie eine Erosion der aufgeschütteten Erde und anderseits brachte sie das Niveau des Gräberrundes auf das Niveau der neuen Oberfläche.

Befestigungsmauer der ersten Bauphase. Sie besteht in ihrem größten Teil, wie auch die frühere nördliche Mauer, aus unbearbeiteten Kalksteinbrocken. Nur die Bereiche der beiden Tore und des sog. Südostturmes bestehen aus bearbeiteten Steinen (Konglomeratgestein). Der Unterschied zwischen den Mauern beider Phasen liegt in ihrer Fundamentierungsweise. Die ältere Mauer wurde direkt auf dem Felsen errichtet, ohne besondere Fundamentierungsarbeiten. Im Gegensatz zu der älteren wurde die neue Befestigungsmauer direkt auf dem Erdboden am Fuß des Hügels errichtet. Um für die Mauer eine sichere Stabilität zu gewährleisten, hat man eine Grube ausgehoben, die etwas breiter als die Mauer selbst war. In die flache Sohle der Grube legte man kleinere Steine und weißliche Tonerde, die als „*πλέσια*" bekannt ist.[1613] Darauf legte man die ersten Steinbrocken. Kleinere Steine und die weißliche Tonerde wurden auch im Kern der Mauer festgestellt. Mit „*πλέσια*" wurden auch die Fugen mit den Zwickelsteinen verfüllt, wie auch die ältere nördliche Befestigungsmauer.

Die erhaltene Höhe dieser jüngeren Mauer variiert. Im Bereich des Gräberrundes A hat die Mauer eine Höhe von 8,35 m und sie hat eine Stärke von 6,20 m im Bereich des Löwentores. Im Bereich des Gräberrundes ist sie 3,80 m stark. Viel höher ist die Mauer im Bereich des sog. polygonalen Turmes erhalten, der während der hellenistischen Zeit errichtet wurde und südlich des Tsountas Hauses liegt. An dieser Stelle erreicht die Mauer eine Höhe von 12,50 m. Inwieweit aber diese Höhe der ursprünglichen Höhe der mykenischen Befestigungsmauer entspricht, konnte nicht festgestellt werden.

C. Das Löwentor

Beeindruckend ist in dieser Phase die Errichtung der beiden Toranlagen und besonders des sog. Löwentores, des monumentalen Haupttores der Befestigungsanlage, das weltweit bekannt ist (Taf. 59,7a-b).[1614] Es befindet sich an der westlichen Seite der Befestigungsmauer und war durch eine nach Osten ansteigende Rampe erreichbar. Um dieses gewaltiges Tor zu errichten, mussten die Baumeister ein stabiles Fundament erschaffen. Dies war mit der Verwendung von dem sog. „*Asprochoma*" und kleineren und größeren Kalksteinen möglich. Da sich die Fläche des Hügels an dieser Stelle nach Südwesten neigte, mussten Maßnahmen getroffen werden, um die Torschwelle auf festem Boden in eine gerade Linie zu bringen.[1615]

Bevor man das Tor betreten konnte, musste man zuerst durch einen Vorhof gehen, der eine Länge von 15 m und eine Breite von 7,30 m hat. Das Tor wird vom Westen von einer vorspringenden Bastion flankiert. Sie ist aus Konglomerat errichtet und hat eine Länge von 14,80 m sowie eine Breite von 7,23 m. An der östlichen Seite des Löwentores liegt der natürliche Fels, auf dem die mächtige kyklopische Mauer errichtet wurde. Es ist der Abschnitt der Mauer, deren Konglomerat die alte Befestigungsmauer der ersten Bauphase verdeckt hat.

Am Ende des Vorhofes liegt der monumentale Eingang der Fortifikation. Die Rahmen des Tores bestehen aus vier großen bearbeiteten Konglomeratsteinen, die auch als Monolithen bezeichnet werden. Die Öffnung des Tores hat eine Höhe von 3,10 m. Im Bereich der Schwelle ist das Tor ca. 2,95 m breit, während es oben eine Breite von 2,78 m hat. Die Schwelle hat eine Länge von 4,70 m und ist 2,40 m breit. Sie erreicht eine Stärke von 0,85 m bis 0,95 m. 0,95 m wurden in der Mitte der Schwelle gemessen. An dieser Stelle erreicht der Monolith seine maximale Stärke. Dies hat einen praktischen und einfachen Grund, da auf diese Weise die Gefahr eines Bruches des Konglomerats unter dem gewaltigen Druck verringert wurde. Interessant sind auch verschiedene Vertiefungen und Spuren auf der Oberfläche der Schwelle. Es wurde angenommen, dass die drei unregelmäßigen Rillen schon damals durch die Wagenräder des täglichen Verkehrs entstanden sind. Später wurde jedoch festgestellt, dass die Rillen während der historischen Zeit eingetieft wurden, um das Regenwasser aus dem Löwentor nach draußen abzuleiten. Auf der Schwelle wurden noch andere Einschnitte gemacht, um ein Ausrutschen der Tiere zu vermeiden. Andere Vertiefungen sollen auch in historischer Zeit entstanden sein. Fast dieselben riesigen Ausmaße wie die Torschwelle hat auch der sog. Türsturz des Tores. Er hat eine Länge von 4,50 m und ist 2,10 m breit. Seine Stärke erreicht in seiner Mitte 1 m. Das Konglomerat war in seiner Mitte stärker. Ziel der Bauarchitekten war es, das Gewicht der auf dem Türsturz liegenden Mauerkonstruktion mit dem bekannten mykenischen Relief besser auf die Pfosten des Tores zu verteilen. Eine große Rolle spielte dafür das sog. Entlastungsdreieck.

Beide Torpfosten waren kleiner als die beiden oben erwähnten Steinblöcke, von denen jeder ein Gewicht von

[1613] Die Tonerde hatte aber auch eine andere Funktion. Sie schützte die Mauer vor dem Regen und der Feuchtigkeit.

[1614] Über die Konstruktionsweise und die Datierungsproblematik des Löwentores berichteten G. Mylonas, *Η ΑΚΡΟΠΟΛΙΣ ΤΩΝ ΜΥΚΗΝΩΝ. Μέρος δεύτερον. ΟΙ ΠΕΡΙΒΟΛΟΙ, ΑΙ ΠΥΛΑΙ ΚΑΙ ΟΙ ΑΝΟΔΟΙ*, AEphem 1962 (*Αθήναις* 1965), 74ff. Derselbe, Ancient Mycenae. The capital City of Agamemnon (1957), 24ff. Zum Thema Löwentor siehe auch A. J. B Wace (1949), 51ff. S. Iakovidis (1983), 30ff. Derselbe (1973), 43ff.

[1615] Über die Fundamentierung des Tores siehe M. Küpper (1996), 41f.

fast 20 t hat. Die Torparastaden sind 3,10 m hoch. Sie haben eine Breite von 1,95 m und sind 0,50 m stark. Die Front der beiden monolithischen Parastaden springt ca. 10 cm in den Vorhof des Tores vor. Der Vorsprung diente zum Verstecken der Türangeln und zur Aufnahme der hölzernen Pfosten, die den Türflügeln als Angeln dienten. Erhaltene Löcher (Türangeln) in der Schwelle und im Türsturz weisen auf die Torflügel hin, die sich in den Löchern drehten. Das zweiflügelige Tor war innen mit vier Halterungen versehen. Vier erhaltene Vertiefungen auf beiden Parastaden nahmen die Griffe dieser Halterungen auf. Das Tor wurde durch einen viereckigen Balken von innen verschlossen, wie zwei erhaltene Vertiefungen auf den Torwangen belegen. Sie nahmen beide Enden des Balkens auf.[1616] Laut Iakovidis entsprach die Breite der beiden Torflügel der Breite der beiden monolithischen Parastaden.[1617] Er rechnete aus, dass die Stärke der Torflügel 0,11 m betragen haben muss.[1618] Dies könnte möglich sein, aber die oben genannte Stärke der Türflügel entspricht nicht der Stärke der kyklopischen Mauer.

Interessant ist die Bauweise der kyklopischen Mauer oberhalb des Türsturzes. Um die Belastung der Mauer zu vermindern, wurde sie in der sog. Kragbauweise errichtet.[1619] Die Steinblöcke ragen von unten nach oben stufenweise heraus. Auf diese Weise wird ein Spitzbogen gebildet, ein falsches Gewölbe, das für die mykenische Architektur typisch ist. Für das Löwentor hat der Spitzbogen die Bezeichnung „Entlastungsdreieck" bekommen. Durch diese Baukonstruktion wurde die Last nicht direkt auf den Türsturz, sondern auf die Parastaden des Löwentores geleitet. Andernfalls könnte der Türsturz zusammenbrechen. In den Hohlraum des Spitzbogens wurde eine große dreieckige Platte aus Kalkstein gelegt. Sie hat eine Höhe von 3,30 m und ihre breiteste Stelle misst 3,90 m. Die Platte hat eine Stärke von 0,70 m. Wie die Kragmauer wird das Gewicht der Platte auf die Parastaden des Tores geleitet, denn die Platte stützt sich eigentlich auf ihre beiden Enden.

Auf der Platte ist ein Relief mit zwei Löwen zu sehen, daher auch der Name des Tores. Die Löwen stehen sich aufrecht auf ihren Hinterbeinen gegenüber. Ihre Vorderfüße stehen auf einer ausgehöhlten Basis, auf der eine Säule minoischen Typs steht.[1620] In der Literatur wird der Sockel der Säule als Opferaltar bezeichnet, die Deutung ist aber nicht gesichert. Für die nicht erhaltenen Köpfe der beiden Löwen, die wahrscheinlich frontal Besuchern bzw. Einwohnern der Burg entgegenblickten, wird spekuliert, dass sie aus anderem Material bestanden. Erhaltene Löcher auf der Platte zeigen, dass die Köpfe mit der dreieckigen Platte verdübelt waren.

Über die Deutung des Reliefs ist viel spekuliert worden und man konnte sich bis heute nicht einigen. Es wurde früher angenommen, dass die Platte entweder einen rein dekorativen oder aber einen religiösen Charakter hatte. Die Säule sollte im zweiten Fall eine Gottheit darstellen. Sie wurde aber auch als Symbol eines sakralen Gebäudes oder des Palastes von Mykene interpretiert. Für eine Deutung der Säule als Gottheit fehlen allerdings Parallelen. Sie trägt ein Gebälk, Symbole wie Doppeläxte oder Vögel fehlen dagegen völlig. Andere betrachten das Relief als eine heraldische Darstellung des Herrenhauses von Mykene. Die Löwen sollten den Palast beschützen und Gefahr abwenden, gleichzeitig hätte das Löwenrelief auch einen apotropäischen Charakter.[1621] Ein anderes Deutungsbild besagt, dass die beiden Löwen das Sinnbild von Mykene sind. Sie bewachen das Königshaus bzw. die königliche Dynastie. Der Altar, falls es sich überhaupt um einen Altar handelt, auf dem sich die Säule befindet, bezieht sich nach einigen Forschern auf das Recht der mykenischen königlichen Familie zu herrschen. Eine Herrschaft, die ihnen durch die Götter gegeben wurde. Ein solches Bild wird durch die homerischen Epen übermittelt. Wenn diese Interpretation der Darstellung des Reliefs zutrifft, dann müsste man die dreieckige Platte mit den Löwen und die Säule in der Mitte als das Wappen der herrschenden Familie von Mykene ansehen.[1622]

Die Keramikfunde im Fundament des Tores belegen, dass dieses monumentale Bauwerk in der SH IIIB2 Zeit entstanden ist.

Wenn man nun das Tor passierte, kam man zu einem 4 m^2 großen Hof, der wahrscheinlich überdacht war. Er wurde durch Mauern aus Konglomeratstein abgegrenzt. An seiner östlichen Seite liegt ein Raum mit einer Länge von 4 m. Er ist 1,30 m breit und seine Höhe erreicht 1,50 m. Über seine Funktion ist nichts bekannt. Es wird angenommen, dass der Bau von den Wächtern des Tores und ihren Hunden benutzt wurde. Es wurde auch vorgeschlagen, dass der Raum ein Heiligtum gewesen sein könnte.

[1616] Ebd. 42f. Taf. 27, 1 und 2.

[1617] S. Iakovidis, *ΠΑΡΑΤΗΡΗΣΕΙΣ ΕΠΙ ΤΟΥ ΚΑΤΩΦΛΙΟΥ ΤΗΣ ΠΥΛΗΣ ΤΩΝ ΛΕΟΝΤΩΝ*, AEphem, 1961 (*ΕΝ ΑΘΗΝΑΙΣ* 1964), 189f., Plan 2.

[1618] S. Iakovidis (1983), 30ff. Fig. 6 (Rekonstruktion der Türflügel nach Iakovidis und wie sie geschlossen wurden)

[1619] Über die „Kragbauweise" siehe die „kyklopische" Mauer von Tiryns und ihre defensiven verstärkende Baumaßnahmen.

[1620] Die minoische Säule ist oben breiter als unten und trägt ein Gebälk.

[1621] S. Iakovidis (1977), Anm. 1216 mit Literaturangaben.

[1622] Derselbe (1973), 44ff. Derselbe (1983), 31f.

D. Die nördliche Toranlage

Etwas kleiner als das Haupttor der Befestigungsanlage ist das sog. Nordtor von Mykene (Taf. 59,8). Die Toranlage wurde in der älteren nördlichen Befestigungsmauer regelrecht eingefügt. Die Baumeister haben dafür einfach eine Maueröffnung durch die starke Fortifikationsmauer geschlagen. Um das Tor besser zu schützen, wurde auf der einen Seite die Mauer durch eine Bastion verlängert. Sie besteht ganz aus Konglomeratgestein und hat eine Länge von 6,54 m. Ihre Breite beträgt 3,25 m. Parallel zu bzw. südlich der Bastion verläuft die ältere Befestigungsmauer der Anlage. In einer Länge von 7,62 m erhielt sie eine Verkleidung aus Konglomeratgestein. Mit der Errichtung der Bastion wurde ein 2,30 m breiter Durchgang, ein Vorhof, gebildet, an dessen Ende sich das eigentliche Tor befindet.

Bautechnisch unterscheidet sich das Tor nicht vom Löwentor. Dasselbe gilt auch für seine Fundamentierung Die Türschwelle wurde nicht direkt auf den Fels gesetzt, sondern auf kleine Kalksteine. „*Asprochoma*“ wurde ebenfalls verwendet.[1623] Das Tor besteht aus vier bearbeiteten Monolithen. Es ist 2,30 m hoch und hat eine Breite von 1,40 m. Unter dem Türsturz verjüngt sich die Öffnung des Tores. Die Türschwelle hat eine Länge von 3,62 m und ist 1,50 m breit. In ihrer Mitte erreicht sie eine Stärke von 0,55 m. Ihre beiden Enden erreichen eine Stärke von 0,12 m beziehungsweise 0,28 m.[1624] Der Torsturz hat eine Länge von 2,99 m und ist 1,41 m breit. Er erreicht eine Stärke von 0,53 bis 0,64 m. Er wird wiederum von zwei Parastaden getragen. Sie sind 2,30 m hoch und haben eine Breite von 1,40 m. Beide sind 0,43 m stark. Wie beim Löwentor springt auch hier die Front beider Parastaden 10 cm hervor und sie erreicht eine Stärke von 0,52 m. Auf diese Weise war die Aufnahme der hölzernen Pfosten möglich. Auch an diesen Torwangen sind Vertiefungen für die Aufnahme des viereckigen Balkens erhalten, der die Türflügel verschloss. Vertiefungen für die Aufnahme der Griffe sind nicht vorhanden. Wie bei dem Löwentor gibt es auch hier Löcher für die Türangeln. Sie haben einen Durchmesser von 0,11 m. Um das Tor vom Gewicht zu entlasten, wurde allerdings weder ein „Entlastungsdreieck“ errichtet, noch die Kragbauweise verwendet. Dies unterscheidet die nördliche Toranlage vom Löwentor. Auf die obere Fläche des Sturzes wurden zwei Konglomeratplatten gesetzt. Eine für die vordere, die äußere Seite des Sturzes und eine für die innere. Die vordere Platte hat eine Länge von 2,09 m und ist 1,63 m hoch. Ihre Stärke beträgt 0,71 m. Die dahinter liegende Platte hat eine Länge von 2,15 m und ist 0,95 m hoch. Sie hat eine Stärke von 0,44 m. Zwischen beiden Platten gibt es einen Hohlraum. Der Abstand zwischen den beiden Platten beträgt 0,19 bis 0,38 m. Die Platten sind an ihren unteren Seiten leicht gebogen, so dass nur ihre Enden direkt auf den Parastaden des Tores aufliegen. Auf diese Weise wird die Last der oberen Baukonstruktion des Tores weitergeleitet auf die Torpfeiler.[1625] Zusammen mit der äußeren Platte erreicht das sog. Nordtor eine Gesamthöhe von 4,60 m.

Wie im Fall des Löwentores liegt auf der Innenseite des Nordtores ein 4 x 4 m kleiner Hof, der nicht überdacht war. An der südlichen Seite des Hofes wurde unter einer Treppe, die zu den Magazinen und zu der nordöstlichen Erweiterung der Befestigung führt, ein kleiner Raum gefunden, der möglicherweise entweder für die Wächter des Tores bestimmt war oder er als Heiligtum benutzt wurde. Die Frontseite des Raumes bildet einen dreieckigen Rahmen und ist mit drei Konglomeratplatten überdacht. Der Raum hat eine Länge von 2,93 m. Die Öffnung der Frontseite hat eine Breite von 1,30 m und ist 1,47 m hoch. Der Boden der Baukonstruktion liegt 0,30 m höher als das Niveau des Hofes. Von hier konnte man über eine Gasse entlang der nördlichen Befestigungsmauer nach ca. 70 m in die sog. nördliche Treppenanlage des Palastkomplexes gelangen.[1626]

Anhand der Keramik wurde das Nordtor wie das Löwentor in die SH IIIB Zeit datiert, also in die Zeit nach der Mitte des 13. Jahrhunderts v. Chr.

E. Dritte Bauphase

Gegen Ende der SH IIIB2 Zeit wurde die Befestigungsanlage von Mykene nach Nordosten erweitert. Es handelt sich um ein 18 x 33 m großes Areal, das von den geomorphologischen Gegebenheiten des Felsen bestimmt wird.[1627] Die kyklopische Mauer umgibt einen 600 m^2 großen Bereich, der eine beinahe viereckige Form hat. Die südliche Mauer des Vierecks hat eine kurvolineare Form wegen der Konturen des Hügels in diesem Bereich. Die Befestigungsmauer der nordöstlichen Erweiterung hat eine Länge von 60 m und sie erreicht eine Stärke von 5,50 bis 7,25 m. Nach der Ansicht von Iakovidis wurde ein Teil der Mauer schon in der damaligen Zeit zerstört und während der hellenistischen Epoche wiederhergestellt.[1628] Die Mauer wurde direkt auf dem Felsen errichtet. Für die Fundamentierung und den Bau wurde auch „Asprochoma” verwendet. Die Bauweise unterscheidet

[1623] M. Küpper (1996), 43ff.

[1624] S. Iakovidis (1973), 47f.

[1625] S. Iakovidis (1973), 47f.

[1626] Ebd.

[1627] S. Iakovidis (1973), 51f. Plan 4, *Γ*, Plan 5,3. Derselbe (1983), 35ff.

[1628] Ebd. Plan 9, 6 – 6.

sich nicht von der westlichen Befestigungsmauer. Ein besonderes technisches Detail besteht darin, dass an der Fassade der Mauer zwischen den Mauersteinen viele 0,40 x 0,70 m große Leerräume gebildet wurden, die nicht mit kleinen Zwickelsteinen, sondern mit größeren aufrechten Steinplatten gefüllt wurden.[1629] Für die Errichtung der Mauer wurden große unbearbeitete Steinblöcke mit einer Größe von 2,40 x 1,20 m bzw. 2 x 1,35 m verwendet. Einige Steinblöcke erreichen eine Höhe von etwa 2 m. Für den oberen Teil der Fortifikationsmauer wurden kleinere Steine verwendet.[1630] Im befestigten Areal fand man die Reste von zwei Gebäuden, die in der Literatur als Gebäude A und B bezeichnet werden. Außer den architektonischen Überresten fanden die Ausgräber Fragmente von sechs großen Pithoi und einen Teil einer Tonbadewanne in situ. Eine runde hellenistische Zisterne wurde ebenfalls gefunden.

Die Mauer der dritten Phase wird an ihrer nördlichen und südlichen Seite von zwei mit Spitzbogen versehenen Durchgängen unterbrochen. Bei beiden wurde die Kragbautechnik verwendet. Der nördliche Durchlass hat eine Länge von 6,90 m und ist 0,90 m breit. Seine Höhe variiert zwischen 0,92 – 1,02 m im Innern und 1,95 m in seiner Mündung. Der Durchgang wurde schräg in die Befestigungsmauer gelegt. Es wurde früher angenommen, dass der nördliche Gang als Kanal zum Ableiten der Abwässer benutzt wurde. Zwei Schwellensteine bei den Öffnungen des Durchlasses und ein gepflasterter Teil vom Eingang des Durchgangs weisen aber auf seine Nutzung als Durchlass hin, der außerhalb der Befestigung zu den östlich gelegenen Wasserquellen führte. Der nördliche Mauerdurchlass wird als „Schlupfpforte“ bezeichnet. In unsicheren Zeiten konnte man wahrscheinlich die unterirdische Wasserleitung, die zu der unterirdischen Zisterne führte, gut verteidigen.[1631]

Der südliche Mauerdurchlass hat eine Länge von 7,10 m, die der Stärke der Befestigungsmauer entspricht. Der Durchgang ist 1,05 m breit und hat eine Höhe von 2,45 m. Dieselbe Bautechnik, die bei dem nördlichen Durchlass angewendet wurde, wurde auch hier verwendet. Die Baukonstruktion wurde erst in der Literatur als geheime südliche Ausfallpforte bezeichnet, die im Fall eines Angriffs für überraschende Ausfälle genutzt wurde. Diese Annahme wurde widerlegt, da die Öffnung des Mauerdurchlasses an der äußeren Fassade der Befestigungsmauer von weit her sichtbar ist. Die Pforte führte zu einer natürlichen Terrasse am Rand der Chavosschlucht. Die Terrasse ist 10 m breit und hat eine Länge von 23,50 m. Laut Iakovidis wurde der Platz sowohl zur Überwachung als auch zur Erholung benutzt.[1632] Den Anlass für die Nordosterweiterung der Befestigungsmauer zeigt sich durch das Eingliedern der unterirdischen Quelle in die Fortifikation. Früher wurde angenommen, dass das erweiterte Areal zur Aufnahme der Bevölkerung im Fall eines feindlichen Angriffs genutzt wurde. Dies wurde aber durch die Entdeckung der zwei oben genannten Gebäude widerlegt, die einen großen Teil des Areals einnahmen. Für die Aufnahme einer großen Anzahl von Menschen war das Areal praktisch nicht geeignet. Der wahre Grund für die Erweiterung liegt im unterirdischen Bereich des Hügels von Mykene und hängt mit der Wasserversorgung der befestigten Burg zusammen. Die Wasserversorgung über die wenigen Brunnen und Zisternen auf dem Hügel war für die Bevölkerung während länger andauernden kriegerischen Auseinandersetzungen nicht ausreichend. Da der Hügel über keine eigene Quelle verfügt, mussten Maßnahmen getroffen werden, um die Wasserversorgung zu gewährleisten. Die Folge war die Erweiterung des befestigten Areals und die Errichtung einer unterirdischen Zisterne, die Mykene im Fall einer eventuellen Belagerung ausreichend mit Wasser versorgte (Taf. 59,9). Das Wasser konnte durch unterirdische Tonröhren aus den östlich gelegenen Wasserquellen bis zum Fuß des Hügels von Mykene geleitet werden. Probleme bereitete den Baumeistern allerdings die Verlegung der Tonröhren im harten Fels. Obwohl sie mit der Errichtung der unterirdischen Zisterne eine ausgezeichnete architektonische Leistung vollbrachten, waren ihre Mittel begrenzt, um den Fels auszuhöhlen.[1633] Die Errichtung einer unterirdischen Zisterne in einer Tiefe von ca. 18 m war möglich. Problematisch war aber der Schutz der Baukonstruktion, die außerhalb der alten Befestigungsmauer liegen würde. Eine Felsspalte an der nordöstlichen Ecke der Fortifikationsmauer der zweiten Bauphase löste das Problem. Auf diese Weise konnte auch der Eingang des abwärts führenden Gangs zu der unterirdischen Zisterne vom Inneren der Befestigungsanlage aus betreten werden. Die gesamte Baukonstruktion besteht aus drei Abschnitten. Der erste Abschnitt mit dem Eingang verläuft schräg durch die Befestigungsmauer. Es handelt sich um eine Treppenanlage, die nach unten zu einem rechteckigen Plateau führt, das die Stufenabfolge unterbricht. Von der Treppenanlage sind noch 16 Stufen erhalten. Der Durchgang ist mit einem Spitzbogen versehen. Die Kragbautechnik wurde auch hier verwendet. Die Öffnung des Mauerdurchlasses macht den Eindruck, dass hier ein kyklopisches Tor errichtet wurde, aber in kleineren Ausmaßen, dessen auf der linken Seite gespaltener

[1629] Ebd. 55f.
[1630] Ebd.
[1631] Ebd. 52f.
[1632] Ebd. 51ff.
[1633] S. Iakovidis (1983), 35ff. Fig. 8.

Türsturz von monolithischen Parastaden gestützt wird. Der unterirdische rechteckige Absatz liegt außerhalb der kyklopischen Mauer. Hier beginnt der zweite Teil der Baukonstruktion, der eine westliche Richtung einnimmt. Dieser Abschnitt ist 2 m hoch und 2 m breit. Seine Treppenanlage besteht aus 20 bearbeiteten Stufen und führt wieder zu einem Absatz, der ca. 2,50 m tiefer als der erste liegt. Von hier verläuft der dritte Teil der Baukonstruktion in einem scharfen Winkel in nordöstliche Richtung und führt zu der unterirdischen Zisterne. Dieser Bereich erreicht eine Tiefe von 12 m und besteht aus 54 Stufen. Das Ganze hat eine Breite von 1,40 m. Die Zisterne ist 1,60 x 0,70 m groß und erreicht eine Tiefe von 5 m.[1634] Über der Zisterne befindet sich ihre gewölbte Decke, über die das Wasser durch Tonröhren geleitet wurde. Das Wasser wurde dann durch einen engen Brunnenschacht, der voll mit Steinen war, weiter in die Zisterne geleitet. Dieser Brunnenschacht hatte die Funktion eines Filters, um das Wasser zu reinigen.[1635] Interessant ist auch der Verputz der Zisterne und des untersten Bereiches der Treppenanlage im dritten Abschnitt durch eine dicke Schicht wasserdichten Mörtels (Kalkputz). Dies bedeutet, dass nicht nur die Zisterne selbst für die Wasseraufnahme benutzt wurde, sondern auch der abgestufte Gang.

5.11. Midea (Peloponnes)

5.11.1. Lage und Forschungsgeschichte

Midea wird nach Tiryns und Mykene als dritte bedeutende mykenische Akropolis in der Argolis angesehen wegen der reichen mykenischen Gräber im benachbarten Dendra (Taf. 60).[1636] Midea liegt im Osten der fruchtbaren Argolisebene zwischen Mykene und Tiryns und etwa 1 km östlich des Dorfes Dendra. Von Midea aus konnten die Wege kontrolliert werden, die durch das Arachnaiongebirge nach Epidauros führten. Die Befestigung wurde auf einem kegelförmigen, steilen und hohen Hügel errichtet. Sein Gipfel liegt 270 m über dem Meeresspiegel und 170 m über der argivischen Ebene. Der Hügel ist nur von Nordwesten aus zugänglich. Obwohl er mit der befestigten Akropolis nur sehr schwer und mühsam zu erreichen ist, lohnt sich ein Aufstieg zum Gipfel, von dem aus man einen beeindruckenden Überblick über die argivische Ebene hat.

1907 führte das Deutsche Archäologische Institut erstmals eine Probegrabung auf dem Hügel durch, ohne aber irgendwelche architektonischen Überreste zu finden. 1939 wurde der Ort von schwedischen Archäologen untersucht, die auch in Dendra Ausgrabungen durchführten.[1637] Der schwedische Archäologe A. W. Persson fand auf dem Gipfel der Akropolis einige Gebäudeüberreste. Er nahm an, dass sie zu einer Palastanlage gehörten. Außerdem wurden die Toranlagen der Befestigung ausgegraben und es wurde zahlreiche Keramik gefunden. 1963 wurde durch eine Ausgrabung der Versuch unternommen, die ganze Anlage zu datieren.[1638] Es handelte sich um ein griechisch-schwedisches Projekt im Bereich der östlichen Toranlage. Systematische Ausgrabungen fanden aber erst 1983 unter der Leitung von K. Demakopoulou und P. Åstrom von der Universität in Göteborg statt. Auf Åstrom folgte 2000 A. L. Schallin vom Schwedischen Archäologischen Institut. Die Ausgrabungen dauern unter der Leitung von Demakopoulou, N. Divari-Valakou und Schallin bis heute an. Die systematische Erforschung des Ortes hat ergeben, dass Midea ein wichtiges Zentrum der mykenischen Welt war, obwohl die Konkurrenz durch Mykene und Tiryns sehr groß war.[1639] Dass Midea ein wichtiges administratives und wirtschaftliches Zentrum war, wird durch den gesamten Befund deutlich. Eine Reihe von mehreren Zimmern wurde als Speicherräume und Werkstätten interpretiert. Die meisten davon wurden nördlich des westlichen Tores, aber auch im Bereich des östlichen Tores gefunden. Von dort kommen die meisten Funde, die die Wichtigkeit von Midea und ihre

[1634] Die Tiefe der brunnenartigen Zisterne wird in der Literatur mit 3,50 m und 5 m unterschiedlich angegeben.

[1635] S. Iakovidis (1973), 54f. Abb. 6 (Die unterirdische Zisterne von Mykene).

[1636] Die Nekropole von Midea liegt in der Nähe des Dorfes Dendra. Sehr bekannt ist der Ort durch die Entdeckung eines ungeplünderten Kuppelgrabes aus dem 14. Jahrhundert v. Chr. A. Persson hielt es wegen der reichen Grabbeigaben aus Gold und Silber für die Grabstätte der Fürstenfamilie von Midea. Die schwedische Expedition untersuchte noch 14 weitere Kammergräber, die sehr reiche Beigaben beherbergten. Es handelt sich außer um Keramik um Schmuckstücke aus Gold, Silber und Bronze. Außerdem wurden ein Helm aus Bronze und die bekannte komplette mykenische Rüstung aus Dendra gefunden. Sie besteht aus Helm, Panzer und Beinschienen. In einem anderen sehr großen Kammergrab, wahrscheinlich von einer wichtigen Frau, wurden reiche Gegenstände aus Gold entdeckt, wie Becher, Anhänger, Bernsteinperlen und Ringe.

[1637] A. W. Persson, New Tombs at Dendra near Midea (1942), 3–16.

[1638] P. Åstrom, Excavations in the citadel of Midea, ADelt 19, 1964, Chronika 1, 134.

[1639] K. Demakopoulou, N. Divari–Valakou, The fortifications of the mycenaean acropolis of Midea, in: R. Laffineur (Hrsg.), POLEMOS: Le contexte guerrier en Égée à l' âge du bronze. Actes de la 7e rencontre égéenne internationale, Université de Liège, 14–17 avril 1998, I, Aegaeum 19, 1999, 205-215. mit ausführlicher Literatur.

Außenbeziehungen mit anderen Orten der Bronzezeit bezeugen.[1640]

Der innere Bereich von Midea wird in zwei Ebenen geteilt, die obere Akropolis und die untere. Die beiden Ebenen werden durch viele Mauern und Terrassen gestützt. Die Mauerzüge werden in die mittelhelladische und späthelladische Zeit datiert. Beide Ebenen waren sehr dicht bebaut. Auf dem höchsten Plateau wird die Residenz des lokalen Herrschers angenommen. Unterhalb des vermuteten Palastes und in der Nähe der Tore wurden die meisten baulichen Überreste, wie Mauerzüge von Wohneinheiten, Speicherräume und Werkstätten ausgegraben. Bei vielen Mauerzügen wurden Fragmente von Wandmalereien gefunden.

[1640] Es handelt sich um zahlreiche Keramik, Mühlsteine, Reibsteine, Schleifsteine, verschiedene Geräte und Werkzeuge aus Stein, Blei, Knochen und Bronze. Sehr interessant ist der Fund von vielen menschlichen und tierischen Terrakottafiguren. Wichtig ist eine große Terrakottafigur, die wahrscheinlich eine Gottheit darstellt. Sie trägt einen hohen Polos auf ihrem Kopf und ist von erstaunlicher Qualität. Die Figur ist sehr gut erhalten. Ihre bemusterte Dekoration ähnelt anderen Figuren, die in den Heiligtümern von Mykene, Tiryns und Philakopi auf Melos gefunden wurden. Ein großes Fragment aus Amethyst ist wahrscheinlich Teil eines Rhytongefäßes in Form eines Triton. Das Gefäß war sehr kunstvoll und wurde im Bereich des westlichen Tores gefunden. Es handelt sich nach Demakopoulou und Divari-Valakou um ein Importstück aus Kreta und wird in die spätminoische Zeit I datiert (LM I). Ebenso wichtig sind die vielen Siegelsteine. Einer ist aus Achat und hat eine Darstellung eines Minotaurus. Auch eine Steatitform wurde gefunden, die für die Herstellung von Schmuckstücken diente. Zu den Schmuckstücken gehören Gold, Fayence und Glasperlen. Dieser Fund weist auf Werkstätten hin, die für die Herstellung von Schmuckstücken zuständig waren. Eine Gruppe von dreifüßigen Steinmörsern wurde auch gefunden. Dieselbe Art fanden Archäologen auch in Mykene. Pfeilspitzen und drei lange Schwertknäufe aus Elfenbein, Alabaster und Lapis Lacedaemonius wurden auf den niedrigen Terrassen der befestigten Akropolis entdeckt. Wichtig sind noch drei Speichergefäße und Siegel aus Ton mit Linear B-Inschriften. Eine Inschrift erwähnt Getreide. Auf einem dreikantigen Siegel kommt zum ersten Mal das Wort „Megaron" in Linear B vor. Bei der Keramik handelt es sich einerseits um grobe Keramik für den täglichen Gebrauch und anderseits um feine mykenische Keramik (Eikonistikou ruthmou). Sie wird in die SH IIIB2 Zeit datiert. Häufig sind Amphoren dieser Zeit, die für den Transport von Wein und Olivenöl verwendet wurden. Meistens kamen sie aus Kreta. Zu den Ausgrabungen in Midea siehe auch G. Walberg, Excavations on the Acropolis of Midea. Results of the Greek – Swedish Excavations under direction of Katie Demakopoulou and Paul Åström. The Excavations on the Lower Terraces 1985–1991 (1998).

Die zwei Bereiche der Akropolis werden durch eine starke Terrassenmauer getrennt, die einen Verlauf von Westen nach Osten nimmt. Teile einer Straße wurden entlang der Terrassenmauer gefunden. Sie verbindet die beiden Tore der Befestigungsanlage. Außerhalb der Befestigungsmauer wurde am Nordwestabhang viel Keramik gefunden. Es wird angenommen, dass außerhalb der befestigten Akropolis eine Unterstadt existierte.

Andere Funde auf der befestigten Hügelkuppe zeigen, dass der Ort von der neolithischen bis in die byzantinische Zeit bewohnt wurde. Während der mittelhelladischen Zeit war Midea eine bedeutende Siedlung, die ihre Blüte im 13. Jahrhundert v. Chr. erreichte. Während dieser Zeit wurde die Befestigungsmauer errichtet. Nach einer Katastrophe verließen die Bewohner Midea. Während der archaischen Epoche wurde ein Heiligtum auf dem Gipfel des Hügels gebaut. Später wurde Midea von den Römern und Byzantinern als Festung benutzt.

5.11.2. Die Befestigungsmauer

Die Befestigungsmauer schließt die Akropolis und Teile des Nordwestabhangs des Hügels ein. Sie hat eine Länge von 450 m und umschließt ein Gebiet von 24000 m^2. Die Mauer ist direkt auf dem Felsen errichtet und folgt den Konturen des Hügels. An einigen Stellen wurde der Fels bearbeitet, um die Errichtung der Befestigungsmauer zu ermöglichen (Taf. 60,1a-b). Als Baugrund der Befestigungsmauer diente eine bearbeitete Untiefe auf dem Felsen, die breiter als die Mauer war. Die Verteidigungsmauer ist 5 bis 7 m breit und sie ist in einer Höhe von 5 bis 6 m erhalten (Taf. 60,2a-b). Am östlichen Tor erreicht sie eine Höhe von 7 m. Der Mauerzug endet am westlichen Tor, das auf einem senkrechten Felsen errichtet wurde (Taf. 60,2c). Der süd- und südöstliche Abhang des Hügels wurden nicht befestigt, weil sie sehr steil und unzugänglich sind.

Die Mauer ist zweischalig und besteht aus unterschiedlich großen unbearbeiteten Steinblöcken, die an ihrer Vorderseite sehr gut aneinandergesetzt wurden.[1641] Der Raum zwischen beiden Schalen wurde mit mittelgroßen und großen Bruchsteinen verfüllt. Mit kleineren Steinen wurden die Fugen zwischen den größeren Steinblöcken aufgefüllt. Der untere Bereich der Mauer war mit einer dicken Schicht von weißem Lehm bedeckt, um sie vor Regen und ablaufendem Wasser zu schützen. Eine Anzahl von Öffnungen in der Mauer wird als Abflusskanäle interpretiert. Ob die Mauer eine Mauerkrone aus Lehmziegel und Holz trug, ist ungewiss. Es fanden sich keine Spuren von Lehmziegeln an der

[1641] An manchen Stellen wurde die Mauer in späteren Zeiten mit kleineren Steinen ausgebessert.

Befestigungsmauer. Möglicherweise bestand die gesamte Befestigungskonstruktion nur aus Stein. Sie ist außer einigen Stellen, die im Laufe der Zeit verfallen sind, in einem guten Zustand. Charakteristisch für die Befestigungsmauer in Midea ist, dass immer dann, wenn sie in ihrem Verlauf einen Winkel bildet, ihre Breite zunimmt. Die Konstruktionsweise ist dieselbe wie in Mykene und Tiryns. Es gibt aber einige bautechnische Details, die in Midea nicht anzutreffen sind, wie z. B. die sog. gezahnte Technik. An der Befestigungsmauer in Midea sind keine vorspringenden Absätze zu erkennen, wie es sie bei den Befestigungsmauern in Tiryns und Gla gibt. Galerien innerhalb der Mauern, wie in Mykene und Tiryns nachgewiesen, wurden ebenfalls nicht gefunden. Ein anderer Unterschied ist der, dass die Befestigungsmauer zwei monumentale Tore hat. Diese haben nicht die Form eines einfachen Durchgangs durch die Mauer, sondern sie sind Durchlassöffnungen, die durch befestigte Wachräume flankiert sind.

Unsicher ist, ob die Zitadelle von Midea ein geschütztes Wasserversorgungssystem hatte. Es wird vermutet, dass im nordwestlichen Bereich der Akropolis ein solches System existierte. Es wurden aber bisher keine Spuren von einem unterirdischen Wassersystem wie in Mykene und Tiryns gefunden. Wie die Bewohner von Midea sich mit Wasser versorgten, ist nicht bekannt. Zukünftige Ausgrabungen werden hoffentlich eine Antwort auf diese Frage geben.[1642]

Demakopoulou und Valakou nehmen an, dass innerhalb der Mauer Galerien und *posterns* existierten. Dies wird sich zeigen, sobald die Untersuchung der Mauer vollendet ist.[1643]

Bis heute ist für Midea nur eine Bauphase für die Befestigungsmauer nachgewiesen, im Gegensatz zu Mykene und Tiryns.[1644] Dasselbe gilt auch für die Tore der Befestigungsanlage.

A. Westliches Tor

Das Tor liegt zwischen dem Ende der südwestlichen Befestigungsmauer, die an ihrem Ende eine 5,50 x 5 m vorspringende Bastion bzw. einen Turm bildet, und der senkrecht abfallenden Seite des südöstlichen Abhanges des Hügels, der unbefestigt war. Man konnte vom Süden über eine Rampe zum Tor gelangen. Die Rampe hatte eine Länge von 70 m. Teilweise wurde sie in den felsigen Hügel gehauen. Es wird vermutet, dass das westliche Tor nur für Fußgänger und Lasttiere zugänglich war, die verschiedene Produkte in die befestigte Akropolis brachten.[1645] Eine Seite des Tores wird durch eine 5 m lang und 2 m hoch erhaltene Stützmauer abgegrenzt. Sie wurde errichtet, um die gegenüber liegende steile Seite des Hügels zu decken. Die Seite der Befestigungsmauer, die nach Süden verläuft, bildet eine 5,50 x 5 m große massive rechteckige Bastion.[1646] Obwohl das Tor und die Bastion stark zerstört wurden, sieht man heute noch die riesigen Steinblöcke, aus denen die Bastion bestand.[1647] Die Öffnung des Tores hat eine Breite von 2,50 m und ist 5,50 m lang.[1648] Um den Raum zwischen der Bastion und der Stützmauer einigermaßen eben zu gestalten, wurde der Fels bearbeitet. Das Ganze bildet eine Neigung und hat eine unregelmäßige Form. Der sog. Hof besteht aus zwei Stufen an seiner vorderen Seite und zwei Stufen an seiner inneren Seite. Mit der Errichtung einer Stützmauer wurde zwischen dem Eingang des Tores und dem steilen Abhang eine kleine Terrasse gebildet. Das Ganze war mit gestampfter Erde, kleinen Kieseln und Steinen bedeckt.

Hinter der Bastion und an der inneren Seite der Befestigungsmauer befindet sich eine Türöffnung, die in ein 2 x 3,50 m großes Zimmer hineinführt. Es wird angenommen, dass das Zimmer ein Raum für die Wächter des Tores gewesen ist. Über zwei Stufen konnte man in das Zimmer gelangen, das tiefer als die Toranlage errichtet wurde. Die Mauern des Zimmers sind einigermaßen erhalten und waren mit Lehm bedeckt.[1649] Reste von Lehm wurden auch bei den Stufen und im unteren Bereich der Befestigungsmauer und Bastion entdeckt. Die Mauern wurden mit Lehm verputzt, um ihren Sockel vor Wasser zu schützen.

Der Befund in diesem Bereich zeigte, dass das Tor durch eine Katastrophe zerstört wurde, wahrscheinlich durch ein Erdbeben und einen darauf folgenden Feuerausbruch. Das ganze Ausmaß der Katastrophe zeigte auch der Zustand des Tores bei den Ausgrabungen. Es war voller Geröll und großer Steine, die von der gesamten Toranlage heruntergefallen waren.[1650] Es wird angenommen, dass

---

[1642] K. Demakopoulou, N. Divari – Valakou (1999), 207f.

[1643] Ebd.

[1644] Ebd.

[1645] Ebd. 208f.

[1646] Ebd. Taf. XL, XLIVb.

[1647] Ebd. Taf. XLIV a-b.

[1648] Ebd. Taf. XLIV c.

[1649] Ebd. Taf. XLIV d.

[1650] Ebd. 209f. Unter den Trümmern fand sich eine starke Zerstörungsschicht aus schwarzer Erde, verkohltem Holz, Asche, verbrannten Steinen und Lehmziegeln. Der Bereich des Zimmers und des Zugangs war ebenfalls von der Zerstörungsschicht bedeckt. Außerdem fand man hier eine große Zahl von grober und bemalter Keramik, die in die späthelladische Zeit IIIB2 datiert wird. Zu den verschiedenen Funden siehe Anm. 6. In diesem Bereich wurden einige Bronze- und Obsidianpfeilspitzen entdeckt. In einigen Speichergefäßen und Pithoi wurden verkohlten Feigen, Oliven und Weintrauben gefunden. Im Wachzimmer wurde eine Anzahl von großen Pithoi

das Tor am Ende des 13. Jahrhunderts v. Chr. oder am Anfang des 12. Jahrhunderts v. Chr. zerstört wurde.[1651] Nach der Katastrophe wurde das Tor nicht mehr benutzt. In seiner Nähe wurde ein Gebäudekomplex gefunden, der auf den Terrassen errichtet wurde. In diesem Gebäudekomplex wurden viele späthelladische IIIB2 Keramikfragmente und andere Funde entdeckt. Es wird vermutet, dass hier Lagerräume und Werkstätten existierten.[1652]

B. Östliches Tor

Dieses Tor ist viel einfacher gebaut als das westliche. Es handelt sich um eine Öffnung mit einer Breite von 2 m bei der äußeren Fassade und 2,30 m bei der inneren Fassade.[1653] Eine erhöhte Schwelle wurde auch gefunden. Sie besteht aus kleinen Bruchsteinen und Erde, die mit Steinplatten bedeckt wurden. Das Tor war über eine Rampe zugänglich. Heute ist davon nichts mehr zu sehen. Das Tor wurde durch keine Bastion flankiert und geschützt, wie es beim westlichen Tor der Fall ist. Die Abschlüsse der beiden Mauerzüge der Hauptbefestigungsmauer, die das östliche Tor bilden, sind mit sehr großen Felsbrocken breiter gebaut als die Verteidigungsmauer.[1654] Hinter der linken Seite des Tores wurden Mauerzüge gefunden und eine Öffnung zwischen einer kyklopischen Mauer und der Befestigungsmauer. Die Öffnung hat eine Breite von 2 m. Die kyklopische Mauer hat eine Breite von 2,50 m. Sie bildet einen Winkel und ist direkt an die Befestigungsmauer gebaut. Sie sollen zu einem Gebäudekomplex gehören, wie auch die Mauerzüge im östlichen Bereich des Tores. Es wird angenommen, dass die Mauerzüge an der linken Innenseite des Tores einen zusätzlichen Schutz gewährleisteten und dass man durch diese Öffnung und den Gebäudekomplex direkt in den oberen Bereich der befestigten Akropolis gelangen konnte. Ob das östliche Tor das Haupttor von Midea war, kann nicht sicher gesagt werden. Architektonische Elemente, die das Osttor mit der oberen Akropolis verbinden, wurden nicht gefunden. Wenn welche gefunden werden sollten, dann würde man annehmen, dass das östliche Tor das Haupttor der Befestigung von Midea war. Das Tor wurde durch ein Erdbeben zerstört. Spuren einer Brandkatastrophe wurden auch in diesem Bereich gefunden. Der wichtigste Hinweis, der für ein Erdbeben spricht, ist der Fund eines menschlichen Skeletts, das im Bereich des Osttores entdeckt wurde. Dieser Mensch könnte durch herabfallende Steinbrocken ums Leben gekommen sein. Auch das Osttor wurde am Ende des 13. Jahrhunderts v. Chr. oder am Anfang des 12. Jahrhunderts v. Chr. zerstört. Während dieser Zeit erlitten Mykene und Tiryns ebenfalls große Schäden durch Erdbeben.[1655] Die Keramik aus dem Bereich der beiden Tore sowie aus dem Terrassenbereich belegen, dass Midea in der späthelladischen IIIB Zeit zerstört wurde.

G. Walberg untersuchte die Keramik im Bereich der Terrassen und hat drei Katastrophenphasen erkannt. Ob diese Katastrophen durch natürliche Phänomene wie Erdbeben oder durch militärische Auseinandersetzungen ausgelöst wurden, kann nicht mit Sicherheit geklärt werden. Dass Mykene und Tiryns während dieser Epoche von Erdbeben getroffen wurden, spricht dafür, dass Midea ebenfalls durch Erdbeben und folgende Feuerausbrüche zerstört wurde. Eine kriegerische Auseinandersetzung kann aber auch nicht ausgeschlossen werden. Mauerteile können auch während einer militärischen Aktion herabstürzen und nicht nur durch ein Erdbeben[1656]. Walberg vermutet anhand der Keramik, dass Midea und besonders der untere Bereich der Akropolis mit den Terrassenmauern danach nicht sofort wieder besiedelt wurden. Walberg fand in diesem Bereich frühe späthelladisch - IIIC Keramik. Daraus schloss sie, dass Midea am Anfang dieser Phase wiederbesiedelt wurde. Die Besiedlung beschränkte sich aber nur auf ihren unteren Bereich. Nach dem Anfang der Phase SH IIIC wurde der Ort zerstört und nicht wieder besiedelt.[1657]

5.12. Athen (Attika)

5.12.1. Lage und Forschungsgeschichte

Die mykenische Akropolis von Athen lag auf demselben steilen und lang gestreckten Felshügel wie heute der Parthenon und seine Bauten. Der Hügel liegt zwischen

entdeckt. Im Bereich der Toranlage wurden noch Fresco – Fragmente in verschiedenen Farben wie rot, weiß, blau und gelb gefunden. Einige mykenische Motive konnten identifiziert werden, wie der achtförmige mykenische Schild, Spiralen, Bänder und Punkte. Anhand dieser Funde im Bereich der Toranlage und des Zimmers sowie der Lehm- und Dachziegel wird angenommen, dass das Wachzimmer noch ein Obergeschoss hatte, aus dem die meisten Funde während der Katastrophe heruntergefallen sind.

[1651] Ebd.

[1652] Ebd. Taf. XLII b und XLV b.

[1653] Ebd. Taf. XLI c, XLII d.

[1654] Ebd. Taf. XLIII a.

[1655] Ebd. 210f.

[1656] G. Walberg, The End of the Late Bronze Age at Midea, in: R. Laffineur (Hrsg.), POLEMOS: Le contexte guerrier en Égée à l' âge du bronze. Actes de la 7e rencontre égéenne internationale, Université de Liège, 14–17 avril 1998, I, Aegaeum 19, 1999, 157–160.

[1657] Ebd. 160f.

den Flüssen Eridanos und Ilissos und war damals reich an Quellen. Heute ist von den Flüssen nichts mehr zu sehen, da sie zubetoniert wurden. Die Fläche des Felshügels beträgt 35000 m^2. Er hat eine Länge von 300 m und ist 150 m breit. Das Ganze erhebt sich 40 m über die Ebene und 157 m über dem Meeresspiegel. Es handelt sich um einen natürlich befestigten Felshügel mit steilen Felsklippen.

Die Geomorphologie des Felshügels erlaubt die Errichtung von Bauten nur an seiner nordöstlichen Seite. In diesem Bereich brauchten die Bauarchitekten keine großen Planierungsmaßnahmen vorzunehmen.[1658] Im Gegensatz dazu neigt sich die südliche und westliche Seite des Plateaus stark ab. Um hier Gebäude zu errichten, musste der Fels eingeebnet werden. Die nördliche Seite des Felsens ist sehr steil. Im Laufe der Zeit wurde sie durch die Witterung mit Klüften versehen. Jäh abfallend ist auch die östliche Seite des Felshügels. An dieser Stelle ist ein Teil des Felsen erodiert und vom Felshügel getrennt. Dazwischen entstand eine enge und tiefe Kluft, die mit Erde gefüllt war. Ein enges Plateau befindet sich tiefer gelegen an der nordwestlichen Seite des Felsens. Hier sind einige Grotten zu sehen. Später wurden sie Pan, Zeus und Apollo geweiht.[1659] Man konnte über die nordöstliche und die westliche Seite des Felshügels auf dessen Hauptfläche gelangen. Am westlichen Abhang des Felshügels lag das Haupttor der mykenischen Burg wie auch später die Propyläen.

Überall an den Abhängen wurden Siedlungsspuren gefunden. Dabei handelt es sich außer um spätbronzezeitliche Funde auch um neolithische, frühbronzezeitliche und mittelhelladische Funde, die eine dauerhafte Besiedlung des Ortes belegen.[1660]

Der Ort wurde durchgehend besiedelt und im Gegensatz zu den anderen mykenischen Akropolen nie verlassen. Die dauerhafte Besiedlung des Hügels, die Zerstörungen und die Errichtung von neuen Bauten zerstörten über die Jahrhunderte die meisten prähistorischen Überreste auf dem Hügel.[1661]

Die ersten Überreste wurden 1885 und 1890 ausgegraben. Der griechische Archäologe P. Kavvadias fand mit Hilfe des Architekten G. Kawerau Teile der verschütteten Befestigungsmauer auf dem Hügelplateau.[1662] Die Auswertung der Funde übernahm A. Köster im Jahr 1909.[1663] Köster versuchte ohne Erfolg den Verlauf der Befestigungsmauer und die Lage der Tore zu bestimmen. Im Jahr 1923 untersuchte L. B. Holland den Bereich des Erechteion. Seine Rekonstruktion der Befestigungsmauer und der Palastanlage in diesem Bereich konnte aber nicht überzeugen. Für seine Rekonstruktion verwendete er Mauerzüge, die während der Osmanenzeit errichtet wurden. Außerdem benutzte er zwei Säulenbasen, die archaisch waren. Hollands Untersuchung ist aber trotzdem wichtig, weil er der erste gewesen ist, der die Existenz von Stützmauern an der Palastanlage feststellte, die älter als die Befestigungsmauer waren. Er konnte zwei Bauphasen in diesem Bereich unterscheiden und versuchte sie zu datieren.[1664] Systematische Ausgrabungen führte 1932 bis 1939 O. Broneer durch. Er untersuchte die nördliche Brunnenanlage, die als „*βόρεια Κρήνην*" bekannt ist. Es handelt sich um ein technisches Meisterwerk mykenischer Architektur, das die Burg im Fall einer Belagerung mit Wasser versorgen konnte. Auf

---

[1658] S. Iakovidis (1973), 113f.

[1659] Ebd.

[1660] Es handelt sich um Keramik der verschiedenen Epochen, Siedlungsreste, Brunnenschächte und Gräber. Kammergräber wurden westlich des Felshügels am nördlichen Abhang des Areopaghügels gefunden. A. B. Wace (BCH 70, 1946, 625ff.) bezeichnete die reich ausgestatteten Kammergräber als Fürstengräber. Für ihre Datierung schlug er das 14. und 13. Jahrhundert v. Chr. vor.

[1661] S. Iakovidis (1977), 195ff. Als der Felshügel befestigt wurde, bezeichneten die Einwohner die kyklopische Mauer als „*Πελασγικόν ή Πελαργικόν τείχος*". Nach der Überlieferung wurden die Mauern auf dem Felshügel nicht von den Kyklopen gebaut, wie die mykenische Burgen der Argolis, sondern von den einheimischen Pelasgikern oder Tyrrheniern errichtet. Sie wurden später von den Athenern vertrieben. Die mykenische Burg mit ihren kyklopischen Mauern wurde nicht mit dem Ende der mykenischen Epoche zerstört, sondern weiter genutzt. Die Bauten innerhalb der Mauer wurden im Laufe der Zeit zerstört und verschüttet oder ihr Baumaterial wieder für andere Konstruktionen verwendet. Nach der mykenischen Epoche wurde der Felshügel wahrscheinlich als Heiligtum genutzt. Dort waren Peisistratos und die Peisistratiden zu Hause. Die Mauer war wahrscheinlich bis in die persischen Kriege (479 v. Chr.) intakt, mit Ausnahme von einigen Veränderungen, die während der archaischen Epoche stattgefunden haben. Mit der Eroberung Athens durch die Perser wurden die Befestigungsmauer und die Bauten auf der Akropolis ebenso zerstört wie die Stadt. Nach dem Krieg wurde der Felshügel für den Götterkult verwendet. Im Laufe der Geschichte wurde der Akropolisfels immer wieder als Festung verwendet. Byzantiner, Franken, Venezianer und Türken änderten das Bild der Bauten auf dem Akropolisplateau. Durch ständige Eroberungen und Belagerungen wurden der Akropolishügel und seine Bauten sehr oft zerstört und danach wieder aufgebaut. Es ist sehr schwer, die prähistorischen Reste zu finden und ein Bild von der mykenischen Burg zu rekonstruieren.

[1662] P. Kavvadias, G. Kawerau, Die Ausgrabungen der Akropolis (1907).

[1663] A. Köster, Das Pelargikon (1909).

[1664] L. B. Holland, Erechtheum Papers, AJA. 28, 1924, 1ff. 142ff. 402ff.

die technischen Details der Brunnenanlage kann in dieser Arbeit nicht eingegangen werden.[1665] Broneer fand heraus, dass der nordöstliche Zugang zugemauert wurde, als die Befestigungsmauer gebaut wurde.[1666] N. Balanos entdeckte die mykenische turmartige Bastion des westlichen Tores unter dem kleinen Tempel der Athena Nike. Die Mauerteile der Bastion befinden sich unter den Mauerteilen der klassischen Bastion.[1667] W. Kolbe fand prähistorische Keramik an der westlichen mykenischen Befestigungsmauer bei seinem Versuch, das Fundament des Parthenon zu datieren.[1668] G. P. Stevens fand einen Teil der westlichen Befestigungsmauer und die Baugrube der westlichen Stützmauer der Terrassenanlage des Palastes.[1669]

Der Felshügel wurde danach immer wieder untersucht, so dass Iakovidis eine Rekonstruktion der mykenischen Akropolis erstellen konnte.[1670] Anhand des Befundes konnte er drei Bauphasen der mykenischen Bauten auf dem Akropolisfelsen unterscheiden. Alle drei konnten im Bereich des Erechtheions festgestellt werden. Holland fand während seiner Untersuchungen die Mauern eines Zimmers mit Estrich. Er datierte den Raum in das späte 16. Jahrhundert v. Chr. Die Stützmauern der Terrassenanlage wurden in das frühe 13. Jahrhundert v. Chr. und Teile der Befestigungsmauer an das Ende des 13. Jahrhunderts v. Chr. datiert.[1671] Fast alle späteren wissenschaftlichen Untersuchungen basieren auf den älteren Arbeiten der oben genannten Archäologen. P. A. Mountjoy befasste sich mit dem gesamten prähistorischen Befund auf dem Akropolisfels, seinen Hängen, dem Keramikos mit seinen Gräbern und datierte ihn. Die Untersuchung von Mountjoy behandelt vor allem die Keramik aus der Umgebung des Akropolisfelsen und vergleicht sie mit Funden von anderen Orten.[1672] J. C. Wright beschäftigte sich mit dem architektonischen Befund auf dem Akropolisfelsen, der Befestigungsmauer und anderen Funden, aber vor allem beschäftigte er sich mit der Problematik des Westtores und seiner Bastion und dessen Aussehen.[1673] W. Gauß befasste sich mit den Funden der Grabungen von Broneer, die in den 30er Jahren am Nordosthang der Akropolis stattfanden.[1674]

5.12.2. Die Palastanlage (Siedlung)

Über die mykenischen Bauten auf dem Akropolisplateau und über eine mögliche mykenische Siedlung auf dem Plateau oder auf den Hängen des Akropolisfelsen und in seiner Umgebung ist nichts bekannt außer einigen architektonischen Elementen, die auf mykenische Räume und Terrassierungen auf dem Felsplateau hinweisen. Leider wurde im Laufe der Zeit vieles zerstört.

Als Beispiel soll der Befund im Bereich des nordöstlichen Zuganges vorgestellt werden. Iakovidis spricht von einer Säulenbasis, die den Basen in anderen mykenischen Palastanlagen ähnelt. Außerdem wurden Steinplatten gefunden, die später von Kavvadias für den Bau der Stützmauern verwendet wurden. Laut Iakovidis handelt es sich aber um Steinplatten, die zur Treppenanlage des nordöstlichen Zuganges gehörten. Er vergleicht sie mit der westlichen Treppenanlage von Mykene.[1675] Holland erkannte die Existenz der mykenischen Palastanlage auf den Terrassenmauern. Die Terrassen mit der Palastanlage nahmen den nördlichen Teil des Akropolisfelsen ein. Es handelt sich um eine Fläche von 5000 m^2. Iakovidis beschreibt die fünf Terrassen als eine lange abgestufte Anlage, die den nördlichen Teil des Felsens einebnete.[1676]

Man konnte die Terrassen durch den nordöstlichen Zugang ereichen. Alle Terrassen waren unterschiedlich hoch. Die größte war Terrasse III, auf der später der ältere (archaische) Tempel der Athena errichtet wurde.[1677]

Über andere mykenische Bauten ist sehr wenig bekannt. Es handelt sich meistens um Mauerzüge von Räumen. Iakovidis erwähnt einige, die in verschiedenen Bereichen auf dem Akropolisfelsen ausgegraben wurden. Der schlechte Zustand der mykenischen Bauten und ihre Zerstörung durch die ständigen Bautätigkeiten erlaubt

[1665] S. Iakovidis (1977), 200ff. Abb. 40 – 41.

[1666] O. Broneer, Excavations on the north slope of the Acropolis in Athens 1931–1932, Hesperia 2, 1933, 329-417; derselbe, Excavations on the north slope of the Acropolis in Athens 1933 – 1934, Hesperia 4, 1935, 109-188; derselbe, Excavations on the north slope of the Acropolis in Athens 1937, Hersperia 7, 1938, 161-263; derselbe, A Mycenaean fountain of the Athenian Acropolis, Hesperia 8, 1939, 317-433.

[1667] N. Balanos, *Η νέα αναστήλωσις του ναού της Αθηνάς Νίκης*, AEphem III, 1937, 776-807.

[1668] S. Iakovidis (1973), 15f.

[1669] Ebd. Zu dem Befund von Stevens siehe auch Hesperia 5, 1936, 499ff.

[1670] Ebd. 115ff.

[1671] S. Iakovidis (1977), 196f.

[1672] P. A. Mountjoy, Mycenaean Athens, SIMA 127 (1995).

[1673] J. C. Wright, The Mycenaean Entrance System at the west End of the Acropolis of Athens, Hesperia 63, 1994, 323-359.

[1674] W. Gauß, Neue Forschungen zur prähistorischen Akropolis von Athen in: F. Blakolmer (Hrsg.), Österreichischen Forschungen zur ägäischen Bronzezeit 1998. Akten der Tagung am Institut für Klassische Archäologie der Universität Wien 2. – 3. Mai 1998. Wien (2000), 167-189.

[1675] S. Iakovidis (1973), 134ff.

[1676] S. Iakovidis (1977), 197f. Abb. 38.

[1677] Der Tempel von Athena ist als „Hekatompedon" in der Weltweiten Literatur bekannt.

keine Rekonstruktion. Dies kann nur durch Vergleiche mit den anderen mykenischen Burgen und ihre Bauten versucht werden. Iakovidis erwähnt auch die Gräber auf dem Akropolisfelsen und ihre Beigaben.[1678]

5.12.3. Die Befestigungsmauer

Teile der Befestigungsmauer und oft nur dürftige Spuren ihres Verlaufs wurden an allen Seiten des Felshügels gefunden. Heute kann man nur wenige Teile der mykenischen Befestigungsmauer sehen (Taf. 61).

Die Mauer wurde während einer Zeit errichtet, in der die mykenischen Burgen von Mykene und Tiryns schon architektonisch verändert und erweitert wurden. Zur selben Zeit wurde die Burg von Midea zerstört. Die Befestigungsmauer umgab laut Iakovidis die ganze Fläche des Felsenhügels und folgte den Konturen an seinem Rand.[1679] Sie umgab nicht nur die Fläche des Felsenplateaus, sondern schloss die Brunnenanlage an der nördlichen Seite mit ein. Ein Teil der Befestigungsmauer umschloss das tiefer liegende Plateau Pelargikon an der nordwestlichen Seite des Felsen, wo die Grotten und Höhlen gefunden wurden.[1680] Die Mauer wurde direkt auf dem Felsen errichtet. Wenn nötig wurde der Fels bearbeitet. Falls die Mauer nicht direkt auf dem Felsen gebaut werden konnte, wurde sie auf einer Schicht von kleineren Steinen erbaut. Auf diese setzte man die größeren Steinblöcke der Befestigungsmauer. Die Mauer ist „kyklopisch" gebaut und zweischalig. Die äußere und innere Seite besteht aus großen, fast unbehauenen Kalksteinblöcken (Taf. 61,1a-b). Ihre Fugen wurden mit kleineren Steinen aufgefüllt. Der Zwischenraum wurde auch mit kleineren Steinen verfüllt, die nicht sorgfältig gesetzt wurden. Lehm wurde als Verbindungsmaterial für den Bau der Mauer verwendet. Für die Errichtung der Befestigungsanlage wurden Kalksteinblöcke verwendet, die direkt vom Akropolisfelsen genommen wurden. Es wurden auch Schiefersteine verwendet, die vom Hügel Pnyx hertransportiert wurden. Die Steinblöcke sind 1,90 x 1,35 m, 1,80 x 1,15 m und 1,70 x 0,65 m groß. Im Durchschnitt sind sie aber 0,90–1,10 x 0,55–0,75 m groß.[1681]

Ein Teil der Befestigungsanlage wurde an der westlichen Seite des Felshügels gefunden, wo sich die Haupttoranlage der Burg mit der turmartigen Bastion befand. Nordöstlich der Toranlage wurde von Kawerau ein anderer Teil der Befestigungsmauer gefunden, die nach Norden verlief. Dieser Teil wurde später wieder zugeschüttet.[1682] An dieser Stelle war ein Zugang, genauer eine Syrinx, im Inneren der Mauer, die nach unten zu den Grotten führte. Östlich befindet sich der Anfang des Abstiegs zu der Brunnenanlage.[1683] Die nächsten architektonischen Elemente der Befestigungsanlage wurden östlich davon und im Bereich des nordöstlichen Zuganges gefunden.[1684] An der Stelle des mykenischen Raumes hatte die Mauer laut Iakovidis eine Breite von 3 m.[1685] Mit der Errichtung der Befestigungsmauer wurde die Öffnung des nordöstlichen Zugangs durch drei quer gelegte Mauern versperrt. Die äußere hat eine Breite von 2 m und ist in einer Höhe von 1,80 m erhalten. Mit den anderen zwei Mauern bildete sie wahrscheinlich eine Treppenanlage, die zu dem oberen Bereich der Befestigungsmauer führte. Reste der Befestigungsmauer wurden auch vor der Terrasse IV und zwischen II und IV gefunden. Der offene Bereich zwischen beiden Terrassierungen wurde mit dem Bau der Fortifikationsmauer versperrt. Als das nordöstliche Tor versperrt wurde, konnte der Bereich des Pfades für die Errichtung von Bauten verwendet werden. Die Ausgrabungen erbrachten Überreste kleiner Häuser, die nur für eine kurze Zeit bewohnt wurden. Die Keramikfunde in diesem Bereich werden in SH IIIB und SH IIIC datiert.

Andere architektonische Elemente der nördlichen Befestigungsmauer sind leider nicht erhalten, außer einigen Steinblöcken an der Stelle 14.[1686] Es wird angenommen, dass der Verlauf der Mauer derselbe wie der der klassischen Befestigungsmauer war. Von der Stelle 14 bis zum südöstlichen Bereich der Befestigung wurden nur Spuren der Mauer gefunden. Meistens handelt sich um Planierungsarbeiten auf dem Felsen. Im südöstlichen Bereich bildet die Mauer eine krumme Linie und erreichte eine größte Breite von 5 m. Die Breite nimmt dann aber ab, weil der Hang des Felshügels in diesem Bereich sehr steil ist. Die Mauer erreichte hier nur eine Breite von 3,50 bis 4 m. An dieser Stelle wurden einige gut erhaltene Teile der Befestigungsmauer entdeckt.[1687]

Danach folgt die südliche Befestigungsmauer, die am Felsrand errichtet wurde. Sie nimmt einen Verlauf nach

[1678] S. Iakovidis (1973), 134ff.
[1679] Ebd. 124ff.; Derselbe, (1977), 198ff.; derselbe, *Η ΜΥΚΗΝΑΪΚΗ ΑΚΡΟΠΟΛΗ ΤΩΝ ΑΘΗΝΩΝ* (1962), 211ff. Dazu auch P. A. Mountjoy (1995), 40ff.
[1680] Ebd. 131ff. Dieser Teil der Befestigung wird von Iakovidis „untere Akropolis" genannt. Die Befestigungsmauer auf dem Felsenplateau wird „obere Akropolis" genannt.
[1681] S. Iakovidis (1962), 212f.
[1682] S. Iakovidis (1973), 126f. Plan 13, 6.
[1683] Ebd. Plan 13, Stelle 8.
[1684] Ebd. Plan 13, Stelle 10 – 11.
[1685] Ebd. Plan 13, Stelle 11.
[1686] Ebd. Plan 13, Stelle 14.
[1687] Ebd. Abb. 12b.

Westen. Von ihr wurden große Steinblöcke der inneren Schale gefunden.[1688]
Der nächste Teil der Befestigungsmauer ist in einer Länge von 40 m erhalten.[1689] Er befindet sich in der Nähe der südwestlichen Ecke des Parthenon und erreicht eine Breite von 4 bis 4,40 m. Welche Höhe das Ganze hatte, ist nicht bekannt. Sicher ist aber, dass der Sockel des Tempels auf der oberen Fläche der mykenischen Mauer angelegt wurde. Die Mauer verläuft nach Westen und ihre Breite nimmt zu. Nach der westlichen Ecke des Parthenon erreicht sie eine Breite von 5,50 m. Durch den Bau der Treppenanlage des Parthenon und anderer Bauten ist die Befestigungsmauer in diesem Bereich des Felsen für immer verloren.
Der letzte Teil der Befestigungsmauer wurde hinter dem südlichen Flügel der Propyläen innerhalb des Brauroneions gefunden.[1690] Von diesem Teil der Verteidigungsmauer wurde nur die innere Mauerschale gefunden. Ihre Länge beträgt 10 m und sie verläuft nach Westen. Am Ende dieses Mauerzuges bildet sie einen Winkel und wendet sich nach Norden. Der Mauerzug wurde bis in den östlichen Bereich der sog. Bastion verfolgt, er hat eine Breite von 6 m. Dieser Teil reichte bis zum doppelten Tor. Später war er Teil der Umfassungsmauer des Brauroneion. Danach wurde er von dem „*promnesikleischen Propylon*“ überbaut.[1691]
Nach der Toranlage folgt die westliche Befestigungsmauer, die einen Verlauf nach Norden und nach Nordosten nimmt. Der Verlauf der Mauer nördlich der Bastion konnte durch einige in situ gefundene Steinblöcke vor den Propyläen und im inneren Bereich der sog. Pinakothek festgestellt werden. Obwohl wenig von der westlichen Befestigungsmauer erhalten ist, konnte ihr Verlauf bestimmt werden. Die Mauer folgte genau den Konturen des Felshügels nach Norden und bildete eine krumme Linie. An der Stelle, an der die Mauer nach Westen biegt, wurde auch während der klassischen Zeit die Befestigungsmauer aus Quadersteinen errichtet, welche die gleiche Biegung nimmt. Laut Iakovidis folgt die klassische Mauer aber nicht genau dem Felsrand.[1692] Es wird geschätzt, dass die westliche Mauer eine Breite von 5 bis 6 m hatte.[1693]
Im Allgemeinen variierten die Breite und die Höhe der Befestigungsmauer. Im Bereich des alten Akropolismuseums erreichte die Mauer eine Breite von 3,60 m. Da im Bereich der Toranlage die erste Welle eines Angriffs zu erwarten wäre, wurden die Mauern hier besonders verstärkt. Zur Höhe der Mauer konnten keine Angaben gemacht werden. Es wird geschätzt, dass die Verteidigungsmauer an dieser Stelle eine Höhe von 8 bis 10 m erreichte.
Von der gesamten Befestigungsmauer ist heute außer den Mauern der Bastion an der südwestlichen Seite des Akropolisfelsen nichts zu sehen. Viele der erwähnten Mauerzüge wurden wieder zugeschüttet und in späteren Zeiten überbaut.

5.12.4. Das sog. Pelargikon

Es handelt sich hier wahrscheinlich um die Befestigungsmauer, die auf dem niedrigen Plateau mit den Grotten an der nordwestlichen Seite des Felshügels lag. Den Namen Pelargikon kennen wir aus der antiken Überlieferung, die von Iakovidis zusammengestellt wurde.[1694] Die antiken Quellen liefern viele Informationen und topographische Angaben zum Bereich des Akropolishügels. Meistens handelt es sich um irreführende Informationen über die genaue Lage und die Ausdehnung dieses Teiles der Befestigungsanlage von Athen. Die größte Verwirrung verursachte ein Satz von Kleidemos im 4. Jahrhundert v. Chr., der die Pelargikonmauer mit neun Toren nannte. Auch Polemos sprach im 2. Jahrhundert v. Chr. von neun Toren.[1695]
Die Mauer lag unterhalb der nordwestlichen Seite des Akropolishügels. Die Grotte des Pan wurde von der Mauer umschlossen. Das Asklepieion, das Grab des Talos auf dem Südabhang und das Anakeion auf dem Nordabhang waren nicht mit dem Pelargikon verbunden. Ein Teil der Mauer lag nach der antiken Überlieferung am Ende der Panathenäenstraße sowie in der Nähe des Pythion und des Eleusinion. Die Mauer umschloss einen felsigen Bereich mit kleinen privaten Heiligtümern und Opferstätten. Das Pelargikon soll für den Fall einer Belagerung Wohnraum geboten haben. In der römischen Zeit war es verlassen. Alle diese Angaben stimmen mit dem Bereich auf dem niedrigen Plateau unterhalb der nördlichen Befestigungsmauer auf dem Akropolisfelsen überein.
Die Identifizierung des sog. Pelargikon bereitete den Wissenschaftlern Probleme, weil es laut Kleidemos neun Tore haben sollte. Viele Historiker und Archäologen versuchten mit viel Phantasie die Befestigungsanlage mit neun Toren zu rekonstruieren. Die Rekonstruktionen des Pelargikon zeigen eine Befestigungsanlage, die entweder den ganzen Akropolishügel oder seine nordwestliche und südliche Seite umschloss.[1696] Alle diese Versuche konnten

[1688] Ebd. Plan 13, Stelle 16-17-18.
[1689] Ebd. Plan 13, Stelle 19.
[1690] Ebd. Plan 13, Stelle 20.
[1691] Ebd. 129f.
[1692] S. Iakovidis (1977), 200f.
[1693] Derselbe (1973), 126f.
[1694] Derselbe (1962), 179ff.
[1695] Ebd.
[1696] Ebd. 180f. Abb. 36 (Rekonstruktion nach Bötticher); 181f. Abb. 37 (Rekonstruktion nach Harrison) und 183f.

nicht überzeugen und scheiterten, weil sie nicht auf archäologischen Befunden, sondern auf den antiken Quellen basierten. Andere betrachteten die Befestigungsmauer auf dem nordwestlichen Abhang des Akropolishügels als ein Teil einer längeren Verteidigungsmauer. Architektonische Reste dieser Verteidigungsmauer konnten nicht entdeckt werden, außer auf dem erwähnten Plateau mit den Grotten.[1697]

Es handelt sich um spärliche Reste der prähistorischen Mauer und Felsarbeiten für die Fundamentierung der Befestigungsanlage. Einige wurden im Bereich des abgetrennten Felsens gefunden, wo die Brunnenanlage lag. Entlang der Treppenanlage, die zu der oberen Befestigungsmauer führte, wurden einige Spuren der vermuteten Befestigungsmauer gefunden. Die Mauer verlief von Osten nach Westen und folgte den Konturen des Hügels. Iakovidis erwähnt auch einige Spuren oberhalb der Klepshydraquelle und dass das Pelargikon bis zur Nordwestecke der Oberburg anstieg.[1698] Dass die Mauer nicht die Klepshydraquelle umgab, bedeutet wahrscheinlich, dass die Quelle während der mykenischen Zeit noch nicht bekannt war. Sie wurde später entdeckt und baulich umgestaltet, um die Wasserversorgung der Athener zu gewährleisten. Der Teil der Mauer, der entlang der Treppenanlage verlief, war 4 bis 4,80 m breit. Der Mauerbereich vor den Grotten hatte laut Iakovidis eine Breite von 3 bis 3,50 m.[1699]

Iakovidis kam zu dem Ergebnis, dass das Pelargikon nur den nordwestlichen Abhang des Akropolishügels umgab und das Plateau nur über die Treppenanlage durch die Oberburg zu betreten war. Ein Versuch neun Tore in diesem kleinen Teil der gesamten Befestigungsanlage unterzubringen, ist allerdings nicht möglich. Dagegen vermutete Iakovidis, dass die neun Tore mit der späteren Gestaltung des westlichen und südwestlichen Abhanges des Akropolishügels zusammenhängen könnten. Archäologisch konnte bestätigt werden, dass während der geometrischen und archaischen Zeit verschiedene Rampen und Torwege in diesen Bereichen entstanden sind. Wahrscheinlich wurde durch die später erbauten Propyläen das Ganze als eine Anlage mit neun Toren bezeichnet.

5.12.5. Das westliche Tor mit der Bastion

Das Haupttor der mykenischen Burg von Athen lag an der südwestlichen Seite des Felshügels.[1700] Balanos entdeckte die turmartige Bastion. Sie war auf einem niedrigen Vorsprung des Felsen errichtet. Dieser herausragende Teil flankierte den Aufstieg vom Süden her.[1701] Von der Bastion ist nicht viel erhalten außer ihrer nordöstlichen Seite. Teile dieser Seite wurden abgetragen oder überbaut. Im 5. Jahrhundert v. Chr. wurde die Bastion überbaut und diente als Fundament für den klassischen Athena Nike-Tempel. Als die Vermessungs- und Dokumentationsarbeiten von Balanos zu Ende waren, wurde die Baukonstruktion durch eine Rekonstruktion der klassischen Mauern des Athena Nike-Tempels überdeckt, aber so, dass der Bereich mit den prähistorischen Überresten weiter sichtbar ist.

Obwohl nur wenige prähistorische architektonische Elemente im Bereich der Propyläen gefunden wurden, versuchten viele Archäologen den mykenischen Zugang und einen Teil der westlichen Befestigungsmauer zu rekonstruieren. Eine kleine Anzahl dieser Rekonstruktionen sind im Artikel von J. C. Wright zusammengefasst. Es handelt sich um die Grundrisse von Welter, Stevens, Iakovidis, Bundgaard, Travlos und Dinsmmor. Alle diese Archäologen stützten ihre Rekonstruktionen auf die sog. Bastion, auf die östlich der Bastion gelegene Befestigungsmauer und auf wenige Steinbrocken der westlichen Befestigungsmauer.[1702] Bei der sog. Bastion der mykenischen Toranlage handelt es sich um eine fast viereckige Baukonstruktion, die 19,50 x 10 m groß ist. Alle Seiten der Bastion standen frei und nur ihre nordöstliche Seite war mit der parallelen Hauptbefestigungsmauer verbunden. Dieser Ansicht waren G. Welter, Mylonas und I. Travlos. Iakovidis vertrat diese Meinung nicht, weil der Fels in diesem Bereich steil abfällt und keine Bearbeitungsspuren aufweist.[1703] Andere wie G. P. Stevens und I. T. Hill behaupteten, dass die Bastion allein stand.[1704]

Iakovidis vermutete, dass im verlorenen Teil der Bastion, wo später das *„vormnesikleische Propylon"* gebaut wurde, der Haupteingang der Toranlage lag.[1705] Anhand der Lage der Bastion und die parallele Hauptbefestigungsmauer kam Iakovidis zu dem Ergebnis, dass das Haupttor von Athen ein Doppeltor gewesen ist. Es bestand aus dem äußeren Tor (4), das zwischen der Bastion und der gegenüberliegenden westlichen Mauer lag, und dem inneren Tor (5), das zwischen der westlichen Mauer und der östlich zur Bastion parallel verlaufenden Befestigungsmauer lag. Die Öffnung des äußeren Tores war laut Iakovidis 3 m breit und hatte eine Tiefe von 4,40 m. Das Tor erreichte eine Höhe von 3,20

Abb. 38 (Rekonstruktion nach Miller).

[1697] S. Iakovidis (1977), 202f. Siehe Anm. 1263, 1264 und 1265.

[1698] Ebd. 203f.

[1699] Derselbe (1973), 132f.

[1700] Ebd. Plan 13, Stelle 1.

[1701] Ebd. 124ff.

[1702] J. C. Wright (1994), 328f. Fig. 2.

[1703] S. Iakovidis (1977) Abb. 39, 198f. Siehe Anm. 1252.

[1704] Derselbe (1973), 125f.

[1705] S. Iakovidis (1977), 198f.

m.[1706] Das innere Tor war kleiner als das äußere. Seine Öffnung war 2,50 m breit und hatte eine Tiefe von 3,50 m. Iakovidis vergleicht die ganze Anlage mit der Toranlage in Mykene und vermutet, dass der Mauerzug der Befestigungsmauer, die mit dem inneren Tor verbunden war, eine Höhe von 9 m hatte. Viel höher war nach Iakovidis die Höhe der Bastion. Er spricht über eine Höhe von 16 m.[1707] Die wenigen architektonischen Spuren des westlichen Tores liefern keine sicheren Angaben zum Gesamtbild der Toranlage.

Zum Haupttor führten zwei kleine Wege. Der eine war eigentlich eine Treppenanlage an der nordwestlichen Seite der Bastion und wurde von Fußgängern benutzt. Der andere, der vor der westlichen Hauptbefestigungsmauer lag, wurde hauptsächlich von Lasttieren verwendet.[1708] Die Toranlage verfügte wie auch die Burg von Mykene über ein Torheiligtum. An der westlichen Seite der Bastion wurde in ihrem unteren Bereich neben den Stufen eine Nische gefunden. Sie war 4,60 m breit und 1,25 m hoch. Zwei Vertiefungen mit Feuerspuren weisen auf die kultische Funktion hin.

Die Baukonstruktion wurde auf einem felsigen Vorsprung errichtet, der sich stark nach Westen absenkt. Durch diese Bauweise lag die westliche Seite der Bastion tiefer als die östliche und die gewaltige Last der Baukonstruktion rückte nach Westen nach. Durch den großen Druck hätte die gesamte Baukonstruktion mit dem Felssprung zusammenbrechen können. Dieses statische Problem wurde gelöst, indem man eine Quermauer innerhalb der Bastion baute, die die Seitenmauern der Bastion verband. Auf diese Weise konnte ein großer Teil der Steinfüllung abgefangen und die westliche Mauer der Bastion von dem Druck entlastet werden.

Die äußeren Mauern der Bastion bestehen aus größeren und kleineren unbearbeiteten Kalksteinbrocken, die meistens eine Länge von über 1 m haben. Die Fugen wurden mit kleineren Steinen aufgefüllt, wie es bei der mykenischen Befestigungsbautechnik üblich war. Die westliche Fassade ist mit einer Höhe von 3,80 m die besser erhaltene Mauerseite. Ihre nordöstliche Seite ist nicht erhalten. Ihre anderen Mauerteile (östliche und südliche Mauerzüge) sind nur schlecht erhalten. Auch die Steinfüllung der Bastion ist teilweise erhalten. Dies ist vor allem östlich der Quermauer zu sehen.

Zusammenfassend lässt sich sagen, dass eine Rekonstruktion der westlichen Toranlage von Athen in der Spätbronzezeit sich als sehr schwierig erwiesen hat. Allgemein wird die Rekonstruktion von Iakovidis akzeptiert. Dasselbe gilt auch für die Datierung der Befestigungsmauer und des Westtores. An der Befestigungsmauer wurden keine unterschiedlichen Bauphasen festgestellt. Durch die Keramik im Bereich der südlichen Befestigungsmauer und besonders an der nordwestlichen Ecke des Parthenon, im Bereich der Bastion und an der nördlichen Befestigungsmauer wurde die mykenische Verteidigungsanlage von Athen in die Zeit SH IIIB datiert. Dafür spricht die Keramik aus der Brunnenanlage und aus den kleinen Bauten am nordöstlichen Zugang der Akropolis. Die Keramik weist auf die einheitliche Errichtung der Befestigung am Ende des 13. Jahrhunderts v. Chr. hin.[1709]

[1706] Derselbe (1962), 166ff. Abb. 34.

[1707] Ebd. 170f.

[1708] Derselbe (1977) Abb. 39.

5.13. Gla (Boiotien)

5.13.1. Lage und Forschungsgeschichte

Die Befestigungsanlage von Gla liegt auf einem Hügel[1710], der sich im östlichen Bereich des ausgetrockneten Kopaissees befindet.[1711] Sie liegt 4,50 km nordwestlich von Akraiphia. Als der See noch mit Wasser gefüllt war, bildete der Hügel eine Insel. Die Felsinsel erreicht eine Höhe von 38 m und hat eine Länge von etwa 900 m. An seiner breitesten Stelle erreicht er 575 m und an seiner schmalsten Stelle 125 m. Es handelt sich um eine 200000 m^2 große Tafelfläche mit senkrechten und steilen Klippen. Das Ganze hat mit der

[1709] S. Iakovidis (1973), 134f.

[1710] Der Hügel mit seiner Befestigung wird von der Bevölkerung Paliokastro („die alte Burg“) genannt. Das Wort Gla stammt aus dem albanischen und hat dieselbe Bedeutung.

[1711] Der heute ausgetrocknete See von Kopais wird von Bergen umgeben, die keine Abflussmöglichkeiten für die Flüsse Kephissos, Melas und viele kleinere Bäche bieten. Wenn damals die Flüsse über ihre Ufer traten, verwandelte sich die Ebene von Kopais in einen sumpfigen See. An der Nord- und Ostseite der Ebene gibt es Schluchten verschiedener Größe, die als „Katavothren“ bekannt sind. In diesen Schluchten konnte das Wasser des Sees abfließen. Danach floss es unterirdisch in die Seen Paralimni und Hylike und ins Meer. Schon in der mykenischen Zeit konnten die Bewohner des Gebietes den See durch ein System von Kanälen und Deichen trockenlegen. Sie leiteten das Wasser durch die Kanäle und die Deiche an das Seeufer und durch einen Gürtelkanal konnte das Wasser in die „Katavothren“ abfließen. Im Laufe der Zeit wurden die „Katavothren“ durch Ablagerungen aufgefüllt. Auf diese Weise wurde der See Kopais gebildet. Der See wurde im Jahr 1886 wieder entwässert. Es handelt sich um eine Fläche von 20000 ha, die heute noch landwirtschaftlich genutzt wird. Hadrian finanzierte in der Antike den Bau von Dämmen, und Strabon (9.2.18) berichtet über eine misslungene Entwässerung im 4. Jahrhundert v. Chr.

Befestigungsmauer einen Umfang von mehr als 3000 m. Auf der Tafelfläche wurden drei kleine Erhebungen festgestellt. An der östlichen Seite erreicht die Erhebung eine Höhe von 119 m über dem Meeresspiegel, an der südlichen Seite 123 m und in der Mitte der nördlichen Seite, wo das wichtigste Gebäude von Gla errichtet wurde, 185 m.[1712]

Am Anfang des 19. Jahrhunderts wurde der Ort mehrmals von Reisenden besucht. E. Dodwell im Jahr 1805 und W. M. Leake im Jahr 1806 erwähnen in ihren Berichten den Ort. Im Jahr 1834 besuchen L. Ross und H. N. Ulrichs den Ort, P. W. Forchhammer im Jahr 1837. 1853 ist auch W. Vischer auf der befestigten Felsinsel. Sie beschreiben in ihren Reiseberichten die Befestigungsmauer, ihre Tore und die noch sichtbaren architektonischen Überreste. Vischer und Forchhammer vergleichen die Befestigungsanlage mit denjenigen von Mykene, Tiryns und Midea. Im Jahr 1862 identifizierte K. Bursian Gla als die homerische Stadt Kopais. 1881 besuchte Schliemann während der Ausgrabungen in Orchomenos Gla. Er hielt den Ort aber nicht wichtig für weitere Erforschungen. Die erste systematische Untersuchung erfolgte unter der Leitung von F. Noack im Mai 1893. Er zeichnete alle sichtbaren architektonischen Reste von Gla. Einen Monat später begann der Franzose A. de Ridder mit ersten Ausgrabungen auf der Felseninsel. Er entdeckte den sog. Palast sowie den südlichen Gebäudekomplex und datierte die ganze Anlage in spätmykenische Zeit. 1894 publizierte Noack seine Untersuchungen. Sein Versuch, Gla mit der homerischen Stadt Arne zu identifizieren, konnte aber nicht überzeugen. I. Threpsiades begann 1955 mit Ausgrabungen in der prähistorischen Stätte. Seine Grabungen konzentrierten sich auf den Palastbereich und die westliche Lagerhalle. Threpsiades untersuchte auch die Toranlagen von Gla und versuchte die gesamte Anlage durch Vergleiche mit den anderen bekannten mykenischen Befestigungen zu erklären. Eine Publikation seines Werkes gibt es wegen seines frühen Todes nicht.[1713] Nach 1977 führte Iakovidis mehrere Jahre lang Ausgrabungen in Gla durch.[1714]

Die Befestigungsanlage wird in den antiken Quellen nicht erwähnt. In byzantinischer Zeit wurde an der Stelle des sog. Palastes eine Kirche errichtet. Während der Revolution der Griechen gegen das Osmanische Reich 1821 wurde der Ort von Griechen als Zufluchtsort verwendet. Gla mit seinen starken Befestigungsmauern gab der Bevölkerung eine gewisse Sicherheit.

[1712] S. Iakovidis, *Γλας I, η Ανασκαφή*, 1955–1961 (1989), 1ff.

[1713] S. Iakovidis (1973), 141ff.

[1714] S. Iakovidis, Gla and the Kopais in the 13th Century B. C. (2001).

5.13.2. Die „Palastanlage" und die sog. Agora

In der Mitte der nördlichen Seite befindet sich eine künstliche Terrasse, deren nördliche äußere Mauer in die Befestigungsmauer eingegliedert wurde. Auf der Terrasse wurden zwei längliche Gebäude entdeckt, die im rechten Winkel aufeinander treffen. Es handelt sich eigentlich um einen L-förmigen Bau. Der nördliche Flügel hat eine Länge von 80,20 m und seine Breite erreicht 16,50 m. Der östliche Flügel hat eine Länge von 72,65 m und seine Breite erreicht ebenfalls 16,50 m. Beide Flügel nehmen eine Fläche von 1872 m^2 ein.[1715] Jeder Gebäudekomplex hat seinen eigenen Zugang. Das Ganze wird in viele Räume unterteilt, die durch Korridore und Türen miteinander verbunden sind. Iakovidis spricht von zwei megaronartigen Räumen (die größeren Räume beider Gebäude), die keine Stützen, keine Herdstelle und keinen Thronsockel besitzen.[1716] Beide Flügel sollen laut Iakovidis aufgrund der Breite ihren äußeren Mauern zweistöckig gewesen sein. Sie sind 1,20 bis 2 m breit. Obwohl die Mauern eine gewisse Stärke haben, lehnt er einen fortifikatorischen Charakter des Gebäudes ab.[1717]

Die Mauern beider Flügel bestehen aus großen Steinbrocken, die direkt auf der Terrasse errichtet wurden. Es handelt sich meistens um Kalkstein, der leicht zu bearbeiten war. Die Bautechnik ist einfach und leicht anzuwenden. Die flacheren Seiten der Steine wurden zusammengesetzt. Wenn die Steinbrocken nicht zusammenpassten, wurden sie gemeißelt. Dieselbe Bautechnik wurde auch für die Mauerteile innerhalb der Gebäude verwendet. Man findet keinen leeren Raum zwischen den großen Steinen, weil die Baumeister sie mit kleineren Steinen aufgefüllt haben. Auf diese Weise war die Mauer kompakter und stabiler. Dennoch bestanden die Mauern nicht ausschließlich aus Stein, sondern auch aus Lehmziegeln und Holz. Verbindungsmaterial für die steinernen Mauern wie Erde oder Lehm wurde nicht verwendet. Erde wurde aber zum Niveauausgleich des Bodens benutzt.[1718] Die erhaltenen Mauerreste erreichen eine Höhe von bis zu 0,50 m. Fast alle waren mit kalkreichem Mörtel verputzt. Bis zu drei Putzschichten wurden festgestellt, die häufig mit Malereien geschmückt waren. Die Böden der Räume bestanden aus Mörtel und gestampfter Erde. Die 45 Türen des sog. „*Μέλαθρον*" in Gla sind durch ihre Steinschwellen erkennbar.[1719] Als Türen wurden hölzerne Konstruktionen verwendet, die in hölzernen Rahmen befestigt waren. Kleine Bleiplättchen

[1715] S. Iakovidis (1989), 163f.

[1716] Ebd. 103ff.

[1717] Ebd. 105f. Abb. 11.

[1718] Ebd. 151f.

[1719] Ebd. 155f.

verweisen auf die Technik, mit der die Holzrahmen an den Mauern befestigt wurden. Die Vertiefungen an den Schwellen und sog. „*Πέδιλα*", an denen die Türen befestigt waren, erlauben eine Rekonstruktion der Türen in Gla.[1720]
Es wird eine geneigte Bedachung angenommen. Die Dachziegel waren in einer Schicht von Lehm und Zweigen eingebettet. Für eine geneigte Bedachung spricht die Verstärkung des Bodens mit Mörtel an der Ecke zwischen den beiden Gebäudekomplexen. Auf diese Weise wurden die Fundamente der Mauern besser vor der Witterung geschützt.
Ein anderes architektonisches Element des Gebäudekomplexes sind die Abwasserkanäle. Sie wurden mit großen Steinen gebaut und waren innen verputzt.[1721]
Dieser Bau unterscheidet sich von den anderen mykenischen Palastanlagen durch seine Größe und Anordnung. Die beiden Gebäudeflügel mit ihren Binnenräumen und Korridoren scheinen eine andere Funktion gehabt zu haben als die anderen Palastanlagen der mykenischen Welt. Auch dass die sog. Megaronbauten keine großen Herdstellen, Stützen und Thronsockel besitzen, weist auf eine andere Funktion dieser Bauten hin. Nach Annahme von Iakovidis wohnten hier zwei wichtige Persönlichkeiten, wahrscheinlich untergeordnete Offiziere, die eine administrative Aufgabe in Gla innehatten.[1722] Eigentlich handelt es sich um zwei große getrennte Häuser mit fast derselben Größe und einem ähnlichen Aufbau, aber verschiedener Orientierung. Sie waren nur durch eine Tür verbunden.
Wenn man das Ganze betrachtet, stellt man sofort fest, dass die Form der gesamten Baukonstruktion ungewöhnlich für die mykenische Zeit ist. Laut Iakovidis hatte der Bau einen ähnlichen Aufbau wie die anderen mykenischen Paläste.[1723] Auf der Terrasse gab es genug Platz, um einen größeren „Palast" zu errichten.[1724]
Die Untersuchung der architektonischen Überreste zeigte, dass beide Gebäude einem Brand zum Opfer gefallen sind. Therpsiades und de Ritter haben von zwei Brandkatastrophen gesprochen. Nach der zweiten wurde der Ort endgültig verlassen.[1725]
Als die Ausgrabungen von Iakovidis wieder aufgenommen wurden, konnten die Spuren der Brandkatastrophe allerdings nicht gefunden werden. Im Laufe der Jahre und wegen der Witterung waren die Brandspuren für immer verloren gegangen.
100 m südlich des Gebäudekomplexes wurde die sog. Agora von Gla ausgegraben. Es handelt sich um zwei parallel zueinander angeordnete Baukomplexe, die sich von Norden nach Süden orientieren. Der westliche ist der Gebäudekomplex A-B-E und Z. Das östliche Gebäude H-K wurde erst ab 1981 systematisch untersucht und ist weniger komplex als das westliche. Die Ausgrabung unter der Leitung von Iakovidis dauerte bis 1991 an.[1726]
Beide Gebäudekomplexe haben einen ähnlichen Grundriss. Die nördlichen und südlichen Teile des westlichen Baukomplexes werden durch einen langen Korridor verbunden. Das Ganze wird durch viele kleine Räume unterteilt.[1727] Es wird angenommen, dass dieser Gebäudekomplex aus luftgetrockneten Lehmziegeln gebaut war, die auf einem steinernen Unterbau errichtet wurden. Der steinerne Sockel der Mauern war nicht sehr hoch und bestand aus unbearbeiteten Steinen. Die Wände waren wahrscheinlich verputzt und die Böden bestanden aus gestampfter Erde. Die Türschwellen waren aus Stein. Während der Ausgrabungen war es schwierig, sie von den Mauern zu unterscheiden. Für das Dach wird eine geneigte Form vermutet.[1728]
Vom ganzen Gebäude ist nur der Komplex der Räume Z2 – Z5 besser erhalten. Sein Boden und seine Treppenanlage weisen auf ein Wohngebäude. Anhand ihrer Größe, ihrer Anordnung und ihrer Bauweise scheinen die anderen Räume im Vergleich zu der sog. Palastanlage im Norden eine andere Funktion gehabt zu haben. Die wenigen Zugänge in den Gebäudekomplex lassen vermuten, dass nicht das Gebäude selbst geschützt werden sollte, sondern sein Inhalt. Ein anderes bautechnisches Detail, das etwas über die Funktion des Gebäudes sagen könnte, sind die Türschwellen im inneren Bereich des Gebäudes. Sie wurden so angelegt, dass der Transport von Gütern zwischen den Räumen erleichtert wurde.[1729]
Eine andere mögliche Funktion wäre die als Kasernen oder Werkstätten. Bis heute ist nicht geklärt, wofür diese Räume tatsächlich verwendet wurden. Dasselbe gilt auch für den parallel im Osten liegenden Gebäudekomplex von Gla. Beide wurden durch eine Brandkatastrophe zerstört und nicht wieder verwendet. Sicher ist, dass diese Gebäudekomplexe wie auch die „Palastanlage" durch eine „*Peribolosmauer*" abgetrennt wurden. Die nördliche „*Peribolosmauer*" wird in zwei Teile unterteilt (I und II).

[1720] Ebd. 159f. Es handelt sich um Bronzeeinsätze, an denen man die hölzernen Türen befestigen konnte.
[1721] Ebd. 160f.
[1722] Ebd. 163f.
[1723] Ebd. Siehe Anm. 196.
[1724] Ebd. 164f.
[1725] Ebd. Abb. 13. Im Grundriss des Gebäudes werden die Spuren der Brandkatastrophe dargestellt.
[1726] S. Iakovidis, *Γλας II, η Ανασκαφή*, 1981–1991 (1998).
[1727] Ebd. 167ff.
[1728] Ebd. 220f.
[1729] Ebd. 221f. Zu den erhöhten Türschwellen führten keine Stufen, sondern kleine Rampen.

Teil I umschließt keine architektonischen Elemente, Teil II umschließt das „*Μέλαθρον*“ von Gla.[1730] Die südliche „*Peribolosmauer*“ umgibt die zwei parallel zueinander verlaufenden Gebäudekomplexe und wird mit III und IIIa bezeichnet.[1731]

Bei den Funden handelt es sich überwiegend um Scherben von verschiedenen Gefäßen. Während der ersten Ausgrabungen in Gla wurde die Keramik nach Theben gebracht ohne katalogisiert und publiziert zu werden. Den größten Teil davon fand Therpsiades, dessen Werk aber nicht beendet wurde. Iakovidis konnte während seinen Ausgrabungen von 1955 bis 1961 und von 1981 bis 1991 einen großen Teil der Funde katalogisieren und publizieren. Überwiegend handelt es sich um spätmykenische Keramik, vor allem um Gebrauchskeramik. Pithoi, Küchenkeramik, Geräte aus Ton, die zum Grillen verwendet wurden, Kyliken, Prochoi, Skyphoi. Kratere und Kraterisken, Becher und andere Scherben, die eine neolithische Besiedlung des Ortes belegen, wurden auch gefunden. Aus der geometrischen Zeit wurden nur zwei Scherben eines Gefäßes gefunden. Auch Werkzeuge aus Stein wurden entdeckt. Es handelt sich um eine neolithische Axt, zwei Klingen aus Pyrit und ein Stück einer Klinge aus Obsidian.

Einer der wichtigsten und interessantesten Funde ist ein Stück von einem Straußenei. Diese Eier wurden in der mykenischen Welt meistens als Rytha verwendet und mit Metall oder Fayence verarbeitet.[1732]

Die Keramik datiert die gesamte Anlage von Gla in die spätmykenische Epoche SH IIIB (späthelladische Zeit), also um 1300 v. Chr., und bricht dann um 1200/1230 v. Chr. ab. Gla wurde in einer Epoche zerstört und verlassen, als Mykene und Tiryns mächtiger wurden, ihre Anlagen erweiterten und Athen zum ersten Mal befestigt wurde.

5.13.3. Die Befestigungsanlage

Die ganze Felsinsel von Gla wird von einer über 3 km langen und 5,40 bis 5,80 m breiten Mauer in Kyklopenbauweise umschlossen (Taf. 62a-b). Ihre erhaltene Höhe beträgt 2 bis 6 m.[1733] Die Verteidigungsmauer wurde an vielen Stellen direkt an den Steilhang des Hügels gebaut (Taf. 62,1). Als Baumaterial wurden natürliche große Kalksteinbrocken in glatten, plattenartigen Quadern verwendet. Dies hatte einen wichtigen Vorteil für die Errichtung der Mauer. Die glatten und plattenartigen Quader aus Kalkstein sind viel besser für den Bau einer Befestigungsmauer mit geradlinigem Verlauf geeignet als für eine mit gekrümmtem Verlauf. Diese Steine waren auch leichter zu transportieren und zu schichten als die anderen größeren kyklopischen Brocken, die in Mykene oder Tiryns verwendet wurden. Die Befestigungsmauer ist in der Zweischalentechnik gebaut und wird in kleine geradlinige Abschnitte geteilt. Jeder Abschnitt hat eine Länge von 6 bis 12 m, die vom Bodenverlauf abhängig ist. Die vorspringenden Absätze, welche die Mauer bildet, erinnern an die Befestigungsmauern von Troia VI und Tiryns. Die vorspringenden Absätze in Gla sind zwischen 0,10 m und 0,60 m groß, meistens sind sie aber 0,25 bis 0,60 m groß. Besonders an diesen Stellen wurden große rechteckige bearbeitete Steinbrocken verwendet. Diese Bautechnik wurde nicht nur für die äußere Seite der Befestigungsmauer, sondern auch für die innere verwendet. Ungewöhnlicherweise für mykenische Verteidigungsmauern hat die Befestigung von Gla vier Zugänge im Norden, Westen, Süden und Südosten. Zu den Toren führten aufwendige, künstlich geschaffene Rampen. Alle Toranlagen wurden in den Jahren 1955 bis 1959 vollständig ergraben (Taf. 62,2a-b-c).

A. Westliches Tor

Dieses Tor wird von den Wissenschaftlern auch als „Tor des Feigenbaumes“ bezeichnet. Die Öffnung des Tores, die 5,30 m beträgt, wird von zwei starken viereckigen Pylonen, dem nördlichen (I) und dem südlichen (II) flankiert, die nach Iakovidis Ansicht nicht als Türme oder Bastionen bezeichnet werden dürfen.[1734] Sie sind einfach die verstärkten Endungen der starken Befestigungsmauer rechts und links des Zugangs der Toranlage. Iakovidis vergleicht sie mit anderen ähnlichen Toranlagen, wie z. B. dem Tor der ersten Phase von Tiryns und dem östlichen Tor von Midea.[1735]

Pylon I bildet im Zusammenhang mit der Befestigungsmauer einen stumpfen Winkel und springt aus der Mauer 2,20 m hervor. Seine Fassade hat eine Länge von 5,30 m. Der quadratische Pylon ist direkt auf dem Felsen errichtet und in einer Höhe von 1,30 bis 2,40 m erhalten. Er besteht aus großen unbearbeiteten viereckigen Steinbrocken mit einer Größe von 2,20 x 1,10 x 0,60 m und mehr. Die größeren Flächen der Steine werden nach außen gesetzt und bilden die Fassade der quadratischen Baukonstruktion. Im Inneren besteht der Pylon aus kleineren unbearbeiteten Steinen.

[1730] Ebd. 77f. Abb. 6.

[1731] Ebd. 168f. Abb. 14.

[1732] Zu den Funden siehe Glas I, 230ff.; Glas II, 134ff.

[1733] Das Ganze ist zehnmal so groß wie Tiryns und siebenmal größer als Mykene.

[1734] S. Iakovidis (1989) Glas I, 13f. Bild 2.

[1735] Ebd. K. Müller, H. Sulze, Tiryns III (1930), 8-9, Taf. 25.

Pylon II springt nicht wie Pylon I aus der Hauptmauer hervor, sondern wird durch einen stumpfen Winkel mit der Befestigungsmauer verbunden. Er ist auch quadratisch, aber die Länge seiner äußeren Fassaden ist unterschiedlich.[1736] Seine innere östliche Seite ist kürzer als die äußere westliche. Die westliche Fassade von Pylon II hat eine Länge von 4,75 m. Wie Pylon I wurde auch er direkt auf dem Felsen errichtet. Seine heute erhaltene Höhe beträgt 2,30 m. Dies betrifft den inneren Bereich der Baukonstruktion und nicht seine äußere Fassade, die nur in einer niedrigen Höhe erhalten ist. Die Bauweise ist dieselben wie bei Pylon I. Seine Steinbrocken sind 1,50 x 1,40 x 0,45 m groß. Sie sind horizontal gelegt und wie bei Pylon I werden auch hier die größeren Flächen der Kalksteine nach außen gerichtet. Sein Inneres besteht aus kleineren Steinen.[1737]
Der Raum zwischen den beiden Pylonen wird von Iakovidis als „äußerer Hof" bezeichnet. Er hat eine Breite von 5,30 m und eine Tiefe von 5,70 m. Sein Boden ähnelt der Fläche einer Treppenanlage, die aus plattenförmigen Steinen und dem natürlichen Fels besteht. Der „äußere Hof" wurde vom „inneren Hof" durch eine kleine Mauer getrennt. Sie hatte die Funktion einer Schwelle. Von ihr sind nur wenige Teile erhalten. Links und rechts fand Iakovidis zwei Sockel, auf denen die Rahmen der hölzernen Tür standen. An dieser Stelle hat die Öffnung der Toranlage eine Breite von 3,88 m.[1738] Nach der Öffnung folgt der sog. „innere Hof". Seine Dimensionen entsprechen denen des „äußeren Hofes". Nördlich des „inneren Hofes" und direkt hinter Pylon I wurden architektonische Reste einer rechteckigen Baukonstruktion gefunden. Iakovidis bezeichnet sie als „*Φυλάκιον*" (Wachstube).[1739] Ihr Unterbau besteht aus Stein, der Oberbau bestand aus Lehmziegeln. Gegenüber diesem Raum befindet sich südlich die Mauer 4, die den „inneren Hof" einschließt. Der westliche Teil dieser Mauer wird durch die Mauer 5 nach Süden verlängert. Dieser Mauerteil wurde wahrscheinlich gleichzeitig mit Pylon II errichtet. Das Ganze hat eine Höhe von 0,50 bis 0,73 m. Der Oberbau bestand aus Lehmziegeln. Dass diese Baukonstruktion Teil einer zweiten Wachstube gewesen ist, kann nicht ausgeschlossen werden.
Eine andere Baukonstruktion im inneren Bereich der Toranlage ist die sog. „*αναβάθρα*" (Rampe). Es handelt sich laut Iakovidis um eine Konstruktion mit einer Länge von 8,75 m. Der Bau hat einen krummen Verlauf und endet direkt an der Hauptbefestigungsmauer an der Stelle, an der der rechteckige Raum die Hauptmauer trifft. Heute kann man nicht mehr viel von dieser Baukonstruktion sehen, durch die man auf die Hauptbefestigungsmauer gelangen konnte.

B. Nördliches Tor

Ähnlich wie das westliche Tor ist auch die nördliche Toranlage gebaut worden.[1740] Die Anlage liegt 11 m über der Ebene und war durch einen schmalen Weg zu erreichen. Dieser war mit einer Schicht aus gestampfter Erde und Kieselsteinen bedeckt. Der Zugang des Tores hat eine Breite von 5,64 m und wird von zwei quadratischen Pylonen (III und IV) flankiert. Die äußeren Fassaden der beiden Pylonen springen 0,65 m aus der Befestigungsmauer hervor und folgen genau dem Verlauf der Verteidigungsmauer. Dies bedeutet, dass beide Pylonen an derselben Linie liegen.
Die äußere Fassade des östlichen Pylon (III) hat eine Länge von 6,20 m. Die Mauerseite, die in Richtung des Zugangs der Toranlage verläuft, hat eine Länge von 7,13 m und die innere Mauerseite beträgt 6,10 m. Diese innere Mauerfassade springt 0,35 m aus der Hauptmauer hervor. Pylon III besteht aus großen grob bearbeiteten Steinbrocken, die horizontal eingesetzt wurden. Besonders die Steine, mit denen die Fassaden des Pylon errichtet wurden, haben glatt verarbeitete Flächen. Beeindruckend ist die Einsetzung eines sehr großen Steinbrockens mit einer Länge von 2,25 m und 1 m Höhe. Die Räume zwischen den großen Steinen wurden mit kleineren Steinen aufgefüllt. Die Größe des Baumaterials variiert. Es gibt Steine mit einer Länge von 2,08 m, 2 m, 1,70 m und 1,38 m. Der innere Bereich besteht aus unbearbeiteten Steinen, die aber nicht die Größe der Steine der Fassaden haben. Pylon III ist in seiner äußeren Fassade in einer Höhe von 4,66 m erhalten. Seine innere Mauerseite hat eine Höhe von 3,74 m.
Fast quadratisch ist auch der westliche Pylon IV. Seine äußere Mauerseite springt auch 0,65 m aus der Hauptmauer hervor. Sie hat eine Länge von 5,82 m. Seine westliche Seite im Bereich des Zugangs hat eine Länge von 7,24 m. Pylon IV ist in einer niedrigeren Höhe als Pylon III erhalten. Seine Bauweise ist dieselbe wie Pylon III mit großen Steinbrocken, die horizontal verbaut wurden. Auch hier wurden sehr große Steine verwendet, wie z. B. ein Monolith mit einer Länge von 2,50 m.
Wie in der westlichen Toranlage wird auch hier von Iakovidis der Raum zwischen den beiden Pylonen als „äußerer Hof" bezeichnet.[1741] Sein Boden bestand aus plattenartigen Steinen und gestampfter Erde mit Kieselsteinen. Im Innenbereich des „äußeren Hofes" befindet sich 5,80 m von den äußeren Fassaden der beiden Pylonen entfernt eine Steinschwelle. Von der

[1736] Ebd. 15f.
[1737] S. Iakovidis (1989) Glas I, 15f.
[1738] Ebd. 16f.
[1739] Ebd.
[1740] Ebd. 24ff. Bild 3. (nördliches Tor).
[1741] Ebd. 26ff.

Schwelle ist nur der östliche Teil erhalten. Sie hat eine Länge von 3,25 m und ist 1,30 m breit. Sie besteht aus zwei Reihen großer Steine. Dazwischen liegen kleine Steine. Das Ganze trug laut Iakovidis wahrscheinlich eine Holzverkleidung.[1742] Zwei Sockel trugen die Rahmen der hölzernen Tür, von denen nur der östliche erhalten ist.
Der „innere Hof" besteht im östlichen Bereich aus einem L–förmigen Mauerzug, der aus den Mauerzügen 6 und 7 besteht und direkt hinter dem Pylon III liegt.[1743]
Westlich wird der „innere Hof" durch einen rechteckigen Raum und einen verlängerten Mauerzug (10) abgegrenzt. Der rechteckige Raum soll ein Wachraum gewesen sein. Sein innerer Raum ist 2,85 x 3,27 m groß. Seine Mauern und Mauer 10 erreichen eine Breite von 1,20 bis 1,45 m. Die Höhe der Mauern beträgt 1 bis 1,30 m. Die Bauweisen sind dieselben wie bei der westlichen Toranlage.
Der „innere Hof" hat eine Länge von 7 m und eine ansteigende Neigung. Zwischen den Mauerzügen 7 und 10 befindet sich noch ein Zugang mit einer Breite von 4,70 m, der in den inneren Bereich der Befestigungsanlage führt. An dieser Stelle wurden vier Steine in situ gefunden, die laut Iakovidis zum Boden des „inneren Hofes" gehörten. Ob an dieser Stelle eine zweite Tür stand, kann nur vermutet werden.

C. Südöstliches Tor

Es handelt sich um eine doppelte Toranlage. Sie besteht aus den zwei nebeneinander liegenden Zugängen A und B, die durch einen starken quadratischen Pylon (VI) getrennt werden. In der Literatur wird die Toranlage als „*Δίπυλον*" (mit zwei Tören) bezeichnet.[1744] Zu der Toranlage führte von der Ebene her eine ansteigende Straße, die durch zwei kyklopische Mauern gestützt wurde. Sie endete am Hang der Felsinsel, 120 m östlich der Toranlage. Bis in das Jahr 1957 konnte man noch Teile dieser Straße und ihrer Stützmauern sehen. Der westliche Zugang führt in das Innere der Befestigungsanlage und der östliche zu einer kleinen östlichen Kuppe, die durch eine Quermauer von dem übrigen Gebiet der Felseninsel abgetrennt wird. Iakovidis nahm an, dass in dem Areal hinter dieser Mauer Tiere gehalten wurden.[1745] Westlich von Pylon VI liegt Pylon V und östlich Pylon VII. Beide sind die verstärkten Endungen der Hauptbefestigungsmauer und wurden in einer Linie gebaut. Der östliche Eingang ist enger gebaut als der westliche.
Hinter den quadratischen Pylonen VI und VII liegen zwei kleine rechteckige Gebäude, die wahrscheinlich als Wachstuben dienten. Der Eingang zu den beiden Baukonstruktionen befindet sich an ihrer westlichen Mauerseite. Hinter Pylon V befindet sich keine Wachstube, sondern ein Mauerzug (11), der als Verlängerung von Pylon V angesehen wird und den Zugang in den Innenbereich der Befestigungsanlage hervorhebt. Schwellen aus Stein trennten den äußeren Bereich zwischen den Pylonen und den inneren zwischen den Wachstuben.[1746]
Pylon V ist quadratisch. Seine äußere Fassade springt 0,35 m aus der Hauptmauer hervor und seine innere 0,55 m. Er hat eine Breite von 5,90 m. Seine äußere Mauerseite hat eine Länge von 5,80 m und seine innere ist 5,50 m lang. Seine östliche Mauerseite ist 6,67 m lang und in einer Höhe von 3 m erhalten. Der Pylon weist dieselbe Bautechnik auf wie die anderen Toranlagen. Auch hier wurden sehr große Steinblöcke verwendet, was an der östlichen Mauerseite gut zu sehen ist. Die drei Monolithen erreichen eine Länge von 1,50 bis 2,45 m. Der Raum zwischen den großen Steinen wurde mit kleineren aufgefüllt. Dasselbe gilt auch für den inneren Bereich der Baukonstruktion.
Als Bauverlängerung der östlichen Mauerseite ist der Mauerzug 11 anzusehen. Er hat eine Breite von 1,50 m und ist in einer Höhe von 1,40 m erhalten. Während der Ausgrabungen zeigte sich, dass dieser Bauteil nicht gleichzeitig mit dem Pylon entstanden ist.
Pylon VI hat einen trapezförmigen Grundriss. Seine äußere Mauerseite hat eine Länge von 6 m. Seine östliche Seite ist 4,88 m, die nördliche 5,90 m und die westliche 5,50 m lang. Seine südliche (äußere) Mauerseite ist in einer Höhe von 3,50 m erhalten. Die anderen Mauerseiten sind niedriger und in einem schlechteren Zustand.
Hinter dem Pylon liegt der Wachraum, der gleichzeitig mit dem Pylon entstanden ist.[1747] Seine Form ist quadratisch. Seine östliche Mauerseite ist 6,20 m, die westliche 5,75 m, die südliche und nördliche jeweils 5,90 m lang. Als Baumaterial wurden große plattenartige und quadratische Steine verwendet, die in einer Höhe von 1,10 m erhalten sind. Der Oberbau bestand aus Lehmziegeln.[1748] Beeindruckend ist die Breite der Gebäudemauern mit 1,40 bis 1,55 m. Der Raum ist 3,25 m lang und 3 m breit. Der Eingang des Raumes ist 1,77 m breit und kann vom Zugang A der Toranlage aus betreten werden.
Pylon VII ist im Gegensatz zu den anderen Pylonen schräg zur östlichen Befestigungsmauer gebaut. Er ist

[1742] Ebd. 27f.
[1743] Ebd. 25f. Bild 3 (nördliches Tor)
[1744] Ebd. 39ff. Bild 4a und b (südöstliches Tor).
[1745] S. Iakovidis (1977), 204ff.
[1746] S. Iakovidis (1989) Glas I, 39f. (das südöstliches Dipylon).
[1747] Ebd. 43f.
[1748] Ebd.

nicht so sorgfältig errichtet worden, wie die anderen zwei und besteht aus großen kyklopischen Steinen unterschiedlicher Form. Die Zwischenräume wurden mit vielen kleineren Steinen aufgefüllt.[1749] Seine Höhe reicht von 2 m an seinen Fassaden bis zu 3,25 m in seinem inneren Bereich, der aus kleineren Steinen besteht. Direkt hinter dem Pylon liegt die östliche Wachstube der Toranlage. Der Bau ist trapezförmig und besteht aus drei Mauerzügen im Gegensatz zu den anderen Wachräumen, die vier haben. Seine südliche Seite wird vom Pylon VII eingeschlossen. Seine nördliche Mauer ist 5,59 m lang, die östliche 4,68 m und die westliche 1,22 m. An dieser Stelle befindet sich der Eingang in das Gebäude mit einer Öffnung von 1,95 m. Er ist vom Zugang B aus betretbar. Die Mauern des Gebäudes erreichen eine Breite von 1,10 m (westliche Mauer) bis zu 1,40 m (die anderen zwei Mauern). Der innere Bereich ist 2,70 x 2,95 m groß.[1750] Sein Boden war mit Steinen gepflastert. Bautechnik und Baumaterial sind dieselben wie bei den anderen Wachräumen der Toranlage. Auch hier bestand der Oberbau aus Lehmziegeln. Dies ist für alle Wachräume nachgewiesen, in denen auch viele Brandspuren gefunden wurden.

Der westliche Zugang A hat eine Länge von 11,36 m und ist 4,80 m breit. An der Stelle zwischen Pylon V und VI ist der Zugang A 4,60 m breit. Auch hier wird von „äußerem" und „innerem" Hof gesprochen.[1751] An der Stelle zwischen Pylon VI und Mauerzug 11 wurden die Basissteine gefunden, auf denen die hölzernen Türen standen. Gegenüber an der Mauer des mittleren Wachraumes wurden die anderen Basissteine gefunden. Ein Schwellenstein wurde nicht entdeckt.

Der „äußere" Hof war mit plattenartigen Steinen gepflastert. Sein Boden fiel stark nach Süden ab. Der „innere" Hof war weniger stark abfallend und trug keine Pflasterung. Im ganzen Bereich des Zugangs A wurden Spuren einer Brandkatastrophe gefunden.

Der Zugang B hat eine Länge von 11 m und nicht die Symmetrie des Zugangs A. Der Raum zwischen Pylon V und VII beträgt an ihren südlichen Mauerseiten 3,82 m. Zwischen den Wachräumen und den Pylonen, wo die hölzerne Pforte stand, ist der Korridor 3,75 m breit. Danach wird er breiter und erreicht 4,75 m. Der „äußere" und der „innere" Hof wurden durch eine Schwelle und die Tür getrennt. Von der Schwelle konnten einige Steine ausgegraben werden. Am Anfang des gepflasterten Hofes wurde eine Stufe in einer Höhe von 0,45 m gefunden. Brandspuren in diesem Bereich wurden nicht festgestellt.[1752]

[1749] Ebd. 44f.

[1750] S. Iakovidis (1989) Glas I, 45f.

[1751] Ebd. 49f.

[1752] Ebd. 53f.

D. Südliches Tor

Die Toranlage wird ebenfalls von Pylonen flankiert. Es handelt sich um den westlichen (VIII) und den östlichen (IX). Nach Iakovidis Meinung war das südliche Tor das Haupttor von Gla.[1753] Direkt hinter den Pylonen befinden sich die Wachräume der Toranlage. Zwischen den Pylonen und den Wachräumen befand sich die hölzerne Tür, die den „äußeren" vom „inneren" Hof trennte. Die geomorphologische Gegebenheit an dieser Stelle verhinderte eine Errichtung der beiden Pylonen auf einer Linie.[1754] Im Innenbereich der Toranlage wurde entlang der östlichen Mauer des östlichen Wachraumes eine „*αναβάθρα*" gefunden, die zum oberen Bereich des Pylon IX und der Hauptbefestigungsmauer führte. Zur Toranlage konnte man über eine ansteigende Straße gelangen, die durch eine kyklopische Mauer gestützt wurde. Heute kann man nur noch wenig von dieser Straße sehen. Es wird vermutet, dass sie über 100 m lang war.[1755]

Der westliche Pylon VIII der Toranlage ist kleiner als Pylon IX. Seine vordere Seitenmauer ist 5,70 m breit. Seine östliche Mauer hat eine Länge von 7,08 m. Seine westliche Mauerseite, die mit der Hauptmauer verbunden ist, ist 4,55 m lang. Heute ist der Pylon noch in einer Höhe von 4,73 m erhalten. Anhand der heruntergefallenen Steinblöcke wird angenommen, dass er ursprünglich höher gewesen ist.

Die Außenmauern wurden mit großen bearbeiteten Steinbrocken gebaut. Sie sind 2,35 x 0,93, 1,90 x 1,10, 2,30 x 0,70 m und 2,60 x 0,70m groß. Das Innere besteht aus kleineren unbearbeiteten Steinen, die sorgfältig gesetzt wurden. Das Ganze ist sehr stabil und muss damals eine beeindruckende Wirkung gehabt haben.

Der östliche Pylon IX ist doppelt so groß wie Pylon VIII. Seine vordere Seite ist genau so breit wie die von Pylon VIII. Seine westliche Mauerseite ist 11,64 m lang. Er ist in einer Höhe von 4,50 m erhalten und besteht aus großen bearbeiteten und geglätteten Steinbrocken. Der innere Bereich besteht wie üblich aus kleineren unbearbeiteten Steinen. Zwischen beiden Pylonen liegt der „äußere Hof", der aus einer breiten Treppenanlage besteht. Grund dafür ist der ansteigende Boden in diesem Bereich. Die Treppen bestehen aus großen breiten Steinplatten und aus dem anstehenden Fels, der geglättet wurde. Spuren der Brandkatastrophe wurden auch hier gefunden. Laut Iakovidis stammen diese nicht aus den Pylonen, sondern vom oberen Teil der hölzernen Tür. Iakovidis vertritt die Meinung, dass die Pylonen hier völlig aus Stein bestanden.[1756]

[1753] Ebd. 59f.

[1754] Ebd.

[1755] Ebd. 61f.

[1756] Ebd. 63f.

Ein Schwellenstein wurde nicht gefunden. Erhalten sind nur die steinernen Basen der Türrahmen. Die Öffnung der Tür beträgt 4,26 m. Hinter der Öffnung folgt der „innere Hof". Er ist 5,50 m breit und hat eine Länge von 7,20 m. Zwischen den Mauern der beiden Wachräume erreicht er eine Breite von 4,65 m. Dieser Hof war nicht mit Pflastersteinen bedeckt, sondern mit einer Brandschicht, in der Metallblättchen und Bronzenägel gefunden wurden. Einige der Metallblättchen waren durchbohrt. Sie stammen von der hölzernen Tür.

Der westliche Wachraum liegt direkt hinter Pylon VIII. Er besteht aus vier Mauerzügen, die direkt auf dem Felsen errichtet wurden und ist fast quadratisch. Seine Mauern erreichen eine Breite von 1,10 bis 1,40 m. Seine nördliche Mauer (18) hat eine Länge von 5,85 m. Ihre erhaltene Höhe beträgt 1,10 bis 1,57 m. Der Innenraum ist 4,25 x 2,90 m groß. Als Baumaterial wurden mittelgroße unbearbeitete Steine verwendet. Sein Boden bestand aus gestampfter Erde und Kieselsteinen. Der Raum war von seiner östlichen Mauer her durch eine 1,80 m breite Öffnung betretbar. Die Schwelle des Raumes besteht aus drei plattenartigen Steinen. Problematisch bleibt ein Hohlraum, an der südlichen Mauer des Gebäudes, dessen Funktion unbekannt ist. Der Hohlraum ist als „*rectangular niche*" in der Literatur bekannt.[1757] Iakovidis vergleicht ihn mit ähnlichen Konstruktionen in Mykene, Tiryns und Athen, die als „Heiligtümer" im inneren Bereich der befestigten Toranlagen interpretiert wurden.[1758]

Dass dieses Gebäude durch eine heftige Brandkatastrophe zerstört wurde, konnte durch den Befund bestätigt werden.

Das östliche Wachgebäude liegt direkt hinter Pylon IX. Im Vergleich zum westlichen ist es enger gebaut. Seine Mauern sind 1,40 bis 1,50 m breit und sie sind in einer Höhe von 1,50 m erhalten. Die Mauern bestehen aus bearbeiteten Steinen, die sorgfältig zusammengesetzt wurden. Alle sind direkt auf dem natürlichen Fels errichtet worden. Der Raum des Gebäudes ist 5,75 x 2,50 m groß. Sein Eingang hat eine Breite von 2,95 m, ein Schwellstein wurde nicht gefunden. Iakovidis vermutet, dass diese Öffnung keine typische Tür war, sondern ein einfacher Durchgang.[1759] Der Boden bestand aus gepflasterten Steinplatten, von denen viele in situ gefunden wurden.

Neben der östlichen Mauer wurde die sog. „*αναβάθρα*" gefunden. Sie ermöglichte den Aufstieg auf den Pylon und die Befestigungsmauer. Ihre äußere Seite bestand aus größeren unbearbeiteten Steinblöcken, die direkt auf dem Felsen errichtet wurden. Die ganze Baukonstruktion wurde mit kleineren Blöcken und Geröll aufgefüllt. Am Anfang ist sie zwischen 3,30 m und 3,50 m breit, am Ende erreicht sie eine Breite von 2,45 bis 2,60 m. Sie verläuft entlang des Wachgebäudes und entlang des hinteren Teiles von Pylon IX. Welche Höhe diese Baukonstruktion hatte, konnte nicht festgestellt werden. Es wird aber angenommen, dass die Rampe nicht unter 5 m hoch war. Sie ist in einer Länge von 11,50 bis 13 m erhalten und war treppenartig gestaltet.[1760]

5.14. Agios Andreas auf Siphnos (Kykladen)

5.14.1. Lage und Forschungsgeschichte

Die westliche kykladische Insel Siphnos liegt zwischen Paros, Antiparos und Melos und ist 82 km^2 groß. Nördlich liegen Seriphos, Kythnos und Kea mit der bronzezeitlichen Siedlung Agia Irini. Siphnos hat eine Länge von 17 km und ist 8 km breit. Der höchste Gipfel der Insel ist 696 m hoch. Die westliche und südliche Küstenlinie der Insel bestehen aus mehreren Buchten. Fruchtbare kleine Ebenen liegen nah der Küstenlinie. Im Osten der Insel liegt eine Hochebene, die sehr fruchtbar ist und noch heute landwirtschaftlich genutzt wird. Es handelt sich um eine fruchtbare grüne Insel, auf der Landwirtschaft mit Oliven- und Weinbau betrieben wird.

Auf der Insel findet man vor allem Schiefer und Marmor vor. Das Vorkommen an Eisen, Blei und auch Gold machte die Insel schon in der prähistorischen Zeit zu einem wichtigen Stützpunkt. Untersuchungen ergaben für Siphnos den ältesten Bergbau im ägäischen Bereich, der schon in der Antike zu Reichtum und Prestige der Insel führte. Unter Archäologen bekannt ist das Schatzhaus der Siphnier im Apollonheiligtum von Delphi.

Die befestigte Siedlung von Agios Andreas liegt auf der Hochebene im östlichen Bereich der Insel auf einem kegelförmigen felsigen Hügel mit einer Höhe von 400 m. Der Hügel liegt ca. 2 km südlich von Apollonia und vom Dorf Katavati und dominiert die Mitte des südöstlichen Bereiches der Insel, nämlich die Fläche von Platys Gyalos bis zum Hügel von Profitis Elias, wo die Siedlungen von Apollonia, Artemonas, Katavati, Exampelos und Kastro liegen. Ihren Namen bekam die Siedlung durch die gleichnamige Kirche. Obwohl Agios Andreas etwa eine Stunde von der Küste entfernt liegt, spielte seine Lage eine bedeutende Rolle für die Sicherheit der Insel, denn von dort aus konnte man eine nahende Gefahr für die Insel frühzeitig erkennen. Von Agios Andreas aus kann man noch zwei andere wichtige Orte auf Hochebenen erkennen. Es handelt sich um Agios

[1757] Ebd. 67f. Bild 15.

[1758] Ebd. 68f.

[1759] Ebd.

[1760] Ebd. 71f.

Sostis im Norden und das sog. Kastro im Osten, wo die archaische und klassische Stadt Siphnos lag. Für die mykenische Epoche scheinen anhand des archäologischen Befundes Agios Andreas und die Siedlung Froudi tis Baronas im westlichen Bereich der Insel eine große Rolle gespielt zu haben.

Die architektonischen Reste der Siedlung liegen überall auf dem Gipfelplateau des Hügels verteilt auf einer Fläche von 10000 m^2. Viele der baulichen Überreste auf dem Hügel waren schon früher sichtbar. Sie waren der Grund für die frühe Erforschung des Ortes schon im 19. Jahrhundert. Der erste Archäologe, der 1898 eine kleine fünftätige Ausgrabung auf dem Hügel durchführte, war Ch. Tsountas. Er entdeckte Teile der Befestigung.[1761] Tsountas war der Ansicht, dass die Befestigung auf Agios Andreas jünger war als die Fortifikation in Kastri auf Syros. Da er mykenische Scherben fand, datierte er die Befestigung mit der inneren und äußeren Mauer in die mykenische Zeit. In der Literatur wurde die Siedlung früher in das frühe Kykladisch II oder in die mittlere kykladische Zeit datiert. Systematische Ausgrabungen fanden viel später im Jahr 1970 unter Leitung der Archäologin B. Philippaki statt. Die Ausgrabungen dauerten bis 1980 an. Philippaki konnte beweisen, dass die befestigte Akropolis bzw. die innere Befestigungsmauer zur mykenischen Epoche gehört, während die äußere Mauer geometrisch ist.[1762] Erst im Jahr 1995 beauftragte die archäologische Gesellschaft von Athen C. Televantou mit der Publikation der archäologischen Ergebnisse der alten Ausgrabungen. Televantou sollte das archäologische Material und die Stätte erneut untersuchen. Eine üppige Vegetation überdeckte während der letzten 17 Jahre die architektonischen Elemente der Siedlung, so dass das Areal zuerst gesäubert werden musste. Televantou spricht auch von über 100 Kisten mit archäologischem Material.[1763]

Philippaki erkannte durch einige Obsidianfragmente und wenige Scherben, dass die Siedlung schon seit der Frühbronzezeit besiedelt wurde. Anhand der spärlichen Keramik datierte sie Teile der Siedlung in die mittelkykladische Zeit.

5.14.2. Der innere Bereich der befestigten Akropolis

Während der Ausgrabungen von Philippaki wurden verschiedene Gebäudekomplexe innerhalb der Fortifikation entdeckt, die vom Grundriss her einem Viereck ähneln (Taf. 63a). Die architektonischen Elemente decken fast die gesamte Fläche des Areals ab, obwohl viele bis heute nicht vollständig ausgegraben wurden. Die gesamte Struktur der Bauten innerhalb der Befestigung stand in Verbindung mit den Straßen der Siedlung, die vom sekundären Tor I an der nördlichen Befestigungsmauer und vom Tor II an der südwestlichen Mauer in das Zentrum von Agios Andreas führten. Vom Zentrum aus verliefen sie Richtung Haupttor, das an der südöstlichen Seite der Siedlung lag. Wie genau das Ganze aussah, konnte aber bis heute nicht festgestellt werden.

Mit der Wiederaufnahme der Ausgrabungen im Jahr 1995 versuchte Televantou ein detaillierteres Bild der Siedlung zu rekonstruieren. Televantou vertritt die Ansicht, dass die mykenische Zeit durch eine Lehmschicht zu erkennen ist, die nicht vom Hügel stammt, sondern wahrscheinlich importiert wurde. Damit isolierte man die Wände der mykenischen Bauten, aber auch die Dachkonstruktionen, um die Gebäude vor Feuchtigkeit zu schützen.[1764]

Televantou erkannte, dass außer der Fortifikation Haus E, Gebäude H und das frühere Gebäude I aus der mykenischen Phase der befestigten Akropolis stammen.[1765] Möglicherweise gehören zu dieser Epoche auch das einräumige Gebäude südlich des Hauses E und der Gebäudekomplex A. Laut Televantou beweist die Tatsache, dass mykenische Keramik nicht nur innerhalb der Akropolis, sondern auch außerhalb der Fortifikation gefunden wurde, dass die mykenischen Bauten zahlreicher gewesen sein müssen, als uns heute bekannt ist.[1766] Die gefundene Keramik in Bau E weist auf die SH IIIB Zeit hin. Es gibt aber auch Keramik, die in die Zeit SH IIIC datiert wird. Es scheint, dass diese Baukonstruktion über eine längere Zeit hinweg benutzt wurde.[1767]

Gebäude H besteht aus zwei Räumen, die miteinander verbunden sind. Der Eingang befindet sich an der nördlichen Seite des Hauses, direkt an der westlichen

[1761] Ch. Tsountas, *κυκλαδικά I*, AEphem, 1892, 137– 121; derselbe, *κυκλαδικά II*, AEphem, 1899, 73– 134.

[1762] B. Philippaki, *Η ακρόπολις του Αγίου Ανδρέου Σίφνου*, AAA 6, 1973, 93-103; dieselbe, *Ανασκαφή ακροπόλεως Αγίου Ανδρέου Σίφνου*, Prakt, 1975, 235-237; dieselbe, *Ανασκαφή ακροπόλεως Αγίου Ανδρέου Σίφνου*, Prakt, 1976 284-286; dieselbe, *Ανασκαφή ακροπόλεως Αγίου Ανδρέου Σίφνου*, Prakt, 1977, 357-360; dieselbe, *Ανασκαφή ακροπόλεως Αγίου Ανδρέου Σίφνου*, Prakt, 1978, 193-194; dieselbe, *Ανασκαφή ακροπόλεως Αγίου Ανδρέου Σίφνου*, Prakt, 1979, 226-227; dieselbe, *Ανασκαφή ακροπόλεως Αγίου Ανδρέου Σίφνου*, Prakt, 1980, 287-288.

[1763] C. A. Televantou, Ayios Andreas on Siphnos: a Late Cycladic III Fortified Acropolis, in: V. Karageorghis – C. E. Morris, (Hrsg.), Defensive Settlements of the Aegean and the Eastern Mediterranean after c. 1200 B.C. (2001), 191-213.

[1764] Ebd. 204f.

[1765] Ebd.

[1766] Ebd.

[1767] Ebd.

Fortifikationsmauer südlich der sog. Bastion β. Der Durchlass scheint ein Teil der Befestigungsmauer zu sein. Vor dem Eingang befindet sich ein kleiner Hof. Man fand an dieser Stelle eine niedrige Bank aus Stein. Durch Stufen konnte man vom Hof in die Bastion β und auf die Befestigungsmauer gelangen. Es wird angenommen, dass dieses Gebäude von den Wächtern benutzt wurde. Im südlichen Raum des Gebäudes wurde eine rechteckige Konstruktion entdeckt, die entweder als Tisch oder als Bett benutzt wurde. Im Raum liegt eine Herdstelle, die mit Steinplatten bedeckt war. Anhand der Keramik wurde der Bau in die SH IIIC Zeit datiert. In dieser Zeit wurde das Gebäude wahrscheinlich verlassen.[1768]
Von dem sog. früheren Gebäude I ist nur seine südliche und westliche Mauer erhalten. Beide Mauerzüge liegen unter geometrischen architektonischen Elementen. Wahrscheinlich lag an dieser Stelle der Keller des mykenischen Gebäudes. Unter der Türschwelle des geometrischen Gebäudes wurde die erwähnte Schicht von Lehm und Keramik aus der SH IIIC Zeit gefunden. Televantou spricht über Teile von Pithoi, aber auch von kleineren Gefäßen wie Tassen und Skyphoi. Eine Tierdarstellung aus Terrakotta wurde ebenfalls gefunden. Mykenische Keramik wurde auch unter dem geometrischen Gebäude Θ gefunden. Dazu gehört eine SH IIIC Hydria.[1769] Die Keramik der SH IIIC Zeit ergab, dass die befestigte Siedlung in dieser Zeit verlassen wurde. Für eine längere Zeit blieb die Siedlung von Agios Andreas dann unbewohnt. Erst in der geometrischen Zeit wurde der Hügel wieder besiedelt. Die einzigen Hinweise, die auf eine längere Siedlungskontinuität zwischen der mykenischen und geometrischen Zeit deuten könnten, sind Teile eines protogeometrischen Kraters, die im Raum 2 des späteren Gebäudes I zwischen der mykenischen und geometrischen Schicht gefunden worden sind. Anhand der Keramik ergab sich, dass Gebäude Θ, Γ, Z, der spätere Gebäudekomplex I und möglicherweise der Gebäudekomplex A in der geometrischen Epoche errichtet wurden.[1770]
Das sog. spätere Gebäude I besteht aus zwei rechteckigen Räumen. Die Mauern des Gebäudes sind in einer Höhe von 0,30 bis 1,50 m erhalten. An der nördlichen Seite des Hauses liegt sein Eingang. Seine Türschwelle wurde in situ gefunden und ist aus Schiefer, wie die meisten architektonischen Teile der Siedlung. Im Raum 1 wurde an der östlichen Wand eine Herdstelle gefunden. Man fand an der nördlichen Mauer des Hauses ein kleines Fenster. An dieser Stelle fand Televantou spätgeometrische Keramik.[1771] Gebäude Θ lokalisiert Televantou nördlich von Gebäude H und westlich von Gebäude I. Westlich fand man ein geometrisches Grab.[1772]
Von den Gebäuden Γ und Z sind nur ihre Fundamente erhalten. Die Mauern des Gebäudes flankieren die Straße, die zu Tor I führt. Im Gebäude Γ wurden geometrische Keramik und viele Werkzeuge aus Stein gefunden. Von Gebäude I wurden die Türschwelle und die Herdstelle entdeckt. Televantou vertritt die Ansicht, dass die oben genannten Gebäude bis in das 8. Jahrhundert benutzt wurden. Es scheint, dass die befestigte Akropolis nicht vollständig verlassen wurde.[1773]
Auch im südwestlichen Bereich der befestigten Akropolis wurden viele geometrische Scherben gefunden. Der Befund von Gebäude A ergab, dass dieser Bereich während der archaischen und hellenistischen Zeit bewohnt war.
Der große Gebäudekomplex A hat verschiede Bauphasen und wurde öfters verändert. Die architektonischen Elemente des Gebäudes stehen auf den Ruinen eines älteren Gebäudes. Einige architektonische Teile davon wurden in das neue Gebäude eingegliedert. Laut Televantou ist es wahrscheinlich, dass zum Zeitpunkt der Errichtung des neuen Gebäudekomplexes das ältere schon für eine längere Zeit als Ruine auf der Akropolis stand. Gebäude A besteht aus einem großen rechteckigen Hof. An seiner nördlichen, südlichen und östlichen Seite befinden sich kleinere Räume. Die westliche Seite des Komplexes flankiert die Straße, die vom sekundären Tor II über die nördliche Seite des Gebäudekomplexes ins Zentrum der befestigten Akropolis verläuft. Innerhalb des Gebäudes fand man geometrische Keramik und viele Tonwaren aus der archaischen Zeit. In einem Grab fand man in einem Raum, den Televantou nicht genauer erwähnt, Terrakotten aus der klassischen und hellenistischen Zeit. Mykenische Keramik wurde im Komplex auch gefunden, die auf eine mögliche Datierung des früheren Gebäudes hinweist. Weitere Angaben über das Gebäude macht Televantou nicht.[1774]

5.14.3. Die Befestigungsmauer

Eine doppelte Mauer umschließt das 10000 m^2 große Areal und wurde direkt auf dem felsigen Hügel errichtet. Es handelt sich um eine äußere und eine innere Mauer. Nicht alle Abschnitte der Fortifikationsmauer wurden vollständig ausgegraben und erforscht. Bei den ausgegrabenen Teilen erreicht die Fortifikationsmauer eine Höhe von 2,50 bis 3,80 m. Die Befestigungsmauer

[1768] Ebd. Mit Literaturangaben.
[1769] Ebd. 205f.
[1770] Ebd.
[1771] Ebd. Hier wird nicht über Raum 2 des Gebäudes berichtet, weil die Ausgrabung noch nicht zu Ende geführt wurde.
[1772] Ebd.
[1773] Ebd.
[1774] Ebd. 207f. Fig. 2, 12, 13.

erreicht an manchen Stellen eine Stärke von 8 m (Taf. 63b).

Die sog. innere Mauer ist stärker als die äußere. Die innere Mauer schützte mit einem Umfang von 330 m die Siedlung möglicherweise auf allen vier Seiten. Der erhaltene Teil dieser Mauer ist 250 m lang. Es handelt sich um die nördliche, südliche, westliche und einen kleinen Teil der östlichen Befestigungsmauer. An der östlichen Seite des Hügels ist von der Mauer nichts zu sehen. Ihre Bauteile sind den Hang des Hügels heruntergefallen. Noch heute kann man viele der Steinblöcke sehen. Es bleibt aber fraglich, ob die Steine von der östlichen Seite der Befestigungsmauer stammen. Die östliche Seite des Hügels ist mit Klüften, Rissen und Spalten durchzogen und fällt steil in die Ebene hinunter. Ob es nötig war, an dieser Seite des Plateaus eine Befestigungsmauer zu errichten, bleibt bis heute fraglich. Außer den Steinblöcken auf dem Hang des Hügels und einigen Spuren von Mauerzügen, die möglicherweise von Gebäuden am Rand des Hügels stammen oder von einer Rampe, die zum Haupttor der befestigten Akropolis führte, ist nichts erhalten. Es kann aber nicht ausgeschlossen werden, dass auch diese Seite des Hügels durch eine Mauer geschützt wurde. Das Baumaterial stammt aus dem Hügel selbst. Auf dem Osthang des felsigen Hügels wurden senkrechte Einschnitte festgestellt, die vom Abbau des Materials stammen. Auf diese Weise wurde der defensive Charakter des Hügels, besonders sein östlicher Hang gestärkt.

Die sog. äußere Mauer erreicht eine Stärke von 1,30 bis 1,60 m und besteht aus kleinen und mittleren Schiefersteinen. Das Baumaterial wurde mit Sorgfalt dicht zusammengefugt, so dass die äußere Fassade der Mauer eine glatte Fläche bildet. Charakteristisch für die äußere Mauer ist ihre Bauweise. In unregelmäßigen Abschnitten springen Teile der Mauer zwischen 0,15 m und 0,40 m hervor. Es handelt sich um die „gezahnte" Technik, die auch bei anderen mykenischen Fortifikationsmauern verwendet wurde. Wahrscheinlich wurde die Mauer auf diese Weise errichtet, um eine bessere Stabilität zu erreichen.

Die sog. innere Befestigungsmauer ist stärker als die äußere. Ihre Stärke variiert. Bei der nördlichen Befestigungsmauer wurde eine Stärke von 2,40 bis 3 m festgestellt. Die westliche und südliche Mauer der Akropolis ist 3,60 bis 4,10 m stark. Aus welchem Grund diese Differenz entstanden ist, konnte während der Ausgrabungen nicht geklärt werden. Die Mauer besteht aus kleineren und großen Steinblöcken. Einer ist 1,80 x 0,85 m groß. Es handelt sich eigentlich um eine zweischalige Mauer. Ihre äußere Fassade besteht aus den größeren Steinblöcken und die innere aus kleineren und mittelgroßen Steinen. Der Raum dazwischen wurde mit Steinen verschiedener Größe aufgefüllt. Ob bei der Errichtung der Befestigungsanlage Verbindungsmaterial bzw. Lehm verwendet wurde, wird nicht erwähnt.

Die Befestigungsanlage wird von acht rechteckigen Bastionen verstärkt. Die meisten sind 2 x 2,90 m groß und befinden sich an der nordwestlichen Flanke des Hügels. An dieser Seite war eine Erstürmung im Fall von kriegerischen Auseinandersetzungen leichter, denn die Neigung des Hügels fällt an dieser Stelle sanft in die kleine Ebene ab, die den Hügel A. Andreas von dem Hügel Kamilafka trennt.[1775]

Die Bastionen sind in unregelmäßigen Abschnitten errichtet. Die größte ist die Bastion α, die auch als Turm bezeichnet wird. Die Bastion befindet sich an der sog. nordwestlichen Ecke der Befestigungsmauer und ist 8,40 x 9 m groß. Im Gegensatz zu den anderen Bastionen springt sie aus der äußeren Befestigungsmauer hervor. Innerhalb der Bastion wurde noch eine parallele Mauer in der Form der griechischen Buchstabe Π gefunden. Es konnte festgestellt werden, dass es einen Raum in der Bastion gab. Dass sie am Anfang als massive Baukonstruktion galt, ist auf die herab gefallenen Steine von der Befestigungsmauer zurückzuführen. Wie hoch dieser Turm gewesen ist, konnte nicht festgestellt werden. Unter Bastion α wurden die architektonischen Reste einer anderen Bastion, die als Bastion θ bezeichnet wird, entdeckt. Architektonische Teile von ihr bzw. ihre nordwestliche Seite sind in einer Höhe von 1 m erhalten. Diese Bastion springt aus der inneren Befestigungsmauer 2,05 m hervor. Ihre Dimension ist etwa gleich mit der von Bastion β, die südlich von Bastion α liegt. Nach der Keramik ist Bastion θ älter als α. Philippaki fand mykenische und geometrische Scherben. Die mykenischen fand sie nah der Bastion θ.[1776] Dadurch kam sie zu dem Ergebnis, dass die Bastion, die an der inneren Mauer errichtet wurde, während der SH IIIB Zeit oder in der SH IIIB2/C Zeit gebaut wurde. Bastion α soll später, während der geometrischen Zeit entstanden sein.[1777] Bastion θ war von Steinen bedeckt. Diese wurden zwischen die äußere und innere Mauer geworfen, um aus beiden Befestigungsmauern eine zu machen. Nach Philippaki wurde die äußere Mauer später als die innere errichtet.[1778] Zu einem unbekannten Zeitpunkt wurde die Mauer verstärkt. Dies konnte man an der inneren Seite der Mauer zwischen Bastion θ und ι beobachten.

Von Bastion β konnte ihre erhaltene Höhe mit 2,30 m festgestellt werden. Sie springt aus der inneren Mauer 2 m hervor und hat eine Breite von 2,85 m. Dieselben

---

[1775] Ebd. 195f.

[1776] B. Philippaki (1973), 97f.

[1777] B. Philippaki, *Ανασκαφή ακροπόλεως Αγίου Ανδρέα*, ADelt 25, 1970, B΄Chronika, 431-434.

[1778] B. Philippaki (1973), 97f.

Dimensionen soll auch Bastion η haben. Hinter Bastion β wurden Teile einer Treppenanlage gefunden. Es handelt sich um drei Stufen an der inneren Seite der sog. inneren Befestigungsmauer, die wahrscheinlich zum oberen Teil der Befestigung führten. Eine ähnliche Anlage soll auch bei Bastion δ gefunden worden sein. Bastion ζ liegt an dem südöstlichen Bereich der Fortifikation und ist größer als die anderen. Ob sie vom Beginn an in dieser Größe errichtet oder ob sie später verstärkt und erweitert wurde, konnte nicht festgestellt werden. Die rechteckige Bastion flankierte das sog. Haupttor der Anlage. Seine Öffnung beträgt ca. 2 m. Wie das Tor aber genau aussah, ist nicht bekannt, weil von ihm nur wenig erhalten ist. Auf der nördlichen Seite des Tores wurden Teile der Fundamentierung einer Baukonstruktion gefunden, die als Bastion κ bezeichnet wird. Wahrscheinlich wurde das sog. Haupttor der Anlage durch eine zweite Bastion flankiert.[1779] Die Geomorphologie des Hügels in diesem Bereich, nämlich nördlich und östlich der Toröffnung, ist steil und schwer zu erreichen. Hier wurden die senkrechten Einschnitte in den felsigen Hang des Hügels gefunden, die entweder vom Abbau des Baumaterials stammen oder angelegt wurden, um den Aufstieg auf die befestigte Akropolis noch weiter zu erschweren. Mit solchen Maßnahmen bleibt meines Erachtens aber der Grund für die Errichtung eines Haupttores in diesem Bereich fraglich, wo der Hang des Hügels steil in die Ebene fällt und bei einem eventuellen Angriff schwer zu ersteigen ist. Nach der Bautradition werden die befestigten Haupttore an solchen Stellen errichtet, an denen eine Siedlung oder ein befestigtes Palastzentrum meistens leicht zu erreichen und anzugreifen war. Aus diesem Grund sollte das Haupttor von Agios Andreas auf seiner südlichen, westlichen oder nördlichen Seite sein. Dass die Existenz einer Befestigungsmauer auf seiner östlichen Seite bis heute bezweifelt wird, spricht gegen ein Haupttor auf dieser Seite.

Außer dem sog. Haupttor gibt es noch zwei Öffnungen an der Befestigungsmauer, die in der Literatur als sekundäre Tore bezeichnet werden. Es handelt sich um Tor I an der nördlichen Mauer und Tor II an der südwestlichen Seite der Fortifikation. Die Türschwellen der Tore liegen 2 bis 3 m über dem Fundament der Befestigungsmauer. Der Erhaltungszustand von Tor I ist viel besser als derjenige von Tor II. Die Öffnung des Tores I an der äußeren Fassade der Mauer ist 0,94 m breit. Das Tor erweitert sich nach innen und wird 1,45 m breit. Vom Tor führte eine Straße mit einer Breite von ca. 2,30 m in den inneren Bereich der befestigten Akropolis. Die Straße konnte in einer Länge von 17 m verfolgt werden.

Die Öffnung des Tores II ist 0,85 m breit. Nach innen wird das Tor 1,10 m breit. 1,10 m breit ist auch die Straße, die von Tor II ins Innere der Siedlung führt. Nach 7,80 m wurde ein Durchlass an der rechten Mauer gefunden, die die Straße flankiert. Es wird vermutet, dass der Durchlass zu einer Straße führte, die möglicherweise über die Häuser des Gebäudekomplexes A nach Osten zu dem sog. Haupttor der Befestigungsanlage verlief.[1780] Von den beiden Toren wird nur Tor I von einer Bastion flankiert. Da beide Tore verhältnismäßig klein sind, könnte es sich vielleicht auch um Fenster anstatt um Tore handeln.[1781] Wegen der gefundenen Keramik wurde angenommen, dass Tor I und II in der geometrischen Zeit errichtet wurden, wie Bastion α.[1782] Televantou spricht dagegen und glaubt, dass beide Tore in der mykenischen Zeit gebaut wurden. Ihre Konstruktionsweise erinnert laut Televantou an ähnliche Tore in Tiryns, Gla und Mykene. Tore I und II sind in ihrer äußeren Fassade enger gebaut. In ihrem inneren Bereich wird ihre Öffnung breiter.[1783] Aus welchem Grund Televantou nicht auf die an beiden Toren gefundene geometrische Keramik eingeht, ist nicht bekannt. Es kann sein, dass beide Öffnungen das Ergebnis einer langen mykenischen Bautradition sind, die auch während der geometrischen Zeit verwendet wurde.

Allgemein bleibt die Datierung der Befestigungsanlage problematisch. Es wurde versucht, die Mauer durch die im Zwischenraum der äußeren und inneren Fortifikationsmauer gefundene Keramik zu datieren. Dieser Raum wurde zu einem späteren Zeitpunkt mit Steinen und Geröll verfüllt. Dadurch bekam Agios Andreas eine Befestigung mit einem noch stärkeren defensiven Charakter. Schon Tsountas war der Ansicht, dass die Mauer während der prähistorischen Zeit errichtet wurde und jünger als Kastri auf Syros war. Philippaki nahm anhand der spärlichen Keramik an, dass die Befestigung zu verschiedenen Zeiten erbaut wurde. Die innere stärkere Mauer wurde in der SH IIIB Zeit errichtet. Die sog. äußere Mauer wurde zusammen mit der Bastion α während der geometrischen Epoche errichtet. In diese Zeit soll laut Philippaki die Steinfüllung im Raum zwischen den beiden Mauernteilen datieren.[1784] Dasselbe gilt auch für die beiden Tore I und II, weil sie nach dem Bau der Bastion α notwendig waren.[1785] Dagegen vertritt Televantou die Ansicht, dass die äußere Mauer und die Bastion α während der mykenischen Epoche errichtet wurden, nicht viel später als der Bau der inneren Mauer und nicht vor dem Ende der SH IIIC Periode.[1786]

[1779] C. A. Televantou (2001), 197f.

[1780] B. Philippaki (1973), 99f.

[1781] C. Televantou (2001), 197f.

[1782] B. Philippaki (1973), 99f.

[1783] C. Televantou (2001), 197f.

[1784] C. Televantou (2001), 202f.

[1785] Ebd.

[1786] Ebd.

Aufgrund folgender Punkte kam sie zu diesem Schluss:[1787]

A. Laut Televantou weist die äußere Mauer der Befestigung bestimmte architektonische Merkmale defensiver Architektur auf, nämlich die Konstruktionsweise, Fundamentierungsweise und die Vorsprünge der Mauer.

B. Die Öffnungen der beiden Tore I und II sind typisch für die mykenische Architektur. Nach außen sind die Öffnungen enger, nach hinten breiter errichtet. Dass die Tore durch Bastionen flankiert werden, ist noch ein weiteres typisches Merkmal mykenischer Architektur.

C. Nach der Ansicht von Televantou weist die Errichtung der sog. äußeren Mauer auf die Fortifikationsmängel der sog. inneren Befestigungsmauer hin. Mit dem Bau der zusätzlichen Mauer versuchten die Bewohner der Siedlung eine gleichförmige und starke Befestigungsmauer zu errichten, die ihre Sicherheit gewährleisten konnte. Mit einer Stärke von 8 m lässt sich die Mauer von Agios Andreas mit anderen Fortifikationen vergleichen. Als Beispiel nennt sie folgende Fortifikationsmauern: 1. Die Mauer von Theben mit einer Stärke von 4 m. 2. Die Befestigungsmauer in Tiryns mit einer durchschnittlichen Stärke von 7 m, obwohl sie an manchen Stellen eine Stärke von 17 m erreicht.[1788] 3. Die Befestigungsmauer in Gla mit einer Stärke von 5,80 m. 4. Die kyklopische Mauer von Athen mit einer Stärke von 5,50 m. 5. Die Befestigung von Mykene mit einer durchschnittlichen Stärke von 5 m.

D. Das defensive System mit doppelten Befestigungsmauern ist kein Charakteristikum mykenischer defensiver Architektur. Dieses System wurde aber während früherer Epochen im ägäischen Bereich verwendet. Als Beispiele können an dieser Stelle die frühbronzezeitliche Befestigungsanlage in Kastri auf Syros und die Anlage in Palamari auf Skyros genannt werden, die zusätzlich durch einen Graben geschützt wurde. Eine ähnliche spätbronzezeitliche Anlage trifft man in Phylakopi auf Melos an.

E. Für die mykenische Datierung der Befestigungsmauer spricht nach Televantou Folgendes: Während der geometrischen Zeit war die Treppenanlage, die in die Mauerkrone und Bastion β führte, nicht mehr in Verwendung. Direkt östlich wurde der geometrische Gebäudekomplex Θ errichtet. Westlich wurde ein geometrisches Grab gefunden, das höher als die mykenische Schicht liegt. Dies zeigt laut Televantou, dass in der geometrischen Siedlung von Agios Andreas die Befestigungsmauer in diesem Bereich der Siedlung ihre Funktion verloren hatte.[1789]

F. Aus den Ausgrabungen hat sich ergeben, dass die Hälfte der mykenischen Gebäude innerhalb der Befestigung schon in der geometrischen Zeit Ruinen waren. In dieser Zeit wurde nur ein kleiner Bereich der Siedlung genutzt. Auffällig sind Gebäude E und H, die während der mykenischen Zeit entstanden sind. Beide sind direkt an der Befestigungsmauer errichtet. Televantou fragt sich an dieser Stelle, wie die Mauer geometrisch sein konnte, wenn die direkt an ihr errichteten Gebäude mykenisch sind? Außerdem mussten die mykenischen architektonischen Elemente vor dem Bau von geometrischen beseitigt werden. Wie konnten geometrische Bauten an der Mauer errichtet werden, wenn nicht zuvor die Eingangsmöglichkeiten zu den Bastionen und die Mauer selbst gesichert waren?[1790]

G. Dass die Befestigungsanlage nicht geometrisch sein kann, wird laut Televantou noch dadurch begründet, dass Philippaki während ihrer Ausgrabungen zwischen der inneren und äußeren Befestigungsmauer geometrische und mykenische Keramik entdeckt hat. Die Keramik lag in der Steinfüllung zwischen beiden Mauern. In der unteren Schicht der Steinfüllung bis auf den gewachsenen Hügelfelsen wurde die mykenische Keramik gefunden. Anscheinend sind viele Teile der Befestigungsmauer nach dem Verlassen der Siedlung wahrscheinlich gegen Ende der SH IIIC Zeit in den Zwischenraum zwischen der inneren und äußeren Mauer gefallen. Nach Televantou erreichte die Mauer eine Höhe von über 5 m. Sie ist der Ansicht, dass die Besiedlung der Akropolis während der geometrischen Zeit wegen der wichtigen Lage und der vorhandenen Fortifikation wieder stattfand. Die neuen Einwohner der Siedlung scheinen die Funktion der Befestigungsanlage nicht verstanden oder nicht weiter benötigt zu haben. Die herab gefallenen Steine zwischen der inneren und der äußeren Mauer wurden nicht weggeräumt. Stattdessen gibt es Hinweise, dass nach einer Einebnung der Steinfüllung eine kleine Straße gebaut wurde. Hier und in den oberen Schichten der Steinfüllung fand Philippaki die geometrische Keramik.

Einige Teile der Fortifikation wurden während der geometrischen und klassischen Epoche repariert. Als Beispiel für diese Arbeiten kann die südöstliche Seite der Befestigungsmauer erwähnt werden. Die Reparaturarbeiten waren notwendig, um das Abwassersystem besser funktionieren zu lassen.[1791]

Obwohl die genannten Argumente auf eine bestimmte Datierung der Befestigungsanlage hinweisen, bleibt das Problem erhalten. Der wichtigste Grund dafür ist die spärliche Keramik, die für eine feste Datierung der Fortifikation nicht ausreicht. Als sicher gilt, dass das Fortifikationssystem während der verschiedenen Epochen

[1787] Ebd.

[1788] Siehe die Oberburg von Tiryns.

[1789] C. Televantou (2001), 203f.

[1790] Ebd.

[1791] Ebd.

erneuert und verstärkt wurde. Daraus ergibt sich, dass Agios Andreas eine bedeutende Rolle auf Siphnos spielte. Leider fehlen noch viele Informationen, um ein besseres Bild der Siedlung zu rekonstruieren. Zur Rekonstruktion könnte die Lokalisierung des Friedhofes der Siedlung beitragen, der aber bis heute unbekannt bleibt.[1792]
Unbekannt bleibt auch der Grund für das Verlassen der befestigten Akropolis. Die Siedlung wurde etwa bis an das Ende der SH IIIC Zeit bewohnt. Ob kriegerische Auseinandersetzungen das Verlassen des Ortes verursacht haben, konnte nicht festgestellt werden. Zerstörungsschichten wurden nicht gefunden. Televantou begründet das Verlassen des Hügels mit den Ereignissen auf dem griechischen Festland. Die Zerstörung der mykenischen Zentren und die unruhige Zeit haben die gesamte ägäische Welt beeinflusst. Agios Andreas war dabei keine Ausnahme.[1793]

5.15. Phylakopi auf Melos (Kykladen)

5.15.1. Lage und Forschungsgeschichte

Die westlichste Insel der Kykladen ist Melos.[1794] Die Insel liegt südwestlich von Siphnos und westlich von Sikinos und Folegandros. Zu Melos gehören auch ein paar andere, kleinere Inseln. Kimolos liegt an der nordöstlichen Spitze von Melos. Östlich der Insel liegt Polyaigos und westlich Erimomilos. Melos ist 161 km^2 groß und die fünftgrößte der kykladischen Inseln. Von Westen nach Osten ist die Insel 19 km lang und von Norden nach Süden 11 km breit. Die Insel wird im Norden durch eine Bucht in zwei Teile geteilt. Der östliche Teil wurde während der prähistorischen Zeit immer wieder besiedelt. Einige wichtige Siedlungen, wie z. B. Pelos an der östlichen Seite der Insel, sind in diesem Teil entdeckt worden. Phylakopi liegt an der nordöstlichen Seite der Insel und war wahrscheinlich die wichtigste der prähistorischen Siedlungen auf Melos. Gegen Ende der mykenischen Ära wurde sie zerstört und verlassen.
Die größte Bucht von Melos bildet gleichzeitig einen natürlich geschützten Hafen, der seit der Frühbronzezeit und noch heute eine große Rolle für die Entwicklung der Insel spielt. Viele kleinere Buchten und steile Küsten prägen das Bild der Küstenlinie der kykladischen Insel.
Der höchste Gipfel der Insel ist Profitis Elias mit 774 m. Der Berg liegt im westlichen, felsigen Teil der Insel, der für die Landwirtschaft ungeeignet ist. Im Gegensatz zum westlichen ist der östliche Teil flach. Klimatisch sind wenig Niederschläge und Wasserknappheit typisch für Melos, wie auch für andere kykladische Inseln.
Charakteristisch ist für Melos das vulkanische Gesteinsmaterial. Besonders die Obsidianvorkommen im östlichen Teil der Insel haben für die Entwicklung der Insel eine bedeutende Rolle gespielt. Schon vom Neolithikum an wurde Obsidian für Werkzeuge und Waffen verarbeitet und Melos war der Hauptlieferant für den ägäischen Raum.
Die Siedlung von Phylakopi liegt an der nordöstlichen Seite der Insel, westlich des Hafens Pollonia und direkt an der Küste, die damals eine Halbinsel bildete. Die Siedlung liegt auf einem felsigen Sporn, der sich nur einige Meter über die umliegende Ebene erhebt. Das ausgegrabene Areal liegt 17 m über dem Meeresspiegel. Leider ist ein großer Teil der Siedlung durch Erosion für immer verloren gegangen. Dies betrifft vor allem den nördlichen und westlichen Bereich der Siedlung, der ins Meer gestürzt ist. Durch die Erosion hat sich ein Steilhang gebildet. Von Osten nach Westen hat das ausgegrabene Areal eine Länge von 220 m. Seine Breite beträgt von Norden nach Süden etwa 100 m. Welche Ausdehnung die prähistorische Siedlung hatte und ob sie einen Hafen besaß, konnte bis heute nicht festgestellt werden. Der archäologische Befund hat ergeben, dass es sich hier um eine organisierte Siedlung mit Straßen

[1792] Ebd. 207f. Nach Televantou soll sich der Friedhof der Siedlung wahrscheinlich am Hang eines Hügels befinden. Die Archäologin spricht von einer Baukonstruktion mit einer Höhe von 20 m, die in Soroudi bei Platys Gyalos lokalisiert wurde. Möglicherweise hängt die Baukonstruktion mit der mykenischen Akropolis von Agios Andreas zusammen. Nach Televantou könnte diese Konstruktion ein Tholosgrab gewesen sein. Das sog. Grabmal scheint über der Erdoberfläche errichtet worden zu sein, nachdem diese zuerst planiert wurde. Um die Basis der Konstruktion gibt es eine Art Stufe, möglicherweise um den Boden vor der Witterung zu schützen. Die beeindruckende Konstruktion dominiert die Lage und ist von vielen Seiten sichtbar. Vom höchsten Teil der Baukonstruktion hat man eine klare Sicht auf die befestigte Akropolis von Agios Andreas. Wem das sog. Grabmal gehörte, konnte nicht festgestellt werden. Es wird angenommen, dass ein mykenischer Führer oder ein reicher Seefahrer hier seine letzte Ruhe fand. Er ließ das Grabmal laut Televantou an einem privilegierten Ort wie Platys Gyalos errichten, wo der prähistorische Hafen der Region vermutet wird.

[1793] Ebd. 208f.

[1794] Melos heißt auch die Hauptstadt der Insel. Die antike Stadt lag an der Stelle, wo auch heute die Hauptstadt der Insel liegt, nämlich auf der nordöstlichen Halbinsel von Melos. Die antike Stadt verfügte über einen Hafen an der sog. Klimabucht. Der Ort liegt westlich des heutigen Hafens Adamas, der an der nördlichen Seite der großen Bucht liegt. Der archäologische Befund der Stadt stammt überwiegend aus der römischen Zeit. Einer der berühmtesten Funde ist die Aphrodite von Melos, die im Louvre ausgestellt ist.

handelt, die durch eine starke Befestigungsmauer geschützt wurde.
Die Erforschung des Ortes begann mit den Ausgrabungen der Britischen Archäologischen Schule von Athen im Jahr 1896. Die Ausgrabungen dauerten bis 1899 an. Es handelte sich um systematische Ausgrabungen, deren Ergebnisse im Jahr 1904 veröffentlicht wurden. Die Architektur der Siedlung in den verschiedenen Perioden der Bronzezeit wird dabei ausführlich beschrieben, ebenso die verschiedenen Fundarten wie Wandmalereien, Keramik, die in großen Mengen gefunden wurde, verschiedene Werkzeuge und Objekte aus Metall oder Stein sowie menschliche und tierische Figuren. Ebenso wird über die Obsidianvorkommen und Werkstätten in Phylakopi und die Begräbnisstätte der Siedlung berichtet sowie über die Handels- und Wirtschaftsbeziehungen der Siedlung innerhalb der ägäischen Welt und die Kontakte mit dem minoischen Kreta.[1795] Während der Ausgrabungen im Jahr 1911 wurde festgestellt, dass Phylakopi schon seit der Frühbronzezeit bzw. der frühkykladischen Zeit (FK III) besiedelt wurde. Es handelt sich dabei um die Siedlung Phylakopi I und ihre verschiedenen Phasen. Nach einer längeren Zeit wurde der Ort 1974 erneut archäologisch untersucht. Die Ausgrabungen dauerten bis 1977 an und fanden unter der Leitung von R. K. Evans und C. Renfrew statt.[1796] Ziel war es, die verschiedenen Siedlungsschichten der Frühbronzezeit zu untersuchen. Außerdem konnte ein besseres Bild der Siedlung in der Mittelbronzezeit gewonnen werden. Renfrew konnte zwei Bauphasen unterscheiden, die er als Phylakopi A1 und Phylakopi A2 bezeichnete.[1797] Phylakopi A1 und A2 entsprechen den zeitgleichen Schichten von Atkinson, die unter der sog. Stadtmauer gefunden wurden. In den siebziger Jahren wurden diese Phasen als Phase A und B bezeichnet. Evans und Renfrew kamen zu dem Ergebnis, dass zwischen der Phase A der FK II Zeit und der Phase B, die mit der Besiedlungsphase Phylakopi I ii und iii gleichzusetzen ist, ein Hiatus besteht. Mit der Kontinuität der verschiedenen Phasen in Phylakopi beschäftigten sich viele Wissenschaftler. Sie versuchten die relative Chronologie der verschiedenen Perioden in Phylakopi mit den entsprechenden Phasen auf dem griechischen Festland zu synchronisieren. Wissenschaftler wie Manning, Maran und Sotirakopoulou sind der Meinung, dass die sog. Kastristufe mit der entwickelten bis späten FH II Zeit gleichzusetzen ist. Die sog. Phylakopi I – Stufe synchronisieren sie zum Teil mit der FH III Zeit.[1798]
Nach den siebziger Jahren fanden keine Ausgrabungen mehr statt. Die großen Mengen an archäologischem Material gaben aber Anlass für viele Untersuchungen, deren Ergebnisse ausführlich publiziert sind.[1799] Der gesamte archäologische Befund von Phylakopi ist von großer Bedeutung für eine Studie über die Bronzezeit der früheren Kulturen auf dem griechischen Festland und im gesamten ägäischen Kulturraum.
Heute ist leider von der Siedlung nicht viel zu sehen. Ein Betrachter kann mit einigen Schwierigkeiten die Grundrisse wieder erkennen. Dagegen ist ein Teil der Fortifikationsmauer noch sichtbar.

[1795] T. D. Atkinson et al., Excavations at Phylakopi in Melos (1904).

[1796] R. K. Evans, C. Renfrew, The earlier Bronze Age at Phylakopi, in: J. A. MacGillivray, R. L. N. Barber (Hrsg.), The prehistoric Cyclades contributions to a workshop on Cycladic chronology (dedicated to J. L. Caskey), (1984), 63-69.

[1797] Für Atkinson ist Phylakopi A1 gleichzusetzen mit der sog. „*pre-city*“ Phase. Phylakopi A2 entspricht der Phase Phylakopi I i von Atkinson. Die Keramik aus dieser Phase ist zeitgleich mit der Keramik von Keos Periode II und mit der sog. Keramik der Keros – Syros – Stufe. Auf dem griechischen Festland wird von der FH II Keramik gesprochen.

[1798] Einige davon sind: R. Barber, J. A. MacGillivray, The Early Cycladic Period: matters of definition and terminology, AJA 84:2, 1980, 141- 157; J. Rutter, The Early Cycladic III gap, in: J. A. MacGillivray, R. L. N. Barber (Hrsg.). The prehistoric Cyclades: contributions to a workshop on Cycladic chronology (dedicated to J. L. Caskey), (1984), 95-107; P. Sotirakopoulou, Early Cycladic pottery from Akrotiri on Thera and its chronological implications, BSA 81, 1986, 297-312; St. W. Manning, The absolute chronology of the Aegean Early Bronze Age: archaeology, radiocarbon and history (1995); J. Maran, Kulturwandel auf dem griechischen Festland und den Kykladen im späten 3. Jahrtausend v. Chr.: Studien zu den kulturellen Verhältnissen in Südosteuropa und dem zentralen sowie östlichen Mittelmeerraum in der späten Kupfer- und der frühen Bronzezeit. Universitätsforschungen zur prähistorischen Archäologie 53. Bonn (1998).

[1799] P. T. Barber, Phylakopi 1911 and the history of the later Cycladic bronze age, BSA 69, 1974, 1-53; C. Renfrew, Phylakopi and the Late Bronze I period in the Cyclades, in: Thera and the Aegean World, 1. Papers presented at the second Innternational Scientific Congress, Santorin, Greece, August 1978 (1978), 403–421; C. Renfrew, M. Wagstaff, An island polity (1982); P. Sotirakopoulou, The dating of the Late Phylakopi I as evidenced at Akrotiri on Thera, BSA 91, 1996, 113-136; T. Whitelaw, The development of an island centre. Urbanisation at Phylakopi on Melos, in: Explaining social change. Studies in honour of Colin Renfrew (2004), 149-166; derselbe, A trade of three cities. Chronology and Minoanisation at Phylakopi in Melos, in: Autochthon. Papers presented to O.T.P.K. Dickinson on the occasion on his retirement. Institute of classical Studies, University of London, 9 November 2005 (2005), 37-69.

5.15.2. Die Siedlung während der früheren Perioden

Über die frühkykladische Siedlung kann an dieser Stelle nicht viel gesagt werden. Die Siedlung vom Ende der Frühbronzezeit wird als Phylakopi I (FH III Zeit) bezeichnet. Aus dieser Zeit stammen wenige architektonische Elemente, die kein einheitliches Bild der Siedlung ergaben. Es handelt sich um Mauerzüge, die unter der Befestigungsmauer im südwestlichen Bereich der spätbronzezeitlichen Siedlung gefunden wurden. Die Mauerzüge hatten eine Stärke von 0,30 bis 0,60 m und bestanden aus Kalksteinen. Ob Mörtel als Verbindungsmaterial für die Errichtung der Mauern verwendet wurde, konnte nicht festgestellt werden. Was für eine Ausdehnung die Siedlung während dieser Periode hatte, konnte ebenfalls nicht festgestellt werden. Grund dafür waren die Bauaktivitäten der späteren Perioden. Es wird angenommen, dass Phylakopi I eher eine dörfliche Siedlung war. Während die architektonischen Elemente von Phylakopi I sehr spärlich sind, ist über die Keramik und die Gräber dieser Zeit mehr bekannt.[1800]

Über die mittelkykladische Siedlung Phylakopi II konnte mehr erfahren werden. Es wurde festgestellt, dass die Siedlung eine Länge von 220 m hatte. Über die Breite der mittelkykladischen Siedlung ist nichts bekannt, da ja ein großer Teil von Phylakopi durch die Erosion ins Meer gestürzt ist. Es wird angenommen, dass die Siedlung rechteckige Bauten und Straßen mit einer Breite von 1,60 m besaß. Man baute weiter Häuser aus Kalkstein und anderen Vulkansteinen. Als Verbindungsmaterial für die Errichtung der Mauern wurde Lehm verwendet. In dieser Zeit hat Phylakopi seine Keramikproduktion erheblich erhöht. Die Herstellung von Werkzeugen aus Obsidian war gewaltig. Feine Keramik wurde in den ganzen ägäischen Raum und auf das griechische Festland exportiert, aber auch importiert, wie die sog. mynische Keramik aus dem attischen Raum und die kretische Keramik zeigen. Der Befund ergab, dass Phylakopi II eine organisierte, dicht bebaute und möglicherweise befestigte Siedlung war, obwohl bis heute keine Wehranlage aus dieser Zeit entdeckt wurde. Die Bauten der mittelkykladischen Siedlung waren groß und mit Wandmalereien geschmückt. Während der Ausgrabungen in den 70er Jahren wurde festgestellt, dass der größte Teil des sog. Phylakopi II später datiert werden muss. Die meisten architektonischen Elemente dieser Siedlung stammen aus der früh- und spätkykladischen Besiedlung des Ortes. Von den mittelkykladischen Ruinen ist nur wenig erhalten, weil das meiste in den nachfolgenden Perioden überbaut wurde. Dadurch konnte kein einheitlicher Plan der mittelkykladischen Siedlung rekonstruiert werden. Phylakopi II war aber weiterentwickelt als Phylakopi I. Dies konnte auch durch die Keramik nachgewiesen werden.[1801]

[1800] Die Keramik bekommt einen matten Glanz. Dies war möglich durch einen mineralischen Zusatz im Überzug der Gefäße. Es handelt sich um Keramik aus rotem, schwarzem und braunem Ton. Die Oberfläche der Gefäße wird mit verschiedenen Mustern eingeritzt. Die Verzierungen werden mit einer weißen Masse gefüllt. Auf diese Weise sind sie noch deutlicher zu sehen. In der Keramik kommen während dieser Zeit die üblichen kegelförmigen Gefäße vor. Es werden aber auch neue Gefäßformen hergestellt, wie die sog. Entenvasen. Es handelt sich um kugelförmige Gefäße mit einem breiten schnabelförmigen Ausguss. Die Entenvasen haben einen kurzen Henkel, der den Ausguss des Gefäßes mit der Oberseite seines Bauches verbindet. Schnabelkannen, die einen hochgezogenen Ausguss haben, werden auch hergestellt. Diese Kannen verfügen über einen kleinen Henkel, der von der Rückseite des Ausgusses bis zum Körper des Gefäßes reicht. Eine typische Schnabelkanne der Phylakopi I Stufe wird bis zum Ansatz ihres Henkels mit parallelen Reifen versehen. Der mittlere Teil des Gefäßes wird meistens mit einem Pendentivmuster verziert. Das Muster reicht aber nicht bis an den untersten Teil der Kanne, der meistens unverziert bleibt. Die meisten dieser Gefäße tragen einen weißen Überzug. Vorratsgefäße, wie Pithoi mit einem breiten Unterteil und Pyxiden, werden weiter hergestellt. Oftmals erreichen die Pithoi die Höhe eines Menschen. Typisch sind für Phylakopi I auch Gefäße, die als Kernoi bekannt sind. Es handelt sich um Gefäße, deren Oberteil eigentlich aus einer Reihe kleinerer Gefäße besteht. Wahrscheinlich wurden sie als Spendergefäße für Kulthandlungen benutzt. Oft stehen die kleineren Gefäße oder Schalen auf einem Fuß, und sie werden mit verschiedenen Mustern verziert. Im Allgemeinen handelt es sich um feine kunstvolle Keramik, die das Niveau der Menschen in Phylakopi widerspiegelt.
Während der Ausgrabungen konnten auch viele wichtige Informationen zu den Bestattungssitten in Phylakopi gewonnen werden. Es wurde festgestellt, dass Erwachsene außerhalb der Siedlung bestattet wurden, während Kinder innerhalb der Siedlung in Pithoi beigesetzt wurden.

[1801] W. Ekschmitt (1986), 118ff. Ekschmitt fasst die mittelkykladische Keramik von Phylakopi II kurz zusammen. Er spricht über die Farbe der Keramik, die entweder monochrom oder zweifarbig war. Man dekorierte zumindestens am Anfang der Herstellungszeit der mittelkykladischen Keramik mit einem matten Schwarz, aber dann bekamen die Gefäße eine glänzende rote Farbe. Durch den Einsatz der roten Farbe und ihrer Verbindung mit schwarz entstand ein neuer Stil, der als schwarzrot-Stil bekannt ist. Zu Beginn dieses Stils wurde die rote Farbe nur bei Streifen der Dekoration verwendet, um verschiedene Bereiche des Gefäßes zu unterteilen. Danach wurde die Farbe auch für die dekorativen Motive

Mit der Erfindung der Töpferscheibe wird die Keramikproduktion erhöht. Dies hatte eine schnellere Entwicklung der Keramikformen zur Folge. Die Hersteller von Phylakopi waren experimentierfreudig und ihre Keramik wurde in den ganzen ägäischen Bereich exportiert. Auch andere Funde der mittelbronzezeitlichen Siedlung weisen auf Handelsbeziehungen hin.
Über die mykenische Besiedlung des Ortes ist im Vergleich zu den früheren Besiedlungsphasen mehr bekannt. Es handelt sich um Phylakopi III, das mit der frühmykenischen Periode gleichzusetzen ist, und Phylakopi IV, die spätmykenische Zeit.

---

und die freien Zwischenräume verwendet. Die Konturen der Motive bleiben schwarz. Der schwarzrote Stil wird bei allen Gefäßen verwendet, wie Amphoren, Pithoi, Schnabelkannen und verschiedenen Krügen. Die Gefäße werden außerdem mit Rosetten, Früchten, Fischen und Vogeldarstellungen geschmückt. Menschen werden aber auch dargestellt. Berühmt ist die sog. Fischervase aus Phylakopi, die leider nicht vollständig erhalten ist. Als Dekoration werden vier Männer dargestellt, die Meerestiere, wahrscheinlich Delphine, halten. Was für ein Gefäß es war und welche Funktion es hatte, konnte bis heute nicht festgestellt werden. Die Darstellung der Männer erinnert an ägyptische Darstellungen, bei denen der Oberkörper und die Augen frontal zu sehen sind im Vergleich zum Kopf und den Beinen, die in Seitenansicht dargestellt werden. Die Vase gilt als eine der bekanntesten der Bronzezeit. Eine andere Gruppe des schwarzroten Stils sind Kannen, auf denen Krokusblumen dargestellt werden.
Die Verwendung von geometrischen Mustern der frühkykladischen Phase geht zurück. Es treten Spiralen, Voluten, naturalistische Motive, fantastische Ungeheuer, Wellen-, Kreis- und Blattmuster auf. Die sog. Schnabelkanne ist eines der am häufigsten hergestellten Gefäße. Im Vergleich zu den frühbronzezeitlichen Kannen ist sie schlanker geworden. Die mittelkykladische Schnabelkanne hat einen kleineren Standfuß. Der Ausguss ist enger geworden und noch stärker in die Höhe gezogen. Der Henkel der Kannen wird nicht mehr am Hals des Gefäßes angesetzt, sondern direkt an der Öffnung des Ausgusses. Als Dekoration werden Reifen und kurvolineare Motive verwendet. Oftmals werden auch bei anderen Gefäßformen Menschen oder Vogelgestalten dargestellt. Eine andere Gefäßform, die häufig auftritt, ist die mattschwarze Schale. Es handelt sich um flachrunde Schalen ohne Fuß und Standfläche mit zwei senkrechten Henkeln auf dem Rand. Viele haben einen Durchmesser von 20 cm. Die Schalen sind verziert und werden mit den oben erwähnten Mustern dekoriert. Palmettenfächer und -rosen kommen auch als Dekoration vor. Ähnliche Schalen mit einem Griff werden auch hergestellt. Sie werden mit einem Fries von Tiergestalten geschmückt und erinnern sehr an kretische Schalen des sog. Kamaresstils. Sehr häufig werden die Schalen mit vegetabilen Motiven dekoriert und sind zweifarbig (rot und schwarz oder braun). Tassen werden auch hergestellt. Sie sind meistens 10 cm groß. Sie haben einen flachen Henkel und einen leicht geschwungenen Fuß. Von den Tassen ist nur die Hälfte dekoriert, und sie werden als *„panelled cups“* bezeichnet. Als Dekoration werden Spiral- und Pflanzenmotive verwendet, aber häufig treten auch Vogeldarstellungen auf. Die Besonderheit dieser Gefäße liegt in ihrem weißen Überzug. Neben der sog. Keramik des „mattschwarzen Stils“ wird das sog. „kykladische weiß“ hergestellt. Dunkel polierte Keramik wird auch hergestellt. Es handelt sich um braune oder rote bis schwarze fein polierte Tassen und Schalen, die oft ein Dekor in weißer Farbe tragen. Die weiße Farbe ist auf vielen Gefäßen nicht vollständig erhalten. Man spricht hier von den sog. melischen Schalen. Es handelt sich um Schalen, deren Rand nach innen gebogen ist. Sie haben einen Durchmesser von 13,50 bis 16,50 cm und erreichen eine Höhe von 3,50 bis 6,50 cm. Eine klassische melische Schale hat einen umgebogenen Rand, der nicht gewölbt ist, sondern gerade. Die Gefäße sind mit einem glänzenden roten oder braunen Überzug versehen. Der Rand der Gefäße bekommt einen weißen Überzug und wird mit verschiedenen mattschwarzen Mustern, wie Strichen, die Winkelhaken oder Dreiecke bilden, geschmückt. Ein Ausguss ist auch vorhanden sowie ein horizontaler, mit Loch versehener Henkel. Eine andere Entwicklung der melischen Schalen sind Gefäße, die ganz mit weißem Überzug versehen waren. Im Laufe der Zeit bekommen die melischen Schalen mit weißem Rand mehr Volumen und sind tiefer. Durch die Größe der Gefäße verlieren sie aber an Qualität. Die Oberfläche der Schalen bleibt matt. Die Dekoration ist einfach und besteht aus Punkten, Haken, Zickzack- oder Wellenlinien. Wahrscheinlich wurden die Gefäße für den täglichen Gebrauch in der Küche benutzt. Sehr wichtig für die Datierung ist, dass die melischen Schalen kontinuierlich während Phylakopi I und II hergestellt wurden.

5.15.3. Phylakopi III und seine Befestigungsmauer

Die sog. frühmykenische Siedlung unterscheidet sich deutlich von der mittelkykladischen. Anhand der architektonischen Elemente konnte festgestellt werden, dass es sich bei Phylakopi III um eine neue Siedlung handelt, die sich nicht direkt aus den Bauten der mittelkykladischen Siedlung entwickelt hat. Während das rechtwinklige Straßensystem beibehalten wurde, sind die Gebäude der frühmykenischen Siedlung im Gegensatz zu den früheren Besiedlungsphasen mit größerer Sorgfalt errichtet worden.
Der Anlass für die Neugestaltung der Siedlung konnte nicht festgestellt werden. Man konnte keine Zerstörungsschichten finden, die auf eine Katastrophe in der Siedlung hinweisen. Aus diesem Grund wird angenommen, dass Phylakopi eine Erneuerungsphase

erlebte. Verfallene Gebäude wurden neu gebaut. Die alten Fundamente wurden für die Errichtung neuer Bauten weiter benutzt.
Wie schon erwähnt, wurden die Straßen mit einer durchschnittlichen Breite von 1,50 m beibehalten. Das rechtwinklige Straßensystem teilte die Siedlung in Insulae. Kleinere Gassen trennten die Gebäude voneinander. An Stellen, an denen der Boden unregelmäßig war, wurden Stufenanlagen angelegt. Bei den Bauten der frühmykenischen Siedlung handelt es sich um größere Gebäudekomplexe, die aus kleinen Räumen bestehen, entweder aus zwei oder vier Räumen. Problematisch bleibt die Funktion der vielen Räume. Anhand des Erhaltungszustandes der Räume konnte man nicht feststellen, welche Räume überdacht waren und welche nicht. Die Trennung vom Hof und Zimmer ist nicht eindeutig. In welchem Verhältnis die Räume zueinander stehen, ist bis heute nicht genügend geklärt.
Das Mauerwerk der Häuser besteht aus Kalkstein und anderem Vulkangestein, das reichlich auf der Insel zu finden ist. Die Stärke der Mauern ist durchschnittlich 0,60 m. Als Verbindungsmaterial wurde Lehm verwendet. Die Mauern waren wahrscheinlich verputzt. Es konnte noch festgestellt werden, dass die Türstürze der Gebäude entweder aus Stein oder Holz waren.[1802] Über die Fenster der Bauten ist nichts bekannt. Möglicherweise bestand das Dach aus Holzbalken, Schieferplatten und Schilf. Darauf befand sich möglicherweise auch eine Tonschicht. Sie schützte das Dach vor Feuchtigkeit und Regenwasser. Ob die Häuser von Phylakopi III ein geneigtes oder flaches Dach trugen, konnte nicht festgestellt werden. Möglicherweise kamen beide Formen vor.[1803]
Aus dieser Phase ist das sog. *Pfeilerhaus* bekannt, das in Quadrat G3 ausgegraben wurde.[1804] Der Bau besteht aus drei Räumen, die hintereinander liegen. Das Haus wurde wahrscheinlich von der östlichen Seite des nördlichen Raumes (6) betreten. Von diesem Raum aus konnte man in die zwei anderen Räume (11) und (17) gelangen. Im Raum (6) fand man die Reste eines Pfeilers mit einer Höhe von 1,35 m, der aus zwei Kalksteinblöcken besteht. Ein ähnlicher Pfeiler mit einer Höhe von 1,35 m wurde in einem Gebäude westlich des Pfeilerhauses gefunden. Er besteht nur aus einem Kalksteinblock. Man nimmt an, dass die Errichtung solcher Gebäude kretische Bauten als Vorbilder hatten. Ein minoischer Einfluss ist nicht auszuschließen. Darauf könnten Fragmente von Fresken in Phylakopi hinweisen, die auch im sog. Pfeilerhaus in Raum (6) entdeckt wurden. Es sind dort phantastische Seelandschaften mit fliegenden Fischen dargestellt. Auf einer anderen Wandmalerei im selben Raum werden zwei sitzende Männer dargestellt. Einer trägt ein Armband aus Gold und hält ein Tuch. Wegen der Art der Falten des Tuches vermutet man kretische Einflüsse.
Eines der größeren Gebäude der Siedlung ist das sog. *Herrenhaus*, das als Sitz der führenden Persönlichkeit von Phylakopi III angesehen wird. Das Gebäude liegt nicht im Zentrum der Siedlung, sondern etwas weiter östlich. Das Megaron ist 5,70 x 13,60 m groß. Das Gebäude besteht aus einem Hauptraum und einer Vorhalle. Da es größer ist als die anderen Bauten der Siedlung, wird angenommen, dass der Bau das Verwaltungszentrum der Siedlung war. Ein Hinweis dafür ist der Fund eines Fragments einer Linear A-Tafel. Solche Tafeln wurden im kretischen Verwaltungssystem benutzt.[1805]
Von anderen Gebäuden konnte der erhaltene untere Bereich untersucht werden. Es wird vermutet, dass es zweistöckige Häuser mit Kellerräumen waren. Die Siedlung verfügte über Kanäle, die zur Ableitung des Wassers dienten.
Die sog. Befestigungsmauer von Phylakopi III liegt im westlichen Bereich der Siedlung. Von der Mauer ist die südwestliche Ecke und ihr südlicher Teil in einer Länge von 100 m erhalten. Die Mauer ist in einer Höhe bis zu 4 m erhalten und war wahrscheinlich noch höher. Der 10 m lange Teil der Mauer, der von der südwestlichen Ecke nach Norden verläuft, ist besser erhalten. Die Stärke der Mauer beträgt durchschnittlich 2 m und besteht aus großen bearbeiteten Kalksteinblöcken. Manche sind 1,70 x 0,85 m groß. Die Befestigungsmauer besteht aus zwei Mauerschalen. Der Raum dazwischen wurde mit Steinen verschiedener Größe verfüllt. Die Konstruktionsweise ist mykenisch. Dies wird durch die Verwendung von Zwickelsteinen in den Fugen der Mauer besonders deutlich. Die Fassade der Mauer bekommt durch die bearbeiteten Außenseiten der Kalksteinblöcke eine glatte Oberfläche, die an die Befestigungsmauer von Agia Irini auf Keos erinnert. Die sog. gezahnte Bautechnik wurde auch hier verwendet. Die Mauer wurde nicht in einer Linie errichtet, sondern sie wurde in Abschnitten mit Vor- und Rücksprüngen gebaut. Diese Konstruktionsweise gab der Mauer eine gewisse Stabilität. Über andere Baukonstruktionen, wie Bastionen oder Türme, die entlang der Mauer angelegt waren, ist nichts bekannt. Dasselbe gilt auch für die Toranlagen der Verteidigungsmauer dieser frühmykenischen Periode.

[1802] Von den Türstürzen sind vier aus Stein erhalten. Drei sind aber sehr niedrig, so dass man nur gebeugt in das Gebäude eintreten konnte.
[1803] Über die Architektur in Phylakopi siehe T. D. Atkinson et al. (1904), 25ff.
[1804] Ebd. 40ff. Fig. 26.
[1805] C. Renfrew, W. Brice, A Linear A Tablet Fragment from Phylakopi in Melos, Kadmos 16, 1977, 111- 119.

5.15.4. Phylakopi IV und seine verstärkte Befestigungsmauer

Während der Spätbronzezeit wurde die Siedlung neu organisiert und umgebaut. Leider wurden viele architektonische Elemente der Siedlung abgetragen, so dass Phylakopi IV in einem schlechteren Zustand erhalten ist als die früheren Besiedlungsphasen. Von den Häusern der Siedlung sind nur wenige Fundamente erhalten. In einer besseren Situation sind das Megaron in dieser Periode und das sog. Heiligtum von Phylakopi, das während der Ausgrabungen der 70er Jahren ausgegraben wurde. Das Megaron der spätmykenischen Periode wurde etwas südöstlich vom Megaron der frühmykenischen Zeit errichtet. Das Megaron besteht aus einer Vorhalle und einem Hauptraum mit einer rechteckigen, mit Lehm bedeckten Herdstelle. Der Hauptraum hat eine Länge von 8 m und die Vorhalle ist 4,60 m lang. Die Breite des Megaron beträgt 6 m. Die Vorhalle wurde über eine Schwelle betreten, die aus zwei Schieferplatten bestand. Von dem Gebäude ist nicht viel erhalten außer den Maßen des Megaron und wenigen architektonischen Details, wie einem Steinblock einer Antenmauer der Vorhalle, auf der verkohltes Holz gefunden wurde, oder der monolithischen Steinschwelle des Eingangs, die zu dem Hauptraum des Gebäudes führte. Beeindruckend sind die Ausmaße der Schwelle. Sie hat eine Länge von 2,25 m, eine Breite von 0,90 m und ist 0,35 m hoch. Merkwürdig ist, dass es in diesem Megaron keinen Hinterraum gibt, der direkt vom Hauptraum des Gebäudes aus zu betreten war. Trotzdem spricht man von einem mykenischen Megaron.[1806] An der östlichen Seite des Megaron befindet sich eine Reihe von hintereinander liegenden Räumen entlang eines Korridors. Der Eingang dieser Räume konnte nicht gefunden werden. Als Funktion vermutete man Frauengemächer und möglicherweise ein Badezimmer in diesem Bereich des Gebäudekomplexes. Mehr Einzelheiten sind zu dem Gebäude nicht bekannt. An der westlichen Seite des Gebäudes liegt ein Korridor, der zu einem Raum hinter dem Hauptraum des Megaron führt. Das Gebäude öffnet sich auf einen Hof, der von anderen Gebäuden umschlossen wird. Durch die Keramik konnte festgestellt werden, dass der gesamte Gebäudekomplex in verschiedenen Bauphasen errichtet wurde. Atkinson sprach von einem zweistöckigen Palast.[1807]

Ob das Megaron mit seinen Nebenräumen mit Fresken geschmückt war, ist nicht bekannt. Als sicher gilt, dass der Gebäudekomplex eine selbständige Wasserversorgung hatte. Westlich des Vorhofes des Megaron fanden die Ausgräber einen 9 m tiefen Brunnen, der mit Tonröhren eingefasst war. Andere Details über das Megaron von Phylakopi IV sind nicht bekannt.

Im Jahr 1974 wurde in der Nähe der Befestigungsmauer im südlichen Bereich der Siedlung das sog. Heiligtum von Phylakopi ausgegraben. Am meisten beschäftigte sich Renfrew mit dem Heiligtum.[1808] Eigentlich besteht dieses aus zwei Räumen (dem westlichen und östlichen), die für die Kulthandlungen benutzt wurden. Das sog. Westheiligtum besteht aus einem Raum, der 6 x 6,60 m groß ist und einem Nebenraum an seiner westlichen Seite, der aus zwei kleineren Räume besteht. Der Kultraum wurde vom Osten aus betreten. An seiner südlichen Mauer gab es noch eine kleine Tür, die irgendwann zugemauert wurde. Man fand im Inneren des Raumes zwei Altäre. Direkt an der nordöstlichen Ecke des westlichen Kultraumes wurde etwa später das sog. östliche Heiligtum errichtet. Der Raum ist 2,20 x 4,80 m groß und wurde durch eine kleine Tür in seiner südlichen Mauer betreten. Direkt vor der südlichen Mauer des östlichen Heiligtums bzw. vor der Tür des westlichen Heiligtums liegt ein gepflasterter Hof. Seine südliche Seite wurde zu einem unbestimmten Zeitpunkt durch eine Mauer abgegrenzt. Ein Teil des Vorhofes wird von der Verteidigungsanlage abgegrenzt. Im Vorhof und vor der Tür des westlichen Heiligtums wurde ein großer runder Stein mit einer Höhe von 0,47 m gefunden. Es wird angenommen, dass er eine kultische Funktion hatte. Bedeutender sind andere Funde, nämlich die Tonidole von Phylakopi. Sehr bekannt ist die sog. „*Lady von Phylakopi*", ein kanonisches Kultidol. Ähnliche sind in Mykene gefunden worden.[1809]

[1806] W. Ekschmitt (1986), 147f.

[1807] T. D. Atkinson et al. (1904), 55ff. Fig. 49.

[1808] C. Renfrew, P. A. Mountjoy. The archaeology of cult: the sanctuary at Phylakopi by Colin Renfrew, BSA Suppl. Vol. 18. (1985). Derselbe, The Mycenaean sanctuary of Phylakopi, Antiquity 52, 1978, 7-15. Derselbe, The Sanctuary at Phylakopi, in: Hägg– Marinatos (Hrsg.), Sanctuaries (1981), 67–80.

[1809] Es handelt sich um ein 0,45 m hohes Gefäß in menschlicher Gestalt, das außer dem Kopf im Ganzen mit der Töpferscheibe hergestellt wurde. Der Kopf der Tonfigur wurde zusätzlich auf den zylindrischer Körper gesetzt. Eigentlich handelt es sich um einen Konus, dessen breitester Teil gleichzeitig der Fuß des Gefäßes ist. Nach oben verengt sich der Körper bis zum Oberkörper des Gefäßes, an dem wahrscheinlich die nach oben erhobenen Hände des anthropomorphen Gefäßes Platz fanden. Ähnliche Beispiele sind aus Kreta bekannt. Oberhalb des Oberkörpers wird das Gefäß wieder enger. Der Kopf des Gefäßes richtet sich nach oben, wie es auch von vielen kykladischen Idolen bekannt ist. Teile des Kopfes, wie Augen, Augebrauen, Nase, Mund, Ohren und Haaransatz, sind bemalt. Der Kopf verfügte auch über einen Kopfaufsatz, der leider verloren ist. Die Bemalung vermittelt den Eindruck, dass das Gesicht einen Bart hatte.

Man fand auch eine beträchtliche Anzahl von männlichen Statuetten, die abschreckend wirken.[1810] Interessant ist ein Fund von zwei Figuren aus Bronze, die an ähnliche Beispiele von keulenschwingenden Gottheiten des Vorderen Orients erinnern.[1811] Außerdem wurden Stiergefäße gefunden, die mit der Töpferscheibe hergestellt wurden. Es handelt sich um Rhyta und Spendengefäße. Man fand auch Psi-Idole, Tierfiguren, ein Zweiergespann und zwei Männerköpfe, die eher an Ungeheuer als an Menschen erinnern. Siegelsteine wurden ebenfalls gefunden. Eine kleine goldene Maske mit einer Größe von 4 cm wurde auch entdeckt. Sie ähnelt den bekannten Masken von Mykene. Es wird angenommen, dass sie ein kleines Holzidol schmückte.[1812] Problematisch bleibt der Zusammenhang der Funde mit den Räumen der beiden Heiligtümer. In jedem Heiligtum wurden verschiedene Kultobjekte gefunden, so dass der Zusammenhang beider Kultstätten fraglich bleibt. In Phylakopi wurden keine sog. minoischen Kult- und religiösen Objekte entdeckt wie Doppelaxt, Stierhörner oder Schlangen.

5.15.5. Die verstärkte Befestigungsmauer

Während der spätmykenischen Epoche wurde die Befestigungsanlage von Phylakopi IV verstärkt. An der alten, 2 m starken Befestigungsmauer wurde in einem Abstand von etwa 2 m noch eine weitere 2 m starke Mauer errichtet. Auf diese Weise entstand eine Verteidigungsanlage mit einer Stärke von 6 m (Taf. 64a-b). Zwischen beiden Mauerschalen wurden Quermauern errichtet. Die so entstandenen Räume wurden mit Steinen und Erde aufgefüllt. Einige der Räume wurden nicht mit Baumaterial verfüllt. Es wird vermutet, dass diese Räume eine Kasemattenmauer bildeten und bewohnt waren. Die Reste eines Entwässerungskanals könnte diese Annahme bestätigen.[1813] Das Baumaterial ist dasselbe wie bei der frühmykenischen Mauer. Die Mauer besteht weiter aus vor- und zurückspringenden Mauerteilen.

Turmartige Bastionen konnten nicht festgestellt werden. Es wird angenommen, dass in Quadrat D6 in einer späteren Bauphase eine Bastion errichtet wurde, die den Gang einer Toranlage in diesem Bereich flankierte. Der Durchlass hat eine Breite von 1,35 m.[1814] Von der Tür aus konnte man über eine Treppenanlage auf die Mauer gelangen. Durch zwei andere Gänge konnte man die Befestigungsanlage verlassen.[1815] Während eines unbestimmten Zeitpunktes wurden die Gänge durch die Mauer (b) geschlossen und mit Steinen und Erde verfüllt. Auf diese Weise verlor der Durchgang seine Funktion. Man nimmt an, dass man von dieser Stelle aus auf die Mauer gelangen konnte.[1816] Architektonische Teile dieser Bastion liegen auch weiter westlich in Form einer Mauerflucht. Leider ist nicht viel davon erhalten. Gegenüber der großen Verteidigungsanlage wurden die Reste einer anderen Mauer gefunden. Der Bereich zwischen beiden Mauern gab Anlass für viele Spekulationen zu der Funktion dieses Bauteiles. Es wird angenommen, dass die Mauer vor der Hauptmauer der Befestigung eine Vormauer war, die die erste Welle eines Angriffs aufhalten konnte. Ob vor der Befestigungsmauer ein Graben existierte, konnte nicht festgestellt werden. Wegen des schlechten Zustandes der architektonischen Elemente kann die Funktion der erwähnten Teile nicht mit Sicherheit bestimmt werden. Eine andere Verstärkung, eine turmartige Bastion der Mauer, wurde im Quadrat B5 ausgegraben. Problematisch bleibt, dass diese Baukonstruktion nicht mit der Hauptmauer verbunden ist. Dass die Befestigungsmauer der spätkykladischen Zeit in verschiedenen Bauphasen errichtet wurde, ist durch die Entdeckung des östlichen Teiles der Verteidigungsanlage nachgewiesen. Dieser Teil der Mauer ist nicht durch bearbeitete Kalksteinbrocken, sondern durch rundliche Steine errichtet, die an der Küste zu finden sind. Diese Mauer wurde nicht mit der gleichen Sorgfalt wie der westliche Teil errichtet.

Weitere Angaben über die Fortifikationsmauer sind nicht bekannt. Sicher ist, dass der westliche Teil der Befestigungsmauer die Siedlung in diesem Bereich der Halbinsel vor dem Hinterland schützte. Ob die ganze Siedlung in der mykenischen Zeit von der Verteidigungsanlage umschlossen wurde, konnte nicht

[1810] Die Statuetten bestehen aus einem brettartigen Körper und kurzen Beinen. Charakteristisch ist, dass ihr Geschlecht immer betont ist. Das Gesicht der Idole ähnelt einem Vogelgesicht. Die Arme und die Hände der Idole sind nach vorn gestreckt. Im Gegensatz zu der „Lady von Phylakopi“ sind diese Idole unbemalt. Das ist etwas Außergewöhnliches für die mykenische Zeit.

[1811] W. Ekschmitt (1986), 153ff. Solche Bronzestatuetten haben eine schlanke Gestalt und einen Kopf mit großen Ohren und einem konischen Kopfaufsatz. Die Figuren werden in Schritthaltung dargestellt. In der einen Hand tragen sie einen runden kleinen Schild und in der anderen erhobenen Hand einen Blitz oder eine Sichel. Auf diese Weise wird der syrische Wettergott dargestellt. Die Figuren aus Phylakopi sind 12,05 und 13,07 cm groß, und ihre Augen waren mit Gold eingelegt. Die Figuren werden in die SH IIIC Zeit datiert.

[1812] Ebd. 154f.

[1813] T. D. Atkinson et al. (1904), Taf. II. Die Reste des Kanals werden mit (e) bezeichnet und befinden sich im sog. Raum 12.

[1814] Ebd. Der Durchgang wird mit (13) und die Tür mit (a) bezeichnet.

[1815] Diese Gänge werden mit (18) und (19) bezeichnet.

[1816] W. Ekschmitt (1986), 146f.

festgestellt werden. Wie die Siedlung mit ihrem Hafen aussah, ist ungewiss.
Mit dem Beginn der SH IIIC Zeit wurde Phylakopi zerstört. Es ist nicht sicher, ob ein Erdbeben die Katastrophe auslöste. Teile der westlichen Befestigungsmauer stürzten ein, ebenso wie die Mauern des sog. Heiligtums. Möglicherweise wurde Phylakopi bis an das Ende der mykenischen Ära weiter bewohnt.

6. ZUSAMMENFASSUNG

Bevor zum Schluss zusammenfassend auf die Befestigungsanlagen eingegangen wird, soll an dieser Stelle Einiges über die spätbronzezeitlichen Siedlungen bzw. die Bauformen und Siedlungsorganisation der mykenischen Zeit gesagt werden. Die Auswahl der Lage für die Gründung der späthelladischen Siedlungen unterscheidet sich nicht von der Mittelbronzezeit. Felsige Hügel, Abhänge und fruchtbare Ebenen werden auch während der Spätbronzezeit weiter besiedelt. Wichtige Voraussetzungen für die Auswahl solcher Plätze sind die ökonomischen Ressourcen, ihre Kontrolle und der natürliche Schutz, den die Lage einer Siedlung bot. Unsere Kenntnis über die mykenischen Siedlungen stammt überwiegend von den befestigten Palastanlagen. Außer diesen sind bis heute keine SH III Siedlungen großflächig archäologisch erforscht. Dasselbe gilt auch für Siedlungen der früheren spätbronzezeitlichen Perioden SH I/II. Anhand des archäologischen Befundes sind aber genügend architektonische Reste von mykenischen Häusern erhalten, die die Struktur und die Organisation einer mykenischen Siedlung einigermaßen verständlich machen.[1817] Im Vergleich zur Mittelbronzezeit weisen die früheren späthelladischen Hausformen keine großen Veränderungen auf. Es handelt sich meistens um rechteckige Häuser, die öfter auch auf einen trapezförmigen Grundriss hinweisen. Reste solcher Gebäude wurden unter anderem auf dem Peloponnes, in Pylos bei Ano Englianos, in Peristeria und in der Siedlung bei Koukounara sowie in Zentralgriechenland in Boiotien, bei Eutresis und in Krisa gefunden. Manchmal erreichen diese Gebäude eine erhebliche Größe. Als Beispiel kann an dieser Stelle das Haus F in Krisa genannt werden. Für die rechteckigen Gebäude der frühen Spätbronzezeit werden Flach- und Satteldachkonstruktionen angenommen. Rechteckige Häuser wurden in der frühen Spätbronzezeit auch auf den Kykladen errichtet. Eines der am besten erhaltenen Beispiele ist die befestigte Siedlung A. Irini auf Keos, auf die schon im Abschnitt über die mittelbronzezeitlichen Siedlungen ausführlich eingegangen wurde.[1818] Zum Bebauungsschema kann gesagt werden, dass innerhalb der befestigten Anlagen das Bebauungsschema dicht war. Kleine Straßen und Treppenanlagen trennten die verschiedenen Gebäudekomplexe voneinander. Da die befestigten Anlagen sich überwiegend auf einem ansteigenden Terrain befanden, waren die Möglichkeiten für den Bau größerer Straßen beschränkt. Als Zentrum der befestigten Palastanlagen wird das Megaron mit dem Thronsaal angesehen. Eine Reihe anderer Räume, die um den Hof und das Megaron liegen, bildeten die Palastanlage. Sie war der administrative, wirtschaftliche und religiöse Mittelpunkt der gesamten Anlage. Dort residierte wahrscheinlich die Elite der späthelladischen Gesellschaft. Der Palast war von einer Reihe anderer Gebäude und Räume umgeben, die für verschiedene Zwecke verwendet wurden. Magazine, Archivräume, Werkstätten, Gebäude für Kulthandlungen, aber auch andere Häuser, die ihren Namen anhand ihres Befundes erhielten (wie das *Haus des Priesters* oder das *Haus des Ölhändlers* in Mykene), ergänzen das Bild einer mykenischen ummauerten Palastanlage. Viele der Häuser stehen nebeneinander, aber es gibt auch andere Wohnhäuser außerhalb der Befestigungen, die einzeln stehen (z. B. das *Haus des Ölhändlers*). Sie haben in der Regel zwei Stockwerke. Das untere war zur Lagerung landwirtschaftlicher, handwerklicher und künstlerischer Produkte bestimmt, das obere zum Wohnen. Solche Häuser wurden auch außerhalb von Mykene gefunden. Die Häuser des einfachen Volkes befanden sich außerhalb der Burganlagen. Wie genau diese Siedlungen aussahen, konnte bis heute nicht eindeutig geklärt werden. Außer den rechteckigen Häusern treten während der frühen Spätbronzezeit auch apsisförmige Häuser auf. Für sie wird eine Satteldachkonstruktion angenommen.[1819] Eine

[1817] G. Hiesel (1990).

[1818] Durch die Siedlung, die nur eine kleine Fläche besitzt und durch eine Befestigungsmauer geschützt wird, kann man sich vorstellen, wie eine spätbronzezeitliche Siedlung auf den Kykladen aussah. Die Siedlung bestand aus rechteckigen mehrräumigen Häusern, die durch kleine gepflasterte Straßen geteilt wurden. Als Baumaterial wurde überwiegend Kalkstein verwendet. Einige der Häuser waren wahrscheinlich mehrstöckig wie das sog. Haus A, was Treppenstufen und rechteckige Pfeiler belegen. Die Wände der Häuser waren verputzt und wahrscheinlich mit einfachen Wandmalereien geschmückt. Der Boden einiger Räume war gepflastert und das Abwasser wurde durch Kanäle nach außen geleitet. Die Häuser besaßen auch kleine Lichthöfe. Alle diese architektonischen Elemente erinnern an die „minoische Kultur“, die die mykenische stark beeinflusst hat. Die anderen Gebäude der Siedlung erinnern eher an festländische Häuser.

[1819] Architektonische Reste von apsisförmigen Gebäuden wurden unter anderem in Koukounara, Ano Englianos, Olympia, Ioklos, Thermos und Delphi gefunden. Auch auf den ägäischen Inseln und an der kleinasiatischen Küste wurden apsisförmige Gebäude entdeckt. Solche Beispiele sind uns auch von der Insel Kos und aus Milet in der heutigen Türkei bekannt. Die apsisförmigen Gebäude bestehen meistens aus ein oder zwei Räumen. Es gibt aber auch Beispiele von Gebäudekomplexen, die aus rechteckigen und apsisförmigen oder ovalen Bauten bestehen. Ein solches Beispiel kennen wir aus Thermos und Delphi in Zentralgriechenland.

andere Baukonstruktion, die in der frühen späthelladischen Zeit erscheint, ist das Tholosgrab. Die Tholosgräber sind schon aus dem mittelminoischen Kreta bekannt. Sie bestehen aus bearbeiteten Quadersteinen und erreichen oft eine monumentale Größe. Problematisch bleibt die Zuordnung dieser monumentalen, architektonisch neuen Form im Rahmen der noch nicht entwickelten kleineren mykenischen Siedlungen in der früheren Spätbronzezeit. In der SH III Periode wird das Bild der mykenischen Siedlung vor allem durch die befestigten Palastanlagen relativ deutlich. Zur Architektur und Organisation einer späthelladischen Siedlung kann Folgendes gesagt werden: Die rechteckigen Häuser sind die am häufigsten errichtete Bauform. Der archäologische Befund hat ergeben, dass in der SH III Epoche die Gebäude aus mehreren Räumen bestehen und dass sie im Vergleich zu den früheren Perioden viel größer sind. Sie wurden nicht nur innerhalb der befestigten Anlagen errichtet, sondern auch außerhalb, wie z. B. in Mykene. Es handelt sich um Gebäude, die die hierarchischen Strukturen der SH III Zeit reflektieren. Laut Hiesel kann man in der mykenischen Zeit bzw. SH III Periode zwei Gruppen von Gebäudetypen unterscheiden, nämlich diejenigen, die in der vormykenischen Zeit gebaut wurden, und die anderen, die gleichzeitig mit dem Bau der Palastanlagen errichtet wurden.[1820] Zum Beginn der Spätbronzezeit werden kleine einfache Häuser gebaut, die einen rechteckigen oder apsisförmigen Grundriss aufweisen. Häufig bilden die Häuser unregelmäßige Gebäudekomplexe, eine Art Insulae. Anhand des archäologischen Befundes ist besonders bei den rechteckigen Baukonstruktionen die häufige Errichtung der megaronartigen Häuser während der Spätbronzezeit auffällig. Im Laufe der späthelladischen Epoche bekommen die Häuser größere Dimensionen und die Form des Megarons etabliert sich innerhalb der mykenischen Welt. Das Gebäude wurde die Hauptraumform der mykenischen Siedlungen und Palastanlagen und konnte in zwei Typen unterschieden werden. Der eine Typ orientierte sich an einem Hof und wurde von Nebenräumen flankiert, die meistens durch das Megaron zu betreten waren. Der Gebäudekomplex war durch den Eingang des Megaron zugänglich. Der andere Typ bestand aus einem Megaron, das im Gebäudekomplex durch einen langen mittleren Korridor zu erreichen war. Der Korridor wurde von Nebenräumen flankiert, die durch ihn zugänglich waren. Auch hier orientierte sich das Megaron an einem Lichthof. Der Unterschied zu dem ersten Typ liegt darin, dass der zweite Typ in zwei Bereiche unterteilt wird. Der eine ist der repräsentative Teil des Gebäudekomplexes mit dem Megaron und dem Hof, der andere der Bereich mit den Nebenräumen, die verschiedene Funktionen erfüllt haben. Aufgrund des archäologischen Befunds konnte festgestellt werden, dass beide Gebäudetypen während der Spätbronzezeit verschmolzen sind.[1821] Diese Entwicklung findet ihre Vollendung in der Errichtung der mykenischen Palastanlagen, die nach kretischem Vorbild als Verwaltungszentren dienten. Der Unterschied zwischen den minoischen und den mykenischen Palastanlagen liegt aber in ihrer Größe. Die mykenischen Palastanlagen sind viel kleiner und werden im Gegensatz zu den kretischen in einem gestraffteren und rationaleren System errichtet.[1822] Ihre Dekoration war dagegen ebenso reich und kunstvoll wie bei den minoischen Palästen.

Der Fund von tausenden Tontafelarchiven in Knossos und in Pylos, die in der sog. Linear B - Schrift erfasst wurden, und ihre Entzifferung durch M. Ventris und J. Chadwick führte zur Erkenntnis des mykenischen Verwaltungssystems. Eines der bekanntesten Beispiele für dieses Verwaltungssystem ist Pylos. Aus den 1200 gefundenen Linear B – Tafeln in Pylos konnte der mykenische Verwaltungsapparat einigermaßen rekonstruiert werden. Die gesellschaftliche Rangordnung und die Machtausübung in den verschiedenen Bereichen des mykenischen „Staates" wurden durch diesen Fund

[1820] G. Hiesel (1990). Als Beispiel werden unter anderem die einfachste Form eines einräumigen Hauses in Tanagra und das lange megaronartige Gebäude von Korakou genannt. Das Gebäude besteht aus einem offenen Vorraum mit Anten und noch drei hintereinander liegenden Räumen. Solche Gebäude wurden immer wieder errichtet. Häuser mit mehreren Räumen und Hof wurden auch gebaut. Mit der Errichtung der mykenischen Paläste werden größere mehrräumige Gebäude erbaut. Charakteristisch innerhalb des Gebäudes ist der lange Korridor, an dessen beiden Seiten sich die verschiedenen Räume des Hauses befinden. Diese Häuser werden als Korridorhäuser bezeichnet. Das sog. Gebäude A in Mykene ist eines davon. Ein Korridorhaus wurde auch in Zygouries in der Nähe von Korinth gefunden. Im Unterschied zu Gebäude A von Mykene steht das Haus in Zygouries frei. Ob die Funktion dieser Gebäude mit der Funktion der sog. Villen im minoischen Kreta zu vergleichen ist, bleibt umstritten. Ein anderer Gebäudetypus, der während der mykenischen Palastzeit errichtet wurde, ist der Gebäudetypus der Speicherbauten. Sie bestehen aus nebeneinander liegenden Räumen, die entweder von oben über eine Leiter oder durch Korridore zu betreten waren. Das sog. Gebäude *Γ* in Mykene ist ein Beispiel dafür. Ähnliche Bauten aus früheren Zeiten kennen wir nicht. Der Untergang der mykenischen Ära bedeutete auch das Ende dieses Gebäudetypus.

[1821] Das Ergebnis dieser Verschmelzung sind Gebäude wie das sog. Tsountas-Haus und das Haus der Säulen in Mykene.

[1822] S. Sinos (1971), 103f.

deutlicher und für die Wissenschaft verständlicher.[1823] Als Auslöser dieser Entwicklung sieht man allgemein die Übernahme des minoischen palatialen Wirtschafts- und Herrschaftssystems durch die „Eliten" in den mittelbronzezeitlichen Dörfern. Doch gerade im Bereich der Befestigungen kann Kreta nicht Vorbild gewesen sein, da diese dort fehlen bzw. nicht deutlich gesichert sind. Zu den spätbronzezeitlichen Befestigungsanlagen kann zusammenfassend gesagt werden, dass einige der mittelbronzezeitlichen Befestigungen ihre Funktion mit dem Beginn der Spätbronzezeit nicht verlieren und ohne größere bauliche Veränderungen weiter bewohnt und verwendet werden. Als Beispiel können unter anderem die befestigten Siedlungen von A. Irini auf Keos, Teichos Dymaion und Malthi Dorion auf dem Peloponnes und Phylakopi auf Melos genannt werden. Die defensiven Baukonstruktionen der Spätbronzezeit werden weiter auf felsigen, steilen Hügeln und Anhöhen errichtet, um im Fall einer kriegerischen Auseinandersetzung einen maximalen Schutz für die Elite und die einfache Bevölkerung zu bieten. Diese Befestigungen verfügten über keine Gräben, wie es in anderen Kulturkreisen der Fall war. Die für die Errichtung der Wehranlagen erforderlichen Baustoffe waren meistens in der Umgebung der Siedlungen zu finden. Wie genau die Abbautechnik in der mykenischen Zeit funktionierte und wo die spätbronzezeitlichen Steinbrüche liegen, ist noch nicht eindeutig geklärt. Für den Bau der späthelladischen Wehranlagen wurde überwiegend Kalkstein verwendet. Dieses Baumaterial wurde aber nicht nur für die Errichtung der Befestigungsanlagen, sondern auch für den Bau der Paläste und anderer architektonischer Formen benutzt.[1824] Charakteristisch für die mykenischen Fortifikationen sind die Form und die Größe des Baumaterials, das schon in der Antike den Eindruck erweckte, dass die Befestigungsanlagen nicht von Menschen, sondern von Kyklopen errichtet wurden. Anhand des archäologischen Befunds wurde festgestellt, dass die sog. kyklopischen Mauern von Siedlung zu Siedlung und von Anlage zu Anlage Unterschiede bzw. lokale Verschiedenheiten bezüglich des Baumaterials und der Konstruktionsweise der Fortifikationsmauern aufweisen. Charakteristisch für alle mykenischen Verteidigungsanlagen ist die Verwendung von Zwickelsteinen in den Mauerfugen, die auch mit Lehm abgedichtet wurden.

Der Verlauf der Mauern hängt von den geomorphologischen Gegebenheiten ab. Meistens folgt eine Befestigungsmauer den Konturen eines Hügels. Ziel der Architekten war es, die topographischen Rahmenbedingungen und die geologischen Formationen eines Siedlungsplatzes so zu kombinieren, dass das beste Verteidigungskonzept ermöglicht wurde. In manchen Fällen, wie in Tiryns, Gla und A. Andreas auf Siphnos, bildet die Befestigungsmauer geradlinige Abschnitte, die in der sog. gezahnten Technik errichtet wurden. Diese Bauweise hängt nicht mit dem defensiven Charakter der Befestigungsmauer zusammen, sondern ist eher bautechnisch bedingt. Typisch für die spätbronzezeitliche Fortifikationsarchitektur ist die schon mehrmals erwähnte kyklopische Bauweise. Die Befestigungsanlagen wurden mit überdimensionalen, grob bearbeiteten Kalksteinblöcken errichtet. Die Fortifikationsmauern bestehen aus zwei Mauerschalen, die wiederum aus größeren Steinen bestehen. Der Raum dazwischen wird mit kleineren Steinen und Erde aufgefüllt. Anhand der erhaltenen Mauern konnte festgestellt werden, dass die Mauerfüllung gleichzeitig mit der Errichtung der Mauerschalen gebaut wurde. Auf diese Weise konnte das Baumaterial der Mauerschalen besser mit dem Kern der Befestigungsmauer verbunden werden. Durch diese Bautechnik bekam die Verteidigungsmauer einen kompakten Baukörper. Dies war aber nicht immer die Regel. Laut Küpper waren Kriterien für die Lage der Steine relativ glatte Außen- und geeignete Lagerflächen. Wie weit die unregelmäßigen Rückseiten in die Mauerfüllung hineinreichten, war dagegen ohne Belang.[1825] Nach der Ansicht von Küpper kann als Beleg dafür die von Großmann formulierte Priorität zugunsten der Herstellung eines besonders dichten Mauergefüges gelten.[1826] Im Laufe der Zeit wurde das Baumaterial für

[1823] J. F. Cherry, Polities and Palaces: Some Problems in Minoan State Formation, in: C. Renfrew, J. F. Cherry (Hrsg.), Peer Polity Interaction and Socio – Political Change, (1986), 19ff. Es konnte festgestellt werden, dass das mykenische Griechenland vermutlich in 11 Königtümer gegliedert war, die in mehrere Provinzen aufgeteilt waren. Das Archiv lieferte Informationen über die Verwaltung, Landaufteilung, den Viehbestand und die Verteilung von Gütern und Rohstoffen. Die hierarchischen Strukturen sind auch einigermaßen gut bekannt. An der Spitze der hierarchischen Pyramide stand der König. Unter ihm stand eine Art Vizekönig, der die Funktion eines Oberbefehlshabers der Streitmächte hatte. Dem Vizekönig folgten die Adligen, die Provinzstatthalter, die Gutsbesitzer und die lokalen Führer. Danach kamen die Handwerker, die freien Arbeiter und Bauern. Ganz unten in der Hierarchie standen die Sklaven.

[1824] Außer Kalkstein wurde für die Errichtung anderer architektonischer Formen und Bauteile, die einen repräsentativen Charakter hatten, Sandstein, der in der Literatur auch als Poros bezeichnet wird, Konglomerat und Schiefer, aber auch Marmor verwendet. Als Verbindungsmaterial wurde überwiegend Lehm verwendet.

[1825] M. Küpper (1996), 33f.

[1826] Ebd.

den Bau der Verteidigungsmauern besser bearbeitet. Als Beispiel kann an dieser Stelle die Anlage von Mykene genannt werden. Man verwendete für den Bau der Fortifikation überdimensionales bearbeitetes Konglomerat. Einige Teile der Anlage, wie z. B. die Bastion beim Löwentor, bestehen aus regelmäßigen Quaderblöcken. Dies betrifft die Schalen der Baukonstruktion, ansonsten bleibt die Bauweise dieselbe. Alle spätbronzezeitlichen Verteidigungsanlagen Griechenlands wurden vertikal errichtet und unterscheiden sich von den Anlagen des kleinasiatischen Raumes und anderer Kulturkreise. Charakteristisch ist auch für die mykenische Fortifikationsarchitektur die Verwendung von überdimensionalen Steinblöcken oder Konglomerat für die Eckverstärkung der Befestigungsanlagen. Diese Bauweise wurde schon während der Mittelbronzezeit praktiziert und in der Spätbronzezeit beibehalten. Es handelt sich um eine Konstruktionsweise, die sich schon früher auf dem griechischen Festland entwickelt hat. Typisch für die mykenische Fortifikationsarchitektur ist aber die Verwendung von Zwickelsteinen um die Fugen zwischen den Steinblöcken zu verfüllen. Ihr Zweck war es, die unregelmäßige Fläche der überdimensionalen Steinblöcke aneinander anzupassen. Ob die Verwendung von Zwickelsteinen als Konstruktionsprinzip mykenischer Fortifikationsarchitektur angesehen werden muss, ist meines Erachtens ohne Belang. Das Ganze ergibt sich einfach aus der Errichtung der Mauerfassaden einer Befestigungsmauer. Mit der Verwendung von Zwickelsteinen bekamen die Mauerfassaden der Verteidigungsanlagen eine homogene Oberfläche, die fast unmöglich zu erklettern war.

Zur Fundamentierung der Verteidigungsanlagen konnte allgemein festgestellt werden, dass sie bei fast allen Fortifikationen bis zum Felsboden reichen. Bevor die Steinblöcke aber auf den Felsboden gelegt wurden, wurde ihre Oberfläche bearbeitet. War das Gelände uneben, wurden in manchen Fällen Gruben ausgeschachtet, die breiter als die geplante Stärke der Fortifikationsmauer waren. Auf dem Boden dieser Baugruben wurde eine Schicht aus Lehm mit kleineren Steinen ausgelegt, die das Fundament der Befestigungsmauer isolierte und schützte. Unregelmäßigkeiten wurden einfach mit Erde und Steinen ausgeglichen und in einigen Fällen wurden Spalten und Risse auf dem Felsboden ausgestopft, um die Errichtung der Mauer zu ermöglichen. Wenn eine Befestigungsmauer auf einem geneigten Gelände gebaut werden musste, wurde der Felsboden treppenartig bearbeitet. Obwohl Kilian überwiegend über die Fundamentierungsweise mykenischer Gebäude und Terrassenmauern berichtet, erhalten wir auch Informationen über die Fundamentierung der Verteidigungsmauern.[1827] Ob für die Fundamente der Anlagen Verbindungsmaterial verwendet wurde, konnte nicht eindeutig festgestellt werden. Nur bei der Befestigungsanlage in Midea wurde teilweise im Fundamentbereich Lehm nachgewiesen. Es kann also möglich sein, dass für die Fundamente der Verteidigungsanlagen Lehm als Verbindungsmaterial verwendet wurde. Der Lehm hatte aber noch eine andere Funktion. Er isolierte die Mauer und ließ keine Feuchtigkeit in die Mauer eindringen. Mit Lehm war wahrscheinlich auch der untere Bereich der Maueraußenfassaden bedeckt. Auf diese Weise konnte die Witterung die Anlage nicht beschädigen. Natürlich musste die Lehmschicht immer wieder erneuert werden. Leider sind diese Lehmschichten im Laufe der Zeit abgespült worden.

Beeindruckend ist auch die Stärke der mykenischen Befestigungsanlagen. Da als Baumaterial überdimensionale Steinblöcke verwendet wurden, erreicht die Stärke der Verteidigungsanlagen durchschnittlich 5 m in Mykene, 7,50 m in Tiryns, 5,50 m in Gla und 4,50 m in Athen. In Midea erreicht die Mauer eine Breite von 5 bis 7 m. Die Stärke variiert aber bei den verschiedenen befestigten mykenischen Siedlungen. Es gibt Mauern mit einer Stärke von 1,50 m und Mauern mit einer Stärke von 2,50 bis 3,60 m. In A. Andreas auf Siphnos erreicht die Mauer an einigen Stellen eine Stärke von bis zu 8 m. In Phylakopi auf Melos hat die Befestigungsmauer durchschnittlich eine Stärke von 2 m. Mit der Verstärkung der Anlage erreichte die Mauer eine Stärke von 6 m. Die größte Stärke wurde mit 17,50 m an der südlichen Mauer der Oberburg in Tiryns gemessen. Wie hoch die kyklopischen Verteidigungsanlagen waren, konnte nicht festgestellt werden. In Mykene ist die kyklopische Mauer bis 8,25 m erhalten, in Tiryns in einer Höhe von 7,60 m, in Gla in einer Höhe von 2 bis 6 m. Die erhaltene Höhe der Fortifikationsmauer in A. Andreas auf Siphnos liegt zwischen 2,50 und 3,80 m. In Phylakopi

[1827] K. Kilian (1990), 95–113. Dazu auch M. Küpper (1996), 52ff. Kilian konnte feststellen, dass sich die Fundamente in zwei große Kategorien unterscheiden. Es handelt sich um die natürlichen und die künstlichen Fundamente. Die künstlichen trennte Kilian in Flachfundamente, Tieffundamente, Podestfundamente, Kastenfundamente und Kasemattenfundamente. Die Fundamente der Befestigungsanlagen, wenn sie nicht direkt auf der Felsoberfläche errichtet werden, gehören laut Kilian zu der Kategorie der Flachfundamente. In einigen Fällen werden nicht nur Lehm und kleinere Steine auf dem Boden dieser Baugruben ausgelegt, sondern auch Sand, Lehmziegel oder Lagen von Hölzern. Diese Fundamentierungsweise wurde bei der Befestigungsmauer der zweiten Bauphase von Mykene festgestellt.

ist die Mauer in einer Höhe von 4 m erhalten. Für die Anlagen von Mykene und Tiryns wird eine Höhe von mindestens 12 m geschätzt. Ob die Befestigungsmauern einen Oberbau aus Lehmziegel besaßen, konnte nicht festgestellt werden. Es fehlen einfach die Hinweise dafür. Da keine Anhäufungen am Fuß der Befestigungsmauern entdeckt wurden, wird in der Literatur grundsätzlich angenommen, dass die Anlagen hauptsächlich aus Stein bestanden. Annahmen, dass die Anlagen zumindest eine niedrige Brustwehr mit Zinnen trugen, konnten anhand des archäologischen Befunds nicht bestätigt werden.

Die mykenischen Befestigungsanlagen wurden aber auch durch andere defensive Baukonstruktionen verstärkt. Es handelt sich um Türme und Bastionen, die überwiegend auf den ägäischen Inseln errichtet wurden. Auf dem Festland flankieren Türme meistens die Tore der befestigten Burganlagen. Dazu gehören die große Bastion bei dem Löwentor in Mykene und die rechteckigen Pylonen in Gla, die die vier Toranlagen der Befestigung flankieren. Es handelt sich mehr um Mauerverstärkungen als um fortifikatorische Baukonstruktionen, die als Türme bezeichnet werden können. Eine turmartige Bastion flankierte auch den westlichen Zugang in die befestigte Akropolis von Athen. Auch das sog. Westtor in Midea wurde durch eine verlängerte turmartige Bastion geschützt. Türme schützten auch Zugänge in Tiryns, wie z. B. der rechteckige Turm an der nordwestlichen Ecke der sog. Mittelburgmauer. Da der Turm aber keinen effizienten Schutz bieten und eventuelle Angreifer nicht von der Befestigungsmauer fernhalten konnte, wurde die sog. westliche Bastion errichtet, die eigentlich eine verlängerte kurvolineare Befestigungsmauer ist. Mit diesem neuen defensiven Bauwerk wurden der westliche Felshang und der Weg, der in die befestigte Akropolis führte, in die Fortifikation miteinbezogen. Durch turmartige Bastionen wurden auch die Befestigungsanlagen in Phylakopi auf Melos, in A. Irini auf Keos, A. Andreas auf Siphnos sowie andere kleinere spätbronzezeitliche Befestigungsanlagen auf dem Festland geschützt. Der archäologische Befund zeigte, dass Türme und Bastionen massive Baukonstruktionen waren. Im Vergleich zu ähnlichen anatolischen oder orientalischen defensiven Baukonstruktionen besaßen die mykenischen Bastionen und Türme keine inneren Räume und Kammern. Ob sie höher als die Hauptbefestigungsmauer waren, konnte bis heute nicht festgestellt werden.

In einigen spätbronzezeitlichen Verteidigungsanlagen wurden innerhalb der Befestigungsmauern Bauten errichtet, wie Galerien, Kammern und unterirdische Gänge, die zu Brunnen führten. Diese Baukonstruktionen wurden überwiegend während der SH IIIB2 Periode errichtet und sind bei den Anlagen von Mykene und Tiryns noch heute zu sehen.[1828] Es handelt sich um Bauten, bei denen die sog. Kragbauweise verwendet wurde. Der Sinn dieser Technik liegt darin, dass die bearbeiteten Steinbrocken stufenweise von unten nach oben herausragen. Auf diese Weise bilden die Steinblöcke eine gekrümmte Steindecke, die in einem Spitzbogen endet. An die Spitze des Gewölbes wurde ein Stein gelegt, der als Schlussstein bezeichnet wird. Er verteilt die Last des Mauerwerkes auf die Seiten der Konstruktion. Diese Bauweise wurde wahrscheinlich aus Anatolien bzw. aus dem hethitischen Reich übernommen und im mykenischen Griechenland weiter entwickelt. Die Entwicklung dieser Bautechnik findet ihre Vervollkommnung mit dem sog. Entlastungsdreieck. Diese Bauweise wurde bei der monumentalen Haupttoranlage in Mykene verwendet.

Die Toranlagen der befestigten Siedlungen und Paläste waren entweder einfache Zugänge oder große monumentale Tore, die die Haupttore der mykenischen befestigten Palastanlagen bildeten. Die einfachen Zugänge waren Öffnungen zwischen zwei Mauerendungen der Befestigungsmauer, die durch kleine turmartige Bastionen flankiert sein konnten. Die Größe dieser Durchlässe variiert. Diese einfache Form einer Toranlage wurde schon während der früheren Epochen gebaut und auch während der Spätbronzezeit verwendet.[1829] Die Tore trugen eine Holzverkleidung und wurden durch hölzerne Türflügel verschlossen. Die Türflügel waren mit Bronze beschlagen, wie wir von Gla wissen. Wie der Oberbau dieser Tore aussah, konnte nicht festgestellt werden. Es wird angenommen, dass entweder der Bereich über den Torrahmen frei stand oder er eine kleine Baukonstruktion aus Holz oder Lehmziegeln trug. Diese Tore verfügen nicht über überdimensionale Schwellen, sondern Steinpflaster oder einzelne Steinplatten werden als Schwelle verwendet. Die Toranlagen werden an Stellen der Befestigungsmauer errichtet, die mit Straßen verbunden waren. Obwohl diese einfachen Zugänge nicht die Größe und den monumentalen Charakter der größeren Toranlagen erreichen, wirken sie durch die kyklopischen

[1828] Die Kammern der Unterburg in Tiryns, die mit der sog. Lehmziegeltechnik gebaut wurden, wurden während der SH IIIB1 Periode errichtet. Sie bilden aber die Ausnahme, was ihre Konstruktion und zeitliche Errichtung betrifft.

[1829] Als Beispiel können an dieser Stelle folgende einfache Toranlagen erwähnt werden: das östliche Tor in Midea, das Tor in Teichos Dymaion sowie die Tore in Peristeria, Malthi Dorion und Kiapha Thiti. Es handelt sich um Öffnungen am Ende der Mittelbronzezeit, die zwischen verstärkten Mauerendungen errichtet wurden. Zu den einfachen Zugängen gehört auch das Haupttor von Tiryns, das über eine Rampe zu erreichen war.

Wehrmauern gewaltig. In manchen Fällen bekommen diese Tore eine besondere Form. Es handelt sich dabei um Durchgänge, die innerhalb der Befestigungsmauer in der Kragbauweise errichtet wurden. Das gilt z. B. für die Pforte an der südlichen Seite der Nordosterweiterung von Mykene und das sog. Nordtor der Unterburg von Tiryns. Über die Funktion dieser Durchlässe sind die Meinungen umstritten. Beeindruckend sind aber die größeren Toranlagen, die aus megalithischen Steinblöcken bestehen. Das bekannteste ist das Löwentor in Mykene. Der obere Abschluss des Tores besteht aus einem monolithischen bearbeiteten Sturzblock, der sich beiderseits auf zwei ebenfalls bearbeitete megalithische Parastaden stützt. Die Parastaden stützen sich auf eine gewaltige monolithische Schwelle, die sorgfältig angelegt wurde. Die Flächen der vier massiven Konglomerate, die die Türöffnung bilden, passen perfekt zueinander. Die Steinblöcke sind so bearbeitet, dass ihre beiden Enden enger gemacht wurden. Auf diese Weise wurde die Last der gesamten Baukonstruktion besser verteilt. Wichtig für die Stabilität des Ganzen ist die monolithische Schwelle der Toranlage, die auf kleineren Kalksteinen und einer dünnen Schicht Erde ruht. Die Bauweise der kyklopischen Mauer oberhalb des Türsturzes des Löwentores wurde schon besprochen. Um die Belastung der Mauer zu vermindern, wurde sie in der sog. Kragbauweise errichtet. Auf diese Weise wurde ein falsches Gewölbe gebildet, das für die mykenische Architektur typische Entlastungsdreieck. So wurde die Last der Baukonstruktion nicht direkt auf den Türsturz, sondern auf die Parastaden des Löwentores geleitet. Identisch mit dem Löwentor ist das kleinere Nordtor in Mykene. Ähnlich dem Löwentor war wahrscheinlich auch die Toranlage in Tiryns. Sie führte in die Oberburg von Tiryns und war das Haupttor der gesamten befestigten Palastanlage. Sie bestand auch aus vier bearbeiteten Monolithen. Leider ist das Tor nicht vollständig erhalten. Den Unterschied zwischen den einfachen und den größeren Toranlagen hat Küpper in seiner mykenischen Architektur treffend formuliert: „*Von den einfachen Durchgängen unterscheiden sich die größeren Toranlagen durch einen deutlich gesteigerten Bauaufwand. Dies betrifft zunächst die Einbindung in den architektonischen Kontext. Durch die Verbindung mit Mauerverstärkungen und Bastionen werden die Zugänge besonders gewichtet und optisch als eigenständige Baukörper innerhalb des Mauerverlaufes deklariert*“.[1830] Diese Verbindung der Toranlagen mit Mauerverstärkungen und Bastionen ist ein Bauprozess, der sich schon früher entwickelt hat und während der Spätbronzezeit seine Vervollkommnung fand. Während die Tore in den früheren Befestigungsanlagen der Spätbronzezeit einfach zwischen verstärkten Mauerenden und Bastionen liegen, wird in der entwickelten späthelladischen Epoche das Flankierungsprinzip Bestandteil mykenischer defensiver Architektur. Beispiele für frühere Toranlagen, die durch Bastionen flankiert werden, sind die Tore in Midea, Gla und das Tor von Tiryns während der ersten Bauphase. Das Flankierungsprinzip wird zum ersten Mal in Gla bei dem sog. Südtor verwendet. Danach wird das neue Verteidigungskonzept in die befestigten Anlagen in Mykene, Tiryns und Athen übernommen und perfektioniert. Zweck des neuen Verteidigungskonzeptes war es, im Fall eines Angriffs die Aggressoren vor das Tor zu drängen und sie von allen Seiten zu schlagen. Dabei half auch allgemein die Lage der Toranlagen, die in einer gewissen Höhe lagen und über ansteigende Straßen, Rampen oder Treppen zu erreichen waren.

Zu der mykenischen Fortifikationsarchitektur gehören auch die verdeckten Brunnenanlagen, die nur vom Inneren der Befestigungsanlage her zu erreichen waren. Sie wurden gegen Ende der SH IIIB Periode errichtet. Dass die Brunnenanlagen auf diese Weise in die Befestigung miteinbezogen wurden, weist auf eine bedrohliche Situation in dieser Zeit hin. Wie genau diese Gefahr aussah, konnte nicht eindeutig festgestellt werden. Sicher ist, dass die Bewohner der Burganlagen einen Angriff von außen fürchteten. Im Fall einer Belagerung musste die Wasserversorgung garantiert sein. Wenn man sich mit den spätbronzezeitlichen bzw. mykenischen Verteidigungsanlagen befasst, erkennt man den großen Aufwand an Kosten und menschlicher Arbeitskraft, mit dem die massiven Wehranlagen von Mykene, Tiryns, Athen, Gla, Midea und viele andere kleinere Anlagen entstanden sind. Wie genau aber die massiven Befestigungsanlagen errichtet wurden und wie viele Arbeitskräfte dafür benötigt wurden, ist bis heute nicht eindeutig geklärt. Es wird angenommen, dass für den Bau der Verteidigungsanlagen Rampen errichtet wurden, um die überdimensionalen Steinblöcke auf die Maueroberfläche zu bringen. Interessant ist Küppers Berechnung zum Aufwand an menschlicher Arbeitskraft für die Errichtung einer Rampe.[1831] Problematisch bleibt die Errichtung der Kammern und Galerien in einer Befestigungsanlage. Während Küpper den Bauvorgang der mykenischen Befestigungsanlagen beschreibt, vermutet er, dass hier Hebegeräte benutzt wurden, obwohl die Verwendung von Kränen nicht nachgewiesen werden konnte.[1832]

[1830] M. Küpper (1996), 45f.

[1831] Ebd. 50f.

[1832] Ebd. 51f. Laut Küpper weisen die Ausmaße der Pendelsägen aber nachdrücklich auf ähnlich dimensionierte Hebewerkzeuge hin.

Da wir nichts über die Bevölkerungszahlen in der Spätbronzezeit wissen, obwohl einige mykenische Nekropolen gefunden wurden, ist es sehr schwierig, die menschliche Arbeitskraft zu berechnen, die für den Bau einer ganzen mykenischen befestigten Palastanlage benötigt wurde. Es konnte bis heute nicht festgestellt werden, wie das Baumaterial transportiert wurde, wie viele Tiere und Menschen dafür gebraucht wurden und wie viele Menschen für die Bearbeitung der kyklopischen Steinblöcke benötigt wurden. Sicher ist, dass der Bau dieser monumentalen Architektur eine differenzierte und gut organisierte Gesellschaft erforderte.

Es ist möglich, dass die Besitzer der spätbronzezeitlichen befestigten Verteidigungsanlagen im heutigen griechischen Raum von der Fortifikationsarchitektur in Anatolien bzw. dem hethitischen Kulturkreis oder von anderen früheren megalithischen Bauten in Malta beeinflusst wurden. Besonders zum hethitischen Kulturkreis werden kulturellen Verbindungen beobachtet, die wahrscheinlich auf die mykenische Fortifikationsarchitektur eingewirkt haben. Obwohl eine Gemeinsamkeit festgestellt werden konnte, wurden bezüglich der Befestigungsanlagen dennoch auch Unterschiede festgestellt. Die Gemeinsamkeit liegt in der Verwendung von großen Steinblöcken für die Errichtung der Verteidigungsmauern. Das charakteristische Bauelement mykenischer Mauern, die Zwickelsteine, mit denen die Fugen gefüllt wurden, fehlt aber in der hethitischen Verteidigungsarchitektur. Zum Vergleich können die Mauer des sog. Löwentores in Hattuša und die Mauer der Terrasse der Palastanlage von Tiryns dienen, die in der kyklopischen Bauweise errichtet wurde. Mit der Verwendung von Zwickelsteinen wirken die Außenfassaden der mykenischen Anlagen dicht. Die überdimensionalen Steinblöcke haften besser aneinander, nicht nur wegen ihrer Last, sondern auch wegen der Zwickelsteine. Auf diese Weise wirken die kyklopischen Mauern gleichförmig. Dies ist in Anatolien nicht der Fall. Vielmehr wird die Mauer in Hattuša als eine Polygonalmauer bezeichnet. Die Mauer wurde mit Sorgfalt errichtet, was auch an den Fugen der großen Steinblöcke zu sehen ist, die genau aneinander anpassen. Küpper erwähnt noch einen anderen wichtigen Unterschied. Es handelt sich um den sog. Pseudo–Quader–Stil am Löwentor in Mykene und am Hauptaufgang zur Palastanlage von Tiryns. Dieser Stil wurde laut Küpper in Hattuša nicht verwendet: „*Die Blöcke in Tiryns und Mykene sind quaderförmig zugerichtet, trotz Horizontalschichtung aber nicht in echter Quaderbauweise verlegt. Die Quadermauer von Sarikale zeigt hingegen echtes Quadermauerwerk. Die Blöcke besitzen sogar umlaufenden Kantenschlag, der dem Mykenischen völlig fremd ist. Auf dieser Grundlage kann eine direkte Übernahme des kyklopischen Baustils der Mykener von den Hethitern wohl ziemlich sicher ausgeschlossen werden*“.[1833]

Eine andere, ähnliche Architekturform, die sowohl im mykenischen Griechenland als auch in Hattuša vorkommt, sind die als Poternen bezeichneten Gänge, die in der sog. Kragbauweise errichtet wurden. Mit derselben Bautechnik wurden die verdeckten Gänge und die Pforten in Mykene und Tiryns errichtet, die zu den Brunnenanlagen führen. Fraglich ist, wer diese Architekturform erfunden hat. Ist es das Ergebnis einer lokalen Bautradition oder das Ergebnis einer Akkulturation? Es wird angenommen, dass zuerst die Hethiter Gänge in der Kragbauweise gebaut haben.[1834] Diese Frage ist aber noch nicht eindeutig geklärt.

Die mykenische Fortifikationsarchitektur ist einmalig für das spätbronzezeitliche Griechenland und im ganzen ägäischen Bereich. Sie ist das Ergebnis eines langen Entwicklungsprozesses, der schon früher begonnen hat. Dieser Prozess wurde im Rahmen dieser Arbeit anhand des analysierten archäologischen Befunds deutlich dargelegt.

[1833] M. Küpper (1996), 119f.

[1834] P. Neve, Hethitischer Gewölbebau, in: Bautechnik der Antike. Diskussionen zur Archäologischen Bauforschung 5 (1991), 161–165.

7. VERGLEICHBARE SIEDLUNGEN

Dass befestigte Siedlungen im Bereich von Mesopotamien, der Levante oder von Ägypten früher als die Anlagen im heutigen griechischen Raum errichtet wurden, ist bekannt. Es gilt als erwiesen, dass die dortigen Verteidigungsanlagen sowie die Anlagen im zentralen und östlichen Anatolien der heutigen Türkei weiterentwickelt waren als die gleichzeitigen Anlagen des heutigen griechischen Raumes.[1835] Der Umfang der Anlagen in den östlichen Kulturkreisen ist viel größer als bei den griechischen bzw. den mykenischen Befestigungsanlagen. Sie umgeben riesige Areale mit Wohnvierteln, Tempelanlagen und Königspalästen. Die Befestigungsanlagen bestehen meistens aus zwei Teilen. Der gesamte Mauersockel der Anlagen wurde aus massivem Stein in einer abgeböschten Form errichtet. Dies ist vor allem in Westkleinasien zu beobachten. Das beste Beispiel ist Troia. Der Oberbau der Anlage wurde wahrscheinlich aus Lehmziegeln errichtet. Die Befestigungsmauer und ihre Toranlagen wurden durch turmartige Bastionen und Türme verstärkt. In Anatolien wurden die Anlagen anders errichtet. Die Befestigungsanlagen bestehen dort aus zwei Mauerzügen, die mit Quermauern verbunden werden. Die so entstandenen Räume wurden entweder bewohnt (z. B. als Wachräume) oder als Speicherräume verwendet. So entsteht die sog. Kasemattenmauer, die schon im Neolithikum und in der Frühbronzezeit in Anatolien errichtet wurde.[1836] Andere Mauern wurden massiver gebaut. Das Bauprinzip bleibt dasselbe. Die Quermauerzüge bilden kleine rechteckige Kästen, die anhand ihres spärlichen Raumes nicht weiter genutzt werden konnten. Entweder wurden sie mit Erde und Steinen aufgefüllt, um der Mauer eine gewisse Stabilität zu geben oder die Räume blieben einfach leer.[1837] Es ist aber wahrscheinlich, dass viele dieser Mauern einen Oberbau aus Lehmziegeln trugen. Solche Beispiele von Lehmziegelmauern kennen wir nicht nur aus Anatolien, sondern auch aus anderen Kulturkreisen.[1838] Alle Befestigungsanlagen wurden mit hohen Türmen und Bastionen verstärkt. Baukonstruktionen, die parabelförmige Bögen bilden, oder Konstruktionen wie die Poternen, die in der Kragbauweise errichtet wurden, werden nicht erst während der Spätbronzezeit gebaut, sondern schon viel früher. Ein anderes interessantes bautechnisches Detail der Befestigungsanlagen in den oben genannten Kulturkreisen besteht darin, dass viele über eine Vormauer verfügten, die wahrscheinlich auch einen defensiven Charakter hatte. In manchen Fällen verfügten sie auch über Gräben, die einen Angriff erheblich erschwerten.[1839] Andere kleinere Befestigungen sind aus Zypern bekannt, deren Errichtung wahrscheinlich vom östlichen Mittelmeerraum beeinflusst wurde. Nach Iakovidis wurden diese Anlagen vor allem in der Ebene errichtet und bestehen aus langen geradlinigen Mauerzügen.[1840] Die gezahnte Bautechnik wurde bei den zypriotischen Anlagen nicht verwendet. Der Mauersockel dieser Anlagen wurde abgeböscht errichtet und bestand aus bearbeiteten oder unbearbeiteten groben Steinen. Bei manchen Siedlungen wurden für den Mauersockel der Anlagen hohe „*Orthostaten*" verwendet. Die Mauerzüge sind meistens massiv gebaut. Nur in Enkomi wurde eine Kasemattenmauer entdeckt. Zu der Anlage in Enkomi gehört auch ein großer rechteckiger Turm, der die nördliche Toranlage der Siedlung flankierte. Der Oberbau der Befestigungsanlagen wurde mit Lehmziegeln errichtet. Möglicherweise besaßen sie Zinnen und Wehrgänge, wie z. B. die Anlagen östlich von Zypern in der Levante. Die Stärke der Verteidigungsmauern auf Zypern variiert zwischen 2,30 und 4 m. Bastionen wurden auch errichtet. In einigen Fällen sind sie aber kleine Bauteile, die aus der Hauptbefestigungsmauer hervorragen. Größere Bastionen sind in Enkomi und Kition entdeckt worden. Die Tore dieser Anlagen wurden meistens tief im Inneren der Anlage errichtet, die laut Iakovidis Vorbilder aus dem Nahen Osten nachahmen. Es

[1835] S. Iakovidis (1977), 215ff.

[1836] Als Beispiel kann Alişar genannt werden, das südöstlich von Hattuša liegt. Die Mauer bestand aus rechteckigen Räumen, aus Kasematten. Der Mauersockel bestand aus Bruchsteinen und der Oberbau aus Lehmziegeln. Die Befestigungsanlage von Alişar erreichte eine Stärke von 5 bis 6 m und bildete rechteckigen Kästen. Der Mauersockel, der aus Bruchsteine bestand, war nicht stark genug für eine große Höhe. Die Sockelmauern hatten nämlich eine Stärke von 0,60 bis 2 m. Es wird vermutet, dass diese Mauern so errichtet wurden, um Arbeitskräfte und Baumaterial zu sparen.

[1837] Die mittelbronzezeitliche Befestigungsmauer von Karahöyük in Konya, das nordöstlich von Çatal Höyük liegt, ist ein solches Beispiel. Die Quermauern der Hauptmauer bilden kleine Kästen. In derselben Bauweise wurde der Mauersockel der sog. Poternenmauer in Hattuša errichtet. Ähnliche Mauern sind auch in Mersin und in Hüyük bei Alaça Höyük entdeckt worden.

[1838] Als Beispiel können an dieser Stelle die Befestigungsmauern von Sakçegözü und Zincirli in der Türkei oder Tell Halaf und Cerablus im heutigen Syrien und Uruk in Irak dienen. Es gibt noch eine ganze Reihe von anderen Anlagen, die entlang des sog. fruchtbaren Halbmondes entdeckt wurden.

[1839] S. Iakovidis (1977), 216f. Mit ausführlicher Literatur.

[1840] Ebd. 217f.

sind einfache axiale Tore, deren Durchlass im Inneren der Anlage liegt und von anderen Bauten flankiert wird. Zum Durchlass führt ein im Zickzack verlaufender Weg, dessen Seiten von Mauern geschützt wurde.[1841]

Um ein besseres Bild von spätbronzezeitlichen Befestigungsanlagen außerhalb des heutigen griechischen Raumes zu erhalten, werden zunächst die Anlagen von Troia beschrieben. Es folgen einige Beispiele von anderen Siedlungen in der Umgebung von Troia, die von Befestigungsmauern umgeben wurden. Hattuša ist ein weiteres Beispiel für die Befestigungskunst dieser Zeit. Am Ende wird noch kurz auf die Befestigungsanlagen Europas während der Spätbronzezeit eingegangen.

7.1. Türkei

7.1.1. Troia

Die Siedlung wurde während der gesamten Bronzezeit durch Fortifikationsanlagen geschützt. Teile dieser Befestigungsanlagen sind bis heute erhalten. Es handelt sich überwiegend um die Befestigungsanlage von Troia VI, die schon in der Mittelbronzezeit errichtet und im Laufe der Zeit immer wieder erweitert und mit turmartigen Bastionen verstärkt wurde. Die Besiedlungsphase von Troia VI dauerte von 1750 bis 1300 v. Chr. Am Ende dieser Zeit wurde die Siedlung durch ein Erdbeben zerstört. Blegen teilte Troia VI in drei Hauptphasen, die als Troia VI-Früh, VI-Mitte und VI-Spät bekannt sind.[1842] Diese Besiedlungsphasen werden in acht Phasen unterteilt (Troia VIa – VIh). Nach der Zerstörung folgt die Besiedlungsphase Troia VII, die wahrscheinlich durch eine kriegerische Auseinandersetzung um 1190/80 v. Chr. zerstört wurde.

Von den Gebäuden innerhalb der befestigten Akropolis von Troia VI ist nur eine kleine Anzahl erhalten. Die meisten architektonischen Elemente der Siedlung wurden schon in der hellenistischen und römischen Zeit zerstört. Planierungsarbeiten und die Errichtung von neuen Gebäuden, wie z. B. der Bau des Athenatempels im 3. Jahrhundert v. Chr., zerstörten die Schichten und ihr prähistorisches Material. Von der früheren und mittleren Besiedlungsphase von Troia VI fand man nur wenige Gebäude.[1843] Aus der späteren Hauptphase sind mehrere Gebäudeüberreste erhalten. Charakteristisch ist, dass die Häuser auf ringförmig angelegten Terrassen errichtet wurden, die ins Innere der befestigten Akropolis ansteigen. Die bisherigen Untersuchungen ergaben, dass es sich um große Einzelgebäude handelt, die frei innerhalb der befestigten Akropolis standen. Meistens handelt es sich um megaronartige Gebäude, die aus einer Vorhalle und einem Hauptraum bestehen.[1844] Ein weiteres Gebäude hatte einen L-förmigen Grundriss und bestand wahrscheinlich aus mindestens zwei Stockwerken.[1845] Andere Gebäude werden als Pfeilerhäuser bezeichnet, weil ihre zwei Stockwerke durch Pfeiler gestützt wurden.[1846] Ein rechteckiges Gebäude beeindruckt durch seine äußere Fassadenmauer, die sorgfältig errichtet und geglättet wurde.[1847] Die meisten Gebäude wurden im südlichen Bereich des Hügels entdeckt. Sie liegen zwischen den Befestigungsmauern von Troia II und Troia VI. Von den Gebäuden im nördlichen Bereich des Hügels fehlt jede Spur. In der Mitte der befestigten Akropolis und an ihrer höchsten Stelle lagen wahrscheinlich die Zentralgebäude, nämlich die Palastanlage von Troia VI. Da an dieser Stelle später der Athenatempel errichtet wurde, ist davon leider nichts erhalten.

Die prähistorische Siedlung wurde von einer starken Befestigungsmauer geschützt, die ebenso wie Teile der nachfolgenden Siedlung VII von Dörpfeld ausgegraben und systematisch untersucht wurden.[1848] C. W. Blegen entdeckte weitere Teile der Befestigungsanlage.[1849] M. Korfmann führte mit seinen Mitarbeitern weitere Untersuchungen an der Befestigungsmauer durch. Die Ergebnisse wurden vor allem in der Reihe *Studia Troica* publiziert.[1850] Die Verteidigungsmauer umschloss eine Fläche von 20000 m^{2,} während die sog. Untersiedlung von Troia eine Fläche von über 200000 m^2 hatte. Die Länge der Fortifikationsmauer auf der Akropolis beträgt 550 m. Heute sind nur noch 330 m der Befestigungsanlage erhalten. Von der nördlichen Befestigungsmauer wurden nur sehr wenige Reste gefunden. Wie schon erwähnt, wurde die Fortifikationsanlage im Laufe der Zeit immer wieder

[1841] Ebd. Es handelt sich um die Siedlungen Enkomi, Kition, Sinda, Palaikastro-Maa, Idalion, Kourion und Kouklia-Altpaphos, die im 13. Jahrhundert v. Chr. gegründet wurden. Zu den befestigten Siedlungen auf Zypern siehe auch V. Karageorghis, Patterns of Fortified Settlements in the Aegean and Cyprus c. 1200 B.C., in: V. Karageorghis, C. E. Morris, (Hrsg.), Defensive Settlements of the Aegean and the Eastern Mediterranean after c. 1200 B.C., (2001), 1–12.

[1842] C. W. Blegen (1953), 12ff.

[1843] Ebd. 119ff. 180ff.

[1844] Sie werden als VI A, VI B, VI C und VI G bezeichnet.

[1845] Es ist als Gebäude VI M in der Literatur bekannt.

[1846] Es handelt sich um das Gebäude VI F und das Haus VI G.

[1847] Es ist als Gebäude VI E bekannt.

[1848] W. Dörpfeld (1902), 112ff.

[1849] C. W. Blegen (1953), 81ff.

[1850] M. Klinkott, R. Becks, Wehrmauern, Türme und Tore. Bauform und Konstruktion der troianischen Burgbefestigung in der VI und VII Siedlungsperiode. Begleitband zur Ausstellung „Troia, Traum und Wirklichkeit“ Stuttgart (2001), 407–414.

erneuert und erweitert. Gegen Ende der Besiedlungsphase VI und zu Beginn der Besiedlungsphase Troia VII wurde die Befestigungsanlage bautechnisch perfektioniert. Typisch für die Befestigungsmauer von Troia ist ihre abgeböschte Außenmauer, die in der sog. Sägezahntechnik errichtet wurde. Die Mauer besteht aus 8–10 m langen geradlinigen Mauerabschnitten, die die Form eines Polygons bilden, dessen Ecken laut Naumann durch kleine, sägeförmig angelegte Vorsprünge scharf in Erscheinung treten.[1851]

Schon in der Frühphase von Troia VI wurde die Mauer aus kleineren unbearbeiteten Kalksteinen gebaut. Es wird vermutet, dass die Außenfassade der Mauer schon in dieser Epoche eine geneigte Fläche hatte. In älteren Ausgrabungsberichten wird erwähnt, dass Teile dieser früheren Mauer schräg auf der Hügelfläche abfielen.[1852] Es konnten aber sägezahnartige Vorsprünge erkannt werden. Die Mauervorsprünge weisen eine Tiefe von 0,15 m auf. Teile dieser früheren Mauer wurden von Dörpfeld ausgegraben. Es handelt sich um einen 13 m langen Mauerabschnitt mit einer Stärke von 1 bis 1,30 m. Ob die freigelegte Mauer einen defensiven Charakter hatte, konnte nicht bestätigt werden. Die geringe Stärke spricht wahrscheinlich gegen eine solche Deutung.[1853] Dörpfeld nahm an, dass diese Mauer während der Besiedlungsphase Troia V errichtet wurde. Nach der Ansicht von Blegen gehört diese Mauer aber zur früheren Besiedlungsphase Troia VI.[1854] Von der Baukonstruktion ist heute leider nichts mehr erhalten. Die Mauer verfügte über einen Oberbau aus Lehmziegeln.

Während der mittleren Phase von Troia VI wurde die Verteidigungsmauer erweitert.[1855] Teile dieser Mauer sind im westlichen Bereich des Hügels von Hisarlik erhalten. Es konnte festgestellt werden, dass die neue Mauer nicht auf der älteren errichtet wurde, sondern sie wurde vorgelagert. Der Sockel der Mauer hatte die bekannte abgeböschte Form und ihre Fundamente wurden tiefer angelegt. Sie erreichte eine Stärke von ca. 3 m. Auf diese Weise wurde die Baukonstruktion besser stabilisiert. Der neue Mauerring hatte eine polygonale Form und wurde auch in Mauerabschnitten errichtet. Sägezahnartige Vorsprünge wurden auch an dieser Mauer angelegt. Die Mauer besteht aus Kalksteinen, die zu Quadern bearbeitet wurden. Als Verbindungsmaterial wurde Lehm verwendet. Mit Lehm und kleineren Steinen wurden auch die Fugen der Mauer verfüllt. Auch diese Mauer besaß einen Oberbau aus Lehmziegeln. Welche Höhe diese Mauer hatte, konnte aber nicht festgestellt werden. Besser erhalten ist die Verteidigungsmauer der späteren Phase von Troia VI[1856], die während der Besiedlungsphase Troia VII verstärkt wurde (Taf. 43,2). Die Verteidigungsmauer der Spätphase von Troia VI hat eine Stärke von 4 bis 5 m, und sie ist in einer Höhe von 8 m erhalten. Der Mauersockel war abgeböscht und besteht aus bearbeiteten Kalksteinen. Vorsprünge wurden auch hier angelegt (Taf. 65a). Sie erreichen eine Tiefe von 7 bis 10 cm. Aus welchem Grund die Mauer abgeböscht errichtet wurde, ist umstritten. Wahrscheinlich hängt es mit der Verteidigungstaktik zusammen. Die Verteidiger konnten so die Aggressoren auf der Mauer angreifen und sie leichter mit ihren Waffen treffen. Dies war durch den mit der Böschung der Mauer besser entstandenen „toten Winkel“ möglich. Umstritten ist die Anlage von Vorsprüngen an der Befestigungsmauer. Sie dienten wahrscheinlich der Stabilität der Mauer. Dass die Vorsprünge einfach auch als Gestaltungsmittel angesehen werden dürfen, vermutete schon Dörpfeld.[1857] Er nahm aber auch an, dass die Vorsprünge durch die Verwendung von Fluchtstangen entstanden sind. Mit der Errichtung der Mauer wollten die Architekten das Vor- und Zurückschieben der rechteckigen Kalksteinblöcke vermeiden. Es wird angenommen, dass Stämme von Pappelbäumen als Hilfsmittel verwendet wurden. Dies erklärt, warum im untersten Bereich der Mauer die Vorsprünge größer sind als die Vorsprünge in höheren Lagen der Befestigungsmauer.[1858]

Der Oberbau der Verteidigungsmauer bestand aus Lehmziegeln. Reste fand Dörpfeld auf der westlichen Befestigungsmauer. Er nahm an, dass die Lehmziegelmauer der gesamten Breite des aus Stein bestehenden Mauersockels entsprach.[1859] Reste der Lehmziegelmauer fand er auch auf der östlichen Verteidigungsanlage. Er nahm an, dass der Oberbau aus

[1851] R. Naumann (1971), 246f.

[1852] Vgl. das Kapitel über Mittelbronzezeit

[1853] W. Dörpfeld (1902), 103ff.

[1854] C. W. Blegen (1953), 108f. und 112f. Die frühere Besiedlungsphase von Troia VI liegt zeitlich zwischen 1700 – 1500 v. Chr.

[1855] Es handelt sich um die Zeit von 1500-1400 v. Chr.

[1856] Die spätere Phase von Troia VI wird von 1400 – 1300 v. Chr. datiert.

[1857] W. Dörpfeld (1902), 119ff. Er vergleicht die Vorsprünge mit den Anlagen von Tiryns und Ägypten. Die Mauerabschnitte wurden hier einzeln errichtet. Die sog. Trennfugen der Mauer bleiben bei diesen Anlagen durch die Vorsprünge verdeckt. Bei der Mauer in Troia gibt es aber keine Trennfugen zwischen den Mauerabschnitten. Die fast perfekt bearbeiteten Eckquader, die den Vorsprung bilden, verbinden harmonisch die Mauerabschnitte der Verteidigungsmauer. Sie verbergen keine Trennfugen oder andere bautechnische Unregelmäßigkeiten. Auf diese Weise wird nach Dörpfeld der künstlerische Aspekt der Baukonstruktion betont.

[1858] M. Klinkott, R. Becks (2001)

[1859] W. Dörpfeld (1902), 103f.

Lehmziegeln an dieser Stelle eine Stärke von etwa 5 m hatte.[1860] Welche Höhe diese Baukonstruktion besaß, konnte nicht festgestellt werden. Schätzungsweise wird über eine Höhe von 4 bis 5 m gesprochen. Möglicherweise hatte der Oberbau der Anlage auch einen Wehrgang mit einer Brustwehr. Zu einem späteren Zeitpunkt wurde jedoch an der Stelle der Lehmziegelmauer eine neue Mauer errichtet. Ihre erhaltene Höhe und Stärke erreicht 1,80 bis 2 m. Sie bestand aus kleinen rechteckigen Kalksteinblöcken.[1861] Die Fundamentierung der Anlage war direkt auf der Erdoberfläche des Hügels errichtet, manchmal aber auch auf der felsigen Oberfläche des Hügels. Dies ist an der südlichen Befestigungsmauer festgestellt worden.

Wenn man heute die Befestigungsmauer betrachtet, kann man einige Unterschiede in ihrer Konstruktionsweise erkennen. Als Beispiel kann an dieser Stelle die östliche Mauer der Anlage genannt werden, bei der laut Blegen zuerst Erneuerungsmaßnahmen getroffen wurden.[1862] Es handelt sich um eine Mauer, die aus unregelmäßigen Kalksteinquadern besteht. Die Größe der Kalksteinblöcke variiert. Sie wurden in Schichten waagerecht neben- und aufeinander gesetzt. Dies ist aber nicht immer der Fall. Klinkott stellte fest, dass die Schichthöhe der Quaderlagen sich ändert. Die Kalksteinblöcke bilden teilweise doppelte Lagen, die an größere Steine stoßen. Die entstandenen Fugen wurden auch hier mit Lehm und kleineren Steinen verfüllt.[1863] Eine andere Besonderheit der Bauweise an der östlichen Mauer sieht Klinkott im ersten Abschnitt der Mauer neben dem östlichen Tor der Anlage, das als Tor (S) bekannt ist. Hier bilden die Schichten der Kalkquader nicht eine waagerechte Linie, sondern eine gekrümmte Linie. Diese Linie endet an den Ecken der Mauervorsprünge. Klinkott erkennt hier das Bauprinzip der Undulation.[1864] Die Bauweise erweckt den Eindruck, dass die Schichten des Baumaterials sich wellenförmig bewegen. Nach Ansicht des Archäologen bekommt die Baukonstruktion auf diese Weise eine bessere Stabilität, die im Fall eines Erdbebens die Standfestigkeit der Mauer gewähren konnte.[1865] Problematisch ist meines Erachtens, dass diese Bauweise nicht in allen Abschnitten der östlichen Befestigungsmauer verwendet wurde. Klinkott stellte fest, dass weiter südlich diese neue Bautechnik vernachlässigt wird und schließlich nicht mehr in Erscheinung tritt.[1866] Aus welchem Grund das neue Bauprinzip nicht auch an anderen Abschnitten der Befestigungsanlage verwendet wurde, ist nicht bekannt. Haben die Architekten an dieser Mauer experimentiert oder konnte die neue Bauweise die Stabilität der Mauer im Fall eines Erdbebens in Wirklichkeit doch nicht gewährleisten? Könnte die Undulation das Ergebnis einer Erosion oder eines Erdbebens gewesen sein?

Ein anderes bautechnisches Detail besteht darin, dass die hintere, nicht sichtbare Fläche der Kalksteinblöcke auch winkelförmig bearbeitet wird. Auf diese Weise verbinden sich die Steinschichten besser mit dem inneren Kern der Verteidigungsmauer. Es konnte festgestellt werden, dass durch die geneigten Steinschichten im Inneren des Mauerkerns die Baukonstruktion noch stabiler wurde. Das gilt aber nicht für die südliche Befestigungsmauer der Anlage, die auch erneuert wurde. Obwohl die Baukonstruktion dem Betrachter einen perfekten Eindruck hinterlässt, war sie im Fall eines Erdbebens nicht so stabil wie die sog. östliche Burgmauer. Die Flächen der Kalksteinquader der südlichen Befestigungsmauer sind so bearbeitet, dass sie sich perfekt aneinander anpassen. Auf diese Weise bekam die Außenfassade der abgeböschten Mauer eine feine und glatte Fläche.[1867] Man nimmt an, dass die Mauer in einer späteren Epoche errichtet wurde. Winkelsteine wurden auch verwendet, damit die Mauer eine bessere Standfestigkeit erhielt. Im Fall eines Erdbebens wirkte die Baukonstruktion aber steif. Die sog. Undulationsbauweise wurde nach Klinkott in diesem Teil der Befestigungsanlage nicht verwendet. Die Mauer war also nicht elastisch genug, um ein Erdbeben zu überstehen. In derselben Bautechnik wurden die nordwestliche und nördliche Befestigungsmauer errichtet. Von der ersten ist nur die unterste Mauerschicht erhalten. Von der nördlichen Mauer fand man nur Teile ihrer Fundamentierung.

Zugang in die befestigte Akropolis erhielt man durch fünf größere und kleinere Toranlagen. Wahrscheinlich gab es noch einige andere an der nördlichen Befestigungsanlage, die nicht erhalten sind. Als Haupttor der Anlage wird Tor (T) angesehen. Zur Toranlage führte eine breit angelegte Straße. Die Öffnung des axialen Tores beträgt 3,25 m und wurde an seiner westlichen Seite durch die turmartige Bastion (k) flankiert. Die östliche Seite des Tores wurde einfach durch die östliche Befestigungsmauer flankiert. Man könnte an dieser Stelle eine weitere Bastion oder einen Turm erwarten. Der archäologische Befund lieferte dafür aber keinen Beweis. Die Toranlage verfügte über einen kleinen Vorhof, der mit der Erneuerung der Mauer

[1860] Ebd. 118f.
[1861] Ebd. 117f.
[1862] C. W. Blegen (1953), 84ff.
[1863] M. Klinkott, R. Becks (2001)
[1864] M. Klinkott, Troia und das Phänomen der undulierten Mauern, in: M. Aslan, S. Blum, G. Kastl, F. Schweizer and D. Thumm (Hrsg.), Mauerschau: Festschrift für Manfred Korfmann I (2002), 281-293.
[1865] Ebd.
[1866] Ebd.
[1867] C. W. Blegen (1953), 91ff.

nach dem Erdbeben seine Funktion verlor. In der Spätphase von Troia VI oder zu Beginn von Troia VIIa wurde die westliche Seite des Tores von einem mächtigen Turm flankiert, der als Turm (i) bekannt ist. Mit der neuen Baumaßnahme wurden der östliche Teil der turmartigen Bastion (k) und der Vorhof aufgegeben. Der Zugang zwischen Turm (i) und der östlichen Mauer hatte nun eine Breite von 3,50 m. Während der Anfangsphase von Troia VIIa wurde der Eingang gepflastert und mit einem Abwasserkanal versehen. Der Turm (i) ragt 4 m aus der äußeren Fassade der Bastion (k) hervor. Insgesamt ist die Baukonstruktion 10 x 9,50 m groß. Der Turm hat eine rechteckige Form und besteht aus bearbeiteten Kalksteinen. Er wurde direkt auf dem Felsen errichtet. Seine Mauern sind teilweise in einer Höhe von bis zu 2 m erhalten. Wie die Befestigungsmauer wurde auch der Turm steil abgeböscht errichtet. Die Stärke seiner Wände variiert. Die Vorderfront des Turmes hat eine Stärke von 5 m. Seine östliche Mauer ist 2,30 m stark im Gegensatz zu seiner westlichen Seite, die eine Stärke von 2 m hat. Der Turm verfügt über eine hintere Mauer, die gleichzeitig auch die Hauptbefestigungsmauer der Anlage ist. Mit der Errichtung des Turmes wurde mehr als die Hälfte der Hauptmauer abgebaut, so dass sie nun eine Stärke von 2 m hatte. In dieser Mauer gibt es eine 1,80 m breite Türöffnung. Die Tür führte in den Innenraum des Turmes, der 5,70 x 5,30 m groß ist. An dieser Stelle wurde ein Steinblock gefunden, der von kleineren Steinplatten umfasst wird und wegen den vielen entdeckten Tierknochen als Altar gedeutet wird. Ein Fund von Stelen vor der äußeren Fassade des Turmes weist auf Kulthandlungen hin.

Nordöstlich des sog. Haupttores (T) liegen die architektonischen Elemente des Turmes (h), der in der Besiedlungsphase Troia VI errichtet wurde (Taf. 65b). Die Baukonstruktion flankiert die nördlich gelegene Toranlage (S) und schützt den Zugang an der östlichen Seite der befestigten Akropolis. Der Turm ragt 8 m aus der Hauptbefestigungsmauer hervor. Die Länge der vorderen Seite des Turmes beträgt 11 m und ist 3,25 m breit. Die seitlichen Wände des Turmes sind über 2 m stark. Die Mauern der defensiven Konstruktion, die teilweise in einer Höhe von 2 m erhalten sind, wurden steil mit Kalksteinquadern errichtet, die mit großer Sorgfalt zusammengesetzt wurden. Die schon erwähnte Undulation wurde auch hier festgestellt. Laut Klinkott ergeben die Lagerfugen eine Wellenlinie und keine durchhängende Kurve.[1868] Der Innenraum des Turmes war durch eine 1,70 m breite Tür zu betreten. Der untere Bereich der Baukonstruktion war vermutlich über eine hölzerne Leiter von innen erreichbar. Eine hölzerne Deckenkonstruktion trennte den oberen von dem unteren Bereich des Turmes. Vermutlich war sie mit Lehm bedeckt.

Nordöstlich des Turmes (h) liegt die Toranlage (S). Es handelt sich um ein Tangentialtor, das in der Besiedlungsphase VIIa erweitert wurde. Der einfache Zugang liegt am Ende eines 10 m langen Torweges, der auf beiden Seiten von den Mauerköpfen der Befestigungsmauer flankiert wird. Ein Torverschluss wurde erst in der späteren Phase gebaut. Er richtet sich zuerst nach Norden und nimmt nach etwa 7 m eine westliche Richtung ein. Der Torweg hat eine Breite von über 2 m. Hinter der Kurve nach Westen breitet sich der Torweg vor dem Torverschluss über 4 m aus. Der Zwinger wurde in der Besiedlungsphase Troia VIIa erweitert und umgebaut. An der östlichen Seite der Außenfront wurde die östliche Befestigungsmauer um etwa 18 m verlängert. Mit der Erweiterung der Toranlage wurde die Verteidigung der Toranlage noch effektiver. Die Verteidiger konnten von zwei Seiten der Befestigungsanlage mit ihren Waffen die anstürmenden Angreifer in den Zwinger zurückschlagen. Außerdem wurde der Abstand von Turm (h) verkleinert. Auf diese Weise war die Verteidigung der Burg noch effektiver geworden. Diese Verteidigungsbaumaßnahme erinnert an die Anlagen von Mykene und Tiryns. Der Torverschluss wurde zu einem späteren Zeitpunkt vom Inneren der Anlage an die Außenfront des Torweges verlegt.[1869]

Im nordöstlichen Bereich der Befestigungsanlage liegt die Toranlage (R). Der Zugang befindet sich an der südlichen Seite der berühmten nordöstlichen Bastion, die als Turm (g) bekannt ist. Der Eingang ist 1,30 m breit. Durch dieses kleine Tor konnte man in die Brunnenanlage (Bb) gelangen, die von der Nordostbastion umschlossen wird. Im Fall einer Belagerung konnten die Einwohner der sog. Untersiedlung sich aus der befestigten Akropolis mit Wasser versorgen. Falls es zu einer Eroberung der Untersiedlung kommen sollte, dann war die Wasserversorgung der Burg trotzdem sichergestellt. Ein unterirdischer Eingang innerhalb der Bastion führte zu einem 10 m tiefen Brunnen. Die Konstruktion erinnert an ähnliche spätbronzezeitliche Anlagen in Mykene, Tiryns und Athen. Die nordöstliche Bastion bildet eine Ecke, die etwa 8 m vor der Hauptbefestigungsmauer angelegt wurde. Letztere endet vor der Brunnenanlage. Die östliche Seite der Bastion hat eine Länge von ca. 18 m. Dieselbe Länge hat auch ihre nordwestliche Flanke. Die Stärke der beiden Mauerteile variiert. Während die nordöstliche Flanke eine Breite von 4,75 bis 5,20 m aufweist, ist die nordwestliche Flanke der Bastion nur 2,80 m breit. An der südlichen Ecke der nordöstlichen Flanke des Bollwerks fand Korfmann Reste einer Mauer, die direkt an der Bastion angelegt wurde. Der Verlauf

[1868] M. Klinkott, R. Becks (2001).

[1869] R. Naumann (1971), 274f. Abb. 355, 357.

dieser Mauer wurde wahrscheinlich von einem Tor unterbrochen, das auch durch die mächtige nordöstliche Bastion geschützt wurde. Diese Mauer soll die Untersiedlung von Troia VI umfasst haben.[1870] Die nordöstliche Bastion wurde direkt auf dem Felsen errichtet. Ihr Unterbau besteht aus bearbeiteten Kalksteinblöcken verschiedener Größe und ist heute in einer Höhe von etwa 8 m erhalten. Das Baumaterial wurde mit großer Sorgfalt zusammengesetzt, so dass eine glatte Außenoberfläche ohne Fugen entstand, die wie die Befestigungsmauer abgeböscht errichtet wurde. Die unteren Schichten der Kalksteinblöcke breiten sich 1 bis 1,50 m aus, so dass die Böschungslinie der Bastion eine flachere Neigung hat. Die Zusammensetzung der Kalksteinquader folgt keinem bestimmten System. Das Bauprinzip der sog. Undulation wurde wahrscheinlich auch hier verwendet. Durch die Neigung der Außenflächen der Bastion verbinden sich die Kalksteinblöcke besser mit dem inneren Kern der Baukonstruktion, so dass sie eine bessere Standfestigkeit erhält. Der Oberbau der Bastion bestand aus Lehmziegeln. Reste von der Lehmziegelmauer auf dem steinernen Unterbau fand schon Dörpfeld. Wie genau aber diese Baukonstruktion aussah, konnte nicht festgestellt werden. Wahrscheinlich trug sie einen Wehrgang und einen Zinnenkranz. Es wird angenommen, dass die nordöstliche Bastion insgesamt eine Höhe von etwa 12 m hatte. Während der Besiedlungsphase von Troia VIIa wurde an der südöstlichen Ecke der Bastion eine Baukonstruktion aus Lehmziegeln gebaut, die auf einem steinernen Fundament errichtet wurde. Innerhalb der Baukonstruktion wurden Reste eines Wasserkanals entdeckt, der wahrscheinlich das Wasser von der Zisterne durch die nordöstliche Bastion in die Untersiedlung leitete. Diese Konstruktion wird als Lehmziegelbastion interpretiert und als Teil einer Mauer bzw. einer Verteidigungsmauer verstanden, die die Untersiedlung umgab. Etwa 130 m westlich des sog. Haupttores (T) liegt das Tor (U). Die Öffnung des Tores ist 3,60 m breit und wird nicht von turmartigen Bastionen flankiert. Korfmann entdeckte eine gepflasterte Straße, die direkt von der Untersiedlung zum Tor führte.[1871] Vor der Öffnung war wahrscheinlich eine Rampe errichtet, die die Neigung der Bodenfläche an dieser Stelle überwand. Wie genau das Tor aussah, konnte nicht festgestellt werden. Vom Tor konnte man über eine kleine Gasse zum Gebäude (M) gelangen, das südöstlich des Tores liegt. Fraglich ist, ob Tor (U) breiter als Tor (T) ist und ob es als zweites Haupttor der Burganlage angesehen werden darf. Im Vergleich zum Tor (T) wurde hier während der Besiedlungsphase Troia VIIa kein Turm gebaut, sondern man mauerte nach dem Erdbeben die Öffnung des Tores zu. Hinweise auf Kulthandlungen wurden bei Tor (U) nicht entdeckt. Dass dieses Tor breiter als Tor (T) ist, gibt Anlass zu Fragen. Hatte es z. B. einen repräsentativen Charakter und führte eine Straße von hier zu der Palastanlage?

Im nordwestlichen Bereich der Befestigungsanlage befindet sich das Tor (V). Es handelt sich um ein 1,50 m breites, tangentiales Tor, zu dem eine Rampe führte, die entlang der westlichen Verteidigungsmauer verlief. Das Tor wird von einem vorspringenden Teil der Befestigungsmauer flankiert. Leider konnte diese Toranlage nicht systematisch ausgegraben werden, weil bei einem Abtrag der Erdmassen in diesem Bereich ein Abrutschen des Hügels droht.

Schon in der Frühbronzezeit scheint Troia II eine Außensiedlung besessen zu haben. Dass diese von einer defensiven Baukonstruktion umgeben wurde, gilt als erwiesen.[1872] Durch die bisherigen Ergebnisse konnte festgestellt werden, dass die Außensiedlung von Troia VI eine Fläche von etwa 305000 m^2 hatte.[1873] Über die Struktur der Untersiedlung von Troia VI ist nicht viel bekannt. Anhand von geomagnetischen Untersuchungen und Ausgrabungen konnte nachgewiesen werden, dass die Untersiedlung von Troia VI durch einen Graben und eine Palisade mit Wall geschützt wurde.[1874] Es handelt sich um einen 4 m breiten und 2 m tiefen Graben, der aus dem Fels ausgehoben wurde. Der Graben konnte im Süden und im Westen der Untersiedlung lokalisiert und teilweise ausgegraben werden. Während der Besiedlungsphase Troia VIIa wurde der Graben 100 m weiter südlich verlegt.[1875] Der Graben von Troia VI, der auch als innerer Graben bekannt ist, konnte in einer Länge von 600 m verfolgt und untersucht werden. Die Untersuchungen ergaben, dass beide Arme des Grabens sich nach Norden richteten. Ob der Graben die befestigte Akropolis umgeben hat oder an die Fortifikationsanlage der Burg angebunden war, konnte bis heute nicht festgestellt werden. Nach Jablonka wurde der sog. innere Graben von Troia VI in der Mitte des 15. Jahrhunderts v. Chr. ausgehoben. Gegen Ende von Troia VI und während der Besiedlungsphase Troia VIIa wurde der Graben

[1870] M. Korfmann, Troia–Ausgrabungen, StTroica 6, (1996), 39–44.

[1871] Ebd. 37f.

[1872] Vgl. Troia II in der Frühbronzezeit.

[1873] R. Becks, Troia in der späten Bronzezeit – Troia VI und Troia VIIa, in: M. Korfmann (Hrsg.), Troia. Archäologie eines Siedlungshügels und seiner Landschaft (2006), 157f.

[1874] P. Jablonka, Leben außerhalb der Burg – Die Unterstadt von Troia, in: M. Korfmann (Hrsg.), Troia, Archäologie eines Siedlungshügels und seiner Landschaft (2006), 173f.

[1875] R. Becks (2006) Abb. 1.

aufgefüllt.[1876] Der Verlauf des Grabens wurde an vielen Stellen von 10 m breiten Abschnitten unterbrochen. Nach Jablonka handelt es sich um Durchlässe, die ins Innere der Untersiedlung führten. Diese Stellen wurden mit Toren verschlossen, die Teil einer Palisadenkonstruktion waren.[1877] Es wird angenommen, dass hinter der Palisade die Untersiedlung mit einer Verteidigungsmauer geschützt wurde. Bis heute konnten aber keine Teile dieser Mauer entdeckt werden. Ob die schon oben erwähnte Baukonstruktion, die in der Literatur als Lehmziegelbastion angesprochen wird, Teil einer solchen defensiven Konstruktion ist, konnte bis heute nicht geklärt werden. Man darf aber annehmen, dass die sog. Untersiedlung von Troia VI von mindestens zwei defensiven Bauwerken geschützt wurde, einem Graben und einer Palisadenkonstruktion, wie die Untersiedlung von Troia II in der Frühbronzezeit, die auch durch ein Befestigungssystem von einem Graben und einer Palisade geschützt wurde. Leider sind bis heute nur wenige Teile der vermuteten Grabenanlage von Troia VI entdeckt worden, so dass wir kein einheitliches Bild rekonstruieren können. Die Ausgrabungen dauern außerhalb der befestigten Burganlage noch an. Wahrscheinlich werden zukünftige archäologische Untersuchungen im Bereich der sog. Untersiedlung von Troia VI unsere Kenntnisse bezüglich einer befestigten „Unterstadt“ verbessern.

Nach dem Erdbeben wurde Troia wieder aufgebaut. Die Fortifikationsmauer wurde repariert, ausgebessert und blieb im Großen und Ganzen unverändert. Die einzigen Verstärkungsmaßnahmen waren der Turm (i), die Verlängerungsmauer bei Toranlage (S), die Lehmziegelbastion an der südöstlichen Ecke der nordöstlichen Bastion und das Zumauern des Tores (U). Veränderungen wurden bei der Innenbebauung der befestigten Akropolis festgestellt. Einige der Gebäude von Troia VI wurden wiederhergestellt. Der Unterschied zu den Häusern der früheren Phase besteht darin, dass die meisten Gebäude von Troia VIIa viel kleiner als ihre Vorgänger gebaut wurden. Es handelt sich um eine kleinere und dichtere Bebauung, die durch kleine Gassen unterteilt wird. Während der Ausgrabungen wurden 30 Häuser entdeckt, die dicht entlang der inneren Fortifikationsmauer errichtet wurden. Diese Anzahl weist wahrscheinlich auf eine Zunahme der Bevölkerung in dieser Zeit hin. Wichtig ist der Befund von vielen Speichereinrichtungen in dieser Periode. Man fand viele kleine Magazine, in denen verschiedene Produkte gelagert wurden. Vorratseinrichtungen wurden auch in der Außensiedlung der befestigten Akropolis gefunden. Meistens handelt es sich um große Vorratsgefäße, Pithoi, die in verschiedenen Gebäuden entdeckt wurden. Dass viele Speichereinrichtungen in dieser Zeit errichtet wurden, weist möglicherweise auf eine drohende, nicht konkretisierbare Gefahr hin. Die vielen gefundenen Speer- und Pfeilspitzen und die 150 Schleudersteine, die auf einer Straße entdeckt wurden, weisen laut Korfmann auf kriegerische Auseinandersetzungen hin.[1878] Auf unruhige Zeiten weisen durch Feuer zerstörte Häuser und viele menschliche Überreste hin, die in den Trümmern gefunden worden. Sie waren der Anlass für Blegens Äußerung, dass Troia VIIa durch einen Krieg zerstört wurde. Nach seiner Ansicht war es Troia VIIa, das im troianischen Krieg von den verbündeten Griechen zerstört wurde.[1879] Untersuchungen ergaben, dass die Zerstörung von Troia VIIa nach dem Ende der mykenischen Ära zu datieren ist. Die spätbronzezeitlichen Palastburgen waren schon zerstört, als Troia VIIa fiel.[1880]

Dies ist aber nicht das Ende der Besiedlung auf dem Hügel Hisarlik und in seiner Umgebung. Eine zeitlang wurden nach der Zerstörung von Troia VI und VIIa ältere Traditionen weiter fortgeführt. Dies ist z. B. durch die Keramik nachgewiesen, die in den Siedlungshorizonten der folgenden Besiedlungsphase gefunden wurde. Die neue Epoche ist als frühe Eisenzeit bekannt. Während dieser Besiedlungsphase gibt es in Troia kulturelle Veränderungen in der Keramik und der Architektur, die auf Elemente einer anderen Kultur hinweisen könnten.[1881]

[1876] P. Jablonka (2006), 173f. Zwischen 1300 und 1250-1190/80 v. Chr.

[1877] P. Jablonka, Ausgrabungen südlich der Unterstadt von Troia im Bereich des Troia VI-Verteidigungsgrabens. Grabungsbericht 1995. StTroica 6, (1996), 65-96.

[1878] M. Korfmann (1996), 38f.

[1879] C. W. Blegen, C. G. Boulter, J. L. Caskey, M. Rawson, Troy Vol. IV. Settlements VIIa, VIIb and VIII (1958), 12f.

[1880] N. K. Sandars, The Sea Peoples , Warriors of the Ancient Mediterranean 1250 – 1150 BC. Ancient Peoples and Places 89 (1985). Es wird vermutet, dass Troia VIIa etwa um 1200 v. Chr. zerstört wurde. In diesem Zeitraum wurden im östlichen Mittelraum archäologisch viele Zerstörungshorizonte belegt, die auf das Ende der Bronzezeit hinweisen. Die Zerstörungen an vielen Orten werden mit der sog. Invasion der Seevölker in Verbindung gebracht.

[1881] Während der Besiedlungsphase von Troia VI wird die sog. „grauminysche Keramik“, die schon in der Phase Troia VI – Mitte hergestellt wird, am meisten produziert. Dies wurde während der Ausgrabungen durch die tonnenweise gefundene graue Ware bestätigt. Die Keramik imitiert Vorbilder aus Metall und wird als Luxusware angesehen. Grauminysche Keramik wurde in dieser Zeit auch auf dem griechischen Festland hergestellt. Neben der grauen Ware tritt auch in Troia VI mykenische Keramik auf, die auf Handelsbeziehungen mit dem mykenischen Einflussbereich hinweist. Im Vergleich zu der grauen Ware konnte aber nur wenig mykenische Keramik (etwa 1000 Stücke) ausgemacht

Die neue Epoche nach der Zerstörung von Troia VIIa dauert bis zum Beginn des 10. Jahrhunderts v. Chr. an.[1882] Es handelt sich um die Besiedlungsphase Troia VIIb, die in drei Unterphasen (VIIb1, VIIb2 und VIIb3) geteilt wird. Während der Besiedlungsphase VIIb bleibt die Fortifikationsmauer bestehen. Troia VIIb1 wurde wahrscheinlich durch ein Feuer zerstört. Korfmann stellte fest, dass in dieser Phase oder in der Phase Troia VIIb2 die Brunnenanlage aufgegeben wurde. Sie wurde mit Abfällen und Trümmern verfüllt.[1883] In der Phase VIIb2 wurde der Zugang an der Südostecke der nordöstlichen Bastion zugemauert. Man errichtete an dieser Stelle Wohnhäuser. Zerstörungschichten weisen auf ein Feuer in der Siedlung Troia VIIb2 hin. Außerdem fand man viele Pfeilspitzen aus Knochen, die auf eine kriegerische Auseinandersetzung hinweisen könnten. Von Troia VIIb3 ist nur wenig erhalten. Es handelt sich dabei um architektonische Elemente aus Zerstörungshorizonten, die wieder auf eine Brandkatastrophe hinweisen. Ob Troia VIIb3 von Feinden überfallen und erobert wurde, ist nicht bekannt.

7.1.2. Siedlungen in der Umgebung von Troia

Eine ähnliche befestigte Siedlung konnte in der unmittelbaren Umgebung von Troia, in der Troas und auf der Halbinsel Gelibolu (Kallipolis) bis heute nicht entdeckt werden. Obwohl im Laufe der Zeit einige mittel- und spätbronzezeitliche Siedlungen in der Umgebung lokalisiert und in einem Katalog zusammengestellt wurden, konnten keine spätbronzezeitlichen Fortifikationen festgestellt werden. Es handelt sich um Siedlungen, die meistens in der Nähe der Küstenlinie auf Hügeln gelegen haben. Durch die bisherigen Untersuchungen konnten außer Troia noch 27 Siedlungen nachgewiesen werden.[1884] Laut Aslan und

---

werden. Die Untersuchungen ergaben, dass die meisten der mykenischen Gefäße lokal hergestellt wurden. Dennoch konnte auch eine Zunahme der mykenischen Importkeramik während der Spätbronzezeit in Troia festgestellt werden. Zu diesem Thema hat sich P. Mountjoy geäußert. P. A. Mountjoy, The Destruction of Troia VIh, StTroica 9, (1999), 253–346. Nach der Katastrophe von Troia VIIa tritt in der Besiedlungsphase Troia VIIb1 neben der alten Keramik eine neue auf. Es handelt sich um eine handgemachte grobe Keramik. Typisch für diese Ware ist die verzierte Leiste der Gefäße, die durch Fingertupfen entstanden ist und das ganze Gefäß umläuft. Diese Keramik wird in der Literatur als „barbarische Ware" bezeichnet und wurde auch im Balkanraum und in Italien gefunden. Andere Funde, wie Fibeln, weisen auf neue Kulturelemente hin. Die Gewandnadeln waren auch in den anderen Kulturgebieten verbreitet. Zu den Funden gehören auch Siegel von anderen Orten, die auf Kultur- und Handelsbeziehungen hinweisen. Troia VIIb1 wurde wahrscheinlich durch ein Feuer zerstört. Ob der Grund eine kriegerische Auseinandersetzung war, konnte bis heute nicht festgestellt werden. Während der Besiedlungsphase VIIb2 treten auch andere Kulturelemente in der Architektur und der Keramik auf. Neben den alten Häusern werden neue errichtet, deren Fundamentierungsweise sich erheblich von den älteren Gebäuden unterscheidet. In der untersten Lage der Fundamente werden Steinplatten eingebaut, die aufrecht gestellt werden. Sie sind in der Literatur als „*Orthostaten*" bekannt. Solche plattenartigen Steine sind von der Befestigungsmauer in Kiapha Thiti bekannt, die in die MH III und SH I Zeit datiert wird. Außerdem waren viele Räume der Gebäude nur von oben zu betreten. Sie waren nicht mit Türen verbunden und wurden vermutlich als Speichereinrichtungen benutzt. In Troia VIIb2 tritt eine neue Keramikgattung hervor. Die neuen Gefäße werden mit einem oder zwei Ellbogenhenkeln versehen und ihre Oberfläche wird sorgfältig poliert. Die neue Gattung ist als Buckelkeramik bekannt und wurde meistens im Balkanraum gefunden. Interessant ist, dass die lokale troianische Keramik in dieser Phase wieder mit der Drehscheibe hergestellt wird. Imitierte mykenische Keramik wurde auch hergestellt. Nach der Katastrophe von Troia VIIb2 werden die Gebäude der Besiedlungsphase VIIb3 wie in den früheren Phasen errichtet. Man verwendet in dieser Phase keine „*Orthostaten*" beim Bau der Fundamente. Die Buckelkeramik wird auch in dieser Besiedlungsphase weiter hergestellt. Die mykenische Keramik tritt langsam zurück und neue Formen protogeometrischer Keramik treten hervor. Meistens handelt es sich dabei um zweihenkelige Amphoren.

[1882] Als Beginn der Eisenzeit wird im östlichen Mittelmeerraum die Epoche nach dem Untergang der Hauptstadt der Hethiter, Boğazköy oder Hattusa genannt, bezeichnet. Dies bedeutet die Zeit nach 1200 v. Chr.

[1883] M. Korfmann, Troia – Ausgrabungen, StTroica 9, (1999), 1–34.

[1884] R. Aslan, G. Bieg mit Beiträgen von P. Jablonka und P. Krönneck, Die mittel- bis spätbronzezeitliche Besiedlung (Troia VI und Troia VIIa) der Troas und der Gelibolu – Halbinsel, StTroica 13, (2003), 165–213. Es handelt sich um folgende Siedlungen, die manchmal mit mehreren Namen bezeichnet werden. A. Historischer Nationalpark Troia und die Troas und unmittelbare Umgebung: 1. Eski Kale, Baba Kale, Harapkale, Baykuş Tepe, Kukumağu Tepe, Paleokastro (Rhoiteion), 2. Işildak Tepe, 3. Çobantepe, Ta Molia, Tavolia, Tek Top Burnu (Aianteion), 4. Kumtepe, Babafingo, 5. Hanaytepe, Calverts Farm, 6. Küçük Fiğla Tepe, 7. Asarlik, Eski Hisarlik, 8. Balli Dağ, Balli Kaya, 9a. Beşik – Yassitepe, Paleokastro, Capo Troia, 9b. Beşik – Gräberfeld, 10. Karakol Mevkii, 11. In Limani. B. Troas (von Nord nach Süd): 12. Mal Tepe (Dardanos), Kepez (Hamidiye), Kephez Burnu, Kap Barbieri, Fort Dardanos, Şehitlik

Bieg bestand die Funktion der Siedlungen um Troia darin, die Kontrolle über das fruchtbare Delta auszuüben, das unmittelbare Vorfeld der Stadt und die Landeplätze an der Küste zu sichern sowie Agrarüberschüsse für die Bewohner des Zentrums zu produzieren.[1885] Die meisten dieser Siedlungen hatten anscheinend einen dörflichen Charakter im Gegensatz zu Küçük Fiğla Tepe, Asarlik auch Eski Hisarlik genannt, und Balli Dağ, das als auch Balli Kaya bekannt ist. Alle drei Siedlungen, die auf Anhöhen südlich von Troia liegen, sollen mit ihren Befestigungsanlagen dem Schutz Troias und des Passes durch die Skamanderschlucht gedient haben. Eine ähnliche Funktion hatte möglicherweise die Siedlung Savrantepe, die die Route durch die Araplartalenge kontrollierte.[1886]

Die Siedlung Küçük Fiğla Tepe liegt auf einem Hügel, der westlich der Straße von Çanakkale nach Ezine liegt.[1887] Auf dem Hügel liegen Teile einer Umfassungsmauer, die aus Bruchsteinen besteht und den Hügel umgibt. Im südöstlichen Teil des Hügels liegen einige Mauerüberreste. Ob sie zu einem Gebäude gehören, konnte nicht festgestellt werden. Auf der gesamten Fläche des Hügels sind keine architektonischen Elemente erkennbar, die auf Häuser oder andere Bauten einer Siedlung hinweisen. Küçük Fiğla Tepe wurde schon im Jahr 1842 untersucht, aber nicht systematisch. Schon zu dieser Zeit wurde von einer einfachen Fortifikationsmauer gesprochen. Schliemann erkannte zwei konzentrische Umfassungsmauern, die 50 m voneinander entfernt waren. Jeder Kreis hatte einen Durchmesser von 60 m. Während der 50er Jahre konnte der Befund noch einmal untersucht werden, und es wird angenommen, dass viele Steine zu zerstörten Häusern gehören. Die Annahme, dass es sich hier um einen befestigten Hügel handelt, wurde noch einmal geäußert. Mit dem Troiaprojekt in den letzten Jahren wurden diese Feststellungen bestätigt, obwohl anhand des Erhaltungszustandes eine Rekonstruktion der sog. Fluchtburg von Küçük Fiğla Tepe schwierig ist. Als schwierig erwies sich auch die Datierung der Siedlung. Aufgrund der Keramik wurde eine bronzezeitliche, archaische und hellenistische Datierung vorgeschlagen. Für eine spätbronzezeitliche Datierung spricht die sog. graue Ware.[1888]

Eine andere Siedlung, die möglicherweise während der Spätbronzezeit befestigt war, ist die von Asarlik. Die Siedlung liegt auf einem Hügel nordöstlich des Kara Menderes. Anhand der geomorphologischen Gegebenheiten des Hügels konnte die Siedlung nur von der nordöstlichen Seite aus betreten werden.[1889] Die anderen felsigen Seiten des Hügels fallen steil in die Ebene ab. Direkt an der nördlichen Seite des Hügels grenzt ein zerstörter Tumulus an. Schliemann wollte bei Asarlik eine befestigte Akropolis mit einer Unterstadt erkennen. Damals fand man auf der nordöstlichen Seite des Hügels wenige Überreste von Häuserfundamenten in einem schlechten Erhaltungszustand, so dass man keine Grundrisse erkennen konnte. Während späterer Ausgrabungen wurden keine weiteren Siedlungshorizonte entdeckt, dennoch konnte festgestellt werden, dass im südlichen Bereich des Hügels ein Teil der vermuteten Siedlung durch eine Umfassungsmauer geschützt wurde. Messungen ergaben, dass die Umfassungsmauer eine Länge von 200 m hatte. Sie war 3,75 m stark und hat heute eine Höhe von 1 m. Ursprünglich hatte sie eine Höhe von 3 m.[1890] Anhand der spärlichen Keramik wird eine bronzezeitliche, archaische und hellenistische Datierung vorgeschlagen. Es wurden grobe Pithosscherben, Keramik der sog. grauen Ware und mykenische Keramik gefunden.[1891]

Gegenüber von Asarlik liegt der Hügel Balli Dağ, etwa 8 km südlich von dem Hügel Hisarlik mit den Ruinen Troias. Balli Dağ ist ein bis zu 149 m hoher Hügel, der zum vorgelagerten Hügelland der westlichen Ausläufer des Ida – Gebirges gehört.[1892] An der nördlichen Seite des Hügels grenzen drei Tumuli an. Ein Tumulus flankiert die südliche Seite des Hügels, der wahrscheinlich vom Westen aus zu betreten war. Nach älteren archäologischen Berichten gab es auf dem Tumulus von Balli Dağ Überreste einer Siedlung. Außerdem soll eine Unterstadt der befestigten Siedlung existiert haben. Architektonische Reste, die auf die Existenz einer solchen Unterstadt hinweisen, wurden bis heute nicht gefunden. Die damals beobachteten Mauerzüge auf der Hügeloberfläche sind nicht mehr erhalten. Nur kleine Mauern von Gräbern aus

---

Batarya, Hafen am Kuru Çeşme oder Sari – Siglar, 13. Savrantepe, 13a. Adatepe bei Akköy, 14. Hantepe, 15. Hanay Tepe bei Bozköy, 16. Çiftlik Tepe bei Bayramiç, 17. Dalyan, 18. Kümbet Kocabahçe, 19. Çal Dağ, Kebren, 20. Beşik Tepe, 21. Limantepe (Larisa), 22. Asarlik Tepe, Dut Burnu, Sivrice (Polymedion), 23. Altinoluk, Papazli. C. Halbinsel Gelibolu (Kallipolis): 24. Asartepe, 25. Kalanuro Tepesi, 26. Kilisetepe, Eceabat, 27. Karaağaç Tepe, Protesilaos Tepe.

1885 Ebd. 189f.

1886 Ebd. 167f. Der Hügel liegt 1,8 km nordöstlich des Asarlik und 1,5 km südlich des Dorfes Taştepe.

1887 Ebd. 175f. Abb. 10, Taf. A0 306.

1888 Ebd.

1889 Ebd. Abb. 11, Taf. 1:A0 384.

1890 Ebd. 176f.

1891 Ebd.

1892 Ebd. Abb. 12 -13, Taf. 2:A0 608. Balli Dağ wurde damals fälschlich von J. B. Lechevalier als das Troia Homers identifiziert. Grund dafür waren die Kirk Göz' Quellen, die Lechevalier als die bei Homer in der Ilias erwähnten Skamanderquellen ansah.

der Nekropole der Siedlung sind noch vorhanden, die überwiegend in die hellenistische Zeit datiert werden. Insgesamt ist die Datierung der Siedlung und ihrer Nekropole problematisch. Aufgrund des schlechten Erhaltungszustandes der Keramik ist eine Datierung des archäologischen Materials nur unter großem Vorbehalt möglich. Der Hügel soll befestigt gewesen sein. Es wird angenommen, dass die Fortifikation während der archaischen und der hellenistischen Zeit errichtet wurde. Wenige Funde weisen auch auf eine spätbronzezeitliche Besiedlung von Balli Dağ hin.[1893] Möglicherweise war die Siedlung in dieser Zeit befestigt, was aber leider bis heute nicht nachgewiesen werden konnte. Ob auch andere der oben erwähnten 27 Siedlungen in der Spätbronzezeit befestigt waren, werden wahrscheinlich zukünftige Forschungen zeigen.

7.1.3. Boğazkale (Hattuša)

Ein weiteres Beispiel für Bauwerke zur Verteidigung, das wahrscheinlich auch andere Kulturkreise in Kleinasien oder auf dem griechischen Festland beeinflusst hat, ist die Hauptstadt der Hethiter, Hattuša, die in Zentralanatolien etwa 150 km östlich von Ankara am nördlichen Rand von Kappadokien liegt.[1894] Die Ruinen von Hattuša wurden erst 1834 von C. Texier entdeckt. Schon in dieser Zeit zeichnete Texier die sichtbaren Überreste der Stadt und die Reliefs des hethitischen Felsheiligtums von Yazilikaya, das 1,6 km nordöstlich von Hattuša liegt. Systematische Ausgrabungen fanden in Hattuša unter der Leitung von H. Winckler und T. Makridi im Jahr 1906 statt. Sie führten Grabungen auf dem Hügel Büyükkale und an verschiedenen Stellen der archäologischen Stätte durch. Während der Ausgrabungen wurden tausende Tontafeln mit Keilschriftzeichen entdeckt, die bekräftigten, dass es sich bei dem Ort um die Hauptstadt der Hethiter handelt.[1895] Erst im Jahr 1915 wurden die Keilschrifttexte in hethitischer Sprache von B. Hrozný entschlüsselt. Ab 1907 wurden die Ausgrabungen von Winckler, Makridi und O. Puchstein unter der Leitung des Deutschen Archäologischen Instituts und in Zusammenarbeit mit der Deutschen Orientgesellschaft weitergeführt. In dieser Zeit entstand eine vollständige Dokumentation der archäologischen Stätte mit einer genauen topographischen Karte. Die Ausgrabungen dauerten bis 1912 an. Von 1931 bis 1939 wurde Hattuša unter der Leitung der Deutschen Orientgesellschaft und des Deutschen Archäologischen Instituts von K. Bittel weiter systematisch ausgegraben. Bittel übernahm auch die Leitung der Ausgrabungen von 1952 bis 1977. Bis 1993 führte P. Neve weitere Ausgrabungen in Hattuša unter der Leitung des Deutschen Archäologischen Instituts durch. Bis 2005 übernahm J. Seeher die Leitung der Ausgrabungen. Seit 2006 führt das Deutsche Archäologische Institut unter der Leitung von A. Schachner weitere Grabungen durch, die noch andauern.[1896]

Die architektonischen Überreste von Hattuša liegen auf einer felsigen Hügellandschaft, die über 2 km 300 m an Höhe gewinnt. Die geomorphologischen Gegebenheiten der Hügellandschaft gaben der Stadt der Hethiter einen natürlichen Schutz. Dies ist vor allem auf der östlichen und westlichen Seite von Hattuša sichtbar. An diesen Stellen wird die Stadt durch steile Klippen geschützt, die durch die Errichtung von starken Mauern noch verstärkt wurden. Im Gegensatz zu der östlichen und westlichen Seite fallen Hattušas nördliche und südliche Seite sanft in das Flachland ab. An der östlichen Seite von Hattuša wurde auf einem felsigen Plateau, das als Büyükkale bekannt ist, die sog. Königszitadelle errichtet. Hattuša wird des Weiteren in eine Oberstadt, die als Yukari Şehir bekannt ist, und in eine Unterstadt mit dem Namen Aşaği Şehir geteilt. Das Ganze wurde durch einen äußeren defensiven Mauerring geschützt, der eine Fläche von 200 ha umschloss (Taf. 66).

[1893] Ebd. 177f.

[1894] In der Literatur ist Hattuša auch als Boğazköy bekannt. Der Name wurde von dem gleichnamigen Dorf übernommen, das westlich der sog. Oberstadt und der Tempelanlage 1 liegt. Heute wird das Dorf Boğazkale genannt.

[1895] Durch die Entzifferung der Keilschrift auf den hethitischen Tontafeln konnten wichtige Informationen zu den administrativen, religiösen, kultischen und alltäglichen Handlungen in der Hauptstadt der Hethiter gewonnen werden. Es handelt sich vor allem um Staatsverträge, königliche Verordnungen, Gesetzestexte, Staats- und Verwaltungsakte, religiöse Schriften, Kultanweisungen, literarische Werke und vieles mehr, was das Leben in Hattuša prägte.

[1896] Zur hethitischen Hauptstadt ist folgende Literatur zu beachten. K. Bittel, Die Hethiter. Die Kunst Anatoliens vom Ende des 3. bis zum Anfang des 1. Jahrtausends v. Chr. (1976); derselbe, Hattuscha, Hauptstadt der Hethiter (1983); P. Neve, Hattusa, Stadt der Götter und Tempel. Neue Ausgrabungen in der Hauptstadt der Hethiter, (1996); J. Seeher, Hattuscha–Führer. Ein Tag in der hethitischen Hauptstadt (2006); Die Hethiter und ihr Reich. Das Volk der 1000 Götter. Ausstellungskatalog, Die Hethiter. Das Volk der 1000 Götter vom 18. Januar bis 28. April 2002 in der Kunst- und Ausstellungshalle der Bundesrepublik Deutschland in Bonn. Stuttgart (2002); Boğazköy–Hattusa. Ergbnisse der Ausgrabungen des Deutschen Archäologischen Instituts und der Deutschen Orient-Gesellschaft. Weitere archäologische Berichte über die verschiedenen Ausgrabungen in Hattuša wurden in der Reihe „Archäologischer Anzeiger“ veröffentlicht.

Die Hauptstadt der Hethiter hat mehrere Besiedlungsphasen. Ältere Spuren im Bereich der archäologischen Stätte reichen bis in das 6. Jahrtausend v. Chr. zurück. Am Ende des 3. Jahrtausends gründen die Hattier, die wahrscheinlich zu den Ureinwohnern Anatoliens gehörten, die Siedlung Hattusch. Etwa um 1900–1800 v. Chr. existierte hier gleichzeitig eine assyrische Handelskolonie. Die Befunde ergaben, dass der Burgbereich auf Büyükkale schon während der Frühbronzezeit besiedelt wurde. Es handelte sich um eine kleine Siedlung, von der nicht sicher ist, ob sie in dieser Zeit befestigt war. Mit der Zeit wurde diese Siedlung erweitert und mit Verteidigungsmauern umgeben. Die sog. Altstadt von Hattuša besaß nun zusammen mit der sog. Unterstadt eine Fläche von 1 km^2. Die Erweiterung soll nach 1800 v. Chr. stattgefunden haben. Das ganze Areal wurde dabei mit einer Kasemattenmauer umschlossen, die eine Stärke von 8 m hatte. Um 1700 v. Chr. wurde Hattuša durch ein Feuer zerstört, vermutlich durch eine kriegerische Auseinandersetzung mit einem König namens Anitta. Laut eines Keilschrifttextes soll er die Stadt auf ewig verflucht haben. In der zweiten Hälfte des 17. Jahrhunderts v. Chr. wurde der Ort wieder besiedelt. Etwa zwischen 1565 und 1540 v. Chr. gründete hier ein gewisser Labarna, der als König Hattušili bekannt ist, die Hauptstadt der Hethiter. Etwa zwischen 1450 und 1200 v. Chr. wurde Hattuša auch nach Süden erweitert. Die architektonischen Überreste aus dieser Zeit, dem „Neuen Königreich", sind teilweise heute noch zu sehen. Während dieser Zeit erlebte Hattuša seine größte Blüte, was durch die große Erweiterung und die Errichtung von monumentalen Gebäuden und Tempelanlagen deutlich wird. Durch die Erweiterung wurde die Hauptstadt der Hethiter in drei Bereiche gegliedert, die als Königsburg, Oberstadt und Unterstadt bekannt sind.

Die Königsburg, Büyükkale, liegt auf einem Plateau über der Ober- und Unterstadt und wird von einer starken Verteidigungsmauer umgeben. Durch zwei Tore im südwestlichen Bereich der Befestigungsmauer konnte man Zutritt in die sog. Palastanlage erhalten. Auf dem terrassenförmigen Plateau wurden die architektonischen Überreste von mehreren Gebäuden gefunden, die rings um drei große Höfe gebaut wurden. Der Hof auf der niedrigeren Terrasse von Büyükkale wird an seinen längeren Seiten von Hallengebäuden flankiert. An der nördlichen Seite des Hofes wurden die Reste von drei Gebäuden entdeckt, die in der Literatur als Gebäude G, A und K bekannt sind. Funde von vielen Tontafeln mit Keilschriftzeichen in den Gebäuden A und K sind für die Erforschung der hethitischen Kultur von großer Bedeutung. Viele der Keilschrifttexte weisen auf die verschiedenen Waren hin, die in der königlichen Burg auf Büyükkale in mehreren parallel liegenden, langen und schmalen Kammerreihen gespeichert wurden. Wahrscheinlich befand sich in diesen Gebäuden Hattušas Archiv. Die westliche Seite des Hofes wird von den Gebäuden M und H flankiert, die mit ihren Magazinen wahrscheinlich für die Verwaltung zuständig waren. Im nordwestlichen Bereich der Palastanlage liegen die Reste zweier Gebäude, die von den anderen Gebäuden der Palastanlage etwas abgelegen sind. Es handelt sich um Bau E und F. Möglicherweise residierte der König in diesen Bauten. Es wird angenommen, dass beide Gebäude aus mehreren Stockwerken bestanden.

Das größte Gebäude der Palastanlage war Gebäude D mit Maßen von 40 x 50 m. Die Besonderheit dieses Baus sind seine vielen Pfeiler, die in Reihen von je 5 Pfeilern gegliedert sind und sicher ein oberes Stockwerk stützten. Es wird angenommen, dass Gebäude D wegen seiner Größe und den Pfeilern der Audienzsaal der befestigten Palastanlage war, die als Residenz- und Verwaltungssitz von Hattuša angesehen wird. Die Stadt wird durch eine Mauer, die von der südwestlichen Ecke der Palastanlage aus einen nordwestlichen Verlauf nimmt, in zwei Bereiche (Ober- und Unterstadt) geteilt. In dieser Mauer wurden Tore und unterirdische Gänge angelegt.

In der Unterstadt liegen die Ruinen von Tempel 1, der als das zentrale Heiligtum von Hattuša gilt. Der Haupttempel wird von über 80 lang gezogenen Magazinen umgeben. Man erreichte ihn durch eine Toranlage an der südöstlichen Seite der Tempelanlage. Zum Hauptportal des eigentlichen Tempels führte ein Weg, der den Tempel von den Magazinen trennte. Der Tempel liegt in der Mitte der gesamten Anlage, seine Bauordnung ist typisch für viele hethitische Tempel. Der eigentliche Tempel ist durch das Hauptportal zu betreten. Dann folgen der Hof mit der Pfeilerhalle und schließlich die Kulträume mit ihren Vorräumen. Der Hof des Gebäudes wird von vielen Räumen umsäumt. Tempel 1 beherbergt zwei nebeneinander liegende Kulträume, die wahrscheinlich den beiden Hauptgottheiten der Hethiter gewidmet waren.[1897] In die Kulträume konnte man wahrscheinlich von der nordöstlichen Ecke des Hofes aus gelangen, wo die Reste einer kleinen rechteckigen Baukonstruktion entdeckt wurden, die als Turm bezeichnet wird. Darauf folgten die offene Pfeilerhalle und die Kulträume. Im südwestlichen Bereich der Tempelanlage wurden die Überreste von mehreren Bauten entdeckt, die anhand der Funde als Geschäfts- und Speicherräume interpretiert werden. Es wird angenommen, dass in der Tempelanlage und in dem benachbarten Gebäudekomplex nicht nur die Priesterschaft lebte, sondern auch Handwerker, die verschiedene Produkte herstellten. Zwischen der

[1897] Es handelt sich um den Sturmgott Hatti und die Sonnengöttin Arinna.

Tempelanlage und der sog. inneren Befestigungsmauer wurden Bauten gefunden, die als Wohnhäuser interpretiert werden. Die Häuser bilden Wohnblöcke, die durch kleinere Gassen geteilt werden. In diesem Bereich der inneren Fortifikationsmauer wurde ein 65 m langer Mauerabschnitt rekonstruiert mit rechteckigen Türmen, die eine Höhe von 12 bis 13 m erreichen. Die dazwischen liegenden Kurtinen sind 7 bis 8 m hoch. Diese Rekonstruktion wurde anhand eines Tonmodells aus hethitischer Zeit verwirklicht.[1898] Etwa 200 m westlich des rekonstruierten Mauerabschnitts verläuft die sog. äußere Befestigungsmauer von Hattuša, die auch als Poternenmauer bekannt ist.[1899]

In der Oberstadt wurden 28 Gebäudekomplexe gefunden, deren Funktion nicht eindeutig geklärt ist. Anhand ihrer Grundrisse kann man sie mit dem großen Tempel in der Unterstadt vergleichen. Möglicherweise hatten die Tempelanlagen eine Doppelfunktion als Palast und Tempel. Die meisten Gebäude besitzen im Vergleich zu anderen Tempelanlagen eher kleine Ausmaße von 500 bis 1500 m^2. Das größte Gebäude in der Oberstadt ist der sog. Tempel 5, der in der Nähe des Königstores liegt. Es handelt sich um eine 3000 m^2 große Anlage, deren Grundrisse den anderen Palast-/Tempelanlagen ähnelt. Hier fanden sich eine freistehende Opferstätte und drei freistehende Kammern mit königlichen Reliefs. Es wird vermutet, dass Tempel 5 dem Totenkult gewidmet war. Interessant ist der Befund eines Viadukts in der Oberstadt. Er war 85 m lang und hatte eine Höhe von ca. 10 m. Der Viadukt verlief von Büyükkale nach Nisantepe, einem Hügel, der südwestlich der befestigten Palastanlage liegt.

Durch die in den letzten Jahren im Bereich der westlichen Oberstadt freigelegten Befunde konnte auch eine Siedlungsarchitektur in der Oberstadt nachgewiesen werden. Bisher galt, dass durch die Gründung der Oberstadt mit ihren Palast-/Tempelanlagen und anderen sakralen Gebäuden der kultische Aspekt der Hauptstadt betont werden sollte. Auf diese Weise war Hattuša nicht nur das administrative, sondern auch das kultische Zentrum des hethitischen Reiches. Die Häuser und Werkstätten innerhalb der Oberstadt wären danach erst gegen Ende des hethitischen Reiches errichtet worden. Nach Ansicht von J. Seeher wurde die Oberstadt aber mindestens schon seit dem Ende des 16. Jahrhunderts v. Chr. oder dem Beginn des 15. Jahrhunderts v. Chr. besiedelt. Dies bedeutet, dass nicht nur öffentliche Gebäude in der Oberstadt errichtet wurden, sondern auch Wohnviertel mit einem vielleicht städtischen Charakter. Die dortigen Ausgrabungen dauern noch an.[1900]

Hattuša wurde von einem 6,6 km langen äußeren defensiven Mauerring umgeben, der eine Fläche von 200 ha umschloss. Zusammen mit den anderen Abschnitten der Befestigungsmauern, die als innere Befestigungsanlagen bezeichnet werden, wie z. B. die von Büyükkale, Büyükkaya und die Mauer (Poternenmauer), die die Oberstadt von der Unterstadt trennt, erreichte die Fortifikationsmauer eine Länge von 9 km. Die Mauer folgt den geomorphologischen Gegebenheiten der hügeligen Landschaft. Natürliche Hindernisse wurden entweder in die Fortifikationsmauer mit einbezogen, wie z. B. große Felsen, oder durch die Baukonstruktion überwunden, wie z. B. eine 90 m tiefe Schlucht, die teilweise durch Brücken und Wehrgänge in die Verteidigungsmauer miteinbezogen wurde. Stellenweise wurden für die Fundamentierung der Befestigungsmauer in den Felsen, die auch gewaltige Abhänge bilden, Gräben eingetieft. Es ist typisch für Hattuša, dass an einigen Stellen, an denen die Stadt durch große Felsabhänge natürlich geschützt war, trotzdem Verteidigungsmauern errichtet wurden, um die Gefahr eines Angriffs an diesen Stellen vollständig auszuschließen. An anderen Stellen, an denen das Gelände keinen natürlichen Schutz bot, mussten Baumaßnahmen getroffen werden, um den Bau der Befestigungsmauer zu ermöglichen. Dies ist besonders an der südlichen Befestigungsmauer der Oberstadt sichtbar. In diesem Bereich wurde ein Erdwall errichtet, um die Fortsetzung der Verteidigungsmauer zu ermöglichen. Es konnten zwei Typen von Befestigungsmauern in Hattuša festgestellt werden. Der frühere Typ ist die Poternenmauer. Dabei besteht die Mauer aus zwei parallelen Mauerzügen, die durch Quermauern verbunden werden. Dadurch entstehen lange schmale Kästen in der Mauer. Um den Bau der Türme zu ermöglichen, wurden

[1898] Es gehört wahrscheinlich zum Rand eines Gefäßes. Der erhaltene Teil stellt eine Mauer mit gerundeten Zinnen dar, die von einem Turm überragt wird. Der Turm trägt ebenfalls gerundete Zinnen und tritt vor die Mauer vor. Er besteht wahrscheinlich aus zwei Stockwerken und ist höher als die Mauer. Auf dem Modell sieht man noch eine Öffnung mit Kreuzgitter und etwas höher zwei Fenster. Unter den gerundeten Zinnen sind Balkenköpfe dargestellt, die den Dachboden des Turmes trugen. Auch unter dem Kreuzgitter werden die Balken plastisch dargestellt. Das Tonmodell erinnert an eine große Anzahl ägyptischer Darstellungen, die syrische Fortifikationen zeigen.

[1899] Die Mauer ist die Verlängerung der sog. Poternenmauer, die die Oberstadt von der Unterstadt teilt.

[1900] J. Seeher, Die Ausgrabungen in Bogazköy/Hattusa 2001, AA, 2002, 70-77; derselbe, Die Ausgrabungen in Bogazköy/Hattusa 2002, AA, 2003, 1-24; derselbe, Die Ausgrabungen in Bogazköy/Hattusa 2003, AA, 2004, 59-73; derselbe, Die Ausgrabungen in Bogazköy/Hattusa 2004, AA, 2005, 63-72; derselbe, Die Ausgrabungen in Bogazköy/Hattusa 2005, AA, 2006, 171-178.

die Quermauern über die äußere Mauer der Befestigungsanlage vorgezogen und miteinander verbunden. Die Türme ragen 2 bis 4,50 m aus der Hauptbefestigungsmauer hervor und haben eine Breite von 7 bis 15,80 m. Die Länge der Kurtinen variiert zwischen 13 m und 30 m. Typisch ist für die frühere Befestigungsmauer, dass über den Poternen immer zwei Türmen lagen. Diese verfügen über eine größere Breite als die anderen Türme und wurden in einem Abstand von 7 bis 8 m voneinander errichtet. Diese größeren Türme bestehen aus 2 vorderen und 2 dahinter liegenden Räumen, während die kleineren Türme nur aus 2 hintereinander liegenden Räumen bestehen. Der spätere Typ, der während des Neuen Königreichs gebaut wurde, folgt einem anderen Bauprinzip. Dies ist an der Mauer der Oberstadt gut zu beobachten. Die Kastenbauweise wird weiter verwendet, aber die Türme scheinen hier separat gebaut worden zu sein, da der Verlauf der dazwischen liegenden Kurtinen an den Türmen aufhört und nicht weiter durch die Türme durchzulaufen scheint, wie es bei der älteren Befestigungsanlage der Fall ist. Hier ragen die Türme 4,30 bis 6,30 m aus der Hauptmauer der Anlage hervor und haben eine Breite von 7 bis 9 m. Der Abstand zwischen den Türmen beträgt 22 bis 26 m. Sie bestehen meistens aus zwei langen nebeneinander liegenden Räumen. Die Türme der späteren Anlage verfügen an der Innenseite über Wandpfeiler. Über die Höhe der Befestigungsmauer können nur Vermutungen angestellt werden. Nur durch den Vergleich mit anderen Anlagen kann geschätzt werden, wie hoch die Mauern von Hattuša waren. Die Stärke des Mauersockels spielt wahrscheinlich eine bedeutende Rolle für die Höhe der Befestigungsmauer. Für die frühere Anlage wird vermutet, dass die Türme eigentlich turmartige Bastionen waren, deren Höhe der Höhe der Befestigungsmauer entsprach. Im Unterschied zu der späteren Anlage wurden bei den Türmen der früheren Anlage keine Wandpfeiler nachgewiesen. Nach der Ansicht von Naumann bestand hier nicht die Notwendigkeit, die Türme höher als die Hauptmauer zu errichten. Anhand des Grundrisses der Türme der späteren Anlage und der Wandpfeiler wird vermutet, dass diese Türme höher als die Kurtinen errichtet wurden. Der Wehrgang der Anlage hat dann durch diese defensiven Baukonstruktionen hindurchgeführt.[1901] Die Höhe der Türme hat dabei einem praktischen Zweck gedient. Da die Befestigung über eine Vormauer verfügte, mussten die Türme höher angelegt werden, um eine ungestörte Sicht über das Gelände zu gewährleisten.[1902] Reste dieser Mauer wurden im Bereich des Tores von Yerkapi gefunden. Die Vormauer lag etwa 9 m vor der Hauptbefestigungsmauer und war über 1 m stark. Der Mauersockel bestand aus einer Schale von ca. 0,50 m hohen Quadersteinen. Dahinter wurde der Raum mit Steinen, Erde und Kieseln verfüllt. Nach Naumann war der Steinsockel der Mauer 3 bis 4 Schichten hoch und ihr Oberbau bestand aus Lehmziegeln. Zwei Türme, die an der Vormauer angelegt wurden, flankierten die beiden Treppenanlagen von Yerkapi.

Beide Befestigungsmauern, die Poternenmauer und die spätere, verfügen über einen Mauersockel aus großen Kalksteinsteinbrocken, dessen Bauweise an die mykenischen Befestigungsanlagen erinnert. Der Mauersockel der älteren Fortifikation erreicht eine Stärke von etwa 8 m. Die äußere Mauer des Mauersockels hat eine Stärke von 3 m. Die dahinter liegende parallele Mauer erreicht eine Stärke von 2,70 m. Der dazwischen liegende Raum ist über 2 m breit und seine Füllung bestand aus Erde und Steinen. Der Mauersockel der älteren Befestigungsanlage ist teilweise in einer Höhe von 3 m erhalten. Im Gegensatz zu der früheren Anlage ist die spätere nicht so mächtig. Sie erreicht eine Stärke von etwa 4,30 m. Die äußere Fassadenmauer der Anlage ist 1,60 m breit und die hintere nur 1,40 m. Der Raum zwischen den beiden Mauerzügen ist etwa 1,30 m breit. Auf dem Steinsockel der Kurtinen und der Türme wurde wahrscheinlich eine Lehmziegelmauer errichtet. Der massive Unterbau der Anlage war bestimmt stabil genug, um die Errichtung einer Lehmziegelkonstruktion zu ermöglichen. Hinweise auf die Existenz einer solchen Baukonstruktion liefern vielleicht die Löcher auf der Oberfläche der großen Steine des Mauersockels. Es könnte möglich sein, dass mit diesen Löchern ein Rost aus Holzstämmen stabilisiert wurde. Die hölzerne Konstruktion war vielleicht die Grundlage für den Bau der Lehmziegelmauer. Mit dem Rost konnten Unregelmäßigkeiten bei der Errichtung des Steinsockels und der Lehmziegelmauer ausgeglichen und die Gefahr eines Einsturzes der Lehmkonstruktion verhindert werden. Die Verwendung der oben genannten Holzkonstruktion für die Errichtung der Mauer konnte in Hattuša aber archäologisch nicht nachgewiesen werden. Man fand keine Spuren von Holz. Dazu muss auch erwähnt werden, dass auf der gesamten Befestigungsanlage keine Reste der Lehmziegelmauer erhalten sind. Aus diesem Grund ist eine Rekonstruktion der Lehmziegelkonstruktion schwierig. Es wird angenommen, dass der Oberbau der Befestigungsanlage syrischen bzw. mesopotamischen Anlagen ähnelt. Fraglich ist auch, ob mit der Errichtung der Lehmmauer die Kästen in den Kurtinen zugänglich waren und ob sie eine Art Kasematten bildeten. Naumann verneint diese Annahme mit der Begründung, dass sie mit einer Tiefe von 1,25 bis 2,10 m keinen praktischen Zweck erfüllten.

[1901] R. Naumann (1971), 254ff.
[1902] Ebd.

Außerdem führt nur bei jedem sechsten oder siebten Turm eine am Mauersockel angelegte Tür in einen Raum. Durch diese Tür konnte man entweder zum Wehrgang oder in die Poterne gelangen.[1903]
Die Befestigungsanlage verfügte über mehrere Tore. Drei davon sind im südlichen Bereich der Anlage erhalten und weisen auf eine monumentale Architektur hin. Es handelt sich um das südliche Sphinxtor, das als Yerkapi bekannt ist, das Löwentor im Südwesten und das Königstor im Südosten der Anlage (Taf. 66,1a-b). Alle drei werden wegen ihrer plastischen Ausgestaltung als Haupttore angesehen.[1904] Das Sphinxtor liegt im südlichsten Bereich der Oberstadt an der Befestigungsmauer. An dieser Stelle wurde der Abhang durch einen Wall befestigt. Darauf verlief die Fortifikationsmauer und lag der Turm mit dem Tor. Dadurch konnte man in die Oberstadt gelangen. Das Tor war eigentlich ein Raum innerhalb des Turmes. Er war 6,50 x 5,50 m groß mit zwei Durchlässen, die keine Symmetrie aufweisen. Es war ein einfaches Tor, das durch zwei Treppenanlagen, die auf dem Damm angelegt wurden, zu erreichen war. Das Sphinxtor bekam seinen Namen durch zwei senkrechte Monolithen, die mit Sphinxreliefs verziert waren. Sie bildeten das Außenportal des Tores. Die Besonderheit des Tores ist aber eine Pforte, die aus der Oberstadt ins Vorgelände führte. Diese sog. Ausfallpforte führte zu einem 71 m langen Gang, der im Innern des aufgeschütteten Walls 11 m unter dem Sphinxtor angelegt wurde. Die Baukonstruktion überwindet einen Höhenunterschied von 12 m. Der Gang besteht aus großen unbearbeiteten Steinen, die man auch als kyklopisch bezeichnen könnte. Sie bilden ein Kraggewölbe, dessen Scheitel durch Keilsteine geschlossen wurde. Der Querschnitt der Baukonstruktion bildet fast ein Dreieck. Seine Seitenmauern erreichen eine Stärke von ca. 2 m, die Breite des Ganges beträgt 2,40 m und seine Höhe variiert zwischen 3 m und 3,50 m. Das Außentor der Poterne in Yerkapi, das ins Innere des Kraggewölbes führt, besteht aus drei Monolithen, die die Rahmen der Tores bilden. Die Breite der Öffnung beträgt 1,20 m und ihre Höhe erreicht 2,35 m. Beide Seiten der Öffnung werden von großen groben Steinblöcken flankiert. Die Öffnung wurde wahrscheinlich mit einer hölzernen Tür verschlossen (Taf. 66,2a-b). Vorsprünge an den Rahmen der Tür und Türangeln weisen auf die Türflügel hin. Auf der äußeren Fläche der Pfosten tritt ein langer Mauerstreifen hervor, der wahrscheinlich eine dekorative Funktion hatte. Problematisch bleibt die Funktion dieser Baukonstruktion und allgemein die Funktion aller Poternen. Es wird angenommen, dass im Belagerungsfall die Verteidiger durch die Poterne in das Vorgelände gelangen konnten, ohne die Türen der größeren Toranlagen zu öffnen. Die meisten Poternen befinden sich an der Poternenmauer, die die Unterstadt von der Oberstadt trennt. Sie haben durchschnittlich eine Länge von 50 m. Ihre Bauweise erinnert an ähnliche Baukonstruktionen in der mykenischen Architektur und anderen Kulturkreisen.[1905]
Die Durchgänge des Königstores, das wegen eines Reliefs mit einer männlichen bewaffneten Figur so genannt wird, und das Löwentor, dessen Pfeiler mit Löwen versehen waren, wurden anders als das Sphinxtor errichtet. Ihre Durchlässe bestehen aus bearbeiteten Steinblöcken, die so aufgeschichtet wurden, dass eine parabelförmige Struktur entstand. Der Bogen begann über der Türschwelle des Tores. Ähnlich wurde auch das sog. untere Westtor der Anlage errichtet, das kleiner war als die anderen Tore. Königstor und Löwentor wurden von Türmen flankiert und verfügten auch über eine Torkammer. Durch die vielen Tempel in der Oberstadt von Hattuša wird vermutet, dass die drei Tore auch für Kulthandlungen und Prozessionen verwendet wurden. Etwa um 1200 v. Chr. bricht das hethitische Reich zusammen, wie auch andere spätbronzezeitliche Kulturen im Mittelmeerraum. Hattuša wird zerstört und verlassen. In dieser Zeit endet die Bronzezeit. In der frühen Eisenzeit wird Hattuša wiederbesiedelt, ohne aber seinen alten Glanz und Ruhm zu erreichen. In der hellenistischen, römischen und byzantinischen Epoche wird der Ort weiter besiedelt.

7.2. Europa

Die Siedlungen in Nord- und Westeuropa wurden in Lagen gegründet, die geostrategisch für die Nutzung von Ressourcen, Verkehrsverbindungen und Handelsbeziehungen eine wichtige Rolle gespielt haben.[1906] Viele Siedlungen in England wurden während der Früh- und Mittelbronzezeit auf Hügeln oder in der Ebene gegründet. Die meisten davon wurden von Umfassungsmauern umschlossen, die aber auf keinen fortifikatorischen Charakter hinweisen, sondern es waren rein landwirtschaftliche Siedlungen. Am Ende der Mittelbronzezeit brachen unruhige Zeiten in Nord- und Westeuropa aus.[1907] Die Mehrzahl der bronzezeitlichen Siedlungen, die auf Hügeln errichtet wurden, trafen nun Maßnahmen zur Verteidigung, um die Lebensgrundlage ihrer Bewohner zu schützen. Mit dem Beginn der späten

[1903] Ebd.
[1904] Ebd. 277ff.

[1905] Vgl. Mykene, Tiryns. Poternen wurden auch in Hüyük bei Alaca, in Alişar, in Ras Scharma in Syrien. Die Verwendung von Baukonstruktionen mit Kraggewölben war schon vor dem 2. Jahrtausend v. Chr. in Mesopotamien, der Levante und Ägypten bekannt.
[1906] Siehe das Kapitel über Europa in der Mittelbronzezeit.
[1907] R. Osgood, S. Monks, J. Toms (2000), 10ff.

Bronzezeit nimmt in England die Anzahl der befestigten Siedlungen zu. Ein Beispiel dafür ist Dorset in der Nähe von Maiden Newton am Hügel von Hog Cliff. Hier fanden Archäologen einen Damm und einen Graben mit Holzbaukonstruktionen, die einen defensiven Charakter hatten. Wahrscheinlich wurde die Verteidigungsanlage in Dorset während der späten Bronzezeit oder in der Übergangszeit zur Eisenzeit errichtet.[1908] Andere befestigte Siedlungen wurden in Yorkshire lokalisiert und systematisch untersucht, wie z. B. die Siedlung von Eston Nab, die von Palisaden und Gräben geschützt wurde. Durch die Keramik wurde die Verteidigungsanlage in die Spätbronzezeit datiert.[1909] Die durch Schutzwälle und Gräben geschützte Siedlung Boltby Scar wird auch in die späte Bronzezeit datiert.[1910] Thwing war eine andere wichtige spätbronzezeitliche Siedlung, die durch Schutzwälle und hölzerne *box-type*-Konstruktionen befestigt wurde. Die äußere Fassade der Befestigung bestand aus Holzstämmen, die horizontal angelegt wurden. Das Innere der Anlage bestand aus Schutt und Erde.[1911] Am Ende der Spätbronzezeit nimmt die Anzahl der befestigten Siedlungen auch in den flachen Ebenen Britanniens zu. Dazu gehört die Siedlung bei Springfield Lyons, Essex. Die Siedlung wurde durch einen 2 m tiefen Graben mit einem Schutzwall aus Erde und Holz geschützt. Diese Anlage datiert man um 900 v. Chr.[1912]

Dass es auch in Wales befestigte Siedlungen auf Hügeln (*Hillforts*) gab, ist archäologisch nachgewiesen, z. B. in Clwyd bei Dinorben. Der erste Schutzwall der Siedlung bestand aus Geröll oder Lehm. Eine Palisade gab es ebenfalls. C-14 Analysen ergaben, dass diese Schutzmaßnahmen nach dem 11. Jahrhundert v. Chr., möglicherweise im 9. oder 8. Jahrhundert v. Chr. stattgefunden haben.[1913] Das Breiddin Hillfort bei Powys war in der Spätbronzezeit auch befestigt. Die Verteidigungsanlage bestand aus Steinen und Holz. Man spricht hier von *timber-framed box-rampart*-Konstruktionen. Es handelt sich um eine *box-type*-Konstruktion, deren Kern aber aus großen Steinen bestand.[1914] Nach Radiocarbonuntersuchungen wurde die Anlage in der Spätbronzezeit errichtet. Außerdem wurden viele Funde entdeckt, die auf die spätbronzezeitliche Besiedlung des Ortes hinweisen. Die oben erwähnten Befestigungsanlagen und befestigten Siedlungen auf Hügeln (*Hillforts*) kommen in Britannien während der Urnenfelderkultur vor.[1915]

Auch in Irland wurden von Donegal bis Wicklow *Hillforts* gefunden, die nach C-14 Untersuchungen in die Spätbronzezeit datiert werden. Beispiele sind die Siedlung von Mooghaun, die auf einem niedrigen Hügel an einer Flussmündung liegt, die Siedlung von Clare, die von 1255 bis 917 v. Chr. datiert wird, und das Hillfort von Haughey in Ulster, das wie Mooghaun in die Spätbronzezeit datiert wird. Obwohl viele der Datierungen in Irland in Frage gestellt werden, gilt als bewiesen, dass hier während der Spätbronzezeit viele *Hillforts* vorkamen. Die Siedlung von Dún Aonghasa, die am Rand eines Kliffs auf der Insel Arran liegt, wurde durch halbkonzentrische Mauerzüge geschützt. Ob die Siedlung eine symbolische Funktion hatte, bleibt offen.[1916]

Im Schweden wurde die Siedlung Predikstolen in der Nähe von Uppsala untersucht, die während der Spätbronzezeit wahrscheinlich befestigt war.

In Frankreich sind besonders drei befestigte Siedlungen bekannt, die schon ab der neolithischen Zeit bewohnt waren. Es handelt sich um Château-sur-Salins, Châtelet d'Etaules und die Siedlung Citu, die allgemein in die spätere Urnenfelderkultur datiert werden. Die Siedlung Châtelet d'Etaules liegt auf einem Vorgebirge etwa 12 km nördlich von Dijon und erstreckt sich über eine Fläche von 7 ha. Die Siedlung war schon während des Neolithikums befestigt. Durch eine Verteidigungsanlage wurde sie auch während der ersten Phase der Bronzezeit geschützt. Diese Verteidigungsanlage wurde anhand dendrochronologischer Analysen in das 10. Jahrhundert v. Chr. datiert. Es handelt sich um eine *box-type*-Konstruktion aus Holz, die auf den Überresten früherer Befestigungsanlagen errichtet wurde. Der Kern der Anlage bestand aus Stein und ihre Fassade aus horizontal gelegten Baumstämmen. Im 8. Jahrhundert v. Chr. wurden an der Fassade südlich des Schutzwalls Schießscharten für die Bogenschützen angelegt.[1917]

Verteidigungsanlagen werden auch in Spanien während der Spätbronzezeit weiter gebaut. Bei ihrer Bauweise wurden keine Veränderungen im Vergleich zu den

---

[1908] Schon am Ende der Mittelbronzezeit und zu Beginn der Spätbronzezeit wurden Siedlungen durch Gräben und Palisaden geschützt, wie z. B. in der Siedlung von Rams Hill in Bershire, die durch einen breiten Graben und bastionartige Baukonstruktionen geschützt wurde. Zu Rams Hill siehe R. Bradley, A. Ellison, Rams Hill. A Bronze Age Defended Settlement and its Landscape, BAR 19 (1975).

[1909] R. Osgood, S. Monks, J. Toms (2000), 13f.

[1910] Ebd.

[1911] Ebd.

[1912] Ebd. 14f. Interessant sind an den nördlichen Toren der Siedlung gefundene Tonformen, die möglicherweise für die Herstellung von Schwertern verwendet wurden.

[1913] Ebd. 13f.

[1914] Ebd. Zu Powys siehe auch C. R. Musson, The Breiddin Hillfort: A later Prehistoric Settlement in the Welsh Marches, CBA Research Report 76 (1991).

[1915] Ebd.

[1916] Ebd.

[1917] Ebd. 14f.

früheren Epochen festgestellt. Die Siedlungen wurden weiter in günstigen geostrategischen Lagen errichtet, um wichtige Ressourcen und Handelswege zu kontrollieren. Die Mauern bestanden meistens aus Stein, Lehmziegel wurden aber auch verwendet. Nach 1600 v. Chr. wurden viele Siedlungen in Spanien zerstört und verlassen.[1918] Eine große Anzahl von Siedlungen wurde neu gegründet. Die spätbronzezeitlichen Siedlungen in Spanien stehen aber im Vergleich zu den früheren Epochen auf einem niedrigeren Niveau. Meistens handelt es sich um rein agrarische Siedlungen, die über keine defensiven Anlagen verfügen. Befestigte Siedlungen werden in geostrategischen Lagen gegründet, um die wichtigsten ökonomischen Ressourcen zu kontrollieren. Sie sind aber nach dem bisherigen Forschungsstand im Vergleich zu den vielen sog. Agrarsiedlungen zahlenmäßig gering. Leider wurden bis heute viele spätbronzezeitliche Siedlungen auf der iberischen Halbinsel nicht systematisch ausgegraben und erforscht.[1919]

In Zentral- und Osteuropa wird die Bautradition der Früh- und Mittelbronzezeit bei den defensiven Einrichtungen fortgesetzt. Erdwälle, Palisaden und Gräben sind die typischen Baukonstruktionen bei vielen spätbronzezeitlichen Siedlungen, die nicht an von Natur aus befestigten Plätzen lagen. Solche Verteidigungsanlagen sind schon aus früheren Epochen bekannt, wie z. B. befestigte Siedlungen der späten Únětice-Kultur im Ostdeutschland oder die sog. Otomani-Siedlungen in Rumänien. Ein Teil davon wurde schon am Ende der Frühbronzezeit durch Feuer zerstört und verlassen. Ob kriegerische Auseinandersetzungen der Grund dafür waren, konnte nicht festgestellt werden. Andere Siedlungen waren während der späteren Epochen weiter besiedelt und wurden durch Befestigungsanlagen geschützt. Aus der späten Bronzezeit, die der Urnenfelderkultur entspricht, konnte eine begrenzte Anzahl von Siedlungen erforscht werden. Viele liegen entlang von Flüssen oder in Flusstälern, an Seeufern oder auf Hügeln.[1920] Andere Siedlungen wurden an Stellen gegründet, wo wichtige Rohstoffquellen genutzt werden konnten, oder an Stellen, die die Handelsrouten kontrollierten. Durch die ständige Nutzung der Ressourcen und die Herstellung von Produkten, wie z. B. Prestigegüter oder Bronze, gewannen einzelne Siedlungen an Bedeutung und Reichtum, wie z. B. eine Reihe von Siedlungen in Österreich, die durch die Produktion von Kupfer und Salz zu wichtigen Zentren in der Bronzezeit und der nachfolgenden Eisenzeit wurden.[1921] Am Ende der Spätbronzezeit stieg besonders bei befestigten Siedlungen die Produktivität im Vergleich zu den früheren Epochen enorm an. Baumaterial ist nur noch wenig erhalten. Der Großteil dieser spätbronzezeitlichen Siedlungen ist durch Zerstörungen für immer verloren gegangen. Aus diesem Grund bleibt das Bild der befestigten Siedlungen am Ende der Spätbronzezeit leider lückenhaft. Viele Siedlungen der Spätbronzezeit wurden durch feindliche Übergriffe zerstört. Eine große Anzahl der spätbronzezeitlichen Siedlungen der Urnenfelderkultur wurden in Lagen gegründet, die vorher noch nicht besiedelt waren. Nach den Zerstörungen wurden diese Siedlungen meistens verlassen. Osgood, Monks und Toms behaupten, dass diese Siedlungen für eine lange Zeit nicht wieder besiedelt wurden, und sie nehmen an, dass viele Siedlungen zum Schutz in abseits gelegenen und isolierten Gegenden gegründet wurden.[1922] Es handelt sich überwiegend um befestigte Siedlungen auf Hügeln, die ebenfalls als *Hillforts* bezeichnet werden. Obwohl die Urnenfelderkultur als eine Epoche mit vielen befestigten Siedlungen gilt, konnten bisher nur wenige davon erforscht werden. Dies ist wahrscheinlich nur eine Frage der Zeit und weiterer archäologischer Ausgrabungen. Sicher ist, dass nur wenige Siedlungen der Tumuli-Kulturen in Zentraleuropa von Befestigungsanlagen geschützt wurden. Meistens handelt es sich dabei um kleine Siedlungen mit einer Fläche von 3 ha.[1923] Einige der Siedlungen scheinen jedoch früher datiert zu werden als diejenigen im westlichen und nördlichen Europa. Als Beispiel kann an dieser Stelle die Siedlung Spišsky Štvrtok in der Slowakei genannt werden. Dort wurden Reste einer Befestigungsmauer gefunden, die aus langen Steinen bestand. Die Mauer war an einigen Stellen in einer Höhe von 1 m erhalten. Ein Schutzwall, der

[1918] Vgl. die Anlagen Spaniens in der Früh- und Mittelbronzezeit.

[1919] R. Osgood, S. Monks, J. Toms (2000), 45f.

[1920] Ebd. 66f. Es handelt sich um Siedlungen in Deutschland entlang des Rheins und Siedlungen in den Flusstälern von Mosel und Main. In der Schweiz wurden spätbronzezeitliche Siedlungen gefunden, die am Ufer der Seen Neuchâtel und Léman liegen. Es handelt sich um Siedlungen, deren Häuser meistens auf Pfählen und hölzernen Plattformen errichtet wurden. Die Funde zeigen, dass die Bewohner dieser Siedlungen sich mit der Landwirtschaft und der Herstellung von Keramik und Textilien beschäftigten. Diese Siedlungen in der Schweiz verfügten anscheinend nicht über Befestigungsanlagen und wurden im Falle eines Angriffs schnell verlassen.

[1921] Ebd. Es handelt sich um Siedlungen in der Umgebung von Salzburg, die auf die Kupferproduktion spezialisiert waren, und die Siedlung Hallstatt, die als typische Siedlung der Eisenzeit gilt, sowie die Siedlung von Dürrnberg bei Hallein im Salzkammergut, wo Salz produziert wurde.

[1922] Ebd. Es wird allgemein vermutet, dass kriegerische Auseinandersetzungen zwischen Siedlungen der Spätbronzezeit der Grund für die Zerstörungen waren.

[1923] Ebd. 67f.

teilweise eine Stärke von etwa 7 m hatte, war auch vorhanden. Die Verteidigungsanlage wurde möglicherweise durch turmartige Bastionen geschützt. Die Siedlung liegt an einer geostrategisch günstigen Position, die die Route von der Karpatenregion nach Norden in das obere Vistula in Polen kontrollierte. Gefundene Gold- und Bronzeobjekte weisen auf die große Bedeutung der Siedlung in dieser Region hin. Eine andere Siedlung ist Barca in der Slowakei, deren Häuser durch einen kreisförmigen Graben und einen Erdwall geschützt wurden. Auch hier wurden viele interessante Funde aus Gold und Bronze gemacht. Barca ist durch eine Feuersbrunst zerstört worden, was aber nicht heißen muss, dass die Siedlung durch einen feindlichen Angriff zerstört wurde.[1924]

Eine andere wichtige spätbronzezeitliche Siedlung liegt auf dem Cezavy Hill in der Nähe von Blučina in Moravia. Es handelt sich um eine befestigte Siedlung der späten „Únětice-Kultur". Archäologen entdeckten hier viele spätbronzezeitliche Begräbnisse. Es wird angenommen, dass die Gräber nach einem feindlichen Angriff angelegt wurden. Falls dies zutrifft, dann ist Cezavy Hill eine der wenigen spätbronzezeitlichen Siedlungen, die auf eine kriegerische Auseinandersetzung hinweisen.[1925]

In der großen ungarischen Ebene bei Cetăçuia in Otomani wird die Bautradition der früheren Epochen auch in der Spätbronzezeit fortgesetzt. Die Verteidigungsanlagen bestehen meistens aus Wällen, V-förmigen Gräben und möglicherweise Palisaden. Die Siedlungen liegen vor allem an Stellen, die eine Kontrolle der Handelsrouten ermöglichten.[1926]

Auf die verschiedenen Typen von Befestigungsanlagen im Rhein–Main–Gebiet in Deutschland und im Lausitzgebiet zwischen Polen und Deutschland wurde schon im Teil über die Verteidigungsanlagen der Mittelbronzezeit eingegangen.[1927] Als Beispiel kann an dieser Stelle die Siedlung von Biskupin in Polen erwähnt werden, die schon in der Bronzezeit besiedelt wurde, obwohl das archäologische Material überwiegend aus der Eisenzeit stammt. Die Siedlung wurde in der Bronzezeit von einer Befestigungsanlage aus Holz geschützt. Durch eine defensive Baukonstruktion aus Holz wurde die polnische Siedlung Izdebno geschützt. Von der hölzernen Anlage hatten sich Reste im angrenzenden See erhalten. Im Gebiet der Lausitz ist die Siedlung von Nieder–Neudorf bekannt. Für die Errichtung des Schutzwalls der Siedlung wurde Holz verwendet. In der befestigten Siedlung Sobiejuchy wurden Zerstörungsschichten mit Pfeilspitzen und menschlichen Überresten entdeckt, die auf kriegerische Auseinandersetzungen hinweisen. Sobiejuchy wird in die frühe Eisenzeit datiert, aber ähnliche Siedlungsbefunde gibt es auch für die Spätbronzezeit.[1928]

In der Rhein–Main-Region war eine große Anzahl von Siedlungen befestigt, die in die Urnenfelderkultur datiert werden.[1929] Osgood, Monks und Toms nennen die Siedlung Großer Stiefel im Saarland, in der viel Material aus dem 10. Jahrhundert v. Chr. entdeckt wurde. Schwanburg ist eine weitere Siedlung, die in das 10. oder 9. Jahrhundert v. Chr. datiert wird. Viel archäologisches Material aus der „Urnenfelderkultur" wurde in der Nähe von Stuttgart zwischen Lemberg und Dreifaltigkeitsberg und in Bayern zwischen Ipf und Gelber Burg gefunden. Eine weitere Siedlung in Deutschland ist die Wasserburg bei Bad Buchau, eine befestigte Insel der „Urnenfelderkultur", die 80 x 90 m groß war. Die Insel wurde durch Palisaden geschützt, die Tore der Siedlung waren von hölzernen Türmen flankiert.[1930] Bei den genannten deutschen Siedlungen variierte der Typus der Fortifikationsanlagen. Manche defensive Baukonstruktionen waren Mauern, die aus Bruchsteinen bestanden, oder Erddämme, Palisaden und sog. *„timber box-structures"*. Die Lage der Siedlungen war ebenfalls unterschiedlich. Die meisten wurden auf Hügelausläufern etwa 300 m über dem Meeresspiegel gegründet, und es war aufgrund der geomorphologischen Gegebenheiten nicht notwendig, sie von allen Seiten durch Befestigungen zu schützen. Meistens wurden nur die leicht angreifbaren Seiten mit einer defensiven Mauer verstärkt. Dagegen mussten Siedlungen in der Ebene in den meisten Fällen von allen Seiten mit Fortifikationsanlagen geschützt werden.[1931]

Im östlichen Europa in der Karpatenregion wurden die Siedlungen wie in der Mittelbronzezeit meistens durch Gräben geschützt. Die Kombination von Gräben und Erdwällen tritt auch auf. Es handelt sich meistens um Schutzmaßnahmen gegen Überschwemmungen. Im Laufe der Zeit bekamen diese Einrichtungen einen stärkeren fortifikatorischen Charakter.[1932]

[1924] Ebd. Es handelt sich um befestigte Siedlungen der Mittelbronzezeit, wie Zámeček bei Nitriansky Hradok in der Slowakei. Fig. 4.1. Über Spišsky Štvrtok siehe auch J. M. Coles, A. F. Harding, The Bronze Age in Europa (1979).

[1925] Ebd. 69f.

[1926] Ebd. 68f.

[1927] Vgl. das Kapitel über Europa in der Mittelbronzezeit.

[1928] R. Osgood, S. Monks, J. Toms (2000), 69f.

[1929] Ebd.

[1930] Ebd. Dazu auch H. Härke, Settlement Types and Settlement patterns in the west Hallstatt Province: an Evaluation from Excavated Sites Europe, BAR 57 (1979).

[1931] Ebd.

[1932] Ebd. 67f.

In Italien wurde während der Spätbronzezeit die Bautradition der *Nuraghi* und der befestigten Siedlungen fortgesetzt. Obwohl die meisten befestigten Siedlungen in die frühe Eisenzeit datiert werden, sind sie von großer Bedeutung, wenn man ein besseres Bild von der Entwicklung der Befestigungsanlagen in Italien am Ende der Bronzezeit erhalten will. Im Vergleich zur Mittelbronzezeit wurden die *Nuraghi* in Italien in der Spätbronzezeit und der Eisenzeit noch umfangreicher. Sie wurden erweitert und durch neue Mauern und turmartige Bastionen verstärkt. Im Inneren wurden sie mit zusätzlichen Räumen, Korridoren und Gängen noch komplexer.[1933] Einige der am besten erhaltenen Beispiele sind Su Nuraxi at Barumini und Sarròch at Antigori.[1934] Typisch für die *Nuraghi* ist der Turm in der Mitte, der von mindestens vier turmartigen Bastionen flankiert wird, die durch eine massive Mauer miteinander verbunden sind. Im Laufe der Zeit wurden sie durch neue Befestigungsmauern und kleinere Bastionen erweitert und verstärkt.

Laut Osgood, Monks und Toms bestehen die Nuraghidörfer aus vielen kleinen Häusern und anderen Baueinrichtungen aus Stein. Sie erwähnen zwei Beispiele, die in der Provinz von Nuoro ausgegraben wurden. Die beiden Nuraghidörfer liegen 1,5 km voneinander entfernt und wurden von einer massiven Umfassungsmauer geschützt. Toscano, das eine Nuraghidorf, hatte eine Fläche von 10000 m^2. Ob der zentrale Turm in diesem Dorf allerdings als Sitz einer elitären Gruppe angesehen werden darf, ist fraglich.[1935] Zusammenfassend lässt sich sagen, dass die *Nuraghi* und die Nuraghidörfer den zunehmenden Reichtum und die Komplexität der Gesellschaft in der Bronzezeit und in der frühen Eisenzeit reflektieren.[1936] Anhand der Funde konnten wirtschaftliche Beziehungen mit anderen Orten bestätigt werden. Als Beispiel kann an dieser Stelle Sarròch genannt werden, wo in einem Raum lokale Keramik und hunderte von spätmykenischen Vasen von Zypern, Kreta, Rhodos und wahrscheinlich aus Argos auf dem Peloponnes entdeckt wurden. In anderen *Nuraghi* wurden Gefäße mit mykenischem Einfluss gefunden, meistens Imitationen. Kretische Schwerter und Bernstein aus der baltischen Region wurden auch gefunden. Die Metallbearbeitung, die in den *Nuraghi* durch Werkstätten oder Funde belegt wurde, ist nicht nur ein weiterer wichtiger Faktor für das wirtschaftliche Leben bzw. die Handelsbeziehungen, sondern die Herstellung von verschiedenen Objekten (z. B. Prestigeobjekten) zeigt auch die kultische und künstlerische Wahrnehmung dieser Objekte während der Bronzezeit und der nachfolgenden Eisenzeit.[1937]

Aus der Spätbronzezeit sind allgemein nur wenige befestigte Siedlungen bekannt, was aber nur eine Frage der Zeit und weiterer systematischer Ausgrabungen ist. Es handelt sich um Siedlungen, die durch einen Wall mit Graben oder mit einer Mauer geschützt wurden. Dieses Verteidigungssystem kommt laut Miller in der Spätbronzezeit nur vereinzelt, aber verstärkt in der frühen Eisenzeit vor. Für die Spätbronzezeit nennt Miller die Siedlungen von Monte Saraceno, Polizzelo di Mussomeli und S. Giovenale, für die frühe Eisenzeit die Siedlungen von Monte Finocchito und Castel di Decima.[1938] In anderen Regionen Italiens werden die Siedlungen einfach mit einer Mauer umschlossen. Es handelt sich dabei um spätbronzezeitliche Siedlungen der „Subapennin–Kultur“ und der „Villanova–Kultur“, die in die Übergangszeit zwischen Spätbronzezeit und Eisenzeit datiert werden. Eine große Anzahl dieser Siedlungen wurden in Zentralitalien lokalisiert und ausgegraben. Es handelt sich um sog. *Castelliere* (Höhenkastelle), die rundum von einer Mauer umschlossen werden.[1939] Nach Miller liegen die meisten dieser Anlagen in Etrurien, Umbrien, in Latium, in den Vorbergen des Apennins und in der Basilicata.[1940] Die Anlagen erreichen einen Durchmesser von 35 bis 250 m und haben einen runden oder polygonalen Grundriss.[1941] Ob die Mauern einen fortifikatorischen Charakter hatten, ist ungewiss. Die meisten sind 1 m stark und bestehen aus kleinen Steinbrocken. Als Verbindungsmaterial wurde Erde verwendet. Es wird angenommen, dass diese Anlagen 2 bis 3 m hoch waren.[1942] Ob diese Anlagen ständig besiedelt wurden oder als Fluchtburgen in Zeiten kriegerischer Auseinandersetzungen dienten, wurde bis heute nicht mit Sicherheit geklärt.

[1933] R. Osgood, S. Monks, J. Toms (2000), 94f.

[1934] Ebd. 95f. Fig. 5.3.

[1935] Ebd. 96f. Dazu auch J. W. Michels, Studies in Nuragic archaeology, BAR 373 (1987).

[1936] Ebd. Damit werden *Nuraghi* in Sardinien gemeint. Allein im zentralöstlichen Sardinien sind 29 *Nuraghi* bekannt, die in einem Umkreis von 40 km^2 entdeckt wurden.

[1937] Ebd.

[1938] M. Miller (1995), 28f.

[1939] Ebd.

[1940] Ebd. Anm. 134, 135, 136 und 137.

[1941] Ebd. 29f.

[1942] Ebd.

8. ZUSAMMENFASSUNG

Schutzmaßnahmen von Siedlungen im heutigen griechischen Raum konnten schon in der mittleren und späteren neolithischen Zeit nachgewiesen werden. Es handelt sich um Anlagen, die allerdings wegen ihrer geringen Stärke und Höhe nicht direkt als Befestigungsanlagen bezeichnet werden können. Die meisten dieser Anlagen wurden in Thessalien gefunden und stammen aus der späteren neolithischen Zeit. Sie werden entweder von einem oder von mehreren Gräben geschützt. Bei diesen Gräben konnten zwei Typen unterschieden werden. Während der späteren neolithischen Zeit sind verschiedene Schutzmaßnahmen für Siedlungen nachgewiesen.

A. Hier handelt es sich um Gräben mit U- und V- Profil, deren Seiten öfters stark geneigt sind. In manchen Fällen waren die Seiten abgestuft oder sie wurden durch Steine verstärkt. Ihre Tiefe und Breite variierte.

B. Eine andere Form von Schutzmaßnahmen sind die doppelten Erdwälle, die in Nea Nikomedeia nachgewiesen werden konnten.

C. Palisadenkonstruktionen wurden auch festgestellt. Eine Kombination aus Gräben und Palisadenkonstruktionen konnte aber im griechischen Raum nicht nachgewiesen werden.

Solche Schutzmaßnahmen sind im griechischen Raum unter dem Einfluss von anderen Anlagen auf dem Nordbalkan entstanden.

Nur wenige Siedlungen wurden von Mauern aus Steinen und Lehmziegeln geschützt. Diese Mauern standen entweder frei oder sie wurden in das innere Bebauungssystem der Siedlung miteinbezogen, indem die Gebäude direkt an die Mauern angebaut wurden. Nach dem bisherigen Forschungsstand handelt es sich um einfache und konzentrische Mauern, die aufgrund der Erweiterung der Siedlungen in verschiedenen Bauphasen errichtet wurden. Die konzentrischen Mauern werden durch Öffnungen unterbrochen, die durch Quermauern verbunden sind. Auf diese Weise wurden enge Durchlässe gebildet, eine Art von Zwingern, die im Fall eines feindlichen Angriffs den Zugang für die Angreifer erschweren sollten. Die einzige Siedlung, in der solche Zwinger teilweise erhalten sind, ist Dimini.

Ob die oben genannten Schutzeinrichtungen auch einen Verteidigungscharakter hatten, wie in den nachfolgenden Perioden, kann nicht mit Sicherheit gesagt werden. Die konzentrischen Mauern würde ich aufgrund ihrer geringen Stärke und Höhe sowohl als einfache Schutzmaßnahmen als auch als Terrassen- und Begrenzungsmauern bezeichnen. Über die Palisadenkonstruktionen in griechischen Raum wissen wir sehr wenig. Es sind nur spärliche Reste erhalten, die auf ihre Existenz hinweisen.

In Bezug auf die Gräben bin ich der Ansicht, dass sie eine Multifunktionalität besaßen. Sie wurden errichtet, um die Siedlungen vor Tieren oder Naturkatastrophen wie Überschwemmungen und Feuer zu schützen. Wenn sie eine große Breite hatten und tief genug waren, dann waren sie bestimmt auch im Fall von kriegerischen Auseinandersetzungen nur schwer zu überwinden.

Mauern, Gräben und Palisaden umfassten die gesamte Siedlung mit ihren Gebäuden oder nur einen Teil davon. Der archäologische Befund weist nicht auf eine Teilung zwischen geschützter Siedlung und ungeschützter Außensiedlung hin. Im Fall von Dimini und Sesklo in Thessalien sowie möglicherweise Strofilas auf Andros und Ampelakia in Nordgriechenland könnte man von Vorläufern der befestigten Akropolen sprechen. Aufgrund ihrer konzentrischen Form, die immer wieder erweitert wurde, und der Lage von Gebäuden an der höchsten Stelle der Siedlung, die die Form eines Megaron haben, lässt sich annehmen, dass die *„Periboloi“* etwas Wichtiges schützen sollten, möglicherweise den Sitz einer „Elite“, die sowohl eine administrative als auch eine religiöse Rolle innerhalb der Gesellschaft gespielt haben könnte. Im Vergleich zur Bronzezeit geben die Funde leider keine Hinweise auf die prähistorische „Elite“ dieser Siedlungen. Da in den Siedlungen von Dimini und Sesklo innerhalb der Mauerringe Wohneinheiten, Speicherräume und Handwerkstätten identifiziert wurden, könnte man annehmen, dass schon in der neolithischen Zeit eine stratifizierte, komplex organisierte Gesellschaft existierte. Die Errichtung solcher Anlagen erforderte ein soziales System mit „Regierenden“ und „Regierten“.

Dass das Bild der griechischen neolithischen Anlagen nicht dem der neolithischen Befestigungsanlagen in der heutigen Türkei, im Nahen Osten oder in Mesopotamien entspricht, kann nicht als Beweis dafür verwendet werden, dass diese Anlagen nicht auch gegen Angriffe errichtet wurden. Es ist bekannt, dass die Gesellschaftsentwicklung in den oben genannten Kulturgebieten in Bezug auf die Architektur bzw. Befestigungsanlagen fortschrittlicher war als im griechischen Raum und in den anderen Gebieten Europas. Die in dieser Arbeit behandelten griechischen neolithischen Anlagen können mit solchen im Osten nicht verglichen werden. Sie scheinen mir eher einfache Formen der späteren bronzezeitlichen Befestigungsanlagen zu sein.

Siedlungen, die von Gräben umfasst wurden, existieren auch während der Frühbronzezeit. Meistens sind dies Siedlungen im nordgriechischen Raum. Es gibt aber auch Hinweise auf bronzezeitliche Siedlungen auf dem südlichen Festland, die durch Gräben geschützt wurden.

Die Siedlungen bzw. die Befestigungsanlagen wurden auf Hügeln oder kleinen Anhöhen und Kaps errichtet und umfassten nicht immer die gesamte Siedlung, sondern schützten die Seite bzw. den Hang, der ansonsten leicht zugänglich war.
Die Verteidigungsanlagen in der früheren Bronzezeit waren viel mächtiger, komplexer und größer als in der neolithischen Zeit. Es handelt sich um eine Form von Steinmauern, die im gesamten ägäischen Bereich errichtet wurden, nämlich zweischalige Mauern, deren Zwischenraum mit einer kompakten Steinfüllung ausgefüllt wurde. Der untere Bereich vieler Mauern bestand nur aus Stein. In einigen Anlagen wurde die sog. Fischgrättechnik festgestellt. Die Mauern hatten des öfteren einen Oberbau aus Lehmziegeln. Bei Anlagen, an denen keine Spuren von Lehmziegeln gefunden wurden, wird vermutet, dass sie ausschließlich aus Stein bestanden. Das Baumaterial stammte meistens aus der Umgebung und wurde unbearbeitet verwendet. Für den Lehmziegelaufbau der Anlagen wurde möglicherweise auch Holz benutzt.
Ein anderes technisch auffälliges Detail ist die Böschung der Mauern, die besonders auf den Inseln des nordostägäischen Raumes eingesetzt wird. Diese Mauern fallen schräg in die Fläche ab. Die Bautechnik basiert auf kleinasiatischen Beispielen wie in Troia. Im Gegensatz dazu werden die Mauern im übrigen griechischen Raum senkrecht errichtet.
Dass die Mauern der Anlagen durch vorspringende, rechteckige oder hufeisenförmige Bastionen verstärkt wurden, weist auf ihren fortifikatorischen Charakter hin. Ihre Lage lässt aber kein einheitliches System erkennen. Die Verstärkung der Zugänge mit Bastionen betont den fortifikatorischen Charakter der Anlagen noch mehr. In manchen Fällen wurden durch die Verstärkungsmaßnahmen einer Toranlage verlängerte Eingänge und Zwinger gebildet, die das Eindringen in die Siedlung erschwerten. Die Höhe der Befestigungsanlagen und ihre Stärke variierten. Es gibt Anlagen wie in Lerna, die eine Höhe von ca. 6 bis 8 m erreichten. Die Mauern hatten durchschnittlich eine Stärke von ca. 2 bis 3 m.
Der Verlauf der Verteidigungsmauern folgt den geomorphologischen Gegebenheiten des Hügels, der Anhöhe oder des Kaps, auf denen sie errichtet wurden. Sie werden auf dem gewachsenen Felsen oder auf der Erde gebaut, ohne dass besondere Fundamentierungsarbeiten vorgenommen werden.
Es konnten sechs Typen von Befestigungsmauern im griechischen Raum herauskristallisiert werden:
A. Einfache Mauerzüge, die eine Siedlung umgeben. Sie grenzten die Siedlung ab und gaben ihr eine gewisse Sicherheit. In wie weit sie aber einen fortifikatorischen Charakter hatten, konnte nicht festgestellt werden.
B. Siedlungen im nord- und auch einige im südgriechischen Raum werden von Gräben geschützt. Palisadenkonstruktionen in Kombination mit Gräben werden im nordgriechischen Raum verwendet. Sie folgen der Tradition von anderen nördlichen Kulturkreisen im heutigen Bulgarien oder Rumänien.
C. Mauern, die von halbrunden oder hufeisenförmigen Bastionen verstärkt werden. Sie flankieren meistens die Tore der Siedlungen. Die Bastionen können Innenräume haben. Ob die Bastionen mit Schießscharten versehen waren, ist nicht sicher.
D. Mauern, an denen die Bastionen nicht zusätzlich angebaut wurden, sondern aus der Mauer selbst herausgebildet werden.
E. Der Typus der sog. Kasemattenmauern. Es handelt sich um zwei starke, parallele Mauerzüge, die durch Quermauern verbunden werden. Diese bilden Räume innerhalb der Befestigungsmauer. Sie wurden entweder als Speicherräume oder als Wachräume verwendet.
F. Obwohl diese Form der Befestigungsanlage nur einmal im griechischen Raum vorkommt, rechne ich sie zu den hier genannten Typen. Es handelt sich um die Befestigungsmauer von Palamari auf Skyros, die aus einer Hauptbefestigungsmauer mit Bastionen besteht, einer Vormauer und einem Graben.
Die Toranlagen der Befestigungen waren meistens einfache Durchlässe. Durch ihre Flankierung mit Bastionen entstanden zum Teil lange Zugänge und Zwinger. In manchen Fällen wurden auch Wehrgänge gebildet. Eine andere Form ist der Eingang mit einer Rampe, wie in Poliochni. Die Toranlage wird hier von Mauerzügen umgeben, die einen trichterförmigen Eingang bildeten. Bevor man zum Eingang gelangt, musste man zuerst die Rampe ersteigen. Wie schon oben erwähnt, werden die Siedlungen in der nordöstlichen Ägäis durch die kleinasiatischen Kulturen beeinflusst. Man kommt zu dem Ergebnis, dass die frühbronzezeitlichen Wehranlagen sich deutlich von den Baukonstruktionen der neolithischen Zeit unterscheiden. Sie sind aber nicht so imposant wie die Anlagen in Kleinasien.
Während der Frühbronzezeit erlebte eine große Anzahl von Siedlungen im griechischen Raum ihre Blütezeit. Zu Beginn der Bronzezeit kamen wahrscheinlich aus dem Osten Siedler, die im heutigen griechischen Raum neue Siedlungen gegründet haben. Mitgebrachte neue Kenntnisse über die Gewinnung und die Bearbeitung von Metall, die Produktion von Keramik und die Herstellung einer ganzen Reihe von anderen Produkten aus verschiedenen Materialien durch spezialisierte Handwerker lieferten den Anlass für soziale und wirtschaftliche Veränderungen in den ersten bronzezeitlichen Gesellschaften. Als Folge davon wird

die Entstehung der ersten „Eliten" angesehen, die durch die zunehmende Intensität des Handels und des Handwerks zu Reichtümern gelangen konnten.

Der soziale und wirtschaftliche Wandel spiegelt sich in der Organisation und Planung der Siedlungen wider. Es entstehen „*proto – urbane*" Zentren mit Zentralgebäude, die wahrscheinlich durch die „Eliten" verwaltet wurden und eine administrative, wirtschaftliche und religiöse Funktion hatten. Durch Straßen, zentrale Plätze, Brunnen, Speicherräume und Werkstätten sowie die Funde konnten viele Informationen über die innere Struktur der Siedlungen und gleichzeitig über die Strukturen dieser frühen Gesellschaften gewonnen werden.

Die angestrebte Erwerbung von Reichtümern förderte die Ergreifung von Schutzmaßnahmen, denn Reichtümer und ihre Besitzer wollen geschützt werden. Dies konnte nur durch die Errichtung starker Verteidigungsanlagen erreicht werden. Diese Anlagen waren weithin sichtbar und konnten damit gleichzeitig auch zur Machtdemonstration dienen.

Die meisten Befestigungsanlagen wurden während FH II errichtet. Der Höhepunkt der Verteidigunsanlagen wird während der Phase Lefkandi I –Kastri Stufe erreicht. Aus FH I und FK I sind wenige Befestigungswerke in Thessalien und auf den kykladischen Inseln bekannt. Dies bedeutet aber nicht, dass während FH I und FK I keine Befestigungen gebaut wurden. Eine Forschungslücke besteht noch für die Befestigungsanlagen während FH III. Aus dieser Zeit kennen wir bisher nur die Befestigungsanlage von Ägina Kolonna. Im Gegensatz zu den nordostägäischen Inseln konnte auf den Kykladen und auf dem griechischen Festland eine Siedlungskontinuität während der gesamten Frühbronzezeit festgestellt werden.

Im Vergleich zur Frühbronzezeit kennen wir nur wenige Beispiele befestigter Siedlungen aus der Mittelbronzezeit. Die meisten werden gegen Ende der mittleren Bronzezeit und zu Beginn der Spätbronzezeit datiert. Sie gelten als Vorläufer der imposanten mykenischen Befestigungsanlagen.

Obwohl eine Besiedlungskontinuität zwischen den früh- und mittelbronzezeitlichen Siedlungen festgestellt wurde, bleibt offen, weshalb viele der Siedlungen in der Mittelbronzezeit unbefestigt bleiben. Es wurden Zerstörungshorizonte gefunden, es gibt neue Elemente in der Keramik mit den minyschen Produkten und andere Funde, die meistens als Beigaben in den Schachtgräbern gefunden wurden, die auf fremde Beeinflussung hinweisen.

Der einzige Unterschied zu den Befestigungsanlagen der Frühbronzezeit ist, dass diejenigen der Mittelbronzezeit noch massiver und größer errichtet werden. Die Mauern sind wieder zweischalig und sie bestehen aus größeren unbearbeiteten Steinen. Die Mauern werden mit turmartigen Bastionen versehen, was auch für die Tore der Siedlungen gilt. Charakteristisch ist die Verwendung von Füllsteinen, die typisch für die späteren mykenischen Anlagen ist.

Abschließend kann festgestellt werden, dass während des mittleren und späten Neolithikums im griechischen Raum sehr wohl Schutzmaßnahmen für Siedlungen existierten, die aber nie eindeutig als Befestigungen identifiziert werden können. Selbst für Dimini und Sesklo ist eine fortifikatorische Funktion nicht gesichert. In der frühen Bronzezeit sind erstmals Befestigungen mit turmartigen Bastionen im griechischen Raum sicher nachweisbar. Während der mittleren Bronzezeit erhalten die Befestigungsanlagen Türme, sie werden insgesamt massiver und anspruchsvoller.

Die Befestigungsanlagen sollten die Bewohner eines ummauerten Areals und ihren Besitz schützen, gleichzeitig konnten sie aber auch Reichtum und Macht demonstrieren. Die jeweiligen speziellen Gründe für die Errichtung einer Befestigungsanlage dürften von Ort zu Ort verschieden gewesen sein. Sie lassen sich in manchen Siedlungen anhand der erhaltenen Befunde nachvollziehen, häufig bleibt man aber auf Mutmaßungen angewiesen.

An vielen Orten wären weitere Ausgrabungen wünschenswert, um offen gebliebene Fragen beantworten zu können. Das trifft auch auf die in dieser Arbeit vorgelegten spätbronzezeitlichen Befestigungsanlagen zu, denen nach Schliemanns Troia-, Tiryns- und Mykeneberichten eine fast stempelhafte, zeit- und forschungsgeschichtlich begründete Deutung zugeordnet wird. Aber seither ist die Zahl der spätbronzezeitlichen Zentralorte ohne Ummauerung angewachsen und man muss auf die Grundlagen zurückgreifen. Das Klischee „friedliches Kreta ohne Mauern und aggressives Mykene mit Burgen" stimmt ganz einfach nicht, zudem die Architektur etwa der Inseln und der kleinasiatischen Westküste auf andere Ergebnisse hinweist. Zusammenfassend kann zu den kyklopischen Wehranlagen der Spätbronzezeit im griechischen Raum gesagt werden, dass es sich um die Epoche der mykenischen Kultur handelt, die sich nach der Zerstörung von Knossos um 1400 v. Chr. standardisiert hat. Außer den mykenischen Palastanlagen sind die prächtigen Tholosgräber wie das „Schatzhaus des Atreus" die erhaltenen Reste mykenischer Baukunst, die die Macht und den Reichtum der mykenischen Könige repräsentieren. Diese Bauwerke wurden errichtet, um die Bedeutung der mächtigen Führer zu betonen. Etwas Ähnliches kennen wir aus Ägypten mit den Pyramiden, die schon zu Lebzeiten der Pharaonen errichtet wurden. Die Stärke aber und der Reichtum der mykenischen

Könige wurden auch durch die mächtigen spätbronzezeitlichen Befestigungsanlagen dargestellt, die in der Literatur als kyklopisch bezeichnet werden. Sie sind noch massiver als die Befestigungsanlagen der Mittelbronzezeit. Die Fortifikationen von Mykene, Tiryns, Midea, Gla und Athen werden als die mykenischen Verteidigungsanlagen schlechthin bezeichnet. Es gibt aber eine Reihe von anderen ummauerten mykenischen Siedlungen, die zusammen mit den größeren befestigten Palastanlagen auf die riesigen Ressourcen an menschlichen Arbeitskräften und den Reichtum der mykenischen Zeit hinweisen. Ihr Bau beginnt um 1400 v. Chr. und die Anlagen werden im Laufe der Zeit immer wieder erweitert und vergrößert. Die am besten erhaltenen Beispiele sind die Anlagen von Mykene und Tiryns. Problematisch bzw. schwierig ist die Datierung dieser Befestigungsanlagen, weil sie in verschiedenen Bauphasen errichtet wurden. Die kyklopischen Mauern sind überwiegend zweischalig und bestehen aus riesigen Kalksteinblöcken, die mit großer Sorgfalt zusammengefügt wurden. Sie wurden grob bearbeitet und so ausgesucht, dass sie gut aneinander passen. Die Fugen dazwischen wurden mit Zwickelsteinen verfüllt, ein Charakteristikum mykenischer Konstruktionsweise, das nicht nur bei den Befestigungsmauern, sondern auch bei Wohnbauten und anderen Baukonstruktionen wie Dämme und Brücken verwendet wurde. Bei der Errichtung der Fortifikationen wurden aber nicht nur grob bearbeitete Kalksteinblöcke verwendet, sondern auch Quadersteine und Konglomerat, wie z. B. beim mykenischen Löwentor mit der Bastion. Das massive Baumaterial wurde wahrscheinlich auf Rampen transportiert und mit Hebeln auf die aktuelle Maueroberfläche gebracht. Ob eine Art Kran für die Galerien und Kammern und allgemein für die Errichtung der Befestigungsanlagen verwendet wurde, konnte nicht nachgewiesen werden. Die mykenischen Mauern hatten keinen Oberbau aus Lehmziegeln und die Existenz einer Brustwehr mit Zinnen konnte auch nicht bestätigt werden. Lehm wurde wahrscheinlich als Verbindungsmaterial verwendet und funktionierte auch als Isolierung gegen die Feuchtigkeit und die Witterung. Es wird angenommen, dass der untere Bereich der Außenfassaden der kyklopischen Mauern mit Lehm gestrichen war. Auf diese Weise konnte das Wasser nicht in die Mauer eindringen und die Fundamentierung, die meistens bis zur Felsoberfläche reichte, nicht beschädigen. Auch die Fugen der Mauern mit den Zwickelsteinen wurden mit Lehm verfüllt. Auffällig sind aber die Größe des Baumaterials und die Stärke der Befestigungsmauern, deren sichtbare Reste die Menschen noch in der Antike bewunderten. Die Fortifikationsarchitektur mit den monumentalen Toranlagen war nicht nur dazu bestimmt zu beeindrucken. Die mykenische Fortifikation erfüllte auch ihr Verteidigungskonzept. Die Anlagen waren wegen ihrer Stärke und Höhe unmöglich zu bewältigen. Außerdem wurde das Flankierungsprinzip bei den mykenischen Befestigungen mit den Türmen und Bastionen verwendet, so dass ein Erstürmen der Toranlagen der Festungen fast unmöglich war.

An dieser Stelle könnte man die Frage stellen, ob sich dieser große Aufwand an menschlichen Arbeitskräften und Ressourcen für die Verteidigung der mykenischen Palastanlagen gelohnt hat. Gewiss konnten die mykenischen Könige ihre Paläste und Reichtümer auch durch kleinere Verteidigungsanlagen schützen. Ebenso waren die Waffentypen dieser Epoche bestimmt nicht der Grund für die Errichtung solcher Fortifikationen. Mit Schwertern, Speeren, Bogen und Schilden waren die spätbronzezeitlichen Festungen nicht zu bezwingen. Eine Belagerungsmaschinerie im Sinn der klassischen oder späteren Epochen gab es noch nicht. Die einzige Möglichkeit, eine mykenische Festung zu erobern, war wahrscheinlich durch Verrat von Innen oder durch lange Belagerung. In diesem Fall konnte die belagerte Bevölkerung nicht mit Lebensmitteln versorgt werden. Wenn sie außerdem auch nicht mit Wasser versorgt werden konnte, war die Eroberung einer befestigten Palastanlage oder Siedlung sicher nur eine Frage der Zeit. Aus diesem Grund wurden im 13. Jahrhundert v. Chr. Gänge in der Kragbauweise innerhalb der Befestigungsmauern errichtet, die zu den Brunnenanlagen führten. Vorbilder dieser gewölbten Baukonstruktionen sind in Anatolien zu suchen. All dies konnte aber den Untergang der mykenischen Welt nicht verhindern. Das kyklopische Mauerwerk war nicht stark genug um die herankommende Gefahr abzuwehren. Aus welchem Grund wurden sie aber errichtet? Die Antwort auf diese Frage liefern der gesamte archäologische Befund und die dazugehörigen Funde. Die Errichtung der mykenischen Palastzentren, die nach minoischen Vorbildern gebaut wurden und als Verwaltungszentren dienten, gibt eine Antwort auf die Frage. Die erhaltenen architektonischen Reste der mykenischen Palastanlagen in Mykene, Tiryns, Pylos, Theben und Orchomenos in Boiotien sowie Iolkos in Magnesien weisen auf ein dichtes Netz von Verwaltungszentren hin, die die Führungsrolle innerhalb der mykenischen Welt hatten. Diese Welt erstreckte sich vom griechischen Festland über die ägäischen Inseln und Kreta bis zur kleinasiatischen Küste. Handelsbeziehungen mit dem Vorderen Orient und mit dem westlichen Mittelmeergebiet konnten anhand der Funde bestätigt werden. Diese Beziehungen führten zu Reichtum und selbstverständlich zu einer differenzierten und organisierten Gesellschaft. Informationen über die

Verwaltung und die hierarchische Pyramide der mykenischen Gesellschaft sind aus den Linear – B Tafeln bekannt. Die mykenische Elite wohnte in den Palästen, die im Gegensatz zu den minoischen von Befestigungsmauern umgeben waren. Das Zentrum ihrer Macht war das Megaron. Ein Gebäude, das wahrscheinlich einen repräsentativen und kultischen Charakter für den mykenischen Herrscher hatte. Das Megaron bzw. die Palastanlage war von anderen Räumen und Gebäuden umgeben, die verschiedene Funktionen hatten. Die Auftraggeber hatten die Räume ihrer Paläste mit kunstvollen Freskomalereien geschmückt, die gleichwertig mit den minoischen waren. Archivräume, Magazine, Werkstätten, die unter anderem auch prunkvolle Objekte herstellten, Speichereinrichtungen, Gebäude für Kulthandlungen und private Häuser der führenden Elite ergänzen das Areal einer spätbronzezeitlichen befestigten Palastanlage. Die einfache Bevölkerung musste in Siedlungen außerhalb der Burganlagen leben. Diese differenzierte Gesellschaft und ihr Reichtum förderte den Bau der kyklopischen Befestigungen. Der Grund für die Errichtung der Verteidigungsanlagen bzw. der kyklopischen Fortifikationen war ursprünglich der Schutz vor eventuellen Angreifern. Ihr Bau hängt aber auch mit der menschlichen Neigung zusammen, Bauwerke zu errichten, um Freunde und Rivalen zu beeindrucken und Feinde abzuschrecken. Das Prestige des Auftragsgebers erhöht sich mit dem Bau eines solchen Bauwerkes, so dass wir heute von einer sog. Architektur der Macht sprechen können.

Diese Architektur bzw. die mykenische Fortifikationsarchitektur konnte den Zusammenbruch des mykenischen Palastsystems und der mykenischen Kultur um 1200 v. Chr. nicht verhindern. Schon früher, etwa um 1300 v. Chr. (SH IIIB), fand eine Reihe von Ereignissen statt, die politische und gesellschaftliche Veränderungen in den verschiedenen Kulturen des gesamten östlichen Mittelmeerraumes und am Ende ihren Untergang verursachten. Obwohl die Gründe des Untergangs dieser Kulturen nicht unumstritten sind, scheint das folgende Erklärungsmodell für die Katastrophe der mykenischen Kultur plausibel zu sein. Ein Grund ist das Verwaltungssystem selbst. Das mykenische Verwaltungssystem wurde von dem minoischen übernommen, das wiederum das Verwaltungssystem der vorderasiatischen Staaten als Vorbild hatte. Es handelt sich um ein zentralistisches Palastsystem, das als eine hochspezialisierte Wirtschaftsorganisation funktionierte. Im Vergleich zu den vorderasiatischen Palastwirtschaften konnte das mykenische aber nicht auf Dauer existenzfähig sein. Grund dafür waren die geographischen Bedingungen des griechischen Raumes. Aus der späteren griechischen Geschichte ist bekannt, dass die kleinen griechischen Landschaften der Grund für kriegerische Auseinandersetzungen oder für Bündnisse zwischen rivalisierenden Staaten im 5. und 4. Jahrhundert v. Chr. waren. Daher könnte die Krise, die anhand des archäologischen Befunds während der SH IIIB2 Epoche (zweite Hälfte des 13. Jahrhunderts v. Chr.) begann, wegen des oben erwähnten Grundes ausgebrochen sein. Archäologen konnten feststellen, dass einige mykenische Zentren und Siedlungen am Beginn dieser Periode beschädigt wurden. Über die Gründe für diese Zerstörungen sind die Meinungen der Wissenschaftler kontrovers. Es konnte nicht eindeutig geklärt werden, ob die Katastrophen durch kriegerische Auseinandersetzungen (Rivalitäten zwischen den mykenischen Zentren oder eine drohende Gefahr von Außen) oder durch natürliche Phänomene (Erdbeben) verursacht wurden. Folge dieser Katastrophen war aber die Verstärkung und Erweiterung der mykenischen Befestigungsanlagen. In Mykene und Tiryns wurden zudem auch unterirdische Zugänge zu den außerhalb liegenden Brunnenanlagen errichtet, um im Fall einer Belagerung mit Wasser versorgt zu sein. Auch in Athen wurden ähnliche Maßnahmen getroffen, als man den Zugang zur Wasserquelle durch tiefe Schächte sicherte. Auch die Befestigungsanlage in Gla in Boiotien wurde aufgebaut mit einer Reihe von kleineren Burganlagen, die ringsherum in der Kopaisebene lagen. Vermutlich war die Befestigungsanlage von Gla als militärischer Außenposten und Zufluchtsort gedacht. Eine andere fortifikatorische Baumaßnahme dieser Epoche ist die Errichtung der sog. Isthmus-Befestigungsmauer an der Meerenge von Korinth. Es handelt sich um eine Fortifikation mit turmartigen Bastionen, vermutlich um die Peloponnes vor einer Invasion von Norden zu schützen.

Die Krise spiegelt sich aber nicht nur in den fortifikatorischen Baumaßnahmen. In der SH IIIB Periode werden keine weiteren monumentalen Tholosgräber errichtet und die Gräber allgemein sind nicht reich ausgestattet. Die Linear B - Tafeln zeigen, dass die mykenische Palastindustrie in das Innere der Befestigungsanlagen verlegt wurde und dass schlechte Ernten und Mangel an Rohstoffen innerhalb der mykenischen Welt herrschten. Wie die mykenischen Herrscher auf diese Krise reagierten, ist nicht bekannt. Sicherlich war die Situation ernst zu nehmen und die palatiale Wirtschaft überfordert.

Ein anderer möglicher Hinweis auf den Niedergang der mykenischen Ära ist die Herstellung einer neuen und fremden, handgemachten, groben Keramikgattung, die in der Literatur als minysche Ware bekannt ist.[1943] Diese

[1943] Die neue Keramik, die auch als „*barbarian ware*“

Keramik tritt im Zusammenhang mit neuen Bevölkerungsgruppen in Erscheinung, die möglicherweise aus dem Norden gekommen sind. Sie brachten nicht nur eine neue Keramik mit, sondern auch neue Waffen und Fibeln.

Der mykenische Untergang kann aber auch mit der sog. Seevölkerwanderung zusammenhängen, die um 1200 v. Chr. den Untergang von vielen Kulturen des östlichen Mittelmeerraumes verursachte. Die kyklopischen Verteidigungsanlagen waren anscheinend nicht stark genug, um das drohende Unheil abzuwehren. Mykene, Tiryns und die befestigte Akropolis von Midea wurden wahrscheinlich überrannt und zerstört. Ein ähnliches Schicksal traf Gla, Theben und Iolkos, aber auch andere kleinere mykenische Anlagen und Siedlungen. Problematisch bleibt, ob die erwähnten Anlagen gleichzeitig zerstört wurden. Eine genaue Datierung dieser Katastrophen ist bis heute nicht möglich.

Nach dem Untergang der großen Palastzentren um 1200 v. Chr., also am Ende der SH IIIB Epoche, folgte eine Zeit, die als spätmykenische Periode bezeichnet wird. In der Datierung wird sie SH IIIC Periode genannt. Laut B. Eder handelt es sich um die Zeit, in der die mykenischen Paläste ihre Macht verloren und ihr hoch entwickeltes Wirtschafts- und Verwaltungssystem sowie ihre komplexe Sozialstruktur nicht mehr existierten.[1944] Gegen Mitte des 12. Jahrhunderts v. Chr. und am Anfang des 11. Jahrhunderts v. Chr. konnte aufgrund des archäologischen Befunds wieder eine Periode des Wohlstandes bzw. eine Periode des Friedens festgestellt werden. Die Menschen versuchten auf die ältere Zeit der mykenischen Epoche zurückzugreifen, als sie noch Herrscher des ägäischen Kulturraumes waren. Das Ende kam aber gegen Ende der SH IIIC Periode mit einer Reihe von großen Katastrophen, die den Untergang dieser Hochkultur besiegelten. Danach folgte eine Epoche der Verarmung und der Entvölkerung. Es ist die Zeit der sog. „Dunklen Jahrhunderte", deren Ende das Zeitalter Homers und das Entstehen der griechischen Stadtstaaten im 8. Jahrhundert v. Chr. entstehen sehen.[1945]

Durch die Verbindung von lokalen und überregionalen kulturellen Kontinuitäten und Unterbrechungen mit den technischen Varianten des Mauerbaues vom Neolithikum bis zum Ende der Bronzezeit kann ein Weg vorgegeben werden, der einen besseren Ein- und Überblick erlaubt. Dass trotz der angestrebten Objektivität eine zeitbezogene Interpretation mitwirkt, steht außer Frage.

---

bezeichnet wird, tritt in der letzten Phase der mykenischen Palastperiode auf. Nach den Funden nimmt die Herstellung der neuen Keramik nach der Katastrophe rasant zu.

[1944] B. Eder (1998), 199f.

[1945] Ebd.

9. DER FALL KRETA

Bronzezeitliche Befestigungsanlagen auf Kreta waren früher Anlass für viele Spekulationen, denn ihre Existenz war in der Forschung nicht unumstritten. Es wurde nach der schriftlichen Überlieferung vermutet, dass die sog. „Pax Minoa" mehr oder weniger alle minoischen Phasen überdauerte.[1946] Wahrscheinlich gab es aber trotzdem immer wieder kriegerische Auseinandersetzungen. Es wurde einerseits vermutet, dass es sich um innere Auseinandersetzungen handelte, und anderseits, dass es sich um eine von außen kommende Gefahr handelte, vermutlich durch eingewanderte Gruppen, die sich auf Kreta niederließen. Nach Meinung von vielen Wissenschaftlern waren die kriegerischen Auseinandersetzungen nicht groß genug, um die Errichtung von defensiven Baukonstruktionen zu rechtfertigen. Mittlerweile haben die archäologischen Forschungen der letzten Jahre ein anderes Bild von den defensiven Bauwerken auf der Insel ergeben.[1947] Die bronzezeitlichen befestigten Siedlungen auf Kreta sollen im Rahmen dieser Arbeit nicht ausführlich geschildert werden, da eine detaillierte Schilderung der Anlagen den Rahmen dieser Arbeit sprengen würde. Stattdessen wird der Versuch unternommen, eine kurze Zusammenfassung der defensiven Baukonstruktionen anhand der neolithischen und bronzezeitlichen Befunde zu geben. Im Vergleich zu den Befestigungsanlagen des griechischen Festlandes und der anderen ägäischen Inseln sind die architektonischen Überreste der kretischen Anlagen schlechter erhalten. Überwiegend handelt es sich um Reste von Mauerzügen, die einen defensiven Charakter aufweisen. Anlagen von einer Dimension wie sie aus Mykene, Tiryns, Midea und Gla bekannt sind, wurden auf der Insel nicht gefunden.

Kreta wurde seit dem 6. Jahrtausend v. Chr. kontinuierlich besiedelt. Einwanderer aus dem Süden Kleinasiens haben die Insel vermutlich erstmals besiedelt. Möglicherweise handelte es sich um Gruppen wie in Çatal Hüyük, die unter anderem einstöckige Häuser aus Lehm und Holz bauten, welche nur vom Dach aus zugänglich waren. Wie genau die Siedlungen in Kreta aussahen, kann nicht gesagt werden. Die Menschen dort nutzten auch Grotten und Höhlen als Wohn- und Zufluchtsorte. Erst am Ende des 4. Jahrtausends v. Chr. kann man von einer dichteren Besiedlung mit lokalen Zentren, wie z. B. in Knossos, sprechen.[1948] Wie das neolithische Siedlungsmuster auf Kreta genauer aussah, ist aber nicht bekannt. Auch über die hierarchischen Strukturen der Siedlungen kann nichts gesagt werden. Erhalten sind vor allem Funde wie Werkzeuge und Keramik, die auf Kontakte und Handel zwischen den Siedlungen und anderen ägäischen Inseln, z. B. den Kykladen, hinweisen. Die Siedlungen wurden während der neolithischen Zeit meistens auf Anhöhen gegründet, die von Natur aus geschützt waren. Auf Kreta wurden wie auch an anderen neolithischen Siedlungsplätzen, Lagen ausgewählt, die die Sicherheit und die Versorgung der Siedlungen mit Wasser gewährleisten konnten. Ein Beispiel dafür ist der Hügel Kefala, auf dem heute die architektonischen Reste von Knossos liegen. Der Hügel Kefala sah damals anders aus als heute. Die Siedlung auf dem Hügel wurde von zwei steilen Abhängen geschützt, vor denen die Ebenen von Kairatos und Vlychia liegen. Es handelt sich um fruchtbare Ebenen, die die Versorgung der Siedlung ermöglichten. Wie das Ganze aber ausgesehen hat, konnte nicht festgestellt werden. Ständige Bauaktivitäten in den späteren Epochen zerstörten leider viele der neolithischen Horizonte. Bekannt ist nur, dass der untere Teil der neolithischen Häuser in Knossos oder in Phaistos aus Bruchstein bestand, während der obere Teil aus Lehm war. Andere neolithische Siedlungen wurden im östlichen Teil von Kreta entdeckt. Dazu gehören die Umgebung nördlich von Neapoli beim Golf von Mirabello in der Nähe von Kastelli Fournis und die neolithische Siedlung auf dem Hügel von Ademi to Kefali. Hier wurden Reste von neolithischen Behausungen gefunden. Interessant ist der Befund eines neolithischen Brunnens auf der Ebene von Fourni, der der zentrale Punkt für ein Siedlungssystem mit Wohnhäusern war, die auf den benachbarten Hügeln und in den fruchtbaren Ebenen errichtet wurden. Es wird vermutet, dass in der Ebene von Fourni überwiegend Viehzucht betrieben wurde und dass es sich um die Behausungen von Schäfern handelt. Mit der Zeit wurden immer wieder höhere Lagen für die Gründung von Siedlungen bevorzugt. Dies wurde auch durch Befunde von vielen anderen Siedlungen im östlichen Kreta nachgewiesen, wie z. B. bei der neolithischen Siedlung auf dem Hügel Kato Kastellas im Bereich der Schlucht von Zakros oder in Kastri, das westlich der Xerokamposebene liegt. Die neolithische Siedlung wird von einem Kliff geschützt. Die Siedlung Kastello, die nördlich überhalb von Goudouras liegt, wurde von einer Umfassungsmauer geschützt. Ob sie einen defensiven Charakter hatte, konnte nicht festgestellt werden. Reste einer anderen neolithischen Siedlung wurden auf Rouso

[1946] S. Alexiou, *Προανακτορικές ακροπόλεις της Κρήτης*, in: *Πεπραγμένα του Δ' Διεθνούς Κρητολογικού Συνεδρίου* (1980), 9–22.

[1947] K. Nowicki, Defensible Sites in Crete c. 1200 – 800 B.C., Aegaeum 21 (2000). Mit ausführlicher Literatur auch über die früheren Perioden der Bronzezeit.

[1948] G. Hiesel, Die Brücke zwischen Orient und Okzident, in: Frühe Hochkulturen (2003), 226–247.

Charakas über Koutsounari Panagia Papadiana entdeckt. Kastello und Rouso Charakas sind nicht weit vom Meer entfernt. Bei Monastiraki Katalimata wurde eine neolithische Besiedlung des Ortes nachgewiesen. Laut Nowicki repräsentieren die Lagen dieser neolithischen Siedlungen die Situation in der Zeit SM IIIC. Während dieser Zeit wurden viele kretische Siedlungen auf Anhöhen oder in schwer zugänglichen Lagen gegründet, um einer eventuell drohenden Gefahr zu entgehen.[1949] Ähnliche neolithische Siedlungen wurden auch im westlichen Kreta entdeckt. Es handelt sich um die Orte Gianiou Plati, Sellia Kastri, Sellia (Finikas) Kefala, Sellia Kastello/Kabana, Kerames Tseroni, Vraskas Lakoudia und Paleochora Nerovolaki, die von Natur aus geschützt sind. Sie haben eine große Ausdehnung und werden in der Literatur als Zufluchtsorte bezeichnet.[1950] Das zentrale Kreta wurde während der neolithischen Epoche auch besiedelt. Knossos ist nur ein Beispiel für diese Siedlungen. Andere neolithische Siedlungen wurden in der Messaraebene identifiziert. Überwiegend stammen die archäologischen Befunde aus der mittleren und späteren neolithischen Zeit. Es handelt sich um Siedlungen, die auf Anhöhen und Hügeln errichtet wurden, wie z. B. Phaistos, Mitropolis oder der Hügel von Agios Ioannis, der als Akropolis bezeichnet wird und über Gortyn liegt. Wie in Ost- und Westkreta wurden auch hier Lagen ausgewählt, die von Natur aus geschützt waren. Ob die Auswahl der Siedlungsplätze mit einer möglichen Gefahr von neu auf der Insel ankommenden Menschengruppen zusammenhängt, die auf Kreta ansässig werden wollten, konnte bis heute nicht eindeutig geklärt werden.[1951] Es bleibt anhand des archäologischen Materials problematisch, neue Menschengruppen von älteren Bewohnern der Insel zu unterscheiden, besonders für die mittlere und spätere neolithische Zeit. Ob die erwähnten neolithischen Siedlungen von Bewohnern der Insel gegründet wurden, die von neuen Einwanderern verdrängt wurden, bleibt bis heute offen. Zukünftige Ausgrabungen werden wahrscheinlich eine Antwort auf diese Frage geben. Die Tatsache, dass viele Siedlungen in der neolithischen Zeit auf schwer zugänglichen Anhöhen oder Hügeln errichtet wurden, weist meines Erachtens auf eine drohende Gefahr hin. Wie sonst könnte man erklären, dass Menschen auf begrenzten Flächen leben sollten und in Lagen, die von Natur aus geschützt wurden? Obwohl die Versorgung dieser Siedlungen mit Wasser und Nahrung meistens schwierig war, wurden solchen Lagen bevorzugt. Die Situation änderte sich stufenweise mit dem Übergang zur Frühbronzezeit. Den Funden nach zu beurteilen, gewinnt die Insel mit dem Beginn der Bronzezeit durch den Handel an Bedeutung. Es sind nicht nur die Handelsbeziehungen mit dem ägäischen Kulturkreis, sondern es werden auch Kontakte und Handelsbeziehungen mit anderen Kulturen wie Ägypten, Mesopotamien und Anatolien gepflegt. Das für die Metallverarbeitung notwendige Zinn kam nun aus dem westlichen und zentralen Europa. Der Weg führte über die Insel Kreta, deren geographische Lage eine zentrale Rolle für den Handel im Mittelmeerraum spielte. Durch die strategische Lage der Insel und den Handel mit anderen Kulturen nahm auch der Wohlstand der Kreter zu. Durch Anregungen aus den genannten Kulturkreisen formte sich in Kreta eine Kultur, die weltweit als „minoische Kultur“ bekannt ist.[1952] Mit dem Übergang zur Frühbronzezeit wurden viele der bestehenden Orte weiter besiedelt, aber es gab auch Neugründungen, die einem anderen Siedlungsmuster folgten. Es handelt sich um die früheren Phasen der Frühbronzezeit, die als FM (frühminoisch) I und II bezeichnet werden. Die Lage der Siedlungen bleibt meistens dieselbe wie in der mittleren und späteren neolithischen Zeit. Anhöhen und Hügel werden weiter bevorzugt. Als Beispiel kann an dieser Stelle die Siedlung von Templa in Chania im westlichen Kreta genannt werden.[1953] Dort wurden vor allem Häuser der Zeit FM I und II gefunden, aber keine Befestigungsmauer. Die natürliche Lage von Templa bot genügend Schutz für die frühbronzezeitliche Siedlung. Es wird vermutet, dass die Siedlung eine Art Wachposten gewesen ist. Es wurde aber eine Tendenz beobachtet, Siedlungen auf Vorgebirgen in den Küstenregionen zu gründen. Das archäologische Material ergab, dass diese Siedlungen Kontakte mit anderen Inseln, besonders mit denjenigen der Kykladen, pflegten.[1954] Bis heute wurden

[1949] K. Nowicki (2000), 29ff.

[1950] Ebd.

[1951] Ebd.

[1952] G. Hiesel (2003), 231f.

[1953] Die Siedlung ist auch als Dempla bekannt. Ähnliche Akropolen im westlichen Kreta wurden in Ellena, Grivigla, Melidoni, Kastellos Sellion entdeckt.

[1954] Die Architektur und die Lage erinnern an die Siedlungen der Kykladen in der Frühbronzezeit. Die Handelsbeziehungen mit der ägäischen Inselwelt werden noch stärker. Obsidian, der in der neolithischen Zeit aus Milos exportiert wurde, wird weiter nach Kreta importiert, wie auch die Kykladenidole. In dieser Zeit werden Bronzewerkzeuge eingeführt, die das Leben der Bewohner drastisch verändern. Die Landwirtschaft wird weiter entwickelt und das handwerkliche Können erreicht eine neue Dimension. Die Frühbronzezeit ist die Epoche auf Kreta, in der hierarchische Strukturen erkennbar werden. Dies ist nicht nur durch Siedlungen wie Myrtos und Vasiliki bei Ierapetra erkennbar, wo lokale Herrscher vermutet werden, sondern auch durch Gräber mit reichen Grabbeigaben. Die Kuppelgräber in der Mesaraebene, die Nekropole von Fourni in Archanes und auf der Insel Mochlos beinhalten reiche Beigaben und Keramik, die auf eine soziale Differenzierung hinweisen. Tonidole von

keine besonders defensiven architektonischen Elemente bei den wenigen vollständig ausgegrabenen Siedlungen dieser Zeit entdeckt. Mit der FM II/III Zeit wurden die Siedlungen zahlreicher und die Bevölkerungszahl nahm zu. Durch Ausgrabungen konnte eine dichte Besiedlung vom Osten der Insel bis zur heutigen Stadt Rethymnon festgestellt werden. Viele dieser Siedlungen sind nicht nur von Natur aus geschützt, auch ihre Architektur weist auf defensive Baumaßnahmen hin. Die Siedlungskontinuität einiger dieser Plätze reicht zurück bis in die neolithische Zeit. Zu den frühminoischen Siedlungen, die wegen ihrer Lage oder ihrer architektonischen Struktur als befestigt gelten, gehören Pyrgos und Fournou Korifis in Myrtos bei Ierapetra im Süden Kretas. Es handelt sich um Siedlungen, die entlang der Küstenlinie auf Hügeln mit einer Höhe von 77 m bzw. 66 m über dem Meeresspiegel liegen. Die konischen Hügel haben steile Abhänge und im Fall eines Angriffs war die Siedlung nur schwer zu erreichen. Die Siedlungen sind auf die Oberfläche der Hügel begrenzt. Myrtos in Fournou Korfi wurde wahrscheinlich von einer Mauer umgeben, die von zwei kleinen Toranlagen unterbrochen wurde. Während der Ausgrabungen wurde festgestellt, dass Myrtos von einer *„Peribolosmauer“* umgeben wurde, die eine Stärke von etwa 1 m hatte. Die Mauer wurde aus unbearbeiteten Steinen errichtet. Ihre Breite konnte einem feindlichen Angriff wahrscheinlich nicht lange standhalten, dennoch wird der defensive Charakter der Baukonstruktion in der Literatur betont.[1955] Die Siedlung wurde während der FM II Zeit gegründet und in FM IIB durch ein Feuer zerstört. Ob der Brand das Ergebnis kriegerischer Auseinandersetzungen war, konnte nicht festgestellt werden. Es handelt sich eigentlich um eine dörfliche Gemeinschaft. Myrtos besteht aus 90 Räumen, die eng nebeneinander errichtet wurden. Wenn man den Grundriss der Siedlung betrachtet, kann man kein einzelnes Gebäude erkennen. Die Räume wurden durch Korridore miteinander verbunden. Es handelt sich um Wohnräume, Speicherräume und Werkstätten. Anhand der Kocheinrichtungen in den Räumen konnte der Bereich jedes Familienverbandes in der Siedlung abgegrenzt werden. In der FM II Zeit wurde auch die Siedlung von Pyrgos in Myrtos gegründet. Hier wurden nur wenige architektonische Elemente gefunden und ein Zerstörungshorizont, der in die FM IIB Zeit datiert wurde.[1956]

Auf einem niedrigen Hügel im Osten Kretas liegen die architektonischen Reste der Siedlung von Vasiliki bei Gournia. Heute ist der Hügel als Kefali bekannt. Der Hügel konnte laut A. Zois aufgrund seiner geomorphologischen Bedingungen im Fall einer Gefahr leicht befestigt werden. Seine Lage spielte eine wichtige Rolle für die Kontrolle des Isthmus von Ierapetra.[1957] In Vasiliki wurde eine frühe Form einer minoischen Palastanlage mit gepflastertem Hof gefunden. Auch diese Siedlung wurde durch ein Feuer zerstört. Vasiliki wurde in der MM I Zeit wieder besiedelt.

Nordwestlich von Kato Zakros wurden Teile einer Mauer gefunden, die als kyklopisch bezeichnet wird. Der Ort wurde schon in der neolithischen Zeit besiedelt. Innerhalb der *„Peribolosmauer“* wurden Besiedlungsreste gefunden. Die Anhöhe mit den architektonischen Resten ist heute als Kastellas bekannt. Obwohl die Datierung der Mauer problematisch bleibt, wird angenommen, dass die Siedlung auf Kastellas in der Frühbronzezeit von einer Mauer geschützt wurde.[1958] Obwohl später das Zentrum von Kato Zakros in die Nähe des Meeres verlegt wurde, wurde Kastellas weiter besiedelt.

In der Nähe von Palaikastro in Siteia auf dem Hügel Kastri, der direkt an der Küstenlinie liegt, wurden Reste eines größeren Gebäudes entdeckt, dass wahrscheinlich in der FM III Zeit errichtet wurde. Nach dem archäologischen Material wurde das Gebäude zerstört. Ob dies durch ein Erdbeben oder durch eine gewaltsame Auseinandersetzung geschah, ist unbekannt. Die Anhöhe wurde in der SM IIIB/C Zeit wieder besiedelt. Die Besiedlung des Hügels könnte mit Sicherheitsgründen zusammenhängen. Die geomorphologischen Gegebenheiten des Hügels verleihen ihm den Status einer befestigten Akropolis, obwohl bis heute keine Befestigungsmauer gefunden wurde.[1959]

Eine andere frühminoische Anlage wurde im westlichen Bereich der Insel Dias gefunden. Die Reste der Mauer liegen oberhalb der kleinen Bucht mit der Kapelle für

---

Fruchtbarkeitsgöttinnen werden wie in neolithischer Zeit weiter hergestellt. Sie weisen auf eine religiöse Kontinuität hin, die die gesamte „minoische Kultur“ prägt. Interessant ist auch die hergestellte Keramik, die mit der frühbronzezeitlichen Keramik Kleinasiens verwandt ist. Es handelt sich überwiegend um die bekannten Bügel- und Schnabelkannen.

[1955] S. Alexiou, *Τείχη και ακροπόλεις στη μινωϊκή Κρήτη*, in: Kritologia 8 (1979), 41–46. Zum Thema Myrtos siehe P. Warren, Myrtos, An Early Bronze Age Settlement in Crete, BSA Suppl 7, 1972.

[1956] G. Dadogan, Pyrgos, Crete, 1970–1977, AR 24, 1977–1978, 70–84; derselbe, Minoan Pyrgos, in: Proceedings of the 4th International Congress of Cretan Studies (1980), 57–61.

[1957] A. Zois, *Ανασκαφή εις Βασιλικήν Ιεράπετρας*, Prakt, 1972, 274-309; Prakt, 1974, 213-221; Prakt, 1975, 376-391; Prakt, 1976, 440-459; Prakt, 1977, 447-454; Prakt, 1978, 300-308; Prakt, 1979, 323-330; Prakt, 1980, 331-336; Prakt, 1982, 307-311. Dazu auch S. Sinos, Eine Untersuchung der sogenannten „Palastanlage“ von Vasiliki, AA, 1970, 1-24.

[1958] S. Alexiou (1979), 44f. Eik. 1.

[1959] Ebd. 47f.

Agios Georgios. Auf der Insel Koufonisi in Siteia wurden die architektonischen Elemente einer frühminoischen Mauer entdeckt, die vermutlich zu einer Schutzmauer gehörten.[1960]

Eine von Natur aus geschützte kleine Siedlung der FM II/III und MM Zeit wurde in Kastellos Tzermiadon entdeckt. Es handelt sich um eine Anhöhe am Hang des Lasithiplateaus, die sich über 100 m über der Ebene erhebt. Die sog. Akropolis von Kastellos kontrollierte möglicherweise den Weg zur Hochebene von Lasithi. Mit dem Ende der MM III Zeit wurde die Siedlung verlassen.[1961]

In die FM III und MM I Zeit werden die architektonischen Reste einer Siedlung datiert, die auch Kastellos genannt wird. Die Siedlung liegt auf dem hohen Hügel Mpoumpouli südwestlich von Chondrou Viannou. Es handelt sich um eine felsige Anhöhe, die leicht zu verteidigen war. Der Archäologe N. Platon berichtete über megalithische Mauerzüge, die die Wege, die zur Anhöhe führten, versperrten. Der felsige Gipfel des Hügels wurde von einer Mauer umgeben. Einige Teile dieser Mauer sind noch erhalten. Platon bezeichnete Kastellos als Zufluchtsort.[1962]

Interessant ist, dass in einigen Siedlungen auf Kreta Zerstörungshorizonte entdeckt wurden, die auf kriegerische Auseinandersetzungen hinweisen könnten. Dass Zerstörungsschichten der FM II oder der FM III Zeit nicht überall auf Kreta gefunden wurden, bedeutet nicht, dass keine internen Auseinandersetzungen ausgebrochen sein konnten. Es wird vermutet, dass in dieser Zeit lokale Machtzentren wie Knossos, Malia und Phaistos an Bedeutung gewannen und ihre Machtposition gegenüber anderen Zentren auf Kreta verstärkten.[1963] Am Ende der FM III und mit dem Beginn der MM I Zeit nimmt die Zahl der Siedlungen zu. In dieser Zeit entstehen nicht nur neue Siedlungen, sondern vereinzelte große Gebäude, die als landwirtschaftliche Betriebe gelten. Kleine regionale Zentren entstehen ebenfalls. Sie werden meistens durch Mauern geschützt und als kleine Burganlagen (*Forts*) bezeichnet. Ein Vertreter dieser Anlagen ist das ovale Gebäude von Chamaizi, das auf dem Hügel Souvloto Mouri am westlichen Rand der Ebene von Siteia liegt. Es handelt sich um ein landwirtschaftliches Gebäude, für das man wegen seiner Bauweise einen defensiven Charakter vermutet.[1964] Gegen Ende der MM I Zeit wurde das Haus aus unbekannten Gründen verlassen.

[1960] Ebd. 54f.
[1961] Ebd. 47f.
[1962] Ebd.
[1963] K. Nowicki (2000), 32f.
[1964] C. Davaras, The oval house at Chamaizi reconsidered, AAA 5, 1972, 283–288.

Auf dem Gipfel des Bergs Jouchtas, auf dem das bekannte Zeusheiligtum liegt, wurden die Reste einer Mauer gefunden, die den Gipfel von Jouchtas umgab. Die Mauer wurde wahrscheinlich in der MM IA Zeit errichtet. Es könnte sein, dass die „*Peribolosmauer*“ errichtet wurde, um das Heiligtum zu umgeben. Dass die Mauer aber weiter entfernt nördlich des Heiligtums errichtet wurde sowie ihre Stärke weisen jedoch auf einen defensiven Charakter hin.[1965]

In der Mesaraebene ist die Siedlung Vigla bekannt. Sie liegt in der Nähe von Apesokari auf einer felsigen Anhöhe. Die Siedlung wurde in der MM Zeit gegründet und kontrollierte die Straße, die durch die Fläche von Asterousia in den Süden Kretas führte. Ein Zerstörungshorizont ergab, dass die Siedlung in der MM II Zeit zerstört wurde. Für eine kurze Zeit wurde die Anhöhe wieder besiedelt. Danach wurde sie für immer verlassen. In Asterousia wurden auf einem Hügel lange und starke Mauerzüge entdeckt. Der Hügel Megalon Skinon Odigitrias ist schwer zugänglich und wurde schon in der Frühbronzezeit besiedelt. Die Siedlungskontinuität reicht bis in die MM I/II Zeit. Aus diesen Epochen stammen auch die in der Nähe entdeckten Kuppelgräber.[1966] Hinweise auf unruhige Zeiten während der MM Zeit wurden auch in Knossos, Malia und Phaistos gefunden, obwohl auch für diese Zeit behauptet wird, dass die Siedlungen oder die Palastkomplexe unbefestigt waren. Es ist die sog. alte Palastzeit, die von ca. 2000 bis 1700 v. Chr. andauerte. Es handelt sich um eine Epoche, die zu einer politischen Konsolidierung mit Machtkonzentrationen in Knossos, Phaistos, Malia, Zakros, Archanes und vermutlich Kydonia führte. Diese Zentren kontrollierten administrativ, kultisch und wirtschaftlich verschiedene Regionen der Insel bzw. der Ägäis. Während der Phasen MM IB bis MM IIB entstanden große architektonische Komplexe, die als Paläste bezeichnet werden. Über die Gründe für diese Entwicklung, in der die Fundamente der sog. minoischen Palastwirtschaft angelegt wurden, wird noch heute diskutiert. Sicher ist, dass die Gründe dieser Entwicklung in der frühminoischen Gesellschaft und in den Kontakten mit anderen Hochkulturen im Mittelmeerraum zu suchen sind.[1967]

[1965] S. Alexiou (1979), 48f.
[1966] Ebd. 49f.
[1967] Wie schon erwähnt, nimmt die Zahl der Siedlungen in der MM Zeit zu. Es ist die Zeit der Paläste, deren Gebäude sich um einen zentralen Hof gruppieren. Spuren sind in Knossos, Malia, Phaistos und Zakros erhalten. Mit der Errichtung der sog. neuen Paläste wurden die architektonischen Elemente der älteren überlagert. Die meisten Informationen zur architektonischen Struktur gibt es über die Palastanlage von Phaistos. Durch den Vergleich mit den neuen Palästen wurde festgestellt, dass

Zu den Behauptungen, dass in der Mittelbronzezeit die Palastzentren oder die Siedlungen über keine defensiven Schutzeinrichtungen verfügten, kann gesagt werden, dass Hinweise auf die Existenz von defensiven Bauwerken in der MM Zeit in Knossos gefunden wurden. Es handelt sich um einen über 2 m starken Mauerzug, der im südlichen Bereich des sog. Südhauses von Knossos entdeckt wurde. Der Befund wurde in die MM I Zeit datiert. Man vermutet, dass die Mauer einen defensiven Charakter haben könnte. Nach der Zerstörung am Ende der mittelminoischen Epoche wurde das Südhaus von Knossos wieder errichtet und die Mauer scheint ihre Funktion verloren zu haben.[1968]

In Malia wurden nördlich und östlich der Palastanlage bzw. im Bereich des Hauses Z β architektonische Reste gefunden, die zu einer Befestigung gehören könnten. Die Mauerzüge verlaufen von Süden nach Norden. Die Reste der Mauer, die zwischen der Palastanlage und der mittelminoischen Nekropole liegen, konnten in einer Länge von 60 m untersucht werden. Es handelt sich um eine 1,60 m starke Baukonstruktion, die wahrscheinlich länger als nur 60 m ist. Es wird angenommen, dass die Baukonstruktion eine Stützmauer war. Da der Boden aber in diesem Bereich flach ist, wird diese Funktion der Mauer angezweifelt. Außerdem benutzten die Erbauer für die Mauer größere Steinbrocken aus Kalkstein, die für die Errichtung einer einfachen Stützmauer in diesem flachen Bereich eine Verschwendung von Baumaterial gewesen wäre. Im Bereich des Hauses Z β wurde die Fundamentierung einer Mauer mit einer Stärke von 1,75 m entdeckt. Das Ende der Mauer bildete einen hervorspringenden Bereich, der als turmartige Bastion bezeichnet wird und sich nahe einer Toranlage befand. Heute ist davon nichts zu sehen, da das Ganze zugeschüttet wurde. Laut Alexiou wurde wie in Knossos die Mauer absichtlich zerstört, um das Haus der neuen Palastzeit zu errichten.[1969] Weitere Teile der vermuteten Befestigungsanlage von Malia wurden nordöstlich der sog. Agora in Molias, in Lakkos Astathouli, in Charkisa und in Aletrouvopetra entdeckt. Es handelt sich um Teile von Mauern, die aus großen Steinbrocken bestanden. In Aletrouvopetra sind sie sogar in situ gefunden worden. Westlich der Palastanlage wurden in der Nähe der Küstenlinie zwei parallele Mauerreihen in unterschiedlicher Höhe gefunden. Sie bestehen aus großen Kalksteinbrocken. Nordwestlich der Palastanlage wurden im sog. Potamos Teile einer ähnlichen Mauer gefunden. Hinter dieser Mauer liegen die Reste der „*maison de la plage*“ aus MM I.[1970] An der südlichen und südwestlichen Seite der Palastanlage von Malia wurden keine Teile einer Befestigungsanlage gefunden. Es wird angenommen, dass hier das Baumaterial der Verteidigungsmauer während der neuen Palastzeit abgetragen wurde, um andere Bauten zu errichten.[1971]

Wahrscheinlich wurde die Palastanlage von Malia durch eine Befestigungsmauer geschützt. Sie hatte eine Länge von mehreren hundert Metern. Die Mauer verlief in geradlinigen Abschnitten und bildete in bestimmten Bereichen einen Bogen. Teile der Befestigung wurden mit turmartigen Bastionen verstärkt.[1972] Nach der Ansicht des Ausgräbers kann die Existenz einer Verteidigungsmauer in Malia durch die Verwendung von großen Steinbrocken mit einer Länge von ca. 2 m und einer Höhe und Breite von 1 m, ihre unbearbeitete Form, die Bauweise und die Entdeckung von langen Mauerabschnitten nachgewiesen werden.[1973]

Eine Mauer der MM Zeit wurde an der östlichen Seite von Gournia entdeckt. Die Mauer liegt zwischen Gournia und der früh- und mittelminoischen Nekropole der Siedlung.[1974] Da sie nur eine Stärke von 1 m hat, kann sie meines Erachtens nicht als Fortifikationsmauer bezeichnet werden, sondern als eine Abgrenzungsmauer.

---

die älteren auch eine administrative, wirtschaftliche und kultische Funktion hatten. Es ist die Zeit, in der die Beziehungen mit anderen Kulturen intensiviert werden. Durch die Handelsbeziehungen mit dem ägäischen Raum, Kleinasien, der Levante und Ägypten und die Gründung kretischer Niederlassungen, wie z. B. in Kythera, Melos und Kleinasien, nimmt die Bedeutung Kretas im östlichen Mittelmeerraum rasant zu. Es ist die Zeit der sog. Thalassokratie der Minoer, die in der SM I gefestigt wird und über die Herodot und Thukydides berichteten. Sie dauert an, bis die Mykener in der Spätbronzezeit die Macht im ägäischen Kulturraum ergreifen. Typisch für die Zeit der alten Paläste ist die Entwicklung der Keramik, die in der Literatur als Kamareskeramik bekannt ist. Die Oberfläche dieser Keramik ist schwarz und wird mit Ornamenten in weißer und roter Farbe geschmückt. Es hat sich aber nicht nur die Keramik entwickelt, sondern alle Bereiche der handwerklichen Künste. Außerdem gewinnt die Religion in der Gesellschaft stark an Bedeutung. Die Paläste besitzen Kultstätten, die auch auf den Bergen und in Höhlen anzutreffen sind. Eine Hieroglyphenschrift wurde auch entdeckt. Sie ist unter anderem auf Siegeln und auf dem bekannten Diskos von Phaistos zu finden. Über den Inhalt dieser Hieroglyphensprache gehen die Auffassungen der Wissenschaftler weit auseinander. Eine Reihe von schweren Erdbeben beendet die Ära der alten Palastzeit.

[1968] S. Alexiou (1979), 51f.

[1969] Ebd. 52f.

[1970] Ebd. 53f.

[1971] Ebd.

[1972] Ebd.

[1973] Ebd.

[1974] Ebd. 54f.

In der späteren Zeit wurde die Siedlung von keiner Mauer umgeben.
In Phaistos wurden Spuren von Bastionen entdeckt, wie z. B. an der westlichen Toranlage, die von turmartigen Bastionen geschützt wurde. Spuren von Bastionen wurden auch in anderen Bereichen von Phaistos gefunden. Eine früh- bis mittelminoische Datierung wird für die hervorspringenden Mauerteile vorgeschlagen.[1975]
Weitere mittelminoische defensive Konstruktionen wurden im östlichen Kreta gefunden. Es handelt sich um Epano Limnia/Paralaki Mantra, Dasonari, Aspro Nero/stou Paletsi, Agia Fotia und Petras. Während der 80er Jahre wurde das minoische Straßennetz im östlichen Kreta untersucht. Das Ergebnis dieser Forschungen ist interessant, weil neben der Lokalisierung des Straßennetzes in diesem Bereich der Insel auch viele Orte entdeckt wurden, in denen während der MM Zeit wahrscheinlich defensive Baumaßnahmen vorgenommen wurden. Viele waren von Natur aus geschützt, aber manche wurden auch durch Mauern und Bastionen geschützt. Wichtig ist auch der Befund von vielen kleinen *Forts* bzw. sog. „*guard houses*" und „*farmsteads*" entlang des minoischen Straßennetzes zwischen Palaikastro im Norden und Xerokampos im Süden an der Ostküste Kretas. Viele der erhaltenen Baukonstruktionen werden als kyklopisch oder megalithisch bezeichnet. Obwohl diese Baukonstruktionen im Laufe der Zeit öfters geändert wurden, blieben genügend architektonische Teile erhalten, die auf die defensive Funktion dieser Bauwerke hinweisen.[1976] In Epano Limnia/Paralaki Mantra in Südostsiteia wurden Bauten einer kleinen Siedlung entdeckt. Dazu gehören Überreste von Bauten, Terrassenmauern, Stützmauern kleiner Straßen und eine in der Nähe liegende Nekropole. Das Ganze liegt am Rand einer fruchtbaren Hochebene, die ca. 650 m über dem Meeresspiegel liegt. Interessant ist das sog. Gebäude I mit seinen kyklopischen Außenmauern, die aus sorgfältig angelegten Kalksteinblöcken bestehen. Sein Grundriss weist auf eine rechteckige Form hin, die ca. 30 x 17 m groß war. Anhand der Breite der Mauer wird angenommen, dass der Bau ein zweites Stockwerk besaß. Spuren einer inneren Teilung des Gebäudes wurden auch gefunden. Nordwestlich der Außenfassade des Gebäudes liegt das freistehende Gebäude II. Die Annahme, dass Epano Limnia/Paralaki Mantra zu den „*Forts*", „*strongholds*" oder „*quard houses*" gehören könnte, wurde widerlegt. Die Lage der Siedlung auf einem niedrigen Plateau und auf einem sanft in die Ebene abfallenden Hang entspricht nicht der Lage dieser Siedlungen, die in höheren Lagen errichtet wurden. Außerdem übertrifft die Größe des Gebäudes I in Epano Limnia andere Baukonstruktionen, die als minoische „*quard houses*" bezeichnet wurden. Als Beispiel können an dieser Stelle Chordaki und Skaphi genannt werden, die südlich von Epano Limnia in Südostsiteia liegen. Es wird angenommen, dass die Siedlung von Epano Limnia eine landwirtschaftliche Siedlung war. Dass ihre Bauten aus größeren Kalksteinblöcken bestehen, könnte mit einer defensiven Funktion zusammenhängen. Eine Befestigungsmauer in Epano Limnia wurde bis heute nicht entdeckt.
Eine andere Mauer, die als kyklopisch bezeichnet wird, fand man in Dasonari. Die Mauer ist die Nordfassade eines rechteckigen Gebäudes und in einer Länge von 15 m erhalten. Von der östlichen Mauerseite des Gebäudes sind nur 4,50 m erhalten. Ein Teil dieser Mauer wurde überbaut. Von der westlichen Außenseite des Gebäudes konnte der Verlauf der Mauer in einer Länge von 10,50 m verfolgt werden. Die sog. kyklopische Mauer besteht aus sorgfältig angelegten Kalksteinblöcken. Die Baukonstruktion erweckt den Eindruck, dass sie in isodomischer Bauweise errichtet wurde. Die Fugen wurden mit kleineren Steinen aufgefüllt, wie es bei den meisten spätbronzezeitlichen Anlagen der Fall ist. Mittel- und spätminoische Scherben geben Hinweise für die Datierung der Baukonstruktion. Es wird angenommen, dass die Baukonstruktion von Dasonari zu einem größeren Siedlungsareal gehörte und dass sie Teil eines größeren Gebäudes (Villa?) ist, das eine bedeutende Rolle innerhalb der Siedlung hatte. Leider wurde der archäologische Befund durch die ständigen landwirtschaftlichen Aktivitäten zerstört, so dass eine Rekonstruktion nicht mehr möglich ist. Die kyklopische Mauer von Dasonari wird gern mit ähnlichen Bauten in Südostsiteia verglichen. Es handelt sich um die Gebäude von Achladia/Riza, Zou, Agios Georgios, das auch als Praisos bekannt ist, Profitis Elias und Chochlakies.
Anhand des archäologischen Befundes ist die Befestigung von Aspro Nero/stou Paletsi nachgewiesen.[1977] Die Ruinen liegen etwa 490 m über dem Meeresspiegel am östlichen Rand der Hochebene von Südostsiteia. Die Befestigung von Aspro Nero wurde am Rand eines felsigen Steilhangs errichtet, der ein Tal überragt. Obwohl die Lage von Aspro Nero eigentlich von Natur aus geschützt ist, wurde sie mit einer Verteidigungsmauer verstärkt. Es handelt sich um die

[1975] Ebd.

[1976] N. Schlager, Projekt- und Forschungsgeschichte. Topographischer Überblick. Fundortkatalog, ÖJH, (1997).

[1977] N. Schlager, „A town of castles:" An MM/LM fortified Site at Aspro Nero in the far east of Crete, in: R. Laffineur (Hrsg.), POLEMOS: Le contexte guerrier en Égée à l' âge du bronze. Actes de la 7e rencontre égéenne internationale, Université de Liège, 14-17 avril 1998, I, Aegaeum 19, 1999, 171–177.

architektonischen Überreste von kleinen rechteckigen Bauten, die als Bastionen bezeichnet werden. Die sog. Nordbastion besteht eigentlich aus zwei rechteckigen Teilen. Die architektonischen Reste der sog. Südbastion liegen 60 bis 70 m südlich der Nordbastion. 50 m südwestlich der Südbastion liegen die Reste eines anderen Gebäudes, das laut N. Schlager auch zu einer Bastion gehören könnte. Schlager bezeichnet die architektonischen Reste als kyklopisch oder megalithisch. Der Grund für diese Bezeichnung ist die Verwendung von großen Kalksteinbrocken für die Errichtung der sog. Bastionen und der Kurtinen der Befestigung. Zwischen der Nord- und Südbastion wurden Reste der Kurtinen, aber auch Terrassenmauern gefunden. Es konnte festgestellt werden, dass der Bereich zwischen beiden Bastionen durch landwirtschaftliche Aktivitäten wie das Anlegen von Terrassenmauern oder die Verpflanzung von Olivenbäumen öfters stark verändert wurde. Westlich der Ruinen lagen vermutlich andere Bauten der Siedlung von Aspro Nero. Über sie ist nichts bekannt. Anhand der Keramik wurde eine mittelminoische Datierung vorgeschlagen. Spätminoische Scherben wurden auch gefunden. Schlager ist der Meinung, dass die Festung von Aspro Nero auch während der SM Zeit verwendet wurde.[1978]

Andere mittelminoische Befestigungsanlagen wurden an der nordöstlichen Küstenlinie von Kreta gefunden. Es handelt sich um die Anlagen von Agia Fotia und Petras in Siteia. Das befestigte Gebäude von Agia Fotia wurde in der MM IA Periode errichtet und es wird als Vorläufer der minoischen Paläste angesehen. Es handelt sich um ein rechteckiges Gebäude, das 18 x 28 m, ca. 500 m^2, groß ist. Das Ganze besteht aus 37 Räumen, die als Wohnräume und Werkstätten interpretiert werden. Diese werden durch einen langen Korridor getrennt, der als Hof bezeichnet wird. Der Zentralhof ist 3,50 x 21 m groß.[1979] Das rechteckige Gebäude wurde von einer Befestigungsmauer umgeben, die durch massive halbkreisförmige Bastionen verstärkt wurde. Drei liegen an der nördlichen Befestigungsmauer und eine an der südwestlichen Ecke der Verteidigungsmauer. Die Mauer erreicht eine Stärke von 1,30 bis 1,50 m. Von der Mauer ist nur das Fundament erhalten, es besteht aus unbearbeiteten Steinen. Erde wurde als Verbindungsmaterial verwendet. Der südliche und ein Teil der östlichen Seite der Befestigungsmauer sind nicht erhalten. Anhand des Verlaufs der Mauer und einiger Spuren gilt als nachgewiesen, dass das Gebäude von allen Seiten geschützt wurde.[1980]

Reste von einer Befestigungsanlage wurden in Petras gefunden. Die archäologische Stätte liegt etwa 3 km westlich von Agia Fotia entfernt. Die sog. kleine Palastanlage von Petras liegt südöstlich der modernen Stadt Siteia an der nördlichen Küstenlinie der Insel. Das Plateau von Petra liegt etwa 40 m über dem Meeresspiegel. An der südöstlichen Ecke des Gebäudekomplexes wurde eine rechteckige Baukonstruktion gefunden, die nach Osten herausragt. Der Bau wurde als Bastion interpretiert und er ist 12 x 8 m groß. Seine erhaltene Höhe beträgt 1,30 m. Die Bastion und die Mauer, an der sie angelegt wurde, bestehen aus großen Kalksteinbrocken. Da die sog. Bastion und der dahinter liegende Bereich sorgfältig mit Steinen aufgefüllt wurden, wird die Baukonstruktion als Turm angesehen. Westlich der Bastion liegen die Reste eines rechteckigen Gebäudes. Anhand der Keramikfunde werden die Bastion und das Gebäude in die Vorpalastzeit datiert. Es wird angenommen, dass das Gebäude und die turmartige Bastion einen weiteren Zugang zu der Palastanlage von Petras bildeten.[1981]

Eine andere Baukonstruktion wurde unterhalb der modernen Straße entdeckt, die zur Siedlung über der alten Küstenlinie führt. Die Reste der Mauer liegen am niedrigen Rand des sog. Hügels I und wurden erst 1901 gefunden. Es handelt sich um einen 17 m langen Mauerzug mit einer Höhe von 1,50 m. Die Mauer verläuft von Norden nach Süden. Zurückliegende Mauerteile teilen die lange Außenfassade der Mauer in drei gleiche Abschnitte. Durch die Keramikfunde wurde die Baukonstruktion in die MM Zeit datiert. Es wird angenommen, dass die Mauer zu einem zweistöckigen Gebäude gehörte.[1982] Als das Areal von Petras im Jahr 1989 erneut untersucht wurde, wurde eine Mauer entdeckt, die eine Höhe von 3 m erreichte. Tsipopoulou spricht über zwei bis drei an der Mauer angelegte rechteckige Türme, die wie die Mauer aus großen unbearbeiteten Steinbrocken bestehen. Sie sind 1 bis 1,20 m lang und erreichen eine Höhe von 0,60 bis 0,80 m. Aus diesem Grund werden sie als kyklopisch bezeichnet. Die innere Seite der Mauer konnte nicht untersucht werden, weil darüber die moderne Straße liegt. Die Annahme,

---

[1978] Ebd.

[1979] M. Tsipopoulou, *ΑΓΙΑ ΦΩΤΙΑ ΣΗΤΕΙΑΣ: ΤΟ ΝΕΟ ΕΥΡΗΜΑ*, in: E. B. French – K. A.Wardle (Hrsg.), Problems in Greek Prehistory. Papers presented at the centenery conference of the British School of Archäology at Athens, Manchester, April (1986), 31-47.

[1980] M. Tsipopoulou, From local centre to Palace: The Role of Fortification in the economic Transformation of the Siteia bay area, east Crete, in: R. Laffineur (Hrsg.), POLEMOS: Le contexte guerrier en Égée à l' âge du bronze. Actes de la 7e rencontre égéenne internationale, Université de Liège, 14-17 avril 1998, I, Aegaeum 19, 1999, 179–189.

[1981] Ebd. 184f.

[1982] Ebd.

dass es sich hier um architektonische Reste eines Gebäudes handelt, konnte nicht bestätigt werden. Nach der Ansicht von Tsipopoulou hat diese Baukonstruktion gewisse Ähnlichkeiten mit der 17 m langen Mauer und mit der südöstlichen Bastion von Petras. Sie ist der Ansicht, dass die Baukonstruktionen einen defensiven Charakter haben und dass sie als Teil einer größeren Befestigungsanlage angesehen werden müssen. Für die Zeit der Errichtung dieser architektonischen Elemente schlägt sie eine mittelminoische Datierung (Protopalatial Period) vor.[1983]

Andere sog. defensive Siedlungen der MM I/II Periode wurden im östlichen und westlichen Kreta entdeckt.[1984] Das Ende der MM II Epoche wurde durch eine Reihe von Katastrophen verursacht, vermutlich durch Erdbeben. Dies konnte aber nicht eindeutig für alle Siedlungen nachgewiesen werden.[1985] Tatsache ist, dass viele Siedlungen durch Feuer zerstört wurden. Ob der Feuerausbruch die Folge von Erdbeben war, kann nicht verallgemeinert werden. Katastrophen gab es auch in der MM III Periode. Viele Siedlungen wurden deswegen verlassen. Anhand der Keramik konnten regionale Unterschiede festgestellt werden. Es wird vermutet, dass die Macht zentralisiert wurde und dass Knossos die führende Rolle auf der Insel übernahm.[1986] Während der MM III und SM I Zeit konnten keine defensiven Maßnahmen festgestellt werden. Diese Zeit wird als eine friedliche Epoche angesehen, in der auch die neuen Paläste errichtet wurden. Es handelt sich um die Zeit zwischen 1700 und 1400 v. Chr. Die neuen Paläste werden über die alten gebaut und viele zerstörte Siedlungen werden wieder aufgebaut. Knossos, Malia, Phaistos, und Zakros sind die bekanntesten Palastanlagen in dieser Zeit. Es gibt aber auch eine Reihe von sog. Land- und Stadtvillen, die als königliche Villen oder als kleine Paläste bezeichnet werden. Architektonisch imitieren sie größere Palastanlagen, wie z. B. Knossos.[1987] Laut Hiesel erfasste der Schwung des Wiederaufbaus alle wirtschaftlichen und kulturellen Bereiche der minoischen Zivilisation.[1988] Knossos ist wahrscheinlich in dieser Zeit das Zentrum der minoischen Kultur. Archäologisch konnten für diese Zeit bis heute keine Befestigungsanlagen nachgewiesen werden. Das Ende der neuen Palastzeit beginnt mit den Katastrophen während der SM IA Zeit. Erdbeben verursachten Schäden in den Palastanlagen, sie wurden aber schnell repariert. Das Ende der SM IA Zeit wird mit Santorins (Thera) Vulkanausbruch verbunden und all seinen negativen Folgen für Kreta. Zu Befestigungsanlagen in dieser Zeit kann nichts gesagt werden, da keine Mauern mit defensivem Charakter nachgewiesen werden konnten. Dasselbe gilt auch für die SM IB Periode. Problematisch bleibt das Siedlungsmuster beider Perioden. Ob es einen Unterschied im Vergleich zu den früheren Perioden der Spätbronzezeit gibt, ist nicht eindeutig geklärt. Am Ende der SM IA und am Beginn der SM IB Zeit wurden viele

---

[1983] Ebd. 185f.

[1984] K. Nowicki (2000), 32f. Es handelt sich außer den schon erwähnten Orten um die Siedlungen, die im Bergland im westlichen Siteia liegen, Pefki Mega Chalavro, Mesa Mouliana Vigla und Monastiraki Katalimata. In der Präfektur von Lasithi sind es die Siedlungen von Tapes Charakas, Tsouli To Mnima, Gieraki Langada Kastrokefalo, Kroustas Fortetsa, Avdou Strovigli, Aski Bouboulia, Chondros Kastello, Tzermiado Kastello, Avrakontes Kastello und Mythoi Ellenika. Im westlichen Kreta erwähnt Nowicki die Siedlungen von Spili Vorizi, Viglotopi, Lefkogia Modi und Frati Kefala.

[1985] Ebd. Phaistos, Monastiraki, Apodoulou, ein Teil von Malia, das sog. Quartier Mu, wurden zerstört. Gournia, Vasiliki und Myrtos Pyrgos wurden wahrscheinlich auch zerstört. Auch Knossos wurde teilweise zerstört. Trotz der Katastrophe wurde die Besiedlung von Knossos, Phaistos, Agia Triada und Malia fortgesetzt.

[1986] Ebd. 33f.

[1987] Einige sind Amnisos, Nirou Chani, Vathypetron und Sklavokampos.

[1988] G. Hiesel (2003), 236ff. *„In dieser Zeit erreicht die minoische Palastarchitektur ihren Höhepunkt. Das Bauprinzip der früheren Epoche wird weiter verfolgt. Die Gebäude gruppieren sich um einen zentralen Hof. Das beste Beispiel der neuen errichteten Paläste ist der von Knossos. Die Anlage wurde nicht nur wieder errichtet, sondern auch erweitert. Der zentrale Punkt der Anlage ist der Hof, der auch der öffentliche Platz der Anlage war. Um den Hof werden die Gebäude nach ihrer Funktion angelegt. Im Fall von Knossos umfasst der sog. Westflügel Räume für kultische Handlungen und Räume für die politische oder staatliche Repräsentation. Im östlichen Flügel werden die königlichen Räume und Gemächer errichtet. Diese Teilung ist aber nicht typisch für alle minoischen Palastanlagen. Komplizierte Gänge, Treppenanlagen, kleinere Höfe und Hallen, Magazine und Werkstätten ergänzen das komplizierte „labyrinthische Bild" der Anlage von Knossos. Anhand des archäologischen Befunds konnten die verschiedenen Funktionen der Palastanlage identifiziert werden. Der Gebäudekomplex war das politische, wirtschaftliche, gesellschaftliche und religiöse Zentrum nicht nur für Mittelkreta, sondern wahrscheinlich für die gesamte Insel. Außerdem war die Palastanlage der Wohnsitz einer gesellschaftlichen Elite, die das Geschehen kontrollierte. Interessant ist, dass gestaltete Wege aus der Umgebung und Treppenanlagen in die Anlage führten. Die Tore waren offen und keinesfalls befestigt. Der erhaltene Teil der Palastanlage entspricht den architektonischen Elementen der Untergeschosse der spätminoischen Epoche. Die Rekonstruktion der gesamten Palastanlage von Evans entspricht teilweise nicht der Wirklichkeit und ist umstritten*".

Siedlungen verlassen. Andere zerstörte Siedlungen wurden wieder aufgebaut. Die Wiederherrichtung vieler Siedlungen war aber bis zum Ende der SM IB Zeit noch nicht vollendet. Durch eine Reihe von Katastrophen wurden dann die meisten Palastzentren zerstört. Nur Knossos bleibt erhalten und spielt weiterhin eine zentrale und dominante Rolle auf der Insel. Es scheint, dass die „minoische Kultur" der neuen Palastzeit fortgesetzt wurde, aber nicht mit derselben Dynamik wie früher. Der Versuch, das frühere politische und Verwaltungssystem zu erhalten und weiter zu führen, gelingt nicht. Die gesellschaftlichen Strukturen wurden aufgrund der Katastrophen stark beschädigt.[1989] Fraglich bleibt für diese spätminoischen Perioden, ob die Katastrophen auch durch Menschen verursacht wurden. Der archäologische Befund lieferte Hinweise dafür, aber nicht für die gesamte Insel. Es wird angenommen, dass die meisten Verwaltungs- und politischen Zentren von Kreta absichtlich zerstört wurden. Ziel war nicht die Eroberung der Insel, sondern die Zerstörung des vorhandenen Machtsystems.[1990] Während der folgenden Periode SM II wurde eine Reokkupation der Zentren wie Knossos, Kydonia (Heute Chania), Malia und Palaikastro festgestellt. Hinweise über kriegerische Auseinandersetzungen in dieser minoischen Periode wurden auch gefunden. Sie sind aber nicht häufig. Es handelt sich überwiegend um menschliche Überreste. Es wird vermutet, dass die Menschen in diesen unruhigen Zeiten getötet wurden. Die Annahme von Nowicki, dass die Insel in SM I bzw. SM II durch Naturkatastrophen oder durch kriegerische Auseinandersetzungen zum Großteil entvölkert wurde, ist nicht überzeugend.[1991] Ob die demographische Krise bis in die Periode SM IIIA2 andauerte, konnte archäologisch auch nicht nachgewiesen werden. Am Anfang dieser Periode wurde Knossos zerstört. Es wird angenommen, dass die Zerstörung eine Folge von lokalen inneren Auseinandersetzungen war und nicht das Ergebnis eines feindlichen Angriffs von außen. Auch diese Vermutung konnte aber nicht überzeugen, weil sie nicht durch den archäologischen Befund nachgewiesen werden konnte. Während der SM IIIA2 und der SM IIIB Periode wurde eine neue Bauaktivität festgestellt. Siedlungen und Zentren, die in der SM I Zeit zerstört wurden, wurden wieder errichtet und neu organisiert. Nowicki erwähnt die Beispiele von Agia Triada, Kommos und Gournia.[1992] Mit der Etablierung der mykenischen Macht auf Kreta kam wahrscheinlich eine friedliche Zeit, in der die Errichtung von Befestigungsanlagen nicht nötig war. Dies galt aber nicht für die gesamte Insel. Es gibt Hinweise, dass Befestigungsanlagen schon in der SM IIIA2 - IIIB Periode errichtet wurden, obwohl die Datierung dieser Fortifikationen nicht unumstritten ist. Eine Datierung in die SM IIIC Periode ist auch vorstellbar. Es handelt sich um Rogdia Kastrokefala, Jouchtas, Kofinas und Zakros Gorge Kato Kastello (Kastellas).[1993] Die nördliche, nordöstliche und nordwestliche Seite des Gipfels von Rogdia Kastrokefala wird von einer 480 m langen Mauer umschlossen. Der südliche Bereich des Gipfels hat eine Länge von 300 m und wird durch einen felsigen Steilhang geschützt. Die Mauer erreicht eine Stärke von bis zu 2,20 m. Ihre erhaltene Höhe variiert zwischen 0,20 m und 2,50 m. Teilweise ist sie aber in einer Höhe von 3,50 bis 4 m erhalten. Drei Öffnungen an der nördlichen Mauer weisen möglicherweise auf die Tore der Anlage hin. Von diesen wird nur die östliche Öffnung der Mauer als reguläres Tor betrachtet. An beiden Enden der nördlichen Befestigungsmauer sind Steinanhäufungen erhalten, die als Reste von Türmen angesehen werden. Innerhalb der Mauer erstreckt sich eine Fläche von 45000 m^2. Architektonische Elemente von Gebäuden wurden auch gefunden. Fraglich bleibt, ob Kastrokefala eine organisierte Siedlung war oder nur eine Zitadelle, in der die Menschen vor einer Gefahr Schutz suchen konnten.

Möglicherweise wurde die sog. Befestigungsmauer von Jouchtas während der MM IA Periode errichtet. Als die Mauer auf Jouchtas entdeckt wurde, war sie in einer Höhe von etwa 5 m erhalten. Ihre Stärke liegt zwischen 3 m und 3,50 m. Heute ist die Mauer in einer Höhe von 2,50 bis 3,50 m erhalten. Architektonische Elemente auf dem Plateau von Sopata weisen auf eine Datierung in MM III hin. Sind diese Teile die Reste einer Siedlung oder gehören sie einfach zum Heiligtum? Innerhalb der Mauer wurden keine Gebäude gefunden, die auf einen besiedelten Bereich hinweisen. Aus diesem Grund kann nicht gesagt werden, welche genaue Funktion die starke Mauer von Jouchtas hatte. Schützte sie das Heiligtum oder wurde der umgebene Bereich auch als Zufluchtsort benutzt? Die Datierung der Mauer ist auch problematisch.

[1989] K. Nowicki (2000), 34f.

[1990] Ebd.

[1991] Ebd. 35f.

[1992] Ebd. 36f.

[1993] Ebd. 42ff. Rogdia Kastrokefala liegt westlich des heutigen Herakleion in dem Gebirge, das sich über dem westlichen Teil der Bucht von Herakleion erhebt. Die Siedlung liegt 355 m über dem Meeresspiegel. Der Berg Jouchtas liegt 6 km südlich der archäologischen Stätte von Knossos. Das Heiligtum liegt in einer Höhe von etwa 780 m. Kofinas liegt im Asterousiagebirge im Süden Kretas, das auch als Berg Kofinas bekannt ist. Die archäologische Stätte mit dem minoischen Heiligtum ist als Kofinas bekannt und liegt in einer Höhe von etwa 1200 m über dem Meeresspiegel östlich des Dorfes Kapetaniata. Zakros mit der minoischen Palastanlage liegt in Ostsiteia in der Nähe der östlichen Küstenlinie Kretas.

Eine Datierung in die MM/SM I Periode ist ebenso möglich wie eine Datierung in die SM IIIB/C Zeit.
Auf dem Gipfel von Kofinas liegt ein minoisches Heiligtum. Unterhalb des Gipfels, Richtung Norden, wurden architektonische Reste entdeckt, die wahrscheinlich zum Heiligtum gehörten. Außerdem wurden Teile einer Mauer gefunden, die entlang des Kofinaskliffs verlaufen. Die Mauer umgab wahrscheinlich einen großen Bereich. Die vermutlich defensive Anlage wird gern mit der Mauer auf Jouchtas verglichen. Sie besteht aus großen langen Steinbrocken. Die Fugen der Mauer wurden mit kleineren Steinen verfüllt und als Verbindungsmaterial verwendete man Mörtel. Die Bauweise erinnert an die mykenische Befestigungsarchitektur. Im Unterschied zur Mauer von Jouchtas umgibt sie hier nicht das Heiligtum. Bis heute ist wenig über diese Mauer bekannt. Aufgrund der zerstörten Innenseite ist eine Rekonstruktion leider nicht möglich. Umstritten ist, ob die Mauer zerstört oder ob sie nie fertig gestellt wurde. Problematisch bleibt auch die Datierung der erhaltenen Teile für die eine SM IIIB – SM IIIC/subminoische Datierung vorgeschlagen wird.
Die Siedlungskontinuität auf Kastellas in Zakros reicht zurück bis in die neolithische Zeit. Der Hügel Kastellas liegt innerhalb der Schlucht von Zakros etwa 600 m nördlich von der südlichen Mündung der Schlucht. Nur die nördliche Seite des Hügels ist zugänglich. Auf dieser Seite wurden Teile einer Mauer gefunden, die eine Länge von 250 m hatte. Sie erreicht eine Stärke von 2 bis 3 m und ist teilweise in einer Höhe von 2,50 m erhalten. Die Mauer folgt den Konturen des Hügels und ist aus großen Steinbrocken errichtet. Für die Fugen wurden kleinere Steine verwendet. Auch diese Baukonstruktion ähnelt den mykenischen Verteidigungsmauern. Ob die Mauer durch einen Turm oder mehrere verstärkt wurde, ist nicht geklärt. Besiedlungsreste und Keramik wurden innerhalb der Mauer gefunden. Anhand des Befundes sind auf Kastellas die neolithische und die gesamte Bronzezeit vertreten. Für die Befestigungsanlage wird eine SM IIIB/IIIC-Datierung vorgeschlagen. Dieselbe Datierung wird für die Mauer in Pano Kastello in Zakros vorgeschlagen. Die Baukonstruktion wird auch mit den Mauern von Kastrokefala, Jouchtas und Kofinas verglichen. Pano Kastello liegt nordwestlich von Kastellas, das als Kato Kastellas bezeichnet wird. Der Hügel liegt auch innerhalb der Zakros Schlucht und wurde nach der Keramik schon in der neolithischen Zeit besiedelt. Die prähistorische Siedlung trägt den Namen Ellinika.
Allgemein lässt sich schließlich sagen, dass Kreta in der Spätbronzezeit ein Teil der mykenischen Welt war. Die Mykener konnten laut Hiesel in dieser Epoche an die „minoische Kultur" „*perfekt sich anpassen, so dass es keine wesentliche Wende in der weiteren kulturellen Entwicklung Kretas gab, zumindest was die archäologisch erfassbaren Artefakte betrifft*".[1994] Aber schon vor dem Ende der SM IIIB Periode wird Kreta durch eine Reihe von Katastrophen erschüttert. Die unruhigen Zeiten dauern bis 1200 v. Chr. an. Es ist die Zeit, in der die bronzezeitlichen Kulturen des Mittelmeerraumes durch die sog. Seevölkerwanderung zerstört wurden. Neue Gruppen (Dorier) kommen nach Kreta und gründen in schwer erreichbaren Lagen neue Siedlungen. Auch die lokale Bevölkerung sucht nach 1200 v. Chr. Schutz an solchen Plätzen. Nowicki erwähnt 119 Siedlungen auf Kreta, die als defensiv bezeichnet werden. Zum Schluss kann gesagt werden, dass auf Kreta in verschiedenen Epochen defensive Maßnahmen getroffen wurden, um die Sicherheit der Menschen zu gewährleisten. Einerseits fanden die Menschen Schutz an von Natur aus geschützten Plätzen, anderseits errichteten sie defensive Anlagen, wo es notwendig war. Dafür sprechen auch bildliche Darstellungen, wie z. B. ein Siegelabdruck aus Kato Zakros.[1995] Auf dem Siegel wird eine Turmsiedlung dargestellt. Es handelt sich um fünf Türme verschiedener Höhe, die aus Quadersteinen bestehen. Drei abgebildete mykenische Schilde am Fuß der Siedlung haben wahrscheinlich einen symbolischen Charakter.

[1994] G. Hiesel (2003), 243ff..
[1995] N. Schlager (1999) Taf. XXVIId.

10. BIBLIOGRAPHIE

Die Abkürzungen folgen den Richtlinien im Archäologischen Anzeiger 1997, 611-628. Darüber hinaus werden in dieser Arbeit folgende Abkürzungen verwendet:

Achilara, L. (1997) *Μυρίνα: Οι μνημειακές εγκαταστάσεις του οικοπέδου Ευτ. Καζώλη*, in: Ch. Doumas – V. La Rosa (Hrsg.), *Η Πολιόχνη και η Πρώιμη Εποχή του Χαλκού στο Βόρειο Αιγαίο* (1997), 298–310.

Albers, G. (2001) Neue Überlegungen zu dem Kultzentrum von Mykene, in: *Ιθάκη*. Festschrift für Jörg Schäfer zum 75. Geburstag am 25. April 2001 (2001), 45-51.

Alden, M. (2000) The prehistoric cemetery. Pre Mycenaean and early Mycenaean graves in: W. D. Taylour, E. B. French, K. A. Wardle (Hrsg.), Well built Mycenae. The Helleno – British excavations within the citadel at Mycenae, 1959–1969, 7, (2000).

Alexiou, S. (1979) *Τείχη και ακροπόλεις στη μινωϊκή Κρήτη*, in: Kritologia 8 (1979), 41–46.

Alexiou, S. (1980) *Προανακτορικές ακροπόλεις της Κρήτης*, in: *Πεπραγμένα του Δ' Διεθνούς Κρητολογικού Συνεδρίου* (1980), 9–22.

Alram-Stern, E. (1996) Die ägäische Frühzeit. Das Neolithikum in Griechenland mit Ausnahme von Kreta und Zypern (1996).

Alram-Stern, E. (2004) Die ägäische Frühzeit. Die Frühbronzezeit in Griechenland mit Ausnahme von Kreta (2004).

Angel, J. (1971) Lerna II. The People (1971).

Aravantinos, V. (1986) The EH II fortified building at Thebes: some notes on its Architecture, in: R. Hägg – D. Konsola (Hrsg.), Early Helladic architecture and urbanisation. Proceedings of a seminar held at the Swedish Institute in Athens, June 8, 1985, SIMA 76 (1986), 57-63.

Aravantinos, V. (1982) *Θήβα*, ADelt 37, 1982, B΄1 Chronika, 165-167.

Archontidou-Argyri, A. – Tiné, S. – Traverso, A. (1993) Poliochni 1988. Nuovi saggi di scavo nell'area del Bouleuterion e della piazza principale, ASAtene 66-67, 1993, 357-371.

Archontidou–Argyri, A. (1994) *Η Μύρινα υπό το φως των ανασκαφών, Αρχαιολογία* 50, 1994, 50–55.

Arribas, A - Molina, F. (1982) Los Millares. Neue Ausgrabungen in der kupferzeitlichen Siedlung (1978-1981), MM 23, 1982, 9-32.

Aslan, R. - Bieg, G. Mit Beiträgen von Jablonka P. und Krönneck (2003) Die mittel- bis spätbronzezeitliche Besiedlung (Troia VI und Troia VIIa) der Troas und der Gelibolou-Halbinsel, StTroica 13, (2003), 165-213.

Aslanis, I. (1990) Befestigungsanlagen in Nordgriechenland von dem Chalkolithikum bis zum Beginn der frühen Bronzezeit, in: D. Srejovic, N. Tasic (Hrsg.), Vinca and its World. The Danubian Region from 6000 to 3000 B.C. International Symposium, Belgrade, Smederevska Palanka, Oct. 1988, (Serbian Academy of Sciences and Arts), Symposia 51 (1990), 183–187.

Aslanis, I. (1992) *Η προϊστορία της Μακεδονίας Ι. Η νεολιθική εποχή* (1992).

Aslanis, I. (1992) *Οι οχυρώσεις στους οικισμούς του βορειοελλαδικού χώρου κατά τη χαλκολιθική περίοδο και η περίπτωση του Διμηνίου, Μελετήματα* 10, 1990, 19–64.

Aslanis, I. (1992) Studia Das Chalkolithikum in Nordgriechenland – sein Beginn in: Praehistorica 11–12, (1992), 184–195.

Aslanis, I. (1993) *Η χαλκολιθική περίοδος στο βορειοελλαδικό χώρο. Προβλήματα αναγνώρισης και διαρκείας, in: Αρχαία Μακεδονία, Πέμπτο Διεθνές Συμπόσιο, Τόμος Ι* (1993), 133-145.

Aslanis, I. (1998) *Η πρώτη εμφάνιση οχυρώσεων σε προϊστορικούς οικισμούς του Αιγαιακού χώρου*, in: Kea-Kythnos: History and archaeology. Proceedings of an International Symposium. Kea-Kythnos, 22-25 June 1994, L. G. Mendoni – A. Mazarakis Ainian (Hrsg.), Meletemata 27, 1998, 109-115.

Åstrom, P. (1964) Excavations in the citadel of Midea, ADelt 19, 1964, Chronika 1, 134.

Atkinson, T. D. et al. (1904) Excavations at Phylakopi in Melos (1904).

Avgerinou, P. (1997) *Ο Οικισμός της Μυρίνας: πρώτες εκτιμήσεις*, in: Ch. Doumas – V. La Rosa (Hrsg.), *Η Πολιόχνη και η Πρώιμη Εποχή του Χαλκού στο Βόρειο Αιγαίο* (1997), 273–281.

Balanos, N. (1937) *Η νέα αναστήλωσις του ναού της Αθηνάς Νίκης*, AEphem III, 1937, 776-807.

Barber, P. T. (1974) Phylakopi 1911 and the history of the later Cycladic bronze age, BSA 69, 1974, 1-53.

Barber, R. - MacGillivray, J. A. (1980) The Early Cycladic Period: matters of definition and terminology, AJA 84:2, 1980, 141-157.

Barber, R. (1987) The Cyclades in the Bronze Age (1987).

Becks, R. (2006) Troia in der späten Bronzezeit – Troia VI und Troia VIIa, in: M. Korfmann (Hrsg.), Troia. Archäologie eines Siedlungshügels und seiner Landschaft (2006), 155-166.

Benson, J. L. (1963) Ancient Leros, Greek, Roman and Byzantine Monographs No. 3 (1963).

Benvenuti, A. G. (1997) Il saggio „U“ nel vano 28 (il c.d. Granaio), in: Ch. Doumas – V. La Rosa (Hrsg.), *Η Πολιόχνη και η Πρώιμη Εποχή του Χαλκού στο Βόρειο Αιγαίο* (1997), 24-33.

Bernabò-Brea, L. (1964) (Hrsg.), Poliochni I-II, città preistorica nell'isola di Lemnos (1964).

Bienatz, H. (1959) Die Ausgrabung bei der Soufli Magula, AA, 1959, 56-74.

Bittel, K. - Heinz. O. (1939) Demirci – Hueyuck: eine vorgeschichtliche Siedlung an der phrygisch – bithynischen Grenze; Bericht über die Ergebnisse der Grabung von 1937 (1939).

Bittel, K. (1976) Die Hethiter. Die Kunst Anatoliens vom Ende des 3. bis zum Anfang des 1. Jahrtausends v. Chr. (1976).

Bittel, K. (1983) Hattuscha, Hauptstadt der Hethiter (1983).

Blance, B. (1971) Die Anfänge der Metallurgie auf der Iberischen Halbinsel (1971).

Blegen, C. W. (1921) Korakou, A Prehistoric Settlement near Corinth (1921).

Blegen, C. W. (1950) Troy I: The First and the Second Settlements (1950).

Blegen, C. W. (1951) Troy II: The Third, Fourth, and Fifth Settlements (1951).

Blegen, C. W. (1953) Troy III. The Sixth Settlement (1953).

Blegen, C. W. - Boulter, C. G. - Caskey J. L, - Rawson, M. (1958) Troy Vol. IV. Settlements VIIa, VIIb and VIII (1958).

Blegen, C. W. (1963) Troy and the Trojans (1963).

Blegen, C. W. - Rawson, M. (1966) The Palace of Nestor at Pylos in Western Messenia I (1966).

Blegen, C. W. - Rawson, M. (2001) A guide to the Palace of Nestor, Mycenaean sites in its environs and the Chora Museum, American School of Classical Studies at Athens (2001).

Blouet, B. (1986) Development of the settlement pattern, in: Sitagroi I (1986), 133-143.

Boardman, J. (1967) Excavations in Chios 1952-1955. Greek Emporio, BSA Suppl 6 (1967).

Bossert, E. M. (1967) Kastri auf Syros, Vorbericht über eine Untersuchung der praehistorischen Siedlung, ADelt 22, 1967, Meletai, 53-76.

Bradley, R. - Ellison, A. (1975) Rams Hill. A Bronze Age Defended Settlement and its Landscape, BAR 19 (1975).

Broneer, O. (1933) Excavations on the north slope of the Acropolis in Athens 1931–1932, Hesperia 2, 1933, 329-417.

Broneer, O. (1935) Excavations on the north slope of the Acropolis in Athens 1933 –1934, Hesperia 4, 1935, 109-188.

Broneer, O. (1938) Excavations on the north slope of the Acropolis in Athens 1937, Hersperia 7, 1938, 161-263.

Broneer, O. (1939) A Mycenaean fountain of the Athenian Acropolis, Hesperia 8, 1939, 317-433.

Broneer, O. (1966) The Cyclopean Wall on the Isthmus of Corinth and its Bearing on Late Bronze Age Chronology, Hesperia 35, 1966, 346-362.

Broneer, O. (1968) The Cyclopean Wall on the Istmus of Corinth, Addendum, Hesperia 37, 1968, 27-35.

Buchholz, H. G. (1987) Ägäische Bronzezeit (1987).

Bulle, H. (1907) Orchomenos I. Die älteren Ansiedlungsgeschichten (1907).

Bursic–Matijasic, K. (1998) The Monkodonja hillfort: a typological and statistical analysis of pottery. Finds from the Middle Bronze Age hillfort of Monkodonja near Rovinj (1998).

Buschor, E. (1932) Eine Luristan-Kanne aus Samos, FuF 8, 1932.

Buschor, E.- Ziegenhaus, O. (1959) Heraion 1959, AM 74, 1959, 1-3.

Caskey, J. L. (1954) Excavations at Lerna, 1952-1953, Hesperia 23, 1954, 3-30.

Caskey, J. L. (1955) Excavations at Lerna, 1954, Hesperia 24, 1955, 25-49.

Caskey, J. L. (1956) Excavations at Lerna, 1955, Hesperia 25, 1956, 147-173.

Caskey, J. L. (1957) Excavations at Lerna, 1956, Hesperia 26, 1957, 142-162.

Caskey, J. L. (1958) Excavations at Lerna, 1957, Hesperia 27, 1958, 125-144.

Caskey, J. L. (1959) Activities at Lerna, 1958-1959, Hesperia 28, 1959, 202-207.

Caskey, J. L. (1960) The Early Helladic Period in the Argolid, Hesperia 29, 1960, 283-303.

Caskey, J. L. (1962) Excavations in Keos, Hesperia 31, 1962, 263-283.

Caskey, J. L. (1964) "Greece, Crete and the Aegean Islands in the Early Bronze Age", CAH[2] I, 2, XXVI

Caskey, J. L. (1966) Houses of the Fourth Settlement at Lerna. *Χαριστήριον εις Αναστάσιον Κ. Ορλάνδον, II,* (1966), 144-152.

Caskey, J. L (1966) Excavations in Keos 1964-1965, Hesperia 35, 1966, 363-376.

Caskey, J. L (1971) Investigations in Keos, Hesperia 40, 1971, 359-396.

Caskey, J. L (1972) Investigations in Keos. Part II: A Conspectus of the Pottery, Hesperia 41, 1972, 357-401.

Caskey, M. E. (1981) Ayia Irini, Kea: the terracotta statues and the cult in the temple, in: R. Hägg – N. Marinatos (Hrsg.), Sanctuaries and Cults in the Aegean Bronze Age. Proceedings of the First International Symbosium at the Swedish Institute in Athens, 12-13 May, 1980 (1981), 127–135.

Caskey, M. E. (1986) The Temple at Ayia Irini. The Statues, Keos II (1986).

Chatzipouliou, E. (1997) *Εξειδικευμένες δραστηριότητες στο Παλαμάρι της Σκύρου στο τέλος της τρίτης χιλιετίας*, in: Ch. Doumas – V. La Rosa (Hrsg.), *Η Πολιόχνη και η Πρώιμη Εποχή του Χαλκού στο Βόρειο Αιγαίο* (1997), 357–361.

Chernikh, N. E. (1978) Gornoe Delo i Metallurgjia v drebneiseh Bolgarii (1978).

Cherry, J. F. (1986) Polities and Palaces: Some Problems in Minoan State Formation, in: C. Renfrew, J. F. Cherry (Hrsg.), Peer Polity Interaction and Socio – Political Change (1986).

Christmann, E. (1996) Die deutschen Ausgrabungen auf der Pevkakia – Magula in Thessalien. Die frühe Bronzezeit 2 (1996).

Chourmouziadis, G. (1979) *Το νεολιθικό Διμήνι* (1979).

Chourmouziadis, G. (1982) Die Spezialisierung im Neolithikum, in: D. Papenfuß, V. M. Strocka (Hrsg.), Palast und Hütte: Beiträge zum Bauen und Wohnen im Altertum von Archäologen, Vor- und Frühgeschichtlern. Tagungsbeiträge eines Symposiums der Alexander von Humbolt-Stiftung, Bonn – Bad Godesberg, veranstaltet vom 25.-30. November 1979 in Berlin, (1982), 125-135.

Coleman, J. E. (1977) Kephala. A Late Neolithic Settlement and Cemetery, Keos I (1977).

Coleman, J. E. (1992) Excavations at Halai, 1990-1991, Hesperia 61, 1992, 265-289.

Coles, J. M. - Harding, A. F. (1979) The Bronze Age in Europa (1979).

Cordes, K. – Gut, A. – Schuhmacher, T. (1990) Zur Frage der „Schießscharten" in Zambujal, MM 31, 1990, 83–108.

Crouwel, J. H. (1991) The Mycenaean pictorial pottery in: W. D. Taylour, E. B. French, K. A. Wardle (Hrsg.), Well built Mycenae. The Helleno – British excavations within the citadel at Mycenae, 1959–1969, 21, (1991).

Curtius, E. – Kaupert, J. A. (1981-1900) Karten von Attika, Blatt VIII, (1981-1900).

Dadogan, G. (1977-1978) Pyrgos, Crete, 1970–1977, AR 24, 1977–1978, 70–84.

Dadogan, G. (1980) Minoan Pyrgos, in: Proceedings of the 4th International Congress of Cretan Studies (1980), 57–61.

Darcque, P. (1991) Delphes, BCH 115, 1991, 688-690.

Darcque, P. - Touchais, G. - Treuil, R. (1992) Dikili Tash, BCH 116, 1992, 715-719.

Davaras, C. (1972) The oval house at Chamaizi reconsidered, AAA 5, 1972, 283–288.

Davis, J. L. (1977) Fortifications at Ayia Irini, Keos: evidence for history and relative chronology (1977).

Davis, J. L. (1986) Ayia Irini: Period V, Keos (1986).

Davis, J. L. (1992) Review of Aegean Prehistory I: The Islands of the Aegean, AJA 96, 1992, 699–756.

Davis, J. L. (1998) Sandy Pylos. An Archaeological History from Nestor to Navarino, in: J. L. Davis (Hrsg.) with contributions by Susan E. Alcock, Austin: University of Texas (1998), 23-47, 81-111.

Dawkin, R. M. (1902-1903) Notes from Karpathos, BSA 9, 1902-1903, 176-210.

Demakopoulou, K. (1990) Mykene, in: Troia, Mykene, Tiryns, Orchomenos. Heinrich Schliemann zum 100. Todestag (1990).

Demakopoulou, K. - Duvari-Valakou, N. (1999) The fortifications of the mycenaean acropolis of Midea, in: R. Laffineur (Hrsg.), POLEMOS: Le contexte guerrier en Égée à l' âge du bronze. Actes de la 7e rencontre égéenne internationale, Université de Liège, 14–17 avril 1998, I, Aegaeum 19, 1999, 205-215.

Demoule, J. P. - Perles, C. (1993) The Greek Neolithic: A new review, in: Journal of World Prehistory 7/4, 1993, 355–416.

Dixon, P. W. (1989) Befestigungen aus der Stein- und Eisenzeit im Süden Englands, in: Siedlungen der Steinzeit. Haus, Festung und Kult mit e. Einf. von Jens Lüning (1989), 162-169.

Doba, A. (1995) *Λήμνος*, ADelt 50, 1995, B΄2 Chronika, 692-693.

Doba, A. (1997) *Μυρίνα Λήμνου. Οι αρχαιότερες φάσεις του προϊστορικού οικισμού*, in: Ch. Doumas – V. La Rosa (Hrsg.), *Η Πολιόχνη και η Πρώιμη Εποχή του Χαλκού στο Βόρειο Αιγαίο* (1997), 282–297.

Dörpfeld, W. (1902) Troja und Ilion. Ergebnisse der Ausgrabungen in den vorhistorischen und historischen Ilion 1870–1894 (1902).

Doumas, Ch. (1964) *Κυκλάδες*, ADelt 19, 1964, Chronika, 411–412.

Doumas, Ch. (1972) Notes on Early Cycladic Architecture, AA 87, 1972, 151-170.

Doumas, Ch. (1992) An Early Cycladic ``Hooked-Tang´´ Spearhead from Naxos, in: G. C. Ioannidis (Hrsg.), Studies in Honour of V. Karageorghis (1992).

Doumas, Ch. – La Rosa, V. (1997) (Hrsg.). *Η Πολιόχνη και η πρώιμη εποχή του χαλκού στο βόρειο Αιγαίο. Διεθνές Συνέδριο, Αθήνα, 22 – 25 Απριλίου 1996* (1997).

Dousougli, A. (1992) Die chalkolithische sog. „Attika-Kephala Kultur“ des südwestägäischen Raumes: Chronologische und räumliche Gliederung und auswärtige Beziehungen, in: Studia Praehistorica, 11-12, 1992.

Dousougli, A. (1993) *Άρια: ένας οικισμός της νεότερης νεολιθικής περιόδου στην Αργολίδα* (1993).

Dragendorff, H. (1913) Tiryns. Vorbericht über die Grabungen, AM 38, 1913, 329-354.

Dyczek, P. (1994) Pylos in the Bronze Age. Problems of Culture and Social Life in Messenia (1994).

Economidou, V. (1993) Cycladic settlements in the Early Bronze age and their Aegean context (1993).

Eder, B. (1998) Argolis, Lakonien, Messenien, in: S. Deger-Jalkotzy (Hrsg.), Mykenische Studien 17 (1998).

Ekschmitt, W. (1986) Kunst und Kultur der Kykladen, I: Neolithikum und Bronzezeit (1986).

Eliot, C.W.J. (1962) Coastal demes of Attica, 5. Suppl. Phoenix V, 1962, 47-64.

Erkanal, H. (1995) Archaeologigal Researches at Liman Tepe (1995).

Erkanal, H. (1999) Early Bronze Age Fortification Systems in Izmir Region, Aegeum 20, 1999, 237–241.

Esin, U. (1991) „Asikli Höyük (Kizikaya – Aksaray) Kurtrma Kazisi 1989“, TAD 29, 1991, 1-34.

Esin, U. (1993) Zum Ursprung der Kastenbauweise in Anatolien, IstMitt 43, 1993, 123-128.

Evans, A. (1921) The Palace of Minos (PM) I (1921).

Evans, J. D. – Renfrew, C. (1968) Excavations at Saliagos near Antiparos (1968).

Evans, R. K. - Renfrew, C. (1984) The earlier Bronze Age at Phylakopi, in: J. A. MacGillivray, R. L. N. Barber (Hrsg.), The prehistoric Cyclades contributions to a workshop on Cycladic chronology (dedicated to J. L. Caskey), (1984), 63-69.

Evely, D. - Runnels, C. (1992) Ground stone in: W. D. Taylour, E. B. French, K. A. Wardle (Hrsg.), Well built Mycenae. The Helleno – British excavations within the citadel at Mycenae, 1959–1969, 27, (1992).

Felsch, M. J. (1998) Datierung der Burgmauern von Tiryns, in: R. Rolle, K. Schmidt und R. F. Docter (Hrsg.), Archäologische Studien in Kontaktzonen der antiken Welt (1998), 111–129.

Felten, F. (1986) Early Urban History and Architecture of Ancient Aigina, in: R. Hägg – D. Konsola (Hrsg.), Early Helladic architecture and urbanisation. Proceedings of a seminar held at the Swedish Institute in Athens, June 8, 1985, SIMA 76 (1986).

Filgis, M. N. – Mayer, W. (1992) Sicherung und Konservierung der Bausubstanz, StTroica 2, (1992), 83-104.

Fossey, J. M. (1969) Prehistoric Settlement by Lake Vouliagmeni, Perachora, BSA 64, 1969, 53-69.

Fossey, J. M. (1980) Mycenaean Fortifications of the Northeast Kopais, OpAth 13, 1980, 156-162.

Fossey, J. M. - Gauvin, G.(1989) Les fortifications de l'acropole de Chéronée, in: J. M. Fossey (Hrsg.), Boeotia Antiqua I, 1989, 41-75.

Fossey, J. M. (1990) The Ancient Topography of Opountian Lokris (1990).

French, D. (1968) Anatolia and the Aegean in the Third Millenium B.C. (1968).

French, E. B. (1990) „Archaeology in Greece, ARepLond 36, 1990, 2-82.

French, E. (2002) Mycenae. Agamemnon´s Capital (2002).

Frödin, O. - Person, A. W.(1938) Asine. Results of the Swedish Excavations, 1922-1930 (1938).

Fururmark, A. (1941) The Mycenaean Pottery. Analysis and Classification (1941).

Fururmark, A. (1941) The Chronology of Mycenaean Pottery (1941).

Galaty, M. L. - Parkinson, W. A. (1999) Rethinking Mycenaean palaces. New interpretations of an old idea in: M. L. Galaty, W. A. Parkinson (Hrsg.), University of California, Los Angeles. Institute of Archaeology. Monographs 41 (1999).

Garstang, J. (1953) Prehistoric Mersin. Yümük Tepe in southern Turkey, the Neilson expedition in Cilicia (1953).

Gates, M. (1996) Archaeology in Turkey, AJA 100, 1996, 277-335.

Gauß, W. (2000) Neue Forschungen zur prähistorischen Akropolis von Athen in: F. Blakolmer (Hrsg.), Österreichischen Forschungen zur ägäischen Bronzezeit 1998. Akten der Tagung am Institut für Klassische Archäologie der Universität Wien 2. – 3. Mai 1998. (2000), 167-189.

Gauß, W. (2007) Ägina Kolonna in frühmykenischer Zeit, in: E. Alram – Stern, G. Nightingall (Hrsg.), Keimelion. Elitenbildung und elitärer Konsum von der mykenischen Palastzeit bis zur homerischen Epoche. Akten des internationalen Kongresses vom 3. bis 5. Februar 2005 in Salzburg, (Österreichische Akademie der Wissenschaften. Philosophisch-Historische Klasse Denkschriften) 350 (2007), 163–172.

Geyvall, N. G. (1969) Lerna I. The Fauna mit einem Vorwort von John Caskey (1969).

Georgiev, G. I. – Merpert, N. J. - Katincarov, R – Dimitrov, D. G.(1979) Ezero, Rannobronsowoto Seliste. Ezero. Eine Siedlung aus der Frühbronzezeit (1979).

Godart, L. (1988) Autour des textes en lineaire B de Tirynthe. Ausgrabungen in Tiryns 1982/83, AA, 1988, 245-251.

Godart, L. - Killen, J. T. - Olivier, S. P. (1983) Eighteen more Fragments of linear B Tablet from Tiryns, AA, 1983, 413-426.

Goldmann, H. (1931) Excavations at Eutresis in Boeotia (1931).

Goldmann, H. (1940) The Acropolis of Halae, Hesperia 9, 1940, 381-514.

Grammenos, D. (1984) *Νεολιθικές έρευνες στην κεντρική και ανατολική Μακεδονία* (1984).

Grammenos, D. - Pappa, M. – Ourem–Kotsos, N. - Skourtopoulou, K. - Giannouli, E. - Marangou,Ch. - Valamoti,S. - Syridi, G. - Marki, E. – Christidou, P. (1992) *Ανασκαφή νεολιθικού οικισμού Θέρμης Β και βυζαντινής εγκατάστασης παρά τον προϊστορικό οικισμό Θέρμη Α. Ανασκαφική περίοδος 1989, Μακεδονικά* 28, 1992, 381–501.

Grossmann, P. (1980) Arbeiten an der Unterburgmauer von Tiryns in den Jahren 1969, 1971 und 1972, AA, 1980, 477-498.

Grundmann, K. (1932) Aus neolithischen Siedlungen bei Larisa, AM 52, 1932, 102-123.

Grundmann, K. (1934) Aus neolithischen Siedlungen bei Larisa, AM 57, 1934, 123-136.

Grundmann, K. (1937) Magula Hadzimissiotiki: eine steinzeitliche Siedlung im Karla-See, AM 62, 1937, 56-69.

Hadjianastasiou, O. (1989) Some Hints of External Connections in the Earlier Late Bronze Age, BSA 84, 1989, 205-215.

Hagel, D. – Lauter H. (1989) Kiapha Thiti, MarbWPr, 1989, 9-15.

Hänsel, B. – Terzan, B. (2004) Eine Siedlung aus der Bronzezeit, AiD 2, 2004.

Haider, P. (1980) Zum frühelladischem Rundbau in Tiryns, in: Forschungen und Funde: Festschrift Bernhard Neutsch, Innsbrucker Beiträge zur Kulturwissenschaft 21 (1980), 157-172.

Halstead, P. (1992) From reciprocity to dedistribution: Modelling the exchange of livestock in Neolithic Greece, in: A. Grant (Hrsg.), Animals and their produkts in trade and exchange (Anthropozoologica) (1992).

Halstead, P. (1993) Spondylous shell ornaments from Late Neolithic Dimini, Greece: Spezialized manufacture or unequal accumulations? Antiquity 67 (256), 1993, 603-609.

Halstead, P. (1999) Neolithic Society in Greece (1999).

Halstead, P. –Kotsakis, K. (2001) „Paliampela“, AR, 47, 2001, 93-94.

Halstead, P. – Kotsakis, K. (2002) „Paliampela“, AR, 48, 2002, 80.

Hanschmann, E. – Milojčić, V. (1976) Die deutschen Ausgrabungen auf der Argissa Magula in Thessalien III. Die Frühe und beginnende mittlere Bronzezeit, I. (1976).

Hauptmann, H. – Milojčić, V. (1969) Die Funde aus der frühen Dimini-Zeit aus der Arapi-Magula Thessalien (1969).

Hauptmann, H. (1981) Die deutschen Ausgrabungen auf der Otzaki Magula in Thessalien, III. Das späte Neolithikum und Chalkolithikum (1981).

Härke, H. (1979) Settlement Types and Settlement patterns in the west Hallstatt Province: an Evaluation from Excavated Sites Europe, BAR 57 (1979).

Hellström, P. (1987) Paradeisos, a late neolithic settlement in aegean Trace (1987).

Heurtley, W. A. (1932) Excavations at Servia in western Macedonia, The Antiquaries Journal XII, 1932, 227-228.

Heurtley, W. A. (1939) Prehistoric Macedonia (1939).

Hiesel, G. (1975) Grabungen und Forschungen in Tiryns, Antike Welt, Heft 2, 1975, 25-38.

Hiesel, G. (1975) Die byzantinische Zeit, in: U. Jantzen (Hrsg.), Führer durch Tiryns (1975), 107-110.

Hiesel, G. (1990) Späthelladische Architektur (1990).

Hiesel, G. (2003) Die Brücke zwischen Orient und Okzident, in: Frühe Hochkulturen (2003), 226–247.

Höckmann, O. (1975a) Wehranlagen der jüngeren Steinzeit, AiD, (1975) Teil III 2.

Höckmann, O. (1975b) Zu den kykladischen Gebäudemodell von Melos, IstMitt 25, 1975, 269-299.

Höckmann, O. (1992) Die Akropolis von Sesklo während der Rahmani-Periode, in: Studia aegaea et balcanica in honorem L. Press (1992), 17-29.

Holland, L. B. (1924) Erechtheum Papers, AJA 28, 1924, 1-23; 142-169; 402-434.

Hood, S (1978) The Arts in Prehistoric Greece (1978).

Hood, S. (1981) Excavations in Chios 1938–1955. Prehistoric Emporio and Hagio Gala, BSA Suppl. 15, 1981.

Hood, S. (1982) Excavations in Chios 1938-1955. Prehistoric Emporio and Ayio Gala II, BSA Suppl. 16, 1982.

Hope-Simpson, R. (1981) Mycenaean Greece (1981).

Hope-Simpson, R. -Dickinson, O.T.P.K. (1979) A gazetteer of Aegean civilisation in the Bronze Age, I. The mainland and the islands, SIMA 52 (1979).

Hope-Simpson, R – Hagel, D. K. (2006) Mycenaean Fortifications, Highways, Dams and Canals, SIMA 133 (2006).

Höpfner, W. - Philemonos, M. (1996) *ΤΗΛΟΣ. Μεγαλοχωριό*, ADelt 51, 1996, Chronika B΄2, 693-697.

Howell, R. (1970) A survey of Eastern Arcadia in Prehistory, BSA 65, 1970.

Hüryilmaz, H. (1998) Gökceada – Yenibademli Höyük. 1996 Yili Kurtarma Kazisi, XIX. Kazi Sonuçlari Toplantisi I, 1998, 357-378.

Hüryilmaz, H. (2001) Rettungsgrabungen in Yenibademli Höyük, Gökceada/Imbros, in: H. Erkanal – H. Hauptmann (Hrsg.), The Aegean in The Neolithic, Chalkolithic and Early Bronze Age, International Symposium, 13.-19. October, 1997 (2001).

Iakovidis, S. (1962) *Η ΜΥΚΗΝΑΪΚΗ ΑΚΡΟΠΟΛΗ ΤΩΝ* ΑΘΗΝΩΝ (1962).

Iakovidis, S. (1964) *ΠΑΡΑΤΗΡΗΣΕΙΣ ΕΠΙ ΤΟΥ ΚΑΤΩΦΛΙΟΥ ΤΗΣ ΠΥΛΗΣ ΤΩΝ ΛΕΟΝΤΩΝ*, AEphem, 1961 (*ΕΝ ΑΘΗΝΑΙΣ* 1964), 180-197.

Iakovidis, S. (1973) *ΑΙ ΜΥΚΗΝΑΪΚΑΙ ΑΚΡΟΠΟΛΕΙΣ* (1973).

Iakovidis, S. (1977) Wehrbauten, ArchHom (1977), 161-221.

Iakovidis, S. (1977) Das Werk Klaus Kilians, AM 108, 1993, 9–27.

Iakovidis, S. (1983) Late Helladic Citadels on Mainland Greece (1983).

Iakovidis, S. (1989) *Γλας Ι, η Ανασκαφή,* 1955–1961 (1989).

Iakovidis, S. (1998) *Γλας ΙΙ, η Ανασκαφή*, 1981–1991 (1998).

Iakovidis, S. (1999) Late Helladic Fortifications, in: R. Laffineur (Hrsg.), POLEMOS: Le contexte guerrier en Égée à l' âge du bronze. Actes de la 7e rencontre égéenne internationale, Université de Liège, 14-17 avril 1998, I, Aegaeum 19, 1999, 199-203.

Iakovidis, S. (2001) Gla and the Kopais in the 13th Century B. C. (2001).

Iakovidis, S. (2006) *ΑΝΑΣΚΑΦΕΣ ΜΥΚΗΝΩΝ Ι. Η ΒΟΡΕΙΟΔΥΤΙΚΗ ΣΥΝΟΙΚΙΑ* (2006).

Isler, P. H. (1973) An Early Bronze Age Settlement on Samos, Archaeology 26, 1973, 170–175.

Jablonka, P. (1996) Ausgrabungen südlich der Unterstadt von Troia im Bereich des Troia VI-Verteidigungsgrabens. Grabungsbericht 1995. StTroica 6, (1996), 65-96.

Jablonka, P. (2001) Eine Stadtmauer aus Holz. Das Bollwerk der Unterstadt von Troia II, in: B. Theune-Großkopf (Hrsg.), Troia - Traum und Wirklichkeit (2001), 391-394.

Jablonka, P. (2006) Leben außerhalb der Burg – Die Unterstadt von Troia, in: M. Korfmann (Hrsg.), Troia, Archäologie eines Siedlungshügels und seiner Landschaft (2006), 167-180.

Jannoray, J. - Van Effenterre, H. (1937) FOUILLES DE KRISA, BCH 61, 1937, 299–326.

Jannoray, J. - Van Effenterre, H. (1938) FOUILLES DE KRISA; BCH 62, 1938, 110-147.

Jantzen, U. und Mitarbeiter(1969) Tiryns 1968, AA, 1969, 1-11.

Jantzen, U. (1975) U. Jantzen (Hrsg.), Führer durch Tiryns (1975).

Kakavogianni, O. (1988) *Ο πρωτοελλαδικός οικισμός στο Κορωπί και η μελέτη της πρωτοελλαδικής Αττικής*, in: P. I. Philippou-Angelou (Hrsg.), *Πρακτικά Γ' Επιστημονικής Συνάντησης ΝΑ Αττικής. Καλύβια Αττικής 5-8 Νοεμβρίου 1987* (1988), 321-329.

Kalcyk, H. (1982) Untersuchungen zum attischen Silberbergbau (1982).

Karageorghis, V. (2001) Patterns of Fortified Settlements in the Aegean and Cyprus c. 1200 B.C., in: V. Karageorghis, C. E. Morris, (Hrsg.), Defensive Settlements of the Aegean and the Eastern Mediterranean after c. 1200 B.C. (2001), 1–12.

Karamitrou–Mentesidi, G. - Vatali, M. (1997) *Πολύμυλος Κοζάνης*, AErgoMak 11, 1997, 81–82.

Karamitriou–Mentesidi G. – Vatali, M. (1999) *Πολύμυλος Κοζάνης*, AErgoMak 13, 1999, 369–398.

Karo, G. (1930/33) Die Schachtgräber von Mykenae, 2Bd (1930/33).

Karoušková–Soper, V. (1983) Castellieri of the Venezia Giulia, North-eastern Italy (2nd-1st Millenium BC), BAR 192 (1983).

Karul, N. – Eres, Z. – Özdogan, M. - Parzinger, H. - Asagi Pinar I. (2003) Einführung, Forschungsgeschichte, Stratigraphie und Architektur, in: Archäologie in Eurasien 15. Studien im Thrakien – Marmara – Raum 1 (2003).

Kavvadias, P. - Kawerau, G. (1907) Die Ausgrabungen der Akropolis (1907).

Kenyon, K. M. (1981) Excavations at Jericho, 3, the Architecture and Stratigraphy of the Tell (1981).

Kilian, K. (1980) Zu einigen früh- und hochmittelalterlichen Funden aus der Burg von Tiryns. Sonderdruck aus "Archäologisches Korrespondenzblatt" 10 (Römisch – Germanisches Zentralmuseum. Forschungsinstitut für Vor- und Frühgeschichte), Heft 3 (1980), 281-290.

Kilian, K. (1981) Neue historische Aspekte des Spätmykenischen. Ergebnisse der Grabungen in Tiryns. Sonderdruck aus Jahrbuch 1981 der Heidelberger Akademie der Wissenschaften (1980), 76-83.

Kilian, K. (1981-1982) *Ιστορική εξέλιξη της Πελοποννήσου κατά τα τέλη της Μυκηναϊκής εποχής. Σύγκριση των ανασκαφών στην Αργολίδα με την Ηλίδα και Αχαίαν. Πρακτικά Β΄ συνεδρίου πελοποννησιακών σπουδών, Αθήναι* (1981-82), 155–159.

Kilian, K. (1983) Ausgrabungen in Tiryns 1981, Bericht zu den Grabungen, AA, 1983, 277-328.

Kilian, K. (1984) *Η διοικητική οργάνωση της Πύλου και η αρχαιολογική ιεραρχία των οικισμών της Αργολίδας στη Μυκηναϊκή εποχή. Πρακτικά Β΄ τοπικού συνεδρίου Μεσσηνιακών σπουδών* (27. – 29. November 1982), (1984), 55–68.

Kilian, K. (1986) The circular building at Tiryns, in: R. Hägg – D. Konsola (Hrsg.), Early Helladic arcitecture and urbanisation Proceedings of a seminar held at the Swedish Institute in Athens, June 8, 1985, SIMA 76 (1986), 65-71.

Kilian, K. (1987) Der Hauptpalast von Mykene, AM 102, 1987, 99–113.

Kilian, K. (1988) Ausgrabungen in Tiryns 1982/83, AA, 1988, 105-151.

Kilian, K. (1988) Die Thronfolge in Tiryns, AM, 1988, 1-9.

Kilian, K. (1989) *Μυκηναϊκά ανάκτορα της Αργολίδας. Αρχιτεκτονική εξέλιξη από την οικία του αρχηγού στο ανάκτορο του* WA – NAX. *Πρακτικά του Β΄ τοπικού συνεδρίου αργολικών σπουδών* (Argos 30 Mai – 1 Juni 1986), (1989), 34–40.

Kilian, K et al. (1979) Ausgrabungen in Tiryns 1977, AA, 1979, 379-458.

Kilian, K. - Podzuweit, D. (1976) Ausgrabungen in Tiryns 1976, AA, 1978, 449-498.

Kilian, K. - Podzuweit, D, - Weißhaar, H. J. (1981) Ausgrabungen in Tiryns 1978 – 1979, AA, 1981, 149-256.

Kilian, K. - Podzuweit, D, - Weißhaar, H. J. (1982) Ausgrabungen in Tiryns 1980, AA, 1982, 393-466.

Kilian, K. (1990) K. Kilian, Mykenische Fundamentierungsweisen in Tiryns, BCH Suppl. 19, 1990, 95–113.

Klinkott, M. - Becks, R. (2001) Wehrmauern, Türme und Tore. Bauform und Konstruktion der troianischen Burgbefestigung in der VI und VII Siedlungsperiode. Begleitband zur Ausstellung „Troia, Traum und Wirklichkeit" (2001), 407–414.

Klinkott, M. (2002) Troia und das Phänomen der undulierten Mauern, in: M. Aslan, S. Blum, G. Kastl, F. Schweizer and D. Thumm (Hrsg.), Mauerschau: Festschrift für Manfred Korfmann I (2002), 281-293.

Klotz, H. (1997) Die Entdeckung von Çatal Höyük (1997).

Knaus, J. (2004) Mykenische Flussumleitung bei Tiryns, im Becken von Pheneos, in Olympia und in der Kopais, in: Althellenische Technologie und Technik von der prähistorischen bis zur hellenistischen Zeit mit Schwerpunkt auf der prähistorischen Epoche (2004), 295-311.

Koberstein, A. B. (1993) Die Fundlandschaft Guspini, Provinz Cagliari, Sardinien in: Archäologische Studien in Südwestsardinien mit einer Einführung zur sardischen Vorgeschichte (1993).

Konsola, D. (1965) Pre-Mycenaean Attica (Diss.) (1965).

Konsola, D. (1982) *Η πολεοδομική μορφή των προϊστορικών οικισμών του Αιγαιακού*, in: *Μνήμη Καθηγητού Ιερόνυμου Πίντου* (1982), 3–24.

Konsola, D. (1984a) Beobachtungen zum Wegenetz in frühhelladischen Siedlungen, AA, 1984:2, 197–210.

Konsola, D. (1984b)	*Η πρώιμη αστικοποίηση στους πρωτοελλαδικούς οικισμούς. Συστηματική ανάλυση των χαρακτηριστικών της* (1984).
Konsola, D. (1986)	Stages of urban transformation in the Early Helladic period, in: R. Hägg – D. Konsola (Hrsg.), Early Helladic architecture and urbanisation. Proceedings of a seminar held at the Swedish Institute in Athens, June 8, 1985, SIMA 76 (1986), 9–19.
Konsola, D, (1988)	*Θήβα. Πρώιμες φάσεις οικιστικής εξέλιξης*, in: A. P. Bekiaris (Hrsg.), EpetBoiotMel I, 1988, 65–74.
Konsola, D. (1990)	Settlement size and the beginning of urbanisation, in: P. Darque- R. Treuil, (Hrsg.), L' Habitat égéen préhistorique. Actes de la Table Ronde internationale organisée par le Centre National de la Recherche Schintifique, 23-25 Juin 1987, BCH Supplement XIX, 1990, 463–471.
Konsola, D. (1997)	*Η πρώιμη αστικοποίηση στην Ελλάδα: Ηπειρωτική Ελλάδα, Αρχαιολογία και Τέχνες* 62, 1997, 30–34.
Köster, A. (1909)	Das Pelargikon (1909).
Kotsakis, K. (1987)	*Αποκατάσταση κατόψεων πασσαλόπηκτων οικημάτων με τη βοήθεια ηλεκτρονικού υπολογιστή στην ανασκαφή του Μανδάλου Δ. Μακεδονίας. Ειλαπίνη, τιμητικός τόμος για τον καθηγητή Ν. Πλάτωνα* (1987).
Kotsakis, K. – Halstead, P. (2002)	*Ανασκαφή στα νεολιθικά Παλιάμπελα Κολινδρού*, AErgoMak 16, 2002, 407-415.
Kotsakis, K. – Papanthimou-Papaefthymiou, A. – Pilali-Papasteriou, A. – Savopoulou, T. – Maniatis, Y. – Kromer, B. (1989)	„Carbon 14 Dates from Mandalo, W. Macedonia", Archaeometry, Proceedings of the 25th Internanional Symposium (1989).
Kouka, O. (2002)	Siedlungsorganisation in der Nord- und Ostägäis während der Frühbronzezeit (3. Jt. v. Chr) in: Internationale Archäologie 58 (2002).
Kouka, O. (1997)	*Οργάνωση και χρήση του χώρου στη Θέρμη Λέσβου κατά την πρώιμη εποχή του χαλκού*, in: Ch. Doumas – V. La Rosa (Hrsg.), *Η Πολιόχνη και η πρώιμη Εποχή του Χαλκού στο Βόρειο Αιγαίο* (1997), 467-497.
Korfmann, M (1977-78)	Demirçihüyük, Eine vorgeschichtliche Siedlung an der phrygisch-bithynischen Grenze. Vorbericht über die Ergebnisse der Grabung von 1975. Mit Beiträgen von H. Becker, H. Schlich-Therle, J. Boessneck und A. von den Driesch, IstMitt 27-28, 1977-78, 1–59.
Korfmann, M. (1980)	Demirçihüyük. Eine vorgeschichtliche Festung an der phrygisch – bithynischen Grenze. Vorbericht über die Ergebnisse der Grabung von 1978, IstMitt 30, 1980, 5-21.
Korfmann, M. (1982)	Beşik Tepe. Vorbericht über die Ergebnisse der Grabung von 1982, AA, 1984, 165-176.

Korfmann, M. (1983) Demirçihüyük. Die Ergebnisse der Ausgrabungen 1975-1978, I. Architektur, Stratigraphie und Befunde (1983).

Korfmann, M. (1984) Beşik Tepe. Vorbericht über die Ergebnisse der Grabung von 1984, AA, 1986, 303-311.

Korfmann, M. (1985) Beşik Tepe. Vorbericht über die Ergebnisse der Grabung von 1983, AA, 1985, 157-182.

Korfmann, M. (1989) Zu Troias ältester „Verteidigungsmauer", IstMitt 39, 1989, 307-313.

Korfmann, M. (1993) Troia – Ausgrabungen 1990 und 1991, StTroica 2, (1993), 1-42.

Korfmann, M. (1995) Troia – Ausgrabungen 1994, StTroica 5, (1995), 1-38.

Korfmann, M. (1996) Troia–Ausgrabungen, StTroica 6, (1996), 39–44.

Korfmann, M. (1999) Troia-Ausgrabungen, StTroica 9, (1999), 1-34.

Kosmopoulos, M. B. (1998) Reconstructing Cycladic Prehistory: Naxos in the Early and Middle Late Bronze Age, OJA 17(2), 1998, 127-148.

Koukouli-Chrysanthaki, Ch. (1986) *Σκάλα Σωτήρως*, ADelt 41, 1986, Chronika, 173-175.

Koukouli–Chrysanthaki, Ch. (1987) *Οικισμός της πρώιμης εποχής του χαλκού στη Σκάλα Σωτήρος Θάσου*, AErgoMak 1, 1987, 389-406.

Koukouli-Chrysanthaki, Ch. (1988) *Οικισμός της πρώιμης εποχής του χαλκού στη Σκάλα Σωτήρος Θάσου II*, AErgoMak 2, 1988, 421-431.

Koukouli-Chrysanthaki, Ch. (1989) *Ανασκαφή Σκάλας Σωτήρος 1989*, AErgoMak 3, 1989, 507-520.

Koukouli–Chrysanthaki, Ch. (1989) Macedonia in the Bronze Age. In: Ancient Macedonia. Ausstellungskatalog Melbourne – Brisbane – Sidney (1989).

Koukouli-Chrysanthaki, Ch. (1990) *Ανασκαφή Σκάλας Σωτήρος*, AErgoMak 4, 1990, 531-545.

Koukouli–Chrysanthaki, Ch. – Treuil, R. – Malamidou, D. (1996) *Προϊστορικός οικισμός Φιλίππων Ντικίλι Ταş. Δέκα χρόνια ανασκαφικής έρευνας*, AErgoMak 10B, 1996, 681–704.

Kromer, B. (1989) „Carbon 14 Dates from Mandalo, W. Macedonia", Archaeometry, Proceedings of the 25th International Symposium, Elsevier, Amsterdam (1989).

Kull, B. (1988) Demirçihüyük, die Mittelbronzezeitliche Siedlung, V (1988).

Küpper, M. (1996) Mykenische Architektur, Material, Bearbeitungstechnik, Konstruktion und Erscheinungsbild (1996).

Kyparissis, N. (1927-28) *Εξ Αθηνών και Αττικής*, ADelt 11, 1927-28, 44-66. Parartima, 65-66.

Kyrieleis, H. – Kienast, H. J. - Weißhaar H. J. (1985) Ausgrabungen im Heraion von Samos 1980-1981, AA, 1985, 365-450.

Labrinoudakis, B. K. (1985) *Ανασκαφή Νάξου*, Prakt, 1985, 144-161.

Labrinoudakis, B. K. - Zapheiropoulou P. (1985) *Ανασκαφή Νάξου. Πλατείας Μητροπόλεως*, Prakt, 1985, 162-167.

Laffineur, R. (2001) R. Laffineur, Schliemanns Ausgrabung in Mykene. Überlegungen zur Topographie der Schachtgräber in: H. Schliemann 7 (2001), 183-194.

Lamb, W. (1921-1923) Frescoes, BSA 25, 1921-1923, 162-171.

Lamb, W. (1921-1923) Decoration of Walls, BSA 25, 1921-1923, 235-243.

Lamb, W. - Hutchinson, R. W. (1928-29) Excavations at Thermi in Lesbos, BSA 30, 1928–29, 1-52.

Lamb, W. (1936) Excavations at Thermi in Lesbos (1936).

Lauter, H. (1989) Die protomykenische Burg auf Kiapha Thiti in Attika, Aegaeum 3, 1989, 145-149.

Lauter, H. (1995) Kiapha Thiti, Ergebnisse der Ausgrabungen. Die bronzezeitliche Architektur, MarbWPr, 1995.

Leighton, R. (1999) Sicily before History (1999).

Leisner, V. - Schubart, H. (1966) Die kupferzeitliche Befestigung von Pedra do Ouro/Portugal, MM 7, 1966, 9-60.

Lerat, L. - Chamoux, F. (1947-48) Voyage en Locride Occidentale, BCH 71-72, 1947-48, 47-80.

Levi, D. (1964) Prefazione, in: L. Bernabò-Brea (Hrsg.), Poliochni I-II, città preistorica nell'isola di Lemnos (1964).

Loader, N. C. (1998) Building in Cyclopean Masorny. With Special Reference to the Mycenaean Fortifications on Mainland Greece, SIMA 148 (1998).

Lohmann, H. - Weisgerber, G. - Kalaitzoglou, G. (2002) Ein endneolithisches Wehrdorf auf dem Megalo Rimbari (Attika) und verwandte Anlagen. Ein Beitrag zur Siedlungsarchäologie des endneolithischen Attika (Taf. 1-12) in: Boreas, Münstersche Beiträge zur Archäologie. H. Brandenburg, D. Korol, D. Salzmann, K. Stähler, H. Wiegartz (Hrsg.), 25, 2002, 1–48.

Lolling, G. H. (1884) Mitteilungen aus Thessalien. I. Ormenion und Aisoneia, AM 9, 1884, 97-116.

Lolos, G. G. (1997) *Η πρωτεύουσα του Νέστορος και η γύρω περιοχή. Πύλος Ημαθοείς* (1997).

MacGillivray, A. J. (1980) Mount Kynthos in Delos: the Early Cycladic settlement, BCH 104, 1980, 3–45.

MacGillivray, A. J. (1983) „On the Relative Chronologies of Early Cycladic IIIa and Early Helladic III", AJA 87, 1983, 81-83.

Manning, St. W. (1995) The absolute chronology of the Aegean Early Bronze Age: archaeology, radiocarbon and history (1995).

Maran, J. (1990) Kiapha Thiti. Ergebnisse der Ausgrabungen II2 (2. Jt. v. Chr.: Keramik und Kleinfunde), MarbWPr, 1990.

Maran, J. (1998) Kulturwandel auf dem griechischen Festland und den Kykladen im späten 3. Jahrtausend v. Chr.: Studien zu den kulturellen Verhältnissen in Südosteuropa und dem zentralen sowie östlichen Mittelmeerraum in der späten Kupfer- und der frühen Bronzezeit. Universitätsforschungen zur prähistorischen Archäologie 53 (1998).

Maran, J. (2000) Tiryns – Mauern und Paläste für namenlose Herrscher, in: Archäologische Entdeckungen. Die Forschungen des Deutschen Archäologischen Instituts im 20. Jahrhundert (2000), 118-123.

Maran, J. (2000) Das Megaron im Megaron. Zur Datierung und Funktion des Antenbaus im mykenischen Palast von Tiryns, AA, 2000, 1-16.

Maran, J. (2004) Architektonische Innovation im spätmykenischen Tiryns. Lokale Bauprogramme und fremde Kultureinflüsse in: Althellenische Technologie und Technik von der prähistorischen bis zur hellenistischen Zeit mit Schwerpunkt auf der prähistorischen Epoche (2004), 261–293.

Marangou, L. (1990) *Κυκλαδικό ειδώλιο από την Μινόα Αμοργού*, AEphem, 1990, 159-176.

Marangou, L. (2001) Markiani, BCH 125, 2001, 991.

Marinatos, S. (1960) *ΜΟΥΡΙΑΤΑΔΑ: ΕΛΛΗΝΙΚΟ*, Prakt, 1960, 201-206.

Marketou, T. (1990) Asomatos and Serraglio. Early Bronze Age production and interconnections, Hydra 7, 1990, 40–49.

Marketou, T. (1997) *Ασώματος Ρόδου: τα μεγαρόσχημα κτίρια και οι σχέσεις τους με το βορειοανατολικό Αιγαίο*, in: Ch. Doumas, - V. La Rosa (Hrsg.), *Η Πολιόχνη και η Πρώιμη Εποχή του Χαλκού στο Βόρειο Αιγαίο* (1997), 395–413.

Mastrokostas, E. (1962) *Ανασκαφή του τείχους Δυμαίων*, Prakt, 1962, 121–136.

Mastrokostas, E. (1963a) *Ανασκαφή του τείχους Δυμαίων* , Prakt, 1963, 93-98.

Mastrokostas, E. (1963b) *Ανασκαφή του τείχους Δυμαίων*, ADelt 18, Chronika 1, 1963, 111-114.

Mastrokostas, E. (1964) *Ανασκαφή του τείχους Δυμαίων*, Prakt, 1964, 60-67.

Mastrokostas, E. (1965) *Ανασκαφή του τείχους Δυμαίων*, Prakt, 1965 121–136.

Mastrokostas, E. (1970) *Προϊστορική Ακρόπολις εν Μαραθώνι*, AAA 3, 1971, 14-21.

Matsas, D. (1991) Samothrake and the Northeastern Aegean: The Minoan Connection. In: M. Korfmann (Hrsg.), Studia Troica 1, (1991) 159-180.

McCredie, J. R. (1966) Fortified Military Camps in Attika, 11. Suppl. Hesperia 1966.

McDonald, W. A. Howell, R. J. (1975) Excavations at Nichoria in Messenia: 1972-1973, Hesperia 44, 1975, 69-141.

Melas, E. M. (1985) The Islands of Karpathos, Saros and Kasos in the Neolithic and Bronze Age, SIMA 68 (1985).

Mellaart, J. (1967) Çatal Höyük, Stadt aus der Steinzeit (1967).

Mellaart, J. (1970) Excavations at Haçilar I (1970).

Mellink, M. J. (1993) Archaeology in Anatolia, AJA 97, 1993, 105-133.

Mercer, R. J. (1989) Wehranlage und Bestattungsplatz aus der Jungsteinzeit, in: Siedlungen der Steinzeit. Haus, Festung und Kult mit e. Einf. von Jens Lüning (1989), 154–161.

Meyer, E. (1939) Peloponnesische Wanderungen (1939).

Michels, J. W. (1987) Studies in Nuragic archaeology, BAR 373 (1987).

Miller, M. (1995) Befestigungsanlagen in Italien vom 8. bis 3. Jahrhundert vor Christus (1995).

Milojčić, V. (1955) Ausgrabungen auf den Magulen bei Larissa, AA, 1955, 221-231.

Milojčić,V. (1960) Hauptergebnisse der deutschen Ausgrabungen in Thessalien 1953-1958 (1960).

Milojčić, V. (1961) Samos I. Die prähistorische Siedlung unter dem Heraion. Grabung 1953 und 1955 (1961).

Milojčić,V. Boessneck, J. Hopf, M. (1962) Die deutschen Ausgrabungen auf der Argissa-Magula in Thessalien I. Das Präkeramische Neolithikum so wie die Tier- und Pflanzenreste. Beiträge zur ur- und frühgeschichtlichen Archäologie des Mittelmeer-Kulturraumes 2 (1962).

Milojčić, V. (1974) Bericht über die deutschen archäologischen Ausgrabungen in Thessalien 1973, AAA 7, 1974, 43-75.

Milojčić, V. (1977) Bericht über die deutschen Ausgrabungen in Thessalien, ADelt 28, 1973, B΄2 Chronika, 1977, 339-347.

Milojčić,V. (1983a) Die deutschen Ausgrabungen auf der Otzaki-Magula in Thessalien II. Das Mittlere Neolithikum, Die mittelneolithische Siedlung (1983).

Milojčić,V. (1983b) Die deutschen Ausgrabungen auf der Otzaki-Magula in Thessalien III. Das späte Neolithikum und das Chalkolithikum. Stratigraphie und Bauten (1983).

Milojčić-von Zumbusch, J. - Milojčić, V. (1971) Die deutschen Ausgrabungen auf der Otzaki Magula in Thessalien, I Das Frühe Neolithikum (1971).

Moore, A. D. - Taylour, W. D. (1999) The temple complex in: W. D. Taylour, E. B. French, K. A. Wardle (Hrsg.), Well built Mycenae. The Helleno – British excavations within the citadel at Mycenae, 1959–1969, 10, (1999).

Mottier, Y. (1981) Die deutschen Ausgrabungen auf der Otzaki Magula in Thessalien II. Das mittlere Neolithikum (1981).

Mountjoy, P. A. (1993) Mycenaean Pottery. An Introduction (1993).

Mountjoy, P. A. (1995) Mycenaean Athens, SIMA 127 (1995).

Mountjoy, P. A. (1999) The Destruction of Troia VIh, StTroica 9, (1999), 253–346.

Mpesios, M. – Pappa, M. (1993) *Νεολιθικός οικισμός Μακρύγιαλου*, AErgoMak 7, 1993, 215-222.

Müller, K. (1913) Tiryns. Vorbericht über die Ausgrabungen 1905-1912, AM 28, 1913, 78-91.

Müller, K. - Sulze, H. (1930) Tiryns III, Die Architektur der Burg und des Palastes (1930), 80–88.

Müller, S. (1990) Delphes et sa région à l' époque Mycénienne, BCH 116, 1992, 445–496.

Musson, C. R. (1991) The Breiddin Hillfort: A later Prehistoric Settlement in the Welsh Marches, CBA Research Report 76 (1991).

Mylonas, G. E. (1957) Ancient Mycenae. The capital City of Agamemnon (1957).

Mylonas, G. E. (1959) Aghios Kosmas (1959).

Mylonas, G. E. (1963) *Ανασκαφή Μυκηνών*, Prakt, 1963, 99-106.

Mylonas, G. E. (1965) *Η ΑΚΡΟΠΟΛΙΣ ΤΩΝ ΜΥΚΗΝΩΝ. Μέρος δεύτερον. ΟΙ ΠΕΡΙΒΟΛΟΙ, ΑΙ ΠΥΛΑΙ ΚΑΙ ΟΙ ΑΝΟΔΟΙ,* AEphem 1962, *Αθήναις* 1965.

Mylonas, G. E. (1966) Mycenae and the Mycenaean Age (1966).

Mylonas, G. E. (1967) *Οδηγός Μυκηνών* (1967).

Mylonas, G. E. (1981) Mykene, ein Führer zu seinen Ruinen und seine Geschichte (1981).

Mylonas, G. E. (1983) Mycenae, Rich in Gold (1983).

Naumann, R. (1971) Architektur Kleinasiens. Von ihren Anfängen bis zum Ende der hethitischen Zeit (1971).

Naumann, U. (1975) Die archaische und klassische Zeit, in: U. Jantzen (Hrsg.), Führer durch Tiryns (1975), 101-106.

Neve, P. (1991) Hethitischer Gewölbebau, in: Bautechnik der Antike. Diskussionen zur Archäologischen Bauforschung 5 (1991), 161–165.

Neve, P. (1996) Hattusa, Stadt der Götter und Tempel. Neue Ausgrabungen in der Hauptstadt der Hethiter (1996).

Di Nocera, G. M. (1998) Die Siedlung der Mittelbronzezeit von Arslantepe. Eine Zentralsiedlung von Beginn des zweiten Jahrtausends v. Chr. in der Ebene von Malatya, Arslantepe VIII (1998).

Nowicki, K. (2000) Defensible Sites in Crete c. 1200 – 800 B.C., Aegaeum 21 (2000).

Oldfather, W. A. (1916) Studies in the History and Topography of Locris I, AJA, 1916, 32-61.

Olivier, J. P. (1988) Tirynthian Graffiti. Ausgrabungen in Tiryns 1982/83, AA, 1988, 253-268.

Osgood, R. – Monks, S. – Toms, J. (2000) Bronze Age Warfare (2000).

Overbeck, J. (1963) A Study of Early Helladic Architecture (1963).

Pantelidou-Kofa, M. (2000) Neolithic Attica (2000).

Papachatzis, N. D. (1967) *Παυσανίου Ελλάδος Περιήγησις* (1967), 76ff.

Papadimitriou, A. (1988) Bericht zur früheisenzeitlichen Keramik aus der Unterburg von Tiryns. Ausgrabungen in Tiryns 1982/83, AA, 1988, 227-243.

Papadimitriou, A. (2001) Tiryns, Historischer und archäologischer Führer (2001).

Papadopoulos, J. K et al. (1999) The prehistoric fortifications at Torone, in: R. Laffineur (Hrsg.), POLEMOS: Le contexte guerrier en Égée à l' âge du bronze. Actes de la 7e rencontre égéenne internationale, Université de Liège, 14–17 avril 1998, I, Aegaeum 19, 1999, 163–170.

Papadopoulos, S. – Aristodimou, G. – Kougioumtzoglou, D. - Megaloudi, F. (2001) *Η τελική νεολιθική και η πρώιμη εποχή του χαλκού στη Θάσο: Η ανασκαφική έρευνα στις θέσεις Αγιος Ιωάννης και Σκάλα Σωτήρος*, AErgoMak 15, 2001, 55-65.

Papaefthymiou-Papanthimou A. - Pilali-Papasteriou, A. (1987) *Νέες ανασκαφικές έρευνες στο Μάνδαλο της Δ. Μακεδονίας (1985-1986), Εγνατία, Επετηρίδα τμήματος Ιστορίας και Αρχαιολογίας Πανεπιστημίου Θεσσαλονίκης* (1987).

Papaefthymiou-Papanthimou, A. - Pilali-Papasteriou, A. (1987) *Ανασκαφές στο Μάνδαλο,* AErgoMak I, 1987, 173-180.

Papaefthymiou-Papanthimou, A. - Pilali-Papasteriou, A. (1988) *Ανασκαφή στο Μάνδαλο* AErgoMak II, 1988, 127-136.

Papathanasopoulos, G. A (1961-62) *Κυκλαδικά Νάξου,* ADelt17, 1961-62, Meletai, 104-151.

Papathanasopoulos, G. A. (1970) *Ακοβίτικα Καλαμάτας*, ADelt 25,1, 1970, Chronika, 177-179.

Papathanosopoulos, G. A. (1981) Neolithic and Cycladic Civilisation (1981).

Parlama, L. (1979) *Μικρή ανασκαφική έρευνα στον προϊστορικό λόφο του Αμάρυνθου (Εύβοια)*, AAA 12, 1979, 3–14.

Parlama, L. (1984) *Η Σκύρος στην εποχή του Χαλκού* (1984).

Parlama, L. (1987) *Το τέλος της πρώιμης χαλκοκρατίας στο Παλαμάρι της Σκύρου, σχέσεις και προβλήματα χρονολογήσεως*, ADelt 42, 1987, Meletai, 1-7.

Perles, C. (1992) Systems of exchange and organisation of produktion in neolithic Greece, JmedA 5/2, 1992, 115-164.

Peroni, R. (1994) Introduzione alla protostoria italiana (1994).

Persson, W. (1942) New Tombs at Dendra near Midea (1942).

Petrakos, Ch. B. (1987) *Η εν Αθήναις Αρχαιολογική Εταιρεία. Η ιστορία των 150 χρόνων της* 1837–1987 (1987).

Petropoulakou, M. – Pantazos, E. (1973) Ancient Greek Cities 21, (1973).

Petropoulos-Sagias, G. D. (1982) *Οι τρείς ομηρικές αρκαδικές πόλεις, Ρίπη, Στρατίη, Ενίσπη* (1982).

Philippaki, B. (1970) *Ανασκαφή ακροπόλεως Αγίου Ανδρέα*, ADelt 25, 1970, B′ Chronika, 431-434.

Philippaki, B. (1973) *Η ακρόπολις του Αγίου Ανδρέου Σίφνου*, AAA 6, 1973, 93-103.

Philippaki, B. (1975) *Ανασκαφή ακροπόλεως Αγίου Ανδρέου Σίφνου*, Prakt, 1975, 235-237.

Philippaki, B. (1976) *Ανασκαφή ακροπόλεως Αγίου Ανδρέου Σίφνου*, Prakt, 1976, 284-286.

Philippaki, B. (1977) *Ανασκαφή ακροπόλεως Αγίου Ανδρέου Σίφνου*, Prakt, 1977, 357-360.

Philippaki, B. (1978) *Ανασκαφή ακροπόλεως Αγίου Ανδρέου Σίφνου*, Prakt, 1978, 193-194.

Philippaki, B. (1979) *Ανασκαφή ακροπόλεως Αγίου Ανδρέου Σίφνου*, Prakt, 1979, 226-227.

Philippaki, B. (1980) *Ανασκαφή ακροπόλεως Αγίου Ανδρέου Σίφνου*, Prakt, 1980, 287-288.

Pikoulas, G. A. (1986) *Σύγχρονες ανασκαφικές έρευνες στο Σφακοβούνι Αρκαδίας*, Horos 4, 1986, 192-195.

Pikoulas, G. A. (1989) *Το οχυρό στην Κερτέζι Καλαβρύτων*, in: A. D. Rizakis (Hrsg.), Achaia und Elis in der Antike. Akten des 1. Internationalen Symposiums, Athen, 19-21. Mai 1989 (1991) *Μελετήματα* 13, 265–465.

Pilali-Papasteriou, A. - Papanthimou-Papaefthymiou, A. - Kotsakis, K. - Savopoulou, T. (1986) *Νέος προϊστορικός οικισμός στο Μάνδαλο της Δ. Μακεδονίας, Αρχαία Μακεδονία* IV (1986).

Piteros, Ch. - I (1999) *Η Μυκηναϊκή ακρόπολη της Λάρισας του Αργους* in: *Η περιφέρεια του Μυκηναϊκού κόσμου* (1999), 369–396.

Plassart, A. (1928) Les sanctuaires et les cultes du Mont Cynthe, Délos XI (1928).

Podzuweit, C. (1983) Bericht zur spätmykenischen Keramik. Die Phasen SH IIIC, Fortgeschritten bis Spät, AA, 1983, 359-402.

Podzuweit, C. (1988) Keramik der Phase SH IIIC-Spät aus der Unterburg von Tiryns. Ausgrabungen in Tiryns 1982/83, AA, 1988, 213-225.

Podzuweit, C. - Salzmann, D. (1977) Ein mykenischer Kieselmosaikfussboden aus Tiryns, AA, 1977, 123-137.

Poliochni (1997) *Πολιόχνη Λήμνω εν αμιχθαλοέσση. Ενα κέντρο της πρώιμης εποχής του Χαλκού στο βόρειο Αιγαίο* (1997).

Rambach, J. (2000a) Kykladen I Die Frühe Bronzezeit – Grab– und Siedlungsbefunde, BAM 33 (2000).

Rambach, J. (2000b) Kykladen II. Die Frühe Bronzezeit – Frühbronzezeitlich Beigabensittenkreise auf den Kykladen: Relative Chronologie und Verbreitung, BAM 34 (2000).

Renfrew, C. (1971) Sitagroi, radiocarbon and the prehistory of southeast Europe, Antiquity XLV, 1971, 45–57.

Renfrew, C. (1972) The Emergence of Civilisation. The Cyclades and the Aegean in the Third Millenium B.C. (1972).

Renfrew, C. - Brice, W. (1977) A Linear A Tablet Fragment from Phylakopi in Melos, Kadmos 16, 1977, 111- 119.

Renfrew, C. (1978) The Mycenaean sanctuary of Phylakopi, Antiquity 52, 1978, 7-15.

Renfrew, C. (1978) Phylakopi and the Late Bronze I period in the Cyclades in: Thera and the Aegean World, 1. Papers presented at the second International Scientific Congress, Santorin Greece, August, London 1978 (1978), 403-421.

Renfrew, C. (1981) The Sanctuary at Phylakopi, in: Hägg–Marinatos (Hrsg.), Sanctuaries (1981), 67–80.

Renfrew, C. - Wagstaff, M. (1982) An island polity (1982).

Renfrew, C. Mountjoy, P. A. (1985) The archaeology of cult: the sanctuary at Phylakopi by Colin Renfrew, BSA Suppl.Vol. 18 (1985).

Renfrew, C. (1986) Excavations at Sitagroi, Vol. 1. Monumenta Archaeologica 13 (1986).

Ricardo, E. J. (1982) A study of the neolithic architecture of Thessaly (1982).

Ridley, C. – Wardle, K. A. (1979) Rescue Excavations at Servia 1971-1973: a preliminary report, BSA 74, 1979, 185-230.

Rodden, R. J. (1964) Recent Discoveries from Prehistoric Macedonia: An Interim Report, Balkan studies V, 1964, 109–124.

Rodden, R. J. (1965) An early neolithic village in Greece, Schientific American April 1965, 82–92.

Rodenwaldt, G. (1921) Der Fries des Megarons von Mykenai (1921).

Rozaki, St. (1982) *Κιάφα-Θίτι*, ADelt 37, 1982, Chronika, 60-61.

Rudolf, W. (1975) Tiryns: Unterburg 1968. Eine Kammer in der Unterburgmauer über Bau 1, in: Tiryns VIII (1975), 97-116.

Rutter, J. (1984) The Early Cycladic III gap, in: J. A. MacGillivray, R. L. N. Barber (Hrsg.), The prehistoric Cyclades: contributions to a workshop on Cycladic chronology (dedicated to J. L. Caskey), (1984), 95-107.

Rutter, J. B. (1995) Lerna III. The Pottery of Lerna IV mit einem Vorwort von Martha H. Wiencke (1995).

Sangmeister, E. - Schubart, H. (1981) Zambujal. Die Grabungen 1964 bis 1973. Mit Beiträgen von A. v. d. Driesch, J. Boessneck, M. Hopf, G. Sperl, B. Kleinmann, MB 5, Zambujal Teil 1, 1981.

Sampson, A. (1975) Kerinthos, Kria Vrisi, AAA, 1975, 28-37.

Sampson, A. (1988) Manika II. An Early Helladic settlement and cemetery (1988).

Sampson, A. (1988-89) *Η σημασία της τροφοσυλλογής στους προϊστορικούς χρόνους και ιδιαίτερα στη νεολιθική περίοδο, Ανθρωπολογικά και Αρχαιολογικά Χρονικά* 3 (1988-89).

Sandars, N. K. (1985) The Sea Peoples , Warriors of the Ancient Mediterranean 1250 – 1150 B.C. Ancient Peoples and Places 89 (1985).

Sapouna-Sakellarakis, E. (1988-89) *Έρευνα στην προϊστορική Αμάρυνθο και στη Μαγούλα Ερετρίας*, ArchEubMel 28, 1988–89, 91–104.

Sapouna–Sakellarakis, E. (1986) *Μάνικα Χαλκίδας. Στρωματογραφική έρευνα στον οικισμό (Οικόπεδο Ζούση)*, ADelt 41, A΄ Meletai, 1986, 101-270.

Sapouna-Sakellarakis, E. (1990) *Μάνικα*, ADelt 45, 1990, B΄ Chronika, 156-160.

Savory, H. N. (1972) The cultural sequence at Vila Nova de Sao Pedro, MM 13, 1972, 23–37.

Schachermeyer, F.(1976) Die Ägäische Frühzeit, Band 1. Die vormykenischen Perioden des griechischen Festlandes und der Kykladen (1976).

Schachermeyer, F. (1976) Die Ägäische Frühzeit, Band 2. Die mykenische Zeit und die Gesittung von Thera (1976).

Schallin, A. L. (1993) Islands Under Influence. The Cyclades in the Late Bronze Age and the Nature of Mycenaean Presence, SIMA 111 (1993).

Schilardi, D. (1981) *Ανασκαφή Κουκουναριών Πάρου*, Prakt, 1981, 269-292.

Schilardi, D. (1984) The LH IIIC period at the Koukounaries acropolis, Paros, in: J. A. MacGillivray and R.L.N. Barber (Hrsg.), The Prehistoric Cyclades. Contributions to a workshop on Cycladic chronology (1984), 184-206.

Schilardi, D. (1990) Koukounaries, Ergon, 1990, 104-108.

Schilardi, D. (1990) *Ανασκαφή Πάρου*, Prakt, 146, 1990, 209-223.

Schirmer, W. (1971) Überlegungen zu einigen Baufragen der Schichten I und II in Troia, IstMitt 21, 1971, 1-43.

Schlager, N. (1997) Projekt- und Forschungsgeschichte. Topographischer Überblick. Fundortkatalog, ÖJH (1997).

Schlager, N. (1999) „A town of castles:" An MM/LM fortified Site at Aspro Nero in the far east of Crete, in: R. Laffineur (Hrsg.), POLEMOS: Le contexte guerrier en Égée à l' âge du bronze. Actes de la 7e rencontre égéenne internationale, Université de Liège, 14-17 avril 1998, I, Aegaeum 19, 1999, 171–177.

Schliemann, H. (1886) Tiryns (1886).

Schmidt, H. (1902) Heinrich Schliemann's Sammlung Trojanischer Alterthümer (1902).

Schnuchel, W. (1983) Zur KO 4. Einer Kammer in der Unterburg von Tiryns, AA, 1983, 403-412.

Scholes, K. (1956) The Cyclades in the later Bronze Age: a Synopsis, BSA 51, 1956, 9–40.

Schönfeld, G. (1988) Bericht zur bemalten mykenischen Keramik. Ausgrabungen in Tiryns 1982/1983, AA, 1988, 153-211.

Schulz, T. (1988) Die Rekonstruktion des Thronpodestes im ersten großen Megaron von Tiryns, AM, 1988, 11–23.

Schwander, E. L. (1988) Archaische Spolien aus Tiryns. Ausgrabungen in Tiryns 1982/83, AA, 1988, 269-284.

Scoufopoulos, N. C. (1971) Mycenaean Citadels, SIMA 22 (1971).

Seferiades, M. (1983) Dikili Tasch: Indroduktion a la prehistoire de la Macedoine Orientale, BCH CVII, 1983, 635-677.

Seeher, J. (2002) Die Ausgrabungen in Bogazköy/Hattusa 2001, AA, 2002, 70-77.

Seeher, J. (2003) Die Ausgrabungen in Bogazköy/Hattusa 2002, AA, 2003, 1-24.

Seeher, J. (2004) Die Ausgrabungen in Bogazköy/Hattusa 2003, AA, 2004, 59-73.

Seeher, J. (2005) Die Ausgrabungen in Bogazköy/Hattusa 2004, AA, 2005, 63-72.

Seeher, J. (2006) Die Ausgrabungen in Bogazköy/Hattusa 2006, AA, 2006, 171-178.

Seeher, J. (2006) Hattuscha–Führer. Ein Tag in der hethitischen Hauptstadt (2006).

Della Seta, A. (1930-31) Atti della Scuola, ASAtene XIII-XIV, 1930-31, 499-509.

Shaw, J. W. (1987) The Early Helladic II Corridor House: Development and Form, AJA 91, 1987, 59-79.

Shelmerdine, C. W. (1985) The Perfume Industry of Mycenaean Pylos, SIMA 34 (1985).

Shelmerdine, C. W. - Palaima T. G. (1984) Pylos comes alive. Industry and Administration in a Mycenaean Palace, in: C. W. Shelmerdine, T. G. Palaima (Hrsg.), Papers of a symposium of the New York Society of the Archäological Institute of America, 4-5 May N. Y. (1984).

Siebler, M.(1990) Troia – Homer – Schliemann. Mythos und Wahrheit (1990).

Tavares da Silva, C. - Soares, J. (1985) Monte da Tumba (Torrao). Eine befestigte Siedlung der Kupferzeit im Baixo Alentejo (Portugal), MM 26, 1985, 1–21.

Sinos, S. (1970) Eine Untersuchung der sogenannten „Palastanlage“ von Vasiliki, AA, 1970, 1-24.

Sinos, S. (1971) Die vorklassischen Hausformen in der Ägäis (1971).

Sotirakopoulou, P. (1986) Early Cycladic pottery from Akrotiri on Thera and its chronological implications, BSA 81, 1986, 297-312.

Sotirakopoulou, P. (1993) The Chronology of the „Kastri Group“ responsidered, BSA 88, 1993, 5–20.

Sotirakopoulou, P. (1996) Early Cycladic pottery from Akrotiri on Thera and its chronological implications, BSA 81, 1986, 297-312.

Spitaels, P. (1982) Final Neolithic pottery from Thorikos, in: P. Spitaels (Hrsg.), Studies in South Attica I (1982), 8-44.

Stais, B. (1895) *Προϊστορικοί Συνοικισμοί εν Αττικαί και Αιγίνη*, AEphem. 3, 1895, 192-264.

Steinhauer, G. (2001) *Δύο οικισμοί στα Μεσόγεια, in: Μεσόγεια. Ιστορία και πολιτισμός των Μεσογείων Αττικής* (2001), 28-34.

Steffen, H. (1884) Karten von Mykenai (1884).

Stephanos, K. (1903) *Κυκλαδικά Νάξου*, Prakt, 1903, 52-57.

Stephanos, K. (1904) *Κυκλαδικά Νάξου*, Prakt, 1904, 57-61.

Stephanos, K. (1908) *Κυκλαδικά Νάξου*, Prakt, 1908, 114-117.

Stephanos, K. (1909) *Κυκλαδικά Νάξου*, Prakt, 1909, 209-210.

Symeonoglou, S. (1984) *Αι Γιώργη Αετού της Ιθάκης*, Ergon, 1984, 42-45.

Taylour, W. D. (1982) The excavations, in: W. D. Taylour, E. B. French, K. A. Wardle (Hrsg.), Well built Mycenae. The Helleno – British excavations within the citadel at Mycenae, 1959–1969, 1, (1982).

Televantou, C. A. (2001) Ayios Andreas on Siphnos: a Late Cycladic III Fortified Acropolis, in: V. Karageorghis – C. E. Morris, (Hrsg.), Defensive Settlements of the Aegean and the Eastern Mediterranean after c. 1200 B.C. (2001), 191-213.

Themelis, P. (1974) *Μαραθών: Τα πρόσφατα αρχαιολογικά ευρήματα σε σχέση με τη μάχη*, ADelt 29, 1974, 226-244.

Themelis, P. (1984) Early Helladic Monumental Architecture, AM 99, 1984, 335-351.

Theocharis, D. (1951) *Ανασκαφή εν Αραφήνι*, Prakt, 1951, 77-92.

Theocharis, D. (1951) *Ανασκαφή εν Παλαιά Κοκκινιά Πειραιώς*, Prakt, 1951, 93-127.

Theocharis, D. (1952) *Ανασκαφή εν Αραφήνι*, Prakt, 1952, 129–151.

Theocharis, D. (1953-1954) *Ασκηταριό*, AEphem, 1953–1954 III, 59-76.

Theocharis, D. (1953) *Ανασκαφή εν Αραφήνι*, Prakt, 1953, 105–118.

Theocharis, D. (1954) *Ανασκαφή εν Αραφήνι*, Prakt, 1954, 104–113.

Theocharis, D. (1955) *Ανασκαφή εν Αραφήνι*, Prakt, 1955, 109–117.

Theocharis, D. (1958) Thessalika I, 1958, 70-86.

Theocharis, D. (1959) *Εκ της προϊστορίας της Εύβοιας και της Σκύρου,* ArchEubMel 6, 1959.

Theocharis, D. (1962) Thessalika IV, 1962, 63-83.

Theocharis, D. (1965) *Προϊστορικοί συνοικισμοί και ευρήματα*, ADelt 20, 1965, Chronika, 319-320.

Theocharis, D. (1977) *Ανασκαφή Σέσκλου*, Prakt, 1977, 1, 159-161.

Theocharis, D. (1993) *Νεολιθικός Πολιτισμός* (1993).

Theochari, M. D. – Parlama, L. (1986) Palamari, an Early Bronze age Settlement at Skyros, in: R. Hägg – D. Konsola, (Hrsg.), Early Helladic Architecture and Urbanisation, SIMA LXXVI, (1986), 51–55.

Theochari, M. D. – Parlama, L. (1997) *Παλαμάρι Σκύρου, η οχυρωμένη πόλη της πρώιμης χαλκοκρατίας*, in: Ch. Doumas – V. La Rosa (Hrsg.), *Η Πολιόχνη και η Πρώιμη Εποχή του Χαλκού στο Βόρειο Αιγαίο* (1997), 344–356.

Tiryns (2004/2) Jahresbericht des Deutschen Archäologischen Instituts, AA, 2004/2, 272-274.

Todd, I. (1980) The Prehistory of Central Anatolia, 1: The Neolithic Period, SIMA 60 (1980).

Todorova, H. (1978) The Eneolithic in Bulgaria, BAR 49 (1978).

Todorova, H. (1982) Kupferzeitliche Siedlungen in Nordostbulgarien (1982).

Todorova, H. – Vajsov I. (1986) Nai-rannite ykripitelni sistemi v Bulgarija. Boenno istoritseski sbornik 3. Mai-Juni, 1986, 72-86

Treuil, R. (1983) Néolithique et le Bronze Ancien égéens. Les problèmes stratigraphiques et chronologiques, les techniques, les hommes. Bibliothèque des Écoles françaises d´Athènes et de Rome, 248 (1983).

Treuil R. – Darcque, P. – Poursat, J. Cl. – Touchais, G. (1989) Les civilisations égéennes du Néolithique et de l´Age du Bronze (1989).

Tsipopoulou, M. (1986) M. Tsipopoulou, *ΑΓΙΑ ΦΩΤΙΑ ΣΗΤΕΙΑΣ: ΤΟ ΝΕΟ ΕΥΡΗΜΑ*, in: E. B. French–K. A.Wardle (Hrsg.), Problems in Greek Prehistory. Papers presented at the centenery conference of the British School of Archaeology at Athens, Manchester, April (1986), 31-47.

Tsipopoulou, M. (1999) M. Tsipopoulou, From local centre to Palace: The Role of Fortification in the economic Transformation of the Siteia bay area, east Crete, in: R. Laffineur (Hrsg.), POLEMOS: Le contexte guerrier en Égée à l' âge du bronze. Actes de la 7e rencontre égéenne internationale, Université de Liège, 14-17 avril 1998, I, Aegaeum 19, 1999, 179–189.

Tsountas, Ch. (1887) *ΑΡΧΑΙΟΤΗΤΕΣ ΕΚ ΜΥΚΗΝΩΝ*, AEphem, 1887, 156-172.

Tsountas, Ch. (1889) *Κυκλαδικά*, AEphem, 1889, 74-134.

Tsountas, Ch. (1892) *Κυκλαδικά I*, AEphem, 1892, 137– 121.

Tsountas, Ch. (1893) *Μυκήναι και μυκηναίος πολιτισμός* (1893).

Tsountas, Ch. (1898-99) *Κυκλαδικά*, AEphem, 1898–99, 137–212.

Tsountas, Ch. (1899) *Κυκλαδικά II*, AEphem, 1899, 73– 134.

Tsountas, Ch. (1908) *Αί προϊστορικαί Ακροπόλεις Διμηνίου και Σέσκλου* (1908).

Tsountas, Ch. - Manatt, J. L. (1897) The Mycenaean Age (1897).

Valamoti, S. (1990) *Απανθρακωμένα αρχαιοβοτανικά ευρήματα από τον οικισμό Γιαννιτσών* B, AErgoMak 4, 1990, 177-180.

Valmin, M. N. (1938) The Swedish Messenia Expedition (1938).

Verdelis, N. (1963) *Ανασκαφή Τίρυνθος, Αποκάλυψις δύο νέων Συρίγγων*, ADelt 18, 1963, Chronika I, 66ff.

Voigtländer, W. (1980) Die Ergebnisse in den Quadranten IV2 und im nördlichen Teil des Quadranten V2, in: M. Korfmann (Hrsg.), Tiryns IX, Forschungen und Berichte (1980), 89-117.

Wace, A. J. B. (1906) The Topography of Pelion and Magnesia, JHS 26, 1906, 143-168, esp. 153-154.

Wace, A. J. B. (1921-1923) Containing the Report of the School Excavations at Mycenae, BSA 25, 1921–1923.

Wace, A. J. B. (1949) Mycenae. An Archaeological History and Guide (1949).

Wace, A. J. B. - and others (1980) E. French (Hrsg.), Excavations at Mycenae, BSA 12, (1939–1955), 1980.

Wace, A. J. - Hasluck, F. W. (1904-1905) Laconia II. Geraki, BSA 11, 1904-1905, 91-112.

Wace, A. – Thompson, M. (1912) Prehistoric Thessaly (1912).

Walberg, G. (1998) Excavations on the Acropolis of Midea. Results of the Greek – Swedish Excavations under direction of Katie Demakopoulou and Paul Aström. The Excavations on the Lower Terraces 1985–1991 (1998).

Walberg, G. (1999) The End of the Late Bronze Age at Midea in: R. Laffineur (Hrsg.), POLEMOS: Le contexte guerrier en Égée à l' âge du bronze. Actes de la 7e rencontre égéenne internationale, Université de Liège, 14–17 avril 1998, I, Aegaeum 19, 1999, 157-160.

Walter, H. - Felten, F. (1981) Alt Ägina III,1. Die vorgeschichtliche Stadt. Befestigungen – Häuser – Funde (1981).

Walter, H. (1983) Die Leute im alten Ägina 3000–1000 v. Chr. (1983).

Walter, H. (1993) Ägina, die archäologische Geschichte einer griechischen Insel (1993).

Wardle, K. A. – Vlachodimitropoulou, B. (1998) *Ανασκαφή Σερβίων Κοζάνης* 1971-73. *Αποτελέσματα*, AErgoMak 12, 1998, 543–555.

Warner, J. (1979) The Megaron and the Apsidal House in Early Bronze Age Western Anatolia: New Evidence from Karataş, AJA 83, 1979, 133-147.

Warner, J. (1994) Elmali-Karataş II. The Early Bronze Age Village of Karataş (1994).

Warren, P. (1972) Myrtos, An Early Bronze Age Settlement in Crete, BSA Suppl 7, 1972.

Warren, P. - Hankey, A. (1989) Aegean Bronze Age Chronology (1989).

Waterhouse, H. (1996) From Ithaca to the Odyssey, BSA 91, 1996, 301-317.

Weinberg, S. S. (1947) Aegean chronology: Neolithic period and Early Bronze Age, AJA 51, 1947, 165-182.

Weißhaar, H. J. (1983) Bericht zur frühhelladischen Keramik, AA, 1983, 329-358.

Welter, G. (1938) Aigina (1938).

Whitelaw, T. (2004) The development of an island centre. Urbanisation at Phylakopi on Melos, in: Explaining social change. Studies in honour of Colin Renfrew (2004), 149-166.

Whitelaw, T. (2005) A trade of three cities. Chronology and Minoanisation at Phylakopi in Melos, in: Autochthon. Papers presented to O.T.P.K. Dickinson on the occasion on his retirement. Institute of classical Studies, University of London, 9 November 2005 (2005), 37-69.

Wiencke, M. H. (1989) Change in Early Helladic II, AJA 93, 1989, 495-509.

Wiencke, M. H. (2000) Lerna IV. The Architecture, Stratification and Pottery of Lerna III (2000).

Wilson, E. D. – Eliot, M. (1984) Ayia Irini, Period III. The Last Phase of Occupation at the EBA. Settlement, in: MacGillivray - R. L. N. Barber (Hrsg.).The Prehistoric Cyclades (1984), 78–87.

Willson-Cummer, W. - Schofield, E. (1984) Ayia Irini: House A, Keos III (1984).

Winter, F. E. (1971) Greek Fortifications (1971).

Wolters, P. (1925) Forschungen in Ägina, AA, 1925, 1–11.

Wolters, P. (1925b) Ausgrabungen am Aphroditetempel in Ägina, Gnomon 1925, 46–49.

Wright, J. C. (1982) The old Temple Terrace at the Argive Heraeum and the Early Cult of Hera in the Argolid, JHS 102, 1982, 186-201.

Wright, J. C. (1994) The Mycenaean Entrance System at the west End of the Acropolis of Athens, Hesperia 63, 1994, 323-359.

Wünsche, R. (1977) Studien zur äginetischen Keramik der frühen und mittleren Bronzezeit (1977).

Zangger, E. (1993) Argolis II. The Geoarchaeology of the Argolid (1993).

Zapheiropoulos, N. (1961/2) *Νήσοι Αιγαίου*, ADelt 17, 1961/61, 267-272.

Zafiropoulou, F. (1969) A prehistoric house model from Melos, AAA 2, 1969, 406-408.

Zapheiropulu, N. (2002) *Κέα. Ιστορία και αρχαιότητες* (2002).

Zois, A. (1972) *Ανασκαφή εις Βασιλικήν Ιεράπετρας*, Prakt, 1972, 274-309.

Zois, A. (1974) *Ανασκαφή εις Βασιλικήν Ιεράπετρας*, Prakt, 1974, 213-221.

Zois, A. (1975) *Ανασκαφή εις Βασιλικήν Ιεράπετρας*, Prakt, 1975, 376-391.

Zois, A. (1976) *Ανασκαφή εις Βασιλικήν Ιεράπετρας*, Prakt, 1976, 440-459.

Zois, A. (1977) *Ανασκαφή εις Βασιλικήν Ιεράπετρας*, Prakt, 1977, 447-454.

Zois, A. (1978) *Ανασκαφή εις Βασιλικήν Ιεράπετρας*, Prakt, 1978, 300-308.

Zois, A. (1979) *Ανασκαφή εις Βασιλικήν Ιεράπετρας*, Prakt, 1979, 323-330.

Zois, A. (1980) *Ανασκαφή εις Βασιλικήν Ιεράπετρας*, Prakt, 1980, 331-336.

Zois, A. (1982) *Ανασκαφή εις Βασιλικήν Ιεράπετρας*, Prakt, 1982, 307-311.

11. ANHANG

Zeitordnung der Vorgeschichte Griechenlands nach G. Papathanassopoulos, Neolithic Culture in Greece (1996) und P. Warren – V. Hankey, Aegean Bronze Age Chronology (1987).

	KRETA		KYKLADEN		FESTLAND	
PPN	6800 – 6500 ?				6800 – 6500 ?	
FN	6500 – 5800				6500 – 5800	
MN	5800 – 5300				5800 – 5300	
SN	5300 – 4800		5300 – 4800		5300 – 4800	
EN/CH	4800 – 3650/3500		4800 – 3650/3500		4800 – 3650/3500	
FBZ	FM I	3650/3500 – 3000/2900	FK I	3650/3500 – ca.2900	FH I	3650/3500 – ca.2900
			Kampos	2900 – 2800		
	FM II	3000/2900 – 2300/2150	FK II	2800 – 2400/2300	FH II	ca.2900 – 2570/2410
	FM III	2300/2150 – 2160/2025	FK III	2400/2300 – 2050/1950	FH III	2570/2410 – 2090/2050
MBZ	MM IA	2160/1979 – 20. Jh.	MK 2050/1950 –		MH 2090/2050 –	
	MM IB	19. Jh.				
	MM II	19. Jh. – 1700/1650				
	MM III A	1700/1650 – 1640/30		** 1640?		
	MM III B	1640/30 – 1600		– ca.1600	MH	– 1600
SBZ	SM I A	1600/1580 – ca.1480 *	SK I	ca.1600 – 1500/1480	SH I 1600 –	
						– 1510/00 *
	SM I B	ca.1480 – 1425				
	SM II	1425 – 1390	SK II	1500/1480 – ca.1390	SH II A	1510/00 – 1440
					SH II B	1440 – 1390+
	SM III A1	1390 – 1370/60			SH III A1	1390 – 1370/60
	SM III A2	1370/60 – 1340/30			SH III A2	1370/60 – 1340/30
					SH III B 1340/30 –	
	SM III B	1340/30 – ca.1190				– 1185/1180
	SM III C	ca.1190 – ca.1070			SH III C	1185/1180 – 1065
	Submin.	ca.1070 – nach 1015			Submyk.	1065 – 1015

PPN: akeramisches Neolithikum; FN, MN, SN: Früh-, Mittel- und Spätneolitikum; EN/CH: Endneolithikum/Chalkolithikum; FBZ, MBZ, SBZ: Früh-, Mittel- und Spätbronze-zeit; FM, MM, SM: Früh-, mittel- und spätminoisch; FK, MK, SK: früh-, mittel- und spätkykladisch; FH, MH, SH: früh-, mittel- und spätheIladisch; SH oft als mykenisch bezeichnet. Unterschiedliche Datierungen des Vulkanausbruchs auf Thera * konventionell nach Keramik und Fundkontexten, ** nach naturwissenschaftlichen Methoden

Tsountas	Chourmouziadis	Aslanis
Phase A (Neolithische Zeit)	Phase A (spätneolithische Zeit)	Phase A (Chalkolithikum)
Unbekannte Zahl von Ringmauern. Es wurde nur ein Teil einer älteren Mauer gefunden.	Es wurde nur eine Ringmauer gebaut.	Es wurden die zwei inneren Ringmauern gebaut (1-2).
Phase B	Phase B	
Es wurden noch zwei Ringmauern gebaut.	Es wurden stufenweise die anderen Ringmauern gebaut und alle gleichzeitig benutzt.	
Phase C		Phase B (Chalkolithikum)
Die inneren Mauern wurden zerstört und wieder aufgebaut. Stufenweise sind die anderen drei Mauern gebaut worden.		Es wurden die zwei äußeren Ringmauer gebaut (3-4) und weitere Teile der Ringmauer (5-6)
Phase D (Bronzezeit)	Phase C (Frühe Bronzezeit)	Phase C (Frühe Bronzezeit)
Die Mauern hatten keine Nutzung mehr. Stattdessen wurde ein Graben angelegt.	Die erste innere Mauer wurde repariert und wieder benutzt.	Wie die Phase C von Chourmouziadis
Zur Funktion der Befestigungsmauern in Dimini		
Die Umfassungsmauern gelten als befestigt.	Sie gelten nicht als befestigt, weil der soziale und wirtschaftliche Faktor dies für die neolithische Zeit nicht voraussetzte.	Es handelt sich um Befestigungsanlagen, wie sie in Südosteuropa im Chalkolithikum verbreitet waren.

12. VERZEICHNIS ZU DEN TAFELN (1-66)

Tafel 1
O. Höckmann (1975a) 277. Verbreitung der jungsteinzeitlichen Wehranlagen vom östlichen Mittelmeer bis zum nordwestlichen Mitteleuropa.

Tafel 2
H. Lauter (1995), (Taf.1).2,1. Kiapha Thiti von Nord, 2,2. Kiapha Thiti von Nord. Luftaufnahme.

Tafel 3
H. Lauter (1995), Beil. 18. Kiapha Thiti. Akropolis.

Tafel 4
4,1. J. E. Coleman (1992), Tafel 70, c. Trenches F5, F6.
4,2. J.D, Evans – C. Renfrew (1968), Fig.II.

Tafel 5
5,1. - 5,2. G. A. Pikoulas (1989), 266ff. Kertezi.

Tafel 6
6.1. – 6.2. Th. Spyropoulos, G. Spyropoulos (2000), Sphakovouni Kamenitas.

Tafel 7
Ch. Tsountas (1908), Akropolis von Dimini.

Tafel 8
G. Chourmouziadis (1979), Dimini.

Tafel 9
Ch. Tsountas (1908), Akropolis von Sesklo.

Tafel 10
D. R. Theocharis (1973), Sesklo. Stützmauer der „Dimini-Zeit“.

Tafel 11
V. Milojčić (1983b), Plan 1.Otzaki Magula.

Tafel 12
C. Ridley – K. A. Wardle (1979), Servia.

Tafel 13
O. Höckmann (1975a), Smilčić.

Tafel 14
O. Höckmann (1975a), Ovčarovo.

Tafel 15
O. Hockmann (1975a), Hăbăşeşti.

Tafel 16
J. Garstang (1953), Mersin.

Tafel 17
J. Garstang (1953), Mersin.

Tafel 18
J. Garstang (1953), Mersin.

Tafel 19
J. Mellaart (1970), Haçilar.

Tafel 20
H. Klotz (1997), Çatal Hüyük.

Tafel 21
K. M. Kenyon (1967), Plan von Jericho.

Tafel 21,1. – 21,2.
K. M. Kenyon (1981), 21,1. Jericho. Mauer neolithischer Zeit.
21,2. Jericho. Turm neolithischer Zeit.

Tafel 22
R.J. Mercer (1989), Lageplan von Hambelon Hill.

Tafel 23,1. -23,2.
H. Lohmann (2002), Megalo Rimbari.
Ch. Koukouli-Chrysanthaki (1987), Thasos. Profitis Elias.

Tafel 24
Poliochni (1997), Poliochni. Besiedlungsphasen.

Tafel 25
O. Kouka (1997), Thermi IIIA.

Tafel 26
O. Kouka (1997), Thermi IVB.

Tafel 27
O. Kouka (1997), Thermi V.

Tafel 28,1.-28,2.
28,1. O. Kouka (2002), Heraion (Samos).
28,2. V. Milojčić (1961), Heraion (Samos) Fundament der Befestigung.

Tafel 29
M. D. Theochari, - L. Parlama (1997), Palamari, Übersichtsplan.

Tafel 30
D. Theocharis (1953), Raphina (Attika).

Tafel 31
D. Theocharis (1953-1954), Askitario. Akropolis.

Tafel 32
H. Walter – F. Felten (1981), Übersichtsplan des „Kolona" Hügels.

Tafel 33
H. Walter – F. Felten (1981), Ägina, Stadt V.

Tafel 34
H. Walter – F. Felten (1981), Ägina, Stadt VI.

Tafel 35
J. L. Caskey (1958), Lerna. Plan der Siedlung.

Tafel 36
M. H. Wience (2000), Lerna. Frühere Phase C. Ost.

Tafel 37
M. H. Wience (2000), Lerna. Frühere Phase C. West.

Tafel 38
M. H. Wience (2000), Lerna, mittlere Phase C- früh.

Tafel 39
M. H. Wience (2000), Lerna, mittlere Phase C- spät. Ost.

Tafel 40
M. H. Wience (2000), Lerna, mittlere Phase C. West.

Tafel 41
M. H. Wience (2000), Lerna, späte Phase C. Ost.

Tafel 42
E. M. Bossert (1967), Übersichtsplan von Kastri (Syros).

Tafel 43,1 – 43,2
43,1. W. Ekschmitt (1986), Korphari (Naxos).
43,2. Troia. Traum und Wirklichkeit (2001), Besiedlungsphasen von Troia.

Tafel 44,1 – 44, 2
44,1. H. Erkanal (1999), Lage von Liman Tepe.
44,2. H. Erkanal (1999), Liman Tepe. Befestigungsmauer.
44,3. H. Erkanal (1999), Bastion der Frühbronzezeit.

Tafel 45,1 – 45, 2
45,1. B. Hänsel, B. Teržan, Archäologie (Mai 2004), Monkodonja, Mauerzüge und Terrassenkanten der Siedlung.
45,2. Dieselben, Monkodonja. Nordwestecke der Akropolis.

Tafel 46,1 – 46,2
46,1. V. Leisner – H. Schubart (1966), Sa Urècci bei Gúspini/Sardinien.
46,2. V. Leisner – H. Schubart (1966), Bruncu S'Orcu bei Gúspini/Sardinien.

Tafel 47,1 – 47,2 – 47,3
47,1. V. Leisner – H. Schubart (1966), Lébous.
47,2. V. Leisner – H. Schubart (1966), Zambujal.
47,3. V. Leisner – H. Schubart (1966), Pedra do Ouro.
47,4. Zambujal. Bild des Autors.

Tafel 48
V. Leisner – H. Schubart (1966), Los Millares.

Tafel 49,1 – 49,2
49,1. H. G. Buchholz (1987), Los Millares. Die Befestigung.
49,2. H. N. Savory (1972), Vila Nova de São Pedro.

Tafel 50,1 – 50,2
50,1. R.Hope-Simpson – D.K. Hagel (2006), Araxos, Teichos Dymaion.
50,2. E. Mastrokostas (1962), Übersichtsplan Teichos Dymaion.

Tafel 51
H. Lauter (1995), Malthi-Dorion.

Tafel 52
H. Walter – F. Felten (1981), Ägina, Stadt VII.

Tafel 53
H. Walter – F. Felten (1981), Ägina, Stadt VIII.

Tafel 54
H. Walter – F. Felten (1981), Ägina, Stadt IX.

Tafel 55,1 – 55,2
55,1.W. Ekschmitt (1986), Ajia Irini. Befestigungsanlage.
55,2. J. L. Davis (1986), Ajia Irini. Befestigung der Phase V.

Tafel 56
J. L. Davis (1986), Ajia Irini. Befestigung der Phase V-VII.

Tafel 57, 1-5
R. Hope – Simpson – D. K. Hagel (2006), Orte mit spätbronzezeitlichen Anlagen.

Tafel 58
W. Dörpfeld (1885), Die Burg von Tiryns.

Tafel 58,1
S. Iakovidis (1983), Tiryns. Die Bauphasen der befestigten Palastanlage.

Tafel 58,2
U. Jantzen (1975), Tiryns. Grundriss der Oberburg.

Tafel 58,3
S. Iakovidis (1999), Tiryns. Kyklopische Mauer der ersten Phase (Oberburg).

Tafel 58,4a-b
a. S. Iakovidis (1973), Tiryns. Die südliche Galerie.
b. Der Eingang in die südliche Galerie. Bild des Autors.

Tafel 58,5a-b
a. Tiryns. Teil der kyklopischen Mauer. Bild des Autors.
b. Tiryns. Befestigungsmauer. Bild des Autors.

Tafel 58,6
S. Iakovidis (1973),Tiryns. Das östliche Tor.

Tafel 58,7
Tiryns. Die kyklopische Befestigungsmauer mit dem Westtor. Bild des Autors.

Tafel 59
S. Iakovidis (1973), Plan von Mykene.

Tafel 59,1
S. Iakovidis (1977), Plan des befestigten Areals von Mykene.

Tafel 59,2
S. Iakovidis (1973), Die Palastanlage und ihre Bauten.

Tafel 59,3
Mykene. Teil der Verteidigungsmauer aus großen bearbeiteten Quadern. Bild des Autors.

Tafel 59,4
Mykene. Teil der Befestigungsmauer im südlichen Bereich der Akropolis. Bild des Autors.

Tafel 59,5
Mykene. Befestigungsmauer. Bild des Autors.

Tafel 59,6
S. Iakovidis (1983), Mykene. Bauphasen der Befestigungsanlage.

Tafel 59,7 a-b
a. Das Löwentor von Außen. Bild des Autors.
b. Das Löwentor von innen. Bild des Autors.

Tafel 59,8
S. Iakovidis (1999), Mykene. Das Nordtor.

Tafel 59,9
Der Gang zu der Brunnenanlage. Bild des Autors.

Tafel 60
K. Demakopoulou, N. Divari-Valakou, A.Louise Schallin, L.Sjögren and M. Nilsson (2005), Plan von Midea.

Tafel 60,1 a-b
a. Teil der Befestigungsanlage von Midea. Bild des Autors.
b. Bauten entlang der Befestigungsmauer. Bild des Autors.

Tafel 60,2 a-b-c
a. K. Demakopoulou, N.Divari-Valakou (1999), Die nordöstliche Befestigungsmauer der Akropolis.

b. Detail der Befestigungsmauer. Bild des Autors.
c. Toranlage in Midea. Bild des Autors.

Tafel 61
S. Iakovidis (1973), Athen. Plan der Akropolis in der Spätbronzezeit.

Tafel 61,1 a-b
a. S. Iakovidis (1983), Athen. Südöstlicher Teil der Befestigungsmauer.
b. S. Iakovidis (2006), Athen. Teil des kyklopischen Mauerwerkes bei den Propyläen.

Tafel 62 a-b
a. S. Iakovidis (1983), Plan von Gla.
b. S. Iakovidis (1999), Die kyklopische Mauer mit Vorsprüngen.

Tafel 62,1
Teil der Befestigungsmauer in Gla. Bild des Autors.

Tafel 62,2 a-b-c
a. S. Iakovidis (1983), Die Toranlagen der Befestigung.
b. Kyklopischer Teil eines Pylons in Gla. Bild des Autors.
c. Toranlage in Gla. Bild des Autors.

Tafel 63 a-b
a. V. Karageorghis, C. E. Morris (2001), Agios Andreas. Plan der Akropolis.
b. V. Karageorghis, C. E. Morris (2001), Agios Andreas. Die Befestigungsmauer.

Tafel 64 a-b
a. W. Ekschmitt (1986), Phylakopi. Plan der Befestigung.
b. W. Ekschmitt (1986), Phylakopi. Südwestliches Teil der Befestigung mit der turmartigen Bastion.

Tafel 65 a-b
a. Die Befestigungsmauer von Troia VI. Bild des Autors.
b. Die Befestigungsmauer von Troia VI mit dem Ostturm. Bild des Autors.

Tafel 66
Troia. Traum und Wirklichkeit (2001), P. Birk (1994-1997), Plan von Hattuša.

Tafel 66,1 a-b
a. Das Königstor. Bild des Autors.
b. Das Löwentor. Bild des Autors.

Tafel 66,2 a-b
a. Yerkapi. Bild des Autors.
b. Yerkapi. Bild des Autors.

Tafel 1

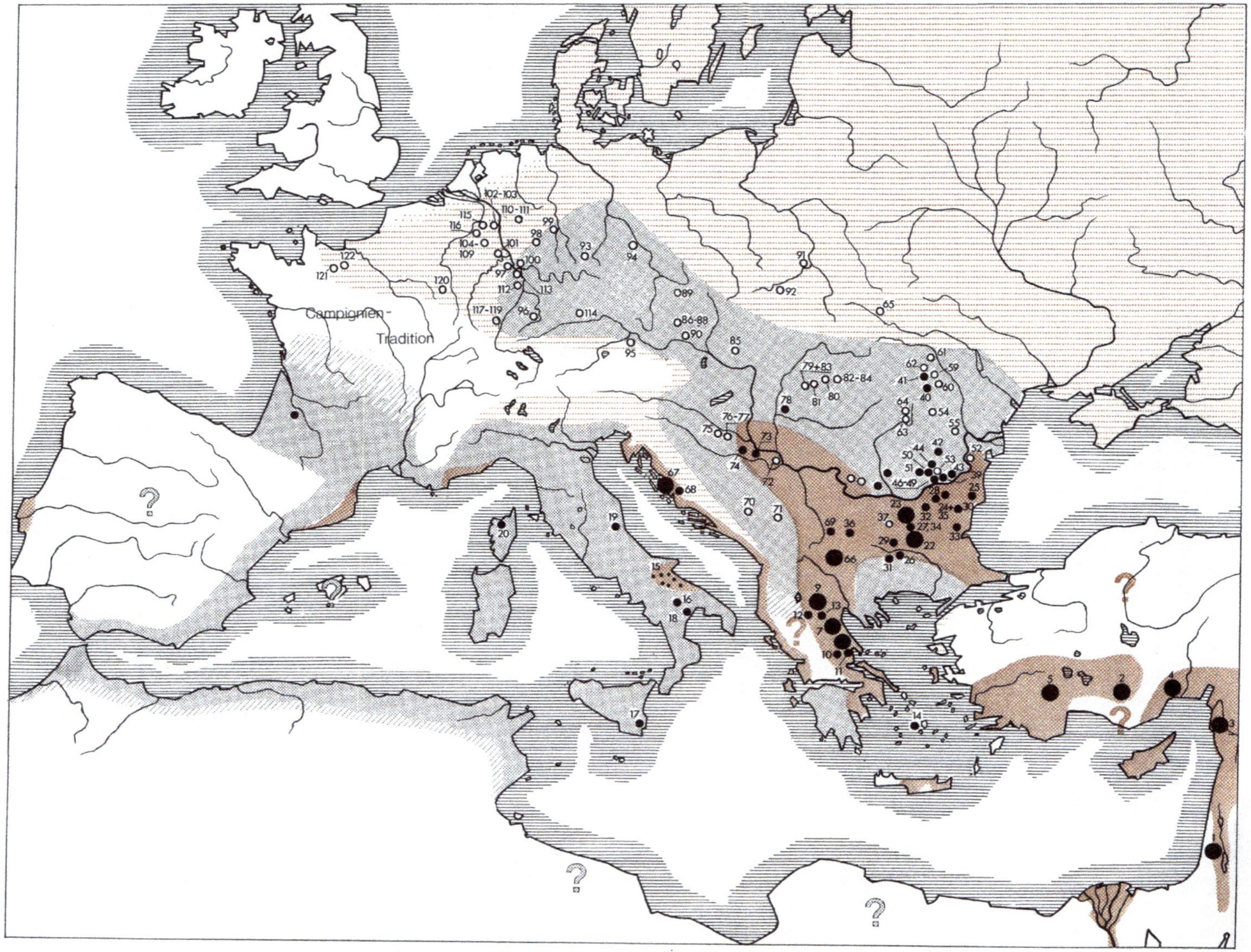

Verbreitung der jungsteinzeitlichen Wehranlagen vom östlichen Mittelmeer bis zum nordwestlichen Mitteleuropa. In Flächenfärbung ist das ungefähre Verbreitungsgebiet neolithischer Kulturerscheinungen angedeutet (Dunkelbraun: vor ca. 5000 v. Chr., grau: ca. 5000–4000 v. Chr., hellbraun: ca. 4000–3500 v. Chr.). Großer Punkt: Wehranlage vor ca. 5000 v. Chr., kleiner Punkt: Wehranlage ca. 5000–4000 v. Chr., offener Kreis: Wehranlage ca. 4000–3500 v. Chr. Die Nummern beziehen sich auf den Katalog S. 292 ff. – Corrigendum: Fundpunkt 116 entfällt (vgl. Katalog).

Tafel 2,1

Tafel 2,2

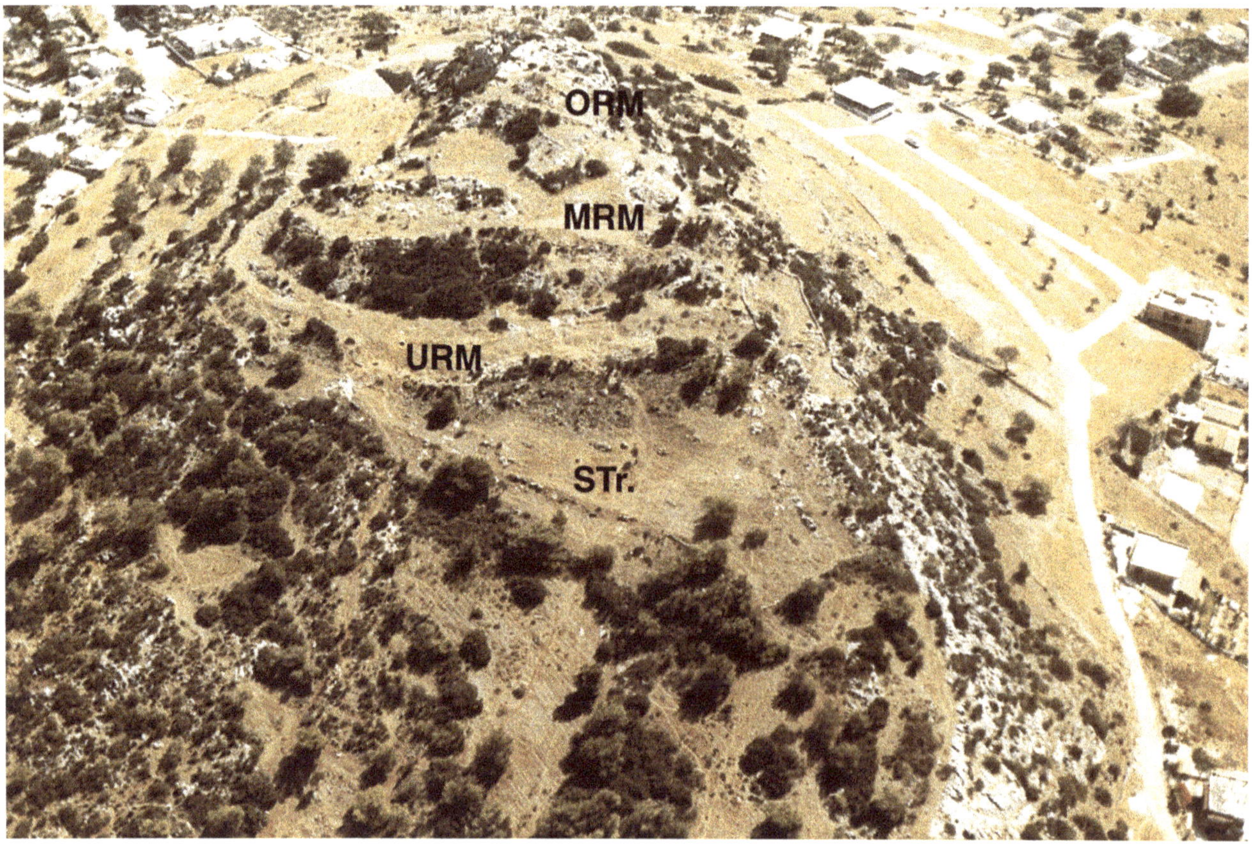

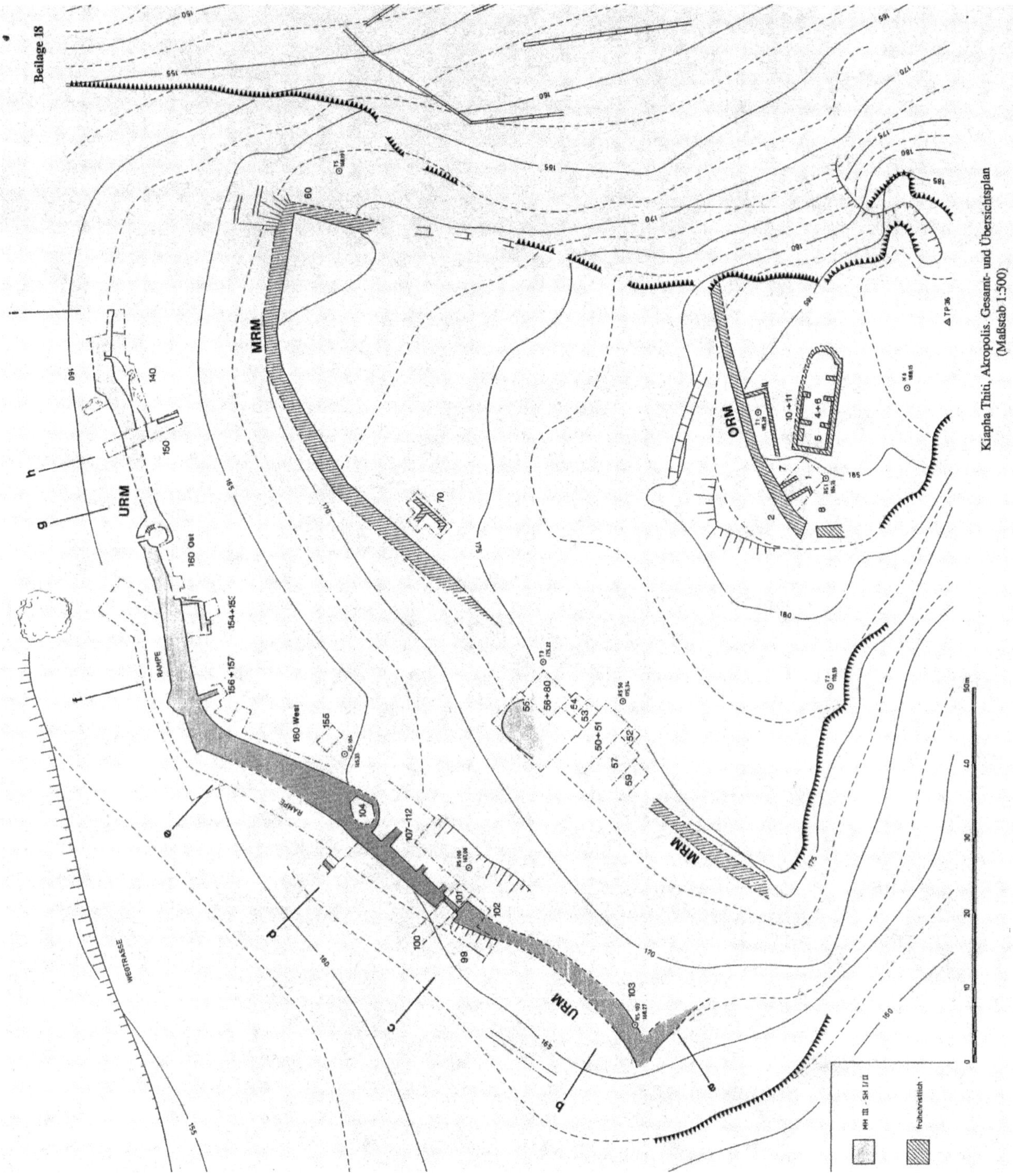

Kiapha Thiti, Akropolis. Gesamt- und Übersichtsplan
(Maßstab 1:500)

Tafel 4,1

Tafel 4,2

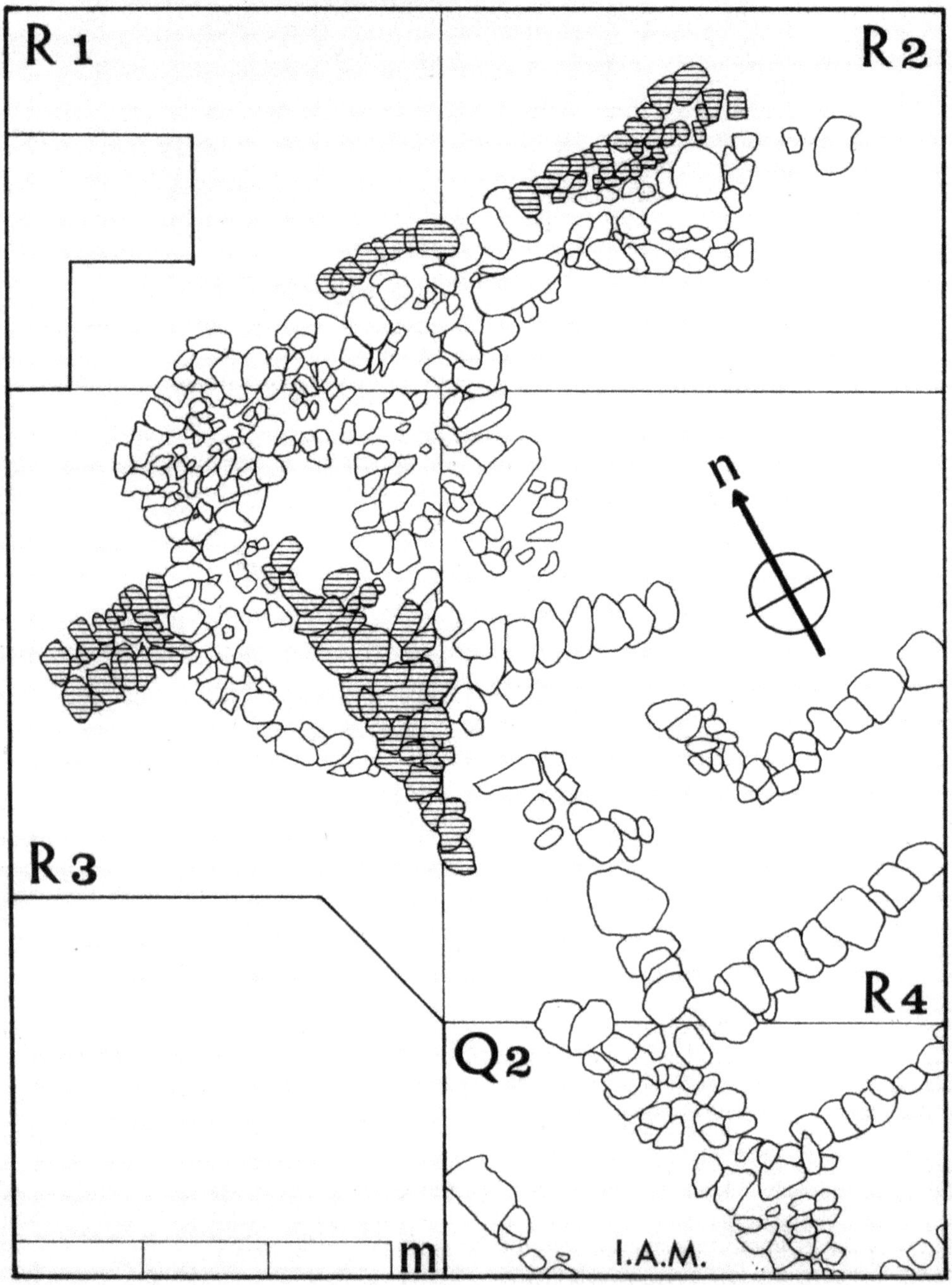

Tafel 5,1

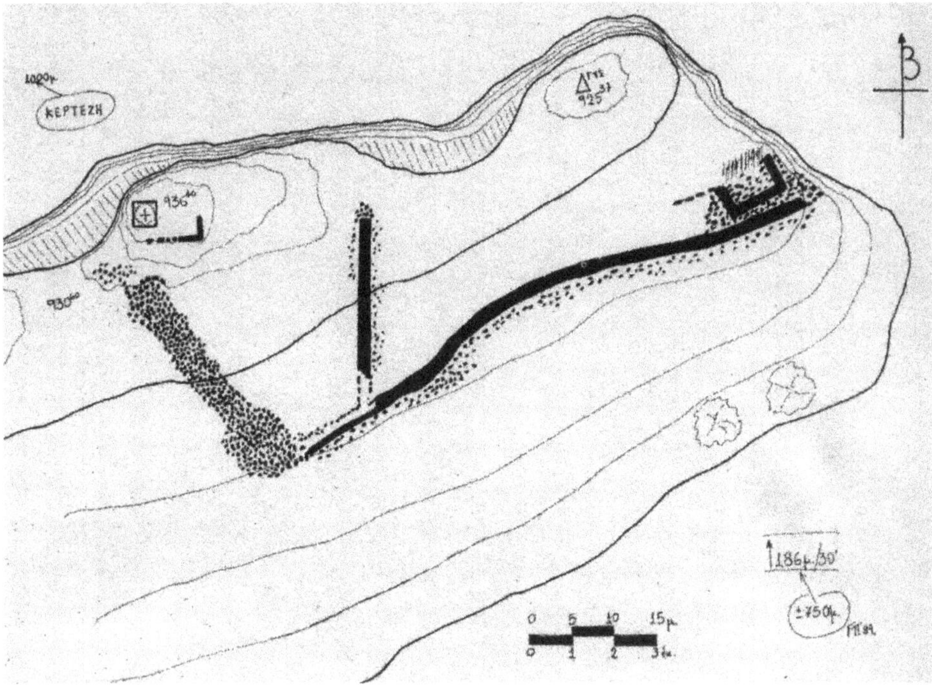

Tafel 5,2

Tafel 6,1

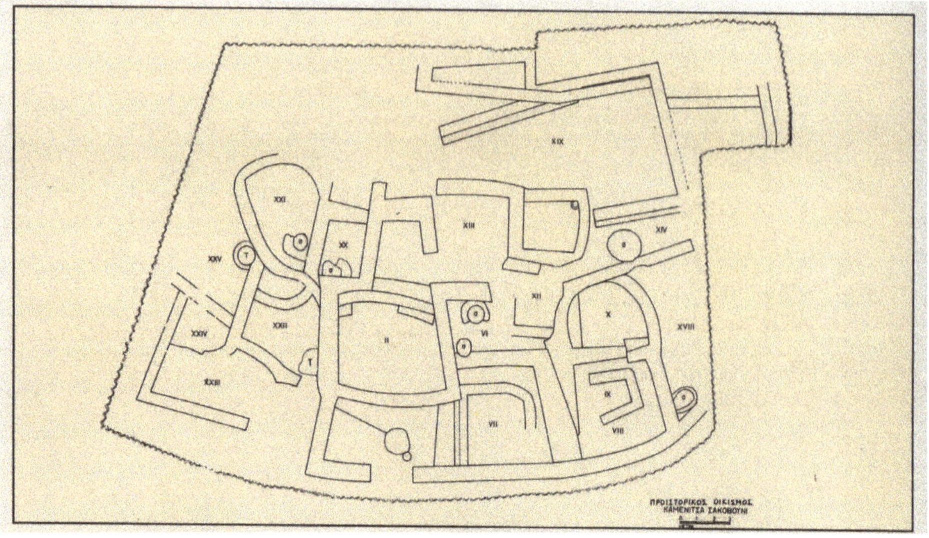

Tafel 6,2

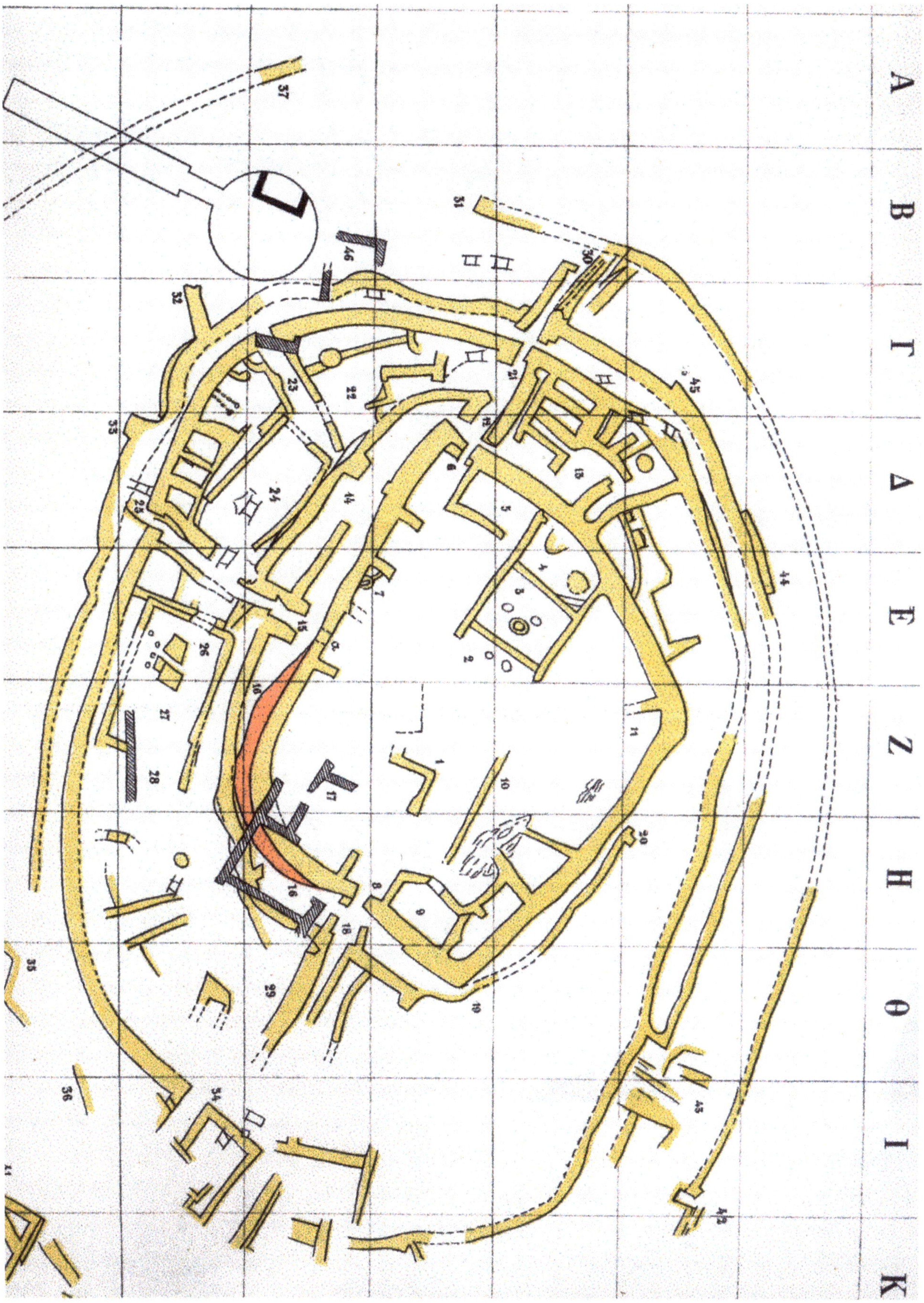
Α
Β
Γ
Δ
Ε
Ζ
Η
Θ
Ι
Κ

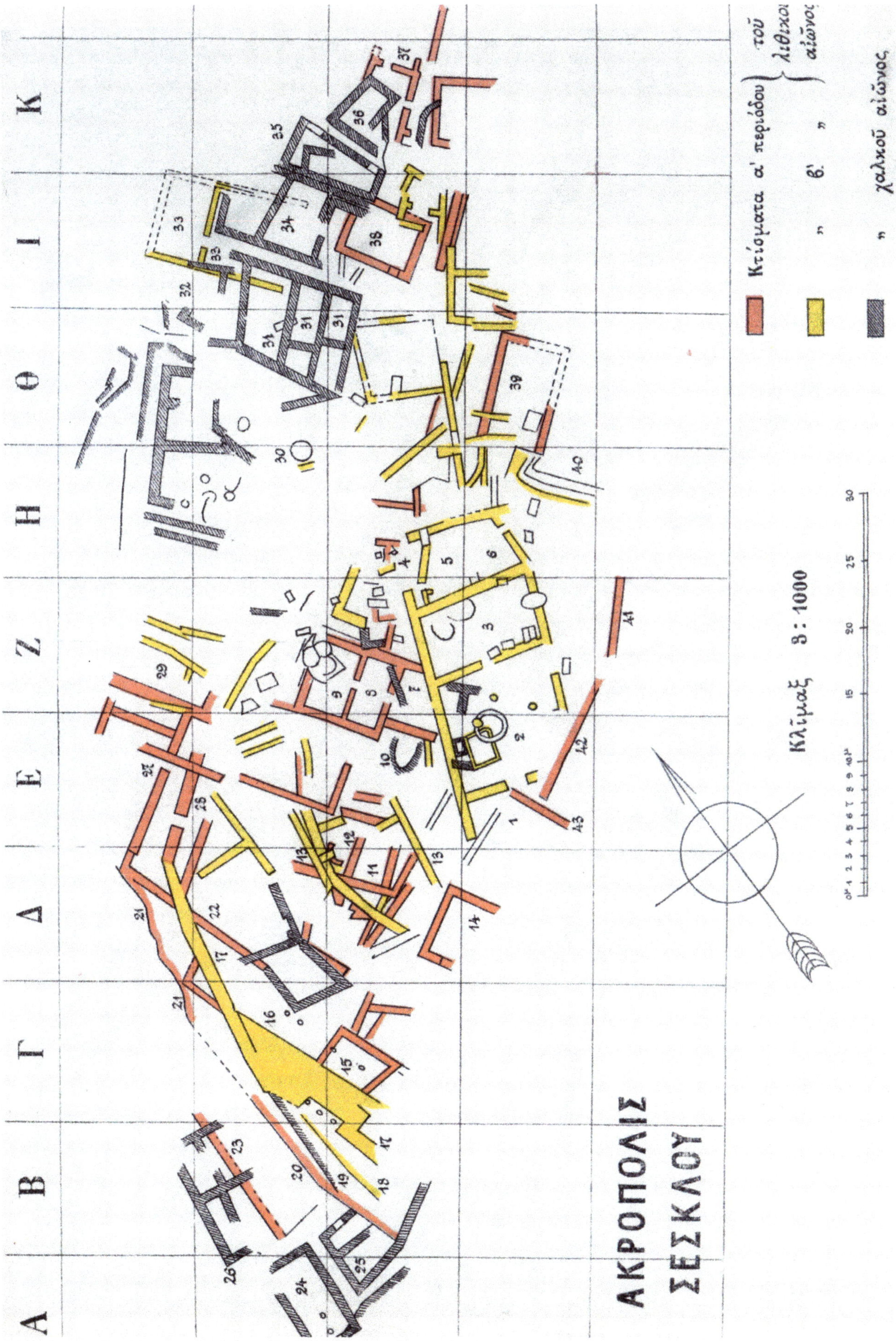
ΑΚΡΟΠΟΛΙΣ
ΣΕΣΚΛΟΥ
Α Β Γ Δ Ε Ζ Η Θ Ι Κ
Κτίσματα α' περιόδου } τοῦ λιθικοῦ αἰῶνος
" β' "
" χαλκοῦ αἰῶνος
Κλῖμαξ

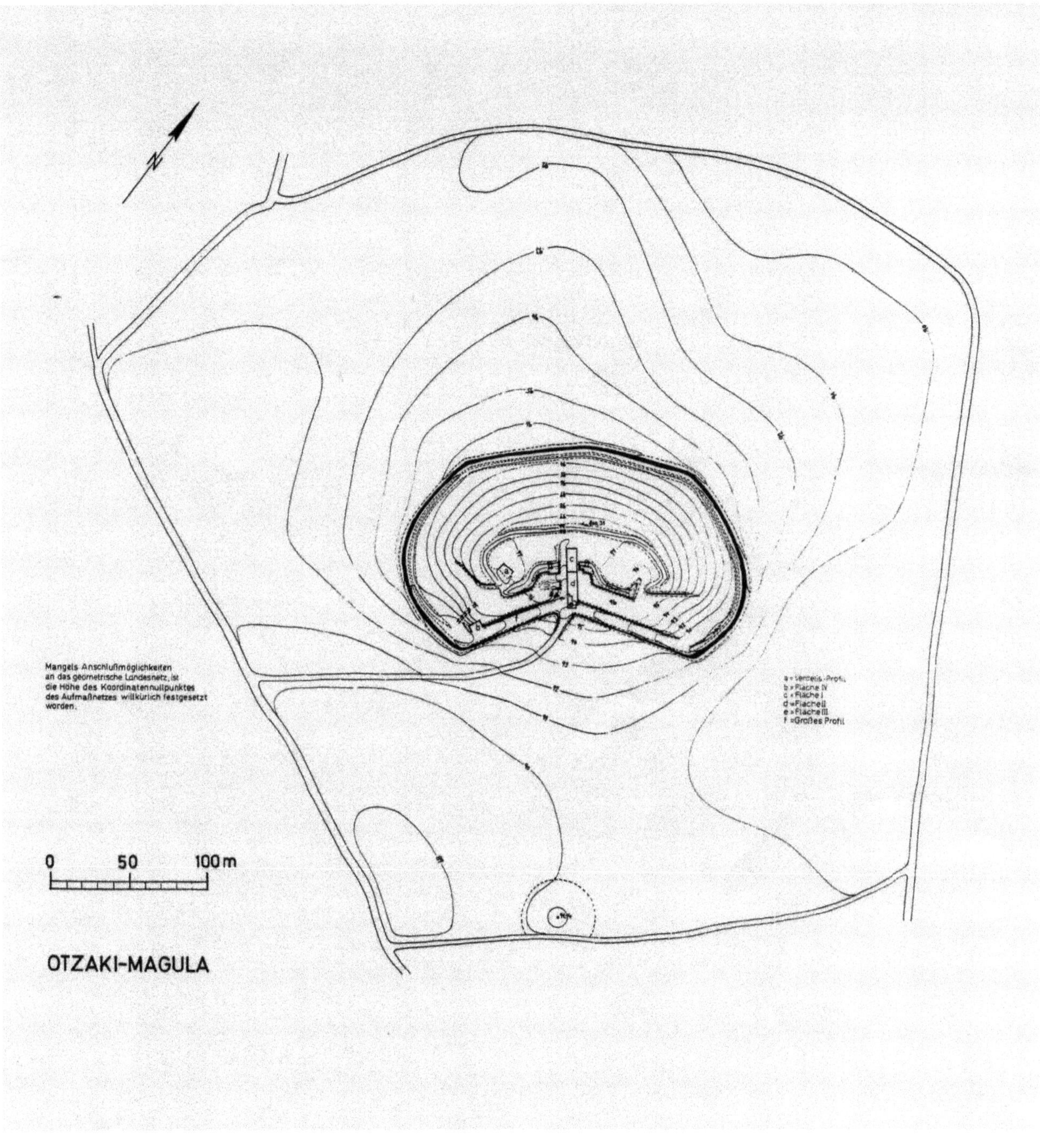
Mangels Anschlußmöglichkeiten
an das geometrische Landesnetz, ist
die Höhe des Koordinatennullpunktes
des Aufmaßnetzes willkürlich festgesetzt
worden.
a = Verdelis-Profil
b = Fläche IV
c = Fläche I
d = Fläche II
e = Fläche III
f = Großes Profil
0
50
100 m
OTZAKI-MAGULA

FIG. 6 SERVIA 1971 – 73 Excavated areas and features of phases 4, 7 and 8

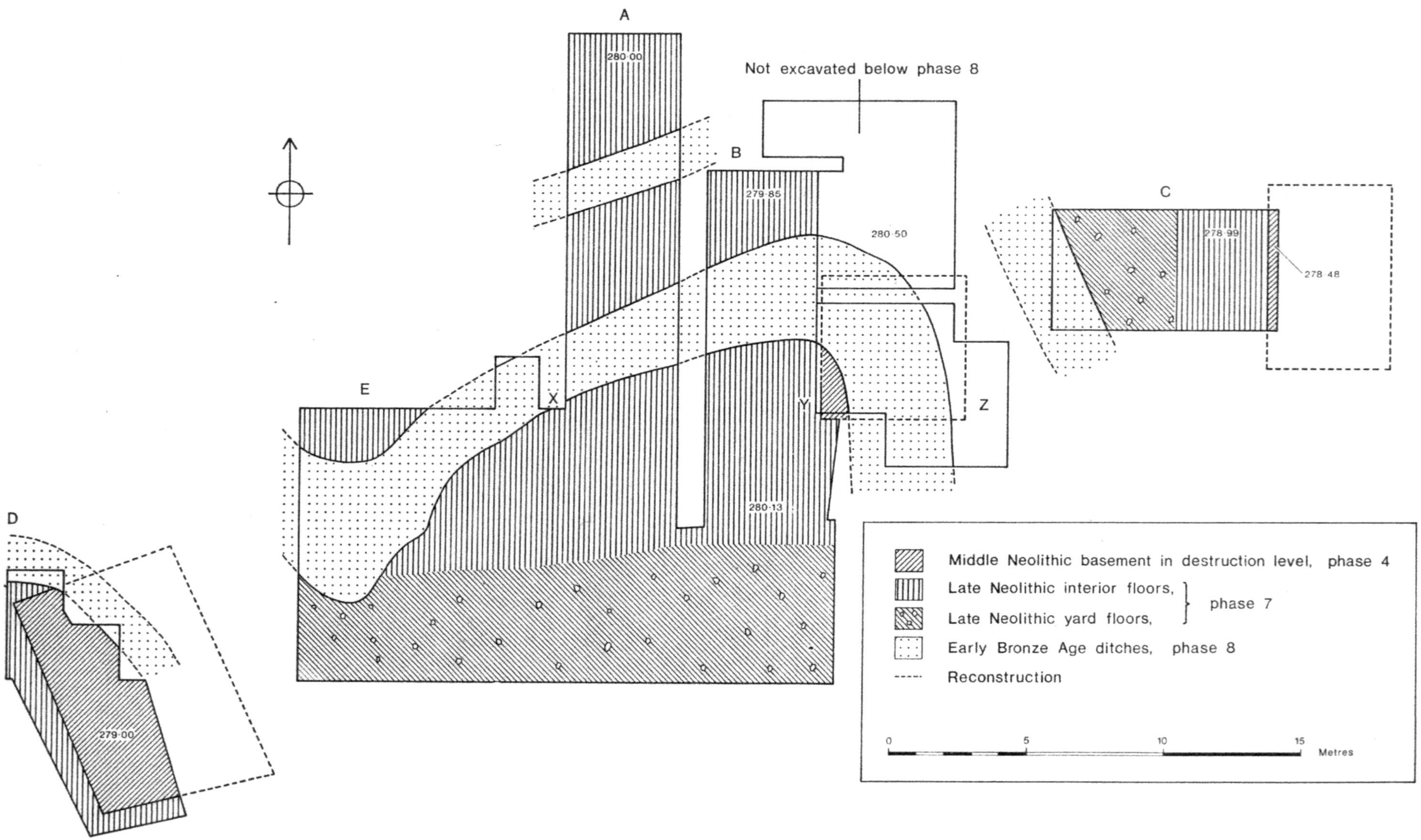

Tafel 13

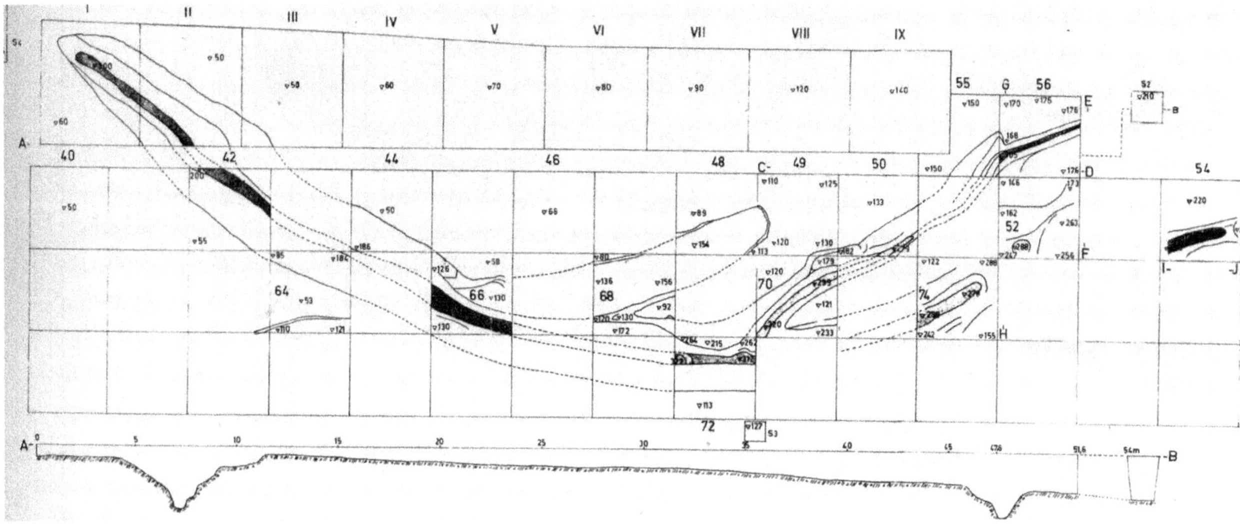

Tafel 14

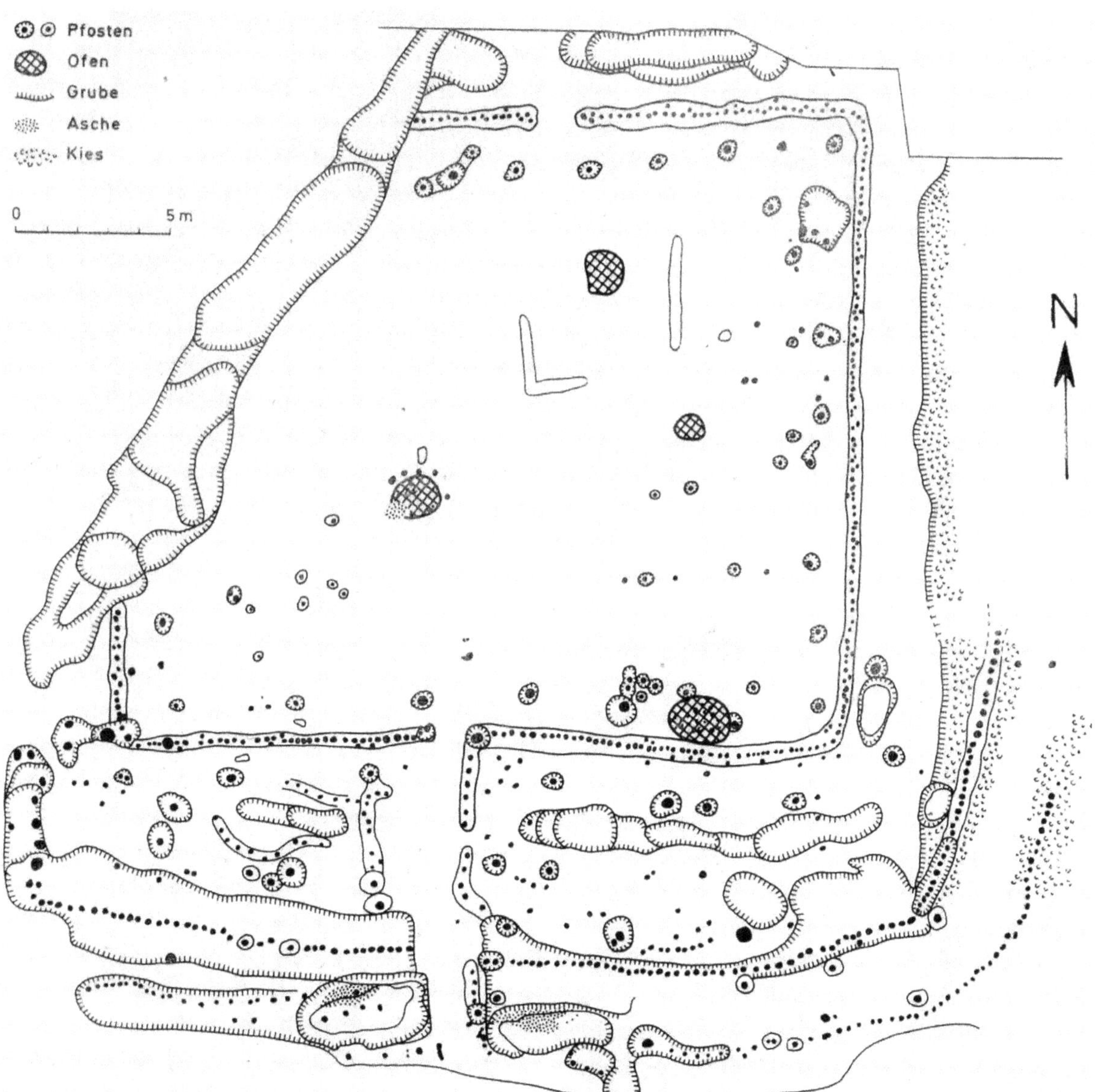

Tafel 15

Tafel 16

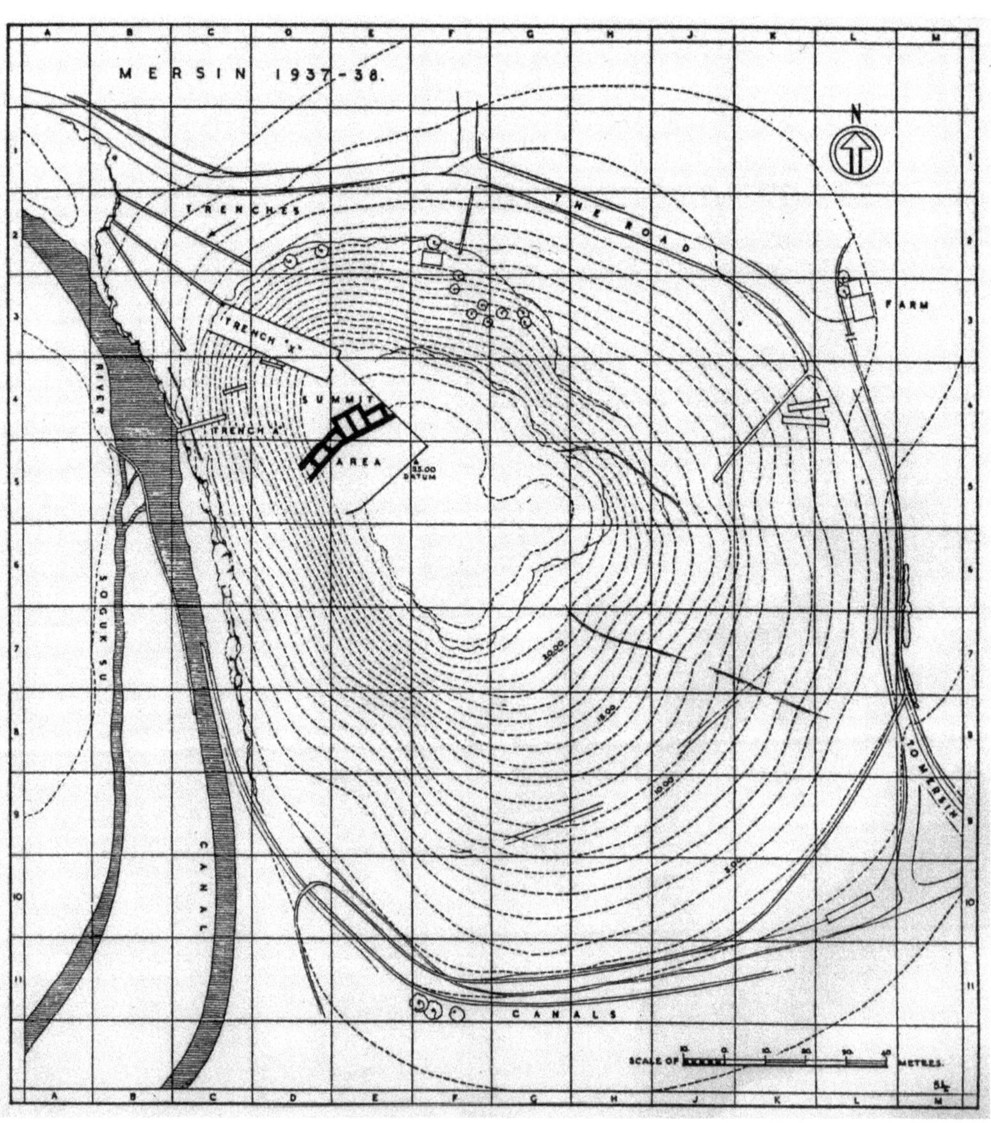

Tafel 17

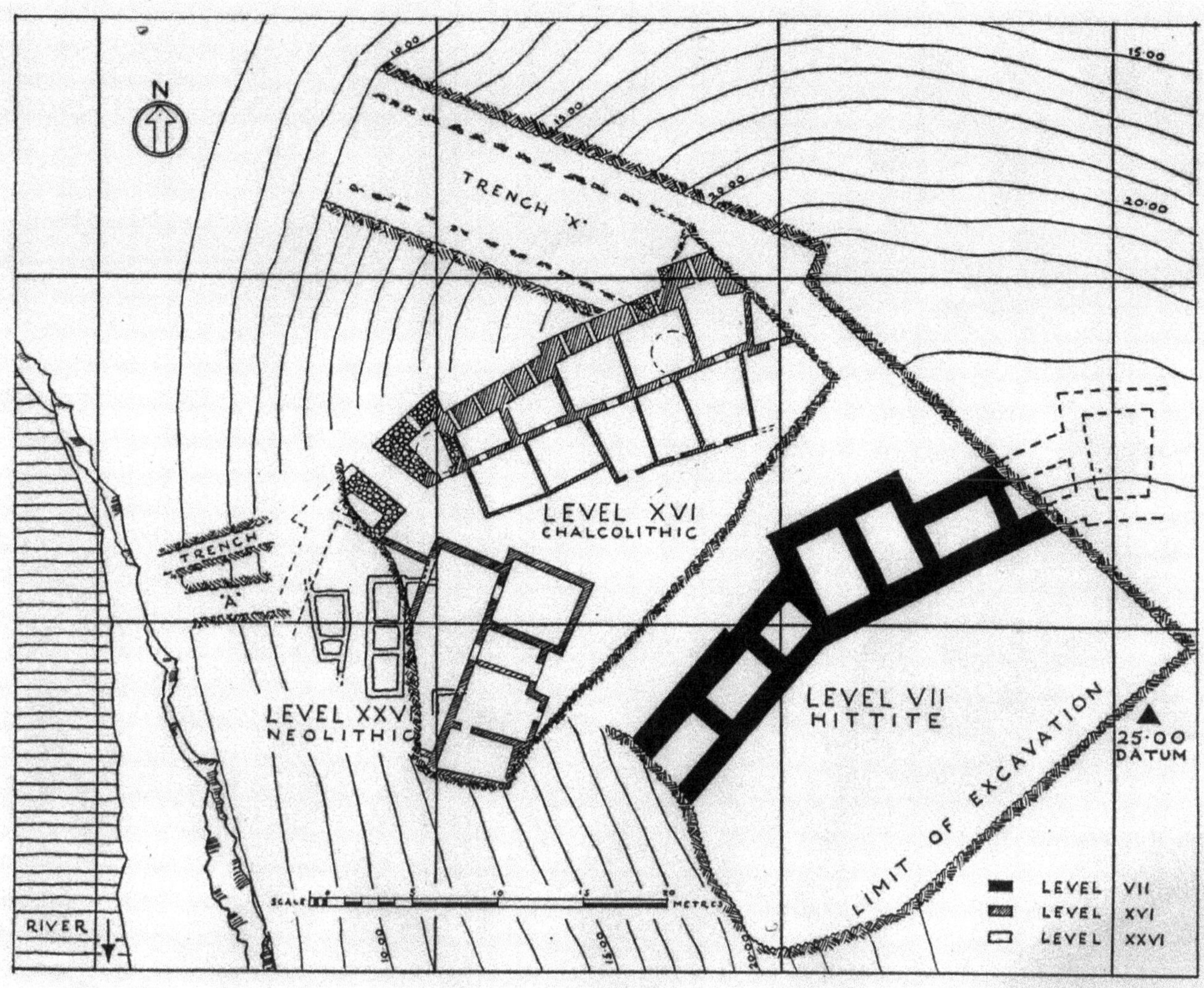

Tafel 18

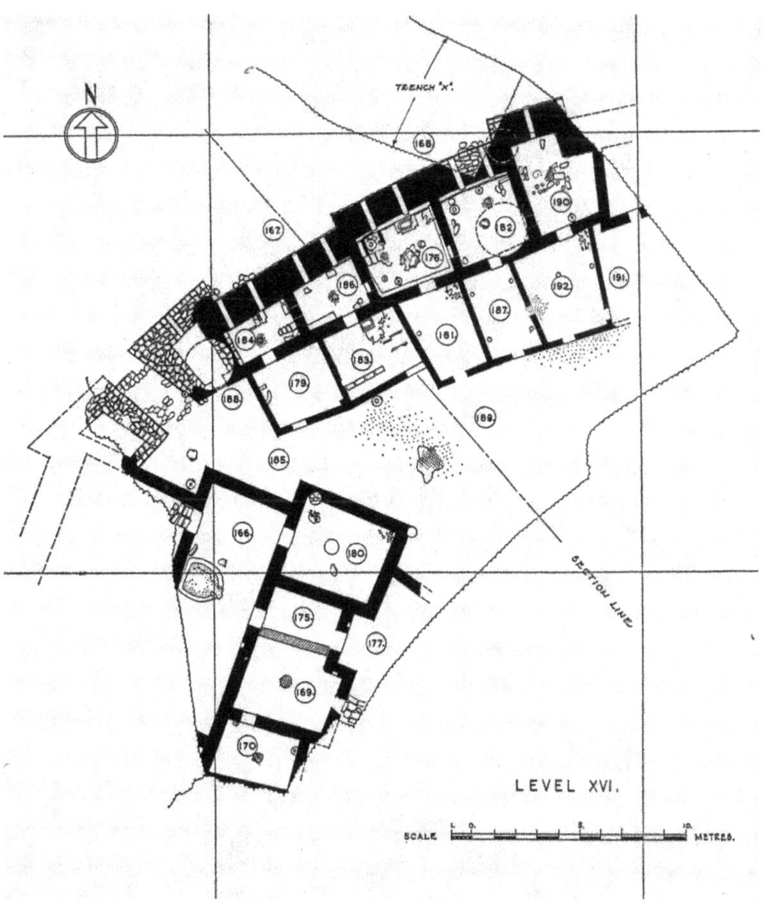

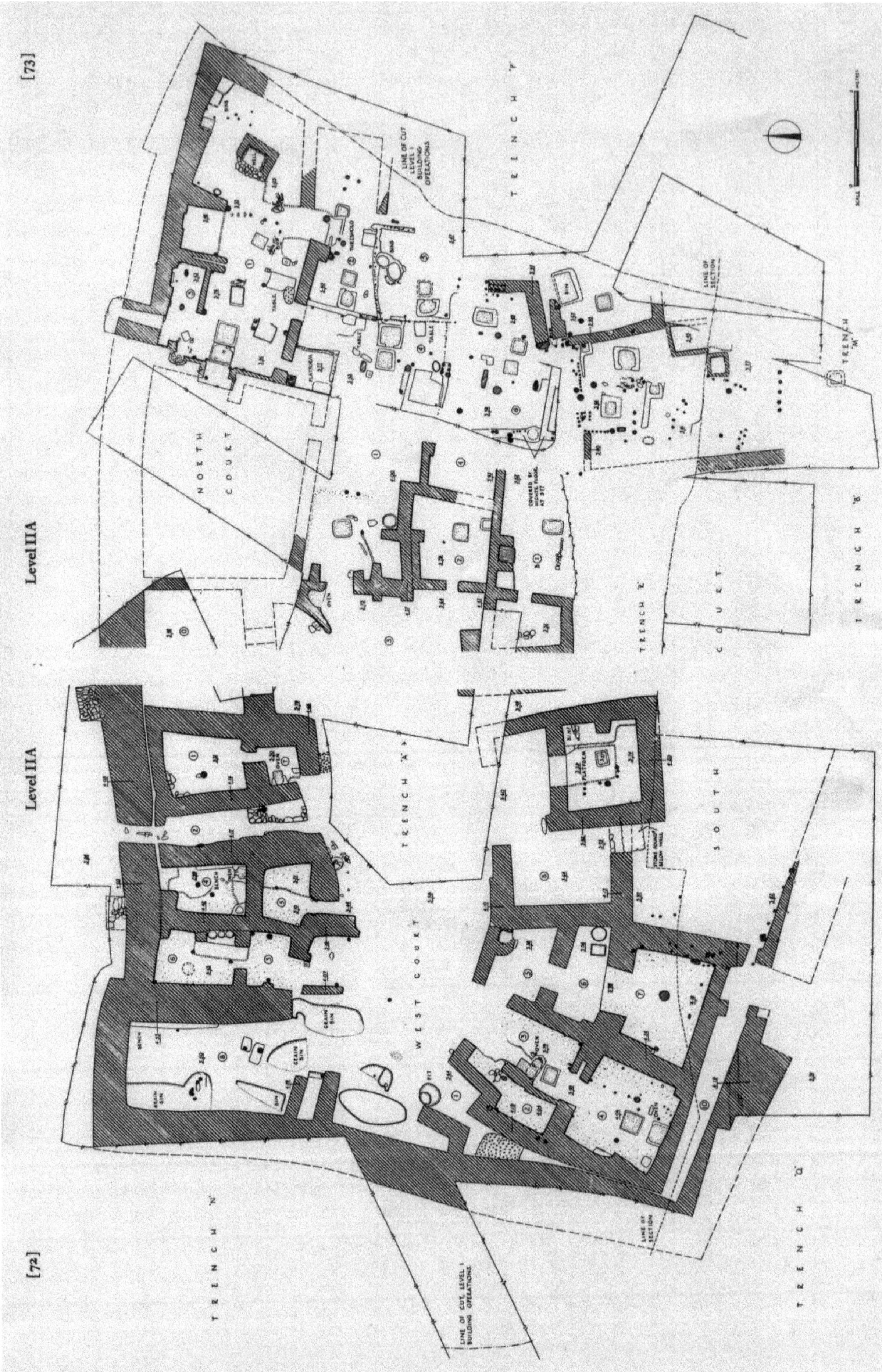

20. Hacılar IIA. Plan of the fortified village.

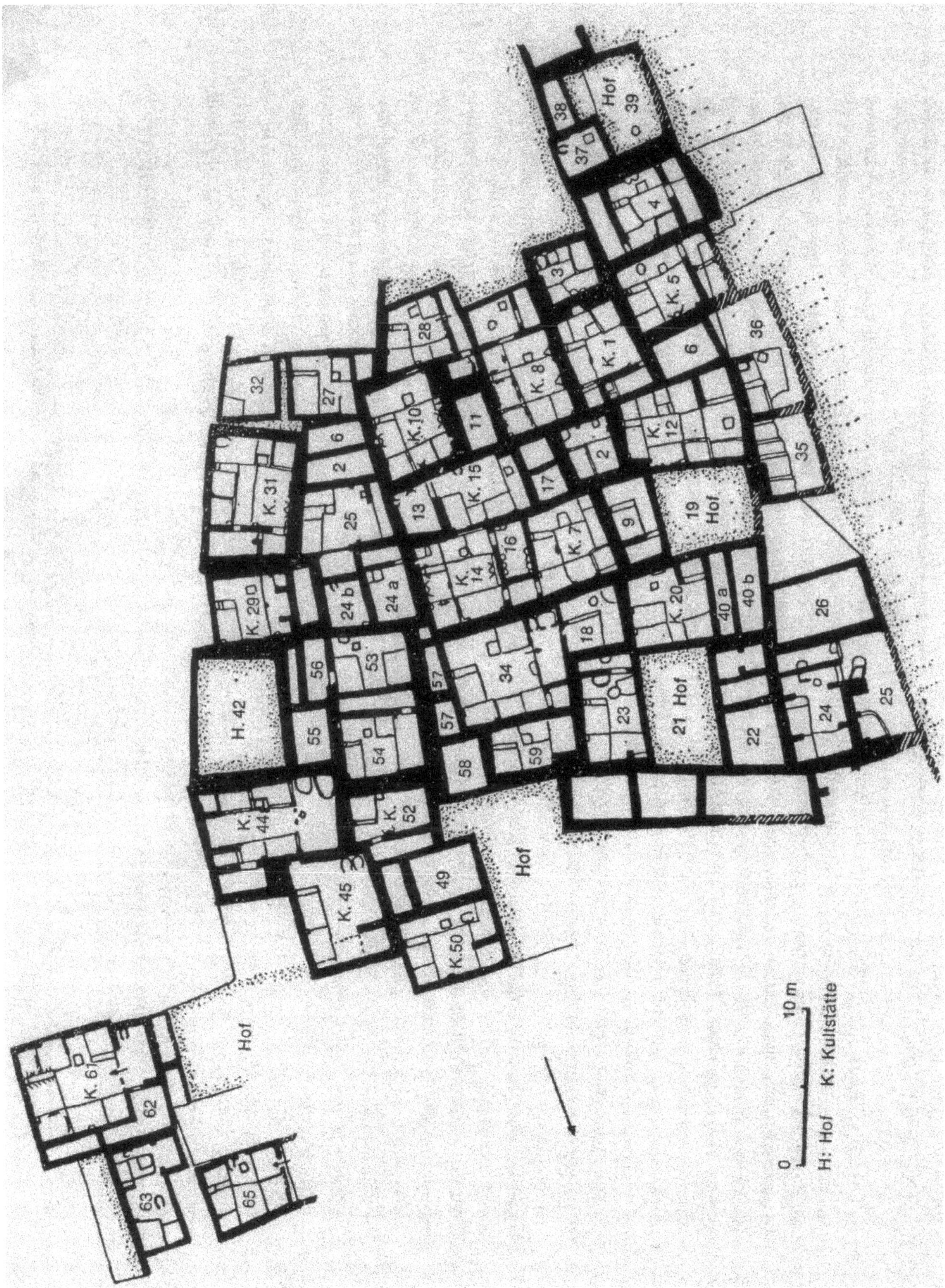
0
10 m
H: Hof
K: Kultstätte
Hof
H. 42
21 Hof
19 Hof

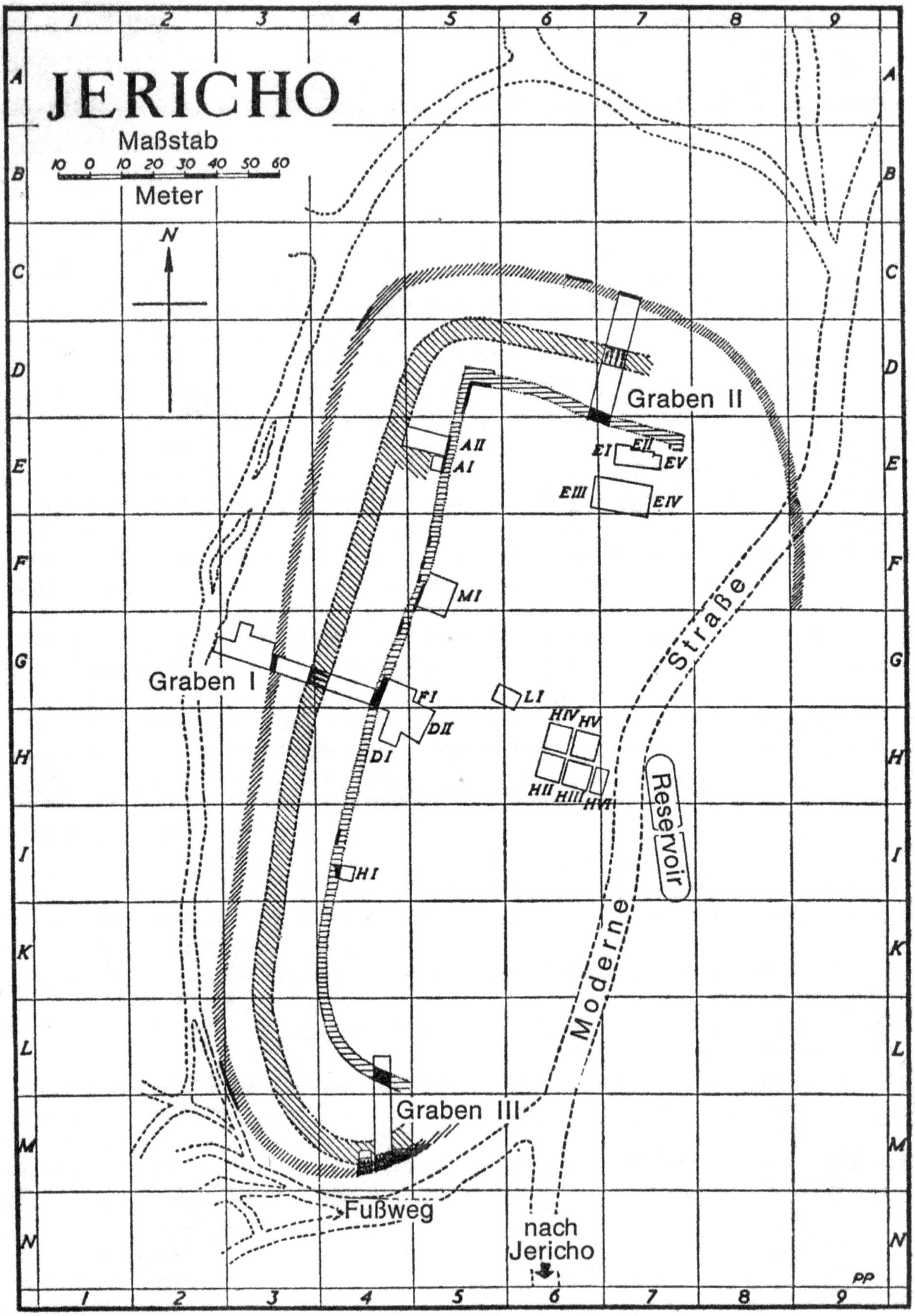
JERICHO
Maßstab
10 0 10 20 30 40 50 60
Meter
N
Graben I
Graben II
Graben III
AI
AII
DI
DII
EI
EII
EIII
EIV
EV
FI
HI
HII
HIII
HIV
HV
HVI
LI
MI
Straße
Moderne
Reservoir
Fußweg
nach
Jericho
A
B
C
D
E
F
G
H
I
K
L
M
N
1
2
3
4
5
6
7
8
9
PP

Tafel 21,1

Tafel 21,2

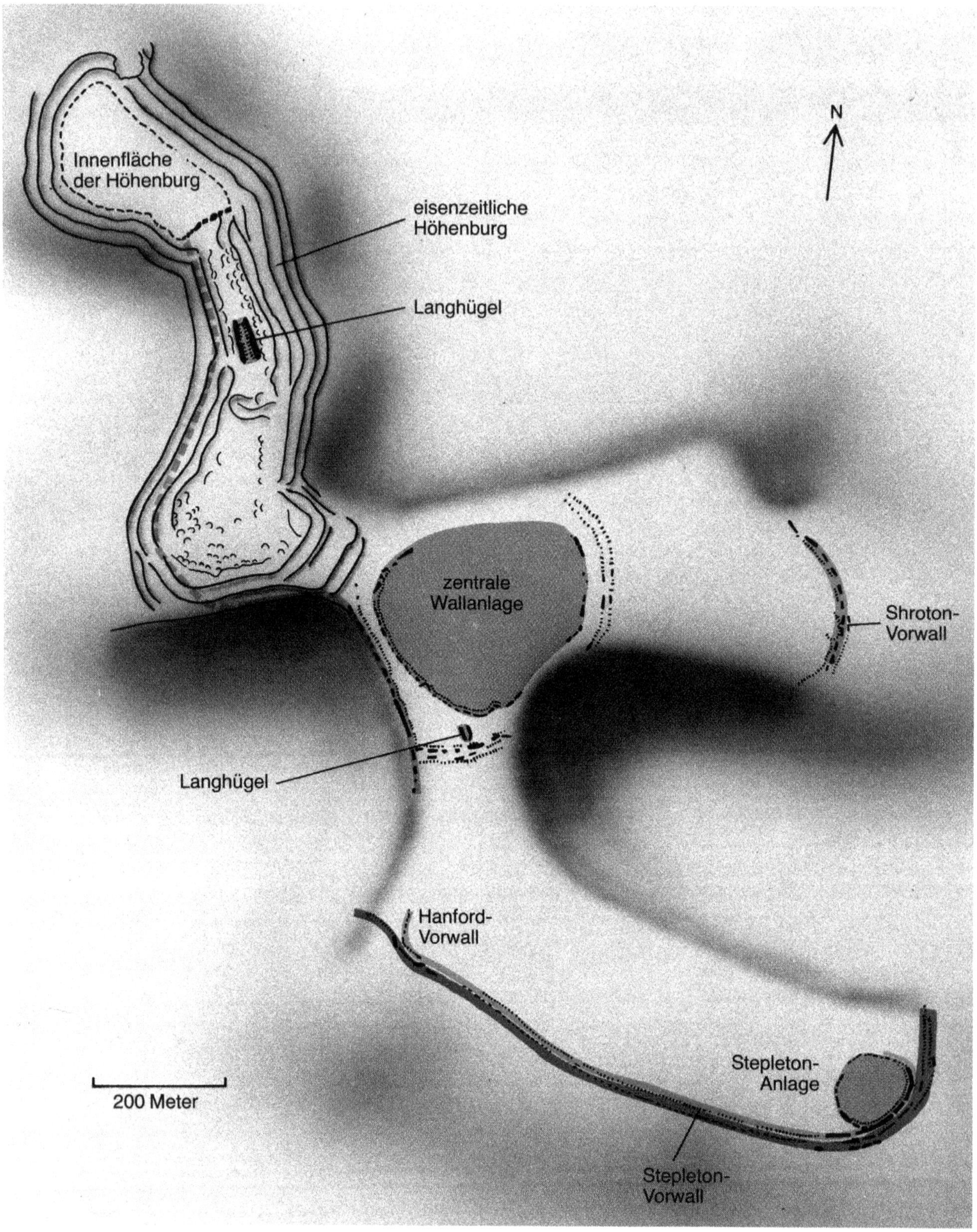
N
Innenfläche
der Höhenburg
eisenzeitliche
Höhenburg
Langhügel
zentrale
Wallanlage
Shroton-
Vorwall
Langhügel
Hanford-
Vorwall
200 Meter
Stepleton-
Anlage
Stepleton-
Vorwall

Tafel 23,1

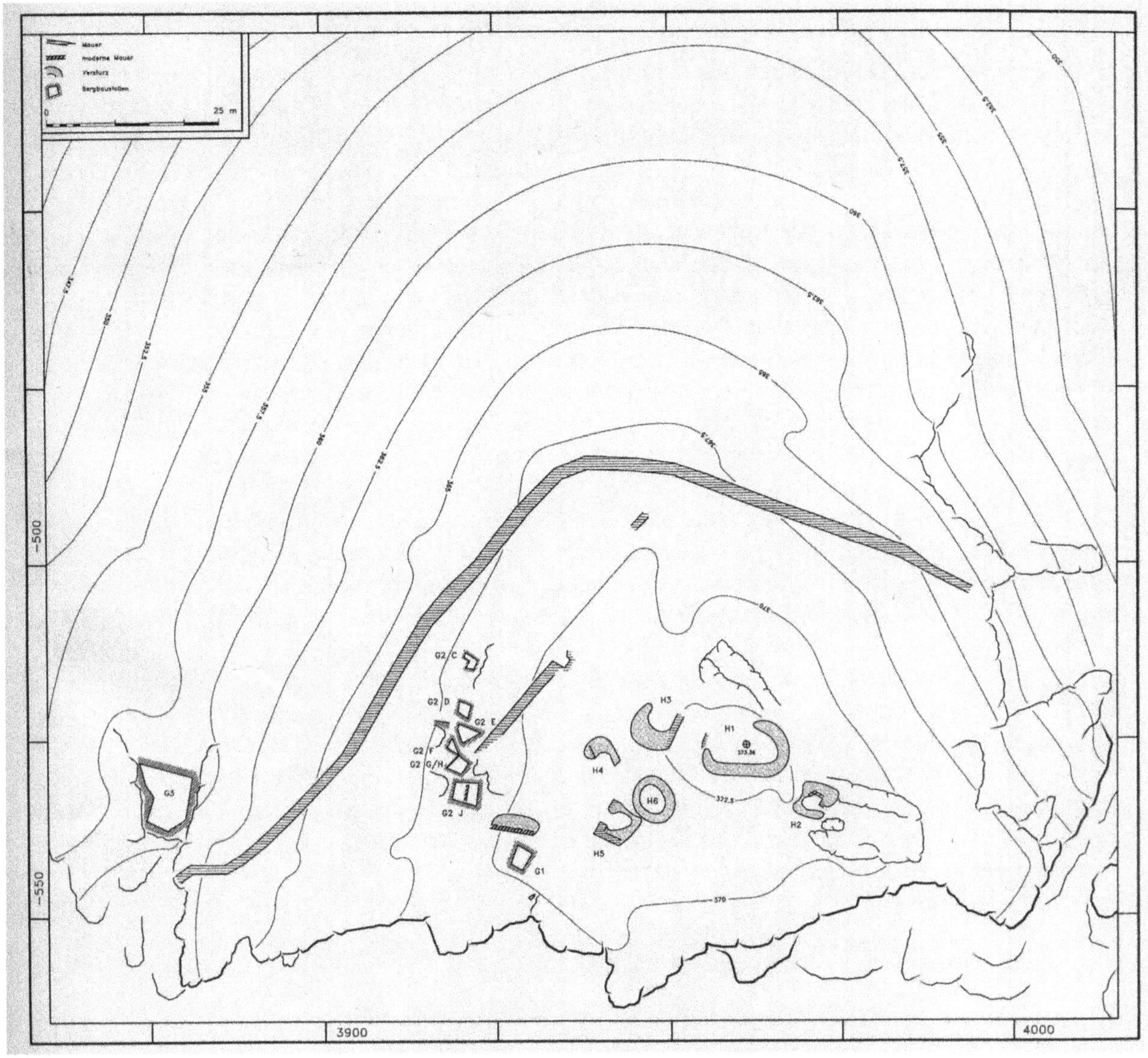

Tafel 23,2

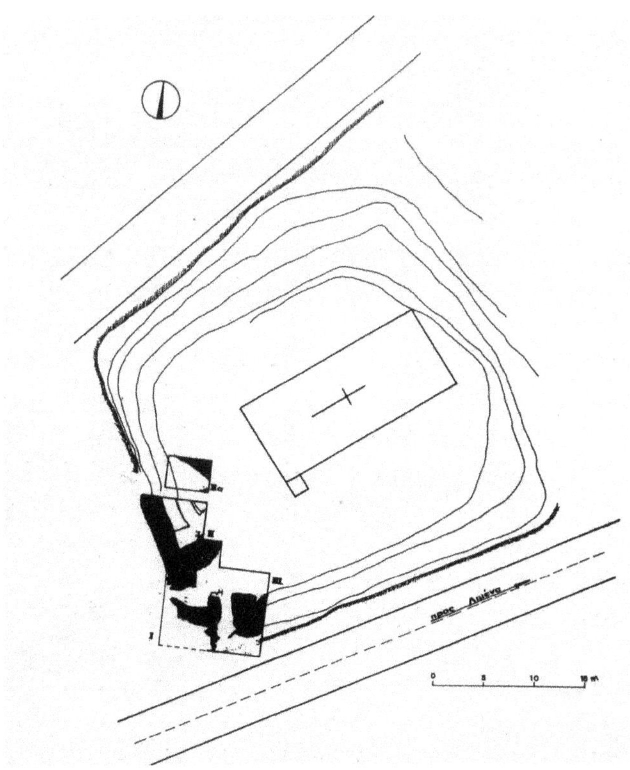

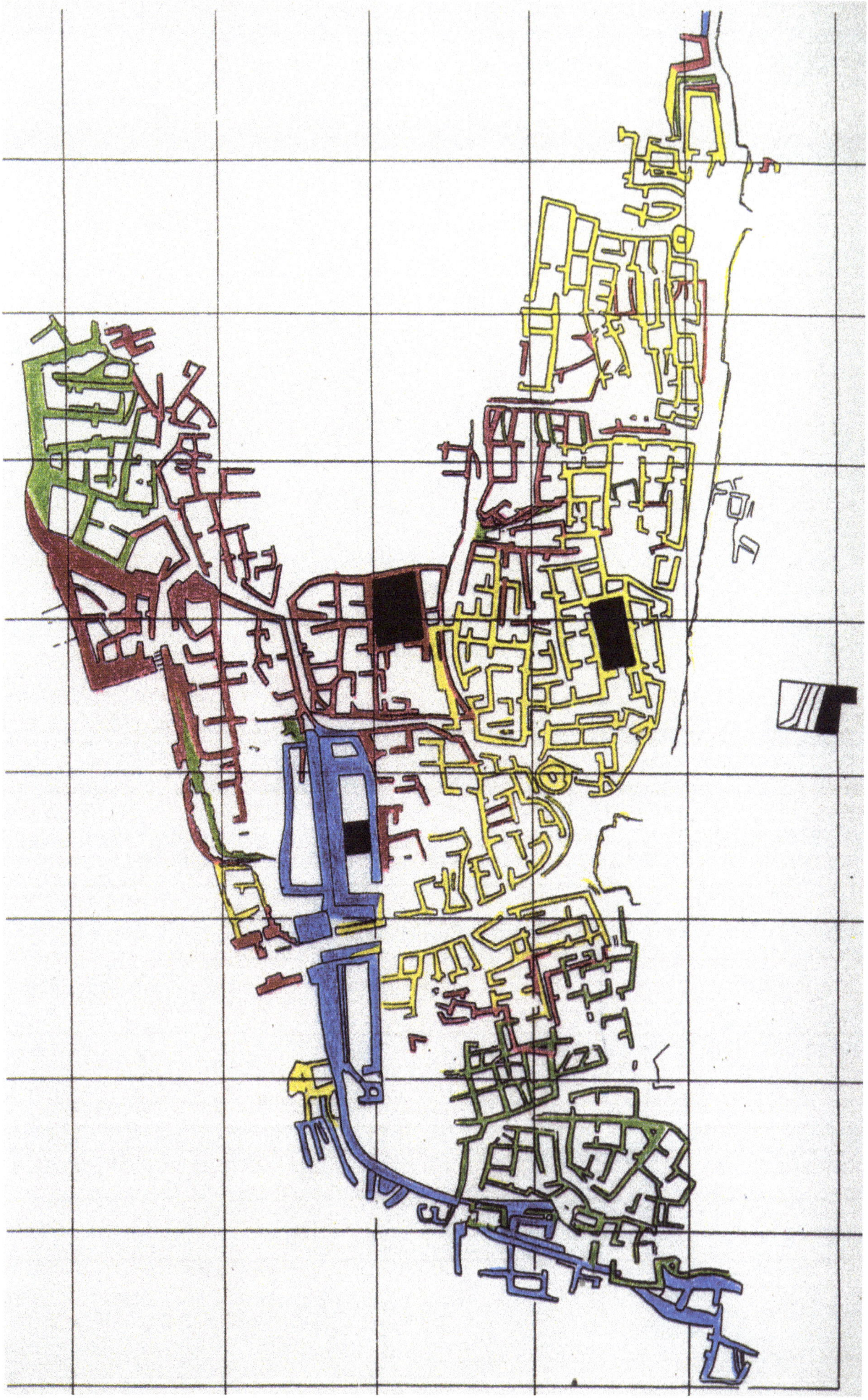

ΘΕΡΜΗ ΙΙΙΑ
ΥΠΟΜΝΗΜΑ
Δρόμος, πλατεία, ακάλυπτος χώρος
Στεγασμένος χώρος
Δάπεδο
Κόκκινος /Καμμένος πηλός
Πηγάδι
Πλαττφόρμα
Εστία, φούρνος
Λάκκος στήριξης πιθαριού
Στρόφιγγα πόρτας
Αποθηκευτικός λάκκος
Πήλινη αποθηκευτική κατασκευή
METRES

Σχέδ. 5.

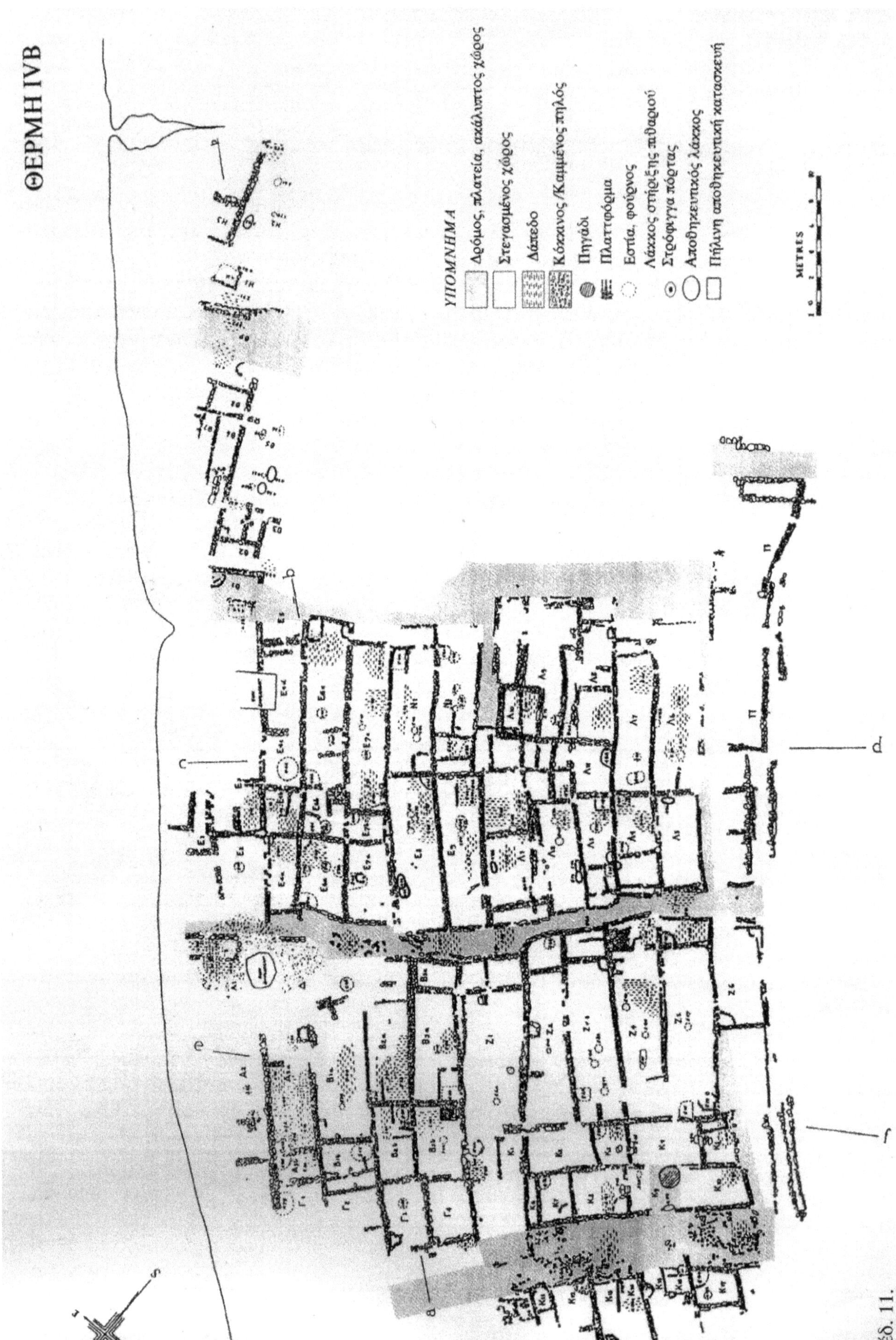
ΘΕΡΜΗ IVB
ΥΠΟΜΝΗΜΑ
Δρόμος, πλατεία, ακάλυπτος χώρος
Στεγασμένος χώρος
Δάπεδο
Κόκκινος /Καμμένος πηλός
Πηγάδι
Πλατφόρμα
Εστία, φούρνος
Λάκκος στήριξης πιθαριού
Στρόφιγγα πόρτας
Αποθηκευτικός λάκκος
Πήλινη αποθηκευτική κατασκευή
METRES

Σχέδ. 11.

ΘΕΡΜΗ V
ΥΠΟΜΝΗΜΑ
Δρόμος, πλατεία, ακάλυπτος χώρος
Στεγασμένος χώρος
Δάπεδο
Κόκκινος /Καμμένος πηλός
Πηγάδι
Πλακόστρωμα
Εστία, φούρνος
Λάκκος στήριξης πιθαριού
Στρόφιγγα πόρτας
Αποθηκευτικός λάκκος
Πήλινη αποθηκευτική κατασκευή
METRES

Σχέδ. 13.

Tafel 28,1

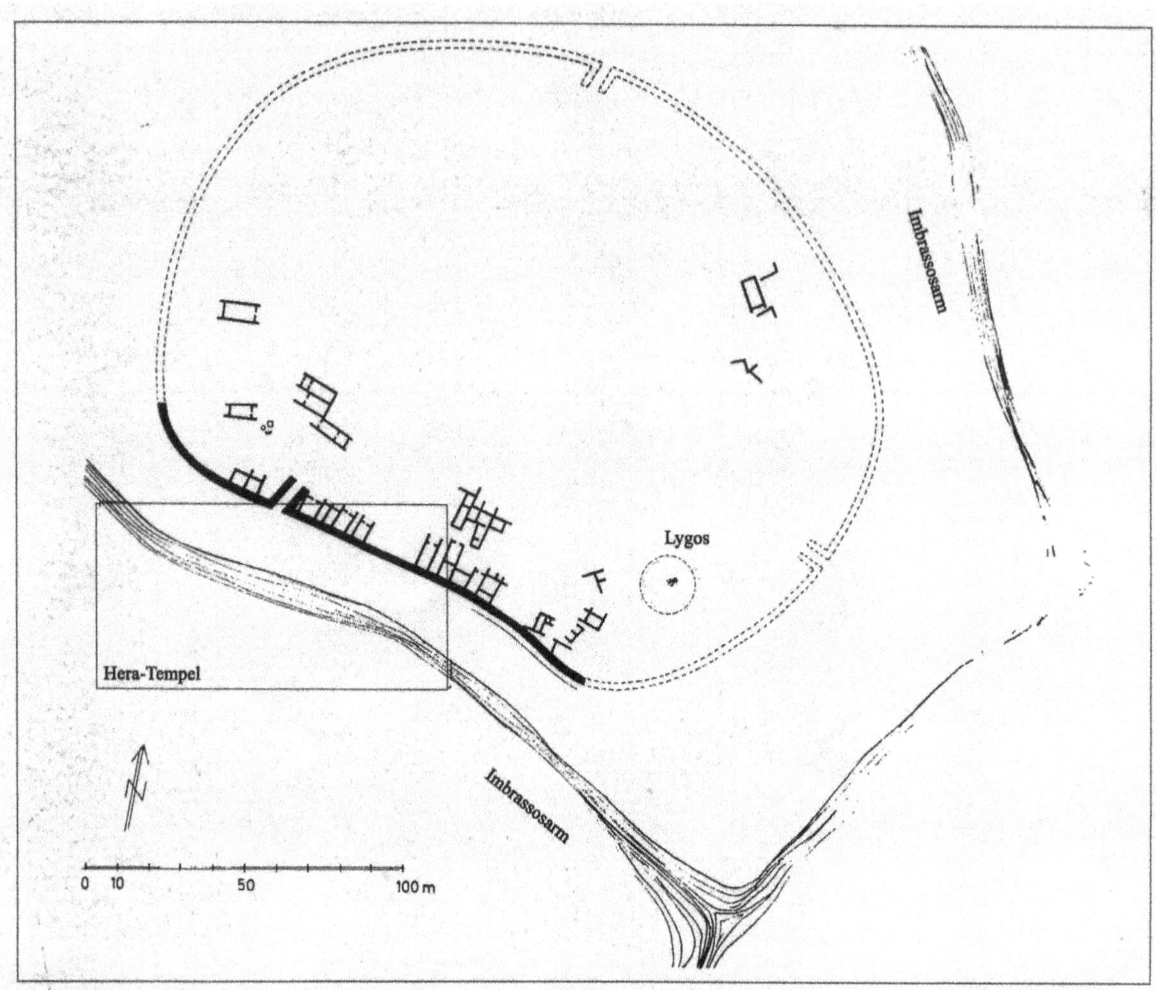

Tafel 28,2

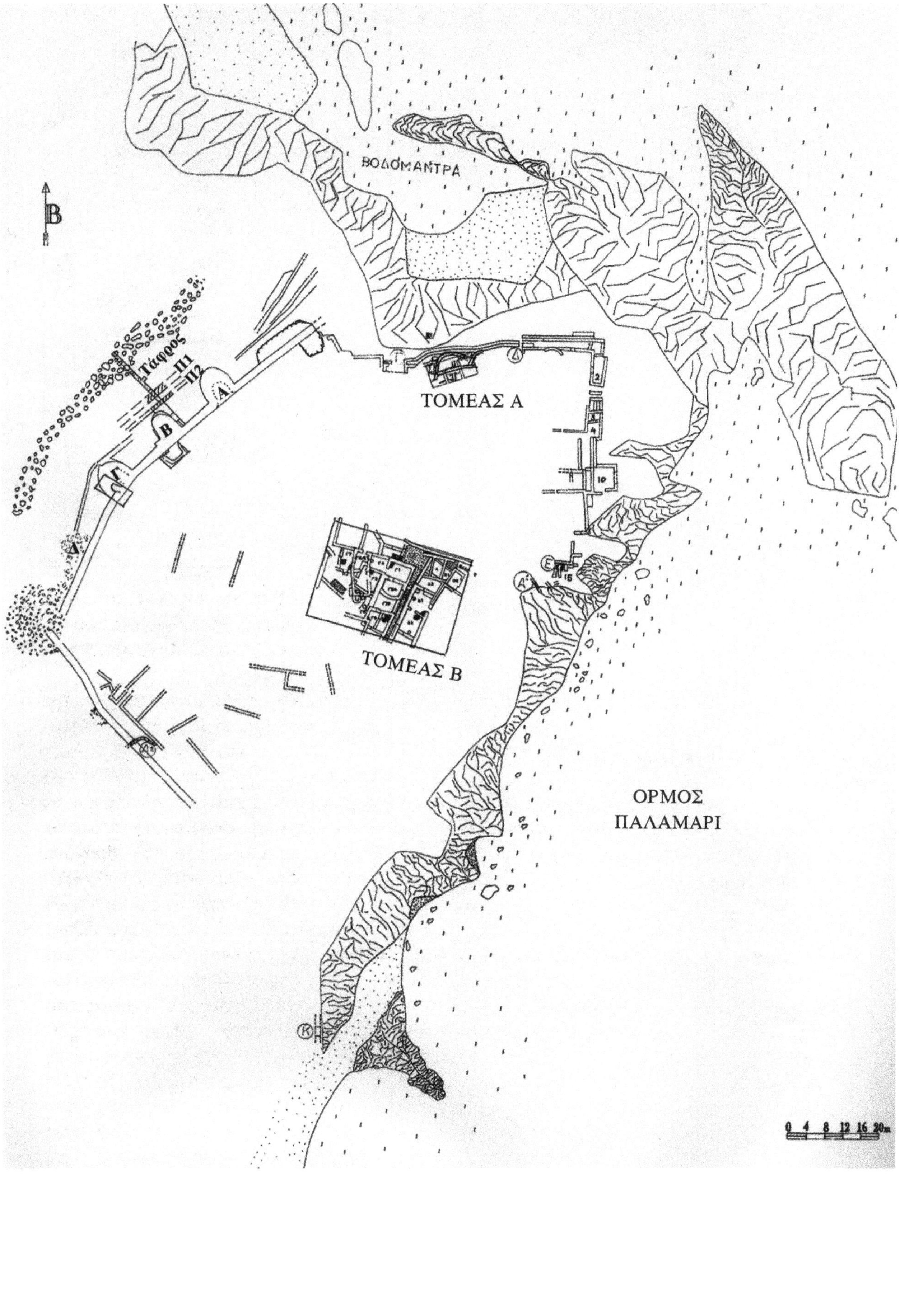
ΒΟΔΟΜΑΝΤΡΑ
Β
Τάφρος
Π1
Π2
Α
Β
Γ
Δ
ΤΟΜΕΑΣ Α
ΤΟΜΕΑΣ Β
ΟΡΜΟΣ
ΠΑΛΑΜΑΡΙ
0 4 8 12 16 20m

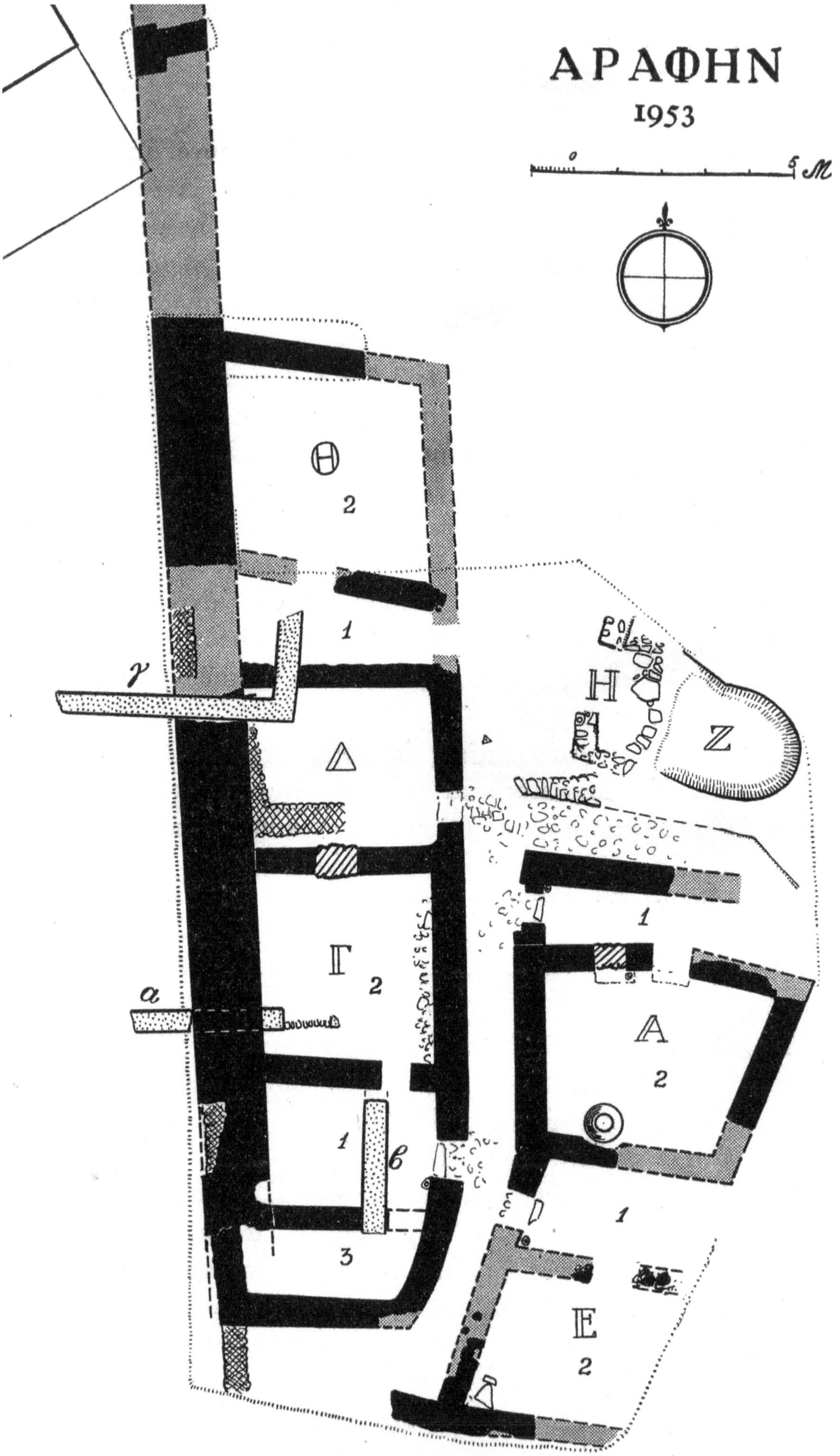
ΑΡΑΦΗΝ
1953
0
5 M
Θ
2
1
γ
Η
Ζ
Δ
1
Γ
2
α
Α
2
1
β
1
3
Ε
2

ΑΣΚΗΤΑΡΙΟ
1955

Tafel 32

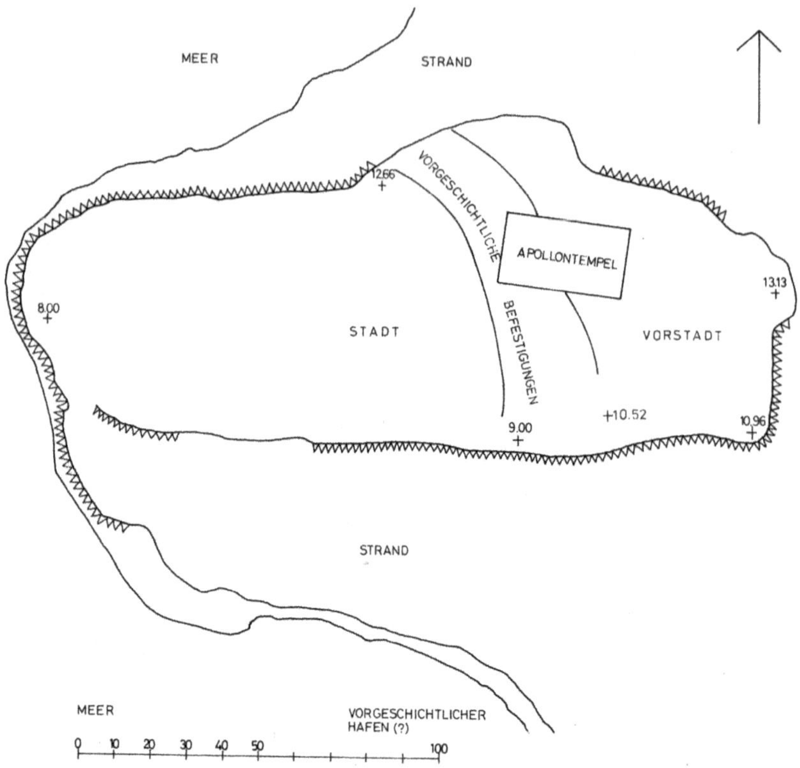

Tafel 33

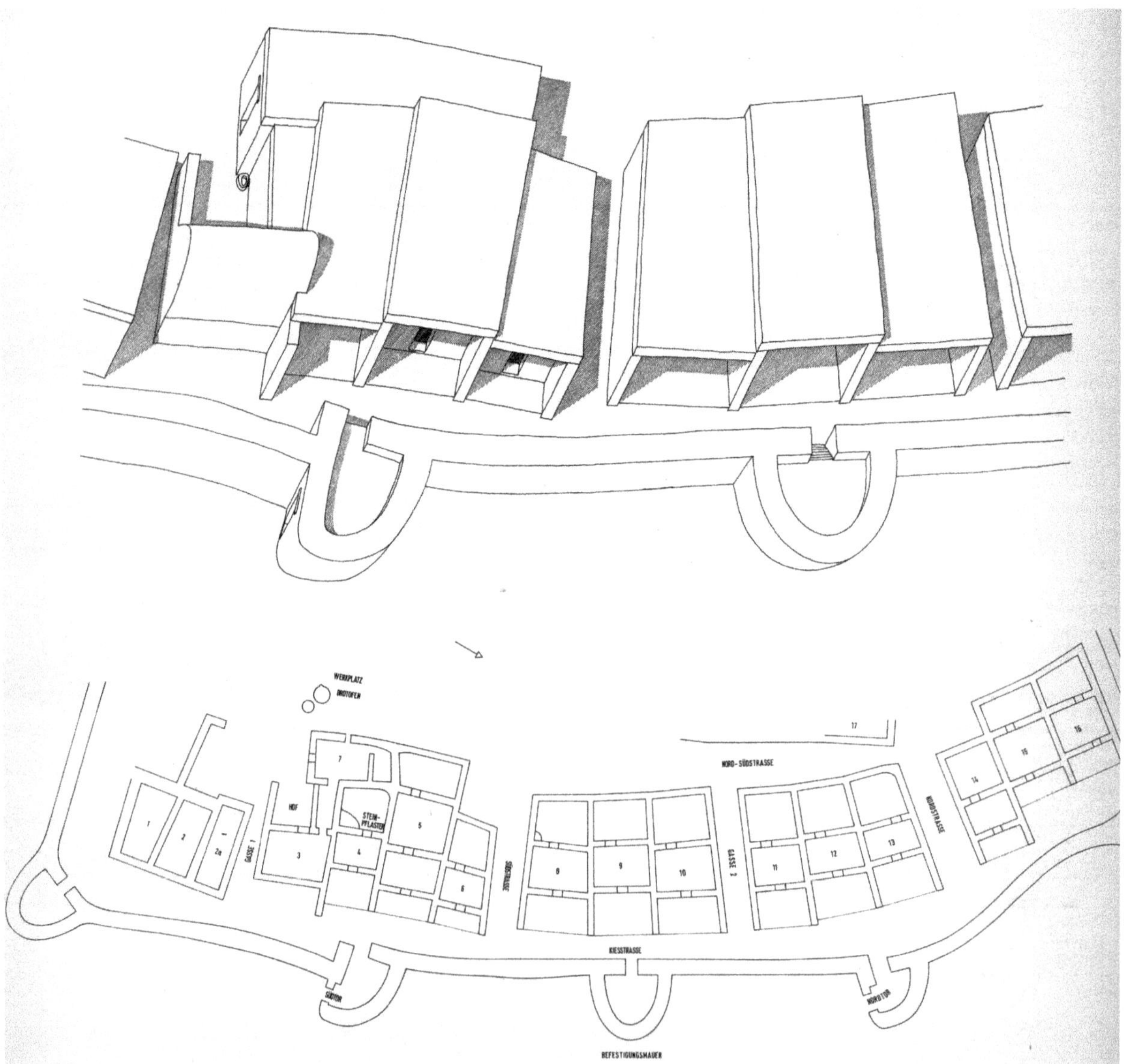

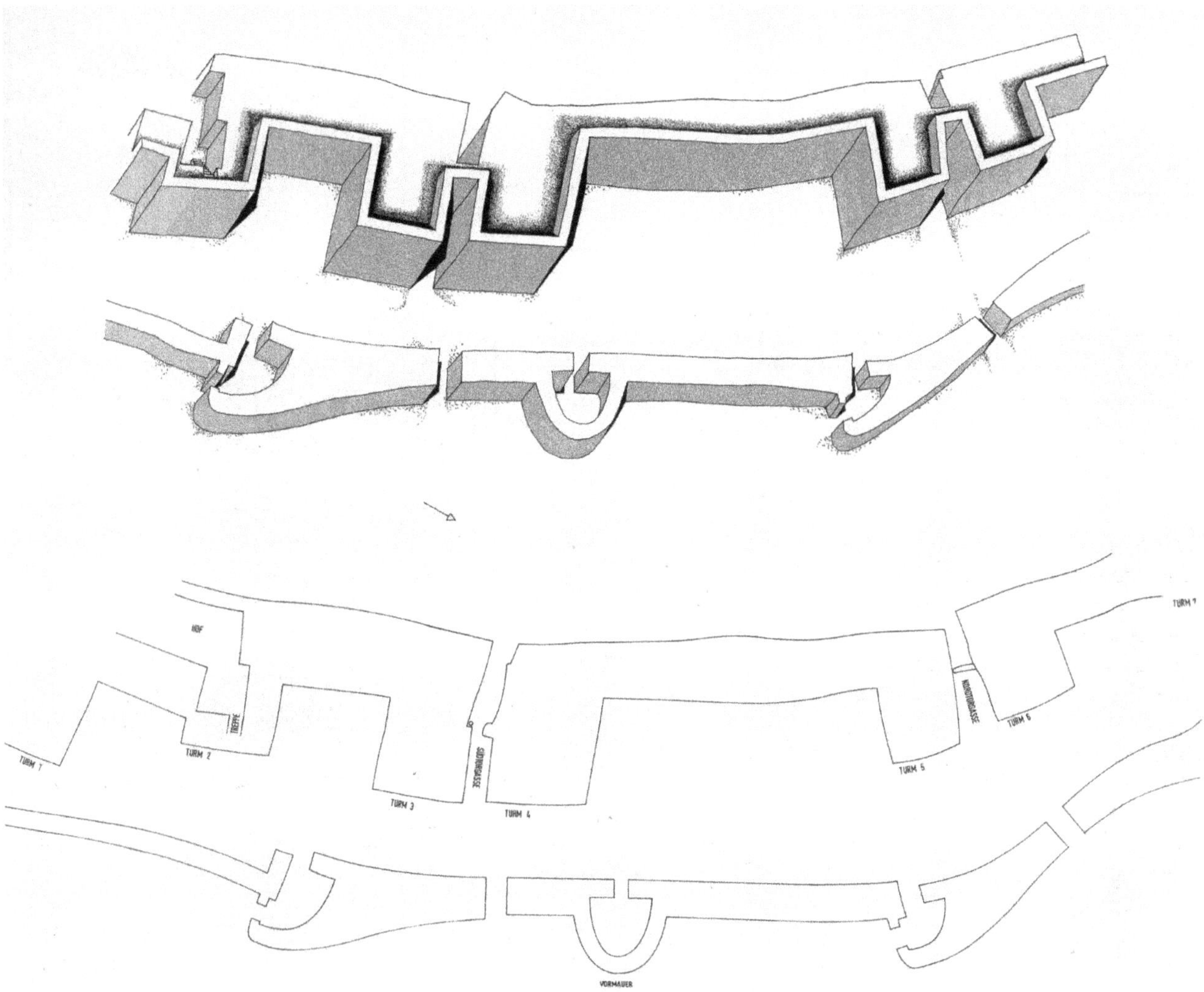
HOF
TREPPE
TURM 1
TURM 2
TURM 3
SÜDTORGASSE
TURM 4
TURM 5
NORDTORGASSE
TURM 6
TURM 7
VORMAUER

Tafel 35

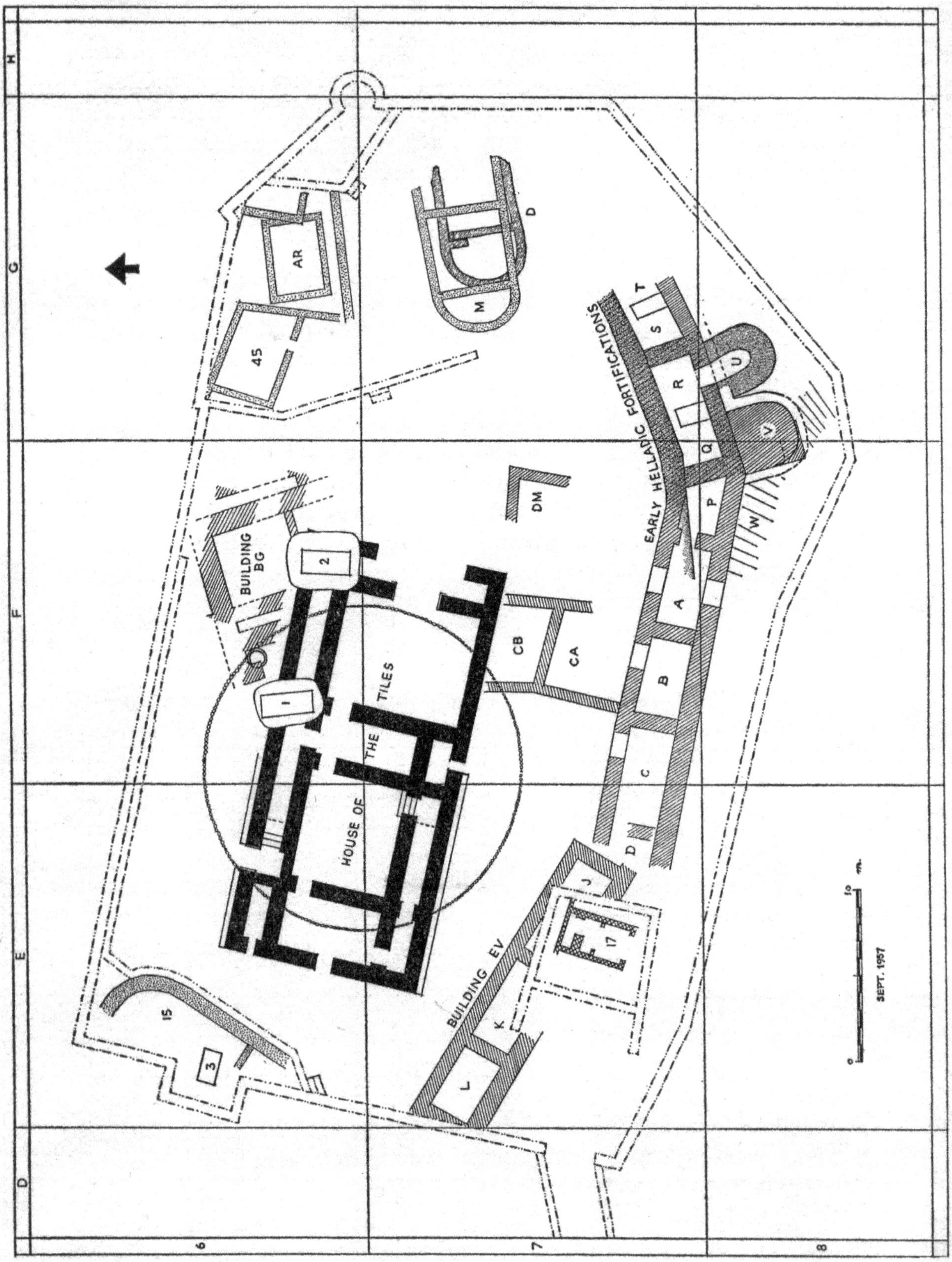
HOUSE OF THE TILES
BUILDING BG
BUILDING EV
EARLY HELLADIC FORTIFICATIONS
AR
45
M
D
DM
CB
CA
A
B
C
D
J
K
L
P
Q
R
S
T
U
V
W
1
2
3
15
17
SEPT. 1957
0
10 m.
D
E
F
G
H
6
7
8

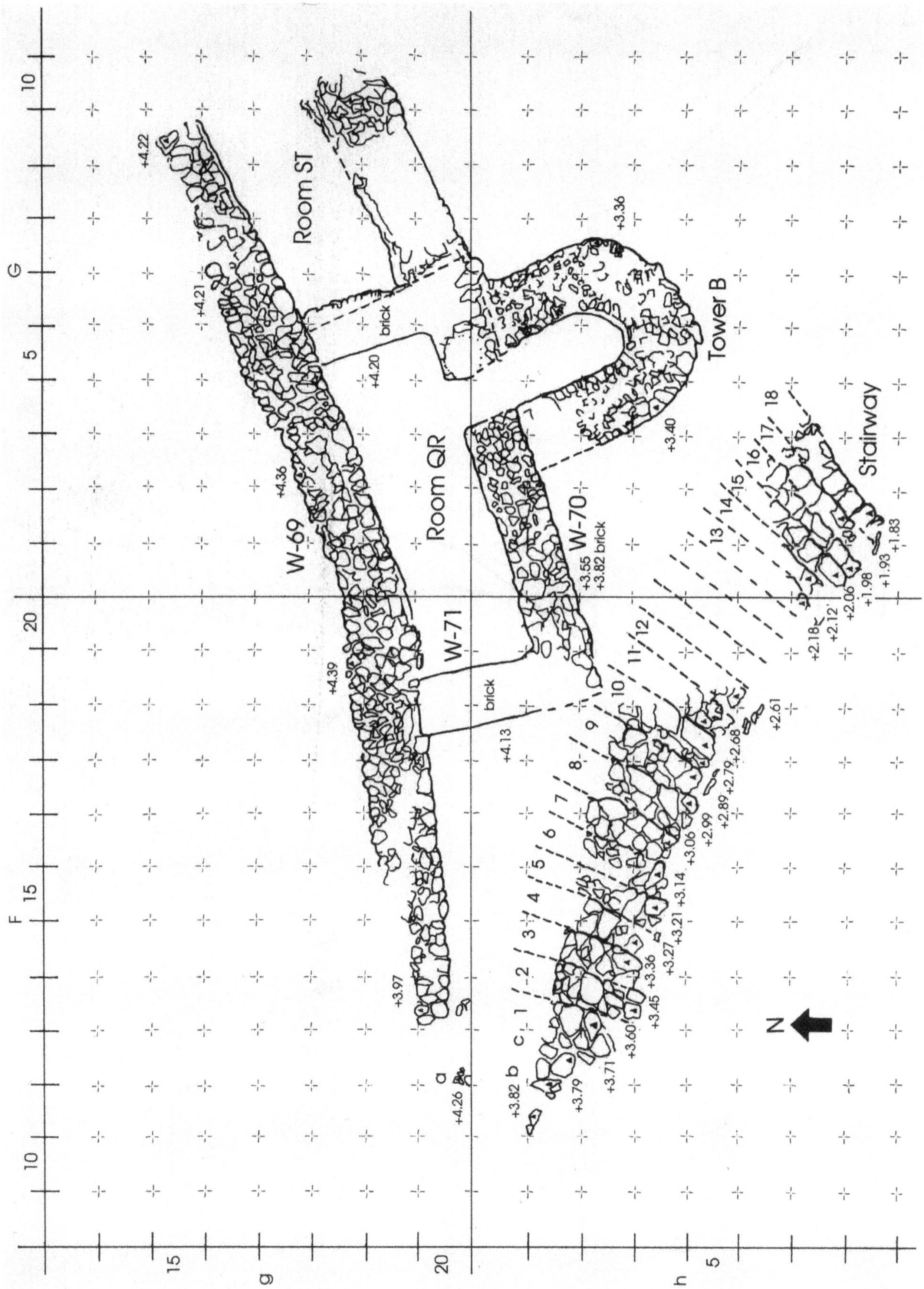
Room ST
Room QR
Tower B
Stairway
W-69
W-70
W-71
brick
+3.82 brick
N
G
F
g
h

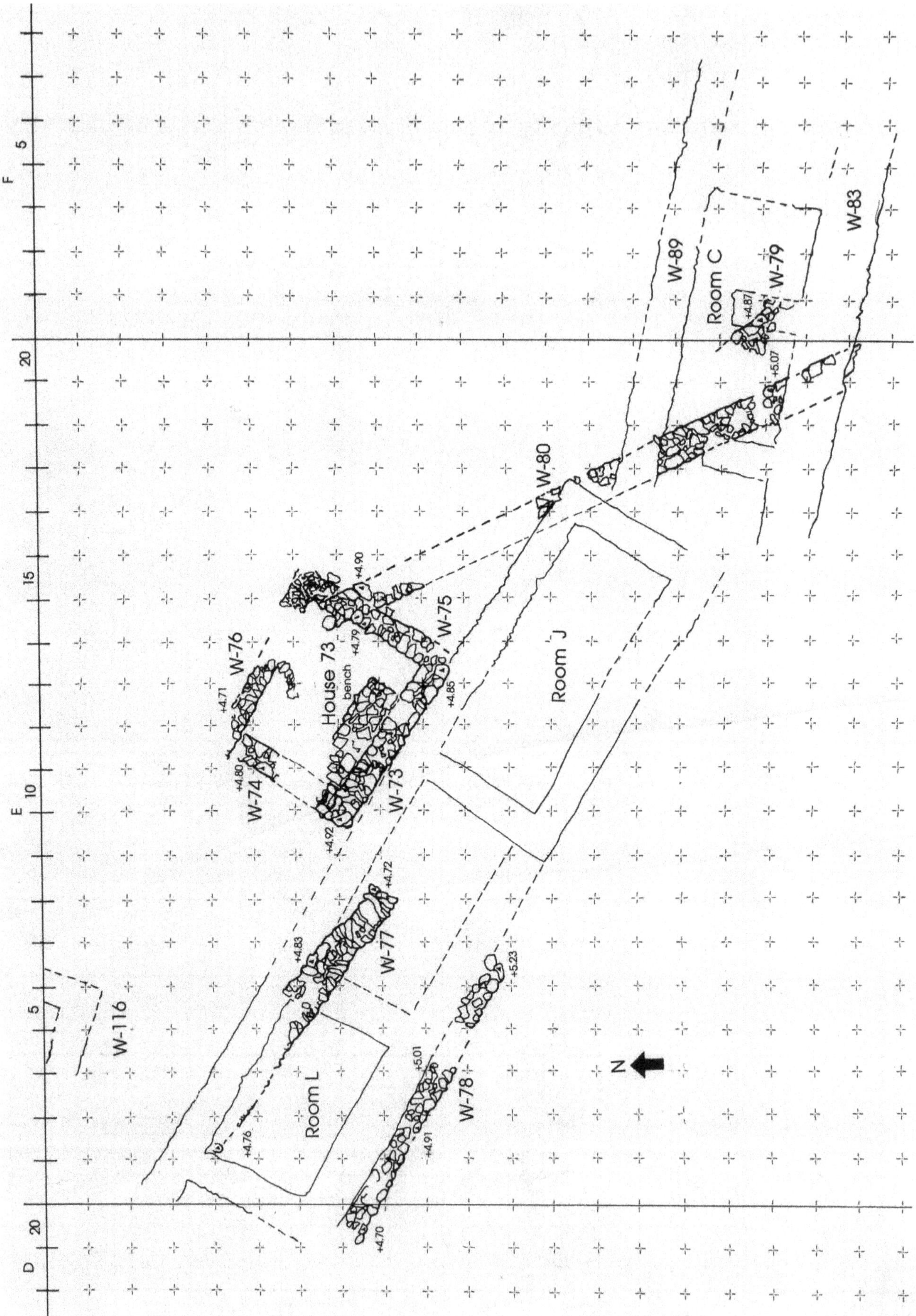
W-89
Room C
W-79
W-83
W-80
W-76
House 73
bench
W-75
Room J
W-74
W-73
W-77
W-116
Room L
W-78
N
+4.87
+5.07
+4.90
+4.79
+4.85
+4.71
+4.80
+4.92
+4.72
+4.83
+5.23
+5.01
+4.91
+4.76
+4.70

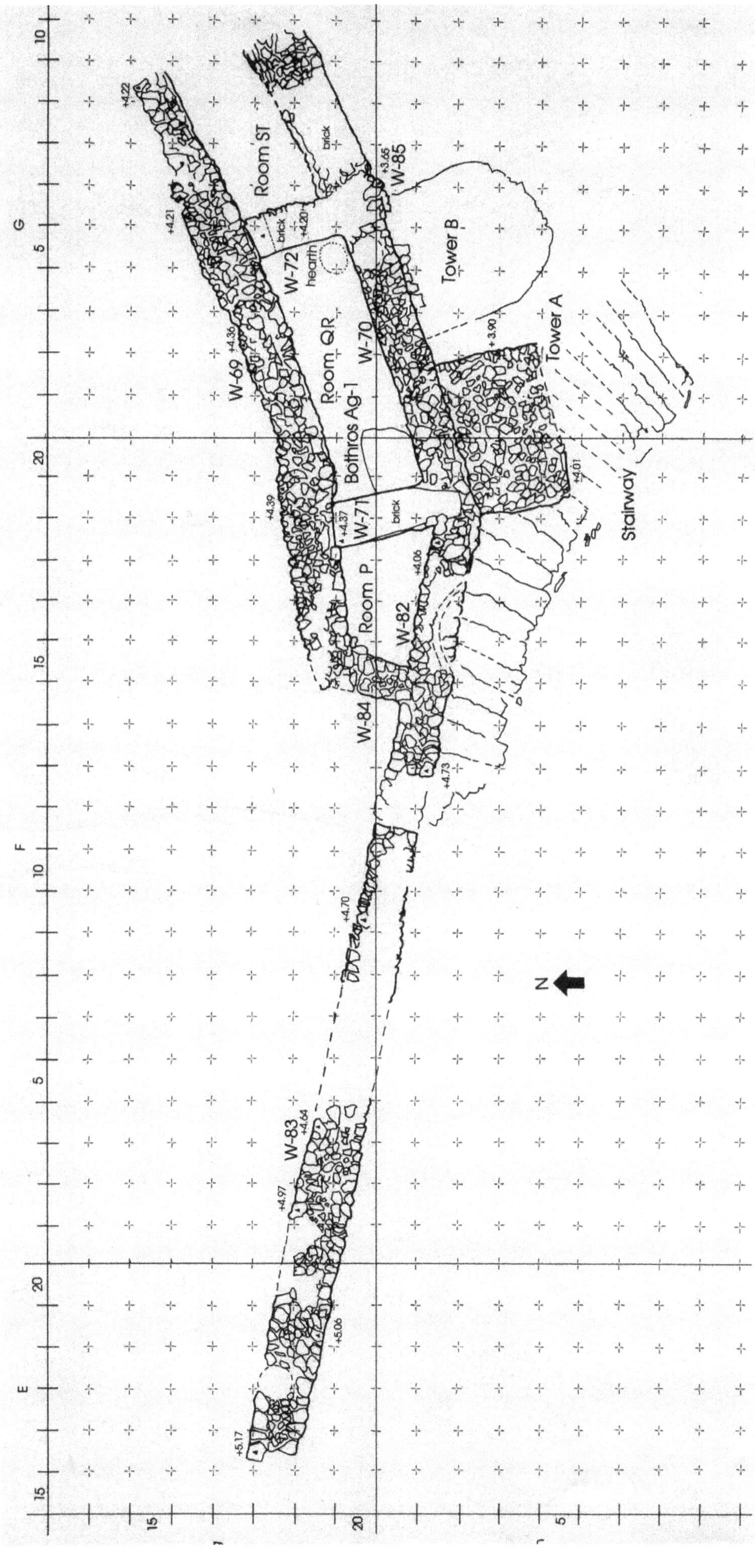
Room ST
brick
W-85
Tower B
Tower A
W-72
hearth
Room QR
W-69
W-70
Bothros Ag-1
W-71
Room P
W-82
W-84
Stairway
W-83
N
G
F
E

Tafel 39

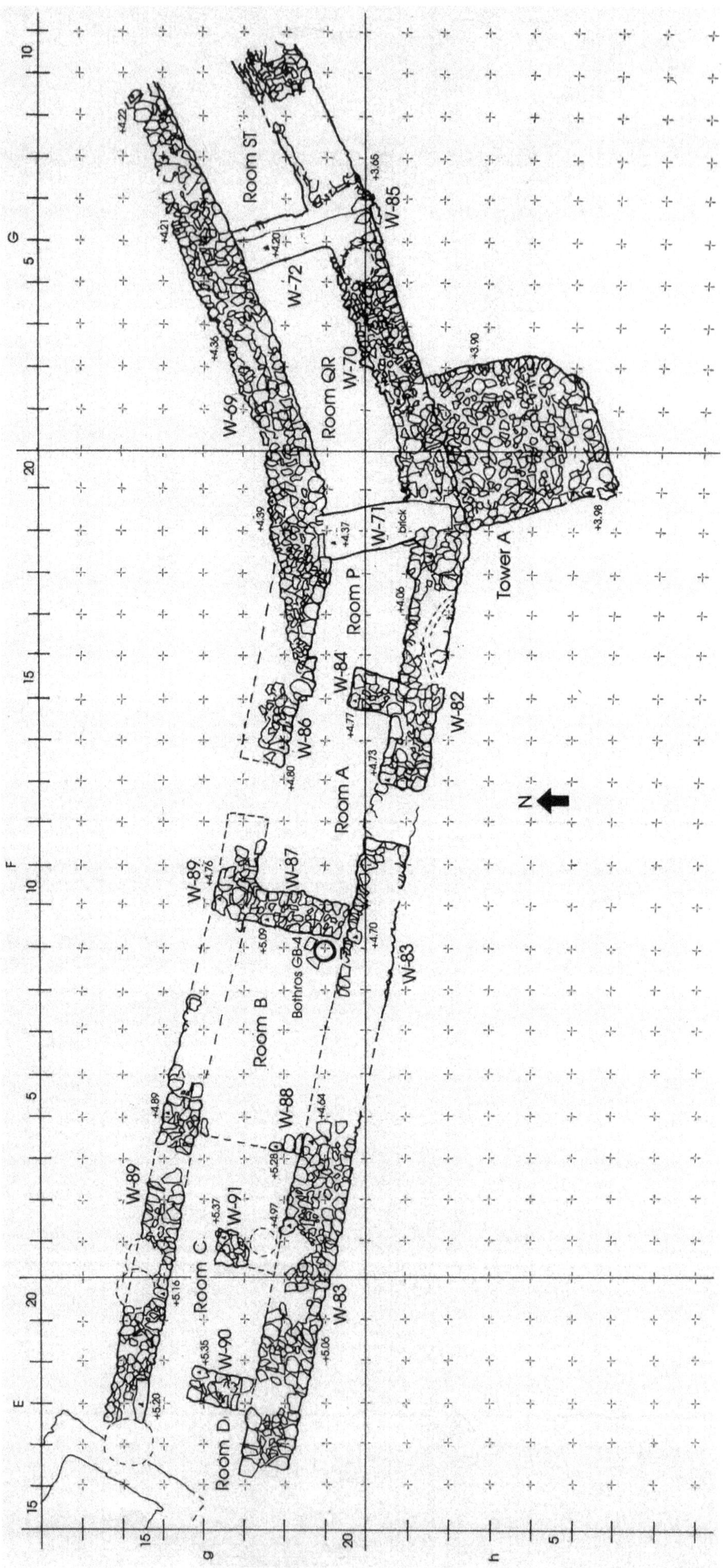

Room ST
W-72
W-85
W-70
Room QR
W-69
W-71
brick
Tower A
Room P
W-84
W-82
W-86
Room A
N
W-87
W-89
W-83
Bothros GB-4
Room B
W-88
W-91
Room C
W-90
Room D

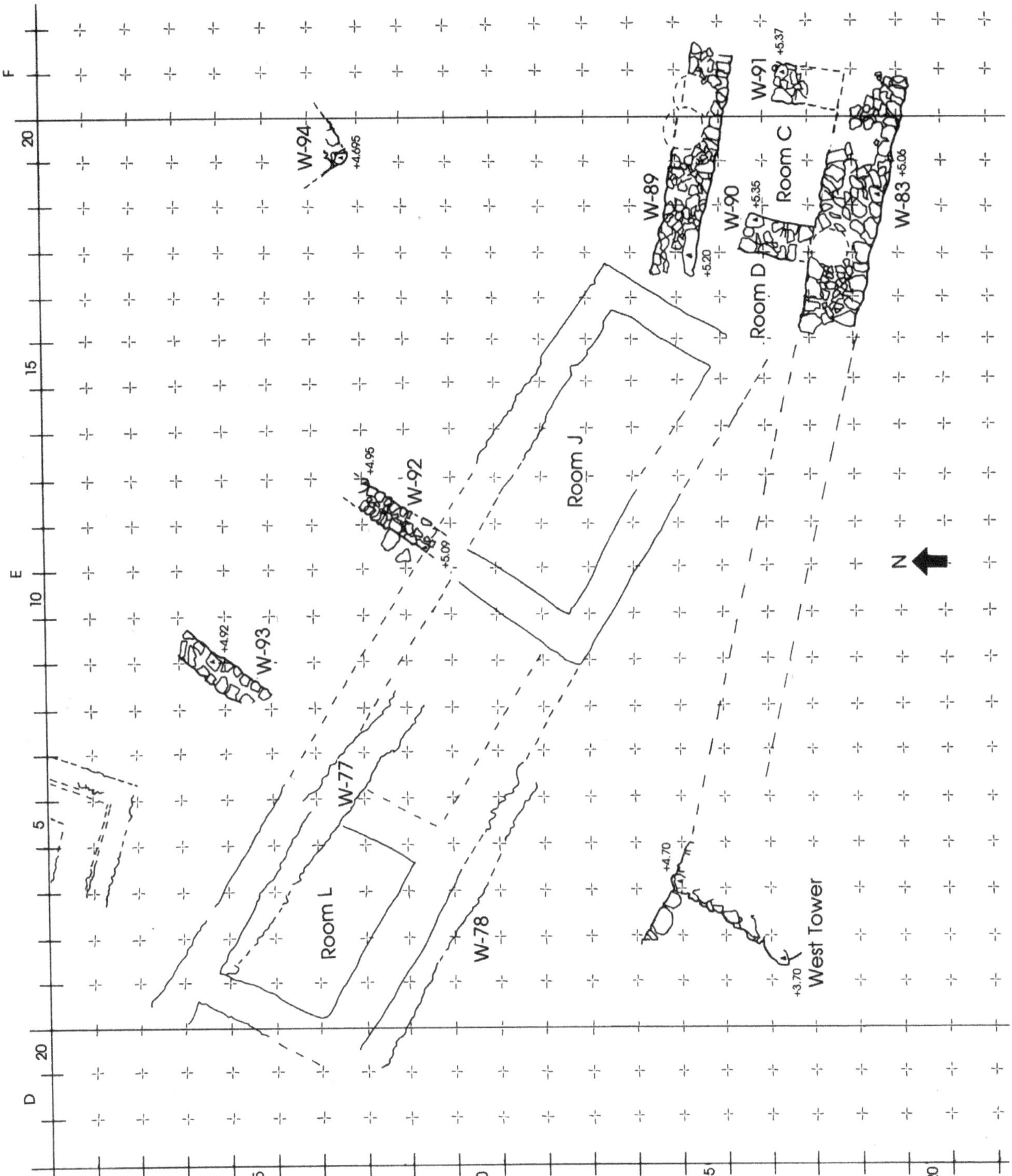

W-94
+4.695
W-89
+5.20
W-90
+5.35
W-91
+5.37
Room C
Room D
W-83
+5.06
Room J
W-92
+4.95
+5.09
W-93
+4.92
W-77
W-78
Room L
+4.70
+3.70
West Tower
N
D
E
F
g
5
10
15
20

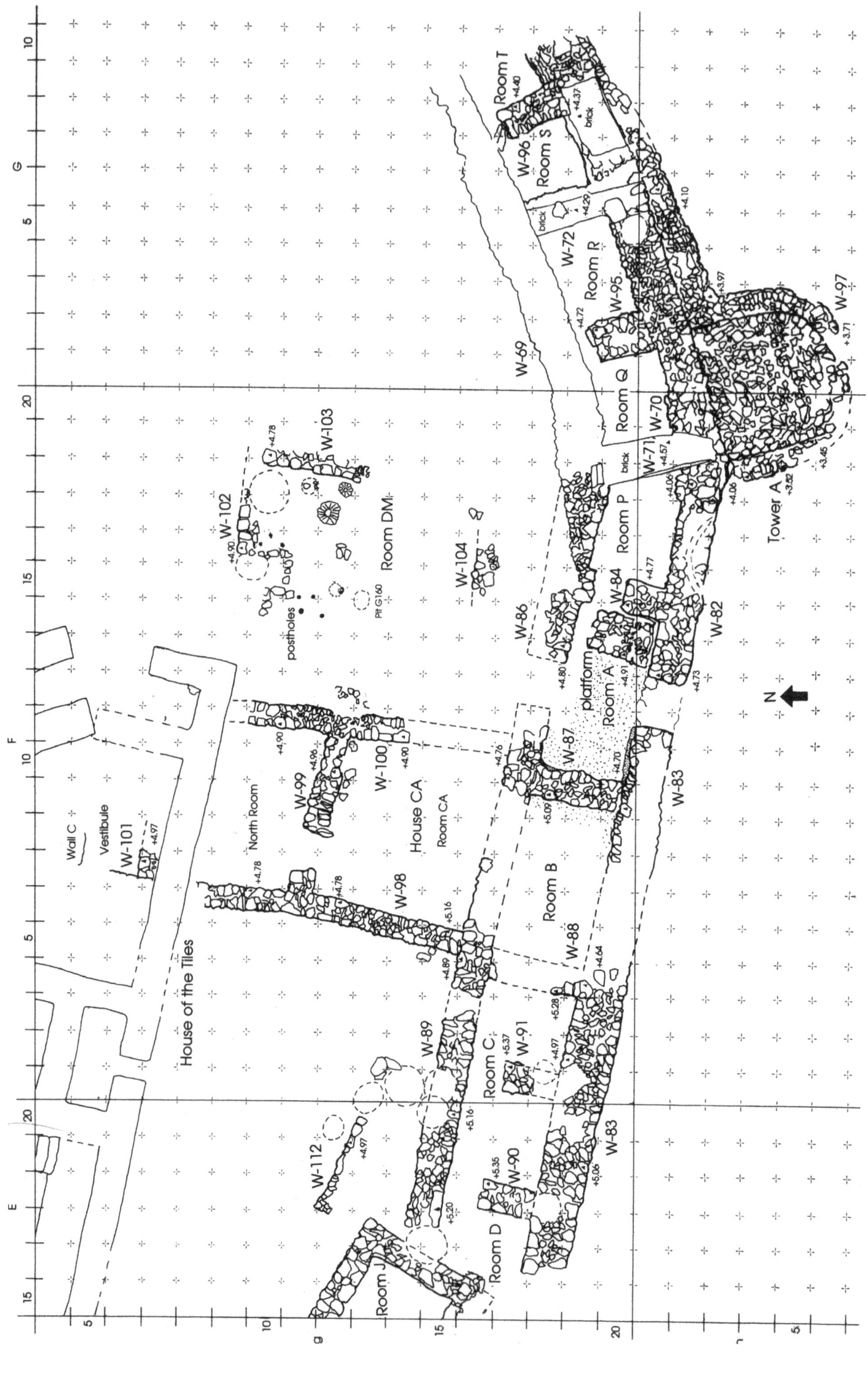
Room T
Room S
Room R
Room Q
Room P
Room A
Room B
Room C
Room D
Room J
Room DM
Room CA
House CA
North Room
Vestibule
Wall C
House of the Tiles
Tower A
platform
postholes
brick
W-69
W-70
W-71
W-72
W-82
W-83
W-84
W-86
W-87
W-88
W-89
W-90
W-91
W-95
W-96
W-97
W-98
W-99
W-100
W-101
W-102
W-103
W-104
W-112
N
G
F
E

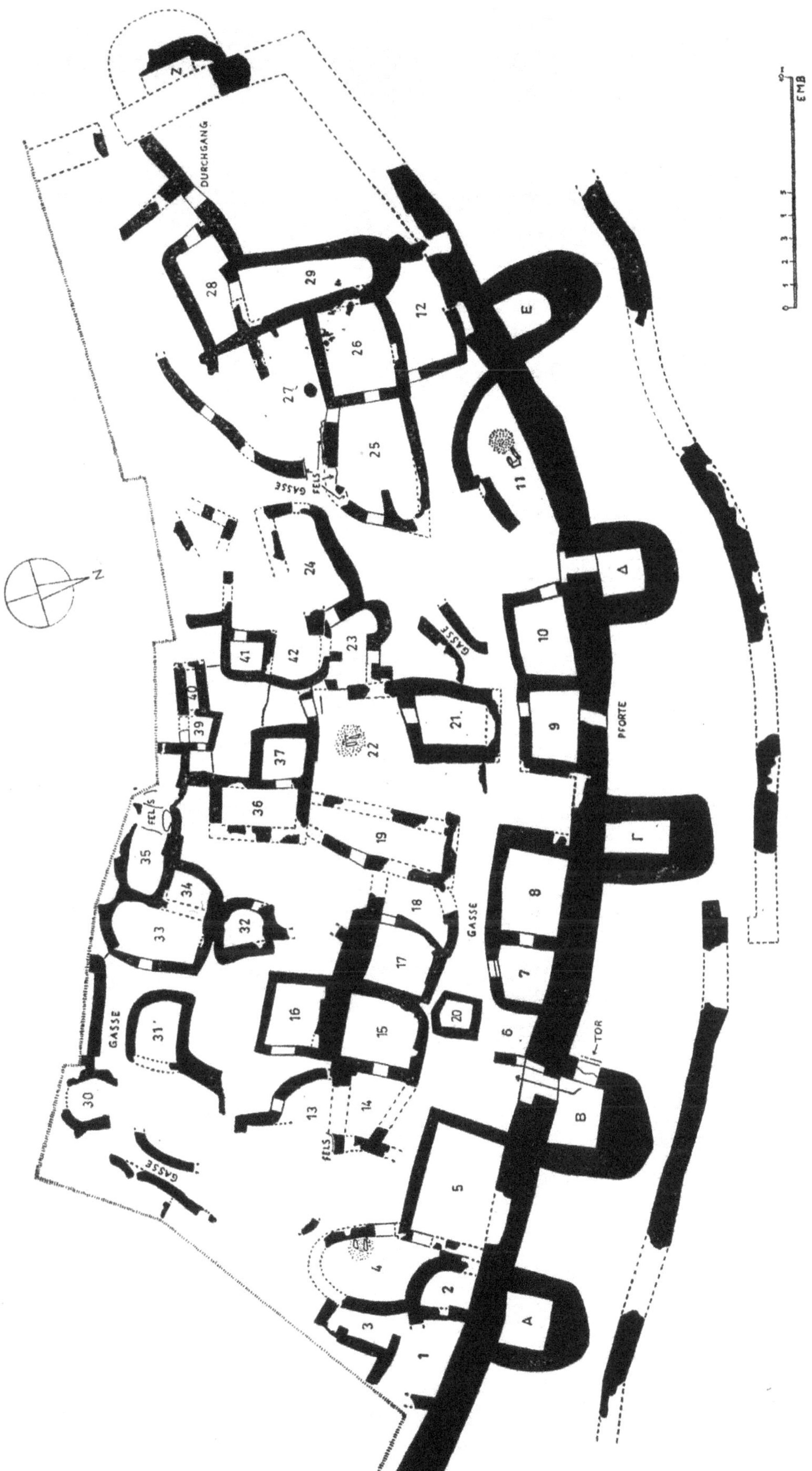
DURCHGANG
GASSE
FELS
PFORTE
TOR
N
EMB

Tafel 43,1

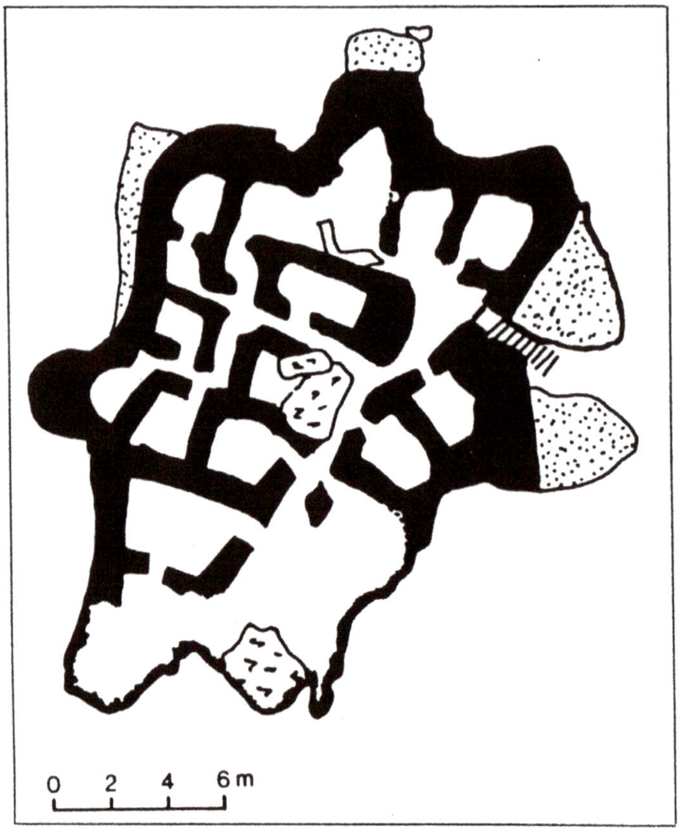

Tafel 43,2

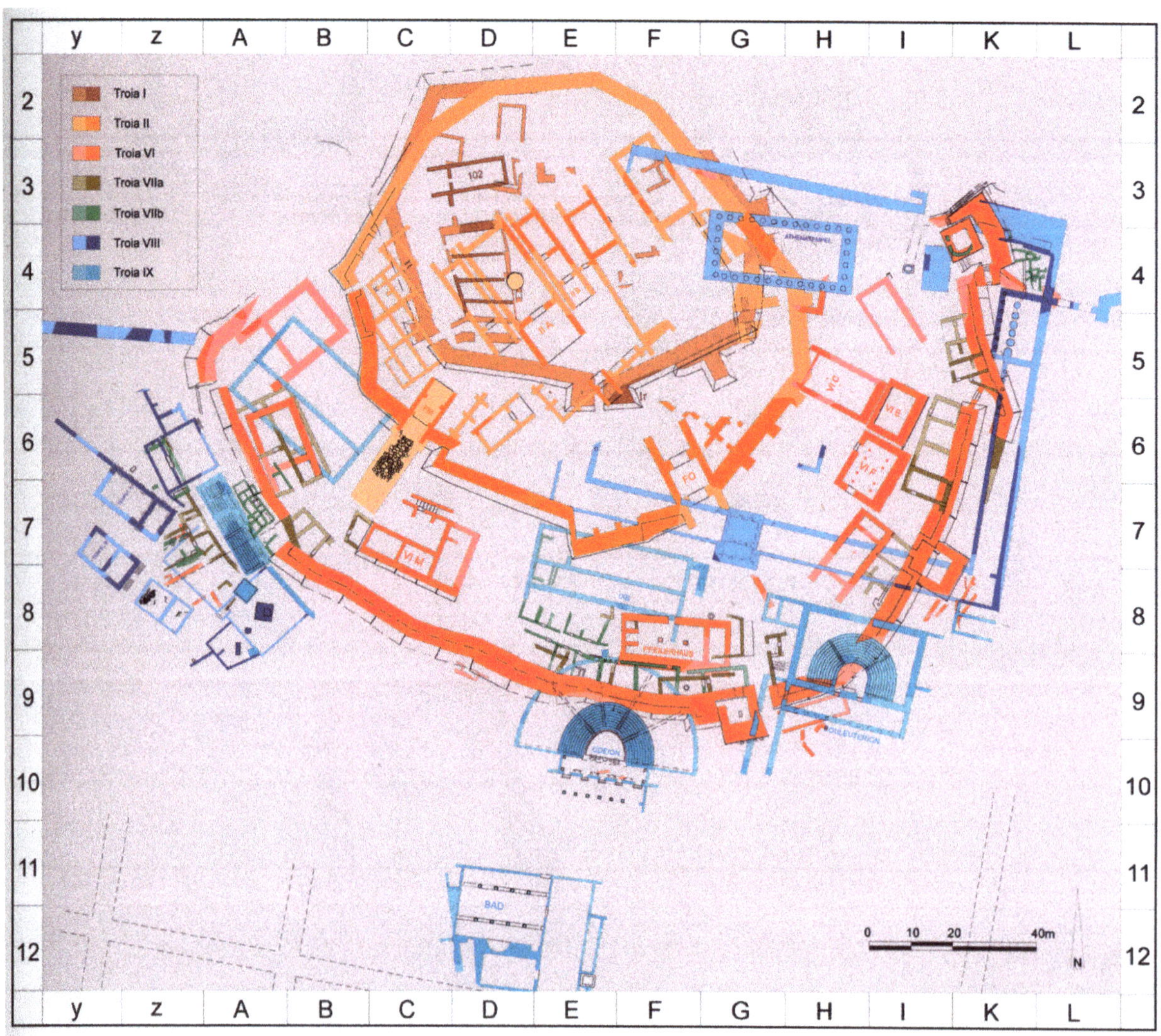

Tafel 44,1

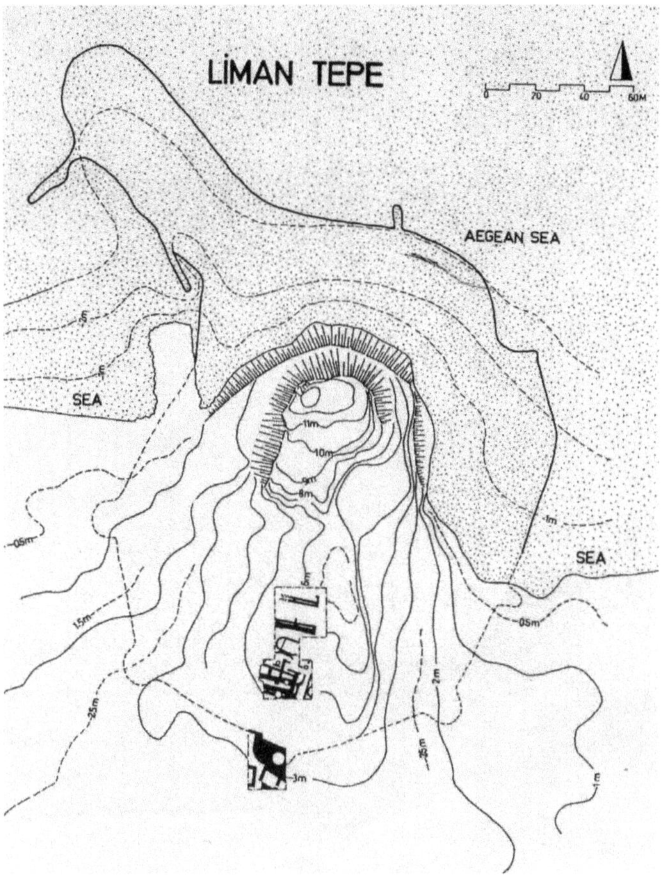

Tafel 44,2

Tafel 44,3

Tafel 45,1

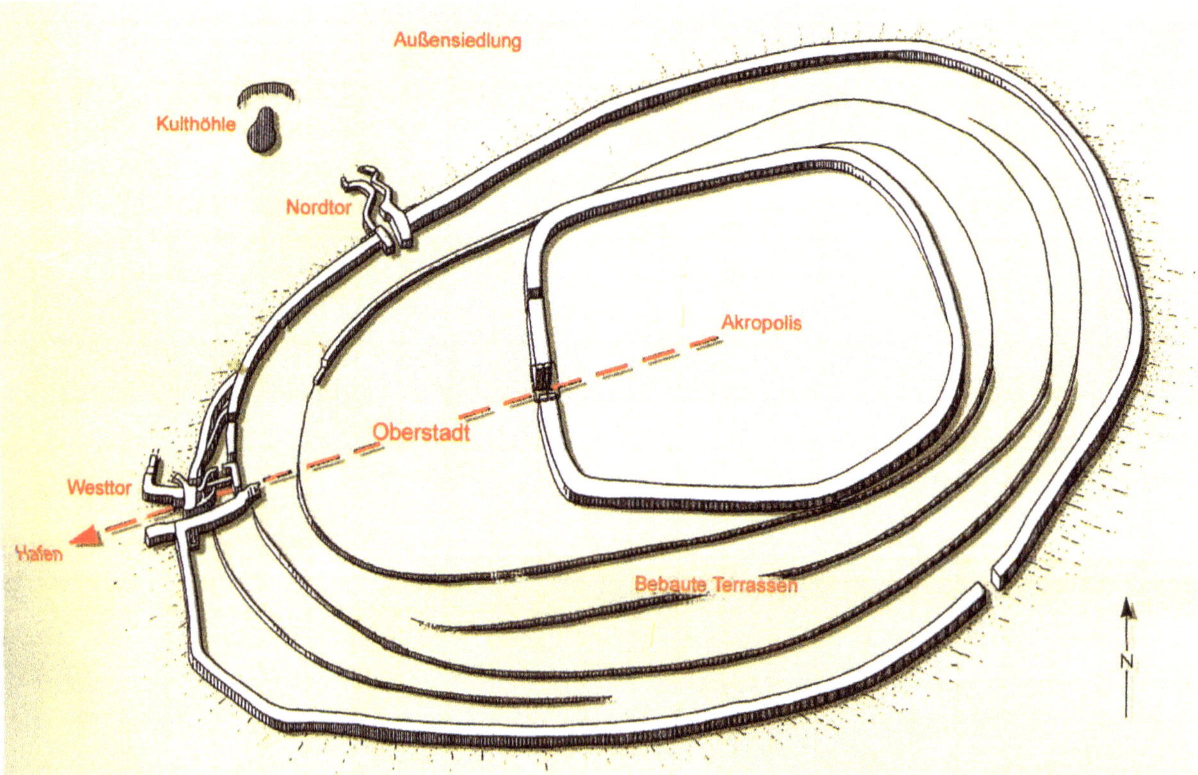

Tafel 45,2

Tafel 46,1

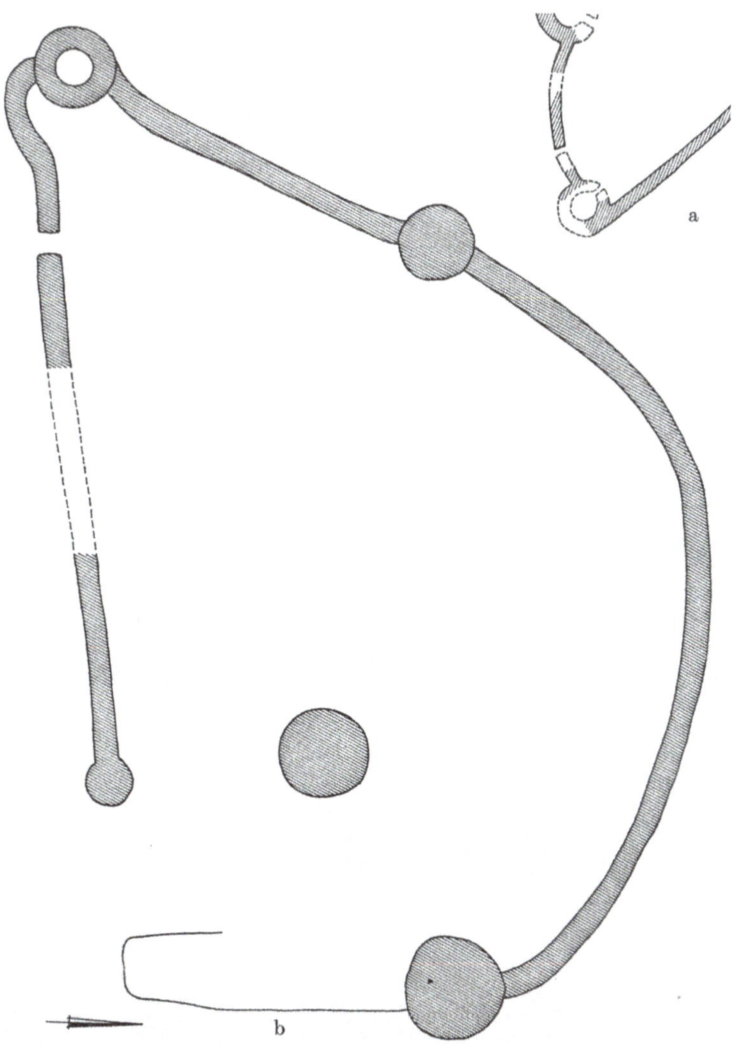

Tafel 46,2

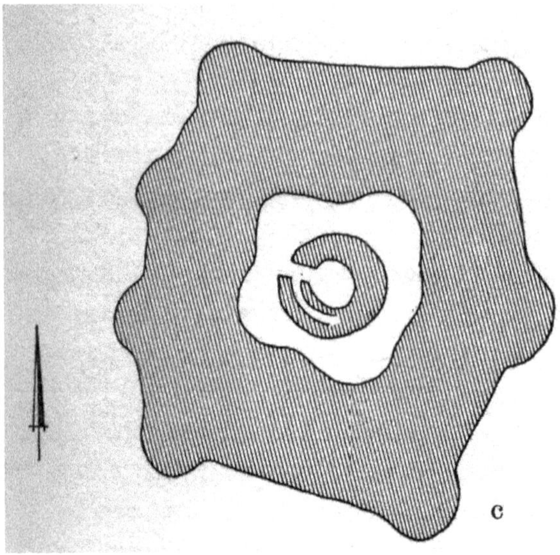

Tafel 47,1

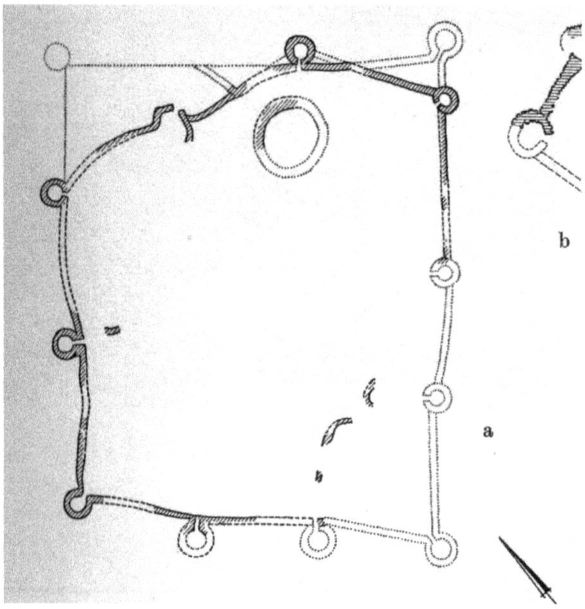

Tafel 47,2

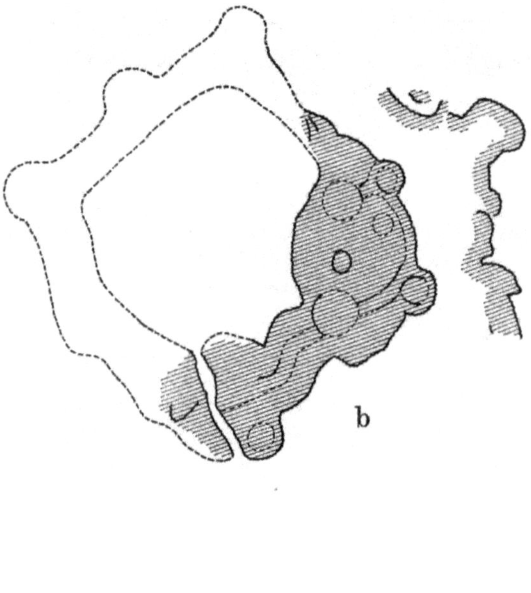

Tafel 47,3

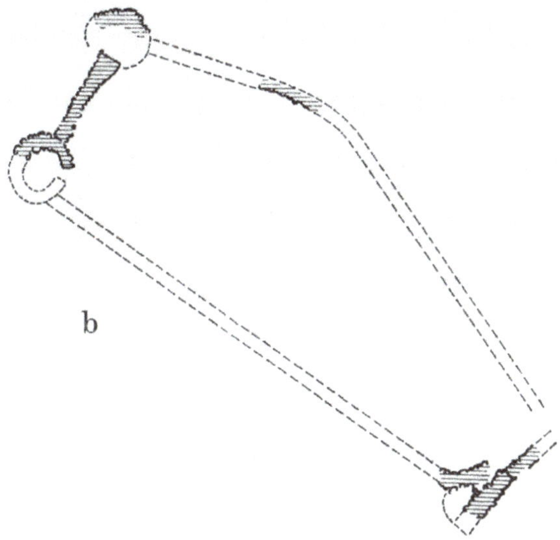

b

Tafel 47,4

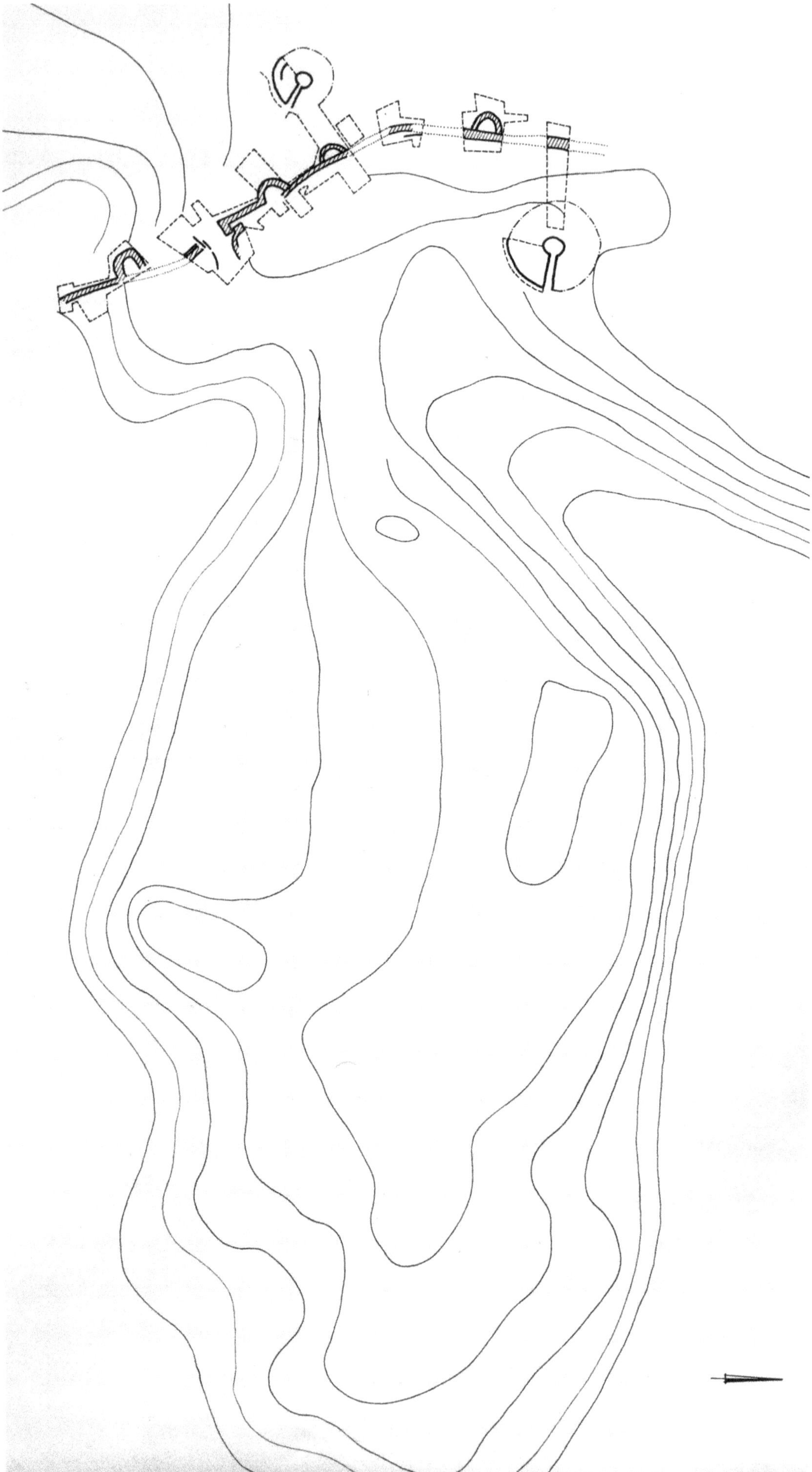

Tafel 49,1

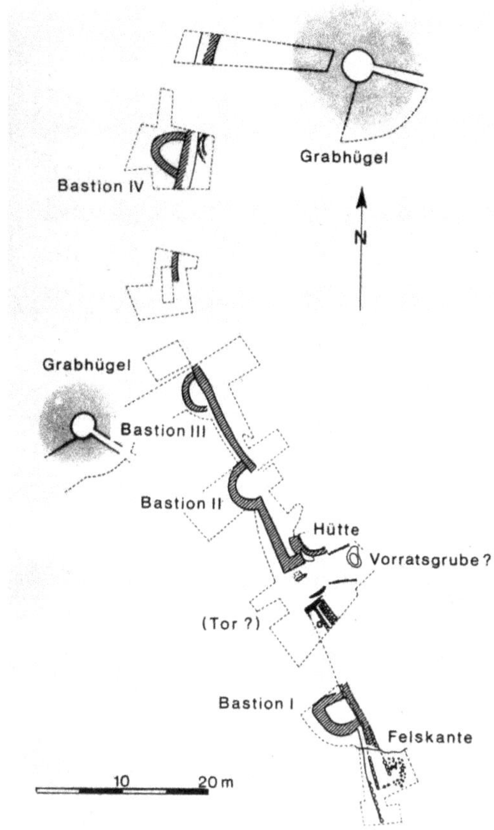

Tafel 49,2

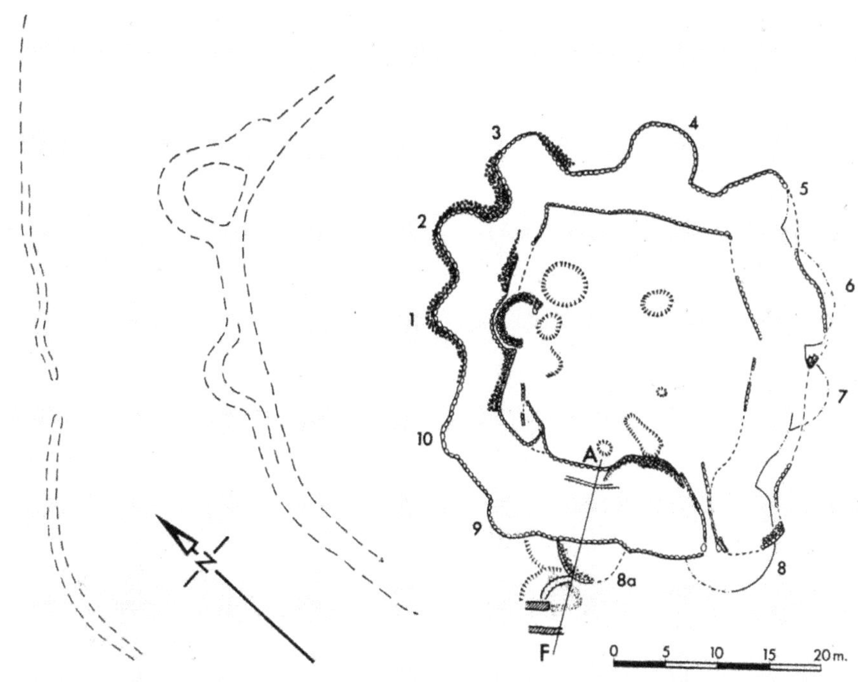

Tafel 50,1

Tafel 50,2

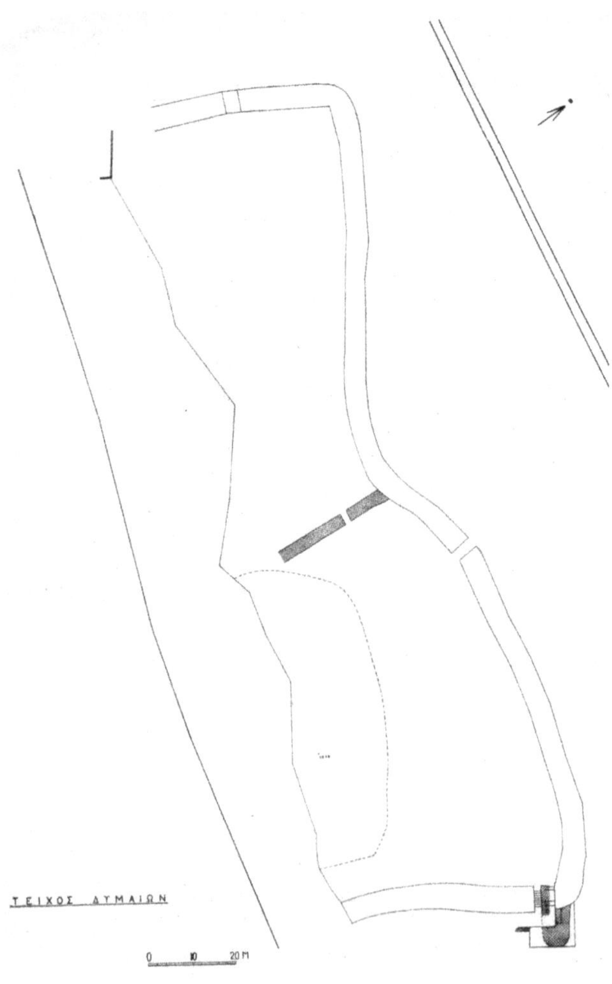

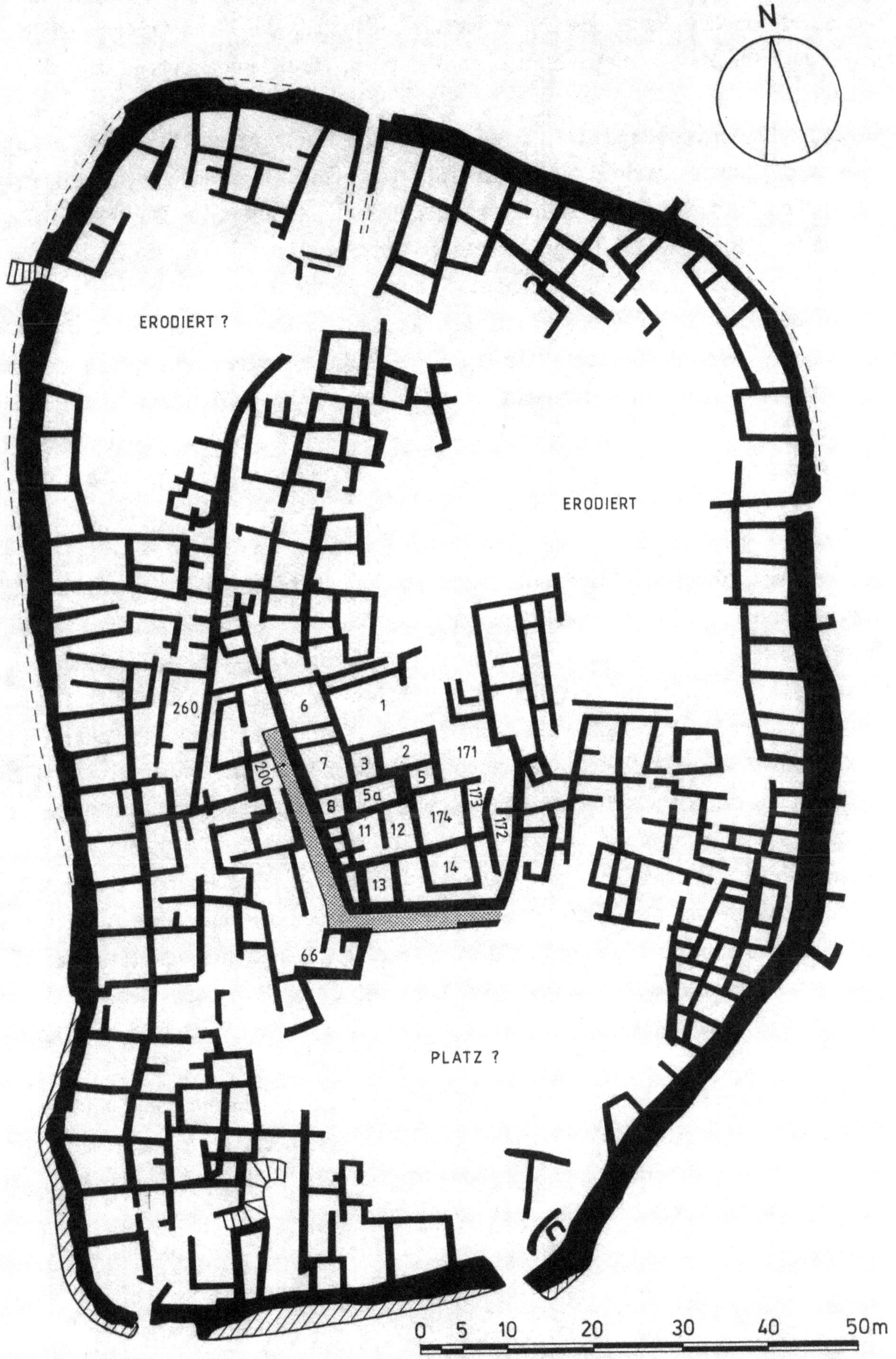
N
ERODIERT ?
ERODIERT
260
6
1
7
3
2
171
200
5
5a
173
8
174
172
11
12
14
13
66
PLATZ ?
0 5 10 20 30 40 50m

Tafel 52

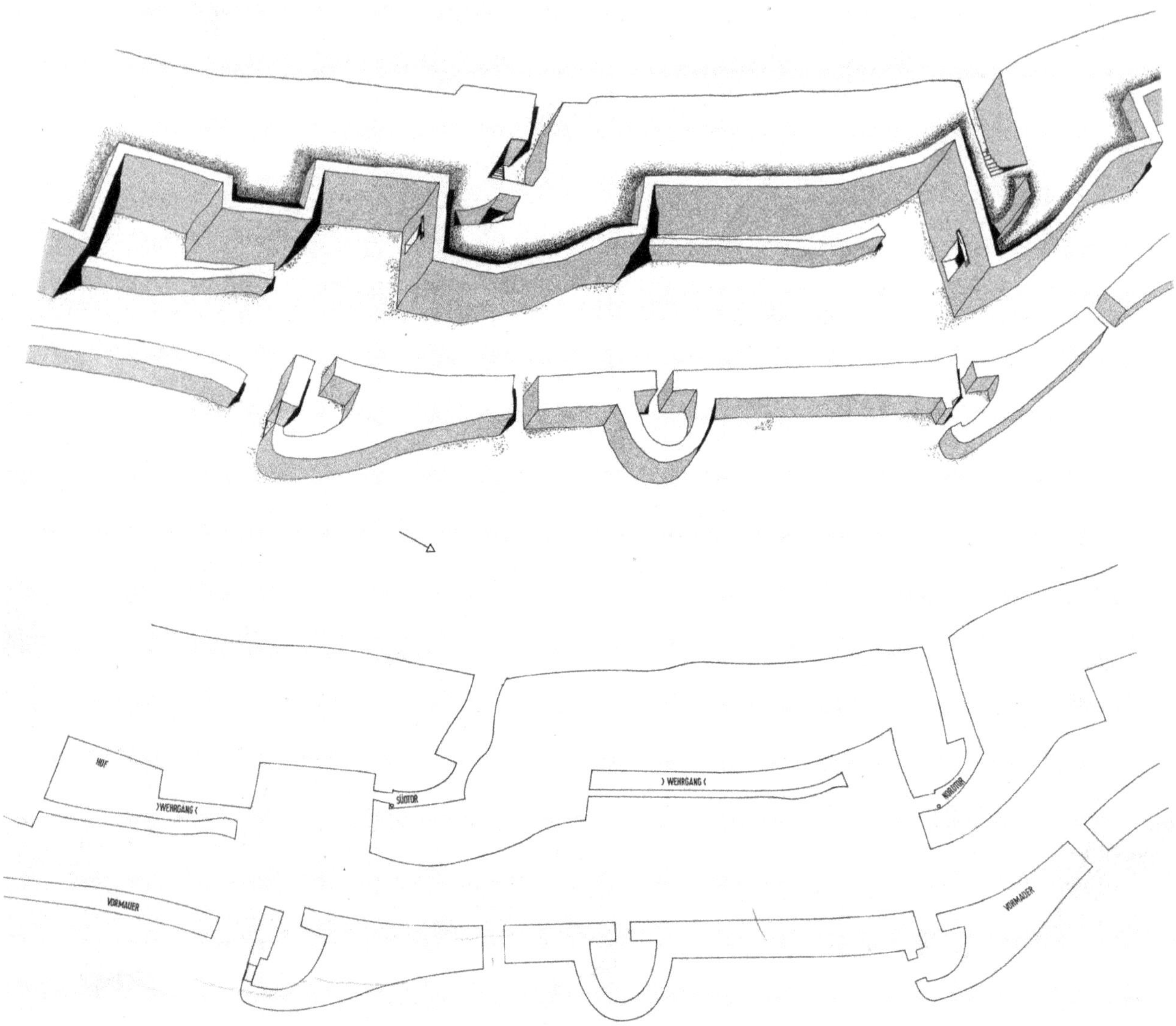

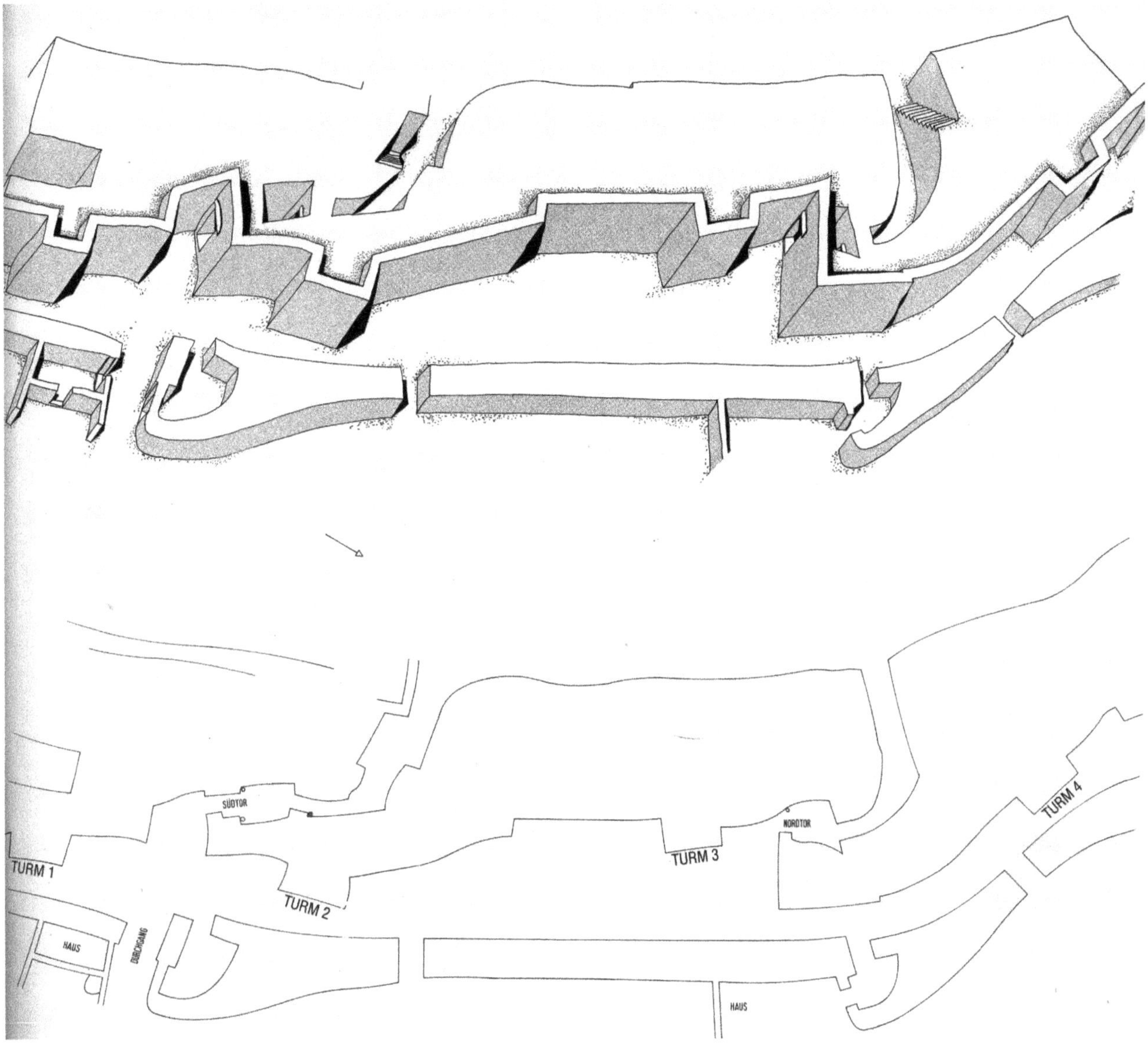
SÜDTOR
NORDTOR
TURM 1
TURM 2
TURM 3
TURM 4
HAUS
DURCHGANG
HAUS

Tafel 54

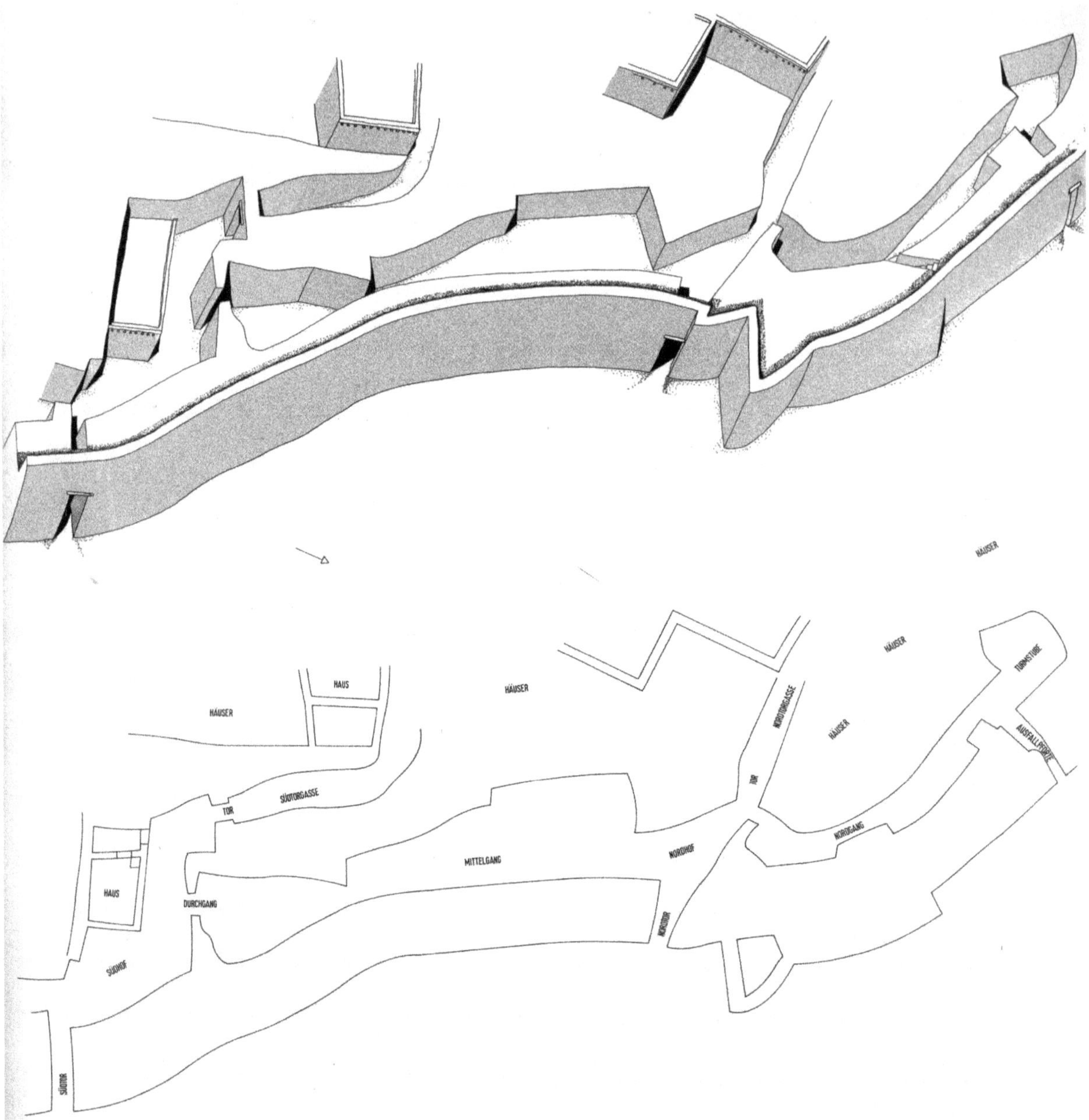

Tafel 55,1

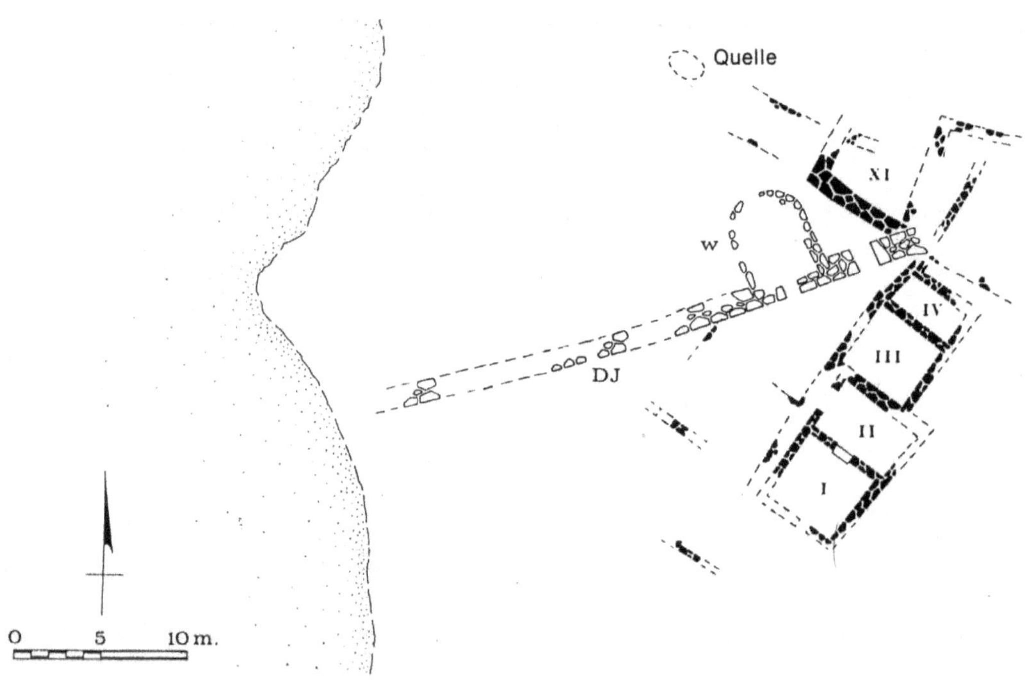

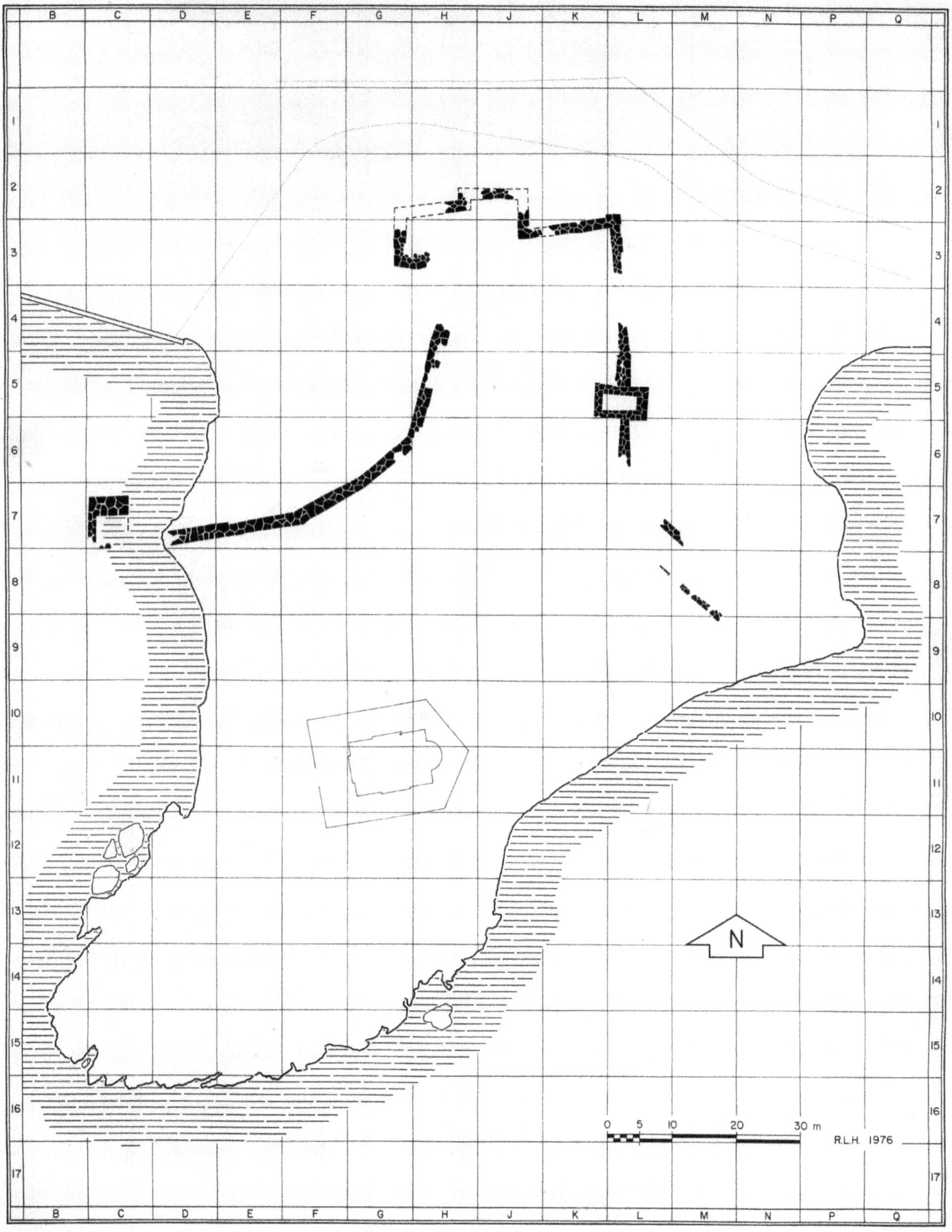
B C D E F G H J K L M N P Q
1 2 3 4 5 6 7 8 9 10 11 12 13 14 15 16 17
N
0 5 10 20 30 m
R.L.H. 1976

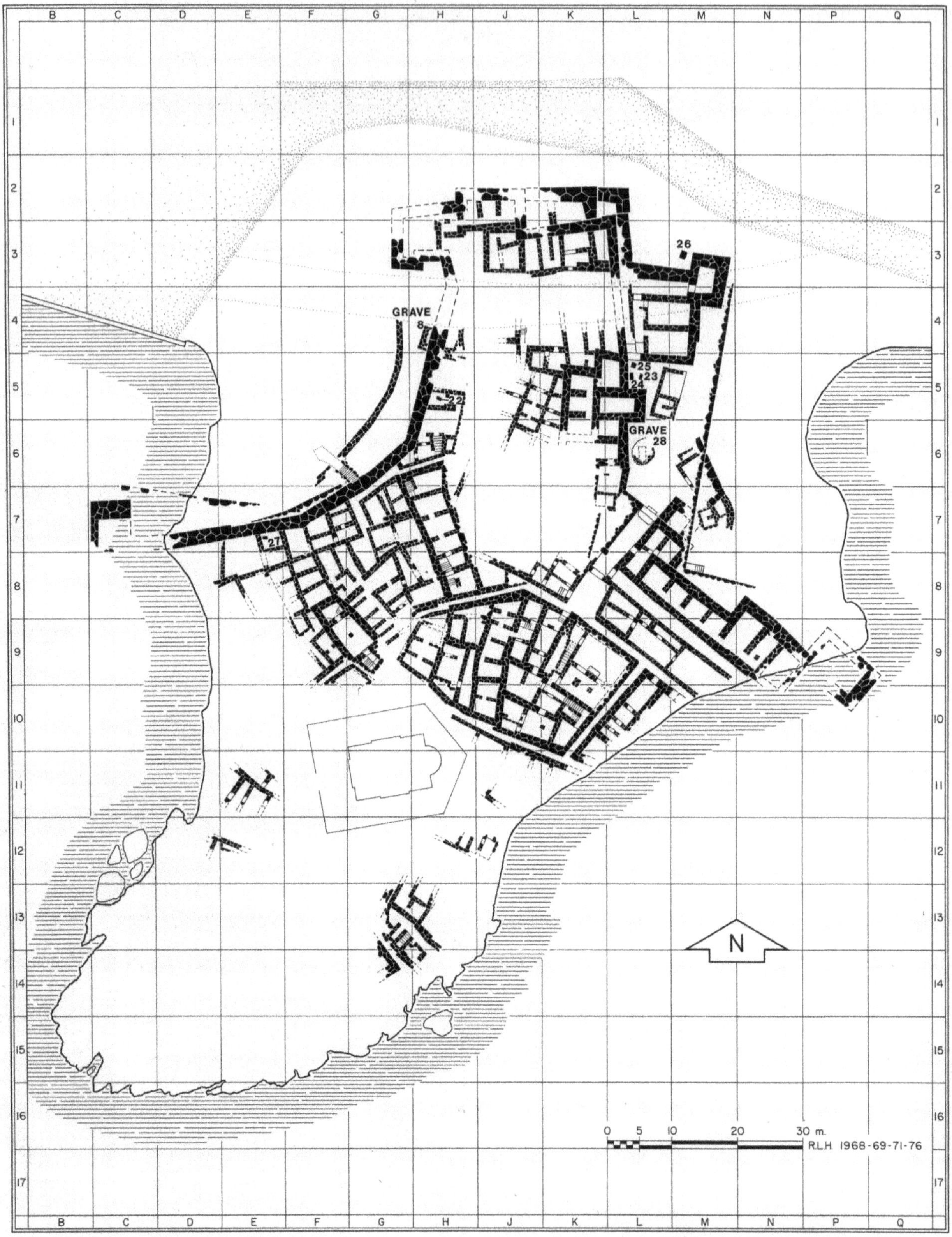
B C D E F G H J K L M N P Q
1 2 3 4 5 6 7 8 9 10 11 12 13 14 15 16 17
GRAVE 8
22
27
26
25
23
24
GRAVE 28
N
0 5 10 20 30 m.
R.L.H. 1968-69-71-76

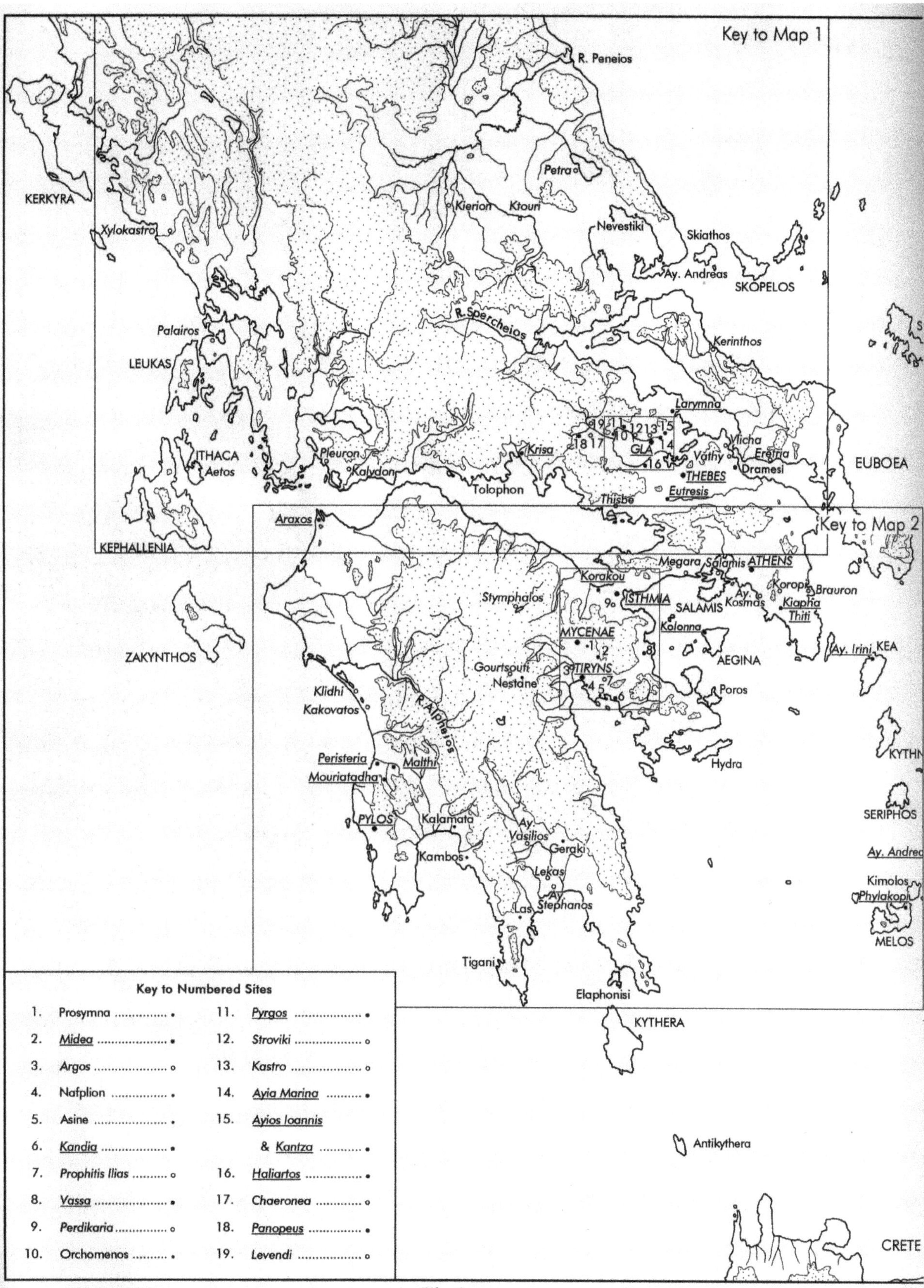
Key to Map 1
Key to Map 2
R. Peneios
KERKYRA
Petra
Kierion
Ktouri
Xylokastro
Nevestiki
Skiathos
Ay. Andreas
SKOPELOS
R. Spercheios
Palairos
Kerinthos
LEUKAS
Larymna
GLA
Vlicha
Eretria
Vathy
Dramesi
EUBOEA
ITHACA
Aetos
Pleuron
Kalydon
Krisa
Tolophon
THEBES
Eutresis
Thisbe
Araxos
KEPHALLENIA
Megara
Salamis
ATHENS
Korakou
Stymphalos
ISTHMIA
Ay. Kosmas
Koropi
Brauron
SALAMIS
Kiapha Thiti
Kolonna
MYCENAE
AEGINA
Ay. Irini
KEA
ZAKYNTHOS
Gourtsouli
Nestane
TIRYNS
Poros
Klidhi
Kakovatos
R. Alpheios
Peristeria
Malthi
Mouriatadha
Hydra
KYTHN
SERIPHOS
PYLOS
Kalamata
Ay. Vasilios
Geraki
Kambos
Ay. Andrea
Lekas
Kimolos
Phylakopi
Ay. Stephanos
Las
MELOS
Tigani
Elaphonisi
KYTHERA
Antikythera
CRETE
Key to Numbered Sites
1. Prosymna ●
2. Midea ●
3. Argos ○
4. Nafplion ●
5. Asine ●
6. Kandia ●
7. Prophitis Ilias ○
8. Vassa ●
9. Perdikaria ○
10. Orchomenos ●
11. Pyrgos ●
12. Stroviki ○
13. Kastro ○
14. Ayia Marina ●
15. Ayios Ioannis & Kantza ●
16. Haliartos ●
17. Chaeronea ○
18. Panopeus ●
19. Levendi ○

Mycenaean Fortifications
Walls which might be Mycenaean Fortifications
Other walls discussed
(For sites marked by number only see Key on left below)
TROY
LEMNOS
LESBOS
SKOPELOS
SKYROS
Psara
CHIOS
R. Hermos
Vlicha
Eretria
Dramesi
EUBOEA
ATHENS
Koropi
Brauron
Ay. Kosmas
Kiapha Thiti
EGINA
Ay. Irini
KEA
ANDROS
TENOS
Akr. Ourion
MYKONOS
SYROS
KYTHNOS
SERIPHOS
PAROS
NAXOS
Koukounaries
Grotta
Antiparos
Ay. Andreas
SIPHNOS
Kimolos
Phylakopi
MELOS
Keros
AMORGOS
IOS
Sikinos
THERA
Anaphi
Astypalaia
IKARIA
SAMOS
Heraion
Key to Map 3
R. Maeander
MILETOS
Patmos
Lipsoi
LEROS
Xerokambos
KALYMNOS
KOS
Palaiopyli
Yiali
Nisyros
Megalochorio
Telos
Syme
Kastro
Kallithies
Chalki
Chorio
RHODES
KARPATHOS
Arkaseia
Kasos
CRETE

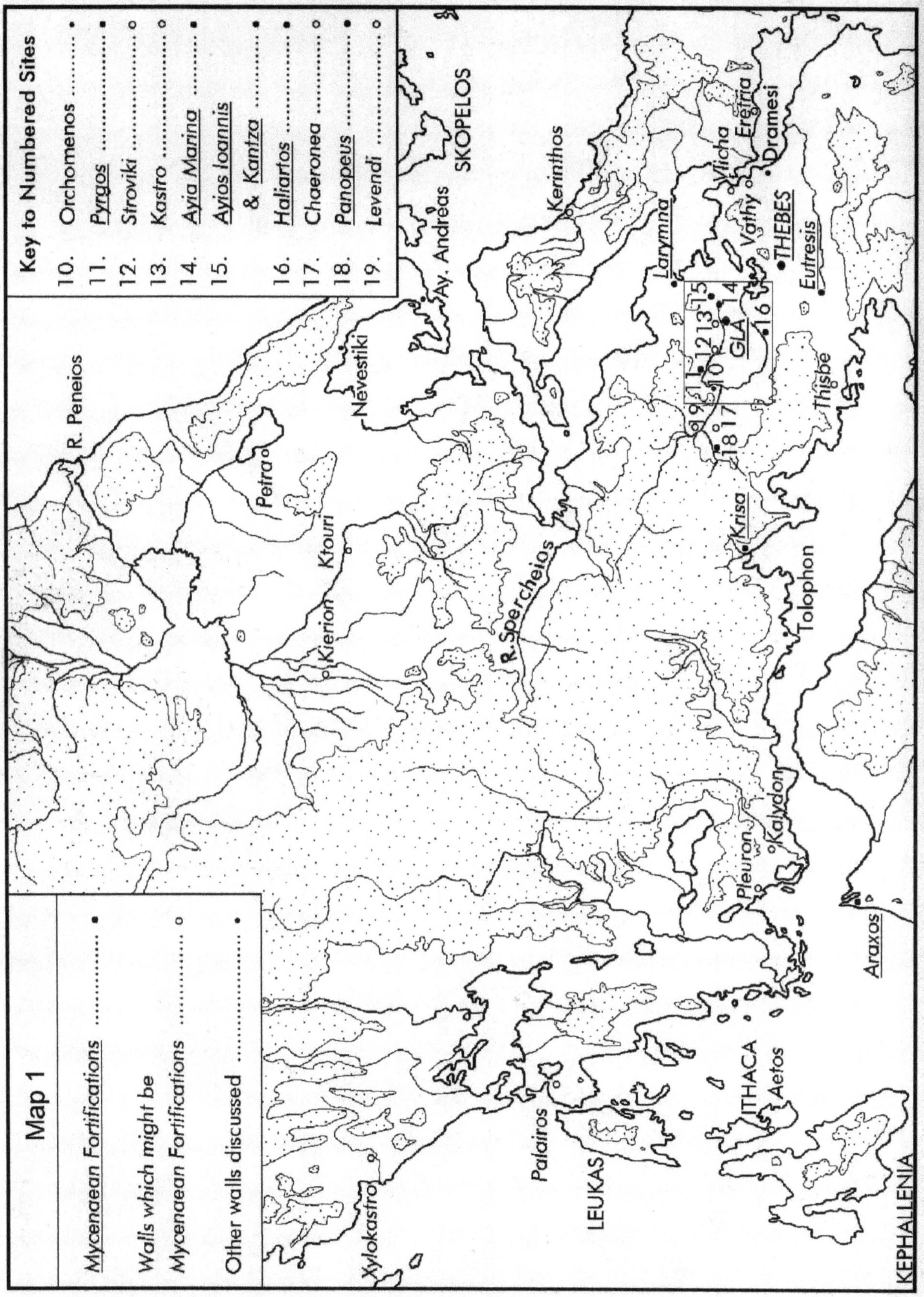
Map 1
Mycenaean Fortifications
Walls which might be Mycenaean Fortifications
Other walls discussed
Key to Numbered Sites
10. Orchomenos
11. Pyrgos
12. Stroviki
13. Kastro
14. Ayia Marina
15. Ayios Ioannis & Kantza
16. Haliartos
17. Chaeronea
18. Panopeus
19. Levendi
R. Peneios
Petra
Ktouri
Kierion
Nevestiki
Ay. Andreas
SKOPELOS
Kerinthos
R. Spercheios
Larymna
GLA
Vlicha
Eretria
Vathy
Dramesi
THEBES
Eutresis
Thisbe
Krisa
Tolophon
Kalydon
Pleuron
Araxos
ITHACA
Aetos
Palairos
LEUKAS
Xylokastro
KEPHALLENIA

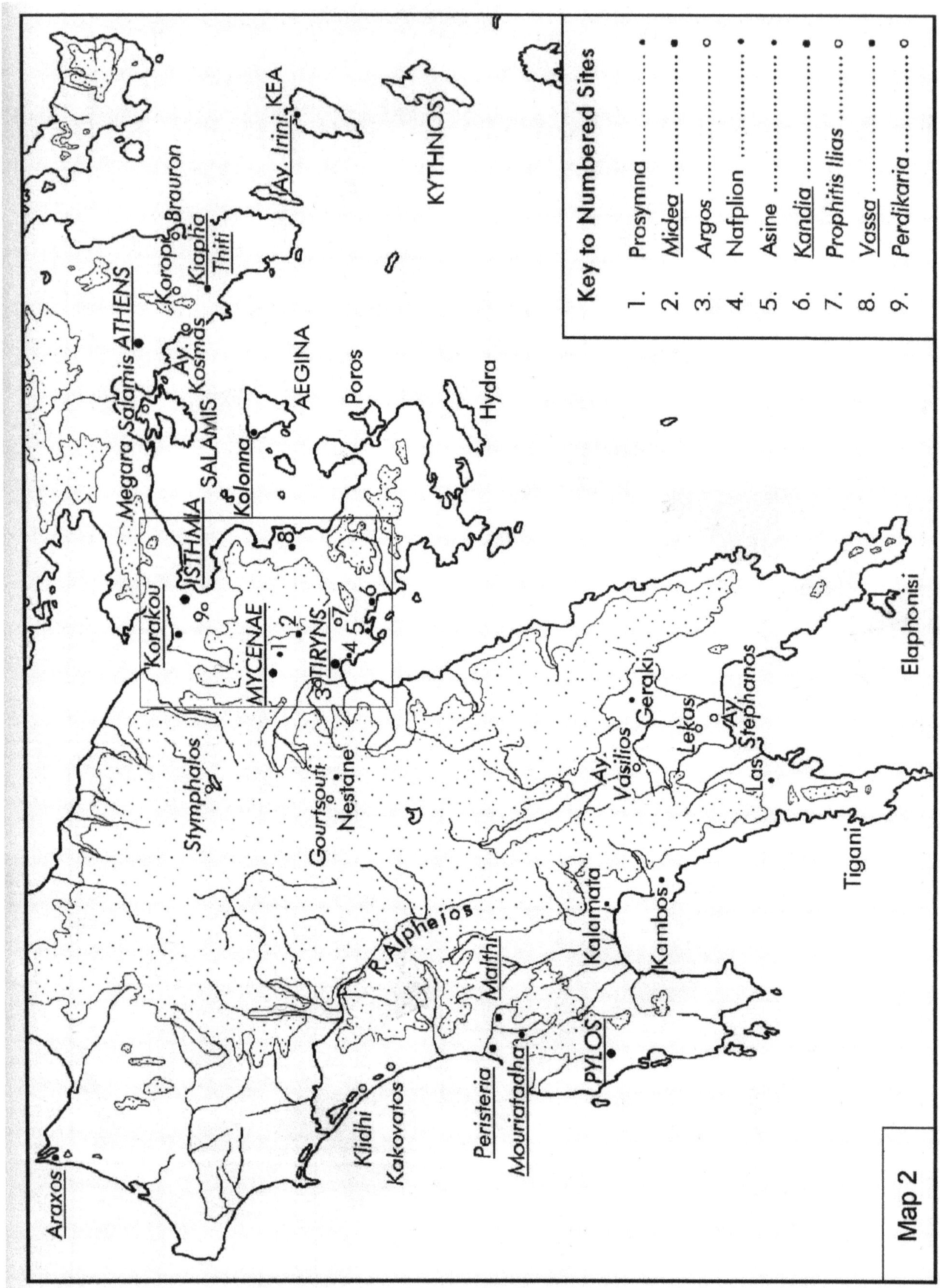
Map 2
Key to Numbered Sites
1. Prosymna
2. Midea
3. Argos
4. Nafplion
5. Asine
6. Kandia
7. Prophitis Ilias
8. Vassa
9. Perdikaria
Araxos
Klidhi
Kakovatos
Peristeria
Mouriatadha
PYLOS
Malthi
R. Alpheios
Kalamata
Kambos
Tigani
Stymphalos
Gourtsouli
Nestane
Ay. Vasilios
Geraki
Lekas
Ay. Stephanos
Las
Elaphonisi
Korakou
ISTHMIA
MYCENAE
TIRYNS
Megara
Salamis
SALAMIS
ATHENS
Ay. Kosmas
Koropi
Brauron
Kiapha Thiti
Ay. Irini
KEA
KYTHNOS
AEGINA
Kolonna
Poros
Hydra

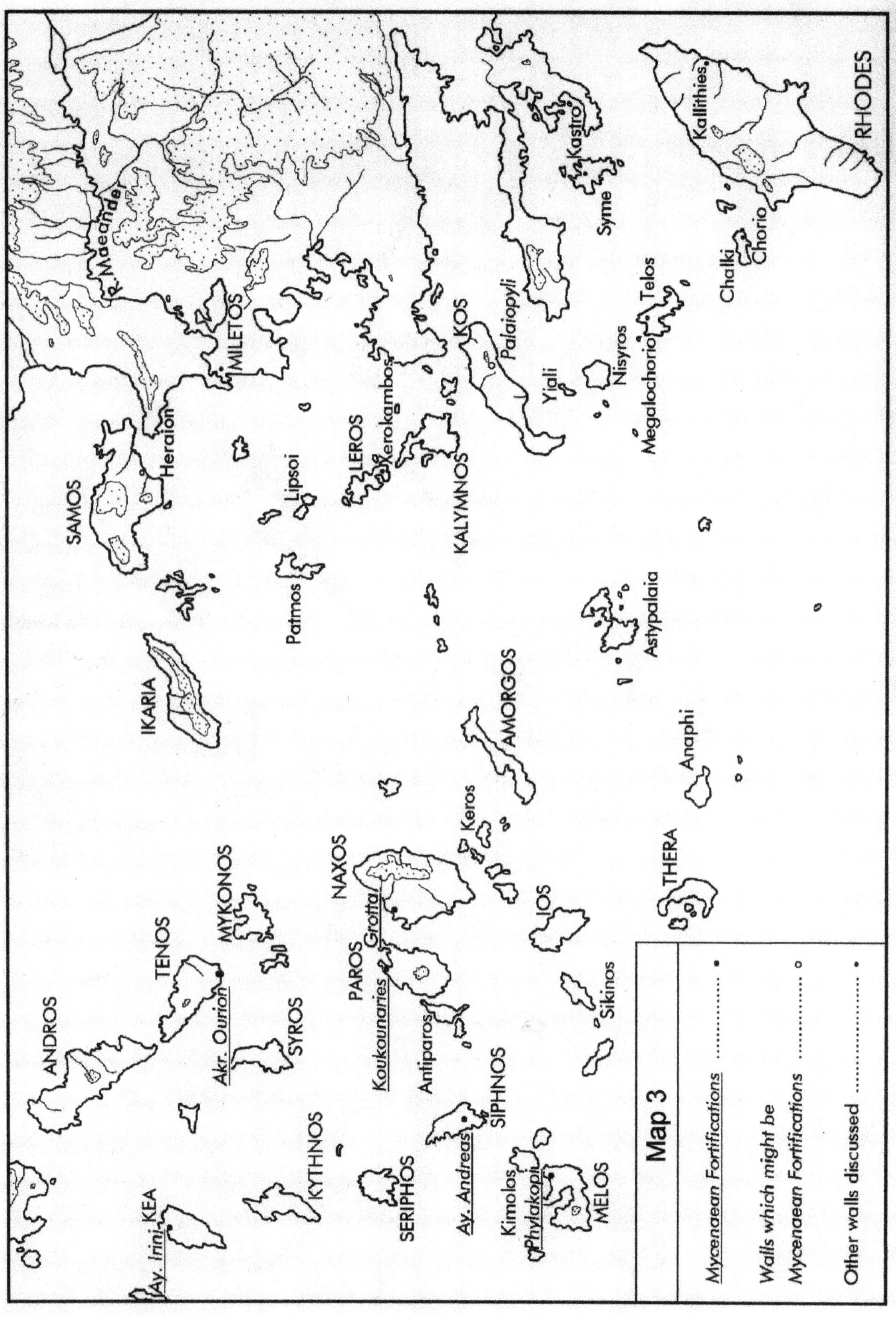
Map 3
Mycenaean Fortifications
Walls which might be Mycenaean Fortifications
Other walls discussed
R. Maeander
MILETOS
Heraion
SAMOS
IKARIA
Patmos
Lipsoi
LEROS
Xerokambos
KALYMNOS
KOS
Palaiopyli
Yiali
Nisyros
Megalochorio
Telos
Syme
Kastro
Chalki
Chorio
Kallithies
RHODES
Astypalaia
AMORGOS
Anaphi
Keros
NAXOS
Grotta
PAROS
Koukounaries
Antiparos
IOS
THERA
Sikinos
MYKONOS
TENOS
Akr. Ourion
SYROS
ANDROS
KYTHNOS
KEA
Ay. Irini
SERIPHOS
SIPHNOS
Ay. Andreas
Kimolos
Phylakopi
MELOS

Tafel 58

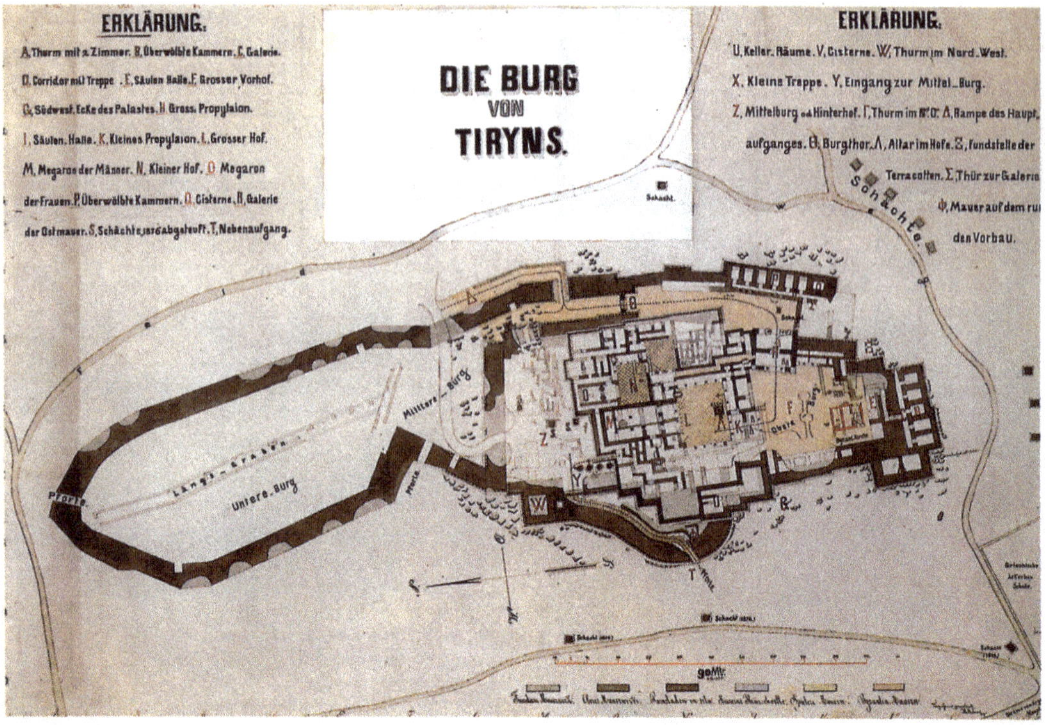

Tafel 58,1

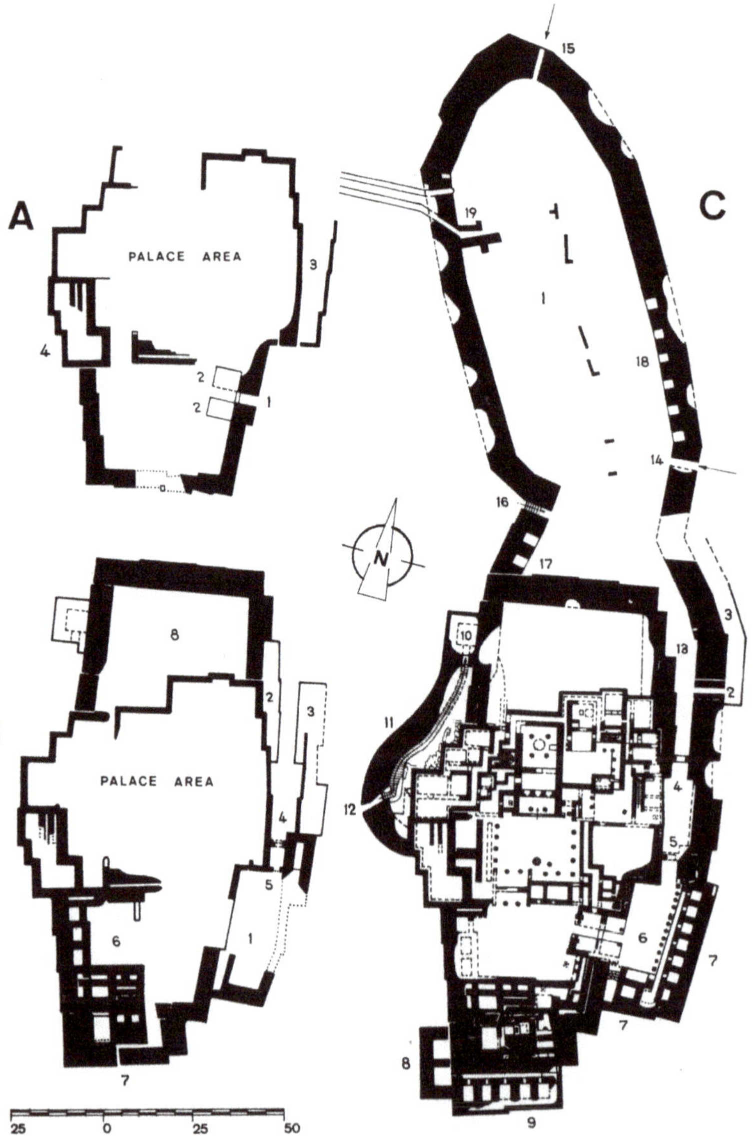

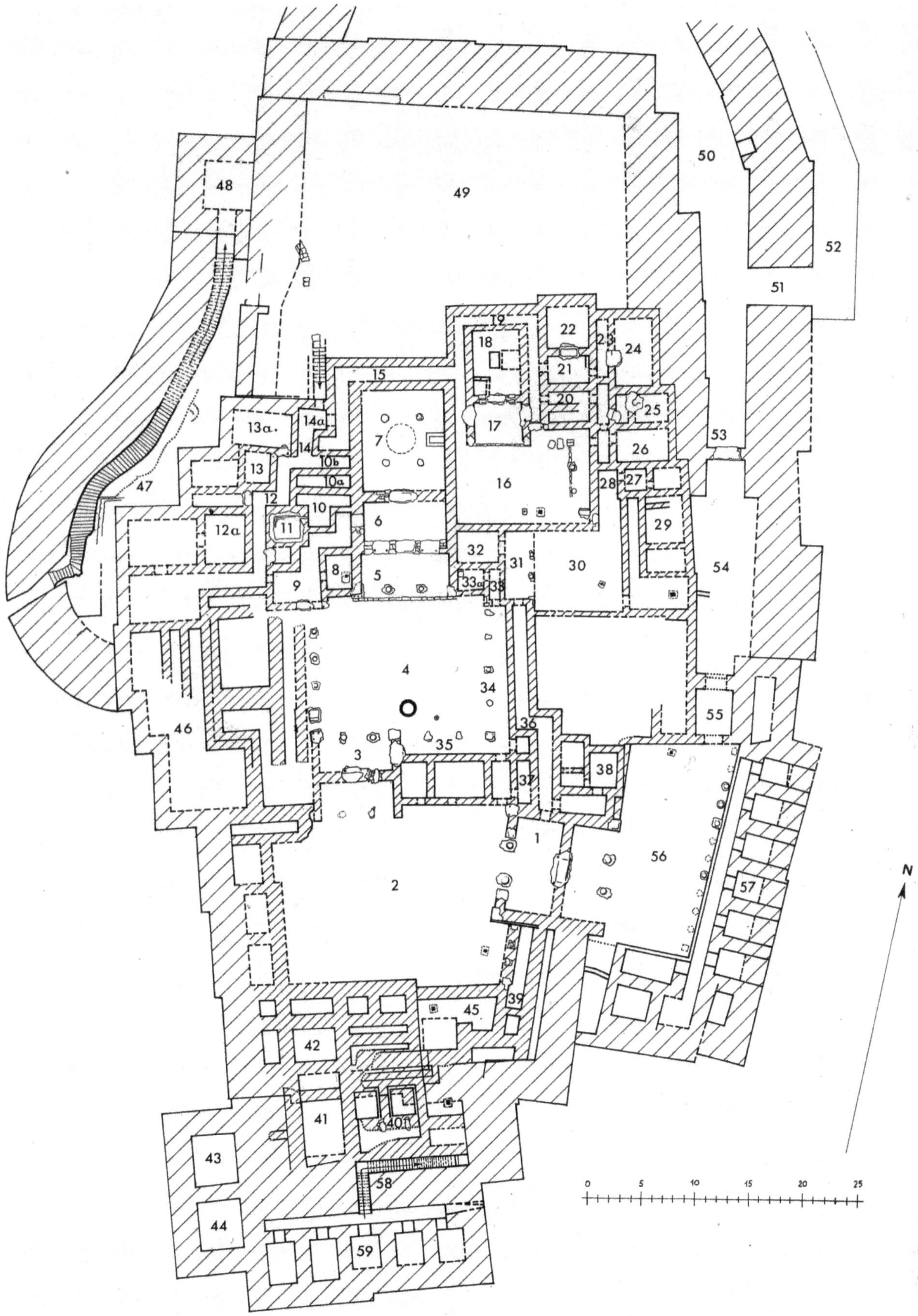
N
0 5 10 15 20 25

Tafel 58,3

Tafel 58,4a

Tafel 58,4b

Tafel 58,5a

Tafel 58,5b

Tafel 58,6

Tafel 58,7

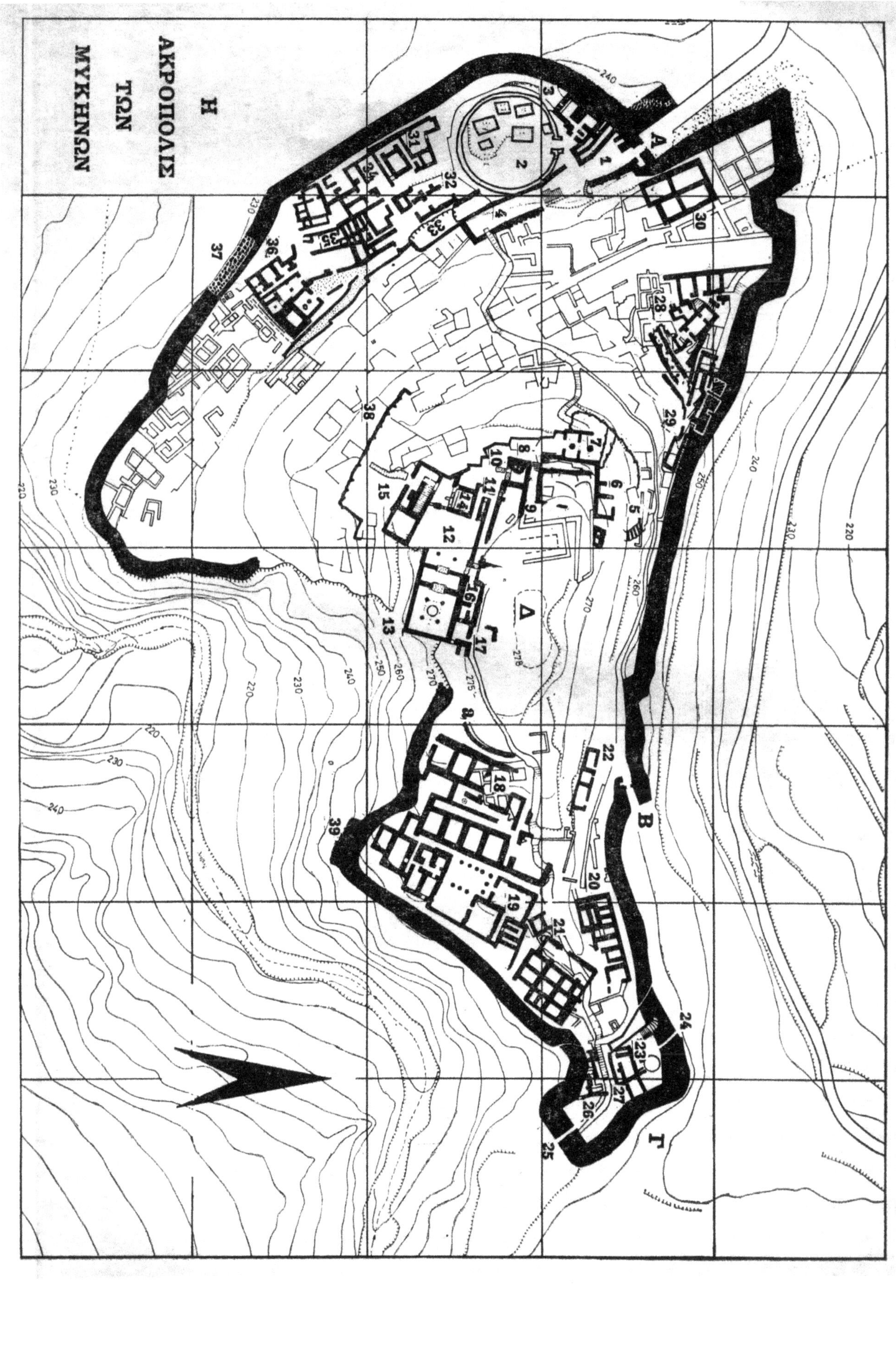
Η
ΑΚΡΟΠΟΛΙΣ
ΤΩΝ
ΜΥΚΗΝΩΝ

Tafel 59,1

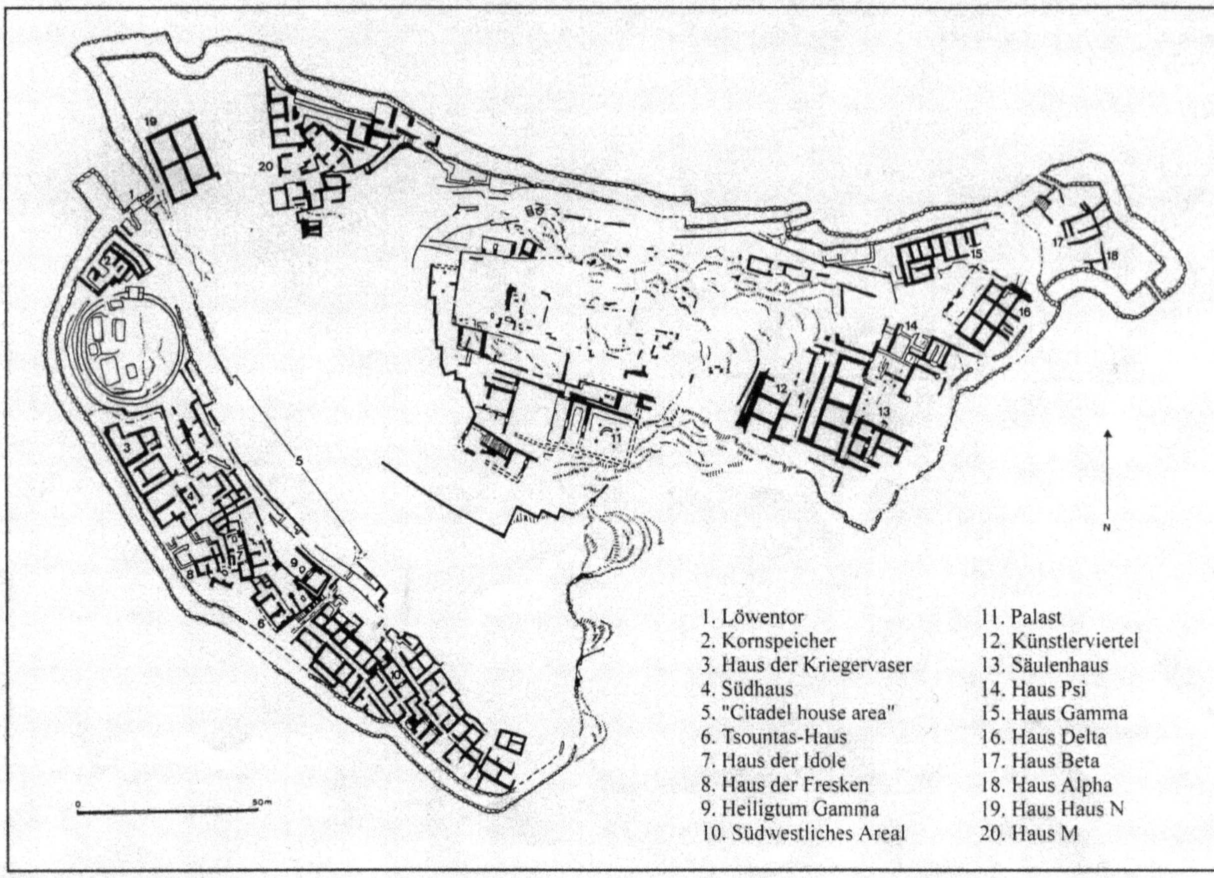

Tafel 59,2

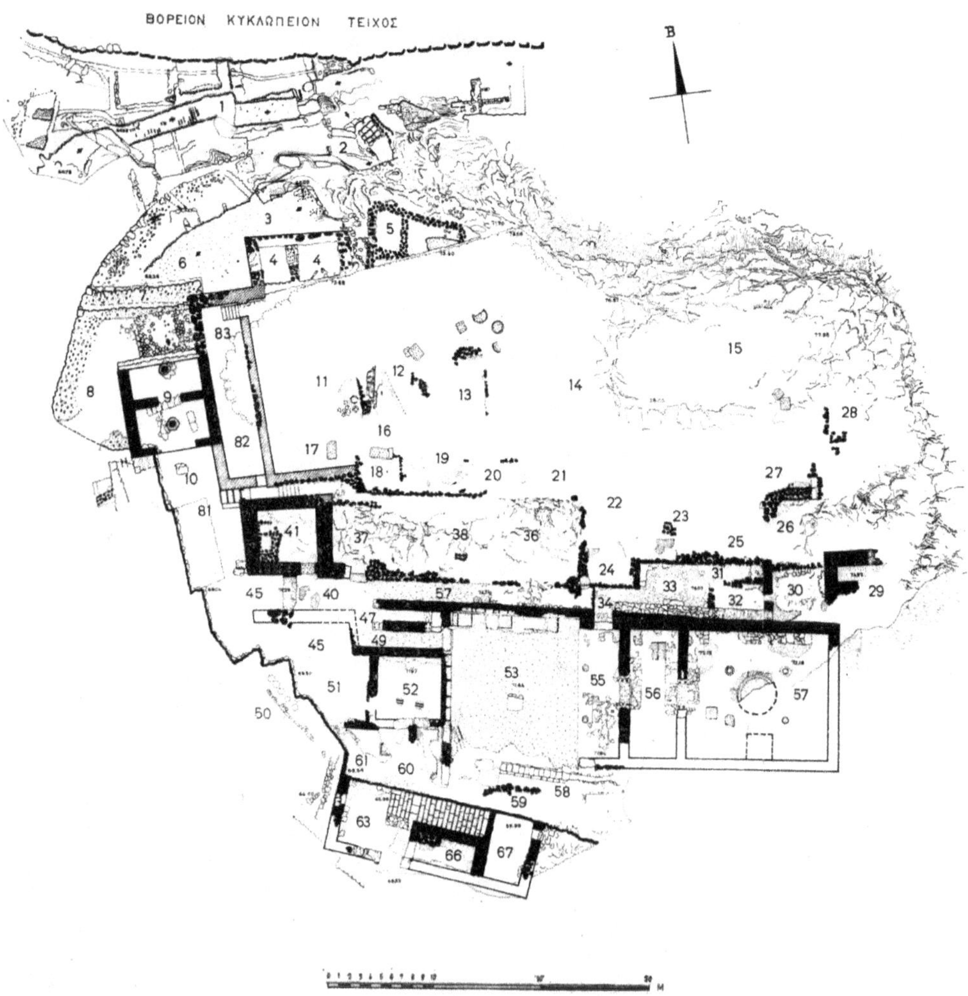

Tafel 59,3

Tafel 59,4

Tafel 59,5

Tafel 59,6

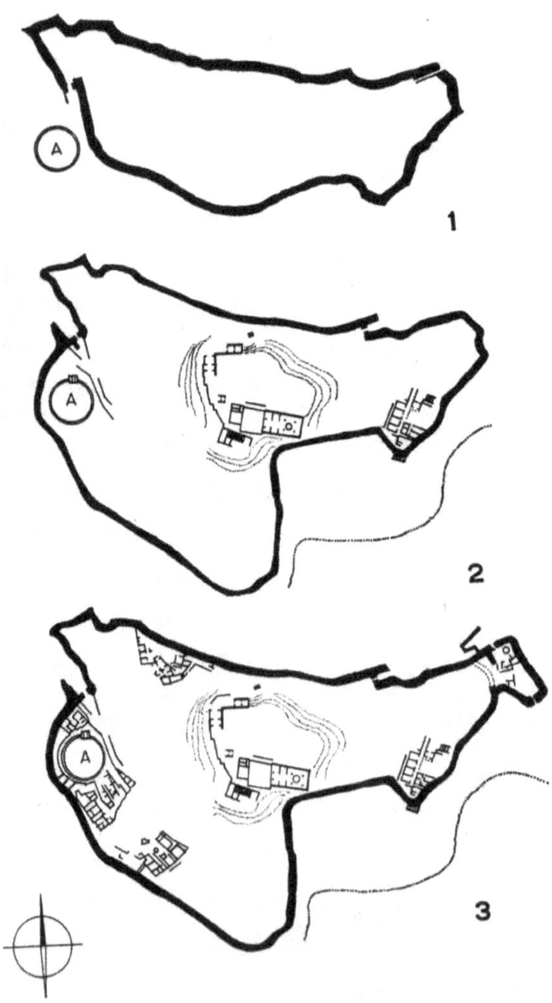

Tafel 59,7a

Tafel 59,7b

Tafel 59,8

Tafel 59,9

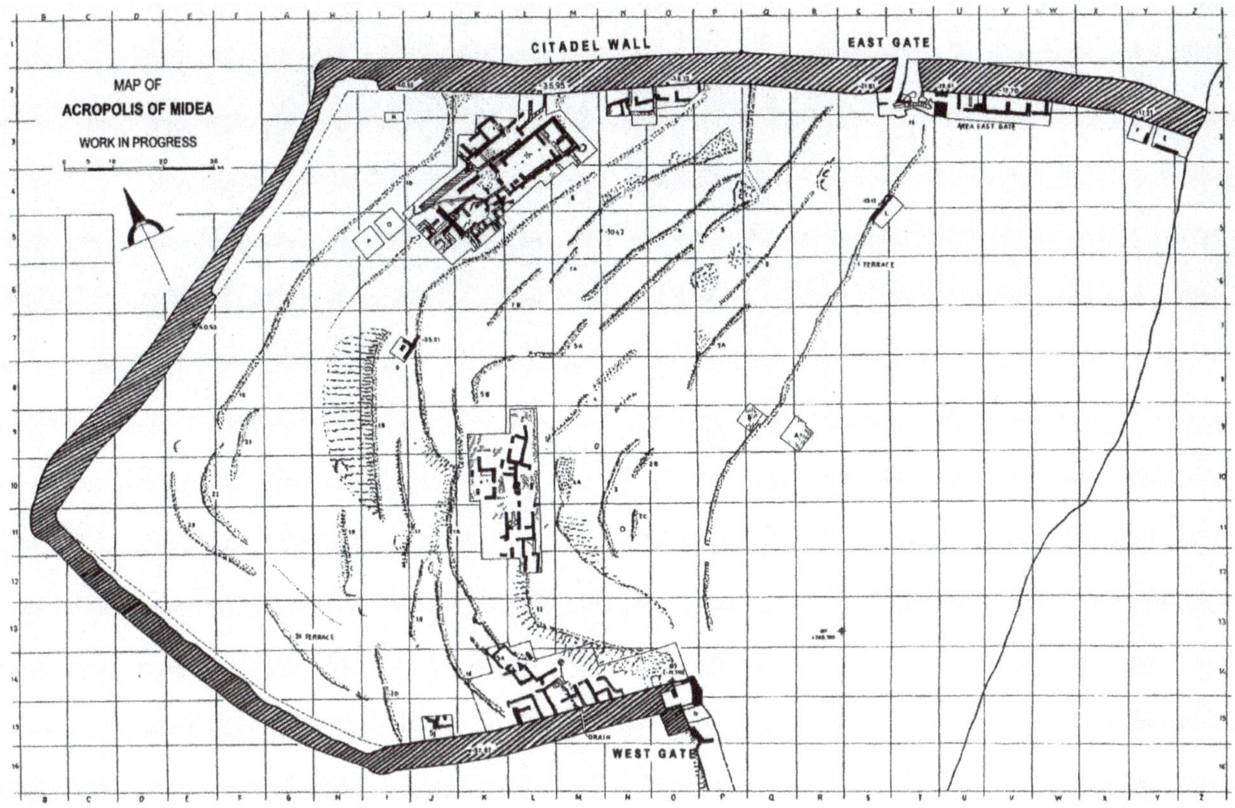
CITADEL WALL
EAST GATE
MAP OF
ACROPOLIS OF MIDEA
WORK IN PROGRESS
WEST GATE
AREA EAST GATE

Tafel 60,1a

Tafel 60,1b

Tafel 60,2a

Tafel 60,2b

Tafel 60,2c

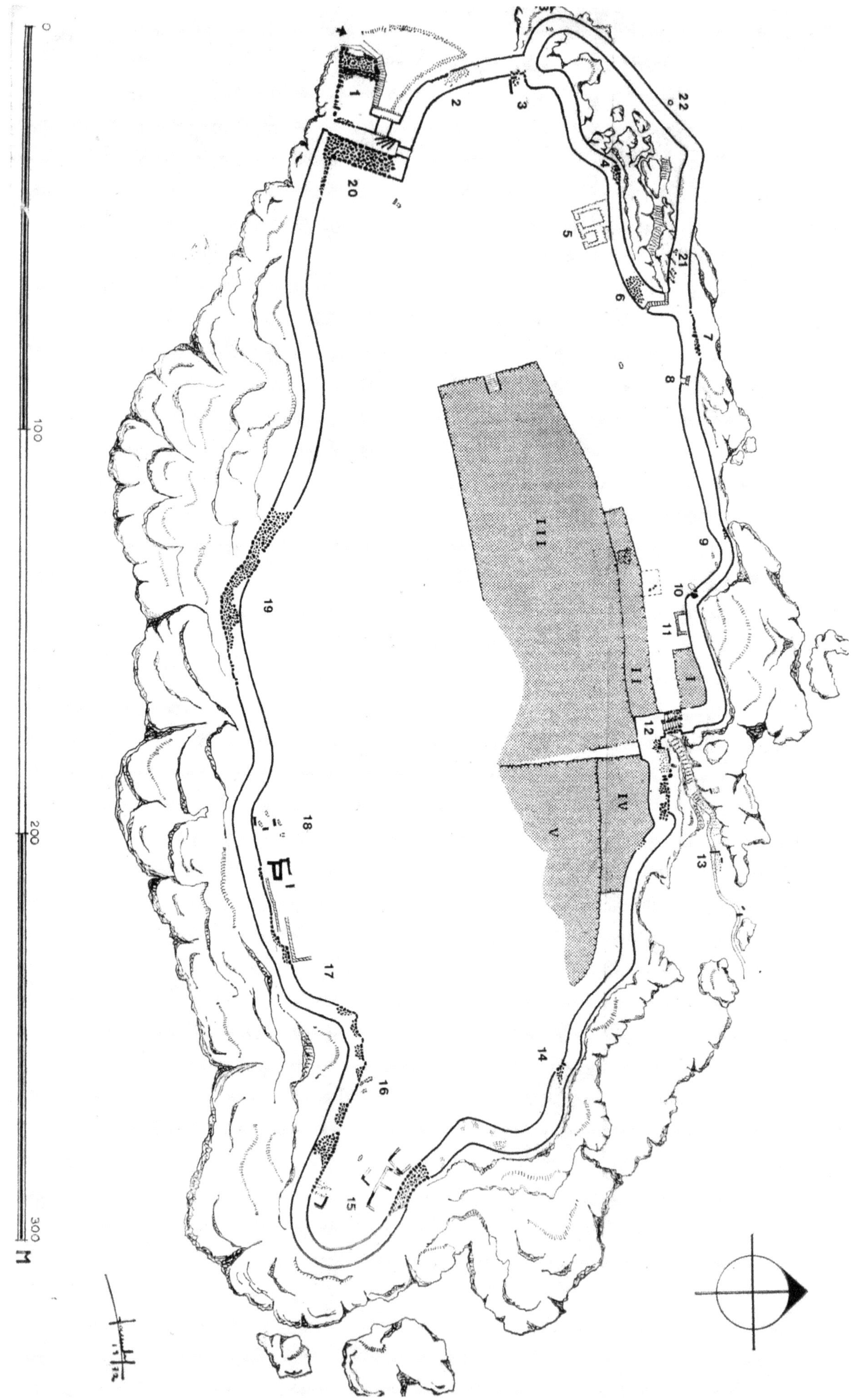

0
100
200
300
m
1
2
3
4
5
6
7
8
9
10
11
12
13
14
15
16
17
18
19
20
21
22
I
II
III
IV
V

Tafel 61,1a

Tafel 61,1b

Tafel 62a

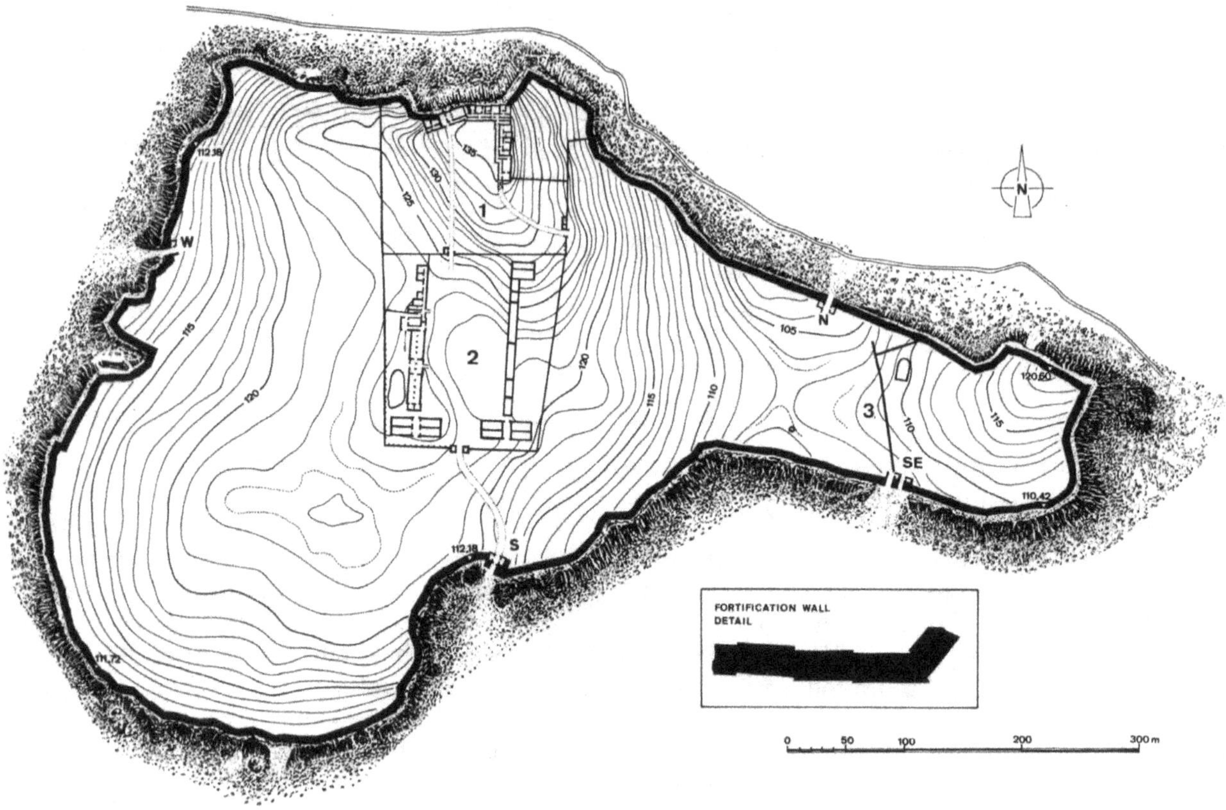

Tafel 62b

Tafel 62,1

Tafel 62,2a

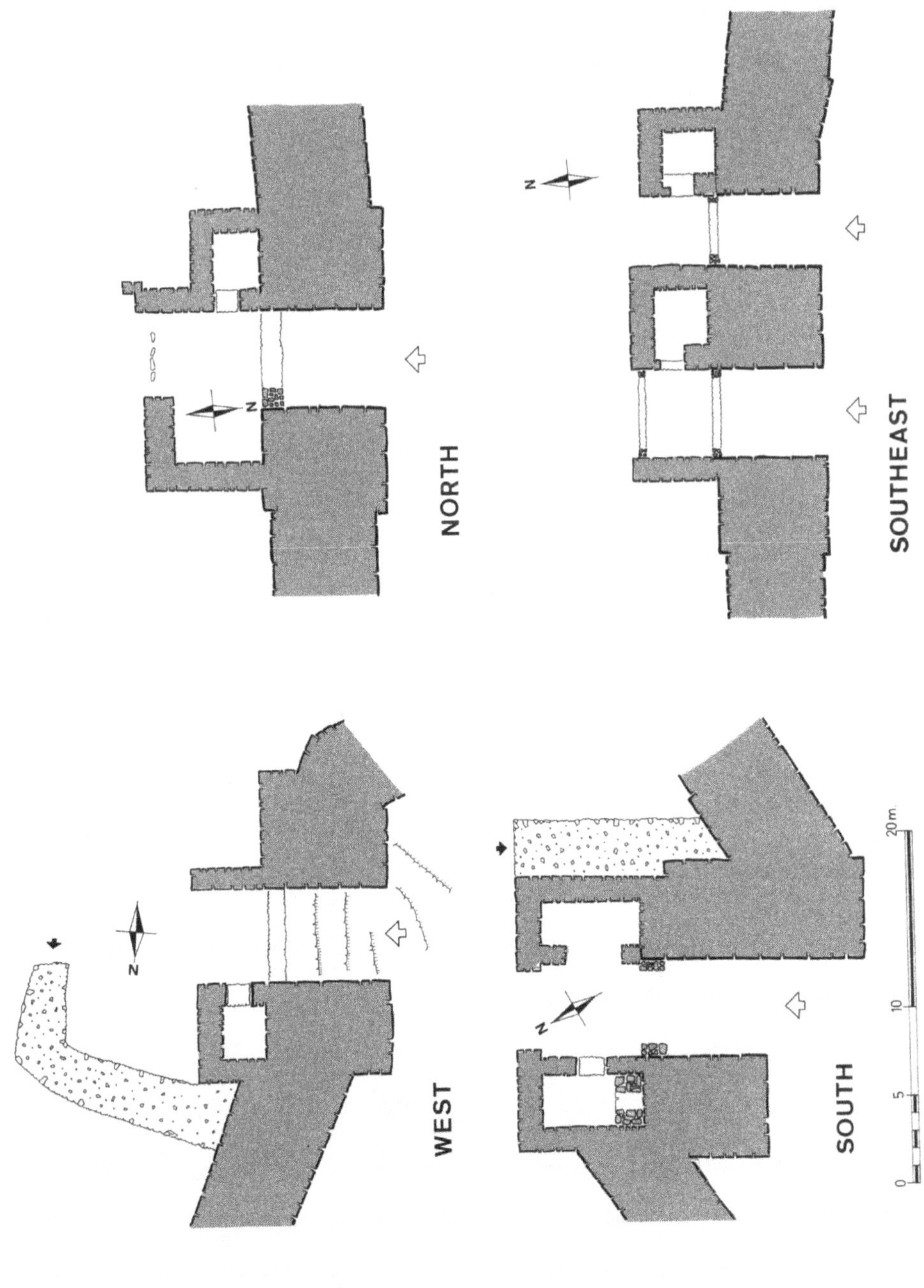

Tafel 62,2b

Tafel 62,2c

Tafel 63a

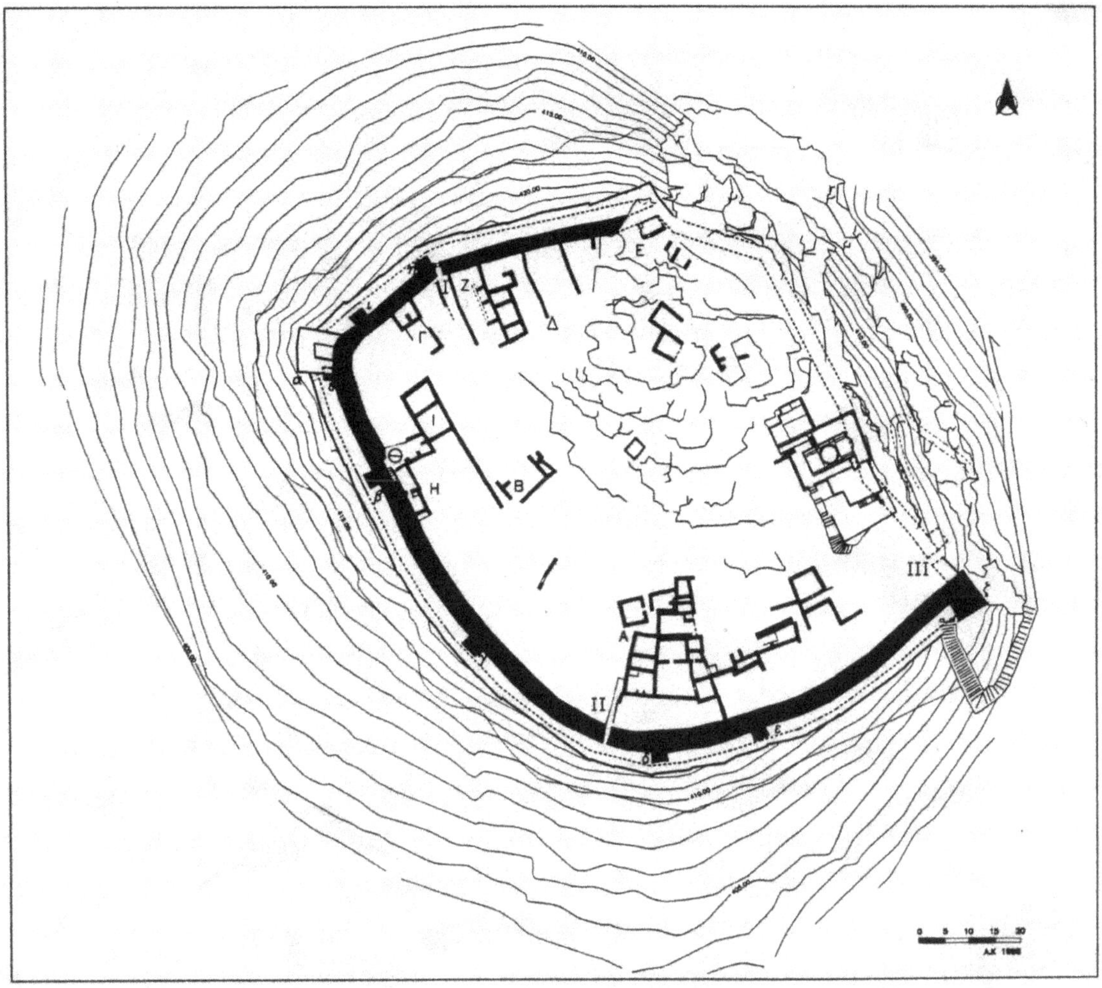

Tafel 63b

Tafel 64a

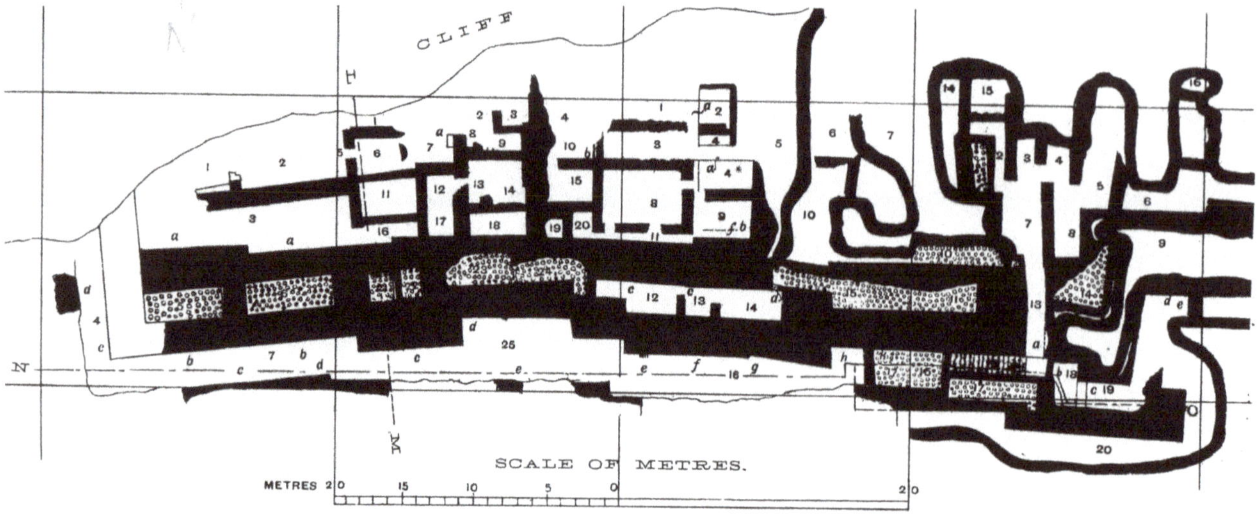

Tafel 64b

Tafel 65a

Tafel 65b

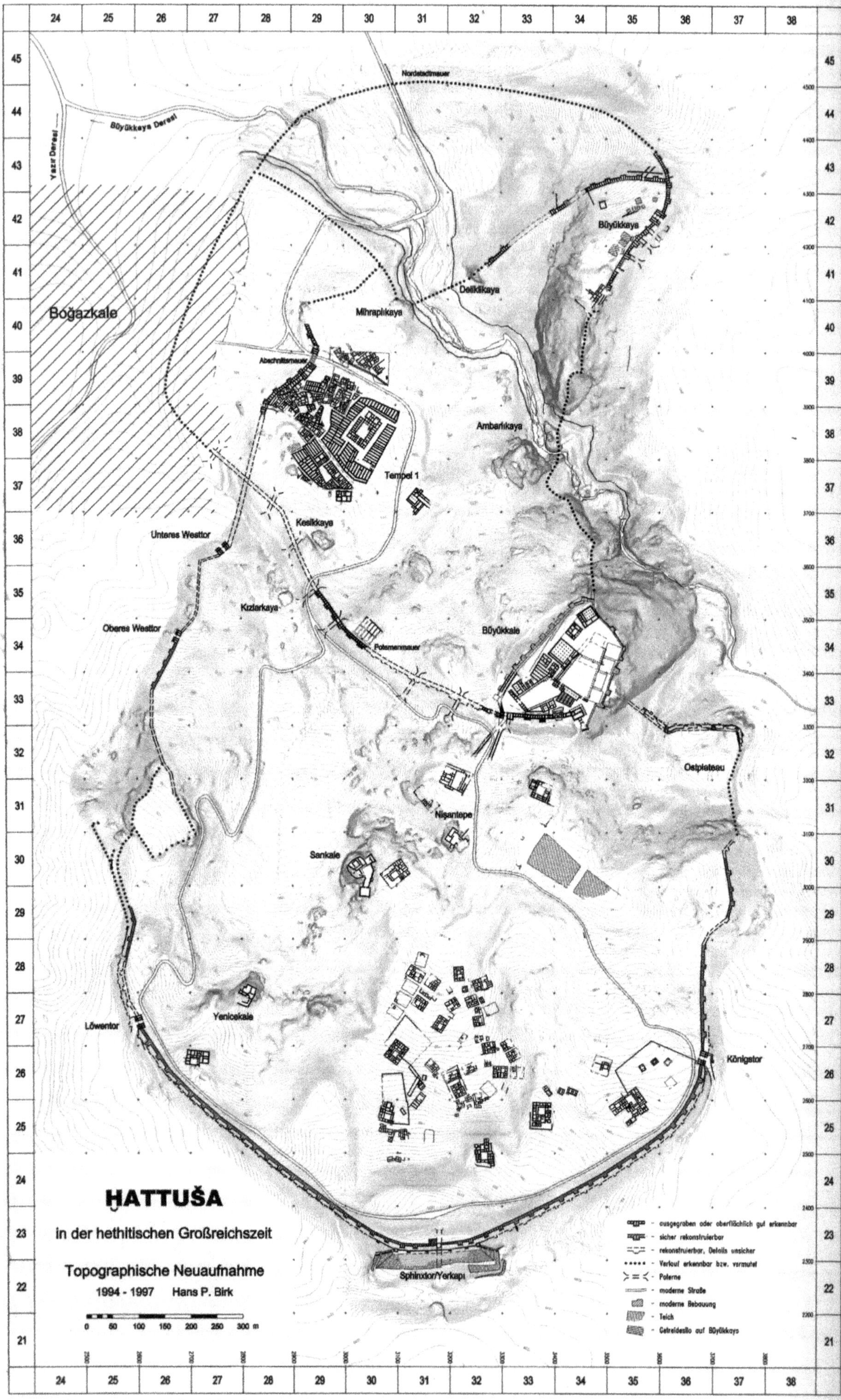
HATTUŠA
in der hethitischen Großreichszeit
Topographische Neuaufnahme
1994 - 1997 Hans P. Birk
Boğazkale
Büyükkaya Deresi
Yazır Deresi
Nordstadtmauer
Büyükkaya
Delikliкaya
Mihraplıkaya
Abschnittsmauer
Tempel 1
Ambarlıkaya
Kesikkaya
Unteres Westtor
Kızlarkaya
Oberes Westtor
Poternenmauer
Büyükkale
Ostplateau
Nişantepe
Sarıkale
Yenicekale
Löwentor
Königstor
Sphinxtor/Yerkapı
ausgegraben oder oberflächlich gut erkennbar
sicher rekonstruierbar
rekonstruierbar, Details unsicher
Verlauf erkennbar bzw. vermutet
Poterne
moderne Straße
moderne Bebauung
Teich
Getreidesilo auf Büyükkaya

Tafel 66,1a

Tafel 66,1b

Tafel 66,2a

Tafel 66,2b

www.ingramcontent.com/pod-product-compliance
Lightning Source LLC
LaVergne TN
LVHW072246300926
849160LV00018B/1604
9781407303581